Springer-Lehrbuch

Herbert A. Stuart · Gerhard Klages

Kurzes Lehrbuch der Physik

19. Auflage 2010. Nachdruck 2015

Springer Spektrum

Herbert A. Stuart †

Gerhard Klages
Institut für Physik
Universität Mainz
Mainz, Deutschland

ISSN 0937-7433
ISBN 978-3-662-45732-0
ISBN 978-3-540-89046-1 (eBook)
DOI 10.1007/978-3-540-89046-1

Die Deutsche Nationalbibliothek verzeichnet diese Publikation in der Deutschen Nationalbibliografie; detaillierte bibliografische Daten sind im Internet über http://dnb.d-nb.de abrufbar.

Springer Spektrum

Satz: le-tex publishing services GmbH, Leipzig

Springer-Verlag GmbH Berlin Heidelberg ist Teil der Fachverlagsgruppe Springer Science+Business Media
(www.springer.com)

Vorwort

Als vor über 60 Jahren Herbert A. Stuart das Manuskript zum *Kurzen Lehrbuch der Physik* schrieb, da legte er besonderen Wert auf eine anschauliche, geschlossene Darstellung, damit die einzelnen Abschnitte flüssig zu lesen waren. Es sollte ein Lehrbuch zum Verstehen der Zusammenhänge und kein Paukbuch sein, wie er auch später immer wieder betonte.

Diesen Charakter hat das Buch in allen Neuauflagen behalten, trotz der sehr zahlreichen Umarbeitungen, die durch die Weiterentwicklung der Wissenschaft in Stoffauswahl, Nomenklatur und auch Darstellungsweise notwendig waren. Es will dem Naturwissenschaftler im weitesten Sinne, der sich an der Hochschule im Nebenfach Physik Grundkenntnisse zu erwerben hat, klar überschaubar physikalische Methoden, Begriffsbildung und Gesetzmäßigkeiten vermitteln. Die Verbindung zu anderen Naturwissenschaften, Medizin und Technik stellen eingefügte Beispiele in Kleindruck her, der auch Ableitungen, Erweiterungen und Ausblicke auf neuere Ergebnisse enthält. Viele Hinweise und Querverbindungen sollen das Arbeiten „mit dem Buch“ erleichtern, sei es beim Rekapitulieren einzelner Teilgebiete, sei es beim gezielten Nachschlagen und Klären spezieller Fragen.

Bei der Neuauflage habe ich weniger die Möglichkeit von Ergänzungen geprüft, schon damit das „Kurze Lehrbuch“ seinen Namen weiter zu Recht trägt. Nur war vor längerer Zeit die Darstellung der Gravitation stärker gekürzt worden. Jetzt aber, im Einstein-Jahr, sollte die Newton'sche Theorie etwas ausführlicher behandelt werden und z. B. der Begriff des Feldes hier nicht fehlen.

Diskussionen mit jüngeren Semestern, die das Buch zur Vorbereitung von Praktika, Klausuren und Zwischenprüfungen benutzten, haben mir sehr eindringlich gezeigt, welch hohen Stellenwert Überschaubarkeit, klare Gliederung und anschauliche Verknüpfung der Zusammenhänge haben, will man damit „richtig lernen“. Schließlich geht es weniger um ein Training zum Lösen mathematisch-physikalischer Rechenaufgaben, als vielmehr um ein grundlegendes Verständnis der Physik. Dazu soll das Buch ein steigendes Interesse, ja Neugier, und am Ende Vertrautheit mit physikalischem Denken vermitteln.

Unter diesem Aspekt habe ich den ganzen Text noch einmal kritisch durchstudiert und ihn dort verbessert, wo Formulierung oder Gliederung dem Leser Schwierigkeiten machen könnten.

Mainz, August 2005 Gerhard Klages

Inhaltsverzeichnis

1. Einleitung

1.1 Abgrenzung und Aufgaben der Physik

Das Wort *Physik* bedeutete ursprünglich Lehre von der Natur. Einzelne Zweige der allgemeinen Naturlehre haben sich aber im Laufe der Zeit zu besonderen selbstständigen Wissenschaften entwickelt, so z. B. die Biologie, die sich mit der belebten Natur befasst, die Astronomie, welche die physikalischen Vorgänge im Kosmos untersucht, und die Chemie, welche die stofflichen Veränderungen der Körper, d. h. die Reaktionen der Atome und Moleküle betrachtet[1].

Sondern wir diese verschiedenen Teilgebiete aus, so bleibt für die Physik im heutigen, engeren Sinne als Aufgabe, die Grundgesetze der unbelebten Welt, insbesondere die hier wirksamen Kräfte, Bewegungsvorgänge und Energiebeziehungen aufzudecken. Es ist dann Sache der anderen Wissenschaften, wie der Biologie, Medizin, Chemie oder Pharmazie, sich die Erkenntnisse der Physik in geeigneter Weise zunutze zu machen.

Die zielbewusste praktische Anwendung physikalischer Erkenntnisse im Großen hat unter anderem die moderne Technik hervorgebracht. Jede neue physikalische Entdeckung kann früher oder später zu neuen technischen Möglichkeiten führen. Als Beispiel nennen wir nur die Entwicklung von der durch *Faraday* entdeckten elektromagnetischen Induktion bis zur heutigen Wechselstromtechnik. So ist die Physik Quelle neuer Entwicklungen und Untersuchungsmethoden für alle Naturwissenschaften einschließlich der Technik.

[1] Die Methoden, deren sich die Chemie dabei bedient, sind in immer steigendem Maße rein physikalische.

1.2 Die Methodik der Physik

Die Physik ist bezüglich ihrer Ergebnisse für alle Naturwissenschaften eine Grundwissenschaft. Sie hat darüber hinaus als ausgezeichnete Vertreterin der exakten Naturwissenschaften deren Methoden zu weitgehender Vollendung entwickelt. Ihre Arbeitsweise wollen wir daher etwas näher betrachten.

Das Ziel jeder Naturforschung ist es, nicht nur die Vorgänge in der Natur zu beschreiben, sondern sie auch logisch und kausal miteinander zu verknüpfen. Die meisten unmittelbaren Naturerscheinungen sind aber recht verwickelt, weil an ihnen mehrere, verschiedenartige Einflüsse beteiligt sind. Um diese einzeln zu erkennen und um die Gesetzmäßigkeit beim Ablauf des betreffenden Vorganges herauszufinden, bedient man sich des *Experiments*. Dabei schafft man künstlich vereinfachte, sog. „reine" Bedingungen und verändert diese so lange, bis man die Wirkungen einer bestimmten Ursache hinreichend genau übersieht. So untersucht man z. B., um die Wirkung der Gravitation allein, also ohne Störung durch Reibung, feststellen zu können, den freien Fall im luftleeren Raum. Das Experiment ist eine *Frage* an die *Natur*. Die Beobachtungen des Physikers müssen *quantitativ*, d. h. in Maß und Zahl angebbar sein. Denn nur dann sind sie jederzeit nachprüfbar und als gesicherte Grundlage für weitere Forschungen oder für die praktische Anwendung geeignet. Alle Beobachtungen müssen also auf *Messungen* beruhen (Abschn. 1.3). Da aber unsere Sinnesorgane für einen zahlenmäßigen Vergleich meist völlig unzureichend sind, muss der Physiker Messinstrumente benutzen. Diese sind sein Handwerkszeug. Andererseits kann die Physik nur mit Begriffen oder Größen arbeiten, die sich nach Messungen durch eine Zahl

H.A. Stuart, G. Klages, *Kurzes Lehrbuch der Physik*, Springer-Lehrbuch, DOI 10.1007/978-3-540-89046-1_1

angeben lassen, deren Definition sozusagen in einer Messvorschrift besteht. Jede weitergehende Bewertung von Messergebnissen oder die Verwendung von Begriffen, die nicht völlig wertefrei sind, überschreitet die Grenzen, die sich eine exakte Naturwissenschaft mit ihrer Arbeitsmethode selbst setzt.

Die Physik hat im Laufe der Zeit ein sehr umfangreiches Beobachtungsmaterial erarbeitet, das eine ziemlich wertlose Summe von Einzeltatsachen wäre, wenn es nicht gelingen würde, die Zusammenhänge zwischen Ursache und Wirkung, die Grundgesetze und weitergehenden Verknüpfungen herauszuschälen. Das geschieht in der Sprache der Mathematik, und die Verwendung der so aufgestellten Gleichungen erlaubt nicht nur die Lösung von speziellen Problemen in der Anwendung, sondern kann auch zur Erkenntnis oder Vorhersage bisher nicht bekannter Vorgänge führen.

Als Beispiel sei auf die elektromagnetischen Wellen hingewiesen, die auf Grund der Voraussage ihrer Existenz durch die Maxwell'sche Theorie des Elektromagnetismus systematisch gesucht, von *H. Hertz* gefunden und dann schließlich in bekannter Weise technisch verwertet wurden.

Physikalische Erkenntnisse stützen sich also auf Beobachtungen und auf logisches Denken. Die sog. *klassische* Physik benutzt dabei gewisse Grundelemente unserer Anschauung, wie etwa die Begriffe Raum und Zeit. Sie müssen aber später etwas modifiziert werden, z. B. um bestimmte Messergebnisse mit Hilfe der Relativitätstheorie deuten zu können. Die Physik ist sich heute darüber klar, dass sie nur mit Modellen, anschaulichen oder mathematischen, arbeiten kann. Die alte Frage nach dem Wesen der Dinge, etwa dem Wesen der Gravitation oder des elektromagnetischen Feldes, wird in der Physik nicht gestellt.

1.3 Bedeutung des Messens in der Physik

Eines der wichtigsten Kriterien einer physikalischen Aussage ist ihre *Reproduzierbarkeit*. Dies bedeutet: Es muss prinzipiell möglich sein, an verschiedenen Orten und zu verschiedenen Zeiten gewonnene Aussagen miteinander zu vergleichen. Das ist naturgemäß nur möglich, wenn die Aussage *quantitativ* gemacht wird, d. h. auf einer Messung beruht. *Messen bedeutet stets vergleichen*, und zwar *zahlenmäßig* mit einer bestimmten Vergleichsgröße, auf die man sich willkürlich als *Maßeinheit* oder kurz *Einheit* geeinigt hat. Ein Messergebnis enthält also stets zwei Angaben, die *Maßeinheit* und den *Zahlenwert*, auch *Maßzahl* genannt, d. h. die Zahl der Einheiten, die in der gemessenen Größe enthalten ist. So streicht der Physiker eine ganze Reihe von Formulierungen des Alltagslebens aus seinem Wortschatz. Aussagen wie „komme gleich wieder" oder „dahin ist es gar nicht weit" gibt es in der Physik nicht. Sie enthalten weder die Angabe einer Vergleichseinheit noch die einer Maßzahl.

Weiterhin gehört zu einer physikalischen Aussage immer die Angabe, wie *genau* sie ist. Es gibt keinen Messprozess, der ein fehlerloses, „absolut genaues" Ergebnis liefert, vergleichbar etwa einer Zahl, die sich durch eine mathematische Operation ergibt. Stets ist das Messergebnis mit einer Unsicherheit, einem *Fehler* behaftet, über den man sich immer Rechenschaft ablegen muss.

Ist der Fehler durch das Messgerät selbst verursacht, z. B. durch falsche Eichung, oder durch eine dauernd vorhandene Störung wie eine Reibungskraft, so sprechen wir von einem *systematischen Fehler* und unterscheiden ihn scharf vom etwa beim Justieren, Einstellen und Ablesen gemachten Fehler, dem *zufälligen Fehler*. Letzterer macht sich dadurch bemerkbar, dass beim Wiederholen der Messung die Einzelergebnisse je nach der Empfindlichkeit des Gerätes, der Übung des Beobachters oder des Einflusses unvermeidlicher, regelloser Störungen mehr oder weniger stark voneinander abweichen. Sie schwanken statistisch um einen Mittelwert, der den *wahrscheinlichsten* Wert darstellt. Systematische Fehler dagegen verschieben, oft in schwer übersehbarer Weise, diesen wahrscheinlichsten Wert; man kann sie nicht durch eine verbesserte statistische Fehlerrechnung, sondern nur durch eine sorgfältige Untersuchung der Fehlerquellen beseitigen. Jeder, der sich mit Messungen befasst, sollte sich so früh wie möglich daran gewöhnen, die Genauigkeit der Messgeräte nicht zu überschätzen und den Einfluss von möglichen Störungen und Schwankungen auf die Messgröße quantitativ abzuschätzen.

1.4 Fehlerangaben, Fehlerrechnung

Eine physikalische Größe ist also stets ein Messwert, der mit einer Unsicherheit behaftet ist. Der Mathematiker würde sagen, dass ihr Zahlenwert auf der Zahlengeraden ein Intervall ausfüllt, z. B. die Zeitspanne $(2{,}04 \pm 0{,}04)$ s, im Gegensatz zum exakten Punkt etwa für die Zahl π. 0,04 s ist dabei der *absolute* Fehler. Dagegen beträgt der *prozentuale* oder *relative* Fehler in diesem Falle 2%; er ist es, der im Allgemeinen die Präzision einer Messung charakterisiert. Diese Fehlerangaben beruhen sehr häufig auf Schätzungen unter Berücksichtigung der Eigenschaften der Apparatur, wobei möglichst die Streuung mehrerer nacheinander gewonnener Messergebnisse berücksichtigt wird, und sie werden daher stets gerundet.

Wichtig ist die sog. *Fehlerfortpflanzung*, wenn man das gewünschte Endresultat aus mehreren unmittelbar erhaltenen Messdaten berechnet. Dabei genügt es in der Praxis, folgende Faustregeln zu benutzen: Bei *Addition* und *Subtraktion* addieren sich die *absoluten* Fehler der Einzelgrößen. Bei *Multiplikation* und *Division* addieren sich ihre *relativen* Fehler. Müssen speziell zwei nahezu gleich große Größen subtrahiert werden, so erhält die Differenz einen großen relativen Fehler. Man sollte dann versuchen, den Messvorgang anders zu gestalten, indem man z. B. versucht, die Differenz unmittelbar zu messen. Bei der Quadrierung verdoppelt sich der relative Fehler, für die Quadratwurzel halbiert er sich.

Wir kommen nun zur mathematischen Statistik, um damit Messreihen und ihre Streuung etwas fundierter auswerten zu können. Grundsätzlich gilt: Eine Messgröße ist nur dann *naturgegebenen*, rein *statistischen Schwankungen* unterworfen, wenn sie durch Einzelvorgänge zustande kommt, die völlig unabhängig voneinander ablaufen. Das liegt z. B. vor beim Zerfall von radioaktiven Atomkernen unter gleichzeitiger Emission eines α- oder β-Teilchens. Hat ein radioaktives Präparat ein β-Teilchen emittiert, so wird dadurch die Emission des nächsten zeitlich überhaupt nicht determiniert. Experimentell beobachtet man an einem Zählrohr die Auslösungen oder Zählstöße, von je einem einzigen β-Teilchen verursacht, und man bestimmt die sog. Zählrate, das ist die Zahl der Auslösungen pro Zeiteinheit, etwa in der Minute. Wird diese Größe unter denselben Bedingungen wiederholt gemessen, so ergeben sich statistische Schwankungen.

Die mathematische Statistik führt dabei zu exakten, quantitativen Aussagen nur in dem Grenzfall, dass die Zählrate beliebig oft – unendlich oft – gemessen wurde. Sie erlaubt dann zu berechnen, wie oft die Zahl N als Zählrate prozentual vorgekommen ist. Das ist also der Grenzwert des Quotienten Zahl der Beobachtungen der Zählrate N dividiert durch Gesamtzahl der Messungen, wenn Letztere gegen unendlich geht. Wir wollen ihn mit $z(N)$ bezeichnen. Für ihn gilt

$$z(N) = \frac{1}{\sqrt{2\pi \bar{N}}} \exp\left(-\frac{(N-\bar{N})^2}{2\bar{N}}\right), \quad (1.1)$$

wobei $\bar{N}$ der Mittelwert der Zählrate ist, also die Summe aller gemessenen Zählraten dividiert durch die Anzahl der Messungen. Dieser muss nicht ganzzahlig sein. Man bezeichnet die entsprechende Kurve auch als *Gauß'sche Fehlerkurve*, vgl. Abb. 1.1; physikalische Bedeutung haben davon natürlich nur die Werte für ganzzahliges N. $z(N)$ bezeichnet man auch als *Wahrscheinlichkeit*, dass der Wert N gemessen wird, oder auch als *relative Häufigkeit*.

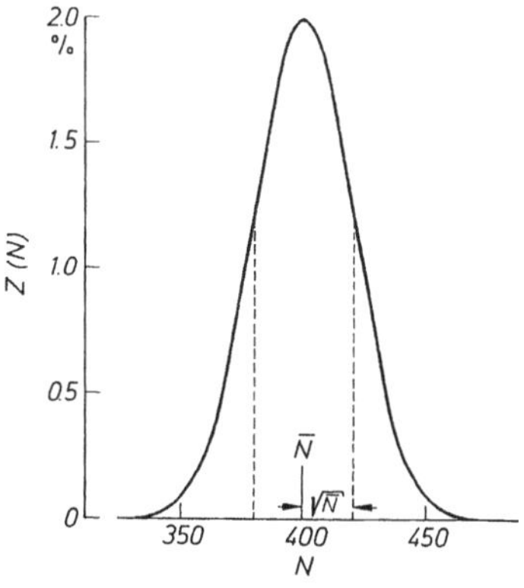

Abb. 1.1 Gauß'sche Fehlerkurve

Nach „unendlich" vielen Messungen ist der gesuchte Messwert, die Zählrate, hypothetisch als $\bar{N}$ „exakt" bekannt. Führt man aber nur eine einzige Messung durch, so kann dabei irgendein Wert N herauskommen. Eine in der Nähe des Maximums der Gaußkurve von Abb. 1.1 gelegene Zahl ist wahrscheinlicher als ein Wert weit entfernt davon. Die Wahrscheinlichkeit, eine Zahl im Intervall zwischen N_1 und N_2 zu treffen, ist gleich der Fläche unter der Gaußkurve über diesem Intervall. Es errechnet sich nun, dass mit einer Wahrscheinlichkeit von 68,3% die eine Messung in den Bereich $\bar{N} \pm \sqrt{\bar{N}}$ fällt, der zwischen den gestrichelten Vertikalen in Abb. 1.1 liegt. Man vermutet daher, dass normalerweise der bei einer Messung wirklich erhaltene Messwert N darin liegen wird, und sagt dann umgekehrt, der Messwert beträgt

$$N \pm \sqrt{N}, \tag{1.2}$$

und bezeichnet $s_1 = \sqrt{N}$ als *Standardabweichung* dieses *einen* Messwertes.

Man wird dann vielleicht n Einzelmessungen durchführen und daraus den *Mittelwert* – Summe der Messwerte/Zahl der Messdaten – bilden, also $\bar{N} = \sum_{i=1}^{n} N_i/n$. Wie groß ist nun die *Standardabweichung* dieses *Mittelwertes*? Sie ist selbstverständlich kleiner als die eines Einzelwertes und beträgt nur $s_n = \sqrt{\bar{N}/n}$. So ist sie bei 10 Messungen nur 31,6% der Standardabweichung der Einzelmessung.

Beweis: Für die Summe der n Einzelmessungen – sozusagen als einzelner Messwert $n\bar{N}$ – beträgt die Standardabweichung $\sqrt{n\bar{N}}$. Wenn dann $n\bar{N} \pm \sqrt{n\bar{N}}$ durch n dividiert wird, folgt unmittelbar die gesuchte Zählrate $\bar{N}$ mit obiger Standardabweichung s_n.

Wirklich regellose, zufällige Fehler lassen sich auch bei anderen Messgrößen durch wiederholtes Messen verkleinern. Nehmen wir als Beispiel die Winkeleinstellung φ eines Analysators für polarisiertes Licht auf das Minimum der Helligkeit (Abschn. 7.4.5). Aus einem einzigen Zahlenwert für den gesuchten Winkel φ kann man jetzt allerdings keine Standardabweichung angeben, etwa wie bei der Zählrate $N \pm \sqrt{N}$. Selbstverständlich gilt nicht $\varphi \pm \sqrt{\varphi}$. Hier muss man aus einer Messreihe von n nacheinander durchgeführten Einstellungen den Mittelwert $\bar{\varphi}$ bilden und die sog. quadratische Abweichung der Einzelwerte vom Mittelwert $(\varphi_i - \bar{\varphi})^2$ ausrechnen. Unter Zugrundelegung einer Gaußkurve liefert dann die Wahrscheinlichkeitsrechnung als Standardabweichung für den einzelnen Messwert:

$$s_1 = \sqrt{\sum_{i=1}^{n} \frac{(\varphi_i - \bar{\varphi})^2}{n-1}}, \tag{1.3}$$

die man also auf diese Weise *experimentell* bestimmt. Die Aussage über s_1 wird mit steigender Anzahl der Messungen n sicherer; der Wert von s_1 muss dabei aber nicht immer kleiner werden. Er schwankt für $n > 110$ meist nur um einen Endwert.

Die Standardabweichung s_n des Mittelwertes $\bar{\varphi}$ dagegen sinkt wie bei der Zählrate mit der Anzahl n der Messungen, weil wieder gilt

$$s_n = \frac{s_1}{\sqrt{n}}. \tag{1.4}$$

Das Messergebnis lautet also $\bar{\varphi} \pm s_n$.

Wir dürfen aber nie vergessen, dass wir den gesamten Messfehler durch Steigerung der Anzahl der Messungen hier nicht beliebig herabsetzen können. Systematische Fehler im weitesten Sinne sind keine regellosen Messfehler, für sie ist diese ganze statistische Rechnung völlig unwirksam, weil sie deren Voraussetzungen nicht erfüllen. Sobald der zufällige Fehler die Größenordnung der systematischen erreicht oder gar unterschritten hat, ist mit einer vorgegebenen Apparatur die Genauigkeit nicht mehr durch die mathematische Statistik zu verbessern.

Aufgaben

1.1 Von einer Kugel werden gemessen der Radius $r = 4{,}32 \pm 0{,}02$ cm und die Masse $m = 835 \pm 5$ g. Wie groß ist die Dichte ihres homogenen Materials $\varrho = m/V$ (V Volumen, vgl. Abschn. 3.1.5) und der absolute Fehler, mit dem sie durch diese Messungen bestimmt wird? (Sinnvoll gerundet!).

1.2 Die Zählrate pro Minute wird an einem radioaktiven Präparat gemessen. Es ergibt sich bei a) einer Messung $N = 817$, b) 10 Messungen $\bar{N} = 790,4$, c) 60 Messungen (1 Stunde) $\bar{N} = 796,8$, d) 1440 Messungen (1 Tag) $\bar{N} = 797,2$. Man gebe die Standardabweichung des jeweiligen Ergebnisses an.

1.3 Bei der wiederholten Einstellung desselben Helligkeitsminimums ergeben sich folgende Winkelablesungen am Analysator: 9,0°; 9,5°; 10,0°; 10,0°; 11,0°; 11,0°; 11,5°; 12,0°; 12,5°; 13,5°. a) Wie groß sind Mittelwert und Standardabweichung für die Einzelmessung s_1 sowie für den Mittelwert s_{10}? b) Ist es sinnvoll, hier den relativen Fehler als Maß für die Präzision der Messungen heranzuziehen?

2. Allgemeine Mechanik

2.1 Messen und Maßeinheiten

2.1.1 Basisgrößen. Jeder Zweig der Physik schafft sich seine speziellen Maßeinheiten, die den jeweiligen Problemen angepasst sind. Eine Aufgabe der Mechanik ist es, die Lage und Lageveränderung von Körpern im Raume zu beschreiben. Um die Lage eines Punktes im Raume festzustellen, muss man diese in Bezug auf ein Koordinatensystem angeben können. Wir benötigen daher als Erstes ein Längenmaß. Verändert der Punkt seinen Ort, d. h. bewegt er sich, so geschieht dies innerhalb einer gewissen Zeit. Als Zweites brauchen wir daher ein Zeitmaß. Schließlich muss noch der Körper selbst charakterisiert werden, etwa durch die Menge des in ihm vereinigten Stoffes, seine Masse. Für diese benötigen wir ebenfalls eine Maßeinheit (Abschn. 2.3.1).

Die drei Größen, Länge, Masse und Zeit, sind die *Basisgrößen* der Mechanik. Ihre Maßeinheiten nennt man *Basiseinheiten*. Diese und alle aus ihnen aufgebaute, sog. *abgeleitete Einheiten* für andere physikalische Größen werden als *SI-Einheiten* bezeichnet (Système international d'unités). Wenn nicht ausdrücklich anders vermerkt, sind bei der Anwendung physikalischer Gleichungen alle Größen immer in SI-Einheiten einzusetzen.

Überlegungen zum „Wesen" von Länge, Zeit und Masse haben in der Physik keinen Platz. Diese Basisgrößen sind allein durch die Messvorschriften definiert, nach denen sie durch den Vergleich mit Basiseinheiten gemessen werden. In welcher Weise dieser Messvorgang experimentell realisiert wird, um eine möglichst hohe Genauigkeit zu erreichen, ist eine Frage für sich.

2.1.2 Längen- und Winkelmessung. Als Basiseinheit für Längen hat man sich international auf das *Meter* geeinigt. Als Länge von 1 Meter (m) wurde ursprünglich der Abstand zweier Marken auf dem *Meterprototyp* festgelegt, einem in Paris aufbewahrten Maßstab aus Platin-Iridium.

Um den steigenden Anforderungen an Reproduzierbarkeit und Genauigkeit zu genügen, hat man bestimmt, wie viele Wellenlängen der orangeroten Spektrallinie von Krypton (Isotop 86) auf einen Meter entfallen. Fußend auf diesen Messergebnissen galt seit 1960 international die Festlegung, dass das Meter das 1 650 763,73-fache der Wellenlänge dieser Spektrallinie im Vakuum ist. Die Zahl der angegebenen Ziffern möge ein Hinweis auf die heute erreichbare Genauigkeit von Längenmessungen sein. Zur Ausmessung einer Strecke in Wellenlängen dient der Interferenz-Komparator (Abschn. 7.4.1).

Noch genauer reproduzierbar ist die neue Festlegung des Meters von 1983. Danach ist 1 Meter die Länge der Strecke, die Licht im Vakuum während der Zeitspanne von

$$\frac{1}{299\,792\,458}\,\mathrm{s}$$

durchläuft, Sekunde (s) vgl. Abschn. 2.1.3. Der Betrag der Länge 1 m bleibt gegenüber der alten Festlegung praktisch ungeändert, vgl. auch Lichtgeschwindigkeit (Abschn. 7.1.3).

Je nach der Größenordnung der Länge, die man misst und in der Einheit Meter angibt, entstehen sehr kleine oder sehr große Zahlenwerte. Da das für die Praxis unbequem ist, schuf man Untereinheiten, die sich jeweils um den Faktor $1000 = 10^3$ unterscheiden und mit einem SI-Vorsatz gesondert benannt werden. Die in der folgenden Tabelle 2.1 verzeichneten Längeneinheiten passen sich atomaren bis astronomischen Abmessungen an. Die Skala der Vielfachen von Atto (10^{-18}) bis Exa (10^{18}) wird ganz allgemein bei den verschiedensten

H.A. Stuart, G. Klages, *Kurzes Lehrbuch der Physik*, Springer-Lehrbuch, DOI 10.1007/978-3-540-89046-1_2

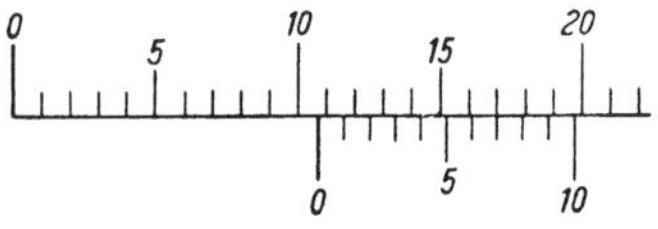

Abb. 2.1 Nonius

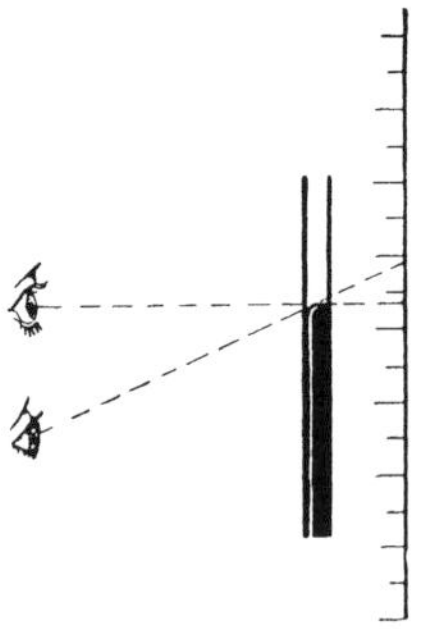

Abb. 2.2 Parallaxenfehler

Tabelle 2.1 Bruchteile und Vielfache von Einheiten (SI-Vorsätze)

Faktor	Name	Vorsatzzeichen		Weitere Beispiele
10^{-18}	1 Atto	a	meter	–
10^{-15}	1 Femto	f	meter	–
10^{-12}	1 Pico	P	meter	1 pF (Picofarad)
10^{-9}	1 Nano	n	meter	1 ns (Nanosekunde)
10^{-6}	1 Mikro	μ	meter	1 μA (Mikroampere)
10^{-3}	1 Milli	m	meter	1 mA (Milliampere)
10^{0}	1 –	–	meter	–
10^{3}	1 Kilo	k	meter	1 kV (Kilovolt)
10^{6}	1 Mega	M	meter	1 MW (Megawatt)
10^{9}	1 Giga	G	meter	1 GeV (Gigaelektronvolt)
10^{12}	1 Tera	T	meter	1 TΩ (Teraohm)
10^{15}	1 Peta	P	meter	–
10^{18}	1 Exa	E	meter	–

Größen gebraucht, s. die Beispiele der letzten Spalte.

Als Längeneinheiten sind zusätzlich noch gebräuchlich:

1 Dezimeter (dm) $= 10^{-1}$ m
1 Zentimeter (cm) $= 10^{-2}$ m
1 Zoll (inch) $= 25,4$ mm
1 Seemeile (sm) $= 1852$ m.

Seit 1978 nicht mehr verwendet werden sollten

1 Ångström-Einheit (Å) $= 10^{-10}$ m
1 Fermi-Einheit (Fe) $= 10^{-15}$ m.

In der Astrophysik sind folgende Einheiten üblich:

1 Lichtjahr (die vom Licht in einem Jahre zurückgelegte Strecke) $= 9{,}46 \cdot 10^{12}$ km.

1 Astronomische Einheit (A.U.), Länge der großen Halbachse der Erdbahn um die Sonne $= 1,496 \cdot 10^8$ km.

1 Parsec (pc), Entfernung, aus der die große Halbachse der Erdbahn unter dem Winkel von 1 Bogensekunde erscheint $= 30,857 \cdot 10^{12}$ km.

Zur praktischen Ausführung von Längenmessungen dienen neben Metallmaßstäben aller Art für kleinere Strecken Schieblehren, Schraubenmikrometer und Messuhren.

Um Bruchteile von Skalenteilen abzulesen, z. B. die Zehntelmillimeter einer Millimetereinteilung auf der Schieblehre, bedient man sich des *Nonius*, dessen Nullstrich abzulesen ist. 10 Teile der Skala des Nonius entsprechen 9 Teilen der Hauptskala. In der Abb. 2.1 deckt sich der siebente Noniusstrich mit einem Strich der Hauptskala, es liegt also der Nullpunkt des Nonius um 7/10 rechts vom entsprechenden Hauptskalenstrich, also bei 10,7. Das ist der abzulesende Messwert.

Bei *Mikrometerschrauben* und *Messuhren* wird die Bewegung eines Fühlers, der die zu messende Länge zurücklegt und damit ausmisst, auf eine Kreisbewegung übertragen. Bewegt sich der Fühler um 0,01 mm, so kann sich eine Marke auf der Kreisscheibe z. B. um 1 mm verschieben, was auf einer Skala ohne Lupe gut abzulesen ist.

Bei allen Skalenablesungen ist es sehr wichtig, den *Parallaxenfehler* zu vermeiden, der immer dann auftreten kann, wenn Maßstab und zu messender Gegenstand nicht in derselben Ebene liegen. Lesen wir z. B. ein Barometer ab, so erkennt man anhand der Abb. 2.2, dass man nur dann den richtigen Wert erhält, wenn man senkrecht auf das Barometer blickt. Beim schrägen Visieren tritt eine scheinbare Verschiebung des Fadens gegen den Maßstab ein (*Parallaxe*), und man liest zu hoch oder zu tief ab. Diesen Fehler vermeidet man z. B. bei elektrischen Messinstrumenten dadurch, dass man hinter der Skala und dem Zeiger einen Spiegel anbringt. Man liest dann ab, wenn der Zeiger und sein Spiegelbild sich decken, was nur bei senkrechter Blickrichtung der Fall ist.

Die *Flächenmessung* wird auf Längenmessungen zurückgeführt, wenn die Begrenzung der Flächen geometrisch einfach ist, wie beim Rechteck, Dreieck, Kreis, Ellipse u. dgl. Als *Flächeneinheit* benutzt man 1 m^2, die Fläche des Quadrates mit der Längeneinheit als Seite. Die Flächeneinheit ist eine *abgeleitete* Einheit, im Gegensatz zur Längeneinheit, die eine *Basiseinheit* ist.

Bekannte Flächeneinheiten sind:

1 Ar(a) $= 10^2$ m^2
1 Hektar (ha) $= 10^4$ m^2.

Die *Raumeinheit* wird durch einen Würfel dargestellt, dessen Kantenlänge die Längeneinheit ist. SI-Einheit ist 1 Kubikmeter (m^3), gebräuchlich ist auch das Liter (l) $1\,\text{l} = 10^{-3}\,\text{m}^3 = 1\,\text{dm}^3$.

Für die Messung eines *ebenen Winkels* benutzt man im täglichen Leben die Teilung des Kreisumfanges in 360°, wobei 1 Winkelgrad = 60 Minuten (1° = 60′) und 1 Minute = 60 Sekunden (1′ = 60″) ist. Das Winkelmaß der Mathematik (SI) ist das von r unabhängige Verhältnis φ des Bogens b zum Radius r, s. Abb. 2.3 und (2.1). Nimmt man als Radius 1 m, so ist die in m gemessene Länge des Bogens zugleich ein Maß des Winkels, das sog. *Bogenmaß* oder *radiant* (rad). Als das Verhältnis zweier Längen kann man es als eine reine Zahl, also dimensionslos, ansehen (Abschn. 2.2.1b). Es ist aber auch üblich, das Einheitszeichen rad dafür einzusetzen; dieses wird aber für Größen, die vom Winkel abgeleitet sind, nie verwendet, vgl. Winkelgeschwindigkeit Abschn. 2.2.2 und Winkelbeschleunigung Abschn. 2.6.1.

Ein bestimmter Winkel im Gradmaß φ° verhält sich zum vollen Kreisumfang, also zu 360°, wie die durch seine Schenkel ausgeschnittene Bogenlänge b zum vollen Kreisumfang $2r\pi$. Es ist also

$$\frac{\varphi^\circ}{360^\circ} = \frac{b}{2r\pi} = \frac{\varphi}{2\pi} \qquad \text{oder}$$

$$\varphi = \frac{b}{r} = \frac{\varphi^\circ \pi}{180^\circ}. \tag{2.1}$$

Die Winkeleinheit im Bogenmaß, also $\varphi = 1\,\text{rad}$ macht dann in Winkelgrad $360^\circ/2\pi$ aus ($1\,\text{rad} \mathrel{\widehat{=}} 57{,}295^\circ = 57^\circ 17' 45''$). Ferner entspricht dem Bogen $\pi/2$ auf dem Einheitskreis 90° ($90^\circ \mathrel{\widehat{=}} \pi/2\,\text{rad}$).[1]

Für genauere Winkelmessungen wird der *Theodolit* gebraucht, im Wesentlichen ein Fernrohr mit Fadenkreuz, das um eine Vertikalachse über einem horizontalen Teilkreis drehbar ist. Damit kann man den Winkel bestimmen, unter dem zwei entfernte Punkte vom Auge des Beobachters aus gesehen werden. Häufig ist der Theodolit auch zur Messung von Höhenwinkeln eingerichtet.

Der *räumliche Winkel* Ω ist das Verhältnis der Flächen von Kugelkappe zum Quadrat des Kugelradius. Der volle Raumwinkel beträgt danach 4π. Die abgeleitete SI-Einheit des räumlichen Winkels ist der *Steradiant* (sr), s. auch Abschn. 7.5.4.

[1] Das Dachzeichen $\widehat{=}$ ist dabei als „entspricht" zu lesen.

2.1.3 Basiseinheit von Zeit und Masse.

Der konventionelle Zeitbegriff kommt aus der Erfahrung. Wenn ein Bewegungsvorgang, z. B. der Ablauf einer Sanduhr oder das Hin- und Herschwingen eines Pendels unter gleichen Bedingungen wiederholt abläuft, so postuliert man, dass er zu seinem Ablauf gleiche Zeit braucht. Um ein Zeitmaß zu gewinnen, müssen wir also einen möglichst ungestörten, immer wiederkehrenden sog. *periodischen* Vorgang heranziehen. Als solcher diente ursprünglich die Drehung der Erde um ihre Achse. Diese Drehung erkennen wir am scheinbaren Lauf der Fixsterne. In der Zeit zwischen zwei aufeinander folgenden Höchstständen oder Meridiandurchgängen des gleichen Fixsternes hat sich die Erde gerade einmal um ihre Achse gedreht. Diese Zeitspanne nennen wir *Sterntag*. Im täglichen Leben richten wir uns nun nicht nach dem Lauf der Sterne, sondern nach dem der Sonne. Infolge des Umlaufs der Erde um die Sonne stimmt der Sonnentag aber nicht mit dem Sterntag überein. So wählte man als praktische Zeiteinheit die Zeit, die im Jahresmittel zwischen zwei aufeinander folgenden Höchstständen der Sonne verstreicht, den sog. *mittleren Sonnentag* (d). Er wird in 24 Stunden (h) oder in 1440 Minuten (min) oder in 86 400 Sekunden (s) eingeteilt. Die *Sekunde* ist die zweite SI-Basiseinheit.

Um von Änderungen und Schwankungen in der Erdrotation frei zu werden, wird seit 1967 diese Basiseinheit definiert durch ein Vielfaches der Periodendauer einer monochromatischen elektromagnetischen Welle. Gewählt wurde dazu das Nuklid ^{133}Cs mit einer Übergangsfrequenz bei Mikrowellen, von der 9 192 631 770 Schwingungen oder Periodendauern 1 Sekunde ausmachen.– Die praktische Reproduzierbarkeit der Zeiteinheit mit einer Atomuhr ist etwa 10^{-12}.

Alle unsere Zeitmesser, Uhren genannt, enthalten ein Element, in welchem ein periodischer Vorgang abläuft und dessen Perioden gezählt werden. Dies kann z. B. ein Pendel sein, eine Spiralfeder (Unruhe), ein schwingender Kristall (Quarzuhr) oder ein in be-

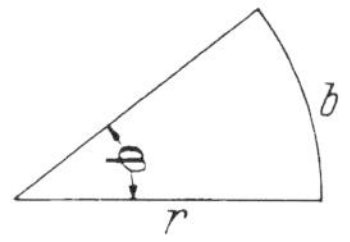

Abb. 2.3 Zum Bogenmaß des ebenen Winkels

stimmter Weise angeregter Schwingungsvorgang von Atomen oder Molekülen (Atomuhr).

Die *Masse* ist ein Maß für den Materieinhalt eines Körpers (Abschn. 2.3.1 und 2.3.2). Ihre Basiseinheit ist das *Kilogramm* (kg), das ist die Masse des Internationalen Kilogrammprototyps, eines in Paris aufbewahrten Körpers aus Platin-Iridium. Sie sollte möglichst genau gleich der Masse von $1000\,cm^3$ Wasser bei 4 °C sein (über diese Bezugstemperatur vgl. Abschn. 5.1.3).

Eine Tonne (1 t) sind 1000 kg oder 1 Mg (Megagramm). Keine SI-Einheiten sind 1 Zentner = 100 Pfund (℔) = 50 kg.

Aufgaben

2.1.1 Bei der Höhenmessung in Abb. 2.2 ist das Auge 33 cm von der Skala entfernt, während die Flüssigkeitssäule 3 cm vor ihr steht. Wie groß ist der Messfehler Δh, wenn das Auge 2 cm zu tief steht?

2.1.2 Wie viel m^3 sind $2\,mm^3$?

2.1.3 Man gebe den Winkel $5\pi/6$ rad in Grad an.

2.2 Bewegungslehre (Kinematik)

Nachdem wir in Abschn. 2.1 mit der Festlegung der Einheiten für die Basisgrößen Länge und Zeit die Voraussetzung geschaffen haben, Bewegungen von Körpern zu beschreiben, wollen wir solche näher untersuchen. Ausdrücklich klammern wir zunächst die Frage nach der Ursache einer Bewegung aus. Diese Frage werden wir in Abschn. 2.3 behandeln. Ferner beschränken wir uns auf Körper, deren Abmessungen gegenüber den von ihnen zurückgelegten Wegstrecken sehr klein sind. Wir sprechen dabei von einem *Massenpunkt*, über die genaue Definition vgl. auch Abschn. 2.5.4. Zunächst geht es darum, die zur Beschreibung der Bewegung eines Massenpunktes geeigneten physikalischen Größen festzulegen, ihre Eigenschaften zu erläutern und mit ihnen die Gesetze für einfache Bewegungsformen aufzustellen.

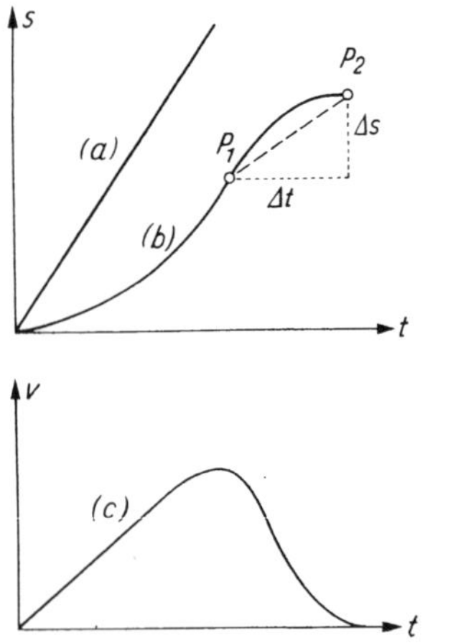

Abb. 2.4 Weg-Zeit-Gesetz für gleichmäßige (*a*) und ungleichmäßige (*b*) Bewegung, (*c*) Geschwindigkeits-Zeit-Gesetz zu Kurve (*b*)

2.2.1 Geschwindigkeit. Wir nehmen zunächst an, dass der Körper auf einer *geraden* Bahn sich *gleichförmig* bewegt, d. h. zum Zurücklegen gleicher Strecken immer die gleiche Zeit braucht. Das Verhältnis des zurückgelegten Weges s zu der dazu benötigten Zeit t nennen wir die *Geschwindigkeit* v des Körpers (velocitas)

$$v = \frac{s}{t}\,. \qquad (2.2a)$$

Statt des ganzen Weges, vom Anfang der Bewegung gemessen, können wir auch jedes beliebige Teilstück des Weges $s_2 - s_1 = \Delta s$ und die dazu benötigte Zeitspanne $t_2 - t_1 = \Delta t$ verwenden. Bei einer gleichförmigen Bewegung ergibt sich stets derselbe Wert für die Geschwindigkeit

$$v = \frac{\Delta s}{\Delta t}\,. \qquad (2.2b)$$

Um das zu veranschaulichen, zeichnen wir das sog. *Weg-Zeit-Diagramm*. Bei einer gleichförmigen Bewegung ergibt sich einfach die Gerade $s = vt$. Ihre Steigung $\Delta s/\Delta t$ ist überall gleich und gibt die gleich bleibende Geschwindigkeit an (s. Abb. 2.4a). Für geradlinig ungleichförmige Bewegungen dagegen wird das Weg-Zeit-Diagramm eine gekrümmte Kurve, und die *mittlere* Geschwindigkeit $\Delta s/\Delta t$ während einer ausgewählten Zeitspanne Δt ist die Steigung der Sekanten durch die zugehörigen beiden Diagramm-Punkte P_1 und P_2 (s. Abb. 2.4b).

Als *Momentgeschwindigkeit* bezeichnen wir die Steigung der Tangenten im ausgewählten Kurvenpunkt (Zeitpunkt). Das bedeutet, mathematisch formuliert, die Ableitung des Weges nach der Zeit oder den Differentialquotienten

$$v = \lim_{\Delta t \to 0} \frac{\Delta s}{\Delta t} = \frac{\mathrm{d}s}{\mathrm{d}t}\,. \qquad (2.2c)$$

Die Momentangeschwindigkeit hängt bei Abb. 2.4b von der Zeit ab, das zugehörige Geschwindigkeits-Zeit-Diagramm zeigt Abb. 2.4c. Unsere Festlegungen bei konstanter Geschwindigkeit sind selbstverständlich in der allgemeinen Formulierung als Spezialfall enthalten.

Der Begriff der Geschwindigkeit gibt uns Gelegenheit, einige grundlegende Eigenschaften physikalischer Begriffe zu erläutern:

a) Die Definition muss stets die Messvorschrift enthalten. Dies ist bei der Geschwindigkeit der Fall, $v = \Delta s / \Delta t$ bedeutet in Worten: Man messe Weg und Zeitspanne und bilde das Verhältnis. Man mache sich diese Grundforderung an eine physikalische Definition stets klar. An einer Definition ist zwar nichts zu „verstehen", dennoch ist es wichtig, ihre Zweckmäßigkeit zu prüfen. – Völlig unabhängig davon ist die Frage, wie eine Größe im Experiment oder in der Praxis mit der notwendigen Genauigkeit zweckmäßig bestimmt wird. Das geschieht gerade bei der Geschwindigkeit meist auf andere Weise, z. B. mithilfe eines Tachometers im Auto, das primär die momentane Drehzahl eines Rades misst.

b) Während das Meter und die Sekunde Basiseinheiten darstellen, begegnen wir hier bei der Geschwindigkeit, wie schon bei der Fläche, einer *abgeleiteten* Einheit. Zu jeder Definitions- oder Größengleichung gehört eine Einheitengleichung. Für „Einheit der Geschwindigkeit" z. B. wollen wir $[v]$ schreiben, und damit ergibt sich die zugehörige Einheitengleichung:

$$[v] = \frac{[s]}{[t]} = \frac{m}{s}. \tag{2.2d}$$

Die Geschwindigkeit wird also in der Einheit m/s angegeben. Man sagt auch, dass eine physikalische Größe stets das Produkt von Maßzahl und Einheit ist. In der Praxis verwendet man auch andere Einheiten, wie km/h (nicht Stundenkilometer!).

c) Die Geschwindigkeit ist eine Größe, die zu ihrer vollständigen Bestimmung außer der Maßzahl und der Einheit noch einer weiteren Angabe bedarf, nämlich der ihrer Richtung im Raum. Solche Größen, zu deren Festlegung noch die Richtung angegeben werden muss, heißen *gerichtete Größen* oder *Vektoren*; Beispiele dafür sind Kräfte, Wegstrecken, Geschwindigkeiten und Beschleunigungen. Im Gegensatz dazu bezeichnet man Größen ohne Richtung als *Skalare*; zu ihnen gehören z. B. Masse, Wärmemenge, Energie usw. Vektoren lassen sich durch geradlinige *Pfeile* darstellen, deren *Länge* den *Betrag* (Zahlenwert) und deren *Richtung* diejenige des Vektors angibt (vgl. das Beispiel der Geschwindigkeiten in Abb. 2.5).

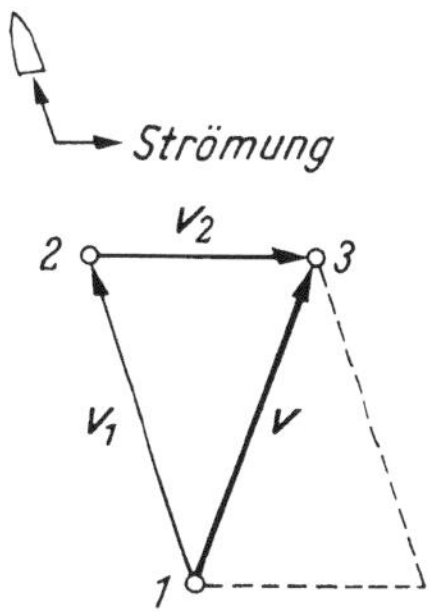

Abb. 2.5 Geometrische Addition von Geschwindigkeiten (Vektoraddition $\boldsymbol{v}_1 + \boldsymbol{v}_2 = \boldsymbol{v}$)

Vektorgrößen kann man nicht, wie z. B. Massen, *algebraisch* addieren, sondern nur *geometrisch*. Wir betrachten als Beispiel ein Boot, das mit der Geschwindigkeit $\boldsymbol{v}_1$ schräg über einen Fluss mit der Strömungsgeschwindigkeit $\boldsymbol{v}_2$ fährt, s. Abb. 2.5. Ohne die Strömung würde das Boot in einer Sekunde von 1 nach 2 kommen. Infolge der Strömung wird es um das Stück $2 \rightarrow 3$ abgetrieben, gelangt also in Wirklichkeit in einer Sekunde nach 3. Seine wirkliche oder *resultierende* Geschwindigkeit ist dabei durch die Diagonale v eines Parallelogramms bestimmt, dessen Seiten von den Teilgeschwindigkeiten oder Komponenten v_1 und v_2 gebildet werden. (*Parallelogrammsatz*). Diese Art von Addition heißt *geometrisch*.

Um sie von der algebraischen klar zu unterscheiden, benutzen wir gegebenenfalls für Vektorgrößen fette Buchstaben oder setzen einen Pfeil dazu, vgl. Abb. 2.5, und stellen die obige geometrische Addition der Geschwindigkeiten durch die Vektorgleichung $\boldsymbol{v} = \boldsymbol{v}_1 + \boldsymbol{v}_2$ dar. Wenn alle Vektoren in einer Gleichung dieselbe Richtung haben und wenn es nur um ihre Beträge geht, werden wir der Einfachheit halber auf den Fettdruck verzichten, z. B. (2.2b).

Der Endpunkt ist unabhängig davon, ob das Boot die Bewegungen in beliebiger Reihenfolge *einzeln nacheinander* oder *gleichzeitig* ausführt. Immer gelangt es von 1 nach 3. Ganz allgemein gilt: *Gleichzeitig verlaufende Bewegungen stören sich gegenseitig nicht* und *addieren* sich *geometrisch* (sog. *ungestörte Überlagerung* oder *Superposition* von Bewegungen).

In derselben Weise können wir auch Beschleunigungen, Kräfte usw. zusammensetzen (Abschn. 2.2.2 ff.).

2.2.2 Beschleunigung. Bei jeder *ungleichförmigen* Bewegung hat die Messgröße $v = \Delta s/\Delta t$ nur die Bedeutung einer *mittleren* Geschwindigkeit über die Wegstrecke Δs oder während der Zeitspanne Δt. Die momentane Geschwindigkeit ändert sich längs der Bahn. Wir sprechen auch von einer *beschleunigten* Bewegung und nennen den Quotienten aus Geschwindigkeitsänderung und der dafür benötigten Zeit *Beschleunigung* $\boldsymbol{a}$ (acceleratio)

$$\boldsymbol{a} = \lim_{\Delta t \to 0} \frac{\Delta \boldsymbol{v}}{\Delta t} = \frac{\mathrm{d}\boldsymbol{v}}{\mathrm{d}t} . \tag{2.3}$$

Die Einheit von $\boldsymbol{a}$ ist $\mathrm{m/s^2}$. Sie ist ebenso wie die Geschwindigkeit ein Vektor, der die Richtung der Geschwindigkeitsänderung hat.

Bei einer krummlinigen Bahn ändern sich im Allgemeinen sowohl der Betrag der Geschwindigkeit, die Bahngeschwindigkeit $\boldsymbol{v}$, als auch die Richtung der Geschwindigkeit. Die gesamte Geschwindigkeitsänderung $\Delta\boldsymbol{v}$ können wir in zwei Anteile (Komponenten) zerlegen: $\Delta\boldsymbol{v}_\mathrm{B}$ ändert nur den Betrag der Geschwindigkeit, $\Delta\boldsymbol{v}_r$ nur deren Richtung, s. Abb. 2.6.

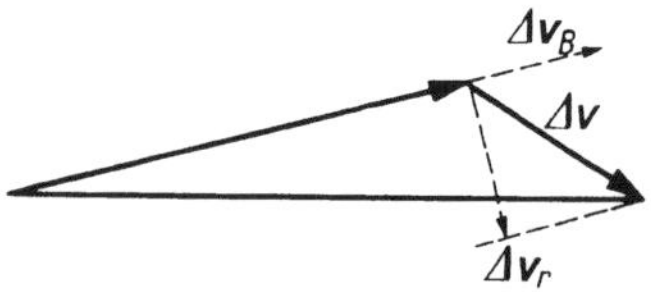

Abb. 2.6 Zerlegung der Geschwindigkeitsänderung auf einer krummlinigen Bahn

Im Folgenden betrachten wir die Wirkung dieser beiden Komponenten getrennt als zwei Grenzfälle.

1. Verläuft die Bewegung *geradlinig*, so bleibt die Richtung der Geschwindigkeit erhalten, es ändert sich nur die Bahngeschwindigkeit $\boldsymbol{v}$, Abb. 2.7a. Die Beschleunigung hat stets die Richtung der Geschwindigkeit. Beim Abbremsen muss sie ihr entgegen gerichtet sein, Bremsung ist negative Beschleunigung.

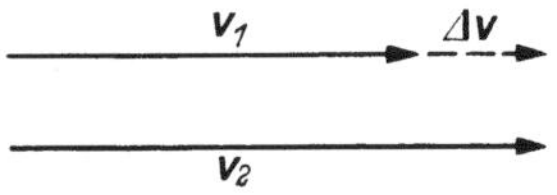

a

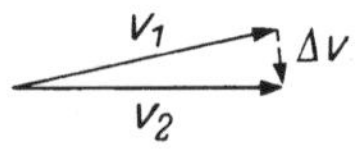

b

Abb. 2.7 (**a**) Reine Bahnbeschleunigung; (**b**) Reine Radialbeschleunigung

Bei fester Bahnrichtung können wir uns darauf beschränken, allein die Beträge von Geschwindigkeit und Beschleunigung zu betrachten. Dann ist die Beschleunigung, mathematisch formuliert, die erste Ableitung der Geschwindigkeit nach der Zeit und diese wiederum die erste Ableitung des Weges nach der Zeit, also

$$\boldsymbol{a} = \frac{\mathrm{d}\boldsymbol{v}}{\mathrm{d}t}; \qquad \boldsymbol{v} = \frac{\mathrm{d}s}{\mathrm{d}t} \tag{2.4}$$

mithin

$$\boldsymbol{a} = \frac{\mathrm{d}}{\mathrm{d}t}\left(\frac{\mathrm{d}s}{\mathrm{d}t}\right) = \frac{\mathrm{d}^2 s}{\mathrm{d}t^2} . \tag{2.5}$$

Dieser Zusammenhang gibt uns die Möglichkeit, bei bekannter Beschleunigung den zeitlichen Verlauf der Bewegung eines Körpers auf einer Geraden durch Integration zu berechnen.

Speziell für den Fall einer konstanten Beschleunigung erhalten wir

$$v = \int_0^t a\,\mathrm{d}t = at + \mathrm{const} . \tag{2.6}$$

Die bei der Integration auftretende Konstante ermittelt man aus den sog. Anfangsbedingungen. Zur Zeit $t = 0$, wenn die Beschleunigung beginnt, habe der Körper bereits die Geschwindigkeit $\boldsymbol{v}_0$, sodass $\mathrm{const} = v_0$ gilt. Wir erhalten also für den zeitlichen Verlauf der Geschwindigkeit

$$v = v_0 + at . \tag{2.7}$$

Das gleiche Verfahren können wir noch einmal auf unsere Gleichung für die Geschwindigkeit anwenden, um den seit Beginn der Bewegung zurückgelegten Weg zu berechnen:

$$s = v_0 t + \frac{1}{2}at^2 . \tag{2.8}$$

Dies ist die vollständige Beschreibung der Bewegung eines punktförmigen Körpers auf einer Geraden unter dem Einfluss einer konstanten Beschleunigung.

In der Natur ist ein wichtiges Beispiel für die geradlinige Bewegung mit konstanter Beschleunigung der *freie* Fall, der schon von *Galilei*[2] untersucht wurde. Alle Körper, schwere oder leichte, fallen im luftleeren Raum nahe der Erdoberfläche gleich schnell. In Luft kann die Reibung die Fallbewegung von leichten Körpern erheblich hemmen. Die Beschleunigung beim freien Fall oder die *Erdbeschleunigung* g beträgt in unseren Breiten fast $10\,\mathrm{m/s^2}$ $(9{,}81\,\mathrm{m/s^2})$.

[2] *Galilei, Galileo*, 1564–1642, der Begründer der Bewegungslehre, ist der erste Naturforscher, der seine Beobachtungen mathematisch formulierte.

Für den freien Fall formulieren wir nach den allgemeineren Ableitungen oben das Geschwindigkeit-Zeit-Gesetz

$$v = gt \tag{2.9}$$

und das Weg-Zeit-Gesetz

$$s = \frac{1}{2}gt^2 . \tag{2.10}$$

Weiter errechnet sich aus beiden $v = \sqrt{2gs}$. Dabei ist zu beachten, dass in diesen Gleichungen die Zeit t vom Beginn des Fallens aus der Ruhe zählt. – Das Weg-Zeit-Gesetz lässt sich auch graphisch ableiten. Dem Vorgang bei der Integration entsprechend, ist der Weg s_1 in der Zeit t_1 gleich der schraffierten Fläche unter der Geschwindigkeit-Zeit-Kurve (Abb. 2.8b) $s_1 = (gt_1)t_1/2$. Dieses Verfahren bleibt auch anwendbar bei Bewegungen mit nicht konstanter Bahnbeschleunigung, d. h. gekrümmtem Geschwindigkeit-Zeit-Diagramm.

Eine konstante Beschleunigung a bestimmt man praktisch, indem Gesamtweg s und Zeit t gemessen und $a = 2s/t^2$ berechnet wird. Die Definitionsgleichung selbst $a = \mathrm{d}v/\mathrm{d}t$ ist für genaue Messungen ungeeignet.

2. Ändert sich dagegen nur die Richtung der Geschwindigkeit, so steht die Geschwindigkeitsänderung zu jedem Zeitpunkt senkrecht zur Bahngeschwindigkeit ($\Delta v \perp v$). Wir sprechen von einer reinen *Radialbeschleunigung*, s. Abb. 2.7b. Dieser wichtige Sonderfall liegt vor, wenn eine *Kreisbahn* mit konstanter Bahngeschwindigkeit durchlaufen wird, s. Abb. 2.9.

Die momentane Bewegung des Massepunktes können wir entweder durch seine Bahngeschwindigkeit v (Abschn. 2.2.1) oder durch seine *Winkelgeschwindigkeit* $\omega = \mathrm{d}\varphi/\mathrm{d}t$ (griechischer Buchstabe Omega) beschreiben. Dreht sich der Fahrstrahl vom Kreismittelpunkt zum Massenpunkt um den Winkel $\Delta\varphi$, s. Abb. 2.9, so verschiebt sich der Bahnpunkt um das Bogenstück $r\Delta\varphi$, sodass wir für die Bahngeschwindigkeit

$$v = r\frac{\Delta\varphi}{\Delta t} = r\omega \quad \text{oder} \quad \omega = \frac{v}{r} \tag{2.11}$$

erhalten.

Bei der *gleichförmigen Kreisbewegung* wird für ν Umläufe in der Sekunde (griechischer Buchstabe nü) die Bahngeschwindigkeit

$$v = 2\pi r\nu . \tag{2.12}$$

ν nennen wir die *Frequenz* oder die *Drehzahl*. Die SI-Einheit der Frequenz ist $1\ \mathrm{s}^{-1} = 1$ Hertz (1 Hz). Die Dauer eines Umlaufes heißt die *Umlaufszeit* oder die *Periodendauer* $T = 1/\nu$. Für die Winkelgeschwindigkeit erhalten wir daher

$$\omega = 2\pi\nu = \frac{2\pi}{T} . \tag{2.13}$$

ω, also das 2π-fache der Frequenz, nennt man auch die *Kreisfrequenz*. Ihre Einheit ist $1\ \mathrm{s}^{-1}$, nicht 1 rad/s.

Der Massepunkt bewegt sich auf der Kreisbahn gleichmäßig, aber trotzdem ist die Bewegung beschleunigt, weil die Richtung der Geschwindigkeit sich laufend ändert. In jedem Bahnpunkt liegt der Vektor $\boldsymbol{v}$ in Richtung der Tangente an die Bahnkurve. Die Beschleunigung steht senkrecht auf der Bahn, zeigt also zum Kreismittelpunkt. Sie heißt daher auch *Zentripetalbeschleunigung* $\boldsymbol{a}_r$. Ihr Betrag ist durch $a_r = \omega^2 r = v^2/r$ gegeben.

Beweis: Die Geschwindigkeiten zu Beginn und am Ende einer Zeitspanne Δt, v_1 und v_2, unterscheiden sich nur in ihrer Richtung, und zwar um den Winkel $\Delta\varphi$ bzw. um die Zusatzgeschwindigkeit Δv. Es gilt, s. Abb. 2.9:

$$\Delta v = v\Delta\varphi ,$$

$$a_r = \lim_{(\Delta t \to 0)} \frac{\Delta v}{\Delta t} = v\frac{\Delta\varphi}{\Delta t} = v\omega = \frac{v^2}{r} = \omega^2 r . \tag{2.14}$$

Aufgaben

2.2.1 Ein Auto mit der Geschwindigkeit 100 km/h kommt nach einem Bremsweg von 20 m zum Stillstand. Wie groß ist die mittlere Beschleunigung verglichen mit der Erdbeschleunigung?

2.2.2 Welche Zeit benötigt das Auto in Aufgabe 2.2.1 für den Bremsweg?

2.2.3 Um in eine Nebenstraße einzubiegen, fährt ein Radfahrer in 3 s das Viertel eines Kreises von 10 m Durchmesser. Wie groß sind Bahngeschwindigkeit und Zentripetalbeschleunigung?

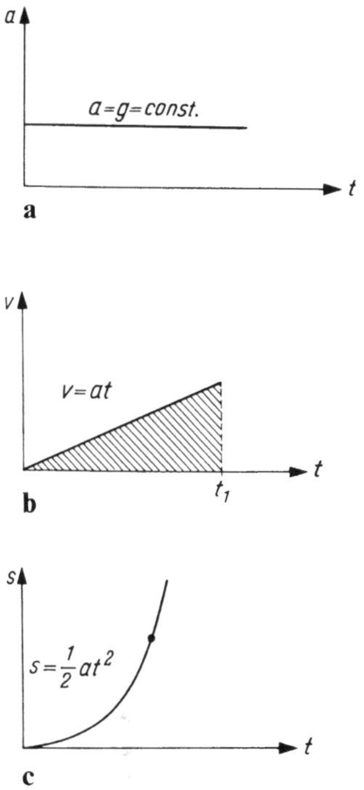

Abb. 2.8 a–c Verlauf von a, v und s als Funktion von t für die geradlinige Bewegung mit konstanter Beschleunigung, $v_0 = 0$

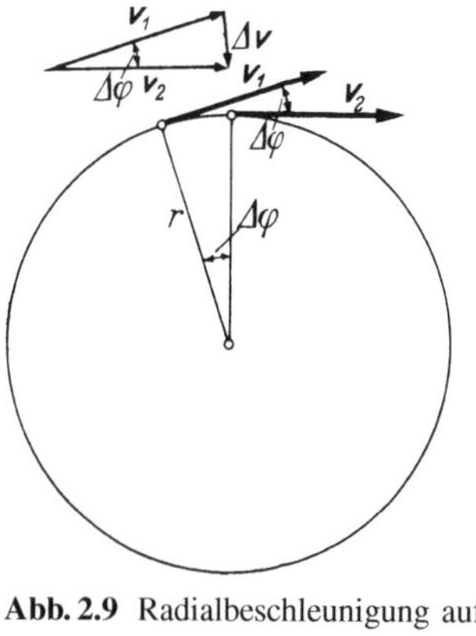

Abb. 2.9 Radialbeschleunigung auf der Kreisbahn

2.3 Bewegung unter dem Einfluss von Kräften (Dynamik)

Bei unseren bisherigen Betrachtungen haben wir die Frage nach der Ursache einer Bewegung außer Acht gelassen, also reine Kinematik betrieben. Stellen wir diese Frage nach der Ursache, so stoßen wir auf einen wichtigen neuen Begriff, nämlich die Kraft, und müssen uns mit der dritten Basisgröße näher beschäftigen, der Masse, s. auch Abschn. 2.1.3. Wir knüpfen zunächst an einige Erfahrungsstatsachen an. Werfen wir einen Ball, setzen wir einen Wagen in Bewegung oder halten wir einen rollenden Wagen auf, so müssen wir unsere Muskelkraft dabei einsetzen. Von einem Kraftaufwand sprechen wir ferner, wenn wir einen Gummiball oder eine Feder mit der Hand zusammendrücken, also an einem Körper eine *Formänderung* hervorrufen. Dieser aus unserem Muskelgefühl stammende Begriff „Kraft“ ist recht verschwommen. Für physikalische quantitative Beobachtungen müssen wir ihn wieder durch eine Messvorschrift definieren.

Zunächst stellen wir fest, dass wir Kräfte zwar nach ihrer Herkunft *benennen*, z. B. Muskelkräfte, elastische Kräfte, Schwerkräfte, elektrische, magnetische Kräfte usw.

Ihre Größe messen können wir jedoch ausschließlich durch ihre Wirkungen. Im Bereich der Mechanik sind dies:

1. Änderung des Bewegungszustandes, d. h. der Geschwindigkeit eines Körpers, also Beschleunigung, *dynamische* Wirkung einer Kraft.

2. Formänderung eines Körpers, elastische Deformation, sog. *statische* Wirkung einer Kraft. Beide Wirkungen werden wir heranziehen, um ein Maß für die Kraft zu erhalten.

2.3.1 Träge Masse und Kraft. Den Widerstand eines Körpers gegen Änderungen seines Bewegungszustandes bezeichnen wir als *Trägheit*. Wir sprechen von seiner *trägen Masse*. Präzisieren wir unsere diesbezüglichen Erfahrungen, so können wir sagen: *Ein Körper, der sich völlig selbst überlassen ist, verharrt im Zustand der Ruhe oder der gleichförmigen geradlinigen Bewegung (Newton'sches*[3] *Trägheitsprinzip).*

Es ist schwierig, den Trägheitssatz im Laboratorium unmittelbar an der Erfahrung quantitativ zu prüfen, da wir dort einen Körper allen äußeren Einflüssen, insbesondere der Reibung, nicht ganz entziehen können. So wird z. B. die Geschwindigkeit einer auf einer horizontalen Fläche rollenden Kugel durch die Reibung vermindert, aber umso weniger, je glatter die Kugel und die Oberfläche sind. Alle aus dem Trägheitssatz als idealem Grenzfall gezogenen Schlussfolgerungen sind aber mit der Erfahrung in Übereinstimmung. – In der Luftkissenbahn ist es gelungen, die Reibung ganz beträchtlich herabzusetzen.

Zur quantitativen Untersuchung des Zusammenhanges zwischen der wirkenden Kraft und der Beschleunigung a, die sie einem Körper der Masse m erteilt, benutzen wir am besten die Schwerkraft (Abschn. 2.3.2). In Abb. 2.10 zieht ein kleines Gewicht G an einer Schnur über eine Rolle einen beladenen Wagen. Wir messen die Laufzeiten t für unterschiedliche Laufwege s des Wagens und finden eine Proportionalität von s mit t^2. Nach der Beziehung $a = 2s/t^2$ der gleichmäßig beschleunigten Bewegung (Abschn. 2.2.2) folgt daraus, dass der Wagen eine zeitlich konstante Beschleunigung erfährt, die sich aus s und t bestimmen lässt. Zwei zusammengekoppelte Wagen, die also den doppelten Materieinhalt, d. h. die doppelte Masse, haben als einer allein, erhalten bei gleicher Antriebskraft (G) nur die halbe Beschleunigung. Andererseits beobachtet man bei einem einzigen Wagen und der Schwerkraft von zwei gleichen kleinen Gewichten eine Beschleunigung, die doppelt so groß ist wie bei nur einem Gewichtsstück.

Wir folgen widerspruchslos diesen Erfahrungen, wenn wir die Kraft $\boldsymbol{F}$ (force) durch die Messvorschrift

$$\boldsymbol{F} = m\boldsymbol{a} \qquad (2.15)$$

festlegen, sie also aus ihrer Wirkung bei der Beschleunigung $\boldsymbol{a}$ eines Körpers der Masse m definieren. Diese Beziehung wird auch als *dynamisches Grundgesetz* bezeichnet.

[3] *Isaak Newton*, 1643–1727, Entdecker der allgemeinen Gravitation, stellte die Grundgesetze der Mechanik auf.

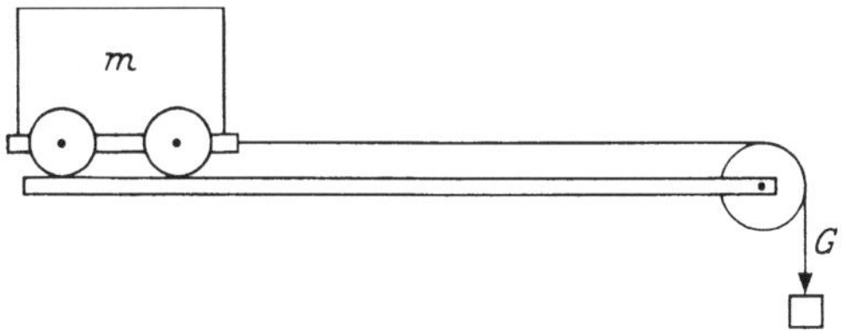

Abb. 2.10 Gleichmäßig beschleunigte Bewegung durch Gewicht G

Als Einheit für die Kraft ergibt sich daraus kg m/s^2. Sie wird *Newton*, abgekürzt N, genannt, d. h. die Kraft 1 N erteilt der Masse von 1 kg die Beschleunigung 1 m/s^2. Die früher übliche Einheit 1 dyn = 10^{-5} N wird nicht mehr benutzt.

Unberührt durch diese Kraftdefinition bleibt die Möglichkeit, Kräfte durch Vergleich untereinander auch statisch zu messen, was in der Praxis ganz überwiegend geschieht (Abschn. 2.3.2).

2.3.2 Schwere Masse und Gewicht. Jeder Körper wird von der Erde angezogen. Diese Eigenschaft macht sich nicht nur beim Fallen eines Körpers bemerkbar, sondern auch durch die Druckkraft, die ein ruhender Körper auf seine Unterlage ausübt. Wir sprechen von seiner *Schwere*. Lege ich eine Kugel auf die Hand, so muss ich eine bestimmte Muskelkraft aufwenden, um die von der Erde ausgeübte *Schwerkraft* zu kompensieren. Diese Kraft, die eine Kugel auf die Hand oder auf eine ruhende Waagschale ausübt, nennen wir ihre *Gewichtskraft* oder kurz ihr *Gewicht* G[4], vgl. auch Abb. 2.10. Zieht man die Hand weg, so führt die Kugel eine gleichmäßig beschleunigte Bewegung, die freie Fallbewegung aus. Auch dabei gilt das dynamische Grundgesetz $\boldsymbol{F} = m\boldsymbol{a}$. Speziell beim freien Fall ist die Kraft gleich dem Gewicht ($F = G$), und die Beschleunigung ist unabhängig von der trägen Masse der Kugel an einem Ort der Erde stets dieselbe, nämlich die Erdbeschleunigung g (Abschn. 2.2.2). Damit ergibt sich für das Gewicht die wichtige Beziehung

$$G = mg\,. \tag{2.16}$$

Die Materie besitzt danach zwei Grundeigenschaften, sie ist sowohl träge als auch schwer. Wir brauchen aber nicht zwischen der trägen und der schweren Masse eines Körpers zu unterscheiden. Wollte man eine besondere schwere Masse einführen, so wäre sie der trägen proportional, und es ist daher zweckmäßig, den Proportionalitätsfaktor gleich 1 zu setzen.

Dass Gewichtskraft und träge Masse bei allen Körpern im gleichen Verhältnis stehen, ist nicht von vornherein selbstverständlich. Es wäre durchaus denkbar, dass die Erde Körper gleicher träger Masse, aber aus verschiedenem Stoff auch verschieden stark anzieht, so wie etwa ein Magnet eisenhaltige Körper bevorzugt anzieht. Das Experiment des freien Falls schließt aber diese Möglichkeit aus.

Bei den Messungen zu Abb. 2.10 muss man, ganz exakt, auch die träge Masse des Gewichtstückes m_G beachten, die ebenfalls mit beschleunigt wird. Die beobachtete Beschleunigung a ergibt sich daher aus der Beziehung $m_G g = (m + m_G)a$.

Man kann das Gewicht zum *statischen* Vergleich von Kräften benutzen. Davon wird in der Technik und im täglichen Leben sehr häufig unmittelbar Gebrauch gemacht, oder das Gewicht dient zur Kalibrierung von anderen Kraftmessern (Dynamometer). Als solche werden wir am einfachsten Schraubenfedern verwenden. Ihre unmittelbar ablesbare elastische Verlängerung x ist der wirkenden Kraft F proportional: $F = Dx$ (Abschn. 4.1.1). D ist die Federkonstante. Wenn eine Kraft die Feder so weit dehnt wie ein angehängtes Gewichtsstück der Masse 1 kg, so hat sie gerade die Größe 9,81 Newton, vgl. dazu Abb. 4.2.

Für sehr exakte Messungen muss man dabei beachten, dass die Erdbeschleunigung g und damit auch das Gewicht eines Körpers sich mit der geographischen Breite etwas ändern. Wegen der Zentrifugalkräfte auf der rotierenden Erde und infolge der Erdabplattung ist die Erdbeschleunigung am Äquator um etwa 0,5% kleiner als in der Nähe der Pole. Wir

[4] In der Umgangssprache wird das materielle *Gewichtstück* meist auch abkürzend als Gewicht bezeichnet. Wo Verwechslung möglich ist, sollte man G daher besser *Gewichtskraft* nennen.

rechnen stets mit dem praktischen Mittelwert $g = 9{,}81\ \mathrm{m/s^2}$.

Dann hat also ein Körper von 1 kg Masse das Gewicht 9,81 N; oder $1\ \mathrm{N} = 1\ \mathrm{kg\ m/s^2}$ ist gerade das Gewicht eines Körpers der Masse 0,102 kg. Das vermittelt uns eine anschauliche Vorstellung von dieser SI-Einheit für die Kraft.

Physik und Technik benutzten früher in der Mechanik verschiedene Maßsysteme, die auf drei Basiseinheiten aufgebaut sind und von denen alle übrigen Einheiten abgeleitet werden. In der Physik wählt man, wie besprochen, als dritte Basiseinheit die Masse, und zwar das Kilogramm, SI-Einheit. – Im sog. *technischen Maßsystem* durfte bis Anfang 1978 außer Meter und Sekunde als dritte Basiseinheit das *Kilopond* (kp) für die Kraft verwendet werden. 1 kp ist die Kraft, mit der die Erde den Kilogrammprototyp unter 45° geographischer Breite und in Meereshöhe anzieht, was zahlenmäßig festzulegen war als

$$1\ \mathrm{kp} = 9{,}806\,65\ \mathrm{N}\,. \tag{2.17}$$

2.3.3 Wechselwirkungssatz, Impuls. Kräfte zwischen zwei Körpern treten immer paarweise auf. *Zwei Körper üben stets Kräfte aufeinander aus, die gleich aber entgegengesetzt gerichtet sind.* Das ist der Satz über die Gleichheit von *actio* und *reactio*, auch *Wechselwirkungssatz* genannt.

Besonders übersichtlich wird dieser Erfahrungssatz bei den beiden Versuchspersonen in Abb. 2.11a. Beide müssen am Seil ziehen, wenn sich die Wagen bewegen sollen. Lässt einer das Seil nur locker in der Hand liegen, so kann der andere zwar das Seil wegziehen, aber keinen der beiden Wagen bewegen. Andererseits könnte er das andere Seilende auch um die Türklinke binden; beim Zug übernimmt diese die Rolle des Partners, indem sie nach Deformation eine elastische Gegenkraft ausübt (Abschn. 3.2.2), und der Wagen rollt zu ihr hin.

Wir müssen hier die unterschiedlichen Angriffspunkte der beiden Kräfte beachten. $\boldsymbol{F}_1$ greift am Wagen 2 an und umgekehrt $\boldsymbol{F}_2$ am Wagen 1. Würden wir sie fälschlicherweise addieren, so erhielten wir die Summe Null und kämen nach dem dynamischen Grundgesetz zu dem unrichtigen Schluss, dass sich keiner der Wagen bewegt. Addieren darf man aber nur Kräfte, die in demselben Punkte angreifen.

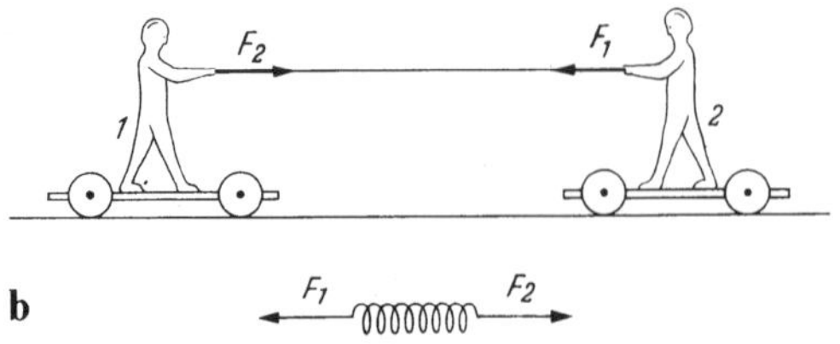

Abb. 2.11a,b Zum Wechselwirkungssatz

Ein zweiter Versuch zum Wechselwirkungssatz soll ein häufiges Missverständnis beseitigen. Wenn eine Person mit beiden Händen eine kalibrierte Feder als Kraftmesser spannt (vgl. Abb. 2.11b), dann gilt für den Betrag der beiden Kräfte ebenfalls $F_1 = F_2$, und der Kraftmesser zeigt nur F_1 und nicht den doppelten Wert an. Bei den berühmten Magdeburger Halbkugeln, mit denen *Otto v. Guericke* den Luftdruck demonstrierte, wirkte auch nur die Kraft der auf einer Seite ziehenden Pferde, während die der anderen Seite lediglich die reactio liefern mussten. – Der Unterschied zum Versuch von Abb. 2.11a liegt darin, dass hier auch Kräfte zwischen den Pferdehufen und dem Erdboden wirkten. Bei Glatteis könnten sie nicht ziehen.

Dieser Wechselwirkungssatz lässt sich noch in zwei anderen, ihm inhaltlich gleichwertigen Formulierungen aussprechen, nämlich als *Impulssatz* oder als Satz *von* der *Erhaltung* des *Schwerpunktes* (Abschn. 2.5.4). Mit deren Hilfe kann man auch verwickelte Vorgänge leichter durchschauen, und zwar bei Gruppen von Körpern, bei denen nur *innere* Kräfte auftreten, d. h. solche, die ausschließlich zwischen den Teilen der Körpergruppe wirksam sind.

Um zum Begriff *Impuls* zu kommen, betrachten wir einen Körper der Masse m, auf den eine Kraft kurzzeitig einwirkt, der also einen *Stoß* erfährt. Der zeitliche Verlauf der Kraft möge durch Abb. 2.12 dargestellt sein. Die Zeitsumme der Kraft über die einzelnen Zeitabschnitte, also $\sum F_i \Delta t_i$ bzw. im Grenz-

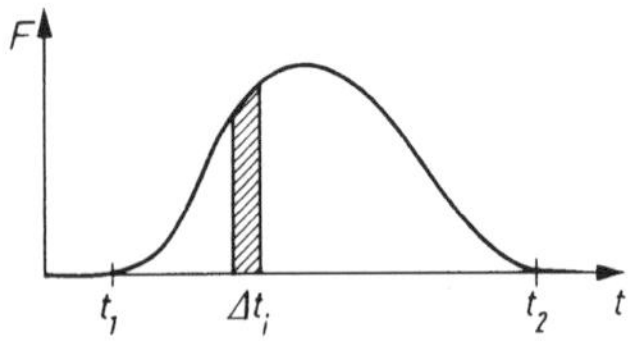

Abb. 2.12 Kraftstoß

übergang $\int F\,\mathrm{d}t$ bezeichnen wir als *Kraftstoß*[5], das ist die Fläche unter der Kurve. In jedem Zeitabschnitt wird der Körper, den wir als Massenpunkt idealisieren wollen[6], geradlinig beschleunigt, wenn die Kraft ihre Richtung nicht ändert. Seine Geschwindigkeitsänderung ist allgemein in Vektorschreibweise $\mathrm{d}\boldsymbol{v} = \boldsymbol{a}\,\mathrm{d}t = \boldsymbol{F}\,\mathrm{d}t/m$, oder es gilt:

$$\boldsymbol{F}\,\mathrm{d}t = m\,\mathrm{d}\boldsymbol{v}\,. \tag{2.18a}$$

Die Integration zwischen den Zeiten t_1 und t_2 ergibt

$$\int_{t_1}^{t_2} \boldsymbol{F}\,\mathrm{d}t = m(\boldsymbol{v}_2 - \boldsymbol{v}_1) = \boldsymbol{p}_2 - \boldsymbol{p}_1\,. \tag{2.18b}$$

$\boldsymbol{p} = m\boldsymbol{v}$ bezeichnen wir nun als *Impuls* oder *Bewegungsgröße* eines Körpers. Der Kraftstoß ist also gleich der Impulsänderung des Körpers. Sie ist vom zeitlichen Verlauf des Kraftstoßes völlig unabhängig, solange nur die Zeitsumme $\int \boldsymbol{F}\,\mathrm{d}t$ dieselbe bleibt.

Die obige Gleichung ist nichts anderes als eine allgemeine Fassung des dynamischen Grundgesetzes $F = ma$, die wir ja auch in der Form $F = (\mathrm{d}/\mathrm{d}t)(m\boldsymbol{v})$ schreiben können. In Worten heißt das: Die zeitliche Änderung der *Bewegungsgröße* ist *gleich der einwirkenden Kraft*. Ist die Kraft null, so bleibt die Bewegungsgröße unverändert (Trägheitssatz).

Jetzt verfolgen wir *zwei* auf einer Schiene stehende Wagen, zwischen denen sich lose aufgelegt eine zusammengedrückte und festgestellte Schraubenfeder befindet. Wird die Feststellung aufgehoben, schnellt die Feder auseinander, und auf beide Wagen werden gleiche, aber entgegengesetzt gerichtete Kräfte ausgeübt (Wechselwirkungssatz). Dem Betrage nach erhalten beide Wagen also denselben Kraftstoß und Impuls. Ihr Gesamtimpuls bleibt aber null, ändert sich also nicht, weil die Impulse der beiden Wagen entgegengesetzte Richtung haben. Bei Addition zum Impuls des ganzen Systems heben sie sich auf:

$$\boldsymbol{p} = m_1\boldsymbol{v}_1 + m_2\boldsymbol{v}_2 = 0\,. \tag{2.19}$$

Der schwerere Wagen erhält die kleinere Geschwindigkeit. Damit ist gleichzeitig gezeigt, dass innere Kräfte den Gesamtimpuls nicht ändern können.

Der Impuls-Erhaltungssatz ist allgemein so zu formulieren: In einem abgeschlossenen System, das ist eine Gruppe von Körpern ohne von außen einwirkende Kräfte, bleibt der Gesamtimpuls (Vektorsumme der Impulse aller Einzelkörper) konstant.

Als weitere Beispiele zum Impulssatz nennen wir noch den Rückstoß, den ein Geschütz beim Abschuss erfährt und der durch besondere Rücklaufbremsen aufgefangen wird. Ferner sei der Antrieb von Raketen und Düsenflugzeugen erwähnt, wo der Flugkörper durch die nach hinten mit hoher Geschwindigkeit ausströmenden Verbrennungsgase ständig eine Schubkraft nach vorne erhält. – Ein Springer, der von einem leichten, frei liegenden Boot einen Startsprung macht, gibt diesem ebenfalls einen merklichen Rückstoß.

2.3.4 Trägheitskräfte. Die Trägheit der Materie oder ihre träge Masse macht sich auch in den sog. *Trägheitskräften* bemerkbar. Wir wollen sie durch ein leicht überschaubares Experiment einführen, um Missdeutungen bei fehlerhafter Anwendung zu begegnen.

Auf einem Wagen sind ein Tisch und ein Stuhl befestigt. Auf dem Stuhl sitzt ein Beobachter, der nur die Vorgänge auf der Tischfläche sehen kann (*Mitbewegter* Beobachter B_i). Zugleich steht außen auf dem festen Erdboden ein *ruhender* Beobachter B_a. Beide betrachten eine auf dem Tisch liegende Kugel.

Zunächst bewege sich der Wagen mit konstanter Geschwindigkeit $\boldsymbol{v}_0$. B_a sagt, dass sich die Kugel, bezogen auf den Erdboden, mit konstanter Geschwindigkeit v_0 bewegt. Für B_i ruht die Kugel auf dem Tisch. Keiner von beiden findet eine wirkende Kraft; ihre unterschiedlichen Aussagen bestätigen nur die Relativität von Bewegungen mit konstanter Geschwindigkeit. Es kann nur die Geschwindigkeit gegen ein als ruhend postuliertes Koordinatensystem

[5] Die Zeitsumme einer Größe heißt allgemein *Stoß*. Wir werden später die Begriffe „Strom- und Spannungsstoß“ kennen lernen (Abschn. 6.6.4 bzw. 6.6.6).

[6] Bei Körpern endlicher Ausdehnung gelten die folgenden Betrachtungen nur solange, wie die Kräfte im Schwerpunkt (Abschn. 2.5.4) angreifen. Sonst tritt noch eine Rotationsbewegung auf.

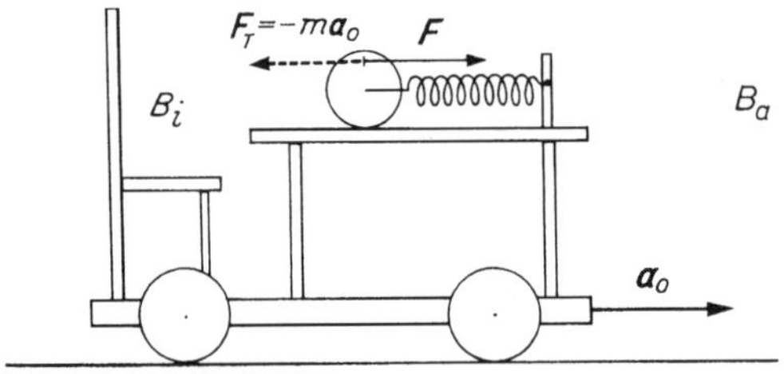

Abb. 2.13 Trägheitskraft F_T nur für den mitbeschleunigten Beobachter B_i existierend. a_0 Beschleunigung des Wagens

gemessen werden, und beide Beobachter benutzen verschiedene Koordinatensysteme, die sich gegeneinander bewegen.

In einem zweiten Versuch führt der Wagen während der Beobachtungszeit eine Bewegung mit konstanter Beschleunigung $\boldsymbol{a}_0$ aus. Außerdem sei jetzt die Kugel mit einer Feder (Dynamometer) an einem Haken vorn auf dem Tisch befestigt, s. Abb. 2.13. Diese Feder ist während der Versuchsdauer gedehnt, übt also eine nach vorn gerichtete Federkraft auf die Kugel aus. Das erkennen beide Beobachter, aber ihre physikalische Interpretation ist völlig verschieden. B_a sieht eine Kugel, die bezogen auf den Erdboden gleichmäßig beschleunigt wird; dazu ist nach dem dynamischen Grundgesetz eine Kraft notwendig, $\boldsymbol{F} = m\boldsymbol{a}_0$, und diese wird von der Feder geliefert. B_i hingegen sieht die Kugel auf dem Tisch ruhen, sodass keine Kraft auf sie wirken kann. Der aber zweifellos vorhandenen Federkraft muss also durch eine neue Kraft $\boldsymbol{F}_T = -m\boldsymbol{a}_0$ das Gleichgewicht gehalten werden. $\boldsymbol{F}_T$ nennen wir *Trägheitskraft*. Sie wird also immer nur von einer mitbewegten Person in einem beschleunigten System beobachtet, nie von einer außenstehenden, ruhenden.

Dieser zunächst sehr konstruiert wirkende Vorgang wird von jedem Mitfahrer als sehr real empfunden, wenn ein Autobus anfährt. Auf ihn selbst wirkt die Trägheitskraft $-m\boldsymbol{a}_0$ entgegengesetzt zur Fahrtrichtung, und er muss sich festhalten, um sie mit seiner Muskelkraft zu kompensieren, sonst „fällt" er im Wagen nach hinten. Das geschieht auch mit der oben betrachteten Kugel, falls die Feder abgeschnitten wird. Beim scharfen Bremsen wirkt eine meist noch größere Trägheitskraft nach vorn. Das wohlbekannte „Fahrstuhlgefühl" beruht ebenfalls auf Trägheitskräften, die aber in gleicher oder entgegengesetzter Richtung wie die Schwerkraft wirken. Letzteres trifft z. B. beim Anfahren zur Abwärtsbewegung zu, und dadurch wird kurzzeitig das Gewicht verringert.

Ein Beispiel für Trägheitskräfte im menschlichen Körper ist die reflektorische Augenbewegung (Nystagmus), die beim Schwenken des Kopfes die Augen auf ein betrachtetes Objekt ausgerichtet lässt. Dafür sorgt der Vestibular-Apparat. In einem Bogengang bleibt bei einsetzender Bewegung (Beschleunigung) die Endolymphe zurück und lenkt dadurch die Cupula aus, die entsprechende Reize verursachen.

2.3.5 Arbeit und Leistung. Der Begriff Arbeit kommt ursprünglich aus dem täglichen Leben. Hebt man eine Last, so muss man gegen die Schwerkraft die Muskelkraft einsetzen und Arbeit verrichten, und zwar um so mehr, je schwerer die Last ist und je höher man sie hebt. Die Arbeit wächst also mit der Hubstrecke. Das Entsprechende gilt beim Fortziehen eines Wagens über eine horizontale Straße, wobei die Muskelkraft entlang des Weges die von der Reibung herrührende Kraft überwinden muss. Wir definieren daher die *Arbeit W* (work) durch das Produkt aus der Kraft und dem Wege, den der Körper unter Wirkung der Kraft zurücklegt. Dabei ist zu beachten, dass die Arbeit allgemein noch vom Winkel zwischen Kraft- und Wegrichtung abhängt. Steht die auf ein Schienenfahrzeug einwirkende Kraft schief zur Fahrtrichtung, so ist nur die Komponente in der Wegrichtung wirksam. Die senkrecht dazu stehende wird durch die elastische Gegenkraft der etwas deformierten Schiene kompensiert, führt also zu keiner Bewegung und leistet daher auch keine Arbeit.

Man hat daher bei der Berechnung der Arbeit die Komponente der Kraft $\boldsymbol{F}$ in Richtung des Weges $\boldsymbol{s}$ einzusetzen, s. Abb. 2.14, sodass für die Arbeit gilt:

$$W = \boldsymbol{F}\boldsymbol{s}\cos\alpha\,. \tag{2.20}$$

Da $\boldsymbol{F}$ und $\boldsymbol{s}$ Vektoren sind, ist die Arbeit einfach das *skalare Produkt* der beiden Vektoren

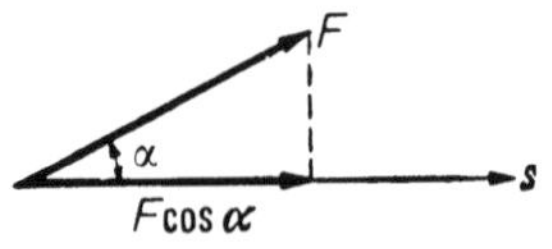

Abb. 2.14 Zur Arbeit längs des Weges s

$\boldsymbol{F}$ und $\boldsymbol{s}$ geschrieben $W = \boldsymbol{F} \cdot \boldsymbol{s}$. – Ändert sich die Kraft auf dem Wege, so gilt $W = \int \boldsymbol{F} \cdot \mathrm{d}\boldsymbol{s}$.

Benutzt man als Kraft- und Wegeinheit das Newton und das Meter, so erhält man als abgeleitete SI-Einheit der Arbeit das Newtonmeter (Nm). Andere dafür gebräuchliche Namen sind Joule (J, sprich jûl) oder Wattsekunde (Ws):

$$1\,\mathrm{J} = 1\,\mathrm{N\,m} = 1\,\mathrm{W\,s}\,. \tag{2.21}$$

Ausführlich mit SI-Basiseinheiten geschrieben gilt $1\,\mathrm{J} = 1\,\mathrm{kg\,m^2\,s^{-2}}$.

Die früher häufig verwendete Einheit $1\,\mathrm{erg} = 10^{-7}\,\mathrm{Nm}$ wird heute nicht mehr gebraucht, ebenso die technische Einheit $1\,\mathrm{kp \cdot m} = 9{,}80665\,\mathrm{J}$.

Bei einer Arbeitsverrichtung ist natürlich auch die Zeit, in der die Arbeit vollbracht wird, von Bedeutung. In je kürzerer Zeit dies geschieht, umso größer, sagen wir, ist die *Leistung* P. Wir führen also als Maß für diese den Quotienten von Arbeit und dazu benötigter Zeit, also

$$P = \frac{W}{t} \tag{2.22}$$

ein. Falls die Arbeit zeitlich nicht konstant ist, beträgt die *momentane* Leistung $P = \mathrm{d}W/\mathrm{d}t$, und $\bar{P} = W/t$ ist die *mittlere* Leistung.

Die Einheit der Leistung ist das *Watt* (W)

$$1\,\mathrm{W} = 1\,\mathrm{J/s}\,. \tag{2.23}$$

Daneben findet man zuweilen noch die Pferdestärke (PS) als Leistungseinheit, die aber nicht mehr zulässig ist:

$$1\,\mathrm{PS} = 75\,\mathrm{kp\,m/s} = 735{,}5\,\mathrm{W}\,. \tag{2.24}$$

Die SI-Einheiten Watt und Wattsekunde werden auch in der Elektrizitätslehre für elektrische Leistung und Stromarbeit benutzt (Abschn. 6.3.1).

Einige Zahlen mögen die Arbeitsleistungen des Menschen und der Technik veranschaulichen: Die Dauerleistungen eines Menschen sind recht gering. Sie bewegen sich z. B. bei einem Bergsteiger zwischen 70 und 100 Watt. Vorübergehend, z. B. beim Heraufrennen einer Treppe, lassen sich etwa 10mal so große Leistungen erreichen. Zum Vergleich beachte man, dass eine gewöhnliche Leselampe bereits 40 Watt verbraucht. Ein PKW-Motor leistet je nach Hubraum 40 bis über 200 kW.

2.3.6 Mechanische Energie. Wenn an einem Körper Arbeit geleistet worden ist, so erkennt man das an der Änderung seines Zustandes. Wir wollen dazu einige Beispiele betrachten.

2.3.6.1 Hubarbeit. Wird eine Kugel der Masse m um die Höhe h gehoben, so muss als Kraft ihr Gewicht $G = mg$ überwunden werden. Die Hubarbeit beträgt daher

$$W = mgh\,. \tag{2.25}$$

Auch wenn wir die Kugel längs einer *schiefen* Ebene hochziehen, ist dieselbe Arbeit zu leisten. Ihr Gewicht ist jetzt in zwei Komponenten zu zerlegen $F_\perp = mg\cos\alpha$ und $F_\parallel = mg\sin\alpha$, s. Abb. 2.15. Nur Letztere liegt dem Wege s parallel und bestimmt unsere aufzuwendende Muskelkraft $\boldsymbol{F} = -\boldsymbol{F}_\parallel$. Andererseits ist der zurückzulegende Weg $s = h\sin\alpha$, sodass sich ergibt $W = F \cdot s = mgh$.

2.3.6.2 Beschleunigungsarbeit. Ein zunächst ruhender Wagen wird auf horizontalen Schienen mit konstanter Antriebskraft F während der Zeit t beschleunigt. Er führt eine gleichmäßig beschleunigte Bewegung aus, zu der die Geschwindigkeit $v = at$ und der Laufweg $s = at^2/2 = v^2/2a$ gehören. Die geleistete Beschleunigungsarbeit ist $W = Fs = mas$. Setzen wir s ein, so erhalten wir:

$$W = \frac{1}{2}mv^2\,. \tag{2.26}$$

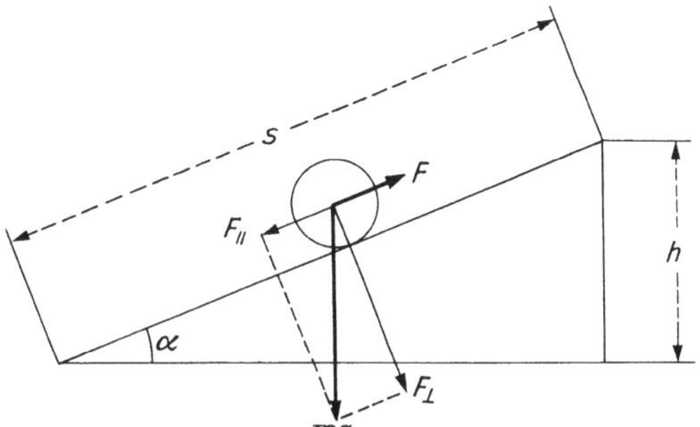

Abb. 2.15 Kraftzerlegung auf der schiefen Ebene

3. *Elastische Verformungsarbeit.* Wir ziehen eine Schraubenfeder um die Strecke l aus. Die aufzubringende Kraft steigt proportional mit l an, $F = Dl$ (Abschn. 2.3.2). Damit errechnet sich die geleistete Arbeit

$$W = \int_0^l Dl\,\mathrm{d}l = \frac{1}{2}Dl^2 . \qquad (2.27)$$

In diesen Beispielen können wir die Arbeitsleistung an der Änderung der Höhe h, der Geschwindigkeit v bzw. der Federausdehnung l als Zustandsgrößen erkennen.

Jeder dieser Körper vermag nun seinerseits wieder Arbeit zu verrichten. Wir sprechen von seinem Arbeitsvermögen und bezeichnen den in ihm steckenden Arbeitsvorrat als seine *mechanische Energie*.

Der Arbeitsvorrat, der in einem hochgehobenen Rammklotz steckt, wird *als potentielle Energie* $E_{\text{pot}} = mgh$ bezeichnet. Man beachte, dass der Betrag der potentiellen Energie erst dann eindeutig bestimmt ist, wenn wir die Bezugsebene für die Höhe h, also etwa den Erdboden oder den Fußboden, angeben.

Die andere Form der mechanischen Energie ist die *Bewegungs-* oder *kinetische Energie* $E_{\text{kin}} = mv^2/2$. Für Autofahrer ist es wichtig, dass sie nicht mit v, sondern mit v^2 wächst. Bei vorgegebener maximaler Bremskraft steigt daher der Bremsweg mit dem Quadrate der Geschwindigkeit.

Potentielle und kinetische Energie lassen sich, z. B. in einem fallenden Rammblock, ineinander umwandeln. Oben besitzt er die größte potentielle Energie. Beim Fallen nimmt diese ab, die kinetische Energie zu, um am Boden am größten zu werden. Im freien Fall erreicht er den Boden aus der Höhe h mit der Geschwindigkeit $v = \sqrt{2gh}$ (Abschn. 2.2.2). Das ergibt umgeformt $mv^2/2 = mgh$. Die gesamte Energie $E_{\text{kin}} + E_{\text{pot}}$ ist also konstant geblieben.

Aber nicht nur in demselben Körper können sich die einzelnen Energieformen ineinander umwandeln, während die gesamte Energie konstant bleibt. Energie kann auch auf einen anderen Körper übertragen werden, indem etwa ein fallender Stein eine Feder spannt und dabei selbst zur Ruhe kommt, also seine ganze kinetische Energie abgibt. Dabei ändert sich ebenfalls die gesamte mechanische Energie nicht, allerdings nur – und das gilt ganz allgemein – , wenn keine Reibungskräfte wirken.

Für die *mechanische Energie* einer abgeschlossenen Gruppe von Körpern, auf die von außen keine Kräfte wirken, gilt nur unter gewissen Einschränkungen ein *Erhaltungssatz*, anders als beim Impuls. Reibungskräfte oder auch Temperaturänderungen und Wärmeaustausch dürfen nicht auftreten (Abschn. 5.2.2). Unter diesen Voraussetzungen kann mechanische Energie weder verloren gehen noch aus dem Nichts entstehen. Dem entspricht die sog. „goldene Regel der Mechanik", dass man nicht die notwendige Arbeit, z. B. zum Heben einer Masse um eine vorgegebene Höhe, durch mechanische Maschinen wie die schiefe Ebene verringern kann. Wir sahen vielmehr, dass auf jedem Wege gerade dieselbe Arbeit notwendig ist. Noch schärfer ist zu formulieren: Es ist unmöglich, eine mechanische Maschine zu konstruieren, die aus dem Nichts laufend Arbeit verrichten kann, sog. *perpetuum mobile*[7].

Auch der mechanische Energiesatz ermöglicht es uns, trotz aller Einschränkungen, viele Bewegungsvorgänge in einfacher Weise zu durchschauen. Als Beispiel betrachten wir den Pendelversuch von *Galilei*, s. Abb. 2.16. Schwingt das Pendel auf der Bahn abc, so haben wir in den Umkehrpunkten a und c potentielle und in b kinetische Energie. Es wandelt sich also ständig eine Energieform in die andere um und umgekehrt. Schlagen wir jetzt einen Nagel TV ein und lassen das Pendel bei a los, so wird der Faden geknickt und beschreibt die Bahn abc'. Dabei finden wir unabhängig von der Lage des Nagels, dass der Umkehrpunkt c' immer auf der durch a gehenden Horizontalen liegt. Das muss so sein, da im Umkehrpunkt c' die potentielle Energie gleich der in a bzw. c ist.

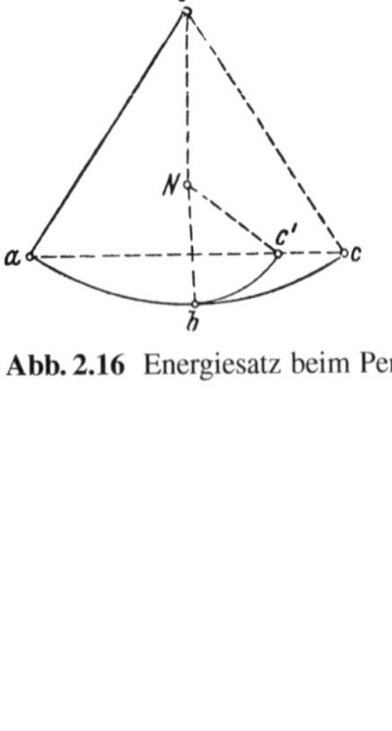

Abb. 2.16 Energiesatz beim Pendel

[7] Von diesem allgemein gültigen Naturgesetz ist auch in der belebten Natur noch nie eine Ausnahme beobachtet worden.

Schwierigkeiten bereitet stets die Frage, ob das bloße Halten eines Eisenblocks von 10 kg mit ausgestrecktem Arm in 1 m Höhe über dem Boden eine Arbeit erfordert. Der Physiker verneint das, weil dabei der Weg $s = 0$ ist. Der Betroffene ist trotzdem nach einiger Zeit müde und wenig durch den Hinweis beeindruckt, dass man den Block auch auf einen Tisch legen könne, um denselben Effekt ohne Mühe zu erreichen. Man erkennt daraus, dass Muskelkräfte allein zur Herstellung Energie benötigen. Das widerspricht dem allgemeinen Energiesatz von Abschn. 5.2.2 aber nicht, da die entsprechend „verbrauchte" Energie sich vollständig in Wärme wiederfindet.

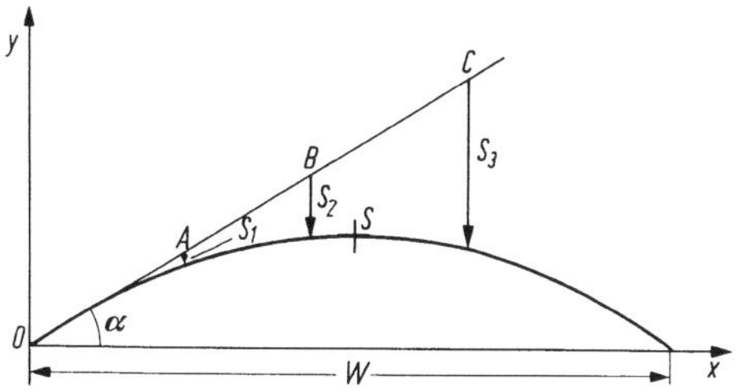

Abb. 2.17 Wurfparabel

Aufgaben

2.3.1 Ein aufwärts fahrender Fahrstuhl hält an. Welche Richtung haben dabei seine eigene Beschleunigung a und die Trägheitskraft F_T, die auf die Insassen wirkt?

2.3.2 Der Wagen in Abb. 2.10 hat die Masse $m = 3$ kg, und er wird vom Gewichtsstück der Masse $m_G = 1$ kg angetrieben. Wie groß sind Beschleunigung und Geschwindigkeit nach dem Wege $s = 50$ cm? ($g = 9{,}81$ m/s^2).

2.3.3 Die in Aufgabe 2.3.2 gesuchte Geschwindigkeit berechne man nach dem Energiesatz.

2.3.4 Eine Kugel der Masse 2 kg trifft mit der Geschwindigkeit 8 m/s auf das lose Ende einer Schraubenfeder mit der Federkonstanten 30 N/cm. Um welche Strecke Δx wird diese zusammengedrückt, wenn das andere Ende fest mit der Erde verbunden ist?

2.3.5 Ein Auto der Masse 800 kg wird von einem Motor mit 50 kW Leistung vom Stand auf die Geschwindigkeit 20 m/s beschleunigt. Wie lange dauert das, wenn keine Luftreibung existieren würde?

2.4 Einige besondere Bewegungsformen

2.4.1 Wurfbewegung. Wir werfen einen Stein unter dem Winkel α schräg aufwärts. Wie sieht die Bahnkurve aus? Diese wird durch zwei Größen bestimmt, die Anfangsgeschwindigkeit v_0, die nach dem Trägheitsprinzip nach Größe und Richtung erhalten bleibt, und die Erdbeschleunigung. Wir können nun die verschiedenen Bewegungen eines Körpers getrennt behandeln, da sie voneinander unabhängig sind, und dann die zurückgelegten Wegstrecken geometrisch addieren (Superpositionsprinzip, vgl. das Beispiel des in einem Fluss abgetriebenen Bootes in Abschn. 2.2.1 mit Abb. 2.5). Ohne die Schwerkraft würde der Körper die in Abb. 2.17 gezeichnete Gerade ABC mit konstanter Geschwindigkeit entlang fliegen und nach t_1 Sekunden in A, nach t_2 Sekunden in B usw. angelangt sein. Würde er anfänglich ruhen, so würde er wegen der Erdbeschleunigung in t_1 Sekunden um die Stärke $s_1 = gt_1^2/2$ senkrecht fallen. Der tatsächlich zurückgelegte Weg ergibt sich durch Vektoraddition zu

$$\boldsymbol{s} = \boldsymbol{v}_0 t + \frac{1}{2}\boldsymbol{g}t^2 . \qquad (2.28)$$

In Komponenten zerlegt erhalten wir $x = v_0 t \cos\alpha$, $y = v_0 t \sin\alpha - (\frac{1}{2})gt^2$. Eliminiert man daraus t, so ergibt sich als Gleichung der Bahnkurve $y = x\tan\alpha - (g/2v_0^2\cos^2\alpha)x^2$. Das ist eine Parabel mit dem Scheitel S, der die Koordinaten $x_s = (v_0^2/2g)\sin 2\alpha$, $y_s = (v_0^2/2g)\sin^2\alpha$ hat. y_s ist die Wurfhöhe. Die Abszissen-Werte mit $y = 0$ bestimmen die Abwurf- und Auftreffstelle und damit die Wurfweite $w = (v_0^2/g)\sin 2\alpha$.

Diese ist also am größten für den Winkel $\alpha = 45°$. Sie ist ferner gleich für Winkel, die um denselben Betrag von 45° abweichen, also z. B. für 30° und 60°. Man kann ein bestimmtes Ziel bei gleicher Anfangsgeschwindigkeit sowohl mit einem Flach- als auch mit einem Steilwurf erreichen.

Diese Überlegungen gelten nur für den luftleeren Raum. Infolge des Luftwiderstandes erfährt die Flugbahn erhebliche Veränderungen. Sie ist keine Parabel, sondern der absteigende Ast ist beträchtlich steiler als der aufsteigende, sodass die Wurfweite dieser *ballistischen* Kurve sehr stark verkürzt wird.

2.4.2 Gleichförmige Bewegung auf der Kreisbahn. Die Kinematik dieser Bewegung haben wir bereits in Abschn. 2.2.2 behandelt. Wir fragen jetzt nach den auftretenden Kräften, und zwar zunächst vom Standpunkt eines die Drehung nicht mitmachenden *ruhenden* Beobachters.

Ein Punkt der Masse m bewege sich mit der konstanten Bahngeschwindigkeit v oder der konstanten Winkelgeschwindigkeit $\omega = v/r$ auf einem Kreis vom Radius r um ein festes Zentrum M. Das kann z. B. so geschehen, dass er in dieser Entfernung durch einen im Mittelpunkt befestigten Faden gehalten wird. Nach den kinematischen Betrachtungen ist die Bewegung beschleunigt, und zwar ist die radiale, zum Mittelpunkt der Kreisbahn gerichtete Beschleunigung, die sog. *Radial-* oder *Zentripetalbeschleunigung* gegeben durch, vgl. (2.14):

$$a_\mathrm{r} = \frac{v^2}{r} = \omega^2 r\,. \tag{2.29a}$$

Nach dem dynamischen Grundgesetz ist zur Erzeugung dieser Beschleunigung eine ständig nach dem Drehzentrum hin gerichtete Kraft erforderlich von der Größe

$$F_\mathrm{r} = m a_\mathrm{r} = m\frac{v^2}{r} = m\omega^2 r\,. \tag{2.29b}$$

Diese Kraft zwingt den Körper gegen seine Trägheit in die Kreisbahn. Wir nennen sie *Zentripetalkraft* F_r. Fällt sie plötzlich aus, so fliegt der Körper tangential von der Kreisbahn weg (Funken beim Schleifstein), s. Abb. 2.18.

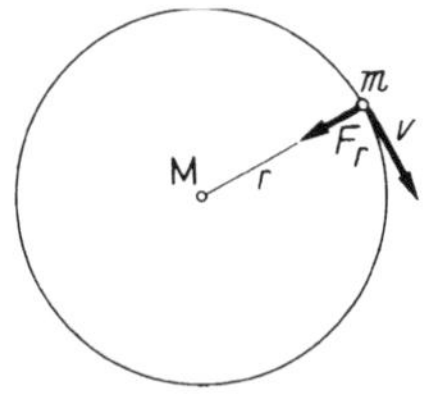

Abb. 2.18 Die Zentripetalkraft bei der Kreisbahn

Wir betrachten nun die Kreisbewegung vom Standpunkt eines *mitrotierenden* Beobachters, der die Drehbewegung also mitmacht. Dazu denken wir uns den Beobachter in der Mitte M einer rotierenden Drehscheibe sitzend, auf der Scheibe liegt die Kugel mit der Masse m. Sie ist am Ende eines Gummifadens (Dynamometer, Abschn. 2.3.2) befestigt, dessen anderes Ende er in der Hand hält. Der Faden wird, für beide Beobachter sichtbar, gedehnt. Der Außenstehende, für den die Kugel eine Kreisbahn durchläuft, sagt, die Fadendehnung liefert die Zentripetalkraft, die die Kugel auf die Kreisbahn zwingt. Anders urteilt der rotierende Beobachter. Für ihn ruht die Kugel, wird also nicht beschleunigt. Daraus schließt er, dass auf die Kugel insgesamt keine Kraft einwirkt. Die durch den gedehnten Faden auf die Kugel ausgeübte Kraft muss daher durch eine ihm noch unbekannte Kraft gerade kompensiert werden. Diese neue Kraft greift also an der Kugel selbst an und ist nach außen gerichtet. Er nennt sie daher mit Recht *Zentrifugalkraft*. Ferner stellt dieser Beobachter fest, dass er jeden auf der Scheibe liegenden Körper mit der Kraft $m\omega^2 r$ festhalten muss, also mit umso größerer Kraft, je weiter er außen liegt[8].

Den unmittelbaren Eindruck einer vom Drehzentrum weg gerichteten, am Körper selbst angreifenden Zentrifugalkraft hat nur der mitgedrehte Beobachter. Ebenso sind die Insassen eines Fahrzeuges davon betroffen, das um eine scharfe Kurve fährt. Wir bezeichnen daher die Zentrifugalkraft als *Trägheitskraft*, die nur für den bei Drehbewegungen mitrotierenden Beobachter auftritt, vgl. Trägheitskraft in Abschn. 2.3.4.

Wir betrachten noch einige Beispiele für die Zentrifugalkraft.

Ein *Satellit* bewegt sich mit einer solchen Winkelgeschwindigkeit um die Erde, dass die Zentrifugalkraft gerade das Gewicht (Schwerkraft) kompensiert. Die Insassen fühlen sich „schwerelos".

Eisenbahnwagen in der Kurve. Die Überhöhung der äußeren Schiene muss so groß sein, dass bei vorgegebener Geschwindigkeit die Resultierende R aus dem Gewicht G und der Zentrifugalkraft Z, s. Abb. 2.19, möglichst senkrecht zur Schienenebene steht. Die Schienen erleiden nur einen Normaldruck und keinen Seitendruck. Der Wagen erfährt kein Kippmoment, vgl. Drehmoment, Abschn. 2.5.3. – Analoges gilt für die Kurven von Autobahnen.

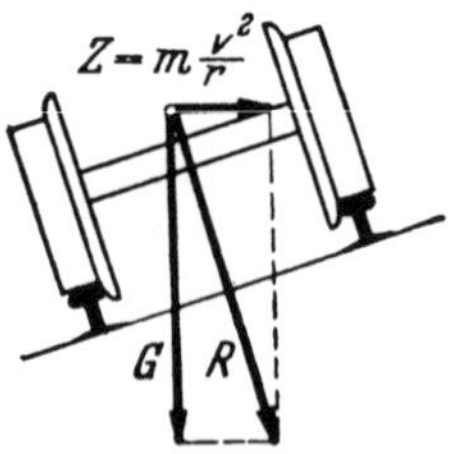

Abb. 2.19 Fahrzeug in der Kurve

Zentrifuge. In einer Flüssigkeit suspendierte kleine Teilchen sinken infolge der Schwerkraft allmählich zu Boden, falls ihre Dichte – das ist das Verhältnis von Masse zu Volumen (Abschn. 3.1.4) – größer als die der Flüssigkeit ist, vgl. Abschn. 3.3.4. Infolge der Flüssigkeitsreibung (Abschn. 3.5.2) erfolgt dieses Sedimentieren umso langsamer, je geringer der Dichteunterschied

[8] Durch diese Zentrifugalkräfte werden auch die einzelnen Teile der rotierenden Drehscheibe nach außen gezogen, das Material wird also entsprechend auf Zug beansprucht.

und je kleiner die Teilchen sind[9]. Versetzt man nun die Flüssigkeit in einer Zentrifuge in schnelle Rotation, so erhält man leicht Zentrifugalkräfte, die um ein Vielfaches die Schwerkraft übertreffen und daher die dichteren Teilchen im rotierenden Gefäße in ungleich kürzerer Zeit nach außen drängen. Schon bei einem Radius von 10 cm und 30 Umdrehungen/s erhält man Kräfte, die rund 360mal die Schwerkraft übertreffen. Zentrifugen werden im Labor z. B. zur Abscheidung von Niederschlägen oder Bakterien, zur Abtrennung der Blutkörperchen vom Serum oder des Fettes von der Milch benutzt. – In sog. *Ultrazentrifugen*, bei denen man bis zu 20 000 Umdrehungen/s kommt, entstehen Zentrifugalkräfte, die das Millionenfache der irdischen Schwerkraft betragen. Mit ihnen lässt sich die Sedimentation von hochpolymeren Molekülen oder Eiweißmolekülen beobachten, Messungen, aus denen man Molekulargewicht und Molekülform bestimmen kann.

Auch die zweite Trägheitskraft sei kurz erwähnt, die *Coriolis-Kraft*. Der mitrotierende Beobachter möge eine Kugel vom Zentrum aus mit der Geschwindigkeit v' nach außen anstoßen in dem Augenblick, wenn sein außen ruhender Partner gerade in der Stoßrichtung steht. Dieser wird nichts Besonderes bemerken: Die Kugel rollt mit konstanter Geschwindigkeit v' auf ihn zu, nur dreht sich, während sie rollt, die Drehscheibe unter ihr weiter. Dagegen konstatiert der mitrotierende Beobachter, dass die Kugel keineswegs gerade auf den Zielpunkt A am Scheibenrand zurollt, sondern *seitlich nach* A' abweicht, s. Abb. 2.20. Dazu muss eine Kraft vorhanden sein, die aber nur er beobachtet. Es ist die Coriolis-Kraft, die den Betrag

$$F_c = 2mv'\omega \tag{2.29c}$$

hat, also nur auf *bewegte* Körper in *rotierenden* Systemen ausgeübt wird. Zusätzlich wirkt auf die Kugel die Zentrifugalkraft, die unabhängig von deren Eigengeschwindigkeit v' ist.

Der Planet *Erde* ist wegen seiner Eigenrotation ein rotierendes System, in dem wir Erdbewohner die eben besprochenen Trägheitskräfte beobachten können.

[9] Bei sehr kleinen Teilchen stellt sich infolge der Brown'schen Bewegung (Abschn. 5.3.3), ähnlich wie in der Atmosphäre, statt der Sedimentation ein Gleichgewicht ein derart, dass die Teilchenzahl von unten nach oben stetig abnimmt, vgl. auch Abb. 3.44.

Die durch $m\omega^2 r$ gegebene *Zentrifugalkraft* auf einen Körper mit der Masse m ist am Äquator am größten, weil $r = R\cos\varphi$ beträgt (R Erdradius, φ geographische Breite). Ihre Normalkomponente $m\omega^2 R\cos^2\varphi$ wirkt der Schwerkraft entgegen, sodass die Erdbeschleunigung und damit auch das Gewicht von den Polen zum Äquator hin abnehmen. Diese Abnahme wird durch die *Abplattung* der Erde noch verstärkt. Letztere ist auch eine Folge der Zentrifugalkraft, weil deren zur Erdoberfläche tangentiale Komponente $m\omega^2 R\cos\varphi\sin\varphi$ die Massen der Erde nach dem Äquator hindrängt.

Einen unmittelbaren Nachweis der Erdumdrehung liefert die Drehung der Schwingungsebene eines Pendels (*Foucault'scher Pendelversuch*). Ein über dem Nordpol aufgehängtes Pendel behält wegen seiner Trägheit seine Schwingungsebene im Raume bei. Für einen dort stehenden Beobachter dreht sie sich aber relativ zur Erde in der Stunde um $36°/24 = 15°$, und zwar von oben gesehen im Uhrzeigersinn, in dem für ihn auch die Sonne sich bewegt. Der Erdbewohner stellt dabei die Wirkung der *Coriolis-Kraft* $2mv\omega$ fest, die das Pendel aus seiner Schwingungsebene herauszieht. Damit ist also gezeigt, dass die Erde eine Winkelgeschwindigkeit besitzt.

Wie das Pendel erfährt jeder horizontal bewegte Körper auf der nördlichen Halbkugel in Bewegungsrichtung gesehen eine Rechtsablenkung. Auf der südlichen Halbkugel ist es eine Linksablenkung. So kreist auch die Sonne vom Südpol aus gesehen entgegengesetzt dem Uhrzeiger. Entsprechendes gilt für bewegte Luftmassen, wie die Passatwinde, und die zugehörigen Meeresströmungen. Ein Tief auf der Nordhalbkugel wird von den Winden entgegengesetzt dem Uhrzeiger umkreist. Sie würden ohne Erddrehung radial vom Hoch in das Tiefdruckgebiet strömen, werden aber nach rechts abgelenkt.

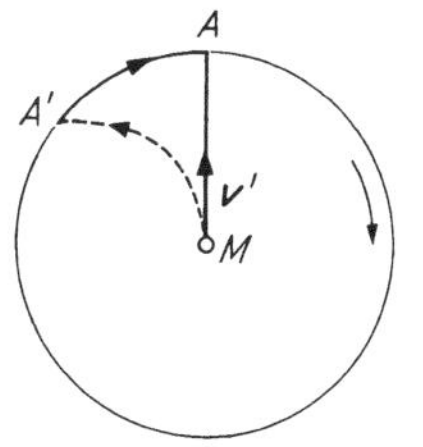

Abb. 2.20 Rotierende Scheibe mit nach außen gestoßener Kugel. Bahnen für mitrotierenden Beobachter (*gestrichelt*) und für außen stehenden (*ausgezogen*)

2.4.3 Stoßvorgänge. Wenn zwei Kugeln zusammenstoßen, müssen zwei Grenzfälle unterschieden werden, der völlig *elastische* und der völlig *unelastische* Stoß. Wir nennen einen Körper elastisch, wenn er einer auf ihn einwirkenden verformenden Kraft eine „elastische Gegenkraft" entgegensetzt (Abschn. 3.2.2). Sie macht nach Aufhören der äußeren Kraft die Formänderung wieder rückgängig, vgl. auch Dynamometer Abschn. 2.3.2. Bei völlig unelastischen Körpern fehlen derartige Kräfte.

Verfolgen wir zunächst den Stoßvorgang selbst am Beispiel des *zentralen* Stoßes, vgl. Abb. 2.21. Vom Augenblick der Berührung an werden die beiden Kugeln eingedrückt. Der dazu erforderlichen Verformungsarbeit entspricht ein Verlust an kinetischer Energie (Abschn. 2.3.6). Diese nimmt also ab, und zwar so lange, bis beide Körper die gleiche Geschwindigkeit haben. Zu diesem Zeitpunkt hat

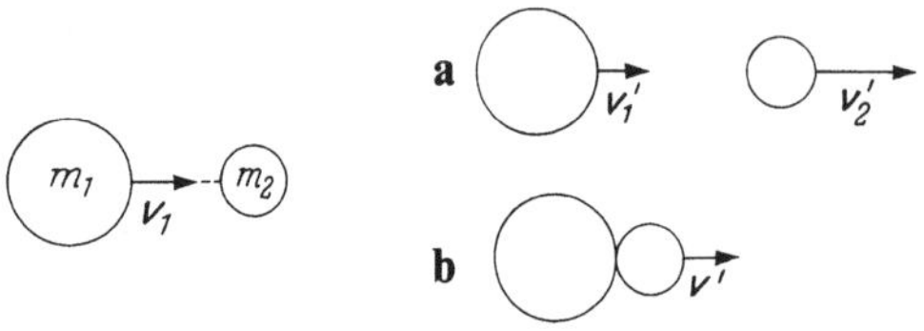

Abb. 2.21a,b Zwei Kugeln vor und nach dem zentralen Stoß, (**a**) elastisch, (**b**) völlig unelastisch

die Verformung ihr Maximum erreicht. Bis dahin verläuft der Vorgang bei allen Körpern gleich. Für das Weitere müssen wir aber zwischen dem elastischen und unelastischen Fall unterscheiden.

Sind die Kugeln völlig unelastisch, so bleibt die durch den bisherigen Ablauf erzwungene Formänderung bestehen. Da keine rücktreibenden elastischen Kräfte auftreten, fliegen beide Kugeln mit gleicher Geschwindigkeit weiter. – Anders bei elastischen Kugeln, wo die Formänderung rückgängig gemacht wird. Die elastischen Kräfte treiben dort in einer zweiten Phase des Stoßes, die eine Umkehrung der ersten darstellt, die Kugeln wieder auseinander. Die bei der Verformung aufgespeicherte Deformationsenergie wird beim rein elastischen Stoß wieder restlos in kinetische Energie zurück verwandelt. So kommt es, dass die in der ersten Phase erfolgte Geschwindigkeitsänderung noch einmal auftritt, die Geschwindigkeitsänderungen beider Kugeln also gegenüber dem unelastischen Fall *verdoppelt* werden.

Wir untersuchen nun die zentralen Stöße[10] quantitativ. Beim *elastischen* Stoß trifft eine Kugel der Masse m_1 mit der Geschwindigkeit v_1 auf eine ruhende Kugel der Masse m_2. Nach dem Stoß seien die entsprechenden Geschwindigkeiten v_1' und v_2' vgl. Abb. 2.21. Der Impulssatz fordert, dass der Gesamtimpuls vor und nach dem Stoß stets gleich ist. Also gilt:

$$m_1 v_1 = m_1 v_1' + m_2 v_2' . \qquad (2.30)$$

[10] Erfolgt der Stoß makroskopischer Kugeln schief, d. h. nicht zentral, so treten bei Haftreibung Drehbewegungen auf, deren Energie aus der ursprünglichen kinetischen Energie stammt.

Ebenso bleibt bei elastischem Stoß die kinetische Energie des Systems konstant:

$$\frac{m_1}{2} v_1^2 = \frac{m_1}{2} v_1'^2 + \frac{m_2}{2} v_2'^2 . \qquad (2.31)$$

Aus diesen beiden Gleichungen errechnen sich die Geschwindigkeiten nach dem Stoß

$$v_1' = \frac{m_1 - m_2}{m_1 + m_2} v_1 ; \qquad v_2' = \frac{2m_1}{m_1 + m_2} v_1 . \qquad (2.32)$$

Danach fliegt die gestoßene Kugel immer in Richtung der ursprünglichen Bewegung weg, während die stoßende zurückläuft (v_1' negativ), wenn $m_2 > m_1$ gilt, also die gestoßene Kugel schwerer ist. Bei gleichen Massen kommt die stoßende Kugel zur Ruhe.

Die Ergebnisse gelten auch für den Aufprall einer Kugel auf eine ruhende, starre Wand. Mit $m_2 \gg m_1$ ergibt sich dann $v_1' = -v_1$ d. h. die stoßende Kugel ändert nur die Richtung ihrer ursprünglichen Geschwindigkeit, sie wird reflektiert. Zwar überträgt sie dabei den Impuls $2m_1 v_1 = m_2 v_2'$ auf die Wand, aber trotzdem bleibt deren Geschwindigkeit v_2' unmerkbar klein, weil ihre Masse m_2 ungeheuer groß ist, vgl. auch Stoß der Gasmoleküle gegen die Gefäßwand, Abschn. 5.3.1.

Nach dem *unelastischen* Stoß bewegen sich beide Kugeln mit gleicher Geschwindigkeit v', s. Abb. 2.21b. Hier fordert der Impulssatz $m_1 v_1 = (m_1 + m_2) v'$, sodass gilt

$$v' = \frac{m_1}{m_1 + m_2} v_1 . \qquad (2.33)$$

Diese Endgeschwindigkeit v' ist umso kleiner, je schwerer die gestoßene Kugel im Vergleich zur stoßenden ist. Von der ursprünglich vorhandenen kinetischen Energie geht der Bruchteil $m_2/(m_1 + m_2)$ verloren. Dieser kann statt in Wärme auch in innere Energie des einen Stoßpartners übergehen[11]. Man sieht daraus, dass ein sehr leichtes Teilchen ($m_1 \ll m_2$)

[11] Nach dem Zusammenstoß eines Elektrons oder Atoms mit Atomen können die Atome sich in einem angeregten Zustand befinden (Abschn. 8.1.2).

fast seine gesamte kinetische Energie beim unelastischen Stoß umsetzen kann, während bei Stoßpartnern gleicher Masse ($m_1 = m_2$) nur die Hälfte zur Verfügung steht. Bei der Stoßionisation von Atomen durch Elektronen oder Ionen ist das zu beachten, vgl. Glimmentladung Abschn. 6.5.5. Wichtig ist, dass die Erhaltungssätze vom Impuls und bei elastischen Körpern auch der mechanischen Energie das Ergebnis des Stoßes völlig festlegen, ohne dass weitere Einzelheiten beim Zusammentreffen selbst bekannt sein müssen.

Beim *nichtzentralen* Stoß einer Kugel auf eine ruhende zweite Kugel müssen die *beiden Impulskomponenten* p_x in der Anflugrichtung und p_y senkrecht dazu konstant bleiben. Wir verfolgen speziell den elastischen Stoß eines Neutrons (1) auf ein ruhendes Proton (2), wobei keine zusätzliche Drehung entstehen kann. Beide Teilchen haben nahezu gleiche Masse (Abschn. 8.3.1). So ergibt sich mit $m_1 = m_2$ aus dem Impulssatz (2.30) die Vektoraddition, vgl. Abschn. 2.2.1,

$$\boldsymbol{v}_1' + \boldsymbol{v}_2' = \boldsymbol{v}_1 \,, \tag{2.34a}$$

und der Energiesatz (2.31) führt auf

$$\boldsymbol{v}_1'^2 + \boldsymbol{v}_2'^2 = \boldsymbol{v}_1^2 \,. \tag{2.34b}$$

Die drei Vektoren bilden in diesem Fall ein rechtwinkliges Dreieck (Satz von Pythagoras), für das Abb. 2.21c ein Beispiel gibt. Darin liegt die Spitze des Vektors $\boldsymbol{v}_1'$ immer auf dem Halbkreis über v_1 als Durchmesser (Satz von Thales), denn die Bahnen der Teilchen bilden nach dem Stoß den Winkel 90°. Das Neutron (1) wird in Abb. 2.21c um den Winkel ϑ_1 abgelenkt. Auf das Proton wird der Bruchteil $\sin^2 \vartheta_1$ der kinetischen Energie des Neutrons übertragen.

Aufgaben

2.4.1 Von einem Tisch der Höhe $h = 1{,}4$ m fliegt ein Tennisball mit der Geschwindigkeit $v_0 = 3$ m/s horizontal weg. In welcher Entfernung s schlägt er auf den Fußboden auf (Ort von der Projektion der Tischkante aus gemessen)? (Ohne Luftreibung.)

2.4.2 Um wie viel wird die Erdbeschleunigung am Äquator durch die Zentrifugalbeschleunigung herabgesetzt?

2.4.3 Wie verschiebt sich die Schwingungsebene eines Fadenpendels am Äquator?

2.4.4 Zwei He-Atome haben dem Betrag nach die gleiche Geschwindigkeit v_0. Ihre Flugbahnen stehen senkrecht aufeinander, Atom 2 fliegt horizontal, Atom 1 vertikal nach oben. Atom 1 trifft Atom 2 zentral von unten, d. h. beim Zusammenstoß liegen die Atommittelpunkte senkrecht übereinander. Wie bewegen sich die beiden Atome nach dem Stoß? (Die Schwerkraft kann vernachlässigt werden.)

2.4.5 Eine völlig unelastische Kugel trifft zentral auf eine ebensolche gleicher Masse, die ihr mit der gleichen Geschwindigkeit entgegenkommt. In einem zweiten Versuch stößt sie mit derselben Geschwindigkeit gegen eine ruhende starre Wand mit sehr viel größerer (unendlich großer) Masse. Wie groß ist in beiden Fällen die Endgeschwindigkeit der stoßenden Kugel, in welchem Fall wird an ihr eine größere Verformungsarbeit geleistet?

2.5 Kräfte am starren Körper (Statik)

Jeder feste Körper ist aus vielen Atomen bzw. Molekülen zusammengesetzt und wird unter dem Einfluss von äußeren Kräften *deformiert*. Solange wir diese Formänderungen bei genügend kleinen Kräften vernachlässigen können, sprechen wir von einem nicht deformierbaren, *starren* Körper. In der *Statik* behandeln wir die Frage, wann ein ausgedehnter, starrer Körper sich unter dem Einfluss von Kräften im Gleichgewicht befindet, d. h. in Ruhe bleibt. Bei einem Massenpunkt, den wir bisher behandelt haben, muss nach dem dynamischen Grundgesetz (Abschn. 2.3.1) die Gesamtkraft als vektorielle Summe aller Einzelkräfte gleich null sein. Auch beim Massenpunkt spricht man davon, dass diese Einzelkräfte sich das *Gleichgewicht* halten.

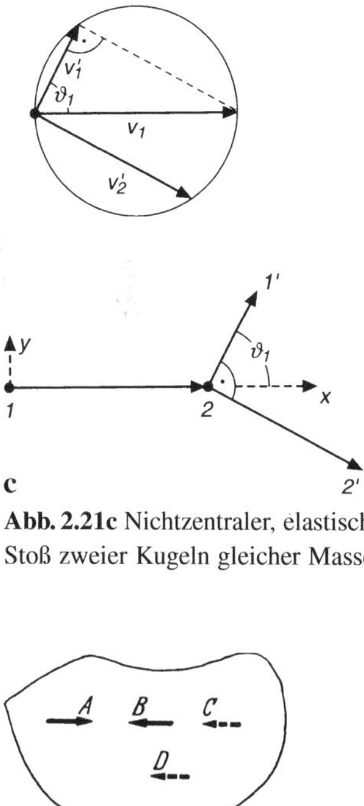

c

Abb. 2.21c Nichtzentraler, elastischer Stoß zweier Kugeln gleicher Masse

2.5.1 Zusammensetzung und Zerlegung von Kräften. Schon die alltägliche Erfahrung lehrt, dass man zur völligen Bestimmung der Wirkung einer Kraft auf einen ausgedehnten Körper drei Dinge kennen muss: *Größe*, *Richtung* und *Angriffspunkt*. Greifen an einem starren Körper zwei entgegengesetzt gleiche Kräfte an, so halten sie sich nur dann das Gleichgewicht, wenn die Verbindungsgerade der Angriffspunkte A und B in die Richtung der Kräfte fällt, s. Abb. 2.22. Das Gleichgewicht bleibt erhalten, wenn wir die Angriffspunkte der in A und B angreifenden Kräfte

Abb. 2.22 Parallele und entgegengesetzt gerichtete Kräfte am starren Körper

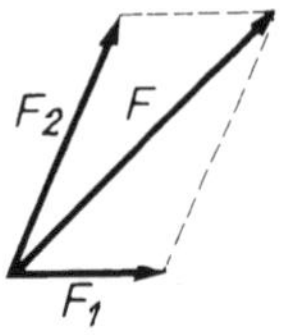

Abb. 2.23 Zusammensetzung von Kräften

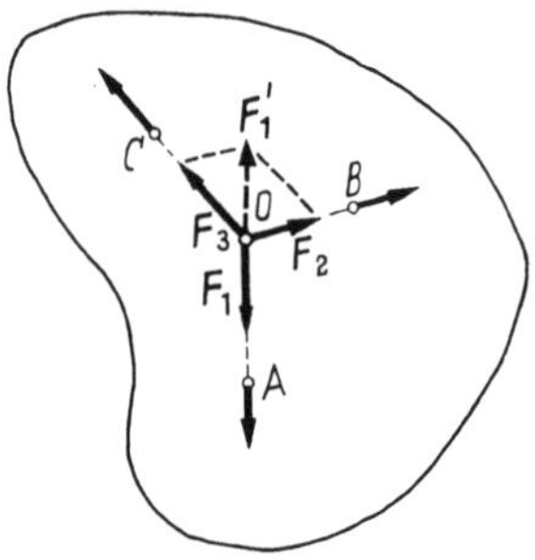

Abb. 2.24 Gleichgewicht mehrerer Kräfte

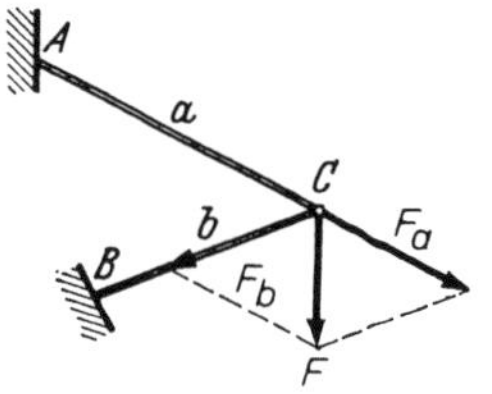

Abb. 2.25 Belastung eines Trägers

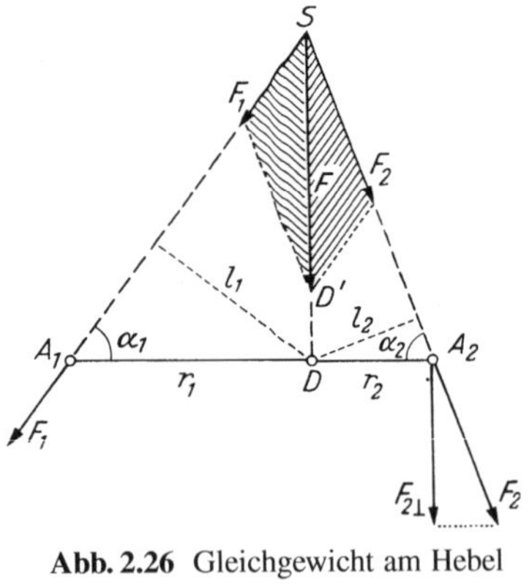

Abb. 2.26 Gleichgewicht am Hebel

innerhalb des starren Körpers längs der *Wirkungslinie* verschieben, etwa von B nach C. Unter der Wirkungslinie einer Kraft verstehen wir die in der Kraftrichtung durch den Angriffspunkt gezogene Gerade. Dagegen wird das Gleichgewicht gestört, sobald der Angriffspunkt der in B angreifenden Kraft in einer anderen Richtung, z. B. nach D, verschoben wird. Unter dem Einfluss der in A und D einwirkenden Kräfte tritt eine Drehung des Körpers ein.

Wirken in demselben Angriffspunkt mehrere Kräfte, so lassen sich diese wie beim Massenpunkt als Vektoren nach dem *Parallelogrammsatz* zu einer resultierenden Kraft zusammensetzen (Vektoraddition), s. Abb. 2.23. – Da wir Kräfte längs ihrer Wirkungslinie verschieben können, ohne ihre Wirkung zu ändern, gilt dasselbe für alle Kräfte, deren Wirkungslinien sich in einem Punkte schneiden. Im Beispiel von Abb. 2.24 greifen drei Kräfte in A, B und C an, die Wirkungslinien schneiden sich in 0, und es gilt $\boldsymbol{F}_3 + \boldsymbol{F}_2 = \boldsymbol{F}_1' = -\boldsymbol{F}_1$. Alle drei Kräfte halten sich das Gleichgewicht.

Als Beispiel zur Zerlegung einer Kraft betrachten wir die Belastung eines Trägers, der aus den Stäben a und b besteht und in A und B befestigt ist, s. Abb. 2.25. In C greife eine Kraft F an. Zerlegen wir $\boldsymbol{F}$ in die Komponenten in Richtung von a und b, so gibt $\boldsymbol{F}_a$ die Zugkraft, $\boldsymbol{F}_b$ die Druckkraft, mit denen die Stäbe beansprucht werden.

2.5.2 Hebel, Drehmoment. Ganz allgemein versteht man unter einem *Hebel* einen starren Körper, der um eine Achse frei drehbar ist. Die Drehachse selbst möge außen fest gelagert sein (feste Drehachse). In Abb. 2.26 steht sie in D senkrecht zur Zeichenebene. Auf den Hebel wirken in A_1 und A_2 zwei in der Zeichenebene liegende Kräfte $\boldsymbol{F}_1$ und $\boldsymbol{F}_2$. Wir fällen von D aus die Lote l_1 und l_2 auf die Wirkungslinien der beiden Kräfte. Die Lote werden als *Hebelarme* bezeichnet. Wie die Erfahrung lehrt, ist Gleichgewicht vorhanden, wenn die beiden Kräfte den Hebel im entgegengesetzten Sinne zu drehen versuchen und wenn die Produkte aus den Kräften und den zugehörigen Hebelarmen gleich sind, also wenn die Gleichung gilt

$$F_1 l_1 = F_2 l_2 \,. \tag{2.35}$$

Das ist das *Hebelgesetz*. Das Produkt aus der angreifenden Kraft und dem zugehörigen Hebelarm wird als ihr *Drehmoment* in Bezug auf die Achse durch D bezeichnet. Man kann das Drehmoment M einer Kraft auch berechnen, indem man die Entfernung ihres wirklichen Angriffspunktes von der Drehachse verwendet, r_1 bzw. r_2 in Abb. 2.26. Dann darf man aber nur die Kraftkomponente $F_\perp$ senkrecht zu r nehmen. Allgemein gilt also für das Drehmoment jeder Kraft – der Index ist weggelassen –:

$$M = Fl = F_\perp r \,. \tag{2.36}$$

Die Vektorrechnung stellt das Drehmoment durch das Vektorprodukt $\boldsymbol{M} = \boldsymbol{r} \times \boldsymbol{F}$ dar, wo r der Abstand des Angriffspunktes von der Drehachse ist. Der Betrag von $\boldsymbol{M}$ ist $F \cdot r \sin\alpha = F \cdot l$, mit dem Winkel α zwischen der angreifenden Kraft $\boldsymbol{F}$ und r. Die Richtung von $\boldsymbol{M}$ als Vektorprodukt steht senkrecht auf $\boldsymbol{F}$ und r; seine Orientierung gibt den Drehsinn: Schaut man in Richtung des Vektors $\boldsymbol{M}$, so verläuft die verursachte Drehung im Uhrzeigersinn. In Abb. 2.26 zeigt also $\boldsymbol{M}_1$ aus der Zeichenebene nach vorn heraus, $\boldsymbol{M}_2$ nach hinten hinein. – Bei einer festen Drehachse kommen nur die Komponenten von Drehmomenten zur Wirkung, die parallel zur Drehachse sind. Diese Komponenten haben wir bisher auch nur betrachtet. Die zur Drehachse senkrecht stehenden werden durch Gegendrehmomente in den festen Lagern kompensiert.

Am Hebel herrscht also Gleichgewicht, wenn die Drehmomente, die in den beiden möglichen Drehrichtungen wirken, gerade gleich groß sind. Ihre Vektoren addieren sich dann zu null. Die Anwendungen des Hebels sind sehr mannigfach; wir nennen nur die *Brechstange*, die *Schere*, die *Schubkarre*, die *Lenkstange* und *Pedale* von Fahrrädern. Auch die *Gliedmaßen des Tierskeletts* wirken als Hebel. Ein Hebel mit unterschiedlich langen Hebelarmen ist eine mechanische Maschine. Um z. B. eine Last F_1 am kurzen Hebelarm r_1 zu heben, müssen wir eine kleinere Kraft F_2 aufbringen. Das Hebelgesetz verlangt $r_1 F_1 = r_2 F_2$. – Selbstverständlich muss die Arbeit $W = F_1 s_1 = F_2 s_2$ auf beiden Seiten gleich sein, was sich hier nach dem Strahlensatz $s_1/s_2 = r_1/r_2$ ergibt, vgl. Abb. 2.27.

Die Gültigkeit des Hebelgesetzes können wir auf folgende Weise einsehen. Wir verlegen die Angriffspunkte der Kräfte $\boldsymbol{F}_1$ und $\boldsymbol{F}_2$ von Abb. 2.26 in den gemeinsamen Schnittpunkt S ihrer Wirkungslinien und konstruieren die Resultierende $\boldsymbol{F}$. Dann geht deren Wirkungslinie durch den Drehpunkt D, sie kann also den Körper nicht drehen.

2.5.3 Parallele Kräfte, Kräftepaar.

Auch die Resultierende von zwei parallelen Kräften lässt sich mithilfe des Hebelgesetzes bestimmen. Wir suchen zunächst ihren Angriffspunkt, bzw. ihre Wirkungslinie, s. Abb. 2.28. Sie läuft natürlich den Wirkungslinien der beiden Kräfte $\boldsymbol{F}_1$ und $\boldsymbol{F}_2$ parallel und schneidet die Verbindungsstrecke A_1A_2 ihrer Angriffspunkte in D derart, dass $\boldsymbol{F}_1 l_1 = F_2 l_2$ ist. Die beiden Kräfte drehen dann nach dem Hebelgesetz den Körper nicht, wenn nur ein Punkt auf der Wirkungslinie der Resultierenden raumfest ist. Der Betrag der Resultierenden ist $\boldsymbol{F} = \boldsymbol{F}_1 + \boldsymbol{F}_2$. Durch die entgegengesetzt gerichtete Kraft $\boldsymbol{F}' = -(\boldsymbol{F}_1 + \boldsymbol{F}_2)$ wird beiden das Gleichgewicht gehalten, also der Punkt D und damit der ganze Körper endgültig festgehalten. Das besorgt die feste Drehachse vom Hebel in Abschn. 2.5.2 zwangsweise.

Umgekehrt können wir auch eine gegebene Kraft in parallele Komponenten zerlegen. Belastet man z. B. eine an den Enden unterstützte Brücke, so kann man die Kräfte auf jeden der beiden Unterstützungspunkte angeben. Das Verhältnis der beiden Kräfte hängt von der Position der Last auf der Brücke ab.

Die einzelnen eben eingeführten Kräfte von Abb. 2.28 lassen sich auch in anderer Weise zusammenfassen, nämlich $\boldsymbol{F}_1$ in $\boldsymbol{A}_1$ mit $-\boldsymbol{F}_1$ in D, sowie F_2 in A_2 mit $-\boldsymbol{F}_2$ in D. Jede Kombination bildet ein sog. *Kräftepaar*, zwei entgegengesetzt gerichtete, gleich große Kräfte, deren Wirkungslinien parallel sind, aber einen Abstand l senkrecht voneinander haben. Ein Kräftepaar erzeugt immer ein Drehmoment von der Größe Fl, gleichgültig, wo die feste Drehachse sich befindet. So ist in Abb. 2.29a das gesamte Drehmoment im Sinne des Uhrzeigers $Fl_1 + Fl_2 = Fl$. In Abb. 2.29b wirkt das Drehmoment wieder im Uhrzeigersinn und hat den gleichen Betrag $M = Fl_1 - Fl_2 = Fl$.

2.5.4 Schwerpunkt.

Jeder kleinste Teil oder Massenpunkt eines starren Körpers unterliegt der Schwerkraft, die senkrecht nach unten, d. h. in Richtung zum Erdmittelpunkt, wirkt. Alle so im starren Körper entstehenden parallelen Einzelkräfte setzen sich zu einer resultierenden Kraft zusammen, die gleich der Summe der Einzelkräfte ist (Gesamtgewicht = Summe der Gewichte aller Teile). Ihren Angriffspunkt nennt man den *Schwerpunkt* oder *Massenmittelpunkt* des starren Körpers. Mangels antiparalleler Kräfte kann die Schwerkraft allein kein Kräftepaar oder Drehmoment hervorrufen.

Der starre Körper verhält sich also unter dem Einfluss der Schwerkraft so, als ob das Gesamtgewicht in seinem Schwerpunkt vereinigt wäre. Dasselbe gilt für seine Masse, sodass damit der Begriff des Massenpunktes, der bisher bei der Kinematik und Dynamik der Translationsbewegung benutzt wurde, exakt festgelegt ist. Es ist stets der Schwerpunkt der verwendeten, ausgedehnten Körper gemeint. Insbesondere berechnet sich die Hubarbeit mgh aus dem Anheben des Schwerpunktes um die Höhe h (Abschn. 2.3.6).

Weiter muss der Schwerpunkt eines starren Körpers, ja noch allgemeiner der Schwerpunkt eines abgeschlossenen Systems, in dem nur innere Kräfte wirken, ruhen oder konstante Geschwindigkeit haben. Dieser sog. Satz von der *Erhaltung* des *Schwerpunktes* ist mit dem Wechselwirkungssatz gleichwertig (Abschn. 2.3.3).

Wirken auf einen starren Körper Kräfte beliebiger Größe und Richtung, in beliebiger Zahl und in beliebigen Angriffspunkten ein, so lassen sie sich immer zu einer resultierenden Einzelkraft im Schwerpunkt und einem Kräftepaar zusammensetzen. Erstere wird auf die Gesamtmasse im Schwerpunkt ausgeübt, der entsprechend dem dynamischen Grundgesetz beschleunigt wird. Das Kräftepaar aber ist ohne Einfluss auf die Bewegung des Schwerpunktes.

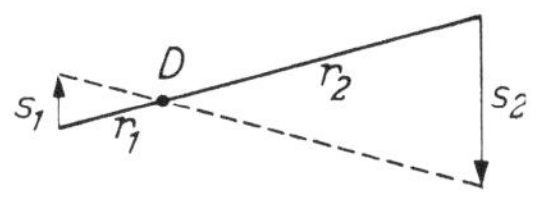

Abb. 2.27 Zur Arbeit am Hebel

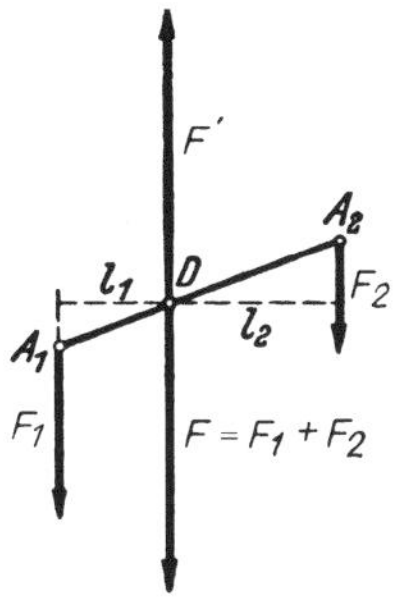

Abb. 2.28 Zusammensetzung paralleler Kräfte

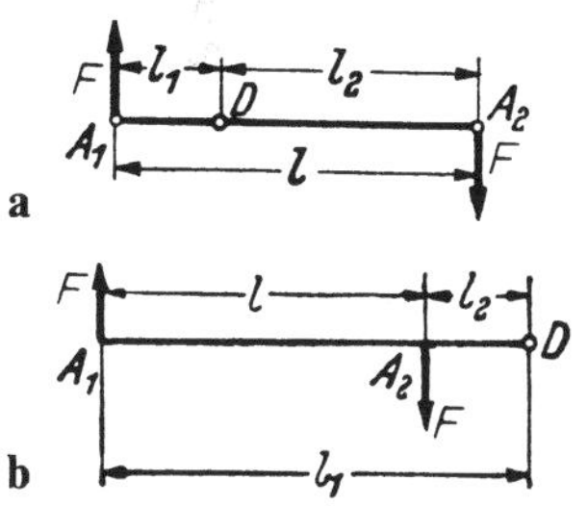

Abb. 2.29a,b Drehmoment eines Kräftepaars

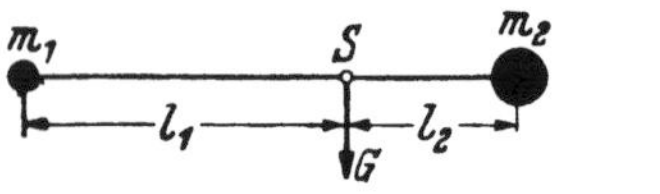

Abb. 2.30 Schwerpunkt einer Hantel

Bei einer homogenen Kugel oder einem Ring ist der Mittelpunkt der Schwerpunkt. Der Schwerpunkt S einer Hantel, die wir als gewichtslose Stange mit den Massen m_1 und m_2 an den Enden betrachten wollen, bestimmt sich als der Angriffspunkt zweier paralleler Kräfte durch die Gleichung

$$\frac{l_1}{l_2} = \frac{G_2}{G_1} = \frac{m_2}{m_1}, \quad \text{s. Abb. 2.30}$$

$$\text{oder} \quad m_1 l_1 - m_2 l_2 = 0 \tag{2.37}$$

Bei räumlicher, dreidimensionaler Anordnung der Masseteile erhält man mit der Bedingung $\sum_i m_i(x_i - x_s) = 0$ nur eine Fläche $x = x_s$ senkrecht zur X-Achse, auf der sich der Schwerpunkt S befindet. Daher sind drei derartige Gleichungen für die drei kartesi-schen Achsenrichtungen aufzustellen; sie ergeben drei Ebenen, die sich im Schwerpunkt schneiden. Er kann auch außerhalb der Materie des Körpers liegen.

Praktisch wird man den Schwerpunkt eines unregelmäßigen Körpers stets experimentell bestimmen (Abschn. 2.5.5).

2.5.5 Gleichgewichtslagen. Ein Körper kann sich unter dem Einfluss der Schwere nur dann in Bewegung setzen, wenn sein Schwerpunkt als der Angriffspunkt der resultierenden Kraft sich dabei nach unten verlagert. Andernfalls muss Hubarbeit aufgewandt werden. Wir unterscheiden dabei verschiedene Arten der Gleichgewichtslage, s. Abb. 2.31.

1. *Stabiles* Gleichgewicht, wenn der Schwerpunkt die tiefstmögliche Lage hat und sich daher bei jeder Bewegung des Körpers nur aufwärts bewegen kann.
2. *Indifferentes* Gleichgewicht, wenn der Schwerpunkt sich bei Verschiebung des Körpers stets horizontal bewegt.
3. *Labiles* Gleichgewicht, wenn der Schwerpunkt bei jeder Verschiebung des Körpers sinkt.

Abb. 2.31 Stabiles, indifferentes und labiles Gleichgewicht

Ein hängender Körper befindet sich dann im stabilen Gleichgewicht, wenn sein Schwerpunkt senkrecht *unter* dem Aufhängepunkt liegt. Bei irgendeiner Verschiebung wird der Schwerpunkt gehoben und fällt anschließend wieder in die stabile Gleichgewichtslage zurück. Durch ein Senklot lässt sich daher die Schwerpunktslage eines starren Körpers experimentell bestimmen; man muss ihn dazu nacheinander an mindestens zwei Punkten stabil aufhängen und den Schnittpunkt der Lotlinien bestimmen. Im stabilen Gleichgewicht besitzt der Körper ein *Minimum* an *potentieller* Energie. Dieser Satz gilt ganz allgemein, unabhängig von der Art der einwirkenden Kräfte.

Im labilen Gleichgewicht ist ein Körper aufgehängt, wenn sich sein Schwerpunkt senkrecht *über* dem Unterstützungspunkt befindet. Er hat dann ein Maximum an potentieller Energie, jeder Anstoß befördert ihn aus dieser Lage heraus in eine stabile Gleichgewichtslage. – Ist der Körper *im* Schwerpunkt aufgehängt, so ist seine Gleichgewichtslage indifferent, er kann in jede beliebige Lage gedreht werden und bleibt in ihr stehen.

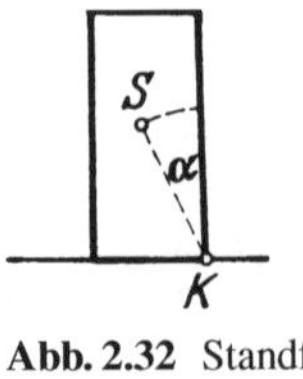

Abb. 2.32 Standfestigkeit

Ruht ein Körper mit einer Fläche oder mehreren Unterstüzungspunkten auf einer horizontalen Unterlage, so ist er im stabilen Gleichgewicht, solange das vom Schwerpunkt S nach unten gefällte Lot durch die Unterstützungsfläche geht. Dreht man den Quader der Abb. 2.32 um die Kante K, so wird der Schwerpunkt zunächst gehoben. Beim Drehwinkel α entsteht ein labiles Gleichgewicht, und beim geringsten Weiterdrehen kippt der Körper um. Die *Standfestigkeit* eines Körpers ist durch die Arbeit bestimmt, die zum Umkippen nötig ist, sie ist umso größer, je tiefer sein Schwerpunkt liegt und je größer die Unterstützungsfläche ist.

2.5.6 Die Waage. Bei gleicharmigen Hebelwaagen ($l = l'$) halten zwei Körper der Masse m und m' sich das Gleichgewicht. Nach dem Hebelgesetz ist $mgl = m'gl'$. Die vom Ort abhängige Erdbeschleunigung g fällt heraus, und es gilt überall $m = m'$. Mit einer Hebelwaage bestimmen wir also unmittelbar die Masse. Das Gewicht erhalten wir erst, wenn wir die Erdbeschleunigung kennen.

Die gewöhnlichen Hebelwaagen bestehen im Wesentlichen aus dem um eine horizontale Achse drehbaren Waagebalken und den an seinen Enden aufgehängten Waagschalen. Bei präzisen Waagen ruht der Waagebalken auf einer Schneide. Seine Arme und ebenso die Schalen sind möglichst gleich. Die Waage ist im stabilen Gleichgewicht, d. h. der Schwerpunkt des Waagebalkens liegt bei horizontaler Lage desselben *unterhalb* der

Schneide. Durch ein kleines Übergewicht $\Delta m \cdot g$ sei der um O drehbare Waagebalken um den Winkel α aus der ursprünglichen horizontalen Gleichgewichtslage herausgedreht. S sei der Schwerpunkt des Waagebalkens, G sein Gewicht und s sein Abstand von O, s. Abb. 2.33. Es entsteht nun ein neues Gleichgewicht, denn das Gewicht des Waagebalkens in dessen Schwerpunkt übt ein Gegendrehmoment aus. Der Hebelarm $O\,D$ ist $s \cdot \sin\alpha \approx s\alpha$. Das Gegendrehmoment $Gs\alpha$ muss zahlenmäßig gleich dem des Übergewichtes $\Delta m \cdot gl$ sein. (Exakt ist dessen Hebelarm $l \cdot \cos\alpha \approx l$). Der entstehende Ausschlag α ist dem Übergewicht proportional.

$$\alpha = \frac{gl}{Gs}\Delta m = e_{\mathrm{w}}\Delta m\,. \tag{2.38}$$

Die Empfindlichkeit der Waage $e_{\mathrm{w}} = \alpha/\Delta m$ ist also umso größer, d. h. eine um so kleinere Massendifferenz gibt noch einen beobachtbaren Ausschlag, je näher der Schwerpunkt am Drehpunkt liegt. Dem steht aber entgegen, dass dann die Schwingungsdauer der Waage (s. die Ausführungen beim Pendel Abschn. 4.1.1) immer größer wird. Die Wägung dauert zu lange, und die Stabilität gegen Erschütterungen wird immer geringer. Um die Schwingungsdauer abzukürzen, baut man moderne Waagen mit kurzem Waagebalken. Da mit der Länge auch das Gewicht abnimmt, verliert die Waage dadurch nicht an Empfindlichkeit.

Aufgaben

2.5.1 Eine Kraft, die senkrecht auf einen Hebel wirkt, erzeugt das Drehmoment 4 Nm. Wie groß ist das Drehmoment, wenn mit dem gleichen Hebelarm ihre Wirkungsgerade den Winkel 30° bildet?

2.5.2 Ein Kreiszylinder (Gewicht 20 N, Radius 4 cm, Höhe 10 cm) steht auf einer seiner ebenen Endflächen. Welche Arbeit muss man mindestens leisten, um ihn umzuwerfen?

2.5.3 Man löse Aufgabe 2.5.2 für einen Zylinder aus demselben Material mit dem gleichen Durchmesser, aber 1 m Höhe, der also ein Gewicht von 200 N hat.

2.5.4 Ein Mann (75 kg) bewegt sich in einem frei schwimmenden, in Ruhe liegenden Boot (300 kg) horizontal um 2 m. Um wie viel verschiebt sich das Boot auf dem Wasser?

2.6 Drehbewegung eines starren Körpers

2.6.1 Winkelbeschleunigung, Trägheitsmoment. Am einfachen Fall einer starren, um eine feste Achse drehbaren Scheibe wollen wir die wichtigsten Begriffe für Drehbewegungen kennen lernen. Dreht sie sich, so haben die verschiedenen Punkte der Scheibe zwar dieselbe *Winkelgeschwindigkeit* ω (Abschn. 2.2.2), aber verschiedene Bahngeschwindigkeiten $v_i = \omega r_i$ wenn r_i der Abstand des betreffenden Punktes von der Drehachse ist. Auch die Winkelgeschwindigkeit ist ein Vektor, ein sog. *achsialer* Vektor, der in der Drehachse liegt, die Richtung des Pfeiles gibt den Drehsinn in Form einer Rechtsschraube an, s. Abb. 2.34.

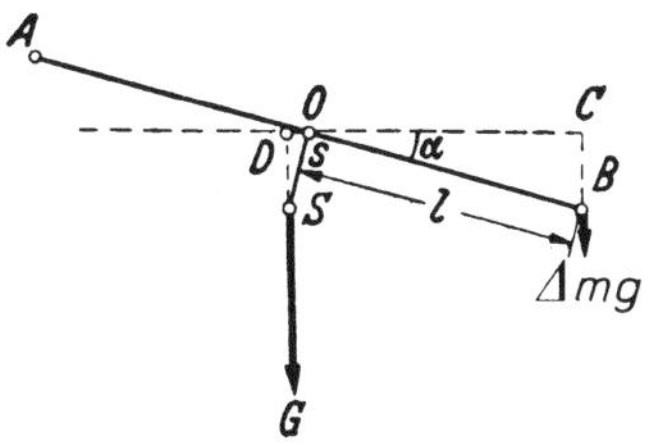

Abb. 2.33 Zur Empfindlichkeit der Waage

Wird die Scheibe aus der Ruhe in Drehung versetzt, so ändert sich ihre Winkelgeschwindigkeit. Wir führen daher den Begriff der *Winkelbeschleunigung* α ein und verstehen darunter die Änderung der Winkelgeschwindigkeit $\Delta\omega$ dividiert durch den dazu benötigten Zeitabschnitt Δt, also

$$\alpha = \lim_{\Delta t \to 0} \frac{\Delta\omega}{\Delta t} = \frac{\mathrm{d}\omega}{\mathrm{d}t} = \frac{\mathrm{d}^2\varphi}{\mathrm{d}t^2}\,. \tag{2.39a}$$

Ihre Einheit ist s^{-2}. Bei konstanter Winkelbeschleunigung α ist der aus der Ruhe heraus in der Zeitspanne t überstrichene Winkel

$$\varphi = \frac{1}{2}\alpha t^2\,, \tag{2.39b}$$

und die Winkelgeschwindigkeit beträgt danach:

$$\omega = \alpha t\,, \tag{2.39c}$$

vgl. Abschn. 2.2.2 Fallgesetze. Nach dem Winkel-Zeit-Gesetz kann man auch praktisch die Winkelbeschleunigung bestimmen. – Jeder Massepunkt auf der Scheibe erleidet eine Beschleunigung $a_i = r_i\alpha$ in tangentialer Richtung, nicht zu verwechseln mit der Zentripetalbeschleunigung $\omega^2 r_i$ in radialer Richtung, die außerdem auftritt.

Nach dieser Kinematik der Drehbewegung fragen wir danach, wie eine Winkelbeschleunigung verursacht werden kann. Im Experiment verwenden wir dazu am einfachsten einen Schnurzug, der über eine Rolle läuft und an dem ein Gewichtsstück hängt, s. Abb. 2.34. Es kommt nämlich nicht auf die einwirkende Kraft F allein an – eine z. B. im Drehpunkt O angreifende Kraft wäre unwirksam –,

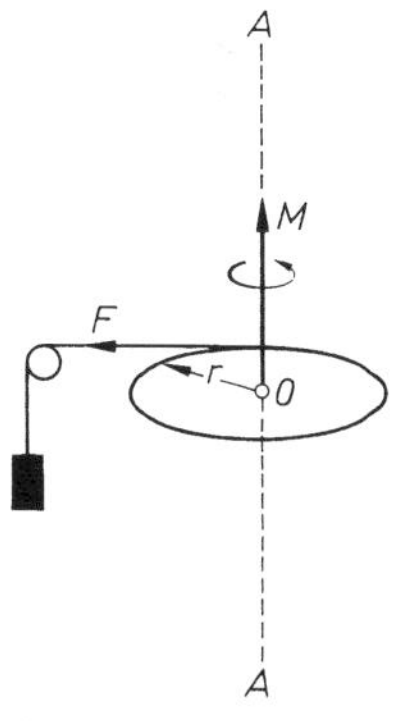

Abb. 2.34 Drehsinn und Vektoren von Drehmoment, Winkelgeschwindigkeit und Drehimpuls bei einer rotierenden Scheibe. Die Drehachse steht auf der durch die Kraft und den Fahrstrahl r definierten Ebene senkrecht

sondern auf ihr „*Drehmoment*" $M = rF$ in Bezug auf die Drehachse AA. Die Drehung verläuft von unten gesehen im Uhrzeigersinne. Wie schon in Abschn. 2.5.2 ausgeführt, beschreiben wir das Drehmoment durch einen Vektor $\boldsymbol{M}$, der auf der Ebene rF senkrecht steht; für seine Orientierung gilt dasselbe wie für den Vektor der Winkelgeschwindigkeit ω. Quantitative Experimente beweisen, dass die aus dem Winkel-Zeit-Gesetz bestimmte Winkelbeschleunigung eines drehbaren Körpers nur vom wirkenden Drehmoment $M = rF$ abhängt, gleichgültig wie groß F und r im Einzelnen sind. Außerdem ergibt sich, dass die Winkelbeschleunigung α dem Drehmoment proportional, aber natürlich von Körper zu Körper verschieden ist, vgl. die geradlinige Beschleunigung durch Kräfte (Abschn. 2.3.1).

Die Winkelbeschleunigung durch ein bestimmtes Drehmoment hängt nicht nur von der Masse des Drehkörpers, sondern auch von deren *Verteilung* in Bezug auf die Drehachse ab. Je weiter außen ein herausgegriffenes Massestück m auf der Scheibe liegt, umso größer ist bei konstanter Winkelgeschwindigkeit seine Bahngeschwindigkeit und damit auch seine kinetische Energie (Rotationsenergie) $(m/2)v_i^2 = (m/2)\omega^2 r_i^2$. Die zum Erreichen einer bestimmten Winkelgeschwindigkeit erforderliche Beschleunigungsarbeit wächst also nicht mit m, sondern mit mr_i^2. Wir nennen das Produkt aus der Masse und dem Quadrat ihres Abstandes von der Drehachse das *Trägheitsmoment* I der Masse m in Bezug auf die betreffende Achse.

Ist ein Körper aus vielen Massen zusammengesetzt, so ist das Gesamtträgheitsmoment gleich der Summe der Trägheitsmomente der einzelnen Massen, oder

$$I = m_1 r_1^2 + m_2 r_2^2 + \ldots = \sum m_i r_i^2 . \quad (2.40)$$

Das Trägheitsmoment eines Körpers ändert sich mit der Lage der Achse im Körper. Betrachten wir nur die durch den *Schwerpunkt* gehenden Achsen, so gibt es eine bestimmte Achse A, s. Abb. 2.35, für die das Trägheitsmoment am größten ist und dazu senkrecht eine weitere Achse C, für die es am kleinsten wird. In Bezug auf die zu diesen beiden Achsen senkrechte Achse B hat das Trägheitsmoment einen mittleren Wert. Diese drei Achsen nennen wir die *Hauptträgheitsachsen* des Körpers, die dazugehörigen Momente seine *Hauptträgheitsmomente*.

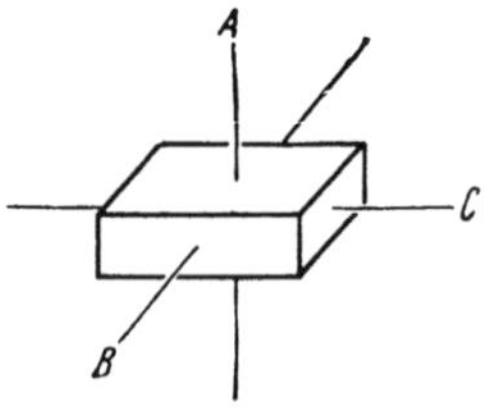

Abb. 2.35 Hauptträgheitsachsen einer Kiste

Eine dünne kreisförmige Scheibe hat den Schwerpunkt im Kreismittelpunkt. Für eine Drehachse senkrecht zur Kreisfläche durch den Schwerpunkt ist das Trägheitsmoment $mR^2/2$, für eine parallel zur Kreisfläche $mR^2/4$ (m Gesamtmasse der Scheibe, R ihr Radius). Für eine Kugel gilt $I = 2mR^2/5$.

Das Trägheitsmoment I bei Rotation um eine beliebige Achse ist gleich dem Trägheitsmoment um die parallel verschobene Achse durch den Schwerpunkt vermehrt um ml^2, wobei m die Masse des Körpers und l der Abstand zwischen Schwerpunkt und Drehachse ist (Steiner'scher Satz).

2.6.2 Dynamisches Grundgesetz der Drehbewegung. Alle Beobachtungen an sich drehenden Körpern lassen sich durch das Grundgesetz für Drehbewegungen beschreiben. Wirkt ein Drehmoment $\boldsymbol{M}$ auf einen drehbaren Körper, so erteilt es ihm eine Winkelbeschleunigung, die sich aus der Gleichung

$$\boldsymbol{M} = I\alpha = I\frac{\mathrm{d}\omega}{\mathrm{d}t} \quad (2.41)$$

bestimmt, wobei I das Trägheitsmoment in Bezug auf die Drehachse ist. Dieses Gesetz lässt sich aus dem dynamischen Grundgesetz $F = ma$ ableiten, stellt also keine neue, unabhängige Erfahrung dar.

Wir betrachten dazu einen Massepunkt in der Entfernung r von der Drehachse, der durch die Kraft F die Beschleunigung α erfährt. Nun gilt $F = M/r$ und $a = \alpha r$, in das dynamische Grundgesetz der Kraft eingesetzt (Abschn. 2.3.1) und umgeformt folgt daraus $M = mr^2\alpha$.

Zwischen der fortschreitenden oder Translationsbewegung und der Drehbewegung besteht außerdem eine weitgehende formale Analogie. Die für die Translationsbewegung bekannten Beziehungen lassen sich ohne weiteres auf die Drehbewegung übertragen, wenn wir nur die Größen Weg, Kraft, Masse usw. durch die entsprechenden Größen Winkel, Drehmoment,

Trägheitsmoment usw. ersetzen, vgl. die folgende Gegenüberstellung:

Einander entsprechende Größen und Gleichungen für	
Translationsbewegung	Drehbewegung
Weg s	Winkel φ
Geschwindigkeit v	Winkelgeschwindigkeit ω
Beschleunigung $\boldsymbol{a}$	Winkelbeschleunigung α
Masse m	Trägheitsmoment I
Kraft $\boldsymbol{F} = m\boldsymbol{a} = \frac{\mathrm{d}}{\mathrm{d}t}(mv)$	Drehmoment[12] $\boldsymbol{M} = I\alpha = I\frac{\mathrm{d}\omega}{\mathrm{d}t} = \frac{\mathrm{d}\boldsymbol{L}}{\mathrm{d}t}$
Richtgröße[12] $D = \frac{F}{x}$	Richtmoment[13] $D^* = \frac{M}{\varphi}$
Schwingungsdauer[13] $T = 2\pi\sqrt{\frac{m}{D}}$	Schwingungsdauer[13] $T = 2\pi\sqrt{\frac{I}{D^*}}$
Kinetische Energie $E_{\mathrm{kin}} = \frac{m}{2}v^2$	Rotationsenergie $E_{\mathrm{rot}} = \frac{1}{2}I\omega^2$
Impuls $\boldsymbol{p} = mv$	Drehimpuls[12] $L = I\omega$

In der folgenden schematischen Übersicht verfolgen wir die Analogie zwischen Translations- und Drehbewegung weiter. Man findet dort dargestellt, wie die *Bewegungsänderung* eines Körpers unter dem Einfluss einer Kraft $\boldsymbol{F}$ bzw. eines Drehmomentes $\boldsymbol{M}$ von der Wirkungs*richtung* beider abhängt.

Richtung von Kraft bzw. Drehmoment	Wirkung	Beispiel
$\boldsymbol{F} \parallel \boldsymbol{v}$	Erhöhung der Bahngeschwindigkeit (Bahnbeschleunigung)	Freier Fall
$\boldsymbol{M} \parallel \boldsymbol{\omega}$	Erhöhung der Winkelgeschwindigkeit	Scheibe in Abb. 2.34
$\boldsymbol{F} \perp \boldsymbol{v}$	Richtungsänderung der Geschwindigkeit (konstante Radialbeschleunigung)	Kreisbahn
$\boldsymbol{M} \perp \boldsymbol{\omega}$	Richtungsänderung der Winkelgeschwindigkeit, also der Drehachse, falls diese frei ist (Abschn. 2.6.4, 2.6.5)	Kreisel in Abb. 2.37

[12] Abschn. 2.6.3
[11] Abschn. 4.1.1

2.6.3 Satz von der Erhaltung des Drehimpulses. Bei der fortschreitenden Bewegung haben wir den Satz von der Erhaltung des Impulses mv kennen gelernt. Ihm entspricht bei der Drehbewegung der Satz von der *Erhaltung des Drehimpulses*, wobei wir unter dem Drehimpuls $\boldsymbol{L}$ das Produkt aus Trägheitsmoment und Winkelgeschwindigkeit verstehen, also $\boldsymbol{L} = I\omega$. Der Drehimpuls ist eine Vektorgröße. Seine Richtung, aus der wir den Drehsinn ersehen, ist dieselbe wie die des Vektors der Winkelgeschwindigkeit, vgl. Abb. 2.34.

Wirkt ein äußeres Drehmoment $\boldsymbol{M}$ während der Zeit Δt ein, so ergibt dieser Drehstoß nach der Grundgleichung der Drehbewegung $\boldsymbol{M} = I\alpha = I\Delta\omega/\Delta t$ eine Änderung des Drehimpulses von der Größe

$$\Delta \boldsymbol{L} = I\Delta\omega = \boldsymbol{M}\Delta t\,. \tag{2.42}$$

Daraus folgt der Erhaltungssatz: In einem System, in dem nur innere Kräfte wirksam sind, also ein äußeres Drehmoment fehlt, bleibt der Drehimpuls konstant. Befindet man sich auf einer Drehscheibe und läuft man an ihrem Rande in einer Richtung, so gerät die Scheibe im entgegengesetzten Umlaufsinn in Drehung. Man sieht an diesem Fall, dass auch der Satz von der Erhaltung des Drehimpulses eine Folge des Prinzips von Kraft und Gegenkraft ist. – Bekanntlich fällt die Katze, wie man sie auch fallen lässt, immer wieder auf die Beine. Das ist nur dadurch möglich, dass der Schwanz eine der gewünschten Körperdrehung gegenläufige Drehbewegung macht.

Anders als beim Impuls, wo die Masse eine Konstante ist, kann man durch innere Kräfte aber das Trägheitsmoment ändern, sodass der Drehimpuls zwar konstant bleibt, die Winkelgeschwindigkeit sich aber ändert. Ein Drehschemel z. B. rotiert langsamer, wenn die darauf sitzende Versuchsperson in beiden Händen schwere Hanteln hält und die Arme plötzlich nach außen streckt (größeres Trägheitsmoment). Zieht sie die Arme wieder an, so stellt sich die ursprüngliche Winkelgeschwindigkeit ein. – Ebenso kann die Eiskunstläuferin bei der Pirouette durch

In-die-Knie-Gehen oder seitliches Ausstrecken der Arme ihre Drehgeschwindigkeit herabsetzen und sie durch Hochziehen des Körpers in die Nähe der Drehachse wieder steigern.

2.6.4 Freie Drehachsen. Bei unseren bisherigen Betrachtungen war die Drehachse des Körpers festgelegt. Diese Beschränkung lassen wir jetzt fallen und fragen, welche Drehachsen ein Körper, durch einen Drehstoß in Rotation versetzt, stabil beibehält. Von vornherein werden wir sagen, dass sie durch seinen Schwerpunkt gehen müssen. Bei einem sich selbst überlassenen Körper kann der Schwerpunkt zwar eine unbeschleunigte, geradlinige Bewegung ausführen, aber keine Kreisbewegung. Die dazu notwendigen Zentripetalkräfte können nicht von einer freien Drehachse ausgeübt werden.

Aber nicht um jede Achse durch seinen Schwerpunkt rotiert ein Körper frei und stabil. Die bei der Drehung auftretenden Zentrifugalkräfte ergeben nämlich im Allgemeinen ein Drehmoment, das den Körper zu kippen versucht, sodass die Drehachse im Körper ihre Richtung ändert. Bringen wir z. B. einen am Ende aufgehängten zylindrischen Stab mit Hilfe eines Motors um eine vertikale Achse in Drehung, so halten sich die Zentrifugalkräfte im Gleichgewicht, s. Abb. 2.36a. Bei der geringsten Abweichung von der vertikalen Lage üben jedoch die beiden resultierenden Zentrifugalkräfte $\boldsymbol{F}$ ein Drehmoment aus, das den Stab in die horizontale Lage zu drehen sucht, s. Abb. 2.36b. Man kann auch sagen, die Zentrifugalkräfte treiben die Massen möglichst weit von der Drehachse weg. Es wird also als Drehachse diejenige Achse angestrebt, für die das Trägheitsmoment am größten ist, s. Abb. 2.36c. Um die Achse des *größten* Trägheitsmomentes vermag ein Körper ohne Lager *stabil* zu rotieren, da bei jeder Störung sofort ein rücktreibendes Drehmoment auftritt. Wir bezeichnen daher diese Hauptträgheitsachse als eine *freie Drehachse* des Körpers. Die Achse des *kleinsten* Trägheitsmomentes kann ebenfalls eine freie Achse sein. Die Achse des mittleren Hauptträgheitsmomentes ist dagegen labil, die kleinste Störung verursacht Drehmomente, die die Drehachse verschieben. Versetzt man einen Körper um diese Achse in Drehung, z. B. die in Abb. 2.35 gezeichnete Kiste um die Achse B, so gerät sie ins Torkeln, während sie um die Achse A und bei einiger Vorsicht auch um C weiterrotiert.

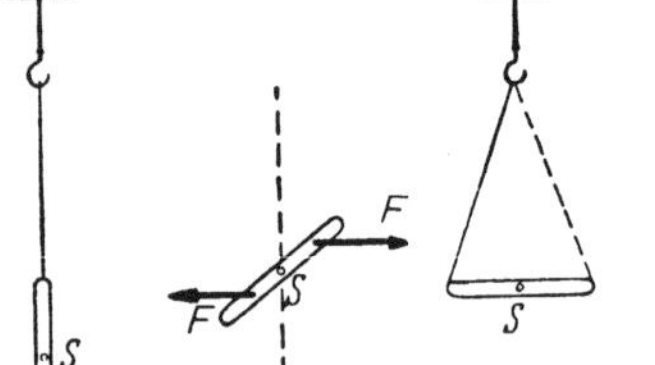

Abb. 2.36a–c Zentrifugalkräfte und freie Achsen bei einem rotierenden Körper

2.6.5 Der Kreisel. Jeder freie oder höchstens in einem Punkte festgehaltene rotierende Körper wird als *Kreisel* bezeichnet. Die charakteristischen Erscheinungen zeigt schon der rotationssymmetrische Kreisel, der uns als Kinderkreisel bekannt ist. Seine Symmetrieachse, auch *Figurenachse* genannt, enthält den Schwerpunkt und ist die Achse des größten Trägheitsmomentes, sie ist also eine stabile freie Drehachse, s. Abb. 2.37.

Unterstützen wir einen Kreisel im Schwerpunkt, so ist er den äußeren Schwerkräften entzogen und behält, wenn er einmal um seine Figurenachse in Drehung versetzt worden ist und sich dann selbst überlassen bleibt, die Drehachse raumfest bei. In ihr liegt der Vektor des Drehimpulses, der nach Größe und Richtung ohne äußere Kraftwirkung erhalten bleibt (Satz von der Erhaltung des Drehimpulses). So bleibt bei der in Drehung versetzten abgeschleuderten Diskusscheibe die Figuren-

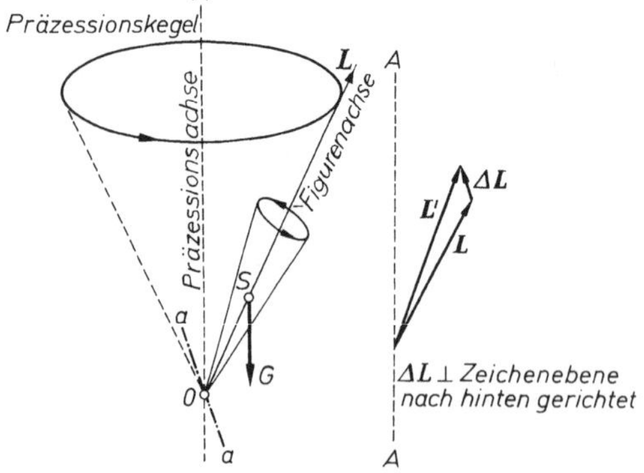

Abb. 2.37 Präzession eines Kreisels. Er rotiert um seine Figurenachse, Drehimpulsachse L. Diese läuft auf einem raumfesten Kegelmantel mit AA als Achse ($\boldsymbol{M} \perp \omega$)

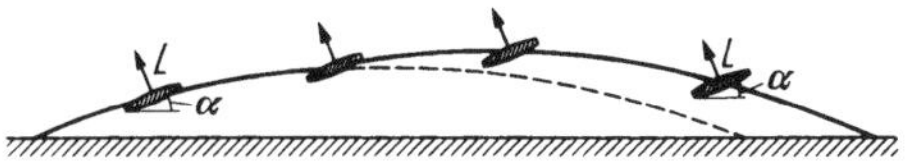

Abb. 2.38 Flugbahn einer Diskusscheibe (aus *Pohl*: Mechanik)

achse raumfest, s. Abb. 2.38. Der Diskus erfährt daher im absteigenden Ast der Bahn wie eine Tragfläche mit dem Anstellwinkel α einen Auftrieb und erreicht daher eine größere Flugweite.

Beim Kinderkreisel befindet sich der Schwerpunkt oberhalb des Unterstützungspunktes. Sobald die Figurenachse des Kreisels in Abb. 2.37 nicht genau senkrecht steht, übt die Schwerkraft ein Drehmoment aus, das den ruhenden Kreisel umkippen würde. Der rotierende Kreisel fällt jedoch nicht um, sondern weicht senkrecht zur einwirkenden Kraft aus und beschreibt eine sog. *Präzessionsbewegung*. Seine Figurenachse läuft auf einem Kegelmantel mit AA als Achse und mit O als Spitze um. Diese überraschende Erscheinung erklärt sich folgendermaßen: Das im Schwerpunkt S des Kreisels angreifende Gewicht $\boldsymbol{G}$ erzeugt ein Drehmoment $\boldsymbol{M}$ um die horizontale, zur Zeichenebene senkrechte Achse aa. Dieses während der kurzen Zeit Δt wirksame Moment gibt ihm einen zusätzlichen Drehimpuls $\Delta \boldsymbol{L}$. Dieser ist dem Drehmoment gleichgerichtet, also horizontal, und addiert sich geometrisch zum ursprünglichen Drehimpuls $\boldsymbol{L}$ des Kreisels, sodass nach der Zeit Δt der neue Drehimpuls $\boldsymbol{L}' = \boldsymbol{L} + \Delta \boldsymbol{L}$ ist. Die Figurenachse folgt dem Drehimpuls und nimmt jetzt die neue Richtung $\boldsymbol{L}'$ ein, sie hat sich also etwas nach hinten gedreht. Wirkt die Kraft $\boldsymbol{G}$ dauernd ein, so weicht die Kreiselachse ihr immer weiter stets senkrecht aus und beschreibt die Präzessionsbewegung. Die Kreiselbewegung setzt sich hier aus zwei Drehungen zusammen, der Drehung um die Figurenachse und der Drehung der Figurenachse um die Präzessionsachse AA.

Die Präzession ist umso langsamer, je größer der Drehimpuls des Kreisels ist. Der Kreisel reagiert umso weniger auf äußere Kräfte, je schneller er rotiert. Die Kreiselachse wird durch den Drehimpuls also im Raum besser *stabilisiert*. Das ist die Folge der mit der Drehgeschwindigkeit ansteigenden Trägheitswirkung.

Die Figurenachse sei um den Winkel ϑ gegen das Lot geneigt. Dann hat der Drehimpuls $\boldsymbol{L}$ eine raumfeste, senkrecht stehende Komponente und eine horizontale $\boldsymbol{L}_\mathrm{h} = \boldsymbol{L} \sin\vartheta$, die mit der Winkelgeschwindigkeit $\Delta\varphi/\Delta t$ um AA als Achse rotiert: $\Delta \boldsymbol{L}/\Delta t = \boldsymbol{L}_\mathrm{h}\Delta\varphi/\mathrm{d}t$. Nach dem Grundgesetz der Drehbewegung gilt $\Delta \boldsymbol{L} = \boldsymbol{M}\Delta t$ (Abschn. 2.6.3). Die Präzessionsgeschwindigkeit ist also $\Delta\varphi/\Delta t = \boldsymbol{M}/\boldsymbol{L}_\mathrm{h}$; sie wird umso kleiner, je größer der Drehimpuls $\boldsymbol{L} = I\omega$ des Kreisels ist.

Diese auf der Trägheit beruhenden Kreiselkräfte treten überall dort in Erscheinung, wo den Drehachsen schnell rotierender Körper eine Richtungsänderung aufgezwungen wird. Bei einem in die Kurve gehenden Fahrzeug wird jeder Radsatz mit den beiden rasch umlaufenden Rädern um die Vertikalachse gedreht. Die dabei auftretenden Kreiselkräfte rufen einen Zusatzdruck auf das äußere Rad und eine Entlastung des inneren hervor, wodurch das von den Zentrifugalkräften herrührende Kippmoment, vgl. Abb. 2.19, noch verstärkt wird.

Eine einseitige Unebenheit der Fahrbahn, die die Radachse plötzlich kippt, kann bei großer Geschwindigkeit das Fahrzeug aus der geradlinigen Fahrtrichtung herausschleudern. – Die Möglichkeit des *freihändigen Fahrens* mit dem Fahrrad beruht gerade auf den beim Kippen des Rades auftretenden Kreiselkräften. Sie drehen das Vorderrad so, dass eine Kurve es durch die Zentrifugalkraft wieder aufrichtet.

Beim *Kreiselkompass* steht die Rotationsachse stets horizontal, kann sich aber in der Horizontalebene frei drehen. Sie stellt sich dann der Erdachse möglichst weitgehend parallel, schwenkt also in die Nord-Süd-Richtung ein. In Ost-West-Einstellung sucht die Erddrehung die Kreiselachse zu kippen. Das dadurch entstehende Zusatzdrehmoment zeigt nach Norden und lässt die Drehachse mehr in Nord-Süd-Richtung schwenken. Anders als bei der Präzessionsbewegung des Kinderkreisels nimmt das Drehmoment dabei aber ab, sodass die Drehachse in NS-Richtung zur Ruhe kommt.

Von der Präzession eines Kreisels ist die *Nutation* zu unterscheiden. Diese setzt ein, wenn wir gegen seine Figurenachse, um die er zunächst als freie Drehachse rotiert, einen kurzzeitigen, kräftigen Drehstoß ausüben. Dabei liegt der Hebelarm in der Figurenachse. Damit geben wir dem Kreisel eine zusätzliche, erhebliche Drehimpulskomponente senkrecht zu seiner Figurenachse, sodass sein Gesamtdrehimpuls schräg zu ihr steht. Bei kräftefreiem Kreisel bleibt die Richtung des Drehimpulsvektors im Raume fest (Abschn. 2.6.3), und die Figurenachse läuft auf einem Kegel, dem *Nutationskegel*, um diese Richtung als raumfeste Achse herum. Außerdem ist die momentane Drehachse des Kreisels auch nicht mehr seine Figurenachse, sie liegt überhaupt nicht fest weder im Kreisel noch im Raume. Figurenachse, Drehimpulsachse und momentane Drehachse bilden in jedem Zeitpunkt eine Ebene.

Aufgaben

2.6.1 Eine zunächst ruhende Drehscheibe wird durch ein konstantes Drehmoment beschleunigt. Für die ersten 5 Umdrehungen benötigt sie 20 s. Wie groß ist die Winkelbeschleunigung α?

2.6.2 Eine Kugel von Radius 20 cm hat die Masse 200 kg und ist homogen mit Materie gefüllt. Sie wird um eine Achse gedreht, die tangential zu ihrer Oberfläche verläuft. Wie groß ist das Trägheitsmoment?

2.6.3 Ein Drehschemel mit Versuchsperson hat das Trägheitsmoment $25\,\mathrm{kg\,m^2}$ und rotiert mit einer Winkelgeschwindigkeit von $5\,\mathrm{s^{-1}}$. Die Versuchsperson hält dabei zwei Hanteln von je 15 kg praktisch in der Drehachse. Beim Armstrecken werden sie um 0,9 m nach außen verschoben. Wie groß ist jetzt die Winkelgeschwindigkeit?

2.6.4 Die Versuchsperson von Aufg. 2.6.3 zieht die Arme wieder an. Um wie viel ändert sich dabei die Rotationsenergie? Auf welche Weise wird die dafür nötige Arbeit geleistet?

2.6.5 Wie hängt die Präzessionsgeschwindigkeit in Abb. 2.37 vom Winkel ϑ zwischen Präzessionsachse und Figurenachse ab?

2.7 Allgemeine Gravitation

2.7.1 Gravitationsgesetz. Aus der Tatsache, dass alle Körper gleich schnell fallen, schließen wir auf eine nach dem Erdmittelpunkt gerichtete Anziehungskraft, die *Schwerkraft*, die der Masse der Körper proportional ist (Abschn. 2.3.2). *Newton* hat erkannt, dass nicht nur die Erde alle in ihrer Nähe befindlichen Körper anzieht, sondern dass alle Massen, wo sie sich auch im Weltraum befinden mögen, sich gegenseitig anziehen. Die irdische Schwerkraft ist also nur ein Sonderfall der *allgemeinen Massenanziehung* oder *Gravitation*. Das von *Newton* aus den Kepler'schen Gesetzen der Planetenbewegung (Abschn. 2.7.2) abgeleitete *Gravitationsgesetz* lautet:

$$F = -G\frac{m_1 m_2}{r^2}\,, \tag{2.43}$$

d. h. die zwischen zwei Massepunkten wirkende Anziehungskraft F ist dem Produkt der Massen m_1 und m_2 direkt und dem Quadrat ihrer Entfernung r umgekehrt proportional; G ist eine von der Beschaffenheit der Körper unabhängige Naturkonstante. Wir nennen sie die *Gravitationskonstante*. – Das Minus-Zeichen legt fest, dass r durch Wirkung von F *kleiner* wird.

Newton hat sein Gravitationsgesetz zuerst aus Betrachtungen der Bewegung des Mondes um die Erde abgeleitet. Der Mond umkreist die Erde mit einem Bahnradius $r_M = 60$ Erdradien. Dazu ist eine Radialbeschleunigung $a_r = r_M\omega^2$ nötig. Mit $T = 2\pi/\omega = 1$ Monat wird $a_r = 0{,}27\,\mathrm{cm/s^2}$. Aus dem Zustand der Ruhe losgelassen, würde also der Mond zunächst außerordentlich langsam auf die Erde zufallen, $s = at^2/2$. Welche Kraft kann nun diese Beschleunigung hervorrufen? Das auf der Erdoberfläche gemessene Gewicht kann es nicht sein, da sonst $a = 981\,\mathrm{cm/s^2}$ wäre. Nun ist, wie *Newton* bemerkte, das Verhältnis der Beschleunigungen an der Erdoberfläche und am Orte des Mondes $981/0{,}27 \approx 3600 = 60^2$, also gleich dem reziproken Verhältnis der Quadrate der Abstände vom Erdmittelpunkt. Die von der Erde auf einen Körper ausgeübte Anziehungskraft ist daher keine Konstante, sondern umgekehrt proportional dem Quadrat seiner Entfernung vom Erdmittelpunkt. – In seiner Mondrechnung hat *Newton* bereits die Kraft zwischen zwei *voluminösen* Kugeln berechnet, indem er für r in (2.43) den Abstand ihrer beiden Schwerpunkte ansetzt[14].

Nach dem Gravitationsgesetz ziehen sich auch alle irdischen Körper gegenseitig an. Allerdings sind diese Anziehungskräfte außerordentlich klein, sodass man sich im Laboratorium nur mithilfe einer empfindlichen Drehwaage messen kann. Der erste Nachweis gelang

[14] Das ist streng gültig nur für Kugelgestalt und kugelsymmetrische Verleitung der Masse, d. h. die Dichte darf nur vom Radius abhängen.

Cavendish 1798. Aus der Kraft, die zwei Körper mit bekannter Masse aufeinander ausüben, lässt sich die Gravitationskonstante G bestimmen, mit $G = 6{,}672 \cdot 10^{-11}\,\mathrm{Nm^2/kg^2}$. Zwei Massen von je einem Kilogramm ziehen sich danach im Abstand von 1 m mit der Kraft von $6{,}6 \cdot 10^{-11}$ Newton an. Das ist rund der 10^{11}te Teil der Kraft, mit der die Erde beide Massen anzieht.

Kennt man aus Messungen die Gravitationskonstante G, so kann man aus dem Erdradius $R = 6370$ km und der Erdbeschleunigung g die Masse M der Erde berechnen. Man geht davon aus, dass das Gewicht eines Körpers auf der Erdoberfläche gleich der Anziehungskraft zwischen diesem Körper und der Erde ist: $mg = GmM/r^2$. So ergibt sich für die Erdmasse $M = 6 \cdot 10^{21}$ Tonnen und für die Dichte $\varrho = 5{,}5\,\mathrm{g\,cm^{-3}}$ (Abschn. 3.1.5). Da die mittlere Gesteinsdichte der festen Erdkruste nur $2{,}7\,\mathrm{g\,cm^{-3}}$ beträgt, müssen im Erdinnern spezifisch schwerere Stoffe vorhanden sein.

Newtons Gravitationsgesetz bestimmt anziehende Kräfte zwischen zwei Massenpunkten oder homogenen Kugeln. Entsprechend dem Wechselwirkungssatz, vgl. Abschn. 2.3.3, sind es zwei gleiche, entgegengesetzt wirkende Kräfte. So beobachtet man z. B. Doppelsterne nicht sehr unterschiedlicher Masse, die sich umkreisen, während ihr gemeinsamer Schwerpunkt nicht beschleunigt wird. Wie bei der Mondbewegung besprochen, halten Gravitations- und Zentrifugalkraft sich das Gleichgewicht.

Beim fallenden Stein auf der Erde allerdings wirkt die Gleichberechtigung der beiden Partner etwas künstlich konstruiert. Physik und Astronautik benutzen heute mehr die Vorstellung eines *Gravitationsfeldes*, das in jedem Raumgebiet von den Sternen der näheren und weiteren Umgebung erzeugt wird. Nach Einstein herrscht darin ein besonderer Zustand des Raumes, vgl. Abschn. 8.4.5. Ein zusätzlicher, leichter, kleiner Probekörper erfährt darin eine Beschleunigung, ohne praktisch die Position der Sterne zu ändern, von denen das Feld herrührt.

Betrachten wir dazu die *Erdkugel* mit der Masse M und dem Radius R. Der Probekörper, etwa ein Raumschiff der Masse m_p, befinde sich im Abstand r vom Erdzentrum, also in der Höhe $h = r - R$ über der Erdoberfläche. Er erhält dort die Beschleunigung $\boldsymbol{a}(r)$

$$\boldsymbol{a}(r) = F(r)/m_p = GM/r^2 . \qquad (2.44)$$

Man spricht von einem „Beschleunigungsfeld" mit dem *Vektor* $\boldsymbol{a}(r)$ an jedem Feldpunkt in Richtung zum Erdzentrum. Eine Analogie dazu ist das elektrische Feld, vgl. Abschn. 6.2.3.

Einfacher verwendet man einen Skalar, das *Potential* $\phi(r)$. Das ist definiert

$$\phi(r) = E_{\text{pot}}(r)/m_p . \qquad (2.45)$$

Für die potentielle Energie E_{pot} muss man einen Bezugspunkt wählen, der in Abschn. 2.3.6 war $h = 0$. Hier nimmt man zweckmäßigerweise eine sehr große Entfernung vom Erdmittelpunkt und erhält

$$\phi(r) = -GM/r . \qquad r \geqq R \qquad (2.46)$$

ϕ ist negativ wegen der Anziehung und der Festlegung $\phi = 0$ for $r \to \infty$.

Einstein formuliert in der allgemeinen Relativitätstheorie, vgl. Abschn. 8.4.5, ein völlig neues Gesetz, in dem sogar die konventionellen Begriffe Raum und Zeit anders festgelegt werden. Das Newton'sche Gesetz folgt daraus aber exakt als Grenzgesetz für kleine Geschwindigkeiten und Massen, sodass es nicht als *falsch* oder *überholt* abgetan werden kann. In der Physik ist die Anwendung des einfachsten Gesetzes immer zweckmäßig, und das ist im Rahmen der Messgenauigkeit in unserem Planetensystem das von Newton.

Eine Folge der allgemeinen Gravitation sind auch die *Gezeiten* mit ihrem regelmäßigen Wechsel von Ebbe und Flut. Die Erscheinung beruht auf dem Zusammenwirken zweier Kräfte, nämlich der Anziehung des Meerwassers durch den Mond und der Zentrifugalkraft bei der Rotation der Erde um den gemeinsamen Schwerpunkt von Erde und Mond[15]. Beide heben sich im Erdmittelpunkt auf, während in den Oberflächenpartien, die derzeit dem Mond am nächsten sind, die Anziehungskraft des Mondes überwiegt, das Meereswasser anzieht und eine Flut hervorruft. Umgekehrt überwiegt

[15] Da hier ausschließlich innere Kräfte wirksam sind, bleibt der *Schwerpunkt* von Erde und Mond erhalten (Abschn. 2.5.4), d. h. Erde und Mond rotieren beide um ihren gemeinsamen Schwerpunkt. Die Umlaufzeit beträgt $27\frac{1}{3}$ Tage.

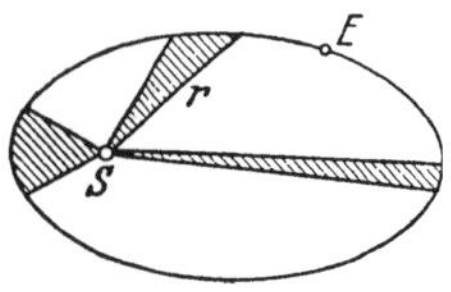

Abb. 2.39 Flächensatz

in den gegenüberliegenden Oberflächenpartien der Erde, die vom Mond am weitesten entfernt sind, die Zentrifugalkraft der Erde-Mond-Rotation. Da sie, vom Erdmittelpunkt gesehen, nach außen gerichtet ist, herrscht dort ebenfalls Flut. Wegen der Eigenrotation der Erde beobachten wir an einem Küstenort während eines Tages zwei Flutwellen. In zweiter Linie wirkt auch die Anziehungskraft der Sonne auf das Meerwasser.

2.7.2 Planetenbewegung. Die Gesetze der Planetenbewegung hat *Kepler*[16] auf Grund astronomischer Beobachtungen aufgestellt, die vor allem von *Tycho de Brahe* durchgeführt wurden. *Newton* konnte dann später aus seinem Gravitationsgesetz diese Bewegungsgesetze unmittelbar ableiten. Die *drei Kepler'schen Gesetze* lauten:

1. *Die Planeten bewegen sich auf Ellipsen, in deren einem Brennpunkt die Sonne steht.*

2. *Der von der Sonne nach einem Planeten zeigende Fahrstrahl überstreicht in gleichen Zeiten gleiche Flächen (Satz von der Konstanz der Flächengeschwindigkeit oder Flächensatz)*, s. Abb. 2.39.

3. *Die Quadrate der Umlaufzeiten zweier Planeten verhalten sich wie die Kuben der großen Achsen ihrer Bahnellipsen.*

Für die Hauptplaneten ist die Abweichung von der Kreisbahn sehr gering. Der zweite Satz, der *Flächensatz*, besagt, dass ein Planet in Sonnennähe schneller *läuft als in den von der Sonne weiter entfernten Bahnpunkten*. Der Flächensatz ist ein Spezialfall des Satzes von der Erhaltung des Drehimpulses (Abschn. 2.6.3).

Die in der Sekunde überstrichene Fläche ist $A = (r/2)rw$. Der Drehimpuls aber beträgt $L = I\omega = mr^2\omega = 2A \cdot m$, wobei m die konstante Masse des Planeten ist.

Das 3. Kepler'sche Gesetz folgt aus der Gleichheit der auf einen Planeten wirkenden Zentripetalkraft und Gravitationskraft. Für eine Kreisbahn gilt $m\omega^2 r = GmM_s/r^2$ (M_s Sonnenmasse). Das ergibt umgeformt $1/\omega^2 = T^2 \sim r^3$.

Aufgaben

2.7.1 Ein Satellit soll über einem Ort des Erdäquators fest stehen. Welche Entfernung von der Erdoberfläche muss er haben?

2.7.2 Wie groß muss die Geschwindigkeit eines Raumschiffes beim Erlöschen der Antriebsrakete mindestens sein, wenn es den Anziehungsbereich der Erde verlassen soll? (Erdradius $R = 6370$ km)

3. Die mechanischen Eigenschaften der Stoffe und ihre molekulare Struktur

3.1 Der molekulare Aufbau der Stoffe und die molekularen Kräfte

3.1.1 Vorbemerkung. Nach der äußeren Erscheinungsform unterscheiden wir drei *Aggregatzustände*, in denen die Materie auf der Erde vorkommt, nämlich den *festen, flüssigen* und *gasförmigen* Zustand. Ein fester Körper hat immer eine bestimmte Gestalt und daher auch einen bestimmten Rauminhalt, d. h., er setzt einer Änderung seines Volumens und seiner Gestalt einen Widerstand entgegen, er besitzt *Form-* und *Volumenelastizität* (Abschn. 3.2.2 u. 3.3.1). Ein flüssiger Körper hat zwar einen bestimmten Rauminhalt, aber keine feste Form, besitzt also nur *Volumenelastizität.* Die Flüssigkeit nimmt immer die Form des Gefäßes an, in das wir sie einfüllen. Ein Gas hat weder eine bestimmte Gestalt noch einen bestimmten festen Rauminhalt. Es füllt jeden Raum aus, den wir ihm zur Verfügung stellen, und wird nur durch äußeren Druck zusammengehalten.

Diese schon äußerlich feststellbaren Unterschiede sind die unmittelbare Folge der Tatsache, dass die Materie aus Atomen und Molekülen aufgebaut ist. Jeder Stoff kann je nach den äußeren Bedingungen, die durch Temperatur und Druck festgelegt werden, in jedem dieser drei Aggregatzustände auftreten. Beim Umwandeln von Eis in Wasser z. B. ändert sich nicht die Substanz selbst, sondern nur die Anordnung der Moleküle in dem betreffenden Körper, worauf schon die Bezeichnung Aggregatzustand hinweist. Für die mechanischen Eigenschaften sind außerdem die Kräfte zwischen benachbarten Molekülen von ausschlaggebender Bedeutung. Schließlich müssen wir, wenn wir manche Beobachtungen an den Körpern richtig im molekularen Bilde interpretieren wollen, die ständige ungeordnete Wärmebewegung der Moleküle in einem Stoff beachten, deren Energie seinen Wärmeinhalt ausmacht (Abschn. 5.3.2).

Wir behandeln daher im ersten Abschnitt zunächst die Moleküle, vor allem ihre äußeren Abmessungen und die zwischenmolekularen Kräfte.

3.1.2 Allgemeines über Moleküle, Stoffmengen. Der Atombegriff ist in der Naturwissenschaft zuerst aus der chemischen Erfahrung abgeleitet worden[1]. Insbesondere war es das Gesetz *der konstanten* und *multiplen Proportionen* von *Dalton*, welches zeigte, dass jedes Element aus kleinsten, chemisch nicht weiter teilbaren Teilchen mit bestimmter Masse, den *Atomen*, bestehen müsse. Gehen Wasserstoff und Sauerstoff die chemische Verbindung Wasser ein, so vereinigen sich je zwei Wasserstoffatome mit einem Sauerstoffatom zu dem *Molekül* H_2O. Moleküle sind die kleinsten Teile, in die ein Körper, ohne seine chemischen Eigenschaften zu ändern, zerlegt werden kann. Bei den einatomigen Gasen, wie He und Ar, und ebenso bei den Metallen enthält jedes Molekül nur ein Atom, hier werden also Molekül und Atom identisch. Wir werden bei Betrachtung der mechanischen Eigenschaften der Stoffe stets von Molekülen sprechen, auch wenn das Molekül einatomig ist.

Für die Angabe der Massen von Atomen und Molekülen gelten heute die folgenden internationalen Vereinbarungen: Die *atomare Masseneinheit (u)* ist definiert als der zwölfte Teil der Masse des Kohlenstoffatoms mit der Massenzahl 12 (^{12}C) (Abschn. 8.3.1). Der Chemi-

[1] Der Gedanke, dass alle Stoffe sich aus Atomen zusammensetzen, ist zuerst in der Philosophie von *Demokrit*, etwa 400 v. Chr., geäußert worden.

H.A. Stuart, G. Klages, *Kurzes Lehrbuch der Physik*, Springer-Lehrbuch, DOI 10.1007/978-3-540-89046-1_3

ker arbeitet nämlich nicht mit der sehr kleinen absoluten Masse des einzelnen Atoms oder Moleküls, sondern – weil es für ihn nur auf *Massenverhältnisse* ankommt – mit makroskopisch messbaren Größen, der *relativen Atom- und Molekülmasse*, die man früher etwas irreführend als Atom- und Molekular*gewicht* bezeichnete. Die relative Atommasse M_r eines chemischen Elementes gibt das Verhältnis der Atommasse m_a zur atomaren Masseneinheit u an:

$$M_r = \frac{m_a}{u}. \tag{3.1}$$

Entsprechend ist die relative Molekülmasse – auch als M_r bezeichnet – die Summe der relativen Atommassen der am Aufbau der Verbindung beteiligten Atome.

Der Begriff der *Teilchenmenge* oder *Stoffmenge* ist in der Physik allgemein von Bedeutung, wenn verschiedenartige Körper hinsichtlich der Zahl von Molekülen verglichen werden sollen, die in ihnen enthalten ist. Dafür wurde die besondere SI-Basiseinheit 1 Mol als die Stoffmenge festgelegt, die ebenso viel Moleküle enthält, wie sich Atome in 12 g (nicht kg!) des Kohlenstoffnuklids ^{12}C befinden. Diese Zahl lässt sich mit physikalischen Methoden bestimmen. Sie heißt *Avogadro'sche* Konstante N_A (früher Loschmidt'sche Zahl) und hat den Wert $6{,}022094 \cdot 10^{23}\,\text{mol}^{-1}$.

Wenn N_A Atome in 12 g des Nuklids ^{12}C sich befinden, so hat eines seiner Atome die Masse $12/N_A\,\text{g} = 12 \cdot 10^{-3}\,N_A\,\text{kg}$. Der 12te Teil davon ist die atomare Masseneinheit u. Also besteht der unmittelbare *zahlenmäßige* Zusammenhang

$$u = \frac{10^{-3}}{N_A}\text{kg}, \tag{3.2}$$

und es ergibt sich $u = 1{,}6605 \cdot 10^{-27}$ kg.

Als Beispiel zur Berechnung der Stoffmenge n wählen wir eine Substanzprobe, die eine Gesamtmasse m hat und aus einheitlichen Teilchen (Molekülen oder Atomen) besteht. Wenn jedes Teilchen die Masse m_a hat, dann errechnet sich der Zahlenwert von n in der SI-Einheit mol zu:

$$n = \frac{m}{M_r}10^3 = \frac{mu}{m_a}10^3 = \frac{m}{m_a N_A}. \tag{3.3a}$$

Das gilt selbstverständlich völlig unabhängig vom Aggregatzustand oder sonstigen äußeren Bedingungen. Die richtige Einheit mol für n liefert unmittelbar nur der letzte Ausdruck, falls $m_a N_A = M$, die Masse von 1 mol der Substanz (Molmasse), in kg/mol eingesetzt wird. Dagegen ist $M_r = m_a/u$ eine reine Zahl, sodass sich damit die richtige Einheit mol nur ergibt, wenn der Faktor 10^3 die physikalische Einheit mol/kg hat.

Um Schwierigkeiten, vor allem bei der zahlenmäßigen Anwendung von Formeln zu vermeiden, werden wir im Folgenden M als Molmasse mit der SI-Einheit kg/mol benutzen. Wir schreiben also:

$$n = \frac{m}{M}. \tag{3.3b}$$

Den Zahlenwert von M erhält man, indem man die relative Molekülmasse aus den relativen Atommassen berechnet, die in der Tabelle des Anhangs aufgeführt sind, und die Summe mit dem Faktor 10^{-3} multipliziert.

Die meisten Elemente sind Mischungen von *Isotopen* mit unterschiedlichen Massen (Abschn. 8.3.1). Ihre Molmasse hängt vom Verhältnis der Isotopenanteile ab. Doch ist in der irdischen Materie dieses Verhältnis so konstant, dass die üblichen sog. „Atomgewichte" (s. Anhang) sich auf diese Mischung beziehen (z. B. Kohlenstoff 12,011 gegenüber ^{12}C 12,000, Chlor 35,46 und Wasserstoff 1,008).

3.1.3 Größe, Form und Kerngerüst der Moleküle. Von der Größe und Struktur der Atome sowie ihrer Anordnung innerhalb der Moleküle haben wir schon seit längerer Zeit sehr gute Kenntnisse, die mithilfe der verschiedensten Methoden, vor allem von Röntgenuntersuchungen (Abschn. 7.5.8) gewonnen worden sind. Jedes Atom besteht aus einem elektrisch positiv geladenen *Kern*, in dem praktisch seine ganze Masse konzentriert ist, und aus einer bestimmten Zahl von elektrisch negativen *Elektronen* (Abschn. 8.1.2), die den Kern wie eine

Wolke, die sog. *Elektronenhülle*, umgeben. Dieses ganze Gebilde wird durch elektrische Kräfte zusammengehalten und ist nach außen elektrisch neutral. Die Durchmesser der Atome betragen einige 10^{-10} m. Ein Atom besitzt keine feste „harte" Oberfläche. Die Elektronen üben aber auf Elektronen anderer Atome sehr starke elektrische Abstoßungskräfte aus, sodass die Annäherung der Elektronenhülle eines zweiten Atomes über eine bestimmte Grenze hinaus unmöglich ist, vgl. auch Abschn. 3.1.4. Daher besitzt jedes Atom trotz der Kleinheit seiner Bausteine eine verhältnismäßig große Raumerfüllung. Die Aussage, dass ein Atom den Durchmesser von $3 \cdot 10^{-10}$ m besitzt, hat folgende Bedeutung: Ein zweites gleichartiges Atom kann sich ihm unter normalen Bedingungen gegen die Abstoßungskräfte nur bis auf $3 \cdot 10^{-10}$ m nähern, gemessen von Atommittelpunkt zu Atommittelpunkt. Dieses von den Elektronen erfüllte Gebiet eines Atoms, in das ein anderes nicht eindringen kann, nennen wir seine *Wirkungssphäre*, s. Abb. 3.1.

Die chemischen Kräfte, die die Atome im Molekülverband zusammenhalten, sind ebenso wie die Kräfte zwischen Kern und Elektronen elektrischer Natur. Die Gravitationskräfte sind im Vergleich dazu verschwindend klein. So halten im NaCl-Molekül ein Na^+-Ion und ein Cl^--Ion durch elektrostatische Kräfte zusammen, sog. *Ionenbindung*, s. Abb. 3.2 und vgl. auch Abschn. 6.3.2. Gehen zwei neutrale Atome, z. B. zwei Cl-Atome, eine Bindung ein, so kommt es zu einer sehr starken gegenseitigen Durchdringung der Elektronenwolken und einer entsprechenden Annäherung der Atomkerne, s. Abb. 3.3. Man spricht von einer *kovalenten Bindung*, die von einem oder auch mehreren Elektronenpaaren vermittelt und ebenfalls durch elektrische Kräfte bewirkt wird. Hat ein Atom mehrere kovalente Bindungen, so legen die bindenden Elektronenpaare auf Grund der Struktur der Elektronenhülle Bindungsrichtungen fest, die charakteristische Winkel, sog. *Valenzwinkel*, einschließen. – Infolge der gegenseitigen Durchdringung kann man die Raumerfüllung der Atome im Molekül mit kovalenter Bindung nicht mehr durch Kugeln, sondern nur noch durch *Kalotten* darstellen.

Wie das einzelne Atom besitzt auch das Molekül eine Wirkungssphäre, die praktisch die Elektronenwolke umfasst. In Abb. 3.4 sind die Wirkungssphären und die Lage der Atomkerne, d. h. das sog. *Kerngerüst*, für das Kohlendioxid- und das Wassermolekül angegeben. Beim Wassermolekül sind die drei Atomkerne nicht linear angeordnet. Der *Valenzwinkel*, d. h. der Winkel zwischen

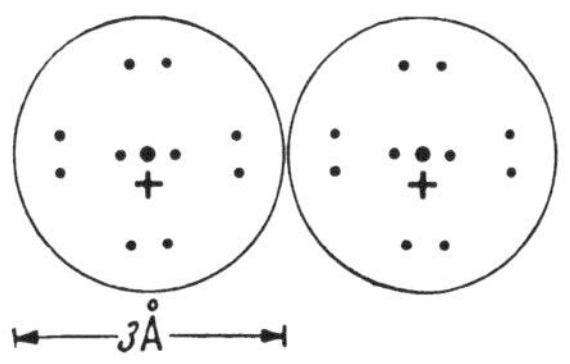

Abb. 3.1 Zwei Neonatome bei Berührung: Durchmesser der Wirkungssphäre ≈ 3 Å; 1 Å $= 10^{-8}$ cm; die kleinen Punkte deuten die Elektronen an

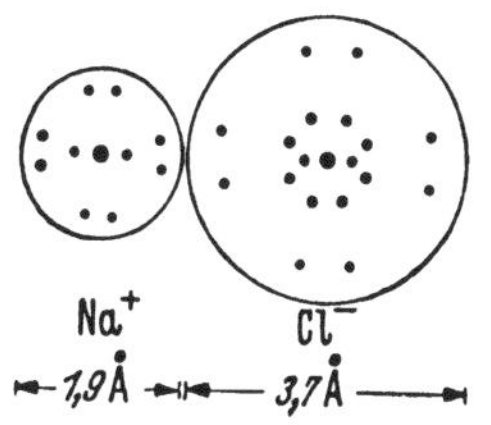

Abb. 3.2 Wirkungssphäre des NaCl-Moleküls, Ionenbindung; das Molekül besteht aus zwei kugelförmigen Atom-Ionen

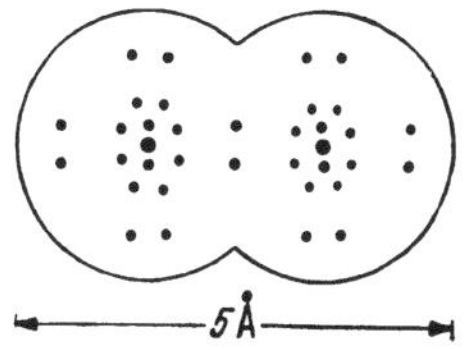

Abb. 3.3 Wirkungssphäre des Cl_2-Moleküls; kovalente Bindung mit gegenseitiger Durchdringung der Elektronenhülle. Die Atombereiche haben Kalottenform, s. auch Abb. 3.4 und 3.6

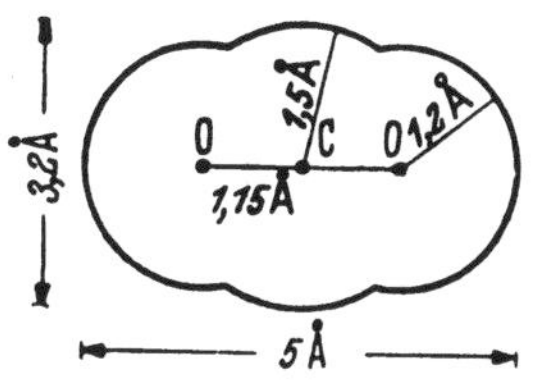

a

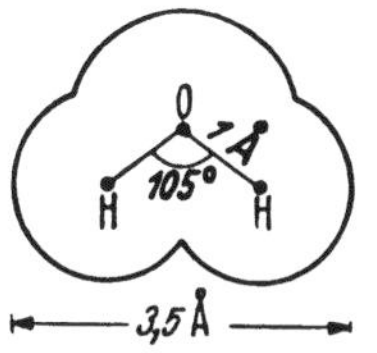

b

Abb. 3.4a,b Wirkungssphäre und Kerngerüst des **a** CO_2- und **b** des H_2O-Moleküls. 1 Å $= 10^{-8}$ cm

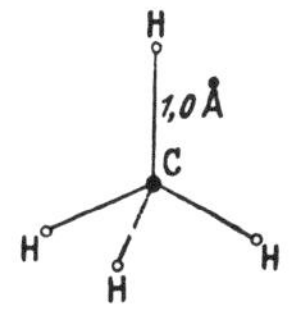

a Methan

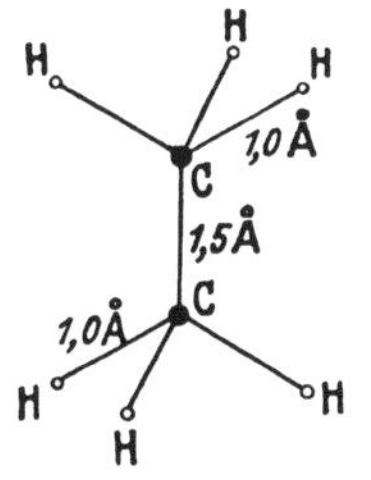

b Ethan

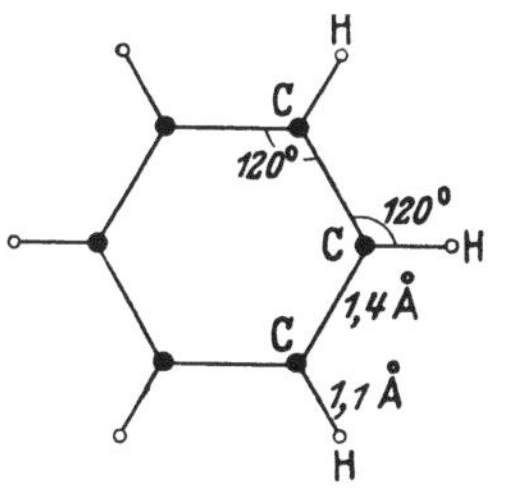

c Benzol

d Paraffinkette (n-$C_{12}H_{26}$), gestreckt

Abb. 3.5a–d Kerngerüste einiger Moleküle

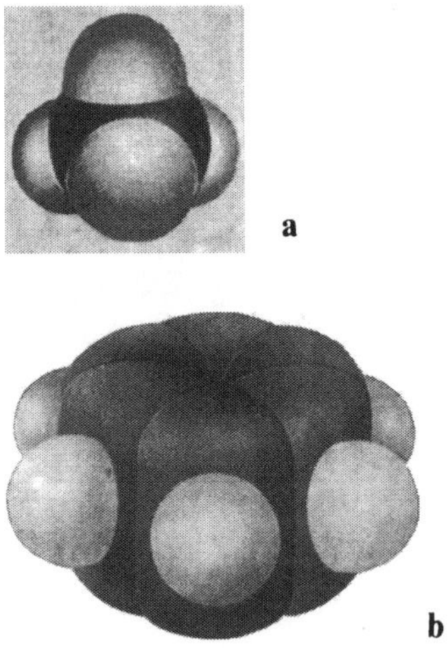

Abb. 3.6a,b Kalottenmodelle des (**a**) Methan- und (**b**) des Benzolmoleküls zur Darstellung der Raumerfüllung; Maßstab $5 \cdot 10^7 : 1$

den Valenzrichtungen vom O-Atom zu den H-Atomen, beträgt etwa 105°. Die nächsten Abb. 3.5a–d geben für einige weitere Moleküle das Kerngerüst wieder. Beim Methan (CH_4) liegen die 4 H-Atome, genauer die H-Kerne, auf den Ecken eines Tetraeders mit dem C-Atom in der Mitte. Die Valenzwinkel betragen hier, wie bei jedem Kohlenstoffatom mit 4 Liganten, etwa 110°. Beim Benzol (C_6H_6) bilden die C-Atome die Ecken eines ebenen regulären Sechsecks.

In Abb. 3.6a und b finden sich Modelle des Methan- und Benzolmoleküls, die deren *Raumerfüllung* zeigen. Die weißen Kalotten geben die Wirkungssphäre der H-Atome, die schwarzen die der C-Atome wieder.

Im Allgemeinen sind die Moleküle nicht starr, sondern innerlich beweglich. Betrachten wir ein Ethanmolekül, C_2H_6, s. Abb. 3.5b, so kann sich jede CH_3-Gruppe um die Richtung des Valenzstriches $C - C$ drehen, soweit nicht innermolekulare Kräfte diese Rotation hemmen.

Bei den Paraffinen, s. Abb. 3.5d, entstehen infolge ihrer Drehbarkeit um die Valenzrichtungen flexible Moleküle, die sehr unterschiedliche Formen annehmen können, s. Abb. 3.7a und b. Solche lange, bewegliche Moleküle bezeichnet man als *Kettenmoleküle*. Wichtige natürliche und synthetische Substanzen (Kunststoffe), wie Zellulose, Kautschuk, Plexiglas, Perlon, überhaupt alle Textilfasern, bestehen aus solchen Kettenmolekülen, auch *Makromoleküle* genannt, die noch vielfach miteinander verknüpft sein können.

3.1.4 Einiges über die zwischenmolekularen Kräfte. Moleküle und Atome bauen feste und flüssige Körper auf, halten sich also gegenseitig fest. Bei der Zerteilung eines Körpers müssen wir einen oft beträchtlichen Widerstand überwinden. Diese Erfahrungen zeigen uns unmittelbar, dass zwischen den Molekülen Anziehungskräfte bestehen. Aber schon im Abstand von einigen Moleküldurchmessern sind diese Anziehungskräfte praktisch verschwunden. Rücken die Moleküle einander näher, so wachsen sie allmählich an und ermöglichen den flüssigen bzw. den festen Zustand. Unterhalb eines bestimmten Abstandes treten aber Abstoßungskräfte auf. So ergibt sich eine recht gut definierte *Wirkungssphäre* (Abschn. 3.1.3). Die zwischen den Molekülen wirkenden Anziehungs- und Abstoßungskräfte fassen wir unter dem Namen *zwischenmolekulare Kräfte* (gelegentlich auch als *van der Waals-Kräfte* bezeichnet) zusammen. Sie sind wie die Kräfte, die zur chemischen Bindung führen, *elektrischer Natur*, aber wesentlich schwächer als die intramolekularen Kräfte. Außerdem haben sie eine sehr geringe, im Wesentlichen auf die unmittelbar benachbarten Moleküle beschränkte *Reichweite*, anders als die elektrischen Kräfte zwischen zwei geladenen Elementarteilchen, die nach dem *Coulomb*'schen Gesetz nur mit dem Quadrat ihres Abstandes abfallen (Abschn. 6.2.6). Die Anziehungskräfte zwischen den Molekülen ein und desselben Körpers bezeichnet man auch als *Kohäsionskräfte*, die Kräfte zwischen den Molekülen verschiedener Körper als *Adhäsionskräfte*. Auf den Adhäsionskräften beruht das Schreiben mit Kreide, Bleistift und Tinte auf geeigneten Unterlagen, d. h. solchen mit genügend starken Haftkräften. Auf fettigem Papier haftet z. B. Tinte nicht. Ziehen wir einen Glasstab aus dem Wasser, so beweist der daran hängende Tropfen das gleichzeitige Vorhandensein von Adhäsions- und Kohäsionskräften, vgl. auch Abschn. 3.3.6.

3.1.5 Volumenbezogene Materiemengen. Körper gleichen Volumens aus verschiedenen Stoffen können sich in ihrer Masse erheblich unterscheiden. Diese Eigenschaft wird für reine, homogene Körper durch eine individuelle Stoffkonstante, die Dichte, charakterisiert. Wir

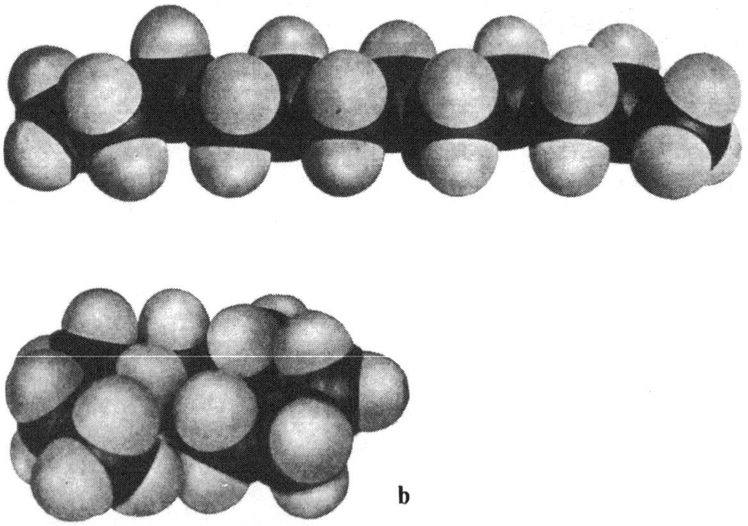

Abb. 3.7a,b Paraffinkette (*n*-Dodekan) gestreckte (**a**) und geknäuelte Form (**b**)

Tabelle 3.1 Dichte verschiedener Stoffe in g/cm^3 bei 20 °C

Feste Stoffe		Flüssigkeiten		Gase bei 0 °C und 1 bar	
Magnesium	1,74	Wasser bei 4 °C	1,00	Wasserstoff	0,0000898
Aluminium	2,7	Ethanol	0,791	Stickstoff	0,00125
Eisen, technisches	7,6–7,8	Benzol	0,881	Sauerstoff	0,00143
Blei	11,3	Brom	3,14	Luft	0,001293
Gold	19,3	Quecksilber	13,59	Kohlendioxid	0,00198
Platin	21,4				
Eis bei 0 °C	0,917				
Glas	2,4–2,6				

werden noch sehr viele andere *Stoffkonstanten* der Materie kennen lernen, z. B. Elastizitätsmodul, Schallgeschwindigkeit, spez. Wärmekapazität, spez. Widerstand, Brechzahl, um nur einige zu nennen. Sie alle werden wieder durch Messvorschriften definiert. So verstehen wir unter der *Dichte* ϱ das Verhältnis der Masse m eines homogenen Stoffes zu seinem Volumen V, also

$$\varrho = \frac{m}{V}. \tag{3.4}$$

Ihre SI-Einheit ist kg/m^3; in der Praxis wird aber meist die Einheit $1\,g/cm^3 = 10^3\,kg/m^3$ verwendet, weil damit die Zahlenwerte für Festkörper und Flüssigkeiten nicht so groß ausfallen. Wasser hat bei 4 °C die Dichte $\varrho = 10^3\,kg/m^3$! Einige Zahlenwerte sind in Tabelle 3.1 zusammengestellt. Danach haben Festkörper und Flüssigkeiten nicht sehr unterschiedliche Dichten; besonders große Werte gehören zu Stoffen mit hoher Molmasse. Wir können daraus schließen, dass die Atome oder Moleküle in diesen beiden Aggregatzuständen ungefähr gleich dicht gepackt sind. Dagegen ist die Dichte von Gasen unter den sog. Normalbedingungen von Tabelle 3.1 um den Faktor 10^{-4} bis 10^{-3} niedriger als in Flüssigkeiten und Festkörpern, sodass in ihnen der Molekülsabstand im Mittel beträchtlich größer sein muss.

Das *spezifische Volumen* V_s, ist der Kehrwert der Dichte, also das Volumen der Masseneinheit oder

$$V_s = \frac{V}{m} = \frac{1}{\varrho}. \tag{3.5}$$

Analog zur Dichte ϱ definieren wir noch das *spezifische Gewicht* γ eines Stoffes als das Verhältnis seines Gewichts zu seinem Volumen also

$$\gamma = \frac{G}{V} = \frac{mg}{V} = \varrho g. \tag{3.6}$$

Im Gegensatz zur Dichte hängt also das spezifische Gewicht wie das Gewicht etwas von der geographischen Breite ab. Die SI-Einheit ist $1\,N/m^3$; sie ist das spez. Gewicht eines Stoffes der Dichte $1{,}0210 \cdot 10^{-4}\,g/cm^3$.

Die *Stoffmengenkonzentration* oder *Molarität* ist das Verhältnis von Stoffmenge n zu Volumen V mit der Einheit mol/m^3. Es gilt:

$$\frac{n}{V} = \frac{\varrho}{M}. \tag{3.7}$$

Sie ist ein Maß für die Zahl der Moleküle in der Volumeneinheit und wird auch für nur eine Komponente in einem Stoffgemisch angegeben, z. B. in einer Lösung.

Um die Dichte praktisch nach der Messvorschrift zu bestimmen, müssen wir den Körper wiegen und sein Volumen messen. Für Letzteres benutzt man bei Flüssigkeiten *Pyknometer*; das sind Fläschchen mit eingeschliffenem Stöpsel, der eine Bohrung mit Marken besitzt, s. Abb. 3.8. Dadurch lässt sich das Flüssigkeitsvolumen sehr exakt begrenzen; es wird durch Wägung bestimmt, indem das Pyknometer zunächst bei 4 °C mit Wasser gefüllt wird. Bei Festkörpern erhält man das

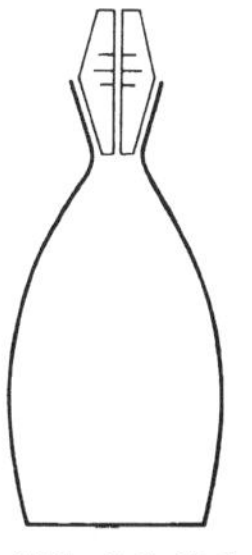

Abb. 3.8 Pyknometer

Volumen durch Flüssigkeitsverdrängung im Pyknometer. Andere Methoden der Dichtemessung benutzen den Auftrieb (Abschn. 3.3.4).

Aufgaben

3.1.1 Welche Masse hat 1 m^3 Luft unter Normalbedingungen, vgl. Tabelle 3.1?

3.1.2 Am Erdboden besteht 23% der Masse der Luft aus Sauerstoff. Wie groß ist dessen Stoffmengenkonzentration?

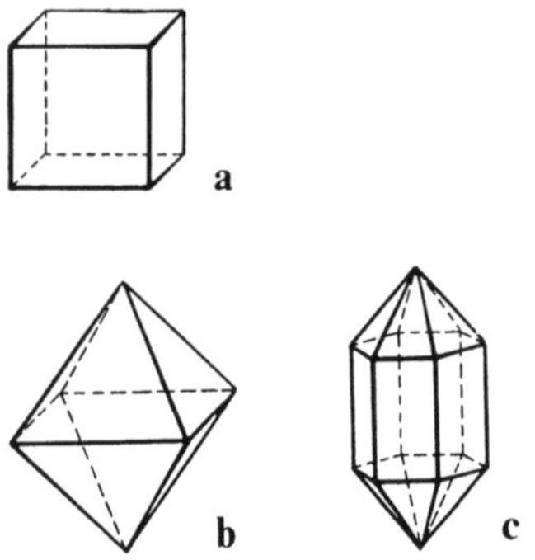

Abb. 3.9a–c Ideale Kristallformen. **a** Würfel, Steinsalz; **b** Oktaeder, Diamant, Gold; **c** hexagonale Säule, Quarz

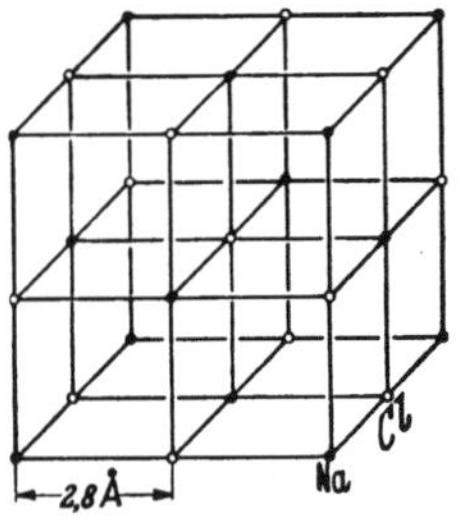

Abb. 3.10 Steinsalzgitter. Die Atomkerne von Na^+ sind durch Punkte, die von Cl^- durch Kreise dargestellt

Abb. 3.11 Raumerfüllung der Na^+- und Cl^--Ionen im Gitter; die großen Kugeln sind die Cl-Ionen. (Aus *von Laue:* „Röntgeninterferenzen")

3.2 Festkörper

3.2.1 Molekularer Bau, Kristallgitter. Viele feste Stoffe bilden schon äußerlich regelmäßige, durch ebene Flächen begrenzte Körper, sog. *Kristalle*, s. Abb. 3.9. Ein Steinsalzkristall lässt sich parallel zu den Würfelflächen spalten. Deshalb erhält man beim Zerschlagen des Kristalls wieder Würfel oder Quader. Die in der Natur vorkommenden Kristalle besitzen zwar meist stark verzerrte äußere Formen, die *Flächenwinkel* sind aber dieselben wie beim idealen Kristall.

Die Bildung geometrisch einfacher Kristallformen hat ihre Ursache in der regelmäßigen Anordnung der Elementarbausteine im Innern. Mithilfe von Röntgenstrahlen ergibt sich, dass die Atome im Kristall eine erstaunlich regelmäßige Anordnung, ein sog. *Raumgitter* oder *Kristallgitter* bilden (Abschn. 7.5.8). In einem solchen Gitter wiederholt sich, wenn wir in einer bestimmten Richtung fortschreiten, die gleiche Anordnung immer wieder. Wir können also das ganze System von geordneten Atomen als eine Aneinanderreihung von *Elementarbereichen* oder als eine Folge von parallelen, äquidistanten *Gitterebenen* oder *Netzebenen* auffassen. Abbildung 3.10 zeigt das aus positiven Na-Ionen und negativen Cl-Ionen aufgebaute Raumgitter des Steinsalzes, die Punkte und Kreise geben die Lage der Atomkerne an. Die Atome selbst berühren sich mit ihrer Wirkungssphäre unmittelbar, vgl. Abb. 3.11. Die geometrische Anordnung, d. h. der Gittertypus, wird durch das stöchiometrische Mengenverhältnis, die Größe und Form der Atome, sowie durch die atomaren Kräfte bestimmt.

Im Steinsalzgitter besetzen die Na-Ionen die Ecken von Würfeln. Weitere Na-Ionen liegen in den Mitten der Flächen (kubisch flächenzentriert). Dasselbe gilt für die Cl-Ionen. Jedes Na-Ion ist von 6 Cl-Ionen umgeben und ebenso jedes Cl-Ion von 6 Na-Ionen. Der Kristall wird durch dieselben elektrostatischen Kräfte zusammengehalten wie die Ionen in einem freien NaCl-Molekül. Infolgedessen sind die Elementarbausteine des Kristalls nicht mehr die NaCl-Moleküle, sondern Na^+- und Cl^--Ionen. Man spricht daher von einem *Ionengitter*. – In vielen Fällen, vor allem bei organischen Stoffen bleibt der Molekülverband auch im Kristall erhalten, sog. *Molekülgitter*. Ein solches Gitter wird durch die zwischenmolekularen Kräfte zusammengehalten.

Die Gitterstruktur ist ein sehr wesentliches Merkmal des festen Zustandes, den wir deshalb auch als den *kristallinen* bezeichnen. Die meisten festen Körper, z. B. Metalle, bilden allerdings nicht große, einheitliche Kristalle, sog. *Einkristalle*, sondern sie bestehen vielmehr aus einer Anhäufung von kleinsten wirr durcheinanderliegenden Kriställchen. Sie bilden ein *polykristallines Gefüge*, dessen Korngröße und Struktur wesentlich von der mechanischen und thermischen Vorbehandlung des Materials abhängt. Es besitzt im ganzen meist keine Vorzugsrichtungen mehr wie der Einkristall.

Aber selbst in der Natur vorkommende Einkristalle haben nicht die ideale, regelmäßige Gitterordnung, sondern sie weisen charakteristische *Gitterfehler* auf. So bewirkt u. a. die Wärmebewegung der Atome, dass diese auch *Zwischengitterplätze* einnehmen können, wodurch reguläre Gitterplätze unbesetzt bleiben (*Leerstellen*). Ferner kommt es beim Kristallwachstum und bei der Einwirkung äußerer Kräfte zu charakteristischen Baufehlern, wie Versetzung oder Kippung von Netzebenen. Diese Gitterfehler beeinflussen in hohem Maße fast alle mechanischen und elektrischen Eigenschaften der Festkörper. – Schließlich werden durch *Verunreinigung* stets Fremdatome mit in das Gitter eingebaut, deren Umgebung gegenüber normalen Gitterpartien verzerrt ist. Bei einem Fremdatom auf 10^7 eigene hat man schon sehr reine Substanzen.

Im Kristallgitter wird jedes Atom, Ion oder Molekül durch das elektrische Kraftfeld seiner Nachbarn gleichsam wie durch Federn, s. Abb. 3.12, auf einem bestimmten Platz festgehalten. Die Wärmebewegung der Moleküle ist soweit eingeschränkt, dass jeder Baustein meist nur noch kleine *Schwingungen* um eine Gleichgewichtslage ausführen kann. Auch dadurch ist die ideale Gitterordnung zu jedem Zeitpunkt etwas gestört. Die Schwingungsenergie kann auch gelegentlich so groß werden, dass das Teilchen nicht mehr in die Gleichgewichtslage zurückkehrt und mit einem Nachbarn den Platz wechselt. Mit wachsender Temperatur werden die durchschnittlichen Schwingamplituden der Atome größer; schließlich bricht das ganze wohlgeordnete Gitter zusammen, der Kristall schmilzt bei einer für das Material charakteristischen Temperatur, der Schmelztemperatur (Abschn. 5.4.1).

Neben den kristallinen Festkörpern gibt es solche, deren Moleküle wegen ihrer unregelmäßigen Form, besonders bei sehr schneller Abkühlung kein geordnetes Raumgitter aufbauen können. Wir nennen sie *amorph*. Zu ihnen gehören z. B. Glas, Kautschuk sowie viele Kunststoffe. Man pflegt auch derartige feste Körper, die keine Kristallordnung besitzen, als *Gläser* zu bezeichnen und so den *Glaszustand* vom kristallinen Zustand zu unterscheiden.

Da im Gegensatz zu den festen kristallinen Körpern die amorphen keinen festen Schmelzpunkt mit einer definierten Schmelzwärme besitzen, sondern allmählich erweichen, kann man sie als *unterkühlte Flüssigkeiten* betrachten. Asphalt z. B. ist gegen einen plötzlichen Schlag spröde, ist also „fest", aber nur in gewissen Grenzen, denn aus einem umgestürzten Fass läuft Asphalt im Laufe der Zeit aus, gibt also auch schwachen Kräften nach, wenn diese nur genügend lange wirken. Wir können daher Asphalt auch als Flüssigkeit mit sehr großer Zähigkeit betrachten, vgl. auch Elastoviskosität Abschn. 3.5.2.

3.2.2 Elastische und plastische Körper. Unter dem Einfluss äußerer Kräfte treten in einem festen Körper Form- und Volumenänderungen auf. Durch die Verschiebung der Moleküle aus ihren ursprünglichen Gleichgewichtslagen werden innere Kräfte ausgelöst, die diese Veränderungen rückgängig zu machen suchen. Dabei wird der Körper so weit verformt, bis die rücktreibenden Kräfte den äußeren Kräften das Gleichgewicht halten. Der Körper verhält sich also so, als ob seine Moleküle durch Federn miteinander verbunden wären, s. Abb. 3.12.

Nimmt der Körper nach dem Verschwinden der äußeren Kräfte unter dem Einfluss der inneren, rücktreibenden Kräfte wieder seine ursprüngliche Gestalt an, so nennen wir ihn *elastisch*. Die Formänderung geht aber nur dann völlig zurück, wenn die verformenden Kräfte *unter* einer gewissen Größe bleiben, sodass das ideale elastische Verhalten einen Grenzfall darstellt.

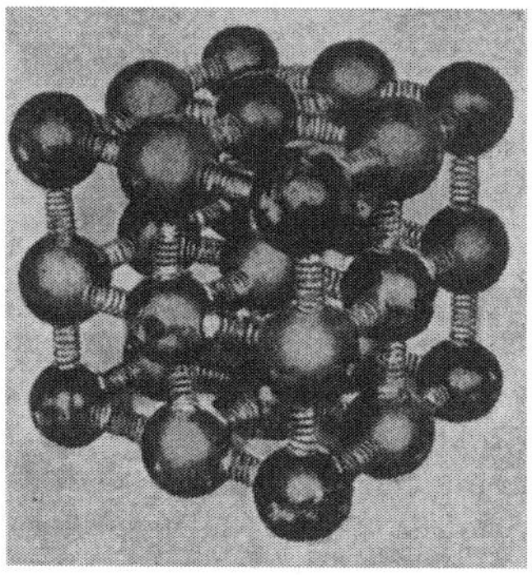

Abb. 3.12 Die Atome oder Ionen eines Kristalls sind durch elektrische Kräfte, im Modell durch Federn dargestellt, an Gleichgewichtslagen gebunden, um die sie schwingen

Das völlige Gegenteil liegt vor, wenn eine von außen verursachte Verformung eines Festkörpers sich überhaupt nicht zurückbildet, nachdem die äußere Kraftwirkung aufgehört hat. Derartige Stoffe bezeichnet man als *völlig unelastisch* oder *plastisch*. Sie behalten die Gestalt bei, die ihnen äußere Kräfte aufgezwungen haben. Wir haben eine *bleibende Verformung*. Dieser andere Grenzfall wiederum wird aber praktisch erst dann erreicht, wenn die Kräfte eine gewisse Grenze *über*schreiten, die auch als *Fließgrenze* bezeichnet wird (Abschn. 3.2.4). Sie liegt bei Stoffen wie Blei, Ton oder Wachs allerdings so tief, dass sie bereits von geringen Muskelkräften überschritten wird, vgl. Stoß der plastischen Kugeln Abschn. 2.4.3. Bei Flussstahl kann sie andererseits erst bei höheren Temperaturen und in den Walzenstraßen oder Pressen eines Stahlwerkes erreicht werden.

Stoffe, die gegen Kräfte *jeder* Größe entweder ideal elastisch oder ideal plastisch sich verhalten, gibt es also in der Natur nicht.

3.2.3 Hooke'sches Gesetz. Für kleine Verformungen elastischer Körper – aber nur für diese – gilt das *Hooke'sche Gesetz*, nach dem zwischen Deformation und Kraft eine Proportionalität besteht. Um die darin auftretenden physikalischen Größen und Stoffkonstanten quantitativ zu behandeln, betrachten wir zunächst die beiden *Grundverformungen* eines

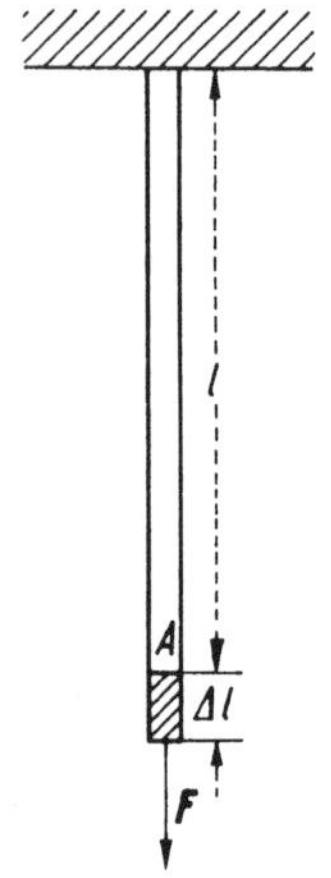

Abb. 3.13 Dehnung

Quaders oder Zylinders, die *Dehnung* und die *Scherung*.

3.2.3.1 Dehnung. Wir belasten oben eingeklemmte Stäbe oder Drähte aus gleichem, homogenen Material mit einer Zugkraft F und messen ihre Verlängerung, s. Abb. 3.13. Dabei zeigt sich, dass die Verlängerung Δl bei gleichem Stabquerschnitt proportional mit der Stablänge l wächst, die Längeneinheit sich also immer um dieselbe Strecke ausdehnt. Wir nennen sie *spezifische Verlängerung* oder *spezifische Deformation* $\varepsilon = \Delta l / l$. Andererseits müssen wir, um die gleiche spez. Verlängerung zu erreichen, bei sonst gleichen, aber dickeren Drähten eine größere Kraft aufwenden. Sie steigt linear mit dem Querschnitt A an, sodass für die Dehnung die Größe $p = F/A$ maßgebend ist, die wir *Zugspannung* oder auch *Zug* nennen.

Das Hooke'sche Gesetz sagt nun ganz allgemein aus, dass die spez. Deformation proportional der mechanischen oder elastischen Spannung ist, d. h. speziell bei der Dehnung gilt:

$$\varepsilon = \frac{1}{E} p \,. \tag{3.8}$$

E ist der *Elastizitätsmodul* oder Dehnungsmodul, eine Materialkonstante; die SI-Einheit ist $\mathrm{N/m^2}$. Dasselbe Gesetz gilt beim Zusammendrücken (Δl negativ), wozu die äußere Kraft in entgegengesetzter Richtung wirken muss und der *Druck* $p = F/A$ maßgebend ist. Es ist allgemein auf kleine Deformationen begrenzt, deren obere Grenze wir sinngemäß als Proportionalitätsgrenze bezeichnen.

In der Tabelle 3.2 sind die elastischen Konstanten einiger Materialien angegeben. Um handliche Zahlen zu erhalten, wurde als Einheit $\mathrm{kN/mm^2}$ gewählt, was etwa $100\,\mathrm{kp/mm^2}$ (früher gebräuchliche technische Einheit) entspricht.

Im molekularen Bilde vergrößert sich bei der Dehnung eines Körpers der Abstand von benachbarten Netzebenen im Kristall, die senkrecht zur Dehnungsrichtung liegen, und zwar ist die relative Vergrößerung gleich

Tabelle 3.2 Elastische Konstanten einiger Stoffe in $\mathrm{kN/mm^2}$ 18 °C

Stoff	E	G	Zugfestigkeit
Blei	20	7,5	0,02
Aluminium	74	27	0,2–0,3
Kupfer	125	45	0,4
Eisen	210	80	0,2–0,25
Wolfram	390	145	4,2
Spezialstähle	bis 1500	bis 600	bis 2
Glas	60–80	25–35	0,07–0,09
Eichenholz	ca. 13	–	–
Kunstharz	0,3–13	–	0,03–0,2

der makroskopischen spezifischen Deformation $\Delta l / l$. Man kann sich dann anschaulich vorstellen, dass Moleküle in benachbarten Netzebenen aufeinander rücktreibende Kräfte ausüben. Diese Kohäsionskräfte sind gleichmäßig über den Querschnitt des Körpers verteilt, und wir können alle diejenigen sammeln und addieren, welche auf die Flächeneinheit fallen. Damit erhalten wir die *elastische Spannung* p, die der äußeren Zugspannung das Gleichgewicht hält. Sie ist mit $p = E\varepsilon$ der spezifischen Deformation proportional. Je größer der Elastizitätsmodul E ist, desto stärkere elastische Kräfte bringt der Festkörper bei vorgegebener spez. Deformation auf, desto elastischer ist der Stoff. In diesem Sinne ist Stahl elastischer als Gummi.

Dehnen wir einen Stab, so ist mit der Dehnung eine Verminderung des Querschnittes, eine sog. *Querkontraktion* verbunden. Sie macht die durch die Dehnung erzwungene Volumenvergrößerung teilweise rückgängig.

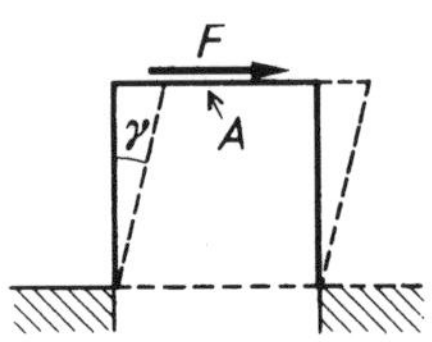

Abb. 3.14 Scherung

3.2.3.2 Scherung. Spannen wir einen quaderförmigen Körper unten ein und lassen an der oberen Fläche eine Kraft parallel zur Fläche, eine sog. *Scherkraft* $F_{\|}$ angreifen, s. Abb. 3.14, so wird die obere Fläche parallel zu sich selbst verschoben, und die Seitenflächen erfahren eine Drehung um den Winkel γ. Dieser Scherwinkel ist die spez. Deformation bei der Scherung. Die äußere Kraft erzeugt hier eine sog. *Schubspannung* $\tau = F_{\|}/A$, und nach dem Hooke'schen Gesetz sind beide bei kleinen Winkeln einander proportional, sodass hier gilt:

$$\gamma = \frac{1}{G}\tau\,. \tag{3.9}$$

G wird als *Schub-* oder *Torsionsmodul* bezeichnet.

Bei der Scherung werden Netzebenen im Kristall parallel zueinander verschoben, während ihr Abstand gleich bleibt. Auch dabei entstehen wieder zwischen je zwei benachbarten Molekülen elastische Kräfte, aber den Netzebenen parallel gerichtet, die über die Flächeneinheit summiert die elastische Schubspannung des Materials liefern. Sie macht die Scherung rückgängig, wenn die äußere Kraft verschwindet.

3.2.3.3 Beispiele für kompliziertere Verformung. Die *Torsion* eines Kreiszylinders stellt eine Scherung dar, die aber nicht gleichmäßig ist. Er wird dazu am einen Ende fest eingespannt, während auf das andere ein Drehmoment wirkt und die Endfläche um den Winkel φ dreht. Der Scherungswinkel eines an der Zylinderoberfläche herausgeschnittenen, kleinen Quaders, auch Elementarzelle genannt, beträgt dann $\gamma = \varphi R/l$, vgl. Abb. 3.15. Elementarzellen näher an der Zylinderachse werden aber weniger geschert, die in der Achse überhaupt nicht.

Das Hooke'sche Gesetz führt auch hier dazu, dass der Drehwinkel φ dem außen wirkenden Drehmoment proportional ist oder dass für das gesamte, rücktreibende, elastische Drehmoment M im Gleichgewicht gilt:

$$M = -D^*\varphi\,. \tag{3.10}$$

Die Rechnung ergibt für das sog. *Richtmoment* $D^* = \pi G R^4/2l$.

Man bezeichnet eine solche Anordnung auch als *Drillachse* zur Messung von Drehmomenten. An sehr dünnen Fäden ergeben sehr kleine Drehmomente bereits gut messbare Verdrillungswinkel φ. – Als Materialkonstante geht G ein, weil bei der Torsion jede Elementarzelle geschert wird; davon rührt auch die Bezeichnung Torsionsmodul her.

Eine nicht gleichförmige Dehnung bzw. Stauchung haben wir in der *Biegung*. Belasten wir einen Stab in der Mitte, der nur an seinen Enden durch zwei im Abstand l stehende Schneiden gestützt wird, so wird er durchgebogen, s. Abb. 3.16. Bei dieser *Biegung* wird der Stab auf der oberen Seite zusammengedrückt, auf der unteren gedehnt. Dazwischen liegt eine Schicht, die sog. *neutrale Faser*, die ihre Länge beibehält, also überhaupt nicht beansprucht wird. Die Durchbiegung hängt nicht nur vom Elastizitätsmodul und der Länge l, sondern noch wesentlich von der Form des Querschnittes ab. Als Maß für die Durchbiegung nehmen wir die Erniedrigung der Stabmitte Δh. Sie beträgt mit den Bezeichnungen von Abb. 3.16

$$\Delta h = \frac{1}{E}\frac{l^3}{4a^3b}F\,. \tag{3.11}$$

Je weiter das Material von der neutralen Faser entfernt ist, desto stärker muss es für eine vorgegebene Durchbiegung deformiert werden, desto größere äußere Kräfte F müssen also aufgebracht werden. Das spiegelt sich im stärkeren Einfluss der hochstehenden Kante a mit der dritten Potenz wider. Um mit möglichst wenig Material eine möglichst hohe Biegefestigkeit zu erzielen, wendet man z. B. die „Doppel-T-Form“ an. Die Röhrenknochen der Tiere und die Federkiele der Vögel haben trotz ihrer Leichtigkeit eine außerordentliche Biegefestigkeit.

Innerhalb der Proportionalitätsgrenze ist bei allen elastischen Verformungen einer äußeren Kraft stets eine Verschiebungsstrecke, einem äußeren Drehmoment ein Drehwinkel proportional. Das bedeutet aber nicht, dass als Materialkonstanten entsprechend E bzw. G maßgebend sein müssen. So liegt bei der bekanntesten Drillachse mit *Spiralfeder*, wie in der Unruhe einer Taschenuhr, eine Biegung vor. Umgekehrt wird beim Ausziehen der *Schraubfeder* im Dynamometer (Abschn. 4.1.1) das Material tordiert, sodass in die betreffende Formel der Torsionsmodul eingeht.

3.2.4 Überelastische Beanspruchung.

Das Hooke'sche Gesetz sagt aus, dass die elastische Spannung proportional zur spezifischen Deformation ansteigt und dass umgekehrt je-

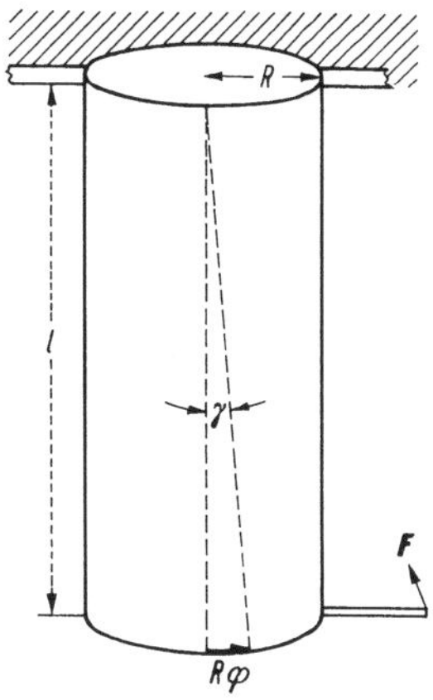

Abb. 3.15 Torsion

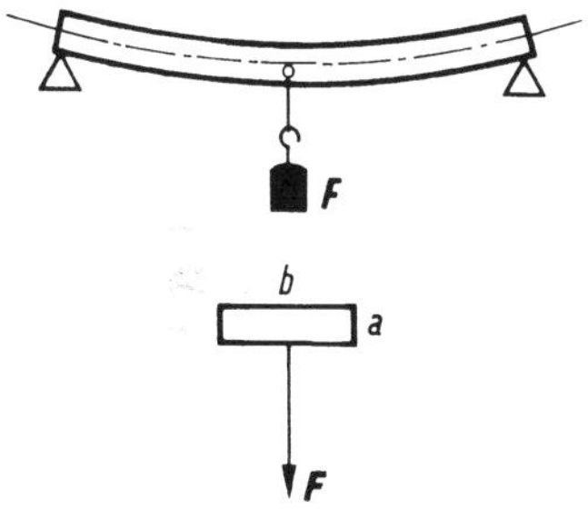

Abb. 3.16 Biegung

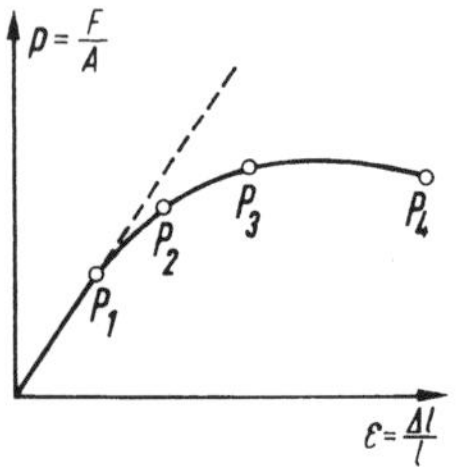

Abb. 3.17 Spannungs-Dehnungs-Diagramm

de Verformung durch sie rückgängig gemacht wird, sobald die äußeren Kräfte verschwinden. Über das Verhalten von Festkörpern bei größeren Verformungen gibt das *Spannungs-Dehnungs-Diagramm* Aufschluss. Zur Veranschaulichung wollen wir einen Metallstab langsam stetig ausdehnen und die dafür notwendige Kraft F, bzw. seine elastische Spannung F/A laufend verfolgen. Auf der dabei gewonnenen Kurve, s. Abb. 3.17, zeichnen sich einige markante Punkte bzw. Bereiche ab. Bis P_1 gilt das Hooke'sche Gesetz (Proportionalitätsgrenze), bei größerer Verformung steigt die Spannung nicht mehr proportional mit s an. Bei P_2 wird die *Elastizitätsgrenze* überschritten; P_2 kann auch nahezu mit P_1 zusammenfallen. Würden wir bei etwas höherer Verformung die äußeren Kräfte wegnehmen, so nähme der Stab nicht sofort wieder die ursprüngliche Länge mit $\Delta l = 0$ an. Die zunächst zurückgebliebene Verformung kann sich aber im Laufe der Zeit zum Teil oder auch ganz wieder zurückbilden. Diesen Vorgang bezeichnet man als *elastische Nachwirkung*. – Bei weiterer Dehnung erreichen wir die *Fließ-* oder *Streckgrenze* P_3; der Stab beginnt bei konstant gehaltenem Zug sich zu strecken oder zu fließen. Das Material wird also plastisch. Die zugehörige Spannung gibt die *Zugfestigkeit* an, vgl. Tabelle 3.2. Bei P_4 zerreißt er, meist nachdem sich an der Bruchstelle vorher eine Einschnürung gebildet hat. Spröde Stoffe, wie Glas und Gusseisen, haben keinen Fließbereich, sondern sie zerspringen nach Erreichen der Zugfestigkeit in meist viele Stücke.

Das Ruhedehnungs-Diagramm eines Muskels bis zu einer maximalen Deformation und die Rückbildung zeigt Abb. 3.18. Es liegt überelastische Beanspruchung vor.

Die bei der Dehnung geleistete Arbeit W ergibt sich aus der Fläche unter der Kurve $p(\varepsilon)$. Quantitativ ist $\int p d\varepsilon$ die Arbeit pro Volumeneinheit, denn es gilt $p = F/A$ und $\varepsilon = \Delta l/l$, sodass der Integrand die Bedeutung dW/V hat. Bei verbleibender Deformation (Abb. 3.18) ist die zurückgewonnene Arbeit kleiner als die geleistete.

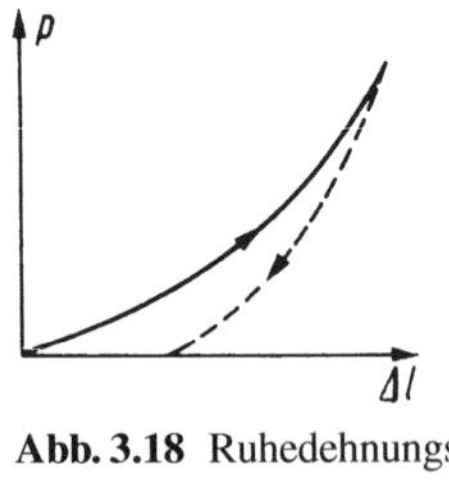

Abb. 3.18 Ruhedehnungs-Diagramm eines Muskels

Im molekularen Bilde gleiten im Zusammenwirken von Dehnung und Querkontraktion Netzebenen gegeneinander, die schräg zur Zugrichtung liegen. Bei zu großen Kräften überwindet dabei eine Reihe von Molekülen den Widerstand, um in eine benachbarte Gleichgewichtslage zu gelangen. Ist diese der ursprünglichen gleichwertig, so entsteht dadurch eine bleibende, plastische Verformung. Andererseits kann aber in der neuen Konfiguration auch höhere potentielle Energie stecken; dann setzt durch die Wärmebewegung, wenn der Körper entlastet worden ist, mit zeitlicher Verzögerung eine Rückwanderung ein (elastische Nachwirkung oder Relaxation).

Die nach Überschreitung der Fließgrenze bei zähen Metallen oder Fasern aus Kunststoff eintretende Plastizität ermöglicht ihre Bearbeitung durch Walzen, Ziehen oder Hämmern. Dabei kommt es zu einer erheblichen Verfestigung des Materials. Bei der Kaltverstreckung von Fasern werden zusätzlich die langen Kettenmoleküle gestreckt und orientiert.

Härte: Unter der Härte eines Körpers, die nur eine technische Stoffkonstante ist, versteht man den Widerstand, den er einer in ihn eingedrückten Kugel entgegensetzt. Man presst eine gehärtete Stahlkugel mit der Kraft F auf eine ebene, polierte Fläche des Werkstoffs. Aus dem Durchmesser d des zurückbleibenden Kreises ergibt sich die sog. *Brinellhärte* als F/d. – In der Mineralogie ordnet man die Stoffe nach ihrer Härte in eine Reihe derart, dass jeder Stoff vom nachfolgenden geritzt wird. So entsteht die *Mohs'sche Härteskala:* 1. Talk, 2. Gips, 3. Kalkspat, 4. Flussspat, 5. Apatit, 6. Feldspat, 7. Quarz, 8. Topas, 9. Korund, 10. Diamant.

Aufgaben

3.2.1 Bei der Scherung in Abb. 3.14 wirkt auch ein Kräftepaar (Abschn. 2.5.3) oder Drehmoment auf den Körper. Wie ist das zu begründen?

3.2.2 Ein Aluminiumwürfel von 0,2 m Kantenlänge soll um 1° geschert werden, vgl. Tabelle 3.2. Wie groß muss die Scherkraft sein?

3.2.3 Ein Hohlzylinder (Innendurchmesser 3,0 mm, Außendurchmesser 3,1 mm) wird durch ein Drehmoment um 20° tordiert. Welchen Durchmesser muss ein gleich langer Vollzylinder aus demselben Material haben, um vom gleichen Drehmoment auch um 20° tordiert zu werden? Man vergleiche die Massen beider Körper.

3.2.4 Bei Gültigkeit des Hooke'schen Gesetzes ist das Spannungsdehnungsdiagramm eine Gerade durch den Nullpunkt. Ein Faden werde durch die Kraft 12 N um 3 mm gedehnt. Wie groß ist die am Faden geleistete Arbeit?

3.2.5 Ein Balken mit rechteckigem Querschnitt 2×10 cm biegt sich, in der Mitte belastet, hochkant um $\Delta h_1 = 2$ mm durch. Wie groß ist die Durchbiegung Δh_2 unter gleichen Bedingungen flachkant? In welchem Verhältnis stehen die gespeicherten elastischen Energien?

3.3 Ruhende Flüssigkeiten (Hydrostatik)

3.3.1 Allgemeines, Ordnungszustand der Moleküle in Flüssigkeiten. Flüssigkeiten unterscheiden sich von festen Körpern im Wesentlichen durch die leichte Verschieblichkeit der Moleküle. Jeder feste Körper setzt einer Formänderung Kräfte entgegen (Abschn. 3.2.2). Bei einer Flüssigkeit braucht man dagegen zu einer Formänderung überhaupt keine Arbeit aufzuwenden, wenn sie nur genügend langsam erfolgt. Flüssigkeiten besitzen also im Gegensatz zu festen Körpern keine Formelastizität. Nur bei raschen Formänderungen merken wir einen Widerstand, den wir als *Zähigkeit* bezeichnen (Abschn. 3.5.2). Die dabei auftretenden Kräfte stellen aber nie die ursprüngliche Form wieder her. Eine weitere wichtige Eigenschaft der Flüssigkeiten ist ihr großer Widerstand gegen *Volumenänderungen*, wir können nur unter Einsatz erheblicher Kräfte das Volumen einer Flüssigkeit verkleinern. So bedarf es des tausendfachen Atmosphärendruckes (Abschn. 3.4.2), um bei Wasser das Volumen um 5% zu verringern. Für die spezifische Volumenänderung gilt:

$$\frac{\Delta V}{V} = -\frac{1}{K}\Delta p\,. \tag{3.12}$$

K nennen wir *Kompressionsmodul* mit der SI-Einheit $\mathrm{N/m^2}$. Der Kehrwert $1/K = \kappa$ wird als *Kompressibilität* bezeichnet. Flüssigkeiten besitzen also eine sehr ausgeprägte *Volumenelastizität*. Wir können sie meist als praktisch *inkompressibel* behandeln.

Statt der hier weniger anschaulichen SI-Einheit benutzt man häufig zur Angabe von κ die Einheit $10^{-5}\,\mathrm{m^2/N} = 1\,\mathrm{bar^{-1}}$, vgl. Tabelle 3.3. Dann gibt κ die relative Volumenverkleinerung bei Verdoppelung des normalen Luftdruckes an. Für Wasser ist $\kappa = 50 \cdot 10^{-6}\,\mathrm{bar^{-1}}$, für Benzol $95{,}4 \cdot 10^{-6}\,\mathrm{bar^{-1}}$ und für Quecksilber nur $4 \cdot 10^{-6}\,\mathrm{bar^{-1}}$.

Diese und weitere für den flüssigen Zustand charakteristische Eigenschaften, wie die Einstellung der Flüssigkeitsoberfläche und der Druckzustand in Flüssigkeiten (Abschn. 3.3.2 und 3.3.3) erklären sich zwanglos aus der großen Beweglichkeit der Moleküle, die in Flüssigkeiten leicht aneinander vorbeigleiten können. Andererseits sind die Moleküle noch so dicht gepackt (die Dichte ändert sich beim Schmelzen nur um einige Prozent), dass der Körper einer Volumenverminderung einen sehr beträchtlichen Widerstand entgegensetzt.

Im Kristall schwingen die Moleküle oder Atome um feste Gleichgewichtslagen. In der Flüssigkeit ist die Ordnung so gestört und gelockert, dass die Gleichgewichtslagen, um die auch hier die Moleküle schwingen, sich im Laufe der Zeit verschieben. Auch wechseln die Moleküle bei ihrer Wärmebewegung häufig sprunghaft ihre Plätze.

Trotz dieser größeren Beweglichkeit haben wir in der Flüssigkeit noch keine völlige Unordnung. In der Umgebung jedes willkürlich herausgegriffenen Moleküls sind vielmehr die Nachbarn in Bezug auf das betrachtete Molekül irgendwie geordnet, vgl. Abb. 3.19, die eine Momentaufnahme an einer lebhaft hin und her geschüttelten Modellflüssigkeit ist[2]. Da, wie man sieht, die Ordnung in Bezug auf irgendein Teilchen schon nach wenigen Molekülabständen verschwunden ist, bezeichnet man sie als *Nahordnung*. Im Kristall ist die Ordnung regelmäßig und erstreckt sich auf große Bereiche, wir haben also eine *Fernordnung;* in Flüssigkeiten ist die Ordnung „verwackelt", auf die nächste Umgebung des betrachteten Moleküls beschränkt und ändert sich sehr schnell.

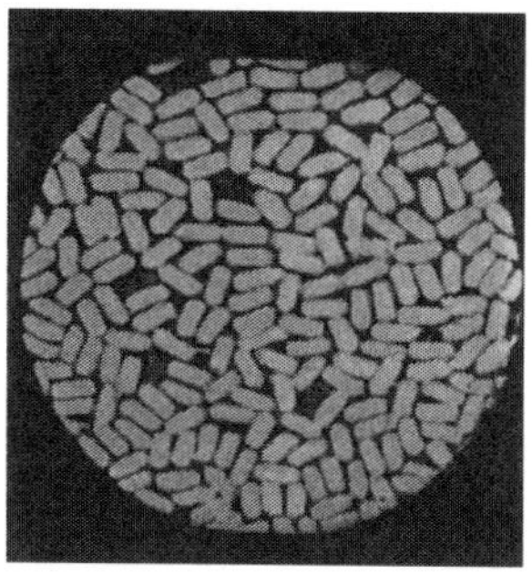

Abb. 3.19 Nahordnung in Modellflüssigkeiten. Stäbchen parallelisieren sich gegenseitig; Modell des CS_2

3.3.2 Einstellung der Flüssigkeitsoberfläche. Die Oberfläche einer Flüssigkeit hängt in ihrer Form von den einwirkenden äußeren Kräften ab. Die Flüssigkeitsteilchen verschieben sich so lange, bis die Oberfläche senkrecht zur äußeren Kraft steht. Dann können die Moleküle diesen Kräften nicht mehr folgen. – Betrachten wir als Beispiel die Oberfläche einer in einem weiten Gefäße befindlichen ruhenden Flüssigkeit unter Wirkung der Schwerkraft. In der Molekülschicht an der Flüssigkeitsoberfläche herrscht ein Gleichgewicht zwischen der Schwerkraft und den in diesem Falle abstoßenden Kräften der nächsten Schicht. Die Oberfläche steht dann horizontal. Die Krümmung an den Rändern wird in Abschn. 3.3.6 behandelt. So lange die Oberfläche schräg zur Schwerkraft steht, verschiebt ihre Parallelkomponente Moleküle, bis sie null geworden ist.

[2] Experimente von *W. Käst* und *H. A. Stuart* 1939.

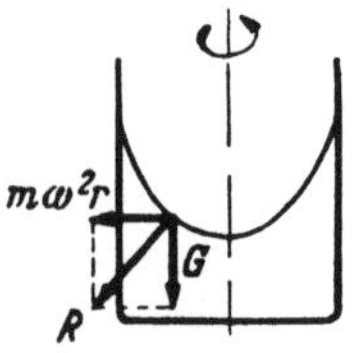

Abb. 3.20 Oberfläche einer rotierenden Flüssigkeit

Wirken mehrere Kräfte ein, so stellt sich im Gleichgewicht die Oberfläche immer senkrecht zur Resultierenden ein. Befindet sich die Flüssigkeit in einem zylindrischen Gefäß in Rotation um die vertikale Achse, s. Abb. 3.20, so kommt zur Schwerkraft $G = mg$ die Zentrifugalkraft hinzu, und die Flüssigkeitsoberfläche wird gekrümmt. Je weiter die Teilchen von der Drehachse entfernt sind, umso größer wird die Zentrifugalkraft $m\omega^2 r$ (Abschn. 2.4.2). Die resultierende Kraft R bildet einen nach außen wachsenden Winkel mit der Vertikalen. Die Form der Oberfläche ist, unabhängig von der Dichte der Flüssigkeit, das Rotationsparaboloid $h = \omega^2 r^2/2g$, wenn h die Höhe der Oberfläche über ihrem tiefsten Punkt ist.

3.3.3 Der Druck in Flüssigkeiten.

3.3.3.1 Stempeldruck. An ein geschlossenes Gefäß sonst beliebiger Gestalt ist ein Zylinder angesetzt, in dem sich ein Kolben oder Stempel mit der Stirnfläche A_1 bewegen kann, s. Abb. 3.21a. Gefäß einschließlich Zylinder sind völlig mit Wasser gefüllt. Wir üben auf diesen Kolben in seiner Bewegungsrichtung eine Kraft F_1 aus. Diese überträgt sich auf die angrenzende Schicht von Flüssigkeitsmolekülen, und wir wollen auch hier, ähnlich wie beim Festkörper (Abschn. 3.2.3) von einem Druck auf die Flüssigkeit sprechen, worunter wir das Verhältnis von äußerer Kraft zur Kolbenfläche verstehen:

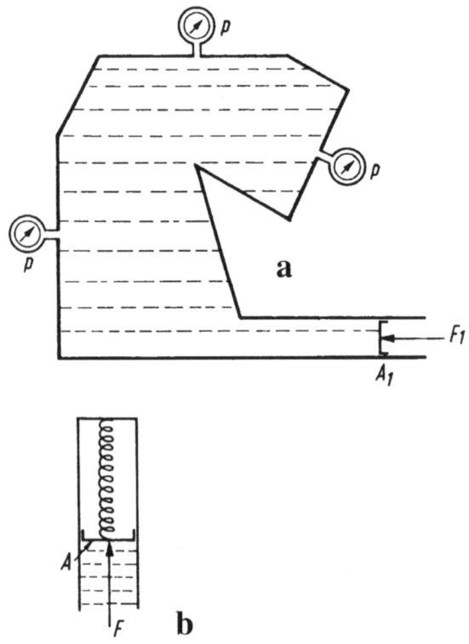

Abb. 3.21a,b Flüssigkeit unter Stempeldruck (**a**), Manometer (**b**)

$$p = \frac{F_1}{A_1}. \tag{3.13}$$

Nun haben wir an drei Stellen der Wand Druckmesser, sog. *Manometer*, angebracht, vgl. Abb. 3.21a. Jedes Flüssigkeitsmolekül, das mit dem Stempel des Manometers in Kontakt ist, übt auf ihn eine Kraft aus, und zwar senkrecht zu dessen Oberfläche, vgl. Abb. 3.21b. Er sammelt, sozusagen umgekehrt wie beim Druckstempel, alle diese auf seine Oberfläche A wirkenden Kräfte, die sich darüber gleichmäßig verteilen. Der daraus entstehenden Gesamtkraft F muss die elastische Kraft der eingedrückten Feder als Dynamometer das Gleichgewicht halten. Ihre Deformation wird im Manometer auf einen Zeiger übertragen; seine Skala ist aber unmittelbar in Druckeinheiten geeicht, vgl. auch Abschn. 3.4.2.

Das Experiment ergibt, dass alle Manometer den *gleichen* Druck anzeigen. Auch wenn wir ein derartiges Manometer im Innern des großen Topfes anbringen würden, wäre seine Anzeige dieselbe. Wir können also sagen: In der Flüssigkeit, die unter Stempeldruck steht, hat sich ein *Druckzustand* ausgebildet, und zwar durch ganz geringfügiges Aneinanderdrücken der Moleküle. Wir können ihn messen durch die *Druckkraft* F, welche die Flüssigkeitsmoleküle einseitig auf eine angebotene Fläche A, d. h. einen Kolben ausüben, indem wir rechnen $p = F/A$. Gleichgültig, wie diese Fläche im Raum orientiert ist, immer wirkt die Kraft F senkrecht auf sie.

Danach lässt sich der Druckzustand innerhalb einer ruhenden Flüssigkeit auch folgendermaßen beschreiben: Legen wir eine beliebige Trennebene in die Flüssigkeit, an die auf jeder Seite eine Molekülschicht angrenzt, dann üben beide aufeinander Kräfte aus, die zur Ebene senkrecht stehen. Bei Stempeldruck haben die Kräfte überall pro Flächeneinheit die gleiche Größe. Kraftkomponenten parallel zur Fläche wie in Festkörpern (Abschn. 3.2.3) gibt es in ruhenden Flüssigkeiten nicht. Sie würden die frei verschiebbaren Flüssigkeitsmoleküle so lange bewegen, bis die Schubspannung verschwunden ist. – Wird ein zylindrischer Festkörper in Achsenrichtung gezogen oder gedrückt, so übt er an seinen Seitenflächen keine Kräfte nach außen aus; wohl aber drückt eine Flüssigkeit unter denselben Bedingungen auf die Seitenwände des zylindrischen Topfes.

Wir bauen jetzt zwei bewegliche Kolben ein, vgl. Abb. 3.22. Dann herrscht nach den besprochenen Eigenschaften des Druckzustandes in Flüssigkeiten Gleichgewicht, wenn gilt:

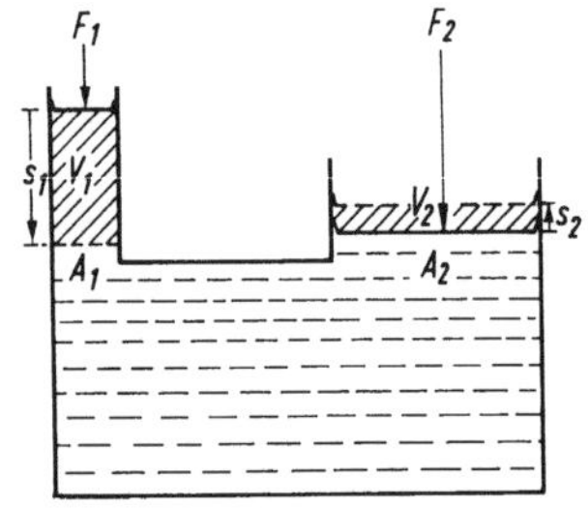

Abb. 3.22 Hydraulische Presse

$$p = \frac{F_1}{A_1} = \frac{F_2}{A_2}. \tag{3.14}$$

Wir verschieben nun den Kolben A_1 langsam um die Strecke s_1 nach unten und müssen dabei die Arbeit W leisten:

$$W = F_1 s_1 = pA_1 s_1 = pV_1. \tag{3.15}$$

Dieselbe Arbeit gewinnen wir „auf der anderen Seite“ nach dem Energiesatz wieder, wo der zweite Kolben um s_2 hochgedrückt wird. Dort ergibt sich nämlich $W = pV_2$, und beide Volumina sind wegen der Inkompressibilität der Flüssigkeit bei diesen Bewegungen gleich

($V_1 = V_2$). Wir haben eine mechanische Maschine, die sog. *hydraulische Presse*, ähnlich wie die schiefe Ebene (Abschn. 2.3.5) oder der Hebel (Abschn. 2.5.2). Mit $F_2/F_1 = A_2/A_1$ wird die Kraft F_2 auf der „Lastseite" im Verhältnis der Stempelflächen vergrößert.

Von besonderer Bedeutung ist der hier abgeleitete Ausdruck für die *Arbeit* einer *Flüssigkeit*, der natürlich keine neue Definition darstellt. Wenn in einem Rohr das Flüssigkeitsvolumen ΔV unter dem konstanten Druck p durch einen Querschnitt transportiert wird, so ist dazu die Arbeit erforderlich

$$W = p\Delta V\,. \tag{3.16}$$

Aus dem Blutdruck und dem Volumen der Herzkammer lässt sich so z. B. die Arbeit des Herzens berechnen.

3.3.3.2 Schweredruck. Bisher haben wir die Schwerkraft vernachlässigt. Wir behandeln jetzt den vom eigenen Gewicht der Flüssigkeit herrührenden Druck, den sog. *Schweredruck*. Füllen wir ein zylindrisches senkrecht stehendes Gefäß vom Querschnitt A bis zur Höhe h mit einer Flüssigkeit von dem spezifischen Gewicht γ, s. Abb. 3.23, so lastet das Gewicht $G = \gamma h A$ der Flüssigkeitssäule auf dem Boden des Gefäßes. Der dadurch entstehende *Bodendruck* p ist gleich der Gesamtkraft, d. h. dem Gewicht der Flüssigkeitssäule, dividiert durch die Bodenfläche, über die das Gewicht gleichförmig verteilt ist. Es ist also

$$p = \frac{G}{A} = \gamma h = \varrho g h\,, \tag{3.17}$$

wo γ das spezifische Gewicht und ϱ die Dichte der Flüssigkeit ist.

Mit der in Abb. 3.24 dargestellten Anordnung zur Messung des Bodendruckes untersuchen wir nacheinander unten offene Gefäße verschiedener Form, die aber die gleiche Grundfläche besitzen. Durch das immer gleich gewählte Gegengewicht G' wird der Boden von unten immer mit derselben Kraft gegen die Gefäße gepresst. Wir stellen nun fest, dass wir alle Gefäße bis zur gleichen Höhe füllen müssen, damit der Bodendruck der Flüssigkeit die Gegenkraft $G = G'$ ausüben kann und die Flüssigkeit auszulaufen beginnt. Wir haben also das zunächst außerordentlich überraschende Ergebnis, dass der Bodendruck von der Form des Gefäßes unabhängig ist und dass es nur auf die senkrechte Höhe des Flüssigkeitsspiegels über dem Boden ankommt. Es ist also die Druckkraft der Flüssigkeit auf die gleiche Bodenfläche einmal kleiner (a), dann gleich (b) und schließlich größer (c) als das Gewicht der gesamten Flüssigkeit. Diese als *hydrostatisches Paradoxon* bezeichnete Erscheinung folgt unmittelbar aus der Beziehung für den Schweredruck $p = \gamma h$, in der die Querschnittgestalt des Rohres nicht erscheint. Man überlegt sich außerdem, dass der Flüssigkeitsdruck auch noch Kräfte auf den Halterungsring des Rohres verursacht, nach unten (a) und nach oben (c), bzw. bei (b) gar keine. So wird auch das Verhalten der Anordnung (c) verständlich, bei der die formalgesetzliche Erklärung am wenigsten befriedigt: Die Gegenkraft der Halterung drückt mit auf die Waagschale und ersetzt gerade das fehlende Flüssigkeitsgewicht.

Im Innern der Flüssigkeitssäule nimmt der Schweredruck von unten nach oben ab und wird in der Höhe des Flüssigkeitsspiegels schließlich null. Dabei herrscht in jeder horizontalen Schicht E, s. Abb. 3.23, ein Druck, der gleich dem *Gewicht einer Flüssigkeitssäule ist, deren Querschnitt* 1 m^2 *beträgt und deren Höhe gleich dem senkrechten Abstand der betreffenden Ebene von der Flüssigkeitsoberfläche ist.* Entsprechend dem Druckzustand in Flüssigkeiten erfahren natürlich auch die Seitenwände Druckkräfte. Diese erkennen wir z. B. daran, dass das Wasser aus einem seitlichen Loch umso schneller ausfließt, je tiefer das Loch unter der Flüssigkeitsoberfläche liegt, s. Abb. 3.25.

Ebenso erfährt eine eingetauchte Platte einen von unten wirkenden Druck, vgl. Abb. 3.26. Solange die nach oben gerichtete Druckkraft F größer ist als das Gewicht der Platte mit aufgelegtem Gewichtsstück, wird die Platte gegen den unten offenen Glaszylinder angepresst.

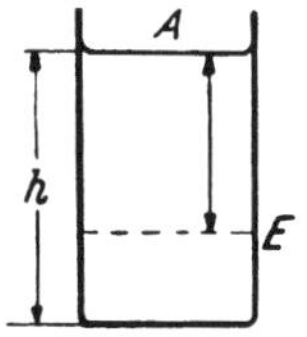

Abb. 3.23 Zum Schweredruck

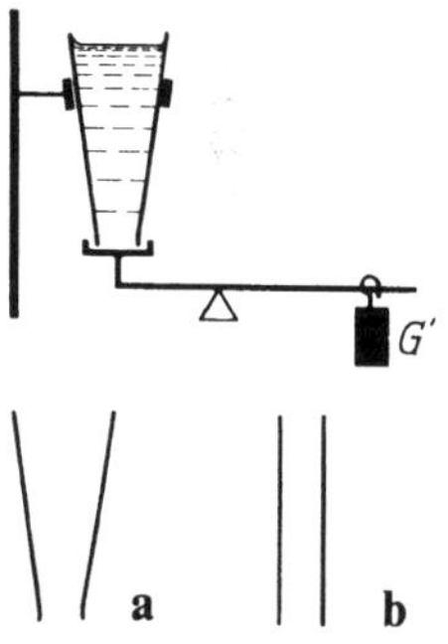

Abb. 3.24a–c Zur Unabhängigkeit des Bodendruckes von der Form der Flüssigkeitssäule

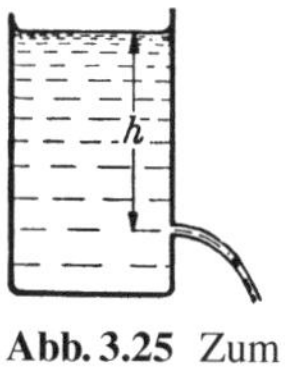

Abb. 3.25 Zum Seitendruck

Abb. 3.26 Nach oben gerichtete Kraft des Schweredruckes

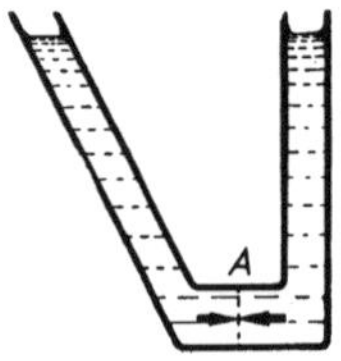

Abb. 3.27 Kommunizierende Röhren

In zusammenhängenden Flüssigkeitsräumen, *kommunizierenden* Röhren, steht die Flüssigkeit im Ruhezustand überall gleich hoch. Nur dann sind die Kräfte gleich, die von beiden Seiten auf irgendeine in Gedanken hineingelegte Fläche A ausgeübt werden, s. Abb. 3.27, sodass Gleichgewicht herrscht.

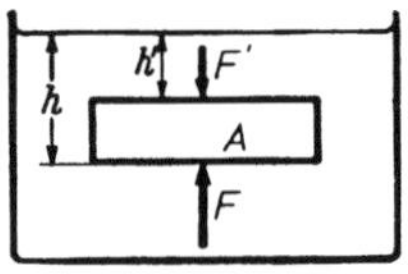

Abb. 3.28 Auftrieb eines Körpers

3.3.4 Auftrieb, Schwimmen. Wir betrachten einen in eine Flüssigkeit vom spezifischen Gewicht γ eingetauchten festen Körper, dem wir der Einfachheit halber zunächst die Gestalt eines Quaders mit der Bodenfläche A geben, s. Abb. 3.28. Gegen die untere Fläche wirkt die Druckkraft $F = \gamma h A$ nach oben. Andererseits lastet auf der oberen Fläche die Kraft $F' = \gamma h' A$. Da der Abstand h' vom Flüssigkeitsspiegel kleiner als h ist, erfährt der Körper eine nach oben gerichtete, als *Auftrieb* gezeichnete Kraft von der Größe $F - F' = \gamma A(h - h')$. Wesentlich für den Auftrieb ist also der höhere Druck gegen die Bodenfläche des Quaders. Da nun $A(h - h')$ das Volumen des Körpers darstellt, ist der *Auftrieb gleich dem Gewicht der durch den Körper verdrängten Flüssigkeitsmenge*. Dieses Ergebnis gilt für jeden in eine Flüssigkeit eingetauchten Körper ganz unabhängig von seiner Gestalt, *Archimedisches Prinzip*[3].

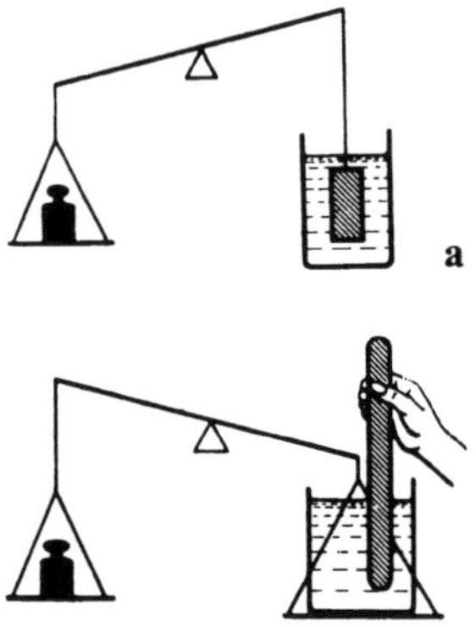

a

b

Abb. 3.29a,b Auftrieb (**a**) und seine Gegenkraft (**b**)

Als Schauversuch hängen wir einen Körper an einen Waagebalken und tarieren die Waage aus. Wird er nun in eine Flüssigkeit eingetaucht, so erfährt er einen Auftrieb, die Waage gerät aus dem Gleichgewicht, s. Abb. 3.29a. Stellen wir dagegen ein Gefäß mit Wasser auf die Waage und tarieren dieses aus, so sinkt beim Eintauchen eines Stabes die Schale mit dem Gefäß herab, s. Abb. 3.29b. Letzteres erklärt sich daraus, dass nicht nur der Körper einen Auftrieb erfährt, sondern dass er seinerseits nach dem Prinzip von Kraft und Gegenkraft eine Druckkraft auf das Wasser ausübt. So wirkt auf die rechte Waagschale noch eine zusätzliche Kraft, die gerade gleich dem Auftriebe, also gleich dem Gewicht der vom Körper verdrängten Flüssigkeitsmenge ist. Diese Kraft wird letztlich von der Hand ausgeübt.

Mithilfe des Auftriebs $\varrho g V$ eines Senkkörpers wird mit der *Mohr'schen Waage* die *Dichte* ϱ von *Flüssigkeiten* bestimmt, s. Abb. 3.30. Um ihn durch Abgleich der Waage zu messen, werden Reiter mit dem Massenverhältnis 1000 : 100 : 10 : 1 auf Marken gehängt, die den rechten Waagebalken in 10 gleiche Teile teilen. Damit wird das Hebelgesetz angewendet (Abschn. 2.5.2). Das Gerät ist mit vorgegebenem Volumen des Senkkörpers so kalibriert, dass an der Stellung der Reiter unmittelbar die Ziffern des Dichtewertes in g/cm^3 abzulesen sind ($\varrho = 0{,}8252\,g/cm^3$ in Abb. 3.30).

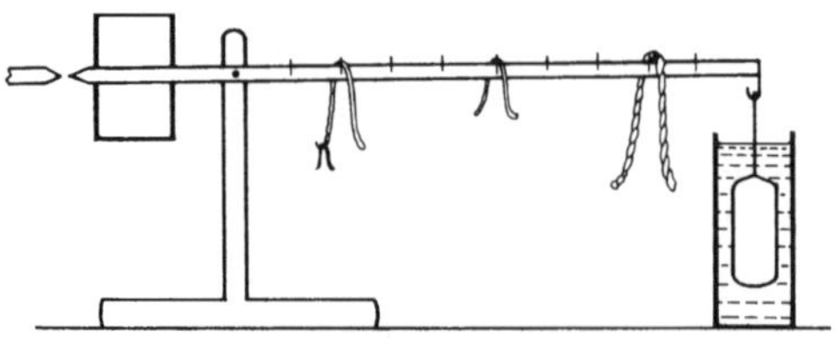

Abb. 3.30 Mohr'sche Waage

Um die *Dichte* von *Festkörpern* zu bestimmen, wiegt man sie in Luft (m) und in Wasser (m'). Die Differenz $m - m'$ ist dann die Masse des verdrängten Wassers $\varrho_{H_2O} V$, sodass die gesuchte Dichte ϱ des Festkörpers beträgt:

$$\varrho = \frac{m}{V} = \frac{m}{m - m'} \varrho_{H_2O} \,. \tag{3.18}$$

Ist das spezifische Gewicht eines Körpers kleiner als das der ihn umgebenden Flüssigkeit, so ist der Auftrieb größer als sein Gewicht. Der Körper steigt nach oben und taucht schließlich nur so weit in die Flüssigkeit ein, dass das Gewicht der dann noch verdrängten Flüssigkeitsmenge seinem eigenen Gewicht gleich ist; er *schwimmt*. Ein massives Eisenblech sinkt unter. Biegen wir es an den Rändern genügend auf, so schwimmt es, weil schon bei teilweisem Eintauchen so viel Wasser verdrängt wird, dass der Auftrieb das Eigengewicht erreicht.

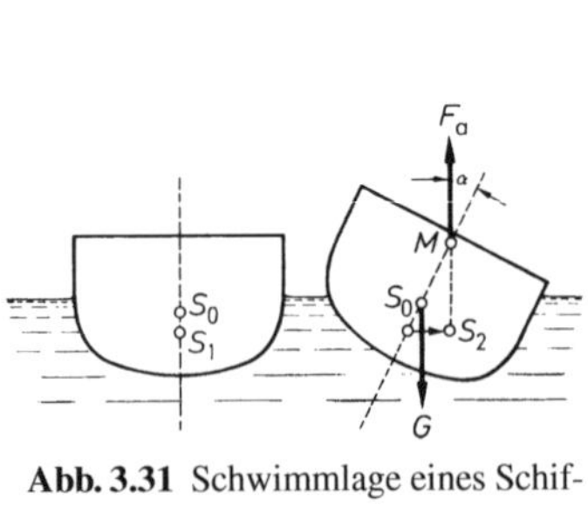

Abb. 3.31 Schwimmlage eines Schiffes

Ein Körper schwimmt immer *stabil*, wenn sein Schwerpunkt tiefer als der Schwerpunkt der verdrängten Flüssigkeit liegt. Auch wenn dies nicht zutrifft, ist eine stabile Schwimmlage noch möglich. Ein Schiff mit dem Schwerpunkt S_0 werde um den Winkel α aus der Gleichgewichtslage herausgedreht, s. Abb. 3.31. Der Schwerpunkt der verdrängten Flüssigkeit in der Gleichgewichtslage ist S_1. In der Schräglage rückt er nach S_2. Wir erhalten ein Drehmoment – der in S_2 wirkende Auftrieb und das in S_0 wirkende Gewicht bilden ein

[3] *Archimedes*, 287–212 v. Chr. in Syrakus.

Kräftepaar –, das im Falle der Abbildung das Schiff wieder aufrichtet. Das ist aber nur der Fall, solange die senkrecht nach oben laufende Wirkungslinie des Auftriebs F_a die gestrichelt gezeichnete Mittellinie in einem Punkte M schneidet, der höher als der Schwerpunkt S_0 liegt. M nennt man *Metazentrum*. Liegt es tiefer, so wird der Schiffskörper durch das auftretende Drehmoment noch weiter aus einer Gleichgewichtslage herausgedreht. Die Schwimmlage ist dann *labil*, das Schiff kentert.

Zur schnellen, unmittelbaren Bestimmung der Dichte von Flüssigkeiten benutzt man sog. *Aräometer*. Das sind hohle und unten beschwerte Glaskörper, die oben eine Teilung tragen. Das Gerät taucht in die Flüssigkeit umso tiefer ein, je geringer ihr spezifisches Gewicht ist. Mithilfe einer vorher geeichten Teilung kann man die Dichte der zu untersuchenden Flüssigkeit (Milch, Traubensaft, usw.) bestimmen.

Besonders elegant ist eine *Schwebemethode*, um die Dichte von kleinen Festkörpern, z. B. Stücken von Fasern oder Folien, zu bestimmen: In einem senkrecht stehenden Glasrohr stellt man durch geeignetes Einleiten von zwei Flüssigkeiten unterschiedlicher, aber bekannter Dichte eine sog. *Gradientensäule* her. Das Konzentrationsverhältnis der Mischflüssigkeiten und damit die Dichte nehmen in ihr von oben nach unten linear zu. Hineingebrachte kleine Festkörper kommen dann in der Höhe der Säule zur Ruhe, wo ihre eigene Dichte gleich der des Flüssigkeitsgemisches ist.

3.3.5 Oberflächenspannung. Man kann eine leicht eingefettete Nähnadel oder Rasierklinge auf das Wasser legen, ohne dass sie einsinkt. Manche Insekten können über eine ruhige Wasserfläche laufen. Sobald jedoch der Körper die Oberfläche durchstößt, geht er unter. Aus solchen Erscheinungen gewinnt man den Eindruck, dass die Oberfläche einer Flüssigkeit sich ähnlich wie eine dünne, gespannte Haut verhält. Diese eigentümliche Eigenschaft ist die Folge der zwischenmolekularen Kräfte.

Zunächst machen wir uns klar, dass in der Flüssigkeitsoberfläche potentielle Energie steckt. Dazu stellen wir uns in Gedanken eine neue Oberfläche dadurch her, dass wir eine Ebene durch die kompakte Flüssigkeit legen und die sie beidseitig begrenzenden Molekülschichten auseinander ziehen. Um auf diese Weise ein Molekülpaar zu trennen, muss Arbeit gegen die Kohäsionskräfte geleistet werden (Abschn. 3.1.4). Diese sinken mit steigender Entfernung sehr schnell und sind bei etwa 10 Moleküldurchmessern Abstand nicht mehr merklich; nach Leistung einer begrenzten Arbeit sind daher die beiden Moleküle praktisch völlig getrennt und frei. Wir multiplizieren diese Arbeit mit der Zahl der Molekülpaare, die auf der Flächeneinheit unserer Trennebene lagen, und erhalten damit die Arbeit zur Erzeugung von $2\,\mathrm{m}^2$ neuer Oberfläche, da ja *zwei* neue Oberflächen entstanden sind. – Im Ganzen sei es eine Arbeit W, die nun als potentielle Energie in der Oberfläche A gespeichert worden ist. Die *spezifische Oberflächenenergie* σ ist die Energie pro Flächeneinheit; sie beträgt damit:

$$\sigma = \frac{W}{A}. \tag{3.19a}$$

Praktisch können wir eine neue Oberfläche an einer *Flüssigkeitslamelle* herstellen und dabei die notwendige Arbeit studieren. Die Lamelle entsteht in einem Drahtrahmen, wenn er vorsichtig aus der Flüssigkeit herausgezogen wird, s. Abb. 3.32. Von der dabei aufgewendeten Gesamtkraft ist natürlich das Drahtgewicht abzuziehen, sodass $2F$ allein für die Herstellung der neuen Oberfläche benötigt wurden. Die geleistete Arbeit beträgt dann $W = 2Fl$. Sie ist gleich der gespeicherten Oberflächenenergie $W = \sigma \cdot 2bl$. Der Faktor 2 berücksichtigt die Tatsache, dass die Lamelle zwei Oberflächen, eine vorne und eine hinten, besitzt. Als Kraft für jede der beiden Oberflächen ist also notwendig $F = \sigma b$. Die Lamelle selbst übt mit beiden Oberflächen eine Gegenkraft der Größe $2F$ aus, die sog. *Oberflächenspannung*, die der äußeren Kraft das Gleichgewicht hält. Sie zieht die Lamelle völlig zusammen, sobald die äußere Kraft etwas nachlässt (labiles Gleichgewicht). Jeder Oberflächenstreifen der Breite b entwickelt also eine zusammenziehende Kraft $F = \sigma b$ senkrecht zu dieser Breite. Sie ändert sich bei einer Verlängerung des Streifens nicht, im Gegensatz zum elastischen Verhalten einer Gummilamelle nach dem Hooke'schen Gesetz (Abschn. 3.2.3).

So können wir σ auch als *Konstante der Oberflächenspannung* bezeichnen mit der in Abb. 3.32 gezeigten Messvorschrift:

$$\sigma = \frac{F}{b}. \tag{3.19b}$$

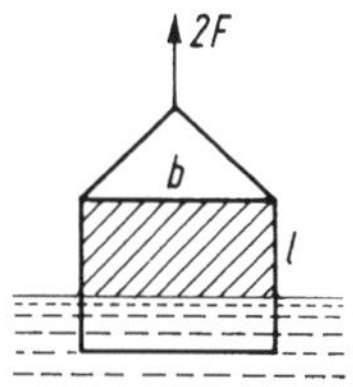

Abb. 3.32 Oberflächenspannung einer Flüssigkeitslamelle

Die Einheiten $\mathrm{J/m^2}$ für die spez. Oberflächenenergie und $\mathrm{N/m}$ für die Konstante der Oberflächenspannung sind identisch ($\mathrm{J} = \mathrm{Nm}$).

Wichtig ist es, dass die Oberflächenspannung *parallel zur Oberfläche* wirkt. Das veranschaulicht am besten eine Schleife in einer Seifenlamelle. Zerstören wir in ihrem Inneren die Lamelle durch Einstechen, so zieht die Oberflächenspannung des außen stehengebliebenen Teiles der Lamelle die Schleife sofort zu einem Kreis aus. Dabei erreichen die Restoberfläche und auch die Oberflächenenergie ein Minimum, da die potentielle Energie im Gleichgewicht stets einen Extremwert annimmt.

Wir geben noch die Werte der Oberflächenspannung σ bei Zimmertemperatur für einige an Luft angrenzende Flüssigkeiten in $\mathrm{N/m}$ an:

Wasser	Quecksilber	Ethanol	Benzol	Olivenöl
0,073	0,470	0,022	0,029	0,033

Die Luftschicht, angrenzend an die Oberfläche, ist vom Dampf der Flüssigkeit gesättigt (Abschn. 5.4.3). Die Grenzschicht stellt einen kontinuierlichen Übergang Flüssigkeit–Dampf dar, und in ihr ist der Sitz der tan-gentialen Oberflächenspannung zu suchen. Das Eindringen anderer Dämpfe von außen kann σ erheblich verändern.

Gekrümmte Flüssigkeitsoberfläche. In einer Seifenblase sind beide Grenzflächen, die innere und die äußere, Kugelflächen. Die überall tangential wirkenden Kräfte der Oberflächenspannung haben das Bestreben, die Blase zusammenzuziehen, und erhöhen dadurch den Gasdruck in ihrem Innern so lange, bis ein Gleichgewicht sich einstellt.

Die Differenz Δp zum äußeren Luftdruck können wir auf folgende Weise berechnen: Wir betrachten zwei Halbkugeln H_1 und H_2, s. Abb. 3.33. Auf jede wirken durch den Überdruck Kräfte nach außen. Vektoriell addiert führen sie zur Gesamtkraft auf die ganze Halbkugel $F_l = \Delta p \pi r^2$; die zu F_l senkrechten Komponenten heben sich gerade auf. Längs des gedachten Trennkreises erzeugt die Oberflächenspannung eine entgegengesetzt gerichtete Kraft $F_i = 2 \cdot 2\pi r \sigma$ (der erste Faktor 2 berücksichtigt wieder innere und äußere Oberfläche). Im Gleichgewicht gilt $F_l = F_i$ und man erhält $\Delta p = 4\sigma / r$.

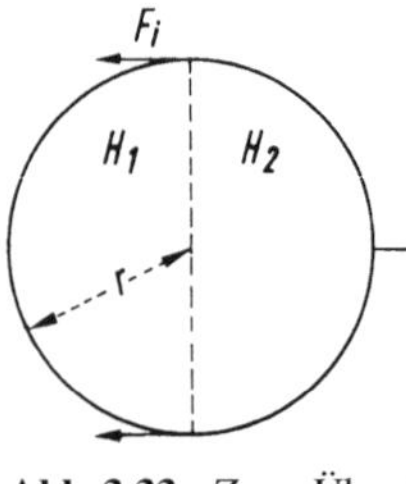

Abb. 3.33 Zum Überdruck in einer Seifenblase

Jeder gekrümmten Flüssigkeitsoberfläche muss durch einen Überdruck das Gleichgewicht gehalten werden, und zwar auf der konkaven Seite, d. h. im Raum mit dem Krümmungsmittelpunkt. Das gilt ganz allgemein, über das Beispiel der Seifenblase hinaus, für jede gekrümmte Grenzfläche: Für eine einzige Kugelfläche muss sein:

$$\Delta p = \frac{2\sigma}{r}. \tag{3.20}$$

Je größer die Krümmung $1/r$ ist, desto größer ist auch der Überdruck; bei ebenen Flächen mit $1/r = 0$ verschwindet er. Die Zylinderfläche ist nur einseitig gekrümmt, Δp hat dort den halben Wert.

3.3.6 Benetzung, Kapillarität. Das Zusammenwirken der zwischenmolekularen Kräfte an der Grenzfläche verschiedener Stoffe führt zu einigen bemerkenswerten Erscheinungen. Dabei sind außer *Kohäsions-* auch *Adhäsionskräfte* wirksam. Immer, auch an der Grenze zwischen Flüssigkeit und Festkörper, verursachen sie eine *tangentiale* Grenzflächenspannung.

1. *Ausbreitung einer Flüssigkeit auf einer anderen.* Betrachten wir einen Tropfen Öl auf Wasser, so haben wir die drei Grenzflächen Wasser–Luft, Wasser–Öl und Öl–Luft, die an der Grenzlinie des Öltropfens zusammentreffen, s. Abb. 3.34.

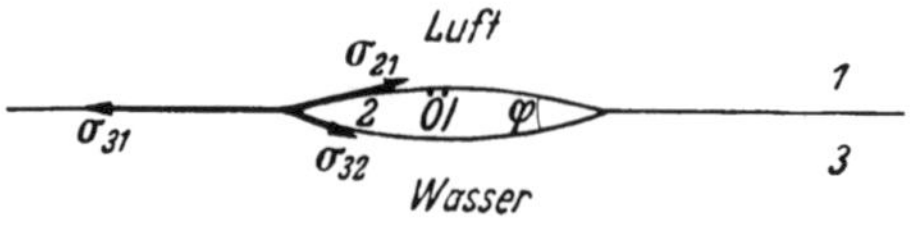

Abb. 3.34 Zur Ausbreitung einer Flüssigkeit auf einer anderen, instabiler Anfangszustand

Hier greifen also drei Kräfte an, die den drei Grenzflächenspannungen $\sigma_{31}, \sigma_{21}, \sigma_{32}$ proportional sind, wobei σ_{32} die Oberflächenspannung von Wasser (3) gegen Öl (2), σ_{21} die von Öl gegen Luft (1) und σ_{31} die von Wasser gegen Luft bedeutet. Selbstverständlich kann ein Punkt des gemeinsamen Grenzkreises Öl–Wasser–Luft nur dann in Ruhe bleiben, wenn die drei Kräfte im Gleichgewicht stehen. In diesem Fall bildet die Flüssigkeit 2 einen Tropfen. Ist aber die eine der drei Grenzflächenspannungen, z. B. σ_{31}, größer als die Summe der beiden anderen, was in unserem Beispiel zutrifft, so ist kein Gleichgewicht möglich. Die Grenzflächenspannung σ_{31} zieht den Tropfen immer mehr auseinander. Dabei nimmt die Ausbreitung, falls die Wasserfläche genügend groß ist, erst ein Ende, wenn das Öl eine *monomolekulare* Schicht bildet. Da Wasser eine besonders große Oberflächenspannung besitzt, breiten sich auf ihm fast alle Flüssigkeiten aus. So kommt es, dass Wasser, wie auch Quecksilber, besonders leicht durch Ausbreitung von fremden Flüssigkeiten verunreinigt wird.

2. *Benetzung.* Befindet sich ein Flüssigkeitstropfen auf der ebenen Oberfläche eines Festkörpers, so bleiben die drei Kräfte, die in jedem Punkt des Randes wirken, von derselben Art und Richtung wie in Abb. 3.34. Wenn parallel zur festen Ebene σ_{31} größer als σ_{32} ist, so haben wir eine *benetzende* Flüssigkeit. Dabei kann es nur zu einem Gleichgewicht kommen, wenn die Oberflächenspannung der Flüssigkeit gegen Luft σ_{21} größer ist als $\sigma_{31} - \sigma_{32}$. Dann stellt sich die Flüssigkeitsoberfläche mit einem *Randwinkel* φ gegen die Platte ein, der durch die Bedingung $\sigma_{31} = \sigma_{32} + \sigma_{21}\cos\varphi$ gegeben ist, s. Abb. 3.35a. Das ist bei einem Wassertropfen auf fettigem Glas der Fall. Andernfalls tritt sog. *vollkommene Benetzung* mit dem Randwinkel 0 ein, die bei Wasser auf einer völlig fettfreien Glasplatte vorliegt. – Bei *nichtbenetzenden* Flüssigkeiten wie Quecksilber ist σ_{31} kleiner als σ_{32}, d. h. die resultierende Kraft längs der festen Oberfläche wirkt zum Tropfen hin. Der Randwinkel φ wird damit größer als 90°, und der Tropfen drückt sich wegen seines Eigengewichtes noch etwas platt, s. Abb. 3.35b.

Dieselben Randwinkel bilden sich zwischen Gefäßwand und freier Flüssigkeitsoberfläche aus, s. Abb. 3.36 u. 3.37. Für Wasser in einem Glasgefäß gilt $\sigma_{31} - \sigma_{32} > \sigma_{21}$, also ist kein Gleichgewicht vorhanden. Der Randwinkel ist 0, und es entsteht eine die Glaswand überziehende Wasserhaut.

3. *Kapillarität.* Die eben besprochenen Randwinkel verursachen die bekannten Kapillarwirkungen. Tauchen wir ein enges Glasrohr, eine sog. *Kapillare*, in Wasser ein, so steigt die Flüssigkeit um eine bestimmte Strecke hoch und wird oben von einem Meniskus begrenzt, der nach oben konkav ist, s. Abb. 3.38a. Beim Eintauchen in Quecksilber wird die Quecksilberkuppe gesenkt – wir sprechen von einer *Kapillardepression* – und nimmt eine nach oben konvexe Form an, s. Abb. 3.38b. Die kapillare Steighöhe bzw. Depression ist umso größer, je enger das Kapillarrohr ist.

Die Erklärung ist Folgende: In der engen Kapillare bildet Wasser wegen des Randwinkels 0 eine halbkugelförmige Oberfläche, deren Radius gleich dem der Kapillaren ist. Der Krümmung muss ein Druck nach unten das Gleichgewicht halten, und das macht in diesem Fall der Schweredruck der Wassersäule $p = \gamma h$. Man kann sich auch vorstellen, dass der Wasser-Meniskus eine Kraft nach oben zu seinem Zentrum hin ausübt und dass das Gewicht der hochgezogenen Wassersäule ihr das Gleichgewicht hält. Die Steighöhe beträgt daher:

$$h = \frac{s\sigma}{\gamma r}. \tag{3.21}$$

Die Depression von Quecksilber ist qualitativ durch den konvexen Meniskus zu erklären. Wegen des endlichen Randwinkels ist aber sein Krümmungsradius größer als der Rohrradius.

Auf der Kapillarität beruht die Saugwirkung von Löschpapier, Schwämmen usw., ferner z. T. das Hochsteigen der Säfte in den Pflanzen.

Benetzung und Kapillarität werden in mechanischen Werkstätten beim *Lötvorgang* ausgenutzt. Das flüssig gemachte Lot benetzt die Oberfläche der Werkstoffe und bildet dabei eine Legierungsschicht. Dann entsteht eine Kapillarwirkung im Spalt zwischen den beiden zu verbindenden Metallteilen, durch die das flüssige Lot mit umso größerer Kraft in den Spalt hineingezogen wird, je enger er ist.

4. *Tropfenbildung.* Eine benetzende Flüssigkeit ströme sehr langsam durch eine enge Kapillare. An ihrer geschliffenen Endfläche bildet sich dann ein Tropfen, der abreißt, wenn sein Gewicht die Wirkung der Oberflächenspan-

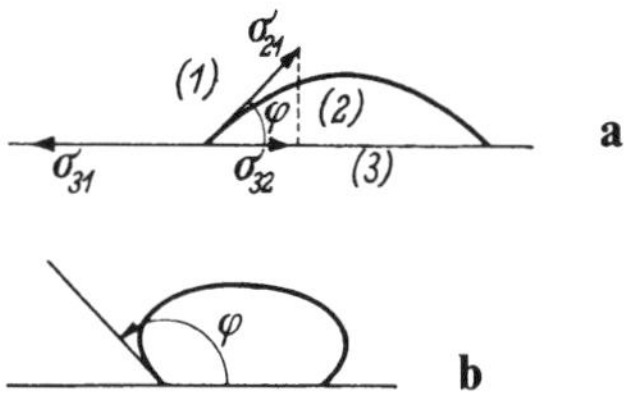

Abb. 3.35a,b Tropfen bei einer benetzenden (**a**) und einer nichtbenetzenden (**b**) Flüssigkeit

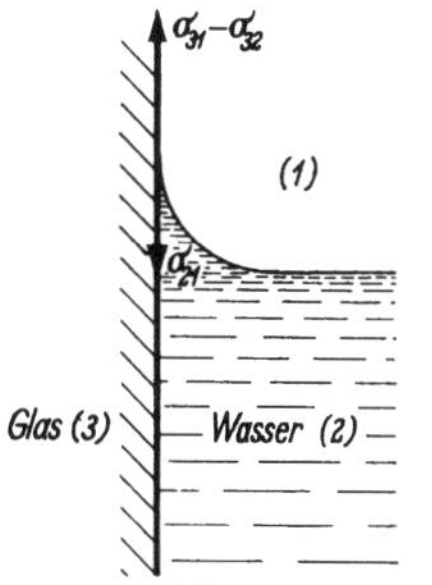

Abb. 3.36 Randwinkel 0° bei Wasser an Glas

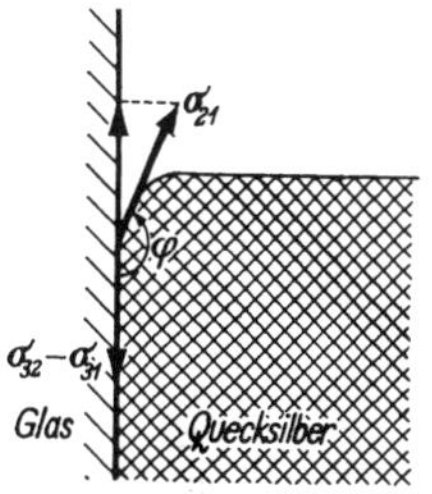

Abb. 3.37 Randwinkel bei einer nichtbenetzenden Flüssigkeit

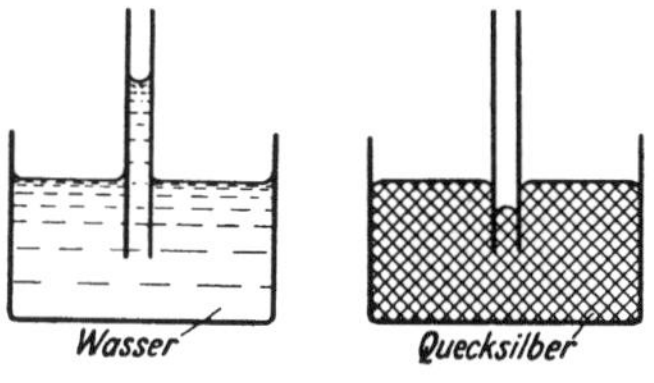

a b

Abb. 3.38a,b Kapillarwirkungen bei einer benetzenden (**a**) und einer nichtbenetzenden (**b**) Flüssigkeit

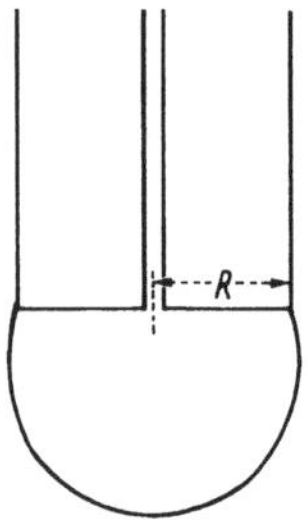

Abb. 3.39 Stalagmometer, Tropfenbildung

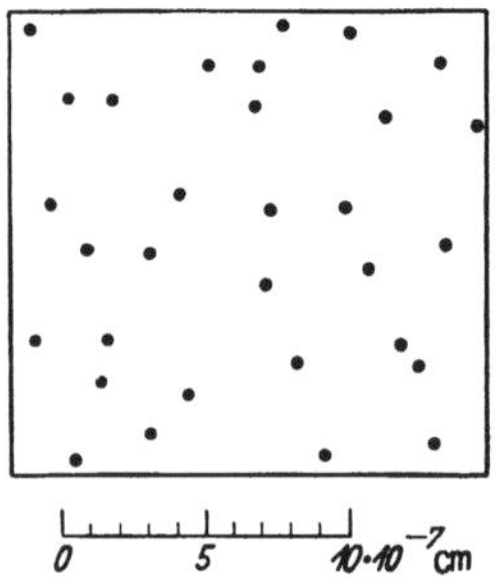

Abb. 3.40 Momentbild der Moleküle in Zimmerluft. (Aus *Pohl*)

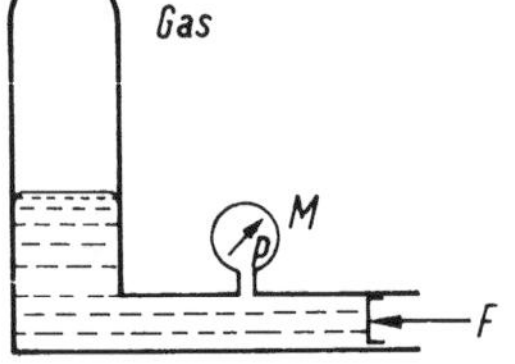

Abb. 3.41 Messung von Druck und Volumen eines Gases

nung überwindet, s. Abb. 3.39. Diese Anordnung wird auch als *Stalagmometer* bezeichnet.

Weil hier nur eine einzige Oberfläche vorhanden ist, beträgt die Kraft der Oberflächenspannung $F = 2\pi R\sigma$. Das Tropfengewicht ist $G = \gamma V$, sodass aus $F = G$ das Tropfenvolumen folgt mit:

$$V = 2\pi R \frac{\sigma}{\gamma}. \tag{3.22}$$

Bei der Dosierung z. B. von Medikamenten durch die Tropfenzahl muss diese Beziehung beachtet werden.

Aufgaben

3.3.1 Der Arbeitskolben einer hydraulischen Presse (Abb. 3.22) hat einen Querschnitt von 8 cm^2 und soll in 4 s um 20 cm hineingedrückt werden. Welche Leistung ist dazu notwendig, wenn der Querschnitt des Kolbens auf der Lastseite 0,1 m^2 und die Kraft (Last) dort 10^5 N sind?

3.3.2 Der Druck in der Wasserleitung betrage im Erdgeschoss eines Hauses $2 \cdot 10^5$ N/m^2. Wie hoch ist er 18 m darüber im 6. Stockwerk?

3.3.3 Eine Platte aus dem Material der Dichte 0,88 g/cm^3 ruht auf einer Salzlösung der Dichte 1,10 g/cm^3. Welcher Teil ihres Volumens taucht nicht ein?

3.3.4 Wie groß ist der Überdruck im Gleichgewicht, den eine Luftblase von 0,1 mm Durchmesser in Wasser haben muss ($\sigma = 0{,}073$ N/m)? Wie hoch ist die Wassersäule, die auf der Erde denselben hydrostatischen Druck hat?

3.3.5 Das Glasrohr in Abb. 3.38a wird so weit heruntergeschoben, dass seine Länge außerhalb des Wassers kleiner als dessen Steighöhe ist. Strömt jetzt Wasser oben aus dem Rohr aus? Begründung.

3.3.6 Von einem Medikament sind bei einem Radius $R = 1{,}00$ mm, vgl. Abb. 3.39, 10 Tropfen verordnet. Wie viel Tropfen ergeben bei $R = 0{,}625$ mm dieselbe Masse (Dosis)?

3.4 Ruhende Gase

3.4.1 Dichte, Druck und Volumen. Die Dichte der Gase ist sehr gering. Bringen wir ein luftleer gepumptes Glasgefäß auf eine Waage und lassen die Luft wieder einströmen, so finden wir aus der kleinen Gewichtszunahme, dass 1 Liter Luft bei Zimmertemperatur die Masse 1,293 g hat. Die Raumerfüllung der Luftmoleküle in der Nähe der Erdoberfläche veranschaulicht uns Abb. 3.40. Sie ist gewissermaßen eine Momentaufnahme in der Vergrößerung $2 \cdot 10^6$. Nur etwa 1/1000 des Raumes wird von den Luftmolekülen selbst ausgefüllt. Die Moleküle eines Gases haben also im Gegensatz zum festen und flüssigen Aggregatzustande einen verhältnismäßig großen Abstand. Die zwischenmolekularen Kräfte sind daher in Gasen außerordentlich klein, und wir können sie im Grenzfall des sog. *idealen Gases* völlig vernachlässigen.

Im Folgenden beschränken wir uns einmal darauf und behandeln außerdem die mechanischen Stoffeigenschaften der Gase in der sog. *Kontinuumsnäherung*, bei der wir den molekularen Aufbau und die Wärmebewegung der Moleküle nicht im Einzelnen verfolgen. Auch ohne darauf einzugehen, lassen sich nämlich viele sehr wichtige Vorgänge in Gasen gesetzmäßig formulieren. Die spätere Behandlung im molekularen Bilde kann auf diesen empirischen Erfahrungen aufbauen, muss aber vor allem die Temperatur als Zustandsgröße und die kinetische Wärmetheorie quantitativ mit einschließen. Darauf kommen wir in Abschn. 5.3.1 ff. zurück.

Um sowohl das Gleichartige als auch das Unterschiedliche im mechanischen Verhalten von Flüssigkeiten und Gasen herauszustellen, beginnen wir mit dem *Stempeldruck*. Er wird am besten durch seine Flüssigkeit, z. B. Quecksilber, auf das Gas übertragen und mit einem Flüssigkeits-Manometer M gemessen, s. Abb. 3.41. Über den Druckzustand im Gas und die von ihm ausgeübten Druckkräfte gilt dasselbe wie beim Stempeldruck in Flüssigkeiten. Nur verkleinert sich, anders als bei der praktisch inkompressiblen Flüssigkeit, das Gasvolumen sehr beträchtlich, wenn der Stempeldruck wächst. Bei konstanter Temperatur ergeben die Messungen das *Boyle-Mariotte'sche Gesetz:*

$$pV = \text{const.} \tag{3.23}$$

Das ist die sog. *Isotherme des idealen Gases*, eine Hyperbel, s. Abb. 3.42. Die eingeschlossene Gasmenge oder -masse m muss dabei selbstverständlich konstant bleiben. So lässt sich das Boyle-Mariotte'sche Gesetz auch formulieren als $p/\varrho = \text{const}$, wenn man bedenkt, dass die Dichte $\varrho = m/V$ ist. Der Druck eines idealen Gases ist also seiner Dichte proportional.

Schließlich ist ein Gas nicht nur stark kompressibel. Umgekehrt dehnt es sich nach Boyle-Mariotte bei nachlassendem äußeren Druck beliebig aus, oder es füllt ein ihm angebotenes Volumen so aus, dass überall die gleiche Dichte herrscht. Weder Flüssigkeit noch Festkörper haben wegen der Kohäsionskräfte diese Eigenschaft. – Beim Einatmen erweitern wir das Volumen der Lunge, dadurch entsteht ein Unterdruck, und es strömt Luft ein.

Den isothermen Kompressionsmodul K, vgl. Abschn. 3.3.1, erhalten wir für ein ideales Gas mit (3.12) durch Differentiation des Boyle-Mariotte'schen Gesetzes:

$$K = -V\frac{\mathrm{d}p}{\mathrm{d}V} = p\,. \tag{3.24a}$$

3.4.2 Die Lufthülle der Erde und der Luftdruck. Da ein Gas ein Gewicht hat, haben wir, wie bei einer Flüssigkeit, in jedem gaserfüllten Räume einen von oben nach unten zunehmenden Schweredruck, der sich nicht nur als *Bodendruck* äußert, sondern je nach Orientierung der angegriffenen Fläche auch seitwärts oder nach oben wirkt. Daher erfährt auch in einem Gase jeder Körper einen *Auftrieb* entsprechend dem *Archimedischen Prinzip*.

Auf der Erde befinden wir uns auf dem Boden eines gewaltigen Luftmeeres. Hier steht die Luft unter einem Schweredruck, der gleich dem Gewicht der auf der Flächeneinheit lastenden Luftsäule ist. Dieser Druck wird uns im Allgemeinen nicht bewusst, weil die von ihm allseitig auf unseren Körper ausgeübten Kräfte sich stets das Gleichgewicht halten. Den Nachweis eines *Luftdruckes* hat zuerst *Otto von Guericke*[4] erbracht, als er zeigte, wie zwei dicht aufeinander gesetzte und luftleer gepumpte Halbkugeln durch den äußeren Atmosphärendruck so stark zusammengepresst wurden, dass beiderseits je 8 Pferde nötig waren, um sie zu trennen, vgl. Abschn. 2.3.3. – Dem Versuch von *Torricelli* folgend, füllen wir eine an einem Ende verschlossene, etwa 1 m lange Glasröhre vollständig mit Quecksilber. Dann verschließen wir die Öffnung mit dem Finger, drehen das Rohr um und tauchen es mit dem zugehaltenen Ende in eine Schale mit Quecksilber. Nehmen wir nun den Finger weg, so fließt das Quecksilber so weit aus, bis es im Glasrohr etwa 76 cm höher als im äußeren Gefäße steht. In diesem Gleichgewichtszustande ist also der Luftdruck auf den äußeren Hg-Spiegel gleich dem hydrostatischen Druck der 76 cm hohen Quecksilbersäule, s. Abb. 3.43.

Neigen wir das Rohr, so bleibt die Höhe von 76 cm erhalten, da ja der Druck der Quecksilbersäule nur von ihrer vertikalen Höhe abhängt. Im Raume oberhalb der Quecksilberkuppe haben wir, abgesehen von einer Spur von Quecksilberdampf, einen von Materie freien Raum, ein *Vakuum*.

Da Quecksilber das spez. Gewicht $\gamma = \varrho g = 13{,}59 \cdot 10^3 \cdot 9{,}81 = 133{,}3 \cdot 10^3\,\mathrm{N/m^3}$ hat, beträgt der hydrostatische Druck einer Hg-Säule von 0,76 m Höhe $\gamma h = 101{,}3 \cdot 10^3\,\mathrm{N/m^2}$. Diesen Druck nennt man auch eine physikalische Atmosphäre (atm). Weitere – auch früher gebräuchliche, aber heute nicht mehr zugelassene – Druckeinheiten und ihre exakten Umrechnungsfaktoren findet man in Tabelle 3.3. Die SI-Einheit für den Druck ist $1\,\mathrm{N/m^2} = 1\,\mathrm{Pa}$ (Pascal).

Der Luftdruck ist zeitlichen Schwankungen unterworfen und ändert sich außerdem noch mit der Höhe. Der Wert von 1013 mbar (101,3 kPa) ist ein für Meereshöhe geltender Durchschnittswert. Da eine Luftsäule von 10 m Höhe und $1\,\mathrm{m^2}$ Querschnitt unter Normalbedingungen etwa die Masse $m = 12{,}9\,\mathrm{kg}$ hat, vermindert sich der Luftdruck in Meereshöhe auf 10 m Höhenzuwachs um $m \cdot g$, das sind rund 127 Pa oder 1,27 mbar. Wäre die Luft inkompressibel wie eine Flüssigkeit, so würde der Druck linear mit der Höhe abnehmen und in 8 km Höhe eine scharfe Grenze mit 0 mbar haben, s. Abb. 3.44 (gestrichelte Gerade). Die unteren Luftschichten werden aber durch das Gewicht der über ihnen liegenden zusammengedrückt, die oberen haben entsprechend geringere

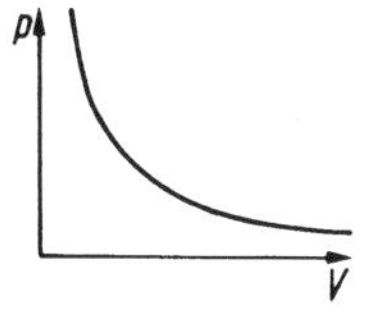

Abb. 3.42 Boyle-Mariotte'sches Gesetz

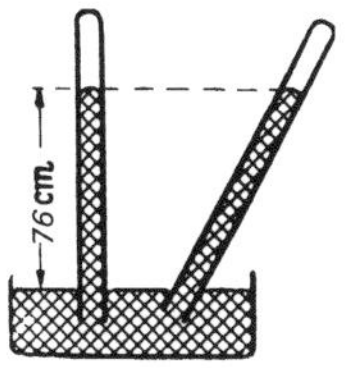

Abb. 3.43 Messung des Luftdruckes

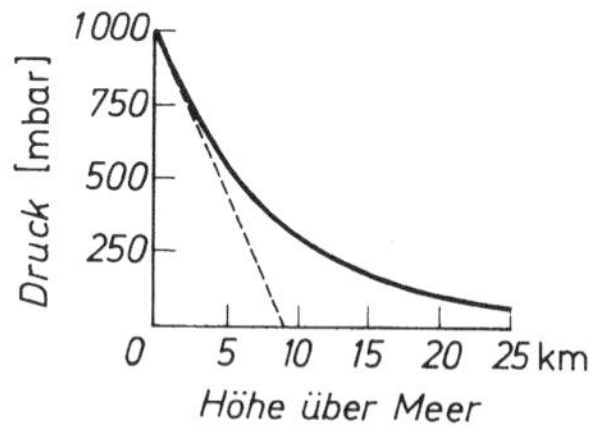

Abb. 3.44 Der Luftdruck in Abhängigkeit von der Höhe bei konstanter Temperatur

---

[4] *Otto von Guericke*, 1602–1682, Bürgermeister von Magdeburg, Erfinder der Luftpumpe.

Tabelle 3.3 Druckeinheiten, in eckigen Klammern nicht mehr zugelassene

1 Pa (Pascal) = 1 N/m^2 [= 1,019710 · 10^{-5} kp/cm^2]	
1 mbar = 100 Pa oder 1 bar = 10^5 Pa	
Zum normalen Luftdruck:	
[1 atm = 760 mmHg = 101 325 Pa]	physikalische Atmosphäre
[1 at = 1 kp/cm^2 = 98 066,5 Pa]	technische Atmosphäre
1 mmHg = [1 Torr] = 133,322 Pa	für Blutdruck in der Medizin zulässig
[1 m WS = 9806,65 Pa]	Meter Wassersäule

Dichte. Der Druckabfall auf 10 m Höhenunterschied wird mit steigender Höhe kontinuierlich geringer. Es gibt daher überhaupt keine scharfe Grenze der Atmosphäre, vielmehr wird der Druckabfall mit der Höhe durch die sog. *barometrische Höhenformel* beschrieben, deren Verlauf in Abb. 3.44 dargestellt ist. Sie ist die Grundlage, um die Höhe mit dem Barometer zu bestimmen. In 5,5 km Höhe beträgt der Luftdruck die Hälfte, in 11 km ein Viertel des Luftdruckes an der Erdoberfläche. Noch in Höhen von mehreren 100 km sind Gasmoleküle vorhanden, wie man an Meteoren erkennt, die beim Eindringen in die Atmosphäre infolge der Reibung ins Glühen geraten.

Der Luftdruck nimmt mit steigender Höhe h exponentiell nach der Gleichung

$$p = p_0 \exp\left(-\frac{\varrho_0 g h}{p_0}\right) \tag{3.24b}$$

ab. Misst man h in km und setzt die Werte für Dichte ϱ_0 und Druck p_0 der Luft in Meereshöhe ein, so ergibt sich die Zahlenwertgleichung $p = p_0 \exp(-h/7,99)$.

Exakt gilt die barometrische Höhenformel nur im Gleichgewicht für überall konstante Temperatur und Luftzusammensetzung.

Ein wirkliches Gleichgewicht stellt sich in den unteren Atmosphärenschichten bis etwa 10 km Höhe, der sog. *Troposphäre*, aber nie ein, vor allem infolge der sich stets ändernden Erwärmung durch die Sonnenstrahlung. Innerhalb dieser Schicht sinkt die Temperatur auf etwa −60 °C.

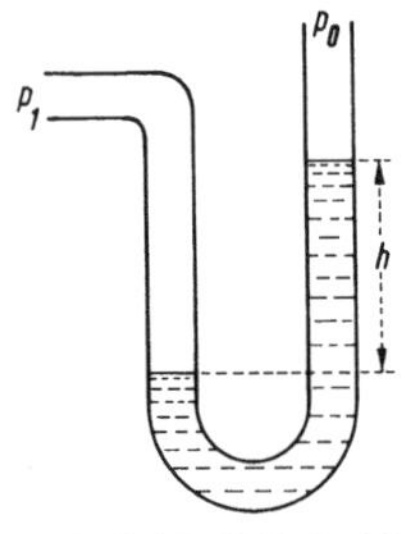

Abb. 3.45 U-Rohr-Manometer

Zur Messung des Luftdruckes benutzt man *Barometer*, z. B. Hg-Barometer, die nach dem Prinzip der Torricelli'schen Röhre gebaut sind, sowie Metall- oder *Aneroid*barometer. Letztere bestehen aus einer luftleeren, geschlossenen Metalldose, die unter dem Einfluss des wechselnden Druckes verschieden stark elastisch deformiert wird, wobei die Deformation auf einen Zeiger übertragen wird. Nach demselben Prinzip arbeiten auch die Metallmanometer zur Messung hoher Drucke.

Häufig interessiert nur die *Differenz* eines Gasdruckes zum äußeren Luftdruck, z. B. beim Autoreifen oder im Gasnetz. Diese Druckdifferenz kann mit einem *U-Rohrmanometer* gemessen werden, s. Abb. 3.45. Im unteren, gestrichelt gezeichneten Niveau ist, wenn Gleichgewicht herrscht, der Druck in beiden Schenkeln gleich: $p_1 = p_0 + \gamma h$. Die Querschnittsfläche der Schenkel muss dabei nicht gleich sein. – Ein weiteres Beispiel dazu ist die *Blutdruckmessung* nach *Riva-Rocci*; eine Manschette um den Oberarm wird mit Luft aufgepumpt, bis ihr Druck gleich dem systolischen bzw. diastolischen Blutdruck ist. Jedes Mal bestimmt man die Druckdifferenz zwischen Manschette p_1 und Außenluft p_0.

Wir besprechen noch zwei weitere Wirkungen des Luftdruckes. Ein Schornstein zieht bekanntlich umso besser, je höher er ist. Das liegt an Folgendem: An seinem unteren Ende herrscht der Druck der angrenzenden äußeren Atmosphäre. Die heiße Luftsäule im Schornstein hat aber eine kleinere Dichte als die kältere Außenluft. Nach der barometrischen Höhenformel ist infolgedessen der Druckabfall mit der Höhe innen kleiner als außen. Je höher der Schornstein ist, desto größer ist an seinem oberen Ende die Druckdifferenz zwischen innen und außen, die den „Zug“ verursacht.

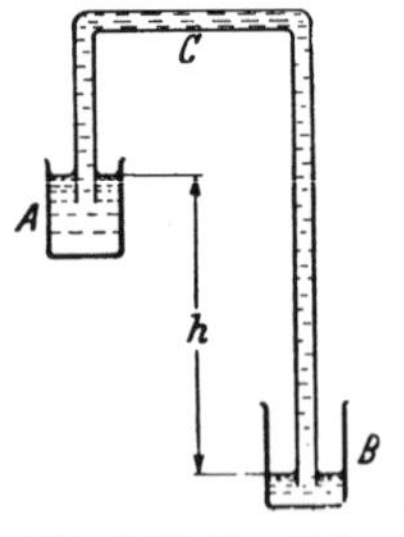

Abb. 3.46 Der Heber

Ferner betrachten wir den *Heber*, s. Abb. 3.46. Ist dieser vor dem Eintauchen ganz mit Flüssigkeit gefüllt oder saugt man ihn mit dem Munde am unteren Ende voll, so läuft die Flüssigkeit *von A* nach *B* weiter aus, solange der Flüssigkeitsspiegel von *B* tiefer als der von *A* liegt. Der Flüssigkeitsfaden hält wie eine Kette infolge der Kohäsionskräfte zusammen, und das Übergewicht des um die Strecke h längeren rechten Fadens zieht die Flüssigkeit nach B. Jedoch ist die Zugfestigkeit eines Flüssigkeitsfadens sehr gering, und nur durch den äußeren Luftdruck wird das Abreißen so lange verhindert, wie er höher als der der Flüssigkeitssäule AC ist.

Vakuumpumpen. Zur Evakuierung eines Gefäßes, z. B. der Magdeburger Halbkugeln, bis zu etwa 1 mbar dient eine *Kapselpumpe*, s. Abb. 3.47. In einem zylindrischen Hohlkörper A rotiert ein exzentrisch gelagerter Zylinder B, der einen Schlitz mit zwei Schiebern S_1 und S_2 enthält. Sie werden durch eine Feder ständig gegen die Wand des Zylinders A gepresst, so dass die Räume zwischen den beiden Wänden der Zylinder immer unterteilt sind. Erfolgt die Drehung im Uhrzeigersinne, so wird der Raum D vergrößert und daher die Luft aus C angesaugt. Schließlich wird durch den Schieber S_1 der Raum D von C abgetrennt und die in ihm enthaltene Luft durch ein Ventil bei E herausgepresst. Dieser Pumpvorgang wiederholt sich periodisch.

Andere Vakuumpumpen sind die *Wasserstrahlpumpe* (Abschn. 3.5.4) und die *Diffusionspumpe* mit Quecksilber- oder Öldampf (Abschn. 5.3.5).

Aufgaben

3.4.1 Luft befindet sich unter dem Druck 120 kPa in einem Zylinder mit frei beweglichem Kolben von 8 cm^2 Fläche im Gleichgewicht. Auf welchen Bruchteil wird das Luftvolumen isotherm zusammengedrückt, wenn von außen auf den Kolben zusätzlich eine Kraft von 200 N ausgeübt wird?

3.4.2 Der Zwischenraum von zwei aufeinandergepressten Halbkugeln mit 60 cm Durchmesser ist auf 10 kPa evakuiert, der äußere Luftdruck beträgt 100 kPa. Welche Kraft wird benötigt, um sie zu trennen?

3.4.3 Auf der Balkenwaage wird ein Körper von 1000 cm^3 Volumen durch Gewichtsstücke von 22,00 g und 1 cm^3 Volumen austariert. Welche Masse hat der Körper bei Berücksichtigung des Auftriebs in Luft? (Dichte der Luft aus Tabelle 3.1.)

3.4.4 Ein Ballon von 20 m^3 Volumen hat eine Gesamtmasse 20 kg. Mit welcher Kraft wird er vom Erdboden hochgezogen? Wie hoch steigt er? (Dichte der Luft am Erdbodens. Tabelle 3.1.)

3.5 Bewegungen in Flüssigkeiten und Gasen (Hydro- und Aerodynamik)

3.5.1 Stromfäden, laminare Strömung. Ruhende Gase und Flüssigkeiten haben wir getrennt behandelt, weil Flüssigkeiten praktisch gar nicht, Gase dagegen besonders stark zusammendrückbar sind. Die Bewegung in Flüssigkeiten und Gasen können wir dagegen gemeinsam betrachten, solange nur die Geschwindigkeit im Gase genügend klein bleibt, sodass die Änderungen der Dichte vernachlässigt werden können. Bleibt die Geschwindigkeit klein gegenüber der Schallgeschwindigkeit, so lässt sich das Gas wie eine Flüssigkeit als praktisch *inkompressibel* behandeln. Daher werden wir in diesem Abschnitt das Wort „Flüssigkeit" als Sammelbegriff für Flüssigkeiten und Gase benutzen. Man spricht auch von einem *Fluid.*

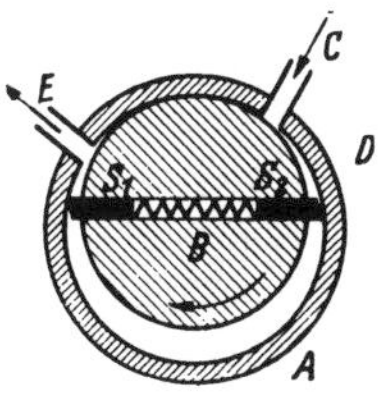

Abb. 3.47 Schema der Kapselpumpe

Um die *Strömung* einer Flüssigkeit sichtbar zu machen, können wir in ihr kleine Teilchen wie Aluminiumflitter suspendieren und deren Bewegung photographieren. Bei einer kurzen Belichtung liefert jedes Teilchen einen kurzen Strich, dessen Länge und Richtung uns die Geschwindigkeit des *Volumenelementes* oder *Flüssigkeitsteilchens* an der betreffenden Stelle angeben. Damit ist nicht ein einziges Molekül gemeint, sondern im Sinne der Kontinuumsbetrachtung eine große Anzahl vom Molekülen, die im zeitlichen Verlauf der Strömung zusammenbleiben. Man spricht von einer *laminaren Strömung*, wenn die von den markierenden Aluminiumflittern herrührenden Striche sich zu Stromlinien, besser *Stromfäden* oder *Lamellen* zusammenfügen. Außerdem bleibt in einer laminaren Strömung das ganze Bild der Stromfäden über einen längeren Zeitraum unverändert.

Wir betrachten eine durch ein Rohr mit verschiedenen Querschnitten fließende Flüssigkeit, s. Abb. 3.48. Da die Flüssigkeit nicht zusammendrückbar ist, sich also nirgends stauen und außerdem auch nirgends verschwinden kann, ist die pro Zeiteinheit den *Querschnitt* des Rohres passierende *Flüssigkeitsmenge*, das ist die *Stromstärke*, überall dieselbe. So viel in b zufließt, so viel muss zugleich in c wieder abfließen. Die *Geschwindigkeit* ist dabei verschieden, und zwar ist sie umso größer, je enger das Rohr ist. Auch ein Fluss hat an der engsten Stelle die größte, und wenn er sich zu einem See verbreitert, eine ganz besonders

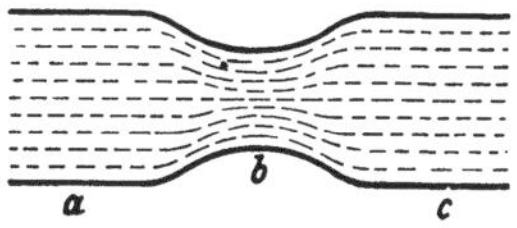

Abb. 3.48 Stromlinien in einem Rohr mit verschiedenem Querschnitt

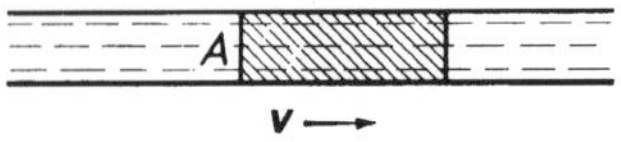

Abb. 3.49 Zum Begriff Stromstärke

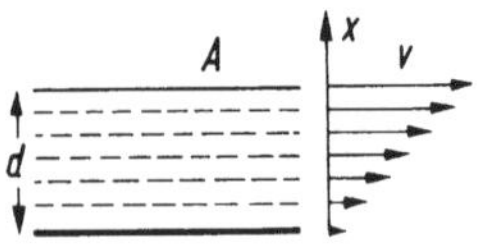

Abb. 3.50 Zur inneren Reibung

geringe Geschwindigkeit. An der Verengung, wo die Geschwindigkeit am größten ist, drängen sich die Stromlinien zusammen, sodass wir auch aus der Dichte der Stromlinien sofort auf die Geschwindigkeit schließen können.

Es sei v die Geschwindigkeit der Strömung und A der Querschnitt des Rohres. Dann schiebt sich in einer Sekunde durch die Fläche A ein Flüssigkeitszylinder von der Länge v, s. Abb. 3.49. Dessen Volumen gibt also die *Stromstärke*

$$I = vA \tag{3.24c}$$

an, gemessen in der Einheit m^3/s. Da die Stromstärke überall dieselbe ist, muss auch längs des ganzen Stromweges vA konstant bleiben. Die Geschwindigkeit ist umgekehrt proportional zum Querschnitt. Das ist die sog. *Kontinuitätsgleichung* für strömende Flüssigkeiten.

Die bisher besprochene *Kinematik* der Flüssigkeitsströmung müssen wir durch eine *Dynamik* ergänzen, indem wir die Kräfte besprechen, die während der Strömung auf ein Flüssigkeitsteilchen einwirken. Bei einer ruhenden Flüssigkeit entstehen sie allein aus der Schwerkraft und dem hydrostatischen Druckzustand. In bewegten Flüssigkeiten kommen *Reibungskräfte* und *Trägheitskräfte* hinzu. Sie können beim Zusammenwirken in der sog. *realen* Flüssigkeit zu Wirbeln, d. h. zu nichtlaminarer, sog. *turbulenter* Strömung führen (Abschn. 3.5.5). Diese Schwierigkeit der realen Flüssigkeit umgehen wir, indem wir mit den beiden Grenzfällen beginnen. Das sind *zähe* Flüssigkeiten mit *Reibungskräften*, während die Trägheitskräfte zu vernachlässigen sind, und andererseits *ideale* Flüssigkeiten, bei denen umgekehrt die *Trägheitskräfte* sehr viel größer als die Reibungskräfte sind. Um Missverständnissen vorzubeugen, sei hervorgehoben, dass die Bezeichnungen „zäh“ und „ideal“ sich nicht allein auf die Flüssigkeit als Stoff, sondern ganz wesentlich auch auf die *speziellen Strömungsbedingungen* beziehen.

3.5.2 Zähe Flüssigkeit, innere Reibung. Um Flüssigkeitsteilchen gegeneinander zu verschieben, brauchen wir praktisch keine Arbeit aufzuwenden, vorausgesetzt allerdings, dass wir diese Formänderung genügend langsam vornehmen. Andernfalls zeigt die Flüssigkeit einen mit der Geschwindigkeit der Verschiebung anwachsenden Widerstand.

Um das zu verfolgen, betrachten wir eine zwischen zwei parallelen Platten sich befindende Flüssigkeit. Wir verschieben die obere Platte parallel zur unteren, die festgehalten wird. Dabei stellt sich folgender Bewegungszustand ein. Die unmittelbar an den Platten anliegenden Schichten haften an diesen fest. In den dazwischenliegenden Flüssigkeitslamellen nimmt die Geschwindigkeit von unten nach oben zu, s. Abb. 3.50. Jede Schicht ist etwas schneller als die unmittelbar darunterliegende, sodass die einzelnen Lamellen in laminarer Strömung übereinander weggleiten. Dabei gibt es zwischen diesen Schichten Reibungskräfte, durch welche die untere Schicht jeweils beschleunigt, die obere gebremst wird. Diesen Vorgang, der die Geschwindigkeitsunterschiede benachbarter Schichten auszugleichen sucht, nennen wir *innere Reibung*. Die zur Überwindung der Reibungskräfte aufzuwendende Arbeit wird wie stets in Wärme umgewandelt. Die zur Fortbewegung der oberen Platte erforderliche Kraft ist der Fläche der Platte A und im Allgemeinen auch ihrer Geschwindigkeit v proportional. Dagegen ist sie dem Abstand der beiden Platten d umgekehrt proportional, sodass das Kraftgesetz der inneren Reibung im einfachsten Fall lautet:

$$\frac{F}{A} = \eta \frac{v}{d} . \tag{3.25a}$$

η ist eine für die Flüssigkeit charakteristische Konstante, die sog. *dynamische Viskosität* oder der *Koeffizient* der *inneren Reibung*. Mit wachsender Temperatur nimmt η bei Flüssigkeiten ab, bei Gasen dagegen zu. Aus der Definitionsgleichung ergibt sich für η die SI-Einheit $1\,Ns/m^2 = 1\,Pa \cdot s$. Sie ist aber sehr groß, weshalb in der Praxis die Angaben in mPas (Millipascalsekunde) gemacht werden, wofür früher die Bezeichnung 1 cP (Zentripoise) üblich war. Wasser besitzt bei 20 °C eine Viskosität von etwa 1 mPas. Verschiebt man eine Platte von $1\,m^2$ Fläche mit der Geschwindigkeit $1\,m/s$

über einer Wasserschicht von 0,1 mm Dicke, so benötigt man eine Kraft von 10 N.

v/d ist die Änderung der Geschwindigkeit senkrecht zur Strömungsrichtung pro Längeneinheit, das sog. *Geschwindigkeitsgefälle* oder der *Geschwindigkeitsgradient* $\mathrm{d}v/\mathrm{d}x$. F/A ist eine Schubspannung τ, vgl. auch Abschn. 3.2.3. Sie wirkt in der Flüssigkeitsströmung tangential zwischen zwei aneinander vorbeigleitenden Lamellen. Allgemein gilt der Zusammenhang:

$$\tau = \eta \frac{\mathrm{d}v}{\mathrm{d}x}. \tag{3.25b}$$

Stoffe, bei denen η von der Schubspannung τ unabhängig, d. h. eine wirkliche Materialkonstante ist, nennt man auch *Newton'sche* Flüssigkeiten. Es gibt aber auch Systeme, z. B. viele kolloidale Lösungen, Suspensionen, Schmelzen von Kettenmolekülen und vor allem Blut, für die das nicht zutrifft *(Nicht-newton'sche Flüssigkeiten)*. In ihnen hängt η noch von der Schubspannung ab, oder die Schubspannung steigt *nicht* linear mit dem Geschwindigkeitsgefälle an.

Im Rotationsviskosimeter bestimmt man η nach der Definitionsgleichung bei einer Schubspannung, die überall in der Flüssigkeit denselben Wert hat, vgl. Abb. 3.51. Die ebene Anordnung von Abb. 3.50 ist in eine kreiszylindrische verformt mit einem Radius groß gegen den Abstand d. Der innere Zylinder wird von einem Motor angetrieben und rotiert mit konstanter Winkelgeschwindigkeit. Die Schubspannung, die durch die innere Reibung der Flüssigkeit übertragen wird, übt ein Drehmoment auf den äußeren Zylinder aus, das mit einer Drillachse (Abschn. 3.2.3) gemessen wird.

Manche Stoffe, insbesondere hochmolekulare Kunststoffe, zeigen nebeneinander elastische und viskose Eigenschaften (*Viskoelastizität*), d. h. die Verformung ist bei einer angelegten Spannung zwar zeitabhängig, aber nicht im Sinne einer konstanten Viskosität. In Abb. 3.52 findet man verschiedene Verformungen γ als Funktion der Zeit nach einer sprunghaft angelegten konstanten Schubspannung τ_0. Die horizontale Gerade zeigt den rein elastischen Fall $\gamma = \tau_0/G$, s. Abschn. 3.2.3, die gestrichelte Gerade das rein viskose Fließen mit konstanter Viskosität $\gamma = \tau_0 t/\eta$. Die gekrümmte Kurve gehört zu einem viskoelastischen Material. Die Verformung erreicht momentan den rein elastischen Wert γ_0 und steigt dann allmählich auf einen höheren Grenzwert an (*Kriechen*). Sehr häufig beobachtet man statt eines Grenzwertes eine ständig mit der Zeit ansteigende, oft sehr geringe Verformung, gestrichelter Kurvenast.

3.5.3 Strömung von zähen Flüssigkeiten durch Rohre, Kugelfall. Die Zähigkeit einer Flüssigkeit macht sich besonders beim Strömen durch enge Rohre, vor allem durch Kapillaren, bemerkbar. Nur bei genügend kleiner Geschwindigkeit haben wir es auch bei realen Flüssigkeiten mit einer laminaren Strömung zu tun. Bei ihr haftet die Grenzschicht durch Adhäsionskräfte fest an der Rohrwand, sodass die Geschwindigkeit an den Wänden null ist und nach der Mitte zunimmt, s. Abb. 3.53. Das Geschwindigkeitsprofil hat die Form eines Rotationsparaboloides. Die Strömung erfolgt überall parallel zur Rohrachse. Zerlegen wir die strömende Flüssigkeit in lauter dünne kreiszylindrische Röhren, so erkennen wir, dass die aufeinander folgenden einzelnen Flüssigkeitsschichten verschiedene Geschwindigkeiten haben und daher mit Rei-

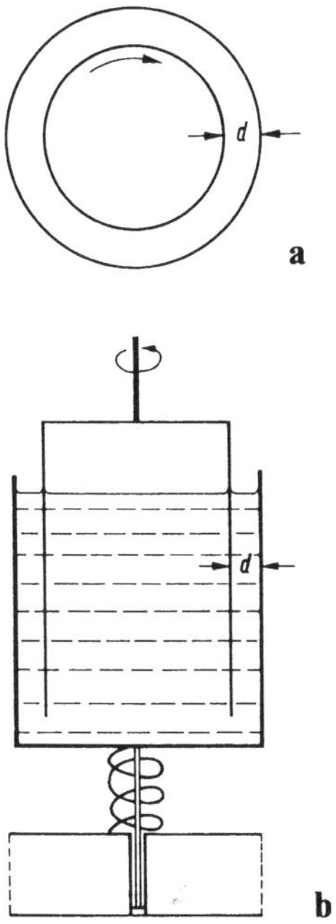

Abb. 3.51a,b Rotationsviskosimeter

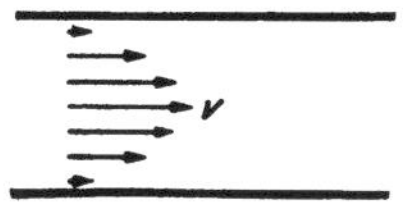

Abb. 3.53 Geschwindigkeitsverteilung in einem Rohr bei laminarer Strömung

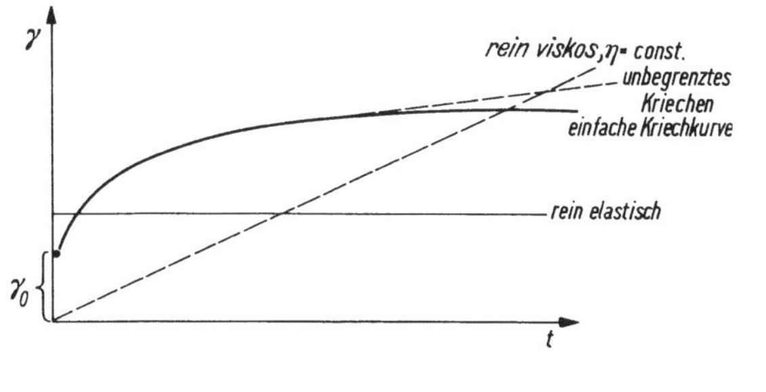

Abb. 3.52 Viskoelastisches Verhalten; Verlauf der Verformung γ als Funktion der Zeit bei zur Zeit $t = 0$ angelegter, konstant bleibender Spannung τ_0

bung aneinander vorbeigleiten, jedoch *ohne sich zu mischen*.

Um die Flüssigkeit gegen die Reibungskräfte durch die Kapillare zu pressen, ist eine *andauernde Druckdifferenz* $\Delta p = p_1 - p_2$ zwischen beiden Enden erforderlich. Die Stromstärke, auch *Volumenstrom* oder *Volumendurchfluss* genannt, ist proportional zur Druckdifferenz und folgt dem *Hagen-Poiseuille'schen Gesetz:*

$$I = \frac{\Delta V}{\Delta t} = \frac{\pi r^4}{8\eta l}\Delta p\,. \qquad (3.26)$$

Hierbei sind r der Radius und l die Länge des Rohres. Man bezeichnet den Quotienten $\Delta p/I = R$ auch als *Strömungswiderstand* der Kapillaren für die betreffende Flüssigkeit, vgl. dazu das Ohm'sche Gesetz für strömende elektrische Ladungen in Leitern (Abschn. 6.1.2). In Kapillaren ist der Strömungswiderstand der Länge direkt proportional, aber umgekehrt proportional der vierten Potenz des Radius.

Relativmessungen der Viskosität η, denen der Strömungswiderstand von Kapillaren zugrunde liegt, führt man mit dem *Ostwald-Viskosimeter* durch, s. Abb. 3.54. Die Druckdifferenz beträgt zum Zeitpunkt der Zeichnung $\Delta p = \gamma\Delta h$, sodass nach dem Hagen-Poiseuille'schen Gesetz die momentane Stromstärke auch vom spez. Gewicht γ der Flüssigkeit abhängt. Während des Durchfließens verkleinert sich außerdem noch Δh. Wir vergleichen daher zwei Flüssigkeiten, Vergleichsubstanz (I) und Untersuchungssubstanz (II) miteinander, indem wir von beiden das gleiche Gesamtvolumen in das Viskosimeter einfüllen. Jedes Mal messen wir die Zeit t für den Durchfluss des Volumens, das durch die Marken A und B begrenzt ist. Während der linke Flüssigkeitsspiegel von A nach B sinkt, durchläuft die Höhe Δh dann bei beiden Flüssigkeiten dieselben Werte. Beide *Stromstärken* verhalten sich, wenn die zwei Flüssigkeitsoberflächen den gleichen Höhenunterschied haben, wie die zugehörigen Werte von γ/η. Für die *Gesamtdurchlaufzeiten* gilt entsprechend $t_{\text{II}}/t_{\text{I}} = (\eta_{\text{II}}\gamma_{\text{I}})/(\eta_{\text{I}}\gamma_{\text{II}})$.

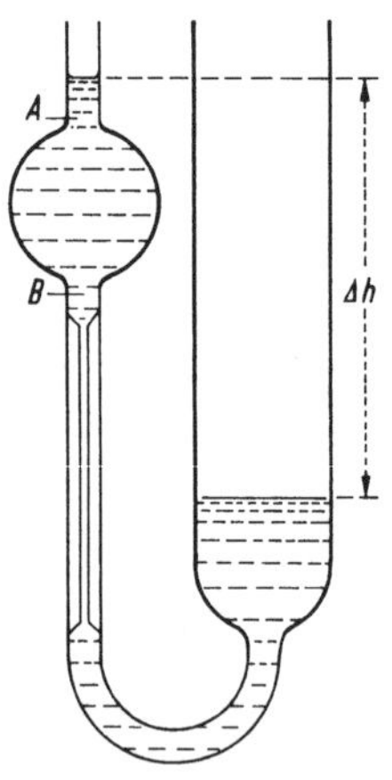

Abb. 3.54 Ostwald-Viskosimeter

Man bezeichnet als *kinematische Viskosität* ν das Verhältnis von dynamischer Zähigkeit zu Dichte $\nu = \eta/\varrho$. Als ihre SI-Einheit ergibt sich m^2/s. Beim Ostwald-Viskosimeter verhalten sich die Gesamtdurchlaufzeiten wie die kinematischen Viskositäten der beiden Flüssigkeiten $t_{\text{I}}/t_{\text{II}} = \nu_{\text{I}}/\nu_{\text{II}}$.

Häufig wird auch statt des Volumenstromes $\Delta V/\Delta t$ der Begriff des *Massenstromes* oder *Massendurchflusses* $\Delta m/\Delta t$ benutzt. Es gilt $\Delta m/\Delta t = \varrho\Delta V/\Delta t$. Im Hagen-Poiseuille'schen Gesetz ist η durch ν zu ersetzen, wenn als Stromstärke der Massenstrom genommen wird.

Fließt eine zähe Flüssigkeit durch ein Rohr, so entsteht längs des Rohres ein *Druckgefälle*. Wir bestimmen dazu den Druck an einigen Stellen aus der Steighöhe in Flüssigkeitsmanometern. Der hydrostatische Druck am unteren Ende eines Manometerröhrchens ist gleich der Druckdifferenz zwischen strömender Flüssigkeit und Außenraum. Bei gleichförmigem Rohrquerschnitt beobachten wir einen *linearen* Druckabfall, s. Abb. 3.55.

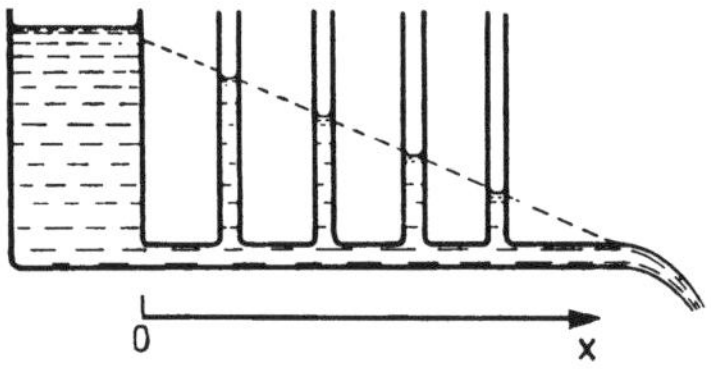

Abb. 3.55 Druckgefälle in einem Rohr von gleichförmigem Querschnitt

Dieses Resultat können wir unmittelbar aus dem *Hagen-Poiseuille-Gesetz* ableiten. Dazu formen wir die Gleichung um:

$$p_0 - p_x = \frac{8\eta}{\pi r^4} I x\,, \qquad (3.27)$$

d. h. der Druck im Rohr fällt vom Werte p_0 an der Stelle $x = 0$ zum Werte p_x an der Stelle x linear mit der Länge x ab, solange der Rohrradius r konstant bleibt. – Wenn allerdings ein enges und ein weites Rohrstück nacheinander durchflossen werden, so fällt der Druck längs der engen Röhre wegen des Faktors r^4 im Nenner pro Längeneinheit beträchtlich stärker ab als in der weiteren. Am größten Strömungswiderstand erfolgt der stärkste Druckabfall.

Lassen wir jetzt umgekehrt eine kleine Kugel in einem zähen Medium, etwa in Öl, fallen, so wird sie durch ihr Gewicht nur so lange beschleunigt, bis die mit der Geschwindigkeit anwachsende *Reibungskraft* F_R der Schwerkraft das Gleichgewicht hält. Von da ab fällt die Kugel mit *konstanter* Geschwindigkeit v, sie *sinkt*. Andere Beispiele für diese „Fallbewegung" sind Regentropfen oder Staub in der Luft, kleinste Teilchen in Wasser u. dgl.

Ist die Geschwindigkeit klein, so haben wir eine *laminare* Strömung, wobei eine Flüssigkeitshaut an der Kugel festhaftet, die anschließende Flüssigkeitsschicht durch die Reibung fast ganz mitgenommen wird, die nächste schon weniger, sodass schließlich die weiter abliegenden Schichten völlig in Ruhe bleiben. Wegen des Festhaftens der Randschicht ist nur die innere Reibung der Flüssigkeit wirksam und die Reibungskraft auf die Kugel vom Material und der Beschaffenheit ihrer Oberfläche unabhängig. Es kommt also nur auf die Zähigkeit η der Flüssigkeit und die Größe der Kugel an. Für die langsame Bewegung einer Kugel in einer zähen Flüssigkeit gilt das Gesetz von *Stokes*

$$F_R = 6\pi\eta r v\,, \tag{3.28}$$

wobei r der Radius der Kugel ist.

Ist die Dichte der Kugel ϱ, die der Flüssigkeit ϱ', so ist die treibende Kraft F einfach das um den Auftrieb verminderte Gewicht der Kugel. Dieser Kraft hält die Reibungskraft F_R das Gleichgewicht ($F = F_R$), sodass wir die Gleichung haben

$$\frac{4\pi}{3} r^3(\varrho - \varrho')g = 6\pi\eta r v \quad \text{oder}$$

$$v = \frac{2r^2(\varrho - \varrho')g}{9\eta}\,, \tag{3.29}$$

d. h., die Kugel fällt umso langsamer, je kleiner sie ist.

Das *Kugelfall-Viskosimeter* ist ein häufig benutztes Gerät, um die Viskosität von Flüssigkeiten sehr präzise zu bestimmen. Seine Kugel fällt aber nicht in der „freien" Flüssigkeit, sondern in einem damit gefüllten Rohr, s. Abb. 3.56. Das Gesetz von *Stokes* gilt darin nicht mehr quantitativ, weil die eben besprochenen Strömungsschichten um die Kugel durch die Rohrwand begrenzt werden und deshalb die Reibungskraft größer ist. Sie bleibt aber proportional dem Produkt ηv. Die nach unten ziehende Kraft F ist wieder proportional $\varrho - \varrho'$, sodass im Ganzen die Fallzeit über eine feste, im Rohr markierte Strecke $t = C\eta/(\varrho - \varrho')$ beträgt. C ist eine Apparatekonstante, die Dichte ϱ' der Flüssigkeit muss wegen des Auftriebs berücksichtigt und daher zusätzlich bestimmt werden. Die Messmöglichkeit wird durch das Auftreten von Turbulenz begrenzt (Abschn. 3.5.5).

3.5.4 Geschwindigkeit und Druck in idealen Flüssigkeiten. In jedem beschleunigten System treten *Trägheitskräfte* auf (Abschn. 2.3.4). Die Beschleunigungen sind indessen bei zähen Flüssigkeiten so klein, dass die Trägheitskräfte ohne Bedeutung sind gegenüber Reibungskräften zwischen den Lamellen. In den jetzt zu besprechenden Experimenten sind umgekehrt die Reibungskräfte sehr viel kleiner als die Trägheitskräfte, sodass sie die Eigenschaften von *idealen* Flüssigkeiten gut wiedergeben.

Im Grenzfall der idealen Flüssigkeit bleibt die mechanische Energie, zusammengesetzt aus potentieller und kinetischer, während der Strömung konstant. Wir studieren das beim Ausfließen aus einem Topf, der unten ein Loch besitzt. Dieses möge so klein sein, dass die Flüssigkeit im Gefäß selbst keine merkliche Geschwindigkeit oder kinetische Energie erhält. Wir haben beim Absinken des Flüssigkeitsspiegels eine Abnahme der potentiellen Energie, die wir als kinetische Energie der ausströmenden Flüssigkeitsmenge wiederfinden müssen. Es möge eine bestimmte Flüssigkeitsmasse m oben im Gefäß verschwinden, s. Abb. 3.57a, und unten eine ihr gleiche Masse mit der Geschwindigkeit v ausfließen. Dann ist die Abnahme der potentiellen Energie mgh gleich der gewonnenen kinetischen Energie $mv^2/2$ (Abschn. 2.3.6), sodass für die Ausflussgeschwindigkeit folgt:

$$v = \sqrt{2gh}\,. \tag{3.30}$$

Die Geschwindigkeit wäre ebenso groß, wenn die Flüssigkeit die Höhe h frei durchfallen hätte (Abschn. 2.2.2). Ist der Flüssigkeitsstrom senkrecht nach oben gerichtet, so würde er ohne Reibung senkrecht bis zur Höhe h hochschießen, s. Abb. 3.57b.

Die Ursache für das Ausströmen der Flüssigkeit ist der Überdruck im Innern, unter dem das Wasser an der Ausflussöffnung steht. Dieser Druckunterschied liefert also die Kraft, die die ausströmende Flüssigkeit auf die Geschwindigkeit v beschleunigt, und er entsteht hier speziell durch den hydrostatischen Druck $p = \varrho g h$ (Abschn. 3.3.3.2). Damit können wir

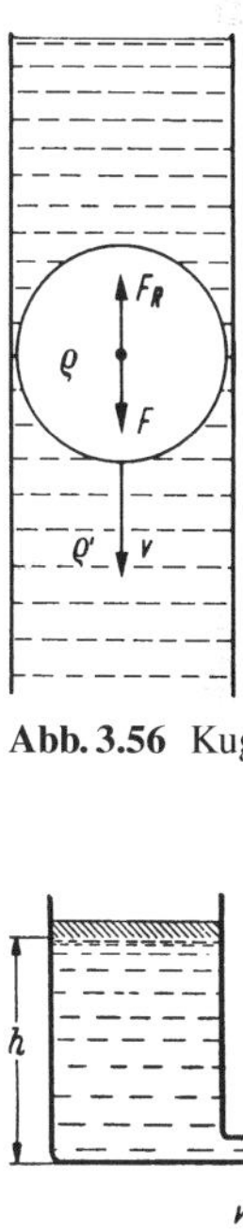

Abb. 3.56 Kugelfallviskosimeter

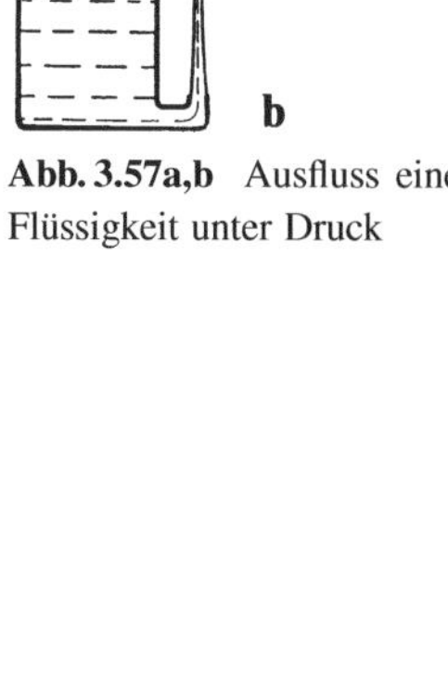

Abb. 3.57a,b Ausfluss einer idealen Flüssigkeit unter Druck

die Höhe h aus der Gleichung für die Ausflussgeschwindigkeit v eliminieren und erhalten die allgemeinere Beziehung:

$$v = \sqrt{\frac{2p}{\varrho}}. \tag{3.31}$$

Die Gleichung gilt z. B. für ein Gas, das sich unter dem Überdruck p (Stempeldruck) in einem Ballon befindet und durch ein kleines Loch in die Außenluft ausströmt. Seine Ausströmgeschwindigkeit ist umgekehrt proportional zur Wurzel aus der Dichte (Bunsen'sches Ausströmungsgesetz), im Gegensatz zu Flüssigkeiten unter Schweredruck, bei denen die Ausströmungsgeschwindigkeit unabhängig von der Dichte ist.

Die letzte Gleichung können wir auch umformen in:

$$p = \frac{\varrho}{2} v^2. \tag{3.32}$$

Das bedeutet, dass die kinetische Energie, welche die Volumeneinheit nach dem Ausströmen besitzt, gleich ist dem Druck, unter dem die Flüssigkeit vorher stand. Letzterer stellt demnach auch eine Energie pro Volumeneinheit dar; man könnte sie als *Druckenergie* bezeichnen.

Wir wollen uns diese Umwandlung von Druckenergie in kinetische noch einmal an einem etwas allgemeineren Beispiel klar machen, bei dem eine bereits vorhandene Geschwindigkeit der idealen Flüssigkeit durch eine Verengung des Querschnitts im Laufe der Strömung erhöht wird, s. Abb. 3.58. Dort ist der Volumenstrom $I = Av$ in beiden Rohrteilen gleich, vgl. Kontinuitätsgleichung, Abschn. 3.5.1. Also gilt für die Geschwindigkeiten $v_1/v_2 = A_2/A_1$, d. h. die Flüssigkeit strömt rechts (v_2) schneller als links. Wenn wir in den Raum zwischen den beiden Marken N_1 und N_2 von links das schraffiert gezeichnete Flüssigkeitsvolumen V eintreten lassen, so muss ein gleich großes nach rechts wieder austreten. Wir könnten auch warten, bis dieselbe Materie zu- und abgeströmt ist. Sie hat dann die kinetische Energie gewonnen $\Delta W_{\text{kin}} = (\varrho/2)V(v_2^2 - v_1^2)$. Dazu muss an ihr Beschleunigungsarbeit geleistet worden sein. Um das Volumen V in den Raum zwischen N_1 und N_2 hereinzupressen, ist die Arbeit $p_1 V$ notwendig, und beim Ausströmen durch N_2 gegen den Druck p_2 wird die Arbeit $p_2 V$ wieder gewonnen, sodass die gesamte, geleistete Arbeit beträgt $W = (p_1 - p_2)V$. Der Energiesatz verlangt $\Delta W_{\text{kin}} = W$, und wir kommen durch Einsetzen zur *Gleichung von Bernoulli:*

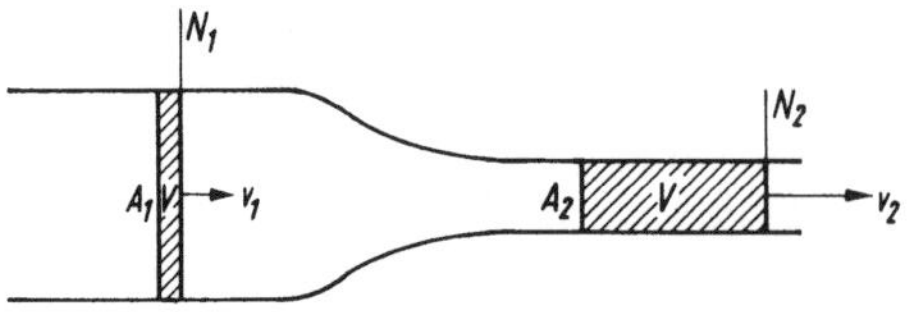

Abb. 3.58 Beschleunigung der Flüssigkeit im Rohr

$$p_1 + \frac{1}{2}\varrho v_1^2 = p_2 + \frac{1}{2}\varrho v_2^2 = \text{const.}^5 \tag{3.33a}$$

Das bedeutet, dass in einer strömenden idealen Flüssigkeit an jeder Stelle die Summe aus kinetischer und Druckenergie konstant ist. Der Druck ist dort besonders niedrig, wo die Strömungsgeschwindigkeit hoch ist.

Durch einen Schauversuch lässt sich dieses sog. *hydrodynamische Paradoxon* leicht bestätigen, s. Abb. 3.59. Im mittleren engen Rohrstück ist bei höherer Strömungsgeschwindigkeit der statische Druck, der wieder durch die Steighöhe im Flüssigkeitsmanometer bestimmt wird, niedriger als in den angrenzenden Stücken mit größerem Querschnitt. Eine *ideale* Flüssigkeit zeigt keinen Druckabfall längs der homogenen Leitung, sodass der Druck bei C wieder so hoch ist wie bei A. Beim Übergang BC wird die Flüssigkeit infolge des Anlaufens gegen den höheren Druck gebremst. Ein Beobachter, der in einem Boot mitschwimmt, stellt eine Trägheitskraft nach vorn fest, ebenso wie er bei der Beschleunigung von A nach B eine solche bemerkt, die nach hinten gerichtet ist (Abschn. 2.3.4). Allerdings gibt es völlig ideale Flüssigkeiten in der Natur nicht. Infolge geringer Reibung fällt deshalb der Druck längs des engen Rohrstückes doch geringfügig ab (Abschn. 3.5.3), sodass er bei C, wie in Abb. 3.59 angedeutet, etwas niedriger als in A, aber auf jeden Fall höher als in B ist.

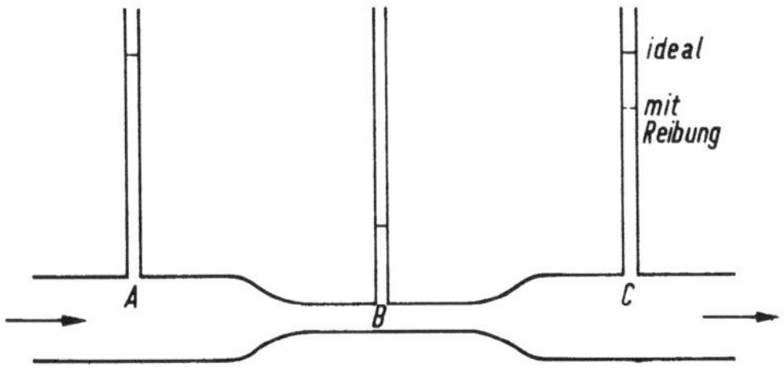

Abb. 3.59 Zum hydrodynamischen Paradoxon, statischer Druck

Weitere Experimente zur Bernoulli'schen Gleichung: Bläst man zwischen zwei schwenkbare Blechkappen, so ist man erstaunt, dass sie statt auseinanderzuschwingen zusammenklappen, s. Abb. 3.60. Der statische Druck der innen strömenden Luft ist eben niedriger als der Druck in der außen ruhenden. – Ein Ball bleibt stabil in einem Wasser- oder Luftstrahl, auch noch wenn dieser nicht senkrecht im Raum verläuft, d. h. er fällt nicht zu Boden, s. Abb. 3.61. Der Strahl umschließt den Ball nicht symmetrisch, vielmehr liegt er so, dass die Strömung an seiner Unterseite langsamer ist als oben. Von unten drückt also eine größere Druckkraft und kompensiert das Gewicht des Balles. Bei geringen Abweichungen treten Kräfte auf, die den Ball wieder in diese stabile Gleichgewichtslage zurückführen.

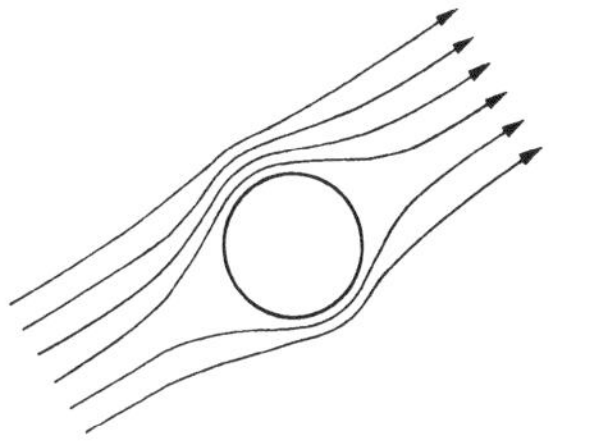
Abb. 3.61 Ball im laminaren Luftstrom

Lassen wir einen Luftstrahl aus einer engen Öffnung ausströmen, so verbreitet er sich beim Eindringen in die äußere Atmosphäre und nimmt schließlich Atmosphärendruck an. An der Stelle des engsten Querschnitts, d. h. größter Geschwindigkeit, tritt daher im Luftstrom ein Unterdruck und damit eine Saugwirkung auf. Auf diesem Prinzip beruhen *Zerstäuber*, s. Abb. 3.62, Inhalationsapparate, manche Automobilvergaser, der Bunsenbrenner, Dampfstrahlpumpen usw.

Die Wasserstrahlpumpe, s. Abb. 3.63, arbeitet nach demselben Prinzip. Aus einem seitlich angeschlossenen Gefäß wird die Luft angesaugt und mit dem Wasserstrahl mitgerissen. Durch geeignete Wahl der Strömungsgeschwindigkeit und der Abmessungen der Düse kann man es erreichen, dass die Saugwirkung bis zum Sättigungsdruck des Wasserdampfs bei Zimmertemperatur, d. h. bis zu 20 bis 30 mbar, heruntergeht (Abschn. 5.4.3).

Die Bernoulli'sche Gleichung können wir auch schreiben:

$$p + \frac{1}{2}\varrho v^2 = p_0 . \qquad (3.33b)$$

Der sog. *Gesamtdruck* p_0[6] setzt sich aus zwei Anteilen zusammen, dem statischen Druck p, vgl. Abb. 3.59, und dem sog. *Staudruck* $p_0 - p = gv^2/2$. Letzterer lässt sich auf folgende Weise bestimmen:

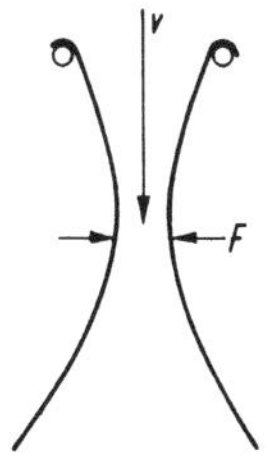

Abb. 3.60 Statischer Unterdruck in schneller Luftströmung

Bringen wir in die Strömung ein Hindernis, so staut sich die Flüssigkeit an diesem, teilt sich und fließt seitlich vorbei. Unmittelbar vor dem Hindernis, in der Mitte seiner Stirnseite, s. Abb. 3.64a, ist $v = 0$. Hier wird also der statische Druck gleich dem Gesamtdruck p_0. Wir messen ihn durch ein gebogenes, in die Strömung hereingebrachtes *Staurohr*, s. Abb. 3.64b. Den Staudruck $\varrho v^2/2$ erhalten wir als Differenz von p_0 und p, wobei p als statischer Druck mittels eines seitlich angebrachten Manometers gemessen wird. So erhält man aus zwei Druckmessungen die Strömungsgeschwindigkeit v.

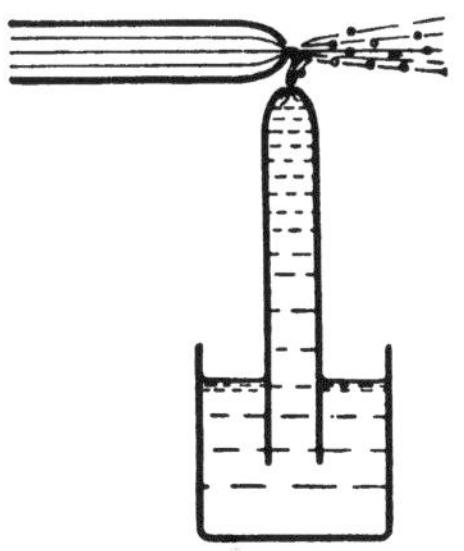
Abb. 3.62 Zerstäuber

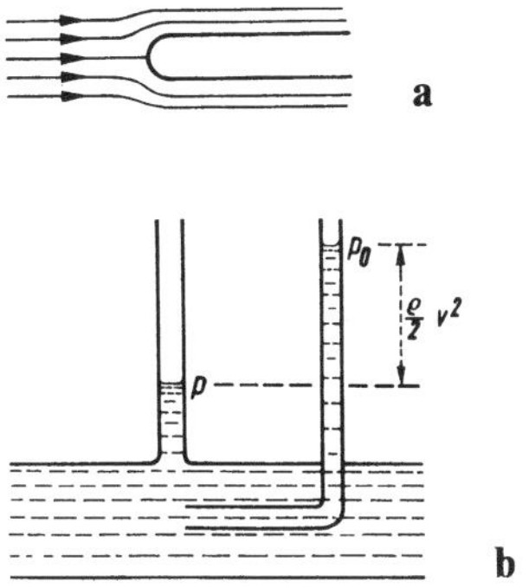

Abb. 3.64a,b Zur Messung der Geschwindigkeit in einer Strömung

3.5.5 Reale Flüssigkeiten, turbulente Strömung. Wenn in der realen Flüssigkeit Reibungs- und Trägheitskräfte zusammenwirken, kann es zu *turbulenter* Strömung mit *Wirbelbildung* kommen. Es ist also nicht so, dass wir die Eigenschaften und Gesetzmäßigkeiten von zähen und idealen Flüssigkeiten einfach addieren können, um immer zu denen der realen Flüssigkeiten zu gelangen.

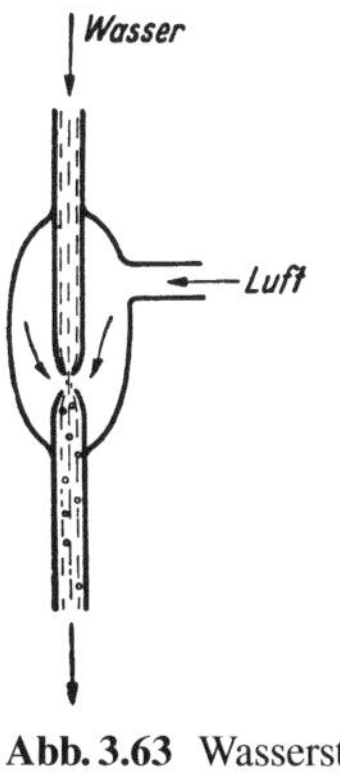

Abb. 3.63 Wasserstrahlpumpe

[6] p_0 ist nur konstant, wenn die Strömung auf konstanter Höhe h über dem Erdboden bleibt. Allgemein ist $P_0 + \varrho g h$ eine Konstante.

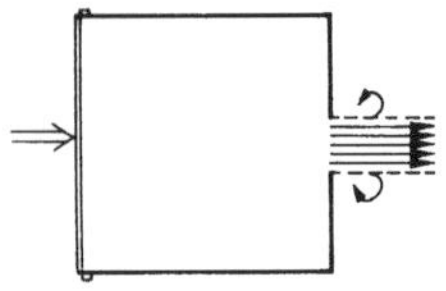

Abb. 3.65 Zur Bildung von Rauchringen

Um zuerst Ausbildung und Eigenschaften von *stabilen Wirbeln* zu verfolgen, nehmen wir eine Trommel mit einer Kreisöffnung, die mit Rauch gefüllt und hinten mit einer Gummihaut verschlossen ist, s. Abb. 3.65. Bei einem Schlag auf die Gummihaut entsteht vor der Öffnung ein *Rauch-* oder *Wirbelring*, das ist gerade in der Grenzzone zwischen dem Luftzylinder hoher Geschwindigkeit und der ruhenden Außenluft. Die bekannten Rauchringe aus Tabakdampf entstehen auf ganz analoge Weise. Die Luft im Wirbelring bleibt stabil zusammen, und der ganze Wirbelring fliegt mit einer Geschwindigkeit von einigen m/s in Richtung des erzeugenden Schlages fort. Er besitzt eine solche Steifigkeit, dass er beim Auftreffen Papierblätter wegbläst und eine Kerze auslöscht. Eine Vorstellung von der Energie, die in einem Wirbel gespeichert sein kann, geben die Verwüstungen durch Windhosen oder Taifune.

Immer wenn in der Strömung *Grenzflächen* gegen ruhende Flüssigkeit, sog. *Totwasser*, vorliegen, bilden sich auch im kontinuierlichen Strome Wirbel oder Turbulenzen. Sie sind dann allerdings nicht so regelmäßig wie die Rauchringe. Diese Art Turbulenz entsteht vornehmlich an Hindernissen mit scharfen Kanten, z. B. an einem Gebirgskamm, s. Abb. 3.66. Ebenso bildet sich im Strömungskanal hinter einer Platte, deren Fläche senkrecht zur Stromrichtung steht, und auch hinter einer Kugel ein ausgedehntes, verwirbeltes Gebiet von Totwasser. Um Verwirbelung zu vermeiden, muss man durch geeignete Formgebung die strömende Flüssigkeit daran hindern, sich hinten vom Hindernis abzulösen und dadurch einen Totwasserraum frei zu lassen. Das erreicht man mit der sog. *Tropfen-* oder *Stromlinienform*, bei der sozusagen das sonst vorhandene Totwassergebiet mit dem langsam spitz auslaufenden Heck ausgefüllt ist.

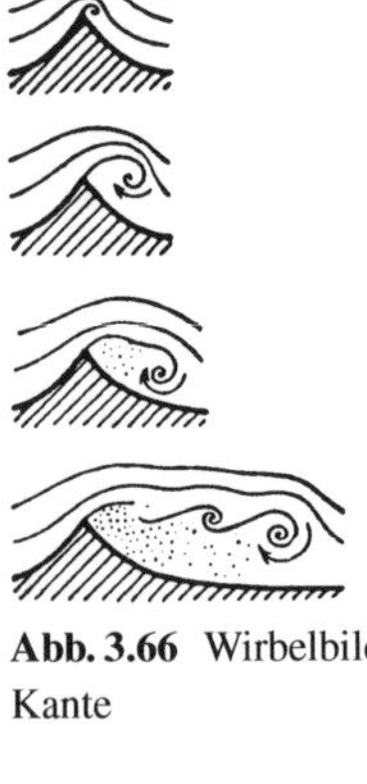

Abb. 3.66 Wirbelbildung an einer Kante

An sehr schmalen Hindernissen entsteht häufig eine sog. Wirbelstraße, indem sich abwechselnd Wirbel mit entgegengesetztem Drehsinn ablösen. So kommt es zum Flattern von Flaggen im Winde, s. Abb. 3.67.

Abb. 3.67 Wirbelstraße

Jede strömende Flüssigkeit übt auf einen ruhenden Körper als Hindernis eine Kraft aus, und seine Halterung muss die Gegenkraft liefern, soll er nicht wegschwimmen. Weil es nur auf die Relativbewegung zwischen Körper und Flüssigkeit ankommt, muss dieselbe Kraft F den Körper dauernd antreiben, wenn er sich mit konstanter Geschwindigkeit durch die ruhende Flüssigkeit bewegen soll. Bei Turbulenz geht die dabei auf der Wegstrecke s geleistete Arbeit $W = Fs$ nur zu einem kleinen Teil, wie in laminarer Strömung, unmittelbar in Reibungswärme über. Den größeren Anteil findet man in der Rotationsenergie der Flüssigkeitswirbel wieder; erst weit hinter dem bewegten Körper geht natürlich auch diese Bewegungsenergie durch Reibung in Wärme über. Bei turbulenter Strömung muss daher die Antriebsmaschine eine größere Arbeit W leisten als bei laminarer; eine Kugel benötigt größere Antriebskräfte als ein Stromlinienprofil mit gleicher Stirnfläche. Das trifft aber nur bei hoher Geschwindigkeit zu, bei sehr niedriger dagegen bleibt die Strömung laminar, und für die Kugel gilt das Stokes'sche Gesetz (Abschn. 3.5.3).

Wie eben schon bei der umströmten Kugel angedeutet, schlägt in realen Flüssigkeiten bei *steigender Strömungsgeschwindigkeit* generell die laminare in die turbulente Strömung um. So darf im Kugelfall-Viskosimeter z. B. die Fallgeschwindigkeit eine kritische Grenze nicht überschreiten, will man Fehlmessungen durch Turbulenz vermeiden. Die Gefahr dazu besteht bei Flüssigkeiten, die eine sehr kleine Viskosität haben. Man muss dann eine größere Kugel mit engerem Spalt zur Wand wählen, die bei hochviskosen Flüssigkeiten viel zu lange Fallzeiten hätte, vgl. Abb. 3.56.

Auch im *glatten* Rohr wird die Strömung oberhalb einer kritischen Geschwindigkeit turbulent. Das Gesetz von Hagen-Poiseuille verliert dann seine Gültigkeit. Die kritische Geschwindigkeit ist physikalisch dadurch begründet, dass dann die Trägheitskräfte verglichen mit den Reibungskräften eine charakteristische Grenze überschreiten. Die Trägheitskräfte sind proportional ϱv^2 und die Reibungskräfte, z. B. in der Schubspannung, gehen mit $\eta v/d$. Das Verhältnis beider Kräfte gibt die dimensionslose, sog. *Reynolds-Zahl:*

$$\mathrm{Re} = \frac{\text{Trägheitskraft}}{\text{Reibungskraft}} = \frac{\varrho v d}{\eta}\,. \tag{3.34}$$

Dabei ist d eine charakteristische Länge der Anordnung, z. B. der Rohrradius. Übersteigt Re einen Grenzwert, in runden Rohren z. B. 1100, so wird die Strömung turbulent.

Größere stabile Wirbel wie in Abb. 3.67 entstehen nur, wenn die Geschwindigkeit zwar die Grenze der laminaren Strömung überschritten hat, aber noch nicht zu hoch ist. Mit weiter steigender Geschwindigkeit ändert sich das Strombild, manchmal noch mehrmals, und nimmt schließlich eine in kleinsten Bereichen unregelmäßig verwirbelte, sog. *chaotische* Gestalt an.

Aufgaben

3.5.1 Ein Rotationsviskosimeter nach Abb. 3.51 hat folgende Daten: Innenzylinder-Radius 6 cm, Eintauchtiefe in die Flüssigkeit 30 cm; Spaltbreite $d = 3$ mm; Richtmoment der Feder $6 \cdot 10^{-3}$ Nm/rad. Der Antriebsmotor läuft mit 200 Umdrehungen in der Minute, und der äußere Zylinder wird dadurch um 0,2 rad ausgelenkt. Man berechne die Schubspannung τ und das Geschwindigkeitsgefälle v/d in der Flüssigkeit sowie ihre dynamische Viskosität η.

3.5.2 Wenn im Rotationsviskosimeter die Spiralfeder entfernt worden ist, rotiert auch der äußere Zylinder, aber mit kleinerer Winkelgeschwindigkeit als der innere. Begründung?

3.5.3 Eine Kugel ($r = 1{,}5$ mm, $\varrho = 1{,}7\,\mathrm{g/cm^3}$) fällt in einem sehr großen Behälter mit Öl ($\varrho = 0{,}8\,\mathrm{g/cm^3}$, $\eta = 25$ mPas). Wie groß ist ihre konstante Endgeschwindigkeit?

3.5.4 Eine *zähe* Flüssigkeit durchströmt 2 ineinander übergehende, gleich lange Rohrstücke mit kreisförmigen, aber unterschiedlichen Querschnitten. (Innenradius des ersten 8 cm, des zweiten 5 cm.) Am Einfluss beträgt der Druck 3 bar, am Ausfluss aus dem zweiten Rohrstück 1,2 bar. Welcher Druck herrscht an der Übergangsstelle der beiden Rohrstücke?

3.5.5 Durch die Leitung von Aufgabe 3.5.4 fließt eine *ideale* Flüssigkeit der Dichte $1500\,\mathrm{kg/m^3}$, und dieselben beiden Drücke werden gemessen (hier in SI-Einheit umrechnen!). Jetzt lässt sich mit der Bernoulli'schen Gleichung die Strömungsgeschwindigkeit, z. B. im ersten Rohrstück v_1, berechnen.

3.5.6 Im Versuch zu Abb. 3.59 wird der Volumenfluss (Stromstärke) verdoppelt. In welchem Verhältnis ändert sich die Druckdifferenz $p_A - p_B$?

3.5.7 Ein Flugzeug fliegt in 5500 m Höhe mit einer Geschwindigkeit von 350 m/s. (Dichte der Luft nach barometrischer Höhenformel, s. Abschn. 3.4.2). Wie groß ist der Staudruck?

3.5.8 Wasser ($\eta = 1$ mPas) strömt durch ein Rohr mit Kreisquerschnitt ($r = 2$ mm). Bei welcher Geschwindigkeit wird Re = 1100, sodass Turbulenz einsetzt?

4. Schwingungs- und Wellenlehre, Akustik

4.1 Mechanische Schwingungen

4.1.1 Freie harmonische Schwingung, Pendel. Jeden periodisch wiederkehrenden Vorgang bezeichnen wir als *Schwingung*. Wir beginnen mit der – wie wir in Abschn. 4.1.2 einsehen werden – einfachsten Schwingungsform, der sog. *harmonischen* oder reinen Sinus-Schwingung. Zunächst stellen wir eine einfache Beziehung zwischen ihr und der mit konstanter Bahngeschwindigkeit durchlaufenen Kreisbahn her, um eine anschauliche Methode kennenzulernen, z. B. Probleme der Überlagerung mehrerer Schwingungen zu behandeln. Wir projizieren dazu die Bewegung eines Massenpunktes P, vgl. Abb. 4.1, der auf einem Kreis mit dem Radius x_0 um M mit konstanter Winkelgeschwindigkeit ω umläuft, auf einen Schirm S (Abschn. 2.4.2). Dabei entsteht der Bildpunkt P'. Seine Höhe über dem Bildpunkt M' von M ist die neue Koordinate x. Ist φ der Winkel, den MP momentan mit der Projektionsrichtung bildet, so ergibt sich für den Abstand $M'P'$

$$x = x_0 \sin\varphi \,. \tag{4.1a}$$

Ist zur Zeit $t = 0$ auch $\varphi = 0$, so gilt ferner $\varphi = \omega t$ oder

$$x = x_0 \sin\omega t = x_0 \sin\frac{2\pi}{T}t = x_0 \sin 2\pi\nu t \,, \tag{4.1b}$$

vgl. (2.12) und (2.13).

Die Projektion des Punktes P auf der Kreisbahn beschreibt also eine sinusförmige Schwingung, x nennen wir die *Elongation*. Die maximale Elongation x_0 ist die *Amplitude* der Schwingung, s. Abb. 4.1. Die Schwingungsperiode $T = 1/\nu = 2\pi/\omega$ ist natürlich gleich der Umlaufzeit des Punktes P auf dem Kreise. Den momentanen Winkel φ nennen wir die *Phase* von P'. Mit dem Begriff „Phase" charakterisieren wir also die momentane Lage eines harmonisch schwingenden Körpers.

Nun stellt sich die Frage, welche *äußeren Kräfte* auf einen Körper einwirken müssen, damit er eine harmonische Schwingung ausführt. Es ergibt sich, dass sie proportional mit der Entfernung x von der Ruhelage ($x = 0$) steigen und auf diese zugerichtet sein müssen.

Ableitung. Zur Bestimmung der Beschleunigung differenzieren wir (4.1b) nach t und erhalten

$$\frac{d^2x}{dt^2} = -\omega^2 x_0 \sin\omega t = -\omega^2 x \,.$$

Hat der schwingende Körper die Masse m, so muss also die gesuchte Kraft die Bedingung erfüllen

$$F = -m\omega^2 x \,. \tag{4.2}$$

Als einfachstes Beispiel dafür betrachten wir das sog. *Federpendel*, einen Körper, der an einer Schraubenfeder aufgehängt ist, s. Abb. 4.2. Deren Rückstellkraft F ge-

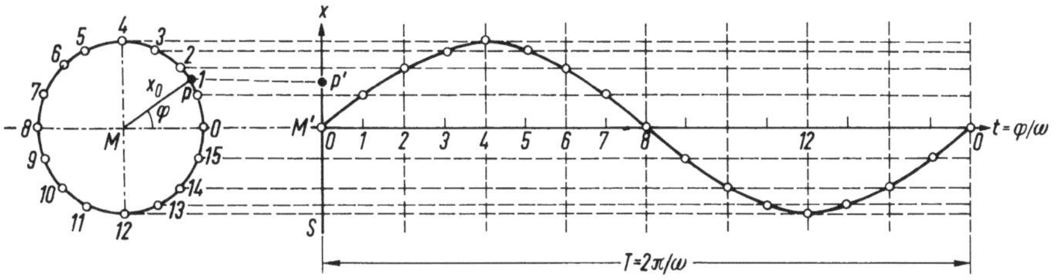

Abb. 4.1 Zusammenhang zwischen Kreisbewegung und Sinusschwingung

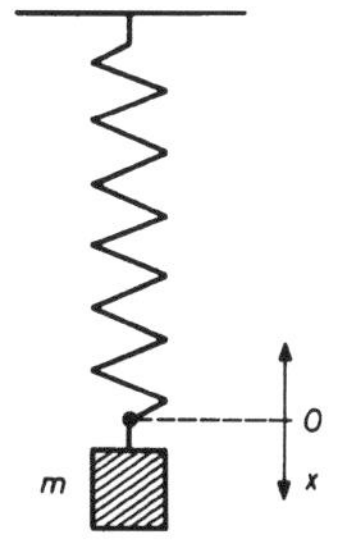

Abb. 4.2 Federpendel

H.A. Stuart, G. Klages, *Kurzes Lehrbuch der Physik*, Springer-Lehrbuch, DOI 10.1007/978-3-540-89046-1_4

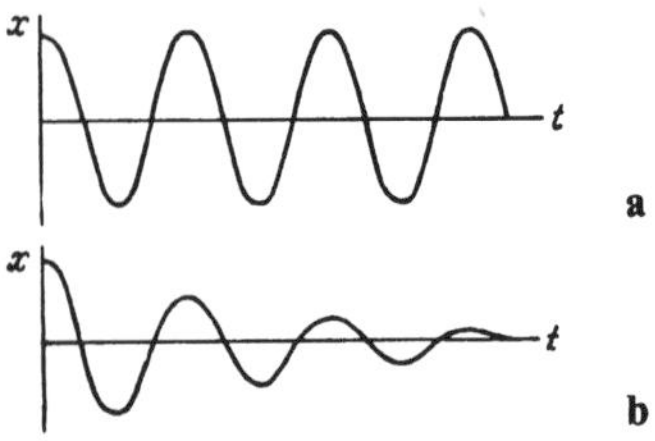

Abb. 4.3a,b Ungedämpfte (**a**) und gedämpfte (**b**) Schwingung

horcht bei nicht zu großer Elongation x dem Hooke'schen Gesetz (Abschn. 3.2.3), sodass wir für sie setzen können

$$F = -Dx\,. \tag{4.3}$$

D wird als Federkonstante oder Richtgröße bezeichnet.

Damit erfüllt das Federpendel die Bedingungen für eine Sinus-Schwingung. Aus der Ruhelage um die Strecke x_0 entfernt und dann sich selbst überlassen, führt es eine sog. *freie*, harmonische Schwingung aus. $T = 2\pi/\omega$ ist die Zeitspanne für eine Periode, die Schwingungsdauer. Wenn die beiden Kräfte in (4.2) und (4.3) gleichgesetzt werden, errechnet sich $\omega = 2\pi/T$, und daraus die Schwingungsdauer T

$$T = 2\pi\sqrt{m/D}\,. \tag{4.4}$$

Sie ist nicht von der Amplitude der Schwingung abhängig. Wir erkennen ferner, dass das Federpendel umso langsamer schwingt, je größer die angehängte Masse und je kleiner die Federkonstante sind, d. h. je weicher die Feder ist.

$1/T = \nu_0$ nennt man die *Eigenfrequenz* des Federpendels. Sie ist durch Körpermasse m und Federkonstante D festgelegt

$$\nu_0 = \frac{1}{2\pi}\sqrt{\frac{D}{m}}\,. \tag{4.5}$$

In einem Schauversuch lässt sich unmittelbar zeigen, dass das gleiche Weg-Zeit-Gesetz vorliegt, gleichgültig ob man einen Körper an eine Feder hängt und schwingen lässt oder ob man ihn an einem gleichförmig rotierenden Rad befestigt und entsprechend Abb. 4.1 projiziert. Beide Bewegungen werden dazu von zwei Körpern gleichzeitig, synchron und phasengleich ausgeführt – d. h. sie erreichen ihr Maximum zu gleicher Zeit –, und man beobachtet sie nebeneinander im Schattenriss. Dabei sieht man völligen Gleichlauf.

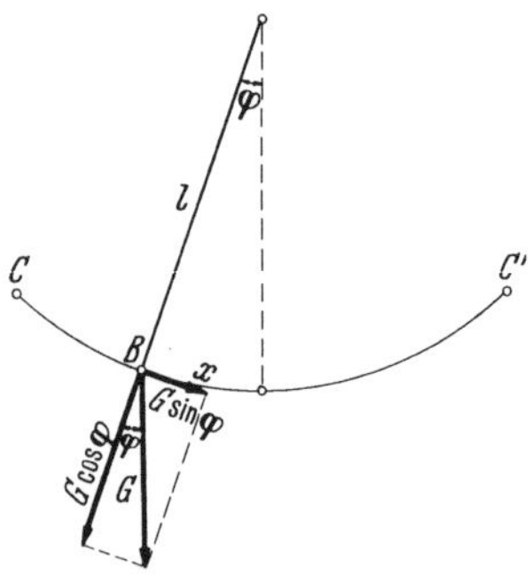

Abb. 4.4 Mathematisches Pendel

Beim Auslenken des Federpendels aus der Ruhe- oder Gleichgewichtslage wird eine Arbeit $W = Dx_0^2/2$ geleistet (Abschn. 2.3.6), die in ihm danach als *Schwingenergie* gespeichert ist. Sie ist stets dem *Quadrat der Amplitude* proportional. Diese Gesamtenergie „pendelt" im Verlauf der Schwingung zwischen potentieller und kinetischer Energieform hin und her. Letztere verschwindet in den Umkehrpunkten und nimmt beim Durchgang durch die Gleichgewichtslage einen Maximalwert an. Die potentielle Energie verhält sich gerade umgekehrt. Die Summe aus potentieller und kinetischer Energie bleibt zeitlich konstant, wenn keine äußeren Kräfte wirken (Energiesatz, Abschn. 2.3.6). Also sind auch die aufeinander folgenden Ausschläge (Amplituden) konstant. Wir haben eine *ungedämpfte* Schwingung, s. Abb. 4.3a.

In der Natur wird aber durch Reibungskräfte ein Teil der kinetischen Energie eines Körpers beim Schwingen in der Luft laufend in Wärme umgewandelt (Abschn. 3.5.3). Sie geht damit als Schwingenergie verloren. Die Amplitude sinkt daher im Laufe der Zeit, und wir haben eine *gedämpfte* Schwingung, s. Abb. 4.3b. Ihr Weg-Zeit-Gesetz lautet: $x = x_0 \exp(-\delta t) \sin \omega t$, wobei δ der sog. *Abklingkoeffizient* ist[1]. Die *Schwingenergie* nimmt entsprechend $W = W_0 \exp(-2\delta t)$ mit der Zeit ab.

Um einen Körper ungedämpft schwingen zu lassen, müssen wir ihm ständig die durch Reibung verlorene Schwingenergie wieder zuführen. Die dafür nötigen „Stöße zur richtigen Zeit" kann er durch sog. *Rückkopplung* selbst steuern. Beispiele sind die Pendeluhr mit Steigrad und Anker oder ein elektrischer Schwingkreis mit Triode oder Transistor (Abschn. 6.8.2). Die Energie liefert ein gehobenes Gewicht oder eine gespannte Feder, bzw. eine elektrische Spannungsquelle.

Als weiteres Beispiel behandeln wir das *mathematische Pendel*, d. h. einen kleinen Körper (Massenpunkt), der an einem masselos gedachten Faden hängt, s. Abb. 4.4. Wir lenken es aus seiner Ruhelage seitlich aus und lassen es frei. Die *Schwerkraft* zerlegen wir in zwei Komponenten, eine in Richtung des Fadens und die andere senkrecht dazu. Die erste Komponente, $G \cos\varphi$, spannt nur den Faden. Die zweite, $G \sin\varphi$, treibt den Massenpunkt auf

[1] Für zwei aufeinander folgende Ausschläge x_1 und x_2 nach derselben Seite gilt $\ln(x_1/x_2) = T\delta$.

seine Ruhelage zu. Beschränken wir uns auf kleine Auslenkungen x, so gilt die Näherung $\sin\varphi = x/l$, sodass wir für die rücktreibende Kraft $F = -mg\sin\varphi = -mgx/l$ erhalten. Die Richtgröße des Pendels ist also $D = mg/l$. Damit gilt für die Schwingungsdauer des mathematischen Pendels

$$T = 2\pi\sqrt{\frac{m}{D}} = 2\pi\sqrt{l/g}\,. \tag{4.6}$$

Die Schwingungsdauer ist also von der Masse unabhängig, im Gegensatz zum Federpendel. Der Grund ist, dass hier D proportional m ist. Für größere Amplituden, für die der Sinus nicht mehr dem Winkel im Bogenmaß gleich gesetzt werden kann, nimmt die Schwingungsdauer etwas zu.

Wir betrachten noch das *Drehpendel*. Ein beliebiger starrer Körper mit fester Drehachse kann um seine stabile Gleichgewichtslage *Drehschwingungen* ausführen, wenn auf ihn das rücktreibende Drehmoment z. B. einer Spiralfeder wirkt. Dieses ist bei kleinen Amplituden φ dem Ausschlagwinkel proportional, also $M = -D^*\varphi$ (Abschn. 3.2.3). Für die Schwingungsdauer des Drehpendels gilt in Analogie zum linearen Pendel (vgl. Translation – Rotation, Abschn. 2.6.2)

$$T = 2\pi\sqrt{\frac{I}{D^*}}\,. \tag{4.7}$$

Physikalisches Pendel. Diese Beziehung für das Drehpendel bleibt auch gültig, wenn das rücktreibende Drehmoment nicht von einer Spiralfeder, sondern durch die Schwerkraft verursacht wird (Schwerependel). Wir haben dann in Verallgemeinerung des mathematischen Pendels das physikalische Pendel, vgl. Abb. 4.5. Das Drehmoment in Bezug auf die Achse durch den Aufhängepunkt 0 ist $M = mgh\sin\varphi$, wobei h der Abstand des Schwerpunktes S von 0 ist. Für kleine Winkel wird $M = mgh\varphi$ oder $D^* = mgh$, sodass für die Schwingungsdauer $T = 2\pi\sqrt{I/mgh}$ gilt. Für das mathematische Pendel gelten $I = ml^2$ und $h = l$, woraus unmittelbar $T = 2\pi\sqrt{l/g}$ folgt.

4.1.2 Überlagerung von Schwingungen. Führt ein Körper gleichzeitig mehrere Schwingungen aus, so erhält man die resultierende Schwingung mithilfe des Parallelogrammsatzes, d. h. durch geometrische Addition der Wege, s. das in Abschn. 2.2.1 besprochene Prinzip der Superposition von Bewegungen. Wir besprechen nun verschiedene Fälle:

4.1.2.1 Überlagerung von gleichgerichteten harmonischen Schwingungen gleicher Frequenz. Die resultierende Schwingung ergibt sich hier einfach durch die algebraische Addition der beiden jeweiligen Auslenkungen. Das Ergebnis hängt aber nicht nur von den Amplituden, sondern entscheidend von der Phasendifferenz der beiden Schwingungen ab. Wenn die Amplituden beider Schwingungen gleich sind, führt die Überlagerung bei gleicher Phase zu einer Verdoppelung der Amplitude, s. Abb. 4.6a. Ist der Phasenunterschied π oder 180°, so heben sich beide Schwingungen ständig auf, s. Abb. 4.6b. – Im allgemeinen Fall greift man am besten auf die projizierte Kreisbewegung von Abb. 4.1 zurück. Die beiden sich überlagernden Schwingungen werden darin als zwei Pfeile dargestellt, s. Abb. 4.7, an denen man die Amplituden x_{01} und x_{02} sowie die Phasendifferenz φ_{12} ablesen kann. Die Vektoraddition ergibt die *resultierende* Schwingung nach Amplitude x_0 und Phase φ_0. Die zunächst besprochenen Sonderfälle $x_{01} = x_{02}$ und $\varphi_{12} = 0$ bzw. π sind natürlich auch so zu behandeln.

4.1.2.2 Anharmonische Schwingungen. Die Überlagerung von Schwingungen gleicher Richtung aber verschiedener Frequenz ergibt meist recht verwickelte Schwingungsbilder, die nur dann wenigstens noch periodisch sind, wenn die Frequenzen sich wie ganze Zahlen verhalten, s. Abb. 4.8 (Frequenzverhältnis 1 : 2). Die Überlagerungsschwingung ist aber nicht mehr harmonisch, sondern *anharmonisch*. Durch Hinzunahme weiterer Sinusschwingungen kann man beliebige Schwingungsformen erzeugen.

Umgekehrt lässt sich jeder noch so verwickelte *periodische* Schwingungsvorgang als Überlagerung einer Reihe von Sinusschwingungen darstellen (sog. *harmonische Analyse*

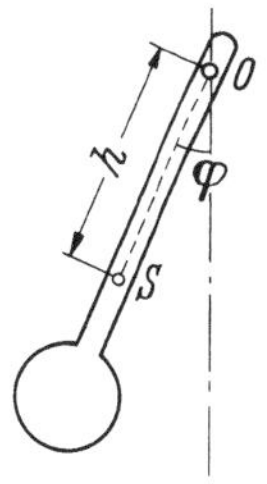

Abb. 4.5 Physikalisches Pendel

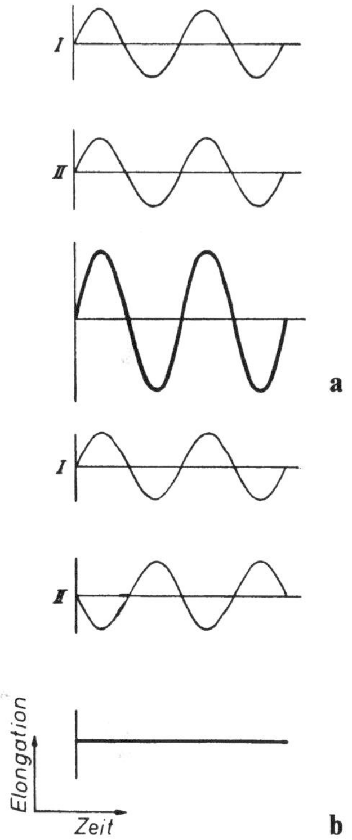

Abb. 4.6a,b Überlagerung von zwei Schwingungen gleicher Richtung, Frequenz und Amplitude, **a** Phasendifferenz 0; **b** Phasendifferenz π

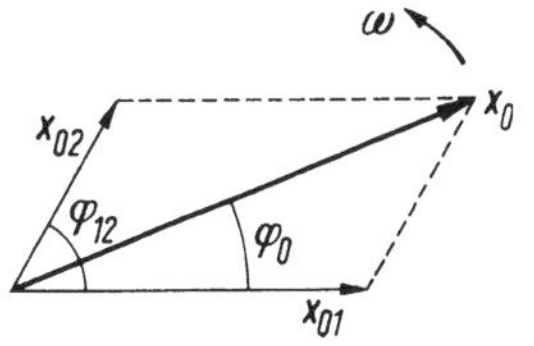

Abb. 4.7 Überlagerung zweier Schwingungen in der zugehörigen Kreisbewegung (Zeigerdiagramm)

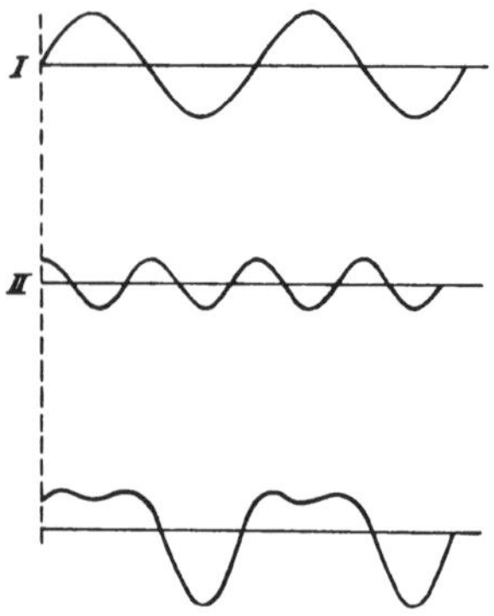

Abb. 4.8 Überlagerung zweier Schwingungen mit sehr verschiedenen Frequenzen und Amplituden

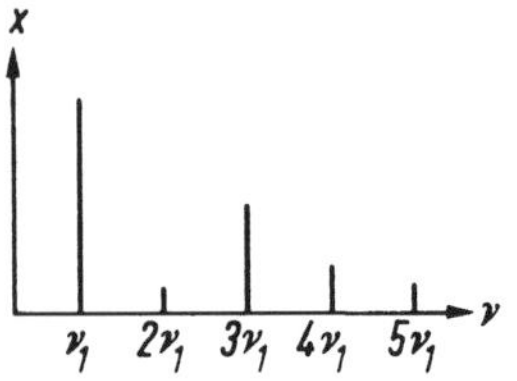

Abb. 4.9 Anharmonische Schwingung, Amplitude x von Grund- und Oberschwingungen (Frequenzspektrum)

oder *Fourier-Reihe*). Als *Grundfrequenz* ν_1 bezeichnet man den Kehrwert der Periodendauer, er gehört zur *Grundschwingung*. Die Frequenzen aller übrigen Teilschwingungen oder *Oberschwingungen* sind *ganzzahlige Vielfache der Grundfrequenz*. Man spricht vom *Frequenz-Spektrum*, wenn die Amplituden der harmonischen Teilschwingungen in Abhängigkeit von der Frequenz dargestellt sind, s. Abb. 4.9. Einige der Oberschwingungen, ja auch die Grundschwingung, können die Amplitude null haben.

In dem besonderen Falle, dass zwei gleichgerichtete Schwingungen gleicher Amplitude nur wenig verschiedene Frequenzen besitzen, kommt es zu einer langsam wachsenden Phasendifferenz. Man erhält daher als Resultierende eine Schwingungskurve mit regelmäßig schwankender Amplitude, eine sog. *Schwebungskurve,* s. Abb. 4.10. Die Frequenz der Amplitudenschwankung oder die *Schwebungsfrequenz* ist gleich der Differenz der Frequenzen der Teilschwingungen. Ist die Differenz 2 Hz, so heben sich zweimal in der Sekunde die Amplituden der Einzelschwingungen gegenseitig auf. Man denke an das periodische An- und Abschwellen des Tones zweier gegeneinander schwach verstimmter Stimmgabeln.

Die *gedämpfte* Schwingung ist streng genommen weder harmonisch noch periodisch. Zu ihr gehört daher auch nicht eine einzige Frequenz, sondern ein *kontinuierliches Frequenzband.* Seine Breite steigt mit dem Abklingungskoeffizienten δ an. Nach ganz allgemeinen physikalischen Prinzipien ist das Frequenzspektrum der freien Schwingung eines Körpers von der gleichen Gestalt wie seine Resonanzkurve bei erzwungener Schwingung, vgl. Abschn. 4.1.3, Abb. 4.13.

4.1.2.3 Zusammensetzung zweier aufeinander senkrechter Schwingungen. Wir können z. B. ein mathematisches oder Fadenpendel in zwei zueinander senkrechten Richtungen nacheinander oder auch gleichzeitig schwingen lassen. Es führt dann zwei Schwingungen mit derselben Frequenz aus. Für die Form der resultierenden Bewegung oder Schwingung ist ihre Phasendifferenz φ maßgebend. Abbildung 4.11 zeigt drei charakteristische Schwingungsformen für den Fall, dass die beiden erzeugenden linearen Schwingungen gleiche Amplituden haben:

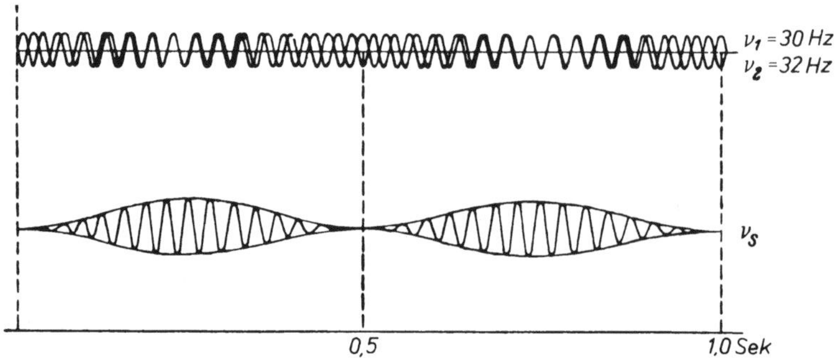

Abb. 4.10 Schwebungen

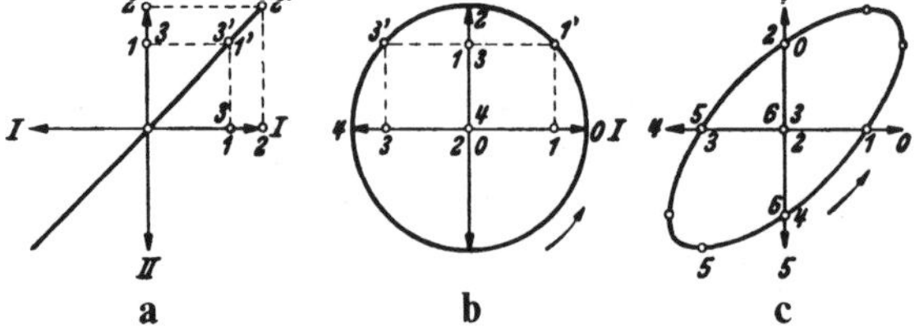

Abb. 4.11a–c Überlagerung zweier senkrecht aufeinander stehender Schwingungen I und II von gleicher Frequenz und Amplitude bei verschiedener Phasendifferenz, **a** $\varphi = 0$; **b** $\varphi = \pi/2$; **c** $\varphi = \pi/4$

a. für $\varphi = 0$ eine *lineare* Schwingung[2],

b. für $\varphi = \pi/2$ eine *zirkuläre* oder *Kreisschwingung*,

c. für beliebige Phasendifferenzen eine Ellipse mit schief liegender Achse, d. h. eine *elliptische* Schwingung.

Gehen die beiden Schwingungen *I* und *II* der Abb. 4.11a gleichzeitig durch die Gleichgewichtslage *0*, so gelangen sie $\frac{1}{8}$ Periode später zu den Bahnpunkten *1* und nach insgesamt $\frac{2}{8}$ Perioden zu den Umkehrpunkten *2*. Die resultierende Bewegung geht durch die Punkte $0', 1', 2', \ldots$, ist also eine geradlinige Schwingung.

Ist die Phasendifferenz $\pi/2$, s. Abb. 4.11b, so geht z. B. die Schwingung *I* durch ihren rechten Umkehrpunkt *0*, während *II* gerade erst durch die ebenfalls mit *0* bezeichnete Gleichgewichtslage geht, $\frac{1}{8}$ Periode später sind *I* und *II* in *1* und $\frac{1}{8}$ Periode danach in den Punkten *2*, der für *II* der obere Umkehrpunkt, für *I* die Gleichgewichtslage ist. Die Zusammensetzung ergibt eine *zirkuläre* oder *Kreisschwingung*. Rechnerisch erhält man aus $x_I = x_0 \cos \omega t$ und $x_{II} = x_0 \sin \omega t$: $x_I^2 + x_{II}^2 = x_0^2$.

Umgekehrt kann man jede dieser Schwingungen rückwärts in zwei aufeinander senkrechte lineare Schwingungen zerlegen, deren Richtungen im Übrigen beliebig gewählt werden können. Die Ellipse von Abb. 4.11c lässt sich z. B. auch in zwei Schwingungen entlang den Hauptachsen, aber mit *verschiedenen* Amplituden und mit der Phasendifferenz $\pi/2$ zerlegen.

Bei der Überlagerung von Schwingungen *verschiedener* Frequenzen senkrecht zueinander entstehen komplizierte Bewegungen. Nur wenn die Frequenzen in einem rationalen Zahlenverhältnis zueinander stehen, erhält man geschlossene Schwingungsformen, sog. *Lissajous*-Figuren.

4.1.3 Erzwungene Schwingungen, Resonanz. Bei einer *freien* Schwingung wird der Körper, z. B. ein Pendel, angestoßen und dann sich selbst überlassen. Es schwingt bei geringer Dämpfung praktisch mit seiner Eigenfrequenz. Dem steht gegenüber die *erzwungene* Schwingung, bei der laufend eine äußere Kraft auf den Körper einwirkt, und zwar periodisch. Er folgt dieser Kraft, deren zeitlichen Verlauf wir für die weiteren Betrachtungen als sinusförmig annehmen, und er führt nach einer gewissen Anlauf- oder Einschwingzeit harmonische Schwingungen konstanter Amplitude mit der ihm aufgezwungenen Frequenz der äußeren Kraft aus.

Die Amplitude dieser Schwingungen hängt nun wesentlich von der Frequenz der erregenden Kraft ab, auch wenn deren Amplitude konstant gehalten wird. Ist die Anregungsfrequenz sehr viel kleiner als die Eigenfrequenz des Pendels, so folgt dieses ohne Verzögerung der Wechselkraft mit bei steigender Frequenz zunächst gleichbleibender Amplitude. Je mehr sich die Anregungsfrequenz aber dann der Eigenfrequenz nähert, umso größer wird die Amplitude des Pendels. Bei kleiner Dämpfung genügen schon verhältnismäßig geringe Kräfte, um große Amplituden zu erreichen. Daher kann ein Kind eine schwere Schaukel zu großen Schwingungen bringen, wenn es nur die Schaukel im richtigen Takt anstößt.

Die Erscheinung, dass bei Gleichheit von Anregungs- und Eigenfrequenz die Amplitude sehr stark ansteigt, heißt *Resonanz*. Sie spielt in der Physik und Technik eine große Rolle. Sehr häufig ist sie unerwünscht. Beim Betrieb von Maschinen und Motoren muss man *kritische Drehzahlen*, die in das Gebiet der Eigenfrequenzen der Maschine oder des Gebäudes fallen, vermeiden. Resonanzerscheinungen bei Brücken oder den Federn von Fahrzeugen bedeuten stets eine erhöhte Bruchgefahr.

Um die Gesetze der erzwungenen Schwingung quantitativ zu verfolgen, nehmen wir die sog. *Resonanzkurve* auf. Wir benutzen dazu z. B. ein Drehpendel mit Drillachse, s. Abb. 4.12. Auf diese wirkt laufend periodisch ein äußeres Drehmoment, das von einem Motor erzeugt wird, indem er das Ende *P* der Spiralfeder, das nicht am Drehpendel befestigt ist, über einen Exzenter hin und her bewegt. Der Hub bleibt konstant, die Periodendauer wird variiert.

Damit bestimmen wir nun die Schwingungsamplitude in Abhängigkeit von der erregenden Frequenz ν, s. Abb. 4.13. Die so

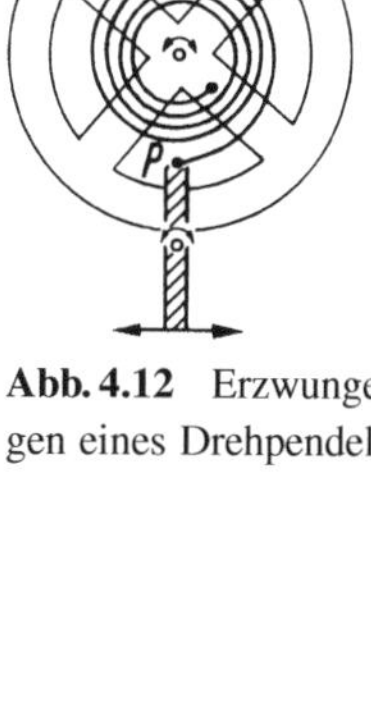

Abb. 4.12 Erzwungene Schwingungen eines Drehpendels

[2] $\varphi = 0$ bedeutet, dass beide Schwingungen gleichzeitig aus der Ruhelage zu positiven Werten der Koordinaten gehen. Für $\varphi = \pi$ entsteht eine um 90° gedrehte lineare Schwingung.

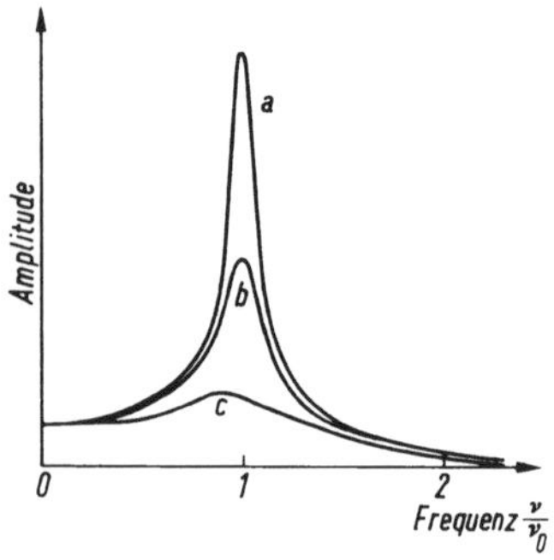

Abb. 4.13 Resonanzkurven in Abhängigkeit von der Frequenz bei verschiedener Dämpfung

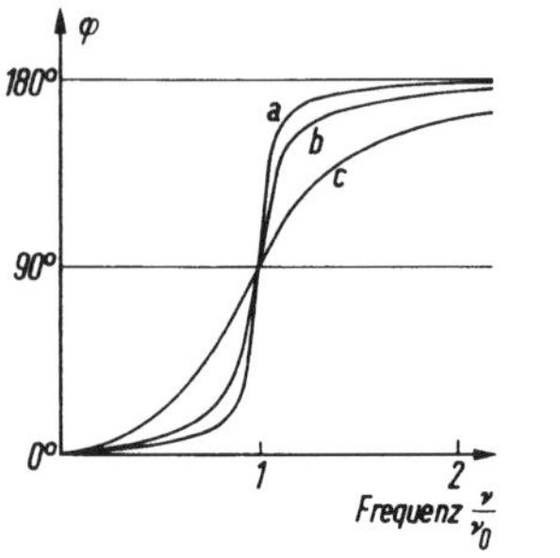

Abb. 4.14 Phasenverschiebung des Drehmoments in Abhängigkeit von der Frequenz bei verschiedener Dämpfung, vgl. Abb. 4.13

erhaltene Resonanzkurve ist bei nur *schwach* gedämpften Drehpendeln oder *Resonatoren* besonders charakteristisch: Sie hat die Gestalt einer nahezu symmetrischen Glockenkurve und nimmt ihr Maximum praktisch bei der Eigenfrequenz ν_0, also bei der *Resonanz* $\nu = \nu_0$ an. Für Kurve a in Abb. 4.13 trifft das zu; sie gehört zu einem Drehpendel, bei dem die Amplituden der freien Schwingung im Verhältnis $1 : 0{,}73$ durch Dämpfung abnehmen. Das entsprechende Verhältnis ist für Kurve b $1 : 0{,}53$ und für c $1 : 0{,}14$. Je höher also die Dämpfung des Resonators ist, desto niedriger ist das Maximum der Resonanzkurve. Ihre sog. *Halbwertsbreite* nimmt entsprechend zu. Außerdem verschiebt sich mit zunehmender Dämpfung das Maximum gegenüber der Eigenfrequenz des Resonators nach niedrigeren Frequenzen. Das ist aber kaum von praktischer Bedeutung, da dann die Resonanzkurve ohnehin sehr flach ist. Übersteigt die Dämpfung einen Grenzwert, so gibt es sogar überhaupt kein Maximum mehr.

Zwischen dem erregenden Drehmoment und der erzwungenen Schwingung besteht ferner eine Phasenverschiebung, s. Abb. 4.14. Bei niedrigen Anregungsfrequenzen sind beide praktisch gleichphasig, d. h. die Auslenkung der Schwingung geht gleichzeitig mit dem Drehmoment durch das Maximum. Bei Annäherung an den Resonanzfall bleibt die Schwingung mehr und mehr zurück, im Resonanzfall gerade um 90°, und zwar unabhängig von der Dämpfung. Wird ν/ν_0 immer größer, so verlaufen die Schwingungen von Federpendel und erregender Kraft immer mehr gegenläufig, im Grenzfall schließlich um genau 180° phasenverschoben.

Die *Energiebilanz* bei erzwungenen Schwingungen ist folgendermaßen: Beim Anschwingen wird die vom Motor geleistete Arbeit aufsummiert, sodass die Schwingamplitude wächst. Dabei steigen auch die Geschwindigkeit der Bewegung und der Reibungsverlust, bis schließlich zugeführte und abgegebene Leistung gleich sind. Der Resonator schwingt dann bei jeder Frequenz mit konstanter, aber nicht gleicher, d. h. von ν unabhängiger Amplitude; er behält konstante Schwingenergie.

Aufgaben

4.1.1 Die Federn von zwei Federpendeln haben beide die gleiche Kraftkonstante D. In welchem Verhältnis m_1/m_2 müssen ihre Massen stehen, damit die Eigenfrequenz ν_2 des zweiten Pendels doppelt so groß ist wie ν_1 des ersten Pendels?

4.1.2 In welchem Verhältnis stehen die Geschwindigkeiten, mit denen die beiden Federpendel von Aufgabe 4.1.1 bei gleicher Amplitude durch die Ruhelage schwingen?

4.1.3 Die homogene Kugel von Aufgabe 2.6.2 ($r = 20$ cm, $m = 200$ kg) ist in einem Punkte ihrer Oberfläche aufgehängt. Wie groß ist ihre Eigenfrequenz als physikalisches Pendel mit kleiner Amplitude? ($g = 9{,}81\ \mathrm{m/s^2}$).

4.1.4 Die Schwingungen mit den Amplituden $x_{01} = 2$ mm und $x_{02} = 4$ mm haben gleiche Schwingrichtung und Frequenz. Die Phasendifferenz ist $\varphi_{12} = 60°$, vgl. Abb. 4.7. Wie groß ist die Amplitude x_0 bei Überlagerung?

4.1.5 Im Frequenzspektrum einer anharmonischen Schwingung werden beobachtet: 350, 700, 875, 1050 Hz. Man gebe Grundfrequenz ν_1 und Periodendauer T_1 an.

4.1.6 Zwei senkrecht aufeinander stehende Schwingungen haben die Amplituden 2 cm (I) und 3 cm (II), vgl. Abb. 4.11. Man gebe quantitativ Lage und Form der Schwingfiguren an bei a) $\varphi = 0$ und b) $\varphi = \pi/2$.

4.2 Mechanische Wellen

4.2.1 Fortschreitende Wellen. Um das Entstehen einer Welle auf einem gespannten Seil verständlich zu machen, ersetzen wir es zunächst modellmäßig durch eine Kugelkette. Die einzelnen Kugeln sind miteinander durch Federn verbunden und bilden so eine horizontale Reihe. Geben wir der ersten Kugel einen Stoß nach oben, so kehrt sie nach der Auslenkung wieder in die Gleichgewichtslage zurück, aber diese Störung läuft als eine Art Beule mit einer *endlichen Geschwindigkeit* auf der Kette weiter. Dazu sind zwei hier erfüllte Voraussetzungen notwendig: Einmal besteht durch die elastischen Federkräfte eine Kopplung zwischen benachbarten Kugeln, sodass die Störung sich überhaupt durch Kraftwirkung auf den Nachbar übertragen kann. Weiter besitzen die Kugeln träge Masse, weshalb Zeit verstreicht, bis der Nachbar beschleunigt worden ist, d. h. die Ausbreitungsgeschwindigkeit der Störung kann nicht unendlich groß sein.

Im nächsten Schritt lassen wir durch eine äußere periodische Kraft die erste Kugel, wieder senkrecht zur Kette, *harmonisch schwingen*. Jetzt wandert jeder Zustand, d. h. jeder Auslenkungswert, als Störung mit dieser Ausbreitungsgeschwindigkeit von Kugel zu Kugel die Kette entlang. In Abb. 4.15 sind Momentanbilder der Kette – über die ersten $1\frac{1}{4}$ Schwingungsdauern verteilt – dargestellt. Wir sprechen von einer sich nach rechts ausbreitenden *Welle* mit *Wellenbergen* und *-tälern*. Die einzelne Kugel führt darin eine harmonische Schwingung in senkrechter Richtung durch, jede mit der gleichen Amplitude. Nur beginnt jede folgende mit der Schwingung später, die Schwingungen sind gegeneinander phasenverschoben. Längs der Kette wird keine Materie transportiert, wohl aber Schwingungsenergie.

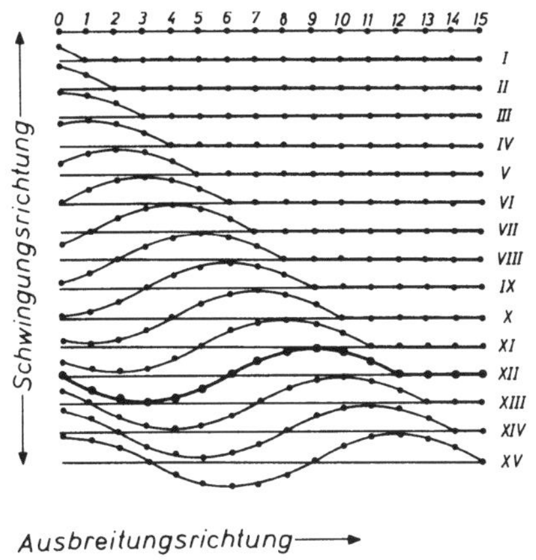

Abb. 4.15 Entstehung einer Transversalwelle, schematisch. Die in den Reihen I, II ... XV durch die momentanen Elongationen der Punkte 1, 2, 3, ... gezogenen Kurven beziehen sich auf Zeiten, die jeweils um eine 1/12 Periode aufeinander folgen

Nach diesen Vorbetrachtungen können wir leicht die Vorgänge auf dem *Seil* verstehen, bei dem starre Kugeln und Federn zu einem kontinuierlichen, elastischen Festkörper verschmelzen. Wenn wir entsprechend das eine Seilende eine harmonische Schwingung mit der Frequenz ν ausführen lassen, so hat das Seil nach einiger Zeit bei einer Momentaufnahme eine sinusförmige Gestalt. Es entsteht eine sinusförmige Kurve, wenn wir in einem Diagramm die Auslenkung x gegen die Ortskoordinate z auftragen, s. Abb. 4.16. Die gestrichelte Kurve zeigt das Bild der fortschreitenden Welle eine kurze Zeitspanne später.

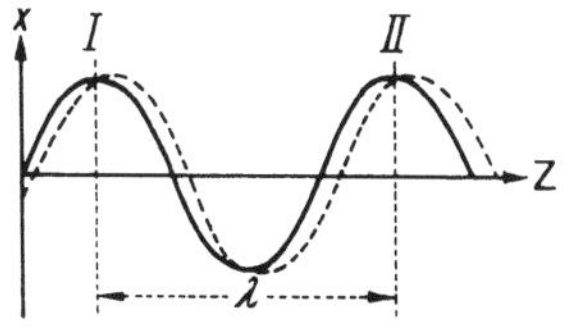

Abb. 4.16 Fortschreitende Welle, zwei Zustände in kurzem Zeitabstand

Den Abstand von zwei benachbarten Wellenbergen auf dem Seil bezeichnen wir als *Wellenlänge* λ. Zwei Seilpunkte, die diese Entfernung haben, schwingen gleichphasig, oder exakter ausgedrückt haben sie eine Phasendifferenz von 2π. In der Zeit, während welcher der Wellenberg *I* bis zur Stelle *II* wandert, also den Weg λ zurücklegt, führt das Seil an der Stelle *I*, bzw. an jeder Stelle, gerade eine ganze Schwingung aus, es verstreicht die Zeit der Schwingungsdauer T. Die Ausbreitungsgeschwindigkeit c der Welle ist also das Verhältnis von Weg und Zeit:

$$c = \frac{\lambda}{T} = \lambda\nu\,. \tag{4.8}$$

Diese Gleichung ist eine für Wellen aller Art grundlegende Beziehung. Man spricht auch von der *Phasengeschwindigkeit* c, weil ein Zustand der Schwingung, durch die Phase gegeben, wie wir in Abschn. 4.1.1 schon sagten, sich mit dieser Geschwindigkeit bewegt.

Die Phasendifferenz φ der Schwingungen an zwei Punkten, die um λ voneinander entfernt sind, beträgt 2π, weil der zweite um eine ganze Schwingung nachhinkt. Bei einem Abstand von $\lambda/2$ gilt $\varphi = \pi$, die Schwingungen sind gegenphasig. Allgemein gilt zwischen dem Abstand Δz und der Phasendifferenz φ die Proportion $\varphi/\Delta z = 2\pi/\lambda$. Also beträgt längs der fortschreitenden Welle die Phasendifferenz gegenüber der Stelle mit $z = 0$:

$$\varphi = \frac{2\pi}{\lambda} z\,. \tag{4.9a}$$

Damit lässt sich sofort das *Weg-Zeit-Gesetz* der *fortschreitenden Welle* hinschreiben als:

$$x = x_0 \sin\left(\omega t - \frac{2\pi}{\lambda} z\right). \tag{4.9b}$$

Aus ihm sind alle bisher anschaulich besprochenen Eigenschaften abzulesen. So ergibt sich für konstantes

z die Schwingung in Abhängigkeit von der Zeit t an der betreffenden Stelle; oder bei konstanter Zeit erhalten wir das Bild von Abb. 4.16 (speziell für den Zeitpunkt $t = 3T/2$ nach dem Start der sin-Welle bei $t = 0$).

Bei den bisher betrachteten Wellen erfolgen die Schwingungen senkrecht zur Ausbreitungsrichtung. Man spricht von *Transversalwellen*. Außerdem gibt es Wellen, bei denen die Teilchen nur in der Ausbreitungsrichtung schwingen. Solche Wellen bezeichnen wir als *Longitudinalwellen*. Zwischen beiden Wellenarten besteht ein charakteristischer Unterschied: Bei der Transversalwelle wird durch die Ausbreitungs- und Schwingungsrichtung eine Ebene festgelegt, die man als die *Polarisationsebene* der Welle bezeichnet. Bei Longitudinalwellen gibt es keine solche ausgezeichnete Ebene und daher auch keine Polarisation, vgl. dazu auch polarisiertes Licht, Abschn. 7.4.5 ff.

Den longitudinalen Energie- oder Impulstransport in einem Seil veranschaulicht sehr schön ein Versuch mit einer Stoßkugelreihe, s. Abb. 4.17. Lassen wir die Kugel *1* aufschlagen, so bleibt sie nach den Gesetzen des elastischen Stoßes (Abschn. 2.4.3) liegen und überträgt ihren Impuls auf die Kugel *2*, diese stößt die Kugel *3* an usw. So pflanzt sich der Impuls mit großer Geschwindigkeit durch die Kugelreihe fort. Schließlich fliegt die letzte Kugel mit dem ursprünglichen Impuls ab. In einem einmal oder periodisch angestoßenen Festkörper sind es die Atome, die in derselben Weise den Impuls in Richtung der ursprünglichen Kraft weitergeben.

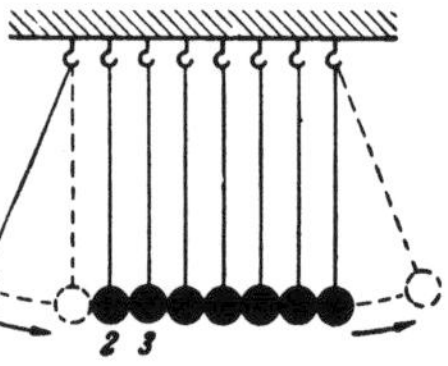

Abb. 4.17 Stoßkugelreihe

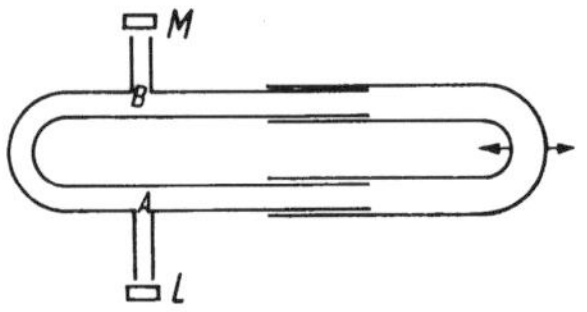

Abb. 4.18 Quincke'sche Posaune

Auf einem *Seil* können wir sowohl *transversale* als auch *longitudinale* Wellen fortschreiten lassen. Dagegen breiten sich längs einer *Flüssigkeits-* oder *Luftsäule*, z. B. in einem Glasrohr, nur *longitudinale* Wellen aus. Das Rohr begrenzt dabei lediglich die Wellen, ohne selbst mitzuschwingen. In Flüssigkeiten und Gasen sind die Moleküle, oder besser die Flüssigkeitsteilchen (Abschn. 3.5.1) seitlich gegeneinander frei verschiebbar, sie besitzen keine feste Gleichgewichtslage und können keine elastischen Schubkräfte aufeinander ausüben, was für transversale Wellen auf einem Seil die Voraussetzung ist. Für die Flüssigkeitssäule sind es *Dichte* oder *Druck*, die in Abb. 4.16 statt der Auslenkung x einzusetzen sind, um die longitudinale Welle darzustellen. Die Begriffe Wellenberg und -tal müssen wir durch Druckmaximum und -minimum ersetzen und können nur in übertragenem Sinne von Druckberg und -tal sprechen. Es ist nicht so, dass etwa die Gasmoleküle um eine Ruhelage, die sie gar nicht besitzen, longitudinal schwingen und sich deshalb nur in dieser Richtung periodisch enger und weiter, d. h. dichter und dünner, anordnen, während senkrecht zur Rohrachse ihr mittlerer Abstand gleich bleibt. Im Festkörper trifft das zu, aber in Flüssigkeiten und Gasen verlangt der Druckzustand, dass *nirgends* die Molekülpackung von der *Richtung* abhängt.

Um in der Luftsäule eine *Longitudinalwelle* zu erzeugen, bedienen wir uns am besten einer schwingenden Membran, die wir in das eine Rohrende stellen. Vor ihr gerät die Luft in periodische Bewegung, es entstehen periodische Druckschwankungen, und diese Störungen laufen dann als longitudinale Welle die Luftsäule entlang. Wir wollen sie schon hier als *Schallwelle* bezeichnen, weil die Wellen im freien Luftraum, d. h. ohne Führung durch die Rohrwände, wie wir im Abschn. 4.3 im Einzelnen besprechen werden, auch derartige Druckwellen sind und beim Auftreffen auf das menschliche Ohr einen Toneindruck verursachen. So soll auch die schwingende Membran Teil eines *Lautsprechers* sein, und wir können die Schallwelle am anderen Rohrende, außer mit unserem Ohr, auch durch ein *Mikrophon* nachweisen. Erzeugung und Nachweis von Schallwellen geschieht damit im Experiment auf elektrischem Wege, vgl. auch Abschn. 6.7.5. Dadurch werden aber ihre mechanischen Eigenschaften in Luft oder Luftsäulen in keiner Weise berührt.

4.2.2 Interferenz von Wellen. Wir lassen zwei Wellen derselben Frequenz in gleicher Richtung durch ein Rohr laufen, und sie treffen am Ende auf ein Mikrophon. In der Anordnung von Abb. 4.18, der sog. Quincke'schen

Posaune, wird dazu die vom Lautsprecher L kommende Welle bei A in zwei Wellen aufgeteilt. Sie durchlaufen verschieden lange Rohre, von denen das rechte als Posaune ausgebildet ist, vereinigen sich bei B wieder und laufen gemeinsam durch das Rohrstück bis zum Mikrophon M. Dort verursacht jede von ihnen gleichzeitig eine Schwingung, und wir müssen beide zur resultierenden Schwingung überlagern (Abschn. 4.1.2). Das Resultat hängt entscheidend von der Phasendifferenz der beiden Schwingungen ab. Um sie zu ermitteln, müssen wir Folgendes bedenken: Die beiden Wellen haben vom Lautsprecher bis zum Mikrophon verschieden lange Wege zurücklegen müssen, sie besitzen also einen *Gangunterschied* Δs. In einer Welle haben aber zwei Punkte, die um Δs voneinander entfernt sind, immer die Phasendifferenz $\varphi = 2\pi\,\Delta s/\lambda$, und gerade das ist auch die Phasendifferenz der beiden Schwingungen des Mikrophons. Beträgt sie speziell π, 3π, 5π, ..., d. h. ist der Gangunterschied $\lambda/2$, $3\lambda/2$, $5\lambda/2$, ..., so löschen sich beide Schwingungen aus, das Mikrophon bleibt in Ruhe. Das gilt natürlich nicht nur für den Ort, an dem sich das Mikrophon befindet, sondern für jeden Punkt der von beiden Wellen durchlaufenen Luftsäule. Man kann daher auch sagen, dass sich *beide Wellen* durch *Interferenz auslöschen*, und wir bezeichnen diesen Fall als *Interferenzauslöschung*.

Unter Interferenz versteht man allgemein die Überlagerung von zwei Wellen derselben Frequenz in einem Punkte oder auf einer Strecke. Hier sind es zwei mit der gleichen Ausbreitungsrichtung laufende Schallwellen. Die Interferenz von Wellen auf einer Fläche oder im Raum wird in Abschn. 4.2.4 und 4.2.5 dargestellt. Im anderen Grenzfall, d. h. im Gegensatz zur Interferenzauslöschung, erhält die resultierende Welle eine maximale Amplitude, nämlich die Summe der Amplituden beider Teilwellen, wenn die Phasendifferenz 0, 2π, 4π, ..., bzw. der Gangunterschied 0, λ, 2λ, ... beträgt (Interferenz-Verstärkung).

Ziehen wir die Posaune langsam aus, so beobachten wir nacheinander Maxima und Minima der austretenden Welle bei M. Um von einem Minimum zum nächsten zu gelangen, also z. B. vom Gangunterschied $\lambda/2$ nach $3\lambda/2$, muss die Posaune nur um $\lambda/2$ ausgezogen werden, weil die Welle ja hin- und zurücklaufen muss, d. h. der Gangunterschied sich doppelt so stark ändert wie der Posaunenauszug.

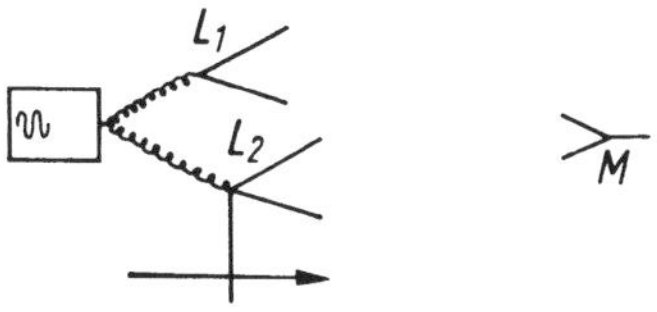

Abb. 4.19 Zur Interferenz von Schallwellen

Wir besprechen noch einen anderen Interferenzversuch, bei dem auf die Führung der Schallwellen in Rohren verzichtet wird. Zwei Lautsprecher werden elektrisch zu Schwingungen derselben Frequenz angeregt. Die beiden von ihnen ausgehenden Schallwellen durchlaufen die freie Luft und bringen die Membran des Mikrophons wieder zum Schwingen, s. Abb. 4.19.

Wenn beide Lautsprecher zunächst vom Mikrophon gleich weit entfernt stehen, so haben die Wellen bis dorthin keinen Gangunterschied, und wir beobachten Interferenz-Verstärkung. Verschieben wir jetzt einen der Lautsprecher um $\lambda/2$ auf das Mikrophon zu, so löschen sich dort die Wellen durch Interferenz aus. Die Lautsprecherverschiebung zwischen zwei Auslöschungen oder auch zwischen zwei Maxima ist hier gleich der Wellenlänge λ. Das ist gleichzeitig eine Methode, um λ bei nicht unmittelbar sichtbaren Wellen, wie es ja Schallwellen sind, zu bestimmen.

Schwingen beide Lautsprecher mit *verschiedener Frequenz*, so beobachten wir keinen Unterschied am Mikrophon, gleichgültig wie die beiden Lautsprecher stehen. Wellen verschiedener Frequenz können nicht miteinander interferieren.

4.2.3 Stehende Wellen, Eigenschwingungen von Seilen und Luftsäulen. Wenn zwei Wellen gleicher Frequenz und Amplitude sich überlagern, die in *entgegengesetzter* Richtung laufen, ergeben sich sog. *stehende Wellen*. Das gilt für Wellen aller Art. Wir wollen uns ihr Entstehen bei transversalen Seilwellen anhand von Abb. 4.20 näher betrachten. Die Welle *1* möge von rechts nach links, die Welle *2* von links nach rechts laufen. Im Bild (a) ist der Augenblick festgehalten, in dem die Welle *1* allein dem Seil die Form der ausgezogenen Kurve *1*, die Welle *2* allein die Form der ge-

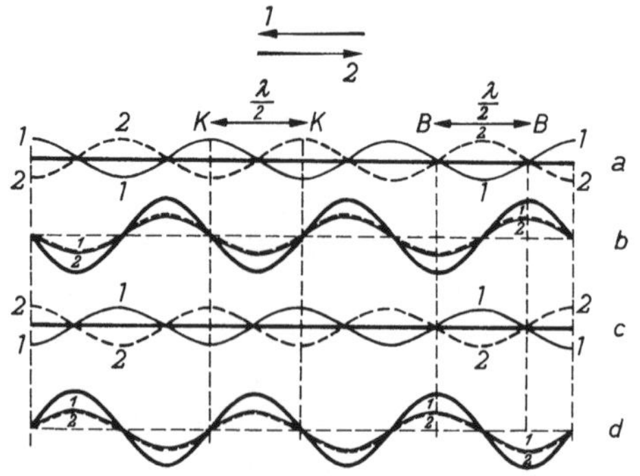

Abb. 4.20 Bildung einer stehenden Welle

strichelten Kurve *2* ihm geben würde. Beim Vorhandensein beider Wellen erfahren also alle Punkte gleichzeitig zwei Elongationen, die entgegengesetzt gleich sind, sich also aufheben; das Seil wird nicht ausgelenkt (stark ausgezogene Kurve). Im nächsten Bilde (b) ist die Welle *1* um $\frac{1}{4}\lambda$ nach links, die Welle *2* um $\frac{1}{4}\lambda$ nach rechts gewandert. Die von den Einzelwellen erzeugten Auslenkungen erfolgen jetzt beide in derselben Richtung, sodass sie sich addieren und wir den doppelten Ausschlag erhalten (stark ausgezogene Kurve). In Abb. 4.20c und d sind die Verhältnisse für die folgenden, um je eine Viertelperiode später liegenden Zeitpunkte dargestellt. Wir erkennen, dass es bei dieser Interferenz von zwei gegeneinanderlaufenden Wellenzügen stets Punkte *K* gibt, die sog. *Knotenpunkte*, die dauernd in Ruhe bleiben. In der Mitte dazwischen liegen die *Schwingungsbäuche B*, die mit größter Amplitude schwingen. Der Abstand benachbarter Knoten oder auch benachbarter Bäuche ist gleich einer halben Wellenlänge. Da sowohl die Punkte ständiger Ruhe wie die der größten Bewegung immer dieselben sind, also nicht wandern, sprechen wir von einer *stehenden Welle*. Wir können auch sagen: Wellenmaxima und -minima bleiben stehen, sie ändern nur ihre Höhe und tauschen nach jeweils einer halben Schwingungsdauer die Plätze.

Eine der beiden betrachteten, gegenläufigen Wellen entsteht im Experiment oder in der Natur meist aus der anderen durch *Reflexion*. Da die Welle mit der von ihr transportierten Leistung am Seilende nicht weiterlaufen kann, muss sie schon nach dem Energie-Erhaltungssatz zurücklaufen, d. h. reflektiert werden. Ist das eine Seilende fest an der Zimmerwand befestigt, ein sog. *festes Ende*, so erfolgt die Reflexion mit einem Phasensprung von π. Dadurch hat am festen Ende die stehende Welle immer einen Knoten der Bewegung[3].

In der Entfernung z vor dem festen Ende beträgt der Gangunterschied der beiden Wellen $2z$. Ihre Phasendifferenz ist deshalb $\varphi = 4\pi z/\lambda + \pi$, wobei der Summand π den Phasensprung berücksichtigt. Man erkennt daraus, dass für $z = 0, \lambda/2, \lambda, \ldots$ die Phasendifferenz π, 3π, 5π, ... ist, also *konstant* bleibt und an diesen Orten zu dauernder Auslöschung beider Wellen führt (Knoten).

Ein Seil oder Stab, dessen eines Ende sich frei bewegen kann, besitzt dort ein *loses Ende*. An ihm tritt bei der Reflexion kein Phasensprung ein, und wir haben am losen Ende stets einen Wellenbauch.

Auf einem an *beiden* Enden fest eingespannten Seil können sich nicht stehende Wellen jeder beliebigen Frequenz ausbilden. Eine Welle auf ihm wird nämlich *vielfach reflektiert*, d. h. sie läuft vielfach hin und her. Schon nach zweimaliger Reflexion, an jedem Ende einmal, läuft sie wieder in der ursprünglichen Richtung. Mit Vielfachreflexionen addieren sich also sehr viele solcher Wellenzüge in einer Richtung und löschen sich durch Interferenz nur in Sonderfällen nicht völlig aus. Das ist der Fall, wenn alle gleichphasig sind; dann addieren sich alle Amplituden, man hat sog. *konstruktive* Interferenz.

Gleichbedeutend damit ist die Aussage, dass an beiden Enden Wellenknoten liegen müssen und dass nur Wellen sich nicht auslöschen, deren Wellenlänge sozusagen auf das Seilstück passt, d. h. bei denen es ein Vielfaches der halben Wellenlänge lang ist.

[3] Die umgekehrte Argumentation gibt die Begründung: Weil das feste Ende unbeweglich ist, kann es nur zwei Schwingungen gleicher Amplitude mit der Phasendifferenz π ausführen, die sich auslöschen. Deshalb muss an dieser Stelle eine zweite Welle durch Reflexion entstehen und gegenüber der ankommenden die Phasendifferenz π haben. Beide verursachen die sich auslöschenden Schwingungen.

Wir können das Seil mit zwei festen Enden oder eine Saite auch als *schwingungsfähiges Objekt*, als *Resonator* auffassen, der aber im Gegensatz zum Pendel *mehrere Eigenschwingungen* ausführen kann, also eine ganze Reihe von *Eigenfrequenzen* besitzt. Diejenige mit der tiefsten Frequenz nennt man die *Grundschwingung*, die höherfrequenten *Oberschwingungen*, s. Abb. 4.21. Darin ist eine Momentaufnahme ausgezogen, diejenige eine halbe Periode später gestrichelt gezeichnet. Bei der Grundschwingung ist die halbe Wellenlänge gleich der Länge der Saite, also ist ihre Frequenz durch die Beziehung

$$\nu_1 = \frac{c}{\lambda} = \frac{c}{2l} \tag{4.10}$$

gegeben, wobei c die Ausbreitungsgeschwindigkeit der Welle auf der Saite und l deren Länge ist. Die Oberschwingungen sind durch $\nu_n = nc/2l$ $(n = 2, 3, 4, \ldots)$ festgelegt. Die Frequenzen von Grund- und Oberschwingungen verhalten sich also wie $1 : 2 : 3 : 4 \ldots$, vgl. Abb. 4.9.

Die Grundfrequenz einer Geigensaite lässt sich sowohl durch die abgegriffene Länge l als auch durch ihre elastische Spannung $p = F/A$, also durch die Zugkraft F, ändern. Von p hängt nämlich die Ausbreitungsgeschwindigkeit c ab, sie beträgt $c = \sqrt{p/\varrho}$.

Wird die Saite zu freien Schwingungen angerissen, so führt sie im Allgemeinen eine anharmonische Schwingung (Abschn. 4.1.2) mit erheblichem Oberschwingungsanteil durch. Mithilfe einer äußeren periodischen Kraft kann man sie in einer ausgesuchten, harmonischen Oberschwingung allein erzwungen schwingen lassen.

Durch Reiben kann man an den Enden eingeklemmte Stäbe und Saiten auch zu Längsschwingungen anregen.

Die Schwingungsform einer Stimmgabel beim Grundton ist in Abb. 4.22 dargestellt. Wir haben an beiden Enden Bäuche der Bewegung, weit unten zwei Knoten; die Zinken schwingen beide gleichzeitig entweder nach innen oder nach außen.

Wenn sich in der *Luftsäule* eines einseitig geschlossenen Rohres stehende Wellen ausbilden, so liegt am verschlossenen Ende sicher ein Knoten der Luftbewegung oder der Geschwindigkeit. Am offenen Ende befindet sich dann ein Bauch der Bewegung. Da aber andererseits am offenen Ende immer der konstante Atmosphärendruck herrscht, liegt dort ein Knoten von Dichte- und Druckschwingung. Es fallen also bei stehenden Längswellen (das gilt auch im Festkörper) die Knoten von Druck- und Dichteänderung mit den Bäuchen der Bewegung zusammen und umgekehrt. Wo also Druck und Dichte am stärksten schwanken, bleibt das Gas dauernd in Ruhe, s. Abb. 4.23, die den Dichteverlauf für die Grundschwingung an vier um je $\frac{1}{4}$ Periode auseinanderliegenden Zeitpunkten zeigt. In Abb. 4.23a haben wir überall denselben Luftdruck und normale Dichte, das Gas bewegt sich mit größter Geschwindigkeit von oben nach unten. $\frac{1}{4}$ Periode später (Abb. 4.23b) haben wir die größte Verschiebung des Gases nach unten und erhalten am unteren Ende des Rohres ein Maximum der Dichte und des Druckes. Dann strömt die Luft wieder zurück, bis überall die gleiche Dichte herrscht (Abb. 4.23c). Infolge ihrer Trägheit bewegt sich die Luft weiter, und es kommt unten zu einer Verdünnung (Abb. 4.23d), während oben am offenen Ende nach wie vor der konstante, äußere Druck herrscht.

Hier beträgt bei der Grundschwingung die Länge l des Rohres $\lambda/4$, sodass die Grundfrequenz $\nu_1 = c/4l$ ist. Die Eigenfrequenzen der Oberschwingungen sind die *ungeradzahligen* Vielfachen davon $3\nu_1, 5\nu_1, \ldots$, denn der Resonator muss stets ein ganzzahliges Vielfaches von $\lambda/2$ lang sein, vermehrt um $\lambda/4$, wenn am einen Ende ein Bauch und am anderen ein Knoten liegen soll, c ist praktisch die Schallgeschwindigkeit in Luft (Abschn. 4.3.3).

Bei einer *beidseitig* geschlossenen oder offenen Pfeife von gleicher Länge ist die Grundfrequenz doppelt so hoch, und als Oberfrequenzen treten *alle ganzzahligen* Vielfachen davon auf, wie bei der beidseitig eingespannten Saite.

Um diese Ergebnisse experimentell zu bestätigen, stellen wir an das eine Rohrende einen Lautsprecher, an das andere ein Mikrophon und haben damit einen Resonator, der zu erzwungenen Schwingungen angeregt werden kann. Nur in der Umgebung der Resonanzfrequenzen gerät das Mikrophon in merkbare Schwingungen. Durch Frequenzänderung am Lautsprecher lässt sich für die Grund- und für jede Oberschwingung eine Resonanzkurve aufnehmen (Abschn. 4.1.3).

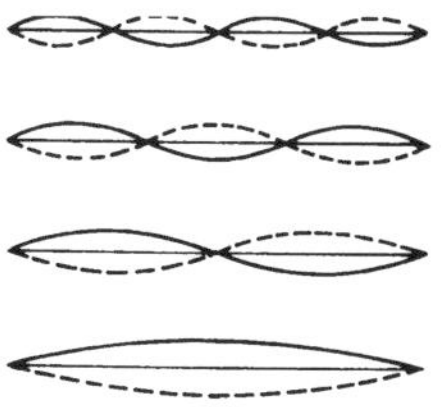

Abb. 4.21 Grund- und Oberschwingungen einer Saite

Abb. 4.22 Schwingungsform einer Stimmgabel

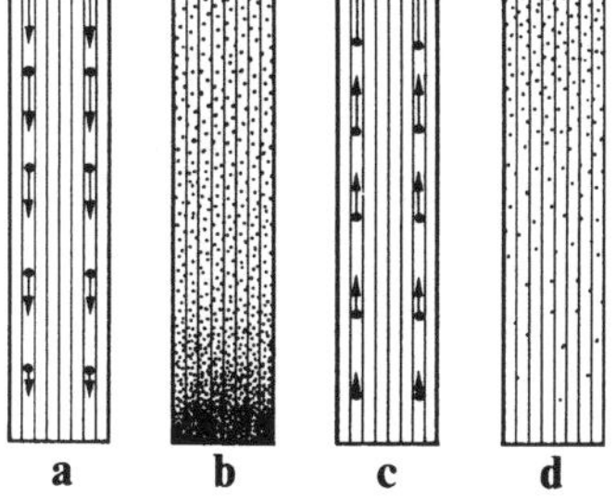

Abb. 4.23a–d Grundschwingung einer einseitig verschlossenen Luftsäule (gedeckte Pfeife)

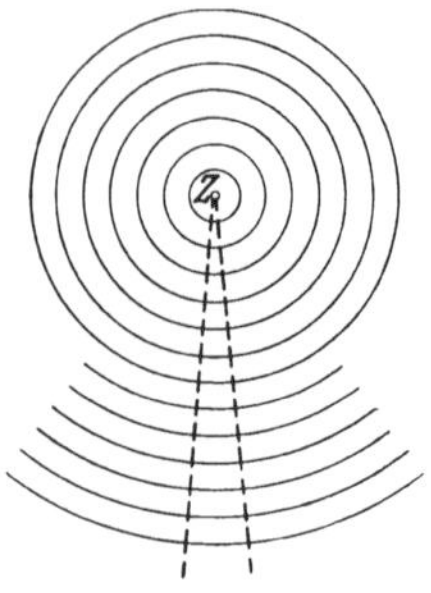

Abb. 4.24 Kreiswellensystem

4.2.4 Interferenz und Beugung von Oberflächenwellen.

Nachdem bisher nur Wellen betrachtet wurden, die sich in *einer* Dimension, also linear längs eines Seiles oder einer Luftsäule ausbreiten, wenden wir uns jetzt Wellen auf einer *Fläche* zu, um später zu Raumwellen zu kommen (2 und 3 Dimensionen). Wir gehen dazu von Beobachtungen aus, die wir bei der Wellenausbreitung auf der Wasseroberfläche gegen Luft machen können[4].

Stören wir z. B. durch Eintauchen eines Stabes die Oberfläche an der Stelle Z periodisch, so erhalten wir eine sich kreisförmig ausbreitende Welle, s. Abb. 4.24. Sie ist dadurch gekennzeichnet, dass die Wellenberge, allgemein die Punkte gleicher Schwingungsphase, sich auf Kreisen um das *Wellenzentrum* Z befinden. Wir sprechen auch von *Kreiswellen* mit kreisförmigen *Wellenfronten*. Ihr Radius dehnt sich mit der Ausbreitungsgeschwindigkeit der Welle aus, im Zentrum entstehen laufend neue Kreise, und der Abstand benachbarter Wellenfronten mit Wellenbergen ist die Wellenlänge λ. Die Beziehung $\lambda = c/\nu$ bleibt selbstverständlich erhalten.

Stören wir nun durch Eintauchen *zweier* miteinander starr verbundener Stäbe oder Kugeln die Wasseroberfläche an zwei Stellen im gleichen Takt, so überlagern sich zwei Kreiswellen. Eine solche Überlagerung bezeichnet man auch hier als *Interferenz*, nur erstreckt sich das *Interferenzbild* jetzt über die ganze Wasserfläche, s. Abb. 4.25. Wir beobachten, dass in allen Punkten, deren Abstände von beiden Störungszentren sich um $\lambda/2$, $3\lambda/2$, $5\lambda/2$ unterscheiden, die Wasseroberfläche in Ruhe bleibt. Die beiden Wellenzüge vernichten sich dort gegenseitig durch Interferenz. Umgekehrt bekommen wir überall dort, wo die Differenz der Abstände ein ganzzahliges Vielfaches der Wellenlänge beträgt, eine verstärkte Wasserschwingung. Die Punkte, in denen die Wasseroberfläche dauernd in Ruhe bleibt, liegen auf Hyperbeln (Knotenlinien). In Entfernungen, die groß gegen den Abstand der beiden Zentren sind, haben wir praktisch eine auslaufende Kreiswelle; nur die Amplitude auf jedem Kreis variiert in charakteristischer Weise (Zwei-Zentren-System).

Abb. 4.25 Interferenz von zwei Wasserwellen

Um die Ausbreitung von Oberflächenwellen bei *Hindernissen* näher kennenzulernen, lassen wir eine Welle durch eine Öffnung laufen. Ist wie in Abb. 4.26a die Breite der Öffnung groß gegen die Wellenlänge, so wird ein Sektor aus der einfallenden Welle ausgeblendet. Die Wellenzüge lassen sich mit guter Näherung durch gerade Linien oder Strahlen begrenzen, deren rückwärtige Verlängerungen sich im Ursprung der Welle schneiden. Die Grenzen sind aber nicht ganz scharf, da die Wellenbewegung etwa über diese Geraden hinausgreift: Wir sprechen von einer *Beugung*. In der folgenden Abb. 4.26b, in der die Spaltbreite nur noch das Dreifache der Wellenlänge beträgt, wird die Beugung schon sehr deutlich. Das dritte Bild (Abb. 4.26c) zeigt den anderen Grenzfall, in dem die Spaltbreite klein gegen die Wellenlänge ist. Hier ist es der Spalt selbst, der zum Ausgangspunkt einer neuen halbkreisförmigen Welle wird[5].

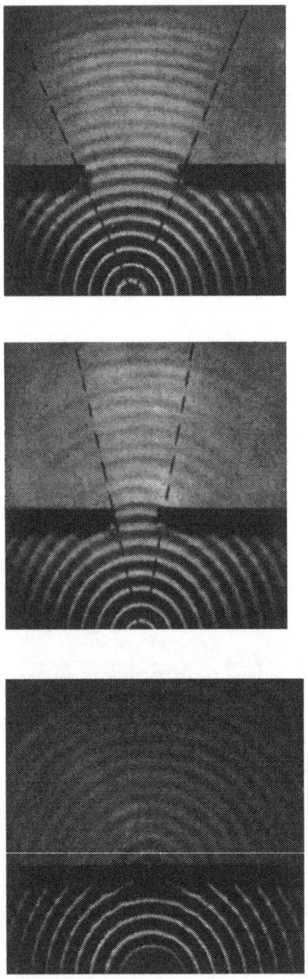

a

b

c

Abb. 4.26a–c Ausbreitung von Wasserwellen hinter einer Öffnung (nach *Pohl*)

[4] Es handelt sich um Transversalwellen, die es bei Flüssigkeiten und Gasen nur an Grenzflächen, nicht im homogenen Material gibt. Die Rückstellkraft entsteht durch die Oberflächenspannung (Abschn. 3.3.5) oder die Schwerkraft. Erstere ist vor allem bei kurzen Wellen von Bedeutung.

[5] Auch im unteren Teil des Bildes deutet sich eine zusätzliche Welle an, die an der Wand reflektiert worden ist, also als Zentrum das Spiegelbild des ursprünglichen Wellenzentrums hat.

Diese Beobachtung lässt sich verallgemeinern und in einem von *Huygens* aufgestellten Prinzip für Oberflächenwellen so aussprechen: *Jeder von einer Welle erregte Punkt wird selbst zum Ausgangspunkt einer neuen Kreis- oder Elementarwelle.* Das Huygens'sche Prinzip wird einleuchtend, wenn wir bedenken, dass jedes von der Primärwelle getroffene Teilchen eine Schwingung ausführt und daher, genau wie das allererste störende Teilchen, seine ganze Umgebung periodisch beeinflusst. So wirkt es auch als Zentrum einer Welle.

Nun stellt sich aber die Frage, wie die Beobachtungen in Abb. 4.26a und b, d. h. bei breiteren und sehr breiten Öffnungen, mit dem Huygens'schen Prinzip zu vereinbaren oder zu deuten sind. Ist Z das Zentrum der ursprünglichen Welle, deren Front zu einem bestimmten Zeitpunkt den Kreis K erreicht haben möge, s. Abb. 4.27, so schwingen alle Punkte S_1, S_2, S_3 usw. in Phase. Von ihnen allen gehen nun neue Elementarwellen aus. Die durch Interferenz aller dieser Elementarwellen entstehende resultierende Welle ist stets die *einhüllende Kurve* für die Wellenfronten der Elementarwellen, nach einer kurzen Zeitspanne also der Kreis K'. Diesen würde die ursprüngliche Wellenfront zu diesem Zeitpunkt auch direkt erreicht haben. Im Falle der ungestörten Ausbreitung einer Kreiswelle ist also das Huygens'sche Prinzip ohne Bedeutung. Anders wird das, wenn wir die Wellenausbreitung durch Hindernisse begrenzen. Geben wir nur eine Öffnung frei, s. Abb. 4.26a und Abb. 4.27 oben, so wirken die darin liegenden, zu Schwingungen erregten Wasserteilchen als Zentren neuer Elementarwellen. Um die Wellenbewegung oder Schwingung in irgendeinem Punkte P_1, P_2 usw. hinter dem Schirm zu finden, muss man alle diese Elementarwellen nach dem Interferenzprinzip unter Berücksichtigung ihrer Amplituden und Phasen zusammensetzen.

Solange die Spaltbreite sehr groß gegen die Wellenlänge ist, überlagern sich dann in Punkten P_3 jenseits der gestrichelten Grenzstrahlen, d. h. im sog. *Schattenbereich*, Elementarwellen mit sehr unterschiedlichen Laufwegen vom Spalt. Sie löschen sich vollständig aus, da sozusagen alle Phasendifferenzen zwischen 0 und 2π und auch Vielfache davon vorkommen. Je enger aber der Spalt gemacht wird, desto weniger Elementarwellen sendet er aus, desto weniger unterscheiden sie sich auch in ihren Laufwegen bis P_3. Entsprechend überlagern sich dort Schwingungen mit immer kleineren Phasendifferenzen. Die dabei resultierende Amplitude wächst, und zwar umso stärker, je näher P_3 an der Schattengrenze liegt. Mit enger werdender Öffnung wird die Beugung immer stärker, bis schließlich hinter der Öffnung nur eine einzige *elementare Kreiswelle*, Abb. 4.26c, auftritt.

Schließlich lassen wir in einem weiteren Versuch statt des dünnen Stabes eine lange, dünne, ebene Platte in das Wasser eintauchen und in senkrechter Richtung schwingen. In der dadurch entstehenden Welle liegen die Berge stets auf geraden Strecken parallel zur erregenden Platte. Wir wollen diese Wellenform – wie auch später bei Raumwellen – als *ebene Welle* bezeichnen. Auch diese Wellenform sagt das Huygens'sche Prinzip voraus, denn die Tangente von allen Elementarwellen, die von den Erregungspunkten der Platte ausgehen, ist diese gerade Strecke oder *Wellenfront*. Zu ihr senkrecht steht die sog. *Wellennormale*, in deren Richtung sich die Welle ausbreitet.

Mit ebenen Wasserwellen sind auch übersichtliche Schauversuche zur *Reflexion* und *Brechung* durchzuführen. Wir nutzen dazu aus, dass ihre Ausbreitungsgeschwindigkeit bei ganz geringen Wassertiefen abnimmt. So können wir eine Platte in die Wasserwanne legen und damit die Oberfläche in zwei Gebiete mit unterschiedlicher Wellengeschwindigkeit aufteilen ($c_2 < c_1$). Die ebene Welle kommt aus dem Gebiet 1 und trifft schräg auf die Grenzlinie. In Abb. 4.28 bildet die Wellennormale mit dem punktiert gezeichneten Einfallslot den Winkel α, den sog. *Einfallswinkel*. Man beobachtet dann sowohl eine *reflektierte* als auch eine im Gebiet 2 weiterlaufende, aber in der Richtung zum Einfallslot hin abgelenkte, *gebrochene* Welle.

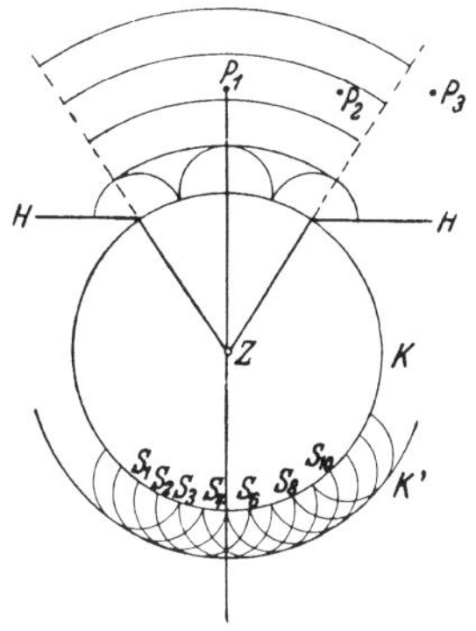

Abb. 4.27 Zum Huygens'schen Prinzip

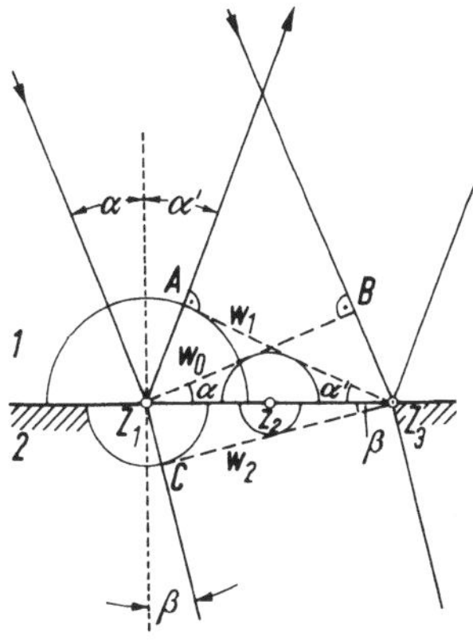

Abb. 4.28 Reflexion und Brechung einer ebenen Welle nach dem Huygens'schen Prinzip

Wir benutzen das Huygens'sche Prinzip, um das Reflexions- und Brechungsgesetz abzuleiten. Eine Wellenfront erregt die Punkte Z_1, Z_2, Z_3 auf der Grenzlinie nicht gleichzeitig, sondern nacheinander zum Aussenden von neuen Elementarwellen. Wenn also ein Wellenberg, der zur Wellenfront w_0 gehörte, den Punkt Z_3 erreicht hat, sind von Z_1 und Z_2 bereits die gezeichneten Elementarwellen ausgegangen. Sie haben im Stoff 1 (oberhalb) den Radius $Z_1A = BZ_3$, bzw. die Hälfte davon. Alle anderen Grenzpunkte zwischen Z_1 und Z_3 haben ebenfalls Elementarwellen ausgesendet, und die gemeinsame Tangente ist die Wellenfront w_1. Auf ihr steht die Ausbreitungsrichtung der reflektierten Welle senkrecht. Die Dreiecke Z_1AZ_3 und Z_1BZ_3 sind kongruent, ihre Winkel bei A und B sind rechte Winkel. Daraus folgt geometrisch das Reflexionsgesetz $\alpha = \alpha'$ (Einfallswinkel = Reflexionswinkel).

Im zweiten Gebiet mit der kleineren Wellengeschwindigkeit c_2 sind die Radien der Elementarwellen im Verhältnis c_2/c_1 kürzer als im ersten, und die Wellenfront als Tangente bildet mit der Grenzlinie den kleineren Winkel β, der auch der Winkel zwischen Ausbreitungsrichtung und Einfallslot ist. Damit folgt aus den rechtwinkligen Dreiecken Z_1AZ_3 und Z_1CZ_3 das Snellius'sche Brechungsgesetz $\sin\alpha/\sin\beta = c_1/c_2$, vgl. Abschn. 7.1.5.

In *Membranen* treten durch Vielfachreflexion der Oberflächenwellen am Rand *Eigenschwingungen* auf. Streut man Staub oder Sand auf eine schwingende Platte, so bleibt dieser an den Stellen dauernder Ruhe, den *Knotenlinien*, liegen, sog. Chladni'sche Staub-*Klangfiguren*. Bei kreisförmigen, am Rande eingespannten Membranen sind die Knotenlinien konzentrische Kreise sowie ausgezeichnete Radien, die je nach Eigenschwingung miteinander die Winkel π oder $\pi/2$ oder $\pi/3\ldots$ bilden. Noch verwickelter werden die Schwingungsformen bei gewölbten Flächen, z. B. bei Glocken und Gläsern.

4.2.5 Kugelwellen im Raum. In einem homogenen Stoff können wir uns als Wellenzentrum eine pulsierende Kugel vorstellen, deren Radius also überall gleichmäßig und periodisch wächst und schrumpft. Sie erzeugt eine longitudinale *Kugelwelle*, ihre Wellenfronten, d. h. die Flächen gleicher Schwingungsphase, sind *Kugelschalen*. Alles, was wir über Oberflächenwellen besprochen haben (Abschn. 4.2.4), bleibt auch für Kugelwellen sinngemäß gültig, wenn wir nur Kreise jetzt im Raum durch Kugelschalen ersetzen und auch als Elementarwellen beim Huygens'schen Prinzip Kugelwellen nehmen. Die Membran eines Lautsprechers erfüllt die oben genannten Anregungsbedingungen nicht ganz; er hat eine gewisse Richtwirkung, weil die nach vorn weglaufenden oder abgestrahlten Wellen größere Amplituden haben. Wir können aber aus den Wellen *Kegel* mit der Spitze in der Membran herausschneiden und sie in größerer Entfernung als Teile einer Kugelwelle ansehen, ebenso wie wir Sektoren bei den Kreiswellen aussonderten.

Solche Wellen, gekennzeichnet durch periodische Verdichtungen und Verdünnungen, treten als Folge der Volumenelastizität in allen Aggregatzuständen auf. Ihre Ausbreitungsgeschwindigkeit hängt von der Kompressibilität und der Dichte des Körpers ab. Für einen räumlich allseitig ausgedehnten Körper gilt unabhängig vom Aggregatzustand $c = \sqrt{K/\varrho}$, wobei K der Kompressionsmodul (Abschn. 3.3.1) und ϱ die Dichte ist. Für ein ideales Gas ist der isotherme Kompressionsmodul gleich dem Druck p.

Die Kompressions- und Expansionsvorgänge bei einer Schallwelle verlaufen aber nicht isotherm, sondern praktisch adiabatisch. Vom idealen Gas ist der adiabatische Kompressionsmodul $K = \kappa p$, s. Abschn. 5.2.4.

Aufgaben

4.2.1 Von den zwei gleichphasig schwingenden Lautsprechern in Abb. 4.19 gelangen Schallwellen der Frequenz 1 kHz in das Mikrophon, das vom einen Lautsprecher 3,1 m, vom anderen 3,2 m entfernt ist (Ausbreitungsgeschwindigkeit $c = 340$ m/s). Welche Phasendifferenz haben die beiden am Ort des Mikrophons entstehenden Schwingungen?

4.2.2 Vor einem festen Seilende findet man in 20 cm Entfernung den nächsten Knoten der Bewegung einer stehenden Welle der Frequenz 3 Hz. Wie groß ist die Ausbreitungsgeschwindigkeit?

4.2.3 Mit welcher Phasendifferenz schwingen in einer stehenden Seilwelle ($\lambda = 40$ cm) zwei Punkte, von denen der erste mit einem Wellenbauch zusammenfällt, während der zweite 5 cm davon entfernt ist? Wie groß ist das Verhältnis ihrer Amplituden x_{10}/x_{20}?

4.2.4 Ein beidseitig geschlossenes Rohr hat mit Luft gefüllt ($c = 340$ m/s) die Grundfrequenz 440 Hz. Welche Grundfrequenz hat es bei Füllung mit Wasser ($c = 1480$ m/s)? Wie lang ist es?

4.2.5 Eine Pfeife (Luftsäule), die am einen Ende offen, am anderen geschlossen ist, wird zu erzwungenen Schwingungen angeregt. Die tiefste Frequenz, bei der Resonanz eintritt, ist 600 Hz. Welches sind die beiden nächst höheren Resonanzfrequenzen?

4.2.6 Welcher Wellenvorgang entsteht auf der Verbindungsgeraden der beiden gleichphasig schwingenden Zentren von Abb. 4.25? Um wie viel Wellenlängen sind die beiden Zentren mindestens voneinander entfernt?

4.3 Akustik

Nach Behandlung der allgemeinen Eigenschaften und Bestimmungsgrößen von Wellen, wie Wellenlänge und Ausbreitungsgeschwindigkeit, ihre Überlagerung und die Ausbreitung von Kugelwellen, wollen wir uns in diesem Abschnitt speziell den *Schallwellen* zuwenden. Für die Akustik haben naturgemäß die Schallwellen in Luft eine zentrale Bedeutung. Wir beginnen mit der Energie, die wir bei Schwingungen schon im Einzelnen besprochen haben (Abschn. 4.1.1), bei Wellen aber noch quantitativ behandeln müssen.

4.3.1 Schallstärke, Schalldruck. Wie schon erwähnt, wird in jeder Welle Energie transportiert. Im Raum können wir das so formulieren: Die Welle transportiert durch eine Fläche senkrecht zu ihrer Ausbreitungsrichtung in der Zeiteinheit eine bestimmte Energie, also eine Leistung P. Sie ist gleichmäßig über die Fläche A verteilt, wenn wir Letztere nicht zu groß wählen. So verstehen wir unter Bestrahlungsstärke oder *Schallstärke* E das Verhältnis von Leistung zu durchstrahlter Fläche:

$$E = \frac{P}{A}\,. \tag{4.11}$$

E wird in Watt/m^2 angegeben. Wenn in der Luft keine Schwingungsenergie absorbiert wird, vgl. auch Abschn. 4.3.3.6, muss bei Kugelwellen die Gesamtleistung P_S, die durch jede Kugelfläche $4\pi r^2$ hindurchgeht, konstant also unabhängig vom Radius r sein. Daraus folgt:

$$E = \frac{P_\mathrm{S}}{4\pi r^2}\,. \tag{4.12}$$

Die Schallstärke sinkt mit dem Quadrat des Abstandes r von der Schallquelle, die insgesamt die Leistung P_S abstrahlt.

In der Schallwelle schwingt, wie in der Luftsäule, der Druck um den jeweiligen Wert des Luftdruckes, den das Barometer anzeigt. Wir bezeichnen mit Δp die Differenz zum statischen Luftdruck, die auch negativ wird. Der zeitliche Verlauf dieses sog. *Schalldruckes* an einem festen Ort (besser in einem kleinen Volumen) ist:

$$\Delta p = \Delta p_0 \sin 2\pi \nu t\,. \tag{4.13}$$

Δp_0 ist die Druckamplitude und wird in $\mathrm{Pa} = \mathrm{N/m^2}$ oder auch in mbar gemessen. Wie in jeder Schwingung die Energie dem Quadrat der Amplitude proportional ist, s. Abschn. 4.1.1, so besteht dieser Zusammenhang auch zwischen Schallstärke und Quadrat der Druckamplitude in der fortschreitenden Welle. Die gesamte von der Schallwelle pro Flächeneinheit transportierte Leistung beträgt:

$$E = \frac{1}{\varrho c}\frac{\Delta p_0^2}{2} = \frac{1}{\varrho c}\Delta p_\mathrm{eff}^2\,. \tag{4.14}$$

$\Delta p_\mathrm{eff} = \Delta p_0/\sqrt{2}$ nennt man den *Effektivwert* des *Schalldruckes*, vgl. auch effektive Wechselspannung, Abschn. 6.7.1.

Wenn eine Druckwelle sich ausbreitet, so müssen dazu, um z. B. einen Druckberg aufzubauen, Luftteilchen in dieses Gebiet einströmen, damit die Dichte wächst. Bei der zeitlichen Aufeinanderfolge von Über- und Unterdruck in jedem herausgegriffenen kleinen Gebiet sind das periodische Luftbewegungen mit der gleichen Frequenz, mit der auch der Schalldruck schwingt. Ihre Geschwindigkeit bezeichnet man als *Schallschnelle* u.

Eine Schallwelle setzt sich also aus einer Druck- und einer Schallschnelle-Welle zusammen, die, wie eben überlegt, ursächlich zusammenhängen, also untrennbar sind[6]. Beide transportieren Leistung, und zwar den gleichen Betrag, und beide sind in einer fortschreitenden Welle überall in Phase. Sie hängen folgendermaßen zusammen:

$$\Delta p = \varrho c \cdot u\,, \tag{4.15}$$

wobei ϱ die Dichte und c die Schallgeschwindigkeit in dem betreffenden Stoffe sind. $R = \varrho c$ wird als *Schallwiderstand* oder *Schallhärte* des Materials bezeichnet. Für Luft bei Atmosphärendruck und 0 °C ergibt sich mit $\varrho = 1{,}29\,\mathrm{kg/m^3}$ und $c = 330\,\mathrm{m/s}$ der Schallwiderstand zu rund $400\,\mathrm{kg/m^2s}$. Daraus folgt die Zahlenwertgleichung $E = \Delta p_\mathrm{eff}^2/400$ (E in W/m^2, Δp_eff in Pa).

[6] Eine Analogie liegt im elektrischen und magnetischen Feld einer elektromagnetischen Welle, vgl. Abschn. 6.8.3 f.

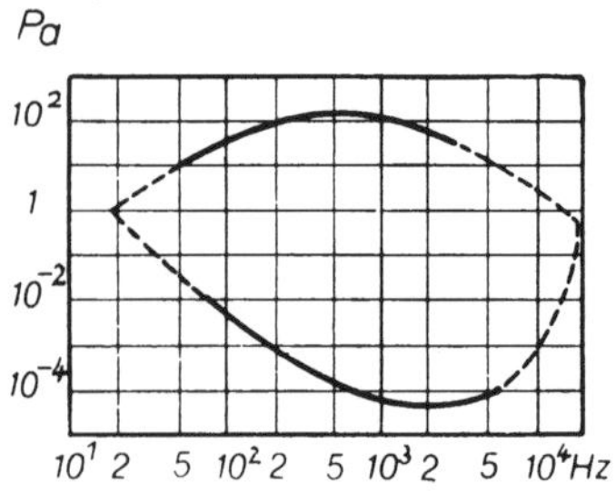

Abb. 4.29 Die Hörfläche. Die *untere Kurve* gibt die minimale, eben noch wahrnehmbare Schallstärke, die *obere Kurve* die maximale, eben noch erträgliche Stärke an

Den Unterschied von zwei Schallstärken $E_2 > E_1$ gibt man in einem logarithmischen Maßstabe an, weil das den Sinnesempfindungen entspricht (Abschn. 4.3.2). Die dazugehörende Einheit heißt dB (Dezibel). Das Verhältnis von zwei Schallstärken in dB ist folgendermaßen zu berechnen:

$$10 \log \frac{E_1}{E_2} = 20 \log \frac{\Delta p_{02}}{\Delta p_{01}} [\text{dB}] . \tag{4.16}$$

log ist der Zehner-Logarithmus, nicht der natürliche. 3 dB bedeutet also, dass E_2/E_1 praktisch 2 beträgt, weil $\log 2 = 0{,}301$ ist. Die zugehörigen Druckamplituden Δp_{02} und Δp_{01} oder die effektiven Schalldrücke stehen im Verhältnis $\sqrt{2}$. Auch bei Geräten, die eine Schwingung übertragen und dabei verstärken oder dämpfen, wird der Unterschied von Ausgangs- und Eingangsleistung in dB bestimmt. Bei Dämpfung ist der dB-Wert natürlich negativ.

Die Schalldruck-Amplitude Δp_0 kann man mit Mikrophon, Verstärker und Spannungsmesser oder Oszillograph messen, wenn die Anordnung kalibriert ist. Daraus berechnet sich die Schallstärke E. Zum Vergleich von zwei Schallstärken in dB genügen Relativwerte, d. h. die Kalibrierung ist nicht notwendig.

4.3.2 Gehörempfindungen. Das Gebiet der bekannten elastischen Schwingungen in Festkörpern umfasst Frequenzen von Bruchteilen eines Hertz bis herauf zu vielen MHz. Ganz langsame Schwingungen werden z. B. im Boden und in Gebäuden durch Motoren, Wind oder Brandung und schließlich durch Erdbebenwellen hervorgerufen; Schwingungen von einigen 10 kHz aufwärts bis zu einigen MHz fallen in das Gebiet des *Ultraschalls* (Abschn. 4.3.4).

4.3.2.1 Grenzen des Hörbereiches. Von diesem großen Frequenzbereich vermag nur ein sehr kleiner Ausschnitt, nämlich der zwischen 16 Hz und etwa 20 kHz unser Ohr zu erregen. Das ist ein Gebiet von rund 10 Oktaven. Mit dem Alter sinkt die obere Grenze unter 10 kHz, während Jugendliche bis über 24 kHz, Hunde sogar bis über 38 kHz (Hundepfeife) hören.

Um gehört zu werden, muss der Schalldruck einen bestimmten minimalen Wert, die sog. *untere Hörschwelle*, erreichen. Übersteigt er einen gewissen Wert, die *obere Hörschwelle*, so tritt eine Schmerzempfindung ein.

Die Schwellenwerte hängen stark von der Frequenz ab. Das in dieser Weise begrenzte Gebiet der Hörempfindung wird durch die sog. *Hörfläche* veranschaulicht, s. Abb. 4.29, in der als Ordinate die Druckamplitude in Luft aufgetragen ist. Wie man sieht, besitzt das Ohr seine größte Empfindlichkeit bei etwa 2 kHz. Während bei etwa 50 Hz ein Ton erst oberhalb einer Druckamplitude von 0,05 Pa hörbar ist, genügt bei 2000 Hz bereits eine tausendmal kleinere Druckamplitude bzw. eine Millionen Mal kleinere Schallstärke.

Die Leistungsfähigkeit des Ohres ist bewundernswert. Im mittleren Frequenzbereich bewältigt es Druckamplituden zwischen einigen 10^{-5} und 100 Pa. Dazu gehören Schallstärken von 10^{-12} bis $10\,\text{W/m}^2$. Man muss dazu aber bedenken, dass sich die subjektiv wahrgenommene *Empfindungsstärke* oder die *Lautstärke* eines Tones viel langsamer als die absolute Leistung der auffallenden Schallwelle ändert. Dabei gilt, wenigstens genähert, wie auch bei anderen Sinnesempfindungen das *Weber-Fechner'sche Grundgesetz*, wonach die Lautstärke L dem Logarithmus der Schallstärke proportional ist. Die Lautstärke folgt also der in dB angegebenen Schallstärke.

Um eine *Skala* für die *Lautstärke* oder die Einheit 1 *phon* festzulegen, muss man zunächst eine *absolute dB-Skala* für die Schallstärke schaffen. Dazu wählt man als Bezugswert $E_1 = E_{\min} = 2 \cdot 10^{-12}\,\text{W/m}^2$, das ist die untere Hörschwelle bei 1 kHz. In der absoluten dB-Skala errechnet sich also die Schallstärke zu $10 \log E/E_{\min}$.

Für Schallschwingungen von *1 kHz* sind nun Phon- und dB-Skala identisch. Bei dieser Frequenz hat also $E_{\min} = 2 \cdot 10^{-12}\,\text{W/m}^2$ die Lautstärke 0 phon, $10E_{\min}$ sind 10 phon, $20E_{\min}$ 13 phon, und die obere Hörschwelle liegt mit etwa $20\,\text{W/m}^2$ bei 130 phon.

Bei jeder anderen Frequenz muss die Lautstärke eines Tons durch eine Versuchsperson ermittelt werden. Sie vergleicht ihn mit einem 1 kHz-Ton, dessen Schallstärke sie so lange variiert, z. B. durch Verstärkungsänderung an einem Lautsprecher, bis sie beide Lautstärken als gleich empfindet. Dann ist die so gefundene Schallstärke der 1 kHz-Schwingung in der absoluten dB-Skala zu messen, und man hat die gesuchte Phonzahl. Nahe an der Grenze des Hörbereiches muss natürlich die Schallstärke der betreffenden Welle bei gleicher Phonzahl viel höher sein als die der 1 kHz-Schwingung.

Zwei Hupen von je 90 phon ergeben zusammen 93 phon, schalten wir davon eine ab, so vermindert sich der subjektiv empfundene Lärm nur um knapp 3,5%. Diese Zahlen veranschaulichen noch einmal die Bedeutung des *Weber-Fechner'schen* Gesetzes.

Die Größe *Lautheit* mit der Einheit 1 sone soll berücksichtigen, dass die Lautempfindung unseres Ohres geringfügig von der logarithmischen dB-Skala abweicht. 1 sone sind 40 phon bei 1 kHz. Einen Schalleindruck von 2 sone empfindet eine Versuchsperson doppelt so laut.

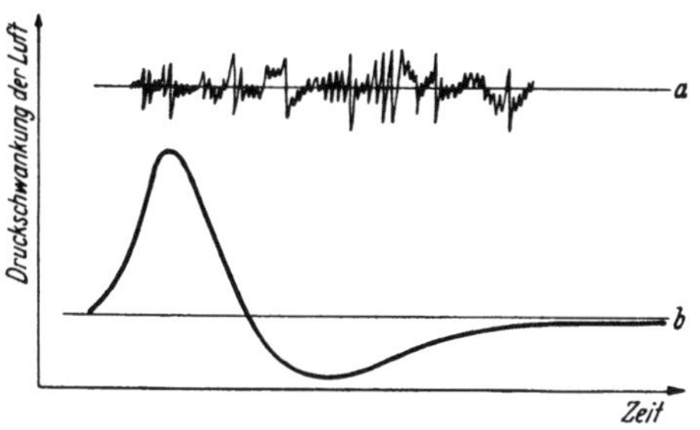

Abb. 4.30 Druckschwankungen der Luft bei einem Geräusch *a* und einem Knall *b*

4.3.2.2 Töne und Klänge. Eine reine *Sinusschwingung* empfinden wir als Ton. Die *Tonhöhe* ist durch die Frequenz der erregenden Schwingung bestimmt. Eine Beimischung von Oberschwingungen zur sinusförmigen Grundschwingung, wie sie in jedem Musikinstrument in charakteristischer Weise eintritt, beeinflusst die *Klangfarbe* des Tones, vgl. anharmonische Schwingung Abschn. 4.1.2. Einen aus mehreren Tönen zusammengesetzten Schalleindruck bezeichnen wir als *Tongemisch* oder *Akkord*. Wir empfinden ihn als angenehm und sprechen von Konsonanz, wenn die Grundfrequenzen sich wie kleine ganze Zahlen verhalten, z. B. die Quinte 2:3 oder die Terz 4:5.

Erstaunlicherweise ist der akustische Eindruck eines Klanges von der Phasenlage der einzelnen sinusförmigen Teilschwingungen zueinander ganz unabhängig. Unser Ohr reagiert also nicht auf die resultierende Kurvenform, die sehr erheblich vom zeitlichen Verlauf der einzelnen Teilschwingungen oder Harmonischen relativ zueinander abhängt, sondern nur auf die Amplituden der Teilschwingungen. Das liegt an dem für die Schallaufnahme wesentlichen Organ unseres Gehörs, der *Basilarmembran* mit dem Cortischen Organ. Dieses System ist der eigentliche *Klanganalysator*, es zerlegt das entlanglaufende Wellengemisch in seine harmonischen Bestandteile derart, dass die Schwingungen der einzelnen Frequenzen verschiedenen Fasern und Nerven zugeführt werden. Den Reiz steuert dann nur die Amplitude.

4.3.2.3 Geräusche. Durch das Zusammenwirken von unregelmäßig zusammenhängenden Schwingungen, die also eine Schallwelle ohne periodischen Charakter erzeugen, entsteht ein *Geräusch*, vgl. Abb. 4.30(*a*). Einen *Knall*, s. Abb. 4.30(*b*), empfinden wir, wenn eine kurz dauernde Dichteschwankung der Luft, ein „*Schallstoß*", das Ohr trifft wie bei der Detonation eines Explosivstoffes, bei einem Peitschenschlag oder durch einen elektrischen Funken.

Spektral zerlegt, vgl. Abschn. 4.1.2.2, ergeben Geräusche und Knalle wie jede nichtperiodische Schwingung ein kontinuierliches Frequenzband, oder auch mehrere davon. Es liegt für Geräusche (Abb. 4.30*a*) bei höheren Frequenzen, für den Knall (Abb. 4.30*b*) bei sehr tiefen bis herauf zu Werten, die zum Kehrwert der Knalldauer gehören. Sehr kurze Knalle empfinden wir als hell klingend. Schwingungen mit einem sehr breiten, kontinuierlichen Frequenzband nahezu konstanter Amplitude bezeichnen wir als *Rauschen* oder auch weißes Rauschen, weil diese Form des Spektrums der des weißen Lichts ähnlich ist (Abschn. 7.5.3).

4.3.2.4 Richtungshören. Die Fähigkeit, die Richtung, aus der eine Schallwelle kommt, recht genau angeben zu können, beruht auf der Empfindlichkeit unseres Gehörorgans gegen die kleinen Zeitunterschiede, um die bei schiefem Einfall eine Schallwelle das eine Ohr früher als das andere erreicht. Je größer sie sind, desto weiter nach der Seite liegend lokalisieren wir die Schallquelle. Der größte Zeitunterschied beträgt etwa 0,6 ms. Das ist die Zeit, die eine z. B. von rechts kommende Schallwelle braucht, um den zusätzlichen Weg vom rechten zum linken Ohr, das sind rund 21 cm, zurückzulegen.

4.3.3 Ausbreitung von Schallwellen. Da es sich beim Schall um mechanische Schwingungen handelt, die durch materielle Medien, wie Luft, Wasser oder Boden, mittels Wellen weitergeleitet werden, breitet er sich im Gegensatz zu den elektromagnetischen Wellen natürlich im luftleeren Raum nicht aus.

4.3.3.1 Schallgeschwindigkeit. In einem Gase verlaufen die Kompressions- und Expansionsvorgänge adiabatisch, sodass für die Geschwindigkeit elastischer Longitudinalwellen die Beziehung $c = \sqrt{\kappa p/\varrho}$ gilt (Abschn. 5.2.4). Für Luft normaler Feuchtigkeit gilt dafür die Zahlenwertgleichung

$$c = 331\sqrt{1 + 0{,}0036t}\ \mathrm{m/s}\,. \qquad (4.17\mathrm{a})$$

t ist die Temperatur in °C; c ist unabhängig vom Druck, weil das Verhältnis p/ϱ praktisch nur von der Temperatur abhängt. Weitere Schallgeschwindigkeiten sind in der Tabelle 4.1 zusammengestellt[7].

Tabelle 4.1 Schallgeschwindigkeiten bei 20 °C in m/s

Blei	1300	Wasser	1484
Kupfer	3900	Quecksilber	1431
Aluminium	5100	Luft	343
Eis (−4 °C)	3230	Kohlendioxid	268

4.3.3.2 Doppler-Effekt. Beim Schall lässt sich eine für alle Wellen charakteristische Erscheinung leicht verfolgen, der sog. *Doppler-Effekt*. Bewegt sich eine Schallquelle auf den Beobachter zu, so erhöht sich die Zahl der am Ohr in der Sekunde vorbeilaufenden Wellenmaxima und -minima. Die Tonfrequenz wird höher. Entfernt sich die Schallquelle, so wird der Ton tiefer. Dabei gilt, falls der Beobachter ruht,

$$\nu' = \frac{\nu}{1 \pm \frac{v}{c}}\,, \qquad (4.17\mathrm{b})$$

wobei ν die Frequenz der Schallquelle, ν' die wahrgenommene Tonfrequenz, v die Geschwindigkeit der Schallquelle und c die des Schalles ist; das Minuszeichen gilt bei Annäherung ($v < c$), das Pluszeichen bei Entfernung der Schallquelle.

[7] Die Geschwindigkeit von Schallwellen in Luft ist von der Frequenz unabhängig. Sonst würde Musik in größerer Entfernung völlig verzerrt klingen.

4.3.3.3 Kopfwellen. Falls die Geschwindigkeit einer Schallquelle die Schallgeschwindigkeit überschreitet $v > c$, werden die sich ausbreitenden Schallwellen von der Quelle (Überschallflugzeug, Geschoss) überlaufen. Später entstehende Wellen überlagern die früheren, so entsteht ein *Verdichtungsstoß*. In der Vorwärtsrichtung des Flugkörpers gibt es keinerlei Wirkung, wohl aber schleppt der Körper eine durch einen Kegelmantel begrenzte Verdichtungszone *(Mach'scher Kegel)*[8], die sog. *Stoß-* oder *Kopfwelle* mit sich, s. Abb. 4.31. Der beim Passieren der Stoßwelle auftretende Knall wird am Boden als äußerst lästig empfunden.

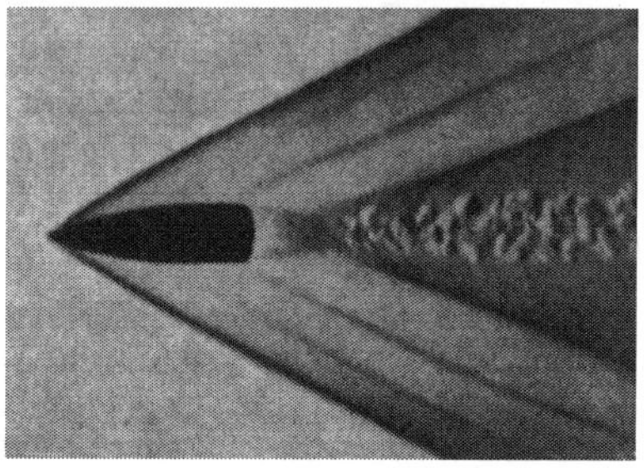

Abb. 4.31 Kopfwelle eines Geschosses (Schlierenaufnahme nach *Cranz*)

Das Verhältnis der Geschwindigkeit v des bewegten Körpers zur Schallgeschwindigkeit c in der Umgebung wird die *Mach'sche Zahl M* genannt. Beim Erreichen der Schallgeschwindigkeit wird der Winkel α zwischen Mantel und Achse des Kegels 90°, es bildet sich die sog. *Schallmauer* aus. Allgemein gilt $\sin\alpha = c/v = 1/\mathrm{M}$.

4.3.3.4 Reflexion und Raumakustik. Schallwellen werden an ebenen Wänden oder allgemeiner an Flächen, deren Rauigkeit kleiner als die Wellenlänge ist, nach dem Reflexionsgesetz reflektiert, vgl. Abschn. 4.2.4 (Echo). Die Reflexion des Schalles am Meeresboden benutzt man, um mittels des Echolotes aus der Laufzeit eines kurzen Schallsignals vom Schiff zum Meeresboden und zurück die Meerestiefe zu bestimmen. Auf der Reflexion des Schalles beruht auch die Wirkung von *Hör-* und

[8] Sie entspricht der Bugwelle eines Schiffes, das mit einer Geschwindigkeit auf dem Wasser fährt, die größer als die Ausbreitungsgeschwindigkeit der Wasserwellen ist.

Sprachrohren. In Letzteren werden die Schallwellen durch die wiederholte Reflexion an den Wänden gebündelt. Dadurch breitet sich die Leistung nicht nach allen Seiten aus, sodass Schallstärke und damit Reichweite erheblich ansteigen.

Der Übergang der Schallenergie von einem Medium in ein anderes hängt von den Schallwiderständen der beiden Medien ab (Abschn. 4.3.1). Sind diese gleich, so geht die Energie restlos über. Je verschiedener die Widerstände sind, umso mehr Leistung wird reflektiert. Daher tritt an einer Grenzfläche Gas-Flüssigkeit fast völlige Reflexion ein.

Auch das Trommelfell des Ohres allein würde fast alle auftreffende Leistung reflektieren, wenn nicht die Gehörknöchelchen eine sog. *Anpassung* für die Schallwellen zum Innenohr bewirken würden. Nur dadurch können sie weitgehend ungehindert in das Ohr eindringen.

Die sog. *Raumakustik* wird wesentlich von der Reflexion des Schalls an Wänden und Decken beeinflusst. So reflektiert eine glatte Steinwand 95%, eine Holzwand 90% der auftreffenden Leistung. Das Ohr wird daher nicht nur von den direkten, sondern auch von den reflektierten Wellen getroffen. Da diese einen längeren Weg zurücklegen müssen, spricht man von *Nachhall*. Folgt er, wie in kleinen Räumen, sehr rasch, so verstärkt er beim Vermischen mit dem ursprünglichen Klang die Tonempfindung und ist daher erwünscht. Ohne Nachhall, z. B. auf freiem Felde, klingt eine Stimme leer. – In großen Hallen aber kann dieser Nachhall sehr stören. Meist gelingt es, ihn durch Bekleidung der Wände mit schallschluckenden Platten oder durch eine besondere Gliederung der Wände zu dämpfen.

4.3.3.5 Brechung. Beim Übergang von einem Medium in ein anderes tritt, wie bei allen Wellen (Abschn. 4.2.4), neben der Reflexion eine *Brechung* auf. In Luftschichten, in denen sich die Temperatur und damit die Schallgeschwindigkeit allmählich ändern, tritt eine Krümmung der Ausbreitungsrichtung ein. Dieser Vorgang kann für die *Reichweite* des Schalles von Bedeutung sein. Nimmt z. B. die Lufttemperatur mit der Höhe zu, so wird eine schräg nach oben laufende Schallwelle mit steigender Schallgeschwindigkeit immer mehr vom Einfallslote weggebrochen, bis sie schließlich spiegelsymmetrisch wieder zum Erdboden zurückläuft. Da der Schall in den oberen dünnen Luftschichten weniger absorbiert wird, ist die Reichweite dieser Schallwellen erheblich größer als die der unmittelbar am Boden verlaufenden.

Auf dem gleichen Vorgang beruht die oft beobachtete Tatsache, dass Kirchenglocken in der Windrichtung noch in größerer Entfernung gut zu hören sind: Die Windgeschwindigkeit nimmt meist vom Erdboden mit der Höhe zu, und sie vergrößert durch Addition die Schallgeschwindigkeit. So werden ebenfalls unter kleinem Winkel nach oben verlaufende Schallwellen zur Erde zurückgelenkt.

4.3.3.6 Absorption. Geht eine Schallwelle durch Luft, so wird ihr vor allem infolge der inneren Reibung der bewegten Luftteilchen ständig Energie entzogen. In der Kugelwelle nimmt die Schallstärke daher nicht nur mit dem Quadrat der Entfernung r ab (Abschn. 4.3.1), sondern zusätzlich noch mit einem Faktor $\exp(-\alpha r)$. α ist der *Absorptionskoeffizient*, er ist proportional ν^2. Hohe Frequenzen werden also viel stärker gedämpft als niedrige. So hört sich der Donner in Gewitternähe sehr hell an, in größerer Entfernung aber dumpf, weil dort die höherfrequenten Wellen aus dem Frequenzgemisch (Abschn. 4.3.2.2) praktisch keine Amplitude mehr haben.

Die Absorption in porösen Stoffen, wie Filzen und Teppichen, ist besonders hoch. Das kommt dadurch zustande, dass die Energie der Luftteilchen, die in den Hohlräumen in Schwingungen geraten, durch Reibung sehr schnell aufgezehrt wird.

Ein angeschlagener Glaskelch, leer oder mit einer reinen Flüssigkeit (Wein) gefüllt, klingt wie eine Glocke. Mit Bier oder Sekt „scheppert" er wegen der Gasblasen.

4.3.3.7 Beugung. Für das Auftreten von Beugungserscheinungen ist, wie wir in Abschn. 4.2.4 gesehen haben, das Verhältnis der Wellenlänge zur Größe der Öffnungen und Hindernisse maßgebend. Die Beugung wird merklich, sobald die Objekte so klein sind, dass ihre Abmessungen von der Größenordnung der Wellenlänge werden. Da z. B. für $\nu = 100\,\mathrm{Hz}$ $\lambda = 3\,\mathrm{m}$ und für $\nu = 1\,\mathrm{kHz}$

$\lambda = 0{,}3$ m wird, ist die Beugung des Hörschalles im Gegensatz zu der des Lichtes ($\lambda \approx 0{,}5$ µm) stark ausgeprägt. Schall geht um die Ecke und wird um Gegenstände herumgebeugt. Hindernisse, deren Abmessungen nicht groß gegen die Wellenlänge des Schalles sind, geben keinen „Schallschatten“. So wird eine von links einfallende Schallwelle um unseren Kopf gebeugt und erregt auch das rechte Ohr. Jedoch ist dort die Schallstärke umso geringer, je kürzer die Wellenlänge, also je höher die Frequenz ist.

4.3.4 Ultraschall. Von großer technischer Bedeutung ist das Gebiet des Ultraschalls mit Frequenzen von 20 kHz bis zu einigen 100 MHz. Die Erzeugung von Ultraschallwellen erfolgt vor allem mithilfe von longitudinal schwingenden Quarzkristallen. Da eine Quarzplatte beim Anlegen einer elektrischen Spannung an die Flächen ihre Dicke ändert, sog. *piezoelektrischer* Effekt (Abschn. 6.2.8), gerät der Kristall beim Anlegen einer Wechselspannung, deren Frequenz gleich einer seiner Eigenfrequenzen ist, in Resonanz.

Da Ultraschallsender sehr beträchtliche Leistungen abzustrahlen vermögen, können in den von Ultraschallwellen durchsetzten Körpern sehr große Wechseldrucke, bis zu vielen bar, und infolge der sehr hohen Frequenz auch sehr große Beschleunigungen auftreten. Dabei kommt es an den Stellen stärkster Dehnung durch Zerreißen der Flüssigkeit zu einer Hohlraumbildung, sog. *Kavitation*. In die Hohlräume strömen die im Medium gelösten Gase. Darauf beruhen die besonderen Wirkungen von *großer* Ultraschall-Leistung. So kann man Flüssigkeiten und Metallschmelzen damit entgasen oder von nicht mischbaren Flüssigkeiten, wie Öl und Wasser, mittels Ultraschall Emulsionen herstellen. Ebenso lassen sich Flüssigkeiten zerstäuben. Umgekehrt koagulieren Schwebstoffe in der Luft, deren Konzentration z. B. im Rauch, Smog oder Nebel besonders groß ist, im Ultraschallfeld, d. h. die Teilchen ballen sich zusammen.

Die Tatsache, dass ein fehlerfreies Werkstück eine gute Durchlässigkeit für Ultraschall besitzt und dass jeder Riss oder Hohlraum (Luftspalt) den Schall fast völlig reflektiert, bietet die Möglichkeit einer *zerstörungsfreien Prüfung* von *Werkstoffen* aller Art. Das ist deshalb besonders wichtig, weil die Durchleuchtung mit Röntgenstrahlen bei sehr dicken Werkstücken unmöglich wird.

Vornehmlich für die medizinische Diagnostik wird das Verfahren als *Echomethode* nach Art des *Radar* benutzt. Der Ultraschall wird als enges, gerichtetes Bündel sehr kurzzeitig als sog. *Ultraschallimpuls* ausgesandt, wobei die Leistung insgesamt sehr klein bleibt. Diese Impulse wiederholen sich in festen Zeitabständen. Sie werden an den vom Bündel getroffenen Stellen im Gewebe teilweise reflektiert, an denen sich der Schallwiderstand sprungweise ändert. So gelangen nach unterschiedlicher Laufzeit Echos zum Empfänger, aus denen Strukturen, z. B. im Gehirn, zu erkennen sind. – Es gelingt ein Schallbild eines kleinen Körperausschnittes durch Abtasten nach Art des Fernsehbildes herzustellen, ein sog. *Sonogramm*. Die Strahlungsbelastung der Röntgendiagnose wird dabei vermieden.

Aufgaben

4.3.1 Der effektive Schalldruck einer fortschreitenden Schallwelle in Luft beträgt $2 \cdot 10^{-2}$ Pa. Wie groß sind dort Schallstärke und effektive Schallschnelle?

4.3.2 Ein Lautsprecher strahlt insgesamt 3 W Schall gleichmäßig in alle Richtungen. Wie groß ist der absolute Wert der Schallstärke E in 20 m Entfernung und um wie viel dB sinkt sie von dort bei Vergrößerung der Entfernung auf 80 m, wenn man von der Absorption in Luft absieht?

4.3.3 Eine Schallwelle der Frequenz 8 kHz wird an einer Wand reflektiert, die sich mit 0,05 m/s auf die Schallquelle zubewegt. Ein davor stehender Beobachter hört ursprüngliche und reflektierte Welle mit etwa gleicher Lautstärke. Wie groß ist die Schwebungsfrequenz? $c = 340$ m/s (Methode der Geschwindigkeitsmessung).

4.3.4 Der Absorptionskoeffizient α für die Schallstärke der Luft ist stark von Wassergehalt und Temperatur abhängig. Er betrage für eine Schallwelle von 8 kHz $1{,}5 \cdot 10^{-4}\ \mathrm{cm}^{-1}$. Wie beantworten sich die Fragen von Aufgabe 4.3.2 unter Berücksichtigung dieser Dämpfung?

4.3.5 Die Dämpfung längs eines homogenen Rohres kann man in dB/m angeben. Man gebe diesen Wert an für einen Absorptionskoeffizienten der Schallstärke von $3 \cdot 10^{-4}\ \mathrm{cm}^{-1}$.

4.3.6 Ultraschall der Frequenz 150 kHz bildet in Wasser eine stehende Welle. Wie groß ist der Abstand zweier benachbarter Druckbäuche?

5. Wärmelehre

5.1 Thermometrie, Wärmeausdehnung, ideales Gas

Die beiden zentralen Begriffe der Wärmelehre sind die *Wärmemenge* und die *Temperatur*. Während die Wärmemenge eine Form der Energie ist, die sich in der ungeordneten Molekülbewegung auch im Einzelnen als mittlere mechanische Energie der Moleküle verfolgen lässt, beschreibt die Temperatur den *thermischen Zustand*, d.h. den Wärmezustand, eines *makroskopischen Körpers*. Die Temperatur ist eine neue *Basisgröße*, für die zunächst eine Einheit oder besser eine Skala festgelegt werden muss, um Messungen durchführen zu können. In unserer Betrachtung wollen wir damit beginnen, zumal die Beobachtung der Temperatur sowohl die Grundlage zur Untersuchung der thermischen Stoffeigenschaften ist als auch wichtige Unterlagen liefert, um die Gesetzmäßigkeiten der Wärmebewegung, also letztlich das „Wesen der Wärme" zu erkennen.

5.1.1 Temperaturskala. Die *Temperatur* eines Körpers empfinden wir mittels gewisser auf Wärmereize reagierender Nerven, die an bestimmten Stellen unserer Haut, den *Warm-* und *Kaltpunkten*, enden. Unsere Wärmeempfindungen sind aber zur Beurteilung oder gar zur Messung der Temperatur nur beschränkt brauchbar, weil unsere Nerven auf die Abkühlungs- oder Erwärmungsgeschwindigkeit reagieren. Daher finden wir denselben Gegenstand kalt oder warm, je nachdem, ob die Hand vor der Berührung in wärmerer oder kälterer Umgebung war. Ferner fühlt sich z. B. ein kühler Metallkörper kälter an als ein solcher aus Holz derselben Temperatur, weil das Metall infolge seiner besseren Wärmeleitung (Abschn. 5.5.1) der Hand die Wärme rascher entzieht. Schließlich kann ein „brennend heißer" Körper dieselbe Empfindung wie ein besonders kalter auslösen. Wir müssen uns also ein von unseren Sinnesorganen unabhängiges Messverfahren für die Temperatur eines Körpers, d. h. eine *objektive Thermometrie* schaffen.

Dazu benutzen wir die Beobachtung, dass zahlreiche physikalische Eigenschaften eines Körpers, wie z. B. sein Volumen, sein elektrischer Widerstand oder seine elektromagnetische Strahlung, sich mit der Temperatur ändern. Ferner lehrt die Erfahrung, dass zwei verschieden warme Körper bei Berührung schließlich eine gemeinsame Endtemperatur annehmen, was wir als *thermisches Gleichgewicht* bezeichnen wollen.

Für eine *Temperaturskala* müssen wir zunächst *Fixpunkte* festlegen. Dazu sind Substanzen ausgewählt worden, die unter vorgegebenen Bedingungen stets dieselbe Temperatur, denselben thermischen Zustand haben. Der erste Fixpunkt, der *Eispunkt*, ist die Temperatur des unter dem normalen Luftdruck 1013 mbar schmelzenden reinen Eises, d. h. einer Mischung von Eis mit Wasser im thermischen Gleichgewicht. Als zweiter Fixpunkt dient die Temperatur des bei 1013 mbar siedenden reinen Wassers, der *Siedepunkt* des Wassers. Die *Celsius-Skala* bezeichnet den Eispunkt als 0 Grad Celsius (°C) und den Siedepunkt als 100 °C.

Zur *Interpolation* zwischen diesen Fixpunkten kann man zunächst einmal praktisch die Wärmeausdehnung von *Quecksilber* benutzen. Dazu markieren wir die Standhöhe der Quecksilbersäule in einer Kapillaren, die an die mit Quecksilber gefüllte Thermometerkugel anschließt, beim Eis- und beim Siedepunkt und teilen die so entstandene Strecke in 100 gleiche Teile. Diese Teilung können wir auch nach oben und unten im gleichen Maßstab fort-

H.A. Stuart, G. Klages, *Kurzes Lehrbuch der Physik*, Springer-Lehrbuch, DOI 10.1007/978-3-540-89046-1_5

setzen. Die so geschaffene Temperaturskala setzt also einen linearen Zusammenhang zwischen der Temperatur und der Wärmeausdehnung von Quecksilber voraus. Kriterien für die Zweckmäßigkeit – nicht Richtigkeit! – einer derartigen Skala kann man u. a. darin suchen, ob sich physikalische Gesetzmäßigkeiten mit der so definierten Temperatur einfach darstellen lassen.

Im Laufe der weiteren Entwicklung hat sich ergeben, dass einige Verbesserungen und Änderungen unter diesem Gesichtspunkte angebracht sind, vgl. thermische Zustandsgleichung der idealen Gase Abschn. 5.1.4. Sie seien hier, der Übersichtlichkeit halber, zusammengestellt:

1. Zur Interpolation zwischen den Fixpunkten und zur Extrapolation nach beiden Seiten benutzt man den *Druck* von *Helium*, d. h. eines idealen Gases, bei konstantem Volumen. Dabei ändert sich gegenüber der Ausdehnung des Quecksilbers zwischen 0 und 100 °C praktisch kaum etwas, vgl. auch Abschn. 5.1.3.

2. Eine Willkür wird beseitigt, wenn man den Nullpunkt der Temperaturskala nach −273,15 °C, dem sog. *absoluten Nullpunkt* (Abschn. 5.1.4 und 5.3.1) verschiebt, das Intervall von 1 Grad aber belässt. Das ist die *absolute* oder *Kelvin-Temperaturskala*. Die sog. *absolute* Temperatur wird mit T bezeichnet, während für Angaben in der Celsiusskala t üblich ist. Wir werden im Folgenden zur Abkürzung die Differenz auf 273 abrunden oder mit T_0 bezeichnen. Also gilt:

$$T = t + T_0\,. \qquad (5.1a)$$

Die Einheit der absoluten Temperatur ist 1 Kelvin (K). – In physikalischen Gesetzen oder abgeleiteten Größen treten meist *Temperaturdifferenzen* auf, und sie behalten in der Celsius- und Kelvinskala denselben Wert $\Delta t = \Delta T$. Wir werden ihre Einheit stets als K schreiben.

Die heute verwendete sog. *thermodynamische* Temperaturskala wird mithilfe des zweiten Hauptsatzes durch Ausmessung von Kreisprozessen (Abschn. 5.2.5) völlig unabhängig von der gewählten Thermometersubstanz festgelegt. Gegenüber der Interpolation nach den Gesetzen des idealen Gases entsteht dadurch keine Veränderung.

Die SI-Basiseinheit 1 K ist als der 273,16te Teil der thermodynamischen Temperatur des *Tripelpunktes* des *Wassers* definiert, vgl. Abschn. 5.4.4, also nicht des Gefrierpunktes. Der Nullpunkt der Kelvin-Skala ist der absolute Nullpunkt. Weil der Tripelpunkt des Wassers bei +0,01 °C liegt, beträgt die Schmelztemperatur des Eises 0 °C oder 273,15 K. Man benutzt daher jetzt zur Angabe der Celsius-Temperatur t die Beziehung:

$$t = T - 273,15\,. \qquad (5.1b)$$

5.1.2 Praktische Temperaturmessung. Die im täglichen Leben meist benutzten Temperaturmesser sind die Flüssigkeitsthermometer, wobei Quecksilber die gebräuchlichste Thermometersubstanz geblieben ist.

Kalibriert man ein solches Thermometer, wie in Abschn. 5.1.1 ausgeführt, so erhalten wir infolge der ungleichmäßigen Ausdehnung von Quecksilber und Glas Abweichungen in Bezug auf das Gasthermometer, die bei 50 °C etwa 0,1 °C, bei 300 °C jedoch schon 2 °C Differenz betragen.

Außerdem treten wegen der thermischen Nachwirkung des Glases Veränderungen des Nullpunktes, *Depressionen*, auf, die sich durch künstliches *Altern* (häufige schnelle Temperaturveränderungen) von geeigneten Glassorten, sog. Thermometergläsern, vermeiden lassen.

Im *Fieberthermometer* muss die Säulenlänge auch bei Abkühlen auf Zimmertemperatur erhalten bleiben, damit man genau genug ablesen kann. Dazu ist die Kapillare kurz oberhalb der Kugel stark verengt. Dort sind die Kohäsionskräfte der Flüssigkeit verringert, und der Faden reißt ab, wenn das Quecksilber in der Kugel sich wieder zusammenzieht. Das Fadenvolumen selbst ist zu klein, um durch seine eigene Volumenänderung merkliche Messfehler zu verursachen. Nur durch Trägheitskräfte (Abschn. 2.3.4), d. h. durch Schleudern, wird die Säule „heruntergeschlagen".

Da Quecksilber bei −38,87 °C fest wird, muss man bei tieferen Temperaturen andere Flüssigkeiten, etwa Methanol, Toluol bis −100 °C oder Pentan bis −190 °C verwenden.

Für höhere Temperaturen lassen sich Quecksilberthermometer auch über den Siedepunkt des Hg bei 357 °C hinaus verwenden, wenn sie Stickstoff unter hohem Druck enthalten, wodurch die Sublimation des Quecksilbers verhindert wird. So kommt man bis 600 °C, bzw. bei Thermometern aus Quarzglas bis 750 °C.

Für tiefere und höhere Temperaturen stehen die Methoden der *elektrischen Temperaturmessung* zur Verfügung, und zwar *Widerstandsthermometer* (Abschn. 6.3.5) von etwa −270 bis 1500 °C, *Thermoelemente* (Abschn. 6.4.7) von etwa −200 bis 2000 °C. Bei noch höheren Temperaturen kann man nur noch die Temperaturstrahlung der Körper zur Temperaturmessung benutzen, *optische Pyrometer* (Abschn. 7.5.3).

Für rein wissenschaftliche Zwecke und zur Eichung anderer Thermometer benutzt man im Bereiche von 3 K bis etwa 1400 K Gasthermometer mit H_2 oder He in Gefäßen aus Quarzglas (Abschn. 5.1.4, Abb. 5.2).

5.1.3 Wärmeausdehnung. Im Allgemeinen dehnen sich alle Körper mit zunehmender Temperatur aus. Ein Festkörper, der bei 0 °C die Länge l_0 besitzt, ändert diese nach der Beziehung

$$l = l_0(1+\alpha t)^3 \quad \text{oder} \quad \frac{\Delta l}{l_0} = \alpha \Delta T\,. \tag{5.2}$$

α ist der *lineare Wärmeausdehnungskoeffizient*. Für die Volumenänderung eines Quaders aus festem Material vom Volumen V_0 und mit den Kantenlängen a, b, c bei 0 °C gilt dann entsprechend

$$V = a \cdot b \cdot c(1+\alpha t)^3 = V_0(1+\alpha t)^3\,. \tag{5.3a}$$

Da αt sehr klein gegen eins ist, ergibt sich mit genügender Genauigkeit

$$V = V_0(1+3\alpha t) = V_0(1+\gamma t)\,, \tag{5.3b}$$

wobei wir $3\alpha = \gamma$ als den *kubischen thermischen Ausdehnungskoeffizienten* bezeichnen. Da Flüssigkeiten und Gase keine feste Form haben, ist bei ihnen nur der kubische Ausdehnungskoeffizient von Bedeutung. Bei Flüssigkeiten und erst recht bei Gasen ist dieser erheblich größer als bei festen Körpern. In Tabelle 5.1 sind einige Ausdehnungskoeffizienten zusammengestellt. Danach hat die Legierung Invar aus 64% Eisen und 36% Nickel einen besonders kleinen Ausdehnungskoeffizienten. Auch Quarzglas zeigt eine extrem geringe Wärmeausdehnung. Deshalb kann man ein glühendes Quarzgefäß in kaltes Wasser tauchen, ohne dass es wie Glas zerspringt.

Tabelle 5.1 Ausdehnungskoeffizienten einiger fester Körper und Flüssigkeiten in $10^{-5}\,K^{-1}$ bei 18 °C

Stoff	linear	kubisch
Blei	2,90	
Kupfer	1,65	
Eisen	1,15	
Invar	0,20	
Glas	0,80	
Quarzglas	0,05	
Wasser		18
Ethanol		110
Quecksilber		18

Das Volumen von Flüssigkeiten wächst nicht streng linear mit der Temperatur. Daher kann man den thermischen Ausdehnungskoeffizienten γ nur aus der Steigung der Messkurve V gegen T bei der gewünschten Temperatur berechnen als:

$$\gamma = \frac{1}{V}\frac{\mathrm{d}V}{\mathrm{d}T}\,. \tag{5.3c}$$

γ hängt also von der Temperatur ab. Bei Quecksilber allerdings ist γ in erster Näherung davon unabhängig. Deshalb ist die Skala des Quecksilber-Thermometers äquidistant. Selbstverständlich lässt sich trotzdem jede beliebige Flüssigkeit als Thermometersubstanz verwenden, nur ergibt sich beim Kalibrieren eine *nichtäquidistante* Teilung.

Durch die Wärmeausdehnung sinkt mit steigender Temperatur die *Dichte* $\varrho = m/V$ von Festkörpern und Flüssigkeiten (Abschn. 3.1.5). Man findet bei kleinen Temperaturänderungen:

$$\Delta\varrho = -\gamma\varrho\Delta T\,. \tag{5.4}$$

Dasselbe gilt für die Stoffmengenkonzentration (Molarität).

Die Wärmeausdehnung findet im praktischen Leben vielfältige Anwendung. Lötet man zwei flache Metallstäbe, z. B. aus Eisen und Kupfer, der Länge nach fest aneinander, so dehnt sich beim Erwärmen der Kupferstab stärker aus. Daher krümmt sich dieser sog. *Bimetallstreifen*, wobei das Kupfer mit dem größeren Ausdehnungskoeffizienten die konvexe Seite bildet. Dieses Prinzip wird bei *Bimetallthermometern* und Temperaturreglern vielfach praktisch angewandt.

Die *Anomalie* des Wassers: Wasser nimmt eine wichtige Ausnahmestellung ein, insofern, als es sich beim Erwärmen von 0 bis 4 °C *zusammenzieht*, bei 4 °C ein *Dichtemaximum* besitzt und erst von da ab mit wachsender Temperatur sein Volumen vergrößert. Diese eigentümliche Erscheinung, die auf einer Veränderung der gegenseitigen Anordnung der Wassermoleküle (ihrer Nahordnung und Assoziation) beruht, spielt im Haushalt der Natur insofern eine große Rolle, als sie das Ausfrieren von stehenden Gewässern bis zum Grunde verhindert. Die tiefste Wasserschicht kühlt sich auf 4 °C ab, und das kältere, leichtere Wasser schichtet sich darüber. Der Wärmeverlust erfolgt dann nur noch sehr langsam durch Wärmeleitung und nicht durch Konvektion (Abschn. 5.5.2). Ruhendes Wasser und die obere Eisdecke sind schlechte Wärmeleiter, stellen also einen guten Wärme- bzw. Kälteschutz dar (Abschn. 5.5.1).

5.1.4 Thermische Zustandsgleichung des idealen Gases. Jedes Gas nähert sich in seinem Verhalten dem eines sog. *idealen* Gases, wenn nur die Temperatur genügend hoch wird und dabei sein Druck genügend gering bleibt. Das ideale Gas ist also ein Grenzfall[1], ähnlich wie der ideale elastische Festkörper oder die ideale und zähe Flüssigkeit (Abschn. 3.2.2 und 3.5.1). Bei Zimmertemperatur und Normaldruck sind Helium und Wasserstoff ideale Gase, Luft ist es noch in guter Näherung, während Wasserdampf erst oberhalb 800 °C ein ideales Gas ist. Wir beschränken uns in diesem Abschnitt auf die thermischen Eigenschaften von idealen Gasen und besprechen dabei sehr wichtige, relativ einfache Gesetze, die auch in der kinetischen Wärmetheorie eine besondere Rolle spielen (Abschn. 5.3.2).

Im Unterschied zu Festkörper und Flüssigkeit dürfen beim Gas wegen seiner hohen Kompressibilität Änderungen des äußeren Druckes nicht unbeachtet bleiben, wenn wir seine Volumenänderungen verfolgen. Der physikalische Zustand einer gegebenen Gasmenge ist also durch *drei* Größen bestimmt: 1. durch das Volumen, das sie einnimmt, 2. durch den Druck, den sie auf die Wände ausübt und 3. durch die Temperatur. Diese drei Größen, die den *Zustand* eines Gases eindeutig beschreiben, nennen wir die *Zustandsgrößen* des Gases. Ändern wir eine dieser drei Größen, etwa die Temperatur, so ändern sich im Allgemeinen die beiden anderen mit. Beginnen wir mit den einfachen Fällen, bei denen immer eine der drei Größen konstant gehalten wird.

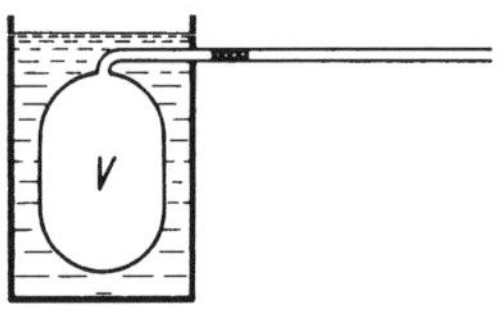

Abb. 5.1 Zur Wärmeausdehnung eines Gases bei konstantem Druck

[1] Um Missverständnisse zu vermeiden, sei betont, dass Reibungskräfte auch in idealen Gasen auftreten.

I. Halten wir eine bestimmte Gasmenge unter *konstanter Temperatur* (enge und ständige Berührung des Gases mit einem Wärmebehälter und langsame Zustandsänderung), so gilt für diese sog. *isotherme* Zustandsänderung bei idealen Gasen das uns bereits bekannte Gesetz von *Boyle-Mariotte* (Abschn. 3.4.1):

$$pV = \text{const}\,. \tag{3.23}$$

II. Halten wir den *Druck* konstant, *isobare* Zustandsänderung, so gilt für die *Wärmeausdehnung* dieselbe Beziehung wie bei Flüssigkeiten, hier Gesetz von *Gay-Lussac* genannt,

$$V = V_0(1 + \gamma t)\,, \tag{5.5a}$$

wobei V_0 das Volumen bei 0 °C ist. Dazu wird z. B. die Volumenänderung des Gases an einem Hg-Pfropfen in einer Kapillaren verfolgt, s. Abb. 5.1.

γ ist der kubische Wärmeausdehnungskoeffizient. Das Erstaunliche ist, dass sich für alle idealen Gase unabhängig von ihrer chemischen Zusammensetzung derselbe Wert ergibt, nämlich $\gamma = 366 \cdot 10^{-5}\,\text{K}^{-1} = 1/273\,\text{K}^{-1}$. Führen wir jetzt die absolute Temperatur T ein, so folgt

$$V = V_0\left(1 + \frac{1}{273}t\right) = V_0\frac{T}{273}$$

oder

$$\frac{V}{V_0} = \frac{T}{273} = \frac{T}{T_0}\,. \tag{5.5b}$$

Die Volumina verhalten sich also wie die absoluten Temperaturen.

III. Sperren wir eine bestimmte Gasmenge ab und halten ihr *Volumen* konstant, *isochore*

Zustandsänderung, so steigt der Druck mit der Temperatur nach dem Gesetz

$$p = p_0(1+\beta t)\,. \tag{5.6}$$

Hier ist p_0 der Druck des Gases bei 0 °C. Der Druck wird mit einem Hg-Manometer gemessen, dessen rechter Schenkel beweglich ist, s. Abb. 5.2. Er ist vor jeder Druckmessung so einzustellen, dass der linke Quecksilbermeniskus den Dorn D berührt. Dann bleibt das eingeschlossene Gasvolumen konstant.

β wird als *Spannungskoeffizient* bezeichnet. Bei etwas oberflächlicher Betrachtung überrascht es zunächst, dass die Messungen $\beta = 1/273\,\mathrm{K}^{-1}$ liefern, also denselben Wert wie für γ. Man sollte aber bedenken, dass nach dem Boyle-Mariotte'schen Gesetz für jede Temperatur pV einen konstanten Wert hat. Wenn also bei konstantem Druck p das Volumen V sich linear mit der Temperatur ändert, so muss sich der Wert pV ebenso linear mit der Temperatur ändern, sodass allgemein gilt:

$$pV = p_0V_0(1+\gamma t)\,. \tag{5.7a}$$

Dann führen Versuch II (p = const) und III (V = const) auf dieselbe Beziehung, insbesondere auf $\beta = \gamma$.

Beim Übergang zur Kelvin-Skala, die aus diesem Gesetz ihre physikalische Begründung nimmt, wird daraus:

$$pV = \frac{p_0V_0}{T_0}T\,. \tag{5.7b}$$

Der *absolute Nullpunkt* ($T = 0$) ist demnach die Grenze, bei der pV eines idealen Gases extrapoliert[2] gegen null geht.

Die Größe p_0V_0/T_0 bleibt zwar bei Zustandsänderungen konstant, aber ihr absoluter Wert hängt natürlich von der benutzten Gasmenge ab. V_0 ist nun für jeden Stoff gleicher Zusammensetzung der *Masse m* proportional. Bilden wir also p_0V_0/T_0m, so erhalten wir eine Stoffkonstante, aber für jedes Gas eine andere. Wenn wir aber statt der Masse m die *Stoffmenge* $n = m/M$ verwenden (Abschn. 3.1.2), um die Gasmenge anzugeben, dann ergeben die Messungen, dass p_0V_0/T_0n für *alle* idealen Gase eine *universelle* Konstante ist. Wir nennen sie die *molare Gaskonstante R* und können mit $pV/Tn = R$ schreiben

$$pV = nRT\,. \tag{5.8}$$

Diese Beziehung wird als *thermische Zustandsgleichung der idealen Gase*, auch als allgemeine Gasgleichung, bezeichnet. R ergibt sich aus der Steigung der zugehörigen Messkurve, s. Abb. 5.3, $R = 8{,}314\,\mathrm{J/K\,mol}$. Es ist eine allgemeine Naturkonstante, über deren Bedeutung wir in Abschn. 5.3.1 f. näher Aufschluss erhalten werden.

Wir betrachten zu den Gasgesetzen ein Anwendungsbeispiel. Haben wir eine Gasmenge vom Volumen V unter dem Druck p in mbar und bei der Temperatur T aufgefangen, so finden wir die eingesperrte Gasmenge in mol folgendermaßen: Zuerst berechnen wir das sog. *reduzierte* Volumen V_0, welches das Gas bei *Normalbedingungen*, $p_0 = 1013$ mbar und $T_0 = 273{,}15$ K, einnehmen würde, nach der Gleichung

$$V_0 = \frac{V\cdot p\cdot 273{,}15}{1013\cdot T}\,. \tag{5.9a}$$

Dann haben wir nur noch das Verhältnis $n = V_0/V_{\mathrm{mol}}$ zu bilden. Das sog. *Molvolumen* V_{mol} nimmt 1 mol eines idealen Gases unter Normalbedingungen ein. Es gilt daher

$$V_{\mathrm{mol}} = \frac{RT_0}{p_0} = 0{,}022414\,\mathrm{m^3/mol}\,, \tag{5.9b}$$

wozu man den Normaldruck in der SI-Einheit $p_0 = 1{,}013\cdot 10^5$ Pa einsetzen muss.

Bei *Gemischen* idealer Gase ist die gesamte Stoffmenge einfach gleich der Summe der Stoffmengen der einzelnen Bestandteile $n = n_1 + n_2 + n_3 + \ldots$. Man spricht auch

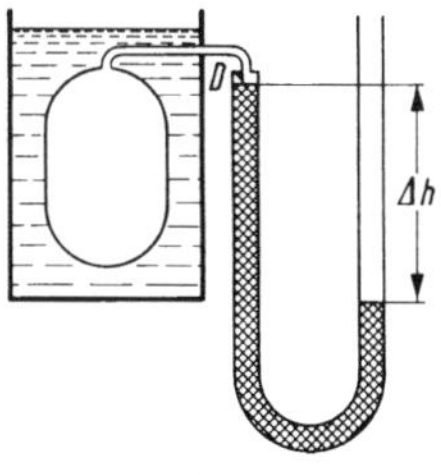

Abb. 5.2 Änderung des Gasdruckes mit der Temperatur bei konstantem Volumen. Gasthermometer

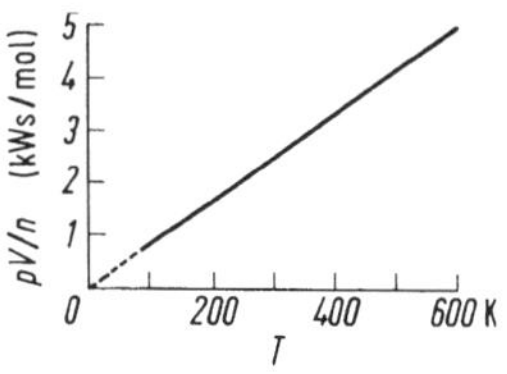

Abb. 5.3 Zur thermischen Zustandsgleichung idealer Gase

[2] Die Messungen am idealen Gas müssen allerdings bei etwas höheren Temperaturen durchgeführt werden, weil es nur dort Gase gibt, die sich ideal verhalten.

vom *Partialdruck* $p_1 = n_i RT/V$ eines mit der Stoffmenge n_1 beigemischten, reinen Gases. Wir würden den Druck p_1 messen, wenn dieses Gas allein das Volumen V ausfüllen würde. Damit ist der Gesamtdruck gleich der Summe aller Partialdrücke (Dalton'sches Gesetz).

Aufgaben

5.1.1 Ein Fieberthermometer soll bei einem Durchmesser seiner Kapillaren von 0,2 mm für 1 K Temperaturerhöhung eine Meniskusverschiebung von 5 mm anzeigen. Welches Quecksilbervolumen wird benötigt? (vgl. Tabelle 5.1).

5.1.2 Das Thermometerglas hat den linearen Wärmeausdehnungskoeffizienten $0{,}80 \cdot 10^{-5}\,\mathrm{K}^{-1}$. Welches Quecksilbervolumen wird dann unter den Bedingungen von Aufgabe 5.1.1 benötigt?

5.1.3 Ein Vorratsbehälter mit $2\,\mathrm{m}^3$ Volumen enthält 9 kg Helium bei Zimmertemperatur 300 K. Welchen Druck in bar hat das Gas? (s. Tabelle 3.3 und Anhang).

5.1.4 Eine Flasche von $0{,}40\,\mathrm{m}^3$ Inhalt enthält ein ideales Gas, das bei 50 °C einen Druck von 3,5 bar hat. Wie groß ist sein reduziertes Volumen?

5.1.5 Die Erdatmosphäre enthält etwa 0,9 Vol-% Argon. Wie groß ist sein Partialdruck bei normalem Luftdruck?

5.2 Wärme und Arbeit

Bisher haben wir uns nur damit beschäftigt, die Zustandsänderungen zu betrachten und zu beschreiben, die sich einstellen, wenn in einem Stoff die Temperatur sich ändert. Jetzt geht es um die Ursache für eine Temperaturänderung, und damit wenden wir uns dem zweiten Grundbegriff der Wärmelehre zu, der Wärmemenge.

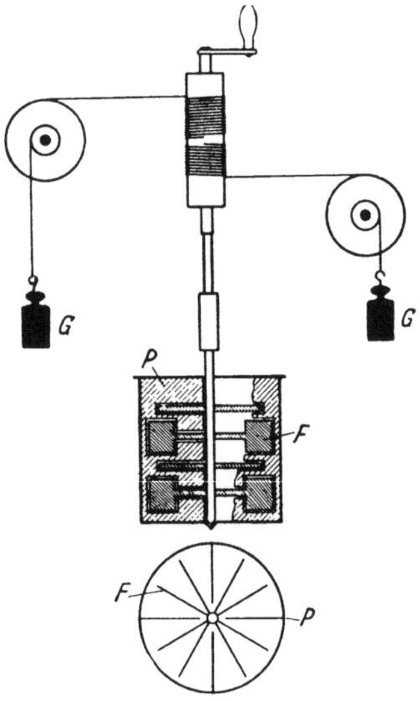

Abb. 5.4 Reibungskalorimeter

5.2.1 Wärmemenge, erster Hauptsatz der Wärmelehre.

Um ein Becherglas mit 1 kg Wasser mittels eines Tauchsieders auf eine vorgegebene Temperatur zu erwärmen, braucht man die doppelte Zeit wie zur Erwärmung von $\frac{1}{2}$ kg Wasser. Darüber hinaus ist die Zeit zur Erwärmung auf eine bestimmte Temperatur der Temperaturerhöhung selbst annähernd proportional. Wir knüpfen daran die Vorstellung, dass der Tauchsieder in jeder Zeiteinheit eine bestimmte *Wärmemenge* abgibt, die dem Wasser zugeführt wird. Der obige Versuch zeigt dann, dass zur Erwärmung eine Wärmemenge erforderlich ist, die nicht nur der Temperaturerhöhung, sondern auch der Wassermenge proportional ist.

Statt des Tauchsieders lässt sich auch ein Bunsenbrenner benutzen, um Wasser zu erhitzen. Er liefert ebenfalls pro Zeiteinheit eine bestimmte Wärmemenge, und wir können ihre Größe an der Temperaturerhöhung ΔT erkennen, wenn wir Letztere mit der Masse m des erwärmten Wassers multiplizieren: $m \cdot \Delta T$. Weiter kann auch beim Leisten von mechanischer Arbeit eine Wärmemenge entstehen, falls es Reibungskräfte sind, die von der treibenden Kraft überwunden werden müssen. Dabei geht mechanische Energie „verloren" (Abschn. 2.3.6). Ein Beispiel dafür ist die Strömung einer zähen Flüssigkeit durch ein Rohr mit konstanter Geschwindigkeit, zwischen dessen beiden Enden eine Druckdifferenz herrscht. Die notwendige Arbeit eines Kfz-Motors, um das Fahrzeug auf konstanter Fahrtgeschwindigkeit zu halten, ist vielleicht ein noch bekannteres Beispiel für diese Art der Erzeugung von Wärme. Noch durchsichtiger ist das Verschwinden der Bewegungsenergie beim Bremsen, wobei ebenfalls eine Wärmemenge produziert wird.

Quantitative Untersuchungen zur Produktion von Wärmemenge durch mechanische Arbeit unternahm zuerst *Joule* mit einem wassergefüllten Reibungskalorimeter[3], siehe Abb. 5.4. Lässt man die Gewichte um die Höhe h absinken, so verlieren sie dabei die potentielle Energie $W = 2Gh$. Infolge der starken Reibungskräfte im Wasser zwischen Flügeln F und feststehenden Platten P gewinnen aber die Gewichtsstücke keine nennenswerte kinetische Energie, vielmehr entsteht Reibungswärme, die zur messbaren Temperaturerhöhung ΔT führt.

[3] Ein Kalorimeter ist allgemein ein Gefäß, das sich zur Messung von Wärmemengen eignet (Kalorimetrie, Abschn. 5.2.2).

Wir belassen nun dieselbe Wassermenge im Reibungskalorimeter und messen ΔT bei verschiedenen geleisteten Arbeiten W. Als Resultat ergibt sich, dass ΔT und W einander proportional sind. Das ist eine quantitative experimentelle Bestätigung der Vorstellung von *J. R. Mayer*[4], dass Wärmemenge und Arbeit bzw. mechanische Energie einander äquivalent sind. In entsprechender Erweiterung des Begriffes „Energie" ist danach die *Wärmemenge* als eine besondere *Energieform* anzusehen. Sie kann als solche weder aus nichts entstehen noch ohne Ersatz verloren gehen, sondern sich nur in eine andere Energieform, z. B. mechanische oder elektrische, umwandeln. Umgekehrt besteht die Möglichkeit, bei der Umwandelung anderer Energieformen, wie z. B. mechanischer im Reibungskalorimeter, s. Abb. 5.4, Wärme zu erzeugen.

Die Einheit der Wärmemenge ist dieselbe wie die der Arbeit oder der Energie ganz allgemein, nämlich $1\,\text{J} = 1\,\text{N} \cdot \text{m}$ (Abschn. 2.3.5). Auch die elektrische Arbeit und die Stromwärme werden in derselben Einheit gemessen (Abschn. 6.3.1).

Die *mechanische* Energie eines abgeschlossenen Systems bleibt nur konstant, wenn keine Reibungskräfte wirken (Abschn. 2.3.6). Diese Zusatzbedingung entfällt, wenn wir die gesamte Energie einschließlich der gespeicherten Wärmemenge betrachten: *Die Gesamtenergie eines abgeschlossenen Systems bleibt immer konstant (Energie-Erhaltungssatz).*

Im Bereich der Atomkerne und Elementarteilchen muss allerdings dabei noch die Äquivalenz von Energie und Masse berücksichtigt werden (Abschn. 8.3.4). Bei Behandlung der makroskopischen Materie auf der Erde, worauf wir uns zunächst beschränken, kann man aber davon absehen.

Da Wärme und Arbeit einander energetisch äquivalent sind, können wir den allgemeinen Satz von der Erhaltung der Energie in der Form des ersten *Hauptsatzes* der *Wärmelehre* auch so aussprechen: *Die einem Körper zugeführte Wärmemenge Q muss sich in der Zunahme seiner inneren Energie ΔU und in der von ihm nach außen geleisteten Arbeit W wiederfinden*, es muss also die Energiegleichung gelten:

$$Q = \Delta U + W\,. \tag{5.10}$$

Ein wichtiges Beispiel ist die Wärmetönung von chemischen Reaktionen. Bei der Verbrennung nimmt die innere Energie U des Stoffes ab, und der Fehlbetrag wird als Wärme Q abgegeben[5]. Die *spezifische Verbrennungswärme* q_V eines Stoffes ist das Verhältnis der an die Umgebung übertragenen Verbrennungswärme Q_V zur verbrannten Masse m:

$$q_V = \frac{Q_V}{m}\,. \tag{5.11}$$

q_V wird meist in J/g angegeben. Auch die viel bemühten „Kalorienwerte" der Nahrungsmittel basieren auf einer derartigen Energieumwandlung; sie sind künftig in „Joulewerte" umzurechnen mit einem Faktor von etwa 4 (Abschn. 5.2.2).

Manche Skripten bezeichnen die nach außen geleistete Arbeit mit $-W$. Wir benutzen durchweg (5.10).

5.2.2 Wärmekapazität, Kalorimetrie. Um nur die Äquivalenz von Arbeit und Wärmemenge durch Messungen zu belegen, genügte es, im Reibungskalorimeter lediglich bei vorgegebener Wasserfüllung die Temperaturerhöhung ΔT zu messen (Abschn. 5.2.1). Jetzt stellt sich die weitergehende Frage, wie Temperaturerhöhung und zugeführte Wärme allgemein quantitativ zusammenhängen. Die Experimente zeigen, dass diese gesuchte Beziehung noch vom Stoff des erwärmten Körpers abhängen muss; so wird ΔT bei derselben geleisteten Arbeit meist größer, wenn das Reibungskalorimeter statt mit Wasser mit einer anderen Flüssigkeit gefüllt ist.

Mit Rücksicht darauf bezeichnet man allgemein das Verhältnis von benötigter Wärmemenge Q zum damit erreichten Temperaturanstieg ΔT als *Wärmekapazität* eines Körpers

[4] *Julius Robert Meyer*, 1814–1878, Arzt in Heilbronn, ist der eigentliche Entdecker der Äquivalenz von Wärme und Arbeit.

[5] In (5.10) ist für diesen Vorgang ΔU negativ einzusetzen, ebenso ist Q als eine vom Stoff *abgegebene* Wärmemenge darin negativ (exothermer Prozess, $Q_V = -Q$).

$C = Q/\Delta T$. Andererseits gibt ein heißer Körper die Wärmemenge $Q = C \cdot \Delta T$ ab, wenn er sich um den Temperaturunterschied ΔT zur Zimmertemperatur abkühlt. Körper hoher Wärmekapazität sind gute Wärmflaschen. Andererseits sollte ein Thermometer eine möglichst kleine Wärmekapazität besitzen, damit es nicht mit dem Messobjekt eine zu große Wärmemenge austauscht und damit die Messgröße, nämlich dessen Temperatur, ändert.

Bei einem Körper aus einheitlichem Stoff steigt die Wärmekapazität proportional mit der Masse an, denn wir erkannten schon, dass zur gleichen Erwärmung der doppelten Wassermenge auch die doppelte Wärmemenge benötigt wird. Als *spezifische Wärmekapazität* eines Stoffes, eine Stoffkonstante, bezeichnen wir dann das Verhältnis von Wärmekapazität zu Masse $c = C/m$. Allgemein gilt also für die Wärmemenge, die zur Erwärmung der Masse m um ΔT führt:

$$Q = cm\Delta T\,. \qquad (5.12)$$

Für die praktische Messung von Wärmemengen ist die *spezifische Wärmekapazität* c_w *des Wassers* von großer Bedeutung. Man kann sie mit einem Tauchsieder und einer bekannten Wassermasse m_w bestimmen, die sich in einem Kalorimeter befindet. Dazu benutzt man am besten ein Metall- oder Glasgefäß, das zum Wärmeschutz, d. h. zur weitgehenden Unterbindung des Wärmeaustausches mit der Umgebung, mit einem Luft- oder Vakuummantel umgeben ist (Thermosflasche, Dewar-Gefäß), s. auch Abschn. 5.5.3. Die zugeführte Wärmeenergie Q wird durch Messung der elektrischen Arbeit des Tauchsieders (Abschn. 6.3.1) bestimmt. Zusammen mit der ebenfalls gemessenen Temperaturerhöhung ΔT erhält man die spezifische Wärmekapazität: $c_\mathrm{w} = Q/m_\mathrm{w}\Delta T$. Grundsätzlich ist die Bestimmung auch mit dem Reibungskalorimeter aus der gemessenen mechanischen Arbeit möglich, vgl. Abb. 5.4. Im Bereich um 15 °C erhält man:

$$c_\mathrm{w} = 4{,}186 \cdot 8\,\mathrm{J/gK}\,. \qquad (5.13)$$

Die jetzt nicht mehr zu verwendende Einheit 1 *Kalorie (cal)* war exakt definiert als die Wärmemenge, die 1 g Wasser von 14,5 auf 15,5 °C erwärmt. Dabei war zu berücksichtigen, dass die zur Erwärmung um 1 °C erforderliche Wärmemenge ein wenig von der Temperatur des Wassers abhängt. Mit der Kalorie ergab sich die spezifische Wärmekapazität des Wassers als 1 cal/gK, oder es bestand zwischen den beiden Energieeinheiten Kalorie und Joule die Beziehung

$$1\,\mathrm{cal} = 4{,}186 \cdot 8\,\mathrm{J}\,. \qquad (5.14)$$

Den Umrechnungsfaktor nannte man auch *mechanisches Wärmeäquivalent*.

Die spezifische Wärmekapazität eines Stoffes, z. B. eines Metalles, bestimmen wir im einfachsten Fall mithilfe der *Mischungsmethode* im Kalorimeter. Wir bringen dazu ein Stück des Metalles der Masse m_2, das auf t_2 erhitzt worden ist, in das Kalorimeterwasser der Masse m_1 und der Temperatur t_1. Die vom Metall bei der Abkühlung auf die gemeinsame Endtemperatur t' abgegebene Wärmemenge muss gleich der vom Wasser aufgenommenen Wärmemenge Q sein, also gilt die Gleichung

$$Q = m_2 c(t_2 - t') = m_1 c_\mathrm{w}(t' - t_1)\,. \qquad (5.15)$$

Da alle Größen außer c messbar sind und c_w bekannt ist, ergibt sich daraus die gesuchte spezifische Wärmekapazität des Metalles. Bei genauen Messungen muss noch die Wärmekapazität des Kalorimetergefäßes sowie die vom Thermometer und Rührer, die ja auch am Wärmeaustausch teilnehmen, berücksichtigt werden.

In Tabelle 5.2 sind die spezifischen Wärmekapazitäten einiger Stoffe zusammengestellt. Die von Wasser ist besonders groß. Das ist der Grund dafür, dass sich Meere und Seen viel langsamer erwärmen und abkühlen als das Land. Die Unterschiede von Land- und Seeklima sind dadurch bedingt.

Die *molare Wärmekapazität* gibt das Verhältnis von Wärmemenge zur Temperaturänderung für 1 mol der Substanz an: $c_\mathrm{M} = Mc = Q/n\Delta T$ (M Molmasse). Sie bezieht sich also unabhängig von der Substanz stets auf dieselbe Anzahl von Molekülen. Nach dem *Gesetz* von *Dulong* und *Petit* hat sie für Metalle – im Grenzfall hoher Temperatur – den konstanten Wert von rund 25 J/mol K, s. Tabelle 5.2, wegen der Begründung s. Abschn. 5.3.2.

Bei tiefen Temperaturen nimmt die spezifische Wärmekapazität von allen Stoffen ab, um am absoluten Nullpunkt schließlich ganz zu verschwinden.

Tabelle 5.2 Spezifische (c) und molare (c_M) Wärmekapazität einiger Stoffe bei 20 °C

Stoff	c [J/gK]	M [g/mol]	c_M [J/mol K]	Stoff	c [J/gK]
Aluminium	0,896	26,98	24,2	Glas	0,80
Eisen	0,452	55,85	25,2	Chloroform	0,94
Kupfer	0,383	63,54	24,3	Ethanol	2,43
Silber	0,234	107,87	25,2	Diethylether	2,34
Gold	0,129	197,0	25,4	Wasser	4,19

5.2.3 Spezifische Wärmekapazitäten und Energieinhalt von Gasen. Führen wir einem Gas Wärme zu, so erhöht sich seine Temperatur, d. h. die *innere* Energie des Gases steigt. Die spezifische Wärmekapazität ist aber wesentlich verschieden, je nachdem, ob wir das Gas bei *konstantem Druck* oder bei *konstantem Volumen* erwärmen.

Bei konstantem *Volumen*, also in einem starren, abgeschlossenen Gefäß, gilt $Q = \Delta U = mc_v\Delta T$. Das Gas leistet keine Arbeit ($W = 0$); c_v ist die *spez. Wärmekapazität* bei *konstantem Volumen*.

Soll der *Druck* konstant gehalten werden, so muss das Gas einen Kolben wegschieben, s. Abb. 5.5. Dabei leistet es nach außen die Arbeit $W = p\Delta V$ (Abschn. 3.3.3.1). Zur Deckung dieser Arbeitsleistung muss noch ein zusätzlicher Betrag an Wärmeenergie zugeführt werden. Nur bei festen und flüssigen Körpern ist die Ausdehnung so klein, dass diese äußere Arbeit zu vernachlässigen ist. Dagegen ist bei einem Gase die spezifische Wärmekapazität bei konstantem Druck $c_p = Q/\Delta T \cdot m$ (p = const), erheblich größer als c_v. Das *Verhältnis* der *spezifischen Wärmekapazitäten* c_p/c_v wird mit $\varkappa$ bezeichnet.

Um Prozesse bei konstantem Druck zu beschreiben – und das sind alle an der freien Außenluft verlaufenden Vorgänge –, benutzt man vorteilhaft den Begriff der *Enthalpie*.

$$H = U + pV\,. \tag{5.16a}$$

In dieser Größe ist die innere Energie U um die *Volumenarbeit* pV vermehrt. Damit lässt sich die Wärmekapazität bei konstantem Druck schreiben als $C_p = (\partial H/\partial T)_{p=\text{const}}$.

Für ein *ideales* Gas lässt sich die Differenz $c_p - c_v$, die ja gleich der äußeren Arbeitsleistung $p\Delta V$ ist, auch unmittelbar leicht berechnen. Aus der Zustandsgleichung $pV = nRT$ (Abschn. 5.1.4) berechnet sich die Volumenzunahme ΔV bei konstantem Druck für eine Temperaturerhöhung ΔT aus $p\Delta V = nR\Delta T$. Die für die Masseneinheit zu leistende Expansionsarbeit ist damit $W/m = nR\Delta T/m = R\Delta T/M$. Also gilt für alle idealen Gase

$$c_p - c_v = \frac{R}{M}\,. \tag{5.16b}$$

Bei einatomigen Gasen, wie He, Ar, ist $\varkappa = 5/3$, bei zweiatomigen, wie N_2, O_2, 7/5, bei mehratomigen 8/6 und kleiner (Erklärung in Abschn. 5.3.1).

Die *innere Energie* eines idealen Gases beträgt $U = mc_vT$, sie wird nur von der Temperatur bestimmt, ist aber vom *Volumen unabhängig*. Das zeigt folgender Versuch von *Gay-Lussac*: Lässt man ein ideales Gas durch Öffnen eines Hahnes in einen leeren Raum einströmen, so erfolgt die Volumenzunahme, da kein äußerer Druck zu überwinden ist, ohne äußere Arbeitsleistung. Seine Energie und damit auch die Temperatur bleiben dieselben. Das gilt aber nur so lange, wie die Moleküle keine merklichen Anziehungskräfte aufeinander ausüben. Sind solche Kräfte vorhanden, wie in realen Gasen, so muss gegen diese bei der Volumenvergrößerung Arbeit geleistet werden.

Eine der Voraussetzungen, die im Grenzfall des idealen Gases erfüllt sein müssen, besteht also darin, dass Anziehungskräfte der Moleküle (Kohäsionskräfte) nicht auftreten bzw. unbeachtlich sind.

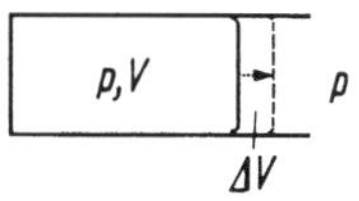

Abb. 5.5 Äußere Arbeit eines Gases

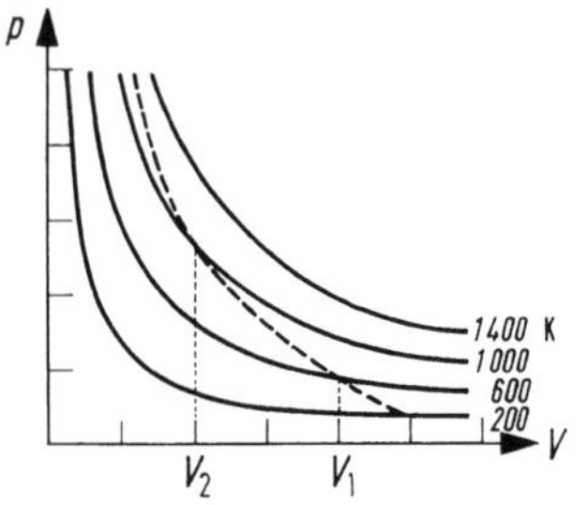

Abb. 5.6 Isothermen eines idealen Gases. *Gestrichelt*: Adiabate

5.2.4 Isotherme und adiabatische Kompression von Gasen. Komprimieren wir ein ideales Gas, so müssen wir dabei eine Arbeit leisten. Ihr Energieäquivalent findet diese Kompressionsarbeit W_K in einer Wärmemenge Q_K. Falls wir *isotherm* komprimieren wollen, müssen wir also die entwickelte Wärme ständig abführen. Dann bleibt die innere Energie des Gases konstant ($\Delta U = 0$), und es gilt $Q_K = W_K$.[6] Seine Isotherme ist durch das Gesetz von *Boyle* und *Mariotte* $pV = \text{const}$ bestimmt, s. Abb. 5.6. Schon darin deutet sich die Konstanz der inneren Energie eines idealen Gases bei fester Temperatur an, denn diese beträgt bis auf einen Zahlenfaktor gerade pV.

Die *isotherme Kompressionsarbeit* oder Kompressions*wärme* ist nur für sehr kleine Volumenänderungen, bei denen der Druck praktisch noch konstant bleibt, gegeben durch $W_K = p\Delta V$. Beim Vorzeichen ist zu bedenken, dass die Arbeit W_K positiv, die Volumenänderung ΔV bei der Kompression aber negativ ist. Wenn sich das Volumen stärker ändert, muss man beim idealen Gase rechnen ($V_2 < V_1$):

$$W_K = -\int_{V_1}^{V_2} p\,\mathrm{d}V = -nRT\int_{V_1}^{V_2} \frac{\mathrm{d}V}{V} = nRT\ln\frac{V_1}{V_2}. \tag{5.17}$$

Bei isothermer Expansion ($V_2 > V_1$) wird derselbe Betrag an Arbeit vom idealen Gase nach außen geleistet (W_K negativ, W positiv). Ihm muss die gleiche Energie als Wärme von der Umgebung zugeführt werden, damit seine Temperatur konstant bleibt.

Wir können das Gas aber auch ohne Wärmeableitung komprimieren. Eine Zustandsänderung, bei der das Gas weder nach außen Wärme abgibt noch von außen aufnimmt ($Q = 0$), heißt *adiabatisch*. Wir verwirklichen sie dadurch, dass wir entweder für eine sehr gute Wärmeisolation des Gases sorgen, s. Abschn. 5.5.1 ff., oder die Zustandsänderung so rasch vornehmen, dass praktisch kein Wärmeaustausch mit der Umgebung stattfindet. Komprimieren wir ein Gas adiabatisch, so steigt seine Temperatur, was eine zusätzliche Druckerhöhung bedeutet. Daher steigt der Druck bei der adiabatischen Kompression stärker als bei der isothermen, d. h. die *Adiabate*, gestrichelte Kurve in Abb. 5.6, verläuft steiler als die *Isotherme* durch denselben Punkt des Diagramms. Ein Beispiel für eine adiabatische Kompression ist die Erwärmung der Luft und der Pumpe beim Aufpumpen eines Fahrradreifens.

[6] Wenn W die im Sinne des 1. Hauptsatzes (5.10) vom Gas *nach außen* geleistete Arbeit ist, so gilt $W = -W_K$, d. h. W ist negativ, die Kompressionsarbeit W_K positiv. Entsprechend ist die vom Gas dabei isotherm *aufgenommene* Wärmemenge $Q = -Q_K$.

Bei der *adiabatischen Expansion* kühlt sich das Gas ab, was bei Kühlmaschinen ausgenutzt wird. Das Gas leitet Arbeit auf Kosten seiner inneren Energie $W = -\Delta U$, $Q = 0$.

Mit dieser Beziehung berechnen wir den Temperaturabfall $\Delta T = T - T_0$ eines idealen Gases nach der adiabatischen Expansion von $\Delta V = V - V_0$. Bei der sehr kleinen Ausdehnung $\mathrm{d}V$ leistet 1 mol des Gases die Arbeit $\mathrm{d}W = -\mathrm{d}U = p\cdot\mathrm{d}V = RT\cdot\mathrm{d}V/V$, vgl. (5.17). Die innere Energie sinkt um $\mathrm{d}U = Mc_V\,\mathrm{d}T$ ($\mathrm{d}T$ ist negativ). Nach Einsetzen und Umformen erhält man

$$\frac{\mathrm{d}T}{T} = -\frac{R}{M\cdot c_V}\frac{\mathrm{d}V}{V} = -(\varkappa-1)\frac{\mathrm{d}V}{V}.$$

Bei der zweiten Umformung wird (5.16b) benutzt. Die Integration ergibt:

$$\ln T = -\ln(V^{\varkappa-1}) + \text{const},$$

was sich in die Poisson-Gleichung umschreiben lässt:

$$TV^{\varkappa-1} = T_0V_0^{\varkappa-1} = \text{const}.$$

Daraus entsteht die Gleichung für die Adiabate von Abb. 5.6 mithilfe der thermischen Zustandsgleichung (5.8):

$$pV^{\varkappa} = \text{const}, \qquad \varkappa = \frac{c_p}{c_V} > 1. \tag{5.18}$$

Der *adiabatische Kompressionsmodul*, der für die Schallgeschwindigkeit maßgebend ist, lässt sich gemäß (3.12) als $K = -V\,\mathrm{d}p/\mathrm{d}V$ berechnen, wenn man die Poisson-Gleichung differenziert. Man erhält $K = \varkappa p$ (Abschn. 4.2.5).

5.2.5 Carnot'scher Kreisprozess. Die Umwandlung von Arbeit in Wärme, etwa in Reibungswärme, ist immer restlos möglich. Dagegen ist erfahrungsgemäß umgekehrt die dauernde, restlose Umwandlung von Wärmeenergie in Arbeit nur unter bestimmten Bedingungen möglich. Um einen Einblick in die wesentlichen Punkte zu gewinnen, betrachten wir einen sog. *Kreisprozess*. Bei einem solchen durchläuft ein System von Körpern ganz allgemein eine Reihe von Zuständen und kehrt schließlich wieder in den Anfangszustand zurück.

Wir unterscheiden *umkehrbare* oder *reversible* und *irreversible* Vorgänge. Irreversibel nennen wir einen Prozess dann, wenn ohne von außen geleistete Arbeit sein Ausgangszustand nicht wiederherzustellen ist; Beispiele sind der Temperaturausgleich, die Entstehung von Reibungswärme, das Ausströmen eines Gases in einen Unterdruckraum oder die Diffusion. – Umkehrbar ist ein Prozess dann, wenn man das System dadurch in den Anfangszustand zurückbringen kann, dass es alle Zustände in umgekehrter Reihenfolge durchläuft.

Das ist bei der Zustandsänderung eines Gases nur möglich, wenn der Vorgang sehr langsam verläuft, sodass das System ständig im Druck- bzw. Temperaturgleichgewicht ist. Lässt man dagegen ein Gas in einem Zylinder plötzlich einen Kolben gegen äußeren Unterdruck heraustreiben, so ist die innen vom Gas geleistete Arbeit $\int p\,\mathrm{d}V$ wegen der Druckdifferenz größer als die außen gewonnene $p_0 \Delta V$. Es geht mechanische Energie „verloren“, die sich in Wärme umsetzt und beim Rücklauf fehlt (irreversibel). Beim reversiblen Prozess muss der äußere Druck so einreguliert werden, dass er in jedem Moment gleich dem inneren ist.

Beim *Carnot'schen Kreisprozess* durchläuft ein ideales Gas, das sich *ständig im Gleichgewicht* befinden möge, der Reihe nach folgende vier Zustandsänderungen, an deren Ende es wieder seinen Anfangszustand einnimmt:

1. eine isotherme Expansion bei der Temperatur T_1 von A bis B, s. Abb. 5.7;
2. eine adiabatische Expansion von B bis C, wobei sich das Gas auf die Temperatur T_2 abkühlt;
3. eine isotherme Kompression bei der Temperatur T_2 von C bis D;
4. eine adiabatische Kompression von D bis A, also bis zur ursprünglichen Temperatur T_1.

Nach Durchlaufen des 4. Prozesses haben Druck, Volumen und Temperatur des Gases wieder ihre ursprünglichen Größen angenommen. Um einen solchen Prozess zu verwirklichen, brauchen wir je einen Wärmespeicher der Temperatur T_1 und T_2. Auf dem Weg AB bzw. CD wird das Gas in enge Berührung mit dem Wärmespeicher T_1 bzw. T_2 gebracht. Bei den adiabatischen Zustandsänderungen BC und DA wird das Gas thermisch isoliert, sodass kein Wärmeaustausch mit der Umgebung stattfindet. Auf dem Wege ABC leistet das Gas äußere Arbeit, seine Arbeitsleistung ist also positiv, auf dem Rückweg CDA ist sie dagegen negativ. Für jeden Teilweg ist die Arbeit durch $\int p\,\mathrm{d}V$ gegeben (Abschn. 5.2.4). Beim ganzen Kreisprozess leistet das Gas nach außen eine Arbeit W, die gleich der Fläche $ABCD$ ist. Während der isothermen Expansion AB hat es eine Wärmemenge Q_1 aus dem Wärmespeicher mit T_1 aufgenommen, und bei der isothermen Kompression CD gibt es eine kleinere Q_2 an den Wärmespeicher mit T_2 ab. Es muss nach dem ersten Hauptsatz gelten:

$$Q_1 - Q_2 = W\,. \tag{5.19}$$

Da man diesen Kreisprozess, bei dem mechanische Arbeit gewonnen wird, beliebig oft wiederholen kann, hat man die Möglichkeit, ihn in einer *Wärmekraftmaschine* zu verwirklichen. Wir erkennen aber aus den obigen Betrachtungen, dass eine derartige, periodisch arbeitende Wärmekraftmaschine immer nur zwischen Wärmespeichern *verschiedener* Temperatur arbeiten kann und dass nur ein Teil der vom Speicher höherer Temperatur abgegebenen Wärmemenge Q_1 in mechanische Energie W umgewandelt wird. Dieser Bruchteil beträgt:

$$\eta = \frac{W}{Q_1} = \frac{Q_1 - Q_2}{Q_1}\,. \tag{5.20}$$

Die übrige Wärme Q_2 geht hinsichtlich der Arbeitsleistung nutzlos „verloren“, η bezeichnen wir als den *thermischen Wirkungsgrad* der Wärmekraftmaschine. Für den Carnot'schen

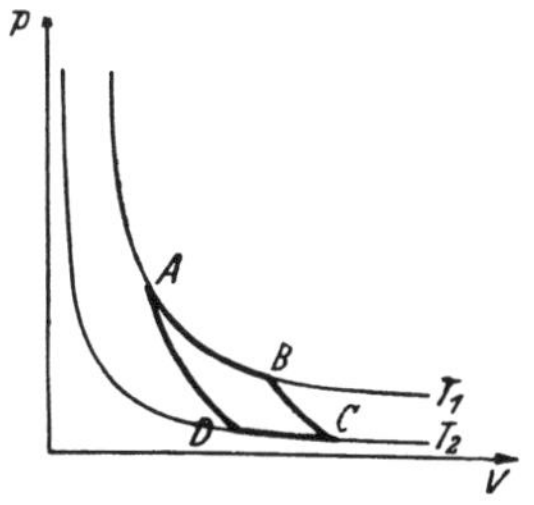

Abb. 5.7 Carnot'scher Kreisprozess

Kreisprozess eines idealen Gases lässt sich η berechnen. Man findet aus (5.17) zur isothermen Kompressionsarbeit bzw. -wärme: $Q_1/Q_2 = T_1/T_2$, und damit

$$\eta = \frac{T_1 - T_2}{T_1} . \qquad (5.21)$$

Beweis: Unmittelbar erhält man $Q_1/Q_2 = T_1/T_2 \cdot \ln(V_B/V_A)/\ln(V_C/V_D)$, mit den Volumina V_A bis V_D von Abb. 5.7. Für beide adiabatische Prozesse AD und BC, jeder von T_1 nach T_2, liefert nämlich die Poisson-Gleichung $TV^{k-1} = \text{const}$, vgl. Abschn. 5.2.4: $V_A/V_D = V_B/V_C$. Der Quotient mit den ln-Ausdrücken hat daher den Wert 1.

Das ist zugleich der *höchstmögliche* thermische Wirkungsgrad, unabhängig von der Art des arbeitenden Stoffes, für alle periodisch arbeitenden Wärmekraftmaschinen. Er ist ausschließlich durch die Temperaturen der beiden Wärmespeicher bestimmt und wird umso günstiger, je höher T_1 und je tiefer T_2 liegt. Den höchsten Wirkungsgrad überhaupt würde man erreichen, wenn der eine Wärmespeicher die Temperatur des absoluten Nullpunktes ($T_2 = 0$) hätte, nämlich $\eta = 1$. Dieser Grenzfall ist aber grundsätzlich nicht zu verwirklichen.

Wärmekraftmaschinen. Der höchstmögliche Wirkungsgrad η lässt sich in technischen Maschinen, schon wegen der unvermeidlichen Verluste durch Wärmeleitung und -strahlung, sowie Reibung, nicht erreichen. Vor allem verlaufen die Zustandsänderungen so schnell, dass sie irreversibel sind und von der zur Verfügung stehenden Arbeit leider ein Teil wieder in nutzlose Wärme übergeht. Da der optimale Wirkungsgrad umso besser wird, je höher die obere Temperatur des Gases ist, arbeitet man bei Dampfmaschinen mit höheren Drücken und dementsprechend erhöhten Siedetemperaturen des Wassers. Trotzdem erreicht man bei Kolbendampfmaschinen auch unter den günstigsten Verhältnissen nur Wirkungsgrade bis zu maximal etwa 0,16. Wirtschaftlicher sind *Dampfturbinen*, bei denen ein aus einer Düse austretender Dampfstrahl auf ein Schaufelrad wirkt.

Den besten Wirkungsgrad besitzen die mit erheblich größeren Temperaturunterschieden arbeitenden *Verbrennungsmotoren*. Mit Dieselmotoren lässt sich ein Wirkungsgrad von etwa 0,35 erzielen.

Den reversiblen Prozess können wir auch rückwärts laufen lassen, wobei unter Zufuhr von äußerer Arbeit dem Behälter mit der tieferen Temperatur Wärme entzogen und an den Behälter höherer Temperatur abgegeben wird. Das ist das Prinzip der *Kältemaschine*. Es wird also, aber nur unter Aufwand äußerer Arbeit, ein Körper gegenüber seiner Umgebung abgekühlt.

Da beim umgekehrten Durchlaufen eines Kreisprozesses die dem Behälter tieferer Temperatur entzogene Wärme Q_2 an den Behälter höherer Temperatur abgegeben wird, kann man einen Körper auch auf dem Wege über eine rückwärtslaufende Wärmekraftmaschine, die wir sinngemäß als *Wärmepumpe* bezeichnen, heizen. Dieser Weg ist viel günstiger als die direkte Heizung und wird im Zeitalter des „Energiesparens" von der Technik auch beschritten. Man entzieht nämlich den größten Teil der Heizwärme Q_1 dem Behälter tieferer Temperatur, z. B. einem See oder der Außenluft, und muss nur die Arbeit $W = Q_1 - Q_2$ aufwenden. Dabei bleibt zwar physikalisch der Energieaufwand derselbe, aber die wirtschaftlich teuere und knappe Energieform (Öl, elektrische Energie) wird gespart.

5.2.6 Zweiter Hauptsatz der Wärmelehre, Entropie. Der erste Hauptsatz enthält nur die Aussage, dass bei jeder Umwandlung von Wärme in Arbeit oder umgekehrt die Energie erhalten bleibt. Er gibt uns aber keine Antwort auf die Fragen: Unter welchen Bedingungen und in welchem Umfang kann man aus Wärme Arbeit gewinnen? Die Antwort liegt bereits in den besprochenen Eigenschaften des Carnot'schen Kreisprozesses, bzw. dem höchstmöglichen thermischen Wirkungsgrad einer Wärmekraftmaschine (Abschn. 5.2.5). Der *zweite Hauptsatz* drückt das in einer zunächst negativen Formulierung folgendermaßen aus: *Es ist unmöglich, eine periodisch arbeitende Maschine zu bauen, die lediglich dauernd einem Körper Wärme entzieht und diese vollständig in mechanische Nutzarbeit umwandelt, ohne dass weitere Prozesse ablaufen*. Eine solche Maschine wäre die billigste Energiequelle der Welt. Man bezeichnet sie historisch als *Perpetuum mobile zweiter Art*, im Unterschied zum nach dem Energieerhaltungssatz unmöglichen Perpetuum mobile, das zur besseren Unterscheidung auch *Perpetuum mobile erster Art* genannt wird.

Man merke wohl, dass in einem *einmaligen* Vorgange, bei dem das arbeitende System nicht in seinen Ausgangszustand zurückkehrt, es sehr wohl die *ganze* aufgenommene Wärmemenge in mechanische Arbeit umsetzen kann. Ein ideales Gas von hohem Druck entzieht einem Speicher Wärme und verwandelt sie unter isothermer Expansion restlos in Arbeit, hat aber am Prozessende nur noch geringen Druck, aber die gleiche innere Energie wie am Anfang, vgl. Abb. 5.7, Weg AB.

Mögen Carnot'scher Kreisprozess und Perpetuum mobile 2. Art noch recht abstrakte und unmittelbar wenig durchschaubare Vorgänge darstellen, so gelangt man zu einer anschaulicheren Aussage des 2. Hauptsatzes, wenn man an das Prinzip der Kältemaschine anknüpft. Danach muss man Arbeit leisten, um Wärme von einem Körper tieferer Temperatur auf einen anderen höherer Temperatur zu übertragen. *Wärme geht nie von selbst, d. h. ohne Arbeitsaufwand, vom kälteren zum heißeren Körper über*, sondern stets umgekehrt. In der Natur suchen sich Temperaturunterschiede auszugleichen, ebenso wie Druck- und Konzentrationsunterschiede.

Zur allgemeineren Formulierung des zweiten Hauptsatzes wird eine neue Zustandsgröße eingeführt, die *Entropie* S. Wir sagen, wenn ein Körper bei der Temperatur T die Wärmemenge Q in einem reversiblen Prozess aufnimmt, so steigt seine Entropie um

$$\Delta S = \frac{Q}{T}\,. \tag{5.22}$$

Bei Wärmeabgabe fällt die Entropie entsprechend. Die Entropieänderung ΔS ist also die reversibel ausgetauschte Wärmemenge, aber gemessen in einer Skala, die proportional T anwächst. Dieselbe Wärmemenge entspricht bei höherer Temperatur einer viel geringeren Entropie als bei tieferer.

Beim Carnot'schen Kreisprozess ergab sich bei isothermer Expansion und Kompression die Beziehung $Q_1//T_1 = Q_2/T_2$ (Abschn. 5.2.5). Also hat in dem gesamten abgeschlossenen System, das sich aus den beiden Wärmebehältern und der Maschine zusammensetzt, zwar der heißere Behälter (T_1) an den kälteren (T_2) Entropie übertragen, aber die Gesamtänderung der Entropie ΔS ist gleich null, wie bei jedem reversiblen Vorgang. Im irreversiblen Prozess wird Q_2 aber größer als beim reversiblen, also steigt die Entropie. So ist der zweite Hauptsatz allgemein zu formulieren: *Die Entropie kann in einem abgeschlossenen System nie abnehmen*[7].

Wenn zwei Körper unmittelbar Wärme austauschen, gilt $Q_1 = Q_2 = Q$. Die Entropieänderung ist $\Delta S = Q(T_1 - T_2)/T_1 T_2$, sodass stets T_1 höher als T_2 sein muss, damit die Entropie zunimmt. Wärme kann von allein nur vom wärmeren zum kälteren Körper übergehen.

Die *thermodynamische Temperaturskala* wird üblicherweise mithilfe des Carnot'schen Kreisprozesses eingeführt. Aus dem optimalen Wirkungsgrad η folgt unmittelbar die Existenz der absoluten Temperaturskala, wie zuerst *Lord Kelvin* erkannte, η liefert das Verhältnis der absoluten Temperaturen der beiden Wärmebehälter, ohne dass spezielle Materialeigenschaften des Thermometers eine Rolle spielen. Diese Skala stimmt mit der überein, die durch Druckmessungen an idealen Gasen festgelegt ist.

Das *Nernst'sche Wärmetheorem*, auch *dritter Hauptsatz* der Wärmelehre genannt, sagt etwas über den Absolutwert der Entropie aus, nachdem wir bisher nur Entropie*änderungen* definiert und betrachtet haben. *Am absoluten Nullpunkt $T = 0$ ist die Entropie eines Körpers null.* – Damit hängt die Beobachtung zusammen, dass bei tiefen Temperaturen die Wärmekapazität aller Körper sinkt und am absoluten Nullpunkt gegen null geht. Dort genügt also die Zuführung einer unendlich kleinen Wärmemenge, damit die Körpertemperatur um einen endlichen Betrag steigt. Das bedeutet aber, dass der absolute Nullpunkt von keinem Körper erreicht werden kann. Zur statistischen Deutung der Entropie s. Abschn. 5.3.2.

Aufgaben

5.2.1 In einem Kalorimeter erwärmen sich 0,3 kg Wasser von 20 °C auf 55 °C. Wie groß ist die zugeführte Wärmemenge?

5.2.2 Um bei kalorimetrischen Messungen die Erwärmung des inneren Kalorimetergefäßes zu berücksichtigen, pflegt man seinen sog. *Wasserwert* zur eingefüllten Masse Wasser zu addieren. Wie groß ist dieser für ein Kupfergefäß von 80 g, vgl. Tabelle 5.2?

5.2.3 Ein Thermometer mit der Wärmekapazität 15 J/K befindet sich auf Zimmertemperatur von 20 °C. Es wird dann zur Temperaturmessung in 30 g Ethanol gesteckt, das sich auf −25 °C befindet. Welche Temperatur zeigt es an?

[7] Hier bedeutet „abgeschlossen", dass keine Wärme abfließt.

5.2.4 50 cm^3 eines idealen Gases (10^5 Pa, 20 °C) werden sehr langsam isotherm auf 2 cm^3 komprimiert. Wie groß sind Stoffmenge, Enddruck und geleistete Arbeit?

5.2.5 Die Kompression von Aufgabe 5.2.4 erfolgt sehr schnell, d. h. adiabatisch. Welcher Druck und welche Temperatur werden dabei erreicht? ($\varkappa = 1,4$)

5.2.6 Man berechne nach derselben Methode wie in Abschn. 5.2.4 zunächst allgemein die adiabatische Kompressionsarbeit. Wie groß ist sie speziell bei Aufgabe 5.2.5?

5.2.7 Wie groß ist die Entropiezunahme, wenn eine Wärmemenge von 500 J aus dem Zimmer (25 °C) in die Außenluft (−10 °C) übertritt?

5.2.8 Welche Arbeit muss von einer ideal wirkenden Wärmepumpe geleistet werden, um die Wärmemenge von 500 J unter den Bedingungen von Aufgabe 5.2.7 wieder in das Zimmer zurückzuführen? Welche Wärmemenge Q_2 wird dabei der Außenluft entnommen?

5.3 Wärme als ungeordnete Molekularbewegung

5.3.1 Ideale Gase, Druckformel, Boltzmann-Beziehung. Das Verhalten der Gase und seine Betrachtung im molekularen Bilde führt ziemlich unmittelbar zu der Erkenntnis, dass die Gasmoleküle, mit einem Mückenschwarm vergleichbar, in ständiger, *regelloser Bewegung* sind. So füllen sie in der Kapselpumpe (Abb. 3.47) den ganzen angebotenen Raum ohne merkliche Verzögerung aus. Im Zimmer oder in der freien Atmosphäre fallen sie nicht, der Schwerkraft folgend, wie ein Stein zu Boden. Sonst würde eine etwa 10 m dicke Schicht von Luftmolekülen auf der Erde liegen.

Im Gas bewegen sich die Moleküle frei auf geraden Bahnen, stoßen elastisch mit anderen Molekülen zusammen, sodass Zickzack-Bewegungen entstehen und bei der ungeheuer großen Zahl von Molekülen – im cm^3 bei Normalbedingungen $2,7 \cdot 10^{19}$ – die Molekülbewegung keine Vorzugsrichtung hat. Das geradlinige Bahnstück, das ein Molekül im Mittel zwischen zwei Zusammenstößen zurücklegt, nennen wir die *mittlere freie Weglänge*. Sie beträgt bei Luft unter Normalbedingungen ungefähr 10^{-7} m.

Auf die Wände prallen die Moleküle ebenfalls und werden an ihnen reflektiert. Jedes Molekül übt dabei auf die Wand einen Kraftstoß aus. Die riesige Gesamtzahl aller Stöße wirkt wie eine stetige Kraft oder wie ein *gleichmäßiger Druck* auf die Wand. Je schneller und je häufiger die Moleküle auf die Wand prallen, umso größer wird dieser Druck. Er wächst also mit der Zahl und mit der Geschwindigkeit der Moleküle. Nach den Stoßgesetzen für elastische Kugeln (Abschn. 2.4.3) lässt sich der Druck als Summe der Stöße auf 1 m^2 in 1 s berechnen, und man erhält so die wichtige *Druckformel*:

$$p = \frac{1}{3}\varrho v^2 . \tag{5.23}$$

Dabei ist ϱ die Gasdichte, und mit der Geschwindigkeit v bewegen sich die Moleküle im Mittel[8]. v ist die einzige *molekulare* Größe, die in der Druckformel vorkommt. Wir können sie daraus berechnen, weil die makroskopischen Größen p und ϱ zu messen sind. Die Größenordnungen von v sind bei Zimmertemperatur für Luft rund 500 m/s, für die leichteren Wasserstoff-Moleküle 1900 m/s.

Zur Ableitung der Druckformel geht man vom dynamischen Grundgesetz in der Form $F\Delta t = \Delta(mv)$ aus (Abschn. 2.3.3). Man erhält $p = F/A = \Delta(mv)/A\Delta t$. Jedes auf die Wand aufprallende Molekül der Masse m_a wird elastisch reflektiert und erfährt bei senkrechtem Stoß lediglich eine Umkehr seiner Geschwindigkeit v, d. h. eine Änderung seiner Bewegungsgröße um $2m_a v$. Ebenso groß ist nach Abschn. 2.3.3 sein Kraftstoß auf die Wand. Betrachten wir einen Würfel von 1 m^3 Inhalt, der N_0 Moleküle enthalten möge. Die völlig ungeordnet durcheinanderschwirrenden Moleküle können wir bezüglich ihrer *mittleren* Bewegung in drei Scharen (Untermengen) einteilen. Die Moleküle einer Schar fliegen parallel zu einer der drei zueinander senkrechten Würfelkanten hin und her. Jede Schar enthält gleich viel Moleküle, nämlich $N_0/3$. Bei der Geschwindigkeit v stößt jedes der Moleküle in der Sekunde $v/2$ mal auf *eine* der beiden Wände, die seinen Lauf begrenzen. Daher ist der Impuls, den alle Moleküle in der Sekunde auf eine Wand von 1 m^2 Fläche übertragen, durch $2m_a v \cdot N_0 v/6 = N_0 m_a v^2/3 = \varrho v^2/3$ gegeben.

[8] Exakt ist v^2 der Mittelwert des Geschwindigkeitsquadrates.

Wir vergleichen die Druckformel mit der allgemeinen Gasgleichung (Abschn. 5.1.4) und formen diese dazu um in[9]:

$$p = \frac{\varrho}{M} RT . \tag{5.24}$$

Die Gleichsetzung führt auf die *Beziehung von Boltzmann:*

$$\frac{1}{2} M v^2 = \frac{3}{2} RT . \tag{5.25}$$

Die *kinetische Energie*, die in der ungeordneten Wärmebewegung der Gasmoleküle steckt, ist also der *absoluten Temperatur proportional*. Sie ist die innere Energie U eines idealen Gases, die im ersten Hauptsatz auftritt (Abschn. 5.2.1). Hier wird auch verständlich, dass die innere Energie als Bewegungsenergie voneinander völlig unabhängiger Moleküle nicht vom Gasvolumen abhängt, sondern nur von der Molekülzahl darin, und dass es mit $v = 0$ einen absoluten Nullpunkt der Temperaturskala gibt.

Zahlenmäßig ist in obiger Formel die Gesamtenergie in einem Mol aufgeführt. Um zur *mittleren Bewegungsenergie eines Moleküls* zu kommen, hat man nur durch die Avogadro'sche Zahl N_A zu dividieren. Es gilt $M = N_A m_a$, und wir führen hier die *Boltzmann-Konstante* $k = R/N_A = 1{,}381 \cdot 10^{-23}$ J/K ein. Damit erhalten wir:

$$\frac{1}{2} m_a v^2 = \frac{3}{2} kT . \tag{5.26}$$

Ferner ergibt sich die *kalorische Zustandsgleichung* des idealen, einatomigen Gases. Die innere Energie eines Moles beträgt $U_M = 3RT/2$. Daraus errechnen wir seine molare Wärmekapazität als $c_M = dU_M/dT = 3R/2$. Das trifft z. B. für Edelgase zu. Aber zweiatomige Gase wie O_2 oder N_2 haben eine spezifische Wärmekapazität $c_V = 5R/2M$. Den Energieüberschuss speichern sie als mittlere *Rotationsenergie* (Abschn. 5.3.2).

5.3.2 Kinetische Wärmetheorie. Den Übergang von geordneter makroskopischer Bewegung in ungeordnete Molekülbewegung verfolgen wir besonders anschaulich bei der *adiabatischen Kompression* (Abschn. 5.2.4). Die Gasmoleküle werden während des Kompressionsvorganges an einem bewegten Kolben reflektiert. Die Situation entspricht dem Schlag eines Tennisschlägers gegen den auftreffenden Ball; Letzterer fliegt danach mit höherer Geschwindigkeit zurück, als er ankam. So erhalten auch die Gasmoleküle zunächst eine gerichtete oder geordnete Zusatzgeschwindigkeit. Dann sind es aber die *Stöße der Moleküle untereinander*, durch die diese Ordnung sehr schnell verloren geht und die auch dafür sorgen, dass die mittlere molekulare Bewegungsenergie in jedem Teilgebiet des ganzen Volumens wieder einen gleichen, aber natürlich etwas erhöhten Wert als vor der Kompression annimmt. Das Gas ist wärmer geworden.

Wird andererseits das Gas durch eine *heiße Wand* erwärmt, so müssen die Gasmoleküle beim Aufprall ebenfalls kinetische Energie gewinnen. Um das näher zu verfolgen, betrachten wir die molekulare Struktur der Heizplatte. Dort sind die Moleküle oder Atome im Kristallgitter gebunden, sodass sie nur um eine Ruhelage *schwingen* können, und in Analogie zum Gas liegt es nahe, dass ihre mittlere Schwingungsenergie der absoluten Temperatur proportional ist. Das Gasmolekül trifft nur auf ein oder sehr wenige Atome des Festkörpers, und im Einzelnen kann man dann nicht voraussagen, mit welcher kinetischen Energie es wieder in den Gasraum zurückfliegt. Aber im Mittel über sehr viele derartige Stöße geben, wie ja die Erfahrung lehrt, die Atome des heißen Festkörpers an die Gasmoleküle Bewegungsenergie ab, sonst wäre ein Tauchsieder nutzlos.

Wir lernen daraus zwei weitere Grundtatsachen für die molekulare, kinetische Beschreibung des Wärmeaustausches zwischen zwei Stoffen:

1. Im *Festkörper* ändert sich proportional mit der Temperatur die *mittlere Schwingungsenergie* der Moleküle oder Atome. Allerdings sind die Bewegungen benachbarter Atome bis zu einem gewissen Grade koordiniert, sodass man besser

[9] Berücksichtigt wird dabei $n = m/M$ und $\varrho = m/V$, wobei M die Molmasse ist.

von elastischen Wellen eines weiten Frequenzbandes spricht, die sich ungeordnet im Festkörper ausbreiten (Rauschen).

2. Die Erfahrungstatsache, dass zwei sich berührende, aber nach außen isolierte Körper nach genügend langer Zeit die gleiche Temperatur annehmen (Abschn. 5.1.1) oder dass eine Wärmemenge immer nur vom heißen zum kälteren Körper übergeht, ist im molekularen Bilde eine Frage der *Statistik*, also der *Wahrscheinlichkeit*. Im freien Spiel von ungeheuer vielen Molekülen laufen alle Prozesse immer im Mittel so, dass *Unterschiede* aller Art *kleiner* und nicht größer werden. Hier sind es solche der kinetischen Energie, bei der *Diffusion* werden Unterschiede in der Teilchenkonzentration eines Gemisches ausgeglichen (Abschn. 5.3.5).

Die *kinetische Wärmetheorie* geht davon aus, dass ein Gasmolekül sich in drei Raumrichtungen bewegen kann. Seine Bewegung ist die Resultierende von drei aufeinander senkrechten Komponenten. Man sagt, das Molekül hat drei *Freiheitsgrade* der Translation[10]. Ferner kann es um Achsen durch den Schwerpunkt rotieren. Diese Rotation lässt sich in drei bzw. bei geradlinigen Molekülen in zwei Rotationen um aufeinander senkrecht stehende Molekülachsen zerlegen. Das bedeutet drei bzw. zwei weitere Freiheitsgrade. Dazu kommen noch die Freiheitsgrade der Atomschwingungen innerhalb des Moleküls.

Das *Grundgesetz* der *mechanischen Wärmetheorie* besagt nun, dass jedes Molekül im Mittel pro *Freiheitsgrad* dieselbe Energie E besitzt und dass diese proportional mit der absoluten Temperatur wächst, und zwar gilt für das thermische Gleichgewicht (Abschn. 5.3.4):

$$E = \frac{1}{2} kT\,. \tag{5.27}$$

[10] Ein Schiff auf einem See hat zwei Freiheitsgrade, ein Schienenfahrzeug nur noch einen Freiheitsgrad.

Daraus folgt, dass die *gesamte* mittlere kinetische Energie eines Moleküls mit drei Translationsfreiheitsgraden $E = 3kT/2$ beträgt. Für ein Hantelmolekül mit zwei zusätzlichen Freiheitsgraden der Rotation erhöht sich die mittlere thermische Energie auf $E = 5kT/2$.

Bei *Schwingungsfreiheitsgraden* ist die mittlere Energie gerade doppelt so groß, also kT. Das liegt daran, dass in der Schwingung nicht nur *kinetische*, sondern im zeitlichen Mittel zu gleichen Teilen auch *potentielle* Energie gespeichert ist. An dem Austausch, z. B. mit einem Gasmolekül, beteiligt sich aber nur die kinetische, d. h. sie allein schon nimmt beim Wärmeaustausch mit einem Gas den mittleren Betrag $kT/2$ in Anspruch. Nochmals der gleiche Anteil geht im Mittel beim Schwingungsvorgang in die potentielle Energie.

Damit findet das Gesetz von *Dulong-Petit* (Abschn. 5.2.2) eine einfache Deutung. Im metallischen Festkörper führen die Atome Schwingungen aus, die wir in drei aufeinander senkrechte Komponenten zerlegen können. Das bedeutet drei Freiheitsgrade der Schwingung. Daher ist die Wärmeenergie eines Mols $3RT$ und die molare Wärmekapazität $c_M = 3R$ oder ungefähr 25 J/mol K.

Bei tiefen Temperaturen sinkt die Wärmekapazität aller Festkörper nach einem T^3-Gesetz ab, um am absoluten Nullpunkt dem Grenzwert null zuzustreben, vgl. Nernst'sches Wärmetheorem, Abschn. 5.2.6. Das ist im Prinzip ebenso begründet wie der Leistungsabfall in der Temperaturstrahlung nach dem Planck'schen Gesetz bei hohen Frequenzen (UV), vgl. Abschn. 7.5.3. Die Schwingungen können nur Energie in Vielfachen von $h\nu$ aufnehmen (Abschn. 7.6.2), ein Energiebetrag, der aber bei sinkender Temperatur ($kT \ll h\nu$) in der thermischen Bewegung statistisch immer unwahrscheinlicher wird, s. Maxwell'sche Geschwindigkeitsverteilung Abschn. 5.3.4.

Im molekularen Bilde ist auch die *Entropie* (Abschn. 5.2.6) als Aussage über eine Wahrscheinlichkeit zu deuten. Wir wollen das nur für die *Entropieänderung* ΔS überlegen. Wenn z. B. ein ideales Gas bei der Temperatur T auf die Hälfte seines Volumens isotherm komprimiert wird, gibt es die an ihm geleistete Arbeit als Wärmeenergie Q ab, verliert also die Entropie $\Delta S = Q/T$. Man kann andererseits auch sagen, dass sein Zustand unwahrscheinlicher geworden ist. Obwohl der Energiesatz dadurch nicht verletzt würde, ist es nämlich extrem unwahrscheinlich, dass alle Gasmoleküle sich innerhalb des ursprünglichen Volumens infolge der ungeordneten Wärmebewegung rein zufällig in der Hälfte befinden, in die sie nach der

Kompression eingesperrt werden. Bei nur einem Molekül ist die Wahrscheinlichkeit dafür noch $\frac{1}{2}$, bei 2 Molekülen $\frac{1}{4}$, bei 3 Molekülen $\frac{1}{8}$ und bei N Molekülen $\frac{1}{2}^N$.

Als Zusammenhang zwischen Änderungen von Entropie und Wahrscheinlichkeit gilt allgemein

$$\Delta S = k \ln w \,. \qquad (5.28)$$

Dabei sind k die Boltzmann'sche Konstante und w das Verhältnis der Wahrscheinlichkeiten des Gases nach und vor der Kompression. Letztere war in den Überlegungen gleich 1 gesetzt worden. Bei der Kompression ist ΔS des Gases negativ, weil w kleiner als 1 ist. Das Gas verliert Entropie, weil sein Zustand unwahrscheinlicher geworden ist.

Beweis. Bei Kompression von V_1 auf V_2 ist allgemein das Verhältnis der Wahrscheinlichkeiten $w = (V_2/V_1)^{nN_A}$ mit der Stoffmenge n und der Avogadro'schen Konstanten N_A. Oben haben wir geschrieben $nN_A = N$ und speziell von $V_2/V_1 = 1/2$ gesprochen. Wir erhalten $\ln w = nN_A \cdot \ln(V_2/V_1) = -W_K N_A/RT$, wenn wir in dem zweiten Schritt nach (5.17) die isotherme Kompressionsarbeit W_K einführen (Abschn. 5.2.4). Dann ist aber $-W_K/T = Q/T - \Delta S$ die vom Gas *aufgenommene* Entropie, sodass mit $R/N_A = k$ unmittelbar der Wert von (5.28) für die Entropieänderung des Gases folgt.

5.3.3 Brown'sche Bewegung. Eine besonders eindrucksvolle Vorstellung von der Wärmebewegung in Flüssigkeiten vermittelt uns die sog. *Brown'sche Bewegung*. Betrachtet man eine Lösung mit sehr kleinen Teilchen (z. B. eine kolloidale Lösung) unter dem Ultramikroskop, so sieht man, dass diese Teilchen eine *wimmelnde Bewegung* ausführen, d. h. sich ständig unregelmäßig hin- und herbewegen. Je kleiner die Teilchen sind, umso lebhafter bewegen sie sich.

Die eine Erklärungsmöglichkeit geht davon aus, dass die Teilchen ständig unzählige Stöße von den umgebenden viel kleineren Flüssigkeitsmolekülen erfahren. Diese Einzelstöße können wir nicht beobachten. Nur wenn ein Teilchen von den vielen aufprallenden Molekülen zufällig in einer Richtung wiederholt besonders stark angestoßen wird, erleidet es

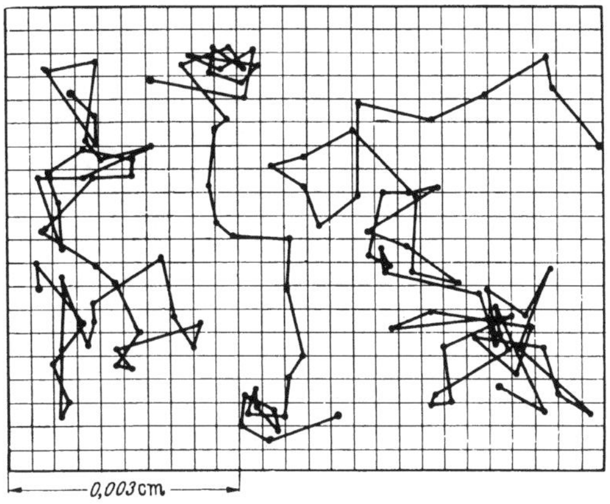

Abb. 5.8 Brown'sche Bewegung eines Teilchens von 5 µm Durchmesser. Die Punkte geben die Lage in Abständen von 30 s an

eine kleine Verschiebung von der Größenordnung eines Flüssigkeitsmoleküls. Die Teilchen beschreiben Zickzackwege von kleinen Strecken, die sich erst im Laufe der Zeit so weit aufsummieren, dass die Verschiebung sichtbar wird. In der Abb. 5.8 sehen wir die Bewegung eines Teilchens, dessen Lage alle 30 s ausgemessen wurde. Diese Punktlagen sind willkürlich durch gerade Linien verbunden.

Die andere Betrachtung der Brown'schen Bewegung stellt einfach fest, dass die makroskopischen Teilchen ebenfalls an der thermischen Energie partizipieren. Auch ihre mittlere Bewegungsenergie beträgt im thermischen Gleichgewicht $3kT/2$. Sie ist keineswegs nur auf Moleküle im Sinne der Chemie beschränkt. Wegen ihrer erheblich größeren Masse ist nur die durchschnittliche Geschwindigkeit der sichtbaren Teilchen sehr viel kleiner, da sie der Wurzel aus der Masse umgekehrt proportional ist.

Nun dürfen wir nicht umgekehrt aus der ungeordneten Bewegung z. B. von Würfeln, die in einem Becher mit der durchschnittlichen Geschwindigkeit $v = 1$ cm/s geschüttelt werden, bei einer Masse $m = 1$ g auf eine Temperatur $T = mv^2/3k \approx 2 \cdot 10^{15}$ K schließen. Dabei wäre nicht bedacht, dass im thermischen Gleichgewicht der Temperatur T *alle* Freiheitsgrade *aller* in den Würfeln enthaltenen Atome die mittlere Energie kT besitzen müssen. Natürlich steigt die Bewegungsenergie der Atome auch durch die Schüttelbewegung, aber z. B. bei

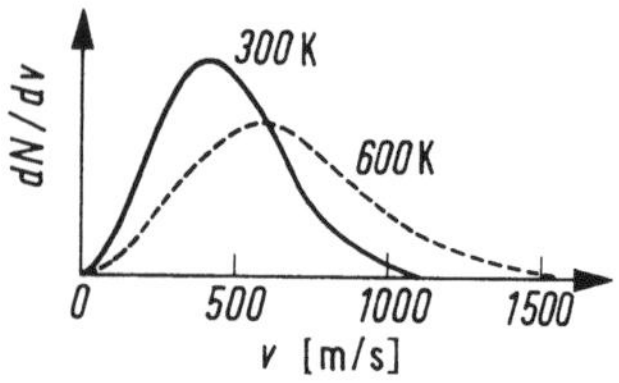

Abb. 5.9 Verteilung der thermischen Geschwindigkeit der Moleküle in Stickstoff (N_2) bei zwei Temperaturen

relativer Atommasse von 20 nur um so viel, dass die entsprechende Temperaturzunahme kleiner als 10^{-7} K ist. – Außerdem ist die Zusatzbewegung zunächst geordnet, und sie geht nur beim unelastischen Aufprall in ungeordnete, also Wärmebewegung über. Aber auch dann beobachtet man nach dieser Abschätzung natürlich keine merkliche Erwärmung der Würfel.

5.3.4 Maxwell'sche Geschwindigkeitsverteilung. Im Vorstehenden haben wir immer wieder hervorgehoben, dass es sich bei den thermischen Geschwindigkeiten und Energien nur um *Mittelwerte* handelt. Selbst wenn alle Gasmoleküle zu einem Zeitpunkt dem Betrage nach die gleiche Geschwindigkeit, aber willkürliche Bewegungsrichtungen hätten, dann würde durch Zusammenstöße untereinander diese Gleichheit sofort gestört. Unmittelbar zu übersehen ist das besonders extreme Ergebnis des Stoßes, wenn ein Molekül ein zweites zentral trifft, aber beide Flugbahnen einen rechten Winkel bilden, vgl. auch Aufgabe 2.4.4. Dann übernimmt das zweite die ganze Geschwindigkeit des ersten, weil sie in Stoßrichtung liegt (Abschn. 2.4.3), und fliegt unter 45° gegen seine alte Flugrichtung mit doppelter kinetischer Energie weiter, während das erste in Ruhe übergeht.

Die *Geschwindigkeitsverteilung* gibt an, welcher Prozentsatz der Moleküle eine bestimmte Geschwindigkeit hat, exakter für welchen Prozentsatz sie in einem bestimmten Geschwindigkeitsintervall liegt. Man kann sie unmittelbar aus der barometrischen Höhenformel oder allgemein mit Methoden der klassischen Statistik gewinnen. Das Ergebnis ist Folgendes: Die Zahl $\mathrm{d}N$ der Moleküle, die eine Geschwindigkeit zwischen v und $\mathrm{d}v$ ohne Beachtung der Richtung haben, beträgt bei einer Gesamtzahl N_0:

$$\frac{\mathrm{d}N}{N_0} = \frac{4v^2}{\sqrt{\pi}\,v_\mathrm{w}^3} \exp\left(-\frac{v^2}{v_\mathrm{w}^2}\right) \mathrm{d}v\,. \qquad (5.29)$$

Dabei ist $v_\mathrm{w}^2 = 2kT/m_\mathrm{a}$ das Quadrat der sog. *wahrscheinlichsten Geschwindigkeit* (m_a Molekülmasse). Für $v = v_\mathrm{w}$ nimmt nämlich die sog. Maxwell'sche Verteilungskurve, s. Abb. 5.9, ein Maximum an[11]. Wie man sieht, verbreitert sich die Verteilungskurve mit steigender Temperatur, und die wahrscheinlichste Geschwindigkeit v_w rückt dabei nach höheren Werten. Besonders wichtig ist es, darauf hinzuweisen, dass es auch Moleküle gibt, deren Geschwindigkeit ein *Vielfaches von* v_w beträgt. Es sind zwar prozentual nicht viele; sie reichen aber zahlenmäßig doch aus, um besondere Wirkungen infolge ihrer hohen Energie zu verursachen. Ein Beispiel ist die *Verdampfung* aus der Flüssigkeit, in welcher die Verteilung der Geschwindigkeiten der Molekülschwingung analog zu der im Gas ist (Abschn. 5.4.3). Auch in vielen anderen Experimenten hat sich die thermische Geschwindigkeitsverteilung nach *Maxwell* sowohl hinsichtlich der Gestalt als auch der absoluten Werte bestätigt.

Abschließend wollen wir festhalten, dass der *Temperaturbegriff* nur auf Systeme von *sehr vielen Teilchen* anwendbar ist. Sie müssen sich außerdem durch gegenseitige Stöße ins *thermische Gleichgewicht* gesetzt haben. Dessen Kennzeichen auf Grund der klassischen Statistik sind: Im Zeitmittel beträgt die Energie in einem Translations- und Rotationsfreiheitsgrad eines Teilchens $kT/2$, in einem Schwingungsfreiheitsgrad kT. Zu jedem Zeitpunkt sind die Bewegungen aller Teilchen in der Richtung ungeordnet, und es gilt die Maxwell'sche Geschwindigkeitsverteilung. Von der Temperatur eines einzelnen Moleküls zu sprechen, ist sinnlos.

In der barometrischen Höhenformel steht auch ein Exponential-Faktor, der in Abschn. 3.4.2 mit dem Exponenten $-\varrho_0 gh/p_0$ geschrieben wurde. Jetzt können wir ihn mit der Druckformel $p_0/\varrho_0 = \overline{v^2}/3 = kT/m_\mathrm{a}$ umformen in $-m_\mathrm{a}gh/kT$. Andererseits erhält man aus der *Maxwell*-Verteilung den Exponenten $-m_\mathrm{a}v^2/2kT$. Wir wollen hier nun feststellen, dass mit der Energiebeziehung $m_\mathrm{a}v^2/2 = m_\mathrm{a}gh$ beide gleich sind. In dieser Sicht ist auch die barometrische Höhenformel von statistischer

[11] Das mittlere Geschwindigkeitsquadrat $\overline{v^2}$, wie es in der Druckformel oder der Grundgleichung der kinetischen Wärmetheorie vorkommt, beträgt $\overline{v^2} = 3v_\mathrm{w}^2/2 = 3kT/m_\mathrm{a} = 3RT/M$.

Natur: Die Wahrscheinlichkeit, ein Molekül im Zustand mit der potentiellen Energie $W_{pot} = m_a gh$ zu finden, ist $\exp(-W_{pot}/kT)$ proportional.

5.3.5 Diffusion. Da Gasmoleküle nicht an eine Gleichgewichtslage gebunden sind, mischen sich zwei Gase durch die Wärmebewegung ziemlich schnell. Das können wir beobachten, wenn sie sich unter gleichem Druck in benachbarten Behältern befinden, deren Trennwand weggezogen wird. Man sagt, es findet beiderseitige *Diffusion* statt. Es ist allein die regellose thermische Bewegung und keine „Anziehungskraft“, durch die *rein statistisch* die *Konzentrationsunterschiede* abgebaut werden und die Entropie wächst (Abschn. 5.3.2).

Dasselbe ereignet sich auch in *Flüssigkeiten*, indem Moleküle mit momentan sehr hoher kinetischer Energie ihren Platz wechseln. Die Brown'sche Bewegung von suspendierten Teilchen veranschaulicht das unmittelbar. Um wieder die *Durchmischung* als rein statistische Folge dieser regellosen Zickzackbewegung zu beobachten, füllen wir in einen Zylinder Wasser, dem etwas Tusche zugemischt ist, und schichten darüber vorsichtig reines Wasser, sodass eine scharfe Grenze entsteht. Obwohl die Tuscheteilchen spezifisch schwerer als Wasser sind, diffundieren sie allmählich nach oben. Die Grenze verschiebt sich und wird unscharf. Doch kann es bei Zimmertemperatur Tage dauern, bis das mit dem bloßen Auge wahrnehmbar ist.

Auch in einen *Kristall* diffundieren von außen Fremdatome über Fehlstellen im Gitter hinein. Dieser Vorgang läuft aber noch sehr viel langsamer als in Flüssigkeiten ab, und er führt meist nur bei höherer Temperatur und längeren Wartezeiten zu beobachtbaren Effekten.

Innerhalb eines Behälters können auch bei Diffusion natürlich keine Unterschiede im Gasdruck auftreten. Die Möglichkeit dazu besteht aber, falls zwei Gase zu Beginn durch eine *poröse Wand* getrennt sind, die nicht weggenommen wird. Voraussetzung dafür ist es, dass die beiden Gase *unterschiedlich schnell* diffundieren. Wir füllen dazu den Raum I unter der Glocke von Abb. 5.10 mit Wasserstoff, während im inneren Zylinder II Stickstoff bzw. Luft sich befindet. Sein Mantel besteht aus porösem Material. Das angeschlossene U-Rohrmanometer zeigt die Differenz des Gasdruckes von Zylinder und Außenluft an, die vor Einleiten des Wasserstoffs null ist. Wir beobachten dann einen Druckanstieg im Zylinder, nach Erreichen eines Höchstwertes fällt er aber langsam wieder ab, bis schließlich auch im Zylinder wieder Atmosphärendruck herrscht. Es entsteht also ein *zeitweiliger* oder *temporärer Druckunterschied.*

Wenn wir dann die äußere Glocke entfernen, steigt außen im Gebiet I der leichtere Wasserstoff nach oben und wird durch reine Luft ersetzt. Dann entsteht wieder eine temporäre Druckdifferenz, aber im Zylinder herrscht jetzt *Unterdruck.*

Beide Versuche sind sofort qualitativ verständlich, wenn wir annehmen, dass Wasserstoff schneller diffundiert als Stickstoff. Der Grund dafür liegt in der kleineren Molekülmasse: Die mittleren *thermischen Molekulargeschwindigkeiten* verhalten sich bei gleicher Temperatur umgekehrt wie die Wurzeln aus den Molekülmassen (Abschn. 5.3.1), also $v_H/v_N = \sqrt{28/2} = 3,74$. – Außer von der thermischen Geschwindigkeit hängt die Zahl der Moleküle, die in einer Richtung durch die poröse Wand tritt, natürlich von der Zeit und noch ganz wesentlich davon ab, wie viel Moleküle die Chance dazu haben. Diese Zahl ist der Stoffmengenkonzentration des Gases im Ausgangsraum oder seinem dortigen Partialdruck proportional. So gibt es für jede Substanz immer *zwei gegenläufige Diffusionsströme*, und der beobachtete Gesamtstrom ist proportional der *Konzentrationsdifferenz* auf beiden Seiten. Wird also der H_2-Partialdruck innen und außen gleich, so diffundiert insgesamt kein Wasserstoff mehr. Dasselbe *dynamische Gleichgewicht*, in dem gleich viel Moleküle in beiden Richtungen diffundieren, stellt sich für N_2 entsprechend später ein.

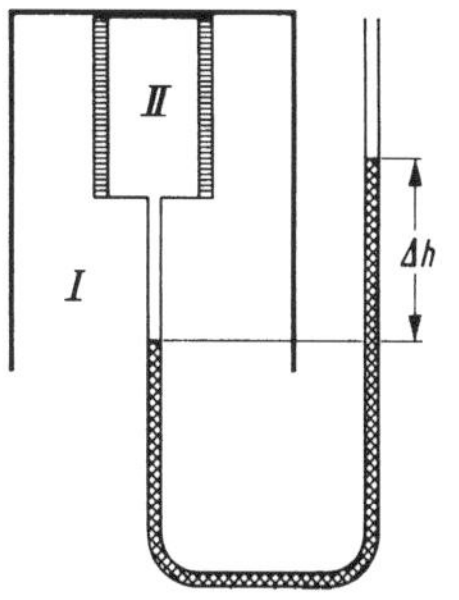

Abb. 5.10 Zur Diffusion von Wasserstoff und Luft

Wir geben noch das *1. Fick'sche Gesetz* der Diffusion an. Es sagt aus, dass an jeder Stelle die *Diffusionsstromdichte* j, d. i. die durchtretende Teilchenzahl pro Zeit- und Flächeneinheit, proportional dem *Konzentra-*

Abb. 5.11a,b Zum osmotischen Druck ohne (**a**) und mit (**b**) stationärem Gleichgewicht

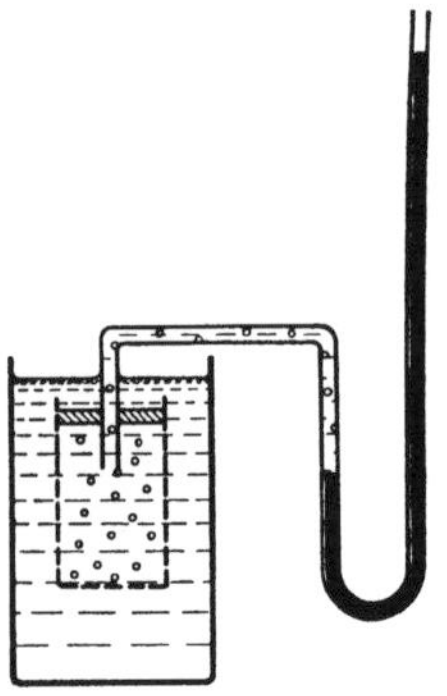

Abb. 5.12 Pfeffer'sche Zelle

tionsgefälle $-\mathrm{d}c/\mathrm{d}x$ in Stromrichtung x ist. Dabei ist c die Teilchenzahl[12] in der Volumeneinheit. Man schreibt $j = -D\,\mathrm{d}c/\mathrm{d}x$. D ist die *Diffusionskonstante*, die in der Einheit m^2/s angegeben wird. Im Versuch von Abb. 5.10 hängt D von Temperatur, Molmasse und bei der porösen Wand natürlich noch von deren Beschaffenheit ab. – Das 1. Fick'sche Gesetz gilt auch für die Diffusion in Flüssigkeiten und Festkörpern.

Beim *Lösen* von Kochsalz in Wasser bildet sich zwischen Festkörper und reinem Wasser eine Zone, in der ein Gefälle $-\mathrm{d}c/\mathrm{d}x$ der Salzkonzentration herrscht. Je größer es ist, desto stärker sind die Diffusionsströme, desto schneller löst sich das Salz. Durch Rühren wird diese Zone schmal bzw. die Salzkonzentration außen klein gehalten, sodass bei großem Gefälle die Diffusionsströme stark sind. Es ist wohlbekannt, dass dann der Lösungsvorgang schneller abläuft.

Diffusionspumpen nutzen aus, dass Moleküle aus dem zu evakuierenden Raum in einen Dampfstrahl aus Öl oder Quecksilber diffundieren und dann in ihm abtransportiert werden. Im Prinzip sind sie mit der Wasserstrahlpumpe vergleichbar, s. Abb. 3.63, nur werden sie erst bei Drucken unter 1 mbar besonders wirksam, wenn die Moleküle in dem verdünnten Gas große freie Weglängen besitzen.

5.3.6 Osmotischer Druck. Bei unterschiedlicher Diffusionsgeschwindigkeit von zwei Stoffen, die eine poröse Wand trennt, tritt *vorübergehend* ein Druckunterschied auf (Abschn. 5.3.5). Wenn aber einer der Partner durch eine sog. *semipermeable* Trennwand überhaupt nicht diffundieren kann, der andere dazu aber in der Lage ist, dann entsteht ein *dauernder Druckunterschied*.

Viele biologische Membranen, z. B. Zellwände, sind zwar für Wasser durchlässig, nicht aber für gelöste Stoffe. Trennen wir durch eine solche semipermeable Membran zunächst in einem Gedankenexperiment wässerige Zuckerlösung von reinem Wasser, vgl. Abb. 5.11a, so ist die Wasserkonzentration in der Zuckerlösung (links) niedriger als im reinen Wasser (rechts). Angetrieben durch die thermische Molekülbewegung werden also mehr Wassermoleküle nach links diffundieren als nach rechts. Zwar sinkt dadurch die Zuckerkonzentration, d. h. die Wasserkonzentration steigt links, jedoch wird sie auf beiden Seiten nie gleich werden. Es wird also *kein* dynamisches *Gleichgewicht* erreicht, vielmehr kann laufend Wasser von rechts nach links transportiert werden, wenn für Zu- und Ablauf gesorgt ist.

Wenn aber die linke Zelle durch ein Manometer verschlossen ist, s. Abb. 5.11b, drückt das eindiffundierte Wasser die Manometerfeder zusammen, und es entsteht ein Stempeldruck (Abschn. 3.3.3.1) auf der linken Seite. Er allein würde das Wasser durch die semipermeable Wand nach rechts treiben, hier verstärkt er den Strom nach rechts. Jetzt bildet sich bei einem bestimmten Überdruck in der linken Zelle ein dynamisches Gleichgewicht. Diesen Überdruck nennt man den *osmotischen Druck* der Zuckerlösung. – In der *Pfeffer'schen Zelle*, s. Abb. 5.12, wird er mit einem U-Rohr-Manometer gemessen.

Das *Gesetz von van t'Hoff* sagt aus, dass der osmotische Druck Π ebenso groß ist wie der Druck, den die gelösten Teilchen als ideales Gas ausüben würden. Mit der molaren Konzentration $c_\mathrm{M} = n/V$ gilt also (Abschn. 5.1.4):

$$\Pi = c_\mathrm{M} RT\,. \qquad (5.30)$$

Das Gesetz erinnert deutlich daran, dass die Ursache für die Ausbildung des osmotischen Druckes die thermische Molekularbewegung ist, denn er steigt mit der absoluten Temperatur T. Lösungen mit gleichem osmotischen Druck, sog. *isotonische* Lösungen, haben bei derselben Temperatur gleiche Stoffmengenkonzentration, gleichgültig welcher Stoff gelöst ist. Enthält eine Lösung davon 1 mol im Liter, so beträgt bei Zimmertemperatur von 20 °C der osmotische Druck ca. 24,4 bar.

Der osmotische Druck einer Lösung, die isoliert in einem Behälter steht, ist kein Binnendruck, der mit einem Manometer zu messen wäre. Es ist ein „möglicher" Druck, den die Lösung nur in der Pfeffer'schen Zelle, durch eine semipermeable Wand mit dem Lösungsmittel in Kontakt stehend, im Gleichgewicht annimmt.

Diese Situation liegt aber bei biologischen Geweben und Pflanzenzellen sehr häufig vor. Erbsen quellen in Wasser, sie schrumpfen aber in konzentrierter Kochsalzlösung, weil diese hypertonisch ist, d. h. einen hö-

[12] Statt der Teilchenzahl kann man in j und c auch die Stoffmenge oder die Gasmasse verwenden.

heren osmotischen Druck besitzt als die Erbsen. Rote Blutkörperchen sind in physiologischer Kochsalzlösung beständig, die isotonisch ist, platzen aber in destilliertem Wasser (Plasmolyse).

Aufgaben

5.3.1 Wie groß ist die spez. Wärmekapazität c_v der idealen Gase Stickstoff (N_2) und Sauerstoff (O_2)? (s. Tabelle im Anhang).

5.3.2 In Luft sind überschlägig die Stoffmengenanteile 0,80 Stickstoff und 0,20 Sauerstoff. Man berechne entsprechend Aufgabe 5.3.1 die spezifische Wärmekapazität der Luft.

5.3.3 Welche Energie benötigt man, um 1 m^3 Luft von Normalbedingungen bei konstantem Druck um 1 K zu erwärmen? Welche Energie ist für dieselbe Erwärmung unter konstantem Volumen notwendig? Diese Zahl vergleiche man mit der Wärmekapazität eines Aluminiumbehälters (Kubus mit 3 mm Wandstärke), in dem die Luft dann eingeschlossen sein muss (s. Tabellen 3.1 und 5.2).

5.3.4 Wie groß ist die wahrscheinlichste Geschwindigkeit eines Wasserstoffatoms an der Sonnenoberfläche bei einer Temperatur von 5700 K? (Abschn. 3.1.2).

5.3.5 Der Diffusionsversuch von Abb. 5.10 soll mit Kohlendioxid (CO_2) (I) und Stickstoff (N_2) (II) durchgeführt werden.
a) Was ist dazu an der Versuchsanordnung zu ändern?
b) Wie groß ist dann das Verhältnis der mittleren thermischen Geschwindigkeit der Moleküle?
c) In welcher Richtung verschiebt sich zunächst die Einstellung des Manometers?
d) Sind größere Druckdifferenzen bei gleichen Ausgangskonzentrationen und -drücken zu erwarten als bei der Wasserstoff-Stickstoff-Diffusion?

5.3.6 Wie viel molar (mol/l) ist die Lösung mit dem osmotischen Druck 1 bar = 10^5 Pa bei 25 °C?

5.4 Änderungen des Aggregatzustandes

5.4.1 Schmelzen, Schmelzpunkt, Schmelzwärme. Erwärmen wir einen festen Körper, so werden die Schwingungen der Elementarbausteine, d. h. der Atome, Ionen oder Moleküle, immer stärker (Abschn. 3.2.1), ihr mittlerer Abstand immer größer, der Körper dehnt sich aus. Mit wachsender Amplitude lockert sich das Kristallgitter, bis es schließlich bei einer bestimmten Temperatur zusammenbricht. Bei dieser Temperatur, dem *Schmelzpunkt* T_F, schmilzt der Festkörper und geht in den viel weniger geordneten flüssigen Aggregatzustand über. – Kühlt man eine reine Flüssigkeit ab, so wird sie bei derselben Temperatur T_F fest, sodass man diese auch als *Erstarrungspunkt* bzw. bei Stoffen, die bei Zimmertemperatur flüssig sind, als *Gefrierpunkt* bezeichnet. Legierungen besitzen häufig einen tieferen Schmelzpunkt als ihre Komponenten, s. Tabelle 5.3.

Tabelle 5.3 Schmelzpunkte einiger reiner Stoffe und Legierungen bei 1 bar in °C

Wolfram	3387	Schwefelkohlenstoff	−112
Iridium	2447	Ethanol	−114
Platin	1772	Diethylether	−123
Eisen, rein	1539	Sauerstoff	−218
Gold	1064,5	Wasserstoff	−262
Aluminium	660,5		
Blei	327,5		
Kalium	63	Weichlot:	
Quecksilber	−39	36% Pb, 64% Sn	181
Quarz	1600	Wood'sches Metall:	
Kochsalz	801	25% Pb, 12,5% Sn	
Benzol	+5,5	12,5% Cd, 50% Bi	60,5

Eine *scharfe* Schmelz- und Erstarrungstemperatur besitzen nur reine und kristalline Körper, nicht aber amorphe Stoffe, wie Gläser, Harze und viele hochpolymere Kunststoffe. Diese werden vielmehr bei steigender Temperatur allmählich weich, dann zäh- und schließlich dünnflüssig.

Fast alle Körper dehnen sich beim Schmelzen aus. Die wichtigste Ausnahme ist das Wasser. Eis ist etwa 9% spezifisch leichter und schwimmt daher auf dem Wasser. Setzt man Eis unter Druck, so schmilzt es. Der Schmelzpunkt sinkt um 0,0075 K pro bar Druckerhöhung. Legt man über einen Eisblock eine belastete Drahtschlinge, so zerschneidet diese langsam den Block, wobei das Wasser oberhalb des Drahtes, vom Druck befreit, wieder gefriert. Bei der Wanderung der Gletscher spielt dieses Schmelzen unter Druck und Wiedergefrieren, die sog. *Regelation*, des Eises eine wichtige Rolle.

Prinzip von *Le Chatelier-Braun*. Setzen wir Eis unter Druck, so schmilzt es und verringert dabei sein Volumen, gibt also der äußeren Einwirkung nach. Diese Erscheinung, dass das System dem äußeren Zwange nachgibt, ist nur ein Beispiel für einen in der Natur sehr oft bestätigten Satz, der als das *Prinzip vom kleinsten Zwang* oder auch als *Prinzip* von *Le Chatelier-Braun* bezeichnet wird: Jedes System reagiert auf eine äußere Einwirkung in der Richtung, dass es die primäre Ursache zu vermindern sucht. So kann Wasser unter Druck nie fest werden, denn das würde eine Volumen*zunahme*, d. h. eine *Druckzunahme*, bedeuten; umgekehrt werden unter Druck alle diejenigen Stoffe fest, die im festen Zustand eine größere Dichte als im flüssigen haben.

Wir verfolgen den Temperaturverlauf, wenn einem Festkörper pro Zeiteinheit stets die gleiche Wärmemenge zugeführt wird. Zunächst beobachten wir eine Temperaturzunahme. Dann bleibt sie am Schmelzpunkt T_F eine Zeit lang trotz weiterer Wärmezufuhr konstant. Die in dieser Zeit zugeführte Wärmeenergie wird dazu gebraucht, um den ordnenden molekularen Anziehungskräften entgegenzuwirken und den geordneten Molekülverband zu zerstören, d. h. den Festkörper zu schmelzen. Erst wenn alle Substanz geschmolzen ist, steigt die Temperatur weiter an. Den zum Schmelzen der Masseneinheit erforderlichen Energiebetrag nennen wir die *spez. Schmelzwärme* $q_F = Q/m$, s. Tabelle 5.4.

Bei der Schmelztemperatur herrscht Gleichgewicht, d. h. beide Komponenten, auch als *Phasen* bezeichnet, können beliebig lange in einem beliebigen Mischungsverhältnis nebeneinander bestehen, solange weder Wärme zu- noch abgeführt wird. Führt man eine kleine Wärmemenge zu, so wird bei konstant bleibender Temperatur eine bestimmte Menge festen Stoffes geschmolzen; umgekehrt wird bei Wärmeentzug eine bestimmte Flüssigkeitsmenge erstarren (Temperatur-Fixpunkt, Abschn. 5.1.1).

Tabelle 5.4 Spez. Schmelzwärmen in J/g

Aluminium	395	Kochsalz	520
Kupfer	172	Wasser	335
Blei	25	Benzol	126
Quecksilber	11,7	Ethanol	100

Es ist unmöglich, eine feste Substanz über ihren Schmelzpunkt hinaus zu erwärmen[13]. Dagegen gelingt es, durch langsames, vorsichtiges Abkühlen Flüssigkeiten erheblich unter ihren Erstarrungspunkt abzukühlen, z. B. sehr reines, luftfreies Wasser bis etwa −8 °C flüssig zu halten. Doch ist bei dieser *Unterkühlung* die Flüssigkeit nicht stabil, es genügt eine leichte Erschütterung, um sie zum Gefrieren zu bringen, wobei sich sofort die normale Gefriertemperatur einstellt, weil die Schmelzwärme frei wird. – Andererseits entstehen Kristalle nie im homogenen Inneren einer Flüssigkeit, sondern sie „wachsen" an den Grenzflächen, z. B. von der Wand aus, oder bilden sich an Verunreinigungen. Günstig ist das Impfen mit eigenen Kristallkeimen. Einkristalle zieht man mit ganz geringer konstanter Geschwindigkeit aus der Schmelze heraus.

Die *Vereisung* von *Flugzeugen* beruht darauf, dass unterkühlte Wassertröpfchen, die in ruhiger Luft lange beständig sind, auf den Tragflächen gefrieren und festhaften.

5.4.2 Flüssige Mischungen und Lösungen.

Flüssigkeiten sind im Gegensatz zu Gasen nicht immer beliebig mischbar. Schütteln wir Öl und Wasser, so erhalten wir ein trübes, als *Emulsion* bezeichnetes Gemisch, in dem kleinste Tröpfchen von Öl bzw. von Wasser vorhanden sind. Nach längerem Stehen trennen sich die Bestandteile; die Emulsion ist nicht stabil. Mischen wir dagegen Alkohol und Wasser, so erhalten wir eine klare, homogene Flüssigkeit, die sich nicht mehr in ihre Bestandteile scheidet, eine sog. *Lösung*.

Bringen wir ein Salz in Wasser, so ist immer nur eine begrenzte, von der Temperatur abhängige Menge löslich. Hat das Lösungsmittel

[13] Eine Ausnahme können Kristalle aus sehr langen Kettenmolekülen bilden.

die größtmögliche Menge an Salz gelöst, so sprechen wir von einer *gesättigten* Lösung. Kühlt man eine solche ab, so kristallisiert im Allgemeinen ein Teil des gelösten Stoffes aus.

Echte oder molekulardisperse Lösungen enthalten den gelösten Stoff als Einzelmoleküle, Ionen oder auch als Assoziationskomplexe mit wenigen Molekülen.

Dagegen bestehen gelöste Kolloide aus sehr vielen Molekülen. Auch derartige *kolloidale* Lösungen sind für das bloße Auge völlig klar, mit dem Lichtmikroskop kann man nur Teilchen mit Abmessungen über ca. 0,5 µm erkennen, vgl. Abschn. 7.3.6.2. Kolloidale Lösungen sind aber stabil, vor allem da Kolloide gleichsinnig elektrisch geladen sind. Sie können sich daher nicht zusammenballen (koagulieren), was zum Ausscheiden aus der Lösung führen würde, vgl. Abschn. 6.4.6.

Noch größere Teilchen sind in Flüssigkeiten *nicht stabil* lösbar, sie setzen sich mit der Zeit ab. Man spricht von *Suspensionen*.

5.4.2.1 Lösungswärme. Mit dem Lösen eines festen Körpers in einer Flüssigkeit ist eine Erwärmung oder Abkühlung verbunden. Diese positive oder negative *Lösungswärme* ist eine Folge der molekularen Anziehungskräfte. Einmal wird eine Schmelzwärme verbraucht, um den Festkörper aufzulösen. Dann aber bildet sich eine sog. *Solvathülle* von Lösungsmittelmolekülen um ein gelöstes Molekül, wobei eine *Solvatationswärme* frei wird. Bei wässrigen Lösungen spricht man auch von *Hydratationswärme*. Die Lösungswärme ist die Differenz von Solvatations- und Schmelzwärme, und sie ist positiv, wenn die Lösung sich erwärmt. Die molare oder die spezifische Lösungswärme sind das Verhältnis von produzierter Wärmemenge zur gelösten Stoffmenge oder -masse (J/mol bzw. J/kg).

5.4.2.2 Raoult'sches Gesetz. Der *Gefrierpunkt* einer Lösung wird durch den gelösten Stoff gegenüber dem des reinen Lösungsmittels stets erniedrigt, und zwar ist die *Gefrierpunktserniedrigung* bei nicht zu hohen Konzentrationen proportional der Konzentration der gelösten Moleküle. Bei gleicher molarer Konzentration $c_M = n/V$ ist die Gefrierpunktserniedrigung ΔT_F für ein bestimmtes Lösungsmittel unabhängig vom gelösten Stoff (Raoult'sches Gesetz). Die molare Gefrierpunktserniedrigung $\Delta T_F/c_M$ ist für jedes Lösungsmittel eine charakteristische Konstante. Sie beträgt für Wasser 1,83 K, wenn c_M in mol/l angegeben wird (Kryoskopische Konstante).

Falls die Moleküle des gelösten Stoffes in Ionen zerfallen, *dissoziieren*, vgl. Elektrolyte Abschn. 6.3.2, muss in c_M die erhöhte Teilchenzahl beachtet werden. ΔT_F wird entsprechend höher.

5.4.2.3 Eutektikum. Kühlt man eine verdünnte Lösung, z. B. von Kochsalz in Wasser ab, so friert reines Wasser aus, sodass bei weiterem Abkühlen die Lösung immer konzentrierter wird und ihr Gefrierpunkt noch weiter absinkt. Auf diesem Wege gelangt man schließlich zu einer gesättigten Lösung. Entzieht man dieser noch mehr Wärme, so scheiden sich von da ab Eis und Kochsalz in demselben Mengenverhältnis, wie es in der Lösung vorliegt, als sog. *Kryohydrat* oder *Eutektikum* aus. Die Temperatur bleibt während der Ausscheidung konstant, ist unabhängig von der Anfangskonzentration und wird als *eutektischer* Punkt bezeichnet.

5.4.2.4 Kältemischungen. Gibt man zu klein zerstoßenem Eis Kochsalz, so ist das System nicht im Gleichgewicht. Durch Diffusion mischen sich die Stoffe, ein Teil des Eises schmilzt, und es bildet sich eine wässrige Kochsalzlösung. Die Schmelzwärme wird dem System entzogen, sodass es sich abkühlt. (Salzstreuen bei Glatteis, unerwünscht!).

5.4.3 Verdampfung, Sättigungsdruck, Sieden. Das Verdampfen einer Flüssigkeit hat seinen Grund in der Molekularbewegung innerhalb des flüssigen Stoffes. Um ein Molekül aus dem Innern durch die Oberfläche hindurch in den Gasraum zu befördern, muss gegen die molekularen Anziehungskräfte Arbeit geleistet werden. Es können also nur diejenigen Moleküle verdampfen, die einen genügend großen Vorrat an kinetischer Energie besitzen (Abschn. 5.3.4). Mit wachsender Temperatur erhöht sich daher die Zahl der Moleküle, die in der Zeiteinheit die Flüssigkeitsoberfläche verlassen.

In einem *abgeschlossenen* Raum kommt die Verdampfung zum Stillstand, sobald die im Dampfraum vorhandenen Moleküle einen bestimmten *Dampfdruck*, den sog. *Sättigungsdruck* ausüben. Es stellt sich ein *dynamisches* Gleichgewicht ein, bei dem stets gleichviel Moleküle aus dem Dampfraum in die Flüssigkeit zurückkehren (kondensieren), wie aus der Flüssigkeit verdampfen. Dieser Sättigungsdruck im Gleichgewicht Flüssigkeit–Dampf hängt vom Stoff ab. Das lässt sich veranschaulichen, wenn man in Torricelli'schen Vakuumröhren, s. Abb. 3.43, von unten verschiedene Flüssigkeiten aufsteigen lässt. In der Abb. 5.13 möge das linke Rohr evakuiert bleiben. In die anschließenden Rohre möge etwas Wasser bzw. Ethanol und Diethylether gebracht worden sein. Machen wir den Versuch bei 20 °C, so wird die Hg-Säule bei Wasser um 17,5 mm, beim Alkohol um 44 mm und beim Äther um 440 mm herabgedrückt. Das ergibt die Sättigungsdrücke der drei Stoffe bei 20 °C. Vergrößern wir bei konstant gehaltener Temperatur den Dampfraum, dann verdampfen zusätzlich Moleküle aus der Flüssigkeit, bis wieder der Sättigungsdruck erreicht ist. Verringern wir das Volumen für den Dampf, dann kondensiert umgekehrt ein Teil des Dampfes. Der Sättigungsdruck ist also vom *Dampfvolumen unabhängig*. Wird der Raum allerdings so weit vergrößert, dass die ganze Flüssigkeit verdampft ist, so erhalten wir sog. *ungesättigten* oder *überhitzten Dampf* mit kleinerem Druck. Wenn man den Sättigungsdruck messen will, muss der Dampf stets noch im Kontakt, d. h. im Gleichgewicht mit seiner Flüssigkeit stehen.

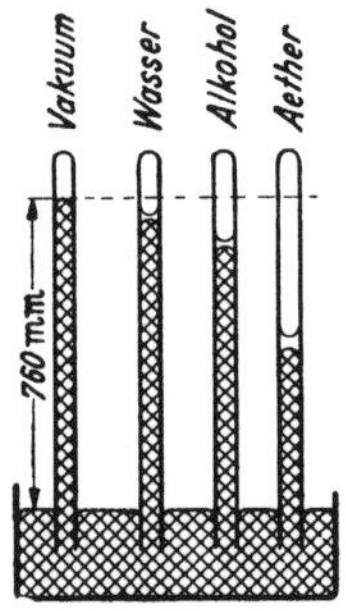

Abb. 5.13 Sättigungsdampfdruck verschiedener Flüssigkeiten

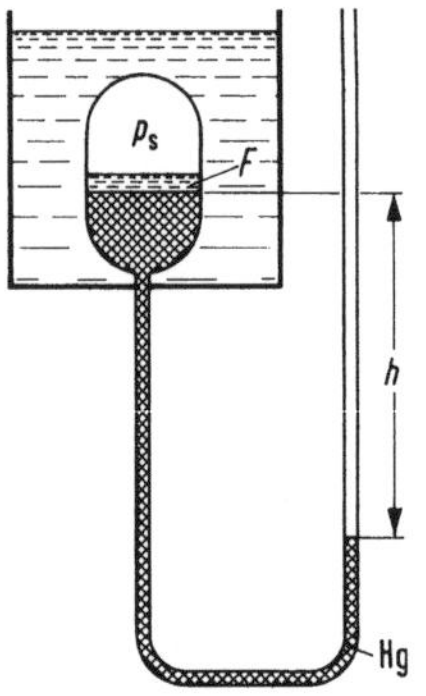

Abb. 5.14 Anordnung zur Messung der Dampfdruckkurve

Die Abhängigkeit des Sättigungsdampfdruckes von der *Temperatur*, die sog. *Dampfdruckkurve*, kann man mit dem Quecksilbermanometer in einer Anordnung bestimmen, wie sie Abb. 5.14 zeigt. Der in cm gemessene Höhenunterschied h ergibt mit 13,33 multipliziert[14] die Differenz zwischen äußerem Luftdruck p_0 und Sättigungsdruck p_s in der Einheit mbar (Abschn. 3.4.2). Der Druck des gesättigten Dampfes steigt mit der Temperatur, aber nicht linear wie beim idealen Gas unter konstantem Volumen (*Gay-Lussac-Gesetz*, Abschn. 5.1.4), sondern mit steigender Temperatur immer stärker, vgl. Tabelle 5.5.

Der Dampfdruck p_s folgt der Exponentialfunktion $\exp(-E/kT)$, die sich aus der *Maxwell*-Verteilung ableitet (Abschn. 5.3.4). E ist dabei die Energie, die ein Molekül aufbringen muss, um die Flüssigkeit zu verlassen. Stellt man $\ln p_s$ gegen $1/T$ graphisch dar, so erhält man eine fallende Gerade.

Der Sättigungsdampfdruck ist von der Gegenwart *anderer Gase* im Dampfraum *unabhängig*. In einem mit völlig trockener Luft gefüllten und nach Einbringen von etwas Wasser abgesperrten Gefäß stellt sich ein Enddruck ein, der gleich dem ursprünglichen Luftdruck vermehrt um den Sättigungsdampfdruck des Wassers ist.

Das gilt aber nur für Verdampfung im abgeschlossenen Gefäß. An der *freien Luft* dagegen kann zum einen der Gesamtdruck durch den Dampf nicht steigen, weil Letzterer einfach Luft wegdrückt. Zum anderen entsteht *kein Gleichgewicht*. Zwar stellt sich unmittelbar über der Flüssigkeitsoberfläche sehr bald der Sättigungsdruck als Partialdruck ein, aber von dort können die Dampfmoleküle in ruhender Luft nur durch Diffusion in den weiteren Raum vordringen. Die Diffusion begrenzt dann die Geschwindigkeit der Verdampfung oder Verdunstung. Durch Wind wird sie beträchtlich erhöht.

Im täglichen Leben sagt man, eine Flüssigkeit *siedet*, wenn sich im Innern Dampfblasen bilden und aufsteigen, die Flüssigkeit also auch im *Innern* in den Dampfzustand übergeht. Diese Dampfblasen entwickeln sich bevorzugt aus zunächst unsichtbar kleinen Luftbläschen. Ein derartiger Vorgang setzt aber voraus, dass der in der Blase herrschende Sättigungsdruck

[14] Das spez. Gewicht von Quecksilber beträgt 0,1333N/cm^3, und 1 N/cm^2 sind 100 mbar.

Tabelle 5.5 Sättigungsdampfdruck des Wassers in Abhängigkeit von der Temperatur (Dampfdruckkurve)

°C	−20	0	20	40	80	100	120	150
mbar	1,0	6,1	23,3	73,7	473,4	1013	1985	4761

mindestens den Außendruck erreicht hat, unter dem die Flüssigkeit steht. Sonst würde der Dampf in der Blase wieder kondensieren.

Wir wollen festlegen: Der *Siedepunkt* ist die Temperatur, bei der der *Sättigungsdampfdruck* einer Flüssigkeit gleich dem *äußeren Druck* ist. Folglich hängt die Siedetemperatur vom äußeren Druck ab. Unter dem *normalen Siedepunkt* oder *Kochpunkt* verstehen wir die Temperatur, bei der die Flüssigkeit unter dem normalen Luftdruck von 1013 mbar siedet, bei der der Sättigungsdampfdruck also gerade diesen Wert hat, vgl. Tabelle 5.6. Der Siedepunkt ist nicht dadurch treffend charakterisiert, dass an ihm sich Flüssigkeit in Dampf verwandelt. Das findet bei jeder Temperatur statt, da ja die Flüssigkeit stets einen Dampfdruck hat und deshalb verdunstet.

Auf dem Montblanc, in 4810 m Höhe, herrscht im Mittel ein Druck von 556 mbar. Das Wasser siedet dort schon bei 84 °C. Wir können Wasser sogar bei Zimmertemperatur sieden lassen, indem wir in einem abgeschlossenen Gefäß den Druck im Raum über der Wasseroberfläche mit einer Kapselpumpe auf etwa 25 mbar erniedrigen. – Ohne Druckerniedrigung nur durch Erwärmen kommt im *abgeschlossenen Gefäß* eine Flüssigkeit nie zum Sieden in dem Sinne, dass Dampfblasen in ihr zu beobachten sind. Stets lastet der eigene Sättigungsdampfdruck auf ihr, zu dem meist noch ein Luftpartialdruck und innerhalb der Flüssigkeit stets der hydrostatische Druck kommen. Die abgeschlossene Flüssigkeit lässt sich über den normalen Siedepunkt erhitzen, begrenzt nur durch die Zerreißfestigkeit des Gefäßes (Siko-Topf).

Beim Verdampfen werden der Flüssigkeit die schnelleren Moleküle entzogen, sodass die mittlere thermische Energie der Flüssigkeitsmoleküle abnimmt, ihre Temperatur sinkt. Um sie konstant zu halten, muss man ständig Wärme zuführen. Als *spezifische Verdampfungswärme* bezeichnen wir das Verhältnis von der beim Sieden zugeführten Wärmemenge zur Masse des erzeugten Dampfes. Sie hängt noch geringfügig von der Temperatur ab und beträgt beim normalen Siedepunkt für Ethanol 846 J/g, für Diethylether 360 J/g und für Wasser 2257 J/g. Um Wasser von 100 °C in Wasserdampf von 100 °C zu verwandeln, benötigen wir mehr als das Fünffache der Energie, die notwendig ist, dieselbe Wassermenge von 0 °C auf 100 °C zu erwärmen (Abschn. 5.2.2). Diese ungewöhnlich hohe spezifische Verdampfungswärme des Wassers rührt von den sehr starken zwischenmolekularen Kräften her, die überwunden werden müssen, wenn das Einzelmolekül aus dem Flüssigkeitsverband sich löst, um frei in den Dampfraum zu gelangen.

Es ist die Verdampfungswärme, die uns daran hindert, an freier Atmosphäre eine Flüssigkeit über ihren normalen Siedepunkt zu erhitzen. Die Verdampfung ist so stürmisch, dass alle zur Verfügung gestellte Wärmemenge

Tabelle 5.6 Siedepunkte, wenn nicht anders bezeichnet, in °C bei 1013 mbar

Gold	2950	Naphthalin	217,9	Sauerstoff	90,2 K
Eisen	2880	Wasser	100,0	Stickstoff	77,4 K
Blei	1750	Benzol	80,2	Wasserstoff	20,4 K
Schwefel	444,6	Ethanol	78,3	Helium	4,2 K
Quecksilber	356,7	Diethylether	34,5		

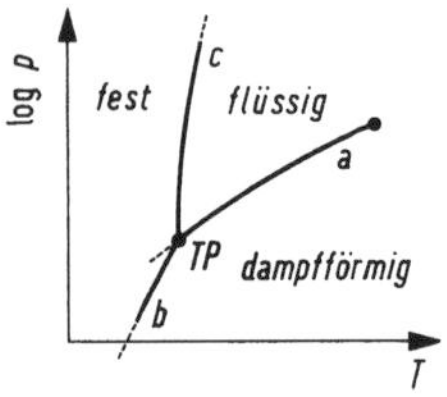

Abb. 5.15 Gesamtes Zustandsdiagramm, schematisch

als Verdampfungswärme verwendet wird und nichts davon zur Temperaturerhöhung übrigbleibt. Deshalb stellt eine siedende Flüssigkeit einen guten Fixpunkt auf der Temperaturskala dar, wenn der äußere Druck konstant gehalten wird.

Bei der Kondensation wird eine Wärmemenge, die gleich der Verdampfungswärme ist, umgekehrt als *Kondensationswärme* wieder frei. Das spielt eine große Rolle bei der Stabilisierung des Klimas, indem z. B. der Niederschlag von Tau gegen Morgen durch die dabei frei werdende Kondensationswärme verhindert, dass die Nachttemperatur noch weiter sinkt.

Der *Sättigungsdruck* einer *Lösung* ist stets kleiner als der des reinen Lösungsmittels, und zwar ist die Dampfdruckerniedrigung dem osmotischen Druck der Lösung proportional (Abschn. 5.3.6)[15]. Daher wird der normale Siedepunkt durch den gelösten Stoff stets erhöht, und zwar nach einem Gesetz, völlig analog dem für die molare Gefrierpunktserniedrigung (Abschn. 5.4.2). Die *Siedepunktserhöhung* durch 1 mol gelösten Stoffes in 1 kg Lösungsmittel ist für Wasser 0,52 K, für Ethanol 1,04 K.

5.4.4 Sublimation, Tripelpunkt. Auch feste Stoffe besitzen einen Dampfdruck und verdunsten daher, allerdings meist nur sehr langsam, wie z. B. Schnee bei scharfem Frost und trockener Luft (Abschn. 5.4.5). Dieser Übergang eines festen Körpers unmittelbar in den Dampfzustand wird *Sublimation* genannt. Manche Stoffe, wie Jod oder Naphthalin, verschwinden allmählich, wenn sie an freier Luft liegen. Festes Kohlendioxid, sog. *Trockeneis*, hat bereits bei −78,5 °C einen Sublimationsdruck von 1 bar, sodass es, ohne vorher flüssig zu werden, lebhaft verdunstet. Den umgekehrten Vorgang, d. h. den unmittelbaren Übergang gasförmig–fest, beobachten wir häufig in der Natur bei der Entstehung von Reif aus dem Wasserdampf der Luft. Schneekriställchen sind nicht gefrorene Regentropfen, sondern bilden sich unmittelbar aus Wasserdampf.

Im einfachsten Fall besitzt ein Stoff drei Phasen, fest, flüssig und dampfförmig[16], und durch Druck p und Temperatur T ist es festgelegt, in welchem Aggregatzustand er sich befindet. Zeichnen wir im p, T-Diagramm die *Dampfdruckkurve*, s. Abb. 5.15, so können Flüssigkeit und Dampf nebeneinander existieren, wenn je zwei zugehörige Werte von p und T gleichzeitig eingestellt werden. Ist der Druck höher, so finden wir nur Flüssigkeit, ist er niedriger, nur Dampf. Diese Trennlinie a beginnt rechts am sog. kritischen Punkt, vgl. Abschn. 5.4.6, Abb. 5.16, und setzt sich nach tiefen Temperaturen in der Gleichgewichtskurve b zwischen Festkörper und Dampf, der *Sublimationskurve*, fort. Außerdem gibt es die *Schmelzpunkt-Kurve c*, auf der Festkörper und Flüssigkeit nebeneinander bestehen. Alle drei Kurven schneiden sich im sog. *Tripelpunkt TP*, in dem alle drei Aggregatzustände zusammen im Gleichgewicht vorkommen.

Wasser hat den Tripelpunkt 6,1 mbar und 0,0074 °C oder 273,16 K, vgl. auch Basiseinheit Kelvin Abschn. 5.1.1. Im Zustand 1 bar und 0 °C haben wir nur Eis und Wasser. An der freien Mondoberfläche mit Drücken weit unterhalb des Tripelpunktes kann kein flüssiges Wasser vorkommen.

Der Tripelpunkt von *Kohlendioxid* liegt bei 5,3 bar und −56,2 °C. Wenn, wie hier, der Druck des Tripelpunktes oberhalb des normalen Atmosphärendruckes (1 bar) liegt, kann die Substanz auf der Erde an freier Luft nie flüssig werden, was bei CO_2 zutrifft.

5.4.5 Feuchtigkeit der Luft, Absorption von Luft in Wasser. Die atmosphärische Luft enthält infolge der ständigen Verdunstung an freien Wasseroberflächen stets Wasserdampf, und zwar in wechselnden Mengen. Mehr Wasserdampf, als dem Sättigungsdruck ihrer jeweiligen Temperatur entspricht, kann die Luft nicht aufnehmen. Unter der *absoluten* Feuchtigkeit versteht man den Gehalt an Wasser-

[15] Der Proportionalitätsfaktor ist das Verhältnis der Dichten von Dampf und Flüssigkeit. Er ist also meist sehr viel kleiner als 1.

[16] Als Festkörper können manche in mehreren Kristallsystemen vorkommen, z. B. Schwefel.

dampf in g/m^3, unter der *relativen* Feuchtigkeit das Verhältnis der wirklich vorhandenen zu der bei der betreffenden Temperatur maximal möglichen Menge oder das Verhältnis des wirklich herrschenden Wasserdampf-Partialdruckes p zum Sättigungsdruck p_s. Ist z. B. bei 20 °C ein *Partialdruck* von 15 mbar vorhanden, so ist, da der Sättigungsdruck 23,3 mbar beträgt, die relative Feuchtigkeit $p/p_s = 0,644$ oder 64,4%.

Zur normalen Lungentätigkeit des Menschen soll die relative Luftfeuchtigkeit zwischen 40% und 75% liegen. Bei größerer Feuchtigkeit verdampft zu wenig Körperflüssigkeit, sei es in den Lungen und Luftwegen, sei es an der Körperoberfläche, wir haben die Empfindung der Schwüle.

Den jeweiligen Wasserdampfdruck kann man z. B. dadurch ermitteln, dass man die Luft langsam bis zum sog. *Taupunkt*, bei dem der Dampfdruck gerade den Sättigungswert erreicht, abkühlt. Das geschieht mithilfe eines *Taupunkthygrometers*, bei dem ein Metallgefäß mit polierter Oberfläche durch Verdunsten von Äther im Innern so weit abgekühlt wird, bis sich außen Wasserdampf der unmittelbaren Umgebung als Wasserfilm niederschlägt und die blanke Oberfläche matt erscheinen lässt. Dann entnimmt man der Dampfdruckkurve von Wasser, s. Tabelle 5.5, den Sättigungsdruck p am Taupunkt und den entsprechenden Wert p_s für die derzeitige Raumtemperatur, und man erhält die relative Feuchte als p/p_s.

Größere Genauigkeit erreicht das *Aspirationspsychrometer*. Die zu untersuchende Luft wird an zwei Hg-Thermometern vorbeigesaugt; die Kugel des einen ist mit gut angefeuchteter Watte umhüllt. Das darin verdunstende Wasser entzieht dem Thermometer Verdampfungswärme, und dieses sinkt bis zu einem Gleichgewicht, wenn es nahezu den Taupunkt erreicht hat. Die durch Wärmeleitung bedingte Abweichung wird über eine Apparatekonstante berücksichtigt.

Das *Haar-Hygrometer* nutzt die Eigenschaft mancher biologischer Stoffe aus, sich bei Adsorption von Wasser auszudehnen.

Es ist ein Prozess, der in gewisser Weise eine Umkehrung der Verdampfung darstellt, wenn Moleküle von permanenten Gasen von außen in eine beliebige Flüssigkeit hineindiffundieren. Dann bildet sich ein dynamisches Gleichgewicht zwischen dem Fremdgas im Außenraum und in der Flüssigkeit. In Letzterer stellt sich dabei eine *Sättigungsabsorption* ein, die man in g/l oder bei Luft auch in cm^3/l angibt, wobei das Gasvolumen unter Normalbedingungen gemeint ist. Die Sättigungsabsorption nimmt mit steigender *Temperatur* schnell ab, und sie ist dem *Gaspartialdruck* im Außenraum proportional (*Henry-Dalton-Gesetz*). Erwärmung von Bier und das Öffnen der Sprudelflasche führen bekanntlich zum schnellen Entweichen der absorbierten Kohlensäure.

Schließlich hängt die Sättigungsabsorption noch von der Natur der Flüssigkeit und des Gases ab, weil molekulare Kräfte zwischen beiden in der Lösung von sehr großer Bedeutung sind. So löst Wasser den *Sauerstoff stärker* als den *Stickstoff*; bei 20 °C und 1 bar Partialdruck außen sind es 31,0 bzw. 15,4 cm^3/l. Natürliche Luft hat ein Verhältnis der Partialdrücke O_2/N_2 von 1 : 3,8, während die Sättigungsabsorptionen in Wasser, das mit ihr in Kontakt steht, sich wie 1 : 1,9 verhalten.

5.4.6 Isotherme Verflüssigung von realen Gasen. Komprimieren wir einen ungesättigten Dampf bei konstanter Temperatur, so steigt sein Druck bis zum Sättigungsdruck. Von da ab bleibt er bei weiterer Kompression konstant, und der Dampf kondensiert sich mehr und mehr zur Flüssigkeit. Erst wenn aller Dampf verschwunden ist, steigt der Druck von neuem, und zwar wegen der geringen Kompressibilität der Flüssigkeit erheblich schneller als beim ungesättigten Dampf. In Abb. 5.16, die für Kohlendioxid gilt, sind derartige Zustandsänderungen durch die beiden *Isothermen* A, B, C, D und A', B', C', D' dargestellt. Abszisse ist dabei das spezifische Volumen $V/m = 1/\varrho$. Das Stück AB bezieht sich auf den ungesättigten Dampf. Entlang der horizontalen Geraden BC, $p = p_s = \text{const}$, bestehen nebeneinander im Gleichgewicht beide Phasen, Flüssigkeit und Dampf; CD gilt für die reine Flüssigkeit. Mit wachsender Temperatur wird das gerade, ebene Stück der Isothermen immer kürzer, z. B. $B'C$ gegenüber BC. Das spezifische Vo-

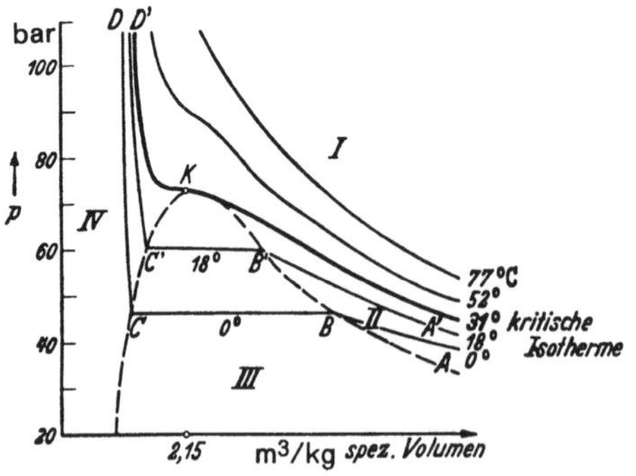

Abb. 5.16 Isothermen von Kohlendioxid. Gebiete: I u. II Gas, III Dampf und Flüssigkeit existieren nebeneinander, IV Flüssigkeit

lumen der Flüssigkeit nähert sich also dem des gesättigten Dampfes, bis schließlich bei 31 °C die Gerade zu einem einzigen Punkt *K* zusammenschrumpft. Diesen Punkt, in dem das spezifische Volumen oder die Dichte der koexistierenden Phasen von Flüssigkeit und Gas gleich werden, heißt der *kritische* Punkt, die Temperatur der durch *K* gehenden Isothermen die kritische Temperatur T_k. Ihre physikalische Bedeutung ist, dass nur unterhalb der kritischen Temperatur die flüssige und die gasförmige Phase getrennt nebeneinander existieren können. *Oberhalb* der kritischen Temperatur gelingt es durch *keinen* noch so hohen Druck, eine flüssige Phase abzutrennen. Wir erhalten lediglich eine stetige Dichtezunahme des Gases mit wachsendem Druck. Der Druck im kritischen Punkt, das ist der Sättigungsdruck der Flüssigkeit bei der kritischen Temperatur, heißt der *kritische Druck* p_k, das zugehörige Volumen das *kritische Volumen*. In Tabelle 5.7 sind für einige Stoffe die kritischen Daten zusammengestellt.

Erwärmt man eine starkwandige Kapillare von kritischem Volumen, die flüssiges und darüber gasförmiges Kohlendioxid enthält, so verschwindet bei der kritischen Temperatur die sichtbare Trennfläche zwischen Flüssigkeit und Gas, und damit auch die Grenzflächenspannung (Abschn. 3.3.5). Weil diese charakteristisch für jede Flüssigkeitsoberfläche ist, kann der dann vorliegende Stoff keine Flüssigkeit, sondern muss ein Gas sein. Wenn man wieder unter die kritische Temperatur abkühlt, bildet sich ein Nebel, seine Tröpfchen sinken infolge der Schwerkraft und bilden unten im Rohr die flüssige Phase.

Thermische Zustandsgleichung. Für *ideale* Gase haben wir, fußend auf den Gesetzen von *Gay-Lussac* und *Boyle-Mariotte*, bereits eine thermische Zustandsgleichung aufgestellt (Abschn. 5.1.4). Das Verhalten der *realen* Gase, die sich im Gegensatz zu den idealen verflüssigen lassen, weicht schon im Gaszustand beträchtlich von dieser Zustandsgleichung ab. Das beruht zum einen darauf, dass die Moleküle Anziehungskräfte aufeinander ausüben (Abschn. 3.1.4). Diese sind natürlich umso merklicher, je geringer die Abstände der Moleküle sind, d. h. je dichter das Gas ist. Diese Anziehungskräfte wirken wie ein zum äußeren Druck hinzukommender *Innen-* oder *Kohäsionsdruck*. Zum anderen besitzen die Moleküle ein, wenn auch sehr kleines, so doch endliches Volumen, sodass man ein Gas nicht beliebig komprimieren kann. Der Raum, den man durch Druck verringern kann, ist nicht V, sondern $V - b$, wo b durch die Raumerfüllung der Moleküle bestimmt ist[17].

[17] b ist gleich dem vierfachen Eigenvolumen aller Moleküle im Mol, das sog. *Kovolumen*.

Tabelle 5.7 Kritische Daten

Stoff	T_k [K]	p_k [bar]	Stoff	T_k [K]	p_k [bar]
Helium	5,2	2,29	Kohlendioxid	304,2	73,7
Wasserstoff	33,2	13,0	Wasser	647,3	220,3
Stickstoff	126,1	33,9	Diethylether	466,6	36,0
Sauerstoff	154,4	51,5			

Auf Grund derartiger Überlegungen hat *van der Waals* folgende Zustandsgleichung für das Mol eines realen Gases aufgestellt:

$$\left(p + \frac{a}{V^2}\right)(V - b) = RT\,. \qquad (5.31a)$$

a und b sind Stoffkonstanten des betreffenden Gases. a/V^2 ist der Kohäsionsdruck, der mit zunehmendem Volumen, d. h. mit größer werdendem Abstand der Moleküle, kleiner wird. Aus der Gleichung erkennen wir z. B., dass bei konstant gehaltener Temperatur das Gesetz $pV = \text{const}$ nicht mehr gilt, dass aber das Gas umso besser die idealen Gasgesetze erfüllt, je größer sein Volumen, d. h. je geringer seine Dichte ist. Das gilt auch, je höher die Temperatur des Gases ist, denn bei wachsender Temperatur steigt der Druck, sodass das Glied a/V^2 gegen p immer mehr zurücktritt, vgl. Abb. 5.16, Isotherme 77 °C.

Die van der Waals'sche Gleichung gibt das Verhalten der realen Gase einschließlich ihrer Verflüssigung sehr gut wieder, mit folgender Einschränkung: Unterhalb der kritischen Temperatur liefert sie eine Isotherme mit Maximum, Wendepunkt und Minimum in dem Zustandsbereich, wo Dampf und Flüssigkeit nebeneinander existieren. Das zugehörige horizontale Stück der wahren Isothermen ist gerade die Sekante, die zusammen mit der *van der Waals-Kurve* zwei gleiche Flächen umschließt. Die von beiden Seiten in dieses Gebiet hereinragenden Stücke der Isothermen nach *van der Waals* geben links das Verhalten von *überhitzter Flüssigkeit* und rechts von *übersättigtem Dampf*, zwei *nicht stabilen* Zuständen, richtig wieder.

Die *kritischen Daten* hängen mit den van der Waals'schen Konstanten a und b zusammen. Die Beziehungen ergeben sich aus der Bedingung, dass am kritischen Punkt die Isotherme eine horizontale Wendetangente haben muss:

$$V_k = 3b\,, \qquad p_k = \frac{a}{27b^2} \qquad (5.31b)$$

$$RT_k = \frac{8a}{27b}\,. \qquad (5.31c)$$

Daraus folgt $RT_k/p_k = 8b$. Vergleicht man Gase mit etwa gleichem Molekülvolumen (b), so ist großer kritischer Druck mit einer hohen kritischen Temperatur verbunden, vgl. Tabelle 5.7, Stoffe der linken Spalte.

5.4.7 Tiefe Temperaturen. Zur Abkühlung eines Körpers, z. B. eines Präparates, benötigt man ein *Kühlmittel*, das sich auf tieferer Temperatur befindet und ihm daher Wärme entziehen kann. Besonders wirksam sind dabei Kühlmittel an einem *Umwandlungspunkt*, weil sie die entzogene Wärmemenge als Umwandlungswärme verwenden und daher nicht selbst wärmer werden. Eis ist ein wohlbekanntes Beispiel. Für tiefere Temperaturen müssen Gase verflüssigt werden, die in oder unter dem betreffenden Temperaturbereich ihren Siede- oder Schmelzpunkt haben, vgl. Tabellen 5.6 und 5.3.

Um erst einmal die Kältemittel selbst abzukühlen, kann man die *Verdampfung* einer Flüssigkeit ausnutzen. Gießt man Äther oder Chlorethan, C_2H_5Cl, auf die Haut, so wird dieser die zur Verdampfung nötige Wärme entzogen, und man erhält eine beträchtliche Abkühlung, welche die Schmerznerven unempfindlich macht (*Lokalanästhesie*). Entsprechend der Dampfdruckkurve (Abschn. 5.4.3) führt Verdampfen unter vermindertem äußeren Druck zu noch tieferen Temperaturen. – Sehr viel wirksamer ist die Verwandelung von Wärme in Arbeit durch *adiabatische Expansion*, bei der äußere Arbeit geleistet wird, vgl. auch Kältemaschine (Abschn. 5.2.5). Besondere praktische Bedeutung hat die Abhängigkeit der *inneren* Energie eines realen Gases vom Volumen. Wird es langsam gedrosselt entspannt, so tritt eine Temperaturänderung auf, auch ohne dass es nach außen Arbeit leistet.

Wir wollen diesen sog. *Joule-Thomson-Effekt* zunächst etwas näher betrachten. Aus einem unter dem dauernden Druck p_1 stehenden Behälter ströme Luft durch ein Rohr in einen Behälter mit geringerem Druck p_2, s. Abb. 5.17, wobei ein Wärmeaustausch mit der Umgebung verhindert wird. Das Rohr sei in der Mitte durch einen Pfropfen aus Watte verstopft, sodass das Gas sehr langsam überströmt, damit keine merkliche Reibungswärme entsteht. Dabei müssen wir beim Durchpressen des Volumens V_1 die Arbeit p_1V_1 aufwenden

Abb. 5.17 Joule-Thomson-Effekt

(Abschn. 3.3.3). Andererseits leistet das durchgedrückte Gas hinter der Drosselstelle gegen den kleineren Druck p_2 die Arbeit $p_2 V_2$, indem es das Gas vor sich herschiebt. Für ein reales Gas ist $p_1 V_1$ bei konstanter Temperatur nicht gleich $p_2 V_2$.

Die innere Energie eines realen Gases besteht nun aus zwei Beiträgen, nämlich aus seiner molekularen Bewegungsenergie ($M c_V T$ für 1 mol) und der von den Anziehungskräften herrührenden potentiellen Energie $-a/V$. Letztere nimmt bei sehr großem Volumen den Grenzwert null an. Da die potentielle Energie also bei einer Ausdehnung immer zunimmt, muss bei fehlendem Wärmeaustausch die Bewegungsenergie der Moleküle, d. h. die Temperatur, entsprechend abnehmen (sog. *innere* Arbeit). Dazu kommt die Temperaturänderung wegen der *äußeren* Gasarbeit. Ist $p_2 V_2 > p_1 V_1$, so nimmt die Temperatur zusätzlich ab. Ist hingegen $p_2 V_2 < p_1 V_1$, was nach der van der Waals'schen Gleichung durchaus möglich ist, so kann es sogar im Ganzen zu einer Temperaturerhöhung kommen (Einfluss des Eigenvolumens, Konstante b). So gibt es für jedes Gas eine *Inversionstemperatur*. Unterhalb derselben tritt Abkühlung ein, oberhalb Erwärmung.

Bei Luft, Wasserstoff und Helium liegt die kritische Temperatur weit unter Zimmertemperatur, sodass man diese Gase zur Verflüssigung entsprechend abkühlen muss. Das von *Linde* begründete Verfahren beruht auf dem Joule-Thomson-Effekt bei gedrosselter Entspannung. Dazu kommt noch das *Gegenstromprinzip*. In der Lindemaschine zur Verflüssigung, s. Abb. 5.18, wird die Luft zuerst auf etwa 200 bar komprimiert und ihr dann die Kompressionswärme im Kühler L entzogen. Dann wird sie durch das Ventil V entspannt, wobei sie sich abkühlt. Diese kalte Luft strömt nun durch den Gegenstromapparat in den Kompressor K zurück. Dabei kühlt sie die neu zum Ventil V hinströmende Luft vor, sodass diese nach dem Entspannen eine tiefere Temperatur als die erstmalig entspannte Luft besitzt. So wird die zur Entspannung gelangende Luft ständig weiter abgekühlt, bis sie schließlich beim Ausströmen flüssig wird und in das Vorratsgefäß G abtropft.

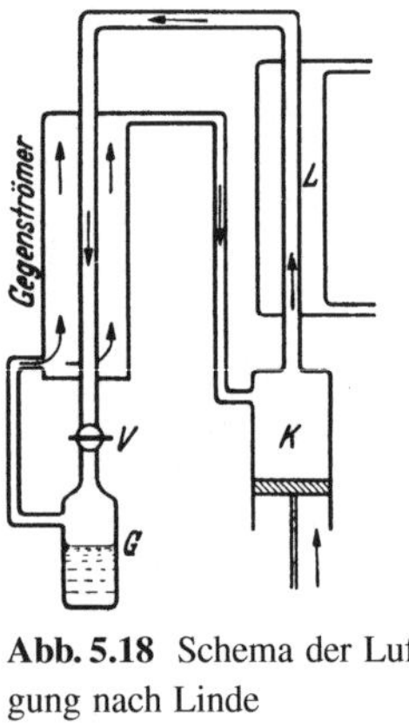

Abb. 5.18 Schema der Luftverflüssigung nach Linde

Flüssige Luft hat bei Atmosphärendruck eine Temperatur von −191 °C. Da Stickstoff einen höheren Dampfdruck oder tieferen Siedepunkt als Sauerstoff besitzt, s. Tabelle 5.6, verdampft der Erstere bevorzugt, und die Flüssigkeit wird bei längerem Stehen immer reicher an Sauerstoff.

Entspannt man *Wasserstoff* bei Zimmertemperatur, so erwärmt er sich. Daher muss er erst unter seine *Inversionstemperatur* von −80 °C, bei der der Wärmeeffekt das Vorzeichen wechselt, abgekühlt werden, ehe er dem Gegenstromapparat zur Entspannung und Verflüssigung zugeführt werden kann.

Tiefste Temperaturen. Der Siedepunkt von Helium ist 4,2 K. Lässt man Helium, unter vermindertem Druck sieden, so erhält man Temperaturen bis zu 0,7 K, mit dem leichteren Isotop ^{3}He 0,3 K.

Temperaturen bis herab zu 5 mK erreicht man heute mit ^{3}HE-^{4}He-*Mischkryostaten*, die eine räumliche Phasentrennung des flüssigen Isotopengemisches ausnutzen. Dabei bildet sich oben im Gefäß eine leichtere, praktisch reine ^{3}He-Phase. Hieraus diffundieren, analog wie beim Verdampfen, ^{3}He-Atome in die darunterliegende ^{4}He-reiche Phase. Die Lösungswärme ist negativ, vgl. Abschn. 5.4.2, sodass die Flüssigkeit im Kryostaten sich abkühlt.

Indem man den Mischkryostaten als Vorkühlstufe benutzt und anschließend das Verfahren der adiabatischen Kernentmagnetisierung anwendet, ist es gelungen, Festkörper bis ca. 2 μK abzukühlen. Beim Entmagnetisieren, d. h. beim Absenken des Magnetfeldes, drehen sich magnetische Dipole sukzessive aus der Feldrichtung heraus, vgl. Abschn. 6.6.9; die dafür erforderliche Arbeit muss die thermische (innere) Energie liefern.

Mit diesen sog. *kryogenen* Methoden durch „Kältemaschinen" gelingt es nicht, sehr verdünnte Gase auf extrem tiefe Temperaturen zu bringen. Bei ihnen führt in den Bereich unter 1 μK die Kühlung mit Laserstrahlen, vgl. Abschn. 7.6.4. Man benutzt dabei den bremsenden Impulsübertrag eines Photons, vgl. Abschn. 7.6.1 und 7.6.3, bei der Absorption in einem entgegenkommenden Atom auf dieses. Diese Verfahren ermöglichten die Erzeugung von kalten atomaren Quantengasen in Arbeiten, die mit dem Nobelpreis 2001 ausgezeichnet wurden, vgl. Abschn. 7.6.5.

Aufgaben

5.4.1 Ein Regler hält die Temperatur eines Kühlbades auf 10 °C, wobei Eis die vom wärmeren Außenraum einströmende Wärme aufnimmt. Welche Wärmemenge können dabei 5 kg Eis von 0 °C im Ganzen aufnehmen?

5.4.2 In 50 cm^3 Wasser werden 9 g eines Stoffes gelöst. Der Gefrierpunkt wird als −2,05 °C bestimmt. Welche molare Masse hat der Stoff?

5.4.3 Bei Nachtfrostgefahr werden Weinberge in der Blütezeit mit Wasser besprüht. Wie werden auf diese Weise die Weinblüten geschützt?

5.4.4 Bei der sehr exakten Messung des Dampfdruckes, s. Abb. 5.14, muss man den hydrostatischen Druck der Flüssigkeitssäule F auf der linken Seite berücksichtigen. Welcher Fehler entsteht in folgendem Beispiel, Höhe der Flüssigkeitssäule 4 mm, Dichte $0{,}8\,g/cm^3$, wenn man das unterlässt?

5.4.5 Man zeichne die Dampfdruckkurve (p_s, T) von Wasser nach Tabelle 5.5. Wie ist sie gekrümmt?

5.4.6 Man trage $\ln p_s$ gegen $1/T$ für Wasser nach Tabelle 5.5 auf. Wie groß ist die Steigung der Geraden und welche physikalische Bedeutung hat sie? Man berechne daraus Werte für die molare und die spezifische Verdampfungswärme.

5.4.7 Bei 40 °C Lufttemperatur liegt der Taupunkt bei 20 °C (Wüstenklima). Wie groß ist die relative Feuchtigkeit? (s. Tabelle 5.5).

5.4.8 Aus den kritischen Daten, s. Tabelle 5.7, berechne man für Helium das Kovolumen nach *van der Waals*. Der wievielte Teil des Molvolumens unter Normalbedingungen ist das? Welches gaskinetische Eigenvolumen berechnet sich daraus für das Heliumatom?

5.4.9 Anschließend an Aufgabe 5.4.8 berechne man die van der Waals'sche Konstante a für Helium. Wie groß ist der Kohäsionsdruck unter Normalbedingungen?

5.5 Wärmeübertragung

Die Natur ist immer bestrebt, Temperaturunterschiede auszugleichen. Wir haben also stets einen Transport von Wärme oder einen *Wärmestrom* von Stellen höherer Temperatur zu solchen niedrigerer Temperatur, für dessen *Größe* wir uns jetzt interessieren.

Diese Wärmeübertragung kann auf drei Arten vor sich gehen, durch *Leitung*, *Konvektion* und *Strahlung*.

5.5.1 Wärmeleitung. Halten wir einen Metallstab in siedendes Wasser, so fühlen wir, wie das andere Ende auch heiß wird. Es ist also Wärme durch den Stab nach dem kalten Ende übertragen worden. Diesen Übergang können wir uns bei Nichtmetallen etwa so vorstellen, dass die an dem heißen Ende mit größerer Energie schwingenden Moleküle ihre Nachbarn unmittelbar beeinflussen und ihnen weitere Schwingungsenergie übertragen. Man kann auch an regellos laufende, elastische Wellen denken, die den Leistungstransport besorgen. Diesen Vorgang, bei dem mit dem *Wärmestrom* nur *Energie*, also nicht *Materie*, transportiert wird, bezeichnen wir als *(innere) Wärmeleitung*.

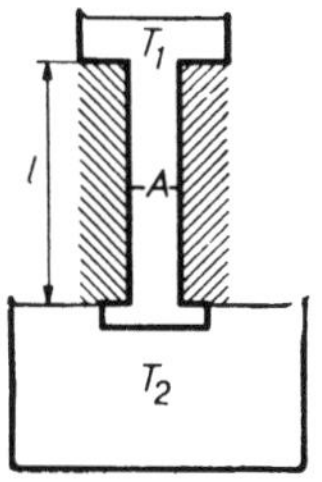

Abb. 5.19 Zur Bestimmung der Wärmeleitfähigkeit

Wiederholen wir obigen Versuch mit Stäben aus verschiedenem Material, so wird z. B. ein Silber- oder Kupferstab am anderen Ende außerordentlich schnell, ein Zinnstab nur allmählich und ein Holzstab überhaupt nicht heiß. Die Fähigkeit, Wärme zu leiten, das sog. *Wärmeleitvermögen*, ist also von Stoff zu Stoff verschieden. Metalle, wie Silber und Kupfer, sind sehr gute, Holz ist ein sehr schlechter Wärmeleiter.

Um die Wärmeleitfähigkeit quantitativ zu untersuchen, bringen wir einen Stab des betreffenden Materials am unteren Ende in kaltes, am oberen Ende in siedendes Wasser. Im Übrigen ist der Stab thermisch möglichst gut isoliert, s. Abb. 5.19. Mit der Zeit stellt sich ein stationärer Zustand ein, bei dem jede Stelle des Stabes eine bestimmte Temperatur angenommen hat. Durch jeden Querschnitt A des Stabes fließt dann von oben nach unten ein konstanter Wärmestrom, den wir durch die Leistung $P = \Delta Q/\Delta t$, das Verhältnis von transportierter Wärmemenge zu der dafür benötigten Zeit, beschreiben. Es zeigt sich, dass er proportional dem Querschnitt A und dem *Temperaturgefälle*, d. h. der Temperaturdifferenz $T_1 - T_2$ dividiert durch die Länge l, ist, also

$$P = \frac{\Delta Q}{\Delta t} = \lambda \cdot A \frac{T_1 - T_2}{l} . \qquad (5.32)$$

λ ist eine Stoffkonstante, die *Wärmeleitfähigkeit*, auch *Wärmeleitzahl* genannt, s. Tabelle 5.8. Die Wärmeleitfähigkeit der Metalle ist ihrer elektrischen Leitfähigkeit annähernd proportional (*Wiedemann-Franz'sches Gesetz*). Dort erfolgt sie also vornehmlich durch Leitungselektronen (Abschn. 6.3.5).

Gase sind besonders schlechte Wärmeleiter. Unter ihnen leitet Wasserstoff wegen der

Tabelle 5.8 Wärmeleitfähigkeit einiger Stoffe in W/(cm K)

Aluminium	2,01	Holz	0,001–0,004
Eisen	0,71	Glas	0,006–0,01
Kupfer	3,94	Wasser	0,0059
Silber	4,23	Luft	0,00023
Porzellan	0,01	Wasserstoff	0,00155

großen thermischen Geschwindigkeit seiner Moleküle noch verhältnismäßig gut.

Auf der geringen Wärmeleitung der Gase beruht das *Leidenfrost'sche* Phänomen. Ein Flüssigkeitstropfen, auf eine Unterlage von viel höherer Temperatur gebracht, verdampft nicht sofort, sondern schwirrt längere Zeit über ihr hin und her. Die sich momentan an seiner Oberfläche ausbildende Dampfwolke schützt nämlich den Tropfen vor der unmittelbaren Berührung mit der heißen Unterlage. Für Tropfen von flüssiger Luft auf der flachen Hand gilt Entsprechendes.

Die geringe Wärmeleitung des Wassers zeigt folgender Versuch. Bringen wir ein beschwertes Stückchen Eis unten in ein Reagenzglas und erwärmen oben das darüberstehende Wasser, so können wir das Wasser zum Sieden bringen, ohne dass das Eis schmilzt.

Machen wir den Versuch umgekehrt, indem wir die Eisstückchen oben schwimmen lassen und das Wasser unten erwärmen, so wird das Wasser oben sofort warm und das Eis schmilzt. Jetzt wird nämlich der Temperaturausgleich durch das Aufsteigen des leichteren heißen Wassers sehr stark gefördert. Damit kommen wir zur zweiten Art des Wärmetransports, der Konvektion.

5.5.2 Konvektion. Beim Wärmetransport durch *Konvektion* bewegt sich die Materie selbst von Stellen höherer Temperatur, wo sie Wärme aufgenommen hat, zu solchen tieferer Temperatur. Im obigen Beispiel wird die Wärme mit dem aufsteigenden heißen Wasser von unten nach oben befördert. Die Konvektion, die also mit einem *Massentransport* verbunden ist, stellt einen sehr wirksamen Wärmetransport dar.

Man unterscheidet einerseits *freie* Konvektion, bei der es der Auftrieb ist, der heißes Gas oder heiße Flüssigkeit nach dem *Archimedischen* Prinzip (Abschn. 3.3.4) nach oben steigen lässt. *Erzwungene* Konvektion andererseits wird durch äußere Kräfte, z. B. von Ventilatoren verursacht. Im schwerelosen Zustand in einem Raumschiff kann keine freie Konvektion auftreten. – Die Passatwinde entstehen primär durch freie Konvektion von Luftmassen, die in tropischen Regionen stark erhitzt worden sind.

Die von einem heißen Körper durch Konvektion an seine Umgebung abgeführte Wärmemenge hängt vom *Wärmeübergang* an seiner Oberfläche, bzw. in der Grenzzone der Luft, ab. Ein heißes Rohr in strömender Luft gibt umso mehr Wärme ab, je größer die Oberfläche A, je größer der Unterschied der Temperaturen T_1 und T_2 des Körpers und der ankommenden Luft ist und je rascher die Luft am Körper vorbeistreicht.

Allgemein ist die Wärmemenge, die in der Zeit Δt durch Wärmeleitung und Konvektion übergeht:

$$\Delta Q = \alpha A (T_1 - T_2) \Delta t \,. \tag{5.33}$$

α bezeichnet man als *Wärmeübergangszahl.* Diese Beziehung gilt stets für den Wärmeübergang zwischen einem Festkörper einerseits und einer Flüssigkeit oder einem Gase andererseits. Die Wärmeübergangszahl α hängt dabei nicht nur von den geometrischen Abmessungen, den Stoffen und deren Oberflächenbeschaffenheit ab, sondern ist natürlich auch für freie und erzwungene Konvektion verschieden. Bei Letzterer steigt sie mit der äußeren Strömungsgeschwindigkeit. Laminare und turbulente Strömung führen zu unterschiedlichen Werten, die experimentell zu bestimmen sind.

Der *Wärmeschutz* unserer Kleidung oder von Wärme-Isolierstoffen beruht darauf, dass ein Gewebe oder ein Schaumstoff ein System von luftgefüllten Zellen darstellt, die so klein sind, dass die Konvektion praktisch unterdrückt wird. Die Isolation besorgen die Luftzellen, nicht das Material selbst, das viel besser als Luft die Wärme leitet. Dass auch die dem Körper unmittelbar anliegende Luftschicht eine wesentliche Rolle spielt, erkennen wir daraus, dass ein zu fest sitzender Handschuh nicht wärmt. Die Wärmeisolation unbewegter Luftschichten benutzt man bei Doppelfenstern, Kühlschränken und auch im Kalorimeter, vgl. Abschn. 5.2.1.

5.5.3 Wärmestrahlung. Die Erde empfängt dauernd von der Sonne Wärmeenergie. Da der Raum dazwischen praktisch leer von Materie ist, kann die Wärme weder durch Leitung noch durch Konvektion übertragen werden. Es ist die Energie der von der heißen Sonne ausgestrahlten elektromagnetischen Wellen, d. h. *Strahlungsenergie* (Abschn. 7.5.3), die beim Auftreffen auf die Erde absorbiert und in Wärme umgewandelt wird.

Aber nicht nur die Sonne ist eine Quelle von Wärmestrahlung, vielmehr strahlen sich alle Körper dauernd gegenseitig Energie zu. Die *Strahlungsleistung*, die ein Körper abgibt, wächst mit der *4. Potenz der absoluten Temperatur*. Die Wärmemenge, die einem Körper der Temperatur T_1 sekundlich durch Strahlung verloren geht, ist proportional $T_1^4 - T_2^4$, *wenn* die Umgebung die Temperatur T_2 hat. Bei $T_2 > T_1$ wird er daher erwärmt, bei $T_2 < T_1$ kühlt er sich ab. So empfinden wir Kälte, wenn wir mit dem Rücken vor einer kalten Wand sitzen, weil uns diese zu wenig Wärme zustrahlt. Die Wärmeabgabe durch Strahlung wird leicht unterschätzt. So verliert ein Erwachsener bei normaler Umgebungstemperatur je nach der Farbe und Oberflächenbeschaffenheit der Kleidung (Abschn. 7.5.3) 5000 bis 7500 kJ am Tage, das sind 25 bis 50% der Energie aus den täglich zugeführten Lebensmitteln.

Als wirksamsten Schutz gegen jede Art der Wärmeübertragung benutzt man doppelwandige Gefäße, deren Zwischenraum evakuiert ist, sog. *Vakuummantelgefäße*. Beispiele aus dem täglichen Leben sind Thermosflaschen, deren Mantel innen mit einem Silber- oder Kupferspiegel versehen ist. Durch den Vakuummantel sind Konvektion und Leitung ausgeschaltet, und die Strahlung wird durch die spiegelnden Flächen zurückgeworfen. In solchen Gefäßen lässt sich flüssige Luft tagelang aufbewahren.

Aufgaben

5.5.1 Ein Körper kann ausschließlich über einen Kupferstab von 5 cm Länge und 1 cm² Querschnitt mit einem Temperaturbad von 20 °C Wärme austauschen, vgl. Abb 5.19. Welche Temperatur nimmt er an, wenn ihm auf anderem Wege laufend eine Leistung von 40 W als Wärme zugeführt wird? (s. Tabelle 5.8).

5.5.2 Ein Draht wird in einer Umgebung von 20 °C auf einer Temperatur von 40 °C gehalten (Versuch I). Von der ihm zugeführten Leistung 20 W gibt er 95% durch Wärmeleitung und 5% durch -strahlung wieder ab. Welche Leistung ist notwendig und wie teilt sich ihr Transport in Wärmeleitung und -strahlung auf, wenn er bei gleicher Umgebung die Temperatur von 400 °C annehmen soll (Versuch II)?

6. Elektrizitätslehre

Um Zugang zum Verständnis der elektrischen Erscheinungen zu gewinnen, wie sie für die Physik und ihre Anwendungen heute von Bedeutung sind, ist es günstig, nicht der historischen Entwicklung zu folgen. Man vermeidet dann nicht nur eine unerwünschte Ausweitung von Stoff und Darstellung, sondern auch einen Sprung oder Bruch in den gedanklichen Vorstellungen, wie er beim Übergang von der *Fernwirkungs-* zur *Nahwirkungs-* oder *Feldtheorie* (Abschn. 6.2.3) sonst eintritt. Wenn aber den elektrischen und magnetischen Feldern nicht eine ebenso anschauliche Realität eingeräumt wird wie den elektrisch geladenen Körpern, den elektrischen Elementarteilchen, dann bleiben elektromagnetische Induktion oder Lichtwellen unverständlich.

Elektrische Glühlampen und Messgeräte sind heute Gegenstände der täglichen Erfahrung. Sie sollen daher schon bei den ersten Experimenten benutzt werden, ohne dass zunächst Einzelheiten ihres inneren Aufbaus besprochen werden. Dabei wollen wir mit der Behandlung der elektrischen Ströme, d. h. von bewegten elektrischen Ladungen, beginnen und die Analogie zu Materieströmen herausstellen. Auf diese Weise gewinnt man einen unmittelbareren und klareren Einblick in die zugrunde liegenden Gesetzmäßigkeiten und Grundbegriffe, als wenn man vom Reiben eines Hartgummistabes mit einem Katzenfell ausgeht. Zudem nehmen die Wirkungen von Strömen auch einen ungleich größeren Raum bei den Anwendungen ein, als es ruhende elektrische Ladungen tun.

6.1 Elektrische Gleichströme

6.1.1 Elektrische Spannung und Stromstärke. Ein größerer Leuchtgasanschluss in einem geschlossenen Raum besteht aus dem Gasrohr mit Absperrhahn und einer Abgasleitung. Zwischen beiden können wir eine *Druckdifferenz* messen, wenn wir ein U-Rohrmanometer (Abschn. 3.4.2) einschalten und den Hahn H_1 öffnen (s. Abb. 6.1). Bliebe das rechte Manometerende verschlossen, fehlte also dort die Verbindung mit der Abgasleitung A, so würde das Manometer keine Druckdifferenz anzeigen. In dieser Betrachtungsweise ist also die Druckdifferenz, die das Gaswerk herstellt, – kurz als Gasdruck bezeichnet und in mm Wassersäule anzugeben – das Primäre. Wenn das Manometer seine Endeinstellung erreicht hat, hält der Schweredruck der Wassersäule (Abschn. 3.3.3) dem Gasdruck das Gleichgewicht, es strömt kein Gas.

Um einen Gasbrenner zu betreiben, müssen wir eine zweite unmittelbare Verbindung zwischen Gasrohr und Abgasleitung herstellen, z. B. durch ein langes enges Rohr, das in Abb. 6.1 unten an das T-Stück T angeschlossen ist. Wird der dort befindliche zweite Hahn H_2 geöffnet, strömt das Gas durch das

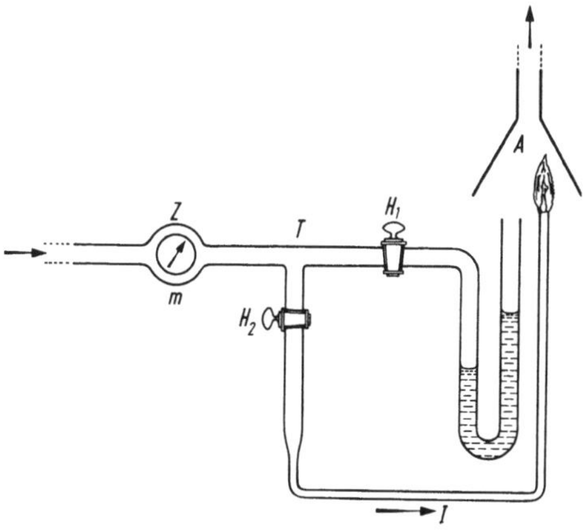

Abb. 6.1 Gasanschluss

H.A. Stuart, G. Klages, *Kurzes Lehrbuch der Physik*, Springer-Lehrbuch, DOI 10.1007/978-3-540-89046-1_6

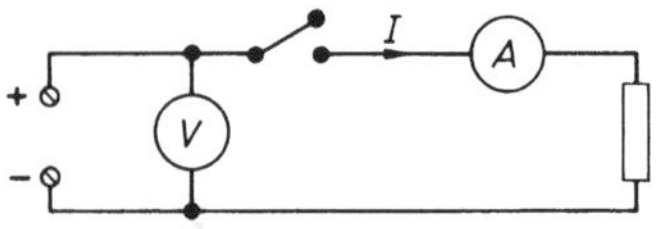

Abb. 6.2 Spannungsquelle mit Messgeräten für Spannung (V) und Stromstärke (A)

Rohr und kann an dessen Ende entzündet werden. Der Gaszähler Z misst dabei die ausgeströmte Gasmasse m oder das Volumen V. Als *Materiestromstärke* können wir in Anlehnung an das Vorgehen in Abschn. 3.5.1 (vgl. auch Abb. 3.49) $I = m/t$ bezeichnen, wenn in der Zeitspanne t die Gasmasse m durch einen Rohrquerschnitt hindurchtritt. I ist längs des ganzen Rohres konstant, auch falls dessen Querschnitt nicht überall gleich groß ist.

Dem Gasdruck entsprechend stellt das Elektrizitätswerk bei einem elektrischen Anschluss zwischen den beiden Klemmen oder Polen der Steckdose eine *elektrische Spannung* her, exakte Definition vgl. Abschn. 6.2.3. Wir messen sie mit einem Voltmeter, dessen beide Klemmbuchsen mit je einer der Klemmen an der Steckdose durch einen Metalldraht, einen elektrischen Leiter (s. auch Abschn. 6.3.5), verbunden werden. Auch hier schlägt das Voltmeter nicht aus, falls nur ein Draht verbunden wird. Außer den Steckdosen des städtischen Netzes kennen wir noch andere *Spannungsquellen*, wie z. B. Taschenlampenbatterien, Akkumulatoren, elektrische Generatoren oder Thermoelemente, bei denen stets die Spannung zwischen zwei Buchsen oder Klemmen auftritt. Es gibt ein Normalelement (Abschn. 6.4.3), mit dem ein Spannungsmesser oder *Voltmeter* in Volt (V) geeicht werden kann, der Einheit, in der Spannungen gemessen werden. Gedanklich unterscheidet sich dieses Verfahren kaum von dem bei der Eichung eines Kraftmessers (Dynamometer, Abschn. 2.3.2) mit einem Normalgewicht.

Während beim Gas in der Zuleitung stets ein höherer Druck als in der Ableitung herrscht, erscheinen die beiden Pole der Steckdose zunächst als völlig gleichberechtigt. Beim Normalelement schlägt aber das Voltmeter in entgegengesetzter Richtung aus, wenn die Verbindung umgepolt wird. Wir verwenden bei diesem Experiment ein sog. Drehspulinstrument (Abschn. 6.6.4) als Spannungsmesser. So hat wie die Druckdifferenz auch die elektrische Spannung einen Richtungssinn, den man an den Klemmen des Normalelementes willkürlich festlegt. Das geschieht, indem man bei der Taschenlampenbatterie den inneren Kohlestab als +Pol und den äußeren Zinkbecher mit −Pol bezeichnet (Abschn. 6.4.3). Die Polarität einer unbekannten Spannungsquelle kann dann durch die Ausschlagsrichtung des geeichten Voltmeters ermittelt werden.

Eine Schaltskizze für eine Steckdose mit Gleichspannung (techn. Wechselspannung s. Abschn. 6.7), an die ein Voltmeter angeschlossen ist, findet man in Abb. 6.2. Zusätzlich ist noch ein *geschlossener Stromkreis* eingezeichnet, in dem ein elektrischer Strom dauernd fließt, wenn der Schalter geschlossen ist. Wir stellen uns vor, dass dabei *elektrische Ladungen* oder eine *Elektrizitätsmenge* Q während der Zeitspanne t durch einen Leiterquerschnitt transportiert werden. Als elektrische Stromstärke bezeichnen wir

$$I = \frac{Q}{t}\,. \tag{6.1}$$

Diese und nicht die Ladung Q lässt sich mit einem Zeigerinstrument, dem *Amperemeter*, unmittelbar messen. Ein Amperemeter ist stets so zu schalten, dass es von dem Strom durchflossen wird, dessen Stromstärke gemessen werden soll. Die Einheit der Stromstärke, die Basiseinheit Ampere (A), wird mithilfe der magnetischen Wirkung des elektrischen Stromes (Abschn. 6.6.3.4) festgelegt. Auch die meisten Strommesser nutzen die magnetische Kraftwirkung des elektrischen Stromes aus. Die *Stromrichtung* durch die angeschalteten Drähte, die sog. *äußere* Schaltung, wird vom Plus- zum Minuspol der Spannungsquelle festgelegt. – Zur *Bestimmung der Ladung* Q, die durch einen Querschnitt des Leiters geflossen ist, muss man Stromstärke und Zeitdauer messen und erhält $Q = I \cdot t$. Die Ladung wird demnach in Amperesekunden (As) angegeben, wofür auch die Bezeichnung Coulomb (C) verwendet wird.

Damit haben wir die Begriffe Spannung und Stromstärke in enger Anlehnung an die entsprechenden Vorbilder beim Materiestrom des Gases eingeführt. Über ihr „Wesen" wurde ebenso wenig etwas gesagt, wie früher über das der Masse oder der Zeit. Für die physikalische Arbeitsmethode ist es ausreichend, wenn Messgeräte, Messvorschriften und Einheiten zur Verfügung stehen. Das schließt nicht aus, dass die Experimente uns noch zur Erkenntnis von gesetzmäßigen Zusammenhängen zwischen Ladung und Spannung führen werden. Diese lassen sich dazu verwenden, um die eine dieser Größen mithilfe der anderen zu „definieren" (Abschn. 6.2.3). Eine von ihnen muss aber auf jeden Fall als neue Basisgröße einfach hingenommen werden, wenn man elektrische Erscheinungen behandeln will.

Es ist nützlich, von der Größe der im täglichen Leben vorkommenden Spannungen und Stromstärken eine richtige Vorstellung zu haben. Wir stellen daher einige Beispiele zusammen.

Spannungen:	
Menschliches Elektrokardiogramm (EKG) Höchstwert	0,6 mV
Thermospannungen bei 100 °C Temperaturdifferenz	≈ 10 mV
Akkumulator	2 V
Autobatterie	6 oder 12 V
Ortsnetze der Lichtleitung	meist 220 V
Überlandleitung	15 – 380 kV
Stromstärken:	
Photozelle (Belichtungsmesser)	≈ 5 mA
Glühlampen für Zimmerbeleuchtung	0,2 – 0,6 A
Heizofen, Waschmaschine	5 – 15 A
Straßenbahn	≈ 100 A

6.1.2 Ohm'sches Gesetz. Wir betrachten jetzt den Zusammenhang zwischen Stromstärke und Spannung. Dazu schalten wir mehrere Akkumulatoren als Spannungsquellen – auch Stromquellen genannt – *hintereinander*, indem wir bei zwei benachbarten stets den Pluspol des einen mit dem Minuspol des anderen verbinden, s. Abb. 6.3. Das Schaltzeichen dicker und dünner Querstrich deutet die Akkumulatorplatten an und steht für die Klemmen von Abb. 6.2. Mit dem Voltmeter beobachten wir, dass zwei hintereinandergeschaltete Akkumulatoren, wenn jeder Einzelne an seinen Polen die Spannung U_0 besitzt, zusammen die Spannung $2U_0$ und dass n Zellen hintereinander die Spannung nU_0 zwischen ihren Endklemmen ergeben.

Wir schließen dann einen äußeren Stromkreis an, der einen Strommesser und einen langen dünnen „Widerstandsdraht" R enthält[1]. Ändern wir die Zahl n der Akkumulatoren und damit die Gesamtspannung $U = nU_0$ und messen die Stromstärke I, so erkennen wir, dass der Strom proportional der Zahl der Zellen, also proportional der Spannung ansteigt. Schalten wir beliebige andere Stromquellen ein, so finden wir immer, dass der Quotient U/I konstant ist, d. h. die angelegte Spannung und die Stromstärke in einem metallischen Leiter sind einander proportional:

$$U = RI\,. \tag{6.2}$$

Das ist der Inhalt des *Ohm'schen Gesetzes*[2], das ganz der Beziehung für strömende zähe Flüssigkeiten entspricht, nach der die Stromstärke der Druckdifferenz proportional ist (Abschn. 3.5.3). Ändern wir die Abmessungen oder das Material des Leiters, nehmen also z. B. statt eines Kupferdrahtes einen Eisendraht, so zeigt sich, dass für jeden Draht das Ohm'sche Gesetz gilt, wobei lediglich die Proportionalitätskonstante R jedes Mal einen anderen Wert besitzt. Diesen für den betreffenden Leiter charakteristischen Quotienten

$$\frac{\text{Spannung zwischen den Enden des Leiters}}{\text{Strom im Leiter}}$$

bezeichnen wir als seinen *elektrischen Widerstand* oder auch als seinen *Ohm'schen Widerstand* R. Je größer R ist, desto höher ist die anzulegende Spannung, wenn man eine vorgegebene Stromstärke erreichen will.

Stellt man die Abhängigkeit des Stromes von der Spannung graphisch dar, so erhält

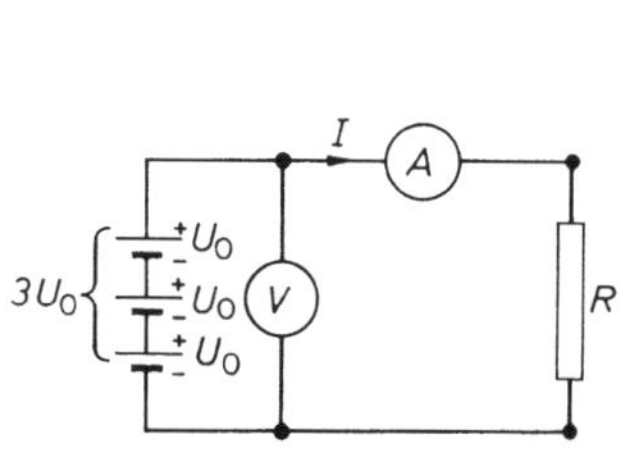

Abb. 6.3 Zum Ohm'schen Gesetz

[1] In elektrischen Schaltskizzen, s. Abb. 6.2, zeichnet man dünne Widerstandsdrähte mit dem Schaltzeichen eines Rechteckes, um sie von den dicken Zuführungsdrähten (einfache Striche) zu unterscheiden.

[2] *Georg Simon Ohm*, 1789–1854, Professor an der Universität München.

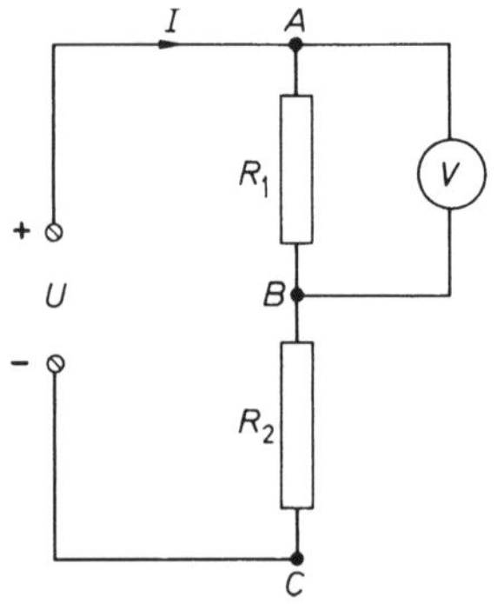

Abb. 6.4 Reihenschaltung von Widerständen

man für metallische Leiter als sog. *Strom-Spannungs-Kennlinie* eine Gerade durch den Nullpunkt, vgl. Abb. 6.44a. Der Widerstand ergibt sich als reziproke Steigung dieser Geraden. Über die modellmäßige Deutung des Ohm'schen Gesetzes s. Abschn. 6.3.4.

Die Einheit des elektrischen Widerstandes ist durch die besprochene Wahl der Einheiten für Strom und Spannung bereits festgelegt. Aus der Definitionsgleichung für den Widerstand: $R = U/I$ ergibt sich seine Einheit als V/A. Man nennt sie Ohm (Ω).

Untersucht man verschiedene Drähte desselben Materials, so stellt man fest, dass der Widerstand eines Drahtes seiner Länge l direkt proportional und seinem Querschnitt A umgekehrt proportional ist. Es ist also

$$R = \frac{\varrho l}{A}, \tag{6.3}$$

wobei ϱ eine Materialkonstante ist, die man *spezifischen Widerstand* oder *Resistivität* nennt und in der Einheit $\Omega \cdot$ m misst. In Tabelle 6.1 sind die spezifischen Widerstände einiger Stoffe angegeben. Der reziproke Wert $1/\varrho = \sigma$ heißt die *Leitfähigkeit* des betreffenden Stoffes. Wie ein Vergleich mit Tabelle 5.8 zeigt, sind gute elektrische Leiter auch gute Wärmeleiter.

Tabelle 6.1 Spezifischer Widerstand einiger Stoffe

Stoff	ϱ in $10^{-6}\,\Omega$m	Stoff	ϱ in Ωm
Reine Metalle:		Isolatoren:	
Ag	0,015	Glas	$5 \cdot 10^{11}$
Cu	0,016	Trans-	
Al	0,029	formatorenöl	$10^9 - 10^{10}$
Zn	0,060	Flüssige Luft	10^{19}
Fe	0,10	Quarzglas	$< 5 \cdot 10^{16}$
Pt	0,098	Porzellan	10^{12}
Hg	0,96	Polyäthylen	$> 10^{14}$
Legierungen:			
Messing	0,063 – 0,09		
Konstantan			
(Ni, Cu, Zn)	0.49 – 0,52		
Manganin			
(Cu, Mn)	0,42		

Das Ohm'sche Gesetz gilt nun nicht nur für die Spannung der Stromquelle und den gesamten Stromkreis, sondern auch für jedes einzelne Leiterstück. Schalten wir zwei Widerstände R_1 und R_2 im Stromkreis *hintereinander*, so fließt derselbe Strom nacheinander durch beide. Mit einem Voltmeter wird dann zwischen den Punkten A und B die Spannung $U_1 = I R_1$ gemessen (s. Abb. 6.4) und entsprechend zwischen B und C die Spannung $U_2 = I R_2$. Man spricht vom *Spannungsabfall* an dem betreffenden Widerstand. Aus diesen beiden Beziehungen ergibt sich ihr Verhältnis $U_1/U_2 = R_1/R_2$, d. h. am kleineren Widerstand liegt auch der kleinere Spannungsabfall. Die Messungen ergeben, dass die Summe der Spannungsabfälle gleich der Spannung U der Stromquelle ist:

$$U = U_1 + U_2 = I(R_1 + R_2), \tag{6.4a}$$

Für den ganzen Stromkreis gilt $U = I R$, wobei R die Bedeutung eines Gesamtwiderstandes hat. Für ihn folgt aus der oben angegebenen Beziehung:

$$R = R_1 + R_2, \tag{6.4b}$$

d. h. bei der *Reihen-* oder *Serienschaltung* addieren sich die Teilwiderstände. Inhaltlich stimmt damit der bereits erwähnte Satz überein, dass der Widerstand eines Drahtes von konstantem Querschnitt proportional zu seiner Länge ist.

6.1.3 Stromverzweigung.

Teilt sich der Strom I bei A in zwei Ströme I_1 und I_2, so gilt, s. Abb. 6.5,

$$I = I_1 + I_2, \tag{6.5}$$

d. h. der auf den Verzweigungspunkt A hinfließende Gesamtstrom ist gleich der Summe der von A wegfließenden Teilströme. Dieser Satz ist einfach die Folge davon, dass abgesehen von der Stromquelle im ganzen Leitersystem nirgendwo Ladungen verschwinden

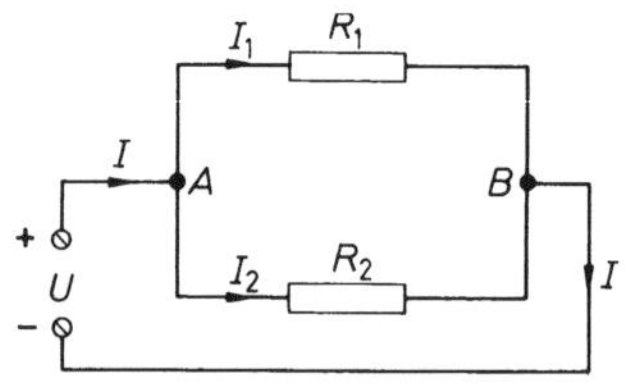

Abb. 6.5 Parallelschaltung von Widerständen

können oder zusätzlich erzeugt werden (Satz von der Konstanz der Ladungen).

Zwei *parallel geschaltete* Widerstände R_1 und R_2 besitzen zwischen ihren gemeinsamen Endpunkten A und B die gleiche Spannung U, s. Abb. 6.5. Sie beträgt nach dem Ohm'schen Gesetz

$$U = I_1 R_1 = I_2 R_2 . \qquad (6.6a)$$

Daraus errechnet sich das Verhältnis der beiden Teilströme $I_1/I_2 = R_2/R_1$, d. h. bei der Verzweigung fließt der größere Strom durch den Leiter mit dem kleineren Widerstand.

Der resultierende Gesamtwiderstand R der beiden Widerstände in Parallelschaltung folgt aus der Beziehung $I/U = I_1/U + I_2/U$, also:

$$\frac{1}{R} = \frac{1}{R_1} + \frac{1}{R_2} . \qquad (6.6b)$$

Der reziproke Wert des Gesamtwiderstandes mehrerer parallel geschalteter Leiter ist also gleich der Summe der reziproken Werte der einzelnen Widerstände.

$1/R$ heißt auch *elektrischer Leitwert* G und wird in der Einheit Ω^{-1} = Siemens (Einheitenzeichen S) angegeben. Bei Parallelschaltung addieren sich also stets die Leitwerte. Auch verwickeltere Schaltungen lassen sich mithilfe zweier von *Kirchhoff* angegebener Gesetze übersehen. Sie verallgemeinern die bisher besprochenen Gesetzmäßigkeiten über die Teilströme und Spannungsabfälle.

1. Kirchhoff'sches Gesetz: In jedem Verzweigungspunkt, s. Abb. 6.6, *ist die Summe aller zu- und abfließenden Ströme null* (Knotenregel). Dabei sind die zufließenden Ströme positiv, die abfließenden negativ zu rechnen, also

$$I_1 + I_2 - I_3 + I_4 - I_5 = 0 . \qquad (6.7)$$

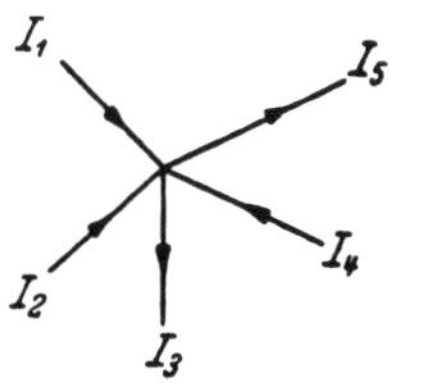

Abb. 6.6 Zum 1. Kirchhoff'schen Gesetz, Knotenregel

2. Kirchhoff'sches Gesetz: In jedem noch so verzweigten Leitersystem ist in einem geschlossenen Stromkreis, den wir beliebig herausgreifen können, die Summe der durch Spannungsquellen erzeugten Eigenspannungen $\sum U_e$ *gleich der Summe der Spannungsabfälle* (Maschenregel). Wählen wir die Ströme in der Uhrzeigerrichtung positiv, in der anderen Richtung negativ, gilt in Abb. 6.7

$$\sum U_e = I_1 R_1 + I_2 R_2 - I_3 R_3 + I_4 R_4 - I_5 R_5 . \qquad (6.8)$$

Wenn in dem betreffenden Stromkreis keine Stromquelle vorhanden ist (s. Abb. 6.7a), dann ist $\sum U_e = 0$, und auch die Summe der Spannungsabfälle wird null. Sind andererseits zwei Stromquellen U_{e1} und U_{e3} vorhanden, die gegeneinander wirken (s. Abb. 6.7b), so gilt $\sum U_e = U_{e1} - U_{e3}$, und die Summe der Spannungsabfälle hat diesen Wert.

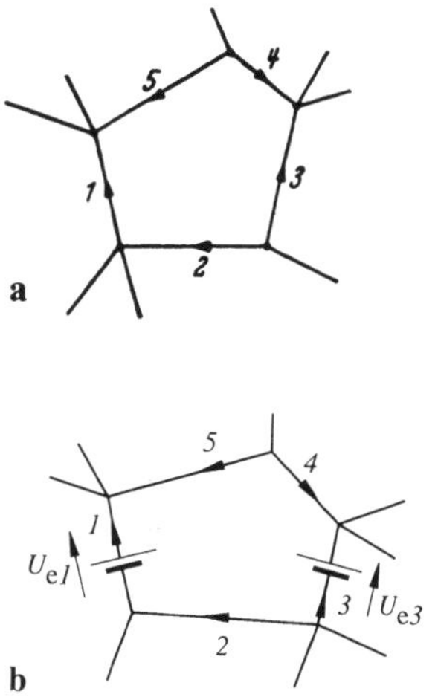

Abb. 6.7a,b Zum 2. Kirchhoff'schen Gesetz, Maschenregel, Stromkreis ohne Stromquelle (**a**), Stromkreis mit Stromquellen (**b**)

6.1.4 Schaltungen und Messmethoden.

6.1.4.1 Umgeeichte Strommesser als Spannungsmesser. Um die Spannung zwischen zwei Punkten A und B eines Stromkreises zu messen, schalten wir in den Nebenschluss einen Strommesser mit Vorschaltwiderstand. Der Gesamtwiderstand dieses Zweiges beträgt R', s. Abb. 6.8. Mithilfe des Ohm'schen Gesetzes folgt aus der gemessenen Stromstärke I' die gesuchte Spannung $U_{AB} = I'R'$. Wir können daher als *Spannungsmesser* oder *Voltmeter* einen Strommesser mit eingebautem, bekanntem Vorschaltwiderstand benutzen, dessen Skala direkt die Spannung an den Klemmen des Instrumentes in Volt angibt. Um den Hauptstrom I zwischen A und B nicht merklich zu beeinflussen, ist der Widerstand des Spannungsmessers so groß zu wählen, dass durch diesen nur ein geringer Bruchteil von I fließt, vgl. Abschn. 6.1.3.

Wird noch zusätzlich ein Widerstand $9R'$ dem Voltmeter vorgeschaltet, so gilt jetzt $U_{AB} = 10R'I'$. Mit demselben Ausschlag, d. h. demselben Strom I' durch das Instrument,

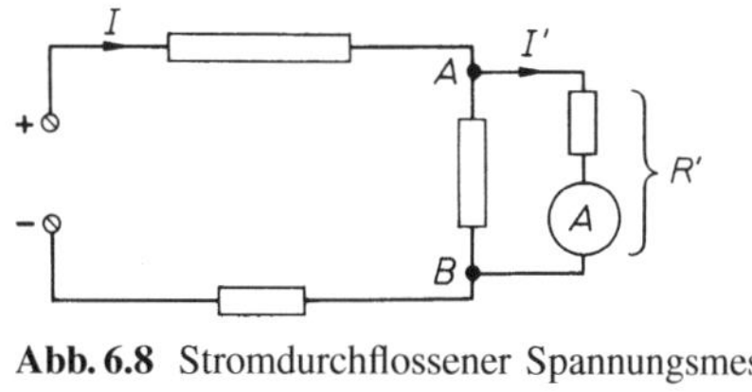

Abb. 6.8 Stromdurchflossener Spannungsmesser

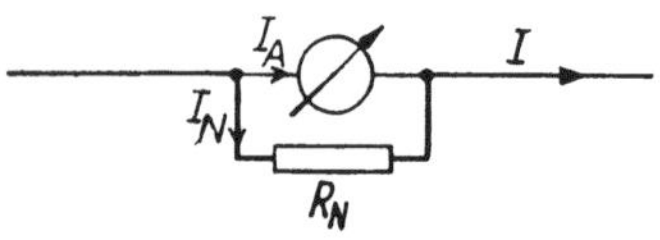

Abb. 6.9 Erweiterung des Messbereiches eines Strommessers

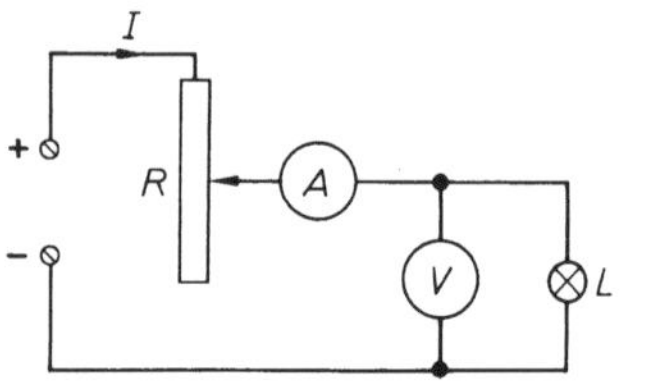

Abb. 6.10 Messung von Stromstärke und Spannung an einem Gerät L

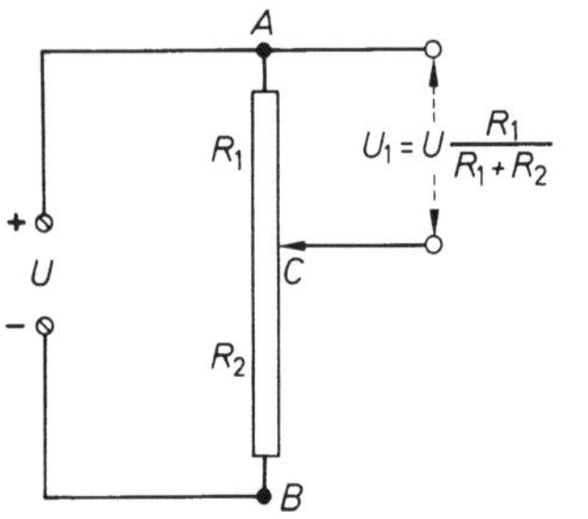

Abb. 6.11 Spannungsteilerschaltung

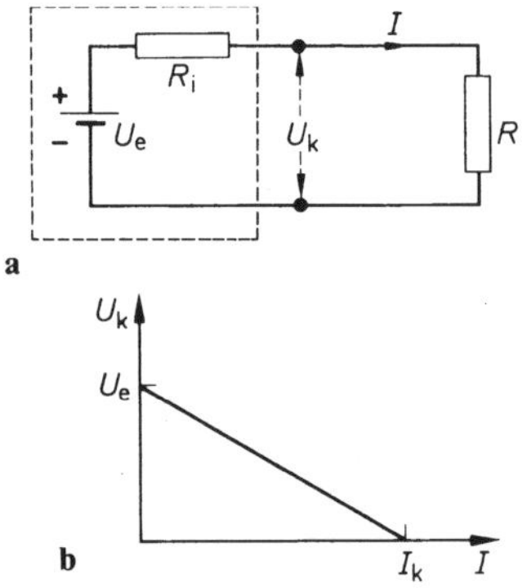

Abb. 6.12a,b Spannungsabfall einer Spannungsquelle bei Stromentnahme. U_e Leerlaufspannung, I_k Kurzschlussstrom. Ersatzschaltung (**a**), Messkurve (**b**)

kann dann die 10-fache Spannung gemessen werden (Bereichsschaltung eines Voltmeters).

6.1.4.2 Erweiterung des Messbereiches eines Strommessers. Ist der zu messende Strom für das Instrument zu groß, so schalten wir zu diesem einen Widerstand parallel, ein sog. *Shunt*, s. Abb. 6.9. Wählen wir für die Widerstände von Instrument R_A und Nebenschluss R_N z. B. das Verhältnis $R_A/R_N = 99$, so verhalten sich die Ströme durch das Instrument I_A und durch den Nebenschluss I_N umgekehrt. Es gilt also $I_A/I_N = 1/99$. Daher geht vom Gesamtstrom $I = I_A + I_N$ nur $1/100$ durch das Instrument, dessen Messbereich also durch diesen Nebenschluss auf das 100-fache vergrößert wird.

6.1.4.3 Schaltung von Geräten und Messinstrumenten. Meist ist die Spannung der Stromquelle vorgegeben. Die Stromstärke hängt dann vom Widerstand des Stromkreises ab. Um sie zu regulieren, benutzt man Schiebewiderstände, deren Drahtwicklungen aus einer schlecht leitenden Legierung wie Manganin bestehen. Mit einem verschiebbaren Abgriff lässt sich die Zahl der eingeschalteten Windungen, d. h. die Länge des Widerstandsdrahtes, ändern. Der Widerstand R in Abb. 6.10 ist ein derartiger regulierbarer Vorschaltwiderstand. – Will man die Stromstärke und die Spannung an einem Gerät L messen, so benutzt man eine Schaltung nach Abb. 6.10. Da die Stromstärke I überall im Kreis dieselbe ist, kann der Strommesser A an beliebiger Stelle in den Hauptkreis eingeschaltet werden.

Für viele Zwecke, insbesondere wenn das Gerät eine kleinere Spannung als die der Spannungsquelle benötigt, benutzt man die *Spannungsteiler-* oder *Potentiometerschaltung*, s. Abb. 6.11, die es gestattet, beliebig kleine und regulierbare Spannungen abzugreifen. Am Widerstand $R_1 + R_2$, d. h. zwischen den Punkten A und B, liegt die Gesamtspannung U. An R_1 liegt die Spannung U_1 für die sich aus den Beziehungen für die Reihenschaltung ergibt $U_1 = UR_1/(R_1 + R_2)$. Man kann also durch Verschieben des Abgriffes C längs des Schiebewiderstandes jede beliebige Spannung zwischen O und U abgreifen. U_1 ist gewissermaßen die Betriebsspannung für ein weiteres an AC anzuschließendes hochohmiges Gerät, vgl. z. B. Abb. 6.52. Dessen Widerstand muss beträchtlich größer als R_1 sein, damit die Spannung nicht bei seinem Anschalten gegenüber U_1 absinkt. – Benötigt das Gerät dagegen eine hohe Stromstärke, so ist diese besser mit einem Vorschaltwiderstand zu regulieren, vgl. Abb. 6.10.

6.1.4.4 Klemmenspannung. Die Spannung an den Polen einer Stromquelle (Akkumulator oder elektr. Generator) nennt man ihre *Klemmenspannung* U_K. Wird kein Strom entnommen, so ist die Klemmenspannung genau so groß wie die Eigenspannung U_e, auch häufig *elektromotorische Kraft* (EMK) oder *Leerlaufspannung* genannt. Bei geschlossenem Stromkreis sinkt die Klemmenspannung ab, und zwar umso mehr, je stärker der entnommene Strom I ist. Das liegt daran, dass auch die Stromquelle, z. B. die Flüssigkeit des Akkumulators, einen *inneren Widerstand* R_i hat. Der entnommene Strom muss auch diesen Innenwiderstand R_i durchfließen. Er ruft an ihm einen Spannungsabfall IR_i hervor, um den sich die Klemmenspannung gegenüber der Eigenspannung erniedrigt:

$$U_k = U_e - IR_i\,. \tag{6.9}$$

Abbildung 6.12 zeigt dieses Absinken der Klemmenspannung bei steigender Stromentnahme. Man erkennt das z. B. beim Anlassen eines Automotors am Nachlassen der Helligkeit der eingeschalteten Lampen.

Aus der negativen Steigung der Geraden von Abb. 6.12 entnimmt man den Innenwiderstand R_i der Stromquelle. Die Gerade schneidet die Stromachse im sog. *Kurzschlussstrom* I_k, und es gilt $R_i = U_e/I_k$.

6.1.4.5 Kompensationsmethode zur Messung von Eigenspannungen. Die unbekannte Eigenspannung U_x einer Spannungsquelle, z. B. eine Thermospannung, messen wir am genauesten mithilfe der *Kompensationsmethode*,

s. Abb. 6.13. Die Vergleichsspannung U erzeugt am Widerstand R_2 den Spannungsabfall

$$U_2 = U \frac{R_2}{R_1 + R_2} . \qquad (6.10)$$

Wenn U_2 der gesuchten Spannung U_x gleich ist, so liegt zwischen den Punkten B und C die Spannung null. Das dort eingeschaltete sehr empfindliche Amperemeter schlägt nicht aus. Bei der Messung wird die Abgriffstelle so eingestellt, dass dies der Fall ist, dann ergibt sich die gesuchte Spannung zu $U_x = U_2$. Um diese Kompensation zu erreichen, müssen natürlich die beiden Spannungsquellen zueinander richtig gepolt sein, s. Abb. 6.13.

Da man bei diesem Messvorgang der Stromquelle U_x keinen Strom entnimmt, tritt an ihrem Innenwiderstand kein Spannungsabfall auf, gleichgültig, wie groß er ist. Man misst also wirklich die Eigenspannung, während man bei Verwendung eines umgeeichten Strommessers als Spannungsmesser besonders bei größerem Innenwiderstand der Spannungsquelle nur die niedrigere Klemmenspannung erhält.

6.1.4.6 Wheatstone'sche Brücke. Für Widerstandsmessungen benutzt man meistens die sog. *Wheatstone'sche Brückenschaltung*. Wir verbinden den unbekannten Widerstand R_x mit den bekannten Widerständen R_1, R_2 und R_3, wie in Abb. 6.14 gezeichnet. In die Brücke, d. h. in die Verbindung der Punkte A und B, schalten wir einen empfindlichen Spannungsmesser. R_1 und R_2 sind veränderlich, am einfachsten dadurch, dass sie zusammen einen ausgespannten Widerstandsdraht bilden und der Brückendraht auf dieser Messdrahtleiste[3] schleifend entlanggeführt werden kann. Die Widerstände R_1 und R_2 verhalten sich dann wie die Drahtlängen l_1 und l_2. Man verschiebt nun den Schleifkontakt B so lange, bis die Brücke stromlos geworden ist. Das ist der Fall, wenn zwischen den Punkten A und B keine Spannung herrscht, d. h. wenn die Spannungsabfälle längs R_1 und R_3 gleich sind und ebenso längs R_2 und R_4. Dann gelten die Beziehungen:

$$R_1 I_b = R_3 I_a ; \quad R_2 I_b = R_x I_a . \qquad (6.11a)$$

Nach Division und Umformung erhalten wir:

$$\frac{R_x}{R_3} = \frac{R_2}{R_1} = \frac{l_2}{l_1} , \qquad (6.11b)$$

womit wir den unbekannten Widerstand R_x bestimmen können.

[3] Sie wird auch bei der Kompensationsschaltung in Abb. 6.13 verwendet.

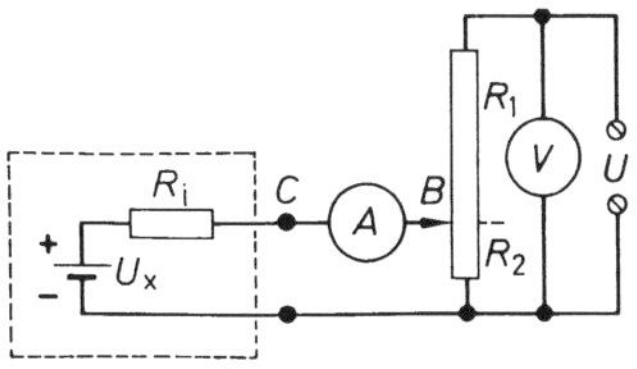

Abb. 6.13 Kompensationsschaltung

Aufgaben

6.1.1 Ein Widerstand $R_1 = 360\ \Omega$ ist in Serie mit $R_2 = 200\ \Omega$ geschaltet. Parallel zu R_2 liegt ein weiterer Widerstand $R_3 = 50\ \Omega$. An den Enden dieser Widerstandsschaltung liegt eine Spannung von 200 V. Welche Spannung liegt an R_3 und welcher Strom fließt durch ihn?

6.1.2 Ein Voltmeter mit dem Gerätewiderstand $R_G = 6\ \text{k}\Omega$ zeigt beim Anlegen einer Spannung von 30 V Endausschlag an. Welcher Widerstand R_V muss noch vorgeschaltet werden, damit der Vollausschlag erst bei 100 V angelegter Spannung eintritt?

6.1.3 In der Potentiometerschaltung von Abb. 6.11 sind die Widerstände R_1 und R_2 Teile eines Widerstandsdrahtes, der 80 cm lang ist und dessen Widerstand pro Längeneinheit $20\ \Omega/\text{cm}$ beträgt. Der Abgriff C liegt 16 cm vom Ende A entfernt, und die Netzspannung beträgt $U = 200$ V. Welcher Strom I fließt durch den Widerstandsdraht AB? Wie groß ist die Spannung U_1 zwischen A und C? Auf welchen Wert sinkt sie ab, wenn noch zusätzlich zwischen A und C ein Verbraucher von $R_V = 5\ \text{k}\Omega$ geschaltet wird?

6.1.4 Die Klemmenspannung einer Spannungsquelle misst ein Voltmeter mit 800 Ω Instrumentenwiderstand als 15 V (Fall A), ein Voltmeter mit 500 Ω Instrumentenwiderstand als 10 V (Fall B). Wie groß sind Innenwiderstand, Leerlaufspannung und Kurzschlussstrom der Spannungsquelle?

6.1.5 In der Kompensationsschaltung von Abb. 6.13 wird die Vergleichsspannungsquelle U durch den Widerstandsdraht $R_1 + R_2$ und das Voltmeter belastet, d. h. sie muss Strom liefern, sodass die Klemmenspannung kleiner als ihre Leerlaufspannung ist. Warum wird diese Abweichung bei der Messung von U_x durch Kompensation nicht berücksichtigt?

6.1.6 Auf der Messdrahtleiste von Abb. 6.13 haben beim Nullabgleich die Widerstände R_1 und R_2 Längen von 68 cm bzw. 12 cm. Die Vergleichsspannung beträgt $U = 2$ V. Wie groß ist die gesuchte Spannung U_x?

6.1.7 Wie groß wird man bei der Wheatstone'schen Brücke, vgl. Abb. 6.14, den Vergleichswiderstand R_3

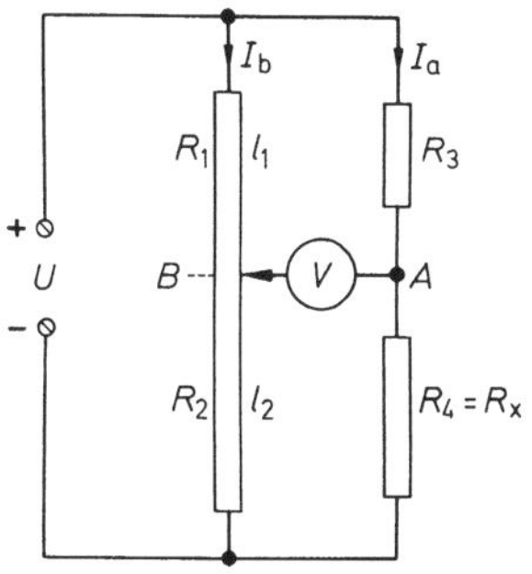

Abb. 6.14 Wheatstone'sche Brücke

ungefähr wählen, damit die Ungenauigkeit bei der Einstellung des Nullabgleiches zu einer möglichst kleinen Unsicherheit im Messergebnis für R_x führt?

6.2 Das elektrische Feld

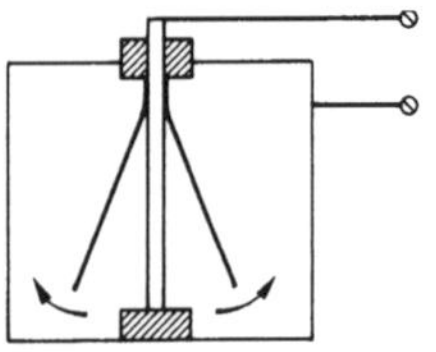

Abb. 6.16 Blättchen-Elektrometer, schematisch

6.2.1 Elektrometer. Eine andere Methode, elektrische Spannungen zu messen, ohne dass dauernd ein Strom fließen muss, ergibt sich aus folgender Beobachtung, die gegenüber den bisher besprochenen Gesetzmäßigkeiten eine neue elektrische Erscheinung bringt. Wir verbinden die beiden Klemmen einer Spannungsquelle, die genügend hohe Spannungen liefert, über Metalldrähte mit zwei Metallplatten. Diese sind so an isolierenden Glasstäben befestigt, dass die eine sich bewegen kann, s. Abb. 6.15. Nach Anlegen der Spannung be-

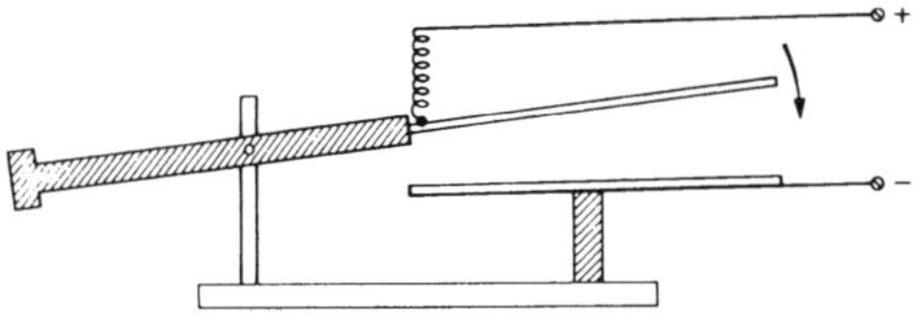

Abb. 6.15 Kraftwirkung zwischen zwei elektrisch geladenen Platten

Abb. 6.17 Zweifaden-Elektrometer (aus *Pohl:* Elektrizitätslehre)

obachten wir ein Schwenken dieser Platte zur anderen hin. Es muss also eine anziehende Kraft zwischen den beiden Platten bestehen.

Geräte, die diese Kraft zur Anzeige von Spannungen ausnutzen, nennt man *statische Spannungsmesser* oder *Elektrometer*. Beim Blättchenelektrometer legt man die zu messende Spannung zwischen den Haltestab der beiden Blättchen und das Gehäuse (s. Abb. 6.16). Am Auslenkungswinkel der Blättchen erkennt man die auf sie wirkende elektrische Kraft, die im neuen Gleichgewichtszustand ebenso groß ist wie die rücktreibende Kraft. Diese wird von der Schwerkraft geliefert wie beim Pendel (Abschn. 4.1.1) und steigt mit dem Ausschlag an. Bei kleinem Winkel ist sie diesem proportional. Die Beobachtungen ergeben, dass die wirkende Kraft mit der anliegenden Spannung wächst. Die Skala des Elektrometers kann daher durch Vergleich mit anderen Voltmetern in V oder kV geeicht werden. Beim Umpolen der Spannungsquelle entsteht derselbe Ausschlag am Elektrometer, d. h. die Ausschlagsrichtung ist beim Blättchenelektrometer von der Richtung der angelegten Spannung unabhängig.

Für Messungen bis zu einigen 100 V benutzte man früher *Zweifadenelektrometer*, s. Abb. 6.17. Das bewegliche System besteht aus zwei feinen Platindrähten K, die durch einen elastischen Quarzbügel Q gespannt werden. Sie befinden sich zwischen zwei mit dem Gehäuse verbundenen Drahtbügeln A. Legt man zwischen System und Gehäuse eine Spannung an, so werden die beiden Platinfäden von den Drähten A angezogen. Die Fadenspreizung wird mit dem Mikroskop beobachtet.

Gegenüber dieser noch unmittelbar anschaulichen älteren Ausführungsform, die etwas umständlich zu handhaben ist, liefert die moderne Technik Elektrometer mit Zeigerablesung oder auch elektrischer Datenabgabe zur Verarbeitung in elektronischen Rechnern, bei denen das Messprinzip allerdings von außen unerkennbar bleibt.

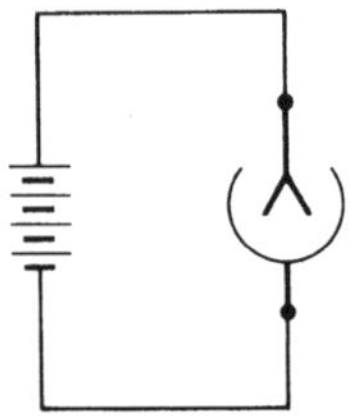

Abb. 6.18 Statische Spannungsmessung, Schaltskizze

6.2.2 Ladung und Spannung, Influenz. Wir schließen ein Elektrometer an eine Spannungsquelle so an, wie es im Schaltbild von Abb. 6.18 angedeutet ist. Der Ausschlag bleibt erhalten, wenn die Zuführungsdrähte entfernt werden. Da also die Kraftwirkung zwischen je einem der Fäden und dem Gehäuse weiter besteht, muss sich dort beim Verbinden mit den Polen der Spannungsquelle etwas geändert haben.

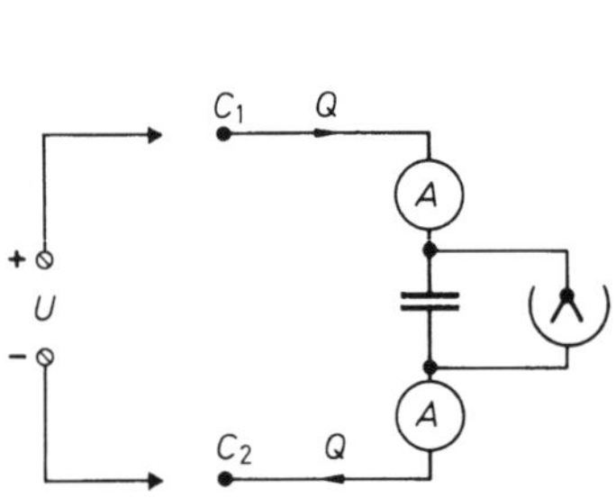

Abb. 6.19 Ladestrom eines Kondensators

Einzelheiten dieses Vorgangs können wir untersuchen, wenn wir in die Zuführungsleitungen Strommesser schalten, s. Abb. 6.19. Dort werden wieder zwei parallele Metallplatten wie in Abb. 6.15 verwendet, und das Elektrometer dient nur dazu, die Spannung zwischen ihnen statisch zu messen. Stellen wir die metallische Verbindung bei C_1 und C_2 her, so schlagen beide Strommesser kurzzeitig aus. Es fließt also eine kurze Zeit lang ein Strom, d. h. eine begrenzte elektrische Ladung Q wird durch den betreffenden Draht transportiert. Ihre Größe ist, wie wir später sehen werden (Abschn. 6.6.4), der größten Auslenkung dieses sog. ballistischen Galvanometers proportional. An der Ausschlagsrichtung lässt sich außerdem noch die Stromrichtung, d. h. die Richtung des Ladungstransportes erkennen. Die Pfeile in Abb. 6.19 deuten das Messergebnis an: Eine gleich große Ladung fließt vom Pluspol der Spannungsquelle in die obere Platte wie aus der unteren Platte in den Minuspol. Dieser Ladungstransport ist demnach die Voraussetzung dafür, dass zwischen den Platten eine elektrische Spannung liegt. Anschließend trennen wir die Verbindungen zur Spannungsquelle bei C_1 und C_2 wieder auf, wobei Ladungen nicht mehr verschoben werden. Spannung und Elektrometerausschlag bleiben erhalten.

In einem zweiten Experiment verbinden wir danach die Punkte C_1 und C_2 unmittelbar durch einen Draht. Wir beobachten dann am kurzzeitigen Ausschlag der Strommesser das Fließen der gleichen Ladungen, nur in entgegengesetzter Richtung. Anschließend zeigt das Elektrometer die Spannung null an. Auch ohne Mitwirkung einer elektrischen Spannungsquelle sind also die *Ladungen* „verschwunden", die hier die *Ursache für die Spannung* waren.

Die bisher besprochenen Beobachtungen legen die Vorstellung nahe, dass es *zwei* Sorten von elektrischen Ladungen gibt, die sich bei enger Zusammenlagerung in ihrer Wirkung nach außen kompensieren. Sie werden daher sinngemäß als *positive* und *negative Ladungen* bezeichnet. Auf der oberen Platte befand sich die Ladung $+Q$, auf der unteren $-Q$, als zwischen beiden eine Spannung lag. Das zeigt besonders sinnfällig folgender Versuch nach *Pohl:* Wir nehmen eine kleine Metallkugel K, die an einem Glasstab befestigt ist, und berühren mit dieser abwechselnd die linke und rechte Platte, nachdem die leitende Verbindung zur Spannungsquelle getrennt worden ist, s. Abb. 6.20. Das angeschlossene Elektrometer zeigt, dass Ladung und Spannung abnehmen. Wir haben also positive Ladungen nach links bzw. negative nach rechts geschafft, die ungleichnamige Ladungen auf der gegenüberliegenden Platte jeweils kompensieren oder neutralisieren. Offenbar können wir elektrische Ladungen wie *Substanzen* befördern.

Die beiden voneinander isolierten Platten bezeichnet man als *Kondensator*. Er ist in der Lage, elektrische Ladungen zu speichern. Abkürzend spricht man bei den beiden oben beschriebenen Experimenten von der Aufladung und Entladung des Kondensators. So erklärt sich auch der Richtungssinn der elektrischen Spannung: Der Plus-Pol eines Kondensators oder einer Spannungsquelle ist durch eine positive elektrische Ladung gekennzeichnet, der Minus-Pol durch eine negative.

Bei der Entladung des Kondensators neutralisieren oder vereinigen sich die ursprünglich in den Platten getrennt vorhandenen Ladungen, ohne dass an den beteiligten Metallen ein bleibender Unterschied gegenüber normalem, ungeladenem Metall zu erkennen ist. Das ist ein erster Hinweis darauf, dass sich die Atome aus elektrisch geladenen Teilchen verschiedenen Vorzeichens zusammensetzen. Sie sind im Ganzen elektrisch neutral, enthalten also gleich viel positive und negative Ladungen.

Ein Experiment, in dem diese beiden Ladungssorten innerhalb einer elektrisch neutralen Materie getrennt werden, stellt der sog. *Influenz-Versuch* dar. Wir bringen zwei plane Metallscheibchen, die an Griffen a und b aus Isolierstoff befestigt sind, zwischen die Platten eines geladenen Kondensators, s. Abb. 6.21a. Sie berühren sich zunächst, werden dann auseinandergezogen und aus dem Kondensator getrennt herausgenommen, ohne dessen Platten zu streifen. Unmittelbar anschließend bringen wir sie mit je einer isoliert aufgestellten Standklemme in Berührung und beobachten, dass das dazwischengeschaltete ballistische Galvanometer ausschlägt (s. Abb. 6.21b). Aus der Richtung des Stromstoßes zu schließen, ist auf dem Scheibchen a eine negative und auf b die gleich große positive Ladung *influenziert* worden, d. h. sie haben sich innerhalb des Doppelscheibchens getrennt, als die beiden Scheibchen im Kondensator in Kontakt waren. Die anschließende Neutralisierung entspricht völlig der Entladung eines Kondensators und demonstriert, dass bei der Influenz keine neuen Ladungen erzeugt, sondern nur schon vorhandene getrennt werden.

Statt die beiden geladenen Scheibchen über einen Strommesser zu entladen, können wir sie

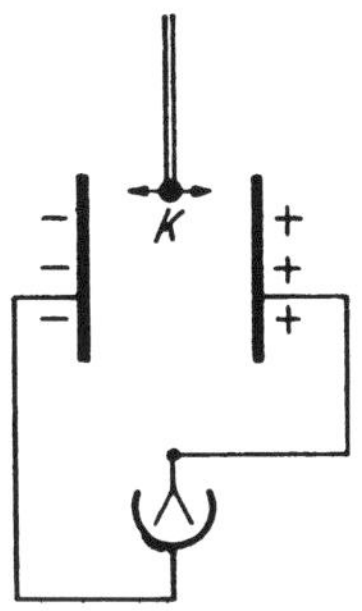

Abb. 6.20 Ausgleich von Ladungen

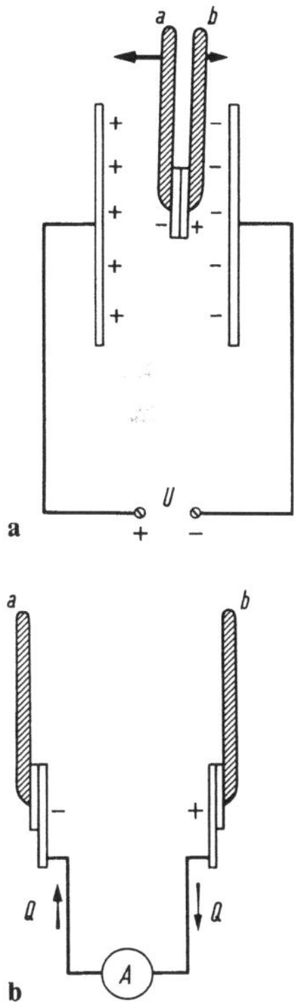

Abb. 6.21a,b Influenzversuch. Doppelplatte im Kondensator (**a**), Messung der influenzierten Ladungen (**b**)

auch mit Blättchen und Gehäuse eines Elektrometers in Verbindung bringen. Dieses zeigt danach eine Spannung an, weil die Ladungen zum größten Teil auf die berührten Teile des Elektrometers übergetreten sind. Damit ist ein Prinzip demonstriert, elektrische Spannungen überhaupt herzustellen, nämlich durch die Trennung von ungleichnamigen elektrischen Ladungen, vgl. auch Abschn. 6.4.1. Zugleich bestätigen uns die Influenzexperimente das Vorhandensein von elektrischen Ladungen zunächst in jedem Metall, aus dem wir die Scheibchen herstellen können.

Jetzt wird man noch die Frage stellen, welche der beiden Ladungssorten sich bei den Experimenten nun bewegt hat, und man wird etwas erstaunt sein über die Antwort, dass das belanglos ist für die Beschreibung der Vorgänge mit den Begriffen Stromstärke, Ladung und Spannung. Soll nämlich in der Anordnung von Abb. 6.19 die obere zunächst ungeladene Kondensatorplatte die Ladung $+Q$ erhalten, so könnte diese vom Pluspol der Spannungsquelle dorthin transportiert werden. Andererseits wäre es aber auch möglich, umgekehrt die Ladung $-Q$ von der Platte in den Pluspol zu überführen; dann würde nämlich die Ladung $+Q$ frei werden, die sie ursprünglich in der Platte neutralisiert hat. Ganz allgemein ist es für das Ergebnis gleichgültig, ob positive Ladungen in der einen oder negative Ladungen in der entgegengesetzten Richtung bewegt werden, d. h. die Wirkungen des Stromes sind dieselben. Als *Stromrichtung* „im gesetzlichen Sinne“ konnte daher völlig willkürlich die Richtung festgelegt werden, in der sich positive Ladungen bewegen müssten, um den Endzustand zu erreichen. Das entspricht dem Stromfluss vom Pluspol zum Minuspol der Spannungsquelle (Abschn. 6.1.1), der auch beim Aufladen eines Kondensators kurzzeitig im ganzen Stromkreis vorhanden ist, die Strecke zwischen den Kondensatorplatten ausgenommen.

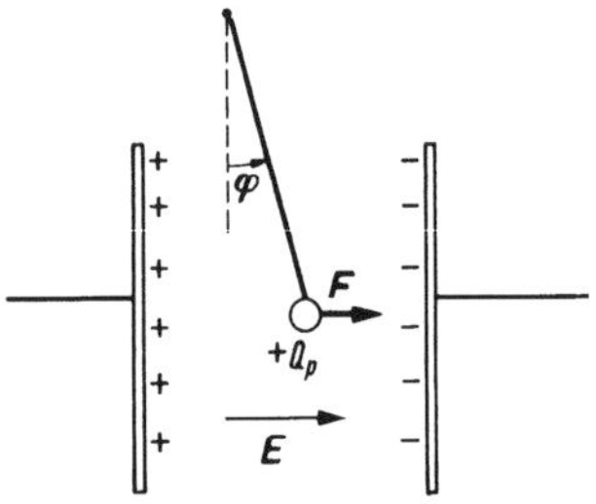

Abb. 6.22 Messung der elektrischen Feldstärke mit Probeladung Q_p

Im Grunde genommen ist nur die Zuordnung der Bezeichnungen Plus und Minus zu den beiden Ladungssorten willkürlich und rein historisch begründet. Da sich in Metallen Elektronen mit negativer Ladung bewegen, s. Abschn. 6.2.7, erweist sich diese Zuordnung in heutiger Sicht nicht als besonders zweckmäßig. Fehler entstehen aber keineswegs, wenn man konsequent dieser Festsetzung der Stromrichtung bei der Formulierung der Naturgesetze folgt.

6.2.3 Elektrische Feldstärke. Das Influenzexperiment von Abb. 6.21a hat uns gezeigt, dass sich auch im freien Raum zwischen den geladenen Kondensatorplatten elektrische Vorgänge abspielen. Sie bestehen hier in Kraftwirkungen auf die elektrischen Ladungen innerhalb der Materie der beiden Scheiben, wodurch die Ladungssorten getrennt werden. Während die ältere Vorstellung von einer Fernwirkungskraft zwischen den Ladungen auf den Kondensatorplatten und denen im davon räumlich getrennten Material ausging, sieht die Feldtheorie die Kräfte als Auswirkung eines besonderen Zustandes des Raumes an, den sie als *elektrisches Feld* bezeichnet. Man denkt dabei etwa an den Druckzustand in einer Flüssigkeit. So wird man z. B. in der hydraulischen Presse (s. Abb. 3.22) auch nicht von einer Fernkraft zwischen den beiden Kolben sprechen, sondern die unmittelbar die Kolben berührenden Flüssigkeitsmoleküle üben wegen des Druckzustandes, der sich von Molekül zu Molekül überträgt, die Kraft aus. Eine mechanische Deutung des elektrischen Feldes, wie sie ursprünglich mit dem Lichtäther und dessen Spannungszuständen versucht wurde, ist allerdings nicht möglich. Wir müssen uns vielmehr darauf beschränken, seine charakteristischen Größen durch Messvorschriften festzulegen und deren Zusammenhang mit anderen messbaren Größen in Gesetzen auszudrücken, vgl. auch Gravitationsfeld, Abschn. 2.7.1.

Als erste Methode bietet sich an, das elektrische Feld des geladenen Plattenkondensators mit einer Probeladung Q_p zu untersuchen. Dazu hängen wir ein sehr leichtes, außen metallisiertes Kügelchen an einem Isolierstoff-Faden auf und bringen es zwischen die Kondensatorplatten, nachdem wir es durch Berührung mit einem Pol der Spannungsquelle aufgeladen haben. Am Auslenkwinkel φ von der Lotrechten erkennen wir die Wirkung einer Kraft $\boldsymbol{F}$, s. Abb. 6.22. Diese hat bei negativer

Probeladung entgegengesetzte Richtung und ist außerdem Q_P proportional. Wir können daher das elektrische Feld in jedem Punkte durch die sog. *elektrische Feldstärke* $\boldsymbol{E}$ beschreiben, die wir durch die Gleichung

$$\boldsymbol{E} = \frac{\boldsymbol{F}}{Q_P} \tag{6.12}$$

festlegen. Die Feldstärke stellt einen Vektor dar, s. Abschn. 2.2.1, dessen Richtung die Kraft auf eine positive Probeladung angibt. Er zeigt von der positiven zur negativen Kondensatorplatte bzw. vom Plus- zum Minuspol einer Spannungsquelle.

In jedem Punkt des Raumes lässt sich so der Vektor der elektrischen Feldstärke nach Größe und Richtung bestimmen. Zur besseren Übersicht zeichnet man meistens aber die sog. *Kraftlinien* oder *elektrischen Feldlinien*. Die Tangente in jedem Punkt einer Feldlinie hat die *Richtung* der elektrischen Feldstärke. Als Beispiel sind in Abb. 6.23 die Feldlinien eines Plattenkondensators dargestellt. Die Feldlinien beginnen in positiven Ladungen und enden in negativen. Damit ist ihr Richtungssinn festgelegt. Geschlossene, in sich zurückkehrende Feldlinien treten in zeitlich konstanten, sog. statischen elektrischen Feldern nicht auf. Man sagt, das Feld ist wirbelfrei. Elektrische Wirbelfelder, die wir in Abschn. 6.6.6 kennen lernen werden, besitzen nicht elektrische Ladungen als Quellen. Das weist auf die Realität des elektrischen Feldes hin, d. h. auf seine Existenzfähigkeit in der Natur unabhängig von elektrischen Ladungen.

Durch jeden Punkt des elektrischen Feldes lässt sich demnach eine Feldlinie legen. Um aber auch die *Größe* der Feldstärke in den Feldlinienbildern zum Ausdruck zu bringen, zeichnen wir nur so viel einzelne Linien durch die Flächeneinheit senkrecht zur Feldrichtung, wie der Betrag der Feldstärke an der betreffenden Stelle angibt. An Orten mit großer Feldstärke verlaufen die Feldlinien dann besonders dicht.

Der Verlauf der Feldlinien hängt von der Gestalt der beiden Leiter ab, an welche die Spannung angelegt worden ist. Er ist daher im Plattenkondensator anders, s. Abb. 6.23, als in einem Kondensator, der aus zwei konzentrischen Kugeln gebildet wird, s. Abb. 6.24. In Letzterem ist die Feldliniendichte an der inneren Kugel am größten. Im Plattenkondensator dagegen ist die Feldstärke in einem großen Gebiet nach Größe und Richtung konstant, man spricht von einem *homogenen Feld*. Die Störung an den Rändern der Platten ist besonders dann nur von geringer Bedeutung, wenn der Abstand der z. B. kreisförmigen Platten sehr klein gegenüber ihrem Durchmesser ist.

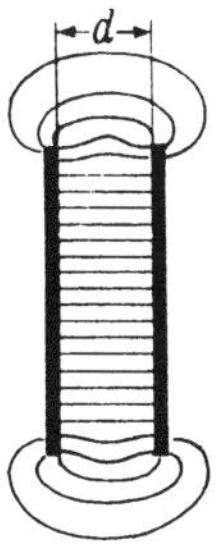

Abb. 6.23 Feld eines Plattenkondensators

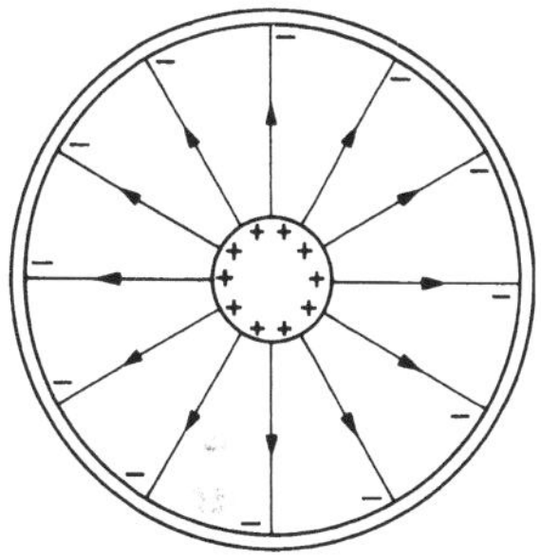

Abb. 6.24 Kugelkondensator

Wenn die Probeladung Q_P im elektrischen Feld der Feldstärke E frei beweglich ist, so wird sie längs der elektrischen Feldlinien beschleunigt, eine positive Ladung in deren Richtungssinn. In einem homogenen Felde möge sie die Strecke s zurücklegen, dann beträgt die vom Felde geleistete Arbeit $W = F \cdot s = Q_P E \cdot s$, vgl. Abschn. 2.3.5 und (6.12).

Als *Spannung* zwischen zwei Punkten bezeichnet man nun

$$U = \frac{W}{Q_P}, \tag{6.13a}$$

wobei W die Arbeit ist, die man aus dem Felde gewinnt, wenn die Probeladung Q_P zwischen den beiden Punkten verschoben wird. Das können zwei beliebige Punkte im elektrischen Feld sein, jeder von ihnen kann aber auch auf einer der Kondensatorplatten oder der eine auf dem Pluspol und der andere auf dem Minuspol der Spannungsquelle liegen. In statischen Feldern ist diese Arbeit davon unabhängig, auf welchem Wege Q_P vom einen zum anderen Punkt gelangt. Bei diesen wirbelfreien Feldern ist die geleistete Arbeit null, falls Anfangs- und Endpunkt des Weges zusammenfallen, wenn also ein geschlossener Weg durchlaufen wird. Das ist auch die notwendige Voraussetzung für die eindeutige Definition der Spannung zwischen zwei Punkten von (6.13a). Im Grunde verknüpft diese nur die beiden Begriffe Spannung und Ladung, wobei mit der Arbeit ein in der Mechanik bereits festgelegter Begriff genutzt wird. Nehmen wir aber die Ladung als gegeben hin, so ist damit eine „absolute" Messvorschrift für die Spannung aufgestellt.

Die Spannung zwischen einem Punkt (mit i bezeichnet) und der Erde nennt man sein *elektrisches Potential* Φ_i, vgl. auch Abschn. 2.7.1. Diese Bezeichnung hängt mit der potentiellen Energie gegenüber der Erdoberfläche zusammen, die für eine Probeladung Q_p an der betreffenden Stelle gleich dem Produkt aus Potential und Q_p ist. Umgekehrt lässt sich die Spannung zwischen den Punkten A und B als Differenz ihrer Potentiale schreiben: $U_{AB} = \Phi_A - \Phi_B$. Die Spannung U_{AB} ist positiv, d. h. A ist ihr Pluspol, wenn beim Verschieben von A nach B an der positiven Probeladung vom Feld Arbeit geleistet wurde, die Ladung also potentielle Energie verlor und dafür kinetische gewann. – Andererseits ist die Summe der Spannungen über einen geschlossenen Weg gleich null: $U_{AB} + U_{BC} + U_{CA} = 0$ (s. auch 2. Kirchhoff'sches Gesetz, Abschn. 6.1.3). Auf Flächen konstanten Potentials, sog. *Äquipotentialflächen*, tritt zwischen zwei beliebigen Punkten nie eine Spannung auf. Die elektrischen Feldlinien stehen auf diesen Flächen senkrecht, sodass die Feldstärke keine Kraftkomponente liefert, die parallel zu ihnen verläuft. Probeladungen können daher ohne Arbeitsleistung auf Äquipotentialflächen bewegt werden. Die Oberflächen von Kondensatorplatten oder der Erde sind bei ruhenden Ladungen stets Äquipotentialflächen, d. h. die Feldlinien enden senkrecht auf ihnen.

Bei einer Spannungsquelle und einem davon gespeisten Stromkreis kann das Potential, also die Spannung gegen die Erde, noch ganz beliebig sein. Wäre es absolut sehr hoch, so würde es einen Menschen gefährden, der unabhängig von der Polung den Stromkreis berührt, während er nicht isoliert auf dem Erdboden steht. Er empfindet einen „elektrischen Schlag", weil durch seinen Körper wegen der Potentialdifferenz ein Stromstoß fließt (Ohm'sches Gesetz). Häufig wird daher ein Pol der Spannungsquelle *geerdet*, d. h. leitend mit der Erde verbunden, damit er das Potential null, auch Erdpotential genannt, annimmt. Er ist dann gefahrlos zu berühren. Es kann der Minus- oder der Pluspol sein, bei Batterien oder anderen in Reihe geschalteten Spannungsquellen bevorzugt man zuweilen die Mitte, sodass die Pole das Potential $-U/2$ bzw. $+U/2$ besitzen, wenn U die Gesamtspannung ist. Bei den Messungen der Ladeströme eines Kondensators sollte man eine derartige *erdsymmetrische* Spannungsquelle verwenden, z. B. in Abb. 6.19.

Im homogenen Feld des Plattenkondensators (s. Abb. 6.23) gewinnt man die Arbeit $W = Q_p \boldsymbol{E} d$, wenn sich die Probeladung von der positiven Platte 1 zur negativen 2 über den Abstand d bewegt. Andererseits beträgt die gewonnene Arbeit aber auch $W = Q_p U_{12}$, wenn U_{12} die Spannung zwischen den Kondensatorplatten ist, s. (6.13a). Also gilt $\boldsymbol{E} = U_{12}/d$, d. h. $\boldsymbol{E}$ ist ein Vektor, der von 1 nach 2 zeigt. Wir geben also die elektrische Feldstärke $\boldsymbol{E}$ in der Einheit V/m an. Dementsprechend hat sie auch die Bedeutung eines *Potentialgefälles*, das ist die Potentialdifferenz pro Längeneinheit:

$$\boldsymbol{E} = (\Phi_1 - \Phi_2)/d = -(\Phi_2 - \Phi_1)/d = -\Delta\Phi/d\,. \tag{6.13b}$$

Das Minuszeichen drückt dabei das *Gefälle* aus.

In Feldern, die nicht homogen sind, in denen die Feldstärke sich also von Ort zu Ort ändert, gilt diese Beziehung nur noch für sehr kleine Strecken, d. h. im Grenzfall wird $\boldsymbol{E}_x = -\mathrm{d}\Phi/\mathrm{d}x$. Das ist die allgemein gültige Beziehung, vgl. auch Gravitation (Abschn. 2.7.1).

6.2.4 Elektrische Verschiebung. Es gibt noch eine zweite Methode, das elektrische Feld auszumessen. Sie umgeht die Kraftmessung an einer Probeladung, mit der die elektrische Feldstärke bestimmt wird (Abschn. 6.2.3), und knüpft unmittelbar an das Influenzexperiment an (s. Abb. 6.21). Dort haben wir mit dem ballistischen Galvanometer die Ladungen gemessen, die auf einem der beiden sich zunächst berührenden Plättchen im elektrischen Feld influenziert werden. Diese Ladung Q_D ist auch ein Maß für das Feld, nur müssen wir dabei noch Folgendes beachten: Zunächst erweist sich Q_D stets der Fläche des Plättchens A_D proportional, sodass wir das Verhältnis von beiden, die sog. *Flä-*

chenladungsdichte σ, zur Charakterisierung des Feldes benutzen müssen. Dann hängt die Ladung Q_D noch davon ab, wie das Doppelplättchen vor seiner Trennung im Felde orientiert ist. Laufen die elektrischen Feldlinien z. B. den Plättchen parallel, so wird überhaupt keine Ladung gemessen, während sie einen Maximalwert annimmt, wenn die Feldlinien senkrecht auf ihrer Oberfläche stehen. Diese Orientierung wird aufgesucht, und die dabei gemessene Ladung Q_D benutzen wir, um mit $D = Q_D/A_D$ eine zweite Feldgröße zu definieren, die wir *elektrische Verschiebung* oder *elektrische Flussdichte* nennen. Sie ist wie die elektrische Feldstärke E ein Vektor mit der Richtung senkrecht zu den optimal orientierten Platten und wird in As/m^2 oder C/m^2 gemessen.

Die Vorgänge, die zu der Ladungstrennung im Metall des Doppelscheibchens führen, können wir näher verfolgen, indem wir die Kraftwirkung der elektrischen Feldstärke auf dort befindliche Ladungen heranziehen. Im ersten Augenblick, nachdem das Metall in das elektrische Feld des Plattenkondensators hineingebracht worden ist, bleibt auch in ihm das elektrische Feld bestehen. Das ist aber für ein Metall als elektrischem Leiter kein Gleichgewichtszustand. Durch die wirkenden Kräfte werden Ladungen so lange verschoben, bis das Feld im Metall verschwunden ist. Die elektrischen Feldlinien, die von der positiven Platte des Kondensators ausgehen, enden nämlich jetzt in negativen Ladungen an der Oberfläche des eingebrachten Metalls. Sie beginnen auf dessen gegenüberliegender Oberfläche wieder in den dort angehäuften positiven Ladungen und enden schließlich auf der negativen Kondensatorplatte. Im Innern des Metalls verlaufen keine Feldlinien mehr, sodass für eine weitere Verschiebung von Ladungen keine Ursache besteht.

Auch bei einem geschlossenen Metallkasten, s. Abb. 6.25, bleibt der Innenraum feldfrei. Alle elektrischen Feldlinien, die von weiter außen befindlichen Ladungen herrühren, enden in influenzierten Ladungen auf der Außenwand. Das wird praktisch zur Abschirmung eines Objektes vor elektrischen Feldern ausgenutzt. Dazu genügt anstelle einer geschlossenen metallischen Hülle bereits ein nicht zu weitmaschiges Drahtnetz, sog. *Käfigschutz* (Faraday-Käfig).

Die elektrische Verschiebung D ist nun unmittelbar mit den Ladungen auf den metallischen Kondensatorbelegungen verknüpft. Wir gehen dabei von der Tatsache aus, dass im statischen Feld jede elektrische Feldlinie von einer positiven Ladung zu einer negativen verläuft (s. Abb. 6.25). Stellen wir daher das Doppelblättchen in sehr geringem Abstand von der Kondensatorplatte auf, so wird eine Ladung influenziert, ebenso groß wie auf der von ihm abgeschirmten Fläche der Kondensatorplatte. Dort beträgt also die elektrische Verschiebung $D = Q/A$, wenn sich auf der gesamten Fläche A des Kondensators die Ladung Q befindet. Im homogenen Feld des Plattenkondensators hat darüber hinaus D im ganzen Innenraum diesen Wert. Bei gekrümmten Kondensatorplatten bleibt D aber an ihrer Oberfläche immer gleich der Flächenladungsdichte $\mathrm{d}Q/\mathrm{d}A$, auch wenn diese auf den einzelnen Teilen der Fläche verschieden ist (s. auch Abschn. 6.2.6).

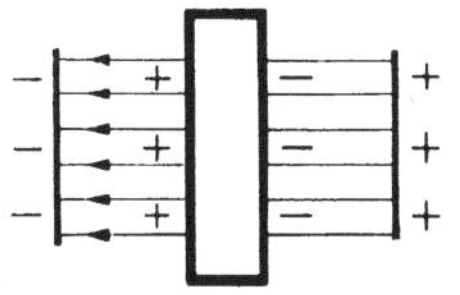

Abb. 6.25 Das Innere eines Metallkastens ist frei von elektrischen Feldern

6.2.5 Kapazität eines Kondensators.

Bisher wurde nur gezeigt, dass ein Kondensator aufgeladen werden muss, soll zwischen beiden Belegungen eine elektrische Spannung liegen. Jetzt muss noch der quantitative Zusammenhang zwischen Spannung und Ladung untersucht werden. Dazu wird mit einem Doppelschalter, einer sog. Wippe, in Stellung 1 der Kondensator aufgeladen, indem er mit der Spannungsquelle verbunden wird, s. Abb. 6.26. Das Voltmeter misst diese Spannung U. Dann wird der Kondensator in Stellung 2 der Wippe über das ballistische Galvanometer A entladen, wobei mit dessen Stoßausschlag die Ladung Q bestimmt wird. Dabei zeigt sich, dass bei einem vorgegebenen Kondensator Ladung und Spannung immer proportional sind. Es gilt also

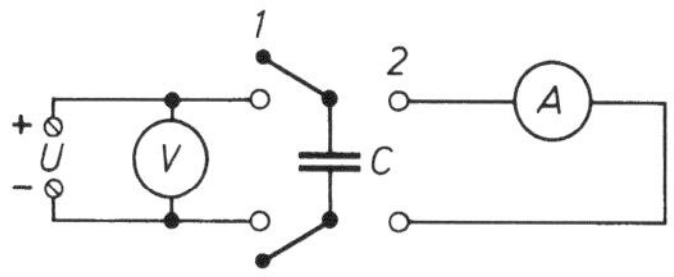

Abb. 6.26 Messung von Ladung und Spannung eines Kondensators

$$Q = CU. \tag{6.14}$$

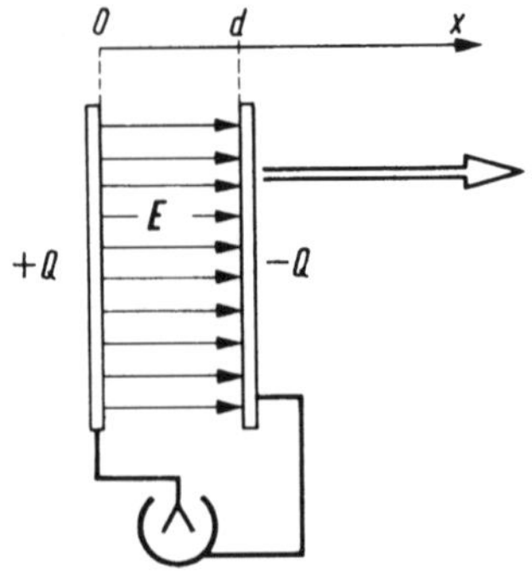

Abb. 6.27 Spannung der elektrischen Feldlinien

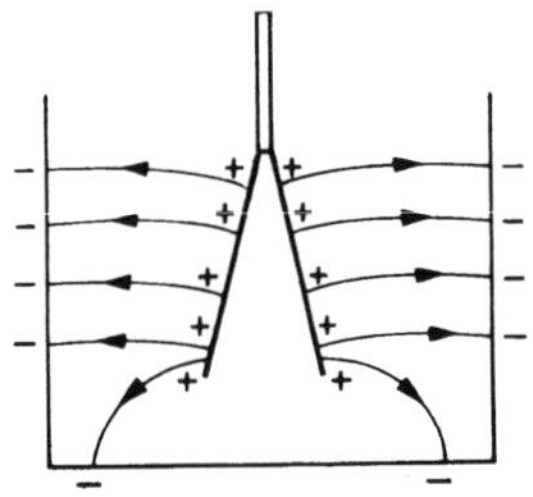

Abb. 6.28 Elektrische Feldlinien im Blättchen-Elektrometer

C wird dabei als *Kapazität* dieses Kondensators bezeichnet. Sie ist also das Verhältnis von Ladung zu Spannung und wird in As/V gemessen, eine Einheit, die Farad (F) genannt wird. Sie ist für die Praxis viel zu groß, sodass man gewöhnlich Mikro-Farad ($1\,\mu F = 10^{-6}\,F$) oder Pico-Farad ($1\,pF = 10^{-12}\,F$) benutzt. Die Übersetzung des Wortes Kapazität mit „Fassungsvermögen für elektrische Ladungen" ist nur dann nicht missverständlich, wenn hinzugefügt wird „bei vorgegebener Spannung von 1 Volt".

Die Kapazität eines Kondensators hängt vom Abstand der beiden Platten oder metallischen Belegungen und ihrer Gestalt ab. Letztere kann ganz beliebig sein. Die beiden Metallstücke müssen nur durch einen Isolator getrennt sein. Besonders einfach werden die Zusammenhänge beim *Plattenkondensator* mit *homogenem Feld*. Dort zeigen die Messungen, dass die Kapazität proportional zur Fläche A einer der parallelen, gleich großen Platten und umgekehrt proportional zu ihrem gegenseitigen Abstand d ist:

$$C = \varepsilon_0 \frac{A}{d}\,. \tag{6.15}$$

Der Proportionalitätsfaktor ε_0, *Influenzkonstante* oder *elektrische Feldkonstante* genannt, ergibt sich quantitativ aus diesen Messungen zu:

$$\varepsilon_0 = 8{,}854\,\text{pF/m}\,.$$

Sie hat eine allgemeine Bedeutung für das elektrische Feld, da durch sie die beiden bisher getrennt eingeführten Feldgrößen elektrische Feldstärke E (Abschn. 6.2.3) und elektrische Verschiebung D (Abschn. 6.2.4) zusammenhängen. Im Plattenkondensator gilt nämlich $E = U/d$ und $D = Q/A$. Mit $C = Q/U$ und obigem Wert für die Kapazität C des Plattenkondensators ergibt sich daraus

$$D = \varepsilon_0 E\,. \tag{6.16}$$

D und E sind also in jedem elektrischen Feld, auch in einem inhomogenen, einander proportional. Eine Ausnahme sind elektrische Felder in Kristallen (Abschn. 7.4.7). Die allgemeine Naturkonstante ε_0 ist dabei die Proportionalitätskonstante für ein Feld im Vakuum; in Luft ist der Wert nur geringfügig höher (s. auch Abschn. 6.2.8).

Eine anschauliche Vorstellung vom Begriff der elektrischen Spannung vermittelt folgender Versuch, s. Abb. 6.27. Nachdem ein Plattenkondensator auf die Spannung U aufgeladen worden ist, wird die Verbindung zur Spannungsquelle entfernt. Wenn wir jetzt die rechte Platte in der markierten Richtung bewegen, steigt die Spannung an. Die Ladung Q auf den isolierten Platten bleibt nämlich konstant, und wir können daher schreiben $U = Q/C = Q \cdot x/\varepsilon_0 A$, d. h. die Spannung ist der Entfernung x zwischen den Platten oder der Länge der elektrischen Feldlinien proportional. Diese verhalten sich danach wie elastisch gespannte Gummifäden, worin man eine Begründung für die Bezeichnung „elektrische Spannung" erblicken kann.

In der Fernwirkungsvorstellung ließ man das elektrische Feld außer Acht und sprach von der *Anziehungskraft* zwischen den *ungleichnamigen Ladungen*, die sich an den Enden der Feldlinien befinden. Etwas problematischer zeigt sich dagegen die häufig behauptete Abstoßungskraft zwischen gleichnamigen Ladungen, falls man den Verlauf der Feldlinien dabei betrachtet, z. B. im Blättchenelektrometer, s. Abb. 6.28. Zwischen den gleichnamig geladenen Blättchen existiert nämlich überhaupt kein elektrisches Feld. Sie werden vielmehr von den Feldlinien zum Gehäuse angezogen, wo sich die ungleichnamigen Ladungen befinden.

Bei *technischen Kondensatoren* besteht häufig der Wunsch nach hoher Kapazität bei geringen räumlichen Abmessungen. Dünnste Folien aus paraffiniertem Papier oder Kunststoff in langen Streifen werden dazu metallisch bedampft und aufgewickelt, sodass große Flächen und geringste Abstände erreicht werden. *Elektrolytkondensatoren* enthalten eine sehr dünne Isolierschicht auf den Metallen Aluminium oder Tantal, die aus ihren Oxiden besteht. Die andere „Platte" bildet der Elektrolyt (Abschn. 6.3.2). – Um Kapazitäten verändern zu können, benutzt man vielfach (Radiotechnik) *Drehkondensatoren* mit zwei parallelen, gegeneinander verdrehbaren und voneinander isolierten Plattensystemen.

Werden Kondensatoren parallel geschaltet, so addieren sich ihre Kapazitäten, weil sich die Flächen dabei entsprechend vergrößern. Bei in Serie geschalteten Kondensatoren addieren

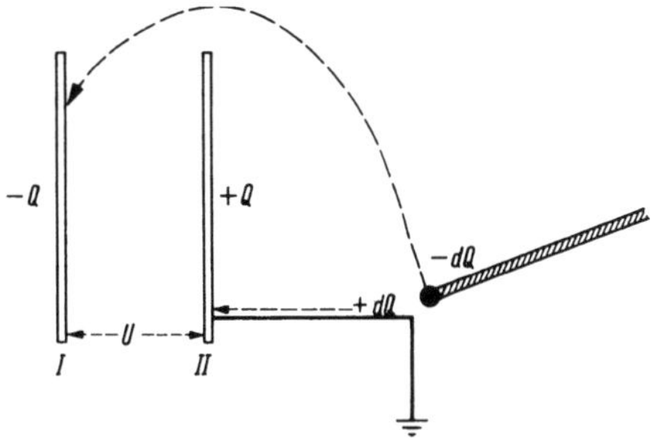

Abb. 6.29 Aufladung eines Kondensators durch Ladungstrennung

sich die Spannungen bzw. die Plattenabstände und damit die Kehrwerte der Kapazitäten.

Schließlich betrachten wir die in einem Kondensator aufgespeicherte Energie. Hat die Platte *I*, s. Abb. 6.29, gegen Erde bereits die Spannung U und der Kondensator damit die Ladung $Q = CU$, so müssen wir, um die Ladung um ΔQ zu erhöhen, die Arbeit $\Delta W = U\Delta Q$ leisten. Daher ist die Gesamtarbeit W zur Aufladung von 0 auf die Spannung U:

$$W = \int_0^Q U\,\mathrm{d}Q = \frac{1}{C}\int_0^Q Q\,\mathrm{d}Q = \frac{Q^2}{2C} = \frac{1}{2}CU^2. \tag{6.17}$$

6.2.6 Kugelkondensator, Coulomb'sches Gesetz. In einem Kugelkondensator nimmt die Dichte der elektrischen Feldlinien nach außen ab (s. Abb. 6.24). Ihre Flächendichte und damit die elektrische Verschiebung beträgt $D = Q/4\pi r^2$. Sie nimmt also umgekehrt mit dem Quadrat des Abstandes vom Kugelmittelpunkt ab, da die betreffende Kugeloberfläche die Größe $4\pi r^2$ hat. Q ist die Ladung auf der Innenkugel des Kondensators vom Radius r_0; $Q/4\pi r_0^2 = D_0$ ist dann die Flächenladungsdichte darauf bzw. die elektrische Verschiebung an der Kugeloberfläche.

Die elektrische Feldstärke im Kugelkondensator beträgt

$$E = \frac{D}{\varepsilon_0} = \frac{Q}{4\pi\varepsilon_0 r^2}. \tag{6.18a}$$

Bringt man in die Entfernung r eine kleine Probeladung Q_p, so wird auf sie die Kraft

$$F = Q_\mathrm{p}E = \frac{1}{4\pi\varepsilon_0}\frac{Q_\mathrm{p}Q}{r^2} \tag{6.18b}$$

ausgeübt. Diese Beziehung bezeichnet man als *Coulomb'sches Gesetz*. In ihm stehen die beiden Ladungen Q_p (Probeladung) und Q (felderzeugende Ladung) gleichberechtigt. Damit das Coulomb'sche Gesetz gilt, dürfen sie aber nicht beliebig ausgedehnt sein, sog. *Punktladungen*. Ohne jede zusätzliche Schwierigkeit kann das Coulomb'sche Gesetz für elektrisch geladene Elementarteilchen in der Atomphysik (Abschn. 8.3.1) angewendet werden, solange ihr Abstand groß gegen die Teilchenradien ist.

In dem älteren, auch heute in der theoretischen Physik noch viel gebrauchten *elektrostatischen Maßsystem* wurde $\varepsilon_0 = 1/4\pi$ gesetzt und mit der Krafteinheit 1 dyn $= 10^{-5}$ Newton und der Längeneinheit cm gearbeitet. Dann lässt sich aus dem Coulomb'schen Gesetz ganz formal eine elektrostatische Einheit (e.s.E.) für die Ladung ableiten. Es gilt 1 As $= 10^9$ e.s.E.

Wir betrachten jetzt eine kleine Metallkugel, die sich in großem Abstand von den Zimmerwänden befindet. Wird zwischen sie und die Erde durch Anschalten einer entsprechenden Spannungsquelle eine Spannung U gelegt, so fließt eine Ladung Q zu ihr hin. Die gleich große ungleichnamige Ladung $-Q$ geht an die Zimmerwände und den Fußboden, so dass die elektrischen Feldlinien wieder von positiven zu negativen Ladungen laufen. Die Feldliniendichte, d. h. die Feldstärke, erreicht aber nur in unmittelbarer Umgebung der Kugel höhere Werte, sodass die Gestalt der Raumwände im Einzelnen belanglos ist. Man spricht in diesem Sinne auch von der Kapazität „der Kugel" – gemeint ist Kugel gegen Erde –, die beträgt $C = Q/U = 4\pi\varepsilon_0 r_0$, wenn r_0 der Kugelradius ist.

Die Spannung eines Kugelkondensators lässt sich aus dem Feldverlauf durch Integration von der inneren Kugel mit dem Radius r_0 zur äußeren mit dem Radius r_a gewinnen:

$$U = \int_{r_0}^{r_\mathrm{a}} \frac{Q}{4\pi\varepsilon_0 r^2}\,\mathrm{d}r = \frac{Q}{4\pi\varepsilon_0}\left[\frac{1}{r_0} - \frac{1}{r_\mathrm{a}}\right]. \tag{6.18c}$$

Ist nun r_a sehr viel größer als r_0, so darf man diese Gleichung praktisch vereinfachen in $U = Q/4\pi\varepsilon_0 r_0$.

Interessant sind die Folgerungen aus diesen Überlegungen für die Ladungsverteilung

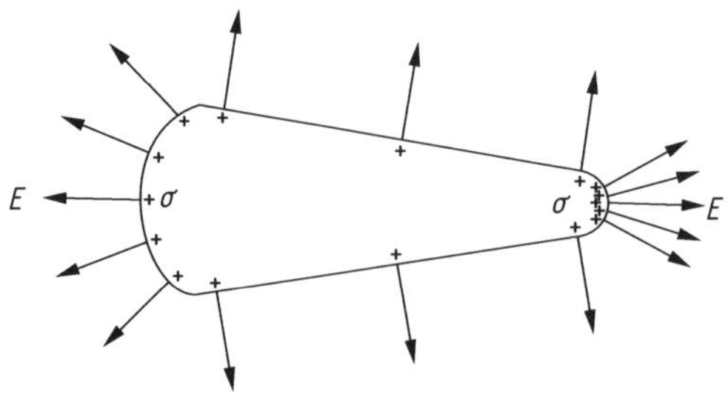

Abb. 6.30 Ladungsverteilung auf einem Leiter. Flächenladungsdichte σ und Feldstärke E an der Oberfläche wachsen mit der Krümmung

auf Metallkörpern beliebiger Gestalt. Ein solcher Körper möge zwei Halbkugeln von unterschiedlichen Radien enthalten (s. Abb. 6.30) und mit dem Pluspol einer Spannungsquelle verbunden werden, deren Minuspol geerdet ist, wie eben bei der Metallkugel. Die Oberfläche ist dann Äquipotentialfläche (Abschn. 6.2.3), d. h. die Spannung zwischen jedem Punkt auf ihr und der Erde ist gleich der der Spannungsquelle, und alle Feldlinien enden senkrecht auf dem Körper. Auf ihm ist die Flächenladungsdichte σ aber *ungleichmäßig*. Sie ist umso größer, je kleiner der Krümmungsradius ist. Deshalb ist auch die elektrische Feldstärke an den Teilen mit kleinem Krümmungsradius am größten. Übersteigt sie einen bestimmten Wert, dann wird die Luft leitend. So kommt es, dass Körper mit scharfen Kanten und Spitzen, die einige hundert Volt gegen Erde aufgeladen sind, ihre Ladung weitgehend verlieren, sog. *Spitzenwirkung*.

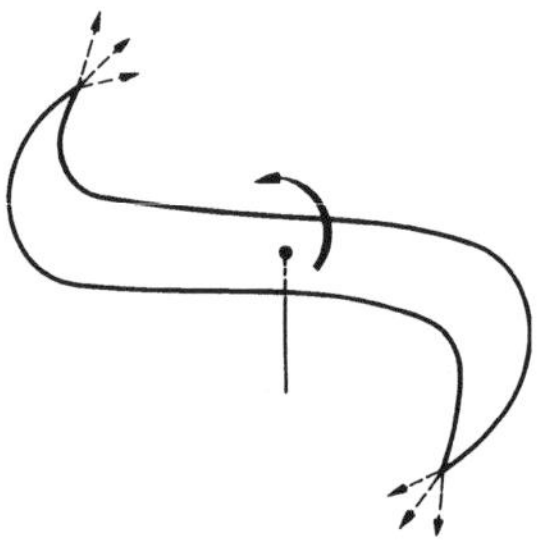

Abb. 6.31 Zur Spitzenentladung

Wenn man z. B. einen Körper mit zwei Spitzen (s. Abb. 6.31) drehbar auf dem einen Pol einer Hochspannungsmaschine lagert, während der andere Pol mit den Zimmerwänden verbunden ist, so gerät er in der eingezeichneten Richtung in Rotation. In dem hohen elektrischen Feld vor jeder Spitze bewegen sich Ladungen vornehmlich in der gestrichelt gezeichneten Richtung und erzeugen durch Mitnahme der Luftmoleküle wie beim Raketenmotor einen Rückstoß, s. auch Abschn. 6.5.6.

Diese Spitzenwirkung spielt eine wesentliche Rolle beim Blitzableiter. Die Luft wird in der Umgebung der Metallspitze leitend, sodass bei einer Entladung der Blitz den Weg über den Blitzableiter bevorzugt.

6.2.7 Elektrische Ladungen in der Materie.

Es ist zum schnelleren Verständnis zweckmäßig, bereits jetzt einige Erkenntnisse über den elektrischen Aufbau der Atome vorwegzunehmen, s. Abschn. 3.1.3 und 8.1.2. Jedes Atom enthält einen *Atomkern*, in dem der überwiegende Anteil der Masse des Atoms vereinigt ist und den eine Hülle von *Elektronen* umgibt. Das Elektron hat stets *eine negative elektrische Elementarladung*. Da das Atom nach außen neutral ist, muss der Betrag der positiven Kernladung entgegengesetzt gleich der Ladung aller äußeren Elektronen sein. Verliert ein Atom Elektronen oder nimmt es solche auf, so ist es positiv bzw. negativ geladen und wird als *Ion* bezeichnet. Das leichteste Ion, das Wasserstoff-Ion H^+, trägt *eine* positive Elementarladung. Elektrische Ladungen können also frei nur als Elektronen oder an wägbare Materie gebunden sowohl als positive wie negative Ionen auftreten.

Die Ladung eines Elektrons oder die elektrische Elementarladung beträgt

$$e = 1{,}6022 \cdot 10^{-19}\,\mathrm{C}.$$

Die Größe der Elementarladung kann z. B. aus den Gesetzen der Elektrolyse (Abschn. 6.3.3) ermittelt werden. Eine unmittelbare Messung ist auf folgende Weise möglich: In einen Kondensator mit horizontalen Platten bringt man durch Zerstäuben kleine Öltröpfchen und beobachtet diese von der Seite mithilfe eines Mikroskops. Ist kein elektrisches Feld vorhanden, sinken die Tröpfchen wegen der Reibung in der Luft mit konstanter Geschwindigkeit. Aus der Geschwindigkeit ergibt sich mithilfe des Stokes'schen Gesetzes (Abschn. 3.5.3) ihr Radius und daraus ihr Gewicht G. Lädt man nun die Teilchen durch Ionisieren der Luft mittels kurzwelligem Licht auf (Abschn. 6.5.1) und legt ein elektrisches Feld von solcher Größe und Richtung an, dass die elektrische Kraft EQ gerade das Gewicht G aufhebt, so bleibt das Tröpfchen schweben. Aus der Gleichung $G = QE$ kann man Q unmittelbar bestimmen. Zahlreiche Messungen haben ergeben, dass die Ladung der Tröpfchen immer ein ganzzahliges Vielfaches einer kleinsten Ladung e ist, die wir die *Elementarladung* nennen (Öltröpfchen-Methode von *Millikan*).

Für das elektrische Verhalten der Materie ist die *Beweglichkeit* ihrer Ladungsträger maßgebend. Nur solche Stoffe können als *elektrische Leiter*, z. B. beim Aufladen eines Kondensators zur Verbindung mit den Klemmen einer

Spannungsquelle, verwendet werden, in denen wenigstens ein Teil ihrer Ladungsträger sich über Strecken groß gegen den Atomabstand bewegen kann.

Ein Körper ist ein umso besserer Leiter, je größer die Zahl der in ihm enthaltenen beweglichen Ladungsträger ist und je leichter diese beweglich sind. Die metallische Leitung wird ausschließlich von *Elektronen* besorgt, die im Metalle, ähnlich wie die Atome in einem Gase, frei beweglich sind (Abschn. 6.3.5). Laden wir ein Metall positiv auf, so heißt das, dass wir ihm Elektronen entziehen.

Als *Nichtleiter* oder *Isolatoren* bezeichnen wir Stoffe wie Quarz, Glimmer, Bernstein, Polystyrol, Polyäthylen, Bakelit und Seide; auch Glas ist bei nicht so hohen Temperaturen ein Isolator. In ihnen sind die Ladungsträger, meist Ionen, an feste Plätze, z. B. an die Gleichgewichtslagen eines Kristallgitters gebunden. Einen vollkommen isolierenden Körper gibt es genau so wenig wie einen ideal starren Körper. Nur das *Vakuum* wäre ein *idealer* Isolator. Außerdem hängen häufig die isolierenden Eigenschaften von Festkörpern sehr stark von der Beschaffenheit ihrer Oberfläche ab; ist diese feucht, so kann die Leitung beträchtlich werden.

6.2.8 Materie im elektrischen Felde, dielektrische Eigenschaften der Moleküle.

Wir laden einen mit einem Elektrometer verbundenen Plattenkondensator auf die Spannung U_0 auf und schalten die Spannungsquelle ab (s. auch Abb. 6.19). Füllen wir nun den Zwischenraum zwischen den Metallplatten mit einem isolierenden Stoff (Glas, Hartgummi, Polystyrol) aus, so beobachten wir, dass die Spannung auf einen kleineren Wert U sinkt. Da die Ladung auf den Kondensatorplatten unverändert geblieben ist, muss offenbar durch die isolierende Zwischenschicht die Kapazität $C = Q/U$ gegenüber der Kapazität des Kondensators in Luft $C_0 = Q/U_0$ vergrößert worden sein, und zwar um den Faktor $\varepsilon = U_0/U$. Laden wir umgekehrt den Kondensator bei eingeschobener Zwischenschicht, so steigt bei ihrer Entfernung die Spannung auf das ε-fache. Weitere Versuche ergeben, dass ε eine für die isolierende Zwischenschicht, das *Dielektrikum*, charakteristische *Materialkonstante* ist, die wir als *Dielektrizitätszahl* bezeichnen. Sie gibt also das Verhältnis der Kapazität eines Kondensators nach Einbringen des Dielektrikums zu seiner Kapazität im Vakuum an. Die Dielektrizitätszahlen einiger Stoffe sind in Tabelle 6.2 zusammengestellt. Bei Einkristallen hängen sie meist von der Feldrichtung ab und sind dann parallel (‖) und senkrecht (⊥) zur Kristallachse verschieden. Derartige Kristalle sind dielektrisch *anisotrop*.

Tabelle 6.2 Dielektrizitätszahl einiger Stoffe bei 18 °C

Flintglas	8,3	Wasser	81,6
Kronglas	6,2	Ethanol	25,1
Quarz ‖	5,06	Diethylether	4,4
⊥	4,69	Benzol	2,24
Quarzglas	3,5	Hexan	1,88
Polystyrol	2,5	Luft (1 bar)	1,000546

Die Kapazitätsvergrößerung eines Kondensators beruht auf der sog. *Polarisation* des *Dielektrikums*. In einem Isolator sind die Ladungsträger zwar nicht frei beweglich, wohl aber können innerhalb eines jeden Moleküls die positiven und negativen Ladungen durch ein äußeres elektrisches Feld gegeneinander *verschoben* werden. – Ein Gebilde, das an den Enden zwei gleich große Ladungen mit entgegengesetztem Vorzeichen trägt, wird als *elektrischer Dipol* bezeichnet. Er wird quantitativ durch sein *Dipolmoment* oder *elektrisches Moment* $\mu_e = el$ charakterisiert, welches das Produkt aus Ladung e und Abstand l ist. Aber nicht nur das Einzelmolekül, sondern die ganze Materie im geladenen Kondensator besitzt ein Dipolmoment, zu dessen Berechnung man die molekularen Momente einfach addieren muss. Das Dipolmoment der Volumeneinheit nennt man *elektrische Polarisation* P_e, die in der SI-Einheit As/m^2 angegeben wird (einmal mit m gekürzt). Für sie gilt die Beziehung

$$P_e = \varepsilon_0(\varepsilon - 1)E\,. \tag{6.19}$$

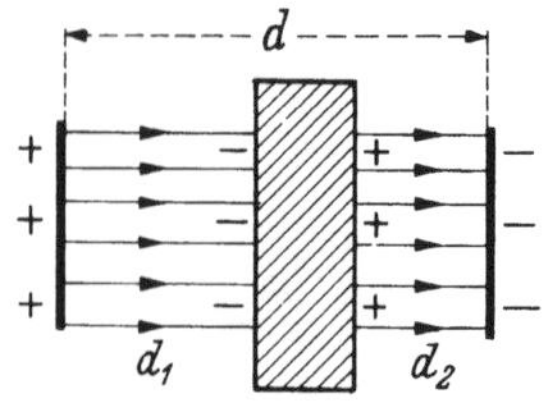

Abb. 6.32 Einfluss eines Metallkörpers auf die Kapazität eines Kondensators

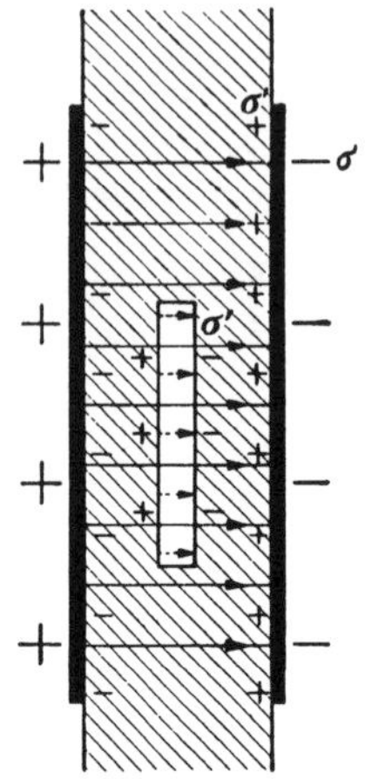

Abb. 6.33 Zur Feldstärke und elektrischen Verschiebung in einem materiegefüllten Kondensator, innen mit Vakuumspalt

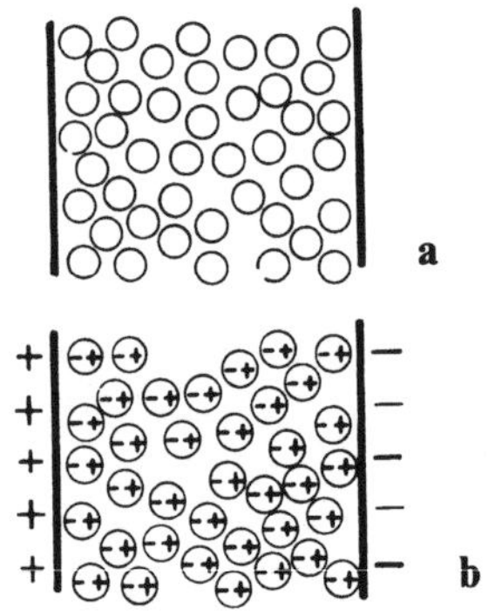

Abb. 6.34a,b Polarisation eines Dielektrikums durch die influenzierten elektrischen Dipole in den Molekülen. Moleküle ohne äußeres Feld (**a**). Moleküle bei angelegtem Feld (**b**)

Um den Zusammenhang von Polarisation und Dielektrizitätszahl zu begründen, betrachten wir zunächst eine großflächige, dicke *Metallplatte*, die isoliert in das Feld eines Plattenkondensators geschoben wird. Während des ganzen Versuches sollen die Ladungen auf den Kondensatorplatten wieder unverändert bleiben. Im Innern der eingeschobenen Platte befindet sich kein elektrisches Feld, vgl. Käfigschutz Abschn. 6.2.4. Das Feld außerhalb der Platte bleibt unverändert, s. Abb. 6.32. Daher ist die Spannung am leeren Kondensator $U_0 = Ed$ und mit Platte $U = E(d_1 + d_2)$. Es werden also durch die leitende Platte die Feldlinien verkürzt und damit die Spannung verkleinert, bzw. die Kapazität $C = Q/U$ erhöht. Bei einem Metall ist die Polarisation maximal. Die Flächendichte der auf ihm influenzierten Ladungen ist genau so groß wie auf den Kondensatorplatten.

In einem *Isolator* ist dagegen die Polarisation wegen der begrenzten Verschiebbarkeit der Ladungen geringer. Auf der Oberfläche des *Dielektrikums*, die an eine Kondensatorplatte grenzt, sitzt dann die Flächenladungsdichte $\sigma' = P_e$, die kleiner als σ auf der Platte ist, vgl. Abb. 6.33. Nur noch der Betrag $\sigma - \sigma'$ ist für die elektrische Feldstärke E maßgebend, d. h. die Gesamtspannung sinkt. Wie im ersten Versuch dieses Abschnitts beobachtet, sinkt die Spannung von U_0 auf U. Dabei gelten die Beziehungen $U/U_0 = (\sigma - \sigma')/\sigma = 1/\varepsilon$, was aufgelöst ergibt $\sigma' = (\varepsilon - 1)\sigma/\varepsilon = P_e$. Mit $\sigma = D = \varepsilon\varepsilon_0 E$ führt das auf (6.19).

Die Polarisation eines Dielektrikums kann von der *molekularen Struktur* her zwei Ursachen haben.

1) Ohne Feld fallen die Schwerpunkte von positiver und negativer Ladung, z. B. im Benzol-Molekül, zusammen (vgl. Abb. 6.34a). Infolge der elektrischen Kräfte im äußeren Felde rücken sie aber so weit auseinander, bis diesen Kräften das Gleichgewicht gehalten wird durch rücktreibende Kräfte innerhalb des Moleküls, vgl. Abb. 6.34b. Jedes Molekül hat danach ein *induziertes* elektrisches Moment μ_{e1}, dessen Größe proportional der Stärke des äußeren Feldes ist, für das also gilt

$$\mu_{e1} = \alpha E\,. \tag{6.20a}$$

α nennt man die *Polarisierbarkeit* des betreffenden Moleküls. Beim Abschalten des äußeren Feldes verschwinden diese Momente.

2) Eine zusätzliche Polarisation des Dielektrikums tritt auf, wenn die Moleküle von vornherein eine unsymmetrische Ladungsverteilung haben, also ein *permanentes* elektrisches Moment besitzen. Solche Moleküle, zu denen z. B. Wasser und Alkohole gehören, werden

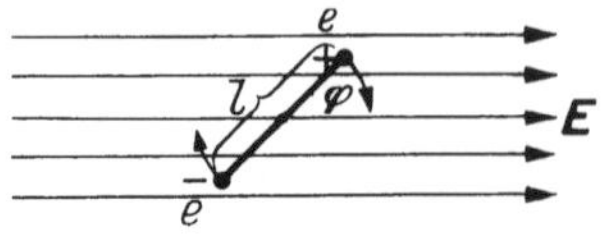

Abb. 6.35 Drehmoment (Kräftepaar) auf einen Dipol im elektrischen Felde

als *Dipolmoleküle* bezeichnet. Ohne äußeres Feld sind diese Dipole wegen der Wärmebewegung (Abschn. 5.3) im Dielektrikum völlig ungeordnet. Ein eingeschaltetes äußeres Feld E übt aber auf jeden permanenten Dipol mit dem Moment μ_e das Drehmoment

$$M = \mu_e E \sin\varphi \tag{6.21}$$

aus, wenn Moment und Feldstärke den Winkel φ einschließen, vgl. Abb. 6.35. Es versucht ihn in die Feldrichtung zu drehen.

Zur Erklärung des Drehmomentes gehen wir davon aus, dass die beiden Ladungen eines Dipols μ_e in einem elektrischen Felde E einzeln entgegengesetzt gerichtete, dem Betrage nach gleiche Kräfte eE erfahren. Durch dieses Kräftepaar (Abschn. 2.5.3) entsteht das Drehmoment $M = elE \sin\varphi = \mu_e E \sin\varphi$. Ebenso wie die Kraft auf die Probeladung e ist auch das Drehmoment auf den Probedipol μ_e ein Maß für die elektrische Feldstärke.

Infolge der Wärmebewegung der Moleküle (Abschn. 5.3) ist die Einstellung der permanenten Dipole in die Feldrichtung aber nur sehr unvollständig, s. Abb. 6.36. Das wirkt sich so aus, dass von jedem Dipolmolekül im *statistischen Mittel* nur eine sehr kleine Momentkomponente μ_{e2} in Richtung des wirksamen elektrischen Feldes E zeigt. Ihr Betrag errechnet sich zu

$$\mu_{e2} = \frac{\mu_e^2}{3kT} E\,, \tag{6.20b}$$

mit der Temperatur T und der Boltzmann-Konstanten k (Abschn. 5.3.1). μ_{e2} nimmt mit steigender Temperatur entsprechend $1/T$ ab (Curie'sches Gesetz) und wächst linear mit der elektrischen Feldstärke E an, worin das Gegenspiel von thermischer, molekularer Rotationsbewegung und richtendem elektrischen Drehmoment auf die permanenten molekularen Dipole zum Ausdruck kommt.

Multipliziert man $\mu_{e1} + \mu_{e2}$ mit der Zahl der Moleküle in der Volumeneinheit $N_A\varrho/M$, so ergibt sich die elektrische Polarisation P_e. Wegen der sehr geringen Dichte ϱ wird die Polarisation von Luft unter Normalbedingungen so klein, dass sie praktisch die Dielektrizitätszahl 1 besitzt.

Um auch die elektrische Verschiebung D zu betrachten, denken wir uns im Dielektrikum einen von Materie freien Spalt. An seiner Oberfläche treten im Dielektrikum ebenfalls Ladungen der Dichte σ' auf, vgl. Abb. 6.33. Den Hohlraum durchsetzen also sowohl die von diesen Ladungen stammenden, gestrichelt gezeichneten Feldlinien wie auch die von den Kondensatorplatten herrührenden, ausgezogen gezeichneten Feldlinien. Die Feldliniendichte ist durch $\sigma' + (\sigma - \sigma')$, d. h. durch die unveränderte Dichte σ auf den Platten bestimmt. Würden wir in unseren Spalt ein Doppelplättchen einführen, so wäre die erzeugte Influenzladungsdichte, die elektrische Verschiebung D, dieselbe wie im materiefreien Kondensator.

Im Vakuum sind D und E durch die Beziehung $D = \varepsilon_0 E$ verknüpft (Abschn. 6.2.5). Im materieerfüllten Raume bleibt bei konstant gehaltener Ladung des Kondensators zwar D konstant, aber die Feldstärke sinkt um den Faktor $1/\varepsilon$. Es gilt daher zwischen D und E die allgemeinere Beziehung

$$D = \varepsilon_0 E + P_e = \varepsilon\varepsilon_0 E\,. \qquad (6.22)$$

Aus der Ableitung des Coulomb'schen Gesetzes in Abschn. 6.2.6 folgt dann sinngemäß, dass sich zwei geladene Kugeln (Ladungen Q_1 und Q_2) in Öl der Dielektrizitätskonstanten ε nur anziehen mit der Kraft

$$F = \frac{1}{4\pi\varepsilon\varepsilon_0}\frac{Q_1 Q_2}{r^2}\,. \qquad (6.23)$$

Ferroelektrika. In Analogie zu den ferromagnetischen Eigenschaften z. B. von Eisen (Abschn. 6.6.9) stehen die von Kristallen, die Gebiete oder Domänen mit einer sog. *spontanen elektrischen Polarisation* besitzen. Diese rührt von einer unsymmetrischen Ladungsverteilung her, die durch eine besondere Anordnung der Ionen im Kristallgitter verursacht wird. Ein äußeres elektrisches Feld kann Ionen umlagern und dadurch die einzelnen Domänen mit ihrer Polarisation ausrichten, sodass der ganze Kristall makroskopisch eine sehr hohe Polarisation erhält. Ein derartiges polykristallines Material, z. B. Bariumtitanat, in einen Kondensator gebracht, gibt ihm eine besonders hohe Kapazität.

Ein *permanenter Elektret*, wie er dem permanenten Magneten entspricht, lässt sich zwar durch Ordnung der Domänen in sehr starken elektrischen Feldern herstellen. Er verliert aber in kurzer Zeit sein Dipolmoment, da positive bzw. negative elektrische Ladungsträger aus der Umgebung die Ladungen der Pole neutralisieren, sodass er keine besondere praktische Bedeutung hat.

Piezoelektrischer Effekt. In manchen Kristallen, wie z. B. in Quarz, verschieben sich bei Dehnung durch eine Zugkraft die Ionen des Kristallgitters so gegeneinander, dass an der Oberfläche Ladungen auftreten. Der Kristall ist im Ganzen elektrisch polarisiert. Bei einer Kompression wechseln die Ladungen das Vorzeichen. Legt man umgekehrt an eine passend geschnittene Quarzplatte eine Spannung an, so wird diese je nach der Feldrichtung gedehnt oder verkürzt *(Elektrostriktion)*. Ein elektrisches Wechselfeld, dessen Frequenz mit einer der mechanischen Eigenschwingungen der Platte übereinstimmt (Resonanzfall, Abschn. 4.1.3), regt diese zu kräftigen Längsschwingungen an. Ein solcher *Schwingquarz* stellt einen Sender für Ultraschallwellen dar (Abschn. 4.3.4), auch wird er in der Hochfrequenztechnik zur *Frequenzstabilisation* benutzt, Quarzuhren. Piezoelektrische Kristalle dienen als elektrische Tonabnehmer in Plattenspielern.

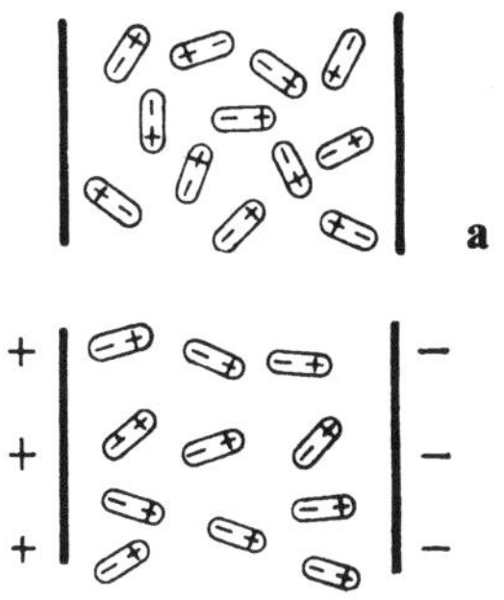

Abb. 6.36a,b Zur Polarisation eines Dielektrikums durch die Orientierung von Dipolmolekülen, **a** ohne, **b** mit äußerem Feld

Aufgaben

6.2.1 In einem Plattenkondensator (anliegende Spannung 25 kV, Plattenabstand 5 cm) hängt ein Kügelchen der Masse 2 g mit der Ladung 0,03 µC. Welche Kraft wirkt auf es? Welche kinetische Energie gewinnt das Kügelchen, wenn es von einer zur anderen Platte fliegt? Mit welcher Geschwindigkeit trifft es auf, wenn es ausschließlich diese kinetische Energie hat?

6.2.2 Der Influenzversuch von Abb. 6.21a wird im Plattenkondensator von Aufgabe 6.2.1 mit einem Doppelplättchen von 250 cm^2 Fläche durchgeführt. Wie groß ist die Ladung Q_1 eines Plättchens? In einem zweiten Versuch wird das Doppelplättchen vor dem Auseinanderziehen gekippt, sodass es mit den Kondensatorplatten einen Winkel von 30° bildet. Wie groß ist jetzt die Ladung Q_2 eines Plättchens?

6.2.3 Wie verlaufen die Äquipotentialflächen im Kugelkondensator von Abb. 6.24?

6.2.4 Ein Kondensator von 2 µF ist mit 220 V aufgeladen und von der Spannungsquelle getrennt worden. Ihm wird ein ungeladener zweiter Kondensator von 0,5 µF parallel geschaltet. Wie groß ist danach die Spannung?

6.2.5 Die beiden Kondensatoren von Aufgabe 6.2.4 sind völlig entladen (Erdpotential). Sie werden in Serie geschaltet an eine Spannungsquelle von 220 V gelegt. Wie groß ist die Ladung der einzelnen Platten? Welche Spannung U_2 liegt am 0,5 μF-Kondensator?

6.2.6 Eine Metallkugel von 10 cm Radius, weit entfernt von Erde und Raumwänden, hat eine Ladung von 2 μC. Wie groß ist ihr Potential (Spannung gegen Erde)? Welche elektrische Energie ist gespeichert?

6.2.7 Wie groß ist die Anziehungskraft von Proton und Elektron im Abstand $5{,}2 \cdot 10^{-11}$ m (sog. Bohr'scher Radius)? Man vergleiche damit die Anziehungskraft durch Gravitation (Abschn. 2.7.1).

6.2.8 Auch zwischen zwei Punkten im Inneren eines Kondensators, die nicht auf den Platten liegen, besteht eine Spannung. Wenn man an sie einen Stromkreis mit zwei Zuführungsdrähten zu einem Verbraucher anschließt, wird Letzterem aber keine nennenswerte Energie zugeführt. Weshalb nicht?

6.3 Elektrische Leitungsvorgänge in Flüssigkeiten und Festkörpern

6.3.1 Elektrische Energie und Stromwärme. Um einen Kondensator zu laden, müssen wir Arbeit aufwenden (Abschn. 6.2.5). Ihr Gegenwert wird als *elektrische Energie* im Kondensator gespeichert. Lassen wir es zu einem Ladungsausgleich kommen, so wird diese Energie wieder frei. Der Ladungsausgleich kann auf verschiedene Weise stattfinden, etwa derart, dass die Ladungsträger von der einen Platte zur anderen ohne Reibung durch das Vakuum (z. B. Glühelektroden im Vakuum, s. Abschn. 6.5.2) herübergezogen werden, also im elektrischen Felde die Spannung U frei durchlaufen und dabei kinetische Energie aufnehmen. Dieser Vorgang entspricht der Umwandlung der potentiellen Energie von gestautem Wasser in kinetische Energie des strömenden Wassers.

Erfolgt der Ladungsausgleich durch einen Metalldraht, so können die Elektronen die Spannung U nicht frei durchlaufen. Sie erfahren vielmehr durch das Gitter der Ionen eine solche *Bremsung*, dass sie mit konstanter Driftgeschwindigkeit (Abschn. 6.3.5) durch den Draht wandern. Infolge dieser Reibung wird die gesamte aufgespeicherte elektrische Energie nicht in kinetische Energie der Elektronen, sondern in *Wärme*, sog. *Joule'sche Wärme*, umgewandelt.

Beim Entladen eines Kondensators entsteht nur ein kurzzeitiger Stromstoß, durch den die begrenzte, in ihm gespeicherte elektrische Energie im angeschalteten Widerstand in Wärme umgesetzt wird. Die Spannung bricht dabei zusammen. Für einen *Dauerstrom* benötigt man eine Stromquelle mit *zeitlich konstanter* Spannung U. Wir können die dann in einem Leiter (Metall oder Elektrolyt, s. Abschn. 6.3.2) entwickelte Wärme leicht angeben. Fließt t Sekunden ein konstanter Strom der Stärke I, so ist die Elektrizitätsmenge $Q = It$ übergegangen und zwar von einer Klemme zur anderen, zwischen denen die Spannung U herrscht. Die dabei an der Ladung Q geleistete Arbeit, die Stromarbeit W, beträgt dann (Abschn. 6.2.3)

$$W = QU = UIt\,. \qquad (6.24)$$

Die *Stromarbeit pro Sekunde* oder die *Stromleistung* P ist daher

$$P = UI\,. \qquad (6.25)$$

Die Stromarbeit UIt kann je nach den Umständen in die verschiedensten Energieformen umgewandelt werden, z. B. in kinetische Energie der Ladungsträger (Kathodenstrahlen, Abschn. 6.5.4), in chemische Energie (Aufladen einer Batterie, Abschn. 6.4.3), in mechanische Energie (Antrieb eines Motors, Abschn. 6.7.4) oder schließlich in Wärme.

Es ist zweckmäßig, wenn die elektrische Arbeit in derselben Einheit gemessen wird wie die ihr „wesensgleiche" mechanische Arbeit. Deshalb sind die Einheiten für Stromstärke Ampere (A) und Spannung Volt V) so gewählt worden, dass gilt: Voltamperesekunde = Wattsekunde = Joule = Newtonmeter (Abschn. 2.3.5) oder mit den Einheitenzeichen

$$\mathrm{VAs} = \mathrm{Ws} = \mathrm{J} = \mathrm{Nm}\,.$$

Daneben benutzt man in der Technik die größere Einheit:

$$1 \text{ Kilowattstunde (kWh)} = 1000 \cdot 60 \cdot 60 \, \text{Ws} = 3{,}6 \cdot 10^6 \, \text{Ws}.$$

Das *Ampere* wird unabhängig als *Basiseinheit* durch die magnetische Wechselwirkung zweier Ströme festgelegt (Abschn. 6.6.3.4). Das Volt ist dann eine *abgeleitete* Einheit, die von der obigen Beziehung $U = P/I$ ausgeht: Die Spannung von 1 Volt liegt an den Enden eines Metalldrahtes, wenn ihn ein Strom von 1 A durchfließt und dabei die Leistung 1 W umgesetzt wird.

Die in einem Leiter vom Widerstand R sekundlich entwickelte sog. *Joule'sche Wärme* können wir, da nach dem Ohm'schen Gesetz $U = IR$ ist, auch durch

$$P = U^2/R = I^2 R \qquad (6.26)$$

ausdrücken. Die Stromwärme ist also dem Quadrat der Stromstärke und dem Widerstand direkt proportional. In der Praxis wird für ein elektrisches Gerät immer neben der Sollbetriebsspannung die dabei aufgenommene Leistung angegeben, weil nur diese Daten für den Benutzer von Interesse sind. Bei einer anderen Betriebsspannung nimmt das Gerät natürlich nicht dieselbe Leistung auf. Diese sinkt wegen des quadratischen Zusammenhangs z. B. für halbe Spannung auf ein Viertel. Das gilt, wenn der Widerstand R des Gerätes sich dabei nicht verändert, wie z. B. bei der Glühlampe durch unterschiedliche Temperaturerhöhung (Abschn. 6.3.5).

Glühlampen enthalten feine Drähte aus Wolfram, die durch den Strom zur Weißglut erhitzt werden. Die Drähte nehmen eine solche Temperatur an, dass die zugeführte elektrische Energie gerade die durch Strahlung, Leitung und Konvektion abgegebene Wärmemenge deckt (Abschn. 5.5). Die Lebensdauer der Lampen ist vor allem durch die bei hohen Temperaturen merkliche Verdampfung der Metallfäden begrenzt.

Ferner benutzt man die Stromwärme im täglichen Leben bekanntlich zum Heizen und Kochen und in Wissenschaft und Technik für *elektrische Öfen*, vom kleinen Laboratoriumsofen bis zu den riesigen Schmelzöfen der Technik für die elektrothermische Erzeugung von Aluminium, Elektronmetall, Elektrostahl sowie zum Elektroschweißen.

Im *Hitzdrahtinstrument* wird die Ausdehnung eines Drahtes infolge der Wärmewirkung des durchfließenden Stromes beobachtet und zur Messung der Stromstärke benutzt. Der Ausschlag des Instrumentes ist von der Stromrichtung unabhängig und steigt bei kleinen Strömen mit dem Quadrat der Stromstärke an. – Eingeschaltete *Schmelzsicherungen* nützen ebenfalls die Stromwärme aus, um die Leitungen vor Überhitzung durch zu hohe Ströme zu schützen.

6.3.2 Elektrolytische Dissoziation, Ionenleitung.

Jede Elektrizitätsleitung beruht auf der Wanderung von Ladungsträgern im elektrischen Feld (Abschn. 6.2.7). *Elektrische Leiter* sind Stoffe, die frei bewegliche elektrische Ladungen enthalten, im Ganzen aber elektrisch neutral sein können. In *Flüssigkeiten* sind mit Ausnahme flüssiger Metalle die *Ladungsträger Ionen*, d. h. geladene Atome und Atomgruppen. Das ergibt sich aus folgendem Versuch.

Wir hängen in ein mit destilliertem Wasser gefülltes Gefäß zwei Metallplatten, die sog. *Elektroden*, und schalten eine Spannungsquelle mit einigen Volt an, s. Abb. 6.37. Ein eingeschalteter Strommesser zeigt einen ganz schwachen Strom an, d. h. reines Wasser ist ein sehr schlechter Leiter. Setzen wir etwas Salz oder eine Säure zu, steigt der Strom um Größenordnungen, die Flüssigkeit ist gut leitend geworden. Speziell mit einer wässrigen Lösung von Kupferchlorid kann man an der negativen Elektrode zusätzlich die Abscheidung von Kupfer und an der positiven Elektrode die von Chlor beobachten. Besser benutzen wir für die positive Elektrode einen Kohlestab, an dem das Chlor, ohne mit dem Material der Elektrode chemisch zu reagieren, in Blasen aufsteigt. Das Kupfer erkennen wir an der Farbe seines Niederschlags an der anderen Elektrode. Die positive Elektrode bezeichnet man als *Anode A*, die negative als *Kathode K*. Ganz allgemein zeigt sich, dass bei der Lösung von Salzen, Säuren oder Ba-

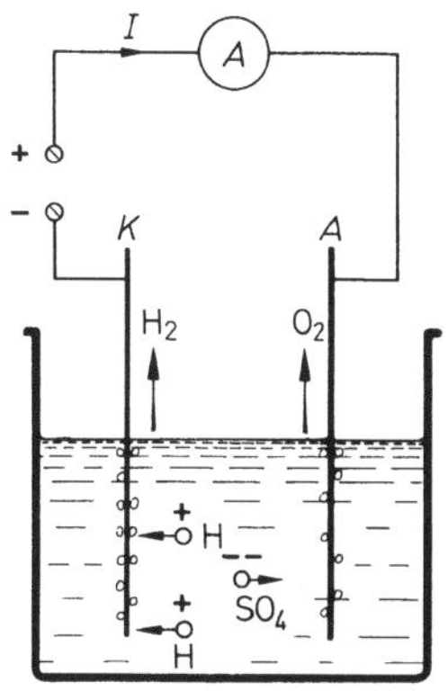

Abb. 6.37 Elektrolytische Leitung von verdünnter Schwefelsäure, Wasserzusetzung

sen die *Atome* der *Metalle* und des *Wasserstoffes* zur *Kathode* wandern, also positiv geladene Ionen, sog. *Kationen*, bilden, während die *Säurereste* und die OH-*Gruppe* zur *Anode* gehen, also negative Ionen, sog. Anionen, bilden. Die Leitfähigkeit einer wässrigen Lösung beruht also darauf, dass der in Lösung gebrachte elektrisch neutrale Stoff in positive und negative Ionen zerfällt. Diesen *Zerfall* in *Ionen* bezeichnet man als *elektrolytische Dissoziation*, die dadurch leitend gewordene Flüssigkeit als *Elektrolyt*, die Elektrizitätsleitung als *elektrolytische Leitung* und die damit verbundenen Vorgänge als *Elektrolyse*.

Der Zerfall eines Teiles der Moleküle des gelösten Stoffes in seine Ionen erfolgt nicht erst beim Anlegen von Spannung, sondern sofort beim Lösen. Kochsalz ist also in wässriger Lösung nicht in Form von NaCl-Molekülen, sondern in Form von Na^+- und Cl^--Ionen vorhanden. Die Zahl der gebildeten Ionen wird z. B. aus der Gefrierpunktserniedrigung nach dem Raoult'schen Gesetz bestimmt (Abschn. 5.4.2).

Die sehr schwache Leitfähigkeit von reinstem Wasser beruht ebenfalls auf einer Ionenleitung, weil ein allerdings nur sehr kleiner Bruchteil der H_2O-Moleküle in H^+- und OH^--Ionen zerfallen ist. So sind in einem Liter Wasser 10^{-7} mol oder $1{,}8 \cdot 10^{-6}$ g Wasser dissoziiert. Gewöhnliches destilliertes Wasser besitzt eine höhere Leitfähigkeit, die auf der Dissoziation von Verunreinigungen beruht.

Auch geschmolzene Salze und Gläser zeigen eine mit der Temperatur sehr schnell ansteigende Ionenleitung.

Bei der elektrolytischen Leitung muss man zwischen den wandernden Ionen und den an den Elektroden abgeschiedenen *Reaktionsprodukten* unterscheiden. Betrachten wir eine verdünnte Lösung von Schwefelsäure, so zerfällt jedes Molekül derselben in 2 H^+-Ionen und in 1 SO_4^{--}-Ion. Die H-Ionen wandern zur Kathode und vereinigen sich dort nach der Entladung zu H_2, das in Form von Blasen aufsteigt. Die entladenen SO_4-Teilchen reagieren an der Anode mit Wasser, wobei Schwefelsäure nachgebildet wird und Sauerstoff in Blasen aufsteigt, s. Abb. 6.37. Bei diesem Vorgang bleibt also die Schwefelsäure erhalten, und es wird lediglich Wasser zersetzt.

Fließt ein *elektrischer Strom* durch den *menschlichen Körper*, so werden ebenfalls Ionen bewegt. Das führt zu einer Reizung der Nerven und dann zu Schädigungen, deren Ausmaß nicht, nur von der Stromstärke allein (besser der örtlichen Stromdichte), sondern auch von ihrem zeitlichen Verlauf abhängt. Ströme unter 10 mA rufen im Körper keine störenden Wirkungen hervor. – Die physiologische Wirkung, die Stärke eines elektrischen Schlages, hängt also nicht unmittelbar von der Spannung, die am Körper liegt, sondern von der Stromstärke ab, wird also wesentlich vom Widerstand bestimmt, vor allem von den Übergangswiderständen an der Körperoberfläche. Große Kontaktflächen, Feuchtigkeit und Schweiß setzen den Widerstand herab, sodass schon bei Spannungen unter 100 Volt gefährlich hohe Ströme auftreten können.

Bei Wechselströmen steigt die *Reizschwelle*, d. h. die Stromstärke, für die erstmalig eine Wirkung erkennbar wird, mit der Frequenz. Der Strom fließt bei hohen Frequenzen so kurze Zeit in derselben Richtung, dass die Ionen nur Schwingungen sehr kleiner Amplitude ausführen. Man kann daher ab Frequenzen von einigen MHz Ströme von mehreren Ampere durch den Körper schicken, ohne dass eine Schädigung eintritt (Abschn. 6.8.2). Auf dieser Möglichkeit, auch im Körperinnern kräftige Erwärmungen zu erzeugen, beruht die *Diathermie* mit Hochfrequenzströmen, Näheres in Abschn. 6.8.6.

Die schädigende Wirkung des elektrischen Stromes hängt mit der Änderung der Ionenkonzentration in den Zellen zusammen, die eine Folge der Wanderung der Ionen beim Stromdurchgang ist. Dieser Konzentrationsänderung wirkt die Diffusion (Temperaturbewegung der Ionen und Moleküle, die jede Konzentrationsänderung rückgängig zu machen sucht, vgl. Abschn. 5.3.5) entgegen. Erst wenn sie eine bestimmte Größe erreicht, tritt eine Reizung der Nerven ein. Eine transportierte Elektrizitätsmenge Q ruft eine umso größere Konzentrationsänderung hervor, je kürzer der Stromstoß ist und je schneller er ansteigt. Daher hängt die Wirkung des elektrischen Stromes nicht nur von seiner Größe, sondern auch von seinem zeitlichen Verlauf ab.

Hiervon macht die *Reizstromtherapie* Gebrauch, die man in der Medizin bei Muskellähmungen anwendet.

6.3.3 Faraday'sche Gesetze der Elektrolyse. Wir kommen jetzt zur Beantwortung der Frage nach dem Zusammenhang zwischen der transportierten Elektrizitätsmenge und der Menge der abgeschiedenen Stoffe. Das Beobachtungsmaterial an Elektrolyten lässt sich in den *Faraday'schen Gesetzen* folgendermaßen zusammenfassen:

I. *Die aus einem Elektrolyten an den Elektroden abgeschiedenen Stoffmengen sind der hindurchgegangenen Elektrizitätsmenge oder Ladung proportional.*

II. *Gleiche Elektrizitätsmengen scheiden auch in verschiedenen Elektrolyten chemisch äquivalente Mengen ab.*

Der durch die Faraday'schen Gesetze beschriebene Zusammenhang zwischen der elektrischen Stromstärke und der Stromstärke der abgeschiedenen Materie, die einander proportional sind, gibt die Möglichkeit, *elektrische Strommesser* zu eichen. Die abgeschiedene Materialmenge lässt sich nämlich unmittelbar messen. Der Strom von 1 A scheidet in 1 Sekunde 1,1180 mg Silber aus einer Silbernitratlösung ab. Auf die gesetzliche Definition der Basiseinheit Ampere gehen wir in Abschn. 6.6.3 ein.

Um auf diese Weise einen Strommesser zu eichen, schickt man durch einen mit wässriger Silbernitratlösung gefüllten Platintiegel mit Platinkathode und Silberanode, ein sog. *Silbervoltameter*, einen Strom der unbekannten Stärke I eine Zeit t hindurch. Die Gewichtszunahme der Kathode ergibt dann die abgeschiedene Silbermasse m und damit auch die Stromstärke $I = m/1,1180\,t$, wenn m in mg gemessen worden ist. Den zu eichenden Strommesser durchfließt dieselbe Stromstärke, wenn er in den Stromkreis mit eingeschaltet wird.

Das II. Faraday'sche Gesetz sagt aus, dass von jeder Äquivalentmenge – das ist die Stoffmenge n in mol dividiert durch die chemische Wertigkeit z (Abschn. 3.1.2) – die gleiche Ladung transportiert wird. Ein Mol *ein*wertiger Ionen transportiert oder enthält also stets die gleiche elektrische Ladung, als *Faraday'sche Konstante F* bezeichnet, gleichgültig, um welche chemische Substanz es sich handelt. $F = QM/m = Q/n$ ist eine universelle Konstante. Nach obigen Angaben für das einwertige Silber mit der rel. Atommasse $M = 107{,}87$ ergibt sich dabei der Wert $F = 96\,485\,\mathrm{C/mol}$. Allgemein wird also von 1 mol die Ladung $z \cdot F$ transportiert.

Die Faraday'schen Gesetze können wir so deuten: Die in jedem Mol vorhandene Zahl von Molekülen oder Ionen ist durch die *Avogadro'sche Konstante* $N_\mathrm{A} = 6{,}023 \cdot 10^{23}\,/\mathrm{mol}$ bestimmt (Abschnitt 3.1.2). Daher entfällt auf jedes Ion die Ladung $zF/N_\mathrm{A} = z \cdot 1{,}602 \cdot 10^{-19}\,\mathrm{C} = z \cdot e$. Wir ziehen daraus den Schluss, dass aus jedem einwertigen Atom sich ein Ion mit der Ladung e bildet, während ein zweiwertiges Ion, wie Ca^{++} oder SO_4^{--}, die doppelte Ladung transportiert. Hier stoßen wir also wieder auf die atomistische Struktur der Elektrizitätsmenge, auf die *elektrische Elementarladung e*. Für sie finden wir denselben Wert, wie ihn die in Abschn. 6.2.7 besprochene unmittelbare Messung der Ladung einzelner Tröpfchen ergibt. Es ist die Ladung des Elektrons, dessen Austausch zur Bildung von Ionen führt.

6.3.4 Ionenwanderung und Ohm'sches Gesetz. Wir betrachten den zum Ohm'schen Gesetz führenden Mechanismus der Elektrizitätsleitung, wie er in Flüssigkeiten, in Metallen, Halbleitern und weitgehend auch in Gasen vorliegt. Denken wir uns eine Zelle der Länge l mit einem Elektrolyten gefüllt, der N positive und N negative einwertige Ionen der Ladung e in der Volumeneinheit enthält. Der Querschnitt der Flüssigkeitsschicht sei A. Beim Anlegen eines Feldes $E = U/l$ wandern zwei Kolonnen von Ionen gegeneinander langsam auf die Elektroden zu. Die mittlere Wanderungsgeschwindigkeit der positiven Ionen sei v_+, die der negativen v_-. Durch den Querschnitt A wandern nun in 1 s alle diejenigen positiven Ionen, welche sich zu Beginn der Sekunde in dem Zylinder der Länge v_+ befanden, s. Abb. 6.38. Die von ihnen transportierte Elektrizitätsmenge stellt den Beitrag der positiven Ionen zur Stromstärke dar. Es ist

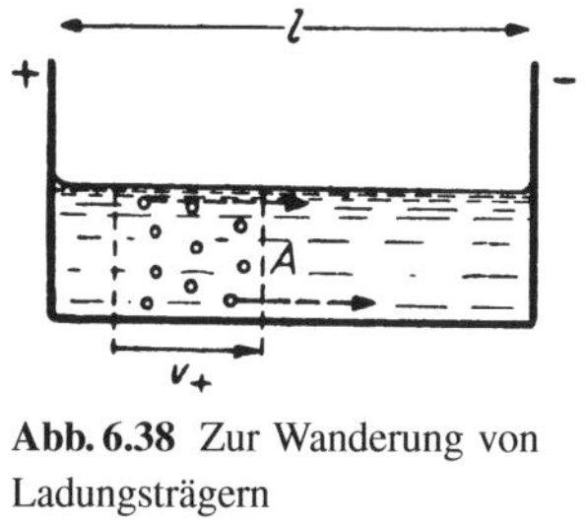

Abb. 6.38 Zur Wanderung von Ladungsträgern

also $I_+ = NeAv_+$, mithin die gesamte Stromstärke I

$$I = I_+ + I_- = NeA(v_+ + v_-)\,. \qquad (6.27)$$

Diese wichtige, den Strom mit Ladung, Zahl und Wanderungsgeschwindigkeit der Ladungsträger verknüpfende *Transportgleichung* gilt für jeden elektrischen Strom.

Wenn außerdem die Stromstärke der Spannung proportional ist, d. h. wenn ein *Ohm'scher Leiter* vorliegt, dann muss die mittlere Wanderungsgeschwindigkeit v jeder Ionensorte der Feldstärke proportional sein. Es gilt dann $v = uE$. Den Proportionalitätsfaktor $u = v/E$ nennt man *Ionenbeweglichkeit*; sie wird in $(\mathrm{m/s})/(\mathrm{V/m}) = \mathrm{m^2/Vs}$ angegeben.

Der Widerstand der Zelle beträgt damit

$$R = \frac{U}{I} = \frac{l}{A}\frac{1}{Ne(u_+ + u_-)}\,. \qquad (6.28a)$$

Die Leitfähigkeit σ (Abschn. 6.1.2) erhält für einwertige Ionen die atomare Bedeutung $\sigma = Ne(u_+ + u_-)$. Die experimentelle Bestimmung von R und σ und die dabei auftretenden Fehlerquellen werden in Abschn. 6.4.3 behandelt.

Die Ionen erfahren also im Felde unter der einwirkenden Kraft eE keine Beschleunigung, sondern bewegen sich wie in einem *zähen* Medium mit konstanter und der Kraft proportionaler Geschwindigkeit. Wie bei einem in Luft fallenden Regentropfen haben wir nur beim Einschalten der Spannung eine Beschleunigung bis zu derjenigen Geschwindigkeit, bei der die Reibungskraft der Kraft eE entgegengesetzt gleich geworden ist (Abschn. 3.5.3).

Da die Reibung in einer zähen Flüssigkeit mit steigender Temperatur kleiner wird, nimmt die Leitfähigkeit eines Elektrolyten im Gegensatz zu der eines Metalls mit der Temperatur zu. Die Reibung führt zu einer Erwärmung der Strombahn.

Die *Wanderungsgeschwindigkeit* der sich durch die dichtgepackten Wassermoleküle hindurchwindenden Ionen ist, ebenso wie die Geschwindigkeit der Elektronen in einem Metall (Abschn. 6.3.5), überraschend klein und außerdem von Ion zu Ion verschieden. So ist die Beweglichkeit eines H^+-Ions bei Zimmertemperatur in Wasser $3{,}26 \cdot 10^{-7}\,\mathrm{m^2/Vs}$. Bei einer Feldstärke von $1\,\mathrm{kV/m}$ ergibt das eine mittlere Wanderungsgeschwindigkeit von nur etwa $0{,}3\,\mathrm{mm/s}$. Dabei hat das H^+-Ion noch eine relativ hohe Beweglichkeit, weil es sich zwar über sog. Wasserstoffbrücken an ein Wassermolekül anlagert (H_3O^+), aber die Ladung durch schnellen Austausch des wandernden Protons rasch in Feldrichtung transportiert wird. Metallische Kationen und auch Anionen dagegen haben wegen ihrer starken elektrostatischen Kräfte (Abschn. 6.2.6) *Solvathüllen* von Wassermolekülen, die sie mit sich führen. Der Reibungswiderstand ist sowohl durch die Größe dieser Hülle als auch durch die Viskosität des Wassers bestimmt.

Auch wenn die Beweglichkeit von Anion und Kation in einer Lösung verschieden ist, so werden doch in jeder Zeitspanne an Anode und Kathode äquivalente Stoffmengen abgeschieden. Die Lösung bleibt überall elektrisch neutral. Unterschiedliche Beweglichkeiten u_+ und u_- führen nur zu verschiedenen Anteilen der Ionensorten am Strom in (6.27) entsprechend den sog. *Überführungszahlen*, z. B. $u_+/(u_+ + u_-)$ für die Kationen.

Allerdings nimmt die neutrale Salzkonzentration vor beiden Elektroden durch die Stoffabscheidung generell ab. Bei *ungleich* großen Ionenströmen in beiden Richtungen geschieht das sogar in unterschiedlichem Maße, und zwar bei beweglicheren Kationen vor der Anode stärker.

Elektrolyse findet vor allem in der Technik vielfältige Anwendungen. Wir erwähnen dazu die Herstellung von dünnen Überzügen aus edleren Metallen auf anderen Metallen *(Galvanostegie)*.

In größtem Ausmaß werden in der *Elektrometallurgie* Metalle auf elektrolytischem Wege in besonders reiner Form abgeschieden, z. B. Elektrolytkupfer und Elektrolyteisen. Durch Elektrolyse ihrer geschmolzenen Salze gewinnt man neben Alkali- und Erdalkalimetallen vor allem Aluminium.

6.3.5 Elektronenleitung der Metalle. Die Tatsache, dass wir einen elektrischen Strom beliebig lange durch einen Metalldraht schicken können, ohne dass an diesem Veränderungen auftreten, zeigt, dass der *Ladungstransport* hier *nicht* mit dem Transport unmittelbar wägbarer Materie verbunden ist, d. h. dass sich nicht geladene Metallatome, sondern Elektronen durch den Draht fortbewegen. Man kann sich ein Metall als ein Kristallgitter aus positiven Metallionen vorstellen, in dem ein kleiner Teil der Elektronen, die Valenzelektronen des freien Atoms, ähnlich wie die Moleküle eines Gases, völlig ungeordnet hin- und herschwirren (*Elektronengas*). Unter dem Einfluss eines elektrischen Feldes erhalten diese Elektronen eine zusätzliche Geschwindigkeit in Richtung zum positiven Pol hin.

Die *Wanderungsgeschwindigkeit* der Elektronen ist allerdings sehr klein. Sie lässt sich, wie wir in Abschn. 6.3.4 gesehen haben, aus der Stromstärke und der Zahl der Ladungsträger in der Volumeneinheit berechnen. Für die größten bei Dauerleistung zulässigen Stromstärken findet man Geschwindigkeiten von 0,5 mm/s. Die Elektronen schleichen also durch einen Draht. Beim Schließen des Stromkreises setzt der Strom an allen Stellen *sofort* ein. Das hat seinen Grund darin, dass beim Anlegen der Spannung das elektrische Feld sich längs des Drahtes beinahe mit Lichtgeschwindigkeit ausbreitet und damit die Elektronen überall praktisch augenblicklich in Bewegung setzt.

Obwohl im Metall negative Ladungsträger (Elektronen) den Stromfluss durch ihr Wandern bewirken, bleibt man bei der einmal gewählten Stromrichtung vom positiven zum negativen Pol der Stromquelle, in der positive Ladungen wandern würden (Abschn. 6.2.2).

Temperaturabhängigkeit der metallischen Leitung. Die Leitfähigkeit von Metallen ändert sich mit der Temperatur, und zwar wird der spezifische Widerstand mit wachsender Temperatur immer größer, während er bei den Elektrolyten (Abschn. 6.3.4) kleiner wird. Im Allgemeinen ist die Abhängigkeit des Widerstandes von der Temperatur sehr groß. Eine Ausnahme bilden bestimmte Legierungen wie *Konstantan* und *Manganin*, s. Tabelle 6.1, deren Widerstand sich mit der Temperatur fast gar nicht ändert.

Die Temperaturabhängigkeit des Widerstandes eines Metalles kann man für einen größeren Temperaturbereich mit der Gleichung

$$R = R_0[1 + \alpha(T - T_0)] \tag{6.28b}$$

darstellen, wobei R_0 der Widerstand bei $T = T_0$ und α sein *Temperaturkoeffizient* ist. Dieser ist bei Metallen positiv, bei Graphit und Kohle negativ.

Legierungen wie Konstantan und Manganin mit ihren besonders kleinen Temperaturkoeffizienten benutzt man zur Herstellung von *Präzisionswiderständen*.

Umgekehrt dienen *reinste* Metalle, wie Platin, das einen beträchtlichen Temperaturkoeffizienten besitzt, zur Herstellung von elektrischen *Widerstandsthermometern* oder *Bolometern*. Letztere dienen vornehmlich der Strahlungsmessung, vgl. Infrarot, Abschn. 7.5.2. Der Widerstand lässt sich mit einer Wheatstone'schen Brücke messen (Abschn. 6.1.4). Man kann aber auch auf den Brückenabgleich verzichten und den Ausschlag des Voltmeters in der Brücke unmittelbar als Temperaturanzeige verwenden, nachdem man ihn geeicht hat.

Supraleitung. Mit abnehmender Temperatur wird der Widerstand der Metalle immer kleiner. Bei einer Reihe von Stoffen verschwindet der Widerstand ganz abrupt unter der sog. *Sprungtemperatur* völlig. Diese Erscheinung nennt man *Supraleitung*. Von Pb beträgt die Sprungtemperatur 7,26 K, von Al 1,14 K.

Man fand auch Supraleitung in zu Keramik gesinterten Metalloxiden, deren Sprungtemperatur so hoch ist, dass sie über dem Siedepunkt von Stickstoff liegt, sog. *Hochtemperatur-Superleitung*. Bei dem Kuprat $YBa_2Cu_3O_7$ beträgt sie etwa 92 K. Magnesiumdiborid MgB_2 hat 39 K als Sprungtemperatur.

6.3.6 Halbleiter. Auch bei den ebenfalls kristallin aufgebauten *Halbleitern* ist der Ladungstransport nicht mit einem Materietransport verbunden und wird im Wesentlichen von Elektronen besorgt. Während aber die Metallatome bereits beim Einbau in das Kristallgitter Leitungselektronen abgegeben, bedürfen die Valenzelektronen im Halbleiter erst der Zufuhr einer Mindestenergie, z. B. durch die thermische Bewegung oder Lichteinstrahlung, um beweglich zu werden und damit zur Leitfähigkeit beitragen zu können. Im Gegensatz zu den Metallen (Abschn. 6.3.5) nimmt daher die Leitfähigkeit der Halbleiter mit steigender Temperatur zu, und zwar exponentiell.

Eine genauere Betrachtung ergibt eine Trennung des Leitungsmechanismus in zwei Anteile: Bewegung der negativen Leitungselektronen zur Anode hin (sog. *n-Leitung*) und Bewegung von „Löchern", die sich wie positive Ladungen verhalten, auf die Kathode zu (sog. *p-Leitung*). Löcher sind die Zustände von Valenzelektronen im Kristallgitter, die verlassen, also frei geworden sind, weil die betreffenden Elektronen als Leitungselektronen eine höhere Energie erhalten haben. Im reinen Halbleiter sind Leitungselektronen und Löcher stets in gleicher Zahl oder Konzentration vorhanden, weil sie ja stets paarweise gebildet werden (*Eigenleitung*). *Silicium* und *Germanium* aus der 4. Gruppe des periodischen Systems der Elemente, die also vierwertig sind, bilden die wichtigsten reinen Halbleiterkristalle.

Die Analogie zu den abgeschlossenen Schalen der atomaren Elektronenhülle (Abschn. 8.1.5) ist sehr weitgehend. Auch im Kristall liefert die Wellenmechanik stationäre Elektronenzustände (Eigenschwingungen eines Hohlraumes) mit festen Werten für Energie und Impuls, von denen jeder nach dem Pauli-Prinzip nur mit höchstens 2 Elektronen zu besetzen ist. Auf der Energieskala liegen diese Zustände sehr dicht; man spricht daher vom *Valenzband*. Von ihm durch eine Energielücke ohne stationäre Zustände getrennt ist das *Leitungsband*, vgl. Abb. 6.39. Bei sehr tiefen Temperaturen wird das Valenzband in reinen Si- und Ge-Kristallen mit den 4 Valenzelektronen jedes Atoms gerade vollständig besetzt. Das Leitungsband ist leer. Da im voll besetzten Valenzband stets 2 Elektronen entgegengerichteten Impuls haben, kann ein kleines elektrisches Feld keine einseitige Ladungswanderung bewirken, wir haben einen Isolator.

Erst wenn die thermische Energie (Abschn. 5.3.2) ausreicht, genügend viele Valenzelektronen in das Leitungsband zu „heben", entstehen Leitungselektronen, deren Impuls nicht dauernd kompensiert sein muss, weil nur verhältnismäßig wenige Zustände oder Plätze darin besetzt sind.

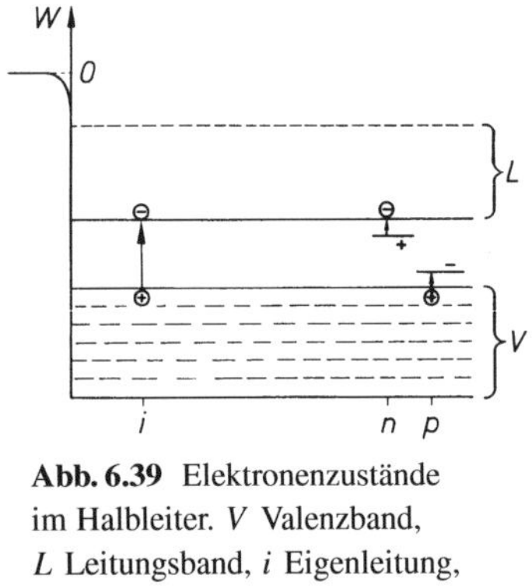

Abb. 6.39 Elektronenzustände im Halbleiter. *V* Valenzband, *L* Leitungsband, *i* Eigenleitung, *n*, *p* Fremdleitung

Durch sog. *Dotierung* des Halbleiterkristalles wird eine Sorte der beweglichen Ladungsträger beträchtlich vermehrt, sodass die Leitfähigkeit entsprechend ansteigt *(Fremdleitung)*. Elemente der 5. Gruppe des periodischen Systems wie P oder As, vgl. Anhang, haben 5 Außenelektronen im Atom und geben davon, in Si- oder Ge-Kristalle als *Donatoren* eingebaut, je ein Elektron als Leitungselektron unmittelbar ab; das Material wird ein n-Leiter (genauer n-Überschussleiter). Andererseits binden Atome von Elementen der 3. Gruppe wie B oder Ga mit 3 Außenelektronen als *Acceptoren* je ein Valenzelektron der vierwertigen Halbleiteratome, sodass im Valenzband ein Loch entsteht, der Kristall wird p-leitend. Die Donatoren bleiben als positive, die Acceptoren als negative Ionen ortsfest zurück, s. auch Abb. 6.39.

Schließlich können Elemente der 3. und 5. Gruppe des periodischen Systems gemeinsam Kristalle aufbauen, sog. 3,5-Kristalle wie z. B. InSb. Durch das Mischungsverhältnis lässt sich die Leitfähigkeit und die Leitungsart wählen. So führt z. B. ein Überschuss an Sb (5. Gruppe) zu n-Leitung.

In einem Halbleiterkristall kann man durch entsprechende Dotierung mehrere dünne p-leitende und n-leitende Bereiche übereinander herstellen, die sich in sog. *pn-Übergängen* als Grenzflächen berühren. Die *Halbleiterdiode* enthält ein p- und ein n-leitendes Gebiet. Bei ihr gibt es Leitungselektronen vornehmlich nur im n-Leiter. Sie fließen zum p-leitenden Bereich durch die Grenzfläche (Sperrschicht), wenn sich am p-Leiter der positive Pol der an die Diode angelegten Gleichspannung befindet. Die positiv geladenen Defektelektronen oder Löcher aus dem p-Leiter können dann in entgegengesetzter Richtung die Sperrschicht passieren, sodass durch beide Sorten von Ladungsträgern dieselbe Vorzugsrichtung für den elektrischen Strom entsteht. In der Durchlass- oder Flussrichtung ($p \rightarrow n$) ist der p-Leiter Anode, der n-Leiter Kathode.

Die *Sperrschicht* ist an beweglichen Ladungsträgern verarmt, weil in ihr auch ohne äußere Spannung die Leitungselektronen und Löcher zueinander diffundieren und dabei rekombinieren. Es bleiben aber an beiden Seiten der Schicht die ortsfesten Donatoren und Acceptoren, die entgegengesetzte Ionenladung haben. Sie bauen wie ein geladener Plattenkondensator ein elektrisches Feld auf (Abschn. 6.2.5), derart dass auf die sog. *Majoritätsträger* – Elektronen im n-Leiter und Löcher im p-Leiter – beim Übertritt eine Gegenkraft wirkt, vgl. auch Diffusionsspannungen Abschn. 6.4.4. Dieses Feld verhindert weitere Rekombinationen, lässt aber auch keinen nennenswerten Strom zu, solange nur eine sehr kleine äußere Spannung in Flussrichtung anliegt. Erst höhere Spannungen (0,2 bis 0,6 V) kompensieren die Gegenspannung an der Sperrschicht mehr und mehr, wobei die Majoritätsträger die verarmte Zone sukzessive „zuschwemmen". Die Stromstärke steigt dann viel stärker als proportional mit der angelegten Spannung. Daher ist

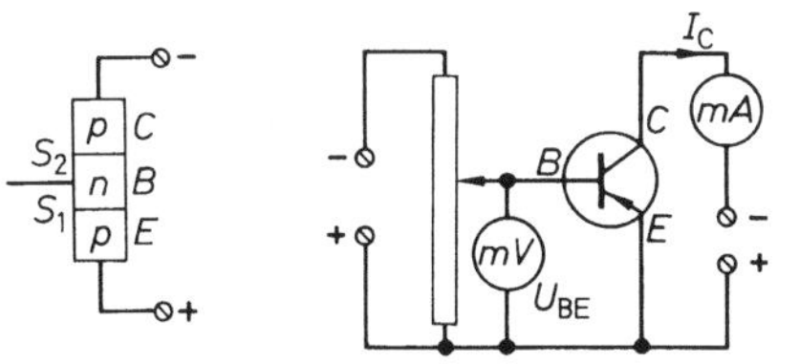

Abb. 6.40 pnp-Transistor

der pn-Übergang auch in Stromrichtung kein Ohm'scher Leiter (Abschn. 6.1.2). Die Strom-Spannungs-Kennlinie folgt in guter Näherung der Beziehung

$$I = I_0[\exp(eU/kT) - 1], \tag{6.29}$$

mit $kT/e \approx 25{,}5\,\text{mV}$ bei 23 °C. – Eine in umgekehrter Richtung (Sperr-Richtung) liegende Spannung vergrößert die Sperrschicht durch zusätzliche Verarmung, woraus sich im Ganzen eine *Gleichrichterwirkung* der Halbleiterdiode ergibt.

Über die Anwendung als *Photowiderstand* und *Photodiode* s. Abschn. 7.6.1, als *Leuchtdiode* s. Abschn. 7.5.5.

6.3.7 Transistor. Als *Halbleitertriode* besitzt der Transistor drei derartige Bereiche, z. B. p-n-p; jeder ist über eine metallische Verbindung von außen zu erreichen, s. Abb. 6.40. So enthält der Transistor zwei Übergangsschichten mit entgegengesetzter Sperrrichtung. Legen wir an die beiden äußeren p-Bereiche eine Gleichspannung, so bezeichnen wir die Anode als *Emitter*, weil die Sperrschicht vor ihr in Durchlassrichtung gepolt ist. Die Kathode nennt man *Kollektor*, die np-Schicht vor ihr S_2 steht in Sperrrichtung, sodass Ladungsträger unmittelbar aus den beiden Nachbarzonen sie praktisch nicht durchqueren. Insbesondere können die Leitungselektronen der sehr dünnen n-leitenden Mittelschicht, der *Basis*, nicht in den Kollektor gelangen.

Der Emitter vermag aber Löcher zu emittieren, die durch die Basisschicht diffundieren und dann vom Kollektor aufgenommen werden. Um auf diese Weise einen nennenswerten Strom zu erhalten, ist es aber wie bei der Diode notwendig, an die Sperrschicht S_1 eine Spannung von etwa $-0{,}6\,\text{V}$ zu legen. Wir schalten sie als U_{BE} zwischen Basis und Emitter, s. Abb. 6.40b. Variieren wir sie, so erhalten wir die Messwerte für den Kollektorstrom I_{C} von Abb. 6.41. Diese sog. *Übertragungskennlinie* folgt ebenso dem Exponentialgesetz wie der Diodenstrom. Dabei muss die Spannung zwischen Emitter und Kollektor etwa 1 V betragen, eine Erhöhung steigert den Kollektorstrom nur unwesentlich. Nur ein geringer Anteil von weniger als 1% des Emitterstromes fließt als Basisstrom ab. Im Ganzen gesehen wird also der Kollektorstrom I_{C} durch die Emitter-Basis-Spannung U_{BE} gesteuert, allerdings nicht leistungslos, weil auch ein Basisstrom fließt. Eine Änderung des Basisstromes ist ein Eingangssignal, das als Änderung des Kollektorstromes verstärkt wieder abzunehmen ist *(Verstärker*, vgl. Abschn. 6.5.3 mit Abb. 6.55).

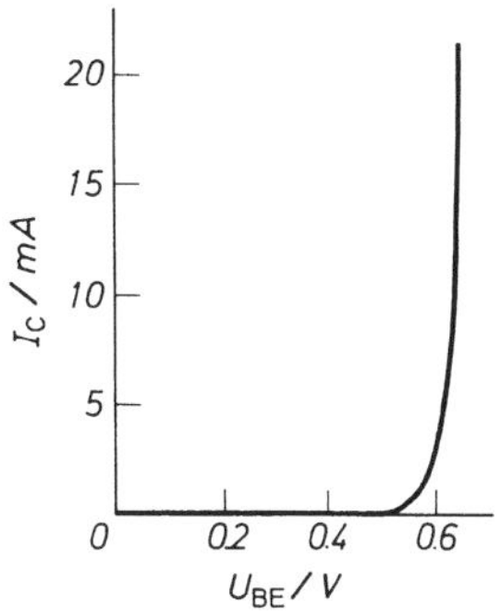

Abb. 6.41 Transistor, Übertragungskennlinie

Der Transistor wirkt als *sehr schneller Schalter* für den Kollektorstrom I_{C}, wenn man die Basis-Emitter-Spannung U_{BE} sprungweise von etwa 0,4 auf 0,6 V erhöht. Im elektronischen Rechner lassen sich so die Positionen 0 und 1 des Dualsystems darstellen.

In den Verwendungsmöglichkeiten gleichen sich Transistor und Hochvakuumtriode (Abschn. 6.5.3). Der Emitter entspricht dabei der Glühkathode, die Basis dem Gitter und der Kollektor der Anode. Eine Heizung zur Erzeugung beweglicher Ladungsträger wie bei der Glühkathode ist im dotierten Halbleiter nicht erforderlich. Das begünstigt zusammen mit seinem geringeren Raumbedarf den Einsatz des Transistors in vielen elektronischen Geräten.

Die moderne elektronische Technik bevorzugt sog. integrierte Schaltungen mit Halbleiterbauelementen. Sie geht im nächsten Schritt zur Mikroelektronik über, die sehr viele Schichten unterschiedlicher Dotierung in einen Halbleiterkristall als ganze Schaltung einbaut und damit von den konzentrierten Bauelementen Diode, Transistor abgeht.

Aufgaben

6.3.1 Welcher Strom fließt beim Anlegen der Sollspannung durch eine Glühlampe (220 V, 40 W)? Wie groß ist dann ihr Widerstand?

6.3.2 An die Glühlampe von Aufgabe 6.3.1 wird eine Spannung von 110 V gelegt, a) Wie groß wäre die aufgenommene Leistung, wenn der Widerstand sich gegenüber dem bei Betrieb mit 220 V nicht ändern würde? Man misst aber in Wirklichkeit einen Strom von 0,13 A. b) Wie ist das zu begründen? c) Wie groß ist die aufgenommene Leistung?

6.3.3 Aus einer KOH-Lösung wird 120 s lang H_2 mit einem Strom von 0,8 A abgeschieden. Welches Volumen Wasserstoff entsteht (1,013 bar, 0 °C)?

6.3.4 a) Man berechne die Leitfähigkeit σ einer HCl-Lösung der Konzentration 0,02 mol/l mit den Ionenbeweglichkeiten $3{,}26 \cdot 10^{-7}\,\mathrm{m^2/Vs}$ für H^+ und $0{,}68 \cdot 10^{-7}\,\mathrm{m^2/Vs}$ für Cl^-. b) Wenn man mit diesen Daten für die Ionenbeweglichkeiten die Leitfähigkeit bei der Konzentration 10 mol/l berechnen würde, so ist der gemessene Wert sehr viel kleiner. Wie ist das zu begründen?

6.3.5 Durch einen Widerstandsdraht (Thermometer) aus Wolfram, das den Temperaturkoeffizienten des elektrischen Widerstandes $\alpha = 4{,}9 \cdot 10^{-3}\,\mathrm{K^{-1}}$ hat, fließt bei der Temperatur 0 °C ein Strom $I_1 = 15\,\mathrm{mA}$. Wird er in einen Ofen eingeführt, so ergibt sich bei gleicher Betriebsspannung ein Strom $I_2 = 6\,\mathrm{mA}$. Wie hoch ist die Ofentemperatur?

6.3.6 Der Übertragungskennlinie des Transistors von Abb. 6.41 entnimmt man für $U_{BE} = 600\,\mathrm{mV}$: $I_C = 3\,\mathrm{mA}$. Wie groß ist I_C nach dem angegebenen Exponentialgesetz für die Spannungen U_{BE} (a) 400 mV, (b) 660 mV?

6.4 Herstellung elektrischer Spannungen durch Ladungstrennung

6.4.1 Prinzipielles. Um einen über längere Zeit konstanten elektrischen Strom zu erzeugen, benötigt man ein Gerät, das eine konstante elektrische Spannung zur Verfügung stellt (Abschn. 6.1.1 u. 6.3.1). Ein geladener Kondensator ist dazu nicht ausreichend, da mit dem Stromfluss die Ladungen von seinen Platten abfließen und dadurch die Spannung zusammenbricht. Nur wenn durch einen besonderen Mechanismus die abfließenden Ladungen auf den Kondensatorplatten immer wieder ersetzt und damit auf einem konstanten Betrag gehalten würden, bliebe die Spannung konstant.

In diesem Vorgang müssen positive und negative Ladungen getrennt und den Kondensatorplatten zugeführt werden. Beim Influenzversuch (Abschn. 6.2.2) haben wir bereits eine solche Möglichkeit kennen gelernt. Es gibt in der Natur aber sehr mannigfaltige Vorgänge, bei denen ungleichnamige Ladungen getrennt werden. Einige von ihnen lassen sich zur Herstellung brauchbarer konstanter Spannungsquellen für die Praxis ausnutzen, andere spielen eine sehr wichtige Rolle z. B. in menschlichen Nerven (Abschn. 6.4.4), während manche eher unerwünschte, sehr lästige Nebenerscheinungen liefern.

Auch der Influenzvorgang selbst kann dazu verwendet werden, wenn man ihn in geeigneten Vorrichtungen periodisch schnell wiederholt. Die nach diesem Prinzip arbeitende *Influenzmaschine* hat aber nur noch historische Bedeutung. Beim Generator nach *van de Graff* ist das mechanische Auseinanderziehen der beiden Ladungssorten technisch sehr vervollkommnet, und man erreicht Spannungen über 10 MV.

6.4.2 Lösungsdruck, Galvanische Elemente. Die natürliche Ladungstrennung an der Grenzfläche Flüssigkeit – Metall bot historisch die erste Möglichkeit, konstante elektrische Spannungen herzustellen. Man kann den Vorgang, etwas vereinfachend, folgendermaßen beschreiben: Beim Eintauchen z. B. eines Zinkstabes in Wasser treibt der sog. *Lösungsdruck* Metallionen aus dem Metallverband in Lösung. Die Elektronen, die ursprünglich im Kristall die positiven Metallionen neutralisierten, bleiben im Zinkstab zurück. Dieser Lösungsvorgang geht aber nicht beliebig weit, vielmehr kommt es, ähnlich wie beim Verdampfen einer Flüssigkeit in einem abgesperrten Raum, sehr schnell zu einem *Gleichgewicht*. Die positiv geladenen Metallionen diffundieren zum Teil zurück zum Zinkstab, von dem sie außerdem wegen seiner negativen Aufladung angezogen werden. Je größer der Lösungsdruck ist, umso mehr Ladungen bauen die sog. *elektrische Doppelschicht* aus Elektronen und positiven Ionen an der Grenzfläche Metall–Flüssigkeit auf. Diese hat die gleiche Wirkung wie ein geladener Plattenkondensator.

Um zu einer quantitativen Beziehung zu kommen, betrachten wir nach *Nernst* besser das Gleichgewicht zwischen dem Metall und der wässrigen Lösung eines seiner Salze. In der Lösung tritt noch der *osmotische Druck* der gelösten Metallionen auf, der die Ionenkonzentration im Wasser zu vermindern sucht (Abschn. 5.3.6). Dazu kommt noch ein „elektrischer Druck“, der auf der elektrostatischen

Anziehungskraft zwischen den Ionen und den Überschusselektronen im negativ geladenen Metallstab beruht. Ihnen beiden hält der Lösungsdruck das Gleichgewicht, sodass die Beziehung gilt:

$$\text{Lösungsdruck} = \text{osmotischer Druck} + \text{elektrischer Druck}\,.$$

Die Spannung U_{El} zwischen Elektrode und Lösung *(Elektrodenspannung)* erhält man aus der *Nernst-Gleichung:*

$$U_{El} = \frac{RT}{z_+ F} \ln \frac{c_+}{K}\,. \tag{6.30}$$

Darin sind R die Gaskonstante (Abschn. 5.1.4) und T die absolute Temperatur. F ist die Faraday-Konstante (Abschn. 6.3.3), z_+ die Wertigkeit der Metallionen in der Lösung, c_+ ihre Konzentration, die konventionell in mol/l angegeben wird, und K ist eine für den Lösungsdruck charakteristische Konstante des Metalles. Das Auftreten der absoluten Temperatur in der Beziehung deutet darauf hin, dass es Diffusionsströme von Ionen (Abschn. 5.3.5) sind, durch welche die Spannung entsteht. Das Gegeneinanderwirken von Lösungsdruck und osmotischem Druck zeigt der Quotient c_+/K an: Für $K > c_+$ wird die Elektrode negativ wie bei Zink, für $K < c_+$ positiv wie bei Kupfer.

Bei höher konzentrierten Lösungen muss man in der Nernst-Gleichung die Ionenkonzentration c_+ durch die sog. *Aktivität* ersetzen, um die dann wirksamen Kräfte zwischen den Ionen in der Lösung zu berücksichtigen.

Tauchen zwei verschiedene Metalle in dieselbe Lösung und sind ihre Elektrodenspannungen U_1 und U_2, so ist die *Eigenspannung* zwischen beiden Stäben $U_e = U_1 - U_2$. Ordnet man die Metalle so in eine Reihe an, dass beim Eintauchen in Wasser jedes Metall gegen irgendein in der Reihe später folgendes Metall eine positive Spannung zeigt, so erhält man die *Volta'sche Spannungsreihe*

$$+\text{Pt Ag Cu Fe Sn Pb Zn Al Mg Na}-\,.$$

Das jeweils positivere Element ist das mit dem geringeren Lösungsdruck, d. h. das chemisch edlere. Taucht man z. B. einen Zink- oder Eisenstab in eine Lösung von Kupfersulfat, so überzieht er sich sofort mit einem Kupferniederschlag.

Kupfer besitzt einen äußerst geringen Lösungsdruck, sodass beim Eintauchen eines Kupferstabes in eine Lösung mit Kupferionen sich diese niederschlagen und das Metall positiv aufladen. Die Flüssigkeit bleibt negativ geladen zurück. Die entstehende Doppelschicht bringt die Ausscheidung bald zum Stillstand.

Ein System aus zwei verschiedenen Metallen, die in einen Elektrolyten tauchen, bezeichnen wir als *galvanisches Element*. Als Beispiel und zur Erläuterung der bisherigen Ausführungen betrachten wir das Daniell-Element. Es enthält eine Cu- und eine Zn-Elektrode, die in eine $CuSO_4$– bzw. eine $ZnSO_4$-Lösung eintauchen, s. Abb. 6.42a. Durch eine Trennwand aus Ton wird die direkte Vermischung der beiden Elektrolyte verhindert. Zn-Ionen gehen anfänglich in Lösung, Kupfer schlägt sich nieder, sodass sich die Elektroden negativ bzw. positiv aufladen. Die dabei entstehenden Doppelschichten bringen den Lösungs- bzw. Abscheidevorgang bald zum Stillstand. Als Leerlauf-Spannung des ganzen Elementes beobachten wir $U_e = 1{,}09$ Volt.

Entnehmen wir nun einen Strom, indem wir die Klemmen durch einen Widerstandsdraht überbrücken, so bricht die Spannung des Elementes nicht zusammen wie bei einem geladenen Kondensator. Zwar versuchen sich auch hier die Ladungen der Platten durch den Strom I auszugleichen, aber die Doppelschichten an ihrer Oberfläche werden immer wieder neu aufgebaut. Dabei gehen laufend Zn-Ionen in Lösung, und Cu-Ionen schlagen sich als Cu-Atome nieder, s. Abb. 6.42b.

Die Stromstärke I fließt nicht nur im äußeren Widerstandsdraht, sondern der Kreisstrom muss auch die elektrolytische Flüssigkeit in der Richtung Zn-Cu-Platte durchströmen. Da die Flüssigkeit einen inneren Widerstand R_i besitzt, entsteht an ihr durch den Stromfluss ein Spannungsabfall $I R_i$, um den die Klemmenspannung bei Stromentnahme gegenüber U_e herabgesetzt ist (Abschn. 6.1.4.4). Werden mehrere Elemente mit gleicher Eigenspannung parallelgeschaltet, indem man alle Plus- und alle Minuspole miteinander verbindet, so bleibt die Spannung gleich, aber der Innenwiderstand des Gesamtelementes ist niedriger als bei einem einzelnen (Abschn. 6.1.3). Bei Stromentnahme ist daher der Spannungsabfall entsprechend geringer. – Bei Serienschal-

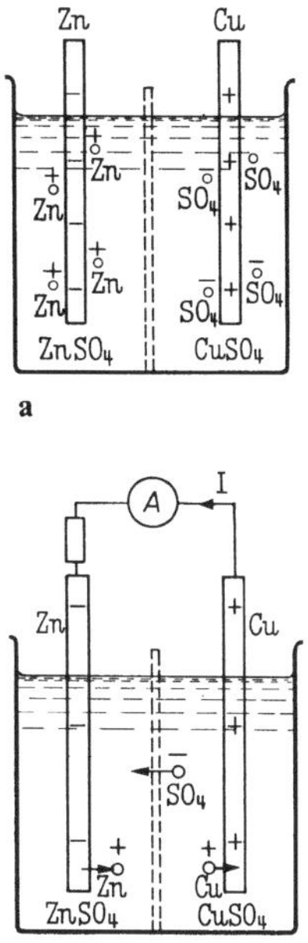

Abb. 6.42a,b Zur Wirkung des Daniell-Elementes, unpolarisierbare Elektroden

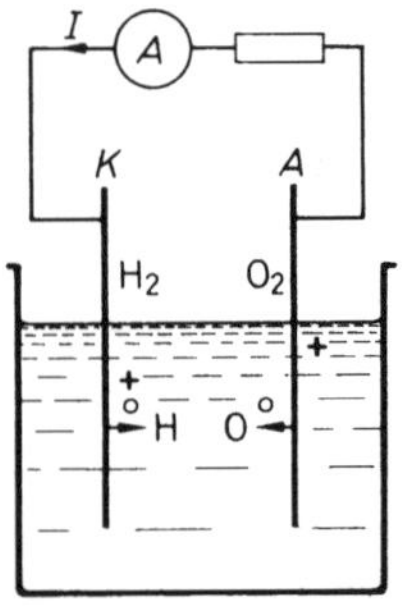

Abb. 6.43 Zur Polarisationsspannung

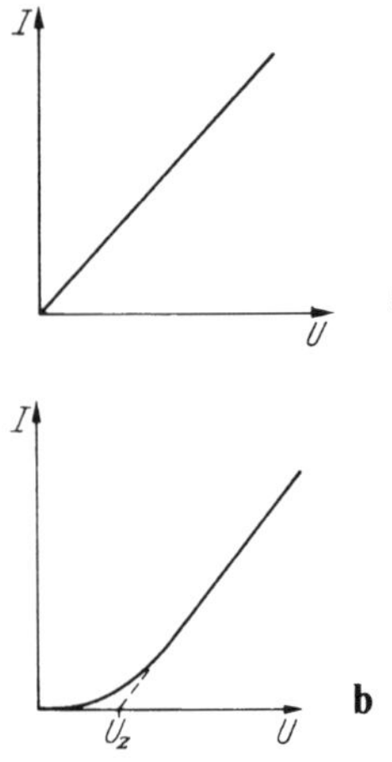

Abb. 6.44a,b Strom-Spannungs-Kennlinien, **a** Ohm'scher Leiter, **b** Elektrolytischer Leiter mit Platin-Elektroden, U_Z Zersetzungsspannung

tung addieren sich die Einzelspannungen, vgl. Abb. 6.3.

Gegen die Stromrichtung wandern negative SO_4-Ionen durch die Trennwand auf die Zn-Platte zu, sodass die elektrolytische Stromleitung auch hier durch die Bewegung von Ionen beiderlei Vorzeichens bewirkt wird. Beim Stromdurchgang löst sich also Zink auf, während die Cu-Elektrode durch Abscheidung dicker wird. Links steigt die Konzentration der Zn- und SO_4-Ionen bis zur Sättigung; von da ab scheiden sich $ZnSO_4$-Kristalle aus. Rechts sinkt der Gehalt an $CuSO_4$, sodass bei Dauerbetrieb $CuSO_4$ nachgefüllt werden muss.

Die beim Betrieb gewonnene elektrische Energie hat ihr Äquivalent in der chemischen Energie, die bei der Überführung von Zn in $ZnSO_4$ und der gleichzeitigen Abscheidung von Cu aus $CuSO_4$ frei wird.

Lokalströme, Reinstes Zink ist in verdünnter Schwefelsäure fast unlöslich, da das elektrische Feld zwischen den wenigen in Lösung gegangenen Zn-Ionen und dem negativen Metall durch seine Kraftwirkung weitere Ionen am Austritt hindert. Enthält das Zink dagegen Verunreinigungen mit einem geringeren Lösungsdruck, z. B. Kupfer, so bilden diese Kupfereinschlüsse mit dem Zink und dem H_2SO_4 *lokale Elemente*, die durch das massive Zink kurzgeschlossen sind. Diese Lokalströme führen die Zn-Ionen weg, und so können ständig neue in Lösung gehen.

6.4.3 Elektrolytische Polarisation, Akkumulator.

Eine Zelle mit zwei gleichen Elektroden, etwa zwei Platinblechen in H_2SO_4-Lösung, zeigt aus Symmetriegründen keine Spannung. Schickt man jedoch Strom hindurch, so findet eine Wasserzersetzung statt, wobei sich die Kathode mit Wasserstoff, die Anode mit Sauerstoff belädt (s. Abb. 6.37). Durch diese Gasschichten ändert sich die Spannung der Elektroden gegen die Lösung, und zwar in verschiedener Weise, sodass die Zelle jetzt eine sog. *Polarisationsspannung* aufweist und damit ein galvanisches Element darstellt. Die Spannungsänderung einer mit Wasserstoff beladenen Platinelektrode beruht darauf, dass die im Metall gelösten H_2-Moleküle infolge des Lösungsdruckes das Bestreben haben, als H^+-Ionen in Lösung zu gehen und die Elektrode negativ zurückzulassen. Entsprechend verhält sich der Sauerstoff an der Anode. Die Differenz der beiden Spannungsänderungen gibt die Polarisationsspannung, die wir direkt mit einem Voltmeter messen können, wenn wir die äußere Stromquelle abschalten. Verbinden wir dann außerdem noch die Platten mit den beiden Enden eines äußeren Widerstandes, so fließt ein *Polarisationsstrom*. Er ist dem ursprünglichen Strom entgegengesetzt, d. h. so gerichtet, dass er die Unsymmetrie der Grenzflächen verkleinert. Man vergleiche dazu Abb. 6.37, die den ursprünglichen Strom zeigt, und Abb. 6.43 mit dem Polarisationsstrom. Da der Polarisationsstrom allmählich verschwindet, stellt diese Zelle ein nur kurz lebendes galvanisches Element dar.

Dieser Polarisationsstrom bei Elektrodenbeladung ist oft ein sehr störender Vorgang, der beim Stromdurchgang in Elektrolyten auftreten kann. Wollte man z. B. die Leitfähigkeit von verdünnter Schwefelsäure mit Gleichstrom messen, so wird durch die infolge der Polarisation auftretende Gegenspannung der Strom geschwächt. Die Strom-Spannungs-Kennlinie ist nicht mehr wie beim Ohm'schen Leiter (vgl. Ohm'sches Gesetz, Abschn. 6.1.2) eine Gerade, sondern am Beginn gekrümmt, s. Abb. 6.44b. U_Z ist dabei die Polarisationsspannung, hier die *Zersetzungsspannung* von Wasser. Der Widerstand der Lösung errechnet sich *nicht* als U/I. Man benutzt daher zur Bestimmung der Leitfähigkeit Wechselstrom von so hoher Frequenz, etwa 1 kHz, dass sich in der Zeit einer Halbperiode keine merkliche Polarisation ausbilden kann.

Unpolarisierbare Elektroden bestehen aus Metallen, die in die wässrige Lösung eines ihrer eigenen Salze eintauchen, vgl. Abb. 6.42. Bei Stromfluss kann sich dort die Spannung zwischen Metall und Lösung nicht ändern, da nur dasselbe Metall sich abscheiden oder in Lösung gehen kann. Zur Verwendung z. B. bei elektrischen Messungen am biologischen Gewebe schließt man das mit der Lösung gefüllte Röhrchen unten mit einem Pfropfen aus porösem Material ab, der mit physiologischer Kochsalzlösung getränkt ist. Er sorgt gleichzeitig für leitenden Kontakt mit den berührten Körperzellen, während die metallische Zuführung sich oben im Röhrchen befindet und mit dem Körpergewebe nicht in Berührung kommt.

Auch bei der Stromentnahme aus einem galvanischen Element, z. B. Zink und Kohle in Salmiaklösung, entsteht eine elektrolytische Polarisation, da der Strom auch den Elektrolyten durchfließt. Sie erniedrigt die Klemmenspannung zusätzlich zum Spannungsabfall am inneren Widerstand (Abschn. 6.4.2). Umgibt man aber den Kohlestab mit einem Mantel aus Braunstein, so wird die Wasserstoffbeladung durch eine chemische Reaktion verhindert, und die störende Polarisationsspannung tritt nicht auf (*Leclanché*-Element, *Taschenlampenbatterie*). An den unpolarisierbaren Elektroden des Daniell-Elementes kann sich natürlich eine derartige Gegenspannung durch elektrolytische Polarisation auch nicht ausbilden.

Praktische Anwendung findet die Polarisation beim *Bleiakkumulator*. Seine Wirkungsweise erkennen wir, indem wir zwei Bleistreifen in verdünnte Schwefelsäure eintauchen. Sie überziehen sich zunächst mit einer Schicht von Bleisulfat. Schicken wir durch die Zelle einen Strom, so wandern die H^+-Ionen an die Kathode und reduzieren das Bleisulfat zu metallischem Blei, während die zur Anode gehenden SO_4^{--}-Ionen das Bleisulfat zu Bleidioxid oxidieren. Bei diesem Ladevorgang bilden sich also eine Elektrode aus metallischem Blei und eine Bleidioxidelektrode aus. Schalten wir die äußere Stromquelle ab, so erweist sich die Bleielektrode als negativer Pol, die Bleidioxidelektrode (erkenntlich an der braunen Farbe) als positiver Pol eines Elementes von etwa 2 Volt Spannung. Bei leitender Verbindung der Elektroden erhalten wir einen Polarisationsstrom, der dem ursprünglichen Ladestrom entgegengesetzt gerichtet ist, d. h. die ursprüngliche Anode wird zum Pluspol. Bei dieser *Entladung* entsteht, da die Reaktionen jetzt umgekehrt verlaufen, an beiden Elektroden wieder Bleisulfat, also der alte Zustand. Daher vollzieht sich im Bleiakkumulator ein umkehrbarer Vorgang. Wir können mit ihm elektrische Energie in chemische Energie umwandeln und jederzeit als elektrische Energie wieder zurückgewinnen. Um möglichst viel Energie aufspeichern zu können, gibt man der Anode eine möglichst große wirksame Oberfläche.

Für Messzwecke – nicht zur Definition der SI-Einheit 1 Volt – braucht man Elemente mit möglichst konstanter Spannung, sog. *Normalelemente*. Ein solches Element muss natürlich *unpolarisierbare* Elektroden besitzen, eine Bedingung, die an sich das Daniell-Element schon erfüllt. Doch bleibt dessen Spannung über *längere Zeit* nicht konstant, weil trotz der porösen Scheidewand Cu-Ionen zur Zn-Elektrode diffundieren, sich dort niederschlagen und eine Gegenpolarisation hervorrufen. – Als geeignetes Normalelement hat sich das *Cadmium-Normalelement* (Weston-Element) erwiesen, s. Abb. 6.45, mit einer Eigenspannung von 1,0186 Volt bei 20 °C. Als Pluspol ist hier Quecksilber gewählt, das von einer Paste aus Hg_2SO_4 und Hg umgeben ist. Als Elektrolyt dient eine gesättigte Lösung von $CdSO_4$. Der Minuspol besteht aus Cadmiumamalgam. Infolge der außerordentlich geringen Löslichkeit von Hg_2SO_4 gibt es keine störende Diffusion von Hg-Ionen zum Minuspol. – Ein Normalelement darf nie mit Strom belastet werden. Daher wendet man bei Messungen die Kompensationsmethode an, vgl. Abb. 6.13.

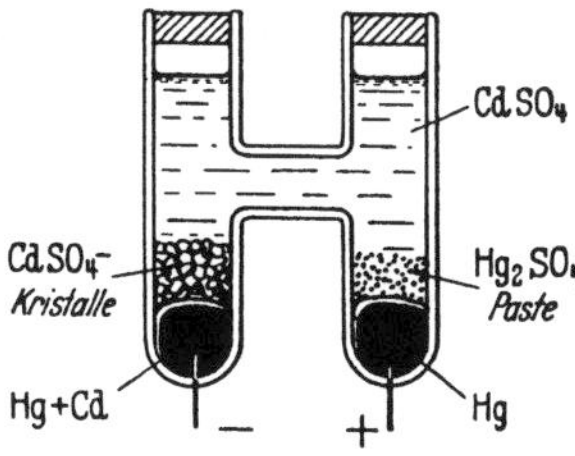

Abb. 6.45 Cadmium-Normalelement

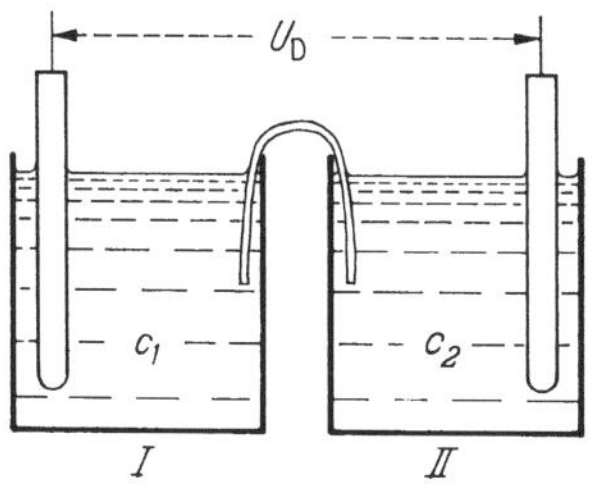

Abb. 6.46 Diffusionsspannung U_D zwischen zwei Lösungen mit Kalomel-Elektroden

6.4.4 Diffusions- und Membranspannungen. Wegen *unterschiedlicher Diffusionsgeschwindigkeiten* von Kationen und Anionen können sich ebenfalls Ladungen trennen und elektrische Spannungen entstehen. Wir bringen dazu zwei Lösungen desselben Salzes, aber unterschiedlicher Konzentration in Kontakt ($c_1 > c_2$), indem wir einen Filterpapierstreifen zwischen die beiden Gefäße hängen, sodass beide Lösungen in ihm hochsteigen, s. Abb. 6.46. Nachdem sich auf diese Weise beide Lösungen berührt haben, fließt der Diffusionsstrom der Ionen von höherer zu niedrigerer Konzentration, also von Lösung I nach II. Wenn jetzt aber beispielsweise die Kationen schneller diffundieren als die Anionen, so häufen sich auf der Seite von Lösung II positive, auf der anderen negative Ladungen an, und es entsteht eine *Diffusionsspannung* U_D mit dem Pluspol in II. Durch sie werden aber die Kationen gebremst, und die Anionen diffundieren schneller. Sobald beide Ionenströme gleich sind, ändern sich zunächst Ladungsunterschied und Spannung nicht mehr. Da aber die Diffusion weiterläuft, also *kein Gleichgewicht* vorliegt, vermindert sich im Laufe einer längeren Zeitspanne der Konzentrationsunterschied der Lösungen, und die Diffusionsspannung sinkt. Falls allerdings die Ionen der einen Sorte überhaupt nicht diffundieren können, entsteht nach ganz kurzer Zeit ein Gleichgewicht, Diffusionsspannung und Konzentrationsunterschied bleiben konstant, wie es auch bei der Elektrodenspannung der Fall ist (Abschn. 6.4.2).

Die Größe der Diffusionsspannung von Lösung I gegen II errechnet sich als

$$U_D = \frac{u_+ - u_-}{u_+ + u_-} \frac{RT}{zF} \ln \frac{c_2}{c_1}, \quad (6.31)$$

wenn Kation und Anion, wie bei $CuSO_4$, dieselbe Wertigkeit z haben. Den Beweglichkeiten u_+ und u_- der beiden Ionensorten (Abschn. 6.3.4) sind bei gleicher Feldstärke die Wanderungsgeschwindigkeiten proportional. Man verifiziert die Polung der Spannung im eingangs anschaulich diskutierten Beispiel ($c_1 > c_2$, $u_+ > u_-$), bei dem U_D negativ, d. h. Lösung I der Minuspol ist.

Wir können auch verschiedene Salze in die Gefäße von Abb. 6.46 füllen und dann sogar die Molkonzentrationen gleich wählen. Dann wird z. B. bei HCl gegen NaCl ebenfalls eine Diffusionsspannung auftreten mit dem Pluspol in der NaCl-Lösung, weil H^+-Ionen viel beweglicher sind als Na^+-Ionen. Die oben angegebene Beziehung ist dann aber nicht anwendbar, weil sie gleiche Substanzen auf beiden Seiten voraussetzt.

Sind beide Ionenbeweglichkeiten gleich, also $u_+ = u_-$, so entsteht keine Diffusionsspannung. Das ist annähernd bei K- und Cl-Ionen in wässriger Lösung der Fall. Die Diffusionsspannung in der Anordnung von Abb. 6.46 wird also praktisch null für zwei KCl-Lösungen beliebiger Konzentration.

Nun fragen wir, welche Spannung mit der Kompensationsmethode von Abb. 6.13 – also stromlos – zwischen den beiden dicken, äußeren Elektroden von Abb. 6.46 wirklich gemessen wird. Untersuchen wir speziell $CuSO_4$-Lösungen mit Cu-Elektroden. An Letzteren entstehen dann im Kontakt mit unterschiedlich konzentrierten Lösungen Nernst-Spannungen, deren Differenz nach (6.30) beträgt:

$$\Delta U_{El} = -(RT/2F) \ln c_1/c_2 \,. \quad (6.32a)$$

Die gemessene Gesamtspannung beträgt also $U_D + \Delta U_{El}$.

Zwei Grenzfälle sind möglich:

1. Bei $U_D = 0$ wird ΔU_{El} allein gemessen. Dazu tränken wir den Streifen Filtrierpapier zwischen den beiden Gefäßen mit konzentrierter KCl-Lösung, ein sog. *KCl-Heber*. Unmittelbar durch K^+- und Cl^--Ionen kann wegen gleicher Beweglichkeit keine Diffusionsspannung entstehen. Eine solche durch Diffusion der angeschlossenen Lösungen wird praktisch kurzgeschlossen.

2. Bei $\Delta U_{El} = 0$ wird U_D allein gemessen. Das gelingt mit völlig unpolarisierbaren Elektroden, sog. *Kalomel-Elektroden*. Diese haben die gleiche Nernst-Spannung gegen jede Lösung, unabhängig von deren Konzentration, sodass sich hier beide Spannungen (ΔU_{El}) aufheben. Die Kalomelelektrode hat 2 Kontakte herzustellen, einen zur Untersuchungslösung und einen zum Metalldraht der Kompensationsschaltung. Den ersten besorgt ein KCl-Heber, den anderen eine gesättigte Lösung des sehr schlecht löslichen Kalomel Hg_2Cl_2 in Hg.

Trennt eine durchlässige Membran zwei Lösungen, so entsteht an ihr eine sog. *Membranspannung*. Ihre Größe hängt nicht nur von der Konzentration der Ionen auf beiden Seiten ab, sondern noch von der *Permeabilität P* der Membran für die einzelnen Ionensorten.

An biologischen Membranen, wie sie z. B. die Nervenfasern umgeben, kann die Permeabilität P durch einen elektrischen Reiz verändert werden. Für die Membranspannung bestimmende sind im Wesentlichen K-Ionen die im Innern (i) der Faser höhere Konzentration haben, und Na-Ionen mit höherer Konzentration außen (a). Lässt man für eine erste Näherung die Anionen außer Acht, so gilt hier für die Membranspannung die *Goldman-Gleichung:*

$$U_{ia} = \frac{RT}{F} \ln \frac{P_1 c_{1a} + P_2 c_{2a}}{P_1 c_{1i} + P_2 c_{2i}} \,. \quad (6.32b)$$

Dabei gehört Index 1 zu K und 2 zu Na, und es gilt stets, wie oben gesagt, $c_{1i} > c_{1a}$ und $c_{2i} < c_{2a}$.

In Ruhe beträgt P_1 etwa das Hundertfache von P_2, sodass eine negative Membranspannung $U_{ia} \approx -80$ mV sich ausbildet. Ein Reiz erniedrigt primär diesen Betrag von U_{ia}. Dadurch steigt aber P_2, sodass in wechselseitiger Verstärkung von ΔU_{ia} und P_2 die Membranspannung sich kurzzeitig auf Werte von etwa $+30$ mV umpolt.

6.4.5 Kontaktspannungen. Die Trennung von elektrischen Ladungen und die dadurch hervorgerufene Ausbildung einer elektrischen Doppelschicht ist nun keineswegs auf die Grenzflächen von Metallen mit Wasser beschränkt. Vielmehr spielen sich solche Vorgänge ganz allgemein bei der Berührung zweier beliebiger Festkörper von unterschiedlichem chemischen Aufbau oder eines Festkörpers mit einer Flüssigkeit ab. Tauchen wir z. B. eine Paraffinkugel in staubfreies Wasser und ziehen sie anschließend wieder heraus, so erweist sich die Paraffinkugel als negativ, das Wasser als positiv geladen. Allgemein lädt sich der Körper mit der größeren Dielektrizitätszahl positiv auf. Die Ursache dieser Aufladung ist nach *Lenard* in den zwischen den Atomen wirkenden elektrischen Kräften zu suchen, welche Elektronen des einen Körpers zum anderen hinüberziehen. Da diese interatomaren Kräfte nur eine sehr kurze Reichweite haben, sich nämlich nur auf Bereiche von den Abmessungen der Moleküle, d. h. auf einige 10^{-8} cm erstrecken, machen sie sich besonders bemerkbar, wenn möglichst viele Atome oder Moleküle des einen Körpers an solche des anderen unmittelbar angrenzen. Eine wirksame innige molekulare Berührung kann man durch *Reibung* erzwingen.

Die zwischen den beiden Schichten auftretende Spannung, die sog. *Kontaktspannung* oder *Berührungsspannung*, ist von der Größenordnung 1 mV bis 1 V. Die elektrischen Feldlinien zwischen den Ladungen sind aber zunächst nur so lang wie die Molekülabstände. Trennen wir die Körper, so werden die Feldlinien auseinandergezogen, s. Abschn. 6.2.5. Die Spannung steigt mit dem Abstand auf Tausende von Volt. Dabei kann sogar Entladung durch Fünkchen einsetzen. Bekannt sind die beim Fahren eines Autos zwischen seinen Gummireifen und der Fahrbahn auftretenden Spannungen; entsprechende Spannungen können sich auch zwischen dem menschlichen Körper und der Erde beim Laufen mit Kreppsohlen, besonders auf Kunstfaserböden, ausbilden. Die Höhe der Spannung, die sich bei der Fortdauer derartiger reibender Bewegungen schließlich einstellt, nimmt mit zunehmender Leitfähigkeit der beteiligten Stoffe ab. Dadurch ist den Herstellerfirmen der Materialien die Möglichkeit gegeben, diese störenden, leider im Einzelnen sehr unübersichtlichen Erscheinungen heute in ihrem Ausmaß weitgehend herabzusetzen.

Auch bei der Berührung zweier Metalle tritt eine Berührungsspannung auf. Beim Auseinanderziehen der Metalle kann man jedoch praktisch keine höheren Spannungen erreichen. Das liegt daran, dass unmittelbar vor dem Abheben die vergrößerten Spannungen wegen der metallischen Leitung über die letzten Berührungsstellen noch ausgeglichen werden, sodass schließlich nur die geringe ursprüngliche Kontaktspannung übrigbleibt.

Trennt man eine Flüssigkeit von einem Gas, so findet man keine Aufladung. Zerreißt man jedoch die Wasseroberfläche, indem man etwa das Wasser durch einen heftigen Luftstrom zerstäubt, so erweisen sich die *feinsten Wasserstäubchen* als *negativ* und das *zurückbleibende Wasser* als *positiv* geladen. Dasselbe beobachtet man bei Wasserfällen. Die Erscheinung zeigt, dass in der Wasseroberfläche selbst eine elektrische Doppelschicht sitzt, und zwar bei Wasser mit der negativen Seite nach außen. Da die Wasserstäubchen aus der Oberfläche gerissen werden, erhalten sie eine negative Überschussladung.

Starke aufsteigende Luftströme vermögen auch große Regentropfen zu zerblasen, wobei der aus der Oberfläche stammende sehr feine, negativ geladene Wasserstaub nach oben mitgenommen wird, während die schweren positiven Tropfen nach unten sinken. So können zwischen verschiedenen Wolkenschichten Spannungen von Millionen Volt entstehen. Solche Vorgänge spielen bei der *Entstehung eines Gewitters* eine wesentliche Rolle.

6.4.6 Elektrokinetische Vorgänge. Elektrische Doppelschichten bilden auch die Ursache für viele *elektrokinetische Erscheinungen*. Sie treten vor allem bei Kolloidteilchen auf und sind eine wesentliche Vorbedingung für die Stabilität einer kolloidalen Lösung.

Füllt man eine Suspension von feinem Tonpulver in destilliertem Wasser in ein U-Rohr und legt ein Feld an, vgl. Abb. 6.47, so sieht man, wie die Tonteilchen zur Anode wandern, also negativ geladen sind. Diesen Vorgang nennt man *Elektrophorese*. Bei kolloidalen Teilchen kann man auf diese Weise das Vorzeichen ihrer Ladung bestimmen, und man

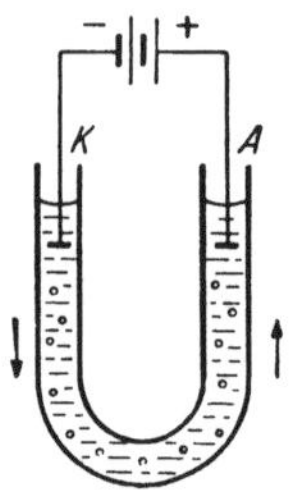

Abb. 6.47 Elektrophorese

spricht sinngemäß von *Kathaphorese* und *Anaphorese*. Kolloide mit verschiedener Wanderungsgeschwindigkeit lassen sich durch Elektrophorese trennen.

Ein Sonderfall der Elektrokinetik liegt vor, wenn der feste Körper festgehalten wird und nur die Flüssigkeit wandern kann. Bringt man z. B. in den linken U-Rohrschenkel von Abb. 6.47 ein sehr feines, poröses Material, das den ganzen Rohrquerschnitt ausfüllt, so wandern die geladenen Schichten des Wassers zur Kathode, sodass links die Wasseroberfläche ansteigt. Wegen der äußeren Ähnlichkeit mit den Wirkungen des osmotischen Drucks in der Pfeffer'schen Zelle, vgl. Abb. 5.12, bezeichnet man diesen Vorgang als *Elektroosmose*. Dieses Verfahren wird technisch zum Trocknen, z. B. von Torf oder Kaolin, benutzt.

In der Natur, vor allem bei Vorgängen im lebenden Organismus, spielen solche auf einer Aufladung beruhenden elektrokinetischen Erscheinungen eine große Rolle.

6.4.7 Thermospannungen. Schließen wir Drähte aus zwei verschiedenen Metallen zusammen (s. Abb. 6.48), so treten an den Berührungsflächen B_1 und B_2 durch den ungleichen Austausch von Elektronen Berührungsspannungen auf, s. auch Abschn. 6.4.5. Beide Spannungen sind entgegengesetzt gepolt und so lange gleich groß, wie die beiden „Lötstellen" auf gleicher Temperatur sind, sodass zwischen den Enden A_1 und A_2 keine Spannung entsteht.

Da aber die Berührungsspannungen eine merkliche Temperaturabhängigkeit besitzen, tritt beim Erwärmen der einen Lötstelle – z. B. B_1 in Abb. 6.48 – zwischen den Enden A_1 und A_2 eine Spannung auf, die *Thermospannung* U_{Th}. Sie wird nicht geändert, wenn wir noch beliebige andere Metalldrähte mit einschalten, solange nur die neuen zusätzlichen Lötstellen die gleiche Temperatur besitzen. Ein solches Metallpaar wird auch als *Thermoelement* bezeichnet. Seine Spannung wächst mit der Temperaturdifferenz zwischen den beiden Lötstellen, und zwar in kleinen Bereichen häufig proportional. Das Verhältnis von Thermospannung und Temperaturdifferenz nennt man auch *Thermokraft*

$$\eta = \frac{U_{\mathrm{Th}}}{\Delta T} . \tag{6.33}$$

Das System Wismut–Antimon hat mit $100\,\mu\mathrm{V/K}$ schon eine besonders große Thermokraft, es tritt dabei mit 100 K Temperaturdifferenz eine Thermospannung von 10 mV auf. Das System Kupfer–Konstantan hat nur $42\,\mu\mathrm{V/K}$.

Bei leitender Verbindung der beiden Enden des Thermoelementes fließt ein *Thermostrom* von der Stromstärke $I = U_{\mathrm{Th}}/R$, wobei R der gesamte Widerstand des Stromkreises ist.

Thermoelemente werden vielfach zu *Temperaturmessungen* benutzt. Man kann mit ihrer Hilfe auch an schwer zugänglichen Stellen die Temperatur messen und ferner wegen ihrer geringen Wärmekapazität ohne Störung auch kleine Objekte ausmessen (physiologische Untersuchungen). Außerdem lässt sich auf elektrischem Wege ein sehr großer Temperaturbereich erfassen. So eignet sich die Kombination von Platin mit einer Platin-Rhodium-Legierung für Messungen bis zu 1600 °C. Weitere Anwendungen findet man in Abschn. 7.5.2.

Schicken wir durch den aus zwei verschiedenen Metallen gebildeten Leiterkreis von Abb. 6.48, dessen Lötstellen die gleiche Temperatur besitzen, mithilfe einer in A_1 und A_2 von außen angelegten Spannung einen Strom, so beobachten wir an der einen Lötstelle eine Erwärmung, an der anderen eine Abkühlung. Diese Erscheinung stellt die Umkehrung des Thermoeffektes dar und wird als *Peltier-Effekt* bezeichnet.

Infolge des Peltier-Effektes beeinflusst jeder Thermostrom die ursprünglich ihn verursachende Temperaturdifferenz, und zwar verläuft die Temperaturveränderung durch den Thermostrom so, dass sie die ursprüngliche Temperaturdifferenz zu verkleinern sucht. (Prinzip des kleinsten Zwanges, s. Abschn. 5.4.1.) Wäre das umgekehrt, so würde jede zufällig entstehende Temperaturdifferenz infolge des Thermostromes vergrößert werden und hierdurch wieder einen stärkeren Thermostrom erzeugen, sodass sich Strom und Temperaturdifferenz gegenseitig aufschaukeln würden. So würde von selbst eine immer größere Temperaturdifferenz auftreten, was

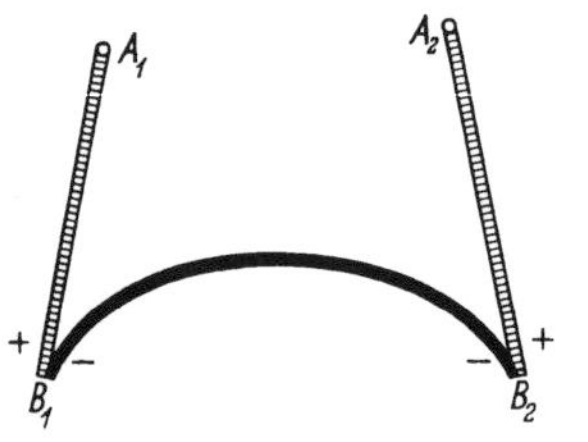

Abb. 6.48 Thermoelement

ein Widerspruch zum zweiten Hauptsatz der Wärmelehre wäre (Abschn. 5.2.6).

Bringen wir die Lötstellen B_1 und B_2 in zwei Wärmespeicher der festen Temperaturen T_1 bzw. $T_2 (T_1 > T_2)$ und schließen den Stromkreis, indem zwischen A_1 und A_2 ein Verbraucher, z. B. ein Elektromotor, geschaltet wird, so entsteht eine unbegrenzt laufende Wärmekraftmaschine (Abschn. 5.2.5). Der Thermostrom sorgt nämlich durch den Peltier-Effekt dafür, dass der wärmere Speicher T_1 die Wärmemenge Q_1 verliert, weil er die dortige abgekühlte Lötstelle auf konstanter Temperatur halten muss. Andererseits nimmt der kältere Speicher T_2 der in ihn eintauchenden, erwärmten Lötstelle die Wärmemenge Q_2 ab. $Q_1 - Q_2$ wird als elektrische Energie dem Motor zugeführt. Nach dem I. und II. Hauptsatz der Wärmelehre ist daher das Auftreten des Peltier-Effekts vorauszusehen.

Aufgaben

6.4.1 Eine einzige Zelle aus einer Taschenlampenbatterie hat die Leerlaufspannung $U_e = 1{,}5\,\text{V}$ und den Innenwiderstand $R_i = 0{,}2\,\Omega$. In der Batterie sind 3 Zellen parallel geschaltet. Wie ändert sich die Messkurve Klemmenspannung gegen entnommenen Strom, vgl. Abb. 6.12, für die Batterie gegenüber der für eine Zelle? Wie groß sind Leerlaufspannung und Kurzschlussstrom der Batterie?

6.4.2 Bei der Wasserzersetzung, vgl. Abb. 6.37, wird zwischen A und K noch ein Voltmeter geschaltet. Nachdem der Strom einige Zeit geflossen ist, ersetzt man zum Nachweis der elektrolytischen Polarisation (H_2, O_2) die äußere Spannungsquelle durch einen Kurzschluss. In welcher Richtung schlagen jetzt Volt- und Amperemeter aus?

6.4.3 Man stelle die Reaktionsgleichungen beim Laden und Entladen des Bleiakkumulators an Anode und Kathode auf.

6.4.4 Bei 20 °C wird die Diffusionsspannung zwischen der NaCl-Lösung I ($c_1 = 3\,\text{mol/l}$) und der NaCl-Lösung II ($c_2 = 0{,}1\,\text{mol/l}$) mit Kalomel-Elektroden gemessen, vgl. Abb. 6.46. Die Ionenbeweglichkeiten sind für Na^+ $0{,}45 \cdot 10^{-7}\,\text{m}^2/\text{Vs}$ und für Cl^- $0{,}68 \cdot 10^{-7}\,\text{m}^2/\text{Vs}$. Wie groß ist die Diffusionsspannung? Wo liegt der + Pol?

6.4.5 Um wie viel mV ändert sich bei 20 °C die Elektrodenspannung des Daniell-Elementes, vgl. Abb. 6.42, wenn die Konzentration der $CuSO_4$-Lösung verdoppelt wird?

6.4.6 Die eine Lötstelle eines Thermoelementes, das die Thermokraft $0{,}57\,\mu\text{V/K}$ hat, befindet sich in Eiswasser, die andere in einem Heizbad. Wie groß ist dessen Temperatur, wenn man eine Thermospannung von $81\,\mu\text{V}$ misst?

6.5 Elektrizitätsleitung in Gasen und im Vakuum

6.5.1 Unselbstständige Leitung. Die Versuche mit Metallen und Elektrolyten haben gezeigt, dass ein Strom in Festkörpern und Flüssigkeiten nur fließen kann, wenn darin frei bewegliche elektrische Ladungsträger vorhanden sind. Daher ist das *Hochvakuum* ein *idealer Isolator*. Aber auch atmosphärische Luft isoliert sehr gut. Legen wir an zwei in Luft befindliche Elektroden eine nicht zu hohe Spannung an, so beobachten wir keinen Strom. Erst wenn wir durch einen *weiteren* Vorgang Ladungsträger in das Gas hereinbringen, setzt ein Strom ein. Diesen Fall der *Elektrizitätsleitung* bezeichnet man als eine *unselbstständige Leitung*. Im Gegensatz dazu sprechen wir von einer *selbstständigen Leitung*, wenn der Strom durch das Anlegen der Spannung *von selbst* zustande kommt (Abschn. 6.5.5).

Um in einem Gase eine unselbstständige Leitung herbeizuführen, müssen wir daher Ladungsträger, Ionen oder freie Elektronen, erzeugen. Das kann z. B. durch Erhitzen des Gases oder durch Bestrahlen mit Röntgen- oder radioaktiver Strahlung geschehen (Abschn. 8.3.2).

Zur *Temperaturionisation* kommt es, wenn bei hohen Temperaturen die kinetische Energie der Moleküle so groß wird, dass beim Zusammenstoß Elektronen abgerissen oder mehratomige Moleküle in Ionen gespalten werden können. Infolgedessen sind *Flammen leitend*. Halten wir zwischen die Platten eines vorher aufgeladenen Kondensators ein brennendes Streichholz, so beobachten wir ein sofortiges Absinken der Spannung. Dasselbe ist der Fall, wenn wir ein radioaktives Präparat in die Nähe bringen oder Röntgenstrahlen durch den Kondensator hindurchschicken.

Erzeugen wir in einem Gase, etwa durch dauernde, konstante Bestrahlung, Ionen und legen zunächst kein Feld an, so werden sich infolge der Temperaturbewegung positive und negative Ladungsträger treffen und paarweise wieder vereinigen. Diese *Rekombination* der

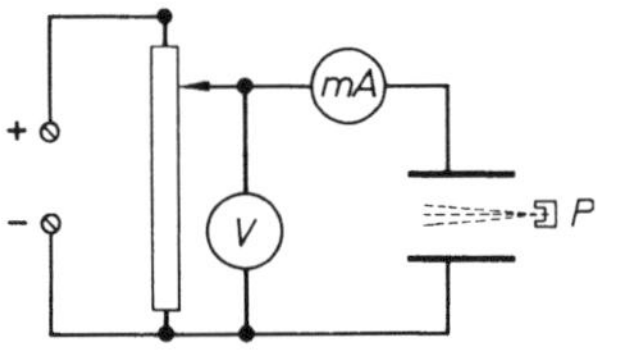

Abb. 6.49 Messung des Ionisationsstromes in Abhängigkeit von der Spannung

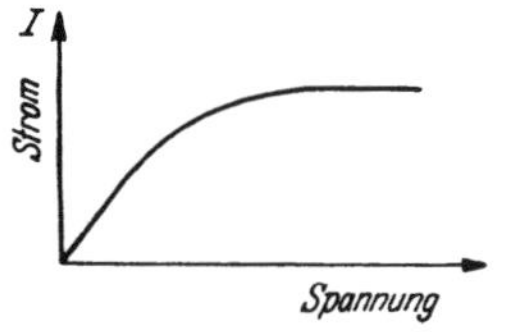

Abb. 6.50 Ionisationsstrom mit Sättigung

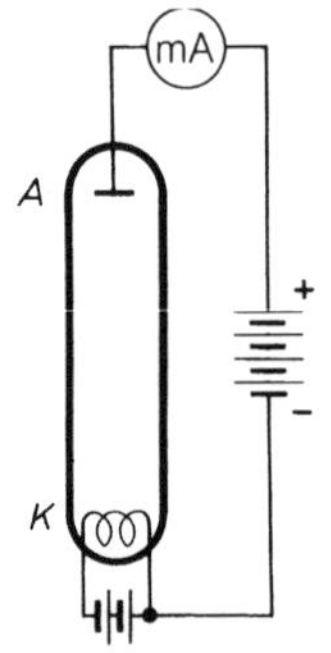

Abb. 6.51 Glühkathodenröhre, Diode

Ionen zu neutralen Molekülen führt dazu, dass die Zahl der durch Ionisation gebildeten Ionenpaare nicht beliebig ansteigt, sondern dass sich ein Gleichgewicht einstellt, bei dem in der Zeiteinheit genauso viele Ionenpaare neu erzeugt werden, wie durch Rekombination verschwinden.

Wir messen nun den Strom bei der unselbstständigen Leitung in Abhängigkeit von der Spannung mithilfe der in Abb. 6.49 gezeichneten Anordnung. *P* sei ein radioaktives Präparat, welches die Luft zwischen den Kondensatorplatten ionisiert. Legen wir eine allmählich steigende Spannung an, so beobachten wir den in Abb. 6.50 wiedergegebenen Stromverlauf. Zuerst steigt der Strom proportional mit der Spannung, dann aber langsamer an, um schließlich einen konstanten Wert anzunehmen, den sog. *Sättigungsstrom.* Diese *Strom-Spannungs-Kennlinie* erklärt sich folgendermaßen: Die Tatsache, dass zunächst das Ohm'sche Gesetz erfüllt ist, bedeutet nach den Überlegungen in Abschn. 6.3.4, dass die Wanderungsgeschwindigkeit der Ionen mit der Ladung *e* proportional der treibenden Kraft *eE* wächst. Die Ionen wandern mit Reibung durch das Gewimmel der umgebenden Luftmoleküle hindurch, und die Zahl der Ladungsträger im cm^3 wird durch die Abwanderung der Ionen bei kleinen Spannungen noch nicht merklich verkleinert. Der Sättigungswert des Stromes kommt dadurch zustande, dass bei genügend starken Feldern alle gebildeten Ionen an die Elektroden gelangen, bevor es zu einer Rekombination kommt. Der Sättigungsstrom gibt uns also die Gesamtladung der pro Sekunde gebildeten Ionen eines Vorzeichens an. Diese ist proportional zur „Intensität" der Fremdstrahlung, die sich auf diese Weise aus dem Sättigungsstrom in einer sog. *Ionisationskammer* messen lässt.

Wie wir in Abschn. 6.5.5 sehen werden, steigt bei weiterer Erhöhung der Spannung der Strom durch Stoßionisation erneut an.

An Stelle von Ionen können auch größere geladene Partikelchen, wie Staubteilchen, die Luft leitend machen. Davon macht die Technik bei der *elektrischen Staubreinigung* Gebrauch. Staubhaltige Abgase werden durch eine Koronaentladung (Abschn. 6.5.6) aufgeladen und dann durch große, auf hoher Spannung befindliche Kondensatoren geschickt, wobei die Partikelchen sich an den Platten niederschlagen.

6.5.2 Elektronenaustritt aus Metallen. Hochvakuum mit Gasdrücken unter 10^{-5} mbar isoliert zwei räumlich getrennte Metallplatten oder Elektroden vorzüglich. Es fließt kein Strom, wenn eine Spannung von einigen Hundert Volt zwischen ihnen liegt. Erst wenn wir künstlich Ladungsträger in das Hochvakuum hereinbringen, können wir einen Strom beobachten. Das kann auf verschiedene Weise geschehen.

1. Durch *Bestrahlung* der *Kathode* mit *ultraviolettem* Licht, das aus dem Metall Elektronen, sog. *Photoelektronen*, auslöst (Abschn. 7.6.1).

2. Durch *Glühen* der *Kathode*, wobei Elektronen, sog. *Glühelektronen*, austreten.

Innerhalb eines Metalles sind die Valenzelektronen, ähnlich wie die Moleküle eines Gases, zwar frei beweglich (Abschn. 6.3.5). Das Metall können sie aber nicht ohne weiteres verlassen, da sie an der Oberfläche durch rücktreibende Kräfte der positiven Metallionen festgehalten werden. Zur Ablösung eines Elektrons ist eine gewisse *Austrittsarbeit* aufzuwenden. Bringen wir das Metall zum Glühen, so wächst die kinetische Energie der Temperaturbewegung der Elektronen so an, dass mehr und mehr Elektronen aus dem Metall entweichen können. Dieser Vorgang entspricht ganz dem Verdampfen von Molekülen an der Flüssigkeitsoberfläche mit zunehmender Temperatur. Überzieht man das Metall mit einer dünnen Schicht eines Erdalkalioxids, sog. *Oxidkathode*, so treten Elektronen schon bei wesentlich tieferen Temperaturen (600 °C) als bei reinen Metallen aus, da die Austrittsarbeit jetzt kleiner ist.

Bringen wir in einem hochevakuierten Rohr die Kathode, meist einen Wolframdraht, mithilfe eines Heizstromes zum Glühen, s. Abb. 6.51, so werden die austretenden Elektronen zur Anode *A* gezogen, und ein eingeschalteter Strommesser zeigt einen Strom von einigen Milliampere an. Machen wir den Glühdraht zur Anode, so fließt kein Strom. Wir erkennen daraus, dass aus dem Glühdraht nur Elektronen, aber nicht etwa positive Ionen, frei werden. Eine solche *Glühkathodenröhre* lässt also den Strom nur in einer Richtung durch, wirkt deshalb bei Wechselspannung als *Gleichrichter*.

Mit wachsender Anodenspannung steigt bei reiner Wolframkathode die Stromstärke in dieser sog. *Hochvakuumdiode* bis zu einem Sättigungswert an, der von der Kathodentemperatur abhängt. Er ist nach der Richardson-Gleichung proportional $T^2 \exp(-W_a/kT)$, wobei die Austrittsarbeit ist. Wie in der Ionisationskammer (Abschn. 6.5.1) wandern bei genügend hoher Anodenspannung alle erzeugten Ladungsträger, das sind hier die von der Kathode austretenden Elektronen, zur entgegengesetzt geladenen Elektrode. Ist die Anodenspannung aber niedriger, bremsen die unmittelbar vor der Kathode noch sehr langsamen Elektronen durch elektrische Kräfte den Austritt der folgenden, sodass die Stromstärke kleiner wird. Man spricht von *Raumladungen*, die den Strom begrenzen. In diesem Teil der Strom-Spannungs-Kennlinie einer Hochvakuumdiode gilt nicht das Ohm'sche Gesetz wie in der Ionisationskammer, sondern I ist proportional $U^{3/2}$. Bei der Halbleiterdiode ist zwar die Strom-Spannungs-Kennlinie auch keine Gerade, folgt aber einem Exponentialgesetz (Abschn. 6.3.6).

6.5.3 Triode. Eine Anwendung findet die Glühkathodenröhre bei der Steuerung von Strömen. Legen wir an die zusätzliche mittlere Elektrode, das Gitter G einer sog. *Dreielektrodenröhre* oder *Triode*, s. Abb. 6.52, gegen die Kathode eine hohe negative Spannung, so werden die von der Kathode austretenden Elektronen daran gehindert, die Öffnungen des Gitters zu passieren; es fließt überhaupt kein Strom. Wenn wir diese negative Gitterspannung verringern – gemeint ist damit, wie bei allen Spannungsangaben in einer Elektronenröhre, die Spannung zwischen dem genannten Punkt und der Kathode –, beginnt ein Strom zu fließen, da jetzt elektrische Feldlinien von der Anode bis zur Kathode durchgreifen und dadurch Elektronen von dort bis zur Anode gelangen. Bei genügend hohen positiven Gitterspannungen werden überhaupt keine Elektronen mehr vor dem Gitter umkehren, der Strom erreicht einen Höchstwert. Man bezeichnet diese für die betreffende Elektronenröhre charakteristische Strom-Spannungskurve als die Gitterspannungskennlinie, s. Abb. 6.53. Sie gilt für eine bestimmte Anodenspannung und verschiebt sich, wenn diese höher eingestellt wird, nach links.

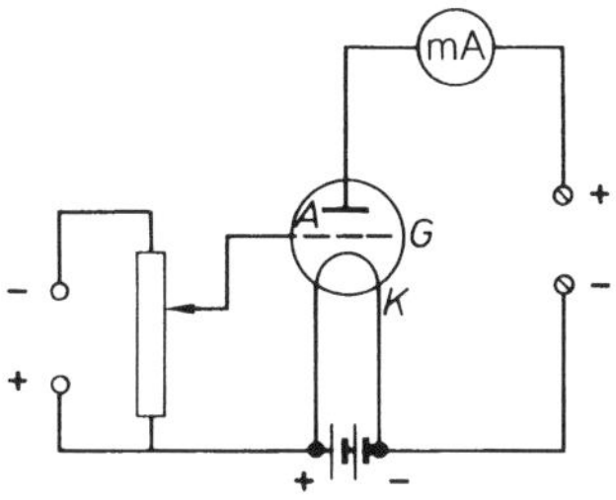

Abb. 6.52 Triode

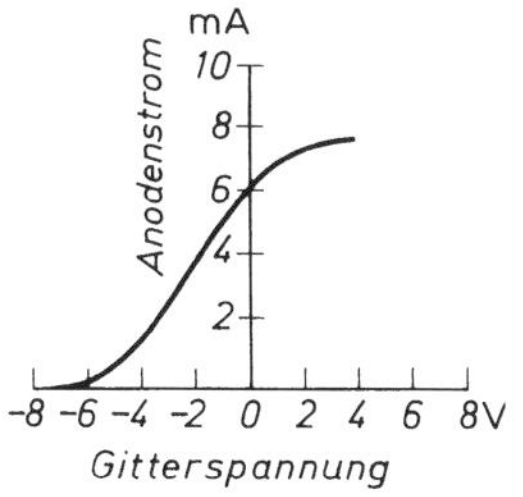

Abb. 6.53 Gitterkennlinie einer Triode

Wichtig ist, dass bei negativer Gitterspannung *kein Gitterstrom* fließt. Man benutzt daher die Triode als *Röhrenvoltmeter*, das einer zwischen Gitter und Kathode angeschalteten unbekannten Spannungsquelle keinen Strom entnimmt, d. h. als Voltmeter mit unendlich hohem Innenwiderstand arbeitet (Abschn. 6.1.4). Als Messgröße für die gesuchte Spannung wird die Änderung des Anodenstromes entsprechend der Gitterspannungs-Kennlinie benutzt und angezeigt.

Die meisten Röhren sind mit *indirekter Heizung* ausgerüstet (bessere Elektronenausbeute, Äquipotentialkathode); der Heizstrom durchfließt einen besonderen Heizfaden, der die eigentliche Kathode, einen außen mit Erdalkalioxid überzogenen Metallzylinder, von innen so weit erwärmt, dass Elektronen austreten (Abschn. 6.5.2). Bei einer solchen Röhre erreicht der Anodenstrom auch bei höheren positiven Gitterspannungen praktisch keinen Sättigungswert, da der Elektronenstrom durch die Erdalkalioxidschicht fließen muss und sie zusätzlich erwärmt.

Die Gitterspannung *steuert* den Anodenstrom, und zwar mit einer außerordentlich kleinen Zeitkonstanten. Die Triode dient daher allgemein zur *Verstärkung* von Signalen, die eine Gitterspannungs*änderung* verursachen. Durch die elektronische Steuerung führt diese zu einer Änderung des Anodenstromes, die durch einen Anodenwiderstand in eine verstärkte Spannungsänderung umgesetzt wird. Wir wollen Verstärkerschaltungen mit Trioden und Transistoren nebeneinander stellen.

Dabei müssen wir zwischen *Spannungs-* und *Leistungs*verstärkern unterscheiden. Im ersten Fall soll eine bestimmte Änderung der Gitterspannung U_G eine möglichst große Spannungsänderung auf der Anodenseite zur Folge haben. Dies lässt sich in der Schaltung der Abb. 6.52 nicht erreichen, da sich dort nur der Anoden*strom* mit der Gitterspannung ändert. Man legt deshalb bei einem Spannungsverstärker einen hohen Widerstand R_A zwischen die Anodenspannungsquelle und die Anode der Röhre, an dem der durch U_G gesteuerte Anodenstrom einen Spannungsabfall erzeugt, s. Abb. 6.54. Diese Spannung kann man wieder an das Gitter einer zweiten Röhre legen, die sie in der gleichen Weise verstärkt usw. (mehrstufige Verstärker).

Die Kondensatoren C_1, C_2 und C_3 sind für Gleichstrom undurchlässig und erlauben nur die Übertragung von Wechselspannungen (Abschn. 6.7.2). Auf diese Weise wird z. B. die Anoden*gleich*spannung der Röhre I vom Gitter der Röhre II ferngehalten, während die *Än-*

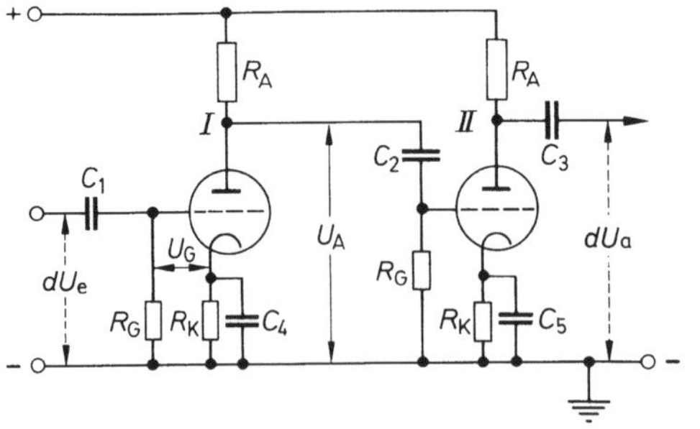

Abb. 6.54 Zweistufiger Spannungsverstärker mit Triodenröhren

derungen von U_A über C_2 als Gitterspannungsänderungen der Röhre *II* wirksam und weiterverstärkt werden. Der *Arbeitspunkt* der Röhren auf der Gitterkennlinie, Abb. 6.53, wird durch die „Kathodenwiderstände" R_K eingestellt, an denen der Anodenstrom einen Spannungsabfall erzeugt. Die gesamte Gitterspannung U_G setzt sich also zusammen aus der Gitter*gleich*spannung, die an R_K liegt, und der von außen am Widerstand R_G zugeführten Gitter*wechsel*spannung. Die Heizkreise der Röhren sind der Einfachheit halber nicht mitgezeichnet.

Für die Leistungsverstärkung genügt durchweg eine Stufe. Der Leistungsverbraucher (Lautsprecher, Messinstrument usw.) liegt dann als Außenwiderstand im Anodenkreis der Röhre. Die beste Leistungsausbeute hat man, wenn der Verbraucherwiderstand gleich dem inneren Widerstand (Anodenspannungsänderung/Anodenstromänderung) der Röhre im Arbeitspunkt ist (Anpassung).

Wir betrachten für den zweistufigen Spannungsverstärker von Abb. 6.54 noch die äquivalente Schaltung mit *Transistoren*. Die Polarität der Speisespannung in Abb. 6.55 gilt für Transistoren vom *pnp*-Typ (Abschn. 6.3.7). Im Gegensatz zur Röhrenschaltung wird hier der Kollektorstrom I_C auf einen geeigneten Wert als Arbeitspunkt eingestellt, indem die Basis-Emitter-Spannung U_{BE} durch die Spannungsteiler $R_1 R_2$, bzw. $R_3 R_4$ ohne Signal entsprechend festgelegt wird. Man wählt dazu einen Punkt auf dem nahezu geraden Teil der Übertragungskennlinie, vgl. Abb. 6.41. Die Signalspannung dU_e steuert die Basis-Emitter-Spannung ebenso wie bei der Röhre die Gitter-Kathoden-Spannung, auch die verstärkte Spannung dU_a wird hier in derselben Weise abgenommen.

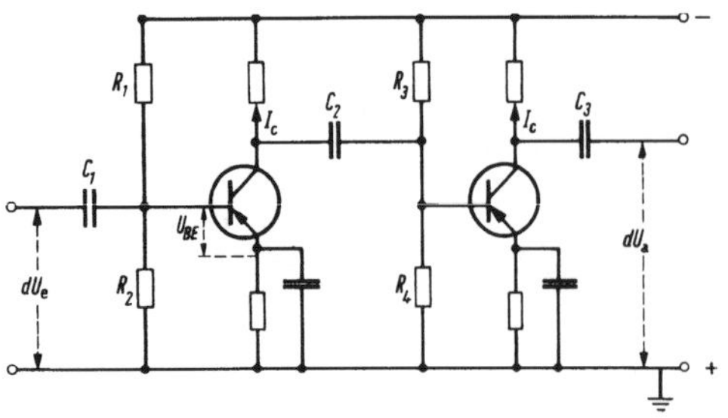

Abb. 6.55 Zweistufiger Spannungsverstärker mit Transistoren

6.5.4 Elektronenstrahlen, Braun'sche Röhre, Oszillograph.

Elektronenstrahlen, Braun'sche Röhre, Oszillograph. Ist das Rohr einer Diode genügend evakuiert, so stoßen die Elektronen auf ihrem Weg zur Anode nicht mit den restlichen Luftmolekülen zusammen. Sie bewegen sich daher nicht wie Ionen in Luft infolge der Reibung mit konstanter Geschwindigkeit (Abschn. 6.5.1), sondern sie laufen unter dem Einfluss der konstanten Kraft $F = Ee$ mit konstanter Beschleunigung durch das elektrische Feld $E = U/d$. Hierbei ist U die Spannung zwischen den Elektroden, d deren Abstand (Abschn. 6.2.3). Ihre Bewegung entspricht also dem freien Fall. Auf dem Wege von der Kathode zur Anode wird der Energiebetrag eU (Abschn. 6.3.1) restlos in kinetische Energie umgewandelt. Durchfliegt also ein Elektron aus der Ruhe heraus in einer Bahn die Spannung U, so ergibt sich seine Endgeschwindigkeit v aus der grundlegenden Beziehung

$$\frac{m}{2}v^2 = eU\,. \tag{6.34a}$$

Treffen die Elektronen auf die Anode, so werden sie dort abgebremst, und ihre kinetische Energie wandelt sich in Wärme um.

In der Atomphysik benutzt man allgemein als *Energiemaß* das *Elektronvolt* (eV) und versteht darunter die Energie, die ein Elektron oder ein ein-wertiges Ion beim freien Durchlaufen einer Spannung von 1 Volt erhält. Die Elektronenladung ist als Elementarladung nach der Öltröpfchen-Methode (Abschn. 6.2.7) oder aus Faraday'scher und Avogadro'scher Konstante (Abschn. 6.3.3) bekannt. Daher ist

$$1\,\text{eV} = 1{,}602 \cdot 10^{-19}\,\text{J}\,. \tag{6.34b}$$

Die sog. *spezifische Ladung* e/m des Elektrons bestimmt man durch Ablenkung des Elektronenstrahles im Magnetfeld (Abschn. 6.6.3.2). Es ergibt sich

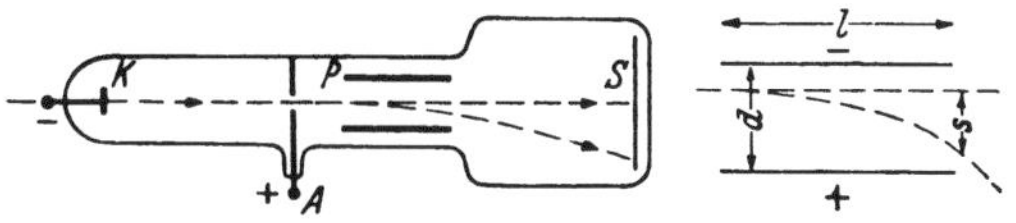

Abb. 6.56 Elektrische Ablenkung von Elektronenstrahlen

$e/m = 1{,}759 \cdot 10^{11}$ C/kg. Damit lässt sich die Geschwindigkeit der Elektronen nach Gleichung (6.34a) direkt aus der angelegten Spannung U mittels der Beziehung $v = \sqrt{2eU/m}$ berechnen. Für Spannungen von 100 bzw. 1000 V findet man Geschwindigkeiten von fast 6000 bzw. 19 000 km/s. Das sind 2% bzw. 6% der Lichtgeschwindigkeit.

Durchbohren wir die Anode, s. Abb. 6.56, so fliegen Elektronen durch das Loch in den dahinterliegenden Raum. Dorthin setzen wir einen mit einer fluoreszierenden Masse bestrichenen Schirm S und erkennen dann die Auftreffstelle des Elektronenbündels am Aufleuchten (Fernsehschirm). Dabei zeigt sich, dass die Elektronen in dem feldfreien Raum hinter der Anode geradlinig weiterlaufen. Diese sog. *Elektronenstrahlen* – aus historischen Gründen auch *Kathodenstrahlen* genannt – können wir durch ein transversales elektrisches Feld ablenken. Dazu stellen wir einen Plattenkondensator P, an dem eine Spannung U_P liegt, hinter die Anode, s. Abb. 6.56. In ihm erfährt jedes Elektron eine konstante Kraft eE und daher nach dem Grundgesetz der Mechanik eine konstante Beschleunigung a auf die positive Kondensatorplatte zu, von der Größe $a = F/m = eE/m = eU_P/md$ (d der Abstand der Platten). Das Elektron beschreibt daher eine Parabelbahn, genauso wie ein waagerecht abgeschossener Körper, der unter dem Einfluss der Erdanziehung eine konstante senkrechte Beschleunigung erfährt.

Der Fallstrecke entspricht hier die Ablenkung $s = at^2/2$, wo $t = l/v$ die Laufzeit des Elektrons im Kondensator, l die Länge des Kondensators und v die Eintrittsgeschwindigkeit bedeuten. Die *Ablenkung s* ist danach *proportional* der *Kondensatorspannung* U_P, sodass grundsätzlich die Möglichkeit besteht, auf diese Weise U_P zu messen.

Elektronenoptik. Schickt man ein von einem „Punkt“ ausgehendes Elektronenbündel durch ein rotationssymmetrisches elektrisches Feld, das z. B. durch die Spannungen an den drei Lochblenden von Abb. 6.57 erzeugt wird, so vereinigt es sich dahinter wieder in *einem* Punkte, den wir als *Bildpunkt* der ursprünglichen Elektronenquelle betrachten können. Die elektrischen Feldlinien laufen senkrecht zu den eingezeichneten Äquipotentiallinien und üben solche Kräfte auf ein leicht divergent einfallendes Elektronenbündel aus, dass es wieder zusammengeführt oder dahinter gesammelt wird. Das elektrische Feld wirkt also wie eine *elektrische Sammellinse*. Die Abbildungsgesetze für Elektronenstrahlen entsprechen weitgehend den aus der geometrischen Optik bekannten, sodass die Elektronenoptik ähnlich wie die geometrische Optik behandelt werden kann (Abschn. 7.2.2ff.).

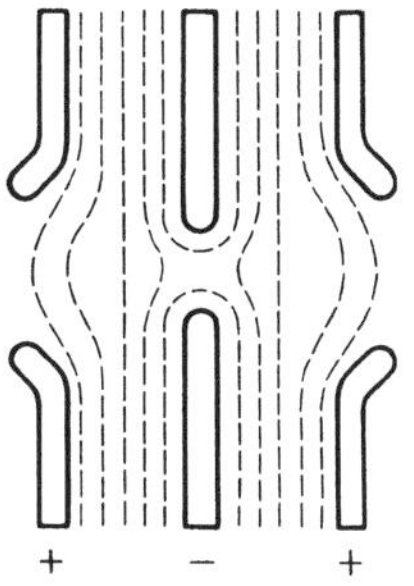

Abb. 6.57 Elektrische Linse mit Äquipotentiallinien

Elektrische und auch magnetische Linsen mit sehr kurzer Brennweite werden im *Elektronenmikroskop* benutzt, vgl. Abschn. 7.3.6, Abb. 7.50.

Auch in der *Braun'schen Röhre*, deren Anwendung im Fernsehgerät wohlbekannt ist, bildet eine elektrische Linse elektronenoptisch eine kleine Irisblende auf dem Bildschirm ab. Sie befindet sich vor der Glühkathode als Abschluss des diese umgebenden *Wehnelt-Zylinders* und stellt den „Gegenstand“ dar, der Elektronen aussendet. An ihm liegt eine gegen die Kathode negative Spannung, sodass die Iris auch noch als „Helligkeitsblende“ wirkt. Der durchtretende Elektronenstrom wird nämlich mit steigender negativer Spannung am Wehnelt-Zylinder immer schwächer, die Helligkeit des Bildes sinkt entsprechend.

Ausgelenkt wird das Elektronenbündel und damit der Bildpunkt, d. h. das kleine Irisbild, vertikal und horizontal durch zwei entsprechend angebrachte Plattenkondensatoren. Ein derartiger Kondensator wurde schon in dem übersichtlichen Prinzipversuch ohne elektronenoptische Abbildung von Abb. 6.56 benutzt.

Von großer Bedeutung für die Messtechnik ist die Benutzung der Braun'schen Röhre im *Kathodenstrahloszillographen* (KO). Infolge ihrer außerordentlich geringen Masse folgen die Elektronen praktisch ohne merkliche Trägheit jeder Kraft. So stellt sich das Elektronenbündel auch bei hohen Frequenzen der an den Kondensator angelegten Spannung (10 MHz) noch nach dem Momentanwert des Feldes ein. Man kann daher mithilfe dieses Oszillographen auch schnelle Spannungsschwankungen erkennen und sichtbar machen. Dazu legt man die Spannung, deren zeitlichen Verlauf man darstellen will, an den vertikalen Ablenkkondensator, während am waagerechten die Spannung zeitlich linear ansteigt und dann sehr schnell wieder den Anfangswert annimmt (Sägezahnspannung). Sollen periodische Spannungsänderungen angezeigt werden, so erhält man ein stehendes Bild auf dem Schirm, wenn die horizontale Ablenkzeit ein ganzzahliges Vielfaches der Periodendauer beträgt. Statt dieser *Synchronisation* wird heute die Sägezahnspannung *getriggert*, indem ein wählbarer Wert der Signalspannung sie anlaufen lässt. Sie stoppt nach dem Durchlaufen des Bildes so lange, und der Bildschirm bleibt dunkel, bis der eingestellte Wert im periodischen Signal wieder erscheint. – Als *Zeitbasis* bezeichnet man die Zeit, in welcher der Bildfleck horizontal 1 cm zurücklegt. Sie wird geeignet gewählt, indem man die Anstiegszeit der Sägezahnspannung ändert. Damit lässt sich von der angelegten Wechselspannung die Schwingungsdauer oder Frequenz bestimmen.

Die Verwendung einer Glühkathodenröhre als Röntgenröhre behandeln wir in Abschn. 7.5.7.

6.5.5 Glimmentladung

6.5.5.1 Die Erscheinung. Legen wir an die beiden kalten Elektroden eines etwa 50 cm langen, mit Luft unter gewöhnlichem Druck gefüllten Glasrohres eine Spannung von rund 1000 Volt, so fließt kein Strom. Erst wenn wir Luft abpumpen, beobachten wir bei einem Druck von etwa 50 mbar einen elektrischen Strom und Leuchterscheinungen im Gas. Erreicht der Druck etwa 1 mbar, so sieht man eine eigentümliche Schichtung der leuchtenden Entladung mit folgenden charakteristischen Zonen, s. Abb. 6.58. Die Kathode ist mit einer dünnen, rosa bis violett leuchtenden *Glimmhaut* überzogen, dann kommt ein erster Dunkelraum, dahinter eine leuchtende Zone, das sog. *negative Glimmlicht*, dann ein zweiter Dunkelraum und schließlich die den Rest des Rohres bis zur Anode ausfüllende, rot leuchtende sog. *positive Säule*. Dieser auch *Plasma* genannte Bereich enthält positive Ionen und Elektronen in hoher und gleicher Konzentration. Bei weiterem Abpumpen zieht sich die positive Säule zur Anode hin zusammen und verschwindet schließlich ganz. Dafür breitet sich das negative Glimmlicht weiter aus, wird aber immer schwächer, sodass schließlich (bei etwa 10^{-2} mbar) jede Lichterscheinung im Innern des Rohres aufhört. Dafür leuchten die der Kathode gegenüberliegenden Glaswände in grünlichem Fluoreszenzlicht auf. Diese nur bei kalten Elektroden auftretende Elektrizitätsleitung in Gasen von niedrigem Druck wird als *Glimmentladung* bezeichnet.

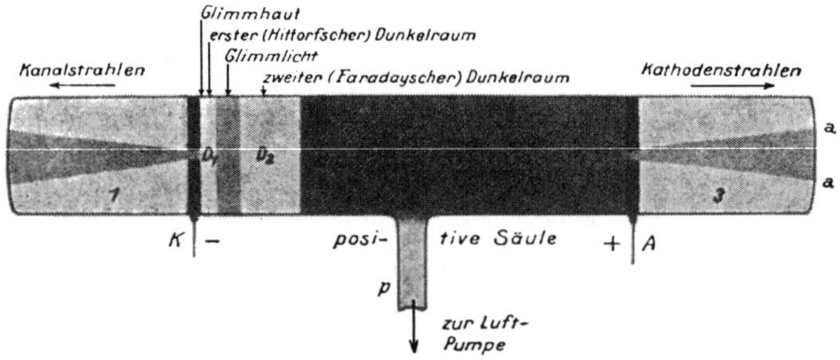

Abb. 6.58 Schema einer Glimmentladung (nach *Pohl*)

6.5.5.2 Stoßionisation. Es erhebt sich zunächst die Frage, warum in einem Gase bei niederem Druck eine *selbstständige Elektrizitätsleitung* zustande kommt, bei höherem Druck dagegen nicht. Jedes Gas enthält von vornherein eine sehr kleine Zahl von Ionen und Elektronen. So sind in $1\,\text{cm}^3$ Luft ungefähr 1000 Ionen vorhanden, ein im Vergleich zur Gesamtzahl von $3 \cdot 10^{19}$ Moleklen pro cm^3 verschwindend geringer Anteil. Diese Ionen verdanken ihre Entstehung der überall vorhandenen radioaktiven, bzw. kosmischen Strahlung. Beim Einschalten eines Feldes laufen die Ionen und Elektronen auf die Elektroden zu. Werden sie auf dem Wege zwischen zwei Zusammenstößen mit elektrisch neutralen Molekülen genügend beschleunigt, so können Elektronen oder in geringerem Maße auch Ionen beim Aufprallen auf ein Molekül diesem ein Elektron entreißen, d. h. das Molekül ionisieren. Durch diese *Stoßionisation* entstehen weitere Ladungsträger, die im Felde wieder beschleunigt werden und ihrerseits zusätzlich neue Träger erzeugen. So schwillt der Strom zunächst lawinenartig an. Zur Ladungsträgerproduktion der selbstständigen Leitung ist das Einsetzen der Stoßionisation eine Voraussetzung. Bei hohem Druck, d. h. bei größerer Dichte, können die Elektronen oder Ionen die zur Stoßionisation erforderliche kinetische Energie auf den kurzen freien Wegstrecken nicht aufsammeln. Sie geben die dabei gewonnenen kleinen Energiebeträge immer wieder als kinetische Energie an die neutralen Moleküle ab und laufen dabei durch das Gas mit einer im Mittel gleichbleibenden Driftgeschwindigkeit, wie eine Kugel durch ein viskoses Medium (Abschn. 3.5.3 u. 6.5.1). Umgekehrt haben bei sehr geringem Druck die Ladungsträger auf ihrer Bahn keine Gelegenheit, neutrale Moleküle zu treffen und zu ionisieren. Daher kommt weder in Luft von Atmosphärendruck noch in einem hinreichend verdünnten Gas (Vakuum) eine selbstständige Elektrizitätsleitung zustande.

Im Einzelnen ist der nach der Zündung sich einstellende *stationäre Zustand* bei der selbstständigen Leitung folgendermaßen zu beschreiben: Wie man durch Messung feststellen kann, ist der Spannungsabfall zwischen Anode und Kathode wegen der freien Ladungsträger im Rohr (Raumladung) nicht gleichmäßig. Vielmehr ändert sich die Spannung besonders stark vor der Kathode, sodass dort die elektrische Feldstärke besonders hoch ist. Dieser sog. *Kathodenfall* liegt im Bereich des ersten Dunkelraumes. Die positiven Ionen schlagen daher mit großer Energie auf die Kathode auf und können aus der Oberfläche Elektronen herausschlagen; deshalb beobachten wir hier auch die leuchtende Glimmhaut. Ferner vermögen die Ionen auch ganze Metallatome aus der Kathode herauszuwerfen, die sich dann auf den Wänden des Entladungsrohres niederschlagen. Mithilfe dieser *Kathodenzerstäubung* kann man auf Glas und anderen Unterlagen sehr dünne Metallüberzüge herstellen. Die aus der Kathode stammenden Elektronen erhalten im Kathodenfall eine große Geschwindigkeit, erzeugen durch Stoßionisation, wie oben besprochen, Ersatz für die abwandernden Ionen und sind so für die Aufrechterhaltung der Leitung unerlässlich. Die für die Glimmentladung wichtige Partie ist also der Kathodenfall, während die positive Säule dafür keine entscheidende Bedeutung hat.

Der Kathodenfall hat für jedes Gas und jedes Elektrodenmaterial eine charakteristische Größe, die für Edelgase besonders niedrig liegt. Eine gewöhnliche Glimmlampe (Neonfüllung und Eisenelektrode mit einem Überzug von metallischem Barium) hat einen so geringen Kathodenfall, dass sie bereits am Lichtnetz von 220 Volt brennt. Ein Vorschaltwiderstand ist bereits eingebaut, der die Stromstärke begrenzt, indem die Spannung an der Röhre um den Spannungsabfall an ihm herabgesetzt wird. Dadurch stellt sich schnell ein stationäres Gleichgewicht ein, bei dem stets dieselbe Zahl von Ladungsträgern durch Stoßionisation und Emission der Kathode neu entsteht, die gleichzeitig an den Elektroden verschwindet.

Die als Lichtquellen verwendeten *Leuchtstoffröhren* sind außerdem an den Wänden mit fluoreszierenden Stoffen ausgekleidet, sodass die UV-Strahlung weitgehend in sichtbares Licht umgewandelt wird (Abschn. 7.5.5). Die Lichtausbeute dieser Lichtquellen ist erheblich größer als die der Metallfadenlampen, bei denen der größere Teil der elektrischen Energie in Wärme umgewandelt wird, bzw. in unsichtbare Wärmestrahlung (Abschn. 7.5.3).

6.5.5.3 Kanalstrahlen, Ionenquellen. Ist die Kathode durchbohrt, so beobachtet man dahinter ein schwach leuchtendes feines Strahlenbündel, das von einer die „Kanäle“ der Kathode durchsetzenden „Teilchenstrahlung“ stammt, s. Abb. 6.58. Wir sprechen daher von *Kanalstrahlen*. Ablenkungsversuche im elektrischen und magnetischen Felde zeigen, dass es sich hier nicht um Elektronen, sondern um viel schwerere und langsamere Teilchen, nämlich um die durch Stoßionisation zwischen Anode und Kathode gebildeten und auf die Kathode zulaufenden positiven Ionen handelt.

Es war die Bestimmung der Ladung und Masse von Kanalstrahlteilchen, die zuerst gezeigt hat, dass die meisten Elemente Atome verschiedener Massen in für die Erdmaterie genau konstant bleibendem Verhältnis enthalten, also *Mischelemente* sind. Atome, die sich bei gleicher Ordnungszahl (Abschn. 8.1.3) lediglich durch ihre Massenzahl unterscheiden, nennt man *Isotope*. Sie sind in allen chemischen und physikalischen Eigenschaften, die nicht von der Masse abhängen, praktisch gleich.

Die Bestimmung der Masse der einzelnen Isotope erfolgt mithilfe des *Massenspektrographen*. Schickt man ein Ionenbündel durch ein elektrisches Feld, s. Prinzipschaltung Abb. 6.59, so beschreiben die Ionen eine

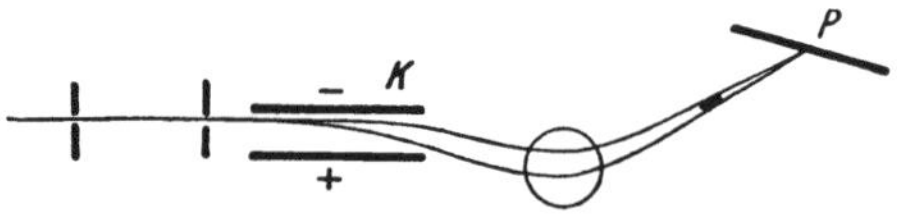

Abb. 6.59 Prinzip des Massenspektrometers

Parabelbahn und beim Durchlaufen des darauf folgenden magnetischen Feldes einen Kreisbogen (Abschn. 6.6.3). Bei richtig gewählten Abmessungen vereinigen sich alle Ionen mit gleichem e/m in einer Stelle auf der photographischen Platte P. Moderne Massenspektrometer arbeiten mit elektrischen und magnetischen Sektorfeldern, die *ionenoptisch* einen Eintrittsspalt auf die Photoplatte abbilden. Sie sammeln dort Ionen derselben Art, die durch den Spalt verteilt über einen größeren Bereich von Austrittswinkel und Geschwindigkeit eintreten (Doppelfokussierung). Es entstehen dann durch unterschiedliche Ablenkungen der Isotopen Spektrallinien der verschiedenen Massen, in Analogie zum Spektrum der Lichtwellenlängen (Abschn. 7.4.3). Aus den Abständen folgt das Massenverhältnis der einzelnen Isotope. Als *Ionenquelle* kann eine Gasentladungsstrecke mit günstigem Gasdruck dienen, aus der Ionen meist durch ein elektrisches Zusatzfeld seitlich extrahiert und dem Eintrittsspalt zugeführt werden.

6.5.5.4 Kathodenstrahlen. Bei sehr vermindertem Druck, wenn die positive Säule verschwunden ist, entsteht das schon erwähnte grüne Fluoreszenzleuchten der Wand hinter der Anode. Es rührt von Elektronen her, die im Kathodenfall beschleunigt werden und dann geradlinig weiterfliegen. Zuerst wurden die Kathodenstrahlen auf diese Weise beobachtet; *Lenard*[4] ließ sie durch eine dünne Aluminiumfolie in die freie Luft austreten. Für technische Zwecke werden heute Elektronenstrahlen durch Glühemission hergestellt (Abschn. 6.5.4).

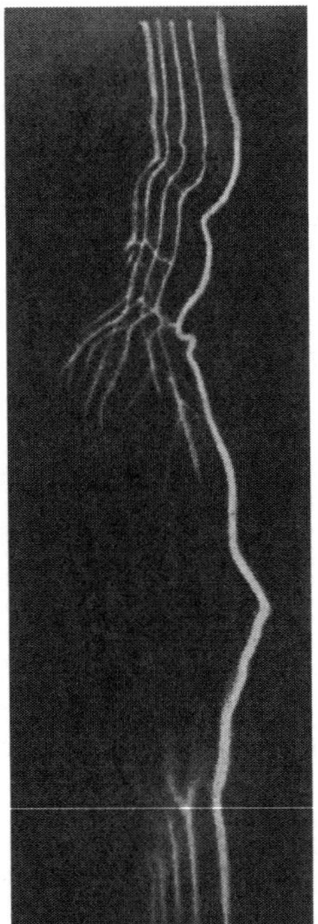

Abb. 6.60 Ausbildung einer Funkenentladung nach *Walter* (Aufnahme mit bewegter Platte)

6.5.6 Elektrizitätsleitung bei höheren Drücken. Die hier auftretenden Erscheinungen der *selbstständigen Elektrizitätsleitung* kommen in der Natur und in der Technik sehr häufig vor. Wir betrachten einige charakteristische Fälle.

6.5.6.1 Korona- und Spitzenentladung. In der Umgebung eines auf einige kV aufgeladenen Leiters mit scharfen Kanten oder Spitzen beobachtet man im Dunkeln, dass er sich mit einer bläulichrot leuchtenden Glimmhaut überzieht. Gleichzeitig hört man ein feines sausendes Geräusch. Man spricht von einer *Korona-Entladung*. An Hochspannungs-Fernleitungen wird sie und der damit verbundene Leistungsverlust dadurch weitgehend vermieden, dass man deren Spannung nicht höher als 380 kV wählt.

Die Erscheinung beruht darauf, dass an Kanten und Spitzen, wie wir schon in Abschn. 6.2.6 gesehen haben, besonders starke elektrische Felder auftreten, die zur sog. *Feldemission* von Elektronen aus dem Metall und in der Umgebung zu Stoßionisation führen. Die Elektrode zieht dann die Träger von ungleichnamiger Ladung an. Die gleichnamig geladenen Träger werden abgestoßen und reißen durch innere Reibung neutrale Luftmoleküle mit. So entsteht das sausende Geräusch des sog. *elektrischen Windes*. Die feinen Lichtbüschel sind im Freien, wenn in der Atmosphäre besonders hohe Spannungen bestehen, als *Elmsfeuer* an Schiffsmasten beobachtbar.

6.5.6.2 Büschel- und Funkenentladung. Steigert man bei höherem Druck die Spannung zwischen zwei angespitzten Elektroden, so wird der Bereich der Stoßionisation räumlich immer größer, und man sieht von ihnen leuchtende, verästelte Bündel in den Raum vordringen. Mit wachsender Spannung überbrücken sie schließlich den ganzen Raum zwischen den Elektroden. Wir erhalten einen plötzlichen Durchbruch, einen *Funken*, s. Abb. 6.60. Dabei

[4] *Philipp Lenard*, 1862–1947, Professor in Heidelberg, Nobelpreis für Physik.

treten kurzzeitig sehr große Stromstärken auf. Die starke Ionisation des Gases in der Entladungsbahn ergibt ein blendendes Licht. Die hohe Stromstärke führt zu einer plötzlichen Erwärmung des Gases. Der dadurch entstehende Überdruck gleicht sich in Form einer Druckwelle aus, die wir als Knall wahrnehmen. Eine Funkenentladung größten Ausmaßes stellt der *Blitz* dar, bei dem Spannungen von vielen Millionen Volt ausgeglichen werden.

Die Spannung, bei der die Funkenentladung einsetzt, hängt von Form und Abstand der Elektroden ab. So ist z. B. die sog. *Funkenschlagweite* bei 20 kV zwischen zwei Kugeln mit 5 cm Durchmesser in der freien Luft 5,8 mm.

6.5.6.3 Lichtbogen. Bringen wir zwei mit den Polen einer Stromquelle verbundene Kohlestäbe zur Berührung, so fließt ein sehr starker Strom, der infolge des Übergangswiderstandes an der Berührungsstelle eine erhebliche Stromwärme erzeugt und so die Kohleenden zum Glühen bringt. Ziehen wir die Kohlen auseinander, so reißt der Strom nicht ab, vielmehr wirkt die glühende Kathode als eine sehr ergiebige Elektronenquelle. So kommt in der Luft eine als *Lichtbogen* bezeichnete Stromleitung zustande. Die in der Strombahn durch Stoßionisation erzeugten Ladungsträger halten die Kohleenden weiterhin auf Weißglut, wobei die positive Kohle etwas stärker glüht als die negative und in ihrer kraterförmigen Höhlung Temperaturen bis rund 4000 K annimmt. Das meiste Licht geht also vom Anodenkrater aus. Der Bogen, der kleinste glühende und verbrennende Kohleteilchen enthält, strahlt viel weniger Licht aus.

Allgemein geht jede Glimmentladung in eine Bogenentladung über, wenn die auftreffenden Ionen das Kathodenmaterial so stark erhitzen, dass nicht nur Stoßionisation, sondern Glühemission von Elektronen erfolgt. Der Kathodenfall bricht dann weitgehend zusammen.

Von großer Wichtigkeit ist die *Quecksilberdampflampe*. Sie ist besonders reich an ultraviolettem Licht, bis herab zu etwa 200 nm Wellenlänge. Will man dieses auch biologisch wirksame Licht ausnutzen, so baut man sie aus dem für UV-Licht durchlässigen Quarz (*künstliche Höhensonne*). Die Zündung erfolgt durch Auslösen einer Glimmentladung in einer zusätzlich in der Lampe vorhandenen verdünnten Edelgasatmosphäre (Abschn. 6.5.5). Durch Steigerung des Dampfdruckes erhält man sehr große Lichtstärken und Leuchtdichten, Quecksilberhöchstdrucklampe (Abschn. 7.5.4).

Da ein Quecksilberlichtbogen bei geeigneten Bedingungen zwischen einer Eisen- und Quecksilberelektrode nur brennen kann, wenn das Hg Kathode ist, wirkt ein solcher Bogen in einem Wechselstromnetz als *Gleichrichter*, indem er den Strom nur durchlässt, solange die Hg-Elektrode Kathode ist. In der anderen Hälfte der Periode wird der Strom gesperrt. Solche *Quecksilberdampfgleichrichter* werden in der Technik als Großgleichrichter für sehr hohe Ströme benutzt.

In der Technik wird der Lichtbogen beim *Elektroschweißen* benutzt. Bei der einfachsten Methode wird er mit Gleichspannung zwischen dem Werkstück als Anode und dem sog. Schweißdraht als Kathode gezündet. Durch Schmelzen der vom Bogen getroffenen Werkstoffoberfläche und Abtropfen des Schweißgutes entsteht nach dem Erstarren eine feste Schweißnaht. Schwierigkeiten entstehen dadurch, dass Sauerstoff und Stickstoff der Luft sich im abtropfenden Schweißgut lösen und so die mechanische Güte der Schweißnaht beeinträchtigen. Das wird bei der *Schutzgas*schweißung meist durch Umspülen mit Argon vermieden, in dem der Lichtbogen brennt. Dieses Verfahren kann auch bei hochlegierten Stählen, Aluminium und Kupfer angewendet werden.

Aufgaben

6.5.1 Der Sättigungsstrom einer Glühkathode beträgt bei 2200 K 2 mA, bei 2500 K 180 mA. Wie groß ist die Austrittsarbeit?

6.5.2 Welchen Teil der Gitter-Kennlinie der Triode von Abb. 6.53 kann man zur Verstärkung einer harmonischen Wechselspannung ausnutzen, ohne dass sie anharmonisch (verzerrt) wird?

6.5.3 Das eine Ende des Glühfadens einer Diode ist mit dem negativen Pol einer Anodenspannungsquelle von 100 V und mit dem positiven einer Heizspannungsquelle von 6 V verbunden. Welche Spannung liegt zwischen der Anode und dem anderen Ende des Glühfadens, der direkt geheizt ist?

6.5.4 Man gebe die mittlere thermische Energie des Atoms eines einatomigen idealen Gases bei 20 °C in der Einheit eV an.

6.5.5 Die Anodenspannung in einer Braun'schen Röhre beträgt 1,2 kV. Welche Zeit benötigt ein Elektron, um den Kondensator der Länge 5 cm zu durchlaufen. Wie läuft das Elektron weiter, wenn die Kondensatorspannung eine Schwingungsdauer hat, die gleich dieser Zeit ist?

6.5.6 Um welchen Winkel wird das Elektron in Aufgabe 6.5.5 abgelenkt, wenn im Kondensator ein Gleichfeld von 40 V/cm herrscht?

6.5.7 Bei einer Zeitbasis von 30 µs/cm entsteht auf dem Oszillographenschirm von 10 cm Zeilenlänge ein Bild einer sinusförmigen Wechselspannung, das gerade 4 Schwingungen darstellt. Wie groß sind Schwingungsdauer und Frequenz?

6.6 Das magnetische Feld

Abb. 6.61 Die Pole eines Stabmagneten

6.6.1 Magnetische Grundeigenschaften.

Das in der Natur vorkommende *Magneteisen* Fe_3O_4 mancher Fundstellen hat die Fähigkeit, kleine Eisenstücke anzuziehen und festzuhalten. Man bezeichnet diese Eigenschaft als magnetisch, das betreffende Eisenerz als einen *natürlichen, permanenten Magneten*. Dieselbe Eigenschaft zeigt ein *künstlicher Magnet*, das ist z. B. ein Stahlstab, den man in eine stromdurchflossene Spule (Abschn. 6.6.2) gesteckt hat. Wälzt man einen solchen *Stabmagneten* in Eisenfeilspänen und zieht ihn heraus, so bleiben diese vor allem an den Enden hängen, s. Abb. 6.61. Diese Stellen mit besonders ausgeprägter Kraftwirkung bezeichnen wir als *Pole*. Ein Stabmagnet hat zwei Pole, die sich charakteristisch voneinander unterscheiden: Hängen wir ihn so auf, dass er sich horizontal frei drehen kann, so stellt er sich ungefähr in die Nord-Süd-Richtung ein, wobei der eine Pol, den wir daher als *Nordpol* bezeichnen, immer nach Norden, der andere, der *Südpol*, nach Süden zeigt. Er verhält sich wie die bekannte *Magnetnadel*, die danach auch ein Stabmagnet oder *magnetischer Dipol* ist.

Das Gebiet um einen Magneten, in dem wir magnetische Kräfte beobachten, bezeichnen wir als sein *magnetisches Feld*. Dieses Feld kann genauso wie das elektrische Feld im Vakuum existieren.

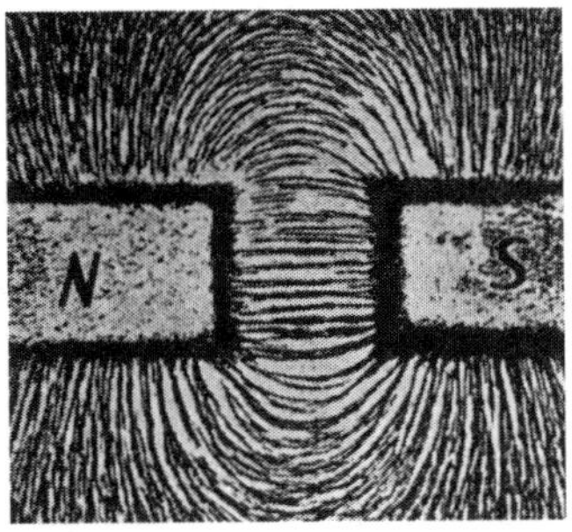

a

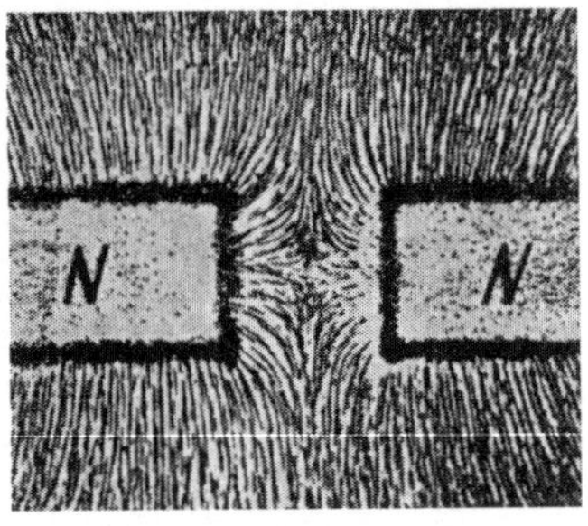

b

Abb. 6.62a,b Feldlinienbild zwischen zwei ungleichnamigen Magnetpolen, Hufeisenmagnet (**a**) und zwischen zwei gleichnamigen Polen (**b**)

Von einem magnetischen Felde können wir ein sehr anschauliches Bild gewinnen. Wir legen dazu auf einen Magneten eine Glasplatte und bestreuen diese mit Eisenfeilspänen. Die Eisenteilchen ordnen sich dann, besonders bei leichtem Klopfen, zu Fäden entlang der sog. *magnetischen Feldlinien*, s. Abb. 6.62. Man sieht darin das Feldlinienbild zwischen zwei ungleichnamigen bzw. gleichnamigen Magnetpolen. Das in Abb. 6.62a dargestellte Feld wird auch von einem *Hufeisenmagneten* erzeugt, der durch Verbiegen des Stabmagneten von Abb. 6.61 unter gegenseitiger Annäherung der beiden ursprünglich weit voneinander entfernten Pole entsteht. – Während die elektrischen Feldlinien nach Abschn. 6.2.3 von einer positiven Ladung zu einer negativen verlaufen, wird der Richtungssinn der magnetischen Feldlinien so festgelegt, dass sie im Außenraum vom Nordpol zum Südpol laufen.

In einem Magnetfeld wird auf einen *Probemagneten*, z. B. eine sehr kleine Magnetnadel, ein *Drehmoment* ausgeübt. Ist sie frei drehbar aufgehängt, so kommt die Magnetnadel nach einigen Schwingungen durch Reibung in der Haltevorrichtung zur Ruhe und steht dann *tangential* zu der magnetischen Feldlinie, die durch ihren Drehpunkt geht. Ihr *Nordpol* zeigt in die *Richtung* der Feldlinie. Das entspricht völlig dem Verhalten eines elektrischen Dipols im elektrischen Felde, vgl. Abschn. 6.2.8, Abb. 6.35.

Die alte Fernwirkungsbetrachtung sprach statt vom Drehmoment des Feldes auf den magnetischen Dipol davon, dass sein Nordpol von dem Südpol, in dem die Linien des untersuchten Magnetfeldes enden, angezogen, vom Nordpol, in dem die Feldlinien beginnen, hingegen abgestoßen wird. – Auf diese Weise lässt sich zwar die Entstehung der Feldlinienbilder von Abb. 6.62 qualitativ verständlich machen: Durch die Anziehungskräfte, die zwischen Nord- und Südpol zweier benachbarter Eisenfeilspäne wirken, rücken diese zusammen und ordnen sich längs der magnetischen Feldlinien an. Dazu müssen die zunächst unmagnetischen Eisenspäne beim Einbringen in das Magnetfeld selbst zu Magneten geworden sein, ein Vorgang, der der elektrischen Polarisation von Isolatoren im elektrischen Felde in gewisser Weise analog ist. Der Satz über magnetische Pole eignet sich jedoch, wie wir gleich sehen werden, kaum als zweckmäßige Grundlage für allgemeine quantitative Gesetze.

Soweit zeigen magnetische und elektrische Vorgänge eine weitgehende Ähnlichkeit. Ein wesentlicher Unterschied liegt jedoch darin, dass es keine *magnetischen Polsubstanzen* nach Art von positiver und negativer elektrischer Ladung gibt. Davon überzeugen wir uns durch folgende Versuche: Brechen wir einen stabförmigen Isolator, der an den Enden ungleichnamige elektrische Ladungen trägt, also einen *elektrischen Dipol* darstellt (Abschn. 6.2.8), in der Mitte auseinander, so erweist sich das eine Stück als positiv, das andere als negativ geladen; positive und negative elektrische Ladungen können wir *trennen*. Machen wir diesen Versuch mit einem Magnetstabe, brechen ihn also ebenfalls in der Mitte durch und wiederholen das beliebig oft, so erweist sich jedes Bruchstück immer als neuer vollständiger Magnet mit Nord- und Südpol. An der Bruchstelle sind zwei neue ungleichnamige Pole aufgetreten. Es gibt also keine für sich allein bestehende „Polmenge" vom Nord- oder Südtyp. – In der Natur existieren also nur *magnetische Dipole*, die durch ihr *magnetisches Dipolmoment* μ_m gemessen werden. Eine Aufteilung in „Polstärke" mal Abstand, wie beim elektrischen Dipolmoment, hat keine physikalische Bedeutung.

Mithilfe eines beweglich aufgehängten, sehr kurzen magnetischen Dipols können wir magnetische Felder in Luft vergleichen und ausmessen. Bringen wir eine Magnetnadel in ein magnetisches Feld, so erfährt sie ein Drehmoment. Dieses ändert sich mit dem Sinus des Winkels φ zwischen Magnet und Feldrichtung, ist also am größten, wenn der Magnet senkrecht zur Feldrichtung steht, und wird null, wenn er in der Feldrichtung liegt, vgl. Abb. 6.35. Wie wir die Stärke eines elektrischen Feldes durch das Drehmoment auf einem Probedipol messen können (Abschn. 6.2.8), so ist das auch beim magnetischen Felde möglich. Zur exakten Definition von magnetischem Moment und magnetischer Feldstärke benötigen wir aber die magnetischen Wirkungen des elektrischen Stromes (Abschn. 6.6.2 u. 6.6.3).

Erdmagnetismus. Da eine drehbar aufgehängte Magnetnadel sich auf der Erde in eine bestimmte Richtung einstellt, ist auf der Erde stets ein magnetisches Feld vorhanden, die Erde selbst stellt also offenbar einen Magneten dar. Da die Magnetnadel sich an den meisten Orten nicht genau in die Nord-Süd-Richtung einstellt, fallen die magnetischen Pole der Erde nicht mit den geographischen Polen zusammen. Der eine magnetische Pol, ein Südpol, liegt im arktischen Nordamerika auf etwa 73° nördl. Breite und 96° westl. Länge.

Eine völlig frei bewegliche Magnetnadel stellt sich nicht horizontal, sondern schief ein, wobei ihr Nordpol auf der nördlichen Halbkugel nach unten zeigt. Die Abweichung der Kompassnadel von der geographischen Nord-Süd-Richtung bezeichnet man als *Deklination*, den Neigungswinkel gegen die Horizontale als *Inklination*. Beide Winkel sind von Ort zu Ort verschieden und ändern sich außerdem langsam mit der Zeit.

Das Magnetfeld der Erde rührt *nicht* von einem permanenten Eisenmagneten in ihrem Innern her. Es entsteht vielmehr durch elektrische Wirbelströme im sehr zähflüssigen äußeren Teil ihres Kerns in mehr als 2900 km Tiefe. Bei der Aufrechterhaltung dieses sog. *Erddynamos*, der zeitlich sehr langsam variiert und mit einer Zeitskala von ca. 10^5 a sich sogar umpolt, spielen Konvektion (Abschn. 5.5.2), die Coriolis-Kraft infolge der Erdrotation (Abschn. 2.4.2) und schließlich die Lorentz-Kraft (Abschn. 6.6.3.2) im Zusammenwirken eine sehr wichtige Rolle.

6.6.2 Magnetfeld eines Stromes. Auch elektrische Ströme, d. h. bewegte elektrische Ladungen, erzeugen ein magnetisches Feld. Untersuchen wir das Feld, z. B. seines senkrecht stehenden stromdurchflossenen Leiters, so finden wir, dass eine frei bewegliche Magnetnadel sich immer in die Horizontalebene einstellt, und zwar so, dass sie die Tangente an einen Kreis in dieser Ebene bildet, dessen Mittelpunkt auf der Drahtachse liegt, s. Abb. 6.63. Daraus folgt, dass die *magnetischen Feldlinien* eines *geraden stromdurchflossenen Leiters konzentrische Kreise* bilden. Wir haben hier also in sich *geschlossene* Feldlinien. Ihre Richtung spricht die *Schraubenzieher-Regel* aus: Wenn man eine Schraube in Richtung des Stromes eindreht, so dreht man dazu den Schraubenzieher im Richtungssinn der magnetischen Feldlinien (Rechtsschraube). Entsprechend formuliert die sog. Ampere'sche Schwimmregel: Schwimmt man auf dem Leiter in Stromrichtung (Bauchschwimmer!), so

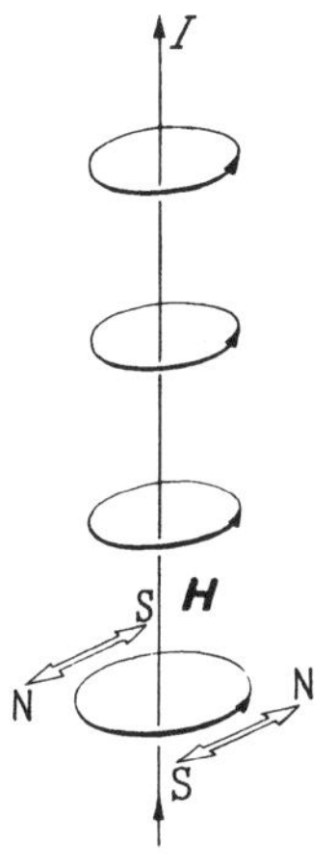

Abb. 6.63 Magnetfeld eines geraden, stromdurchflossenen Leiters

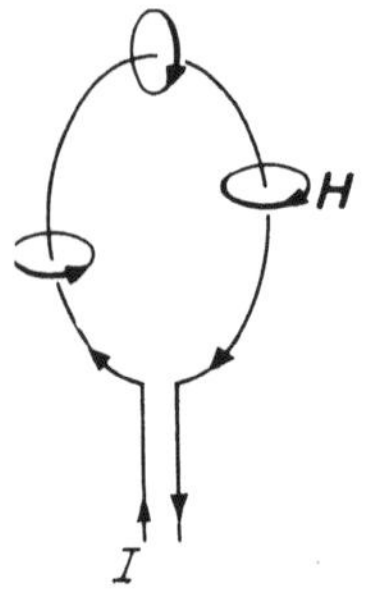

Abb. 6.64 Magnetfeld eines Kreisstromes

wird der Nordpol einer Magnetnadel dort in Richtung des rechten Armes abgelenkt.

Für einen zum *Kreis* gebogenen stromdurchflossenen Draht erhalten wir das Feldlinienbild der Abb. 6.64. Alle Feldlinien treten aus der Kreisfläche, die der Leiter umschließt, auf der einen Seite heraus, umlaufen den Draht dann außen und münden wieder auf der Kreisfläche von der anderen Seite her. – In einer *Spule* entsteht als Überlagerung der von den einzelnen stromdurchflossenen Windungen erzeugten Felder das in Abb. 6.65 wiedergegebene Feld. Im Innern verlaufen die Feldlinien nahezu parallel zur Spulenachse, treten an den Enden ins Freie aus und schließen sich, in der Abbildung weniger gut erkennbar, im Außenraum. Das Feld einer solchen Spule stimmt im Außenraum völlig mit dem eines Stabmagneten überein, das Feld eines einzelnen Kreisstromes mit dem einer Eisenplatte, die auf der einen Seite ihren Nordpol, auf der anderen ihren Südpol hat. Die Enden der Spule, wo die magnetischen Feldlinien garbenförmig ein- oder austreten, bezeichnet man daher auch als Pole der Spule.

Da die magnetischen Feldlinien in sich geschlossen sind, verlaufen sie innerhalb der Spule in entgegengesetzter Richtung wie im Außenraum, also vom Süd- zum Nordpol. Sie durchsetzen innerhalb der Spule eine sehr viel kleinere Querschnittsfläche, verlaufen dort also sehr dicht, sodass im Innern ein viel stärkeres Magnetfeld herrscht als im Außenraum (vgl. auch die analogen Eigenschaften bei der Darstellung elektrischer Felder, Abschn. 6.2.3).

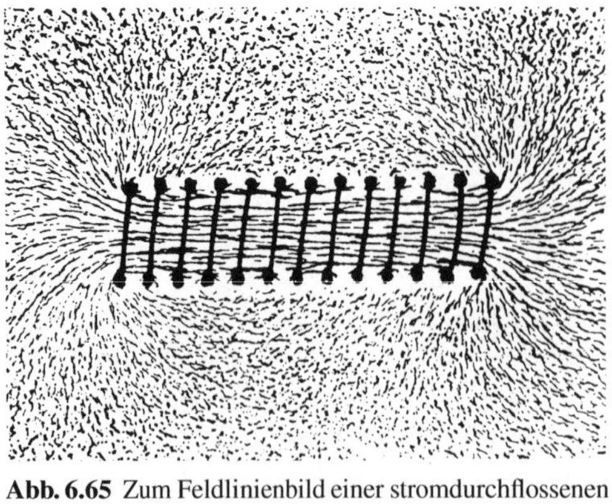

Abb. 6.65 Zum Feldlinienbild einer stromdurchflossenen Spule (aus *Pohl*, Elektrizitätslehre)

Um zu einer quantitativen Größe für die Stärke des magnetischen Feldes zu kommen, das ein elektrischer Strom erregt, lassen wir ihn durch eine sog. lange Spule fließen, deren Länge sehr viel größer als ihr Durchmesser ist. Der Strom erzeugt in ihrem Innenraum ein *homogenes* Feld mit parallelen Feldlinien und nach Größe und Richtung überall konstanter Feldstärke, vgl. homogenes elektrisches Feld im Plattenkondensator, Abschn. 6.2.3. Innerhalb dieser Spule messen wir mit einer Drillachse (Abschn. 3.2.3) das Drehmoment auf eine sehr kleine Magnetnadel, die senkrecht zur Spulenachse steht. Es steigt *proportional* mit der *Stromstärke* I und der Zahl n/l der *Windungen pro Einheit der Spulenlänge* an (l Länge der Spule). Das Drehmoment ist also, unabhängig von der Spulenlänge und ungeachtet der Gesamtzahl der Windungen, konstant, solange nur das Produkt $I \cdot n/l$ gleich bleibt. Dieses Produkt kann man daher als Maß für die *magnetische Feldstärke* H ansetzen, die danach im Innern einer langen Spule beträgt

$$H = \frac{n}{l} I \,. \tag{6.35a}$$

Wir messen die magnetische Feldstärke H in der Einheit Ampere pro Meter (A/m).

Grundsätzlich kann man auf diese Weise die Feldstärke H jedes Magnetfeldes in Luft von beliebiger Herkunft *messen*. Dazu wird mit einer Magnetnadel an der gewünschten Stelle zunächst die Richtung der magnetischen Feldlinie bestimmt und dann mit einer Drillachse (Abschn. 3.2.3.3) das Drehmoment gemessen, nachdem die Magnetnadel um 90° gegen die Feldlinie verdreht worden ist. Danach stellt man dieselbe Magnetnadel in eine lange Spule senkrecht zur Spulenachse und ändert den Strom so lange, bis das dortige Magnetfeld dasselbe Drehmoment ausübt, also gleiche Feldstärke hat. Diese kann man mit der obigen Beziehung berechnen.

Ein allgemeines Gesetz über den Zusammenhang zwischen Stromstärke und magnetischer Feldstärke erhält man, wenn man umformt: $Hl = nI$. Bei der Anwendung auf eine *Ringspule*, s. Abb. 6.73, ist l deren Umfang, gemessen etwa auf der Spulenachse, und nI der Gesamtstrom, der durch die kreisförmige Fläche mit dem Umfang l fließt. Allgemein muss man das Integral $\int H\,dl$ über einen geschlossenen Weg berechnen und erhält dann den gesamten Strom, der durch die umschlossene Fläche fließt.

Wendet man dieses Gesetz beim *geraden Stromleiter*, vgl. Abb. 6.63, auf einen konzentrischen Kreis mit dem Radius r als Länge l an, so folgt $H \cdot 2\pi r = I$ oder umgeformt

$$H = \frac{I}{2\pi r}, \qquad (6.35b)$$

d. h. dort nimmt die magnetische Feldstärke umgekehrt proportional mit der Entfernung r vom Draht ab. Ist der Umfang des konzentrischen Kreises speziell 1 m lang und fließt die Stromstärke 1 A durch den Leiter, dann ist die magnetische Feldstärke $H = 1$ A/m.

Die Ähnlichkeit in den Eigenschaften zwischen Kreisstrom bzw. Spule einerseits und Stabmagnet bzw. Magnetnadel andererseits geht noch weiter. Frei aufgehängt stellen sie sich alle mit ihrer Achse in die Richtung des erdmagnetischen Feldes ein (Abschn. 6.6.3.3).

Wir können also immer einen Stabmagneten durch eine stromdurchflossene Spule derselben Form ersetzen, wenn wir nur die Wicklung richtig ausführen. Diese und die weitere Tatsache, dass wir ja, wie in Abschn. 6.6.1 besprochen, nie Nord- und Südpol trennen können, legen es nahe, auch das Feld eines Eisenstabmagneten auf elektrische Ströme, d. h. auf die Bewegung von Ladungen, zurückzuführen. Wir machen uns dabei folgendes Bild: Jedes Eisenatom stellt einen sog. *Elementarmagneten* dar, hervorgerufen durch einen *atomaren Kreisstrom*, der auf der Bewegung der Elektronen innerhalb des Atoms beruht.

In einem unmagnetischen Eisenstab sind diese Elementarmagnete der Richtung nach völlig ungeordnet. Bringen wir ihn in ein Magnetfeld, so richten sich die Elementarmagnete aus, und aus dem Eisenstab wird ein Stabmagnet. Betrachten wir dann eine dünne Platte, die senkrecht zur Stabachse herausgeschnitten wurde, so heben sich die in jedem Atom gleichsinnig umlaufenden Ströme im Innern gegenseitig auf, und es bleibt nur ein außen am Rande umlaufender Ringstrom übrig, s. Abb. 6.66 (vgl. auch Abb. 6.64). Schalten wir eine große Reihe von solchen Platten hintereinander, so erhalten wir einen Stabmagneten; das ist völlig analog dem Hintereinanderschalten von vielen Stromschleifen zu einer langen Spule. In diesem Sinne können wir das Feld des ganzen Stabes auch als das einer stromdurchflossenen Spule auffassen. Auf die atomaren Ströme werden wir später in Abschn. 6.6.9 näher eingehen.

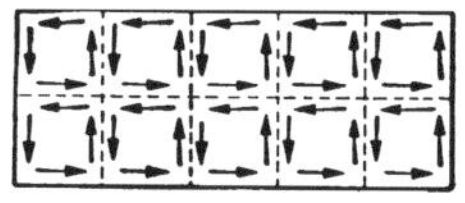

Abb. 6.66 Kompensation der Elementarströme im Innern des Stabmagneten

Der Kreisstrom als Elementardipol deutet endgültig, warum es keine isolierten magnetischen Pole geben kann. Nord- und Südpol sind sozusagen dasselbe sehr dünne Objekt, nur aus zwei entgegengesetzten Richtungen betrachtet. Einmal sieht man den Strom *im Uhrzeigersinn* kreisen (*Südpol*), im anderen Falle *entgegengesetzt (Nordpol)*. Diese Polung folgt schon aus der Schraubenzieherregel für das Magnetfeld eines Stromes, s. Abb. 6.64, wenn man noch bedenkt, dass die *Nordpolseite* dort ist, wo die *Feldlinien* aus der Windungsfläche *herauskommen*.

6.6.3 Kraftwirkungen auf Ströme im Magnetfeld

6.6.3.1 Stromdurchflossener gerader Leiter. Ein Strom erregt ein Magnetfeld, das auf einen anderen Magneten eine Kraftwirkung hat. Nach dem Prinzip von Kraft und Gegenkraft übt daher auch der Magnet eine Kraft auf den Strom aus. Diese können wir leicht nachweisen, wenn wir einen beweglichen Leiter in das Feld eines Hufeisenmagneten bringen, s. Abb. 6.67. Beim Einschalten des Stromes wird der Leiter nach rechts, beim Umpolen nach links abgelenkt. Ebenso kehrt sich bei einer Umkehr des Feldes die Richtung der Kraft um. Die Größe der Kraft ist der Strom- und der Feldstärke proportional; die Kraft ist außerdem am größten, wenn, wie in der Abb. 6.67, Strom und Feld aufeinander senkrecht stehen, und null, wenn sie parallel zueinander sind. Die Kraft steht immer senkrecht auf den Richtun-

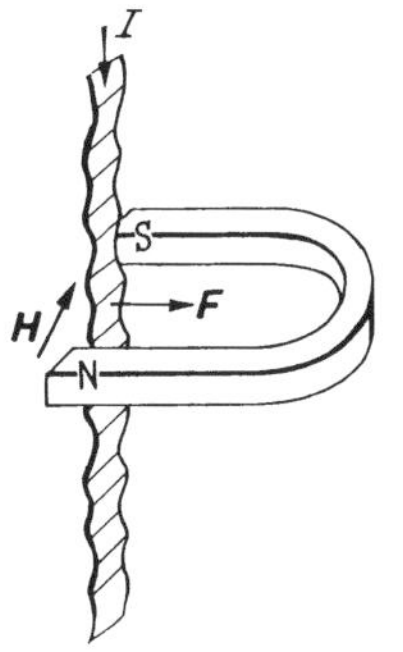

Abb. 6.67 Kraftwirkung auf ein stromdurchflossenes Band im Magnetfeld

gen von I und H, ihre Richtung ergibt sich aus der Abb. 6.67. – Man merkt sich die Richtung der Kraft nach der Dreifinger-Regel der linken Hand, wonach der Daumen die Kraftrichtung angibt, wenn Zeigefinger und Mittelfinger sich in Richtung von Magnetfeld und Strom befinden (KMS oder FHI in alphabetischer Reihenfolge).

Stehen Strom- und Feldrichtung aufeinander senkrecht, so findet man durch Messung im Vakuum $F = \text{const}\, IlH$. Wir geben alle Größen in SI-Einheiten an, und zwar I in Ampere, die Länge l der Strombahn im Felde H in m, H in A/m und F in Newton (VAs/m, vgl. Abschn. 2.3.1 u. 6.3.1). Dann zeigt die dazugehörige Einheitengleichung, dass die Konstante nicht eine reine Zahl ist, sondern die Dimension Vs/Am hat. Sie ist für das Vakuum eine universelle Konstante, bezeichnet mit μ_0. $\mu_0 H$ betrachten wir auch im Vakuum als eine besondere physikalische Größe, die *magnetische Flussdichte* B, vgl. auch Abschn. 6.6.6. Sie hat in Luft stets dieselbe Richtung wie die magnetische Feldstärke H und ist ihr proportional[5]. Die Feldlinienbilder für H und B in Luft unterscheiden sich daher nicht.

B ist für die *Kraft* in einem Magnetfeld maßgebend. Der Allgemeingültigkeit wegen steht in den folgenden Formeln daher B statt $\mu_0 H$. Bilden also allgemein Strom- und Feldrichtung den Winkel α, so wirkt die Kraft

$$F = IlB \sin\alpha\,. \tag{6.36}$$

Bei diesem Versuch spielt der Leiter eine ganz untergeordnete Rolle, da es sich im Grunde um die Kraft auf die bewegten Ladungsträger, in diesem Falle die Elektronen, handelt. Die dieser Kraft folgenden Elektronen nehmen den Leiter einfach mit.

6.6.3.2 Elektronenstrahlen. Die magnetische Kraftwirkung auf die freien Elektronen lässt sich unmittelbar messen, wenn wir z. B. im Versuch von Abb. 6.56 den Ablenkkondensator durch einen Hufeisenmagneten ersetzen.

[5] Eine Ausnahme bilden nur Stoffe mit permanenter Magnetisierung, die Ferromagnetika (Abschn. 6.6.9).

Die ablenkende Kraft F auf die Elektronen erweist sich als deren Geschwindigkeit v und Ladung e sowie der magnetischen Flussdichte proportional, es gilt also, wenn v und B senkrecht aufeinander stehen,

$$F = evB\,. \tag{6.37a}$$

Die Kraft F steht immer senkrecht auf den Richtungen von Geschwindigkeit und Feld und wird auch *Lorentz-Kraft* genannt.

Die Kraft auf das einzelne bewegte Elektron können wir folgendermaßen ableiten: Die Kraft auf den vom Strom I durchflossenen Leiter der Länge l, $F = IlB$, ist gleich der Kraft auf alle im Leiter strömenden Elektronen. Deren Zahl ist NlA, wobei N die Zahl der Elektronen pro m^3 und A der Querschnitt des Leiters ist. Da nach der Transportgleichung die Stromstärke durch $I = NevA$ darstellbar ist (Abschn. 6.3.4), folgt $F = NevAlB$. Dividieren wir durch NlA, so erhalten wir für die Kraft auf das einzelne Elektron den oben angegebenen Ausdruck der Lorentz-Kraft.

Da die Elektronen eine stets zu ihrer jeweiligen Geschwindigkeitsrichtung senkrecht stehende Kraft erfahren, bleibt ihre Bahngeschwindigkeit konstant. Sie beschreiben daher in einem homogenen Magnetfelde, in das sie senkrecht zu den Feldlinien eintreten, nach den Gesetzen der Mechanik eine *Kreisbahn*. Dabei hält die ablenkende Kraft F als Radialkraft der Zentrifugalkraft ständig das Gleichgewicht. Es gilt daher die Beziehung $F = evB = mv^2/r$ oder

$$r = \frac{mv}{eB}\,. \tag{6.37b}$$

Die Kreisbahn ist also umso stärker gekrümmt, je kleiner die Geschwindigkeit der Elektronen ist (vgl. Abschn. 2.4.2).

Da Letztere sich aus der durchlaufenen Beschleunigungsspannung U als $v = \sqrt{2eU/m}$ berechnet (Abschn. 6.5.4), kann man durch Messung von U, B und r die *spezifische Elektronenladung* e/m bestimmen. Sie ergibt sich zu $1{,}759 \cdot 10^{11}$ C/kg.

6.6.3.3 Stromdurchflossene Windung, magnetisches Moment. Auf eine Stromschleife in Gestalt eines Rechtecks, vgl. Abb. 6.68, übt ein äußeres Magnetfeld ein *Drehmoment* aus. An den Drahtstücken P_1P_4 und P_2P_3 wirkt keine Kraft, weil dort der Strom parallel zu den magnetischen Feldlinien fließt. Die beiden Kräfte F (nach vorn) und F' (nach hinten) betragen je $Ia \cdot B$ und bilden zusammen ein Kräftepaar, also das Drehmoment $B \cdot Iab$. Wir bezeichnen nun als magnetisches Moment (Dipolmoment) der stromdurchflossenen Schleife

$$\mu_{\rm m} = IA\,, \tag{6.38}$$

wobei $A = ab$ die Windungsfläche ist und von beliebiger Gestalt sein kann. Das magnetische Moment als Vektor steht senkrecht auf der Windungsfläche. In Abb. 6.68 liegt der Südpol vorn und dreht sich dem Nordpol des hier nicht gezeichneten äußeren Hufeisenmagneten zu, der sich rechts befindet. Allgemein gilt dann für das Drehmoment

$$M = \mu_{\rm m} B \sin\varphi\,, \tag{6.39}$$

wenn das Feld und das magnetische Moment (auch einer Magnetnadel, vgl. Abschn. 6.6.1) den Winkel φ miteinander bilden.

Ein *inhomogenes* Magnetfeld übt auf eine Stromschleife oder ein magnetisches Moment noch *zusätzlich* eine *Kraft* aus. Wenn sich der Magnet mit seinem Dipolmoment in die Feldrichtung eingestellt hat, so wird er in die Richtung gezogen, in der das äußere Feld ansteigt. Dadurch erklärt sich auch der magnetische Grundversuch, in dem Eisenteilchen von den Polen eines Stabmagneten angezogen werden: Wie wir sahen, werden sie polarisiert, also Träger von in Feldrichtung orientierten magnetischen Momenten, s. auch Abschn. 6.6.9, und das Feld des Stabmagneten ist in der Umgebung seiner Pole am stärksten.

Zur Begründung kann man sich überlegen, dass im garbenförmigen, inhomogenen Feldbündel vor dem Pole eines Stabmagneten auch Magnetfeldkomponenten senkrecht zur Stabachse existieren, die z. B. vor dem Nordpol überall nach außen, d. h. von der Achse weg, orientiert sind. Diese Komponenten sind es, die auf alle Teile einer ausgerichteten Schleife Kräfte in *derselben* Richtung auf den Pol zu ausüben. (Gegenüber Abb. 6.68 ist die Schleife nach Orientierung im äußeren Magnetfeld um 90° gedreht.) – Stünde das magnetische Moment antiparallel im Magnetfeld, so würde es vom Pol des Stabmagneten abgestoßen, also in ein Gebiet mit schwächerem Felde gelenkt werden, vgl. Diamagnetismus, Abschn. 6.6.9.

6.6.3.4 Magnetische Kraftwirkungen elektrischer Ströme aufeinander. Ein Magnet übt durch sein Feld auf einen elektrischen Strom eine Kraft aus. Da auch ein Kreisstrom ein magnetisches Feld erzeugt (s. Abb. 6.64), müssen auch zwei benachbarte Kreisströme aufeinander Kraftwirkungen haben. Daher ziehen sich die einzelnen Windungen einer stromdurchflossenen Spule gegenseitig an wie zwei Stabmagnete, die sich mit ungleichnamigen Polen nähern. – Entsprechendes gilt auch für zwei gerade, parallele Drähte: Wenn die Ströme in gleicher Richtung fließen, ziehen sie sich an, während bei entgegengesetzter Stromrichtung Abstoßung eintritt.

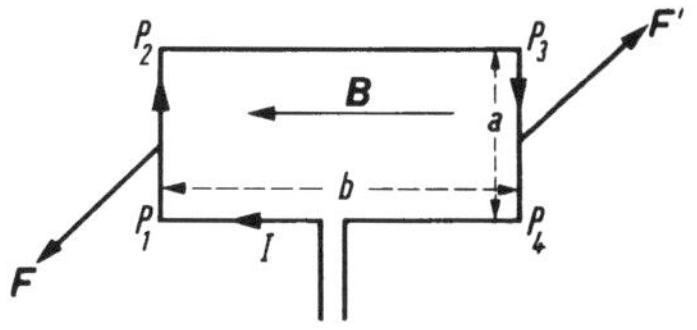

Abb. 6.68 Kräftepaar (Drehmoment) auf Stromschleife im Magnetfeld B

Das ist zur gesetzlichen Festlegung der *SI-Basiseinheit 1 Ampere* ausgenutzt worden. Danach ist sie die Stärke eines Gleichstromes, der durch zwei parallel im Vakuum mit dem Abstand 1 m voneinander laufende, geradlinige, unendlich lange Leiter mit vernachlässigbar kleinem, kreisförmigem Querschnitt fließt und pro 1 m Leiterlänge eine Kraft von $2 \cdot 10^{-7}$ N zwischen ihnen hervorrufen würde.

Der eine Strom I erregt am Orte des anderen Drahtes das Magnetfeld $H = I/2\pi r$, das senkrecht zum Draht verläuft. Seine Lorentz-Kraft auf den anderen Strom I der Länge l beträgt $F = Il\mu_0 H = I^2\mu_0 l/2\pi r$. Mit $l/r = 1$, $I = 1$ A und $F = 2 \cdot 10^{-7}$ N ergibt sich daraus $\mu_0 = 4\pi \cdot 10^{-7}$ Vs/Am.

Der Konjunktiv und die Angaben „unendlich lang“ oder „vernachlässigbar klein“ in der SI-Definition des Ampere deuten auf eine gedankliche Idealapparatur hin, die im Labor natürlich so nicht zu realisieren ist. Man verwendet zwei Spulen: Der gleiche Strom I durchfließt z. B. eine große, feste Spule und erzeugt ein Magnetfeld, vgl. Abb. 6.65. Er fließt ebenfalls durch eine darin befindliche sehr kleine drehbare Spule, auf die ein zu messendes Drehmoment ausgeübt wird, vgl. Abb. 6.68. Letzteres ist wieder proportional I^2, und der Proportionalitätsfaktor – oben für die Kraft war er $\mu_0 l/2\pi r$ – lässt sich aus den einzelnen geometrischen Abmessungen genau genug berechnen, um das für $I = 1$ A auftretende und zu messende Drehmoment in der speziellen Anordnung angeben zu können.

6.6.3.5 Hall-Spannung. Die Lorentz-Kraft wirkt auch auf bewegte Ladungsträger, wenn ein Strom durch einen festgehaltenen Leiter oder Halbleiter fließt und von außen senkrecht zur Stromrichtung (im gesetzlichen Sinne!) ein Magnetfeld anliegt, vgl. Abb. 6.69. Positive, nach rechts strömende Ladungsträger werden darin nach oben abgelenkt, also vor

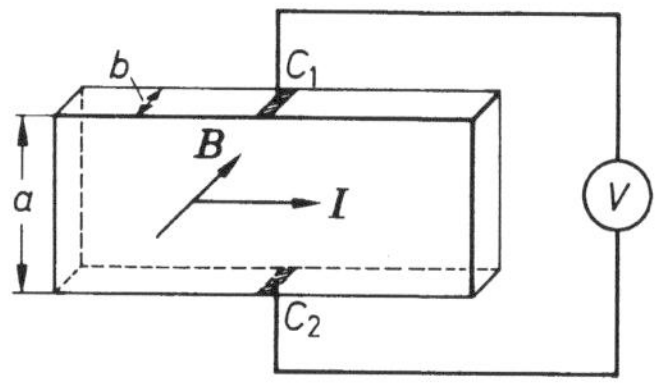

Abb. 6.69 Hall-Spannung

C_1 angereichert, während sie vor C_2 verarmen. Ohne Magnetfeld soll zwischen C_1 und C_2 keine Spannung liegen. Mit Magnetfeld baut sich aber zwischen beiden Punkten ein elektrisches Feld E auf, bis seine Kräfte auf die bewegten Ladungsträger der Lorentz-Kraft das Gleichgewicht halten. Das eingezeichnete Voltmeter misst eine Spannung, die sog. Hall-Spannung U_H.

In einem Elektronenstrom bewegen sich bei gleicher Stromrichtung die negativen Ladungsträger von rechts nach links. Sie werden auch nach oben abgelenkt, sodass C_1 jetzt negativ geladen wird. Die Polung der Hall-Spannung hängt daher vom Vorzeichen der bewegten Ladungsträger ab, das sich auf diese Weise, z. B. in p- und n-Halbleitern (Abschn. 6.3.6), experimentell bestimmen lässt.

Da die Hall-Spannung der magnetischen Feldstärke proportional ist, wird eine derartige *Hall-Sonde* sehr häufig zur Messung von Magnetfeldern benutzt. Es gilt mit $U_H = U(C_1, C_2)$

$$U_H = K_H I - B/b\,, \qquad (6.40)$$

wobei K_H die *Hall-Konstante* des Materials ist.

Die Gleichgewichtsbedingung lautet $eE = evB$. Daraus errechnet sich die Hall-Spannung:

$$U_H = Ea = vaB = K_H IB/b\,. \qquad (6.41)$$

Wir schreiben nun für den Gesamtstrom $I = Nev \cdot ab$ (Abschn. 6.3.4), wo N die Zahl der mit der Driftgeschwindigkeit v bewegten Ladungsträger eines Vorzeichens in der Volumeneinheit ist. Die Gleichung (6.41) nach der Hall-Konstanten aufgelöst, ergibt $K_H = 1/eN$, für bewegte positive Ladungen, z. B. Löcher in Halbleitern, positiv, für Elektronen negativ. Halbleiter haben bei geringem N eine große Hall-Konstante.

6.6.4 Anwendung der magnetischen Kraft bei Messinstrumenten.

Die Ablenkung des Stromes in einem Magnetfeld benutzt man zur *Strommessung*. Die zuverlässigsten Strommesser beruhen auf dem *Drehspulprinzip*. Zwischen den Polen eines Hufeisenmagneten befindet sich eine drehbar auf Spitzen gelagerte und von dem zu messenden Strom durchflossene rechteckige Spule *Sp*, s. Abb. 6.70. Im Innern der Spule sitzt isoliert und nicht mit ihr drehbar ein zylindrischer Weicheisenkörper K. Ihn durchsetzt das Feld des permanenten Hufeisenmagneten und macht ihn magnetisch. Dadurch erzielt man ein besonders kräftiges Feld im verbleibenden engen Luftraum, vgl. auch Abschn. 6.6.9. Auf die stromdurchflossene Spule wird ein Drehmoment ausgeübt, das der Stromstärke proportional ist, weil ihr magnetisches Moment linear mit dem sie durchfließenden Strom wächst (Abschn. 6.6.3). Dadurch verdrillt sich eine *Spiralfeder*, an deren einem Ende die Spule befestigt ist, sodass ein elastisches Gegendrehmoment entsteht, das dem Drehwinkel proportional ist (s. auch Abschn. 3.2.3.3). Beim Endausschlag sind beide Drehmomente gleich groß und entgegengesetzt gerichtet (Gleichgewicht). Damit ist der angezeigte Drehwinkel der Stromstärke proportional; er wird über einen Zeiger auf einer bereits in Ampere geeichten Skala abgelesen.

Abb. 6.70 Schema eines Drehspulinstrumentes

Wichtig ist dabei, dass die magnetischen Feldlinien von den kreiszylindrisch ausgehöhlten Polen des Hufeisenmagneten *radial* zum Eisenkern laufen. Dadurch treffen sie die Spulenwindungen stets parallel zur Windungsfläche, gleichgültig um welchen Winkel die Spule ausschlägt, oder der Winkel φ zwischen Magnetfeld und dem magnetischen Moment der Spule ist stets 90°. Das Drehmoment, das allgemein $\mu_m B \cdot \sin\varphi$ beträgt (Abschn. 6.6.3), hängt mit $\sin\varphi = 1$ *linear* von μ_m, bzw. dem ihm proportionalen Strom ab und nicht noch einmal zusätzlich vom Drehwinkel. Die Skala ist daher linear geteilt.

In empfindlichen Drehspulinstrumenten für sehr schwache Ströme verwendet man Federn mit möglichst kleinem Richtmoment, und die geringe Spulendrehung wird über Drehspiegel und lange Lichtwege angezeigt (Lichtmarken). Derartige Instrumente mit langer Schwingungsdauer und nicht zu großer Dämpfung, sog. *Galvanometer*, benötigt man auch heute noch für Schauversuche und spezielle Messungen.

Schickt man durch ein Galvanometer einen Strom nur kurze Zeit hindurch, so spricht man von einem *Stromstoß*[6]. Bei einem solchen

[6] Für den Stromstoß gilt sinngemäß dasselbe, was über den Kraftstoß in Abschn. 2.3.3 ausgeführt wird.

fließt eine Elektrizitätsmenge Q hindurch, die durch das Produkt aus Stromstärke × Zeit gegeben ist. Ein Stromstoß übt auf die drehbare Spule nur einen kurz dauernden, einmaligen Drehstoß oder Drehimpuls aus. Sie wird dadurch wie ein Pendel aus der Ruhelage herausgestoßen, bewegt sich bis zu einem maximalen Ausschlage und schwingt dann aus. Der erste Vollausschlag (ballistischer Ausschlag) ist der gesamten durch das Galvanometer hindurchgegangenen Elektrizitätsmenge Q proportional, vorausgesetzt, dass die Dauer des Stromstoßes kurz gegen die Schwingungsdauer des Galvanometers ist. Man kann daher mit einem Instrument großer Schwingungsdauer, einem sog. *ballistischen Galvanometer*, direkt Elektrizitätsmengen messen, z. B. bei der Ladung und Entladung von Kondensatoren (Abschn. 6.2.5).

Da der Ausschlag von Drehspulgeräten von der Stromrichtung abhängt und die Spule wegen ihrer Trägheit schnellen Wechseln nicht folgen kann, sind sie für die Messung von *Wechselströmen* unmittelbar nicht brauchbar. Man muss daraus durch einen eingebauten *Gleichrichter* einen Gleichstrom gewinnen, der die Spule konstant auslenkt (Abschn. 6.3.6).

Für technische Zwecke benutzt man vielfach die einfachen *Dreheiseninstrumente*. Diese enthalten eine Spule S mit einem fest darin angebrachten Eisensegment F geeigneter Form und einem beweglichen B (mit Spiralfeder und Zeiger), s. Abb. 6.71. Der durch die Spule fließende Strom erzeugt ein magnetisches Feld, wodurch die Weicheisensegmente zu Stabmagneten werden mit einem magnetischen Moment proportional der Stromstärke, in Abb. 6.71 senkrecht zur Zeichenebene. Da die gleichnamigen Pole von beiden benachbart sind, entstehen abstoßende Kräfte, die auf B ein Drehmoment ausüben. Die Wirkung der Spiralfeder ist ebenso, wie bereits beim Drehspulinstrument besprochen. Wechselt der Strom seine Richtung, so werden auch die beiden Weicheisensegmente ummagnetisiert, sodass die Abstoßungsrichtung dieselbe bleibt und das Instrument auch für Wechselstrommessungen unmittelbar brauchbar ist. Der Ausschlag folgt, besonders bei kleinen Werten, dem Quadrate der Stromstärke.

6.6.5 Grundtatsachen der elektromagnetischen Induktion.

Einer Spule, deren Enden über ein Galvanometer zu einem Stromkreis geschlossen sind, nähern wir einen *Stabmagneten* oder einen *Elektromagneten*, s. Abb. 6.72. Obwohl keine äußere Stromquelle anliegt, beobachten wir dabei einen elektrischen Strom, aber nur *solange die Bewegung dauert*. Kehren wir die Bewegungsrichtung um, so wechselt auch der Strom seine Richtung. Wir finden dieselbe Erscheinung, wenn wir den Magneten festhalten und die Spule ihm nähern. Es kommt also offenbar nur auf die *Relativbewegung* an.

Diesen Vorgang bezeichnen wir nach *Faraday*[7] als *elektromagnetische Induktion*, den auftretenden Strom als *Induktionsstrom*. Der Induktionsstrom ist aber nicht das Primäre, sondern nur die Folge einer Spannung, der sog. *induzierten* Spannung U_{ind}, die im Leiterkreis nach dem Ohm'schen Gesetz einen Strom der Stärke $I = U_{\text{ind}}/R$ erzeugt. Diese induzierte Spannung können wir direkt beobachten, wenn wir die Enden der Spule mit einem Elektrometer verbinden. Der Vorgang der elektromagnetischen Induktion stellt also eine weitere Methode dar, elektrische Spannungen zu erzeugen; er steht unabhängig neben denen, die auf der Ladungstrennung an Grenzflächen beruhen (Abschn. 6.4).

Dieselben Induktionserscheinungen erhalten wir, wenn wir in der Anordnung der Abb. 6.72, statt beide Spulen voneinander zu entfernen, in der Spule *II*, dem Elektromagneten, den Strom schwächen. Entsprechend gibt eine Stromerhöhung dieselbe Wirkung wie eine Annäherung der Spulen.

In einem letzten Versuch halten wir die Spule I so, dass ihre Achse senkrecht zu der des Elektromagneten steht, drehen sie also in

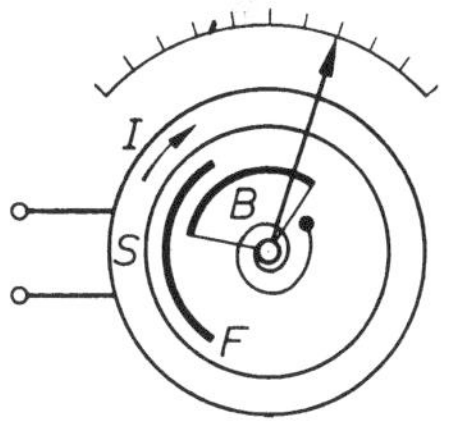

Abb. 6.71 Schema eines Dreheisen-Strommessers (Weicheiseninstrument)

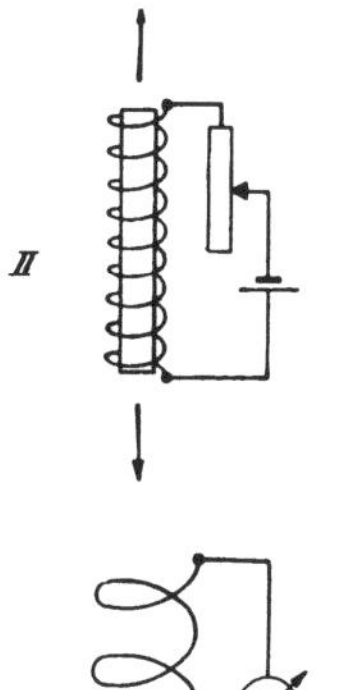

Abb. 6.72 Elektromagnetische Induktion durch eine stromdurchflossene Spule

[7] *Michael Faraday*, 1791–1867, Royal Institution, London, entdeckte 1831 die elektromagnetische Induktion und begründete unsere Vorstellungen über den Elektromagnetismus.

Abb. 6.72 um 90°. Entfernen wir sie in dieser Winkellage vom Magneten, so wird keine Spannung induziert. Erst wenn wir die Spule neigen, beobachten wir wieder eine Spannung bei der Bewegung von Magnet oder Spule aufeinander zu oder voneinander weg. Sie erreicht die größten Werte, wenn die Windungsflächen der Spule bei dieser Bewegung senkrecht zur Achse des Magneten stehen wie in Abb. 6.72.

Aus diesen verschiedenen Beobachtungen erkennen wir, dass an den Enden einer Spule eine Induktionsspannung auftritt, sobald das *Magnetfeld zeitlich sich ändert*, welches die von den einzelnen Windungen umschlossenen Flächen, *die sog. Windungsflächen, durchsetzt*. Auf welche Weise diese Änderung bewirkt wird, ob durch Bewegung der Spulen oder durch Schwächen und Verstärken des Stromes im Elektromagneten, ist belanglos. Wir müssen dabei bedenken, dass die magnetischen Feldlinien eines Stabmagneten garbenförmig von seinen Polen ausgehen und dass deshalb die Magnetfeldstärke in der Spule beim Entfernen des Magneten abnimmt, vgl. Abb. 6.65.

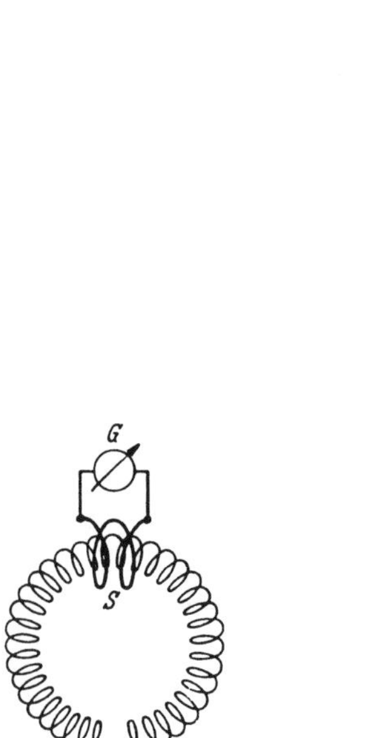

Abb. 6.73 Elektromagnetische Induktion durch einen Ringmagneten

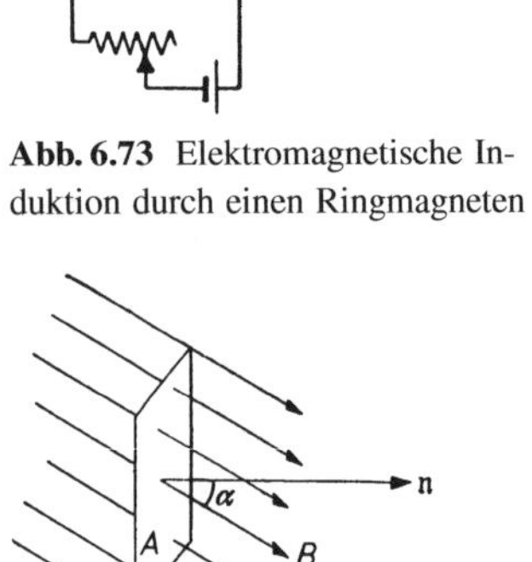

Abb. 6.74 Magnetischer Fluss durch die Fläche A: $\Phi = BA\cos\alpha$

Dabei braucht, wie der folgende Versuch mit einem *Ringmagneten* zeigt, s. Abb. 6.73, das Metall des Drahtes, in dem nachher der Induktionsstrom fließt, gar nicht im Bereiche des sich ändernden Magnetfeldes zu liegen. In einer zum Ring geschlossenen Stromspule verlaufen alle magnetischen Feldlinien geschlossen im Innern, der Raum außerhalb ist völlig feldfrei. Eine geschlossene Ringspule – von dem in Abb. 6.73 gezeichneten engen Spalt wollen wir absehen – hat keine Pole, an denen die magnetischen Feldlinien nach außen austreten können. Trotzdem beobachten wir bei einer Änderung des Stromes in der Ringspule in der darüber gewickelten Spule S einen Induktionsstrom. Die Induktionswirkung des sich ändernden Magnetfeldes tritt also auch ein, wenn es nur einen Teil der Windungsfläche durchsetzt, sich insbesondere nicht bis zum Metall der Windungen selbst erstreckt. Die häufig benutzte Formulierung, dass die magnetischen Feldlinien die Drähte „schneiden“ müssen, um eine Spannung zu induzieren, ist also mindestens irreführend.

6.6.6 Das Induktionsgesetz. Alle Induktionserscheinungen lassen sich trotz ihrer scheinbaren Mannigfaltigkeit durch *ein* gemeinsames Gesetz beschreiben. Um dieses zu formulieren, führen wir den *magnetischen Fluss* Φ durch die Windungsfläche A ein. Mit $B = \Phi/A$ bezeichnet man dann sinngemäß die *magnetische Flussdichte*. Bildet die Normale n der Fläche A mit der Feldrichung den Winkel α, so ist $\Phi = BA\cos\alpha$, s. Abb. 6.74.

Die an den Enden einer einzigen Spulenwindung entstehende *induzierte Spannung* ist nun gleich der *Änderungsgeschwindigkeit des magnetischen Flusses* $\mathrm{d}\Phi/\mathrm{d}t$, der ihre Windungsfläche durchsetzt. Ändert sich also der Fluss speziell während der Zeitspanne Δt gleichmäßig von Φ_1 auf Φ_2, so gilt für die induzierte Spannung

$$U_{\text{ind}} = -\frac{\Phi_2 - \Phi_1}{\Delta t}. \tag{6.42}$$

In einer Spule mit n Windungen sind n derartige Spannungsquellen hintereinandergeschaltet. Der Momentanwert der induzierten Spannung an den Spulenenden beträgt also allgemein:

$$U_{\text{ind}} = -n\frac{\mathrm{d}\Phi}{\mathrm{d}t}. \tag{6.43}$$

Dieses *Faraday'sche Induktionsgesetz* benutzt man auch als Bestimmungs- und Definitionsgleichung für den magnetischen Fluss Φ, den man danach in Voltsekunden (Vs) misst. Diese SI-Einheit wird auch *Weber* (Wb) genannt, $1\,\text{Vs} = 1\,\text{Wb}$. Die Einheit der magnetischen Flussdichte B ist dementsprechend $1\,\text{Vs/m}^2$, auch mit *Tesla* (T) bezeichnet, $1\,\text{T} = 1\,\text{Vs/m}^2$.

In der Literatur findet man noch als weitere, an sich nicht mehr zugelassene Einheit der magnetischen Flussdichte das *Gauß*. Dafür gilt $1\,\text{Gauß} = 10^{-4}\,\text{T}$.

Das Minuszeichen im Induktionsgesetz legt die Polung der induzierten Spannung zwischen den Enden einer Windung fest: Schauen wir in Richtung der magnetischen Feldlinien, in Abb. 6.76 also von unten nach oben, während der magnetische Fluss Φ vergrößert wird ($\mathrm{d}\Phi/\mathrm{d}t > 0$). Dann verläuft der kürzeste Weg vom Plus- zum Minuspol *entgegen* dem Uhrzeigersinn. – Bei den magnetischen Feldlinien $H = +I/2\pi r$ um einen geraden stromdurchflossenen Draht ergibt sich rein geometrisch das analoge Bild. Bei Blick in Stromrichtung verlaufen sie aber *im* Uhrzeigersinn, daher das Pluszeichen, vgl. Abschn. 6.6.2 und Abb. 6.64.

Um eine unbekannte magnetische Flussdichte nach dieser Gleichung als Messvorschrift zu messen, muss man zunächst Folgendes überlegen: Die Spannung U, die während der Zeitspanne Δt induziert wird, stellt einen *Spannungsstoß* $U\,\Delta t$ dar. Dieser erzeugt in einem angeschalteten Widerstand nach dem Ohm'schen Gesetz (Abschn. 6.1.2) einen Stromstoß $Q = I\,\Delta t = U\,\Delta t/R$, der mithilfe eines ballistischen Galvanometers gemessen werden kann (Abschn. 6.6.4). Dieses misst also bei bekanntem Widerstand des ganzen Stromkreises sofort auch den Spannungsstoß in Voltsekunden (Wb).

Zur eigentlichen Messung stellen wir eine kleine Probespule mit n Windungen der Fläche A an der zu untersuchenden Stelle mit ihrer Achse in die Feldrichtung. Dann bestimmt man mithilfe eines ballistischen Galvanometers den betreffenden Spannungsstoß $U_{\text{ind}}\Delta t$, während das Magnetfeld ein- oder ausgeschaltet wird. Bei einem permanenten Magneten wird die Spule schnell aus dem Feld herausgezogen. Nach dem Induktionsgesetz gilt dann

$$U_{\text{ind}}\Delta t = -nA(B_2 - B_1)\,, \tag{6.44}$$

wobei z. B. beim Ausschalten $B_2 = 0$ und B_1 die gesuchte magnetische Flussdichte B ist, die danach sich errechnet als $U_{\text{ind}}\Delta t/nA$.

Die Flussdichte B muss natürlich auf der Windungsfläche der Probespule konstant sein, sonst ergibt $B = \Phi/A$ nur einen Mittelwert von B über die Fläche. – Die Spannung kann zeitlich über die Stoßdauer beliebig verlaufen, indem das Magnetfeld ungleichmäßig geändert wird. Dann ist es der Flächeninhalt $\int U\,\mathrm{d}t$, den das ballistische Galvanometer als Spannungsstoß anzeigt, vgl. auch Abb. 2.12 für den Kraftstoß. Auch das Induktionsgesetz liefert dieses Integral als Unterschied des magnetischen Flusses nach und vor der Änderung. Für den Spannungsstoß selbst ist es gleichgültig, wie schnell das Feld geändert wird. Nur seine Messung mit dem ballistischen Galvanometer fordert eine Änderungszeit, die kurz gegen dessen Schwingungsdauer ist.

Berechnen lässt sich die induzierte Spannung immer aus dem Faraday'schen Induktionsgesetz, gleichgültig ob die Spule oder der Magnet im Versuch von Abb. 6.72 bewegt werden. Wir müssen bei bewegter Spule einfach die Rolle des mitbewegten Beobachters übernehmen (Abschn. 2.3.4). Die Einzelvorgänge beschreibt aber ein auf dem Erdboden stehender Beobachter unterschiedlich, wenn der Leiter einmal in einem festen Magnetfeld sich bewegt und ein anderes Mal in einem sich ändernden Magnetfeld ruht. Wenn wir beide Fälle im Einzelnen verfolgen, wird sich noch einmal zeigen, dass die durch das Induktionsgesetz definierte Flussdichte B auch maßgebend für die magnetische Kraftwirkung auf bewegte elektrische Ladungen ist, vgl. Lorentz-Kraft, Abschn. 6.6.3.2.

6.6.6.1 Induktion in einem bewegten Leiter. Bewegen wir einen geraden Leiter mit der Geschwindigkeit v in einem Magnetfeld, s. Abb. 6.75a, so übt das Magnetfeld auf dessen mitbewegte Ladungsträger die Lorentzkraft $F = evB$ aus, die senkrecht zur Feld- und Bewegungsrichtung steht (Abschn. 6.6.3.2). Unter ihrem Einfluss werden die im Leiter frei beweglichen Elektronen nach der rechten Seite verschoben und dadurch die Enden des Leiters ungleichsinnig aufgeladen. Wir erhalten zwischen ihnen eine Spannung von solcher Größe, dass die Kraft des elektrischen Feldes, das durch die Ladungstrennung entstanden ist, gerade der Kraft des Magnetfeldes auf die Elektronen das Gleichgewicht hält, vgl. auch Abschn. 6.6.3.5. Die Enden des Leiters sind also die Pole einer Spannungsquelle geworden, aber nur solange die Bewegung andauert.

Bewegen wir in einem *homogenen* Magnetfeld B einen zum Rechteck gebogenen Leiter, wie in Abb. 6.75b gezeichnet, so entstehen in den Längsseiten P_1P_2 und P_3P_4 zwei gleich große Spannungen, die sich gerade aufheben. Zwischen den Endpunkten des Leiters entsteht keine Spannung (Fall eines *unveränderlichen* magnetischen Flusses durch die Windungsfläche). In einem *inhomogenen* Magnetfeld, das z. B. in der Pfeilrichtung der Bewegung von Abb. 6.75b ansteigt, entsteht dagegen eine Gesamtspannung. Das liegt daran, dass jetzt zwischen P_1 und P_2 das Magnetfeld stärker ist

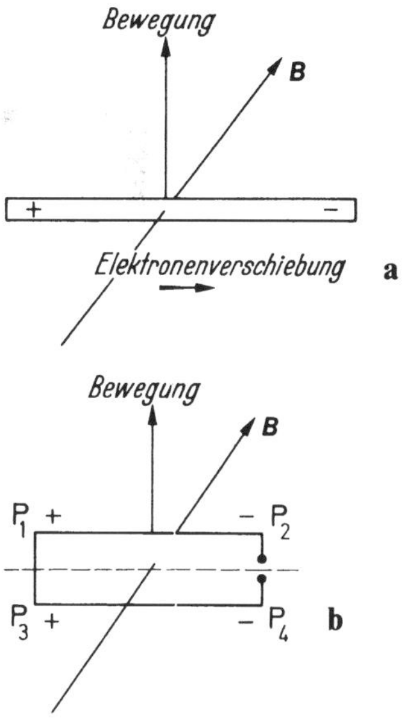

Abb. 6.75a,b Elektromagnetische Induktion in einem bewegten, geraden Leiterstück (**a**) und in einer bewegten Leiterschleife (**b**)

als zwischen P_3 und P_4. Dasselbe gilt für die Kräfte und die Teilspannungen, die sich also nicht aufheben wie im homogenen Felde. Es entsteht eine Spannung zwischen P_2 und P_4 mit dem Pluspol in P_4. Hier liegt der Fall eines *sich ändernden* magnetischen Flusses durch die Windungsfläche vor.

6.6.6.2 Induktion in einem ruhenden Leiter. Da die Ladungsträger des Metalldrahtes in diesem Falle nicht bewegt werden, kann die oben besprochene Kraft nicht auftreten. Die Ursache der Induktion muss also eine andere sein. Nähern wir einem ruhenden Leiter, etwa der Induktionsspule *I* der Abb. 6.72, die Stromspule *II*, oder verändern wir den Strom in der Spule *II*, so wird in beiden Fällen das magnetische Feld am Ort der Induktionsspule geändert. Da wir gleichzeitig an dieser eine Induktionsspannung beobachten, müssen wir schließen, dass überall da, wo ein magnetisches Feld sich *zeitlich* ändert, ein elektrisches Feld auftritt, das hier Elektronen im Metall nach der einen Seite verschiebt und so die Spulenenden auflädt. Dabei hat die Spule mit ihren Drahtwindungen nur sekundäre Bedeutung. Primär ist das Auftreten eines elektrischen Feldes.

Wir können daher sagen: Ein sich zeitlich änderndes Magnetfeld ist von ringförmigen elektrischen Feldlinien umgeben, s. die schematische Darstellung der Induktion in einer einzelnen Drahtwindung in Abb. 6.76. Dieses elektrische Feld mit seinen geschlossenen Feldlinien wollen wir als *Wirbelfeld* bezeichnen, um es von dem elektrischen Feld ruhender Ladungen zu unterscheiden, dessen Feldlinien an positiven Ladungen beginnen und an negativen enden.

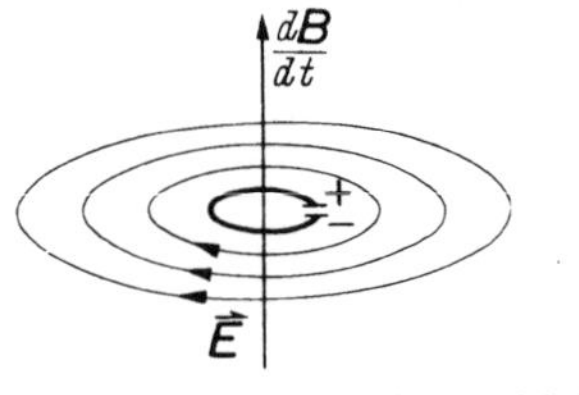

Abb. 6.76 Elektrisches Wirbelfeld um ein sich zeitlich änderndes Magnetfeld. Dadurch entstehen Ladungen an den Enden eines ruhenden Leiters

Insgesamt ist also für die induzierte Spannung nur die zeitliche Änderung des magnetischen Flusses durch die Windungsfläche maßgebend. Es kommt nur auf die Relativbewegung an. Das ist ein Beispiel für das *Relativitätsprinzip*, wonach durch Messungen an einem Körper seine *absolute* mit *konstanter Geschwindigkeit* erfolgende Bewegung niemals festzustellen ist, sondern nur die Relativbewegung von zwei Körpern gegeneinander, vgl. auch Abschn. 8.4.1.

Fassen wir abschließend noch einmal Eigenschaften und Unterschiede der beiden magnetischen Feldgrößen zusammen: Die magnetische Feldstärke H ist aus ihrer Erregung durch den elektrischen Strom festgelegt (Abschn. 6.6.2), während die magnetische Flussdichte B nach dem Induktionsgesetz als Messvorschrift zu bestimmen ist. Für die Kraftwirkung auf alle bewegten elektrischen Ladungen – Ströme oder Magnete – ist B maßgebend. Für das Magnetfeld im Vakuum gilt

$$B = \mu_0 H\,. \tag{6.45}$$

μ_0 ist die *magnetische Feldkonstante*. Ihr Wert ist durch die Definition der SI-Basiseinheit 1 Ampere auf $\mu_0 = 4\pi \cdot 10^{-7}\,\mathrm{Vs/Am} = 1{,}256 \cdot 10^{-6}\,\mathrm{Vs/Am}$ festgelegt. Die Feldlinien von B sind immer geschlossen (Wirbellinien), die von H können an Grenzflächen, besonders von ferromagnetischen Stoffen, beginnen und enden, sind im Vakuum aber auch stets geschlossen.

6.6.7 Induktionsströme, Wirbelströme. Immer wenn in einer Spule infolge einer zeitlichen Änderung des magnetischen Flusses, der ihre Windungsfläche durchsetzt, eine Spannung induziert wird und wenn die Spule Teil eines *geschlossenen* Stromkreises ist, entsteht darin ein Induktions*strom*. Das gilt auch für massive Metallkörper. Die mit veränderlichen Magnetfeldern verbundenen ringförmigen elektrischen Feldlinien rufen in ihnen sog. *Wirbelströme* hervor, deren Bahnen im Einzelnen vom Verlauf des Magnetfeldes und seinen Änderungen abhängen.

Wir fragen nun nach der Richtung des Induktionsstromes. Diese wird durch die Lenz'sche Regel bestimmt, welche lautet: Der induzierte Strom ist stets so gerichtet, dass er die ihn hervorrufende *Zustandsänderung* zu *hemmen* sucht. Dazu seien einige Beispiele betrachtet: In einer Ringspule, s. Abb. 6.73, steigt bei Stromerhöhung der magnetische Fluss. Die darüber gewickelte Spule *S* wird dann von einem Induktionsstrom durchflossen, dessen Magnetfeld dem Erstgenannten entgegenwirkt, also sein Anwachsen hemmt. – Wir drehen die Rechteckschleife von Abb. 6.75b um die gestrichelt eingezeichnete Achse, nachdem ihre Enden über einen Widerstand verbunden worden sind. Der Induktionsstrom erzeugt als „Kreisstrom" ein magnetisches Moment, auf welches das ursprüngliche Magnetfeld ein Drehmoment ausübt. Dieses hemmt die begonnene Bewegung der Schleife, indem es ihr entgegenwirkt. – Dasselbe lässt sich an einem Drehspulinstrument (Galvanometer) beobachten (Abschn. 6.6.4), nachdem es durch einen kurzen Stromstoß zum Schwingen gebracht worden ist. In der Spule, die sich im Magnetfeld bewegt, werden Spannungen induziert. Aber erst nach Überbrücken der Eingangsklemmen durch einen dicken Draht wird die Schwingbewegung stark gedämpft, da bei offenen Klemmen kein Strom, kein magnetisches Moment und daher auch kein Gegendrehmoment entstehen konnten.

Besonders das letzte Beispiel demonstriert, dass die Lenz'sche Regel eine notwendige Folge des Satzes von der Erhaltung der Energie ist. Der Induktionsstrom erzeugt nämlich Stromwärme, deren Energieäquivalent durch den Bremsvorgang der Rotationsenergie der Spule entnommen wird.

In technischen Geräten sind Wirbelströme, die sich in massiven Metallkörpern ausbilden können, meist unerwünscht, da sie Energieverluste durch Stromwärme verursachen. Daher müssen sie in elektrischen Maschinen usw. weitgehend durch isolierende Zwischenschichten unterteilt werden, z. B. in sog. *lamellierten Eisenkernen*. – Praktische Anwendung finden die Wirbelströme bei der Wirbelstrombremse elektrisch angetriebener Fahrzeuge und bei den *Induktionsöfen*, in denen Metalle in großen Mengen unter sehr günstigen Bedingungen geschmolzen werden.

6.6.8 Gegenseitige Induktion und Selbstinduktion. Wir betrachten zwei nebeneinanderliegende, aber voneinander getrennte Stromkreise mit Spulen, vgl. z. B. Abb. 6.72. Jede Änderung der Stromstärke in dem einen Kreis bedeutet eine Änderung des magnetischen Feldes. Da dessen Feldlinien zum Teil auch die Spule des anderen Kreises durchsetzen, wird jede Änderung der Stromstärke in dem einen der beiden Kreise an den Spulenenden des anderen eine Spannung induzieren. Je dichter die Spulen zusammenliegen, umso größer ist der Anteil des beide durchsetzenden magnetischen Flusses, und umso größer werden die induzierten Spannungen. Man spricht von einer *losen* bzw. *festen induktiven Kopplung*.

Haben wir nur einen einzigen Stromkreis mit Spule, so ergibt jede Änderung des Stromes, der durch sie fließt, eine Änderung des magnetischen Flusses durch die *eigene* Windungsfläche. Damit wird in der Spule selbst, die auch den veränderlichen Strom führt, eine Spannung induziert, ein Vorgang, den wir als *Selbstinduktion* bezeichnen. Nach der Lenz'schen Regel ist die Induktionsspannung so gerichtet, dass sie der Änderung des sie erzeugenden Stromes entgegenwirkt. Beim Schließen des Stromkreises ist deshalb die induzierte Spannung dem Strom *entgegengesetzt* gerichtet. *Schwächen* oder *unterbrechen* wir den Strom, so ist die Induktionsspannung *gleich* gerichtet. Beim plötzlichen Unterbrechen können daher sehr hohe *Öffnungsspannungen* auftreten, die ein Vielfaches der ursprünglichen Spannung ausmachen. Diese *Überspannungen* erkennen wir am Funken, der an der Unterbrechungsstelle auftritt.

Die induzierte Spannung ist der zeitlichen Änderung der Stromstärke proportional, also

$$U_{\text{ind}} = -L\frac{\mathrm{d}I}{\mathrm{d}t}\,. \tag{6.46a}$$

Die Größe L heißt *Selbstinduktionskoeffizient* oder kurz *Induktivität*. Sie hängt nur von den geometrischen Abmessungen des Stromkreises und den magnetischen Eigenschaften des Materials ab, in dem sich das magnetische Feld aufbaut.

Aus dem Induktionsgesetz folgt dann für den magnetischen Fluss durch eine Leiterschleife, die vom Strom I durchflossen wird,

$$\Phi = LI\,. \tag{6.46b}$$

Das gilt aber nur, wenn keine ferromagnetischen Materialien vorhanden sind (Abschn. 6.6.9).

Die SI-Einheit der Induktivität ist Vs/A und wird *Henry* genannt, Einheitenzeichen H.

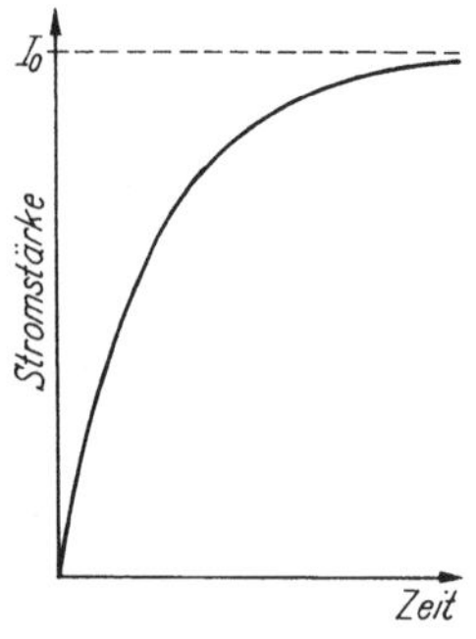

a

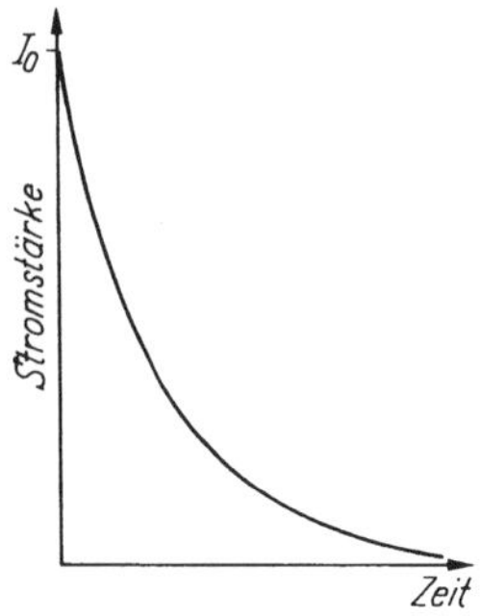

b

Abb. 6.77a,b Stromkreis mit großer Induktivität. Stromverlauf beim Einschalten (**a**) und Ausschalten (**b**)

Trägheit von Strom und Magnetfeld. Da beim Einschalten eines Stromes die induzierte Spannung der äußeren entgegenwirkt, steigt der Strom erst allmählich auf seinen Endwert an, der dem Widerstand nach dem Ohm'schen Gesetz entspricht, s. Abb. 6.77a. Ebenso sinkt beim Abschalten der angelegten Spannung, vorausgesetzt, dass der gesamte Stromkreis geschlossen bleibt, die Stromstärke erst allmählich auf null ab, s. Abb. 6.77b. Der Strom zeigt also eine gewisse *Trägheit* als Folge der Selbstinduktion. – Ähnlich erreicht ein Körper großer Masse, etwa ein Schwungrad, erst nach längerer Einwirkung der beschleunigenden Kraft seine durch Reibungsverluste bedingte Endgeschwindigkeit. Auch er kommt nach Abschalten des Antriebs erst verzögert zur Ruhe.

Der Strom fällt nach der Exponentialfunktion

$$I = I_0 \exp(-t/\tau) \tag{6.46c}$$

ab. Dabei ist die Zeitkonstante $\tau = L/R$ (L Induktivität, R Ohm'scher Widerstand im Stromkreis). Der Stromanstieg in Abb. 6.77a ist durch

$$I = I_0[1 - \exp(-t/\tau)] \tag{6.46d}$$

gegeben.

Beim Auf- und Entladen eines *Kondensators* folgt die an ihm liegende Spannung demselben Exponentialgesetz, aber mit der Zeitkonstanten $\tau = RC$, wenn C seine Kapazität und R der Vorschaltwiderstand sind. Bei einem *kurzen Spannungsstoß* oder *Impuls*, dessen Zeitkonstante viel kürzer als τ ist, lädt sich ein Kondensator praktisch überhaupt nicht auf. Die ganze Spannung bleibt als Spannungsabfall am Widerstand. Man sagt auch bei der entsprechenden Schaltung im Gitterkreise eines Verstärkers, vgl. Abb. 6.54, dass dort der Kondensator für einen genügend kurzen Spannungsstoß „durchlässig" ist.

Magnetische Energie. Beim Einschalten des Stromes wird ein Teil der Spannung der Stromquelle zunächst zur Überwindung der induzierten Gegenspannung benötigt. Daher wird die von der Stromquelle in eine Spule gelieferte Energie nicht ausschließlich in Wärme umgewandelt, sondern zuerst auch zum Aufbau des *Magnetfeldes* gebraucht.

Umgekehrt wird diese *magnetische Energie* beim Abschalten der äußeren Stromquelle wieder frei und dann in Wärme des Öffnungsstromes umgewandelt. – Bei der trägen Masse eines Schwungrades ist es entsprechend die Rotationsenergie, die gespeichert wird (Abschn. 2.6.2).

Schließen wir den Stromkreis, der eine Spule mit der Induktivität L enthält, so ist die induzierte Gegenspannung $U_{\text{ind}} = -L\,\mathrm{d}I/\mathrm{d}t$. Die Spannungsquelle muss daher die Spannung $U' = -U_{\text{ind}}$ zu ihrer Überwindung aufbringen. Sie leistet damit die Arbeit

$$\begin{aligned} W &= \int U' I \,\mathrm{d}t = \int L(\mathrm{d}I/\mathrm{d}t) I \,\mathrm{d}t \\ &= L \int_0^{I_0} I \,\mathrm{d}I = \frac{1}{2} L I_0^2 , \end{aligned} \tag{6.47}$$

die zum Aufbau des Magnetfeldes gebraucht wird. Das ist also die *Energie des* mit dem Strom I_0 in der Spule mit der Induktivität L verbundenen *Magnetfeldes*.

Diese Rechnung begründet noch einmal das Minuszeichen im Induktionsgesetz (Abschn. 6.6.6) durch den Energieerhaltungssatz. Mit dem Pluszeichen darin und $\Phi = LI$ würde zum Aufbau des Magnetfeldes negative Energie benötigt, also Energie frei, ohne dass Arbeit geleistet wird.

Ein technisches Gerät, das die gegenseitige Induktion zur Herstellung sehr hoher Spannungsstöße ausnützt, wie sie z. B. bei der Zündung in Verbrennungsmotoren gebraucht werden, ist der *Induktor*. Er besteht aus einer dickdrahtigen, nur wenige Windungen enthaltenden Primärspule und einer Sekundärspule mit sehr vielen Windungen, beide um einen Kern aus gebündelten Eisendrähten gewickelt. Um in der Sekundärspule eine Spannung zu induzieren, muss man den Gleichstrom in der Primärspule unterbrechen und wieder schließen, „zerhacken". Dazu braucht man einen selbstständig arbeitenden *Unterbrecher*, z. B. den bekannten *Wagner'schen Hammer* der elektrischen Klingel. – Ein- und Ausschaltvorgang des Primärstromes folgen dann im zeitlichen Verlauf dem in Abb. 6.77 dargestellten Exponentialgesetz. Die Sekundärspannung wird durch die Steigung dieser Kurve bestimmt. Sie enthält also in schneller Folge Spannungsstöße entgegengesetzter Polarität.

6.6.9 Magnetische Eigenschaften der Stoffe.

Bringen wir in das Innere einer stromdurchflossenen Spule einen Eisenkern, so erhalten wir eine außerordentliche Steigerung des Magnetfeldes im Innen- und Außenraum. Durch das magnetische Feld des Spulenstromes werden ja die Elementarmagnete des Eisens im Felde ausgerichtet (Abschn. 6.6.2), sodass ihre Nordpole in die positive Feldrichtung zeigen. Es kommen also zu den ursprünglichen Feldlinien des Spulenstromes die der Elementarmagnete oder atomaren Kreisströme hinzu.

Die Verstärkung des magnetischen Flusses im Innern des Eisens können wir mithilfe des in Abb. 6.73 dargestellten Induktionsversuches erkennen, indem wir den magnetischen Fluss Φ messen (Abschn. 6.6.6).

Füllen wir die Spule innen statt mit Eisen mit irgendeinem anderen Stoff wie Holz oder Aluminium aus, so finden wir nur bei sehr genauen Messungen geringe Änderungen des magnetischen Flusses gegenüber Luftfüllung. Bei Al beobachten wir eine ganz geringe Zunahme, in den meisten Fällen jedoch eine noch geringere Abnahme.

Jeder Körper im Innern der Spule wird durch das Magnetfeld des Stromes magnetisiert. Die Stärke dieser sog. *magnetischen Polarisation* messen wir durch den vom Körper herrührenden Beitrag J zur *magnetischen* Flussdichte B. Es ist also $B = B_0 + J$, wobei $B_0 = \mu_0 H$ das erregende ursprüngliche Feld in Luft ist. In den meisten Stoffen wächst die Polarisation J proportional mit der magnetischen Feldstärke H an und verschwindet wieder, wenn das erregende Magnetfeld abgeschaltet wird. Es gilt also $J = \mu_0 \varkappa H$. Die Stoffkonstante $\varkappa$ wird als *Suszeptibilität* bezeichnet. Damit wird also

$$B = \mu_0(1+\varkappa)H = \mu_0 \mu H . \qquad (6.48)$$

$\mu = 1 + \varkappa$ nennt man die *Permeabilität* des betreffenden Stoffes. – Als *Magnetisierung* bezeichnet man die Größe $M = J/\mu_0$. Sie ist anschaulich das magnetische Moment (vgl. auch Abschn. 6.6.3) der Volumeneinheit im Material und entspricht damit der elektrischen Polarisation (Abschn. 6.2.8).

Nach ihrem magnetischen Verhalten können wir alle Stoffe in drei Gruppen einteilen:

Diamagnetische Stoffe zeigen ganz geringe *Schwächung* der ursprünglichen magnetischen Flussdichte; $\mu < 1$;

Paramagnetische Stoffe zeigen ganz geringe *Verstärkung* der ursprünglichen magnetischen Flussdichte; $\mu > 1$;

Ferromagnetische Stoffe verstärken das ursprüngliche Feld sehr erheblich und bilden Dauermagnete.

Diamagnetische Moleküle haben kein permanentes magnetisches Moment, weil sich ihre Elektronen so bewegen, dass alle dabei entstehenden Momente sich gerade kompensieren. Bringen wir nun einen diamagnetischen Körper in ein Magnetfeld, so treten aber in jedem Atom Induktionsströme auf, die proportional zur Feldstärke sind. Sie suchen nach der Lenz'schen Regel die ursprüngliche Wirkung, das ist hier das von außen angelegte Magnetfeld, zu hemmen[8]. Sie erregen Felder, die dem ursprünglichen *entgegengesetzt* sind, es also *schwächen*. Die durch Induktion erzeugten atomaren Magnete stehen entgegengesetzt zur Feldrichtung. Die Suszeptibilität $\varkappa$ ist negativ.

Bei *paramagnetischen* Stoffen stellen sich darin vorhandene atomare permanente Momente in die Feldrichtung ein, sodass die magnetische Flussdichte B *verstärkt* wird, $\mu > 1$. Jedoch ist diese Ausrichtung bei weitem nicht vollständig, weil die thermische Molekülbewegung ständig versucht, wieder Gleichverteilung, d. h. ideale Unordnung herzustellen. So entsteht ein dynamisches Gleichgewicht; in ihm ist die Magnetisierung M gegeben durch die Vektorsumme aller atomaren Momente in der Volumeneinheit. Diese ist der richtenden magnetischen Feldstärke proportional, woraus sich als Proportionalitätsfaktor die Suszeptibilität ableitet. Sie sinkt nach dem Curie'schen Gesetz mit steigender Temperatur, vgl. die Orientierungspolarisation der Dielektrika (Abschn. 6.2.8). Auch ein paramagnetischer Körper besitzt infolge der stets auftretenden Induktionsströme Diamagnetismus, doch wird dieser im Allgemeinen vom Paramagnetismus überdeckt.

Paramagnetische Körper werden von einem Magnetpol *angezogen*, während *diamagnetische abgestoßen* werden (Abschn. 6.6.3.3).

Ferromagnetismus zeigen außer Eisen einige seiner Verbindungen, *Ferrite*, die ihm chemisch verwandten Metalle Kobalt und Nickel sowie viele Legierungen. Ferromagnetische Stoffe sind vor allem dadurch ausgezeichnet,

[8] Diese Induktionsströme fließen ungeschwächt weiter, da die Elektronen innerhalb der Atome in widerstandslosen Bahnen umlaufen.

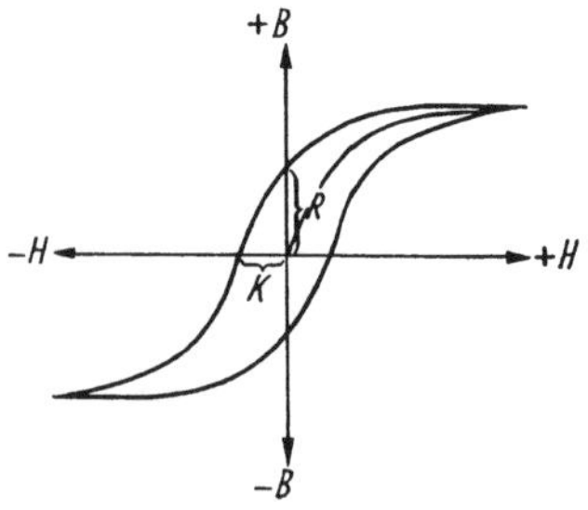

Abb. 6.78 Hysterese-Kurve

dass sie eine *permanente Magnetisierung* besitzen können, die zur Aufrechterhaltung kein äußeres Magnetfeld benötigt. Im Gegensatz zum Para- und Diamagnetismus ist der Ferromagnetismus keine Eigenschaft des einzelnen Atoms. Wir finden ihn nur in festen, aus mikrokristallinen Blöcken bestehenden Körpern, also nicht in Flüssigkeiten oder Gasen.

Zu einem ersten Überblick unterwerfen wir ein Eisenstück einer *zyklischen Magnetisierung*. Dazu bringen wir ein ursprünglich unmagnetisches Eisenstück in ein allmählich wachsendes magnetisches Feld H, indem wir es in eine Spule stecken und einen stetig wachsenden Strom durch sie fließen lassen. Dabei steigt die magnetische Flussdichte B in der sog. *Neukurve* nicht beliebig weit an, sondern erreicht praktisch einen Sättigungswert, s. Abb. 6.78. Diese *magnetische Sättigung* ist dann erreicht, wenn alle atomaren Magnete sich im äußeren Felde ausgerichtet haben. Eine weitere Magnetisierung des Eisens ist unmöglich, und die vom noch weiterwachsenden äußeren Felde verursachte Vergrößerung von B ist so geringfügig, dass sie im Maßstab von Abb. 6.78 gar nicht zum Ausdruck kommt. Vermindern wir nun die äußere Feldstärke H bis auf null, so verschwindet B nicht, sondern es verbleibt ein Rest *permanenter* magnetischer Polarisation oder *Remanenz R* übrig. Erst wenn wir die Stromrichtung und damit auch die von H umkehren, verschwindet die magnetische Flussdichte bei $H = K$, der sog. *Koerzitivkraft*. Anschließend steigern wir das Feld $-H$, bis $-B$ gesättigt ist, also volle permanente Polarisation in entgegengesetzter Richtung vorliegt. Schließlich kehren wir zur Sättigung in der ursprünglichen Richtung zurück und haben damit für die B-Werte eine geschlossene Schleife durchlaufen, die sog. *Hysteresekurve*.

Praktisch wird ein Eisenstück *entmagnetisiert*, indem man es in ein magnetisches *Wechselfeld* bringt und dann langsam in feldfreies Gebiet herauszieht. Dabei nimmt der Höchstwert von H kontinuierlich ab, und die durchlaufenen Hysterese-Kurven schrumpfen in ihrem Flächeninhalt bis auf null.

Wegen ihrer permanenten magnetischen Polarisation lässt sich für ferromagnetische Stoffe physikalisch keine Permeabilität μ definieren. Die Grundbeziehung $B = \mu_0 H + J$ gilt zwar auch hier, wonach die magnetische Flussdichte B sich aus Anteilen $\mu_0 H$, von makroskopischen Strömen herrührend, und der magnetischen Polarisation J von atomaren Magneten zusammengesetzt, vgl. Dielektrikum (6.22). Aber die Polarisation im ferromagnetischen Stoff ist der Feldstärke nicht proportional, weshalb B und H sogar verschiedene Richtungen haben können. – Für technische Zwecke gibt man, um die „Weichheit" einer Eisensorte zahlenmäßig zu beschreiben, einen Wert $\Delta B / \Delta \mu_0 H$ an, den man *effektive Permeabilität* nennen könnte. Er kann Werte von 5000 annehmen und hängt u. a. vom magnetischen Zustand des Stoffes ab, unter dem die Messung vorgenommen wird.

Den Ferromagnetismus kann man folgendermaßen deuten. Die einzelnen mikrokristallinen Blöcke bestehen aus *Elementargebieten* oder sog. *Weiß*'schen Bezirken, in denen die atomaren Magnete parallel ausgerichtet sind und sich gegenseitig in dieser Lage festhalten. Die Weiß'schen Bezirke sind spontan magnetisiert oder polarisiert. Im unmagnetisierten Zustand des ganzen Körpers sind die magnetischen Achsen dieser Gebiete aber statistisch verteilt, d. h. regellos gerichtet. Schalten wir ein äußeres Feld ein, so suchen sich die Gesamtmomente der einzelnen Weiß'schen Bezirke in die Feldrichtung einzustellen. Dem wirken die inneren Kräfte des Kristallgitters und Spannungen des Materials entgegen. Erst wenn die Feldstärke einen gewissen Betrag übersteigt, klappen die Magnete von ganzen Bezirken ruckartig um[9]. Je geringer die Koerzitivkraft ist, umso *magnetisch weicher* ist das Eisen. Schalten wir das äußere Feld ab, so behalten die Magnete ihre Orientierung teilweise bei, das Eisen zeigt Remanenz, weiches nur eine sehr kleine.

Die Schleifenform der Hysteresiskurve beruht darauf, dass bei der Ummagnetisierung innere Spannungen (Gitterkräfte) überwunden werden müssen. Daher folgen die Elementarmagnete dem äußeren richtenden Feld bei seiner Änderung in einem Zyklus nur mit Ver-

[9] Dabei klappen sie zunächst in bestimmte Vorzugsrichtungen des Kristalls, nämlich in die davon günstigsten Richtungen zum äußeren Feld. Erst bei größeren Feldstärken kommt es zu einer weiteren Eindrehung in die Feldrichtung.

zögerung. Die zur Überwindung der hemmenden Kräfte erforderliche Arbeit wandelt sich in Wärme um. Man muss daher bei elektrischen Maschinen, z. B. Transformatoren, diese Verluste, die mit der Frequenz der zyklischen Ummagnetisierung ansteigen, möglichst klein halten. Ein Maß für sie ist die von der Hysteresekurve umschlossene Fläche. Sie ist bei weichem Eisen klein.

Oberhalb einer bestimmten Temperatur, dem sog. Curie-Punkt, lösen sich alle Weiß'schen Bezirke im Kristall auf, d. h. sie verlieren ihre spontane Magnetisierung, und der Körper zeigt nur noch Paramagnetismus. Der Vorgang ist zu vergleichen mit dem plötzlichen Ordnungsverlust eines Kristalles beim Schmelzen. Die Curie-Temperatur des reinen Eisens liegt bei 769 °C.

Das äußere Magnetfeld einer stromdurchflossenen Spule wird außerordentlich verstärkt, wenn wir das Spuleninnere mit einem Eisenkern ausfüllen. Auf diese Weise erhalten wir einen sehr starken *Elektromagneten*. Man kann in kleinen Bereichen sehr hohe Feldstärken erzielen, wenn man aus einem Eisen hoher effektiver Permeabilität einen möglichst geschlossenen Kreis bildet (hufeisenförmiger Elektromagnet mit engem Spalt).

Die permanente Magnetisierung von mikroskopisch feinen, ferromagnetischen Nadeln, dispergiert in Lackschichten, hat ein sehr ausgedehntes Anwendungsgebiet im Magnetophon, Videorecorder und bei der Datenspeicherung in elektronischen Rechnern gefunden (Abschn. 6.7.5).

Magnetische Schirmwirkung. Bringt man einen Ring aus weichem Eisen in ein Magnetfeld, so werden die Feldlinien in das Eisen *hereingesaugt*. Der Raum innerhalb des Ringes bleibt feldfrei. So kann man Instrumente gegen magnetische Störfelder durch Kapselung in Eisen schützen.

Aufgaben

6.6.1 In jedem von zwei geraden Drähten, die im Abstand von 5 cm parallel laufen, fließt in derselben Richtung ein Strom von 3 A. Die Beobachtungsstelle liegt in 5 cm Abstand von beiden Drähten. Wie groß ist dort die magnetische Feldstärke H? In welcher Richtung läuft dort die Feldlinie?

6.6.2 Wie sind die Fragen von Aufgabe 6.6.1 zu beantworten, wenn die Ströme in entgegengesetzter Richtung fließen?

6.6.3 Die Drahtlängen in Abb. 6.68 sind $a = 20$ cm, $b = 40$ cm, und die Stromstärke beträgt 2,5 A. Wie groß ist das magnetische Moment der Drahtschleife?

6.6.4 Eine Magnetnadel mit dem Moment $8 \cdot 10^{-4}$ Am^2 befindet sich in der Mitte einer Spule von 1000 Windungen und 20 cm Länge, durch die ein Strom von 6 A fließt. Welches Drehmoment wirkt auf sie, wenn sie senkrecht zur Spulenachse steht?

6.6.5 Die Magnetnadel von Aufgabe 6.6.4 hängt an einem Faden mit dem Richtmoment $D^* = 2{,}8 \cdot 10^{-5}$ Nm/rad. Um welchen Winkel ϑ dreht sie sich aus der Ruhelage senkrecht zur Achse heraus, wenn der Strom eingeschaltet wird? Wie groß ist das magnetische Drehmoment in der neuen Gleichgewichtslage?

6.6.6 Ein Elektron der kinetischen Energie 250 eV durchläuft in einem Magnetfeld einen Kreis von 15 cm Radius. Wie muss die Kreisebene liegen? Wie groß ist die magnetische Feldstärke H?

6.6.7 In der Ringspule von Abb. 6.73 beträgt bei einer Stromstärke $I_1 = 4$ A der magnetische Fluss $\Phi = 3{,}8 \cdot 10^{-6}$ Wb. Die Prüfspule S hat 2 Windungen und ist mit dem Widerstand 4 Ω abgeschlossen, gegen den ihr Eigenwiderstand zu vernachlässigen ist. Wie groß sind Induktionsspannung und -strom in S, wenn der Strom in 0,8 ms auf $I_2 = 1$ A absinkt?

6.6.8 Um einen geraden Draht ist konzentrisch in 2 mm Abstand eine Prüfspule mit 10 Windungen gewickelt. Der Draht verläuft also in der Achse der Prüfspule. Welchen Spannungsstoß beobachtet man an ihren Enden, wenn ein Strom von 10 A, der durch den geraden Draht fließt, abgeschaltet wird?

6.6.9 Die Windungsfläche von 600 cm^2 einer Spule mit 750 Windungen ist so orientiert, dass vom Erdfeld ein maximaler magnetischer Fluss hindurchtritt. Die Windungsfläche wird schnell um 180° gedreht, wobei ein Spannungsstoß von $3{,}3 \cdot 10^{-3}$ Vs gemessen wird. Wie groß ist die magnetische Feldstärke H am Beobachtungsort?

6.6.10 Die Spule eines Elektromagneten hat die Induktivität $L = 80$ H und den Ohm'schen Innenwiderstand $R = 150\,\Omega$. Durch sie fließt ein Dauerstrom von 3 A. Wie groß sind magnetischer Fluss Φ, gespeicherte magnetische Energie W und Verlustleistung P? Welche Zeit verstreicht nach dem Einschalten, bis der Strom 90% seines Endwertes erreicht hat?

6.7 Wechselspannungen und Wechselströme

6.7.1 Wechselstromkreis mit Ohm'schem Widerstand. In Starkstromnetzen benutzt man aus praktischen Gründen Wechselspannungen, die induktiv hergestellt werden. Ver-

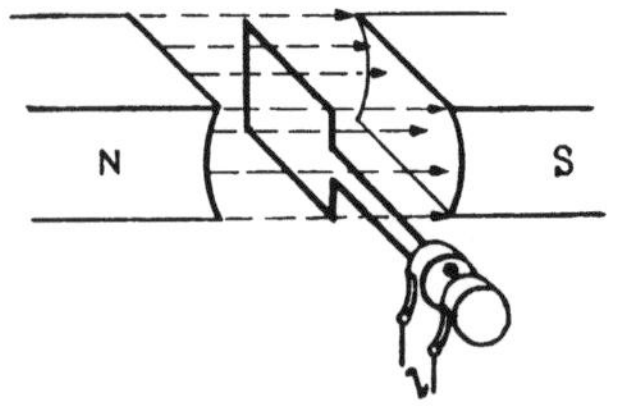

Abb. 6.79 Zur Erzeugung von Wechselspannung

setzen wir z. B. den in Abb. 6.79 gezeichneten, zwischen den Polen eines Magneten befindlichen, rechteckigen Drahtrahmen in gleichförmige Rotation, so ändert sich der die Leiterfläche durchdringende magnetische Fluss periodisch. Dasselbe würden wir auch bei einem festgehaltenen Leiter mit rotierenden Polen erreichen. Wir erhalten eine periodisch schwankende induzierte Spannung, eine *Wechselspannung*, die wir über zwei Schleifringe mit Bürsten abnehmen können. Steht der Rahmen senkrecht, wie in Abb. 6.79 gezeichnet, so ist zwar der magnetische Fluss $\Phi = BA$ am größten, seine Änderung bei der Drehung um einen bestimmten Winkel aber am kleinsten; steht der Rahmen horizontal, so ist dagegen die Änderung und damit die in diesem Augenblick auftretende Induktionsspannung am größten. Im Ganzen ändert sich der magnetische Fluss durch den Rahmen mit dem Kosinus des Drehwinkels aus der senkrechten Lage heraus, vgl. Abb. 6.74, sodass sich der zeitliche Verlauf der Spannung mit einer Sinuskurve darstellen lässt:

$$U = U_0 \sin \omega t = U_0 \sin 2\pi \nu t \,. \tag{6.49}$$

ω ist dabei die Winkelgeschwindigkeit, mit der sich der Rahmen dreht; bei Wechselspannungen und Schwingungen wird ω *Kreisfrequenz* genannt. Es gilt $\omega = 2\pi/T = 2\pi\nu$, wenn T die Umdrehungszeit der Schleife und $\nu = 1/T$ die Frequenz der Wechselspannung ist. In übertragenem Sinne spricht man auch hier von einer Schwingung. Die Ortsnetze der technischen Wechselspannung haben in Europa eine Frequenz von 50 Hz.

Werden die beiden Schleifringe mit einem Ohm'schen Belastungs- oder Wirkwiderstand R verbunden, z. B. einem geraden Draht geringer Leitfähigkeit, so fließt im ganzen jetzt geschlossenen Stromkreis ein Strom. Seine *Stromstärke* muss nach dem Ohm'schen Gesetz zu jeder Zeit der angelegten Spannung proportional sein. Ihr zeitlicher Verlauf ist daher

$$I = \frac{U}{R} = \frac{U_0}{R} \sin \omega t = I_0 \sin \omega t \,, \tag{6.50}$$

vgl. Abb. 6.80. U und I sind die *Momentanwerte*, U_0 und I_0 die *Scheitelwerte* oder Amplituden von Spannung und Strom. Während bei einem Gleichstrom die Elektronen stets in derselben Richtung fließen, ändert sich beim Wechselstrom die Richtung ihrer Bewegung periodisch. Die Elektronen *schwingen* gewissermaßen hin und her.

Schicken wir Wechselstrom durch ein Drehspulinstrument, so erhalten wir keinen Ausschlag, da das drehbare System den ihre Richtung schnell wechselnden, sonst aber nach beiden Seiten gleichen Ablenkungskräften bei einer Frequenz von 50 Hz nicht zu folgen vermag. Diese Frequenz des Wechselstromes ist sehr viel höher als die Eigenfrequenz des Drehpendels, das aus Spule und Rückstellfeder gebildet wird (Abschn. 4.1.3). Der hier gemessene *arithmetische Mittelwert* des Stromes ist null. Nun ist bei Gleichstrom die *Stromwärme* dem *Quadrat* der Stromstärke *proportional*, also von der Stromrichtung unabhängig. Schicken wir daher Wechselstrom durch ein *Hitzdrahtinstrument* (Abschn. 6.3.1), so erhalten wir einen von der Stromwärme bestimmten Ausschlag. Wir messen so von einem Wechselstrom seine sog. *effektive Stromstärke* I_{eff} und verstehen darunter diejenige Stromstärke, die ein Gleichstrom haben müsste, um bei gleichem Ohm'schen Widerstand dieselbe Leistung P zu verrichten. Die effektive Stromstärke ist also so definiert, dass auch bei Wech-

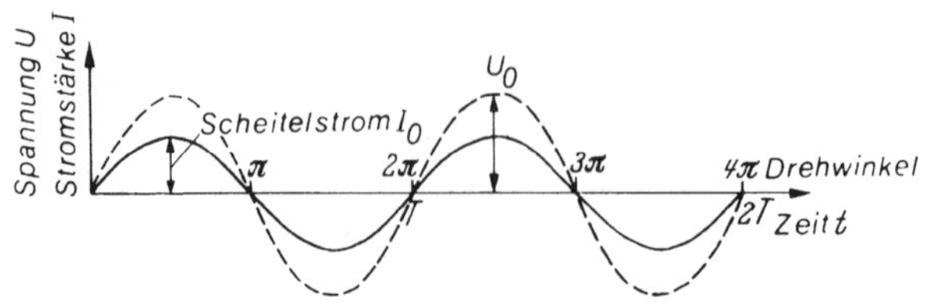

Abb. 6.80 Wechselspannung und -strom an einem Ohm'schen Widerstand (Wirkwiderstand)

selströmen die Beziehung für die elektrische Leistung $P = I_{\text{eff}}^2 R$ gültig bleibt.

Die *Effektivwerte* von Strom und Spannung sind daher die sog. *quadratischen Mittelwerte*. Bei rein sinusförmigem Wechselstrom ist die Beziehung zwischen Effektiv- und Scheitelwert:

$$I_{\text{eff}} = \frac{I_0}{\sqrt{2}}; \quad U_{\text{eff}} = \frac{U_0}{\sqrt{2}}. \tag{6.51}$$

Die Netzspannung von 220 V effektiv hat also Scheitelwerte von 311 V. Die Effektivwerte messen wir mit jedem Instrument, dessen Ausschlag vom Quadrat der Stromstärke abhängt (Abschn. 6.6.4). Als Voltmeter dienen auch hier umgeeichte Strommesser.

Bei einem sinusförmigen Strom errechnet sich der Effektivwert als

$$I_{\text{eff}}^2 = \frac{1}{T}\int_0^T I_0^2 \sin^2 \omega t \, \mathrm{d}t \quad \text{mit} \quad T = 2\pi/\omega. \tag{6.52}$$

Da das Integral den Wert $I_0^2 T/2$ hat, ergibt sich obige Beziehung.

Die *elektrische Leistung* $I_{\text{eff}} U_{\text{eff}}$, die im Belastungswiderstand in Wärme umgesetzt wird, muss durch *mechanische Arbeitsleistung* beim Drehen der Schleife, s. Abb. 6.79, erzeugt werden. Dazu haben wir zu bedenken, dass der entnommene Strom auch die Schleife selbst durchfließt. Er ist nach der Lenz'schen Regel zu jedem Zeitpunkt so gerichtet, dass er seine primäre Ursache, hier die Drehbewegung der Schleife zu hemmen sucht. Das ist dann der Fall, wenn die stromdurchflossene Leiterschleife einen Magneten von solcher Polung darstellt, dass sie im äußeren Magnetfeld ein Gegendrehmoment erfährt, gegen das die antreibende „Maschine" Arbeit leisten muss.

6.7.2 Induktiver und kapazitiver Widerstand.

In einem Stromkreis schalten wir hinter einen Ohm'schen Widerstand R, der durch Messung von Gleichstrom und -spannung nach dem Ohm'schen Gesetz zu bestimmen ist (Abschn. 6.1.2), noch eine Induktivität L, s. Abb. 6.81a. Eine Spule mit Eisenkern enthält auch diese beiden Schaltelemente. Legen wir daran eine Wechselspannung U und ändern die Frequenz bei konstanter Amplitude, so nimmt die Stromstärke mit wachsender Frequenz ab. Zwar bleiben auch hier die Effektivwerte von Strom und Spannung bei konstanter Frequenz einander proportional, was die weitere Gültigkeit des Ohm'schen Gesetzes zeigt, aber dieses muss jetzt in der Form geschrieben werden:

$$I_0 = \frac{U_0}{\sqrt{R^2 + \omega^2 L^2}}. \tag{6.53}$$

Der Wechselstromwiderstand ist also gegenüber dem Gleichstromwiderstand R durch den sog. *induktiven Widerstand* ωL vergrößert worden.

Diese Eigentümlichkeit erklärt sich daraus, dass die momentan vorhandene Spannung U nicht nur den Ohm'schen Spannungsabfall $U_{\text{R}} = -IR$, sondern auch die Selbstinduktionsspannung $U_{\text{L}} = -L\,\mathrm{d}I/\mathrm{d}t$ decken muss. Es ist also in jedem Augenblick $U = IR + L\,\mathrm{d}I/\mathrm{d}t$. Mit $I = I_0 \sin\omega t$ errechnet sich daraus $U = I_0(R\sin\omega t + \omega L\cos\omega t)$. Das kann man umformen in

$$U = I_0\sqrt{R^2 + \omega^2 L^2}\sin(\omega t + \varphi), \tag{6.54a}$$

wobei

$$\tan\varphi = \frac{\omega L}{R} \tag{6.54b}$$

beträgt. Der Scheitelwert der Spannung ist dabei $U_0 = I_0\sqrt{R^2 + \omega^2 L^2}$, woraus sich die obige Beziehung unmittelbar ergibt. Auf die Bedeutung der sog. *Phasendifferenz* φ zwischen Stromstärke und Spannung werden wir weiter unten eingehen.

Eine Spule mit induktivem Widerstand, die aber *keinen* Ohm'schen Widerstand enthält, verzehrt keine Energie, verursacht also beim Einschalten in einen Stromkreis auch keine Verluste durch Stromwärme. Es wird nur in ständigem Wechsel der Stromquelle Energie entzogen, zum Aufbau des Magnetfeldes des Stromes verwendet und dann beim Verschwinden des Magnetfeldes zurückgegeben (Abschn. 6.6.8). Wir haben einen sog. *wattlosen Strom*. Man kann daher durch Spulen mit kleinem Ohm'schen, aber großem induktiven Widerstand, sog. *Drosselspulen*, die Stromstärke in einem Wechselstromkreis ohne nennenswerte Energieverluste regulieren.

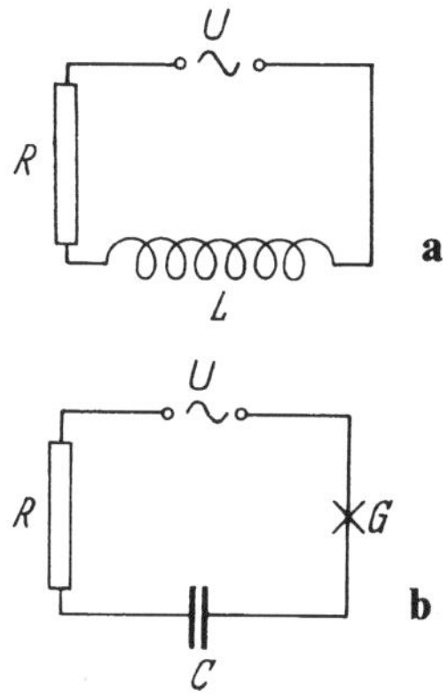

Abb. 6.81a,b Wechselstromkreis mit Spule (**a**) und Kondensator (**b**)

Schalten wir in den Stromkreis einen Kondensator der Kapazität C ein, s. Abb. 6.81b, so ist der Kreis für Gleichstrom unterbrochen. Nur im Augenblick des Einschaltens fließt ein Stromstoß, der den Kondensator auflädt. Schalten wir dagegen eine Wechselspannung an, so wird der Kondensator während einer Periode aufgeladen, entladen, dann mit umgekehrtem Vorzeichen aufgeladen und wieder entladen. Durch die Zuführungsdrähte zu den Kondensatorplatten fließen also ständig Lade- und Entladeströme. Die pro Zeiteinheit transportierte Ladung, d. h. die Stromstärke, wächst mit der Frequenz und mit der Kapazität. In einem Stromkreis mit eingeschaltetem Kondensator fließt also beim Anlegen einer Wechselspannung, wie wir auch mittels einer eingeschalteten Glühlampe G erkennen können, s. Abb. 6.81b, ein Wechselstrom der Größe

$$I_0 = \frac{U_0}{\sqrt{R^2 + \frac{1}{\omega^2 C^2}}} . \qquad (6.55)$$

Bei sehr hohen Frequenzen wirkt der Kondensator also beim Fehlen weiterer Widerstände praktisch als Kurzschluss. Die Größe $1/\omega C$ bezeichnen wir als den *kapazitiven Widerstand*. Ist kein Ohm'scher Widerstand vorhanden, so haben wir auch hier einen *wattlosen* Strom, bei dem periodisch Energie zum Aufbau des elektrischen Feldes in den Kondensator einströmt und dann wieder in die Stromquelle zurückfließt.

Auch hier addieren sich die Spannungen am Widerstand und am Kondensator zur Gesamtspannung $U = IR + Q/C$, wobei die Ladung Q des Kondensators als Stromstoß $Q = \int I\,dt$ zu berechnen ist. Für den Wechselstrom $I = I_0 \sin\omega t$ findet man durch Einsetzen

$$U = I_0(R \sin\omega t - \cos\omega t/\omega C) , \qquad (6.56)$$

was nach einer Umformung, analog der bei der Induktivität, zu der angegebenen Beziehung führt.

Enthält der Wechselstromkreis neben dem Ohm'schen Widerstand sowohl eine Induktivität als auch eine Kapazität und sind alle drei in Reihe geschaltet, so gilt die Beziehung

$$I_0 = \frac{U_0}{\sqrt{R^2 + \left(\omega L - \frac{1}{\omega C}\right)^2}} . \qquad (6.57)$$

Man erkennt aus dieser Gleichung, dass für $\omega L = 1/\omega C$ oder für die durch die Gleichung $\omega = 1/\sqrt{LC}$ bestimmte Frequenz die Stromstärke besonders groß wird. Diesen Fall bezeichnen wir als *Stromresonanz*, vgl. dazu auch Abschn. 6.8.1.

Wir wollen noch die *Leistung* in einem Wechselstromkreis, insbesondere das Zustandekommen des *wattlosen Stromes* oder *Blindstromes* aus dem zeitlichen Verlauf von Spannung und Stromstärke ableiten. Dabei ist es wesentlich, dass bei eingeschalteter Induktivität oder Kapazität Strom und Spannung nicht mehr in Phase sind, d. h. sie erreichen z. B. nicht gleichzeitig die Maximalwerte. Die Strom- und Spannungskurven von Abb. 6.80 sind um eine Zeitspanne Δt gegeneinander verschoben, die mit dem *Phasenwinkel* φ nach der Beziehung $\Delta t/T = \varphi/2\pi$ zusammenhängt. Bei einer Spule mit Eisenkern eilt die Spannung der Stromstärke voraus, an einem Kondensator hinkt sie hinterher. Die Phasenverschiebung beträgt 90° ($\pi/2$), wenn die betreffenden Schaltelemente keinen zusätzlichen Ohm'schen Wirkwiderstand enthalten, sonst ist sie kleiner. Sind nun in einem Zeitabschnitt Strom und Spannung gegeneinander gerichtet, die eine Größe also positiv, die andere negativ, so wird die Stromarbeit negativ. Das ist z. B. der Fall, solange das Magnetfeld abgebaut wird und die Energie in die Stromquelle zurückfließt. Im folgenden Zeitraum haben Strom und Spannung die gleiche Richtung, sodass positive Stromarbeit geleistet wird. Die Gesamtarbeit, geliefert von der Spannungsquelle, ist die Summe aller dieser aufeinander folgenden positiven und negativen Teilarbeiten. Zur Berechnung der Leistung, auch *Wirkleistung* genannt, muss man diese Gesamtarbeit durch die Zeitspanne dividieren, in der sie geleistet wird.

So kommt es durch die Phasenverschiebung dazu, dass die Leistung eines Wechselstromes nicht mehr wie beim Gleichstrom stets durch $P = I_{\text{eff}} \cdot U_{\text{eff}}$ gegeben ist, sondern kleiner ausfallen kann. Die nähere Untersuchung[10] gibt für die *Wechselstromleistung* den allgemeinen Ausdruck

$$P = I_{\text{eff}} \cdot U_{\text{eff}} \cos\varphi\,, \tag{6.58}$$

wobei φ der Phasenwinkel zwischen Strom und Spannung ist. Für $\varphi = 90°$ oder $\cos\varphi = 0$ wird die Leistung null, und wir haben den oben besprochenen *wattlosen* Strom. Ist nur Ohm'scher Widerstand vorhanden, so wird $\varphi = 0$ und $\cos\varphi = 1$, und wir erhalten dieselbe Beziehung wie für Gleichstrom.

6.7.3 Transformator. Ein *Transformator* besteht aus zwei vom gleichen magnetischen Fluss durchsetzten Spulen, die auf einem geschlossenen und zur Vermeidung von Wirbelströmen unterteilten Eisenkern sitzen, s. Abb. 6.82. Die Primärspule *1* mit n_1 Windungen sei an die Wechselstromquelle angeschlossen. Ihr Ohm'scher Widerstand kann vernachlässigt werden. Der durch die Primärspule (*1*) fließende Wechselstrom, der sog. *Primärstrom*, erzeugt einen sich ändernden magnetischen Fluss, der infolge der Selbstinduktion eine Gegenspannung induziert.

Der durch die Primärspule fließende Strom ist in seiner Stromstärke I_1 dadurch bestimmt, dass die äußere Spannung stets sowohl den Ohm'schen Spannungsabfall wie auch die induzierte Gegenspannung überwinden muss. Bei praktisch verschwindendem Wirkwiderstand ist daher die induzierte Spannung stets der äußeren entgegengesetzt gleich, sodass beide sich das Gleichgewicht halten. – Wenn man irrtümlich eine *Gleichspannung* an die Primärspule legt, ist nur der Ohm'sche Widerstand wirksam (Abschn. 6.7.2). Damit wird die Stromstärke so hoch, dass die in technischen Anlagen stets eingebaute Sicherung den Stromkreis unterbricht, schon um ein Durchbrennen der Spule selbst zu vermeiden.

Da derselbe magnetische Fluss auch die Sekundärspule durchsetzt (der geschlossene Eisenkern hält die Feldlinien zusammen), entsteht auch in dieser eine Induktionsspannung. Sind die Windungszahlen der beiden Spulen n_1 und n_2, so gilt nach dem Induktionsgesetz (Abschn. 6.6.6) für die in ihnen induzierten Spannungen (Momentan- und Effektivwerte):

$$\frac{U_2}{U_1} = \frac{n_2}{n_1}\,. \tag{6.59}$$

Wir erhalten also an der Sekundärspule eine gegenüber der ursprünglichen Primärspannung im Verhältnis der Windungszahlen vergrößerte bzw. verkleinerte sog. Sekundärspannung. Wir können daher auf diese Weise Wechselspannungen herauf- oder heruntertransformieren.

Ein *Sekundärstrom* I_2 fließt erst, wenn die Sekundärklemmen durch einen Belastungswiderstand überbrückt werden, der Sekundärkreis also geschlossen ist. Nach dem Energiesatz muss dann die auf der Sekundärseite verbrauchte Leistung $I_2 U_2$ durch die auf der Primärseite zugeführte $I_1 U_1$ gedeckt werden. Von geringfügigen Verlusten abgesehen gilt also

$$\frac{I_1}{I_2} = \frac{U_2}{U_1}\,, \tag{6.60}$$

d. h. die Ströme auf beiden Seiten des Transformators verhalten sich umgekehrt wie die Spannungen. Der Transformator verwandelt also einen starken Strom von niedriger Spannung in einen schwachen Strom von hoher Spannung und umgekehrt. Auf diese Weise ist es möglich, elektrische Energie in hochgespannter Form mit daher entsprechend verkleinerter Stromstärke über große Entfernungen zu leiten, ohne dass in den Leitungen große Verluste durch Stromwärme, die ja mit RI^2 anwachsen, entstehen. An der Verbraucherseite (Ortsnetz) wird auf eine relativ ungefährliche Spannung von meist 220 Volt heruntertransformiert. Andererseits benötigen elektrische Geräte, z. B. Fernsehempfänger und viele medizinische Geräte sowohl niedrige Spannungen für Transistoren als auch höhere, z. B. für Bildröhren, die aus der Netzspannung durch Transformatoren und gegebenenfalls nachfolgende Gleichrichter erzeugt werden. In diesen technischen Nutzanwendungen ist es begründet, dass für

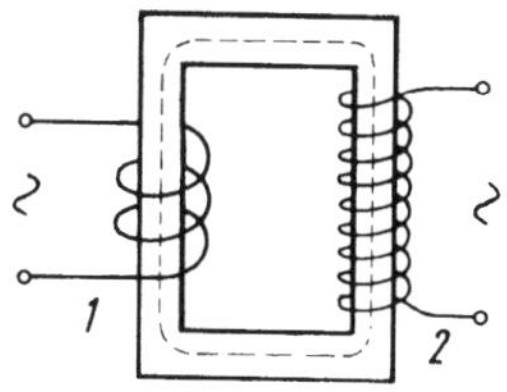

Abb. 6.82 Transformator. *Gestrichelt*: eine magnetische Feldlinie

[10] Die momentane Leistung ist $U_0 I_0 \sin\omega t \cdot \sin(\omega t + \varphi)$, was sich umformen lässt in $U_0 I_0 (\sin^2 \omega t \cos\varphi + \sin\omega t \cos\omega t \sin\varphi)$. Über eine Periode $T = 2\pi/\omega$ summiert, ergibt der erste Summand $U_0 I_0 \cos\varphi \cdot T/2$ und der zweite verschwindet.

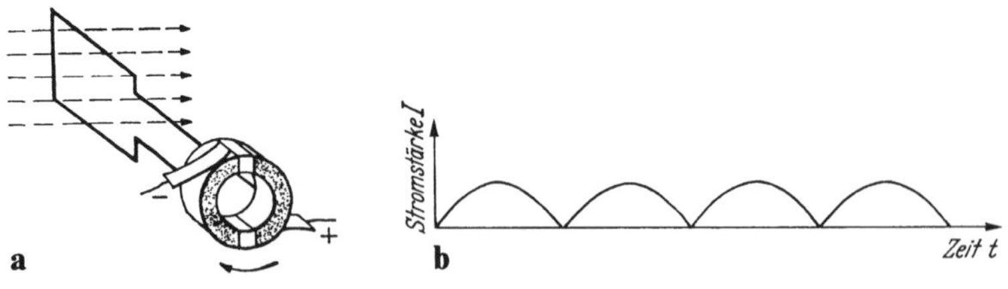

Abb. 6.83a,b Zum Gleichstromgenerator. Kommutator (**a**) und damit entnommener pulsierender Gleichstrom (**b**)

die Praxis Wechselstromnetze aufgebaut worden sind.

Wir machen uns noch klar, auf welchem Wege das Einschalten des Sekundärstromes den Primärstrom erhöhen kann, obwohl gar keine elektrische Verbindung zwischen beiden Stromkreisen existiert: Der *Sekundärstrom* I_2 durchfließt auch die Sekundärspule und erzeugt im Eisenkern einen *zusätzlichen* magnetischen Fluss, der sich sinusförmig mit der Zeit ändert. In dem geschlossenen Kern durchsetzt er auch die *Primärspule*, induziert dort eine Zusatzspannung und stört damit das Gleichgewicht zwischen äußerer und induzierter Spannung. Dieses stellt sich dadurch sofort wieder neu ein, dass ein zusätzlicher Primärstrom I_1, der jetzt in Phase mit der Primärspannung ist, von der Spannungsquelle geliefert wird und seinerseits einen magnetischen Fluss im Eisenkern erzeugt, der den Zusatzfluss des Sekundärstromes gerade kompensiert. Im Eisenkern bleibt also unabhängig von der Belastung der magnetische Fluss konstant. Aber je mehr Strom sekundär verbraucht wird, umso mehr muss dazu die Stromstärke I_1 ansteigen (*magnetische Kopplung* zwischen Sekundär- und Primärspule).

6.7.4 Starkstrommaschinen. Die Herstellung elektrischer Wechselspannungen nach dem Induktionsprinzip haben wir bereits grundsätzlich besprochen, als wir eine rechteckige Drahtschleife in einem homogenen Magnetfeld sich drehen ließen, vgl. Abb. 6.79. Jetzt wollen wir noch weitere Einzelheiten über in der Praxis verwendete elektrotechnische Geräte hinzufügen.

Der *Gleichstromgenerator* hat sog. *Kommutatoren* oder *Kollektoren*, d. h. statt zweier Schleifringe einen einzigen, der durch eine isolierende Zwischenschicht in zwei Teile geteilt ist, s. Abb. 6.83a. Bei jedem Umpolen der Spannung gehen die Bürsten von einem Segment auf das andere über, sodass wir eine *pulsierende* Gleichspannung erhalten, vgl. Abb. 6.83b. – Um die induzierte Spannung zu steigern, nimmt man statt einer einzigen Leiterschleife eine Spule. Ferner erhöht man den magnetischen Fluss dadurch, dass man der Spule einen Eisenkern gibt. Spule und Kern bilden zusammen den *Anker* einer spannungserzeugenden Maschine, eines Generators. Das Magnetfeld liefert ein Elektromagnet, der sog. *Feldmagnet*. – Schließlich nimmt man statt der einen Spule einen sog. *Trommelanker* – das sind n_s um gleiche Winkel gegeneinander versetzte, fortlaufend gewickelte Spulen – und unterteilt den Kollektor in $2n_s$ voneinander isolierte Lamellen. So erhält man an den beiden Bürsten eine Überlagerung von n_s Spannungskurven nach Art von Abb. 6.83b, die alle gegeneinander zeitlich verschoben sind. Das ergibt eine sehr geglättete Spannungskurve, also eine praktisch konstante Gleichspannung.

Zur Erregung des Magnetfeldes braucht man bei einem Gleichstromgenerator keine fremde Stromquelle. Da jeder Magnet remanente Magnetisierung besitzt, entsteht beim Andrehen am Anker immer eine, wenn auch schwache Induktionsspannung. Benutzen wir diese, um einen Strom durch die Wicklung des Feldmagneten zu schicken, so wächst das magnetische Feld, also auch laufend die induzierte Spannung bis zu einem Gleichgewichtswert. Dieses *Prinzip der Selbsterregung* hat *v. Siemens*[11] angegeben.

Die auf diese Weise arbeitenden sog. *Dynamomaschinen* verwandeln mechanische Energie in elektrische. Solange dem Generator kein Strom entnommen wird, der auch seinen Anker durchfließen würde, tritt kein magnetisches Gegendrehmoment auf. Je mehr Strom jedoch entnommen wird, umso mehr Arbeit muss die

[11] *Werner von Siemens*, 1816–1892, Mitbegründer des Hauses Siemens.

Antriebsturbine leisten, um den Anker gegen dieses Drehmoment zu drehen, vgl. Lenz'sche Regel.

In *Wechselspannungsgeneratoren* wird das Feld durch einen Gleichstrom erzeugt, den meist eine besondere Gleichspannungsmaschine liefert. Sie kann an dieselbe Drehachse angekoppelt werden, mit der auch der Läufer der eigentlichen Wechselstrommaschine von einer Turbine angetrieben wird.

Schickt man durch eine ruhende Dynamomaschine von außen Gleichstrom, so übt ihr Magnetfeld auf den Strom ein Drehmoment aus, das den Anker in Drehung versetzt. Beim Strom liefernden Generator war ein analoges Drehmoment zu überwinden. Jetzt läuft die Maschine als *Motor*, d. h. wir können die hineingesteckte elektrische Arbeit in mechanische verwandeln. Bei rotierendem Anker wird natürlich wieder eine Gegenspannung induziert. Sie ist umso kleiner, je langsamer der Motor läuft. Je mehr er also gebremst wird, weil er Arbeit leistet, umso mehr Strom fließt durch den Anker, umso größer ist die verbrauchte elektrische Leistung. – Leistungsstarke Motoren werden über *einen Anlaufwiderstand* angelassen, damit der Anfangsstrom nicht zu stark wird, ehe der Motor seine normale Drehzahl und damit die Gegenspannung ihre volle Höhe erreicht hat.

Auf die vielfältigen technischen Ausführungen von Generatoren und Motoren gehen wir nicht näher ein und besprechen nur noch kurz den *Drehstrommotor*.

Drehfeld. Wir betrachten zwei senkrecht zueinander orientierte Spulenpaare I und II, deren Spulen paarweise in Reihe geschaltet sind, s. Abb. 6.84. Durch jedes Spulenpaar fließt getrennt ein Wechselstrom, und beide Wechselströme seien gegeneinander um 90° phasenverschoben. Das Magnetfeld im Raum zwischen den vier Spulen setzt sich also aus zwei aufeinander senkrecht stehenden Feldern H_1 und H_2 zusammen; es sind *Wechselfelder* oder *schwingende* Felder, die auch zeitlich um 90° phasenverschoben sind. Das resultierende Feld wird daher durch eine *zirkuläre* Schwingung dargestellt, vgl. Abschn. 4.1.2, Abb. 4.11.

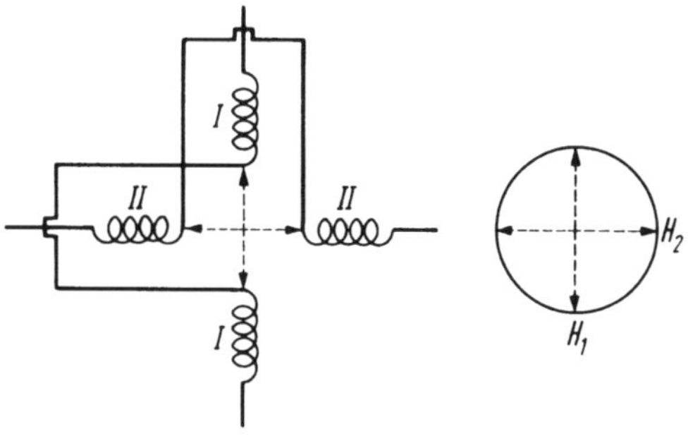

Abb. 6.84 Magnetisches Drehfeld aus zwei Wechselfeldern, die aufeinander senkrecht stehen und um 90° in der Phase verschoben sind

Die Richtung des Feldes dreht sich während einer Periode um 360°; wir haben ein *magnetisches Drehfeld.* Die Technik benutzt meist drei jeweils um 120° phasenverschobene Ströme, sog. *Dreiphasenstrom* oder *Drehstrom.* Zur Herstellung eines Drehfeldes wird dann das Spulensystem der Abb. 6.84 auf drei um 120° gegeneinander versetzte Spulenpaare erweitert, durch welche die Teilströme fließen.

Bringt man in ein solches Drehfeld eine in sich kurzgeschlossene Spule, einen sog. *Kurzschlussanker*, so werden in diesem Ströme induziert. Diese erfahren im Magnetfeld Kräfte, die den Anker in Drehung versetzen, sodass er hinter dem Magnetfeld herläuft. Würden beide synchron umlaufen, so wäre die Änderung des die Spule durchsetzenden magnetischen Flusses null, und damit würden Induktionsstrom und Drehmoment verschwinden. Wird der Motor belastet, so sinkt seine Drehzahl gegenüber der des Feldes. Dadurch ändert sich der magnetische Fluss durch seine Spule schneller, die induzierten Ströme wachsen, bis das auftretende Drehmoment zur Deckung der mechanischen Arbeitsleistung ausreicht. Die Differenz zwischen der Drehzahl des Feldes und der des Ankers bezeichnet man als *Schlupf*, den Motor als *Asynchronmotor*.

Ein Permanent-Magnet oder eine von Gleichstrom durchflossene Spule (Elektromagnet) können dagegen nur mit derselben Drehzahl rotieren wie das magnetische Drehfeld *Synchronmotor*, elektrische Uhr).

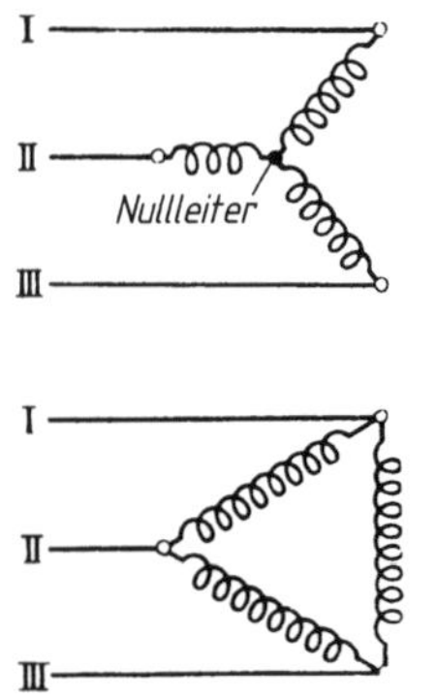

Abb. 6.85a,b Sternschaltung (**a**) und Dreieckschaltung (**b**)

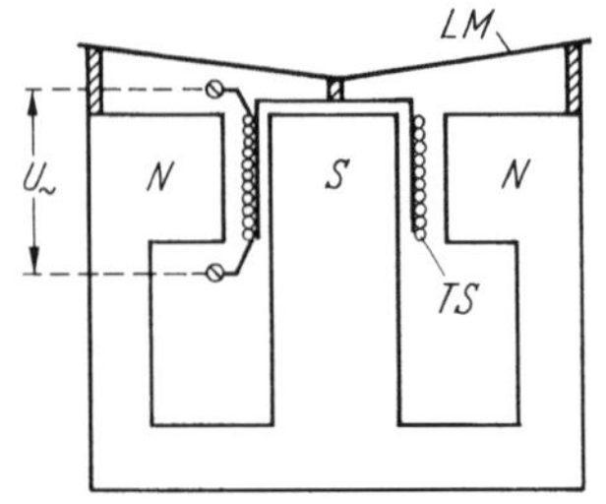

Abb. 6.86 Elektrodynamischer Lautsprecher mit Tauchspule

Der *Drehstromgenerator* hat im Prinzip denselben Aufbau wie der Synchronmotor, nur besorgt eine äußere Turbine die Drehung – von Anker oder Feld, s. auch Abb. 6.79.

Die drei Stromkreise des Drehstromes können verkoppelt werden, indem man von jedem Kreis eine Leitung zwischen Generator und Verbraucher auswählt und diese drei vereinigt. Man erdet diese Leitung am Generator und bezeichnet sie als *Null-Leiter*. Bei dieser sog. *Sternschaltung*, s. Abb. 6.85a, befinden sich die Verbraucher (Motore, Lampen) zwischen einem der Außenleiter *I*, *II* oder *III* und dem Null-Leiter (Erde). Ist $U_{\mathrm{I}} = U_{\mathrm{II}} = U_{\mathrm{III}}$ die Effektivspannung zwischen einem Außenleiter und dem Null-Leiter (Sternspannung), so gilt für die Spannung zwischen je zwei Außenleitern $U = \sqrt{3}U_{\mathrm{I}}$ (daher die Bezeichnung 220/380 V Drehstrom). – Bei der *Dreieckschaltung* (b) liegen die Verbraucher direkt zwischen je zwei Außenleitern.

6.7.5 Elektroakustische Geräte. Schallwellen des hörbaren Bereiches umfassen Frequenzen zwischen 16 Hz und etwa 20 kHz (Abschn. 4.3.2). Es sind daher Wechselströme und -spannungen in diesem sog. *Tonfrequenzbereich*, mit denen elektrische und magnetische Schallgeber, wie z. B. Lautsprecher, betrieben werden. Dabei können vorher mit Trioden oder Transistoren (Abschn. 6.5.3) die tonfrequenten Wechselspannungen so verstärkt werden, dass eine für den gewünschten Zweck ausreichend große elektrische Leistung zur Verfügung steht, die der Lautsprecher zum Teil in Leistung des abgestrahlten Schalles umwandelt.

Das physikalische Prinzip dieser Umwandlung wollen wir an der sog. *Tauchspule* kurz betrachten, s. Abb. 6.86. Der Dauermagnet ist als *Topfmagnet* mit einem Hufeisenmagneten zu vergleichen, der rotationssymmetrisch ausgelegt ist. In seinem Ringspalt befindet sich die Tauchspule TS, die an der leicht trichterförmig gebogenen Lautsprechermembran LM befestigt ist. Ein Gleichstrom, der durch die Spule fließt, erfährt eine Lorentzkraft (Abschn. 6.6.3), durch welche die Spule je nach Stromrichtung nach oben oder nach unten gezogen wird, bis durch die elastische Rückstellkraft der deformierten Membran Gleichgewicht eintritt. Bei tonfrequenten, sinusförmigen Wechselströmen führen Spule und Membran harmonische Schwingungen aus, solange die Amplitude nicht zu groß ist. In diesem Fall werden auch mehrere Frequenzen gleichzeitig, also Sprache oder Musik, ohne Verzerrung oder Klirren auf die Membran als Schallquelle übertragen (*Elektrodynamischer Lautsprecher*).

Im *Mikrophon* werden umgekehrt Schallschwingungen in elektrische Wechselströme umgesetzt. Dies ist auf induktivem Wege möglich, wenn die Membran von Abb. 6.86 durch die auftreffende Schallwelle in Schwingung gerät. Sie ändert damit den magnetischen Fluss durch die Spule, wodurch in dieser eine Wechselspannung induziert wird. Diese kann wieder verstärkt und über Leitungsdrähte an einen weiter entfernten Telefonhörer oder Lautsprecher gelegt werden.

Wir betrachten noch die Wirkungsweise von zwei weiteren *Schallempfängern:* Im *Kondensatormikrophon* bildet eine außerordentlich dünne Membran mit einer Gegenplatte in geringem Abstande einen Kondensator. Beim Auftreffen von Schallwellen gerät die Membran in Schwingungen. Die entsprechenden Kapazitätsschwankungen werden in Spannungsschwankungen umgewandelt, wenn am Kondensator *C* über einen großen Widerstand *R* eine Gleichspannung liegt. Die Zeitkonstante der Kondensatoraufladung $\tau = RC$ muss sehr viel länger sein als die Schwingungsdauer der übertragenen Töne. Bei dann praktisch konstanter Ladung auf *C*, vgl. Abschn. 6.6.8, ist die Spannung an *R* proportional der Membranverschiebung, d. h. der Änderung des Plattenabstandes im Kondensator. Der Spannungsabfall polt sich um, wenn die Membran durch ihre Ruhelage schwingt.

Das *Kohlemikrophon* enthält Kohlegries unter mäßigem Druck zwischen der Membran und der Gegenelektrode oder Kapsel. Wird die Membran durch auftreffende Schallwellen zum Schwingen angeregt, so ändert sich der Widerstand der Kohleschicht periodisch, und im Stromkreis treten bei angelegter Gleichspannung nach dem Ohm'schen Gesetz (Abschn. 6.1.2) entsprechende Stromschwankungen auf: Dem Gleichstrom überlagert sich ein tonfrequenter Wechselstrom. Allerdings ist Letzterer auch bei einer harmonischen Schwingung der Membran nicht streng sinusförmig; auch werden sehr hohe Frequenzen durch das Kohlemikrophon nicht übertragen. Beim Telefon reicht es aber zur Verständigung aus und ist wegen seiner Einfachheit noch immer im Gebrauch.

Will man quantitativ die *Leistungsübertragung* von elektrischen in Schallschwingungen verfolgen, insbesondere ihre Abhängigkeit von der Frequenz bei den einzelnen Geräten, dann genügen die hier bisher zur Erläuterung des

Prinzips benutzten qualitativen Überlegungen nicht. Vielmehr muss berücksichtigt werden, dass die Membranen zu erzwungenen Schwingungen angeregt werden (Abschn. 4.1.3), deren Amplituden von der Dämpfung und dem Verhältnis zwischen Anregungs- und Eigenfrequenz ν/ν_0 abhängen.

Beim *elektrodynamischen* Lautsprecher liegt die Eigenfrequenz im Gebiet von 20 Hz. Über den Hörbereich fällt daher die Schwingamplitude mit steigender Frequenz auf der Resonanzkurve ab, s. Abb. 4.13. Das wird aber dadurch ausgeglichen, dass die Lautsprechermembran bei gleicher Amplitude höhere Schallfrequenzen stärker abstrahlt als niedrigere. So erzeugt der elektrodynamische Lautsprecher für nicht zu hohe Frequenzen bei gleicher Wechselstromstärke auch die gleiche Schallstärke; bei sehr hohen Frequenzen macht er aber – auch aus anderen Gründen – erhebliche Schwierigkeiten.

Für diese benutzt man besser den sog. *elektrostatischen* Schallstrahler. Dazu wird eine dem Kondensatormikrophon analoge Anordnung mit hoher Gleich- und schwacher tonfrequenter Wechselspannung betrieben. Die Membran dieses Schallstrahlers ist stark gedämpft. Ihre Eigenfrequenz liegt sehr hoch, sodass sie besonders gut die hohen Frequenzen bis zum Ultraschall abstrahlt.

Das *Magnetophonband* speichert die tonfrequenten Schwingungen magnetisch: Der von einem Mikrophon kommende Wechselstrom erzeugt in einer Ringspule mit Weicheisenkern, dem Sprechkopf, ein magnetisches Wechselfeld. Ein vor dem Spalt des Sprechkopfes vorbeilaufendes Band mit feinverteiltem ferromagnetischem Pulver wird dadurch in wechselnder Stärke und Richtung magnetisiert, vgl. Abb. 6.87. – Lässt man das Band später mit der gleichen Geschwindigkeit an einer zweiten Spule (Hörkopf) vorbeilaufen, so erzeugt die Magnetisierung des Bandstückes, das sich gerade vor dem Spalt des Kopfes befindet, einen magnetischen Fluss durch die Spule. Das bei laufendem Band so entstehende magnetische Wechselfeld induziert in der Spule Wechselspannungen, die

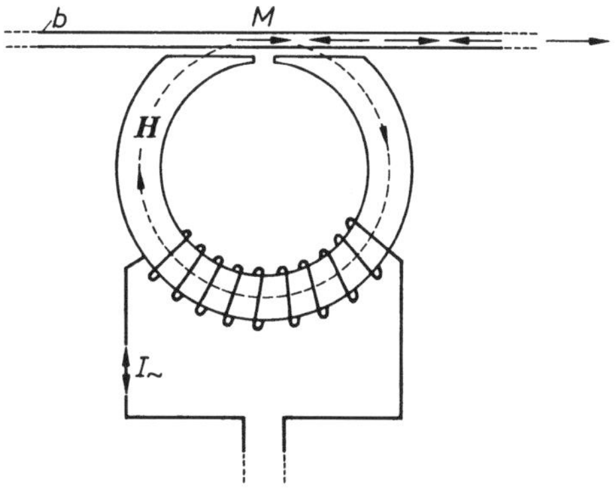

Abb. 6.87 Sprechkopf mit Magnetophonband *b*. *M* seine Magnetisierung

den ursprünglichen Schallschwingungen entsprechen. Die Aufzeichnung kann durch ein starkes, hochfrequentes Magnetfeld gelöscht und das Band für neue Aufnahmen benutzt werden.

Zu erwähnen wäre noch, dass die im Hörkopf induzierte Spannung der *Änderungsgeschwindigkeit* des magnetischen Flusses proportional ist (Abschn. 6.6.6). Sie steigt also bei gleicher Amplitude der Magnetisierung auf dem Band linear mit der Frequenz ν an. Für niedrige und mittlere Frequenzen muss daher eine Entzerrung vorgenommen werden, indem die tonfrequenten Wechselspannungen dann nach einem $1/\nu$-Gesetz verstärkt werden, sollen nicht die tiefen Töne im Verhältnis zu leise gehört werden.

Aufgaben

6.7.1 Ein rechteckförmiger Wechselstrom schwankt periodisch zwischen den Werten +6 A und −6 A. Wie groß ist der Effektivwert der Stromstärke?

6.7.2 Durch eine Spule mit Eisenkern fließt ein Strom von 400 mA, wenn an ihr eine Gleichspannung von 6 V liegt. Bei einer anliegenden Wechselspannung (6 V, 50 Hz) misst man eine Stromstärke von 175 mA. Wie groß sind Ohm'scher Widerstand R und Induktivität L? Welche Phasenverschiebung hat der Strom gegenüber der Spannung?

6.7.3 Eine Steckdose des Stadtnetzes (220 V, 50 Hz) wird mit einem Kondensator der Kapazität 3,5 μF verbunden. Welcher Wechselstrom fließt in der Zuführungsleitung?

6.7.4 Welche Leistung verbraucht ein Widerstand $R = 20\,\Omega$, der zum Kondensator von Aufgabe 6.7.3 in Reihe geschaltet ist? Wie groß ist in diesem Fall die Phasenverschiebung zwischen Strom und Spannung?

6.7.5 Über einen idealen, verlustlosen Transformator soll die Kathodenheizung (6,3 V; 2 W) einer Triode vom Netz (220 V; 50 Hz) betrieben werden. Man berechne das Übersetzungsverhältnis des Transformators und seinen Primärstrom bei Heizung der Röhre.

6.7.6 In welchem Verhältnis steht in Aufgabe 6.7.5 der Widerstand $R_1 = U_1/I_1$, mit dem das Netz belastet wird, zum Eigenwiderstand R_2 des Heizfadens? Setzen Sie das in Beziehung zum Übersetzungsverhältnis *ü*.

6.7.7 Bei Drehstrom 220/380 V sind in einer Sternschaltung die Lastwiderstände $R_1 = R_2 = 2{,}2\,\Omega$ und $R_3 = 1{,}8\,\Omega$ eingeschaltet. Man berechne die Gesamtleistung P und den Strom I_0 im Null-Leiter.

6.7.8 Einer Modellrechnung für ein Kondensatormikrophon sei eine Membran von $1{,}5\,\text{cm}^2$ Fläche im Abstand 0,8 mm von der Gegenelektrode zugrunde gelegt. Wie groß ist die Kapazität C? Welche Wechselspannungsamplitude entsteht am Vorschaltwiderstand R bei einer Betriebsspannung von 6 V, wenn die Membran mit einer Amplitude von 40 μm schwingt? ($RC \gg 1/v$).

6.7.9 Wie groß ist die tonfrequente Wechselspannung in Aufgabe 6.7.8, wenn der Mikrophon-Kapazität C noch eine feste Ballastkapazität C von 5 pF parallel liegt?

6.7.10 Was ändert sich am gehörten Ton, wenn das Magnetophonband mit zu kleiner Geschwindigkeit läuft?

6.8 Hochfrequente Schwingungen und Wellen

6.8.1 Elektrischer Schwingkreis. Während man Wechselspannungen niedriger Frequenz in der Technik Generatoren mit rotierendem Läufer entnimmt (Abschn. 6.7.4), spielt bei der Erzeugung von Wechselspannungen im sog. *Hochfrequenz-* und *UKW-Bereich* der elektrische Schwingkreis eine große Rolle.

Für das Zustandekommen eines Wechselstromes oder einer *elektrischen Schwingung* darin ist die in Abschn. 6.6.8 besprochene *Trägheit des Magnetfeldes* wesentlich. Ein *Schwingkreis* besteht aus einem Kondensator und einer Spule mit Induktivität, s. Abb. 6.88. Der Kondensator sei irgendwie aufgeladen worden, s. auch Abschn. 6.8.2. Nun schließen wir den Schalter. Bei rein Ohm'schem Widerstand würde es eine einfache Entladung, d. h. einen monotonen Abfall und völligen Ausgleich der Spannung, geben. Bei Gegenwart einer Induktivität wird aber während des Ansteigens des Entladestromes ein Magnetfeld aufgebaut, das Energie enthält. Sinkt der Strom wieder, setzt eine Selbstinduktionsspannung ein, die einen Strom in derselben Richtung erzeugt (Abschn. 6.6.7) und den Kondensator mit umgekehrter Polung auflädt. Der Strom fließt also, obwohl die Spannung am Kondensator null geworden ist, infolge der *Trägheit* seines Magnetfeldes weiter. Dabei wird die Energie des Magnetfeldes in elektrische Energie des sich wieder aufladenden Kondensators umgewandelt, bis wir schließlich wieder nur elektrische Energie haben. Dann setzt der Vorgang von Neuem, nur in umgekehrter Richtung ein. Wir haben also eine ständige Umwandlung von elektrischer Energie in magnetische und umgekehrt, d. h. eine *freie elektromagnetische Schwingung*. Sie entspricht völlig der Schwingung des mechanischen Pendels mit ihrer wechselseitigen Umwandlung von potentieller und kinetischer Energie. Je größer die Induktivität L des Kreises ist, umso größer ist die Trägheit des Magnetfeldes, umso länger dauert sein Auf- und Abbau, umso langsamer erfolgen die Schwingungen. Andererseits nehmen Entladungs- und Aufladungsdauer des Kondensators mit seiner Kapazität C zu, sodass für die Schwingungsdauer T eines elektromagnetischen Schwingungskreises gilt:

$$T = \frac{1}{\nu_0} = 2\pi\sqrt{LC}\,. \qquad (6.61)$$

Misst man L in Henry, C in Farad, so erhält man T in Sekunden. ν_0 ist die Eigenfrequenz des ungedämpften Schwingkreises.

Die so entstehenden Schwingungen klingen allmählich ab, sind also *gedämpft*, weil Schwingenergie vor allem infolge der entstehenden Stromwärme verzehrt wird. Die Bezeichnung Schwingung bezieht sich unmittelbar auf die Bewegung der Ladungsträger in den Metalldrähten (Abschn. 6.7.1). Sie wird in übertragener Bedeutung aber auch für die Spannung bzw. die elektrischen und magnetischen Felder im Schwingungskreis benutzt.

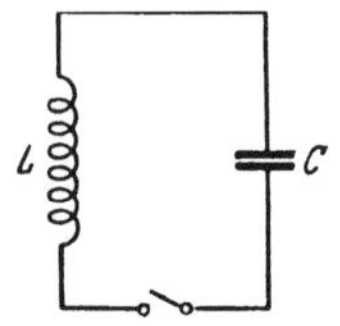

Abb. 6.88 Elektrischer Schwingkreis

Ein elektrischer Schwingkreis wird zu *erzwungenen Schwingungen* angeregt, wenn ihm die Hochfrequenzspannung eines fremden Senders S über eine Koppelspule oder Koppelkondensatoren geringer Kapazität zugeführt wird, s. Abb. 6.89. Variiert man die Eigenfrequenz $\nu_0 = 1/(2\pi\sqrt{LC})$ des Schwingkreises dadurch, dass z. B. die Kapazität des eingeschalteten Drehkondensators C geändert wird, so durchläuft die Schwingungsamplitude eine Resonanzkurve. Sie entspricht völlig der eines Pendels, vgl. Abb. 4.13 in Abschn. 4.1.3. Insbesondere nimmt der Strom auch hier ein Maximum an, wenn die Anregungsfrequenz mit der Eigenfrequenz des ungedämpften Kreises übereinstimmt (*Resonanz*), vgl. auch Abschn. 6.7.2. Bei mehreren einfallenden Frequenzen, wie z. B. beim Rundfunkempfänger, sondert man durch Resonanzabstimmung eines Schwingungskreises die Frequenz des gewünschten Senders aus und kann sie allein weiter verstärken (Filter).

6.8.2 Erzeugung von hochfrequenten Schwingungen. *Gedämpfte hochfrequente Schwingungen* erzeugt man leicht überschaubar für physikalische Versuche, indem man in den Schwingungskreis eine Funkenstrecke F als Schalter legt, s. Abb. 6.90. Durch jeden Spannungsstoß eines Induktors I (Abschn. 6.6.8) wird der Kondensator C aufgeladen, bis die Spannung die Durchschlagspannung (Abschn. 6.5.6) der Funkenstrecke erreicht hat. Dann entlädt sich der Kondensator über die Funkenstrecke und die Induktivität L. Da die Funkenstrecke durch die gebildeten Elektronen und Ionen eine endliche Zeit leitend bleibt, entsteht in dem aus L und C gebildeten Kreise eine gedämpfte Schwingung. Wenn diese abgeklungen und die Funkenstrecke nicht mehr leitend ist, kann der Kondensator durch den nächsten Spannungsstoß des Induktors wieder aufgeladen werden und das Spiel von Neuem beginnen. Im Allgemeinen ist die Periode dieser Schwingungen sehr viel kürzer als der zeitliche Abstand der vom Induktor gelieferten Spannungsstöße, sodass wir zwischen je zwei Aufladungen des Kondensators von außen eine ganze, schnell abklingende Hochfrequenzschwingung erhalten, vgl. Abb. 4.3b. In den Induktorkreis gelangen keine Hochfrequenzströme, da die Induktivität der Sekundärspule von I gegenüber L sehr groß ist, also einen außerordentlich hohen Widerstand darstellt.

Tesla-Transformator. Die durch Entladung eines Kondensators über eine Induktivität entstehenden Schwingungen können keine Spannungsamplitude haben, die höher ist als die ursprüngliche Ladespannung des Kondensators. Will man höhere Spannungen herstellen, so muss man einen Hochfrequenztransformator oder *Tesla-Transformator* T hinzunehmen, s. Abb. 6.91. Die Induktivität L des Schwingungskreises besteht nur aus einigen wenigen Windungen, welche gleichzeitig die Primärspule des Hochfrequenztransformators bilden. Bei der gedämpften Schwingung im LC-Kreise des Funkensenders durchfließen Hochfrequenzströme die Spule L, sodass an der aus einigen tausend Windungen bestehenden Sekundärspule eine sehr hohe Hochfrequenzspannung entsteht. Erdet man das eine Spulenende, so erhält man am anderen Ende lange Funkenbüschel (Abschn. 6.5.6). Wegen der hohen Frequenz der Ströme treten in der Umgebung eines Tesla-Transformators erhebliche Induktionswirkungen auf. So leuchten mit Luft unter vermindertem Druck gefüllte Röhren in seiner Nähe auf, ohne dass metallische Verbindungen mit den Enden der Sekundärspule erforderlich sind.

Die Spannungen am Tesla-Transformator werden besonders hoch, wenn die Sekundärspule auf die Eigenfrequenz des primären Schwingkreises abgestimmt ist. Wir können diese Spule nämlich mit ihrer Induktivität und der geringen Kapazität der Enden bzw. der Windungen gegeneinander als einen Schwingungskreis auffassen. Ist dessen Eigenfrequenz gleich der des ersten Kreises, so wird er in Resonanz angeregt.

Ungedämpfte Schwingungen. Der Funkensender liefert eine Folge von *gedämpften* Schwingungen, weil die beim jeweiligen Schwingungseinsatz im Kondensator vorhandene elektrische Energie laufend durch die erzeugte Stromwärme, auch im Funken, vermin-

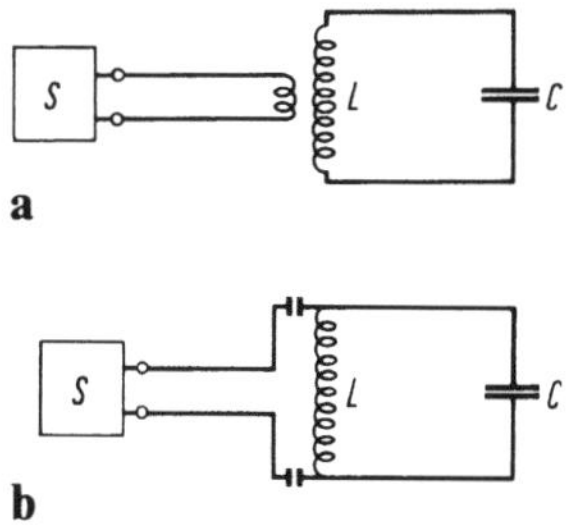

Abb. 6.89a,b Anregung eines Schwingkreises zu erzwungenen Schwingungen mit induktiver (**a**) und kapazitiver (**b**) Kopplung

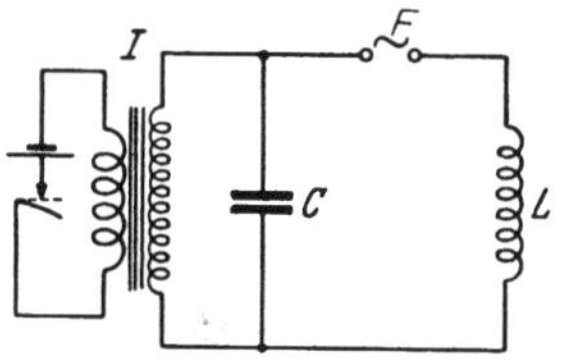

Abb. 6.90 Funkensender für gedämpfte Schwingungen

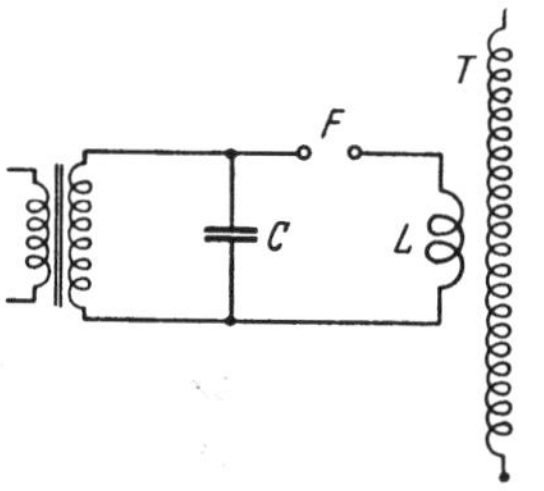

Abb. 6.91 Tesla-Transformator

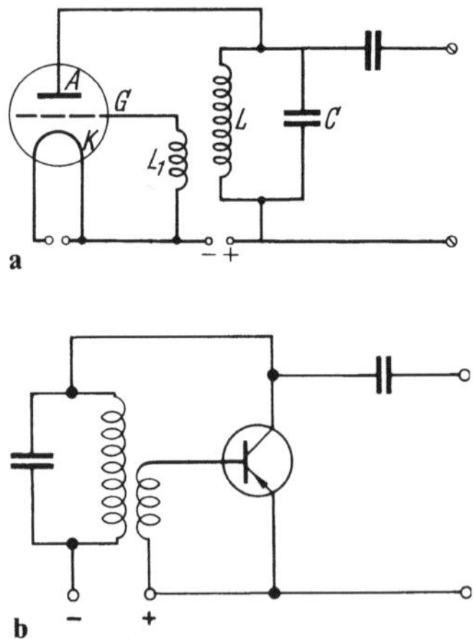

Abb. 6.92a,b
Erzeugung ungedämpfter Schwingungen durch Rückkopplung mit Triode (**a**) und Transistor (**b**)

dert wird. Um ungedämpfte Schwingungen zu erzeugen, muss man daher dem Schwingkreis aus einer Gleichspannungsquelle ständig Energie zuführen, und zwar stets im richtigen Augenblick; man denke an eine Kinderschaukel oder an Steigrad und Anker einer Uhr. Man erreicht das durch *Selbststeuerung* des Schwingungskreises mithilfe einer *Rückkopplungsschaltung*, s. Abb. 6.92. Als nahezu trägheitsloser Schalter oder Steuerglied dient eine Elektronenröhre (Triode) oder ein Transistor, s. Abschn. 6.5.3.

Ein derartiger *Hochfrequenz-Oszillator* schwingt von selbst an: Beim Einschalten des Anodenstromes entsteht an der Spule L eine Induktionsspannung, vgl. Abb. 6.92a, die in dem aus L und C bestehenden Kreise Schwingungen von zunächst sehr kleiner Amplitude anregt. Dieser Wechselstrom induziert in der am Gitter liegenden Spule L_1 eine Wechselspannung, die den Anodenstrom in demselben Takte verstärkt und schwächt. Der so entstehende Anodenwechselstrom durchfließt auch die Spule L und verstärkt bei richtigem Wicklungssinn der Spulen fortlaufend die ursprüngliche Schwingung. So schaukelt sie sich zu einem konstanten Endwert auf, der durch die Energieverluste (Stromwärme und Abgabe an andere Verbraucher) bedingt ist.

Selbsterregung ungedämpfter Schwingungen erreicht man auch durch Rückkopplung über einen Transistor, vgl. Abb. 6.92b. In beiden Prinzipschaltskizzen fehlen der Übersichtlichkeit halber die Schaltelemente zur Einstellung der Arbeitspunkte von Triode und Transistor, vgl. Abb. 6.54 und 6.55.

Wegen der schnellen Umkehr der Richtung sind Hochfrequenzströme für den Körper völlig ungefährlich, vgl. auch Abschn. 6.3.2. Man kann den Zuleitungsdraht einer Glühlampe in die Hand nehmen und den anderen Zuleitungsdraht dem einen Ende der Tesla-Spule nähern. Dabei glüht die Lampe auf; die dafür notwendige Stromstärke durchfließt als hochfrequenter Wechselstrom auch den menschlichen Körper. Außer einer leichten Wärmeempfindung spürt man von diesem Wechselstrom nichts, solange nur dem Strom beim Übergang durch die Haut in den Körper eine genügend große Oberfläche geboten wird (fest zufassen), s. ferner Abschn. 6.8.6.

Eine weitere Besonderheit von Hochfrequenzströmen liegt darin, dass sie in einem guten Leiter, den sie selbst durchfließen, sehr starke Wirbelströme erzeugen, die den ursprünglichen Strom im Inneren schwächen. Mit wachsender Frequenz fließt der Strom mehr und mehr nur noch an der Oberfläche. Durch diesen sog. *Skineffekt* wird der Widerstand des Leiters erheblich vergrößert. Um dies zu vermeiden, kann man statt eines massiven Metall-Drahtes eine aus vielen verdrillten, voneinander isolierten Einzeldrähten bestehende Litze *(Hochfrequenzlitze)* benutzen.

6.8.3 Wellen auf Leitungen.

An die beiden Klemmen eines Hochfrequenzgenerators S schließen wir zwei gerade, parallel geführte Metalldrähte, eine sog. *Zweidraht-* oder *Lecherleitung* an, die mehrere Meter lang ist. Ihre Enden bleiben offen liegen, vgl. Abb. 6.93. Zwischen beide Drähte legen wir ein geschlossenes Glasrohr, gefüllt mit Luft von geringem Druck wie bei einer Glimmlampe (Abschn. 6.5.5). Wenn wir die Hochfrequenzspannung einschalten, leuchtet das Gas im Rohr nicht überall gleichmäßig auf, sondern wir beobachten helle und dunkle Strecken. An den hellsten Stellen liegt eine besonders hohe elektrische Wechselspannung zwischen beiden Drähten, während sie an den dunklen zu niedrig ist, um das Glimmrohr zu zünden.

Diese Erscheinungsform ähnelt dem Bild einer stehenden Welle (Abschn. 4.2.3). In der Mitte der dunklen Streifen liegen die Spannungsknoten, in den hellen die Bäuche. Der Abstand zweier benachbarter Knoten beträgt eine halbe Wellenlänge. Wir müssen daraus schließen, dass ein elektrischer Spannungswert sich nur mit einer *endlichen* Geschwindigkeit vom Generator längs der Leitung aus-

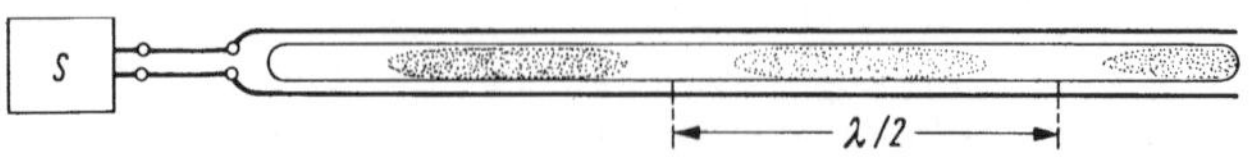

Abb. 6.93 Zweidraht-Leitung mit stehenden Wellen

breiten kann und nicht unendlich schnell. Bei einer Wechselspannung entsteht dann auf der Lecher-Leitung eine *Spannungswelle*, die am offenen Ende reflektiert wird und so durch Überlagerung mit der einlaufenden die stehende Welle von Abb. 6.93 erzeugt. Die Ausbreitungsgeschwindigkeit errechnet sich wie bei mechanischen Wellen aus $c = \lambda\nu$, wobei wir die Wellenlänge λ aus den Knotenabständen bestimmen können. Bei bekannter Frequenz ν des Generators errechnet sich $c = 3 \cdot 10^8$ m/s, ein Wert, der mit der Lichtgeschwindigkeit in Luft übereinstimmt (Abschn. 7.1.3). Zur Netzfrequenz von 50 Hz gehört danach eine Wellenlänge von 6000 km, sodass auf Zuführungsleitungen die technische Wechselspannung zu jedem Zeitpunkt überall zwischen beiden Drähten praktisch gleich ist, weil deren Länge sehr viel kleiner als die Wellenlänge ist.

Mit einer fortschreitenden Spannungswelle ist ursächlich stets eine *Stromwelle* verknüpft. Ein kurzes Stück der Doppelleitung, das sind zwei sich gegenüberliegende Drahtstücke, bildet nämlich einen Kondensator. Daran liegt nur dann eine Spannung, wenn das eine Drahtstück eine positive, das andere die gleich große negative Ladung trägt (Abschn. 6.2.2). Da der „Spannungsberg" der Welle längs der Leitung fortschreitet, müssen auch die Ladungen verschoben werden, sodass in den Drähten Wechselströme fließen, die längs der Leitung auch eine Welle bilden. Die Ladungen selbst bewegen sich dabei natürlich nicht mit Lichtgeschwindigkeit fort. Sie führen in Drahtrichtung Schwingungen mit sehr kleiner Amplitude aus, die an den verschiedenen Stellen der Leitung gegeneinander in der Phase verschoben sind; im Abstand der Wellenlänge sind sie gleichphasig. – Das Auf- und Umladen eines Kondensators durch einen Draht, der eine Induktivität besitzt, geht nicht ohne Zeitverzögerung vor sich, vgl. den Schwingkreis Abschn. 6.8.1. So erklärt sich auch die endliche Ausbreitungsgeschwindigkeit der Spannungs-Strom-Wellen längs der Doppelleitung.

Von ganz besonderer Bedeutung sind die *Felder* in der Umgebung der beiden Drähte, vgl. Abb. 6.94a. Elektrische Feldlinien laufen von einem Leiter zum anderen, während magnetische je einen Draht kreisförmig, aber nicht konzentrisch umschließen, weil in ihm ein Strom fließt. Es sind Wechselfelder mit der Frequenz des Generators. Elektrische und magnetische Feldlinien stehen in ihnen überall *senkrecht* aufeinander, und sie bilden ebenfalls Wellen längs der Leitung mit derselben Wellenlänge wie die Spannungs-Strom-Wellen, die daher auch als *elektromagnetische Wellen* bezeichnet werden. Bei hohen Frequenzen ist der Skin-Effekt (Abschn. 6.8.2) so ausgeprägt, dass im Leiterinneren, von einer sehr dünnen Oberflächenhaut abgesehen, überhaupt keine elektrischen Vorgänge ablaufen. Die Drähte spielen dabei allein die Rolle einer Führung für die Wellen, während die Energie durch die elektrischen und magnetischen Felder im Außenraum transportiert wird.

Doppelleitungen, bei denen die Drähte in Kunststoffbänder eingelassen parallel geführt werden, sog. *Bandleitungen*, übertragen die Wellen von der Empfangsantenne zum Fernsehgerät. Der eine Leiter kann auch den anderen zylindrisch umschließen. Bei diesen sog. *Koaxleitungen* bleiben die Felder auf das Zylinderinnere beschränkt, vgl. Abb. 6.94b.

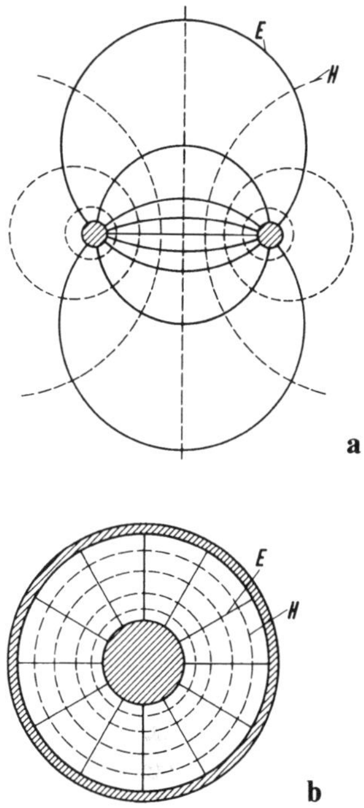

Abb. 6.94a,b Elektrische und magnetische Feldlinien im Querschnitt von Zweidraht-Leitung (**a**) und konzentrischer Leitung (**b**)

6.8.4 Elektromagnetische Wellen im freien Raum.

Jetzt werden in der Versuchsanordnung für Leitungswellen von Abb. 6.93 die beiden Drähte verlängert und in einem spitzen Winkel auseinandergeführt, vgl. Abb. 6.95. Halten wir dann einen kurzen Metallstab, in dessen Mitte eine Glühlampe geschaltet ist, so zwischen die beiden auseinander laufenden Leitungsdrähte, dass er parallel zu den elektrischen Feldlinien steht, so leuchtet die Lampe auf. Das elektrische Wechselfeld erzeugt im Stab einen Wechselstrom, der auch

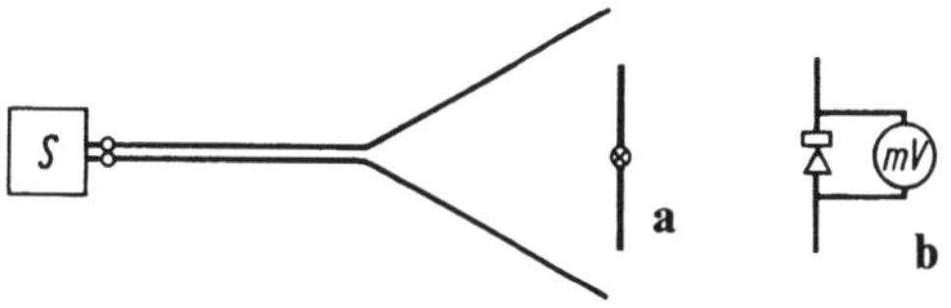

Abb. 6.95a,b Zur Abstrahlung elektromagnetischer Wellen in den freien Raum. Nachweis durch Stabdipol mit Glühlampe (**a**) oder mit Gleichrichter und Voltmeter (**b**)

den Glühfaden durchfließt; die Leitungsdrähte braucht der Stab dabei nicht zu berühren. Das stellt insofern keine neue Beobachtung dar, als die Glimmentladung von Abb. 6.93 ebenfalls durch elektrische Wechselfelder zwischen den Leitern gezündet wird. Um die Feldstärken quantitativ miteinander vergleichen und empfindlicher messen zu können, ersetzt man die Glühlampe durch eine Kristalldiode als Gleichrichter[12] (Abschn. 6.3.6). An ihm entsteht dann eine Gleichspannung, die mit einem Voltmeter gemessen wird.

Etwas Neuartigem begegnen wir, wenn wir nun den Metallstab einige Meter über das Winkelende der Doppelleitung hinausführen. Dabei schlägt das Voltmeter immer noch, allerdings etwas schwächer, aus. Auch dort sind also noch elektrische Wechselfelder vorhanden; die elektromagnetische Welle, zunächst durch die beiden Drähte der Doppelleitung geführt, löst sich in dem Winkel von den Drähten und breitet sich mit ihren Feldern im freien Raum aus. Man spricht von *Abstrahlung* elektromagnetischer Wellen. Vergleichen lässt sich der Vorgang mit der Abstrahlung von Schallwellen aus einer schwingenden Luftsäule durch einen Schalltrichter an ihrem Ende. Der Unterschied gegenüber den Wellen der Mechanik liegt darin, dass hier nicht materielle Teilchen, sondern elektrische und magnetische Felder schwingen, d. h., dass an jeder Stelle im Raum elektrische und magnetische Feldstärke periodisch Größe und Richtungssinn ändern. Die elektrischen und magnetischen Feldlinien bleiben dabei wie in der Leitungswelle senkrecht zueinander, und sie stehen außerdem beide senkrecht auf der Ausbreitungsrichtung der Welle vom Scheitel des Winkels nach außen. Es handelt sich also um eine *transversale* Welle mit einer Vorzugsrichtung senkrecht zur Ausbreitungsrichtung. Drehen wir den Metallstab mit Gleichrichter, in Zukunft als *stabförmige Empfangsantenne* bezeichnet, um 90°, so verschwindet der Ausschlag, weil in der neuen Stellung die elektrischen Feldlinien der Welle senkrecht zum Stab stehen, also kein Strom durch den Gleichrichter fließt. Die hier benutzten Wellen sind linear polarisiert, da das elektrische Feld nur in einer Richtung schwingt.

Den Nachweis, dass die elektromagnetische Energie in Form von Wellen sich ausbreitet und dass diese mit den Wellen des sichtbaren Lichtes wesensgleich sind, hat zuerst *Hertz*[13] durch eine Reihe von Versuchen erbracht. Man benötigt dazu im Labor Wellenlängen von einigen cm oder dm, sog. *Mikrowellen*, die man heute ungedämpft durch spezielle Elektronenröhren[14] herstellt, als Klystron, Magnetron oder Carcinotron bezeichnet. Wir benutzen Mikrowellen, um einige der grundlegenden Hertz'schen Experimente zu beschreiben.

Durch eine konzentrische Leitung, vgl. Abb. 6.94b, kommen die Mikrowellen vom Klystronsender S und werden an ihrem Ende vom verlängerten Innenleiter in einen sog. *Hohlleiter* mit kreisförmigem Querschnitt abgestrahlt, vgl. die Skizze in Abb. 6.96. Hier ist die oben bereits angedeutete Parallele zum Verhalten von Schallwellen noch ausgeprägter, denn auch die elektromagnetischen Wellen breiten sich im Rohr ohne Innenleiter geführt aus und treten durch den Trichter ziemlich ungestört in den freien Raum aus. Nur sind sie im Gegensatz zu den longitudinalen Schallwellen linear polarisiert. Die elektrischen Feldlinien verlaufen parallel zum verlängerten Innenleiter des Koaxkabels, der in das Hohlrohr hereinragt.

Um den Wellencharakter der elektromagnetischen Strahlung im freien Raum zu beweisen, stellen wir in einiger Entfernung vom Trichter eine ebene Metallplatte auf. An ihr werden die ankommenden Wellen wie von einem Spiegel reflektiert, sodass durch Interferenz mit dem

[12] Für höhere Frequenzen verwendet man Spitzenkontakte zwischen Metall und Halbleiter, sog. *Schottky*-Dioden.

[13] *Heinrich Hertz*, 1857–1894, suchte und entdeckte in Karlsruhe die 15 Jahre vorher von *Maxwell* aus seiner Theorie des Elektromagnetismus vorausgesagten elektromagnetischen Wellen.

[14] Heute stehen auch Transistoren und andere Halbleiterbauelemente, wie Gunn-Dioden, zur Verfügung, um Schwingungen mit sehr hohen Frequenzen zu erzeugen.

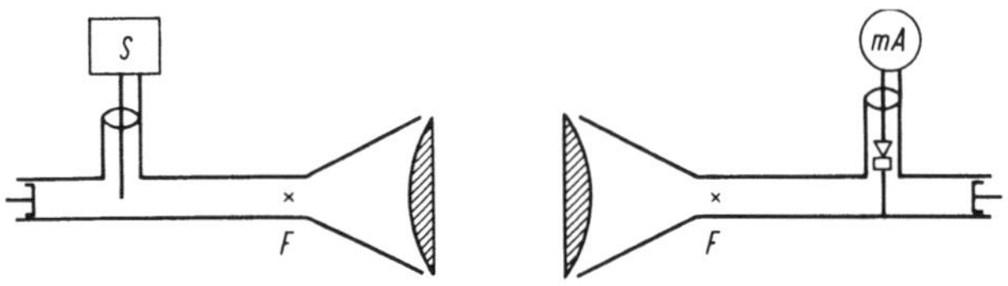

Abb. 6.96 Mikrowellensender und -empfänger mit Trichter (Horn) und Linse

direkten Wellenzug *stehende* Wellen im freien Raum entstehen. Knoten und Bäuche können wir durch Verschieben der Stabantenne vor dem Spiegel abtasten und erhalten aus dem Abstand von zwei Einstellungen ohne Ausschlag des Voltmeters die halbe Wellenlänge. Bei gleicher Betriebsfrequenz ist sie ebenso lang wie auf der Zweidrahtleitung in Luft, sodass die Ausbreitungsgeschwindigkeit der Wellen in beiden Fällen gleich ist. Die elektromagnetischen Wellen breiten sich auch im freien Raum mit *Lichtgeschwindigkeit* aus. Dies ist ein quantitativer Hinweis auf die Gleichartigkeit mit den Lichtwellen, vgl. das elektromagnetische Spektrum, Abb. 7.79.

Der Trichter bündelt die elektromagnetische Strahlung in einen Raumwinkel, der allerdings nicht enger als sein Öffnungswinkel werden kann. Durch Vorsetzen einer Sammellinse aus Isolierstoff, deren Brennpunkt F in den Scheitel des Trichters fällt, lässt sich aber die Bündelung noch wesentlich verschärfen. Nach diesem Prinzip können wir auch einen *Richtempfänger* bauen, der also nur Wellen aus einem schmalen Raumwinkel empfängt, vgl. Abb. 6.96. Der Empfangstrichter nimmt die Strahlungsleistung auf und führt sie durch ein Hohlrohr einem Gleichrichter zu, in dessen Zuführungsstift das elektrische Feld Wechselströme erzeugt, ebenso wie beim stabförmigen Empfänger im freien Raum. Richten wir die Trichter mit ihren Achsen aufeinander, erreichen wir den größten Empfangsstrom (Prinzip der Richtfunkstrecke). So kann man demonstrieren, dass Isolatoren wie Glas, Pappe oder Kunststoff, in den Raum zwischen beide Trichter gestellt, die elektromagnetischen Wellen durchlassen, Metalle dagegen nicht.

Bringt man zwischen Sender und Empfänger ein Drahtgitter, so lässt dieses die Strahlung praktisch ungeschwächt durch, wenn die Gitterdrähte senkrecht zum elektrischen Felde stehen. Es kann also in diesen keine Ströme erzeugen, sodass die Strahlung ohne Energieabgabe durch das Gitter hindurchgeht. Bei paralleler Stellung wirkt dagegen das Gitter wie eine massive Wand. Die jetzt in den Drähten fließenden hochfrequenten Wechselströme sind danach die Ursache dafür, dass die elektromagnetische Welle reflektiert wird und der Raum hinter dem Gitter von Wellen frei bleibt. Letzteres gilt, solange der Drahtabstand sehr viel kleiner als die Wellenlänge ist.

Wir stellen schließlich Sender S und Empfänger E in ihren Achsen schräg zueinander, sodass wegen der Richtstrahlung keine Empfangsanzeige zu beobachten ist, vgl. Abb. 6.97. Bringen wir dann eine Metallplatte oder das Gitter mit den Metalldrähten parallel zum elektrischen Feld in die Stellung der optischen Reflexion, vgl. Abschn. 7.1.4, so tritt wieder Empfang ein. Wie bei Licht sind Einfalls- und Reflexionswinkel α gleich, und bereits bei kleinen Abweichungen von dieser Winkelstellung des Spiegels sinkt der Empfang und verschwindet bei größeren völlig. Auch Glasplatten oder der menschliche Körper reflektieren, allerdings schwächer.

Abschließend seien noch quantitative Beziehungen über elektromagnetische Wellen im Vakuum zusammengestellt, die aus der Maxwell'schen Theorie folgen. Die Ausbreitungsgeschwindigkeit ergibt sich aus elektrischer und magnetischer Feldkonstante, ε_0 bzw. μ_0, zu $c_0 = 1/\sqrt{\varepsilon_0\mu_0}$. In einer sich ausbreitenden Welle, nicht in einer stehenden, sind an jedem Ort und zu jeder Zeit elektrische Feldstärke E und magnetische Feldstärke H den Beträgen nach proportional, und zwar gilt $E/H = \sqrt{\mu_0/\varepsilon_0} = c_0\mu_0 = 377\ \Omega$. Diese Größe wird als *Feldwellenwiderstand* Z bezeichnet. Die transportierte Leistung pro Flächeneinheit ist

$$\frac{P}{A} = E_{\text{eff}} H_{\text{eff}} = \frac{E_{\text{eff}}^2}{Z}, \tag{6.62}$$

vgl. Schallwellen Abschn. 4.3.1.

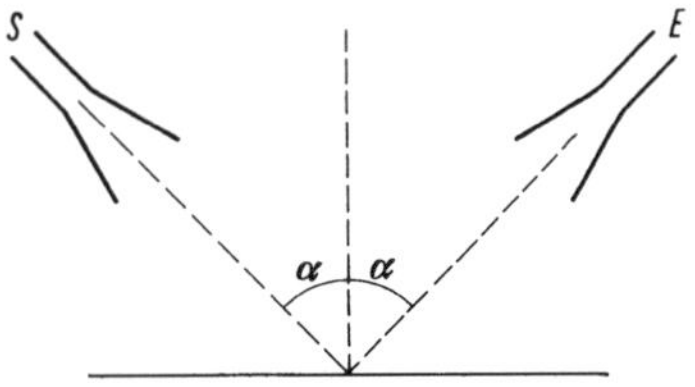

Abb. 6.97 Demonstration des Reflexionsgesetzes mit Mikrowellen

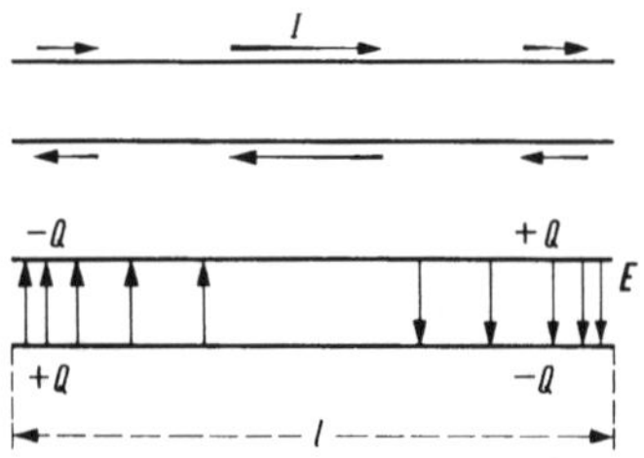

Abb. 6.98 Strom und elektrische Feldlinien auf einem Stück Zweidraht-Leitung, $l = \lambda/2$

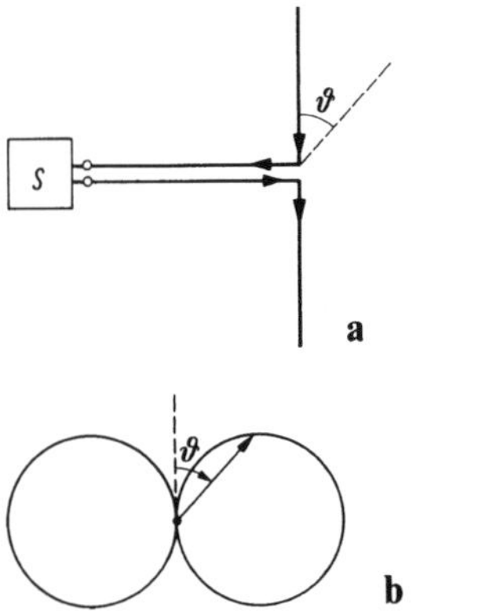

Abb. 6.99a,b Sendedipol (**a**) und sein Strahlungsdiagramm (**b**): Feldstärke in konstanter Entfernung bei verschiedenen Abstrahlwinkeln

6.8.5 Elektrischer Strahlungsdipol. Eine an beiden Enden eingespannte Saite führt akustische Schwingungen aus, wenn sie angezupft wird (Abschn. 4.2.3). Dabei bilden sich stehende Wellen mit solchen Eigenfrequenzen aus, dass an den Enden Schwingungsknoten entstehen, dass die Saite also eine oder mehrere halbe Wellenlängen lang ist. Entsprechendes gilt für elektromagnetische Schwingungen eines Stückes Doppelleitung. Bei ihm liegen an den offenen Enden die Stromknoten, aber Spannungsbäuche, während in der Mitte umgekehrt keine Spannung herrscht, aber der größte Wechselstrom fließt. Die elektrischen Feldlinien laufen von einem Draht zum anderen, das elektrische Wechselfeld ist besonders stark an den Enden (Bäuche). Abbildung 6.98 zeigt die momentane Verteilung von Strom und elektrischen Feldlinien zu zwei Zeitpunkten, die eine Viertel-Schwingungsdauer nacheinander liegen. In dieser Zeit hat der Strom in jedem Draht zu einer ungleichnamigen Aufladung seiner Enden geführt (Ladungen Q), der eine Entladung mit Strömen in entgegengesetzter Richtung folgt. – Man kann darin einen Vorgang wie bei einem Schwingungskreis erkennen: Die Endpartien der beiden Drähte bilden je einen Kondensator, in dem ein elektrisches Feld aufgebaut wird, während die Mittelpartie die Spule mit dem Magnetfeld darstellt. Selbstinduktion und Kapazität sind aber sehr klein, sodass die Eigenfrequenz $\nu_0 = 1/2\pi\sqrt{LC}$ sehr hoch ist; sie beträgt andererseits $\nu_0 = c/2l$, weil $l = \lambda/2$ gilt (c Lichtgeschwindigkeit).

Im nächsten Schritt entfernen wir den einen Draht. In dem dann noch verbleibenden Stück Eindrahtleitung ändert sich die Stromverteilung einer Schwingung prinzipiell nicht; die elektrischen Feldlinien allerdings schließen sich, indem sie von positiven Ladungen des einen Endes zu negativen des anderen laufen. Wir erhalten einen *schwingenden elektrischen Dipol* (Abschn. 6.2.8). Eine solche Anordnung haben wir bereits als Empfangsantenne benutzt, vgl. Abb. 6.95. Dort wurde der Dipol durch das elektrische Wechselfeld der einfallenden Welle zu *erzwungenen* Schwingungen angeregt. Es ist daher zweckmäßig, seine Länge gleich der halben Wellenlänge der einfallenden Strahlung zu wählen, dann tritt Resonanz und maximaler Empfang ein.

Andererseits strahlt eine derartige Dipolantenne auch elektromagnetische Wellen aus, wenn sie von einem Hochfrequenzgenerator S über eine Zweidrahtleitung gespeist wird, vgl. Abb. 6.99. Die elektrischen Feldlinien verlaufen in der Strahlung überall in Ebenen, welche die Dipolachse enthalten. Senkrecht dazu gibt es keine elektrische, sondern nur magnetische Feldkomponenten. Maximale Leistung strahlt der Dipol in alle Richtungen senkrecht zu seiner Achse ab, in Richtung der Drahtachse strahlt er nicht. Für den Empfang aus den betreffenden Richtungen gilt dasselbe (Ausrichtung der Fernsehantenne).

Jede *beschleunigte elektrische Ladung strahlt* elektromagnetische Wellen ab. Die bisher betrachteten harmonischen Schwingungen bilden einen sehr wichtigen Spezialfall dieses allgemeineren Gesetzes. Auch die Wechselströme der Zweidrahtleitung strahlen, nur löschen sich außen die von den zwei Drähten emittierten Wellen fast völlig durch Interferenz aus, weil die Ströme darin gegenphasig fließen. Das gilt, solange die Drähte um viel weniger als die halbe Wellenlänge voneinander entfernt sind, und erklärt auch, warum der *geschlossene* Schwingkreis mit Spule und Kondensator kaum strahlt. Den Dipol bezeichnet man daher auch als *offenen* Schwingkreis. – Die Schwingungen der Elektronen in Atomen führen zur Emission von elektromagnetischer Strahlung mit sehr viel kürzerer Wellenlänge, die in den Bereich des sichtbaren Lichtes fallen kann. Die Röntgenbremsstrahlung entsteht durch Abbremsung sehr schneller Elektronen an der Antikathode (Abschn. 7.5.7).

6.8.6 Anwendung elektromagnetischer Schwingungen und Wellen

1. *Träger-Telefonie und Rundfunk.* Mit Mikrophon (Abschn. 6.7.5) und Wechselspannungsverstärker (Abschn. 6.5.3) stellt man aus Schallschwingungen tonfrequente elektrische Schwingungen her, die über eine Zweidrahtleitung unmittelbar einem Lautsprecher zugeführt werden können. Um die Leitungen mit vielen gleichzeitig geführten Ferngesprächen besser ausnutzen zu können, werden hochfrequente elektromagnetische Wellen als sog. Träger benutzt, sodass die Anzahl der zur Ver-

fügung stehenden Hochfrequenzen die Zahl der „Gesprächskanäle" bestimmt. – Die hochfrequente Trägerwelle wird im Takte der zu übertragenden Tonfrequenzen *moduliert* (*Amplitudenmodulation*). Das geschieht im Prinzip dadurch, dass ein *Mikrophon* am Gitter einer Hf-Senderöhre Spannungsschwankungen hervorruft. Dadurch wird die Amplitude des Anodenstromes und damit auch die der hochfrequenten Schwingungen im Takte der Tonfrequenz gesteuert, s. Abb. 6.100a und b. Auf eine Schwingungsdauer der aufgedrückten akustischen Frequenz fallen dabei sehr viele Schwingungen der Hochfrequenz. Den modulierten Hochfrequenzstrom darf man auf der Empfangsseite nicht einfach durch die Lautsprecherspule leiten. Die Membran würde ja ihrer Trägheit wegen den schnellen elektrischen Schwingungen gar nicht folgen können und in jedem Falle keinen Ton geben. Daher wird ein *Gleichrichter* vorgeschaltet, z. B. eine *Halbleiterdiode* (Abschn. 6.3.6), die den Strom nur in einer Richtung gut leitet. Man erhält bei dieser sog. *Demodulation* Stromstöße in nur einer Richtung, deren Höhen die ursprünglichen Schallschwingungen formgetreu wiedergeben, vgl. Abb. 6.100c. Die Hochfrequenzanteile fließen in einen der Ausgangsleitung parallel geschalteten Kondensator (kapazitiver Kurzschluss), sodass die tonfrequente Einhüllende allein als Strom zum Lautsprecher gelangt, weil der dazwischengeschaltete Tonfrequenzverstärker auch den Gleichstromanteil nicht überträgt. Aus diesen 3 Teilströmen setzt sich nämlich der Stromverlauf von Abb. 6.100c additiv zusammen.

Bei der *drahtlosen* Nachrichtenübertragung wird die modulierte Hochfrequenzwelle über eine Dipolantenne ausgestrahlt und kann im ganzen Ausbreitungsbereich der freien Raumwellen empfangen und demoduliert werden. *Langwellen* mit Wellenlängen über 500 m folgen der gekrümmten Erdoberfläche in einer sog. Bodenwelle. *Kurzwellen* zwischen 10 und 40 m werden an der Ionosphäre – das ist eine durch Strahlung aus dem Weltall ionisierte Luftschicht zwischen 100 und 250 km Höhe – total reflektiert und können so für den Fernempfang auf der Erde benutzt werden. *Ultrakurz-* und *Mikrowellen* folgen mit sinkender Wellenlänge immer mehr der geradlinigen Ausbreitung der Lichtwellen, sie lassen sich für Richtfunkstrecken z. B. durch metallische Hohlspiegel bündeln.

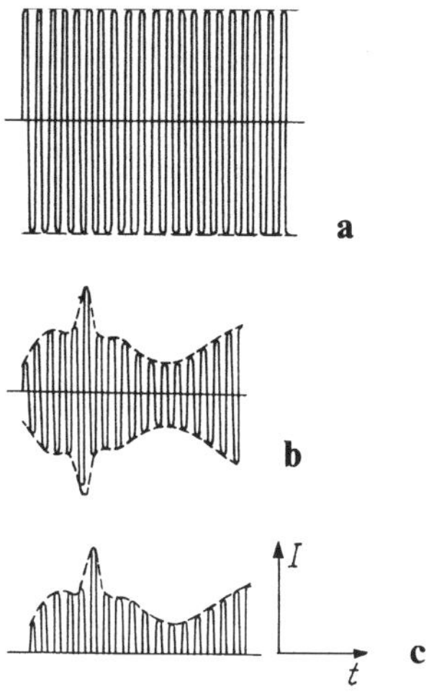

Abb. 6.100a–c Hochfrequenzstrom ungestört (**a**); mit Tonfrequenzen moduliert (**b**); nach der Demodulation (**c**)

Statt der Amplitude kann man auch die Frequenz der hochfrequenten Schwingungen des Senders im Takte der Tonfrequenz verändern (*Frequenzmodulation*). Die Frequenzänderungen lassen sich im Empfänger in Amplitudenänderungen umformen und demodulieren.

2. *Fernsehen.* Beim *Fernsehen* werden die einzelnen Punkte des Bildes von einer Braun'schen Röhre (Abschn. 6.5.4) der Senderseite auf den Bildschirm des Empfängers in rascher Folge nacheinander übertragen. Die Braun'sche Röhre der Senderseite (sog. *Ikonoskop*) enthält einen lichtelektrisch wirksamen (Abschn. 7.6.1) Bildschirm, der in zickzackförmiger Bahn etwa 20mal in der Sekunde vom Elektronenstrahl der Röhre abgetastet wird. Die Helligkeit der einzelnen Bildschirmpunkte bestimmt die Größe des Entladungsstromstoßes, wenn der Elektronenstrahl die betreffende Stelle trifft. Die daraus entstehenden Wechselspannungen modulieren, wie beim Hörfunk, die hochfrequente Trägerwelle des Senders. Im Empfänger werden sie ebenso durch Gleichrichtung wiedergewonnen und verstärkt; sie steuern dann in einer Braun'schen Röhre die Intensität ihres synchron bewegten Elektronenstrahls, der das Bild auf dem Fluoreszenzschirm erzeugt.

3. *Anwendungen in der Medizin.* In der *Medizin* verwendet man Hochfrequenzströme, um im Innern des Körpers Wärmewirkungen zu erzielen *(Diathermie)*. Bei der Langwellendiathermie wird der HF-Strom mittels angepresster Metallelektroden direkt durch den Körper geleitet. Dabei tritt eine bevorzugte Erwärmung in den Teilen des Körpers auf, die ein gutes elektrisches Leitvermögen besitzen, also insbesondere in der interzellularen Flüssigkeit. Man verwendet hierbei Frequenzen von etwa 1 MHz (Wellenlängen von 300 m).

Eine gleichmäßigere Erwärmung des Körperinnern lässt sich durch die *Kurzwellendiathermie* erreichen, die mit Wellenlängen von 3 bis 20 m arbeitet. Hierbei brauchen die Elektroden nicht mehr am Körper anzuliegen. Das hochfrequente elektrische Feld verursacht in den Zellen die Bewegung von Ladungsträgern innerhalb molekularer Bereiche, wodurch sog. *dielektrische Verluste* entstehen und auch die schlecht leitenden Teile des Körpers (Fett- und Muskelgewebe) erwärmen. Man benutzt sowohl kapazitive Elektroden in Plattenform als auch induktive in Form von Spulen.

Aufgaben

6.8.1 Ein Schwingkreis mit der Induktivität 30 µH soll mit seiner Eigenfrequenz den Bereich 3 – 5 MHz überstreichen. Zwischen welchen Werten muss dafür die Kapazität seines Drehkondensators geändert werden?

6.8.2 In Serie geschaltet sind in einem Schwingkreis $L = 1{,}8$ mH, $C = 80$ pF und $R = 20\ \Omega$ (Abschn. 6.7.2). Wie groß ist die Resonanzfrequenz ν_0? Welcher Strom I_{eff} fließt, wenn der Kreis durch Induktion einer Wechselspannung $U_{\text{eff}} = 6$ V, s. Abb. 6.89a, seiner Resonanzfrequenz zu erzwungenen Schwingungen angeregt wird? Um wie viel muss die Betriebsfrequenz geändert werden, damit der Strom auf $I_{\text{eff}}/\sqrt{2}$ absinkt (Halbwertsbreite)?

6.8.3 Welche Energie W ist im Schwingkreis von Aufgabe 6.8.2 bei Resonanz gespeichert? Welche Leistung P wird dabei in ihm in Wärme umgesetzt? Wie groß ist die Verlustenergie W_1 pro Periode?

6.8.4 Welche effektive Spannung U_C liegt bei der erzwungenen Schwingung von Aufgabe 6.8.2 im Resonanzfall am Kondensator?

6.8.5 Welche Phasendifferenz haben Strom und Spannung in den beiden Betriebsfällen (I_{eff} und $I_{\text{eff}}/\sqrt{2}$) von Aufgabe 6.8.2?

6.8.6 Auf einem Stück Doppelleitung, über das eine elektromagnetische Welle fortschreitet, befinden sich die gleichen Beträge von elektrischer und magnetischer Energie. Was folgt daraus über das Verhältnis von Spannung zu Stromstärke?

6.8.7 Eine elektromagnetische Welle der Frequenz 600 MHz fällt in Luft senkrecht auf eine ebene Metallplatte, auf der dann ein Knoten der elektrischen Feldstärke liegt. In welcher Entfernung davor liegt der nächste Knoten?

6.8.8 Wie hängt die elektrische Feldstärke einer Welle, die von einem elektrischen Dipol abgestrahlt wird, vom Abstrahlwinkel ϑ ab, vgl. Abb. 6.99?

6.8.9 Wie ändert sich, weit vom elektrischen Strahlungsdipol entfernt (Fernfeld), die durch die Flächeneinheit transportierte Leistung mit dem Winkel ϑ, s. Abb. 6.99, und mit der Entfernung r?

7. Optik und allgemeine Strahlungslehre

7.1 Die Natur des Lichtes und die Grundgesetze der Lichtausbreitung

7.1.1 Die Natur des Lichtes. *Sichtbares Licht* ist eine von der Sonne oder anderen Lichtquellen ausgesandte, im Raum sich ausbreitende Strahlung, die beim Auftreffen auf einen undurchsichtigen Körper diesen zu erwärmen vermag und die in unserem Auge eine *Empfindung* hervorruft. Die Lichtstrahlung überträgt also Energie. Da das Licht der Sonne durch den leeren Weltraum zu uns gelangt, ist zu seiner Ausbreitung im Gegensatz zum Schall kein materielles Medium erforderlich. Wie wir später durch Experimente bestätigen werden (Abschn. 7.4), handelt es sich bei der Lichtausbreitung um *elektromagnetische* Wellen. Diese haben jedoch eine viel kürzere Wellenlänge als die von Dipolantennen ausgestrahlten elektromagnetischen Wellen (Abschn. 6.8.5). Wir können uns vorstellen, dass in den Molekülen Elektronen oder Ionen Schwingungen sehr hoher Frequenz ausführen, also *atomare*, schwingende, elektrische *Dipole* oder *Sender* darstellen.

Vom ganzen Frequenzgebiet der elektromagnetischen Strahlung vermag nur ein ganz kleiner Ausschnitt mit Wellenlängen im Vakuum zwischen etwa 400 und 800 nm[1], bzw. der Frequenzbereich 750–375 THz, also nur eine einzige Oktave, in unserem Auge eine Lichtempfindung hervorzurufen. Die Lehre vom sichtbaren Licht, die *Optik*, stellt daher nur einen *physiologisch* bestimmten Ausschnitt aus dem Gebiete der *allgemeinen Strahlungslehre* dar.

Wir behandeln in den folgenden Abschnitten zunächst nur die Eigenschaften und Gesetze des sichtbaren Lichtes, vor allem, weil sie der unmittelbaren subjektiven Beobachtung zugänglich, also mit besonders einfachen Hilfsmitteln zu untersuchen sind. Auch ist ihre Anwendung in optischen Geräten von ganz besonderer Bedeutung. Die auftretenden Grundphänomene findet man aber auch bei allen anderen elektromagnetischen Wellen, je nach Wellenlänge in mehr oder weniger ausgeprägter Form.

Lichtquellen. Natürliches Licht entsteht meist durch sog. *Temperaturstrahlung*, d. h. bei der Lichtausstrahlung von heißen Körpern, wie Sonne, Fixsterne oder Glühlampen (Abschn. 7.5.3). Aber auch ohne besondere Erhitzung können wir Licht mit Leuchtstoffröhren durch Glimmleitung in Gasen (Abschn. 6.5.5), mit elektrischem Strom durch spezielle Halbleiter (Leuchtdioden) oder durch Fluoreszenz und Phosphoreszenz (Abschn. 7.5.5), erzeugen.

Bei der Wechselwirkung von Licht und Materie zeigt das Licht übrigens nicht nur Wellencharakter sondern auch die Eigenschaften von Korpuskeln, als *Photonen* bezeichnet (Abschn. 7.6).

7.1.2 Grundlagen der geometrischen Optik. Wir betrachten die Ausstrahlung einer *punktförmigen* Lichtquelle. Das ist eine Lichtquelle, deren Ausdehnung gegenüber den sonst in Frage kommenden Abmessungen vernachlässigt werden kann, etwa der Krater einer Kohlebogenlampe. Bringen wir in den von Strahlung durchsetzten Raum eine undurchsichtige Platte *B* mit kreisförmiger Öffnung

[1] In der Literatur über Spektroskopie findet man neben dem Nanometer (nm) noch häufig die nicht mehr zugelassene Einheit Ångström (Å) 1 Å = 10^{-10} m (Abschn. 2.1.2).

H.A. Stuart, G. Klages, *Kurzes Lehrbuch der Physik*, Springer-Lehrbuch, DOI 10.1007/978-3-540-89046-1_7

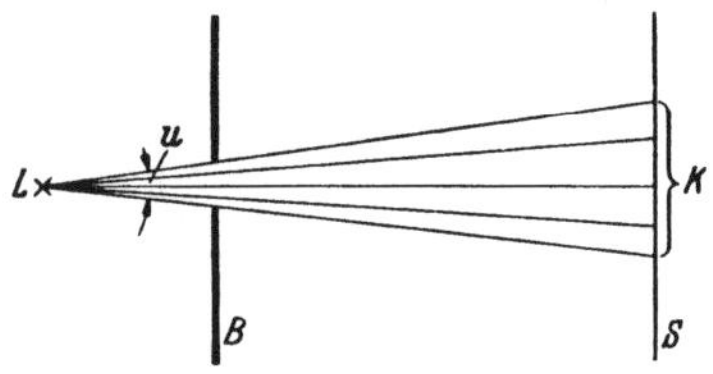

Abb. 7.1 Die geradlinige Ausbreitung des Lichtes

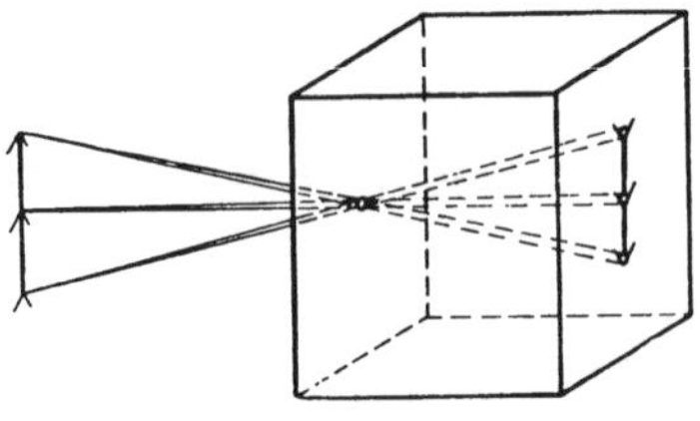

Abb. 7.2 Lochkamera

(Blende), s. Abb. 7.1, so beobachten wir auf einem dahinter stehenden Schirm *S* einen scharf begrenzten kreisförmigen Lichtfleck *K*, der durch die von *L* nach dem Rande der Öffnung gezogenen Geraden begrenzt wird. Licht breitet sich in Luft danach *geradlinig* aus, und man spricht im vorliegenden Falle von einem *divergierenden Lichtbündel*, einem Kegel mit dem *Öffnungswinkel u*. Dieser Winkel kann verkleinert werden, indem man die Lichtquelle weiter nach links rückt, also von der Blende entfernt. Mit dem Licht eines Sternes kann man auf diese Weise praktisch ein Parallelbündel ($u = 0$) herstellen.

Das menschliche Auge sieht das Lichtbündel im Raume nicht, wenn seine Pupille sich außerhalb vom Lichtkegel befindet. Blickt es innerhalb des Bündels zwischen Blende und Schirm zur Lichtquelle hin, so erkennt es in *L* einen leuchtenden „Punkt". Von dort gelangt dabei ein divergierendes Teilbündel, durch die Augeniris begrenzt, in das Auge, und der Beobachter erkennt dessen Ausgangspunkt als leuchtendes Objekt. Die Beobachtung des Lichtkreises *K* auf dem Schirm ist nur möglich, weil jeder „Punkt" auf ihm, der von Licht getroffen wird, dieses als sekundäre Lichtquelle streut, sodass, von ihm ausgehend, auch ein divergierendes Lichtbündel in unser Auge gelangt. Die beobachtete helle Kreisfläche auf dem Schirm ist einfach die Summe dieser sekundären Lichtquellen.

Wir können das *ganze* Lichtbündel von Abb. 7.1 im Raum von außen sichtbar machen, indem wir *Rauch* hineinblasen. Dann streut jedes Rauchpartikel, das sich im Lichtbündel befindet, sekundäres Licht in unser Auge, vgl. Abschn. 7.4.4 Handlicher ist dazu ein *Wasserkasten* zu verwenden, der mit einer *fluoreszierenden* Lösung gefüllt ist und in dem das Lichtbündel sich ausbreitet. Die Fluoreszein-Moleküle sind dann die Ausgangsstellen der divergierenden Teilbündel, die in unser Auge gelangen.

Der sehr häufig benutzte *Lichtstrahl* ist ein Teil des Lichtbündels, z. B. die Achse des Kegels oder ein Strahl auf dem Kegelmantel. Er ist also mehr ein Strich in einer Zeichnung, der die Ausbreitungsrichtung des Lichtes charakterisiert, als ein Objekt der Beobachtung. Auf *keinen* Fall lässt sich ein Lichtstrahl *isoliert* in der Natur herstellen. Die naive Vorstellung, dass man dazu nur die Blende *B* in Abb. 7.1 immer enger machen muss, um einen einzelnen Lichtstrahl beliebig gut anzunähern, führt bei der Ausführung zu einer großen Enttäuschung. Zwar wird der leuchtende Kreis auf dem Schirm dabei zunächst kleiner, aber schließlich wird er unscharf und sogar wieder größer. Wir beobachten also eine seitliche Abbeugung des Lichtes, analog zur Beugung bei Wasserwellen, die eine enge Öffnung passieren, s. Abb. 4.26. Solche Beugungserscheinungen, die nach dem *Huygens'schen* Prinzip (Abschn. 4.2.4) bei der Ausbreitung von Wellen jeder Art auftreten, stören die geradlinige Ausbreitung des Lichtes, sobald die Abmessungen der begrenzenden Öffnungen und Hindernisse nicht mehr groß gegenüber der allerdings sehr kurzen Wellenlänge sind.

Der Umstand, dass man bis zu einer bestimmten Grenze Beugungserscheinungen, also die Wellennatur des Lichtes nicht zu beachten braucht, liefert die Begründung dafür, dass man die Optik in zwei Abschnitte, nämlich in die geometrische Optik und in die *Wellenoptik* aufteilen kann. In der *geometrischen Optik*, auch *Strahlenoptik* genannt, behandelt man alle Vorgänge, die sich mithilfe der Vorstellung von der geradlinigen Ausbreitung des Lichtes darstellen lassen. Das sind *Reflexion*, *Brechung* und *Dispersion* des Lichtes und damit die *Bilderzeugung* durch *Spiegel*, *Linsen* und *optische* Instrumente (Abschn. 7.2 und 7.3). Die Grenzen der Leistungsfähigkeit eines jeden optischen Instrumentes lassen sich allerdings erst bei Beachtung der Wellennatur des Lichtes verstehen.

Wir betrachten noch zwei weitere Beispiele zur geradlinigen Ausbreitung des Lichtes:

Bei der *Lochkamera*, s. Abb. 7.2, befindet sich in der Vorderwand eines Kastens ein kleines Loch. Jeder Punkt des außen gelegenen leuchtenden Gegenstandes sendet ein durch das Loch begrenztes Lichtbündel aus, das auf der Rückwand des Kastens einen Lichtfleck erzeugt. Dort ordnen sich die Lichtflecke zu einem beleuchteten Felde an, dessen Begrenzung und Helligkeitsverteilung dem ursprünglichen leuchtenden Gegenstand *ähnlich* sind. Wir nennen es daher das von der Lochkamera entworfene *optische Bild* des außen befindlichen Gegenstandes. Das Bild ist umgekehrt. Es ist um so schärfer, je enger das Loch ist, dafür aber um so lichtschwächer. Natürlich muss der Durchmesser des Loches groß gegen die Lichtwellenlänge bleiben.

Jede natürliche Lichtquelle besitzt eine *endliche* leuchtende Fläche, und jedes ihrer Flächenelemente („Punkte") sendet ein anderes divergierendes Lichtbündel aus. Das führt dazu, dass z. B. eine Kugel, die von dieser Lichtquelle beleuchtet wird, keinen scharfen Schatten auf einen in einiger Entfernung dahinter stehenden Schirm S wirft, s. Abb. 7.3. Man unterscheidet den völlig dunklen *Kernschatten* A_1A_2 und den *Schlagschatten* von A_1 bis B_1 und von A_2 bis B_2, in dem die Helligkeit nach außen zunimmt. In der Region auf der Erde, die im Kernschatten des Mondes liegt, beobachtet man totale Sonnenfinsternis.

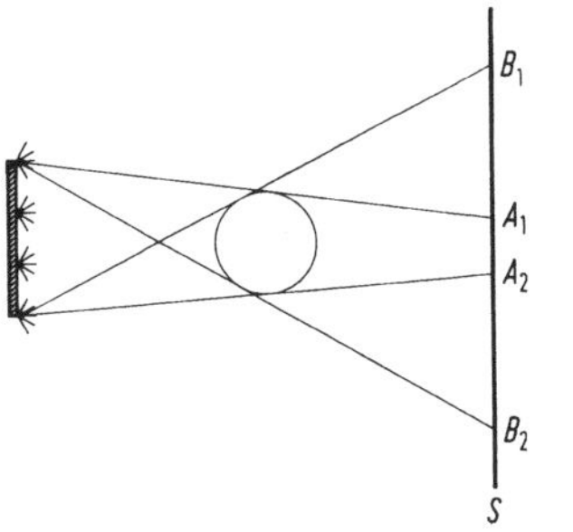

Abb. 7.3 Kern- und Schlagschatten bei Flächenlichtquelle

7.1.3 Lichtgeschwindigkeit. Die Ausbreitungsgeschwindigkeit im Vakuum ist für alle elektromagnetischen Wellen dieselbe und beträgt rund 300 000 km/s. Durch die jetzt gültige neue Definition der SI-Basiseinheit Meter ist der exakte Wert 299 792 458 m/s (Abschn. 2.1.2).

Ursprünglich musste man zur experimentellen Bestimmung Lichtweg s und Laufzeit t messen ($v = s/t$). Dass Licht sich nur mit endlicher Geschwindigkeit ausbreitet, hat zuerst *Olaf Römer* mit astronomischen Beobachtungen nachgewiesen, indem er als Laufweg den Durchmesser der Erdbahn benutzte. – Die bekannte Impuls-Laufzeit-Methode von *Fizeau* zerhackt das Lichtbündel durch ein schnell rotierendes Zahnrad, erzeugt also sog. *Lichtimpulse*, die eine mehrere km lange Strecke zu einem Spiegel zurücklegen. An diesem in sich reflektiert, durchlaufen sie Messstrecke und Zahnkranz noch einmal, und die dann dahinter beobachtete Lichtleistung schwankt periodisch mit steigender Drehzahl des Zahnrades. Grob gesagt, trifft bei der ersten Dunkelheit der zurückkehrende Lichtimpuls gerade auf den nächsten Zahn. Bei doppelter Tourenzahl geht er durch die nächste Lücke, und man beobachtet die größte Helligkeit[2].

Mithilfe eines sehr rasch rotierenden Spiegels (Methode von *Foucault*) gelang es zuerst, die Lichtgeschwindigkeit im Labor zu messen. Von der Lichtquelle L, s. Abb. 7.4, gelangt das

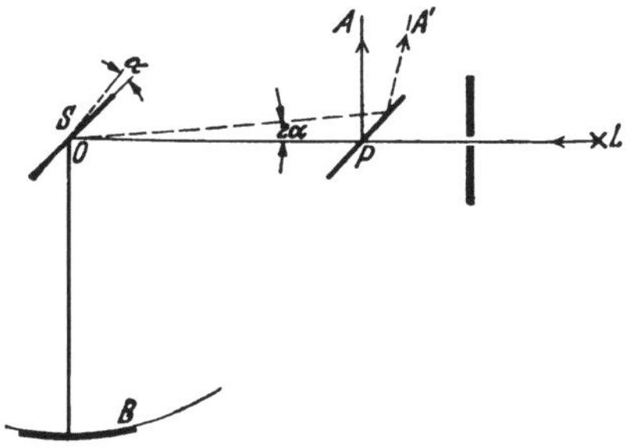

Abb. 7.4 Schema der Messung der Lichtgeschwindigkeit nach Foucault

Licht durch den halbdurchlässigen Spiegel P auf den um die Achse O drehbaren Spiegel S und wird von diesem nach dem Hohlspiegel B, dessen Krümmungsmittelpunkt in O liegt, reflektiert. Daher wird das Lichtbündel von B in sich zurückgeworfen und gelangt bei ruhendem Spiegel S durch Reflexion an der Platte P nach A. Versetzen wir den Drehspiegel S in sehr rasche Umdrehung, so dreht er sich in der Zeit, die das Licht für den Weg OB und zurück braucht, um einen merklichen Winkel α. Dadurch wird das Bündel um den Winkel 2α abgelenkt und gelangt nach A'. Aus der Ablenkung AA' und dem bekannten Weg OA findet man den Winkel α und daraus bei bekannter Drehzahl des Spiegels die Laufzeit des Lichtes für den doppelten Weg OB. Schaltet man zwischen den Spiegel S und den Hohlspiegel ein mit Wasser gefülltes Rohr, so findet

2 Durch Verwendung eines hochfrequent schwingenden Quarzes, der einen sehr viel schnelleren Schalter für das Lichtbündel darstellt als der rotierende Zahnradkranz, kann man den notwendingen Laufweg heute auf einige Meter herabsetzen (Methode von *Houston*).

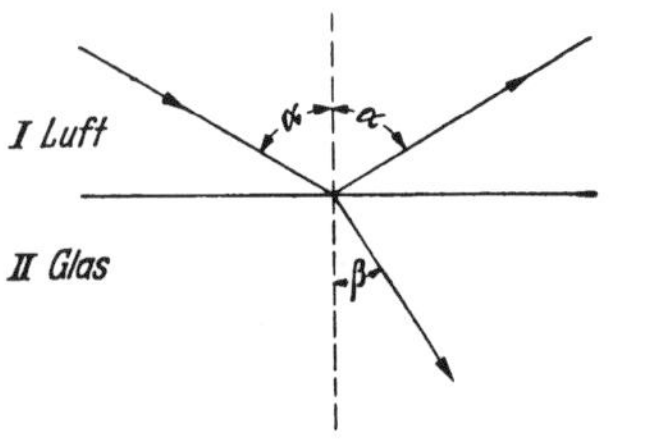

Abb. 7.5 Reflexion und Brechung an einer ebenen Grenzfläche

man, dass die Lichtgeschwindigkeit im *optisch dichteren* Medium Wasser *kleiner* als in Luft ist (Abschn. 7.1.4).

7.1.4 Reflexion des Lichtes.

Die geradlinige ungestörte Ausbreitung des Lichtes beobachten wir nur in einem *homogenen*, d. h. überall gleich beschaffenen Stoff (*optisches Medium*). Trifft jedoch ein Lichtbündel auf die glatte, ebene Grenzfläche zweier Medien I und II, so erfährt es wie jede Welle (Abschn. 4.2.4) im Allgemeinen eine Teilung in zwei Bündel. Das eine tritt in das Medium II ein und läuft dort mit veränderter Ausbreitungsrichtung weiter (Abschn. 7.1.5). Es kann auch absorbiert werden. Das andere bleibt im Medium I, es wird *reflektiert*.

Zuerst formulieren wir das *Reflexionsgesetz* für einen *Lichtstrahl*, s. Abb. 7.5: *Der einfallende und der reflektierte Strahl bilden mit dem Einfallslot, das im Auftreffpunkt auf der Grenzfläche errichtet wird, gleiche Winkel* α. *Ferner liegt der reflektierte Strahl in der durch einfallenden Strahl und Einfallslot gegebenen Ebene (Einfallsebene).*

Als Nächstes benutzen wir dieses Reflexionsgesetz für den Lichtstrahl, um die *Reflexion* eines *divergierenden Lichtbündels*, das von einer Lichtquelle L ausgeht, an einer ebenen Grenzfläche S zu verfolgen, s. Abb. 7.6. Fällen wir von L auf S das Lot, verlängern dieses und ebenso den in P_1 reflektierten Strahl nach rückwärts, so erhalten wir den Schnittpunkt L'. Aus dem Reflexionsgesetz folgt die Kongruenz der Dreiecke LP_1M und $L'P_1M$, d. h., der Schnittpunkt L' liegt ebenso weit hinter dem Spiegel wie L vor diesem. Durch denselben Punkt L' laufen auch die rückwärtigen Verlängerungen aller übrigen in P_2, P_3 usw. reflektierten Strahlen.

Es entsteht also ein *reflektiertes Lichtbündel*, das einen *gleich großen Öffnungswinkel* $P_1L'P_4$ hat wie das *einfallende*. Ein Teilbündel davon fällt auf das beobachtende Auge, und letzteres erkennt den geometrischen Ausgangspunkt L' als leuchtenden Punkt. Der Beobachter vermag unmittelbar nicht zu entscheiden, ob das Lichtbündel wirklich von dort kommt oder an der Grenzfläche umgelenkt worden ist.

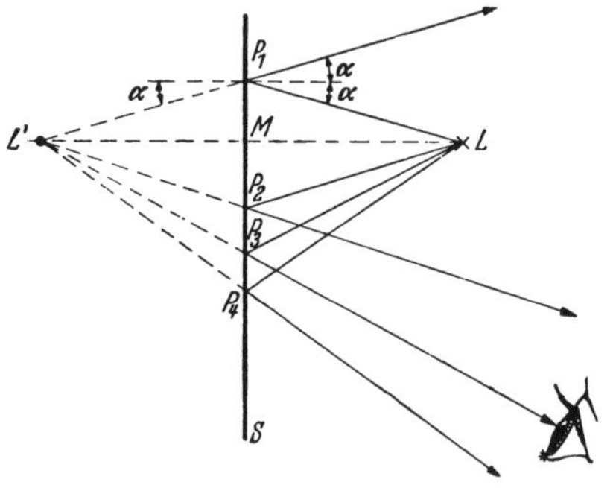

Abb. 7.6 Der ebene Spiegel

Wir bezeichnen L' als Spiegelbild der Lichtquelle L und die Grenzfläche S als *ebenen Spiegel*. Ein solches Bild, in dem sich nur die rückwärtigen Verlängerungen der Strahlen und nicht die Strahlen selbst schneiden, nennen wir ein *virtuelles* Bild. Wir können es nicht auf einer Mattscheibe auffangen oder auf einem Film in L' photographieren, da ja nach L' gar kein Licht gelangt, im Gegensatz zum *reellen* Bilde, s. z. B. die Abb. 7.17 oder 7.23.

Betrachten wir ein ausgedehntes Objekt, etwa den Pfeil L_1L_2 in Abb. 7.7, so ist $L_1'L_2'$ das dazugehörige virtuelle Spiegelbild. Man sieht, dass ein solches Spiegelbild aufrecht steht und dem Gegenstand geometrisch gleich ist, dass aber links und rechts vertauscht sind. Jeder Bildpunkt liegt, wie schon in Abb. 7.6 abgeleitet, ebenso weit hinter dem ebenen Spiegel, wie der Gegenstandspunkt davor liegt.

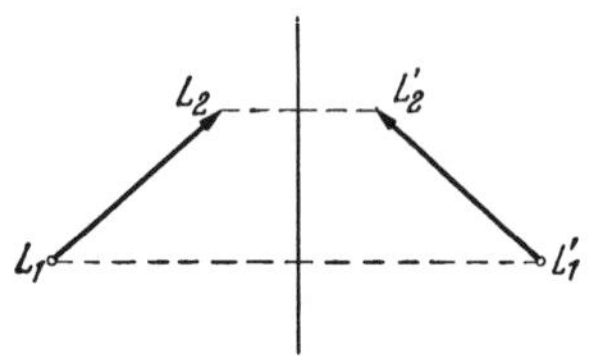

Abb. 7.7 Spiegelbild

Bei einer *rauen* Körperoberfläche erhalten wir statt der regelmäßigen eine sog. *diffuse* Reflexion, bei der das Licht nach allen Seiten *gestreut* wird. Beispiele sind eine Mattglasscheibe oder ein Projektionsschirm, wie wir ihn in Abschn. 7.1.2 bereits besprochen haben. Eine ideal ebene und das Licht nach dem Reflexionsgesetz spiegelnde Grenzfläche ist selbst nicht wahrnehmbar, wie auch der Spiegel in Abb. 7.6. Nur unvermeidliche Fehler in der Spiegelfläche sowie darauf haftende Staubpartikel streuen genügend Licht, um sogar Spiegelglas sichtbar zu machen, vgl. auch Abschn. 7.4.4. Bei Glasfenstern und -türen lässt sich das durch eigens darauf angebrachte Ornamente unterstützen. – Benutzt man einen idealen Spiegel als Projektionswand für ein Dia, so kann man nur das virtuelle Bild des Projektors erkennen, aber keineswegs das gewünschte Diabild.

Das Verhältnis der reflektierten Strahlungsleistung zur auftreffenden (Abschn. 7.5.4) bezeichnet man als *Reflexionsvermögen*. Es ist bei blanken Metallflächen, z. B. Silber, besonders groß (über 90% im sichtbaren Gebiet). Auch durchsichtige Körper reflektieren stets einen gewissen Leistungsanteil des auftreffenden Lichtes (Glas bei senkrechtem Einfall etwa 4%), und zwar sowohl beim Übergang Luft–Glas als auch umgekehrt. Mit steigendem Einfallswinkel nimmt das Reflexionsvermögen stark zu; so wirkt eine Schaufensterscheibe bei sehr schräger Aufsicht als guter Spiegel.

Wenn die Brechzahlen n_1 und n_2 zweier Medien (Abschn. 7.1.5) gleich sind, entsteht an ihrer ebenen Grenzfläche kein reflektiertes Bündel. Allgemein ist das Reflexionsvermögen $(n_1 - n_2)^2/(n_1 + n_2)^2$ bei senkrechtem Einfall. – Die Reflexionsverminderung durch Interferenz an aufgedampften dünnen Schichten wird in Abschn. 7.4.2 behandelt.

7.1.5 Brechung des Lichtes. Beim Übergang von einem durchsichtigen Stoff in einen anderen erfährt ein Lichtstrahl eine Richtungsänderung, d. h. eine *Brechung*, für die das *Brechungsgesetz* von *Snellius* gilt: *Bilden der einfallende und der gebrochene Strahl mit dem Einfallslot den Einfallswinkel* α *bzw. den Ausfallswinkel* β, *s. Abb. 7.5, so gilt*

$$\frac{\sin\alpha}{\sin\beta} = \frac{n_2}{n_1}. \qquad (7.1\text{a})$$

Ferner liegen der einfallende Strahl, das Einfallslot und der gebrochene Strahl in einer Ebene (Einfallsebene).

Die Größen n_1 und n_2 sind Stoffkonstanten der beiden optischen Medien *I* bzw. *II* und werden als *Brechzahlen*, früher *Brechungsindizes*, bezeichnet. Wird der Lichtstrahl, wie in Abb. 7.5 beim Übergang von Luft in Wasser oder Glas, zum Einfallslot hin gebrochen, so bezeichnet man den Stoff *II* als den *optisch dichteren*, den Stoff *I* als den *optisch dünneren*. Das *optisch dichtere* Medium hat stets die *größere Brechzahl n*.

Die Brechzahlen einiger Stoffe für gelbes Licht, genauer für die Wellenlänge 589 nm des Natriumlichts, sind in Tabelle 7.1 zusammengestellt.

Tabelle 7.1 Brechzahlen einiger Stoffe bei 20 °C

Kronglas	1,5–1,6	Wasser	1,333
Flintglas	1,6–1,75	Ethanol	1,362
Schwerflintglas	1,9	Chloroform	1,443
Sylvin	1,490	Benzol	1,502
Steinsalz	1,544	Schwefelkohlenstoff	1,626
Diamant	2,473	Luft (Normalbedingungen)	1,000276

Aus dem Huygens'schen Prinzip der Wellenlehre (Abschn. 4.2.4) wissen wir, dass beim Übergang jeder Welle von einem Medium in ein anderes eine Richtungsänderung eintritt, wobei das Brechungsgesetz

$$\frac{\sin\alpha}{\sin\beta} = \frac{c_1}{c_2} \qquad (7.1\text{b})$$

gilt. Dabei sind c_1 und c_2 die *Ausbreitungsgeschwindigkeiten* der Lichtwelle im Medium *I* und *II*, und ihr Verhältnis ist $c_1/c_2 = n_2/n_1$.

Dem Vakuum, dessen Ausbreitungsgeschwindigkeit wir mit c_0 bezeichnen (Abschn. 7.1.3), geben wir die Brechzahl $n_0 = 1$. Danach ist die Lichtgeschwindigkeit in einem Medium mit der Brechzahl n

$$c = \frac{c_0}{n}. \qquad (7.2)$$

Die Brechzahl von Luft, s. Tabelle 7.1, ist nur um etwa 0,3‰ größer als 1, d. h. die Lichtgeschwindigkeit in Luft ist um diesen Bruchteil kleiner als c_0 im Vakuum. Beim Übertritt des Lichtes von Luft in einen Stoff mit der Brechzahl n, s. Abb. 7.5, kann man daher schreiben $\sin\alpha/\sin\beta = n/1{,}0003 \approx n$.

Da die Frequenz v einer fortschreitenden Welle beim Übergang in einen anderen Stoff dieselbe bleibt und die Beziehung $c = v\lambda$ immer gilt, ändert sich dabei die Wellenlänge nach der Gleichung $\lambda_1/\lambda_2 = c_1/c_2 = n_2/n_1$. Die Wellenlänge im Medium mit der Brechzahl n ist

$$\lambda = \frac{\lambda_0}{n}, \qquad (7.3\text{a})$$

wo λ_0 die Wellenlänge im Vakuum bedeutet.

Wir haben das Brechungsgesetz für einen Lichtstrahl formuliert. Um die aufgestellten Beziehungen durch Messungen nachzuprüfen, muss man natürlich mit *Lichtbündeln* arbeiten. Das gilt auch für jede praktische Anwendung der Brechung. Grundsätzlich lässt sich aber deren Verhalten aus dem Verlauf von Strahlen nach dem Brechungsgesetz sofort angeben. Besonders einfach ist das Verhalten von Parallelbündeln, vgl. Abb. 7.21d. Man ist daher bei optischen Geräten auch meistens bestrebt, in den wichtigsten Teilen mit solchen zu arbeiten, z. B. im Spektrometer (Abschn. 7.3.8).

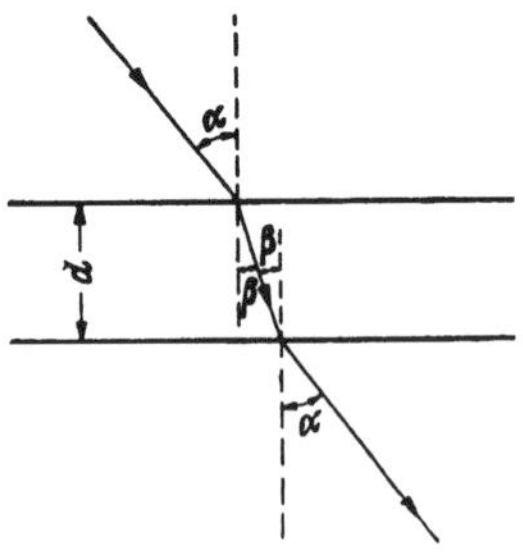

Abb. 7.8 Parallelverschiebung eines Lichtstrahles durch eine planparallele Platte

Zu Schauversuchen benutzt man enge Parallelbündel, die im Wasserkasten sichtbar gemacht werden (Abschn. 7.1.2). Wir besprechen dazu noch zwei Beispiele, wobei wir der Einfachheit halber die Beobachtungen nur für einen einzigen herausgegriffenen Lichtstrahl zeichnen und besprechen.

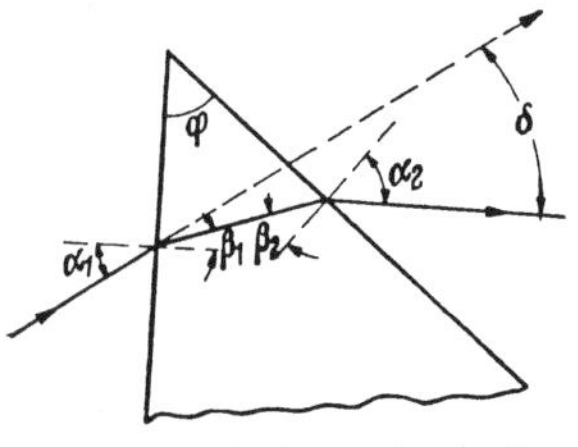

Abb. 7.9 Ablenkung durch ein Prisma

1. Geht ein Lichtstrahl durch eine von zwei parallelen Ebenen begrenzte Glasplatte, die sich in Luft befindet, so wird er zuerst zum Einfallslot hin gebrochen und beim Austritt ebenso stark vom Lot weg gebrochen. Er erfährt also insgesamt nur eine *Parallelverschiebung*, die mit dem Einfallswinkel α und mit der Dicke der Platte wächst, s. Abb. 7.8. Falls das äußere Medium optisch dichter ist, gilt dasselbe, nur ist dann β größer als α, sodass der Strahl in entgegengesetzter Richtung verschoben wird.

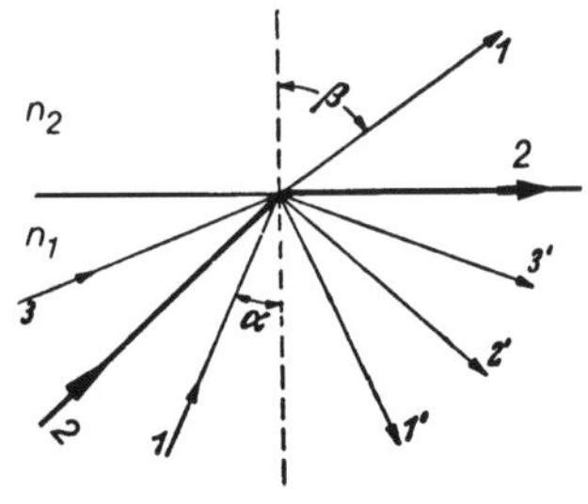

Abb. 7.10 Zur Totalreflexion ($n_2 < n_1$)

2. Beim Durchgang durch ein *Prisma* wird ein Lichtstrahl *abgelenkt*. Unter einem Prisma verstehen wir in der Optik jeden durchsichtigen Körper, bei dem mindestens zwei Flächen eben geschliffen sind. Den von ihnen eingeschlossenen Winkel nennen wir den *brechenden Winkel* φ, die Kante, in der die Flächen zusammenstoßen, die *brechende* Kante, s. Abb. 7.9. Der gezeichnete Lichtstrahl erfährt eine zweimalige Brechung und eine Ablenkung δ von der brechenden Kante weg. Der Winkel δ ist um so größer, je größer der brechende Winkel und je höher die Brechzahl des Prismenmaterials ist.

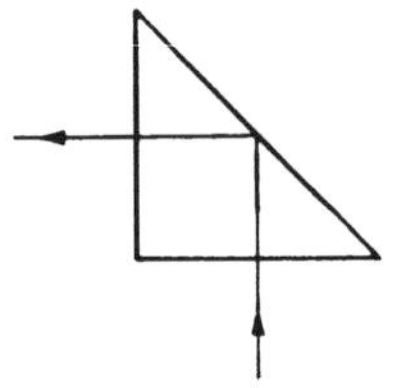

Abb. 7.11 Das Prisma als Spiegel

Geht der Strahl symmetrisch durch das Prisma, d. h. $\alpha_1 = \alpha_2$ und $\beta 1 = \beta_2$, so wird der Ablenkungswinkel δ besonders klein, sog. *Minimum der Ablenkung*. Dann gilt die einfache Beziehung

$$\sin\frac{\varphi+\delta}{2} = n\sin\frac{\varphi}{2}, \qquad (7.3b)$$

sodass sich durch Messung der Winkel δ und φ die Brechzahl des Glases ermitteln lässt.

7.1.6 Totalreflexion. Trifft ein Lichtstrahl von einem optisch dichteren auf einen optisch dünneren Stoff ($n_1 > n_2$), so wird er vom Einfallslot weg gebrochen, wobei die Beziehung $\sin\alpha/\sin\beta = n_2/n_1$ gilt, s. Abb. 7.10. Fällt er unter immer größeren Winkeln α auf die Grenzfläche, so wird auch der Winkel β entsprechend größer, bis er schließlich den größtmöglichen Wert von 90° erreicht. Dabei sollte der Strahl nach Snellius längs der Grenzfläche weiterlaufen (Strahl 2). Der dazugehörige Einfallswinkel α_g ist durch

$$\sin\alpha_g = \frac{n_2}{n_1} \qquad (7.4)$$

gegeben. Bei noch größerem Einfallswinkel ($\alpha > \alpha_g$) kann das Licht nicht mehr in den optisch dünneren Stoff eintreten, es wird daher mit voller Leistung *reflektiert.* Für kleinere Winkel α wird nur ein mit α zunehmender Teilbetrag reflektiert, der schließlich für $\alpha = \alpha_g$ 100% erreicht. Daher bezeichnen wir diese Erscheinung als *Totalreflexion* und nennen den Winkel a_g den *Grenzwinkel* der Totalreflexion. Eine solche kann nur eintreten, wenn das Licht vom optisch dichteren Medium her auf die Grenzfläche trifft[3].

Der Grenzwinkel der Totalreflexion α_g gegen Luft ist für alle Glassorten kleiner als 45°. So kann man durch ein gleichschenklig rechtwinkliges Glasprisma einen Lichtstrahl um 90° knicken, s. Abb. 7.11. Diese Anordnung ersetzt einen unter 45° stehenden Spiegel.

Auf der Totalreflexion beruht es, dass Schnee und Glaspulver undurchsichtig sind, obwohl die einzelnen Partikelchen Licht nicht absorbieren. Das eindringende Licht erfährt immer wieder Totalreflexion, kann also

[3] Da der Sinus nicht größer als 1 sein kann, gibt es für $n_2 > n_1$ keinen Grenzwinkel α_g, also auch keine Totalreflexion.

wie bei einer Mattglasscheibe nicht geradlinig durch das Medium hindurchtreten. Erst durch Ausgießen mit einer Flüssigkeit von gleicher Brechzahl wird das Glaspulver durchsichtig.

Die erhitzte Luftschicht unmittelbar über einer von der Sonne bestrahlten Autobahn ist optisch dünner als die höher darüberliegende Luft. So entsteht wegen der glatten ebenen Grenzschicht unter großem Einfallswinkel, d. h. ganz flacher Betrachtung, Totalreflexion, und man beobachtet die bekannte Spiegelung des Himmels wie an einer Wasseroberfläche.

Lässt man Licht durch die Stirnfläche in einen Glasstab eintreten, so tritt selbst bei gebogenem Stab kein Licht seitlich heraus, s. Abb. 7.12. So kann man durch Totalreflexion ein Lichtbündel beliebig lenken (*Lichtleiter*). Industriell werden sehr dünne Glasfasern hergestellt, die eine optisch dünnere Schicht an der Oberfläche enthalten und so als Lichtleiter wirken. Sie lassen sich sehr gut eng parallel zusammenlegen und bilden dann ein biegsames Lichtleiterbündel, in dem jede Faser, ungestört von den benachbarten, das in sie eintretende Licht am anderen Ende wieder austreten lässt. Derartige Leiterbündel werden daher für die Bildübertragung bei der medizinischen Diagnostik verwendet, z. B. bei Blasen- und Magenuntersuchungen. – Auch zur Nachrichtenübertragung werden Lichtleiter eingesetzt. Eine einzige Faser kann z. B. ein Fernsehprogramm übermitteln, indem es in Impulse zerlegt wird, die dem Lichtstrom aufmoduliert werden (Abschn. 6.8.6).

Abb. 7.12 Lenkung eines Lichtstrahles durch Totalreflexion (Lichtleiter)

Den Grenzwinkel der Totalreflexion benutzt man in sog. *Refraktometern* zur sehr präzisen Messung der Brechzahl von Flüssigkeiten, die optisch dünner als das angrenzende Glas sind. Die Grenzfläche Flüssigkeit–Glas wird von oben mit einfarbigem Licht beleuchtet, s. Abb. 7.13. Das streifend einfallende Licht verläuft im Prisma unter dem Grenzwinkel α_g zum Einfallslot und tritt dann aus der vertikalen Fläche unter einem messbaren Winkel β gegen die Horizontale aus. In den Winkelbereich zwischen 0° und β gelangt überhaupt kein Licht. Durch ein Fernrohr[4], rechts im Raum aufgestellt, beobachtet man eine Trennlinie zwischen Hell und Dunkel, die in der Mitte des Gesichtsfeldes liegt, wenn die Fernrohrachse in Richtung des Grenzstrahles steht. Aus dem Einfallswinkel β und der bekannten Brechzahl des Glases ist die gesuchte Brechzahl der Flüssigkeit zu berechnen (Abbé-Refraktometer).

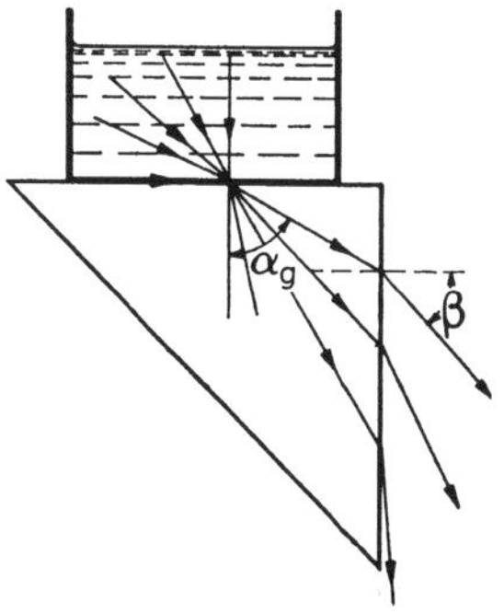

Abb. 7.13 Zum Prinzip des Refraktometers

7.1.7 Dispersion.

7.1.7 Dispersion. Lassen wir Sonnenlicht durch einen engen Spalt in einen dunklen Raum eintreten, so erhalten wir der Öffnung gegenüber einen weißen Lichtfleck in Form des Spaltes. Schalten wir nun ein Prisma in den Strahlengang mit der brechenden Kante parallel zum Spalt, s. Abb. 7.14, so beobachten wir nicht nur eine Ablenkung des Strahlenbündels nach unten, sondern an Stelle des abgelenkten weißen Fleckes sehen wir ein Farbenband, das oben rot und unten violett ist. Das weiße Sonnenlicht enthält also Lichtarten verschiedener Farbe, die verschieden stark gebrochen werden. Das *Farbenband* mit den Hauptfarben *Rot*, *Orange*, *Gelb*, *Grün*, *Blau* und *Violett* bezeichnet man als *Spektrum*. Diese sog. *reinen Spektralfarben* sind nicht weiter zerlegbar, im Gegensatz zu *Mischfarben* (Abschn. 7.1.8). Da also die Brechung eines Stoffes für die einzelnen Farben des Lichtes verschieden ist, müssen wir immer die Farbe angeben, auf die wir die Brechzahl beziehen; meist ist es gelb. Für rotes Licht ist im Normalfall n am kleinsten, für violettes am größten.

Die Lichtwellen der einzelnen Spektralfarben unterscheiden sich durch ihre *Frequenz*. Das violette Licht hat die höchste und das rote die niedrigste Frequenz des sichtbaren Bereiches. Sehr häufig benutzt man, um Spektralfarben zu kennzeichnen, statt der Frequenz die Vakuumwellenlänge $\lambda_0 = c_0/v$, die ihr also umgekehrt proportional ist. Die Wellenlänge einer reinen Spektralfarbe, von sog. *monochromatischem Licht*, ändert sich natürlich beim Durchgang durch Wasser oder Glas entsprechend $\lambda = \lambda_0/n$, während Frequenz und Farbe dieselben bleiben.

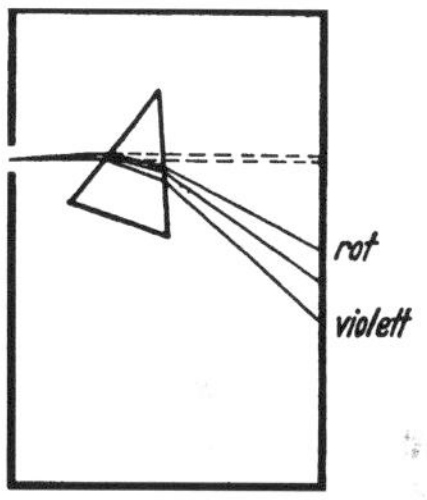

Abb. 7.14 Zerlegung des Lichtes durch ein Prisma

Das Sonnenlicht wird in die Spektralfarben zerlegt, weil die Ausbreitungsgeschwindigkeit der Wellen im Glas oder dessen Brechzahl n von der Frequenz abhängen. Das bezeichnet man als *Dispersion*. Bei der *normalen* Dispersion steigt die Brechzahl mit der Frequenz an, vgl. Abb. 7.15. n sinkt also mit der Vakuumwellenlänge λ_0. Die Steigung $\mathrm{d}n/\mathrm{d}v$ dieser Dispersionskurve gibt die Stärke der Dispersion an. Bei Gläsern gibt man für technische Zwecke häufig die Differenz $n_{\text{viol}} - n_{\text{rot}}$ an. Ebenso wie die mittlere Brechzahl hängt auch die Dispersion von der Glassorte ab. Prismen aus verschiedenen Gläsern mit gleichem brechenden Winkel (φ, s. Abb. 7.9, lenken im

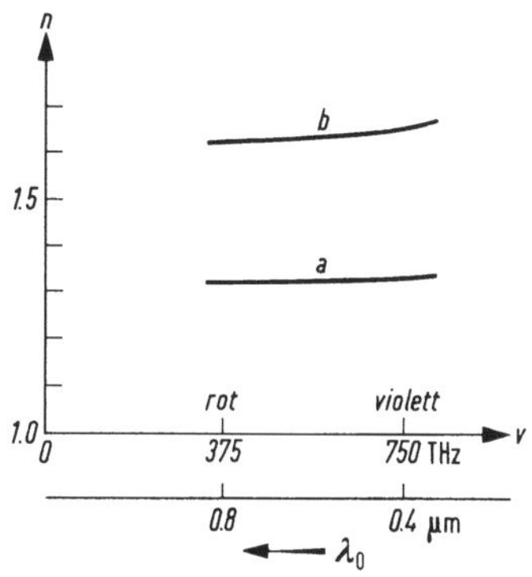

Abb. 7.15 Dispersion von Wasser (**a**) und Flintglas (**b**)

[4] Im Refraktometer fällt unter jedem Winkel α ein ganzes Bündel ein. Daher verlässt unter jedem Winkel, der größer als β ist, ein *Parallelbündel* das Prisma. In Abb. 7.13 ist nur von einigen Bündeln je ein Strahl gezeichnet.

Minimum der Ablenkung nicht nur Licht einer bestimmten Spektralfarbe unterschiedlich ab, sondern das mit Sonnen- oder Glühlicht entworfene Farbband ist auch verschieden breit. Daher kann man es durch Gegenschalten von zwei Prismen aus verschieden brechenden Stoffen, z. B. Krön- und Flintglas, und geeignet gewählten verschiedenen brechenden Winkeln erreichen, dass das zweite Prisma die Dispersion des ersten gerade aufhebt, seine Ablenkung jedoch nur zum Teil. Ein Lichtbündel wird praktisch ohne Farbenzerlegung abgelenkt, sog. *achromatisches Prisma*.

Umgekehrt lassen *Geradsicht-Spektrometer* eine mittlere, gelbe Lichtwelle völlig ohne Richtungsänderung passieren, während die rote und die violette Seite des Spektrums in entgegengesetztem Sinne abgelenkt werden. In ihm sind die einzelnen gegeneinander geschalteten Prismen so ausgelegt, dass die mittlere Auslenkung kompensiert wird, aber gerade die Dispersion erhalten bleibt.

Im Schauversuch wird man die spektrale Zerlegung des Lichtes so durchführen, dass man den Spalt mit der Lichtquelle beleuchtet und von ihm mit einer Sammellinse kurzer Brennweite (Abschn. 7.2.2) ein Bild auf einem Schirm entwirft. Das Prisma wird unmittelbar hinter der Linse eingeschoben, und es entsteht ein Farbband, etwas abgelenkt wie in Abb. 7.14. Es setzt sich jetzt aus scharfen und farbigen Bildern des Spaltes zusammen.

Der *Regenbogen* entsteht an Regentropfen durch Brechung und Dispersion von Sonnenstrahlen beim Ein- und Austritt; dazwischen werden sie an der Tropfenoberfläche innen einmal reflektiert. Die Sonne steht hinter dem Beobachter, während vor ihm ein Regenschauer niedergeht. Dieser Hauptbogen liegt, der rote Rand oben, auf einem Kegelmantel von etwa 42° Öffnung mit der Geraden Sonne-Beobachter als Achse. Das beruht auf der Häufung von austretenden Strahlen in diesem Winkelbereich, getrennt nach Farben, mit entsprechend großer Helligkeit.

7.1.8 Farben.

1. *Reine Spektralfarben, farbiges Licht.* Durch spektrale Zerlegung des Lichtes erhalten wir reine Spektralfarben, jede durch ihre Frequenz charakterisiert und nicht weiter zerlegbar. *Mischfarben* können wir vor allem als *Additionsfarben* gewinnen, indem wir gleichzeitig das Licht von mehreren Spektralfarben ins Auge treten lassen. Das Auge kann Mischfarben und reine Spektralfarben nicht unmittelbar unterscheiden.

Wir entwerfen zur Herstellung von Mischfarben mithilfe eines Prismas auf einem Schirm ein Spektrum von weißem Licht, vgl. Abb. 7.14, und blenden dort das rote Licht aus und lassen den Rest durchtreten. Dieses Licht schicken wir durch ein zweites Prisma, aber mit der brechenden Kante auf der anderen Seite. So vereinigt sich das Licht der Restfarben wieder auf einer Fläche, und wir erhalten den Farbeindruck Blaugrün. Gibt man durch Entfernung der Blende wieder rotes Licht hinzu, so ergänzen sich das rote und das ihm komplementäre blaugrüne Licht natürlich wieder zu Weiß. – Sich zu Weiß addierende Farben, von denen es zahlreiche Paare gibt, nennt man *Komplementärfarben*.

Die Vereinigung von Spektralfarben kann man auch mithilfe eines *Drehspiegels* erreichen, der ein Spektrum auf dem Beobachtungsschirm zu einem weiten Band verschmiert. Bei schneller Umdrehung verschmelzen die einzelnen Farben eines ganzen Spektrums von Glühlicht wieder zu Weiß, bzw. zur entsprechenden Komplementärfarbe, wenn ein Teil vorher ausgeblendet wird.

2. *Körperfarben.* Vom bisher besprochenen farbigen Licht muss man die *Körperfarben* unterscheiden. Der Farbeindruck eines Körpers wird von den Farbstoffen oder Pigmenten an seiner Oberfläche und vom auftreffenden Licht bestimmt. Jeder nicht selbstleuchtende Körper wird erst dann sichtbar, wenn Licht auf ihn fällt und er dieses zum Teil diffus reflektiert. Wirft er nur rotes Licht zurück und verschluckt alles andere, so erscheint er rot. Beleuchten wir ein rotes Tuch mit verschiedenfarbigem Licht, in dem der rote Spektralbereich fehlt, so erscheint es schwarz. Reflektiert ein Stoff mehrere Frequenzen aus dem ganzen Spektrum, so entsteht eine Mischfarbe. Die spektrale Zusammensetzung des reflektierten Lichtes hängt natürlich von der des auftreffenden ab. Jede Körperfarbe ändert sich mit der Beleuchtung (z. B. Sonnen- oder künstliches Licht).

Enthält die Oberfläche eine innige Mischung mehrerer Pigmente, so absorbiert jedes einen bestimmten Spektralbereich, und der Körper zeigt eine Farbe, die durch die Mischung der übrig bleibenden Bereiche bestimmt ist und die wir als *Subtraktionsfarbe* bezeichnen. Daher geben ein gelbes und blaues Pigment gemischt als *subtraktive Farbmischung* meist Grün. Addieren wir dagegen Licht der Spektralfarben Blau und Gelb, so erhalten wir als Additionsfarbe Weiß.

Eine schwarze Papierfläche reflektiert fast kein auftreffendes Licht, eine weiße fast alles. Dazwischen liegen die grauen Flächen, die Licht aller Spektralfarben zum gleichen Bruchteil reflektieren. Beleuchten wir alle drei Arten von Flächen mit ein und derselben weißen Lichtquelle, so hat die reflektierte Strahlung überall dieselbe spektrale Verteilung, nur die Leistungsdichte ist verschieden. Daher erscheint jede *graue* Fläche im dunklen Raum, für sich allein beleuchtet, weiß (farblos).

Aufgaben

7.1.1 In einer Anordnung zur Bestimmung der Lichtgeschwindigkeit nach *Foucault*, vgl. Abb. 7.4, soll die Messstrecke OB 4 m lang sein, a) Mit welcher Drehzahl müsste der Spiegel S rotieren, wenn der Ablenkwinkel $2\alpha = 0{,}5°$ sein soll? b) Wie groß wird der Ablenkwinkel 2α, wenn in die 4 m lange Messstrecke eine Zelle gestellt wird, die 3 m lang und mit Schwefelkohlenstoff ($n = 1{,}626$) gefüllt ist?

7.1.2 Auf eine planparallele Glasplatte ($n = 1{,}6$, Dicke 5 cm) fällt aus Luft ein Parallelbündel unter einem Winkel von 45° ein. Um welche Strecke parallel verschoben läuft es dahinter weiter?

7.1.3 Ein Prisma mit dem brechenden Winkel $\varphi = 40°$ lenkt ein Lichtbündel im Minimum der Ablenkung um den Winkel $\delta = 20°$ ab, vgl. Abb. 7.9. Wie groß ist die Brechzahl des Prismenmaterials?

7.1.4 Im Refraktometer hat der Festkörper die Brechzahl $n = 1{,}7$, vgl. Abb. 7.13. Als Winkellage für die Helligkeitsgrenze wird $\alpha_g = 64{,}5°$ gemessen. Welche Brechzahl hat die Untersuchungsflüssigkeit?

7.1.5 Wenn eine Lösung so hergestellt ist, dass zur Beobachtungszeit die Konzentration von unten nach oben kontinuierlich abnimmt, so sinkt auch die Brechzahl stetig nach oben ab. Die Lösung befindet sich in einer Küvette, durch deren Boden schräg ein Parallelbündel einfällt. Man überlege, wie es in dieser Lösung verläuft.

7.2 Optische Abbildungen

7.2.1 Sphärische Spiegel. Auch bei einer gekrümmten Oberfläche können wir das Reflexionsgesetz anwenden, da wir das Flächenelement in der unmittelbaren Umgebung des Einfallpunktes durch die Tangentialebene ersetzen dürfen[5]. Je nachdem, ob das Licht an einer hohlen, *konkaven* oder an einer nach außen gewölbten, *konvexen* Kugelfläche gespiegelt wird, sprechen wir von *Konkav-* oder *Hohlspiegeln* bzw. *von Konvexspiegeln*. Die Mitte einer solchen Spiegelfläche nennen wir den *Scheitel S*, s. Abb. 7.16, die von hier durch den Kugelmittelpunkt M gezogene Gerade die *optische* Achse des Spiegels.

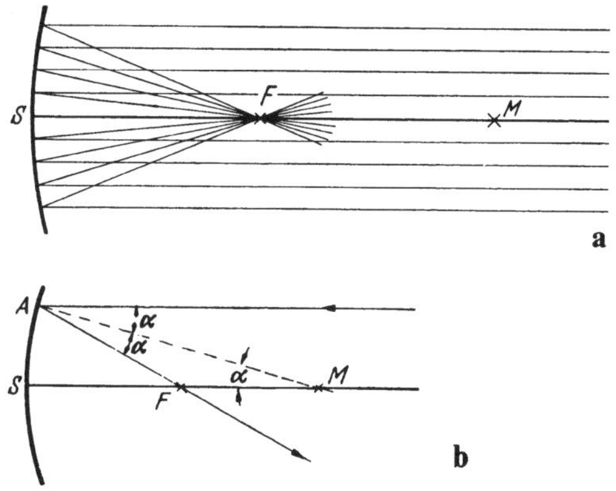

Abb. 7.16a,b Brennpunkt eines Hohlspiegels

1. *Brennweite.* Lassen wir auf einen solchen Konkavspiegel ein Bündel, z. B. von Sonnenlicht, parallel zur Achse fallen, so schneiden sich seine Strahlen nach der Reflexion in einem einzigen Punkt, s. Abb. 7.16a, den wir als den *Brennpunkt* oder *Focus F* des Spiegels bezeichnen. Sein Abstand f vom Scheitel S heißt die *Brennweite* des Spiegels. Da F in der Mitte zwischen dem Scheitel S und dem Krümmungsmittelpunkt M liegt, ist die Brennweite gleich dem halben Krümmungsradius r des Spiegels ($f = r/2$). Einen derartigen einheitlichen Brennpunkt erhalten wir allerdings nur für Strahlen, die in der Nähe der Achse verlaufen, sog. *achsennahe* Strahlen.

[5] Das Einfallslot ist stets die *Flächennormale.*

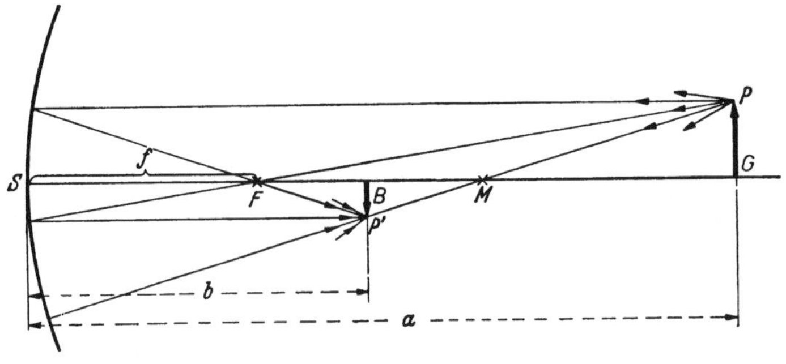

Abb. 7.17 Bildkonstruktion beim sphärischen Hohlspiegel

Beweis. Ein parallel zur Spiegelachse einfallender Strahl schneidet nach der Reflexion diese in F, s. Abb. 7.16b. Immer sind die drei mit α bezeichneten Winkel gleich. Das Dreieck AFM ist dann gleichschenklig, d. h. $AF = FM$. Für kleine Winkel α gilt nun $SF \approx AF = FM \approx r/2$, sodass wir für alle *achsennahen* Strahlen einen einigermaßen scharfen Brennpunkt F erhalten. Exakt wird $f = (2 - 1/\cos\alpha)r/2$, sodass der größte mögliche Winkel α bis zum Spiegelrand, der sog. *Öffnungswinkel* des Spiegels, klein genug sein muss.

Man benutzt daher als Spiegel mit großer Öffnung für Scheinwerfer und bei astronomischen Spiegelteleskopen statt Kugelspiegel solche mit der Form eines Rotationsparaboloids. Dort schneiden sich auch die achsenfernen, parallel zur Achse einfallenden Strahlen in demselben Punkt. Befindet sich umgekehrt dieser Brennpunkt in einer nahezu punktförmigen Lichtquelle, so werden alle Strahlen parallel zur Achse reflektiert; es entsteht praktisch ein weites Parallelbündel.

2. *Reelles Bild.* Nun betrachten wir die *Bilderzeugung* durch einen Kugelspiegel geringer Öffnung, s. Abb. 7.17. Dazu verfolgen wir zwei Strahlen, die vom leuchtenden Punkte P ausgehend den Spiegel treffen und deren Weg wir ohne weiteres angeben können: Der achsenparallele Strahl geht nach der Reflexion durch den Brennpunkt F, und der durch den Kugelmittelpunkt M laufende Strahl wird in sich reflektiert. Beide Strahlen schneiden sich in P'. Man kann geometrisch einfach zeigen, dass alle anderen aus P kommenden Strahlen nach Reflexion am Spiegel ebenfalls durch P' gehen, z. B. auch der Strahl durch F, der nach der Reflexion parallel zur Achse verläuft. Es wird also ein von P divergent ausgehendes Lichtbündel zu einem konvergenten Bündel mit dem Konvergenz- oder Vereinigungspunkt P'. Daher nennt man P' das *reelle Bild* des leuchtenden *Gegenstandspunktes* P. Ist G ein leuchtender Pfeil, so gibt die obige Konstruktion, Punkt für Punkt angewandt, als Bild den umgekehrt stehenden Pfeil B in einer Ebene senkrecht zur Achse. Wir erhalten also in diesem Falle ein *reelles umgekehrtes* Bild.

Den Abstand des Objektes G und des Bildes B vom Scheitel S des Spiegels bezeichnet man als *Gegenstandsweite* a bzw. *Bildweite* b. Damit errechnet sich die sog. *Linearvergrößerung* v als

$$v = \frac{B}{G} = \frac{b}{a}, \tag{7.5}$$

und die Lage des Bildes bestimmt man mit der Beziehung

$$\frac{1}{a} + \frac{1}{b} = \frac{1}{f}. \tag{7.6}$$

Diese beiden *fundamentalen Abbildungsgleichungen* gelten auch für Linsen (Abschn. 7.2.2). Daher sei hier auf die dortigen Ableitungen und Diskussionen verwiesen, da sie unmittelbar auf sphärische Spiegel zu übertragen sind.

3. *Virtuelles Bild.* Das Objekt soll jetzt zwischen Spiegel und Brennpunkt liegen, und wir zeichnen wieder, um das Bild zu konstruieren, als abbildende Strahlen den Parallelstrahl *1* und den im Radius verlaufenden Strahl *2* oder den durch den Brennpunkt *3*, s. Abb. 7.18. Die Strahlen verlaufen jetzt aber nach der Reflexion divergent. In P' schneiden sich nur ihre rückwärtigen Verlängerungen. P' nennen wir daher wie beim ebenen Spiegel, vgl. Abschn. 7.1.4, Abb. 7.6, das *virtuelle* Bild von P. – Insgesamt trifft ein von P ausgehender Lichtkegel den Spiegel, und dieser reflektiert ein ebenfalls divergierendes Lichtbündel,

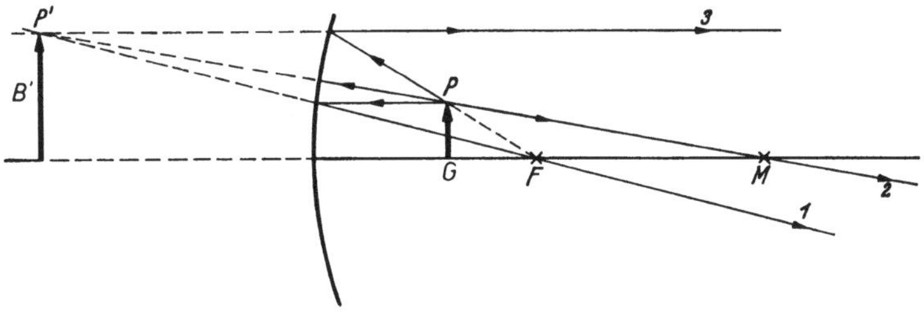

Abb. 7.18 Virtuelles Bild beim Hohlspiegel

das P' als geometrischen Ausgangspunkt hat. Sein Öffnungswinkel ist kleiner als der des einfallenden Bündels. Das gesamte Bild B' des gezeichneten Pfeils G steht *aufrecht* und ist größer als das Objekt G. In dieser Anordnung wird der Hohlspiegel als *Zahnspiegel* benutzt.

Die Abbildungsgleichungen gelten auch in diesem Falle, die Bildweite b wird hier negativ.

Als weitere Anwendung des Hohlspiegels betrachten wir noch den *Augenspiegel*, s. Abb. 7.19. Um das Innere eines Auges A untersuchen zu können, muss man es beleuchten und Vorkehrung treffen, dass die im Inneren des Auges A diffus reflektierten Lichtbündel in das Auge des Beobachters B gelangen. Das kann mithilfe des Hohlspiegels S geschehen, der die Lichtquelle L in das Auge A abbildet. Der Beobachter betrachtet dann das Auge A durch eine enge Öffnung im Hohlspiegel, wird aber nicht durch das primäre Licht der Lichtquelle geblendet.

Ein *Konvexspiegel*, etwa eine spiegelnd metallisierte Glaskugel, reflektiert ein auffallendes Lichtbündel, das von einer Lichtquelle kommt, stets divergent und vergrößert dabei noch seinen Öffnungswinkel. Es entstehen stets *verkleinerte, virtuelle* Bilder.

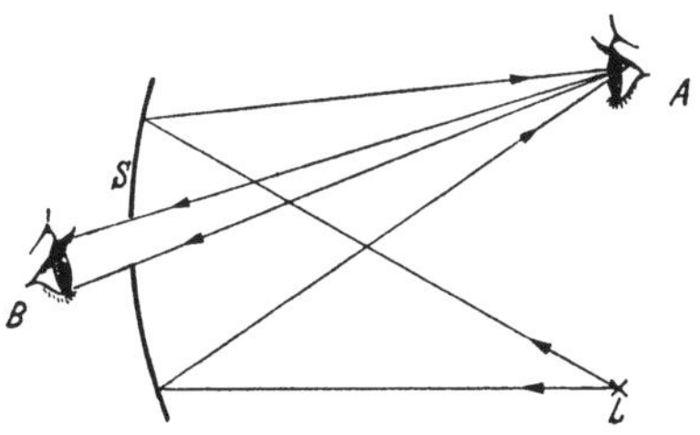

Abb. 7.19 Augenspiegel

7.2.2 Abbildung durch dünne Linsen. Wir betrachten zuerst die Brechung durch *einfache Linsen*. Darunter verstehen wir durchsichtige, von zwei sphärisch gekrümmten Flächen begrenzte Körper. Ihre *Hauptachse* oder *optische Achse* ist die Verbindungsgerade der Krümmungsmittelpunkte, um die das optische System rotationssymmetrisch ist. Je nachdem, wie sie den Öffnungswinkel von einfallenden, divergenten Lichtbündeln verändern, unterscheiden wir *Sammel-* und *Zerstreuungslinsen*. Erstere verkleinern, letztere vergrößern ihn.

Um die Wirkung einer *Sammellinse* zunächst qualitativ zu übersehen, beginnen wir mit einer Glaslinse in Luft. Wegen der Rotationssymmetrie genügt es, die Lichtbrechung in einer Ebene zu verfolgen, welche die optische Achse enthält. Dazu denken wir uns eine entsprechende, dünne Scheibe der Linse durch Prismen angenähert, s. Abb. 7.20. Wir erkennen, dass jeder unter kleinem Winkel gegen die optische Achse auftreffende Strahl durch die zweimalige Brechung zur Basis der Prismen hin, also von der brechenden Kante weg, abgelenkt wird, vgl. Abschn. 7.1.5 Nur der durch die Linsenmitte gehende Strahl erfährt lediglich eine Parallelverschiebung, die um so kleiner ausfällt, je dünner die Linse ist. Wir besprechen vorläufig nur sog. *dünne Linsen*, deren Dicke sehr klein gegen ihre Krümmungsradien ist und daher vernachlässigt werden kann. Bei ihnen knickt jeder Strahlenweg in der Linse praktisch an einer einzigen Ebene ab. Ferner betrachten wir, wie bei den Spiegeln, nur Strahlen, die in der Nähe der optischen Achse und unter kleinen Winkeln zu ihr verlaufen, sog. *paraxiale* Strahlen. In unseren Abbildungen sind lediglich der

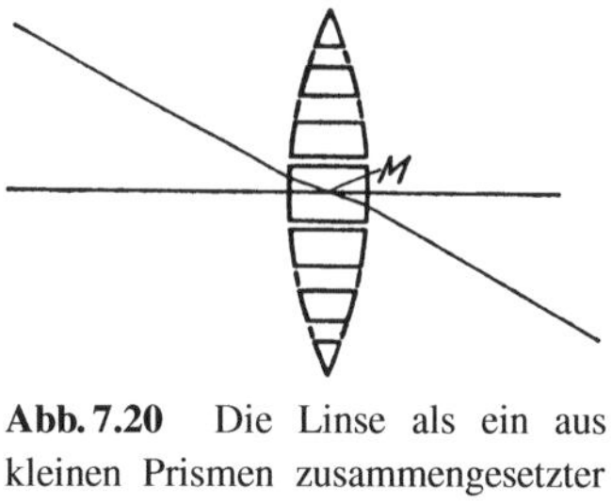

Abb. 7.20 Die Linse als ein aus kleinen Prismen zusammengesetzter Körper

Deutlichkeit halber sowohl dicke Linsenformen als auch Strahlen unter größerem Winkel gezeichnet.

1. Brechung von Lichtbündeln. Wir beobachten den Verlauf eines divergenten Lichtbündels, das von einem Punkt auf der optischen Achse einer Sammellinse ausgeht. Ist der Ausgangspunkt sehr weit entfernt (Sonne), so fällt auf die Linse praktisch ein Parallelbündel, und dieses wird dahinter zu einem konvergenten Bündel. Alle Strahlen laufen durch einen einzigen Punkt, den *Brennpunkt F* (Focus), s. Abb. 7.21a. Sie werden in ihm *gesammelt*. Die Entfernung des Brennpunktes von der Linse bezeichnen wir als *Brennweite* f. Wenn, wie hier, an die Linse beidseitig derselbe Stoff grenzt, dann liegen die Brennpunkte auf beiden Seiten gleich weit von der Linse entfernt. Beide Brennweiten sind gleich.

Wir rücken nun den leuchtenden Ausgangspunkt P des Lichtbündels sukzessive näher an die Linse heran, wodurch sein Öffnungswinkel kontinuierlich wächst. Jedes Mal tritt ein konvergentes Lichtbündel aus, dessen Vereinigungspunkt P' aber immer weiter von der Linse wegwandert. Man bezeichnet P' als *reelles Bild* von P. Schließlich erreicht P den Brennpunkt, und wir erhalten ein austretendes Parallelbündel, der Bildpunkt ist in unendliche Ferne gerückt, s. Abb. 7.21d. Die Zeichnungen zu Fall *a* und *d* gehen übrigens durch Umklappen um die Linsenmitte ineinander über. Wir verschieben P dann noch weiter, s. Abb. 7.21e. Das austretende Bündel bleibt divergent, hat aber einen kleineren Öffnungswinkel als das einfallende. Ein rechts in das Bündel gebrachtes Auge sieht den *virtuellen* Bildpunkt P'.

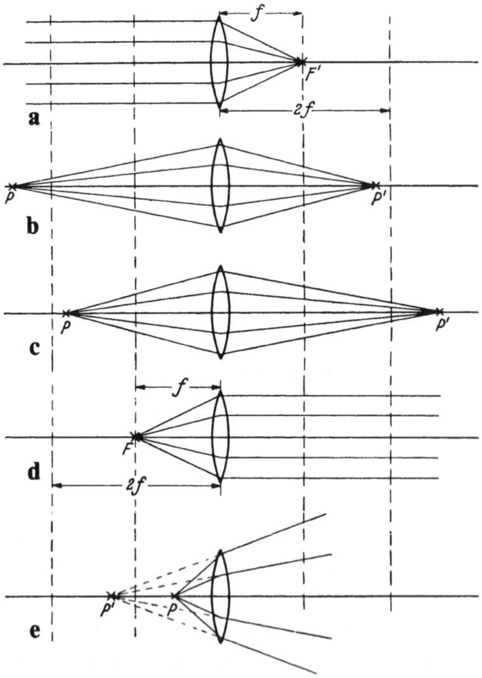

Abb. 7.21a–e Sammellinse, Umformung von auftreffenden Lichtbündeln

Bisher haben wir uns auf Lichtbündel beschränkt, die von einem Punkte auf der optischen Achse der Linse ausgehen. Jetzt verschieben wir den Ausgangspunkt seitlich und lassen z. B. ein Parallelbündel schräg auf die Linse fallen. Die Bezeichnung „parallel“ bezieht sich dabei auf den Verlauf seiner Strahlen zueinander und nicht etwa zur optischen Achse der Linse. Es vereinigt sich *nicht* im Brennpunkt, sondern im Punkt P' der *Brennebene*, vgl. Abb. 7.22. Die Brennebene steht im Brennpunkt senkrecht auf der optischen Achse der Linse. Man findet zeichnerisch den Punkt P', wenn man bedenkt, dass der Strahl des Bündels, der die Mitte der Linse trifft, nach den Ausführungen zu Abb. 7.20 bei dünnen Linsen geradlinig weiterläuft und dann die Brennebene in P schneiden muss. Von der Sonne z. B. gelangt sozusagen von jedem Punkt ihrer Oberfläche ein Parallelbündel zur Linse, alle bilden gegeneinander kleine Winkel und werden in einem anderen Punkte

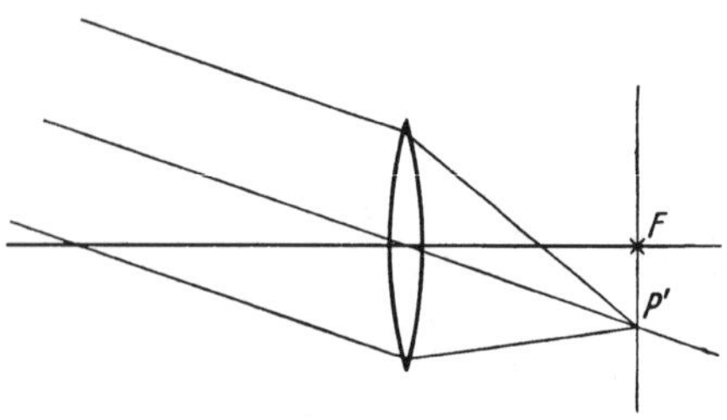

Abb. 7.22 Vereinigung eines schief einfallenden Parallelbündels

der Brennebene vereinigt. So entsteht dort ein ausgedehntes Bild der Sonnenscheibe. – Ebenso wandert der Punkt P' in der betreffenden Ebene senkrecht zur optischen Achse, der *Bildebene*, sobald wir den Punkt P in seiner *Gegenstandsebene* verschieben, vgl. die Positionen b bis e in Abb. 7.21.

2. Abbildungsgesetze. Aus dem beobachteten Verhalten der Lichtbündel ergeben sich folgende Gesetze zum Zeichnen von *Lichtstrahlen*, wenn man das Bild konstruieren will, s. Abb. 7.23.

1. Der *Mittelpunktstrahl* tritt unabgelenkt durch die Linse.

2. Jeder *achsenparallele* Strahl (*Parallelstrahl*) geht durch den Brennpunkt auf der anderen Linsenseite. Er wird *Brennstrahl*.

3. Jeder *Brennstrahl* verlässt die Linse als *Parallelstrahl*.

Man darf aber nie vergessen, dass stets ein *Lichtbündel*, das die Linse durchsetzt, das Bild vermittelt. Die drei genannten, ausgezeichneten Strahlen brauchen gar nicht vorzukommen, etwa weil die Linse zu klein ist und ihre Mitte abgedeckt wird. An Größe und Lage des Bildes ändert das überhaupt nichts.

Die *Abbildungsgesetze* der Linse lassen sich unmittelbar aus Abb. 7.23 entnehmen. Wir bezeichnen den Abstand der Gegenstandsebene von der Linse als *Gegenstandsweite a*, den der Bildebene als *Bildweite b*, außerdem sind G und B *Gegenstands-* und *Bildgröße*, d. h. einander entsprechende Längen in Gegenstand und Bild. Dann folgt aus der Ähnlichkeit der beiden schraffierten Dreiecke das *1. Abbildungsgesetz*, das die Bildgröße angibt:

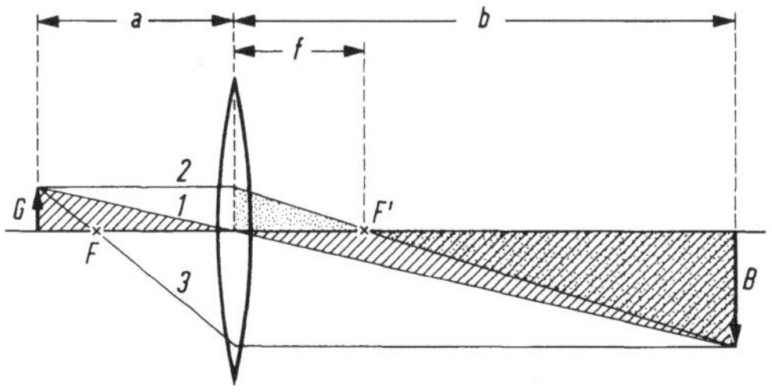

Abb. 7.23 Zu den Abbildungsgesetzen

$$\frac{B}{G} = \frac{b}{a}. \qquad (7.5)$$

B/G nennt man auch *Seitenvergrößerung* der Abbildung.

Das 2. *Abbildungsgesetz* liefert eine Beziehung zwischen der Lage von Gegenstands- und Bildebene mit

$$\frac{1}{a} + \frac{1}{b} = \frac{1}{f}. \qquad (7.6)$$

Ableitung. Die punktiert gezeichneten Dreiecke sind ebenfalls ähnlich, woraus die Proportion folgt $B/G = (b - f)/f$. Zusammen mit der 1. Abbildungsgleichung ergibt das $b/a = (b/f) - 1$. Dividiert man durch b und ordnet, so kommt man unmittelbar auf die 2. Abbildungsgleichung.

Bei Anwendung der 2. Abbildungsgleichung ergibt sich quantitativ, was wir in Abb. 7.21 über das Verhalten eines Bündels besprochen haben. Wir heben nur folgende Spezialfälle hervor:

1) $a \gg f$	$b = f$
2) $a = 2f$	$b = 2f$
3) $a = f$	$b \gg f$

4) Liegt der Gegenstand innerhalb der Brennweite ($a < f$), so wird b für das *virtuelle* Bild *negativ*.

3. Zerstreuungslinse. Als Glaslinse in Luft ist die Zerstreuungslinse *konkav* gekrümmt. Die Basis der Prismen, die ihre Form annähern, muss nach außen gerichtet sein, sodass jeder parallel zur Achse einfallende Strahl nach außen gebrochen wird. Ein Parallelbündel verlässt die Linse also divergent, wobei die rückwärtigen Verlängerungen der Strahlen sich in einem Punkt schneiden, s. Abb. 7.24a, den wir als einen der beiden *virtuellen Brennpunkte* der Zerstreuungslinse bezeichnen. Durch ihn geht senkrecht zur optischen Achse eine *virtuelle Brennebene*. Aus einem schräg einfallenden Parallelbündel entsteht ebenfalls ein divergierendes Bündel, dessen Verlängerungsgeraden nach hinten sich aber nicht im Brennpunkt F,

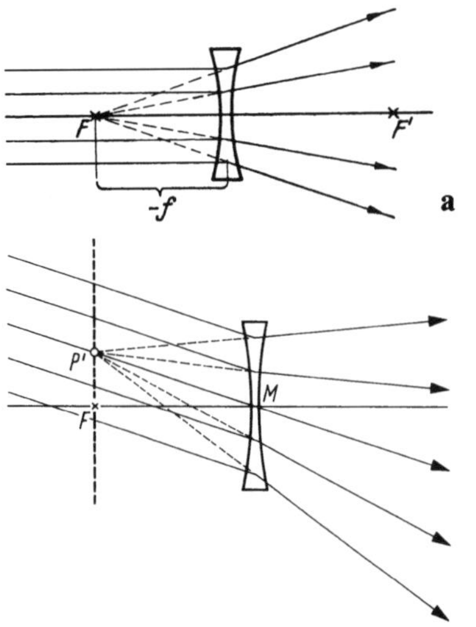

Abb. 7.24a,b Parallelbündel trifft auf Zerstreuungslinse (**a**) parallel, (**b**) schräg zur optischen Achse

sondern im Punkt P' der Brennebene schneiden. Man findet P' auch hier als Schnittpunkt des unabgelenkten Mittelpunktstrahles mit der Brennebene, s. Abb. 7.24b. – Die Ausbreitungsrichtung der Lichtbündel kann man auch hier umkehren, sodass z. B. ein konvergentes Bündel, das auf den Brennpunkt der anderen Linsenseite zuläuft, diese als Parallelbündel verlässt.

Wir schreiben, so wie wir bei der Sammellinse einem virtuellen Bilde eine negative Bildweite zugeordnet haben, einer Zerstreuungslinse eine negative Brennweite zu. Die 2. Abbildungsgleichung, die auch für Zerstreuungslinsen gilt, liefert damit stets eine negative Bildweite, gleichgültig, welchen positiven Wert die Gegenstandsweite a hat. Es gibt bei einer Zerstreuungslinse nur *virtuelle Bilder*, was anschaulich sofort verständlich ist, denn zur Herstellung eines reellen Bildes muss die Linse aus einem divergenten ein konvergentes Lichtbündel machen, was eine Zerstreuungslinse grundsätzlich nicht kann.

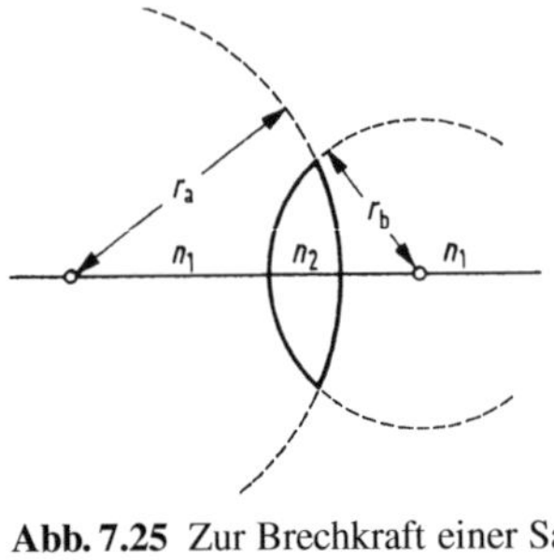

Abb. 7.25 Zur Brechkraft einer Sammellinse ($n_2 > n_1$)

7.2.3 Brechkraft von Linsen und Linsensystemen. Eine Linse bricht die Strahlen um so stärker, je kürzer ihre Brennweite ist. Man misst daher die *Brechkraft D* einer Linse in Luft durch den *reziproken* Wert ihrer Brennweite, also $D = 1/f$ wobei f in *Metern* gemessen wird. Die Einheit der Brechkraft ist die *Dioptrie* (1 dpt = 1 m^{-1}). Eine Linse von 25 cm Brennweite hat also eine Brechkraft von 4 dpt.

Die Brechkraft einer Linse hängt natürlich von ihren Krümmungsradien r_a und r_b und von der Brechzahl n_2 des Linsenmaterials ab. Wir betten sie, um gleich den allgemeinen Fall zu behandeln, in einen Stoff der Brechzahl n_1 ein, s. Abb. 7.25. Dann hat sie die Brechkraft

$$D = \frac{n_1}{f_1} = (n_2 - n_1)\left(\frac{1}{r_a} + \frac{1}{r_b}\right). \tag{7.7}$$

Speziell für Luft als äußeren Stoff ($n_1 = 1$) erhalten wir wieder die zuerst angegebene Beziehung $D = 1/f_1$.

Wir machen dazu folgende ergänzende und erläuternde Bemerkungen:

1. Man bezeichnet $1/r$ als *Krümmung* der Fläche. Eine Ebene hat $1/r = 0$, sie ist nicht gekrümmt. Für *konvexe* Krümmung ist $1/r$ *positiv*, wie es bei beiden Flächen in Abb. 7.25 der Fall ist. Für *konkave* Flächen ist $1/r$ *negativ*.

2. *Sammellinsen* haben immer eine *positive* Brechkraft D. Falls die Linse aus dem optisch dichteren Material besteht ($n_2 > n_1$), ist die Brechkraft immer dann positiv, wenn die Summe der beiden Krümmungen positiv ist. Die eine Fläche darf dazu auch konkav sein, wenn nur die Krümmung der anderen entsprechend größer und konvex ist, vgl. auch Abb. 7.29.

3. *Zerstreuungslinsen* haben immer *negative* Brechkraft.

4. Besteht die Linse aus einem Material, das optisch dünner als das Außenmedium ist ($n_2 < n_1$), z. B. eine Luftblase in Wasser, so haben wir bei konvexer Krümmung eine Zerstreuungslinse. Nur falls die Summe der Krümmungen negativ ist, d. h. der konkave Anteil überwiegt, liegt dann eine Sammellinse vor. Die Gleichsetzung Konvexlinse mit Sammellinse ist also nur richtig, wenn das Linsenmaterial optisch dichter als das Medium ist, in dem sie sich befindet.

5. So wie sich die Brechkräfte der beiden Flächen mit den Radien r_a und r_b zur Gesamtbrechkraft der Einzellinse addieren, so gilt auch für ein *zentriertes Linsensystem* die Additivität der Einzelbrechkräfte zur Gesamtbrechkraft:

$$D = D_1 + D_2 . \tag{7.8}$$

Bei ihm liegen alle Krümmungsmittelpunkte auf einer Geraden, und der Abstand der Einzellinsen ist sehr klein gegen ihre Brennweiten. Sammel- und Zerstreuungslinse mit gleichem Betrag der Brechkraft haben, so zusammengesetzt, die Wirkung einer planparallelen Platte ($D = 0$). – Die Brechkraft von Zerstreuungslinsen bestimmt man durch Kombination mit einer Sammellinse derart, dass die Brechkraft des Linsensystems positiv ist. Dazu muss man nur die aus Gegenstands- und Bildweite nach dem Abbildungsgesetz berechneten Brechkräfte von Linsensystem und Sammellinse subtrahieren. Die Zerstreuungslinse allein erzeugt nur virtuelle Bilder, die nicht zu lokalisieren sind, deren Bildweite also nicht unmittelbar zu messen ist.

Beträgt der Abstand zweier dünner Linsen voneinander d, so hat die Brechkraft des Linsensystems den Wert $D = D_1 + D_2 - dD_1D_2$. Mit der sog. optischen Tubuslänge $t = d - (f_1 + f_2)$ ergibt sich daraus $D = -tD_1D_2$.

7.2.4 Dicke Linsen. Bei einer Linse endlicher Dicke lassen sich die beiden Stellen, an denen ein durchgehender Strahl gebrochen wird, nicht zusammenlegen. Der Lichtweg im Innern des Linsenkörpers kann nicht mehr vernachlässigt werden. Trotzdem bleiben auch hier die Abbildungsgleichungen und die Beziehungen für die Brechkraft D gültig, wenn man Brennweite sowie Gegenstands- und Bildweite nicht mehr vom Mittelpunkt der Linse, sondern von zwei ausgezeichneten Ebenen, den *Hauptebenen* h und h' aus misst. Die Schnittpunkte der Hauptebenen mit der optischen Achse heißen die *Hauptpunkte* H und H'.

Wir ziehen durch die Krümmungsmittelpunkte M' und M der Linsenflächen zwei beliebige, aber einander

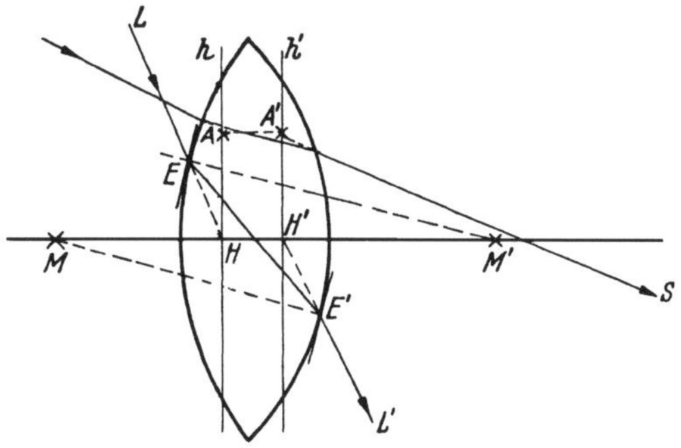

Abb. 7.26 Hauptpunkte und Hauptebenen einer dicken Linse

parallele Geraden, welche die zugehörigen Linsenflächen in E und E' treffen mögen, s. Abb. 7.26. Die Tangentialebenen in E und E' laufen dann auch einander parallel. Daher verhält sich die Linse für einen Strahl, der im Innern den Weg EE' durchläuft, wie eine planparallele Platte, d. h., ein solcher Strahl geht durch die Linse parallel verschoben hindurch. Der eintretende Strahl LE und der austretende $E'L'$ sind also einander parallel. Verlängern wir beide bis zum Schnitt mit der Achse, so erhalten wir die Punkte H und H'. Man kann nun zeigen, dass die beiden so bestimmten Punkte unabhängig von dem ursprünglich gewählten parallelen Ebenenpaar sind, also ausgezeichnete Punkte darstellen. Es sind die *Hauptpunkte*. Diese Konstruktion setzt aber voraus, dass, wie in Abb. 7.26, das Medium vor und hinter der Linse dasselbe ist.

Die Hauptebenen h und h' sind durch folgende Eigenschaften ausgezeichnet: Greifen wir auf den Hauptebenen zwei Punkte A und A' heraus, s. Abb. 7.26, die im gleichen Abstand von der Hauptachse MM' der Linse liegen, so verläuft jeder Strahl, der im Gegenstandsraum (Objektraum) nach A zielt, im Bildraum so, als ob er von A' herkommen würde; seine rückwärtige Verlängerung geht durch A'. Das gilt für den Strahlengang außerhalb der Linse. Im Innern verläuft er natürlich anders, er folgt dem ausgezogenen Strahl S.

Bei der Bildkonstruktion beschränken wir uns zunächst auf ein Linsensystem mit *positiver* Brechkraft, das in ein *einheitliches* Medium eingetaucht ist. Vom Gegenstandspunkt P ausgehend, lassen sich dabei folgende ausgezeichneten Strahlen zeichnen, s. Abb. 7.27.

1. Der Strahl, der den objektseitigen Hauptpunkt H trifft, läuft parallel verschoben vom

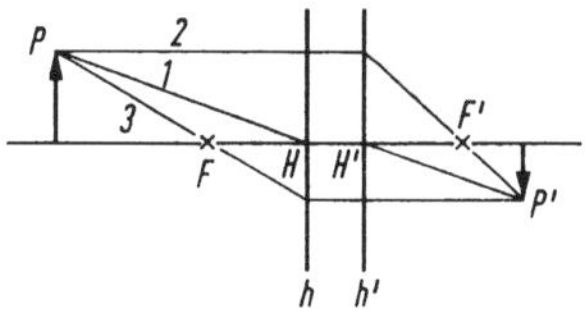

Abb. 7.27 Bildkonstruktion mit Hilfe der Hauptebenen einer Sammellinse

bildseitigen Hauptpunkt H' weiter. Ihm entspricht bei dünnen Linsen der Mittelpunktstrahl.

2. Der parallel zur optischen Achse einfallende Strahl läuft bis zur bildseitigen Hauptebene h', um dort zum Brennpunkt F' abzuknicken (einfallender Parallelstrahl).

3. Der Strahl durch den Brennpunkt F knickt an der objektseitigen Hauptebene h ab und verläuft von dort parallel zur optischen Achse (einfallender Brennstrahl)[6].

Mit diesen Strahlen ist sowohl die zeichnerische Bildkonstruktion möglich als auch die Ableitung der Abbildungsgleichungen entsprechend dem Vorgehen bei dünnen Linsen, s. Abb. 7.23. Die Gegenstandsweite a zählt jetzt von der Hauptebene h, die Bildweite b von h', während die Brennweite auf jeder Seite an der zugehörigen Hauptebene beginnt.

Ein schräg auf eine *Sammellinse* fallendes *Parallelbündel* verläuft dahinter zu dem in Abb. 7.28a gezeichneten Bildpunkt auf der Brennebene. Zur Veranschaulichung ist bei einem der Strahlen sein wirklicher Verlauf innerhalb der dicken Linse punktiert gezeichnet.

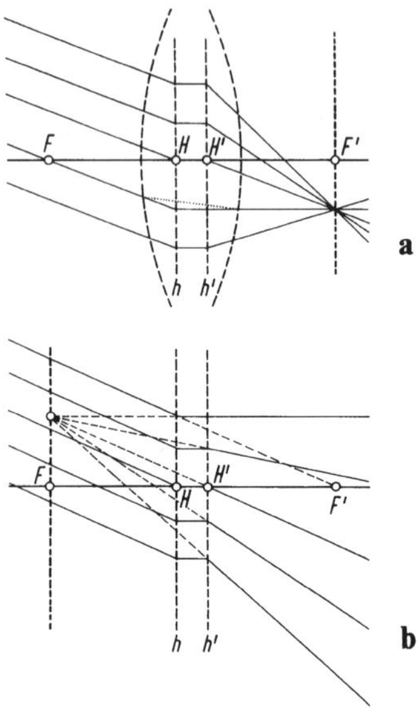

Abb. 7.28a,b Parallelbündel schräg zur optischen Achse, (**a**) dicke Sammellinse, (**b**) dicke Zerstreuungslinse

Bei einer *Zerstreuungslinse* entsteht aus dem Parallelbündel ein divergierendes, s. Abb. 7.28b. Seinen geometrischen Ausgangspunkt finden wir auch hier mit dem Strahl durch H, der parallel verschoben durch H' weiterläuft. Auch für Parallel- und Brennstrahl gilt sinngemäß eine Konstruktion wie bei der Sammellinse, vgl. den obersten ausgezogenen Strahl.

Die Lage der Hauptebenen bei verschiedenen Linsenformen zeigt die Abb. 7.29. Bei einer Bikonvexlinse mit $n = 1,5$ beträgt der Abstand der beiden Hauptebenen ungefähr ein Drittel der Linsendicke. Je dünner die Linse wird, um so kleiner ist der Abstand der Hauptpunkte vom Mittelpunkt und um so eher können wir die einfache Bildkonstruktion anwenden.

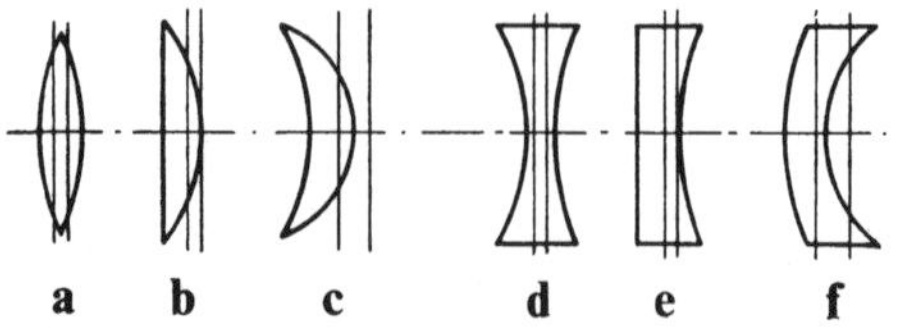

Abb. 7.29a–e Linsenformen mit eingezeichneten Hauptebenen

7.2.5 Abbildung durch eine einzige Kugelfläche.

Eine sphärische Grenzfläche zwischen zwei Stoffen mit den Brechzahlen n_1 und n_2 hat bereits die Eigenschaften eines abbildenden optischen Systems. Der Stoff mit der Brechzahl n_2 sei der optisch dichtere, und seine Oberfläche sei konvex gekrümmt, s. Abb. 7.30. Ein Lichtbündel, das parallel zur optischen Achse einfällt, wird so gebrochen, dass es auf einen einzigen Punkt gelenkt wird, den einen Brennpunkt. Das gilt sowohl für Parallelbündel, die von links einfallen, als auch für solche, die von rechts kommen. Die *Brechkraft* D beträgt, analog zur Beziehung bei Einzellinsen,

$$D = (n_2 - n_1)\frac{1}{r} \tag{7.9}$$

mit dem Krümmungsradius r der Fläche.

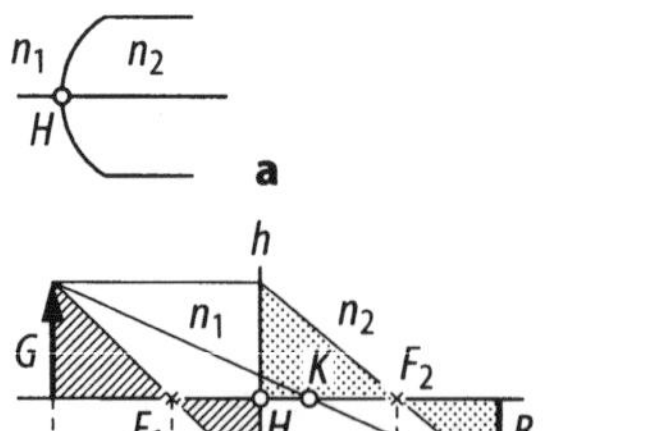

Abb. 7.30a,b Kugelfläche $n_2 > n_1$ (**a**), Abbildung mit Hauptpunkt H und Knotenpunkt K (**b**))

Die *Brennweiten* zählen wir vom Scheitelpunkt H, der hier der *Hauptpunkt* ist; die Ebene h senkrecht zur optischen Achse durch H ist die *Hauptebene* (Abschn. 7.2.4). Hier sind aber die beiden Brennweiten f_1 und f_2 nicht gleich lang. Das sieht man anschaulich ein, wenn man einen Parallelstrahl in gleichem Abstand von der optischen Achse von links und von rechts auf die Grenzfläche fallen lässt. Beim Übertritt vom dünneren in das dichtere Medium wird er nach dem Brechungsgesetz schwächer abgelenkt als bei umgekehrtem Lauf, vgl. Aufgabe 7.2.5. Die nähere Untersuchung ergibt:

$$D = \frac{n_1}{f_1} = \frac{n_2}{f_2}. \tag{7.10}$$

Die gleiche Beziehung gilt auch für Linsen und Linsensysteme, wenn die auf beiden Seiten angrenzenden Medien unterschiedliche Brechzahlen haben, sog. *Immersionslinsen*. Die Brennweite f_2 im *optisch dichteren* Medium ist also um den Faktor n_2/n_1 *länger* als die Brennweite f_1 im optisch dünneren.

[6] In sehr dicken Linsen können objektseitige und bildseitige Hauptebene h bzw. h' ihre Positionen tauschen, d. h. näher am Objekt liegt h'. Die Regeln für den Strahlenverlauf ändern sich aber dadurch nicht.

Die *Abbildungsgleichungen* schreiben sich in diesem Fall:

$$\frac{B}{G} = \frac{b\,n_1}{a\,n_2} \tag{7.11a}$$

$$\frac{n_1}{a} + \frac{n_2}{b} = D\,. \tag{7.11b}$$

An Stelle der Strecken a und b stehen stets die Verhältnisse Strecke/Brechzahl, was auch für die Beziehung zwischen der Brechkraft D und den Brennweiten f_1 und f_2 zutrifft.

Ableitung. Es gibt jetzt zwei Paare von ähnlichen Dreiecken, in Abb. 7.30b unterschiedlich schraffiert. Aus ihnen folgen die Beziehungen $G/B = (a - f_1)/f_1$ bzw. $G/B = f_2/(b - f_2)$. Durch Gleichsetzen und Umformen erhält man $f_1/a + f_2/b = 1$, was unmittelbar zur 2. Abbildungsgleichung führt. Andererseits folgt aus $B/G = b/f_2 - 1 = bD/n_2 - 1$ und Gleichung (7.11b) die 1. Abbildungsgleichung.

Verbinden wir in der Bildkonstruktion von Abb. 7.30b zueinandergehörige Punkte von Objekt und Bild, z. B. die Spitzen von G und B durch eine Gerade, so geht diese nicht durch den Hauptpunkt H. Sie schneidet vielmehr die optische Achse im *Knotenpunkt* K. Dessen Entfernungen zu den Brennpunkten sind $KF_1 = f_2$ und $KF_2 = f_1$.

Das gilt auch für Immersionslinsen. Diese haben *zwei* Hauptebenen (Abschn. 7.2.4), und aus den beiden Brennpunkten leiten sich zwei Knotenpunkte ab mit $K_1F_1 = f_2$ und $K_2F_2 = f_1$. Knotenpunkte und Hauptpunkte fallen nur zusammen für $f_1 = f_2$, d. h. falls $n_1 = n_2$ ist.

Brenn-, Haupt- und Knotenpunkte werden auch als *Kardinalpunkte* eines optischen Systems bezeichnet. Allgemein gilt für die geometrische Bildkonstruktion, dass Parallel- und Brennstrahl an der Hauptebene abgeknickt werden, die zum jeweils beteiligten Brennpunkt gehört, während der Strahl, der auf den zugehörigen Knotenpunkt zielt, vom anderen parallel verschoben weiterläuft.

7.2.6 Abbildungsfehler. Mit einer einzigen Linse erhalten wir hinreichend scharfe Bilder nur für Gegenstandspunkte, die von der Linse gesehen unter einem kleinen Winkel zur optischen Achse liegen. Als weitere Bedingungen dafür müssen außerdem alle abbildenden Strahlen unter kleinen Winkeln zur optischen Achse verlaufen und nicht sehr weit entfernt von ihr durch die Linse treten. Die praktische Optik fordert aber ein großes Gesichtsfeld, d. h. die scharfe Abbildung auch von weit nach der Seite hin liegenden Objekten. Außerdem wird große Lichtstärke gewünscht, und dazu benötigt man auf jeden Fall großflächige Linsen und muss mit weit geöffneten Bündeln abbilden, deren Strahlen also bei nahe liegenden Objekten auch große Winkel mit der optischen Achse einschließen. Dabei tritt eine Reihe von Abbildungsfehlern auf, die von der endlichen Dicke der Linsen, ihrer sphärischen Begrenzung und der spektralen Zerlegung des Lichtes in seine Farben herrühren. Diese Fehler lassen sich durch Kombination von mehreren Linsen aus Gläsern mit verschiedener Brechzahl und Dispersion und geeignete Wahl der Krümmungsradien und Abstände weitgehend beheben, wie die zu außerordentlicher Leistungsfähigkeit gesteigerten Linsen oder Objektive für Photographie, Projektion und Mikroskopie beweisen.

Wir betrachten die wichtigsten Abbildungsfehler im einzelnen, und zwar zuerst die beiden Fehler, die bereits bei der Abbildung eines achsennahen Punktes auftreten.

7.2.6.1 Sphärische Aberration (Öffnungsfehler). Lassen wir ein Parallelbündel, das auch Strahlen in einem größeren Abstand von der Achse enthält, auf eine Linse auffallen und blenden einige Teilbündel aus, so zeigt sich, dass für die äußeren der Brennpunkt näher bei der Linse liegt als für die inneren. Die einzelnen *Linsenzonen* haben unterschiedliche Brennweiten, s. Abb. 7.31. Der Fehler kann durch Kombination von verschiedenen Linsen vermieden werden, sog. *Aplanate*. Das Ausblenden der äußeren Zonen durch eine Iris dagegen führt zwar zu scharfen, aber viel zu dunklen Bildern, ist also keine technisch vertretbare Methode, den Öffnungsfehler zu beseitigen.

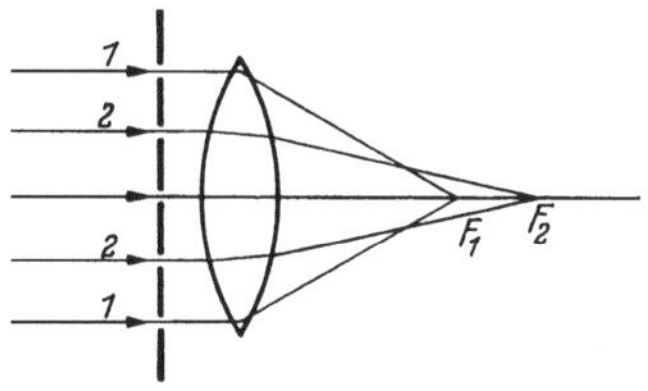

Abb. 7.31 Öffnungsfehler

7.2.6.2 Chromatische Aberration (Farbfehler). Da die Brechzahl des Glases für violettes Licht größer ist als für rotes, wird das

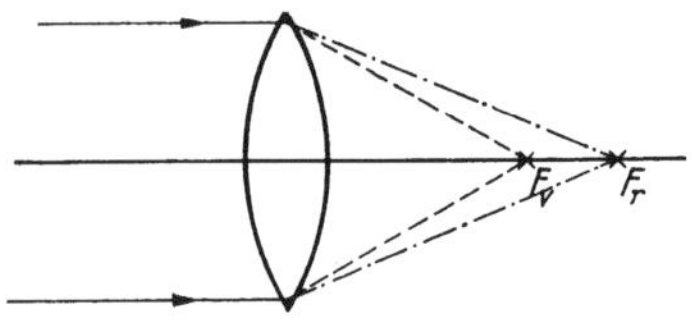

Abb. 7.32 Farbfehler

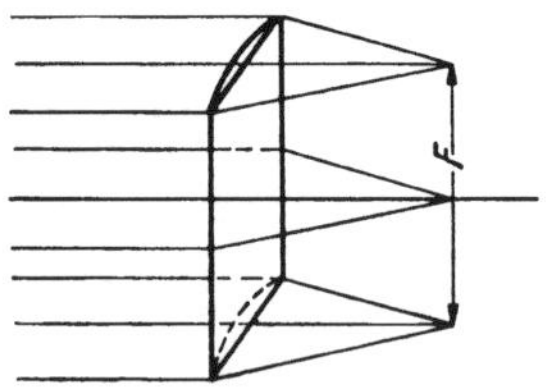

Abb. 7.34 Zylinderlinse. Vereinigung eines Parallelbündels in der Brennlinie

weiße Licht zerlegt, wobei der Brennpunkt für Violett F_v näher an der Linse liegt als der für Rot F_r, s. Abb. 7.32. Daher besitzt jedes von einer einfachen Linse entworfene Bild farbige Ränder. Dieser Fehler lässt sich durch Kombination einer konvexen Kronglaslinse mit einer Konkavlinse aus Flintglas im sog. *Achromaten* beheben (vgl. auch den in Abb. 7.48 wiedergegebenen Apochromaten). Dieses Linsensystem wirkt nach demselben Prinzip wie das schon in Abschn. 7.1.7 besprochene achromatische Prisma, das eine Ablenkung des Lichtes ohne Dispersion ergibt.

7.2.6.3 Astigmatismus. Von einem weit außerhalb der optischen Achse liegenden Punkt P treffen die Strahlen *schief* auf die Linse auf, s. Abb. 7.33. Versuchen wir einen solchen Gegenstandspunkt durch ein enges Strahlenbündel abzubilden, so zieht sich sogar dieses enge Bündel im Bildraum nirgends zu einem Punkt zusammen, gibt also kein punktförmiges Bild. Wir beobachten lediglich an zwei hintereinander liegenden Stellen P_1' und P_2' Einschnürungen zu je einem kurzen Strich, die beide aufeinander senkrecht stehen. Diesen Linsenfehler bezeichnen wir als *Astigmatismus schiefer Bündel.*

Man spricht auch von *zylindrischem Linsenfehler*, was folgendermaßen zu verstehen ist: Die Oberflächen einer *Zylinderlinse* sind Ausschnitte aus Kreiszylindern, also nur in einer Richtung gekrümmt. Ein senkrecht auffallendes Parallelbündel wird hinter ihr nicht in einem Punkte, sondern in einer *Strecke* vereinigt, der sog. *Brennlinie F*, die parallel zur Zylinderachse verläuft, s. Abb. 7.34. In deren Richtung selbst fehlt wie bei einer planparallelen Platte jede Bündelung. Kombinieren wir zwei Zylinderlinsen unterschiedlicher Brennweite, deren Zylinderachsen senkrecht aufeinander stehen, so entstehen aus einem auffallenden Parallelbündel dahinter in verschiedenen Ebenen *zwei* Bildstrecken, die den Zylinderachsen entsprechend aufeinander senkrecht stehen. Dasselbe beobachten wir bei einem Linsensystem aus Zylinderlinse und sphärischer Sammellinse oder auch bei einer einzigen Linse, die in zwei zueinander senkrechten Ebenen unterschiedlich stark gekrümmt, also nicht sphärisch ist. Für jede Zylinderachse hat sie eine andere Brechkraft.

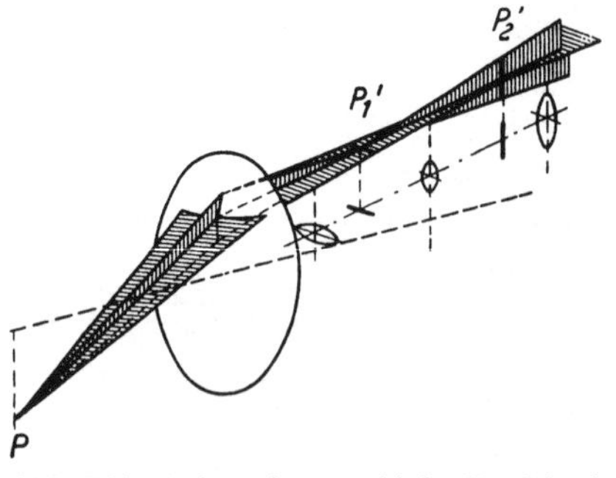

Abb. 7.33 Astigmatismus schiefer Bündel mit Angabe der Querschnitte des abbildenden Bündels

Der Astigmatismus schiefer Bündel jeder einfachen sphärischen Linse besteht danach darin, dass sie sich für solche Bündel optisch so verhält, *als ob* eine Zylinderlinse davorgeschaltet wäre. Die Zylinderachse liegt in der Ebene, gebildet aus der Bündelachse (Einfallsrichtung) und der optischen Achse der sphärischen Linse. Linsensysteme, bei denen dieser Fehler korrigiert ist, nennt man *Anastigmate.*

Streng davon zu unterscheiden ist aber der *Astigmatismus bei senkrechtem Einfall*, der auf wirklich bestehenden Unterschieden in der Linsenkrümmung beruht, z. B. beim menschlichen Auge (Abschn. 7.3.4).

Aufgaben

7.2.1 Ein Parallelbündel trifft auf eine dünne Sammellinse mit 20 cm Brennweite in Luft unter dem Winkel von 10° gegen ihre optische Achse. Wie weit ist sein Vereinigungspunkt in der Brennebene von der Achse entfernt?

7.2.2 Ein leuchtender 3 cm hoher Gegenstand befindet sich in 80 cm Entfernung von einer Leinwand, auf der er mit einer Linse von 8 dpt abgebildet werden soll. Bei welchen Gegenstandsweiten a ist das möglich? Wie hoch ist jeweils das Bild (B)? Bis zu welcher Entfernung d darf man den Gegenstand an die Leinwand heranrücken, damit mit dieser Linse noch ein Bild auf ihr entsteht?

7.2.3 Eine symmetrische Bikonvexlinse aus Glas, d. h. $r_a = r_b$, s. Abb. 7.25, hat in Luft die Brennweite 12 cm, in Wasser ($n = 1{,}333$) eingetaucht aber 40 cm. Welche Brechzahl n hat das Glas? Wie groß ist der Krümmungsradius?

7.2.4 Mit einer dünnen Sammellinse in Luft beobachtet man bei einer Gegenstandsweite von 25 cm ein reelles Bild in 10 cm Entfernung. Wird eine weitere dünne Linse unmittelbar auf die Sammellinse gesetzt und die Gegenstandsweite nicht verändert, so beträgt die Bildweite 20 cm. Wie groß sind die Brechkräfte D_1 der Sammellinse und D_2 der Zusatzlinse?

7.2.5 Auf die ebene Grenzfläche zwischen Luft und Glas ($n = 1{,}55$) fällt ein Lichtstrahl unter dem Einfallswinkel 20°. Um welchen Winkel wird er abgelenkt, wenn er a) aus der Luft, b) aus dem Glas einfällt? (vgl. f_1 und f_2 in Abschn. 7.2.5).

7.2.6 Die Linse von Aufgabe 7.2.3 wird auf einer Wasseroberfläche schwimmend gehalten, sodass gerade die eine Kugelfläche benetzt wird. Wie groß ist jetzt die Brechkraft D? Wie groß sind die Brennweiten f_1 in Luft und f_2 in Wasser?

7.3 Optische Instrumente

7.3.1 Vorbemerkung über den Einfluss der Beugung und über die Bündelbegrenzung durch Blenden. Will man die Wirkung eines optischen Instrumentes verstehen und vor allem seine Leistungsfähigkeit beurteilen, so ist eine alleinige Betrachtung der geometrischen Bildentstehung, wie wir sie in Abschn. 7.2. besprochen haben, nicht ausreichend. Vielmehr müssen zwei weitere Umstände beachtet werden, nämlich die *Beugung* des *Lichtes* und die *Begrenzung* der *abbildenden Bündel* durch Linsenfassungen und Blenden sowie durch die Pupille des Auges bei Instrumenten zur visuellen Beobachtung.

1. *Einfluss der Beugung.* Infolge der Welleneigenschaften des Lichtes kommt es an allen Öffnungen eines optischen Instruments, z. B. an den Linsenfassungen, zu einer Beugung des Lichtes (Abschn. 7.4.4). Fällt auf eine Linse oder einen Hohlspiegel ein Parallelbündel, so entsteht in der Brennebene nicht ein scharfer Punkt, sondern ein kleines leuchtendes Scheibchen, ein sog. *Beugungsscheibchen.* Bilden wir also z. B. zwei benachbarte Fixsterne ab, so erhalten wir als Bild zwei kreisförmige Flecke, s. Abb. 7.35. Falls ihre Mittelpunkte zu dicht zusammenliegen, fließen die Scheibchen ineinander, sodass die Sternbilder nicht mehr getrennt, d. h. nicht *aufgelöst* werden. Damit also dabei zwei Sterne getrennt wahrgenommen werden können, muss der Winkelabstand, unter dem sie von der Erde aus gesehen werden, einen bestimmten Mindestbetrag überschreiten; das ist nämlich auch der Winkel, den die beiden von ihnen kommenden Lichtbündel vor und hinter der Linse miteinander bilden. – Mit wachsendem Durchmesser der Linse werden die Beugungsscheibchen kleiner. Das *Auflösungsvermögen*, das ist die Fähigkeit des Instrumentes, zwei Objektpunkte zu trennen, wird also damit größer.

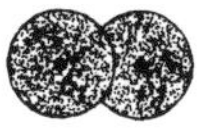

Abb. 7.35 Beugungsscheibchen begrenzen das Auflösungsvermögen eines Instruments

2. *Bündelbegrenzung durch Blenden.* Die Durchmesser der Linsenfassungen und Blenden bestimmen nicht nur durch Beugung das Auflösungsvermögen. Vielmehr beeinflussen sie durch die Art, wie sie die abbildenden Bündel begrenzen, auch weitere Eigenschaften des Bildes, wie seine *Helligkeit*, *Schärfe* und *Perspektive*, sowie das *Gesichtsfeld.* Da eine ausführliche Betrachtung dieser Zusammenhänge den Rahmen dieses Buches überschreitet, besprechen wir nur den grundlegenden Einfluss von Blenden auf die Helligkeit und das Gesichtsfeld, s. Abb. 7.36.

Vom leuchtenden Punkt P tritt das eingezeichnete Bündel durch die Linse und erzeugt das Bild P'. Die Helligkeit des Bildes P' ist natürlich um so größer, je größer der Durchmesser der Linse, genauer, je größer der *Öffnungswinkel* $2u$ oder die *Apertur* des abbildenden Bündels ist. Die Linsenfassung ist daher die für die Helligkeit maßgebende Blende, wir nennen sie die *Aperturblende.* Durch eine zusätzliche Iris $B_ö$, unmittelbar davor oder dahinter, kann sie noch eingeengt werden.

Eine völlig andere Wirkung hat die Blende B_G in der Bildebene. Für einen Beobachter, der das ganze Bild von weiter rechts betrachtet, begrenzt sie das Gesichtsfeld, wirkt also als *Gesichtsfeldblende.* Um zu erkennen, welcher Teil des Gegenstandes noch zu beobachten ist, bilden wir diese Blende B_G mit der Linse in die Gegenstandsebene als B_G ab. Nur von Punkten des Gegenstandes innerhalb dieser Iris B'_G wird durch die Linse ein Bild in der Öffnung B_G entworfen. Der

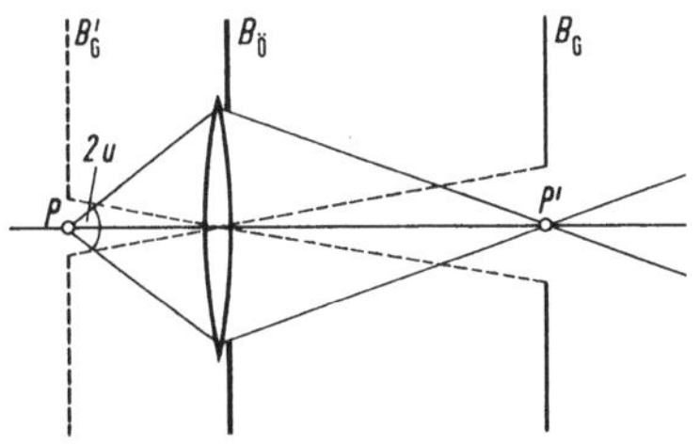

Abb. 7.36 Gesichtsfeldblende B_G und Aperturblende $B_ö$

Öffnungswinkel $2u$ und damit die Helligkeit des Bildes werden durch B_G nicht beeinflusst.

Eine Blende an anderen Stellen als den eingezeichneten wirkt sowohl als Helligkeits- als auch als Gesichtsfeldblende, dazu noch derart, dass die Helligkeit zum Rande des Gesichtsfeldes hin abfällt. Das Bild hat *keinen scharfen Rand* mehr. Eine solche Blende wird man daher niemals zusätzlich anbringen; falls sie in einem optischen Instrument von vornherein vorhanden ist, baut man häufig noch eine Gesichtsfeldblende ein, die einen scharfen Bildrand sicherstellt, s. z. B. Abb. 7.47.

Die *Gestalt* der wirklich vorhandenen und zur Bilderzeugung ausgenutzten *Lichtbündel* wird ganz allgemein für jedes optische Instrument durch die sog. *Pupillen* bestimmt. Darunter versteht man einen Querschnitt, in dem alle ausgenutzten Lichtbündel die gleiche Fläche bedecken. Das ist bei der einen Linse in Abb. 7.36 die Blende $B_ö$. Enthält das Gerät aber mehrere Linsen und zusätzliche Blenden, so konstruiert man von allen Blenden die reellen und auch virtuellen Bilder, die durch die einzelnen Linsen in beiden Richtungen der optischen Achse entworfen werden. Wie wir eben besprochen haben, sind körperliche Blenden und deren Bilder völlig gleichwertig. Die Blende zwischen Gegenstand und erster Linse, die vom Objekt aus unter dem kleinsten Winkel erscheint, ist die *Eintrittspupille*, ihr vom optischen System hinten entworfenes Bild die *Austrittspupille*. Soweit wie möglich bringt man bei subjektiver Beobachtung die Augenpupille an den Ort der Austrittspupille des Instrumentes, z. B. beim Mikroskop oder beim astronomischen Fernrohr.

7.3.2 Photoapparat. Eine Sammellinse, das sog. *Objektiv*, entwirft ein reelles, umgekehrtes, verkleinertes Bild, das auf einer Mattscheibe oder einem Film aufgefangen wird. Bei Fernaufnahmen, d. h., wenn die Gegenstandweite a sehr viel größer als die Brennweite f ist, entsteht das Bild in der Brennebene, sodass bei *Scharfeinstellung* der Brennpunkt auf dem Film liegen muss (Einstellung ∞). Dagegen steigt die Bildweite b bei Nahaufnahmen, wenn also die Gegenstandsweite kleiner wird, nach dem Abbildungsgesetz mit $b = fa/(a-f)$ an (Abschn. 7.2.2). Entsprechend ist das Objektiv nach vorn zu verschieben; der mechanische Balgauszug, bzw. der Schneckengang, begrenzt diese Einstellung und damit auch die für Nahaufnahmen ausnutzbare Entfernung.

Da zu einer bestimmten Gegenstandsebene im Raum eine feste Bildebene gehört, kann immer nur eine einzige Ebene scharf abgebildet werden. Die im Raume weiter hinten oder vorne liegenden Gegenstände erscheinen auf dem Film unscharf. Unser Auge vermag aber wegen seines begrenzten Auflösungsvermögens (Abschn. 7.3.4) eine gewisse Unschärfe in der Abbildung gar nicht zu erkennen, und auf dem Film ist die Auflösung ohnehin durch die Korngröße begrenzt. So können wir in der Praxis auch von Objekten, deren Teile in verschiedenen Gegenstandsweiten liegen, für das Auge noch gute Bilder in einer Ebene entwerfen. Je tiefer der räumliche Bereich ist, der gleichzeitig genügend scharf abgebildet werden kann, um so größer ist die sog. *Tiefenschärfe*, richtiger *Schärfentiefe*. Diese hängt nicht von der Güte des Objektivs, sondern nur von der *relativen* Öffnung, d. h. dem Verhältnis des abbildenden Durchmessers der Linse d zu ihrer Brennweite f ab.

Für einen näher liegenden Gegenstandspunkt fällt das Bild hinter die Brennebene, z. B. in den Punkt P' im Abstande e hinter der Brennebene, s. Abb. 7.37a. Befindet sich bei einer Fernaufnahme der Film in der Brennebene, so erhalten wir von einem Gegenstandspunkt im Vordergrund darauf keinen scharfen Bildpunkt, sondern einen Kreis vom Durchmesser δ. Ist d der Durchmesser der Blende Bl, so gilt $\delta/d = e/(e+f)$, bzw. solange e klein gegen die Brennweite ist, $\delta = ed/f$. Der Kreis der

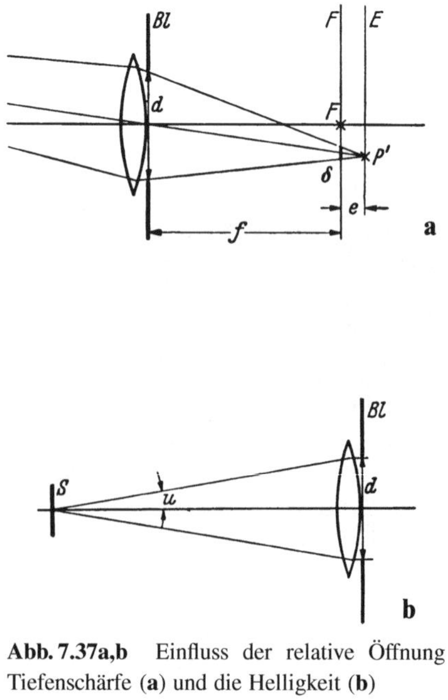

Abb. 7.37a,b Einfluss der relative Öffnung auf die Tiefenschärfe (**a**) und die Helligkeit (**b**)

Unschärfe wird um so kleiner, je enger wir die Blende wählen und je länger die Brennweite ist. Man gibt daher die Größe der „Öffnung" eines Photoapparates stets als Quotient d/f an, z. B. 1 : 6,5.

Eine große Schärfentiefe geht aber auf Kosten der Helligkeit des Bildes. Aus Abb. 7.37b erkennen wir sofort, dass die von der leuchtenden Fläche S in das Objektiv fallende Lichtleistung um so größer ist, je größer der Winkel $2u$ des abbildenden Bündels bzw. die Fläche $\pi d^2/4$ der Blende ist. Die Helligkeit des Bildes ist außerdem umgekehrt proportional zur Bildfläche $B^2 = (G/a)^2 b^2$, wobei im Photoapparat b etwa gleich f ist. So wächst die *Bildhelligkeit* als Lichtleistung pro Flächeneinheit des Bildes mit $(d/f)^2$, verhält sich also *umgekehrt* wie die *Schärfentiefe*.

Durch geeignete Kombination mehrerer Linsen kann man gut zeichnende Objektive bis zu einer relativen Öffnung $d : f = 1 : 1$ herstellen. Je größer d/f ist, um so sorgfältiger muss man jedoch scharf einstellen. Das Photographieren mit billigen, lichtschwachen Apparaten bei ausreichender Beleuchtung ist daher viel einfacher.

7.3.3 Projektor. Der *Bildwerfer* oder *Projektionsapparat* soll von einem Dia ein stark vergrößertes, lichtstarkes und weithin sichtbares Bild (Hörsaal, Kino) entwerfen. Dazu muss das Dia so intensiv wie möglich beleuchtet werden, und zwar so, dass die durchtretenden Lichtbündel auch zur Abbildung beitragen. Deshalb benutzt man zur Beleuchtung ein meist aus zwei Plankonvexlinsen bestehendes System, den sog. *Kondensator* K, s. Abb. 7.38. Selbstverständlich soll vom ganzen Dia G ein reelles Bild auf dem Projektionsschirm S erscheinen. Deshalb müssen auch die Lichtbündel durch die Randpartien des Dias das abbildende Objektiv erreichen und dürfen nicht seitlich vorbeilaufen. Das erreicht man am besten, indem man durch den Kondensor die Lichtquelle L (Bogen- oder Metallfadenlampe) auf das Objektiv O abbildet. Die leuchtende Fläche L wirkt hier als Eintrittspupille.

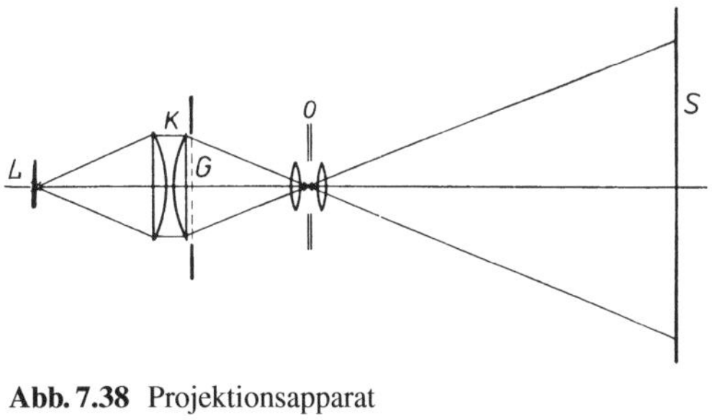

Abb. 7.38 Projektionsapparat

Gegenstände, die man nicht durchleuchten kann, lassen sich mittels eines *Episkops* vergrößert abbilden. Man beleuchtet z. B. eine horizontal liegende Buchseite mithilfe von Hohlspiegeln so intensiv wie möglich und bildet diese mittels eines Umlenkspiegels und eines Objektivs ab. Da das beleuchtende Licht vom Papier teils absorbiert, teils diffus zerstreut wird, kann nur ein geringer Teil der auffallenden Strahlung bei der Abbildung ausgenutzt werden. Daher ist die episkopische Projektion viel lichtschwächer als die diaskopische. Man umgeht sie daher heute meist, nachdem transparente Folien auch von Buchseiten leicht herzustellen sind, die der Vortragende selbst auf die von unten beleuchtete Glasplatte eines sog. „Over head" Projektors legen kann. Dieser verdrängt auch die Wandtafel, indem auf horizontal liegenden, verschiebbaren Folien geschrieben wird.

7.3.4 Das Auge als optisches System. Unser Auge ist ein zusammengesetztes optisches System, s. Abb. 7.39. Das eindringende Licht passiert zuerst eine sphärisch gekrümmte durchsichtige Haut, die *Hornhaut* H, deren Dicke wir vernachlässigen. Dahinter liegt die sog. *vordere Kammer* K, die mit dem *Kammerwasser* gefüllt ist. Dann kommt die bikonvexe, durchsichtige *Linse* L aus elastischem Material. Der Rest des Augapfels ist mit einer durchsichtigen Gallerte, dem sog. *Glaskörper* G, ausgefüllt.

Vor der Linse befindet sich die *Regenbogenhaut* oder *Iris* J mit der Pupille P. Die Größe der Pupille wird durch einen Muskel reguliert und der jeweiligen Beleuchtung angepasst (Adaption); sie wirkt also als Helligkeitsblende.

Die lichtempfindliche Fläche ist die *Netzhaut* (Retina), die als innerste Schicht des Augapfels unmittelbar an den Glaskörper angrenzt und auf der das reelle Bild des betrachteten Gegenstandes liegen muss. Sie trägt die *lichtempfindlichen Zapfen* und *Stäbchen*. An der Eintrittstelle des Sehnervs ist die Netzhaut unempfindlich, sog. *blinder Fleck bF*. Im Allgemeinen stört dieser vor allem deshalb nicht, weil er für beide Augen an verschiedenen Stellen des Gesichtsfeldes liegt. Die Mitte der Netzhaut gegenüber der Pupille, der sog. *gelbe Fleck*, enthält die meisten Zapfen.

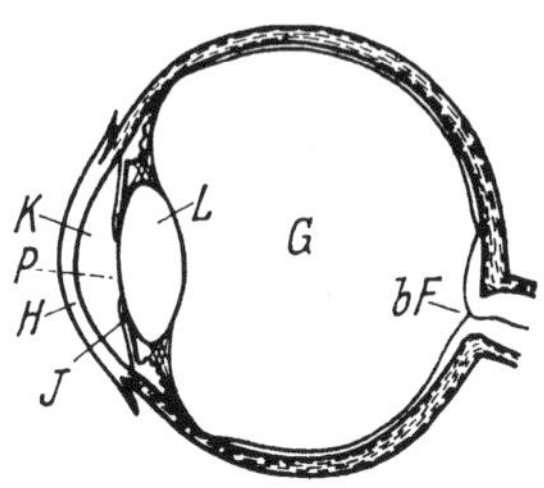

Abb. 7.39 Das Auge

Das Auge hat drei brechende Flächen, nämlich die Hornhaut (Cornea) zwischen Luft und Kammerwasser und Vorder- und Hinterfläche der eigentlichen Linse. Die *Brechzahlen* vom Kammerwasser und Glaskörper sind etwa gleich ($n_1 = 1{,}336$), während die des Linsenmaterials mit $n_2 = 1{,}437$ größer ist. Die *Brechkraft* des entspannten Auges beträgt etwa 59 dpt, sodass die Brennweiten nach vorn in Luft 17,05 mm und nach hinten im Glaskörper 22,78 mm sind (Abschn. 7.2.5).

Die Brennweiten rechnen von den beiden *Hauptpunkten*, die sehr eng benachbart etwa 1,35 mm hinter dem Scheitel der Cornea liegen. Sie verschieben sich nur unwesentlich, wenn die Brechkraft sich durch Krümmung der Linse ändert, vgl. Aufgabe 7.3.3. Als Linsensystem mit beidseitig verschiedenen optischen Medien, Luft bzw. Glaskörper, fallen die *Knotenpunkte* nicht mit den Hauptpunkten zusammen, sondern liegen um etwa 5,7 mm nach innen verschoben (Abschn. 7.2.5).

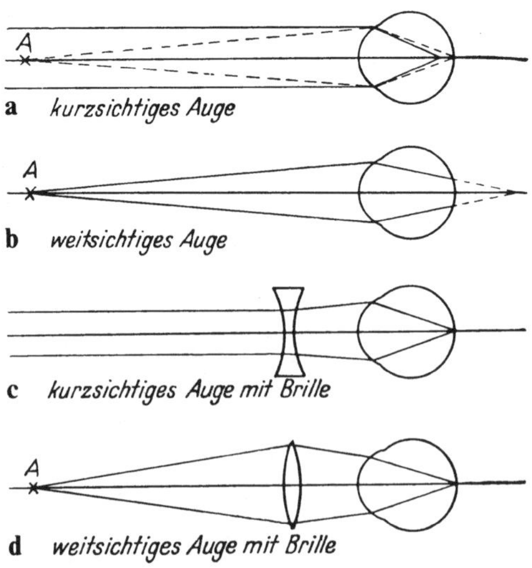

Abb. 7.40a–d Kurz- und weitsichtiges Auge, ohne und mit Brille

7.3.4.1 Akkommodation, Brillen. Das normale, entspannte Auge ist auf unendlich eingestellt. Der bildseitige Brennpunkt fällt in die Netzhaut, sodass ferne Objekte auf der Netzhaut scharf abgebildet werden. Beim Näherrücken der Gegenstände würde also bei einem starren Auge das Bild hinter die Netzhaut fallen. Durch Anspannung des Cyliar-Muskels vermag das Auge seine Linse stärker zu krümmen, sodass die Brechkraft steigt, der innere Brennpunkt sich nach vorn verlagert und das Bild wieder auf die Netzhaut fällt. Diese Einstellfähigkeit des Auges bezeichnet man als *Akkommodation*. Sie ist begrenzt. Das normale Auge vermag bis auf etwa 15 cm Gegenstandsweite, dem sog. *Nahepunkt*, zu akkommodieren. Erfahrungsgemäß ist aber eine Akkommodation ohne Ermüdung für längere Zeit nur bis auf etwa 25 cm möglich, sog. konventionelle *deutliche Sehweite*.

Beim *kurzsichtigen* Auge liegt auch im entspannten Zustand der Brennpunkt vor der Netzhaut, weil der Augapfel verlängert oder die Cornea zu stark gekrümmt ist. – Der am weitesten entfernte Punkt, der gerade noch scharf abgebildet wird, der sog. *Fernpunkt A*, liegt nicht mehr im Unendlichen, s. Abb. 7.40a. Damit das Auge parallele Lichtbündel auf der Netzhaut vereinigen kann, muss als *Korrekturbrille* eine *Zerstreuungslinse* eingeschaltet werden.

Das *weitsichtige* Auge hat die Fähigkeit zum Akkommodieren ganz oder teilweise verloren, sodass der Nahpunkt weiter als 25 cm entfernt ist. Der Fehler wird durch eine Sammellinse als Lesebrille ausgeglichen, vgl. Abb. 7.40d. Sie ist beim Blick in die Ferne abzunehmen.

Ein weiterer häufiger Augenfehler ist der *Astigmatismus*, der bei zylindrischer, nichtsphärischer Krümmung der brechenden Flächen des Auges auftritt. Durch entgegengesetzt zylindrisch geschliffene Brillen, die in zwei Richtungen senkrecht zueinander verschiedene Krümmungsradien haben, kann man diesen Fehler ausgleichen. Zusammen mit dem Auge ergibt sich damit ein sphärisches optisches System (Abschn. 7.2.6).

7.3.4.2 Auflösungsvermögen. Das Auge vermag zwei Objektpunkte P_1 und P_2, etwa zwei benachbarte Millimeterstriche eines Maßstabes, nur dann getrennt zu sehen, wenn ihre Netzhautbilder auf verschiedene Zapfen fallen. Für den Abstand der beiden Bilder ist der sog. *Sehwinkel* maßgebend. Darunter verstehen wir den Winkel ε, den die von P_1 und P_2 nach

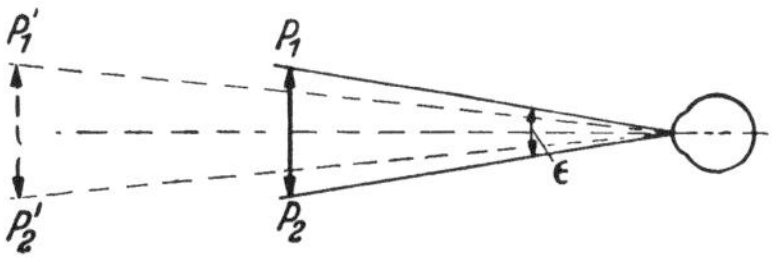

Abb. 7.41 Sehwinkel

der Mitte der Augenpupille zielenden Strahlen miteinander einschließen, s. Abb. 7.41. Verschieben wir das Stück $P_1 P_2$ weiter weg, so wird der Sehwinkel kleiner und schließlich so klein, dass die Bilder von P_1 und P_2 nicht mehr auf verschiedene Zapfen (Empfänger) fallen. Wird nur noch ein einziger Zapfen erregt, so haben wir die Empfindung von nur einem leuchtenden Punkt. Je dichter die Zapfen liegen, um so größer ist die *Sehschärfe* oder das *Auflösungsvermögen* des Auges. Der Zapfenabstand ist mit 0,004 mm[7] in der Mitte der Retina am kleinsten. Zwei Millimeterstriche werden also nur getrennt, wenn das Bild mindestens diese Größe hat. Das bedeutet, dass der betreffende mm-Maßstab höchstens 3 m vom Auge entfernt ist oder dass der Sehwinkel von einer Bogenminute nicht unterschritten wird.

7.3.4.3 Räumliches Sehen. Für sich allein erzeugt jedes Auge ein einziges ebenes Bild. Anders ist es beim *Sehen* mit *zwei Augen*, das uns einen *räumlichen* Eindruck verschafft. Betrachten wir einen Gegenstand, z. B. eine auf dem Tisch stehende vierseitige Pyramide, symmetrisch von oben, so sind die Bilder in beiden Augen verschieden, s. Abb. 7.42. Beide Augen zusammen vermitteln uns jedoch einen einheitlichen und körperlichen Eindruck. Durch Vergrößern des Augenabstandes, z. B. beim *Prismenglas* oder *Scherenfernrohr*, wird der räumliche Eindruck noch verstärkt.

Um mithilfe von Abbildungen räumliche Eindrücke zu vermitteln, benutzt man das *Stereoskop*, s. Abb. 7.43. In dieses legt man zwei Aufnahmen L und R von demselben Objekt, die von zwei verschiedenen Standpunkten aus aufgenommen sind. Die Halblinsen P_1 und P_2 vermitteln von L und R zwei sich in D deckende virtuelle Bilder. Das linke Auge beobachtet L', das rechte R', also ein und dasselbe Objekt, aber aus verschiedenen Richtungen gesehen. So entsteht wie beim unmittelbaren Beobachten ein räumlicher Eindruck.

[7] Eine größere Dichte der Zapfen würde wirkungslos sein, da dann die Beugung an der Pupille die Sehschärfe begrenzen würde. Diese Beugung begrenzt praktisch das Auflösungsvermögen nur bei engster Pupille, also z. B. in grellem Sonnenlicht.

7.3.4.4 Farbsehen. Auf der Netzhaut befinden sich zwei Arten von lichtempfindlichen Organen. Die einen, die *Zapfen*, sind farbenempfindlich und dienen zum Sehen bei hellem Licht. Die anderen, die *Stäbchen*, sind zwar viel empfindlicher und dienen daher zum Sehen im Dunkeln, vermögen aber keine Farben zu unterscheiden. Im Tageslicht sind sie infolge Übererregung ausgeschaltet.

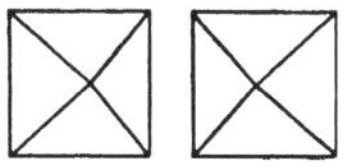

Abb. 7.42 Netzhautbilder einer vierseitigen Pyramide im linken und rechten Auge

Das Licht bewirkt in den Zapfen und Stäbchen chemische Umwandlungen. Da diese zum Abklingen eine bestimmte Zeit benötigen, zeigen Lichteindrücke eine gewisse *Nachwirkung*. Darauf beruht die Tatsache, dass intermittierende Lichtreize, die schnell genug (15–25 mal in der Sekunde) aufeinander folgen, als kontinuierliches Licht empfunden werden (Fernsehen, Kino).

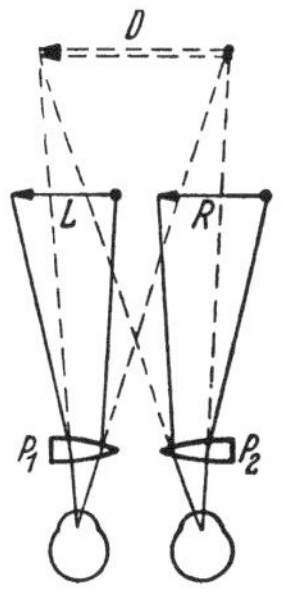

Abb. 7.43 Stereoskop

Es gibt drei verschiedene Arten von farbempfindlichen Organen. Die rotempfindliche Zapfengruppe absorbiert am stärksten bei etwa 580 nm, die grünempfindliche vor allem bei 540 nm und die dritte, blauempfindliche bei noch kurzwelligerem Lichte von etwa 440 nm Vakuumwellenlänge, vgl. Abb. 7.44. Werden alle drei Organe gleich stark erregt, so entsteht die Empfindung „*weiß*“. Diese kann auch bei Erregung durch zwei Komplementärfarben (Abschn. 7.1.8) hervorgerufen werden. *Rotblindheit* liegt vor, wenn die Elementarempfindung Rot (Kurve R der Abb. 7.44) fehlt. In diesem Falle wird der langwellige Teil des Spektrums nicht wahrgenommen, und es fehlt das Unterscheidungsvermögen für rotes und grünes Licht.

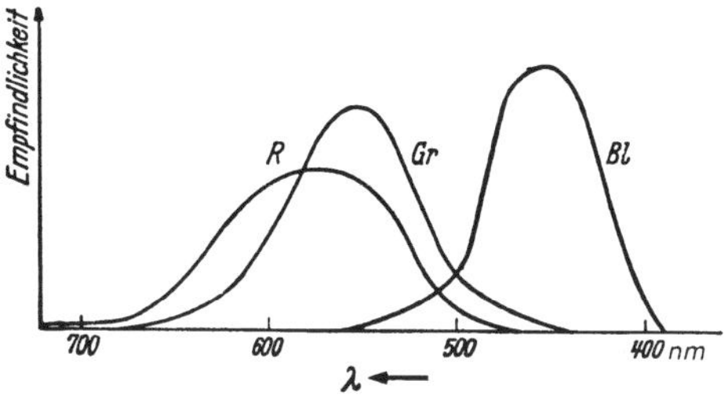

Abb. 7.44 Spektrale Empfindlichkeit der rot-, grün- und blauempfindlichen Zäpfchen

7.3.5 Die Lupe. Wir beurteilen die Größe eines betrachteten Gegenstandes nach der Größe B seines Bildes auf unserer Netzhaut, denn das ist schließlich das einzige, was er uns objektiv vermittelt. Das *Netzhautbild* ist bei einem kleinen Objekt dem *Sehwinkel* ε proportional, vgl. Abb. 7.41.

Nach dem Abbildungsgesetz gilt $B = (G/a)(b/n)$, mit dem inneren Augenabstand b und der Brechzahl n des Glaskörpers. Die Größe des Netzhautbildes ist also für jedes Auge proportional $G/a = 2\tan\varepsilon/2$, bzw. für kleine Winkel ε ergibt sich $G/a \approx \varepsilon$.

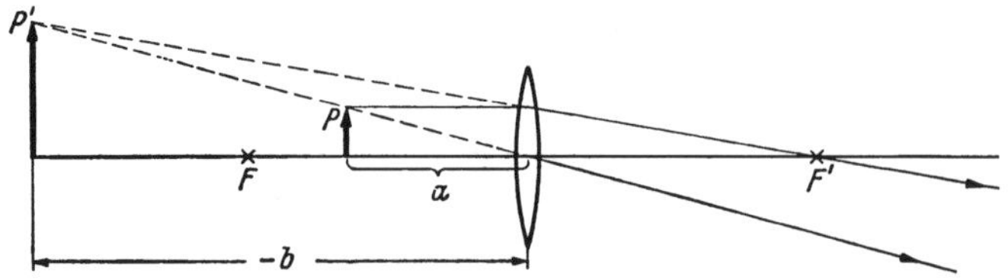

Abb. 7.45 Virtuelles Bild bei der Sammellinse

Von einem Gegenstand auf der Erde vergrößern wir Sehwinkel und Netzhautbild, indem wir näher herangehen. Das hat aber seine Grenze im Nahpunkt, weil das Auge in kürzerer Entfernung nicht mehr akkommodieren kann (Abschn. 7.3.4). Andererseits verlangt das Auflösungsvermögen des Auges, dass der Sehwinkel eine Bogenminute überschreiten muss. In 25 cm Entfernung entspricht dem ein Abstand zweier Punkte von etwa 0,07 mm. Das ist also die kleinste Struktur, die wir mit bloßem Auge ohne Ermüdung noch erkennen können.

Optische Vergrößerungsinstrumente haben die Aufgabe, den *Sehwinkel* zu *vergrößern*, ohne dass das Netzhautbild unscharf wird. Daher verstehen wir unter der *Gerätevergrößerung* das Verhältnis der Sehwinkel mit und ohne Instrument.

Als *Lupe* verwenden wir eine einfache Sammellinse in der Weise, dass vom betrachteten Gegenstand ein *virtuelles* Bild entsteht, s. Abb. 7.45. Dessen absolute Größe ist aber nicht entscheidend, sondern wieder der Sehwinkel, unter dem das Auge es betrachten kann. Ein geübter Beobachter benutzt eine Lupe und ebenso ein Mikroskop mit möglichst entspanntem, d. h. auf große Entfernung eingestelltem Auge. Deshalb bringen wir das Objekt G in die Brennebene der vorgesetzten Lupe. Das durch sie entstehende aufrechte, virtuelle Bild fällt dann ins Unendliche. Die von den einzelnen Gegenstandspunkten ausgehenden Lichtbündel gelangen als Parallelbündel ins Auge und werden von dem auf unendlich eingestellten Auge auf der Netzhaut vereinigt.

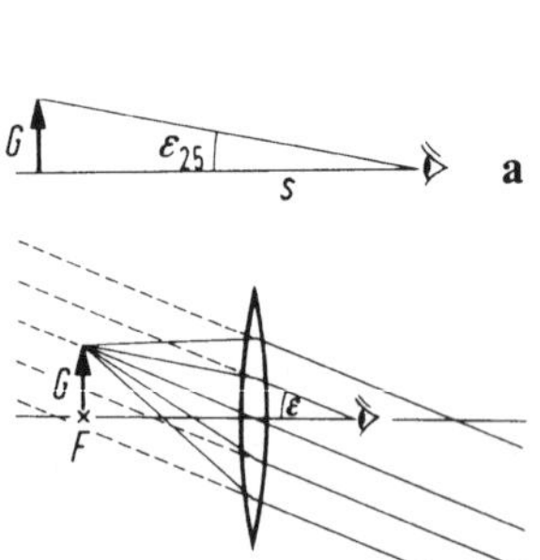

Abb. 7.46 **a, b** Sehwinkel ε_{25} mit unbewaffnetem Auge (**a**) und ε mit Lupe (**b**)

Der Sehwinkel *mit* Instrument beträgt in dieser Anordnung $\varepsilon = G/f$, s. Abb. 7.46. Dafür ist es gleichgültig, in welcher Entfernung sich das Auge innerhalb des Parallelbündels hinter der Lupe (Leseglas) befindet. Wenn es allerdings dieses Bündel verlässt, sieht es nicht mehr die Spitze des Objektes G, zu der das Bündel gehört; das Gesichtsfeld wird durch den Lupenrand eingeengt. Als Sehwinkel *ohne* Instrument nimmt man hier den günstigsten Fall, nämlich $\varepsilon_{25} = G/s$ mit $s = 25$ cm. Die *Vergrößerung V* einer Lupe ist daher definiert als

$$V = \frac{\varepsilon}{\varepsilon_{25}}. \tag{7.12}$$

Eine vorgegebene Linse mit der Brennweite f hat dann als Lupe die Vergrößerung

$$V = \frac{s}{f}. \tag{7.13}$$

Für ein nicht auf unendlich, sondern auf deutliche Sehweite akkommodiertes Auge muss das Objekt innerhalb der einfachen Brennweite der Lupe liegen, sodass ein virtuelles Bild in 25 cm Abstand vom Auge entsteht. Dann führt eine entsprechende Überlegung zu einer etwas anderen Vergrößerung, nämlich $V = 1 + s/f$, falls die Lupe unmittelbar vor dem Auge steht. Anderenfalls ist V kleiner.

Die Vergrößerung einer Lupe wächst mit ihrer Brechkraft $1/f$. Ihr ist praktisch jedoch dadurch eine Grenze gesetzt, dass die Linse schließlich zu stark gekrümmt wird, vgl. Abschn. 7.2.3. Sie wird zu klein, und die Abbildungsfehler machen sich zu stark bemerkbar. Für mehr als etwa 30fache Vergrößerung benutzt man daher ein zusammengesetztes optisches System, das Mikroskop.

7.3.6 Das Mikroskop.

7.3.6.1 Abbildungen im Lichtmikroskop. Das Mikroskop besteht aus zwei abbildenden optischen Systemen, dem *Objektiv* und dem *Okular*. Sie befinden sich am unteren bzw. oberen Ende eines Rohres, des sog. *Tubus*, der zur Vermeidung von Lichtreflexen innen schwarz lackiert ist. Die einander zugewandten Brennpunkte beider Systeme haben einen Abstand t von etwa 20 cm, der als *optische Tubuslänge* bezeichnet wird.

Das Objektiv entwirft von einem kurz außerhalb der Brennebene liegenden Gegenstand ein stark vergrößertes, reelles Bild, das sog. *Zwischenbild*. Dieses wird vom Auge durch das Okular betrachtet, das als Lupe dient. Beobachten wir mit entspanntem Auge, so müssen wir das ganze Mikroskop in eine solche Entfernung vom Gegenstand stellen, dass das vom Objektiv entworfene reelle Zwischenbild in die Brennebene des Okulars fällt. Natürlich kann man auch mit auf deutliche Sehweite eingestelltem Auge beobachten. Dann muss das reelle Zwischenbild innerhalb der Brennweite des Okulars liegen, derart dass das zugehörige virtuelle Bild in die deutliche Sehweite des Auges fällt, das unmittelbar über dem Okular sich befindet.

Als *Vergrößerung* V des Mikroskops bezeichnen wir wie bei der Lupe das Verhältnis der Sehwinkel $V = \varepsilon/\varepsilon_{25}$ (ε mit Mikroskop und ε_{25} mit bloßem Auge in $s = 25$ cm Entfernung, vgl. Abschn. 7.3.5). Sie setzt sich hier zusammen aus der vom Objektiv V_1 und der vom Okular V_2 zu:

$$V = V_1 \cdot V_2 = \frac{t}{f_1} \cdot \frac{s}{f_2}. \tag{7.14}$$

t ist die Tubuslänge (s. o.), f_1 die Brennweite des Objektivs, f_2 die vom Okular.

Beweis. Das Objektiv hat die Linearvergrößerung $B/G = b/a = (b - f_1)/f_1 = t/f_1$, weil $b = f_1 + t$ ist. Das Zwischenbild betrachtet man mit entspanntem Auge durch das Okular unter dem Sehwinkel $\varepsilon = B/f_2$, während der Gegenstand in der Entfernung s unter dem Winkel $\varepsilon_{25} = G/s$ erscheint. Daraus folgt $\varepsilon/\varepsilon_{25} = (ts)/(f_1 f_2)$.

Die Brennweiten der Objektive liegen für gewöhnlich zwischen 40 und 2 mm, d. h. V_1 liegt bei einer Tubuslänge $t = 20$ cm zwischen 5 und 100, für die Okulare wird V_2 zwischen 4 und 25 gewählt.

Den *Verlauf der Lichtbündel* im Mikroskop zeigt die Abb. 7.47, die der Übersichtlichkeit wegen breiter als der Wirklichkeit entsprechend gehalten ist. Für den Objektpunkt B ist das ganze abbildende Strahlenbündel, für den Objektpunkt C nur der Mittelpunktstrahl eingezeichnet. Das Objektiv O ist als einfache Linse dargestellt, obwohl es in Wirklichkeit aus mehreren Einzellinsen besteht. Als Okular dient meist das sog. *Huygens'sche Okular*, das aus zwei Linsen, der Feldlinse (*Kollektiv*) K und der *Augenlinse* A besteht. Durch die Feldlinse wird vor allem das *Gesichtsfeld* des Mikroskops beträchtlich vergrößert.

Ohne Feldlinse K entwirft das Objektiv vom Gegenstand das Zwischenbild $B'C'$. Das sehr enge Lichtbündel durch B' gelangt jedoch nicht in die Augenpupille AP, vgl. Abb. 7.47. Selbst wenn die Augenlinse A groß genug wäre, gelänge dies nicht. Fügt man aber noch vor der Ebene $B'C'$ die Feldlinse K ein, so wird das abbildende Lichtbündel so geknickt, dass es durch die Augenlinse A in die Pupille AP gelangt. Die Augenlinse ist vor allem für die Vergrößerung des Okulars maßgebend. Die geringe Abnahme der Größe des jetzt erzeugten Bildes $B''C''$ gegenüber $B'C'$ ist unwesentlich und kann durch ein stärker vergrößerndes Objektiv leicht ausgeglichen werden.

Außerdem lassen sich durch diesen Aufbau die Abbildungsfehler von sphärischer und chromatischer Aberration im Okular beheben (Abschn. 7.2.6). Die beiden Teilbündel, die von B ausgehend gezeichnet sind, tauschen nämlich zwischen den Linsen K und A ihre Position zur Linsenachse. Das Teilbündel, das K weiter entfernt von der Achse durchsetzt, läuft in A mehr innen und umgekehrt.

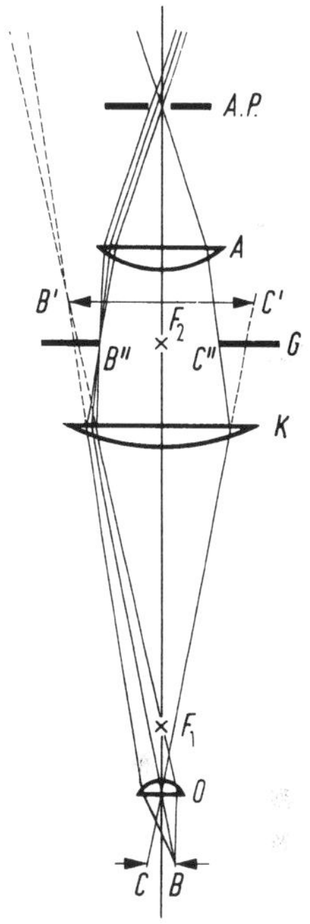

Abb. 7.47 Lichtbündel im Mikroskop bei Beobachtung mit entspanntem Auge

Die Augenlinse A erzeugt vom reellen Bilde $B''C''$ ein virtuelles Bild, das bei der in Abb. 7.47 gezeichneten Einstellung im Unendlichen liegt. Von jedem seiner Punkte trifft ein Parallelbündel auf das Auge des Beobachters.

Am Ort des reellen Zwischenbildes $B''C''$ kann man für Messzwecke ein Fadenkreuz oder eine durchsichtige Skala (*Okularmikrometer*) anbringen. Ferner befindet sich in dieser Ebene eine Blende, die sog. *Gesichtsfeldblende* G, die ein gleichmäßig helles und scharf begrenztes Gesichtsfeld liefert.

Während das Okularsystem nur von engen Bündeln durchsetzt wird, gelangen in das Objektiv weit geöffnete Strahlenkegel. Um die Abbildungsfehler zu kompensieren, muss man daher das Objektiv aus mehreren Linsen, die aus verschiedenen Glassorten bestehen, zusammensetzen, s. Abb. 7.48. Sie zeigt einen sog. *Apochromaten*, der aus 10 Einzellinsen besteht.

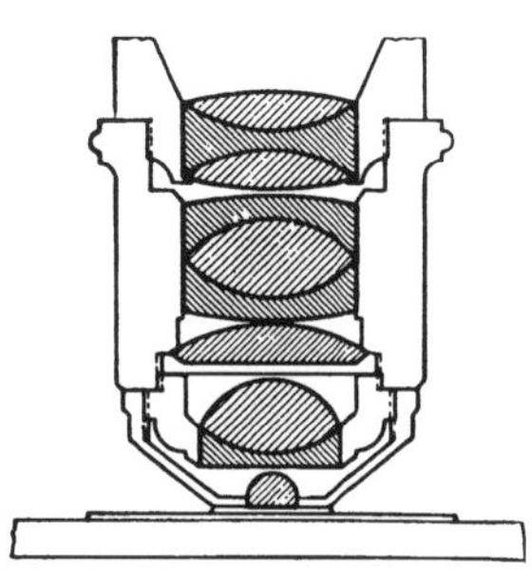
Abb. 7.48 Apochromat

7.3.6.2 Auflösungsvermögen. Wir wollen hier nur zwei *selbstleuchtende* Punkte im Objekt betrachten, um Begriff und Größe des Auflösungsvermögens eines Mikroskops zu

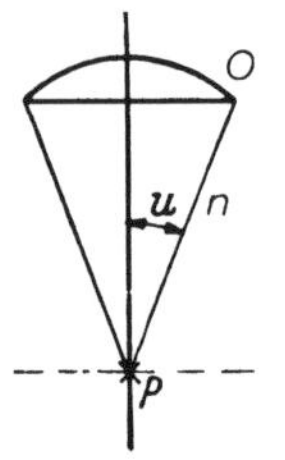

Abb. 7.49 Zur numerischen Apertur

verstehen. Das Ergebnis gilt auch für zwei Punkte im *beleuchteten* Präparat, nur sind dort die Einzelvorgänge sehr viel verwickelter, vgl. Abschn. 7.4.4. Wir wissen bereits, dass von einem Objektpunkt durch Beugung des Lichtbündels am Rand des Objektivs in der Bildebene ein *Beugungsscheibchen* entsteht (Abschn. 7.3.1).

Der geringste Abstand, den zwei Punkte im Objekt haben dürfen, damit ihre Beugungsscheibchen sich nicht zu einem einzigen, unstrukturierten Fleck überdecken, beträgt

$$d_{\min} = \frac{\lambda_0}{n \sin u} . \tag{7.15}$$

$n \sin u$ nennt man auch *numerische Apertur* des Mikroskops. Dabei ist n die Brechzahl des Mediums zwischen Objekt und Objektiv und u der halbe Öffnungswinkel des abbildenden Lichtbündels, s. Abb. 7.49. – Da $\sin u$ höchstens 1 werden kann, ist der kleinste Abstand zweier Objektpunkte oder der Durchmesser des Teilchens, das im Mikroskop noch gesehen werden kann, ungefähr gleich der Wellenlänge des Lichts. Mit Luft ($n = 1$) zwischen Objekt und Objektiv ist $d_{\min}$ bei weißem Licht also etwa 0,5 µm. Der Kehrwert $1/d_{\min}$ gibt an, wie viel getrennte Strukturpunkte auf der Längeneinheit im betrachteten Gegenstand höchstens zu erkennen sind, und wird als Auflösungs*vermögen* des Mikroskops bezeichnet.

Um eine optimale Auflösung zu realisieren, müssen aber die Lichtbündel, die das Präparat durchstrahlen, den Öffnungswinkel $2u$ des Objektivs voll ausfüllen. Dazu dient ein Beleuchtungsapparat oder Kondensator, s. Abb. 7.50. Er bildet die Lichtquelle auf das Objekt ab und sorgt damit auch für ausreichende Bildhelligkeit.

Zur Abschätzung des Auflösungsvermögens (7.15) wollen wir folgendes hinzufügen: Der Durchmesser δ des Beugungsscheibchens steigt mit der Bildweite b und mit dem Verhältnis λ_0/R (Wellenlänge/Radius der Linsenöffnung). Zu δ gehört nach dem Abbildungsgesetz der geometrischen Optik (Abschn. 7.2.5) im Gegenstand mit der Gegenstandsweite a eine Strecke $d = (\delta \cdot a)/(n \cdot b)$. Dann ist, die oben besprochene Abhängigkeit von δ berücksichtigt, d proportional $(\lambda_0/n) \cdot (a/R)$, und dasselbe gilt für $d_{\min}$. Die nähere wellenoptische Betrachtung liefert statt R/a den Wert $\sin u$.

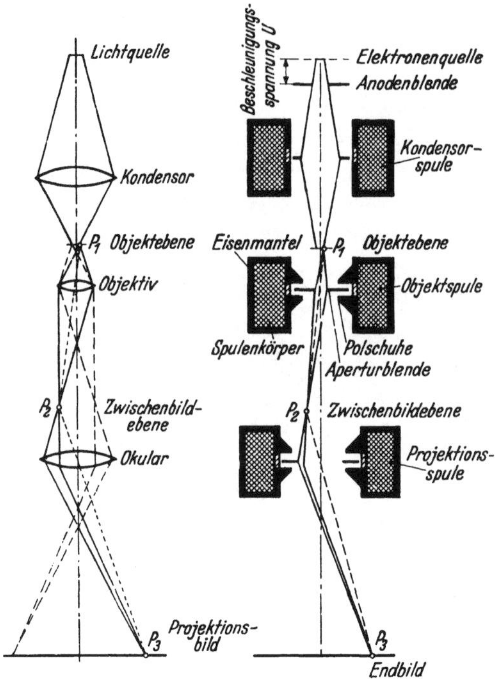

Abb. 7.50 Schematische Gegenüberstellung von Elektronen- und Lichtmikroskop nach *v. Ardenne*

Zur Vergrößerung der numerischen Apertur $n \cdot \sin u$ dienen *Immersions*systeme. In ihnen füllt man den Raum zwischen der Frontlinse des Objektivs und dem Präparat, das gewöhnlich durch ein Deckglas geschützt ist, mit einer Flüssigkeit von hoher Brechzahl n, z. B. Zimtöl oder Bromnaphthalin. Immersionsmikroskope haben numerische Aperturen bis etwa 1,4. Die für die Größe des Beugungsscheibchens maßgebende Wellenlänge beträgt bei ihnen λ_0/n (λ_0 Vakuumwellenlänge).[8]

Beim Mikroskop wird man die *Vergrößerung* zweckmäßigerweise nur so weit treiben, bis die vom Objektiv noch getrennten Objektpunkte dem Auge unter einem Sehwinkel erscheinen, unter dem es sie ohne Anstrengung trennen kann. Jede darüber hinausgehende Vergrößerung ist nutzlos oder „leer“. Die Steigerung der Vergrößerung ist zwar nicht *grundsätzlich* begrenzt, sie führt aber zu immer lichtschwächeren Bildern, weil dieselbe Lichtleistung auf immer größere Bildflächen verteilt wird. So ist ihr eine *praktische* Grenze gesetzt.

[8] Mit sichtbarem Licht und symmetrischer Beleuchtung kann man Strecken $d_{\min}$ von etwa 320 nm auflösen. Wird das Präparat schief beleuchtet, sinken die auflösbaren Strecken, wie hier nicht näher begründet werden kann, auf 160 nm, mit UV-Licht bis etwa 100 nm. Ultramikroskop s. Abschn. 7.4.4.

7.3.6.3 Elektronenmikroskop. Einen entscheidenden Fortschritt im Auflösungsvermögen gegenüber dem Lichtmikroskop bringt das *Elektronenmikroskop*. Wir haben schon in Abschn. 6.5.4 davon gesprochen, dass man ein von einem Punkt ausgehendes Elektronenstrahlbündel durch rotationssymmetrische elektrische oder magnetische Felder, die als Linsen wirken, wieder in einem Punkt vereinen kann. Dabei gelten Abbildungsgleichungen, die denen der geometrischen Optik weitgehend entsprechen. In Abb. 7.50 sehen wir den schematischen Aufbau eines Elektronenmikroskops mit magnetischen Linsen und zum Vergleich den des Lichtmikroskops. Das Elektronenmikroskop liefert ein *reelles* Endbild. (Deshalb wurde das analoge Modell mit Licht gegenüber dem gebräuch-

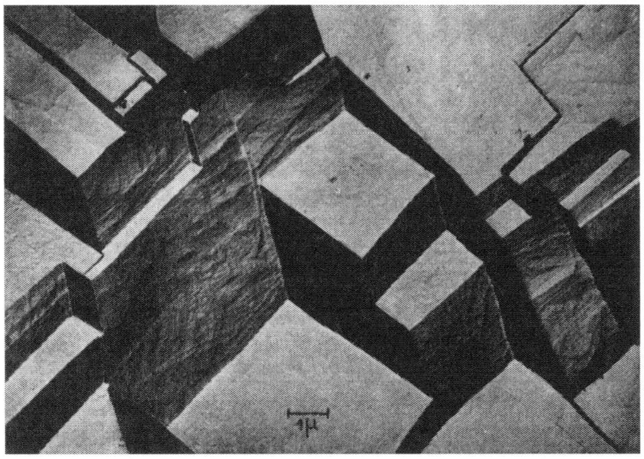

Abb. 7.51 Oxidabdruck von geätztem Aluminium; Vergrößerung 5000 nach *Mahl* 1 μ = 1 μm

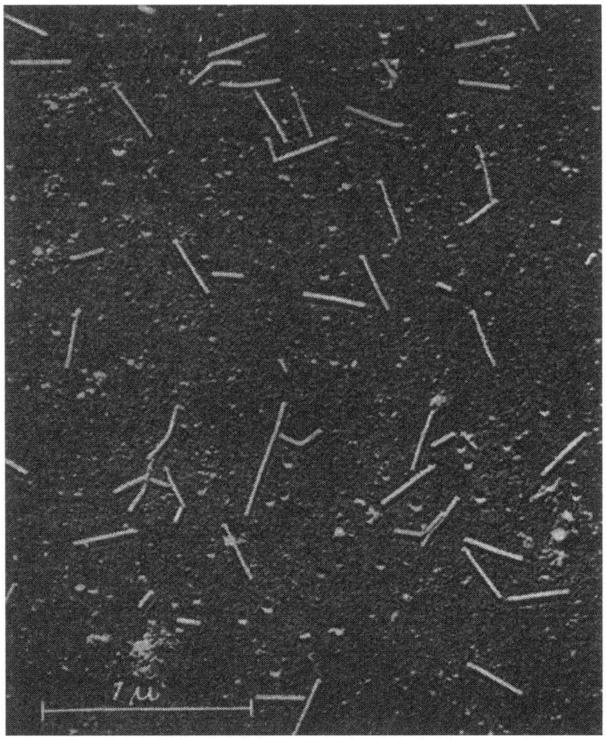

Abb. 7.52 Stäbchen des Tabakmosaikvirus; Vergrößerung 80 000 nach *Schramm* 1 μ = 1 μm

lichen Lichtmikroskop in Abb. 7.50 abgeändert.)

Die Ähnlichkeit zwischen der Licht- und Elektronenoptik geht aber noch weiter. Auch bei Elektronenstrahlen tritt Beugung auf, d. h. bewegte Elektronen zeigen bei geeigneter Beobachtungsweise auch Welleneigenschaften (Abschn. 7.6.5). Daher gelten unsere obigen Überlegungen auch für das Auflösungsvermögen des Elektronenmikroskops. Die Wellenlänge der einem Elektron zugeordneten Welle hängt nach der Beziehung $\lambda = 1{,}23/\sqrt{U}$ [nm] (U ist die beschleunigende Spannung in Volt) von seiner Geschwindigkeit ab und ist um viele Größenordnungen kleiner als die des sichtbaren Lichtes. Für eine Spannung von 75 kV wird $\lambda = 4{,}47 \cdot 10^{-3}$ nm. Da man bei ausreichender Apertur Strukturen von den Abmessungen der benutzten Wellenlänge auflösen kann, würde man zunächst erwarten, Atome sehen zu können. Dieses Auflösungsvermögen ist aber nicht zu erreichen, weil sich beim Elektronenmikroskop, vor allem infolge der Abbildungsfehler, nur ganz geringe Aperturen verwenden lassen. Immerhin erreicht man eine Auflösung bis zu etwa 0,5 nm, sodass man *Kristallitgefüge*, große *Eiweißmoleküle*, *Viren* u. dgl. sichtbar machen kann, vgl. Abb. 7.51 und 7.52.

7.3.7 Das Fernrohr. Das Fernrohr hat die Aufgabe, von weit entfernten Gegenständen, die nicht nähergerückt werden können, den *Sehwinkel* zu *vergrößern*. Ein Fernrohr besteht wie das Mikroskop aus einem Objektiv und einem Okular. Beim *astronomischen* oder *Kepler'schen* Fernrohr entwirft das Objektiv (Achromat mit langer Brennweite) vom Objekt ein reelles *umgekehrtes* Bild, das mit dem als Lupe wirkenden Okular betrachtet wird, s. Abb. 7.53. Das Objekt AB möge sehr weit entfernt liegen und unter dem Winkel ε_0 gesehen werden. Das vom Punkte A kommende Parallelbündel wird in der Brennebene des Objektivs zum Bilde A' vereinigt (von B ist nur der Hauptstrahl gezeichnet). Fallen die Brennebenen von Objektiv und Okular zusammen, so gelangen die abbildenden Bündel als Parallelbündel ins Auge, das also auf unendlich eingestellt sein muss.

Ohne Fernrohr würde das Auge das Objekt, z. B. die Mondscheibe, unter dem Winkel ε_0 sehen; mit Fernrohr gelangen die von A und B herkommenden Strahlen unter dem Winkel ε ins Auge. Die Vergrößerung des Fernrohres ist[9]

$$V = \frac{\varepsilon}{\varepsilon_0} = \frac{f_1}{f_2}, \tag{7.16a}$$

d. h. gleich dem Verhältnis der Brennweiten von Objektiv und Okular. Die Fernrohrlänge l ist im Wesentlichen gleich der Summe der Brennweiten $f_1 + f_2$ von Objektiv und Okular.

Die Helligkeit (Beleuchtungsstärke) des Netzhautbildes von *flächenhaften* Gegenständen ist mit und ohne Fernrohr dieselbe, da die Zunahme der ins Auge eintretenden Lichtleistung durch die Vergrößerung des Netzhautbildes ausgeglichen wird. Es ist unmöglich – dieser Satz gilt ganz allgemein –, die Helligkeit des Augenbildes eines ausgedehnten Objektes durch Einschalten eines optischen Instrumentes zu erhöhen. Unabhängig davon steigert ein Fernrohr in der Dunkelheit das Unterscheidungsvermögen, was auf einen Einfluss der Bildgröße hinweist.

Wir diskutieren die *Helligkeit eines Fernrohrbildes* noch etwas ausführlicher: Der Durchmesser eines von

[9] Die Strecke A′B′ beträgt sowohl $f_1\varepsilon_0$ als auch $f_2\varepsilon$. Um letzteres einzusehen, ziehe man von A′ und B′ die Mittelpunktstrahlen durch das Okular. Sie schließen den Winkel ε ein.

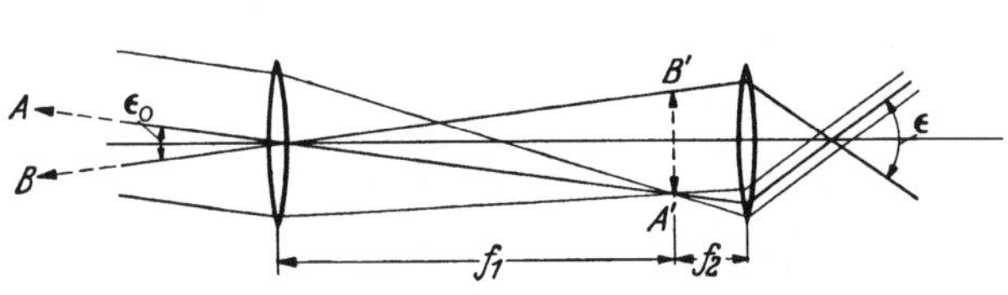

Abb. 7.53 Bündelverlauf im astronomischen Fernrohr

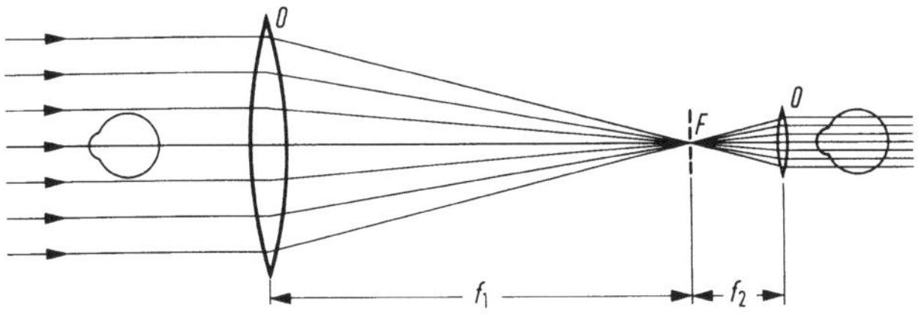

Abb. 7.54 Zur Helligkeit eines Fernrohrbildes

einem leuchtenden Flächenstück ausgehenden Parallelstrahlenbündels, das durch die Objektivfläche tritt, wird zwar durch das Fernrohr im Verhältnis f_2/f_1 verkleinert, s. Abb. 7.54. In die Augenpupille gelangt daher, wenn das Instrument vorgeschaltet ist, eine im Verhältnis f_1^2/f_2^2 erhöhte Lichtleistung. Da aber die Abmessungen des Netzhautbildes proportional der Vergrößerung f_1/f_2 wachsen, ist die Helligkeit des Netzhautbildes, d. h. die Lichtleistung pro Flächeneinheit, mit und ohne Fernrohr gleich. Erst wenn das aus dem Okular austretende Bündel die Pupille des Auges nicht mehr ganz ausfüllt, weil die Fläche des Objektivs zu klein ist, wird die Helligkeit vermindert.

Bei *punktförmigen* Objekten ist die Situation anders. Auch mit einem Fernrohr entsteht von einem *Fixstern* kein Bild im Sinne der geometrischen Optik, sondern nur ein Beugungsscheibchen. Es hat aber wegen des sehr kleinen Verhältnisses Wellenlänge/Objektivradius, vgl. Abschn. 7.4.4.2, so winzige Ausmaße, dass es bei normaler Okularvergrößerung kaum einen Zapfen der Retina vom Beobachter bedeckt. Dieser sehr große Reiz führt dazu, dass man mit einem genügend vergrößernden Fernrohr am hellen Tage die Sterne sehen kann. – Fernrohre großer Lichtstärke und mit großem Auflösungsvermögen für astronomische Zwecke werden heute nur noch als *Spiegelteleskope* gebaut, bei denen das reelle Bild mithilfe von Paraboloidspiegeln mit Durchmessern bis zu mehreren Metern erzeugt wird.

Die Bildumkehr vermeidet das *Galilei'sche* oder *holländische Fernrohr*, das als *Opernglas* bekannt ist. Ehe die von einem Objektpunkt kommenden Strahlen sich zu einem reellen Bild vereinigen, wird das konvergierende Lichtbündel beim Durchgang durch eine Zerstreuungslinse, deren hinterer virtueller Brennpunkt F mit dem des Objektivs zusammenfällt, zu einem Parallelbündel, s. Abb. 7.55. Die Vergrößerung des Sehwinkels

$$V = \frac{\varepsilon}{\varepsilon_0} = \frac{f_1}{f_2} \qquad (7.16b)$$

ist wieder durch das Verhältnis der beiden Brennweiten gegeben. Da die abbildenden Strahlenbündel von derselben Seite ins Auge

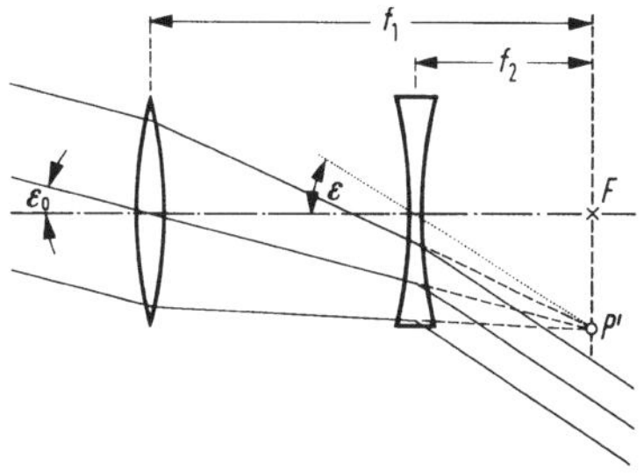

Abb. 7.55 Bündelverlauf im holländischen Fehrnrohr

gelangen wie ohne eingeschaltetes Instrument, erscheint das Bild *aufrecht*. Ein weiterer Vorteil ist die Kürze des Fernrohres, die durch $f_1 - f_2$ bestimmt ist. Da die Zahl der Glasflächen sehr klein ist, haben wir auch geringe Lichtverluste durch Reflexion. Als Nachtglas ist das holländische Fernrohr auch heute noch unübertroffen. – Dagegen ist sein *Gesichtsfeld* verhältnismäßig *klein*, weil die Lichtbündel von Objektpunkten, die außerhalb der optischen Achse liegen, nicht wie beim astronomischen Fernrohr zur Augenpupille hingelenkt, vgl. Abb. 7.53, sondern im Gegenteil nach außen weggelenkt werden, s. Abb. 7.55.

Das *Prismen-Fernrohr* ist im Prinzip ein astronomisches Fernrohr. Aber zwischen Objektiv und Okular werden in jedem der beiden Rohre die Lichtbündel zweimal umgelenkt, indem sie an zwei rechtwinkligen Prismen innen totalreflektiert werden, in jedem zweimal, vgl. Abschn. 7.1.6 Da die brechenden Kanten der Umkehrprismen jedes Rohres senkrecht aufeinander stehen, ist für den Beobachter das Bild aufrecht und seitengleich, s. Abb. 7.56. Die Länge des Fernrohres kann auf fast ein Drittel der Länge $f_1 + f_2$ des gewöhnlichen astronomischen Fernrohres verkürzt werden, wodurch das Prismen-Fernglas besonders handlich wird. Wegen der seitlichen Verschiebung der Bündel durch die Prismen kann man die Objektive weiter auseinander anordnen als die Okulare, bzw. unsere beiden Augen, und damit das räumliche Sehen (Abschn. 7.3.4), d. h. die *Plastik* des Bildes, erheblich steigern.

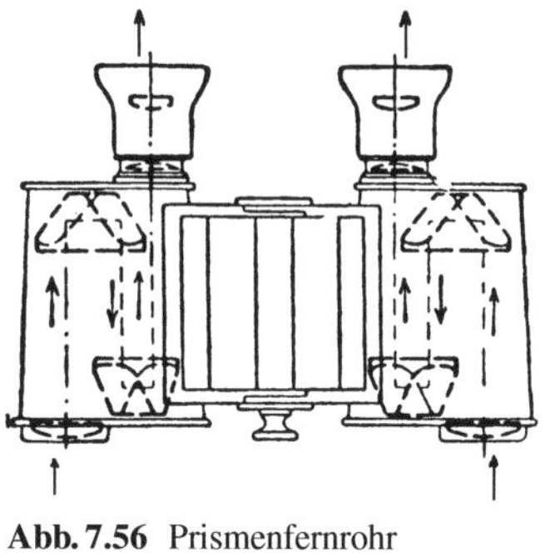

Abb. 7.56 Prismenfernrohr

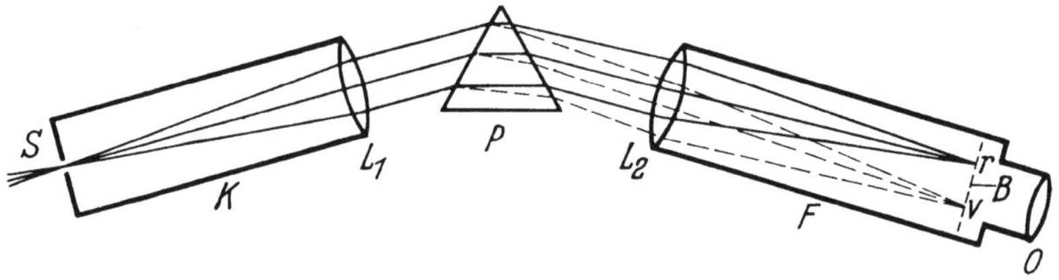

Abb. 7.57 Prismen-Spektrometer

7.3.8 Spektrometer. Zur Untersuchung der Spektren benutzt man Spektrometer mit Prismen oder Beugungsgittern (Abschn. 7.4.3). Ein solches besteht im Prinzip, s. Abb. 7.57, aus dem Kollimatorrohr K mit dem in der Brennebene der Linse L_1 liegenden Spalt S, dem Prisma P und dem astronomischen Fernrohr F. Das durch den Spalt S einfallende Licht gelangt in Parallelbündeln ins Prisma. Das Objektiv L_2 des Fernrohrs entwirft vom Spalt ein scharfes Bild in seiner Brennebene. Das zu untersuchende Licht enthält Wellen mehrerer Frequenzen, von denen jede, der Dispersion des Prismenmaterials entsprechend, unter einem anderen Winkel das Prisma als Parallelbündel verlässt. So entsteht in der Brennebene für jede Frequenz ein anderes scharfes Spaltbild, eine Spektrallinie. Wir erhalten eine aneinandergereihte Folge von Spaltbildern B, ein *Spektrum*. Dieses wird durch das Okular O beobachtet oder auf einen in die Brennebene gebrachten Schirm projiziert.

Aufgaben

7.3.1 Das Objektiv eines Photoapparates hat 5 cm Brennweite und lässt sich aus der ∞-Einstellung um 1,5 cm nach vorn verschieben. Wie weit muss das Objektiv mindestens von einem Gegenstand entfernt sein, damit noch ein scharfes Bild auf dem Film entsteht?

7.3.2 Von einem 2,4 cm hohen Dia entwirft ein Projektor ein 50 cm hohes Bild auf eine Leinwand, die 3 m vom Dia entfernt ist. a) Wie groß ist die Brechkraft D_1 seiner Linse? Welche Gegenstandsweite a_1 ist einzustellen? b) Das Bild soll auf dem Schirm in derselben Entfernung 1,2 m hoch sein. Welche Brechkraft D_2 muss die Vorsatzlinse haben? Wie groß ist jetzt die Gegenstandsweite a_2?

7.3.3 Das entspannte Auge hat eine Brechkraft von 59 dpt. Um wie viel muss sie sich ändern, wenn das Auge auf einen Gegenstand in 25 cm Entfernung akkommodiert?

7.3.4 Eine Lupe vergrößert bei Benutzung mit entspanntem Auge 4fach. Welche Brechkraft D hat die Linse? Welche Gegenstandsweite a_1 muss eingestellt werden? Welche Gegenstandweite a_2 ist bei Akkommodation des Auges auf 25 cm Entfernung einzustellen (Augenpupille 2 cm hinter der Lupe)? Welche Vergrößerung $V' = \varepsilon/\varepsilon_{25}$ hat sie dann?

7.3.5 Bei einer Tubuslänge von 20 cm hat ein Mikroskop ein Objektiv mit $V_1 = 40$ und ein Okular mit $V_2 = 20$. Wie groß ist die Gesamtvergrößerung V? Welche Brennweiten haben Objektiv (f_1) und Okular (f_2)? Wie groß ist die einzustellende Gegenstandsweite a für entspanntes Auge?

7.3.6 Mit dem Mikroskop von Aufgabe 7.3.5 betrachtet man einen Faden von 3 µm Durchmesser. Welche Dicke hat sein reelles Zwischenbild? Unter welchem Sehwinkel beobachtet ihn das entspannte Auge durch das Mikroskop?

7.3.7 Ein holländisches Fernrohr, vgl. Abb. 7.55, ist 8 cm lang (Abstand der beiden Linsen) und hat eine Vergrößerung von 2,5. Wie groß sind die Brechkräfte von Objektiv D_1 und Okular D_2?

7.4 Wellenoptik

7.4.1 Interferenzversuche mit kohärentem Licht. Wie wir an Wasserwellen in Abschn. 4.2.4 gesehen haben, können zwei sich durchdringende Wellenzüge gleicher Wellenlänge miteinander interferieren und sich in ihrer Amplitude an manchen Stellen verstärken, an anderen abschwächen oder sogar auslöschen. Sobald es nun gelingt, auch beim Licht Interferenz nachzuweisen, also etwa zu zeigen, dass auf einer von zwei Lichtquellen beleuchteten Fläche helle und dunkle Stellen entstehen, deren Helligkeitsunterschied beim Abschalten der einen Lichtquelle verschwindet, ist der unmittelbare Beweis für die Wellennatur des Lichtes erbracht.

Es ist nun leicht, die von zwei Stimmgabeln derselben Eigenfrequenz ausgehenden Wellenzüge zur Interferenz zu bringen und an den verschiedenen Stellen der bestrahlten Ebene, z. B. der Zimmerwand, die Verstärkung oder Abschwächung des Schalles mit dem Mikrofon nachzuweisen. Mit zwei Lichtquellen gelingt der entsprechende Versuch nicht. Das liegt daran, dass jede natürliche Lichtquelle aus unzählig vielen einzelnen Sendern, den lichtausstrahlenden Atomen, besteht (Abschn. 8.1.2). Alle schwingen nach Phase und Richtung verschieden und weitgehend unabhängig voneinander. Jede Lichtquelle ruft an einer Stelle des Beobachtungsschirmes eine Schwingung hervor, in der sich die Wellen aller zum betreffenden Zeitpunkt schwingenden Atome überlagern. Aber nach einer sehr kurzen Zeit – bei sichtbarem Licht 10^{-8} s – leuchten andere Atome, und deren Schwingung hat außer der Frequenzgleichheit keine Beziehung zu den eben abgeklungenen. Es entsteht dann wieder an der Beobachtungsstelle eine Schwingung von gleicher Frequenz, aber ihre Phase hat sich willkürlich geändert, ebenso die Schwingungsrichtung. – Wenn nun *zwei* Lichtquellen dort je eine Schwingung erzeugen, so besitzen diese zwar für 10^{-8} s eine feste Phasendifferenz; es kann auch in dieser Zeitspanne z. B. Interferenzauslöschung durch Gegenphasigkeit auftreten (Abschn. 4.1.2). Aber während der folgenden 10^{-8} s ist die Phasendifferenz *regellos* eine *andere*. Zwei natürliche Lichtquellen emittieren sog. *inkohärente* Wellen. Wenn diese zu einem Beobachtungspunkt gelangen, haben sie über eine längere Zeitspanne dort *keine feste Phasenbeziehung*. Unser Auge summiert den Lichteindruck über etwa 10 ms, sodass es die 10^6 unterschiedlichen Eindrücke in dieser Zeit als „überall gleiche Helligkeit" sieht.

Um sog. *kohärentes*, d. h. interferenzfähiges Licht zu erhalten, brauchen wir wie bei den Wasserwellen zwei Erregerzentren, die immer im Takt und in derselben Richtung schwingen. Diese Bedingung lässt sich beim Licht nur durch einen Kunstgriff verwirklichen, indem man als Lichtquellen z. B. zwei Spiegelbilder derselben Lichtquelle benutzt, vgl. Abb. 7.58. Von der Lichtquelle L, einer Quecksilberdampf-Lampe, erzeugen Vorder- und Rückseite einer Glimmerfolie die virtuellen Bilder L_1 und L_2. Beide wirken wie ein Aggregat von atomaren Sendern, die paarweise im Takt schwingen und daher kohärentes Licht liefern. Die so geteilten Wellenzüge gelangen zu jeder Stelle des *weit entfernten*[10] Schirmes S. Weil die ganze Anordnung um das Einfallslot LL_1 rotationssymmetrisch ist, beobachtet man dort bei diesem sog. 2-Zentren-System mit monochromatischem Licht helle und dunkle konzentrische Kreise, bei Quecksilber-Licht sind sie farbig, vgl. Abschn. 7.4.2, *Versuch von Young und Pohl.*

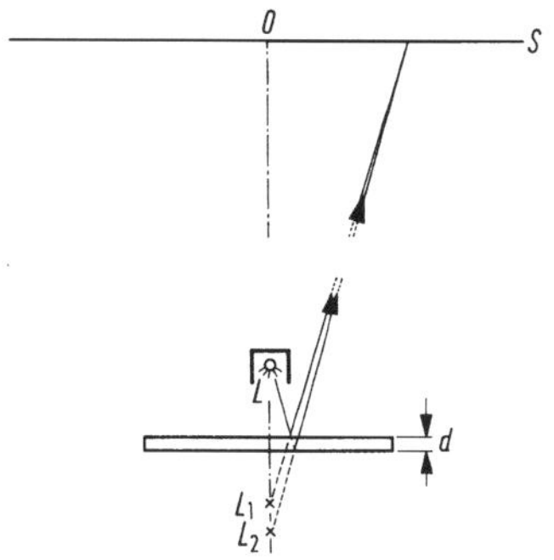

Abb. 7.58 Interferenzversuch von *Young* und *Pohl*

Bei großer Entfernung des Schirms S sind die zu einem Punkt gelangenden Strahlen praktisch parallel. Ihre feste Phasendifferenz beträgt $4\pi d\sqrt{n^2 - \sin^2\alpha}/\lambda_0$, vermehrt um den Phasensprung π bei Reflexion am Glimmer als dichterem Medium. Dabei sind α der Einfallswinkel auf die Glimmerfolie und d ihre Dicke.

Wenn wir – zunächst nur in Gedanken – den Abstand d zwischen den beiden Reflexionsebenen vergrößern, so nehmen im Schirmbild auf S die Radien z. B. aller hellen Kreise kontinuierlich zu, und im Zentrum entstehen neue. Die Interferenzfigur hat wieder die ursprüngliche Gestalt, und gerade ein heller Kreis ist neu entstanden, wenn d um $\lambda_0/2n$ gewachsen ist. – Praktisch wird dieses Prinzip im *Interferenz-Komparator* angewendet: Eine Spiegelebene wird gegenüber einer zweiten festen verschoben. Auf diese Weise lässt sich die Strecke zwischen zwei Strichmarken in Wellenlängen ausmessen, vgl. Meter-Definition, Abschn. 2.1.2.

Der bekannte *Fresnel'sche Spiegelversuch* hat gegenüber dem Versuch von *Young* und *Pohl* den Nachteil, dass die Wellenbündel, die zu den beiden Spiegelbildern L_1 und L_2 am Winkelspiegel S_1S_2 gehören, sich nur in einem sehr engen Sektor überlagern, s. Abb. 7.59. Sein Öffnungswinkel ist nur doppelt so groß wie der Neigungswinkel γ des Winkelspiegels, d. h. dessen Abweichung von 180°. So erhält man eine Interferenzfigur von sehr geringer Ausdehnung, bestehend aus hellen und dunklen Streifen. Ihr Abstand steigt etwas, wenn γ kleiner wird, erreicht aber bald einen Grenzwert. – Als Lichtquelle muss man außerdem einen sehr schmalen Spalt senkrecht zur Zeichenebene verwenden, was beim

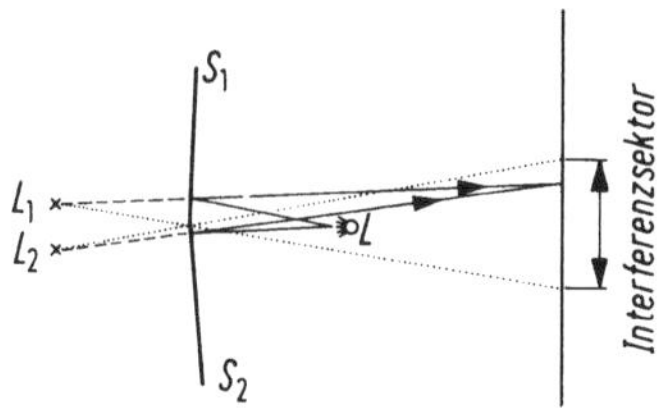

Abb. 7.59 Fresnel'scher Spiegelversuch

[10] Abb. 7.58 ist nicht maßstabsgerecht.

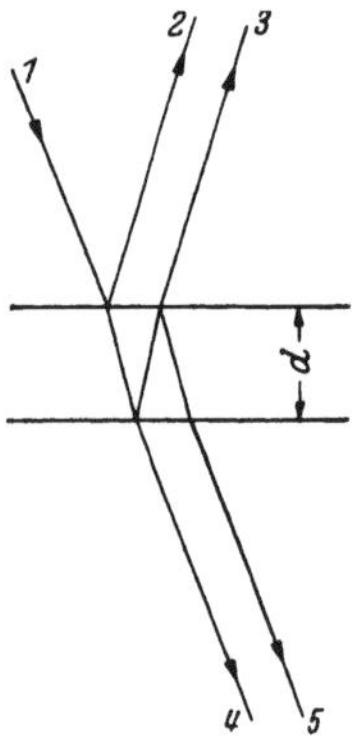

Abb. 7.60 Zur Entstehung der Farben dünner Blättchen

Versuchsaufbau von *Pohl* nicht erforderlich ist. Entsprechend der Spaltbreite bzw. der Breite seiner Bilder verschmieren sich hier die Interferenzstreifen, weil der Abstand $L_1 L_2$ über diese Breite variiert.

7.4.2 Farben dünner Blättchen, Newton'sche Ringe.

Dünne Schichten wie Öl auf Wasser, Seifenblasen, Oxidschichten auf Metallen zeigen, mit weißem Licht beleuchtet und mit bloßem Auge betrachtet, bunte Farberscheinungen, die ebenfalls auf Interferenz beruhen. Fällt z. B. auf eine Seifenlamelle monochromatisches Licht von oben nahezu senkrecht ein, vgl. Abb. 7.60, so wird der einfallende Strahl *1* zum Teil an der Oberfläche reflektiert, zum Teil gebrochen. Beim Auftreffen auf die untere Fläche erfolgt wieder eine Teilung in einen nach oben reflektierten und einen gebrochenen Strahl usw. Wir betrachten zuerst die beiden durchgehenden Strahlen *4* und *5*. Der Strahl *5* hat gegenüber *4* einen zusätzlichen Weg zurückgelegt, der bei senkrechtem Einfall gleich der doppelten Dicke *d* des Blättchens ist. Daher beträgt der *Gangunterschied* beider Strahlen $\Delta s = 2d$. Ist das gerade ein *ungeradzahliges* Vielfaches der halben Wellenlänge in der Seifenlösung[11], so schwächen sich die Strahlen *4* und *5* durch Interferenz besonders stark. Das beobachtende Auge sieht die Lamelle im durchfallenden, monochromatischen Licht, d. h. gegen eine entsprechend leuchtende Fläche, dunkler. Für andere Wellenlängen, für die $\Delta s = \lambda, 2\lambda, \ldots$ ist, erhalten wir bei derselben Lamelle volle Helligkeit. – In *Reflexion* ist das Ergebnis der Interferenz gerade entgegengesetzt, voller Helligkeit im Durchlass entspricht die geringste reflektierte Leistung.

Bei weißem Licht kann, solange das Blättchen *sehr dünn* ist, in Reflexion nur für eine bestimmte Wellenlänge völlige Auslöschung stattfinden. Licht anderer Wellenlängen wird mehr oder weniger geschwächt reflektiert: Wir erhalten Mischfarben. Der Farbeindruck auf der Oberfläche einer Seifenlamelle ändert sich von Ort zu Ort, weil sie nicht überall gleiche Dicke hat.

Bei *dicken* Blättchen, durchstrahlt von weißem Licht, beobachten wir aber niemals Farben, man denke an die Fensterscheibe oder ein Präparate-Deckglas. Das Blättchen möge nur so dick sein, dass die Phasendifferenz $2\pi n \Delta s/\lambda_0$ von Strahl *4* und *5* für violettes Licht 40π beträgt, dann ist sie für rotes Licht mit etwa der doppelten Wellenlänge nur 20π. Die Wellen von rotem und violettem Licht verstärken sich jede durch Interferenz. Im kontinuierlichen Spektrum des weißen Lichtes gibt es aber, gleichmäßig verteilt, noch 9 weitere Wellenlängen, die sich verstärken und deren Farben daher im beobachteten Gemisch voll auftreten. Dazwischen liegen zehn stark abgeschwächte Farben. Eine derartige Farbmischung erscheint dem Auge nicht mehr als bunt.

Nur bei Dicken bis etwa 1 µm Luftschicht, wenn höchstens zwei oder drei Wellenlängen ausgelöscht werden, lassen sich Farben erkennen. Umgekehrt ist das *Auftreten von Farben* – man sagt in nicht ganz richtiger Übertragung „Newton'sche Ringe" – immer ein Anzeichen dafür, dass eine *sehr dünne Schicht* vorliegt, sei es zwischen Film und Deckglas beim gerahmten Dia, sei es zwischen Deckplatte und Rahmen der Blutkörperchen-Zählkammer.

Entsprechende Farben beobachten wir im *reflektierten* Licht, wenn z. B. die Strahlen *3* und *2* interferieren. Es zeigt sich, dass hier für $\Delta s = \lambda/2, 3\lambda/2\ldots$ nicht Dunkelheit, sondern Helligkeit auftritt. Das liegt daran, dass bei der Reflexion am *optisch dichteren* Medium ein Phasensprung von π auftritt, aber nicht bei der Reflexion am *optisch dünneren*, vgl. auch Abschn. 4.2.3. Wegen dieses Phasensprunges erscheint eine Lamelle, die für eine bestimmte Wellenlänge, z. B. für Gelb, im reflektierten Licht dunkel aussieht, im durchgelassenen, gelben Licht hell und umgekehrt. Das folgt schon aus dem Energieerhaltungssatz. Bei weißem Licht sind die Farben der durchgehenden und reflektierten Strahlung einander *komplementär*.

Gleiche Farben beobachtet man auf der Seifenlamelle an Orten *gleicher Dicke*. Der Interferenzversuch von *Young* und *Pohl* dagegen liefert mit der exakt planparallelen Glimmerfolie, die also überall gleiche Dicke hat, unterschiedliche Farben für verschiedene Einfallswinkel des Lichtbündels. Die dort beobachteten Kreise sind sog. *Interferenzkurven gleicher Neigung*, s. Abb. 7.58.

[11] Wenn die Seifenlösung die Brechzahl n hat, ist die Wellenlänge in ihr $\lambda = \lambda_0/n$ mit der Vakuumwellenlänge λ_0 (Abschn. 7.1.5).

Die Interferenz an dünnen Schichten kann man besonders deutlich an der Luftschicht zwischen einer schwach gekrümmten Konvexlinse und einer ebenen Glasplatte beobachten, s. Abb. 7.61. Beleuchtet man von oben mit einfarbigem Licht, etwa mit Na-Licht, so treten *Interferenzkurven gleicher Dicke* auf. Das sind hier konzentrische, abwechselnd helle und dunkle Ringe, sog. *Newton'sche Ringe*. Dunkelheit in Reflexion erhält man überall dort, wo die Dicke d der Luftschicht der Bedingung genügt $2d = \lambda, 2\lambda \dots$ (Phasensprung!). Je langwelliger das Licht ist, um so größer wird der Abstand der Ringe. Für weißes Licht sind die inneren Ringe farbig, während sie nach außen schnell unkenntlich werden, weil der Abstand d zu groß wird. In der Mitte bleibt ein dunkler Fleck.

Bei den dunklen Ringen im reflektierten monochromatischen Licht ist der Gangunterschied $2d = m\lambda_0$ ($m = 0, 1, 2, \dots$). Im Abstand r vom Scheitel der Linse beträgt er außerdem aufgrund ihrer Kugelform $2d = r^2/R$, wenn R der Krümmungsradius der Linse ist. So gilt für die Radien r_m der dunklen Ringe

$$r_m^2 = mR\lambda_0 , \qquad (7.17)$$

die Entfernung zwischen zwei benachbarten wird also nach außen immer *geringer*.

Eine wichtige Anwendung der Interferenz ist die Reflexionsminderung an Linsenoberflächen durch aufgedampfte, dünne $\lambda/4$-Schichten. Die an den Grenzflächen Luft – Aufdampfschicht und Aufdampfschicht – Glas reflektierten Wellenzüge heben sich durch Interferenz auf, wenn sie gleiche Amplitude haben und durch ihren Gangunterschied die Phasendifferenz π besitzen. Um ersteres exakt zu erfüllen, müsste die Aufdampfschicht die Brechzahl $\sqrt{n}$ haben, wenn n die des Linsenmaterials ist. Allerdings kann nur für eine Wellenlänge und nicht für den ganzen sichtbaren Spektralbereich die Phasendifferenz der beiden Wellenzüge π betragen. Mit mehreren aufgedampften Schichten unterschiedlicher Brechzahl gelingt es aber, die reflektierte Leistung im Sichtbaren durchweg unter 1% zu bringen.

7.4.3 Beugung am Gitter.

Beugung, d. h. Abweichung von der geradlinigen Ausbreitung, angelsächs. *diffraction* genannt, beobachten wir bei allen Wellen. Wir verstehen diese mithilfe des schon in der allgemeinen Wellenlehre (Abschn. 4.2.4) besprochenen *Huygens'schen Prinzips*, welches besagt, dass jeder von einer Welle getroffene Punkt der Ausgangspunkt einer neuen Elementarwelle ist, vgl. Wasserwellen hinter einer engen Öffnung, Abb. 4.26c.

Man veranschaulicht sich die Bedeutung des Huygensschen Prinzips für Licht am einfachsten, indem man eine undurchsichtige Platte, in der sehr nahe benachbart zwei enge parallele Schlitze angebracht sind, durch ein senkrecht auffallendes Parallelbündel beleuchtet, s. Abb. 7.62. Auf einem in einiger Entfernung dahinterstehenden Schirm beobachtet man *nicht* als Schattenriss die scharfen Konturen der beiden Schlitze. Sie wirken vielmehr als kohärente elementare Lichtquellen, ebenso wie die virtuellen Bilder beim Fresnel'schen Spiegelversuch, s. Abb. 7.59. Man erhält daher auch hier auf dem Schirm durch Interferenz eine Reihe von hellen und dunklen Streifen, die Mitte ist z. B. hell. Wird einer der Schlitze geschlossen, entsteht gleichförmige Helligkeit, an vorher dunklen Stellen hellt sich der Schirm also auf, weil der Partner zur Interferenzauslöschung jetzt fehlt[12].

Wesentlich lichtstärker und von großer praktischer Bedeutung ist die Beugung an einem *Gitter*. Darunter verstehen wir eine große Zahl von parallelen und äquidistanten engen Spalten, wie man sie z. B. erhält, wenn man auf einer durchsichtigen Glasplatte zahlreiche feine parallele Striche dicht nebeneinander einritzt. Die zwischen den Strichen stehengebliebenen schmalen Bereiche wirken als Spalte.

Zunächst betrachten wir wieder das Verhalten *eines einzigen Parallelbündels*, das senkrecht auf das Gitter trifft. Wir beobachten auf einem Schirm, der in der Brennebene einer hinter dem Gitter befindlichen Sammellinse steht. In jedem Punkt des Schirms werden die Strahlen eines Parallelbündels vereinigt und interferieren miteinander (*Fraunhofer-Beugung*). Deshalb reicht es aus, wenn wir

[12] Für einen Schauversuch benutzt man besser Mikrowellen von einigen cm Wellenlänge und einen schwenkbaren Dipolempfänger (Abschn. 6.8.4). Die Signalleistung ist viel größer und die Spalte haben handliche *Breite* (cm).

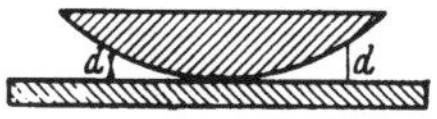

Abb. 7.61 Zur Entstehung der Newton'schen Ringe. (Der Deutlichkeit halber ist die Linse übertrieben stark gekrümmt gezeichnet)

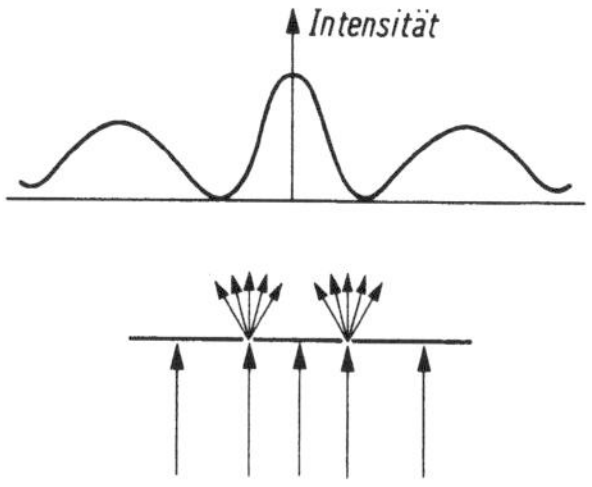

Abb. 7.62 Beugung an zwei engen Spalten

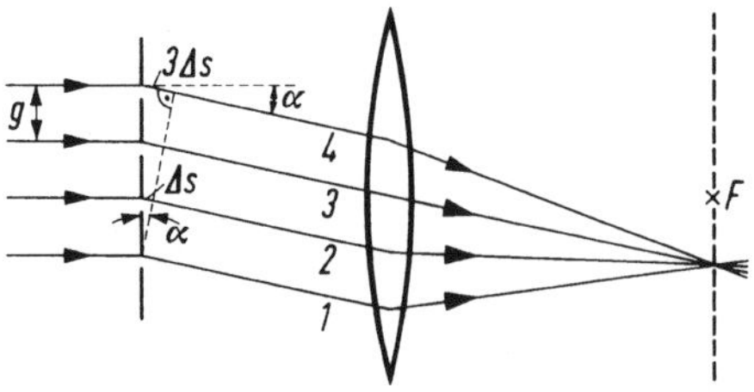

Abb. 7.63 Interferenz von parallelen Strahlen, die an einem Gitter abgebeugt sind

aus den Elementarwellen, die hinter den Gitterspalten nach dem Huygens'schen Prinzip entstehen, auch nur parallele Strahlenbündel verfolgen. Als Beispiel zeigt Abb. 7.63 ein beliebig herausgegriffenes, unter dem Winkel α abgebeugtes Parallelbündel. Es sind nur die jeweils an der oberen Kante jedes Spaltes unter dem Winkel α abgebeugten Strahlen gezeichnet. Die von zwei benachbarten Spalten kommenden Strahlen, etwa *1* und *2*, werden sich in der Brennebene verstärken, wenn ihr Gangunterschied $\Delta s = m\lambda$ $(m = 0, 1, 2, \dots)$ ist. Auch die von allen anderen oberen Spaltkanten kommenden und in dieser Richtung verlaufenden Strahlen verstärken sich dann. Dasselbe gilt natürlich ebenso für alle Strahlen, die von anderen „korrespondierenden" Spaltpunkten, etwa den Mitten oder den unteren Kanten, herkommen. – Wie Abb. 7.63 weiter zeigt, ist der Gangunterschied zwischen *1* und *2* durch die Strecke $\Delta s = g \cdot \sin\alpha$ gegeben, wobei g die sog. *Gitterkonstante* ist. Für alle Richtungen mit den Winkeln α_m, welche die Beziehung

$$\sin\alpha_m = m\frac{\lambda}{g} \qquad m = 0, 1, 2, \dots \tag{7.18}$$

erfüllen, erhalten wir also Helligkeit in der Brennebene. Die unabgelenkten Strahlen, $\alpha = 0$, verstärken sich immer, da ihr Gangunterschied ja Null ist.

Es ist wichtig sich klarzumachen, dass wir *nur* unter den Winkeln a_m Helligkeit, d. h. helle „Punkte" in der Brennebene, beobachten. Unter jedem anderen Winkel löschen sich die dort vereinigten sehr vielen Parallelstrahlen praktisch völlig aus. Wenn z. B. Strahl *1* und *2* unter einem solchen Winkel den Gangunterschied $\Delta s = 1{,}01\,\lambda$ haben, so werden sich diese beiden zwar verstärken, aber Strahl *51* hat dann gegenüber Strahl *1* den Gangunterschied $50{,}5\lambda = 50\lambda + \lambda/2$, sodass sich diese beiden auslöschen. Unter den Strahlen, die an den sehr vielen Gitterspalten unter diesem Winkel abgebeugt werden, gibt es daher lauter Paare, die sich gegenseitig durch Interferenz auslöschen, solange nicht $\Delta s = m\lambda$ beträgt (*Vielstrahlinterferenz*).

Das *Gitterspektrometer* arbeitet mit einem Kollimator-Rohr und einem Fernrohr, vgl. Abb. 7.57[13]. Ohne Gitter entsteht auf dem Schirm B ein reelles Bild des Eintrittsspaltes S. Setzt man dann das Beugungsgitter an Stelle des eingezeichneten Prismas P ein, so beobachten wir bei monochromatischem Licht eine Reihe von „abgebeugten" Bildern des Eintrittsspaltes – nicht „helle und dunkle Streifen"! – unter den Winkeln $\pm\alpha_m$, d. h. symmetrisch zu beiden Seiten des ursprünglichen, nicht abgebeugten Bildes.

Da sich der Abbeugungswinkel α_1 wegen der Bedingung $g\sin\alpha_1 = \lambda$ mit der Wellenlänge ändert, erhalten wir beim Einstrahlen von *weißem Licht* eine Zerlegung desselben, d. h. wir beobachten auf dem Schirm ein sog. *Beugungsspektrum*. Im Gegensatz zu dem durch ein Prisma erzeugten Spektrum *nimmt* die Ablenkung hier mit der Wellenlänge *zu*, „rot wird stärker gebeugt als violett". Die für die verschiedenen Winkel $\alpha_1, \alpha_2, \alpha_3$ auftretenden Spektren bezeichnet man als die Spektren *erster, zweiter, dritter Ordnung*[14]. In Abb. 7.64 sind einige Spektren schematisch eingezeichnet. Wie man sieht, gibt es bereits am roten Ende des Spektrums zweiter Ordnung eine Überlagerung mit der nächsten Ordnung. Das *Spektrum nullter Ordnung* oder das direkte Spaltbild erscheint bei weißem Licht weiß, da die Bedingung $d\sin\alpha = 0\cdot\lambda$ für alle Wellenlängen gleichzeitig erfüllt ist.

[13] Die Achsen von K und F stellt man jetzt auf eine Gerade.

[14] Die Nummer der Ordnung gibt den Gangunterschied der Strahlen durch benachbarte Spalte in Wellenlängen an.

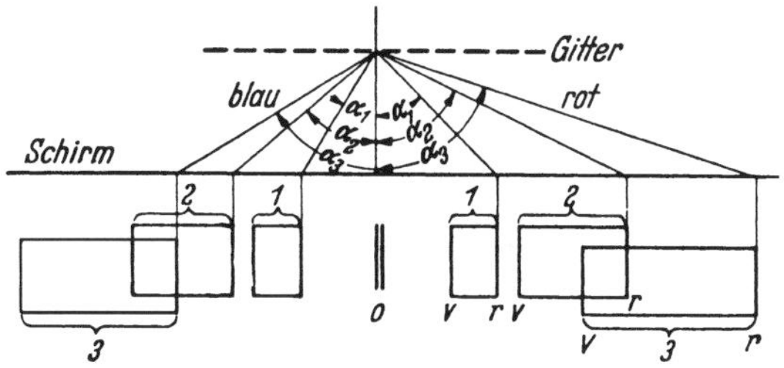

Abb. 7.64 Beugungsspektrum eines Gitters für weißes Licht, schematisch

Kennt man die Gitterkonstante, etwa durch Ausmessen des Gitters unter einem Mikroskop, so kann man aus der Messung der Winkel α_m für die verschiedenen Spektralfarben die jeweilige Wellenlänge des Lichts unmittelbar bestimmen.

Vom Eintrittsspalt S des Kollimatorrohres K fällt *nicht nur ein* Parallelbündel von der Linse L_1 auf das Gitter, vgl. Abb. 7.57. Es sind vielmehr unendlich viele Parallelbündel etwas unterschiedlicher Richtung. Sie werden ohne Gitter von der Linse L_2 zu den einzelnen reellen Bildpunkten des Eintrittsspaltes auf dem Schirm B vereinigt. Auf das dazwischengestellte Gitter fallen sie nur noch „nahezu senkrecht" auf. Entsprechend verschieben sich geringfügig die abgebeugten, gleichphasigen Bündel, und aus ihnen entsteht in jeder Ordnung wieder ein Bild des Eintrittsspaltes. – Mit einer Iris als Eintrittsöffnung statt des Spaltes erhält man kreisförmige, abgebeugte Bilder nebeneinander.

Für Schauversuche wählt man, um größere Bilder zu bekommen, den Abstand Gitter-Betrachtungsschirm sehr groß, und man verzichtet auf die zweite Linse L_2. Man muss dann nur die Kollimatorlinse L_1 etwas vom Eintrittsspalt wegrücken, damit auf dem Schirm das scharfe, reelle Bild entsteht, vgl. Abbildungsgleichung Abschn. 7.2.2. Dann treffen Bündel auf das Gitter, die nur noch „nahezu parallel" sind, in Wirklichkeit etwas konvergent. Das führt aber zu keiner merklichen Störung oder Verlagerung der Beugungsfiguren.

Schließlich sei noch hervorgehoben, dass durch Einschalten einer Linse die Gangunterschiede nicht verändert werden. Das folgt schon daraus, dass ein auftreffendes Parallelbündel in der Brennebene einen sehr hellen Fleck hervorruft, vgl. Abb. 7.21a. Alle darin enthaltenen Strahlen überlagern sich dort also gleichphasig. Andererseits ist das Parallelbündel eine *ebene Welle* (Abschn. 4.2.4), die in allen Punkten jeder beliebigen Ebene senkrecht zur Ausbreitungsrichtung die gleiche Phase hat. Die *geometrischen* Wege seiner Randstrahlen sind aber ohne Zweifel länger als der des Mittelpunktstrahles. Aber letzterer muss einen längeren Weg Δd im Linsenmaterial mit kürzerer Wellenlänge ($\lambda = \lambda_0/n$) zurücklegen. Die zugehörige Phasendifferenz $\varphi = 2\pi n \Delta d/\lambda_0$ ist aber größer als für die gleiche Strecke in Luft. $n\Delta d$ nennt man auch die *optische* Weglänge. Die wellenoptische Behandlung ergibt, dass bei Aplanaten (Linsen ohne Öffnungsfehler) die optischen Wege aller Strahlen des Bündels gleich sind (Abschn. 7.2.6). Die Wellenflächen eines Parallelbündels bleiben in der Mitte der Linse etwas zurück und werden schließlich zu Kugelflächen mit F als Mittelpunkt, sodass alle Strahlen ohne Gangunterschied im Brennpunkt ankommen.

7.4.4 Beugung an kleinen Öffnungen und Hindernissen.

In einer Öffnung haben wir nach dem Huygens'schen Prinzip ein *Kontinuum* von Wellenzentren. Im Gitter dagegen gibt es nur eine diskrete, äquidistante Folge von Quellen für die abgebeugten Wellen, deren Überlagerung man relativ leicht übersehen kann, vgl. Abb. 7.63.

7.4.4.1 Spalt. Wir betrachten zunächst einen *Rechteckspalt* der Breite a, der wieder von einem Parallelbündel senkrecht beleuchtet wird. Die Überlegungen werden auch hier besonders einfach, wenn wir hinter den Spalt eine Sammellinse stellen und das Beugungsbild in ihrer Brennebene beobachten, sog. *Fraunhofer'sche Beugung*. Wir brauchen dann nur die unter den verschiedenen Winkeln abgebeugten Parallelbündel zu betrachten und in jedem Bündel alle Strahlen zu überlagern. Dabei ergibt sich, dass unter den Winkeln α_m mit

$$\sin\alpha_m = m\frac{\lambda}{a} \quad m = 1, 2, \ldots \tag{7.19a}$$

alle Teilwellen sich gerade durch Interferenz auslöschen, also *Dunkelheit* herrscht. Dazwischen, d. h. unter den Winkeln α'_m mit

$$\sin\alpha'_m = \frac{2m+1}{2}\frac{\lambda}{a} \quad m = 1, 2, \ldots \tag{7.19b}$$

entstehen sog. *Nebenmaxima* der *Helligkeit*. In der ursprünglichen Richtung, d. h. unter $\alpha = 0$, überlagern sich alle Wellen wie beim Gitter gleichphasig mit völliger Verstärkung. Den Verlauf der Leistungsverteilung in Abhängigkeit vom Winkel α zeigt Abb. 7.65. Man beobachtet in der Brennebene einen breiten hellen Streifen, das sog. *Hauptmaximum,*

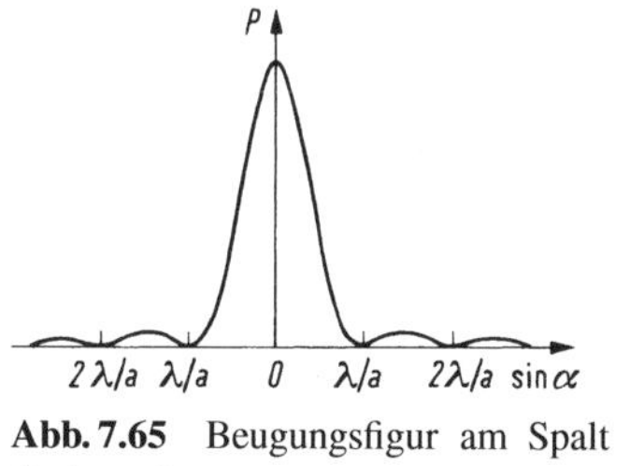

Abb. 7.65 Beugungsfigur am Spalt (Leistung)

und an den Seiten als Nebenmaxima halb so breite Streifen mit sinkender Helligkeit.

Wichtig ist, dass der innere helle Streifen sich immer mehr verbreitert, je schmaler der Spalt wird. Dieses Paradoxon ist gerade das Charakteristikum der Beugung: Die eine Grenze ist der extrem schmale Spalt mit $\alpha \ll \lambda$, bei dem nach dem Huygens'schen Prinzip praktisch nur *eine einzige* Elementarwelle in alle Richtungen ausgesendet wird; der helle Streifen erfüllt die ganze Schirmbreite. Bei breiteren Spalten muss man *mehrere* Elementarwellen betrachten, die unter großen Beugungswinkeln sich gegenseitig weitgehend auslöschen. Wird schließlich im anderen Grenzfall der Spalt sehr breit ($\alpha \gg \lambda$), so schrumpft die ganze in Abb. 7.65 dargestellte Beugungsfigur mehr und mehr zu einer Linie zusammen, d. h. vor der Linse läuft ein Parallelbündel praktisch ohne Beugung durch den sehr breiten Spalt. In allen anderen Ausbreitungsrichtungen löschen sich die Huygens'schen Elementarwellen aus. Wir haben *geradlinige Ausbreitung*.

In der Praxis lässt sich aber *ein* exaktes Parallelbündel allein nicht herstellen. Man ist auf den Kollimator des Spektrometers angewiesen (Abschn. 7.3.8), und dann entsteht ohne Beugungsspalt in der Brennebene wieder das reelle Bild des Eintrittsspaltes, dessen Breite also die Beugungsfigur nie unterschreiten kann. Das zum Beugungsspalt gehörende Hauptmaximum muss viel breiter als das Bild des Eintrittsspaltes sein, will man die Leistungsverteilung von Abb. 7.65 beobachten.

Wir müssen noch das Zustandekommen der Auslöschbedingungen verstehen, s. Abb. 7.66. Der Gangunterschied der äußeren Strahlen des gezeichneten, abgebeugten Parallelbündels beträgt stets $\Delta s = a \sin\alpha$. Ist nun unter einem ausgezeichneten Winkel $\Delta s = \lambda$, so haben Strahl 1 und 1′ gerade den Gangunterschied $\lambda/2$ und löschen sich im Beugungsbild durch Interferenz aus. Das trifft auch für jedes andere entsprechend verlaufende Strahlenpaar zu, z. B. für 2 und 2′. Die ganzen beiden Teilbündel löschen sich gegenseitig aus, und die Dunkelstelle ergibt sich aus $\lambda = a \sin\alpha$. Würden, wie beim Gitter, nur die Randstrahlen existieren, dann gäbe es unter diesem Winkel umgekehrt gerade Helligkeit. – Für den Winkel a, bei dem $\Delta s = 3\lambda/2$ wird, zerlegt man das gesamte abgebeugte Bündel in drei Teilbündel, von denen sich zwei benachbarte nach der gleichen Überlegung auslöschen. Die Summe des dritten liefert das erste Nebenmaximum mit der Amplitude 21,7%, bzw. der Intensität 4,7% des Hauptmaximums.

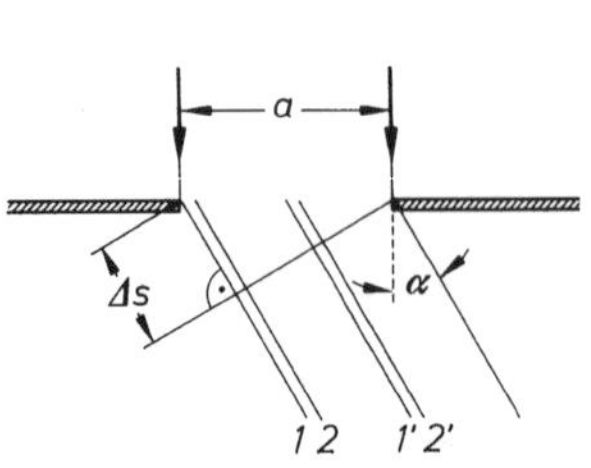

Abb. 7.66 Zur Auslöschungsbedingung am Spalt

Hinter den einzelnen *Spalten* des *Beugungsgitters* spielt sich derselbe Vorgang ab. Jeder Spalt beugt also das Licht entsprechend der Beugungsfigur von Abb. 7.65 und nicht, wie zunächst stillschweigend vereinfachend angenommen, nach allen Richtungen mit gleicher Amplitude. Das ist der Grund, warum die höheren Ordnungen des Beugungsspektrums, die ja unter größeren Winkeln liegen, stets geringere Helligkeit als die niedrigen haben. Auf die besprochene Winkellage hat das aber keinen Einfluss, sodass die Formel für $\sin\alpha_m$ (Abschn. 7.4.3) gültig bleibt.

7.4.4.2 Iris. Aus Symmetriegründen erhalten wir bei einer *kreisförmigen* Öffnung als Beugungsbild auf dem Schirm helle und dunkle Ringe, deren Durchmesser um so größer werden, je kleiner die Öffnung ist. Für den ersten dunklen Ring lautet hier die Winkelbeziehung $\sin a_1 = 0{,}61\lambda/R$, wenn R der Radius der Öffnung ist. Der erste helle Außenring hat nur eine Intensität von 1,7% des Hauptmaximums.

7.4.4.3 Hindernisse. Entsprechende Beugungserscheinungen beobachten wir, wenn das Licht um kleine *Hindernisse,* z. B. ein kleines Scheibchen oder einen dünnen Draht, herumgebeugt wird. – Ebenso zeigt ein in den Strahlengang seitlich hereingebrachter Schirm keinen scharf begrenzten Schatten, sondern im Übergangsgebiet Licht – Schatten helle und dunkle Streifen, sog. *Beugungsfransen.*

Auch im *Mikroskop* entsteht das reelle Zwischenbild von einem beleuchteten, also nicht selbst leuchtenden Gegenstand, wellenoptisch betrachtet, durch einen Beugungs- und Interferenzvorgang, vgl. auch Abschn. 7.3.6 Er ist vor allem von *Abbé*[15] aufgeklärt worden. Nehmen wir der Übersichtlichkeit halber als Objekt ein Gitter und beleuchten es mit nahezu parallelem Licht, so entsteht in der Brennebene des Objektivs ein „Punkt"-System von Beugungsspektren 0, 1, 2ter Ordnung, vgl. Abschn. 7.4.3. Diese Reihe von Beugungsbildern stellt ein System von kohärenten Lichtquellen dar, sodass die von ihnen ausgehenden Wellenzüge miteinander interferieren. Wie die nähere Untersuchung zeigt, verstärken und schwächen sie sich dabei so, dass in der durch die geometrische Optik gegebenen Bildebene ein sog. *sekundäres Beugungsbild* entsteht. Es ist dem Objekt, d. h. dem ursprünglichen Gitter, ähnlich und so vergrößert, wie wir es bereits mithilfe der geometrischen Optik gefunden haben, also das reelle Bild des Gegenstandes.

Diese vertiefte Betrachtung lehrt uns aber zusätzlich folgendes: Zur Entstehung des endgültigen Bildes ist

[15] Ernst Abbé, 1840–1905, Mitbegründer der Firma Carl Zeiss, Jena.

es Voraussetzung, dass in der Brennebene des Objektivs wirklich mehrere (mindestens zwei) Beugungsbilder zustande kommen. Nun ist aber der Winkel für das Spektrum erster Ordnung durch die Beziehung $\lambda = d \sin\alpha_1$ festgelegt. Es gelangt nicht in das Objektiv, wenn dessen Öffnungswinkel u kleiner als α_1 ist, vgl. Abb. 7.49.

Je größer die Gitterkonstante d ist, um so eher können auch Beugungsspektren höherer Ordnung ins Mikroskop gelangen, und um so ähnlicher wird das Bild, das durch Interferenz der von ihnen ausgehenden Wellenzüge entsteht. Wird aber $d < \lambda_0/n \sin u$, so gelangt nur das Beugungsspektrum nullter Ordnung ins Mikroskop; wir erhalten statt eines Bildes nur einen hellen Untergrund in der Bildebene, also keine „Auflösung der Gitterspalte".

7.4.4.4 Fresnel'sche Zonen. Statt paralleler Beugungsbündel können auch *konvergierende Bündel* überlagert werden und interferieren. Ein zur Achse AB paralleles Lichtbündel fällt von links auf das Blendensystem konzentrischer Kreisringe A von Abb. 7.67. Diese sog. Fresnel'sche Zonenplatte ist so aufgebaut, dass die *durchlässigen* Ringe s_1, s_3, s_5, ... im Punkt B Beugungsbeiträge liefern, die sich alle gleichphasig überlagern, d. h. die Phase springt von Ring zu Ring um 2π. Nach dem Huygens'schen Prinzip, vgl. Abschn. 7.4.3, gehen von allen nicht abgedeckten Punkten Elementarwellen nach rechts aus, und um die resultierende Amplitude im Punkt B zu berechnen, muss man sie dort unter Beachtung ihrer Phasen addieren. Das ähnelt im Prinzip dem Vorgang bei den parallelen Teilbündeln am Spalt von Abb. 7.66.

Der Beitrag der äußeren Zonen nimmt hier trotz gleicher Fläche, der größeren Entfernung wegen, immer mehr ab. Man spricht von *Fresnel'scher Beugungsbeobachtung* im Gegensatz zur *Fraunhoferschen* mit Parallelbündeln, vgl. Abschn. 7.4.4.1. Weil alle Teilbündel in B konstruktiv interferieren, entsteht dort eine viel größere Helligkeit als ohne Zonenplatte. Ein Beobachter hinter B sieht diesen Punkt im Raum hell leuchten als Bild des sehr weit entfernten Ausgangspunktes vom Parallelbündel. Die Zonenplatte wirkt als fokussierendes, diffraktives Element, d. h. wie eine Sammellinse mit der Strecke AB als Brennweite f. Als *diffraktive Sammellinse* erzeugt sich auch von einem geeignet stehenden, ebenen, leuchtenden Gegenstand ein *ebenes* Bild nach den Abbildungsgesetzen (7.5) und (7.6) und zwar als Fresnel'sche Beugungsfigur.

Ist der Abstand f groß gegen die Wellenlänge λ, so betragen die äußeren Radien der einzelnen Fresnelzonen $r_m = \sqrt{mf\lambda}$ mit $m = 1, 2, \ldots$. Alle haben gleiche Flächen, und die geradzahligen sind ausgeblendet. Bei vorgegebenen Radien r_m gilt $f \cdot \lambda = \text{const.}$, also ist die Brennweite für rotes Licht am kürzesten, anders als bei Glaslinsen, vgl. Abschn. 7.2.6.2.

Fresnelzonen, jetzt aber nur in gedanklicher Konstruktion, verwendet man auch, um die Fresnel'sche Beugung an einer *Iris* zu verfolgen. Wir beschränken uns auf den einfachsten Fall eines Parallelbündels, das senkrecht auf eine Kreisblende trifft, und auf das abgebeugte Licht in einem Beobachtungspunkt B dahinter auf der Achse. Dann erfüllt eine begrenzte Anzahl von konstruierten Zonen die Öffnung, aber hier ist keine von ihnen abgedeckt, und ihre Beiträge erhöhen und schwä-

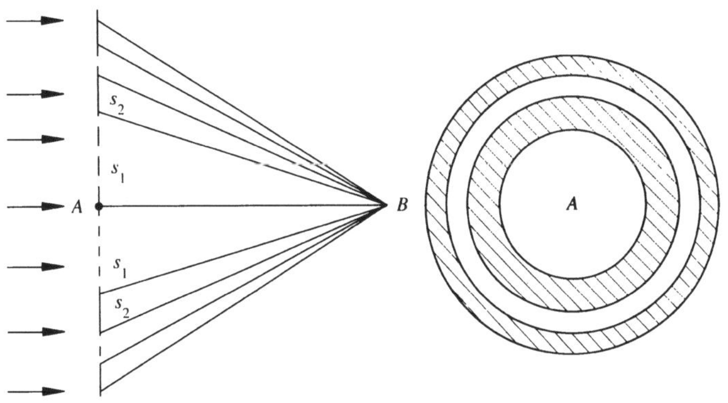

Abb. 7.67 Fresnel'sche Zonenplatte, erste 4 Zonen

chen der Reihe nach, der Phase wegen, die Amplitude in B. Wir können für die Leistung schreiben

$$P(B) = P_1 - P_2 + P_3 \ldots \pm P_N \, .$$

Benachbarte Zonen liefern nahezu gleiche Beträge, sodass mit z. B. $P_1/2 - P_2/2 \approx 0$ bei insgesamt N freien Zonen bis zum Irisrand umgeformt werden kann:

$$P(B) = P_1/2 \pm P_N/2 \, .$$

Für ungerade Zahlen N gilt das $+$-Zeichen, in B ist maximale Helligkeit. Ist dagegen N gerade, so führt das $-$-Zeichen zu minimaler Helligkeit. Mit steigendem Radius der Iris und festgehaltenem Ort B nimmt N zu. Dabei wird P_N aber immer kleiner, sodass schließlich praktisch nur noch der halbe Beitrag der 1. Zone übrig bleibt.

Hinter einer undurchsichtigen *Kreisscheibe* erbringt allein die innerste der nicht abgedeckten Zonen einen Beitrag zur Amplitude. Auf der Achse ist stets und überall Helligkeit zu beobachten (Poisson-Fleck).

7.4.4.5 Hologramm. Ein Interferenzmuster wie die Fresnel'sche Zonenplatte entsteht auch dann, wenn wir in die Ebene A von Abb. 7.67 eine Photoplatte stellen. Außer dem Parallelbündel lassen wir, auch von links, noch eine Kugelwelle einfallen. Beide Bündel sind von demselben Laser erzeugt worden und daher kohärent, vgl. Abschn. 7.6.4. Auf der entwickelten Photoplatte entsteht ein Bild der Fresnel-Zonen, ein sog. *Hologramm*, in dem sich die Durchlässigkeit von Zone zu Zone aber nicht sprunghaft wie in der Zonenplatte (Abb. 7.67) sondern stetig ändert.

Holographie ermöglicht die Herstellung *räumlicher* Bilder. Bei der Aufzeichnung eines Hologramms dafür wird die Punktquelle der Kugelwelle durch den mit Laserlicht beleuchteten Gegenstand ersetzt, der abgebildet werden soll. Die ebene sog. Referenzwelle bleibt unverändert. Dann entwirft jeder Objektpunkt sein eigenes Ringsystem, und sie alle überlagern sich, wobei ein äußerst verwickeltes Liniensystem entsteht. Das entwickelte Hologramm fixiert die Phasenverteilung der Wellenfront, die das Objekt in dessen Ebene erzeugt hat. Um damit wieder ein Bild des photographierten Objekts herzustellen, wird eine Planwelle in der Referenzrichtung eingestrahlt, die dann am Hologramm gebeugt wird. Analog wie in Abb. 7.67 entsteht ein reelles, frei im Raum schwebendes Bild des photographierten Objektes.

7.4.4.6 Streuung an sehr kleinen Teilchen. Das hochfrequente elektrische Wechselfeld des einfallenden Lichtes übt auf die Elektronen in Partikeln eine periodische Kraft aus, die sie zu erzwungenen Schwingungen anregt. Wir können auch von einem in jedem Atom erzeugten, mit der Frequenz des einfallenden Lichtes schwingenden elektrischen Dipol sprechen (Abschn. 6.2.8). Die Atome verhalten sich wie kleinste Sender, die Strahlung der erregenden Frequenz aussenden (Abschn. 6.8.5). So wird der ursprünglichen Welle Leistung entzogen und seitlich ausgestrahlt oder *gestreut (Tyndall-Effekt)*.

Dabei ist aber zu bedenken, dass alle diese gestreuten Wellenzüge kohärent sind. Gangunterschiede oder Phasendifferenzen sind bei ihnen um so größer, je stärker die Ausbreitungsrichtung sich von der ursprünglichen unterscheidet, je größer der sog. *Streuwinkel* ist. Sie steigen natürlich auch mit dem gegenseitigen Abstand der einzelnen Streuzentren. Für das gesamte Streulicht, das durch Überlagerung aller Wellenzüge entsteht, sind maßgebend die Durchmesser der Partikel im Verhältnis zur Lichtwellenlänge, ihr Abstand und auch ihre Ordnung.

Sind die Teilchen klein gegenüber der Wellenlänge (kleine bis mittlere Moleküle), so ist die Streustrahlung auch seitlich nicht durch innermolekulare Interferenz geschwächt, sog. *molekulare Streustrahlung (Rayleigh-Streuung)*. Ihre Leistung ist allerdings sehr klein[16], und sie steigt mit der 4. Potenz der Lichtfrequenz. Darauf beruht die *blaue* Farbe des *Himmelslichts*. An den Luftmolekülen wird ein Teil des Sonnenlichts, und zwar bevorzugt der kurzwellige, gestreut und gelangt so auf Umwegen in unser Auge. Hätte die Erde keine Atmosphäre, so wäre das Himmelsgewölbe völlig schwarz.

[16] Um sie in Flüssigkeiten oder Gasen zu beobachten, müssen diese sorgfältig gereinigt und entstaubt werden.

Aerosole, wie Staubteilchen und schwebende Wassertröpfchen in Luft, haben meist Abmessungen, viel größer als die Lichtwellenlänge. Deshalb ist ihre Streustrahlung erheblich intensiver als die von einzelnen Molekülen, und die Streuwellen der Atome jedes Tröpfchens löschen sich seitlich, d. h. unter großem Streuwinkel, ähnlich wie beim Spalt, durch Interferenz aus. Es bleibt von jedem Tröpfchen nur Streustrahlung unter kleineren Winkeln[17] übrig. So hat z. B. der Mond bei bestimmten Wetterlagen einen *Hof*.

Die in atmosphärischer Luft oder einer Flüssigkeit stets vorhandenen Staubteilchen sehen wir bei Tage nicht, denn das ins Auge fallende Tageslicht überstrahlt ihr ihm gegenüber schwaches Streulicht völlig. Erst wenn wir gegen einen dunklen Hintergrund beobachten (Dunkelfeldbeleuchtung), bemerken wir das an den Aerosolen gestreute Licht. Wir sehen auf diese Weise den Weg eines Scheinwerferbündels bei Nacht, vgl. auch Abschn. 7.1.2.

Das nutzt man im sog. *Ultramikroskop* aus, mit dem Teilchen bis herab zu etwa 10 nm Durchmesser noch nachzuweisen sind, die mit dem Lichtmikroskop nicht mehr aufgelöst werden, vgl. Abschn. 7.3.6

Da von nicht zu großen Teilchen das kurzwellige Licht stärker nach den Seiten gestreut wird als das langwellige, wird weißes Licht beim Durchgang durch Dunstschichten immer ärmer an violettem und blauem Licht. Das durchtretende Licht wird entsprechend rötlich; man denke an die gelbrote Farbe der Sonne beim Auf- und Untergang. Mit genügend langwelliger IR-Strahlung kann man im Dunst noch Objekte photographisch oder mittels Bildwandlers (Abschn. 7.5.2) aufnehmen.

Befinden sich als Extremfall in einer Flüssigkeit *sehr viele* im einzelnen nicht sichtbare kleine Teilchen als *Störkörper*, z. B. in Milch vor allem Fettpartikel, so wird einfallendes Licht nach allen Seiten *diffus* gestreut. Die Flüssigkeit ist milchig trüb und weitgehend undurchsichtig. Das gestreute Licht selbst wird wegen der sehr großen Konzentration der Störkörper immer wieder gestreut, sog. *Vielfachstreuung*, und gelangt dabei schließlich auch in große Streuwinkel. Ein weiteres Beispiel dafür ist die Wolken- und Nebelbildung durch große Konzentrationen von Wassertröpfchen.

[17] Die streuenden Partikel sind zahlreich und völlig ungeordnet. Daher summiert sich die Streu*leistung* der einzelnen Teilchen.

7.4.5 Linear polarisiertes Licht. Die Beugungs- und Interferenzexperimente mit Licht beweisen uns seinen Wellencharakter. Bei einer transversalen Welle erfolgen nun die Schwingungen senkrecht zur Ausbreitungsrichtung, und das ist auch bei Lichtwellen zu erwarten, wenn sie elektromagnetische Wellen sind (Abschn. 6.8.4). Im einfachsten Falle schwingt die Welle in *einer* Ebene, der *Schwing-* oder *Schwingungsebene*, mit der eine feste Richtung senkrecht zur Ausbreitungsrichtung, also transversal, ausgezeichnet ist. Eine solche Welle ist *linear polarisiert.* Bei Longitudinalwellen, z. B. Schallwellen in Luft, gibt es keine derartige ausgezeichnete Transversalrichtung.

Das von der Sonne, einer thermischen Lichtquelle oder einer Leuchtstoffröhre kommende Licht zeigt keine transversale Vorzugsrichtung, d. h. *natürliches Licht* ist *unpolarisiert.* Das liegt daran, dass jede Lichtquelle aus einer ungeheuren Vielzahl von strahlenden Atomen besteht. Da die Schwingrichtungen dieser atomaren Sendedipole völlig regellos liegen, ändert sich die Schwingrichtung der ausgesendeten Lichtwelle, zu der stets viele, aber im Laufe der Zeit immer wieder andere Atome beitragen, ebenso regellos wie die Phase (Abschn. 7.4.1). Es ist also keine Richtung im zeitlichen Mittel ausgezeichnet. Erst durch einen sog. *Polarisator* wird eine bestimmte Schwingrichtung ausgesondert, indem dieser von jedem Wellenzug nur die Komponente in der betreffenden Richtung durchlässt.

Das können wir uns an einem mechanischen Beispiel klar machen. Wir erzeugen auf einem langen Seil mit der Hand transversale Wellen von gleichbleibender Frequenz und Amplitude, aber regellos wechselnder Schwingungsrichtung. Die Bewegung erfüllt dann einen Zylinder mit der Ausbreitungsrichtung als Achse. Die transversale Natur der Wellen ist zunächst nicht erkenn-

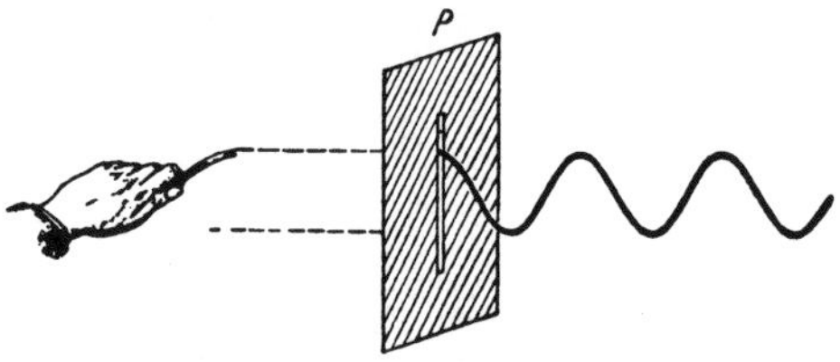

Abb. 7.68 Spalt als Polarisator bei Seilwellen (Aus *Pohl*: Optik)

bar. Lassen wir jedoch das Seil, s. Abb. 7.68, bei *P* einen Spalt durchlaufen, so sondert dieser eine einzige Schwingungsebene aus, hier die vertikale. Wird das Seil links speziell zu horizontalen Schwingungen angeregt, so lässt der als Polarisator für Seilwellen wirkende Spalt keine Welle passieren.

Für Licht gibt es Mineralien wie *Turmalin*, in denen die Lichtwellen mit einer ausgezeichneten Schwingrichtung praktisch vollständig absorbiert werden. Nur die dazu senkrecht schwingenden Lichtwellen treten durch (Durchlassschwingrichtung des Kristalls). Diese als *Dichroismus* bezeichnete Eigenschaft kann im *Polarisator* zur Herstellung von linear polarisiertem aus natürlichem Licht herangezogen werden. – Für praktische Zwecke benutzt man heute großflächige *Polarisationsfilter* oder *-folien*. Sie bestehen aus durchsichtigen, verstreckten Folien aus Zellulose oder Polyvinylalkohol, in denen die Kettenmoleküle parallel ausgerichtet sind. Dichroitische Kristallite von *Herapathit* werden vorher in die Folien eingelagert und erhalten bei der Verstreckung eine bestimmte Vorzugsrichtung, sodass das ganze System wie ein großer dichroitischer Kristall wirkt.

Unser Auge kann linear polarisiertes von unpolarisiertem Licht nicht unterscheiden; wir bemerken es auch am durchtretenden Licht nicht, wenn der Polarisator und damit die Schwingrichtung des Lichtes gedreht wird. Um die Drehung zu erkennen, benötigen wir als *Analysator* eine zweite Polarisationsfolie, die das linear polarisierte Licht durchläuft. Stellen wir die Durchlassschwingrichtung des Analysators der des Polarisators und damit der Schwingrichtung des Lichtes selbst parallel, so tritt das linear polarisierte Licht ungehindert hindurch. Verdrehen wir den Analysator dann um den Winkel φ, so müssen wir den Schwingungsvektor a_0 der auftreffenden Welle in zwei Komponenten $a_D = a_0 \cdot \cos\varphi$ und $a_S = a_0 \cdot \sin\varphi$ zerlegen, s. Abb. 7.69. a_S wird absorbiert. Die durchgelassene Lichtleistung E_D ist, wie bei jeder Schwingung (Abschn. 4.1.1 u. 6.8.4) proportional dem *Amplitudenquadrat* a_D^2. Es gilt daher

$$E_D = E_0 \cos^2\varphi\,, \tag{7.20}$$

wenn E_0 die einfallende Lichtleistung ist, vgl. auch Abschn. 7.5.4. Mit linear polarisiertem Licht gibt es also bei einer ganzen Umdrehung des Analysators zwei Dunkelstellungen, nämlich bei $\varphi = 90°$ und $270°$. Man sagt auch, dass Analysator und Polarisator in diesen Stellungen *gekreuzt* stehen.

Hinter dem Analysator bleibt das Licht linear polarisiert, schwingt aber in der Richtung *D*.

Fällt *natürliches* Licht ein, das ja aus unzähligen Einzelwellen mit allen möglichen Schwingungsrichtungen besteht, so lässt eine Polarisationsfolie von jeder Welle die entsprechende Komponente durch. Das bedeutet, dass im Mittel die *halbe Leistung* oder *Intensität* des einfallenden Lichtes durchgelassen wird.

7.4.6 Polarisation durch Reflexion und Streuung. Mit den bisher benutzten Polarisationsfolien konnten wir nur den Winkel φ zwischen den Durchlassschwingrichtungen von Polarisator und Analysator messen. Die Polarisationsrichtung der Welle selbst blieb unbekannt. Sie kann auch ohne weitere Hilfsmittel nicht bestimmt werden. Da wir also ohnehin die Richtung nicht kannten, haben wir einfach vom schwingenden Lichtvektor a_0 gesprochen, ohne eine Beziehung zur elektrischen oder magnetischen Feldstärke der elektromagnetischen Lichtwelle herzustellen. Das gelingt am einfachsten durch Polarisationsversuche mit *Reflexion*.

Dazu lassen wir ein Parallelbündel von linear polarisiertem Licht, aus natürlichem mit einer Polarisationsfolie hergestellt, auf eine Glasplatte fallen und beobachten das reflektierte Bündel. Wir variieren den Einfallswinkel unter Schwenken der Platte laufend im Bereich zwischen etwa 45° und 65° und verdrehen dabei schrittweise den Polarisator. Nach einigem Bemühen finden wir für Platte und Polarisator eine Einstellung, bei der kein Licht reflektiert wird. Unter dem dabei eingestellten Einfallswinkel, dem sog. *Brewster'schen Winkel*, wirkt die Glasplatte wie ein Analysator. Wenn sie in dieser Position bleibt und der Polarisator gedreht wird, beobachten wir Maxima und Nullstellen der Helligkeit im reflektierten Bündel. Die Leistung variiert wieder entsprechend $\cos^2\varphi$, s. Abb. 7.69.

Das *Brewster'sche Gesetz* sagt aus, dass eine unter dem Brewster-Winkel α_B einfallende Welle nicht reflektiert wird, wenn ihre *elektrische Feldstärke* in der *Einfallsebene* schwingt. In Luft gilt die Beziehung

$$\tan\alpha_B = n\,, \tag{7.21}$$

wobei n die Brechzahl des Glases ist. Dann stehen reflektierter und gebrochener Strahl aufeinander senkrecht, s. Abb. 7.70.

Fällt *natürliches* Licht unter dem Brewster-Winkel α_B auf die Glasplatte, dann wirkt sie für das reflektierte Licht als *Polarisator*. Es wird nämlich nur ein Anteil von dem Licht reflektiert, dessen elektrischer Vektor *senkrecht* zur Einfallebene schwingt, s. Abb. 7.70. So ist das reflektierte Bündel vollständig linear polarisiert. Das *durchgelassene* Licht aber ist nur *teilweise polarisiert*. Zwar sind die Wellen mit dem elektrischen Felde in der Einfallsebene dort stärker vertreten, weil sie überhaupt nicht reflektiert werden, aber auch ein Anteil von den senkrecht dazu schwingenden Wellen tritt in das Glas ein.

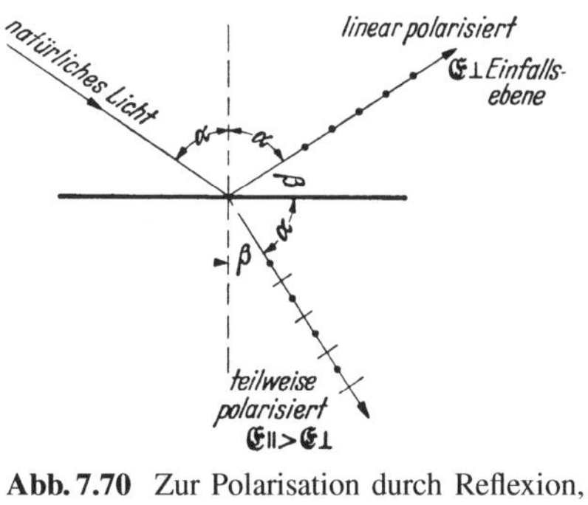

Abb. 7.70 Zur Polarisation durch Reflexion, E elektrische Feldstärke

Trifft das Licht unter einem Winkel auf die Platte, der etwas vom Brewster-Winkel abweicht, so ist auch das reflektierte Bündel nur teilweise polarisiert. Bei größerer Abweichung ist es praktisch unpolarisiert.

Die reflektierte Welle entsteht durch die zum Schwingen angeregten elektrischen Ladungen der Oberflächenatome (Abschn. 4.2.4). Diese bilden *Strahlungsdipole*, die senkrecht zur Ausbreitungsrichtung der Welle im Glas und jeweils in Richtung von deren elektrischer Feldstärke schwingen. Sie strahlen exakt in ihrer Schwingungsrichtung keine Wellen ab (Abschn. 6.8.5). Von einer Welle mit dem elektrischen Vektor in der Einfallsebene kann daher keine reflektierte Welle entstehen, wenn deren Ausbreitungsrichtung in Luft senkrecht zu der im Glas steht.

In diesem Falle gilt $\beta = 90 - \alpha_B$ oder $\sin\beta = \cos\alpha_B$, s. Abb. 7.70. Aus dem Snellius'schen Brechungsgesetz (Abschn. 7.1.5) folgt damit für den Brewster-Winkel $\sin\alpha_B / \cos\alpha_B = \tan\alpha_B = n$.

Im linear polarisierten Licht, das unter dem Brewster-Winkel reflektiert worden ist, schwingt die elektrische Feldstärke $\boldsymbol{E}$ senkrecht zur Einfallsebene, die magnetische Feldstärke $\boldsymbol{H}$ der elektromagnetischen Welle liegt also dann in der Einfallsebene. Welche von beiden man als Polarisationsrichtung bezeichnet, ist Konvention. Wir haben bisher nur von $\boldsymbol{E}$ gesprochen, weil bei der Wechselwirkung des Lichtes mit Materie in den allermeisten Fällen, wie auch bei Reflexion und Brechung, die elektrische Feldstärke wirksam ist. Es ist daher zweckmäßig, $\boldsymbol{E}$ als Lichtvektor und seine Schwingungsrichtung als *elektrische Polarisationsrichtung* zu bezeichnen[18].

Auch bei der *Streuung* an kleinsten Teilchen (Abschn. 7.4.4) sind es schwingende elektrische Dipole, die von der Primärstrahlung angeregt werden und das Streulicht ausstrahlen.

[18] In der historischen Entwicklung der Physik wurde die Polarisation des Lichtes durch Reflexion entdeckt, ehe die Eigenschaften der elektromagnetischen Wellen bekannt waren. Damals legte man willkürlich die Einfallsebene als „die" Polarisationsrichtung fest. Es ist daher ratsam, sich bei älteren Schriften zu vergewissern, welche Richtung gemeint ist, und bei eigenen Angaben die Bezeichnung „elektrische" hinzuzufügen.

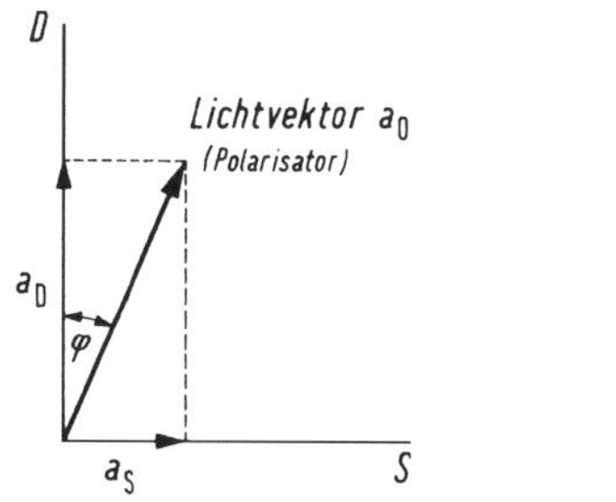

Abb. 7.69 Analysator mit Schwingrichtungen für Durchlass D und Absorption S. Die Welle breitet sich senkrecht zur Zeichenebene aus.

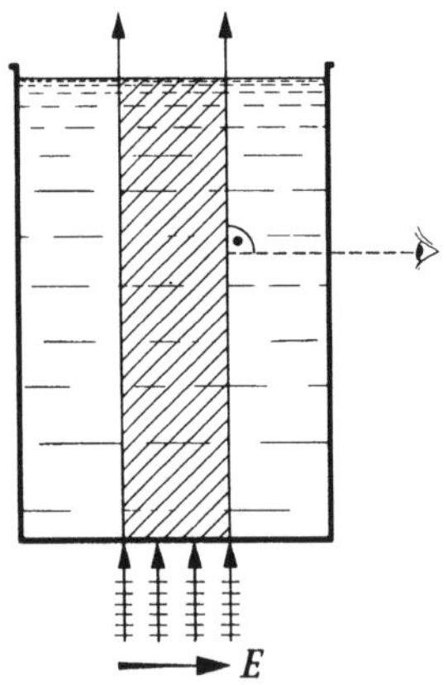

Abb. 7.71 Zur Streuung von linear polarisiertem Licht

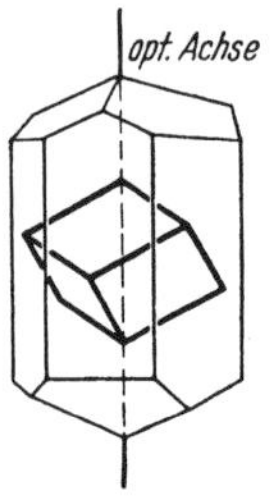

Abb. 7.72 Natürliche Kristallform des Kalkspates; Spaltstücke haben die dick eingezeichnete Rhomboederform

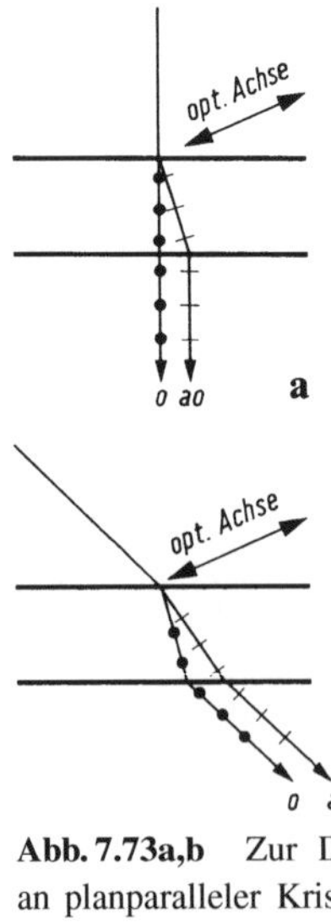

Abb. 7.73a,b Zur Doppelbrechung an planparalleler Kristallplatte. Markiert: Verlauf der elektrischen Feldstärke E

Verwendet man als Primärlicht solches mit linearer Polarisation, so schwingen alle Dipole in *nur einer* Richtung senkrecht zur Ausbreitungsrichtung des primären Bündels, z. B. entsprechend $\boldsymbol{E}$ in Abb. 7.71. Dann gelangt in das Auge, das in dieser Richtung beobachtet, kein Streulicht, und es sieht das Parallelbündel in einer trüben Flüssigkeit nicht leuchten. Wird nun die elektrische Polarisationsrichtung des Primärlichtes durch entsprechende Drehung der Polarisationsfolie langsam um 90° gedreht, so wächst die Leistung des Streulichtes, das in das an derselben Stelle bleibende Auge fällt, und das Parallelbündel zeichnet sich ihm als leuchtende Säule ab.

Dasselbe tritt bei fester Schwingrichtung des Primärlichtes ein, wenn das Auge um 90° um das Lichtbündel wandert. Das Experiment zeigt unmittelbar die transversale Vorzugsrichtung von linear polarisiertem Licht.

Natürliches Primärlicht erzeugt senkrecht zu seiner Ausbreitungsrichtung linear polarisiertes Streulicht. Dessen elektrischer Vektor schwingt senkrecht zur Ausbreitungsrichtung des Primärstrahles und natürlich senkrecht zur Beobachtungsrichtung. Auch das Himmelslicht ist teilweise polarisiert.

Vollständige lineare Polarisation setzt kugelförmige Streuteilchen oder isotrope Molekeln voraus. Anderenfalls beobachtet man nur teilweise Polarisation, und aus dem sog. *Depolarisationsgrad* kann man auf die optische oder elektrische Anisotropie der Moleküle schließen.

7.4.7 Doppelbrechung. Liegt ein natürlicher *Kalkspatkristall* ($CaCO_3$) auf einem Stück bedrucktem Papier, so sehen wir die Schrift *doppelt*. Diese Erscheinung beruht darauf, dass ein auf diesen Kristall treffender Lichtstrahl beim Durchgang sich im Allgemeinen in zwei verschiedene Strahlen teilt. Eine solche *Doppelbrechung* zeigen übrigens alle *anisotropen* Körper, also z. B. alle Kristalle mit Ausnahme der im kubischen System kristallisierenden. Kalkspat gehört zu den sog. *einachsigen* Kristallen, auf die wir uns hier beschränken wollen. In ihnen gibt es eine ausgezeichnete Richtung, die wir die *optische Achse* des Kristalls[19] nennen.

Wird eine planparallele Platte aus dem Kristall geschnitten, so beobachtet man keine Doppelbrechung, wenn die optische Achse senkrecht zur Fläche verläuft, die auf der Schrift liegt. Für Licht, das sich *in Richtung der optischen Achse* ausbreitet, verhält sich der einachsige Kristall wie eine *isotrope* Glasplatte. Abb. 7.72 zeigt die Rhomboederform der Spaltstücke eines Kalkspatkristalls. Die Verbindungslinie der beiden stumpfen Ecken ergibt die Richtung der optischen Achse.

Fällt ein Lichtstrahl senkrecht auf einen Kalkspatkristall, dessen natürliche Flächen paarweise parallel, aber schräg zur optischen Achse stehen, so erhalten wir im Allgemeinen zwei Strahlen, s. Abb. 7.73a. Der eine von ihnen geht ungebrochen hindurch, und der zweite wird trotz des senkrechten Einfalls abgelenkt. Beim Austritt erfolgt die Ablenkung in entgegengesetzter Richtung, sodass wir schließlich zwei parallele Strahlen erhalten. Den ersten Strahl, der sich normal verhält, bezeichnen wir als den *ordentlichen* Strahl o, den zweiten als den *außerordentlichen* ao. Dreht man den Kalkspat um die Richtung des einfallenden Strahles als Achse, so wandert der außerordentliche Strahl im Kreise um den ordentlichen herum. Auch bei schiefem Einfall, Abb. 7.73b, erhält man im Allgemeinen zwei Strahlen. Untersucht man die Strahlen mithilfe eines Analysators, so erweisen sich beide *stets* als zueinander *senkrecht linear polarisiert*.

Der ao. Strahl liegt immer im *Hauptschnitt*. Das ist die Ebene, die durch Einfallslot und optische Achse aufgespannt wird. Der elektrische Vektor schwingt im o. Strahl senkrecht, im ao. Strahl parallel zum Hauptschnitt, s. Abb. 7.73. Im ganz allgemeinen Fall, in dem der einfallende Strahl nicht, wie in Abb. 7.73b, im Hauptschnitt liegt, sondern schräg dazu verläuft, knickt der ao. Strahl in den Hauptschnitt ab. Der o. Strahl bleibt auch dann in der Einfallsebene.

Im Kristall hat die elektrische Verschiebung D (Abschn. 6.2.4) für den ao. Strahl eine andere Richtung als

[19] Der Ausdruck ist missverständlich, weil es sich um eine *Richtung in jedem Punkte* des Kristalles handelt, keineswegs um eine einzige Gerade nach Art der Linsenachse. – In hexagonalen und tetragonalen Kristallen ist sie die kristallographische c-Achse.

die elektrische Feldstärke E.Letztere steht immer senkrecht zur Ausbreitungsrichtung, während D hier senkrecht zum o. Strahl im Hauptschnitt liegt, in Abb. 7.73a z. B. horizontal.

So wie die gewöhnliche Brechung auf einer Verschiedenheit der Lichtgeschwindigkeit in den angrenzenden Medien beruht, ist die Doppelbrechung darauf zurückzuführen, dass die Lichtgeschwindigkeit in den betreffenden Kristallen von der Schwingungsrichtung abhängt. Im Kristall gibt es für jede Ausbreitungsrichtung der Wellen zwei ausgezeichnete elektrische Schwingungsrichtungen, die eine liegt *im Hauptschnitt (ao. Strahl)*, die andere *senkrecht* dazu also auch senkrecht zur optischen Achse *(o. Strahl)*. Nur linear polarisierte Wellen, deren elektrischer Vektor in einer dieser beiden Richtungen schwingt, können sich ungestört ausbreiten. Alle anderen Wellen muss man in zwei entsprechende Komponenten zerlegen, die sich unterschiedlich verhalten.

Außerdem ist für den außerordentlichen Strahl die Geschwindigkeit noch von der Richtung, in der er durch den Kristall läuft, abhängig. Das erklärt seine Brechung bei senkrechtem Einfall. Die Elementarwellen, die von jedem Punkt der Kristalloberfläche ausgehen, haben als Wellenflächen nicht Kugeln, sondern Rotationsellipsoide, weil die Ausbreitungsgeschwindigkeit senkrecht zur optischen Achse anders – speziell in Kalkspat größer – ist als parallel zu ihr. Die Figurenachse jedes Rotationsellipsoids steht parallel zur optischen Achse des Kristalls und ist in Abb. 7.74 ausgezogen eingezeichnet. Die gemeinsame Tangentialebene aller Wellenflächen ist die Wellenfront. Bei senkrechtem Einfall bleibt zwar ihre Richtung gegenüber der in Luft ungeändert, nämlich parallel zur Oberfläche des Kristalls. Aber die Welle breitet sich im Kristall nicht senkrecht zur Wellenfront aus. Letztere „schiebt" vielmehr, wie die Pfeile in Abb. 7.74 andeuten, schräg durch den Kristall, ähnlich einem Flugzeug bei Seitenwind. Deshalb knickt das ao. Lichtbündel an der Kristallfläche ab, das o. Bündel mit Kugeln als Wellenflächen natürlich nicht.

Die Brechzahl n_o für den ordentlichen Strahl beträgt in Kalkspat stets 1,65, für den außerordentlichen liegt n_a zwischen 1,48 und 1,65. Den kleinsten Wert erhalten wir, wenn der außerordentliche Strahl den Kalkspat senkrecht zur optischen Achse durchläuft. In dieser Richtung ist also seine Ausbreitungsgeschwindigkeit $c_a = c/n_a$ am *größten*. Kalkspat wird als *negativ einachsiger* Kristall bezeichnet. In *positiv* einachsigen Kristallen ist die Ausbreitungsgeschwindigkeit des ao. Strahles senkrecht zur optischen Achse am kleinsten, die Brechzahl n_a also am größten.

Ist eine Platte *parallel* zur optischen Achse geschnitten, so geht bei senkrechtem Einfall auch der außerordentliche Strahl ungebrochen hindurch. Es erfolgt also keine Trennung der Strahlen. Da sie aber wegen der unterschiedlichen Brechzahlen mit verschiedener Geschwindigkeit durch den Kristall hindurchgehen, erhalten sie einen Gangunterschied, vgl. auch Abschn. 7.4.9.

Die Doppelbrechung gibt uns auch die Möglichkeit, linear polarisiertes Licht zu erzeugen. Wir müssen dazu nur die beiden senkrecht zueinander polarisierten Bündel trennen und das eine absorbieren.

Das erreicht man mithilfe eines *Nicol'schen Prismas* (Nicol). Ein Spaltstück des Kalkspats wird an den Enden so weit abgeschliffen, bis die Endflächen mit den Längskanten Winkel von 68° bilden; dann wird das Stück diagonal und senkrecht zu den neuen Endflächen in zwei gleiche Teile geschnitten und diese mit Kanadabalsam ($n = 1{,}54$) zusammengekittet, s. Abb. 7.75. Ein Strahl von natürlichem Licht wird an der Fläche AB doppelt gebrochen. Die Brechung ist für den ordentlichen Strahl wegen seiner höheren Brechzahl $n_0 = 1{,}65$ stärker, sodass er so schief auf die Kanadabalsamschicht als dünneres Medium trifft, dass er total reflektiert und an der geschwärzten Seitenfläche absorbiert wird. Der außerordentliche Strahl geht durch die Kanadabalsamschicht, die für ihn optisch dichter ist, hindurch und verlässt das Prisma mit einer geringen Parallelverschiebung.

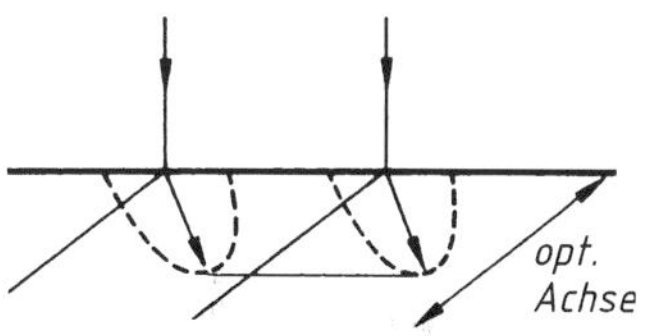

Abb. 7.74 Elementarwellen des ao. Strahles in Kalkspat

Neben der natürlichen Doppelbrechung kennen wir auch eine *künstliche Doppelbrechung*. Durch elektrische Felder kann man isotrope Flüssigkeiten und Gase doppelbrechend machen, sog. *Kerr-Effekt*. Dabei richten sich die Moleküle in einem äußeren Feld teilweise aus, und das Medium erhält eine Vorzugsrichtung. Auch in einer strömenden Flüssigkeit erhalten wir eine Doppelbrechung, die sog. *Strömungsdoppelbrechung*. Sie bleibt erhalten in Folien aus Kunststoff, die bei der Herstellung heiß verstreckt worden sind. – Das gleiche gilt, wenn in einem durchsichtigen Festkörper elastische Spannungen vorhanden sind, z. B. in zu

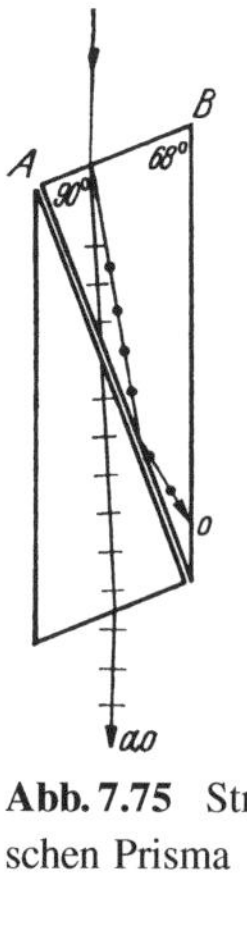

Abb. 7.75 Strahlengang im Nicol'schen Prisma

schnell abgekühltem Glas oder bei durchsichtigen, isotropen Körpern, wenn sie elastisch deformiert werden, s. Abschn. 3.2.3 (*Spannungsdoppelbrechung*).

Man kann fast sagen, dass es umgekehrt großer Mühe bei der Herstellung von Glas und Kunststoff bedarf, soll das Material *nicht* doppelbrechend sein. Gewöhnlich sind Folien, Platten oder Behälter aus Kunststoff optisch anisotrop, haben aber keine einheitliche optische Achse wie ein Einkristall.

7.4.8 Drehung der Polarisationsebene, optische Aktivität. Bringt man zwischen zwei gekreuzt stehende Polarisationsfolien eine Zuckerlösung, so wird das vorher dunkle Gesichtsfeld aufgehellt. Bei monochromatischem Licht kann man durch Nachdrehen des Analysators wieder völlige Dunkelheit erzielen. Daraus schließen wir, dass die Zuckerlösung die *Polarisationsebene* des *Lichtes gedreht* hat, und zwar um den Winkel, um den wir den Analysator nachgedreht haben.

Diese als *optische Aktivität* bezeichnete Eigenschaft, die Polarisationsebene des durchgehenden Lichtes zu drehen, findet man vor allem bei vielen organischen Flüssigkeiten und Lösungen. Sie beruht auf einer Asymmetrie, die z. B. alle Moleküle mit einem *asymmetrischen Kohlenstoffatom* aufweisen. Asymmetrisch ist ein Kohlenstoffatom dann, wenn seine vier Valenzen durch vier *verschiedene* Atomgruppen abgesättigt sind. Vertauscht man in einer solchen Verbindung zwei Substituenten, so erhält man das Spiegelbild des ursprünglichen Moleküls, s. Abb. 7.76. Man bezeichnet solche Moleküle als *optische Isomere*, weil die eine Form die Polarisationsebene nach links, die andere nach rechts dreht; blickt man gegen die Lichtausbreitung, bedeutet rechts im Uhrzeigersinn, links entgegengesetzt. In einer Mischung von gleichen Teilen zweier optischer Isomere, z. B. von Links- und Rechts-Weinsäure, ist die Drehung aufgehoben. Man bezeichnet einen solchen optisch inaktiven Stoff als *Razemat*.

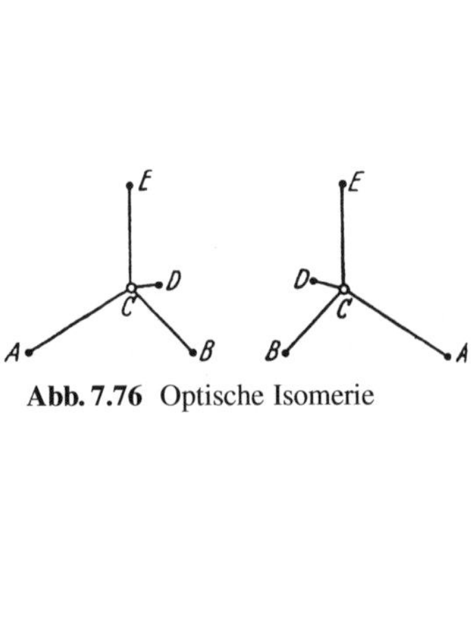

Abb. 7.76 Optische Isomerie

Die *physiologischen* Eigenschaften zweier optischer Isomeren können sehr verschieden sein. Das liegt daran, dass viele Zellen im Organismus selbst asymmetrisch gebaut sind und daher bevorzugt mit einem der beiden Isomeren reagieren. Daher kann z. B. das eine viel giftiger als das andere sein. Niedere Organismen, Pilze und Bakterien verzehren vielfach nur eine der beiden Formen, sodass man auf diese Weise die andere isolieren kann.

Neben den optisch aktiven Flüssigkeiten vermögen auch manche *Kristalle* die Polarisationsebene zu drehen. Das wichtigste Beispiel ist Quarz, den man in Richtung seiner optischen Achse durchstrahlt. Auch hier gibt es eine rechts- und linksdrehende Form.

Bei allen optisch aktiven Substanzen hängt die Drehung von der Frequenz des Lichtes ab, und zwar nimmt sie im Allgemeinen wie die Brechzahl vom Rot zum Violett zu. Man spricht von einer *Rotationsdispersion*. Daher misslingt der Versuch, bei *weißem* Licht nach Einbringen einer optisch aktiven Substanz durch Drehen des Analysators wieder Dunkelheit einzustellen. Man sieht vielmehr nacheinander *verschiedene Mischfarben*, welche die Komplementärfarben zu der bei der jeweiligen Analysatorstellung ausgelöschten Spektralfarbe sind.

Saccharimetrie. Für wässrige Zuckerlösungen der Konzentration c ist der Drehwinkel

$$\beta = \beta_0 c l\,; \tag{7.22a}$$

β_0 ist der *spezifische Drehwinkel*, eine Stoffkonstante, die von der Frequenz des verwendeten Lichts abhängt. Der durchstrahlten Schichtdicke l ist der Drehwinkel bei allen optisch aktiven Substanzen proportional. Obige Beziehung benutzt man, um aus dem in einem sog. *Polarimeter* gemessenen Drehwinkel die Konzentration c zu berechnen.

Polarimeter. Das einfachste Polarimeter arbeitet mit monochromatischem Licht und besteht aus zwei Polarisationsfolien, oder meist aus zwei Nicols, von denen der zweite, der Analysator, drehbar ist. Man stellt ohne optisch aktive Substanz auf Dunkelheit ein. Dann bringt man die Substanz zwischen die Nicols und verdreht den Analysator so weit, bis wieder Dunkelheit eintritt. – Um genauere Ergebnisse zu erhalten, verwendet man z. B. eine *Doppelquarzplatte D*, s. Abb. 7.77. Diese besteht aus zwei aneinandergekitteten gleich dicken Quarzplatten, von denen die eine die Schwingungsrichtung um einige Grad nach links, die andere nach rechts dreht. Auf ihre Grenzlinie wird das in der Abb. 7.77 nicht

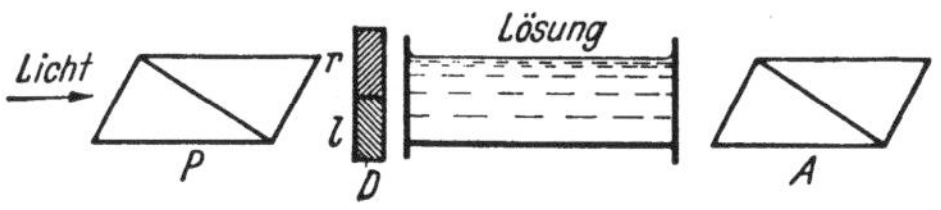

Abb. 7.77 Polarimeter mit Halbschatteneinrichtung

eingezeichnete Beobachtungsfernrohr scharf eingestellt. Dann sieht man die Gesichtsfeldhälften gleich hell, wenn Analysator und Polarisator parallel stehen. Bei gekreuzten Nicols sind beide nicht völlig dunkel, aber wieder von gleicher Helligkeit, sog. *Halbschattenstellung*.

Dreht man den Analysator um einen kleinen Winkel aus dieser Stellung, so wird die eine Hälfte heller, die andere dunkler, bei Drehung in entgegengesetzter Richtung ist es umgekehrt. Weil unser Auge das Verschwinden der Trennlinie bzw. kleine *Helligkeitsunterschiede* nebeneinander liegender Flächen sehr gut erkennen kann, ist die Halbschatteneinstellung sehr viel exakter zu finden als die *absolute* Dunkelstellung ohne Halbschatteneinrichtung.

Andere Polarimeter arbeiten mit weißem Primärlicht ohne Farbfilter und stellen gleiche Mischfarbe, meist purpur, in den Gesichtsfeldhälften ein.

Die Polarisationsebene wird deshalb gedreht, weil optisch aktive Kristalle eine Schraubenachse besitzen. In ihrer Richtung können sich nur links- und rechtszirkular polarisierte Wellen (Abschn. 7.4.9) ungestört ausbreiten und haben verschiedene Geschwindigkeiten c_0/n_L bzw. c_0/n_R. Eine auf treffende linear polarisierte Welle zerlegt sich in eine links- und eine rechtszirkular polarisierte mit gleicher Amplitude. Nach Durchlaufen der optisch aktiven Substanz mit der Dicke l haben beide den Gangunterschied $(n_L - n_R)l$ und setzen sich wieder zu einer linear polarisierten Welle zusammen. Ihre Schwingrichtung ist aber um den Winkel

$$\beta = \pi(n_L - n_R)\frac{l}{\lambda_0} \qquad (7.22b)$$

gedreht.

7.4.9 Elliptisch polarisiertes Licht.

Im doppelbrechenden Kalkspat sind es dagegen zwei *linear* polarisierte Wellen mit senkrecht aufeinander stehenden Schwingebenen, die ihn allein ungestört durchlaufen, sog. Fundamentalwellen, vgl. Abschn. 7.4.7. Speziell falle senkrecht auf eine Kalkspat-Platte, die *parallel* zur optischen Achse geschnitten ist, ein *monochromatisches* Lichtbündel. Es sei *linear polarisiert* und schwinge *schräg* zur optischen Achse. Dieses Bündel durchsetzt die Platte unabgelenkt, zerlegt sich aber dabei in zwei Fundamentalwellen, ordentliche und außerordentliche, die beim senkrechten Austritt wegen der verschiedenen Geschwindigkeiten eine Phasendifferenz haben.

Zwei senkrecht zueinander verlaufende *mechanische Schwingungen* überlagern sich im allgemeinen Fall zu einer elliptischen Schwingung, deren Gestalt von ihrer Phasendifferenz abhängt, vgl. Abschn. 4.1.2.3. Auf einem Seil lässt sich entsprechend eine elliptisch polarisierte, transversale Welle herstellen. Jeder Seilpunkt durchläuft eine fest im Raum stehende Ellipse, die für alle Punkte des Seiles in der Transversalebene liegt und die gleiche Form und Orientierung hat. Diejenigen Punkte, die um λ voneinander auf dem Seil entfernt sind, befinden sich stets an der gleichen Stelle der Ellipsenbahn. Dazwischen ändert sich die momentane Lage stetig, sodass zu jedem Zeitpunkt das Seil die Gestalt einer elliptischen Schraubenlinie annimmt.

Analog haben wir unter den dargestellten Bedingungen hinter der Kalkspatplatte *elliptisch polarisierte* Lichtwellen. Der Lichtvektor rotiert und ändert an jeder Stelle seine Länge, wie es der Pfeil zwischen Mittel- und Kurvenpunkt einer Ellipse bei Rotation tut.

Am einfachsten sind die Vorgänge in der doppelbrechenden Platte zu übersehen, wenn ihre optische Achse und die Schwingrichtung der einfallenden Welle einen Winkel von 45° miteinander bilden, sog. *Diagonalstellung*, s. Abb. 7.78. Wir wollen uns auf diese beschränken. Ordentliche und außerordentliche Welle haben dann gleiche Amplitude, und ihre Phasendifferenz nach Durchlaufen der Plattendicke d beträgt $\varphi = 2\pi(n_0 - n_a)d/\lambda_0$, wobei n_0 und n_a die Brechzahlen für die beiden Wellen sind. Die einfallende, linear polarisierte Welle habe die Amplitude A, dann errechnet sich die eine Ellipsenachse, die parallel zur Polarisatorschwingrichtung steht, als $A_1 = A|\cos\varphi/2|$, die andere ist $A_2 = |\sin\varphi/2|$, s. Abb. 7.78. Man erkennt leicht die Sonderfälle:

$\varphi = \pi$, die auslaufende Welle ist linear polarisiert, aber senkrecht zur einfallenden ($A_1 = 0$, $A_2 = A$),

$\varphi = \pi/2$, wir haben mit $A_1 = A_2 = A/\sqrt{2}$ zirkulare Polarisation.

Man nennt eine doppelbrechende Schicht, die zwischen ordentlicher und außerordentlicher Welle die Phasendifferenz $\pi/2$ hervorruft, ein *$\lambda/4$-Blättchen*.

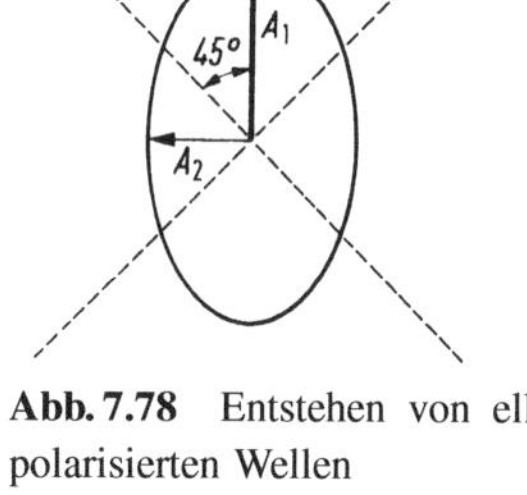

Abb. 7.78 Entstehen von elliptisch polarisierten Wellen

Da die Phasendifferenz φ der Wellenlänge umgekehrt proportional ist, erreicht man mit dem $\lambda/4$-Blättchen nur für einfarbiges Licht eine einheitliche elliptische, bzw. zirkulare Polarisation.

Beim Drehen eines *Analysators* ergibt auftreffendes elliptisch polarisiertes, monochromatisches Licht *keine Dunkelstellung*. Vielmehr ist die durchtretende Lichtleistung proportional $A_1^2 \cos^2 \alpha + A_2^2 \sin^2 \alpha$, wenn die Ellipsenachsen A_1 und A_2 sind und α der Winkel zwischen A_1 und der Analysatorschwingrichtung ist. Nur falls A_1 oder A_2 verschwindet (lineare Polarisation), gibt es Einstellungen mit der Lichtleistung Null. Bei *zirkular* polarisiertem Licht ($A_1 = A_2$) ist die Helligkeit sogar unabhängig von der Analysatorstellung. Man darf das aber nicht mit natürlichem Licht verwechseln, bei dem das auch der Fall ist. Die Unterscheidung gelingt sofort mit einem weiteren $\lambda/4$-Blättchen vor dem Analysator, das aus dem zirkulär polarisierten Licht wieder linear polarisiertes macht. Das aber ist durch Dunkelstellungen des Analysators erkennbar. Am natürlichen Licht ändert das $\lambda/4$-Blättchen nichts; es bleibt unpolarisiert.

Das *Polarisationsmikroskop* nutzt unterschiedlich doppelbrechende Partien im Objekt aus, um diese zu unterscheiden und so Strukturen zu verdeutlichen. Das Objekt wird mit weißem, linear polarisiertem Licht beleuchtet, und dahinter, meist zwischen Objektiv und Okular, befindet sich ein drehbarer Analysator. Weil die entstehende Phasendifferenz zwischen ordentlicher und außerordentlicher Welle stets von der Wellenlänge (Frequenz) abhängt, ergeben sich bei weißem Licht zusätzlich Mischfarben. Diese ändern sich beim Drehen des Analysators und gehen z. B. nach 90° in die Komplementärfarben über.

Aufgaben

7.4.1 Ein Deckglas habe die Dicke 0,3 mm und die Brechzahl 1,4. Wie viel Frequenzen werden im sichtbaren Wellenbereich zwischen 400 und 800 nm bei senkrechtem Einfall im durchtretenden Licht durch Interferenz maximal verdunkelt?

7.4.2 Wie ändern sich die Radien der Newton'schen Ringe, wenn zwischen Linse und Glasplatte statt Luft sich Wasser ($n = 1{,}333$) befindet?

7.4.3 Unter welchen Winkeln findet man die Spektrallinien 1. und 2. Ordnung von Na-Licht ($\lambda_0 = 589$ nm) bei einem Gitter abgebeugt, das 2000 Spalte pro cm hat?

7.4.4 Wie ändert sich das Bild des Beugungsspektrums, wenn man das Beugungsgitter um die Einfallsrichtung des primären Bündels in Abb. 7.63 als Achse dreht? Drehwinkel 45°. Spektrometer vgl. Abb. 7.57.

7.4.5 Das Beugungsspektrum 3. Ordnung eines Gitters fällt gerade mit der ersten Nullstelle des Beugungsbildes der Gitterspalte zusammen, so dass es keine Helligkeit hat, also nicht beobachtet wird. Wie groß ist das Verhältnis Spaltbreite a/Gitterkonstante g?

7.4.6 Der Analysator wird mit seiner Durchlassschwingrichtung um 35° gegen die des Polarisators gedreht, vgl. Abb. 7.69. Wie groß ist die durchgelassene Lichtleistung, wenn 5 µW bei 0° gemessen wurden?

7.4.7 Wie groß ist der Brewster'sche Winkel α_B beim Übergang von Wasser ($n = 1{,}333$) in Luft?

7.4.8 Man beobachtet beim Streulicht-Versuch von Abb. 7.71 nicht unter 90° zur Ausbreitungsrichtung des primären Lichtbündels, sondern unter 60°. Was sieht man?

7.4.9 In einem einfachen Polarimeter ohne Halbschatteneinrichtung werde mit weißem Licht gearbeitet und ohne optisch aktive Substanz der Analysator auf Dunkelheit eingestellt. Dann wird die Zelle mit Zuckerlösung eingebracht und der Analysator in der Drehrichtung des Zuckers verstellt. Welche Farbenfolge beobachtet man?

7.4.10 In welcher Einheit muss man den spez. Drehwinkel β_0 angeben, wenn c als Stoffmengenkonzentration eingesetzt und β in Grad gemessen werden soll?

7.4.11 Elliptisch polarisiertes Licht mit dem Achsenverhältnis 2 : 1 wird aus linear polarisiertem mit einer doppelbrechenden Platte in Diagonalstellung, s. Abb. 7.78, hergestellt. Wie groß muss die Phasendifferenz von o und ao Bündel beim Verlassen der Platte sein?

7.4.12 Das elliptisch polarisierte Licht von Aufgabe 7.4.11 fällt auf einen Analysator, und die durchtretende Leistung ist P_0, wenn dessen Durchlassschwingrichtung parallel zur großen Ellipsenachse steht. Wie groß ist sie in folgenden Stellungen? a) Parallel zur kleinen Ellipsenachse. b) Unter 45° gegen beide Ellipsenachsen.

7.5 Elektromagnetisches Spektrum

7.5.1 Übersicht über das gesamte Spektrum. Der Frequenzbereich der elektromagnetisehen Wellen überdeckt ein außerordentlich großes Gebiet, von dem der Wellenbereich, auf den unser Auge anspricht, nur einen winzigen Ausschnitt bildet, vgl. Abb. 7.79 und Tabelle 7.2. An das sichtbare Gebiet schließt

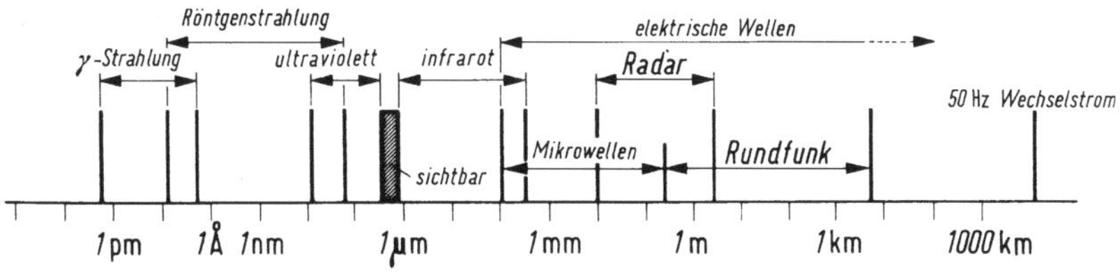

Abb. 7.79 Elektromagnetisches Spektrum in logarithmischer Skala der Luftwellenlänge

Tabelle 7.2 Übersicht über das elektromagnetische Spektrum, λ_0 Luftwellenlängen

Strahlenart	λ_0	Nachweis
γ-Strahlen	unter 40 pm	Ionisation
Röntgenstrahlen	0,02–0,3 nm	Ionisation, Fotografie, Fluoreszenz
Sehr weiche Röntgenstrahlen, Schumann-UV	0,3–185 nm	(wie Röntgenstrahlen)
Ultraviolett, nahes	185–390 nm	Fotografie, Fluoreszenz
Sichtbarer Bereich	390–780 nm	Auge, Fotografie
Infrarot, nahes	0,78–8 µm	Fotografie, Fotoeffekt, Thermosäule
Infrarot, fernes	8–1000 µm	Thermosäule, Bolometer
Elektrische Wellen	1 mm bis ∞	Bolometer, Kristalldetektor, Röhren- und Transistorempfänger

sich nach der Seite längerer Wellen das Gebiet der *infraroten Strahlen* an. Diese werden von heißen Körpern als *Wärmestrahlung* ausgesandt. An ihrem langwelligen Ende überschneidet sie sich mit den kürzesten elektrischen Wellen, die man durch Schwingung von Elektronen in kleinsten Resonatoren und in Elektronenstrahlen oder auch mit speziellen Halbleiterdioden herstellen kann. Dort folgt der Mikrowellenbereich von etwa 1 mm bis 30 cm Vakuumwellenlänge. Die Radartechnik benutzt solche zwischen etwa 1 cm und 3 m. An diesen Bereich schließen sich die ultrakurzen, kurzen und langen *Radiowellen* an. Dann folgt das Gebiet der technischen Hochfrequenzströme, der tonfrequenten und der gewöhnlichen Wechselströme. Zur Frequenz des Ortsnetzes von 50 Hz gehört eine Luftwellenlänge von etwa 6000 km. – Nach der Seite kleinerer Wellenlängen grenzt an das sichtbare Spektrum das *ultraviolette* Gebiet, an das sich die *Röntgen-* und dann die γ-Strahlen der radioaktiven Stoffe anschließen. Noch kürzer ist die Wellenstrahlung, welche die kosmische Strahlung begleitet.

Für die Anwendung der elektromagnetischen Wellen in Technik und Medizin ergeben sich innerhalb dieses weiten Frequenzbandes naturbedingte Grenzen. So werden die sehr weichen Röntgenstrahlen und das kurzwellige, sog. Schumann-Ultraviolett von der Luft so stark absorbiert, dass mit diesen Wellen nur im Hochvakuum experimentiert werden kann. Ferner ist es zwar grundsätzlich möglich, aber sehr aufwändig, größere Strahlungsleistung im fernen Infrarot herzustellen. Aber dieser Spektralbereich ist rein technisch nicht besonders interessant, weil man mit Kurzwellen, Mikrowellen und den Wellen des nahen Infrarot dasselbe erreichen kann, nämlich eine intensive Wärmewirkung. Daneben steht die Anwendung zur Nachrichtenübertragung, vgl. Abschn. 6.8.6 und 7.1.6 *Lichtleiter*. Grundsätzlich andersartige Wirkungen lassen sich im nahen Ultraviolett und mit Röntgenstrahlen ausnutzen, die alle letztlich auf die Ionisation von Atomen oder die Auslösung von photochemischen Prozessen zurückgehen.

Die für das sichtbare Licht abgeleiteten allgemeinen Gesetze der geometrischen und Wellenoptik gelten grundsätzlich auch für die anderen Wellen des elektromagnetischen Spektrums, nur bei extrem langen und extrem kurzen Wellen sind sie allerdings praktisch ohne Bedeutung. Man bezeichnet daher häufig jede elektromagnetische Strahlung mit Ausnahme der elektrischen Wellen und der γ-Strahlung als Licht und spricht daher auch von infrarotem, ultraviolettem und sogar von Röntgenlicht. Wir untersuchen zunächst, inwieweit die bekannten Lichtquellen auch unsichtbares Licht ausstrahlen.

7.5.2 Infrarotes Licht (IR). Bringen wir in das mit einem Prisma spektral zerlegte Licht der Sonne oder einer Bogenlampe die eine Lötstelle eines Thermoelementes (Abschn. 6.4.7), so zeigt ein empfindliches Voltmeter auch jenseits des roten Endes des sichtbaren Gebietes einen kräftigen Ausschlag. Die Lichtquelle muss also auch jenseits des Sichtbaren eine langwelligere Strahlung mit merklicher Leistung emittieren. Da Glas in diesem Spektralbereich stark absorbiert, benutzt man zur Untersuchung des *infraroten Spektrums* Prismen und Linsen aus Steinsalz oder Sylvin. Quarz ist nur für ganz kurz- und ganz langwelliges Infrarot durchlässig.

Der Nachweis der infraroten Strahlung kann bis etwa 1,3 μm Wellenlänge photographisch mit besonders sensibilisierten Filmen erfolgen. Auch der Photoeffekt ist im sog. *nahen* IR bis etwa 6 μm anwendbar (Halbleiterphotozellen, vgl. Abschn. 7.6.1). Meist wird die infrarote Strahlung aber dadurch gemessen, dass die in ihr enthaltene Energie absorbiert und in Wärme umgewandelt wird. Man benutzt dazu ein Vakuumthermoelement bzw. zur Steigerung der Empfindlichkeit eine Reihe von hintereinandergeschalteten Elementen, eine sog. *Thermosäule*. Die bestrahlten Lötstellen sind berußt, sodass die auffallende Strahlung absorbiert wird und eine entsprechende Temperaturerhöhung verursacht. Die unbestrahlten Lötstellen bleiben auf Raumtemperatur. Die erzeugte Thermospannung ist ein Maß für die Strahlungsleistung.

Außerdem benutzt man das *Bolometer*, d. h. einen dünnen, einseitig berußten Metallstreifen. Die durch die Strahlung hervorgerufene Temperaturerhöhung ergibt eine in einer Brückenschaltung messbare Widerstandsänderung, s. auch Abschn. 6.3.5

Mit Hilfe eines *Bildwandlers* kann man unter Energiezufuhr infrarotes, unsichtbares Licht in sichtbares umwandeln. Dazu wird der Gegenstand mittels infraroter Strahlen optisch auf eine für diese Strahlung empfindliche Schicht abgebildet, deren „Bildpunkte", je nach Helligkeit, Photoelektronen emittieren (Abschn. 7.6.1). Diese Elektronen werden beschleunigt und elektronenoptisch auf die entsprechenden Punkte eines Leuchtschirms fokussiert, wo sie durch Fluoreszenz ein sichtbares Bild erzeugen.

Die praktische Anwendung nutzt bei *Bestrahlung* mit IR-Licht großer Leistung allein seine *Wärmewirkung* aus, sei es bei medizinischer Therapie, sei es bei Lacktrocknung oder Raumheizung.

7.5.3 Gesetze der Temperaturstrahlung. Erhitzen wir einen Körper, etwa einen Platindraht auf elektrischem Wege, so sendet er zunächst nur langwellige *Wärmestrahlung* aus. Mit steigender Temperatur kommen immer mehr kürzere Wellen hinzu, und der Körper beginnt zu leuchten. Er glüht zuerst rot, dann gelb und schließlich weiß. Mit der Temperatur ändert sich also offenbar die spektrale Zusammensetzung der Strahlung. Ferner steigt die insgesamt ausgestrahlte Leistung mit der Temperatur sehr stark an (Abschn. 5.5.3).

Die *Temperaturstrahlung* beruht darauf, dass in der ungeordneten Wärmebewegung der Moleküle durch Stoß auch die Elektronen und Ionen zu ungeordneten Schwingungen in allen möglichen Richtungen angeregt werden. Die Schwingfrequenzen aller Ladungsträger in einem Festkörper überdecken ein *kontinuierliches* breites Band. Die mit wachsender Temperatur immer stärker schwingenden Ladungsträger wirken wie atomare Sender und senden elektromagnetische Wellen der entsprechenden Frequenzen aus. Umgekehrt führen diese Oszillatoren beim Auftreffen von Strahlung erzwungene Schwingungen aus, absorbieren also Strahlungsenergie.

Die von der Flächeneinheit eines Körpers in den Halbraum ausgestrahlte Leistung, d. h. das Verhältnis Strahlungsleistung zu Fläche, bezeichnen wir als sein *Emissionsvermögen E*. Seine Absorption beschreiben wir durch sein *Absorptionsvermögen A*. Darunter verstehen wir den Bruchteil der auffallenden Strahlungsleistung, der vom Körper absorbiert, also weder reflektiert noch durchgelassen wird. Ein Körper, der alle auftreffende Strahlungsenergie absorbiert und meist letztlich in Wärme umwandelt, hat das Absorptionsvermögen $A = 1$. Wir bezeichnen ihn als einen *vollkommen schwarzen Körper*.

Wenn zwei Körper, die auf gleicher Temperatur sind, sich gegenseitig Energie zustrahlen, so darf dadurch nach dem zweiten Hauptsatz der Wärmelehre (Abschn. 5.2.6) keine Temperaturdifferenz entstehen. Daraus folgt das *Kirchhoff'sche Strahlungsgesetz: Das Verhältnis zwischen Emissions- und Absorptionsvermögen ist für alle Körper dasselbe und gleich dem Emissionsvermögen e eines schwarzen Körpers derselben Temperatur oder*

$$E/A = e\,. \tag{7.23}$$

Beweis: Es sei *I* eine schwarze Fläche, s. Abb. 7.80. Ihr gegenüber stehe eine gleich große Fläche *II* mit dem beliebigen Emissionsvermögen E. Im Falle konstanter Temperatur muss die von *II* ausgestrahlte Leistung E gleich dem absorbierten Anteil der ihr von *I* zugestrahlten sein (Strahlungsgleichgewicht). Also gilt die Beziehung $E = eA$.

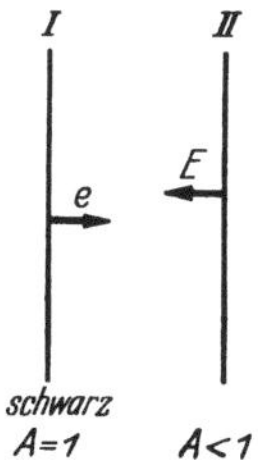

Abb. 7.80 Zum Kirchhoff'schen Strahlungsgesetz

Den *schwarzen Körper* realisieren wir, weil es Stoffe, die Licht aller Wellenlängen vollständig absorbieren, auf der Erde nicht gibt, durch einen *Hohlraum* mit einer kleinen Öffnung. Licht, das auf diese trifft, findet nicht den Rückweg, sondern wird an den Innenflächen vielfach partiell reflektiert und dabei schließlich völlig absorbiert. So sieht das Schlüsselloch stets schwärzer aus als die schwärzeste Tür. Heizen wir die Hohlraumwände auf, so strahlt die Öffnung wie ein schwarzer Körper. Sie ist heller als die ebenso heiße Wand. Wegen der Art ihrer Herstellung bezeichnet man die Strahlung des schwarzen Körpers auch als *schwarze Strahlung* oder *Hohlraumstrahlung*.

Das Emissionsvermögen e des schwarzen Körpers hängt nach einem *allgemeinen Naturgesetz*, d. h. ohne individuelle Stoffkonstanten, nur von der Temperatur und der Frequenz ab. Nach diesem Gesetz können wir die emittierte Leistung jedes beliebigen Körpers angeben, wir müssen nur dessen Absorptionsvermögen A kennen, das im Allgemeinen noch spezifisch von der Frequenz abhängt, vgl. auch Abschn. 7.1.8.

Die im Spektrum des schwarzen Körpers für verschiedene Temperaturen gemessene Energieverteilung zeigt die Abb. 7.81. Sie gibt das Emissionsvermögen in Abhängigkeit von der Wellenlänge an. $E_\lambda \Delta\lambda$ misst die im Bereich zwischen λ und $\lambda + \Delta\lambda$ von der Flächeneinheit nach einer Seite in den Raum ausgestrahlte Leistung. Der ins sichtbare Gebiet fallende Strahlungsanteil, der schraffiert gezeichnet ist, erreicht erst bei Temperaturen oberhalb 1000 K eine nennenswerte Größe. Die Energieverteilung zeigt für alle Temperaturen ein Maximum, das sich mit steigender Temperatur zu kürzeren Wellen hin verschiebt. Dabei gilt das *Wien'sche Verschiebungsgesetz*, wonach das Produkt der absoluten Temperatur T und der dem Emissionsmaximum entsprechenden Wellenlänge λ_{max} konstant ist, also

$$\lambda_{max} \cdot T = \text{const} = 2898\,\mu\text{m} \cdot \text{K}\,. \tag{7.24}$$

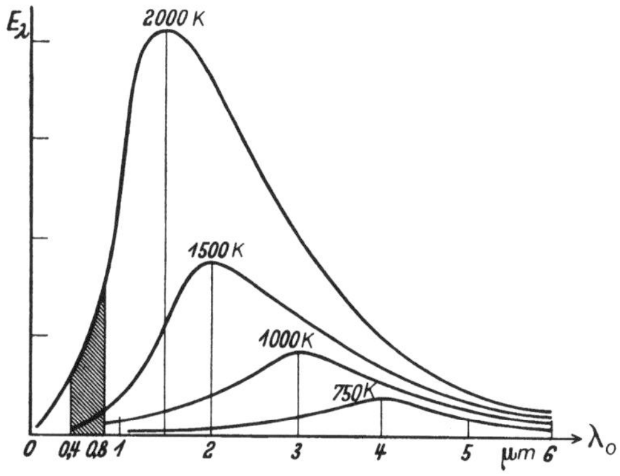

Abb. 7.81 Energieverteilung im Spektrum des schwarzen Körpers für verschiedene Temperaturen

Im grünen Spektralgebiet ($\lambda = 0{,}5\,\mu$m) liegt das Maximum also bei 5800 K. Das Gesamtemissionsvermögen E, das durch die von der Kurve und der Abszissenachse eingeschlossene Fläche gegeben ist, wächst außerordentlich rasch, und zwar mit der vierten Potenz der absoluten Temperatur (*Stefan-Boltzmann'sches Gesetz*). Es ist also

$$E = \sigma T^4 \,, \tag{7.25}$$

mit $\sigma = 5{,}67 \cdot 10^{-8}\,(\mathrm{W/m^2})\,\mathrm{K^{-4}}$.

Planck[20] hat für die spektrale Energieverteilung der Hohlraumstrahlung von Abb. 7.81, die zunächst experimentell bestimmt worden war, die Beziehung

$$E_\lambda \frac{c_1 \lambda^{-5}}{e^{c_2/\lambda T} - 1} \tag{7.26}$$

gefunden. Dieses von *Planck* abgeleitete Strahlungsgesetz beruht auf der Annahme, dass ein schwingender Oszillator nicht beliebige, sondern nur bestimmte feste Energiebeträge aufnehmen oder abgeben kann, nämlich ganze Vielfache des *Energiequants* $h\nu$. Dabei bedeutet ν die Eigenfrequenz des Oszillators, und h ist die universelle *Planck'sche* Konstante, das sog. *Wirkungsquantum*. Da die Konstanten c_1 und c_2 mit h und anderen bekannten Konstanten verknüpft sind, lässt sich die Plancksche Konstante aus Strahlungsmessungen bestimmen. Sie hat den Wert $h = 6{,}626 \cdot 10^{-34}$ J s, vgl. auch Abschn. 7.6.2.

Die Gesetze der schwarzen Strahlung geben uns die Möglichkeit, hohe, sonst nicht messbare Temperaturen optisch zu bestimmen (*optische Pyrometrie*). Natürlich erhält man nur für einen praktisch schwarzen Körper, z. B. einen Hochofen, dessen Inneres man durch eine enge Öffnung anvisiert, unmittelbar richtige Werte. Für nichtschwarze Körper ergibt sich zunächst eine zu tiefe, die sog. *schwarze Temperatur*. Dies ist die Temperatur eines schwarzen Körpers, der die gleiche Strahlungsleistung wie die beobachtete emittiert. Bei Kenntnis des Absorptionsvermögens kann man die wahre Temperatur aus der schwarzen nach dem Kirchhoff'schen Gesetz berechnen.

[20] *Max Planck*, 1858–1947, Professor an der Universität Berlin, Nobelpreis für Physik, ist der Begründer der Quantentheorie.

Nach *kurzen* Wellen fällt die Leistung der Temperaturstrahlung sehr schnell, nämlich exponentiell, ab. Aus dem Planck'schen Gesetz ergibt sich das Grenzgesetz von *Wien*:

$$E_\lambda = c_1 \lambda^{-5} e^{-c_2/\lambda T} \,. \tag{7.27}$$

Elektromagnetische Wellen, kürzer als die des sichtbaren Lichts, sind also mit praktisch ausnutzbarer Leistung als Temperaturstrahlung nur sehr schwer, d. h. nur bei extrem hohen Temperaturen, herzustellen. Das liegt an der Größe ihres Energiequants $h\nu$. Die entsprechenden Oszillatoren benötigen zur Anregung eine so hohe Energie, dass sie in der thermischen Molekülbewegung sonst nicht zur Verfügung steht.

7.5.4 Strahlungsleistung, Photometrie. Die elektromagnetische Welle transportiert wie jede Strahlung Energie. Die physikalischen Größen, die zur messbaren Erfassung dieses Energieflusses benutzt werden – auch *radiometrische* Größen genannt –, stehen in unmittelbarer Parallele zu denen, die wir beim Schall kennen gelernt haben (Abschn. 4.3.1). Wir können uns hier auf eine kurze Zusammenstellung beschränken.

Die *Strahlungsflussdichte* oder *Bestrahlungsstärke*[21] errechnet sich aus der *Strahlungsleistung* P, die senkrecht auf die Fläche A trifft, als

$$E = \frac{P}{A} \,. \tag{7.28}$$

Sie nimmt mit dem Quadrat der Entfernung von der Strahlungsquelle ab. Das gilt allerdings nur in Entfernungen, in denen die strahlende Fläche unter einem sehr kleinen Sehwinkel erscheint (Abschn. 7.3.4). Die Bestrahlungsstärke des Sonnenlichtes, die sog. Solarkonstante, beträgt an der oberen Grenze der Erdatmosphäre, also ohne deren Absorption, etwa $1{,}3\,\mathrm{kW/m^2}$. Ist die bestrahlte Fläche um den Winkel φ gegen die Ausbreitungsrichtung der Strahlung geneigt, so beträgt die auffallende Leistung nur $P = E \cdot A \cdot \cos\varphi$.

[21] Häufig wird die etwas unspezifische Bezeichnung „Intensität" dafür benutzt.

Ebenso ist die von einer strahlenden Fläche unter dem Winkel φ gegen ihr Lot (Normale) in die Raumwinkeleinheit *abgegebene* Leistung, die sog. *Strahlstärke*, $I = P/\Omega = I_0 \cos\varphi$ (*Lambert'sches Kosinus-Gesetz*). Dabei ist I_0 die Strahlstärke senkrecht zur Oberfläche.

Der ebene Winkel wird im Bogenmaß (rad) durch das Verhältnis vom Bogen zum Radius gemessen (Abschn. 2.1.2). Der *räumliche Winkel* oder *Raumwinkel* Ω wird durch einen Kegel begrenzt, der entsprechend aus einer Kugel ein Flächenstück herausschneidet. Daher misst man den Raumwinkel Ω durch das Verhältnis dieses Kugelflächenstücks zum Quadrat des Kugelradius, s. Abb. 7.82. Die Einheit des Raumwinkels, auch mit *Steradiant* (sr) bezeichnet, entspricht einem Kegel, der aus einer Kugel vom Radius 1 m eine Fläche von 1 m^2 herausschneidet. Der volle Raumwinkel umfasst die ganze Kugelfläche und ist 4π.

Die gesamte Leistung, die von einer ebenen Fläche in den Halbraum ausgestrahlt wird, beträgt $P = \pi I_0$.

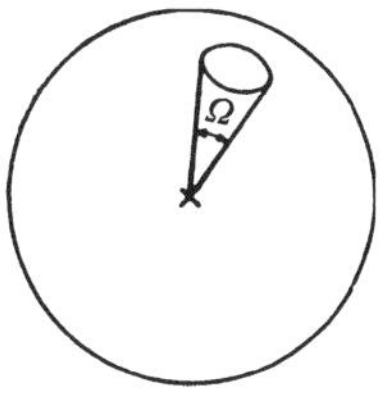

Abb. 7.82 Zum räumlichen Winkel

Strahlungsabsorption. Innerhalb einer absorbierenden Substanz fällt die Strahlungsflussdichte E in einem Parallelbündel von monochromatischem Licht mit der durchlaufenden Schichtdicke l entsprechend

$$E = E_0 e^{-\alpha l} \tag{7.29}$$

ab. Dabei ist E_0 die einfallende Strahlungsflussdichte. α ist der sog. *natürliche Extinktionskoeffizient* der Leistung. Er ist in Lösungen von absorbierenden Stoffen deren Konzentration proportional (*Lambert-Beer'sches-Gesetz*). Da α außerdem von der Frequenz abhängt, fällt E mit der Schichtdicke l nicht mehr exponentiell ab, wenn die Strahlung größere Bereiche des elektromagnetischen Spektrums umfasst. Als *natürliche Extinktion* eines Körpers bezeichnet man $\ln E_0/E$, als *dekadische* $^{10}\log E_0/E$; beide steigen in Lösungen linear mit der Konzentration.

Von diesen *physikalischen* oder *radiometrischen* Energie- und Leistungsgrößen muss man streng alle Begriffe trennen, die sich auf die Beobachtung von leuchtenden Gegenständen mit dem menschlichen *Auge* beziehen. Letztere hängen nicht allein von der Leistung ab, die als Strahlung in das Auge gelangt, sondern auch noch von der spektralen Augenempfindlichkeit (Abschn. 7.3.4). Eine noch so große Bestrahlungsstärke mit IR-Licht erzeugt im Auge keinen Lichteindruck.

Die *Basisgröße* dieser *physiologischen* oder *photometrischen Lichtgrößen* ist die *Lichtstärke* I_v[22]. Die zugehörige SI-Basiseinheit, 1 *Candela* (cd), ist die Lichtstärke, mit der 1/60 cm^2 der Oberfläche eines schwarzen Körpers bei der Erstarrungstemperatur von Platin unter Normaldruck (101 325 Pa) in Richtung seiner Flächennormalen ($\varphi = 0$) leuchtet. Die gewählte Temperatur beträgt etwa 2042 K; man muss sie aber nicht messen, um den Fixpunkt einzustellen.

Diese Basiseinheit wird in einem sog. *primären Standard* realisiert. Das ist ein Keramik-Hohlkörper, der sich in einem keramischen Schmelztiegel mit Platinfüllung befindet. Man schmilzt das Platin durch Wirbelströme und lässt es dann unter verminderter Heizung langsam erstarren, sodass Platin und Hohlraumstrahler für die Beobachtungszeit die vorgeschriebene Schmelztemperatur besitzen. *Sekundäre* Standards sind Vakuumlampen mit Wolframdraht, deren Temperatur so eingestellt wird, dass ihre Strahlung im Sichtbaren dieselbe spektrale Leistungsverteilung hat wie der primäre Standard.

Als *Leuchtdichte* B_v bezeichnet man das Verhältnis von Lichtstärke einer Lichtquelle zu ihrer Fläche. Sie wird daher in der abgeleiteten SI-Einheit cd/m^2 angegeben. Der Schwarze Körper, mit dem oben die Einheit Candela für die Lichtstärke festgelegt worden ist, hat also eine Leuchtdichte von 600 000 cd/m^2.

Die Größen I_v und B_v beziehen sich auf Lichtquellen. Wir kommen jetzt zu Größen, die für die Beleuchtung von Gegenständen von Bedeutung sind.

Die *Einheit* des *Lichtstromes* Φ_v ist das *Lumen* (lm). Das ist der *Lichtstrom*, den eine punktförmige Lichtquelle mit der Lichtstärke von 1 cd in den räumlichen Winkel 1 sr ausstrahlt. Strahlt die Lichtquelle nach allen Richtungen gleichmäßig mit der Lichtstärke I_v, so ist ihr gesamter Lichtstrom $\Phi_v = 4\pi I_v = 12{,}57 I_v$lm.

Die *Einheit* der *Beleuchtungsstärke* E_v ist das *Lux* (lx). Sie liegt vor, wenn der Lichtstrom

[22] Zur Unterscheidung von den radiometrischen Größen kennzeichnet man, wenn notwendig, die zugehörigen photometrischen mit dem Index v (visuell).

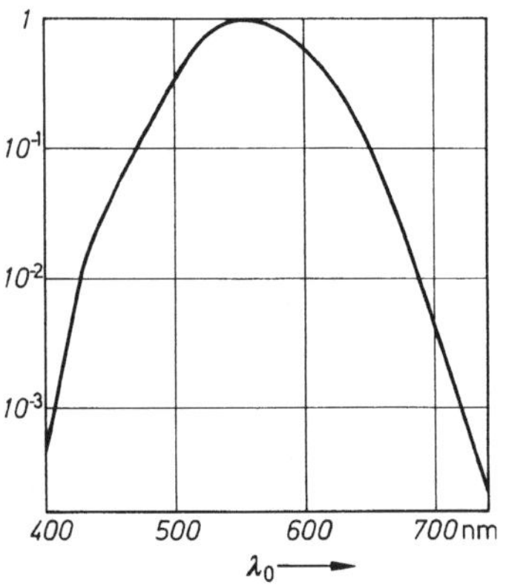

Abb. 7.84 Relative spektrale Empfindlichkeit des menschlichen Auges (Zapfen) in logarithmischem Maßstab. λ_0 Wellenlänge des Lichtes im Vakuum

Tabelle 7.3 Photometrische Größen und Einheiten

Lichtstärke	I_v	Candela	cd
Leuchtdichte	$B_v = I_v/A$		cd/m^2
Lichtstrom	$\Phi_v = I_v \Omega$	Lumen	lm = cd · sr
Beleuchtungsstärke	$E_v = \Phi_v/A$ $= I_v/r^2$	Lux	lx = lm/m^2

von 1 Lumen auf die Fläche von 1 m^2 gleichmäßig verteilt fällt. E_v nimmt wie die Bestrahlungsstärke E mit dem Quadrat der Entfernung von einer „punktförmigen" Lichtquelle ab. Eine Glühlampe von 33 cd, was etwa einer 40-Watt-Lampe entspricht, gibt also einen Gesamtlichtstrom von $33 \cdot 4\pi$ Lumen und erzeugt andererseits auf einer 2 m entfernten, senkrecht zur Strahlrichtung stehenden Fläche eine Beleuchtungsstärke von 8,25 Lux. Natürlich darf dann die dazwischen befindliche Luft weder Licht absorbieren noch streuen. Als Beleuchtung eines Arbeitsplatzes braucht man zum Lesen und Schreiben etwa 25 Lux. In Tabelle 7.3 stellen wir die Grundeinheiten der Photometrie nochmals zusammen.

Die *Lichtstärke* zweier Lichtquellen kann primär nur das *Auge* als Anzeigeinstrument vergleichen. Das Prinzip eines solchen Vergleiches erläutern wir am ganz einfachen *Gipskeilphotometer*, s. Abb. 7.83. Das Auge A vergleicht die beiden beleuchteten Seitenflächen des Gipsprismas P. Sind beide Flächen gleich stark beleuchtet, so verschwindet die trennende Kante dazwischen. Das ist der Fall, wenn die Gleichung $I_{v1}/I_{v2} = r_1^2/r_2^2$ erfüllt ist.

Der direkte Vergleich zweier Lichtquellen ist nur möglich, wenn sie nahezu die *gleiche Farbe* besitzen. Das Auge ist nicht in der Lage, die Helligkeit verschiedenfarbiger Flächen direkt zu vergleichen. Doch geben physiologische Erfahrungen dazu die Möglichkeit. Wird z. B. eine Fläche impulsweise beleuchtet, so verschwindet das Flimmern bei einer Tastfrequenz, die mit der Beleuchtungsstärke ansteigt. Es liegen also gleiche Beleuchtungsstärken vor, wenn es bei der gleichen Tastfrequenz verschwindet (*Flimmerphotometer*).

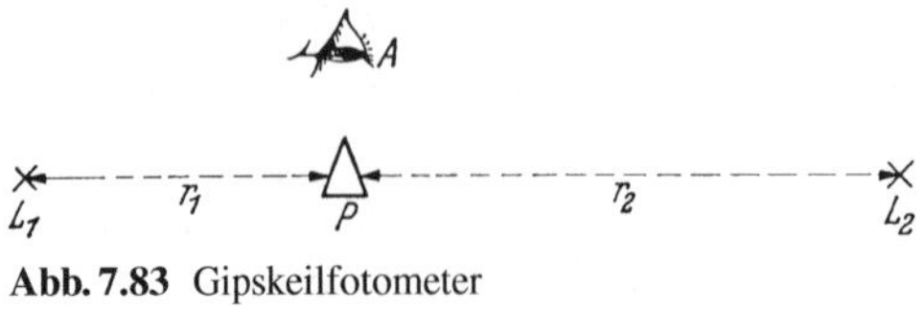

Abb. 7.83 Gipskeilfotometer

So lässt sich auch die spektrale Empfindlichkeit des menschlichen Auges, zunächst relativ, bestimmen. Eine Versuchperson muss dazu das Licht der einzelnen möglichst eng gewählten Spektralbereiche nacheinander mit einer Bezugsstrahlung im Flimmerphotometer vergleichen, wozu noch ein geeichter Abschwächer zur Einstellung gleicher Beleuchtungsstärken erforderlich ist. Damit kann man für je zwei Wellenlängen das Verhältnis der Bestrahlungsstärken bestimmen, die das Auge als gleiche Helligkeit empfindet. Für die ganze Messreihe wählt man als Bezugswellenlänge zweckmäßig 555 nm, das Maximum der Augenempfindlichkeit im Gelbgrünen, und erhält so die *relative spektrale Augenempfindlichkeit*, vgl. Abb. 7.84. Die angegebene Kurve stellt einen international vereinbarten Mittelwert aus Messungen mit sehr vielen Individuen dar.

Der Helligkeitsvergleich mit dem Primärstandard für die SI-Einheit Candela führt darüber hinaus zu *absoluten* Werten für die spektrale Augenempfindlichkeit. Bei $\lambda_0 = 555$ nm ergibt die Bestrahlungsstärke 1 W/m^2 die Beleuchtungsstärke 683 lx. Bei anderen Spektralfarben ist der Wert für die Beleuchtungsstärke mit der relativen Augenempfindlichkeit zu multiplizieren, wird also für 1 W/m^2 entsprechend kleiner.

Man hat Farbfilter hergestellt, deren spektrale Durchlässigkeit die normale Augenempfindlichkeit von Abb. 7.84 wiedergibt. Mit ihnen und z. B. einer Thermosäule (Abschn. 7.5.2) sind die photometrischen Größen auch objektiv zu messen.

7.5.5 Fluoreszenz und Phosphoreszenz.

Manche Stoffe, wie Lösungen von Fluoreszein und Eosin oder Uranglas, haben die Fähigkeit, in bestimmten Spektralgebieten das auf sie fallende Licht zu absorbieren und anschließend andersfarbiges Licht auszusenden. Verschwindet die Ausstrahlung nach dem Abschalten des erregenden Lichtes sofort (innerhalb von etwa 10^{-8} s), so spricht man von *Fluoreszenz*. Leuchtet der Körper dagegen nach, so spricht man von *Phosphoreszenz*. Diese Lichtemission ist keine Temperaturstrahlung (Abschn. 7.5.3).

7.5.5.1 Fluoreszenz. Beleuchten wir Uranglas nacheinander mit grünem, blauem und violettem Licht, so beobachten wir, dass es immer in derselben grünlichen Farbe aufleuchtet, d. h. Fluoreszenzlicht nach allen Seiten emittiert. Die Zusammensetzung der Fluoreszenzstrahlung ist für die betreffende Substanz charakteristisch. Mit Licht, das längerwellig als das Fluoreszenzlicht ist, also in unserem Falle

z. B. mit rotem Licht, kann man dagegen keine Fluoreszenz anregen. Das beobachtet man bei fast allen fluoreszierenden Stoffen: Im Allgemeinen ist die Fluoreszenzstrahlung *langwelliger* als die erregende Strahlung (*Stokes'sche Regel*, Abschn. 7.6.2). So gelingt es nicht, mit Infrarotstrahlung sichtbares Fluoreszenzlicht zu erzeugen, um sie auf diese Weise sichtbar zu machen. Dazu benötigt man grundsätzlich Energiezufuhr wie im Bildwandler (Abschn. 7.5.2).

Die Fluoreszenz darf nicht mit der gewöhnlichen Lichtstreuung in einem trüben Medium verwechselt werden, bei der das Licht ohne Änderung der Wellenlänge an beliebigen kleinsten Teilchen gestreut wird. Bei der Fluoreszenz wird dagegen Strahlungsenergie absorbiert und in den Molekülen gespeichert, wodurch diese zur Ausstrahlung von im Allgemeinen andersfarbigem Licht veranlasst werden.

Mithilfe von fluoreszierenden Stoffen kann man den optischen Wirkungsgrad von Lichtquellen erheblich verbessern (*Leuchtstoffröhren*, Abschn. 6.5.5).

7.5.5.2 Phosphoreszenz. Unter einem phosphoreszierenden Körper, einem *Leuchtphosphor*, verstehen wir einen Stoff, der auch nach dem Abschalten der erregenden Lichtquelle leuchtet. Dieses Nachleuchten kann Bruchteile von Sekunden, aber auch Tage dauern. Ein Leuchtphosphor besteht aus einem Grundstoff z. B. ZnS oder Sulfide der Erdalkali mit Spuren von Schwermetallen wie Cu, Ag oder Bi. Der Mechanismus der Aufspeicherung der absorbierten Energie und ihrer nachfolgenden Ausstrahlung ist sehr verwickelt. Die gespeicherte Energie wird um so langsamer ausgestrahlt, je tiefer die Temperatur ist.

Andere Lumineszenz, kalte Lichtquellen. Elektronen- und Röntgenstrahlen (genauer die von letzteren ausgelösten Sekundärelektronen) können bei manchen Festkörpern die Ausstrahlung von sichtbarem Licht veranlassen (Leuchtschirme bei Röntgengeräten und Fernsehbildröhren). – *Leuchtdioden* sind Halbleiterdioden aus Galliumarsenid, in denen ein Durchlassstrom fließt (Abschn. 6.3.6). Durch Elektronenübergang entsteht dabei Licht in einem ziemlich engen Spektralbereich. Ziffern von elektronischen Rechnern u.a. verwenden derartige kalte Lichtquellen.

Chemolumineszenz. Dazu gehört das Leuchten des elementaren Phosphors durch Oxidation, das mit der oben besprochenen Phosphoreszenz nicht das geringste zu tun hat, ferner das Leuchten von Glühwürmchen und auch das von kleinsten Lebewesen hervorgerufene Meeresleuchten, Leuchtbakterien.

7.5.6 Ultraviolettes Licht (UV). Wir entwerfen auf einem Beobachtungsschirm ein Spektrum vom Licht einer Quecksilberdampflampe, indem wir ein Spektrometer mit Quarz-Prisma verwenden, s. auch Abschn. 7.3.8. Unser Auge sieht dann ein Linienspektrum (Abschn. 8.1.1) im sichtbaren Spektralbereich. Bringen wir dann aber einen Fluoreszenzschirm auf die Projektionsfläche, so beobachten wir, dass er angrenzend an die violette Spektrallinie des Quecksilbers über einen größeren Bereich in weiteren Linien grün aufleuchtet und damit noch kurzwelligere Strahlung anzeigt. Dieses *ultraviolette* Licht erregt nicht nur Fluoreszenz, sondern wirkt auch besonders stark auf die photographische Platte, sodass man es auf diesen beiden Wegen erkennen und untersuchen kann. Ein weiteres wichtiges Nachweisgerät ist die Photozelle (Abschn. 7.6.1). Ultraviolettes Licht ist auch photochemisch besonders wirksam. So führt die Absorption dieser Strahlung in Sauerstoff zur Ozonbildung. In der Nähe einer brennenden Quecksilberdampflampe nimmt man einen starken Ozongeruch wahr.

Die *Sonnenstrahlung* enthält sehr viel ultraviolettes Licht, doch wird praktisch alles Licht mit Wellenlängen unterhalb 290 nm in der oberen Atmosphäre absorbiert. Biologisch besonders wirksam und Hauterythem bildend ist der Wellenlängenbereich von 280 – 320 nm, als UV *B* bezeichnet. Im Sonnenlicht wird er von der Atmosphäre, vor allem von staubhaltiger Luft, schon merklich geschwächt. Daher ist die Wirksamkeit der Sonnenbestrahlung im Hochgebirge besonders groß. Das UV *A* von 320 – 400 nm hat keine besondere Bedeutung, doch ist das Auge ebenso wie vor jedem UV-Licht auch davor zu schützen (Bindehautentzündung). Der kurzwellige Teil des nahen Ultraviolett, UV C, ist bakterizid und reicht von 280 bis herab zu 185 nm. Bei der Keimtötung in Präparaten findet diese UV C-Strahlung eine wichtige Anwendung.

Da im kurzwelligeren Ultraviolett unterhalb 185 nm fast alle Stoffe, auch Luft, stark absorbieren, muss man die Strahlung in diesem sog. *Schumann-Gebiet* mit Vakuum-Spektrographen untersuchen. Die Atomspektren (Abschn. 8.1.2) haben gerade in diesem Gebiete viele Linien, die zur Aufklärung der Energieniveaus in der Elektronenhülle von großer Bedeutung waren.

Als künstliche Strahlungsquelle für ultraviolettes Licht benutzt man vor allem Quecksilberdampflampen (Abschn. 6.5.6), Höhensonne. Da gewöhnliches Glas die Strahlung von Wellenlängen unter 340 nm stark absorbiert, lässt man den Quecksilberdampfbogen in einem Kolben aus Quarz brennen, der bis etwa 200 nm durchlässig ist. Außerdem kann man spezielle, für das biologisch wirksame Ultraviolett durchlässige Glassorten, wie *Uviolglas*, benutzen. Andererseits lässt sich durch *UV-Filter* alles sichtbare Licht aus der Strahlung entfernen.

Fluoreszenzanalyse. Stoffe, die bei Betrachtung mit sichtbarem Licht gleich aussehen, unterscheiden sich oft überraschend durch ihr Fluoreszenzlicht. So kann man mithilfe einer sog. *Analysenlampe*, die *nur ultraviolettes* Licht emittiert, durch das sichtbare Fluoreszenzlicht Fälschungen von Briefmarken, Banknoten oder Edelsteinen erkennen. Auch unter dem Mikroskop vermag die Beobachtung des Fluoreszenzlichtes sonst kaum erkennbare Feinheiten des Präparates zu enthüllen (*Fluoreszenzmikroskopie*).

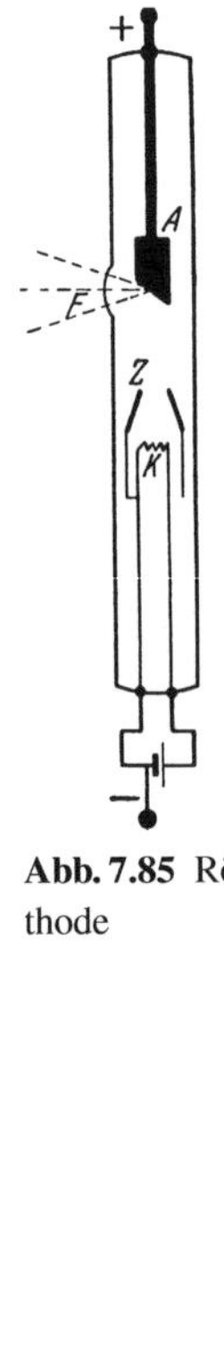

Abb. 7.85 Röntgenröhre mit Glühkathode

7.5.7 Röntgenstrahlung.

7.5.7.1 Röntgenröhre. Röntgenstrahlen entstehen, wenn schnelle Elektronen auf feste Körper auftreffen und gebremst werden[23]. Zu ihrer Herstellung benutzt man durchweg hochevakuierte Röhren mit einer Glühkathode als Elektronenquelle, vgl. *Röntgenröhre*, Abb. 7.85. Als *Kathode K* dient, wie bei der Hochvakuumdiode (Abschn. 6.5.2) ein elektrisch geheizter Wolframdraht. Die *Anode A*, aus historischen Gründen auch Antikathode genannt, ist ein Block aus schwer schmelzbarem Material wie z. B. Wolfram. Zwischen Anode und Kathode legt man eine hohe Anodenspannung meist zwischen 20 und 200 kV, je nach dem Verwendungszweck der Röntgenstrahlung. Die aus der Kathode austretenden Elektronen werden im elektrischen Feld zwischen Anode und Kathode beschleunigt und treffen mit großer Geschwindigkeit auf die Anode, wo sie gebremst werden und dadurch die Röntgenstrahlen erzeugen. Um den Austritt der Röntgenstrahlen auf ein Bündel zu begrenzen, wird die ganze Röhre mit einer Schutzhaube aus Schwermetall umgeben.

Für die praktische Anwendung der Röntgenstrahlen, um z. B. bei der Diagnostik möglichst scharfe Schattenbilder zu erhalten, muss die eigentliche Strahlenquelle eng begrenzt (punktförmig) sein. Das erreicht man, indem man das Elektronenbündel z. B. mittels der elektrostatischen Wirkung eines mit der Kathode verbundenen Zylinders Z (Abb. 7.85) oder mit einer Elektronenlinse in einem Fleck der Anodenfläche, dem *Fokus F*, vereinigt, vgl. auch Braun'sche Röhre (Abschn. 6.5.4). Für besonders starke Belastungen der Anode kann man diese in Form eines Kegelstumpfes ausführen, der von außen in schnelle Rotation versetzt wird, sodass in jedem Augenblick ein anderer Teil der Anodenoberfläche als Fokus dient (*Drehanodenröhre*).

Röntgenröhren werden in der Praxis mit Netzgeräten an das Wechselstromnetz angeschlossen, vgl. Abb. 7.86a. Die Heizspannung wird von einem Transformator T_H, die Anodenspannung von einem Hochspannungstransformator T_R geliefert. Durch primärseitige Regelung von T_H wird die Stärke des Anodenstromes, durch entsprechende Regelung von T_R die Anodenspannung eingestellt. Strahlungsstärke (Intensität) bzw. Härte der Röntgenstrahlung lassen sich auf diese Weise ändern. Weil die Anode im Betrieb sehr heiß wird, gibt sie selbst Elektronen ab, die in der negativen Phase der Anodenwechselspannung zur Kathode fliegen und diese zerstören können. Für Röntgenanlagen größerer Leistung

[23] *Wilhelm Conrad Röntgen*, 1845–1923, Professor in Gießen, Würzburg und München, entdeckte sie 1895.

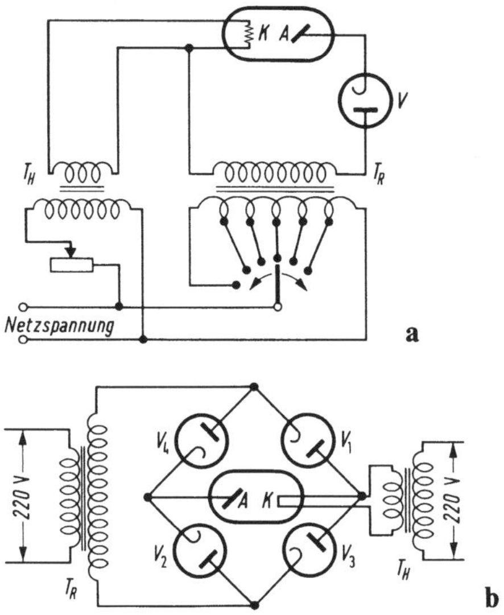

Abb. 7.86a,b Schaltungen beim Betrieb von Röntgenröhren (**a**) Halbwellenbetrieb, (**b**) Graetz-Schaltung

muss man deshalb durch einen Gleichrichter V (Glühventil, Trockengleichrichter), den Strom in der negativen Phase sperren.

Man kann aber den Strom auch so lenken, dass er die Röhre stets in der gleichen Richtung durchläuft. Dies geschieht z. B. in der *Graetz-Schaltung* (Abb. 7.86b). Die Elektronen fließen in der einen Phase durch die Ventile V_1 und V_2, in der anderen durch V_3 und V_4 und passieren dabei die Röntgenröhre immer in der Richtung von der Kathode K zur Anode A. – In Abb. 7.86 sind die Heiztransformatoren der Ventilröhren nicht eingezeichnet.

7.5.7.2 Nachweis. Ähnlich wie UV-Licht vermag Röntgenstrahlung geeignete Stoffe zu sichtbarer *Fluoreszenz* anzuregen (Röntgenschirm) oder den *photographischen* Film zu schwärzen. Weiter *ionisiert* sie Atome, sodass sie in Gasen, etwa in einer Ionisationskammer (Abschn. 6.5.1), eine unselbstständige elektrische Leitung hervorruft. Ihr Sättigungsstrom ist ein Maß für die Strahlungsleistung, die in die Kammer eintritt und absorbiert wird. Entsprechendes gilt für die Schwärzung der Photoplatte. Wegen der ionisierenden Wirkung kann auch ein Zählrohr (Abschn. 8.3.2) zum Nachweis von Röntgenstrahlen herangezogen werden.

7.5.7.3 Spektrum. Um Röntgenlicht in sein Spektrum zu zerlegen und die Wellenlängen zu messen, kann man weder die Brechung bzw. Dispersion im Prisma noch die Beugung am Strichgitter wie bei sichtbarem Licht heranziehen. Dazu wird meist die Reflexion an Einkristallen ausgenutzt (Abschn. 7.5.8). Man erhält so Spektren von der Strahlung, die eine Röntgenröhre liefert, wie sie Abb. 7.87 zeigt. Der spektralen Strahlungsleistung (Intensität) proportional ist der Ionisationsstrom, der in Abb. 7.87 in Abhängigkeit von der Wellenlänge aufgetragen ist. Je höher die Anodenspannung ist, um so kurzwelliger und damit zugleich durchdringender („härter") wird die Strahlung.

Abbildung 7.87 gibt das Spektrum der sog. *Bremsstrahlung* wieder. Sie entsteht dadurch, dass jeweils das einzelne Elektron beim Eindringen in die Anode sehr plötzlich, etwa bei der Durchquerung eines einzelnen Atoms des Anodenmaterials, einen größeren Teil seiner kinetischen Energie verliert. Seine Bremsung bedeutet die negative Beschleunigung einer elektrischen Ladung. Eine sinusförmige Änderung der Geschwindigkeit eines Elektrons würde elektromagnetische Wellen von nur einer Frequenz ergeben (Abschn. 6.8.5), wäh-

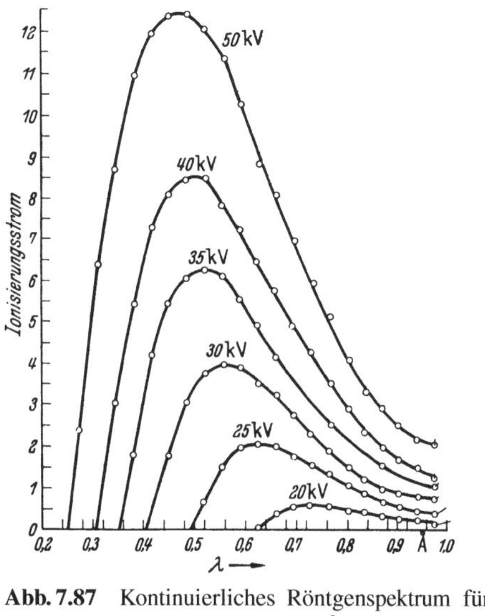

Abb. 7.87 Kontinuierliches Röntgenspektrum für verschiedene Anodenspannungen (1 Å = 0,1 nm)

rend eine derartige plötzliche, einmalige Störung, ähnlich wie ein Knall, einen Wellenzug mit einem kontinuierlichen Frequenzband ergibt. Man spricht auch von *weißem* Röntgenlicht. – Die kurzwellige Grenze λ_{min} des Bremsspektrums verschiebt sich mit steigender Anodenspannung U_a nach kürzeren Wellen, und zwar so, dass $\lambda_{min} \cdot U_a$ eine vom Anodenmaterial unabhängige Konstante ist. Das lässt sich nicht aus dem Wellencharakter, sondern erst mit den Korpuskeleigenschaften der Röntgenstrahlen erklären (Abschn. 7.6.2). Auch den Emissionsvorgang als Einzelprozess muss man, wie wir dort sehen werden, quantenmechanisch anders beschreiben, als es eben im sog. klassischen Bilde geschah. Aber die damit gefundenen Ergebnisse, insbesondere das kontinuierliche Frequenzband, bleiben für die Gesamtstrahlung sehr vieler Elektronen erhalten.

Innerhalb des Bremsspektrums treten zusätzlich meist noch scharfe Spitzen auf, deren Frequenzen vom Stoff der Anode abhängen. Diese sog. *charakteristische Strahlung* beruht darauf, dass einzelne Atome in der Anode durch die aufprallenden Elektronen ionisiert werden und ihre Rekombination mit Elektronen zur Ausstrahlung bestimmter Frequenzen führt, Näheres in Abschn. 8.1.4

Die meisten Elektronen tragen weder zur Bremsstrahlung noch zur charakteristischen Strahlung bei, sondern werden allmählich in der Anode gebremst. Ihre Energie geht letztlich in Wärme über. Bei 100 kV Anodenspannung wird an einer Wolframanode nur 0,75% der kinetischen Energie der auftreffenden Elektronen in Röntgenstrahlung umgesetzt, der Rest geht in Wärme über und muss durch Kühlung abgeführt werden. Bei höherer Spannung nimmt der Prozentsatz der Röntgenstrahlausbeute rasch zu, und zwar mit dem Quadrat der Anodenspannung.

7.5.7.4 Dämpfung und Streuung. Die Intensität einer Röntgenstrahlung nimmt ebenso wie die des Lichtes aus geometrischen Gründen umgekehrt mit dem Quadrat des Abstandes vom Fokus der Röntgenröhre ab (Abschn. 7.5.4). Zu dieser räumlich bedingten Abnahme kommt die Dämpfung in der durchstrahlten Materie. Je *länger* die *Wellenlänge*, desto *größer* ist die *Dämpfung* in einem Stoff, desto *weicher* ist die Röntgenstrahlung. Durch *Filter* aus Aluminium- oder Kupferblech kann man die weiche Strahlung einer Röntgenröhre absorbieren.

Röntgenstrahlung einer bestimmten Wellenlänge wird beim Durchgang durch verschiedene Materialien um so mehr gedämpft, je höher die Ordnungszahl Z der darin enthaltenen chemischen Elemente ist und je mehr Atome die Volumeneinheit enthält. Die Schwächung wächst also mit der Dichte des Materials und ist unter den leicht erhältlichen Stoffen besonders hoch in Blei ($Z = 82$). Bei chemischen Verbindungen setzt sich die Dämpfung additiv aus den von den Einzelelementen hervorgebrachten Wirkungen zusammen. Wasser und organische Substanzen, wie Gewebe des menschlichen Körpers, die nur Elemente mit niedriger Ordnungszahl wie H, C, N und O enthalten, schwächen daher die Röntgenstrahlen weniger als Knochen, in denen sich Phosphor ($Z = 15$) und Calcium ($Z = 20$) befinden. Man kennzeichnet den Dämpfungswert eines Materials für Röntgenlicht einer vorgegebenen Wellenlänge durch seine *Halbwertschicht*. Das ist die Schichtdicke eines Stoffes, nach deren Durchdringung die Intensität der Röntgenstrahlung auf die Hälfte abgesunken ist; sie beträgt z. B. bei einer Wellenlänge von 0,01 nm für Pb 0,28 mm, für Al 17 mm und für atmosphärische Luft 38 mm.

Für die Schwächung der Primärstrahlung bei Durchgang durch Materie gilt wieder das Exponentialgesetz, vgl. Abschn. 7.5.4:

$$E = E_0 e^{-\alpha l} . \tag{7.29}$$

Der Koeffizient α setzt sich additiv aus Anteilen der Streuung und der Absorption zusammen. Er steigt etwa mit der dritten Potenz der Wellenlänge. Die Dicke $l_{1/2}$ der Halbwertsschicht errechnet sich daraus als

$$l_{1/2} = \frac{\ln 2}{\alpha} = \frac{0{,}693}{\alpha} . \tag{7.30}$$

Die Dämpfung von Röntgenstrahlen in Materie beruht auf zwei verschiedenen Effekten, der *Absorption* und der *Streuung*. Bei langwelliger Strahlung überwiegt der Einfluss der Absorption durch Photoeffekt (Abschn. 7.6.3).

Die *Streuung* kommt auch hier dadurch zustande, dass die Elektronen zum Schwingen angeregt werden und als elektrische Dipole Sekundärwellen ausstrahlen, sog. *klassische* Streustrahlung. Jeder Körper verhält sich gegenüber Röntgenstrahlen wie ein trübes Medium bei sichtbarem Licht. Homogenes Glas z. B. wird von Licht ohne nennenswerte Streuung durchlaufen, weil der Molekülabstand sehr viel kleiner als die Lichtwellenlänge ist und sich deshalb die gestreuten Wellen durch Interferenz auslöschen. Bei Röntgenstrahlen aber ist der Atomabstand größer als die Wellenlänge. Deshalb geht eine intensive Streustrahlung von jedem getroffenen Körper aus, deren Leistung mit der Zahl der Elektronen in der Volumeneinheit ansteigt.

Die unterschiedliche Dämpfung der Röntgenstrahlen durch Stoffe verschiedener Dichte und Ordnungszahl macht sich die *Röntgendiagnostik* zunutze. Man erhält Schattenbilder, die man auf einem photographischen Film oder mithilfe eines Röntgenschirmes durch Fluoreszenz sichtbar macht. Um Röntgenbilder vom Magen oder vom Darm zu erhalten, gibt man dem Patienten einen bariumhaltigen Brei ein (Kontrastmittel); Ba hat die Ordnungszahl 56. Bei anderen Röntgenaufnahmen verwendet man auch Jodpräparate als Kontrastmittel ($Z = 53$).

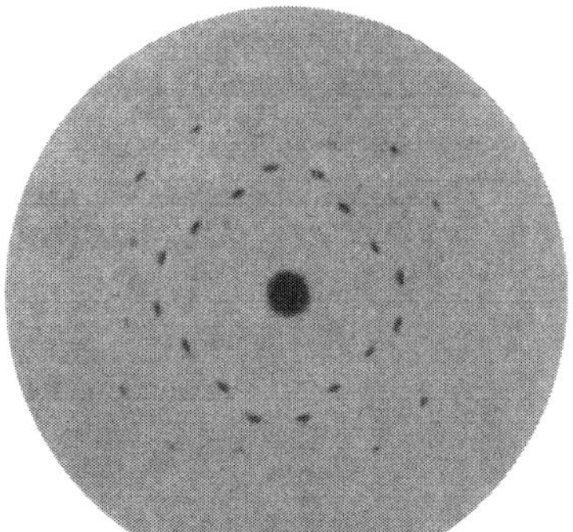

Abb. 7.88 Laue-Diagramm der Zinkblende, dessen Interferenzpunkte die Symmetrie im Bau des durchstrahlten Kristalls widerspiegeln

7.5.8 Röntgeninterferenzen an Kristallen. Die Welleneigenschaften der Röntgenstrahlen werden, wie von jeder Welle durch Interferenz nachgewiesen, insbesondere wird ihre Wellenlänge auf diese Weise bestimmt. Mechanische Gitter haben eine gegenüber der Wellenlänge zu große Gitterkonstante, sodass jeder Beugungswinkel unbeobachtbar klein wird (Abschn. 7.4.3). Nach dem Vorschlag von *v. Laue*[24] verwendet man für Röntgenstrahlung *Kristalle*, in denen die Atome wegen ihrer regelmäßigen Anordnung sog. *Raumgitter* bilden, vgl. Abb. 3.10. Darin streut jedes Atom die auftreffende Röntgenstrahlung (klassische Streustrahlung), aber die von den einzelnen Atomen ausgehenden Bündel sind kohärent. Das führt zu gut wahrnehmbaren Interferenzen, weil die Atomabstände im Kristall größer als die Röntgen-Wellenlängen sind.

Durchsetzt ein enges Bündel von weißem Röntgenlicht einen Einkristall, so beobachtet man auf einer dahinter aufgestellten Photoplatte ein sog. *Laue-Diagramm*, vgl. Abb. 7.88. Der schwarze Fleck in der Mitte rührt von dem direkt, also ungestreut durchgegangenen Röntgenlicht her. Die an den sehr vielen Atomen oder Ionen des Kristalls abgebeugten, d. h. gestreuten Wellen löschen sich weitgehend durch Interferenz aus. Nur in wenigen ausgezeichneten Richtungen überlagern sie sich gleichphasig und ergeben auf der Platte weitere Flecke. Deren Winkellage zur Primärrichtung hängt sehr verwickelt von Aufbau und Orientierung des Raumgitters ab. Die Bedingung der Interferenzverstärkung ist sogar in jeder der ausgezeichneten Richtungen nur für eine bestimmte Wellenlänge zu erfüllen. Darin zeigt sich eine fundamentale Eigenschaft der Raumgitterinterferenzen. Man erhält bei fester Einfallsrichtung des Röntgenlichtes auf einen Einkristall

[24] *Max von Laue*, 1879–1960, Professor an der Universität Berlin, Nobelpreisträger für Physik, zeigte zuerst zusammen mit *Friedrich* und *Knipping* die Beugung von Röntgenstrahlen an Kristallgittern.

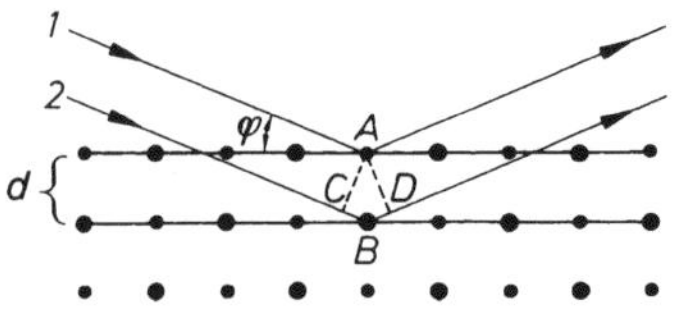

Abb. 7.89 Reflexion von Röntgenstrahlen durch Beugung am Kristallgitter des NaCl: •Na-Ionen, •C-Ionen

nur sehr wenige Maxima auf der ganzen Beobachtungsfläche, und daran sind nur wenige Wellenlängen des weißen Röntgenlichtes beteiligt.

Einfacher zu übersehen als die Laue-Diagramme sind die Ergebnisse der Untersuchungsmethode von *Bragg*. Auch ist seine Betrachtungsweise anschaulicher. Sie geht von der *Reflexion* des Röntgenlichtes an einander parallelen *Netzebenen*[25] des Einkristalls, einer sog. *Netzebenenschar*, bei variablem Einfallswinkel aus. Wir lassen dazu ein Bündel von *monochromatischem* Röntgenlicht unter dem Winkel φ auf eine Schar von Netzebenen auffallen, s. Abb. 7.89, die einen Schnitt durch einen regulären NaCl-Kristall zeigt. Die an allen Atomen einer einzelnen Netzebene gestreuten Wellen ergeben durch Überlagerung eine entsprechend dem gewöhnlichen Reflexionsgesetz reflektierte Welle. Das würde auch gelten, wenn die Atome nicht regelmäßig auf den Netzebenen angeordnet wären, vgl. Abb. 4.28 (Huygens'sches Prinzip). Nun kommt aber von jeder Netzebene einer Schar eine solche reflektierte Welle, und alle überlagern sich. Sie werden sich nur dann nicht durch Interferenz völlig auslöschen, wenn sie gleichphasig sind. Dazu muss der Gangunterschied Δs der an benachbarten Netzebenen reflektierten Strahlen *1* und *2* gleich einem ganzzahligen Vielfachen der Wellenlänge λ der einfallenden Strahlung sein. Da der Strahl *2* gegenüber dem Strahl *1* den zusätzlichen Weg *CBD* zurückgelegt hat, ist $\Delta s = 2d \sin\varphi$, wobei d der Abstand zweier benachbarter Netzebenen ist. Wir erhalten daher im reflektierten Röntgenlicht Helligkeit immer dann, wenn der Winkel φ der Bedingung genügt

$$2d \sin\varphi = m\lambda; \quad m = 1,2,3,\ldots. \qquad (7.31)$$

Lassen wir „weiße" Röntgenstrahlung unter einem bestimmten Winkel φ auffallen, so werden nur diejenigen Wellenlängen mit merklicher Intensität reflektiert, die der obigen, sog. Bragg'schen Reflexionsbedingung genügen.

So sondert man aus der Strahlung einer Röntgenröhre *monochromatisches Röntgenlicht* aus. Der Leistung wegen dient dazu meist eine Frequenz der charakteristischen Strahlung. – Auch das *Röntgenspektrometer* arbeitet mit der Bragg-Reflexion an einem Einkristall, um die spektrale Verteilung des Röntgenlichtes zu messen, s. z. B. Abb. 7.87. Dazu muss der Kristall um eine durch *A* gehende, senkrecht zur Zeichenebene stehende Achse gedreht werden, s. Abb. 7.89. Der Empfänger, meist ein Zählrohr, ist bei feststehender Strahlungsquelle doppelt so schnell zu schwenken, damit er sich stets in Reflexionsrichtung befindet[26]. Bei bekanntem Netzebenenabstand d des Kristalls errechnen sich aus den Reflexionswinkeln (Glanzwinkel) die einzelnen Wellenlängen der Röntgenstrahlung.

Zur *Kristallanalyse* benutzt man häufig ein Pulver aus kleinen Kriställchen, das zu einem zylindrischen Stäbchen gepresst ist, polykristalline Probe. Wird dieses senkrecht zur Zylinderachse mit einem engen monochromatischen Röntgenbündel bestrahlt, so erhalten wir an allen Kriställchen Reflexion, deren Orientierung gerade der *Bragg'schen* Bedingung genügt. Die dabei insgesamt gestreuten (abgebeugten) Bündel bilden Kegel mit dem doppelten Reflexionswinkel als Öffnungswinkel und mit dem einfallenden Strahl als Achse (*Debye-Scherrer-Diagmmm*). – Bei einem Einkristall (Laue-Verfahren) erhält man mit monochromatischem Röntgenlicht im Allgemeinen überhaupt keine reflektierten Bündel, weil in ihm, anders als im polykristallinen Gemisch, nur zufällig Netzebenenscharen gerade unter dem Glanzwinkel stehen würden.

[25] Eine Schar von Netzebenen gibt es nicht nur parallel zur Oberfläche. Vielmehr kann man beliebig viele Netzebenenscharen konstruieren, z. B. beim kubischen NaCl parallel zu den Flächen- oder Raumdiagonalen, vgl. Abschn. 3.2.1.

[26] Aus einem feststehenden Photofilm kann das Röntgenspektrum während der Drehung des Kristalles nacheinander aufgezeichnet werden.

Verwendet man statt des Kristallpulvers einen mit Dampf gefüllten, dünnwandigen Zylinder oder einen Dampfstrahl als Streuobjekt, so beobachtet man ebenfalls Interferenzringe, die allerdings etwas verschwommen sind. Sie entstehen durch Interferenz der Wellen, die an den Atomen eines Moleküls gestreut werden, und man kann die Abstände der Atomkerne auch in größeren Molekülen auf diese Weise bestimmen. Die in Abb. 3.5 wiedergegebenen Molekülstrukturen sind quantitativ vor allem durch Röntgeninterferenzen bestimmt worden.

Aufgaben

7.5.1 Bei welcher Vakuumwellenlänge liegt das spektrale Leistungsmaximum der Wärmestrahlung des menschlichen Körpers von 37 °C? (Schwarze Strahlung als Näherung)

7.5.2 Wie groß ist die Strahlungsleistung einer Fläche von $100\,\mathrm{cm}^2$ des menschlichen Körpers, wenn deren Absorptionsvermögen $A = 0{,}2$ beträgt?

7.5.3 Die Abnahme der Strahlungsleistung in einem Parallelbündel durch Rayleigh-Streuung folgt ebenfalls dem in Abschn. 7.5.4 angegebenen Exponentialgesetz. Der Extinktionskoeffizient ist dabei der 4. Potenz der Frequenz proportional (Abschn. 7.4.4). In der durchlaufenen Atmosphärenschicht sei die Dämpfung für rotes Sonnenlicht ($\lambda = 780$ nm) $E/E_Q = 0{,}8$. Wie groß ist sie in derselben Schicht für violettes Licht ($\lambda = 420$ nm)? (Abendrot!)

7.5.4 Die Extinktion $\log E_0/E$ einer Zelle, die mit einer 0,2 molaren Eichlösung einer absorbierenden Substanz gefüllt ist, beträgt 0,3. An einer anderen Lösung dieser Substanz wird in derselben Zelle die Extinktion 0,9 gemessen. Wie groß ist deren Konzentration?

7.5.5 Eine sehr kleine, nach allen Seiten gleichmäßig leuchtende Kugel hat eine Lichtstärke von 60 cd. a) Wie groß ist ihr gesamter Lichtstrom Φ_v? b) Wie weit darf sie von einer Schreibtischplatte, auf die das Licht senkrecht auftrifft, entfernt sein, damit dort die Beleuchtungsstärke von 25 lx nicht unterschritten wird?

7.5.6 Wie ändert sich die Leuchtdichte einer glühenden, ebenen Fläche mit dem Betrachtungswinkel φ gegen die Normale?

7.5.7 Weshalb ist Bestrahlung mit Höhensonne bei gleicher Dauer wirksamer als Sonnenbestrahlung im Hochgebirge?

7.5.8 Für Röntgenlicht der Wellenlänge 0,01 nm ist die Halbwertsdicke von Al 17 mm. a) Wie groß ist der zugehörige Absorptionskoeffizient α? b) Welche Halbwertsdicke von Al ist für 0,03 nm Wellenlänge zu erwarten, wenn α der 3. Potenz der Wellenlänge folgt?

7.5.9 Der Kochsalz-Kristall hat einen Netzebenenabstand $2{,}8 \cdot 10^{-10}$ m, vgl. Abb. 3.10. Wie groß ist der Glanzwinkel der Bragg-Reflexion $m = 1$ bei der Wellenlänge 0,14 nm?

7.5.10 Einatomige Gase ergeben keine Beugungsmaxima mit monochromatischem Röntgenlicht (a). Die Intensität ihres Streulichtes fällt monoton mit dem Streuwinkel ab (b). Wie lässt sich beides erklären? Bei (b) denke man an die Größe der Elektronenhülle.

7.5.11 Was folgt aus dem Beugungsverhalten eines Atoms, vgl. Aufgabe 7.5.10, bei der Bragg-Reflexion an Einkristallen für die Intensitätsunterschiede der Ordnungen $m = 1, 2, 3$?

7.6 Korpuskulareigenschaften des Lichtes

Alle bisher besprochenen Eigenschaften der Lichtausbreitung, wie die Reflexion, Brechung, Interferenz, Beugung und Streuung, sind verständlich, wenn wir das Licht als kurze elektromagnetische Wellen betrachten. Gehen wir jedoch dazu über, die Vorgänge bei der Umwandlung von Strahlungsenergie in die Energie von Elektronen, Atomen und Molekülen oder umgekehrt, also den Energieumsatz am *einzelnen* Teilchen zu betrachten, so versagt das sog. Wellenbild des Lichtes. Bei diesen *atomaren* Prozessen zeigt das Licht die Eigenschaft von Korpuskeln, die eine bestimmte Energie sowie einen Impuls besitzen. Das ergibt sich beim Photoeffekt besonders eindrucksvoll.

7.6.1 Der lichtelektrische Effekt, Photoeffekt. Lassen wir ultraviolettes Licht auf eine Metallplatte fallen, so treten aus dem Metall Elektronen in den Außenraum aus. Zum Versuch benutzen wir am besten eine der üblichen *Hochvakuum-Photozellen* mit einer Alkalischicht auf der lichtempfindlichen Elektrode, der *Photokathode*, die schon auf sichtbares Licht anspricht, s. Abb. 7.90. An die hochevakuierte Zelle legen wir eine Gleichspannung, sodass die aus der Alkalischicht K ausgelösten Elektronen zur netz- oder ringförmigen Anode A gelangen und durch das Milliamperemeter (mA) ein messbarer Strom fließt, der sog. *Photostrom*. Machen wir die

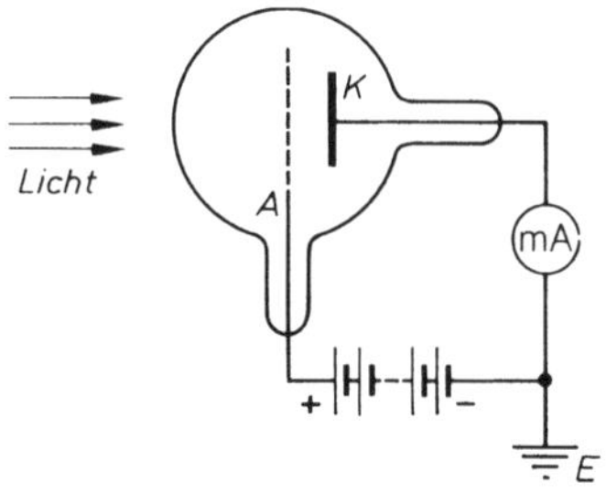

Abb. 7.90 Schema einer Photozelle

Alkalielektrode zur Anode oder schalten das Licht ab, so verschwindet der Strom.

Die nähere Untersuchung dieses *lichtelektrischen Effekts (Photoeffekts)* ergibt folgende Gesetzmäßigkeiten:

Die kinetische Energie der aus dem Metall austretenden Elektronen, genauer ihr Höchstwert, ist von der Bestrahlungsstärke des erregenden Lichtes unabhängig. Dagegen wächst die maximale Elektronenenergie linear mit der Frequenz der einfallenden Strahlung. Außerdem beginnt der Austritt von Elektronen erst oberhalb einer für das Kathodenmaterial charakteristischen Grenzfrequenz ν_g. Diese langwellige Grenze liegt im Allgemeinen im UV-Gebiet, rückt bei Alkalimetallen ins Sichtbare, für Cäsium sogar bis etwa 1 µm Wellenlänge ins IR-Gebiet.

Alle Wellen, deren Frequenz höher als ν_g ist, also auch Röntgen- und γ-Strahlen, vermögen Photoelektronen zu erzeugen (Abschn. 7.6.3).

Die Zahl der sekundlich ausgelösten Elektronen ist der auffallenden Lichtleistung proportional. Darauf beruht die *lichtelektrische* Messung der Bestrahlungsstärke (Belichtungsmesser). Benutzt man statt hochevakuierter Zellen solche mit Gasfüllung, so erhält man infolge der dann auftretenden Stoßionisation (Abschn. 6.5.5) wesentlich stärkere Ströme.

Zur Verstärkung des ursprünglichen Photostromes dienen sog. *Sekundärelektronenvervielfacher* (SEV), auch *Photomultiplier* genannt. Diese beruhen darauf, dass hinreichend schnelle Elektronen beim Aufprall auf Materie ihrerseits sog. *Sekundärelektronen* auslösen. Dabei vermögen Elektronen von etwa 800 eV Energie bei geeignetem Elektrodenmaterial die etwa 10fache Zahl von Sekundärelektronen zu erzeugen. Lässt man die Elektronen sukzessive auf eine Folge von sog. *Prallelektroden* treffen, die stufenweise auf höherer positiver Spannung liegen, so kann man Verstärkungen des primären Photostromes bis etwa zum 10^8fachen erzielen.

Die eben besprochene Emission von Elektronen aus Metalloberflächen unter dem Einfluss von Licht bezeichnet man als *äußeren Photoeffekt*. Außerdem gibt es in Halbleitern (Selen, Silicium, Germanium) den *inneren Photoeffekt*. Hier werden unter dem Einfluss von Licht im Innern des Kristalls Valenzelektronen in das Leitungsband gehoben, in dem sie sich frei bewegen können (Abschn. 6.3.6). Diese Halbleiter-Photozellen sind sehr empfindlich und werden z. B. zur Steuerung von Geräten oder als Lichtschranken bei Rolltreppen und Türen häufig benutzt.

Schließlich seien noch die *Photoelemente* oder *Photodioden* erwähnt. Das sind Si-Dioden, vgl. Abschn. 6.3.6, in Form dünner Blättchen. Ihr *pn*-Übergang mit seinem lokalen elektrischen Feld in der Sperrschicht liegt dicht unterhalb und parallel zur Oberfläche. Dort eintreffendes Licht wird durch inneren Photoeffekt absorbiert. Dabei vornehmlich in der Sperrschicht entstehende Paare von freien Ladungsträgern trennt das dortige Feld sehr schnell. Die Elektronen wandern in den *n*-Leiter und die positiven Löcher in den *p*-Leiter. Zwischen den Klemmen, die mit diesen beiden Bereichen metallisch verbunden sind, entsteht damit während der Beleuchtung eine sog. *Photospannung*. In einem außen angeschlossenen Stromkreis verursacht sie einen Strom. In Photoelementen wird mit guter Ausbeute Strahlungsenergie in elektrische Energie umgewandelt. So liefert eine sog. *Solarzelle* etwa 15% der absorbierten Strahlungsenergie als elektrische Nutzenergie.

7.6.2 Das Photon. Eine befriedigende Deutung des Photoeffekts ist nur mithilfe der *Quantentheorie* möglich. Schon die Strahlungsgesetze des schwarzen Körpers hatten gezeigt, dass man die für das Verhalten makroskopischer Körper geltenden Gesetze der Mechanik nicht ohne weiteres auf die Vorgänge im Atom selbst übertragen darf (Abschn. 7.5.3). Um die im Spektrum des schwarzen Körpers beobachtete Energieverteilung richtig darstellen zu können, musste *Planck* die Annahme machen, dass ein atomarer Oszillator Energie nur in bestimmten diskreten Beträgen $h\nu$ speichern kann. Dementsprechend emittiert er elektromagnetische Strahlung in der Weise, dass seine Energie um den festen Betrag $h\nu$ abnimmt, wobei h die Planck'sche Konstante ist. Andererseits kann die Strahlung dann auch nur in diesen Energieportionen, Quanten, vorkommen. Daraus resultiert für sie eine Korpuskel-Eigenschaft. Diese Strahlungsquanten bezeichnen wir als *Photonen*. Ein Photon kann nur als ganzes entstehen oder verschwinden, wenn Strahlung ausgesendet oder absorbiert wird. Das gilt übrigens auch für Radiowellen, nur haben deren Photonen wegen der niedrigen Frequenz eine solch kleine Energie, dass selbst der schwächste Radiosender noch eine ungeheure Anzahl davon in der Sekunde ausstrahlt. Man merkt ihre Energiequanten praktisch ebenso wenig, wie die „Massequanten", d. h. die Moleküle beim Füllen eines Bechers mit Wasser.

Unabhängig von den klassischen Eigenschaften des el. Dipols (Abschn. 6.8.5) bleibt die Beziehung

$$W_2 - W_1 = h\nu \tag{7.32}$$

für die Emission eines Photons der Frequenz ν durch ein Atom gültig, das dabei seine innere Energie von W_2 auf W_1 erniedrigt (Abschn. 8.1.2). Die Energie jedes Photons ist $h\nu$. Gestalt und Ort des Photons im emittierenden Atom sind keine messbaren Größen.

Mit dem Photon lässt sich der Photoeffekt nach *Einstein* auf folgende Weise darstellen: Um ein Elektron aus dem Metallverband ins Freie zu befördern, ist eine gewisse *Austrittsarbeit* W_a erforderlich, vgl. auch Glühemission Abschn. 6.5.2. Erst wenn die Energie des Photons $h\nu$ mindestens diesen Betrag erreicht, vermag das Licht Elektronen frei zu machen. Ist die Energie $h\nu$ größer, so findet sich der Überschuss als kinetische Energie der ausgelösten Elektronen wieder. Der Photoeffekt wird also durch folgende Energie-Beziehung beschrieben:

$$h\nu = \frac{m}{2}v^2 + W_a\,. \tag{7.33}$$

Diese Gleichung stimmt mit allen experimentellen Erfahrungen beim äußeren Photoeffekt überein (Abschn. 7.6.1). Insbesondere kann man auf diese Weise die Planck'sche Konstante h bestimmen, indem man nacheinander mit monochromatischem Licht verschiedener Frequenz die maximale Geschwindigkeit der austretenden Elektronen misst. Die Frequenz der langwelligen Grenze für den Photoeffekt ergibt sich als $\nu_g = W_a/h$ dann wird nämlich $v = 0$.

Auch die *kurzwellige Grenze* des *Röntgenbremsspektrums* lässt sich aus der Existenz des Photons sofort ableiten. Die Elektronen mit der Ladung e haben die Anodenspannung U_a durchlaufen und dadurch die kinetische Energie eU_a gewonnen. Diese kann günstigstenfalls in ein einziges Photon umgesetzt werden, indem das Elektron in *einem* Prozess völlig abgebremst wird. Dieses Photon hat dann die höchste, mit U_a erzielbare Frequenz:

$$h\nu_{max} = eU_a\,. \tag{7.34a}$$

Daraus errechnet man die kürzeste Wellenlänge:

$$\lambda_{min} = \frac{hc}{eU_a} = \frac{1{,}24}{U_a}\,. \tag{7.34b}$$

Die Umrechnungskonstante 1,24 gilt für λ_{min} in nm und U_a in kV (Abschn. 7.5.7.3). Als Energieeinheit, die für den atomaren Bereich zweckmäßig ist, haben wir das *Elektronvolt* (eV) eingeführt (Abschn. 6.5.4). Auch die Photonenenergie geben wir nach der Beziehung $h\nu = eU$ in eV an; für die kurzwellige Grenze des Bremsspektrums ist sie zahlenmäßig gleich der Anodenspannung der Röntgenröhre.

Generell finden wir, dass ein emittierendes *atomares* Teilchen zur *Erzeugung* elektromagnetischer Strahlung eine um so größere Energie aufbringen, d. h. zunächst empfangen muss, je höher deren Frequenz ist. Die Photonenergie von *sichtbarem* Licht liegt zwischen 1,5 und 3 eV. Die mittlere kinetische Energie der Moleküle auf Grund der Wärmebewegung beträgt bei 300 K nur 0,023 eV, bei 3000 K erst 0,23 eV. Die Temperaturstrahlung enthält bei 3000 K auch sichtbares Licht, vgl. Abb. 7.81, weil, der Maxwell'schen Geschwindigkeitsverteilung entsprechend, auch Moleküle mit z. B. der zehnfachen mittleren Energie vorkommen und durch Stoßanregung blaues Licht erzeugen können. – In der Quecksilberdampflampe werden die Atome durch *Elektronenstoß* zum Leuchten angeregt. Die Elektronen haben durch das anliegende elektrische Feld mittlere Energien von etwa 5 eV. Die Höhensonne liefert daher ohne weiteres *ultraviolettes* Licht von Photonenenergien zwischen 3 und 6 eV, die Kohlebogenlampe dagegen nur mit äußerst geringer, praktisch nicht ausnutzbarer Leistung.

Umgekehrt sind die *Wirkungsmöglichkeiten* einer Strahlung um so umfangreicher, je kürzer die Wellenlänge, je höher also die Photonenenergie ist.

Die *langwellige Grenze* des *Photoeffekts* ist ein Beispiel. Die Austrittsarbeiten der Alkalien liegen dabei im Bereich von 1 bis 2 eV, die der übrigen Metalle und die Ionisierungsenergien der freien Atome sind etwas höher, bei Helium über 20 eV. Daher kann bei ihnen erst UV-Strahlung Elektronen auslösen, d. h. ionisieren.

Auch *photochemische Prozesse* werden nur oberhalb einer charakteristischen Frequenz ausgelöst. Die *Stokes'sche* Regel der *Fluoreszenz* (Abschn. 7.5.5) erklärt sich dadurch, dass das emittierte Photon nicht energiereicher als das absorbierte sein kann.

Unter *energiereicher Strahlung* versteht man solche mit *hoher Photonenenergie*, die in einem atomaren Prozess ausgenutzt werden kann. Die Beteiligung mehrerer Photonen daran ist zum mindesten extrem unwahrscheinlich. Die Photonenenergie $h\nu$ darf nicht mit der *Bestrahlungsstärke* E verwechselt werden (Abschn. 7.5.4), die z. B. für die bei Absorption entstehende Wärmemenge maßgebend ist. Es gilt $E = Nh\nu$, wobei N die Zahl der Photonen ist, die pro Sekunde und Flächeneinheit auf das Präparat trifft. N ist bei UV-Lampen so klein, dass man die Wärmewirkung von ultraviolettem Licht kaum messen kann.

7.6.3 Ionisation durch Röntgenstrahlen, Strahlungsdosis. Bei der Wechselwirkung von Röntgenstrahlen mit Materie muss man bedenken, dass ihre Photonen Energien im Bereich von 10 bis 100 keV haben. Sie können beim *Photoeffekt* daher fester gebundene, sog. *innere* Elektronen aus der Hülle eines Atoms herausschlagen und werden dabei *absorbiert*. Die kinetische Energie dieser *Photoelektronen*, die sich wie beim lichtelektrischen Effekt als Differenz von Photonenenergie und Ionisierungsarbeit berechnet (Abschn. 7.6.2), beträgt ebenfalls viele keV.

Die *klassische* oder *kohärente Streustrahlung* (Rayleigh-Streuung, Abschn. 7.5.7) können wir auch als *elastischen* Stoß eines Photons mit dem Atom beschreiben, bei dem die Photonenenergie, d. h. die Frequenz der Streustrahlung sich gegenüber der Primärstrahlung nicht ändert.

Es gibt aber außerdem *unelastische* Streuung, die als *Compton-Streuung* bezeichnet wird und bei kurzwelliger Röntgenstrahlung eine sehr große Rolle spielt. Dabei wird Energie vom Photon auf das Atom übertragen, sodass die Photonenenergie $h\nu$ sinkt, d. h. die Streustrahlung hat eine niedrigere Frequenz. Die Energie wird an ein äußeres, sehr lose gebundenes Elektron abgegeben, das aus dem Atom herausgeschlagen wird. Diese sog. *Compton-Elektronen* haben viel geringere kinetische Energie als die Photoelektronen. Ihre Auslösearbeit aus dem Atom ist so klein, dass sie in der Energiebilanz vernachlässigt werden kann. Sie fliegen stets mit einer Geschwindigkeitskomponente in Richtung der Primärstrahlung, was sich bei Stoßvorgängen aus dem Impulssatz ergibt (Abschn. 2.4.3).

Ein Photon besitzt den Impuls $h\nu/c$, wobei c die Vakuumlichtgeschwindigkeit ist, vgl. (8.30) mit $m_0 = 0$. Mit den Erhaltungssätzen von Energie und Impuls findet man, dass sich bei einem Streuwinkel des Photons von δ seine Wellenlänge um

$$\Delta\lambda = \lambda_c(1 - \cos\delta) \tag{7.35}$$

vergrößert, wobei $\lambda_c = h/mc = 2{,}426$ pm die *Comptonwellenlänge* ist (m Elektronenmasse). Je größer der Streuwinkel δ des Photons ist, desto mehr Energie erhält das Comptonelektron.

Der Photo- und der Compton-Ionisation durch die primäre Röntgenstrahlung folgt nun eine Vielzahl von *Sekundärprozessen* in der bestrahlten Materie. Die durch den Photoeffekt ionisierten Atome senden sog. Röntgen-Fluoreszenz-Strahlung aus, indem sie wieder Elektronen einfangen (Abschn. 8.1.4); die sehr schnellen Photoelektronen erzeugen durch Stoßionisation viele neue Elektronen oder beim Abbremsen in derselben Weise neue Photonen wie in der Antikathode der Röntgenröhre. Die langsameren Compton-Elektronen haben nur kurze Reichweite und ionisieren ebenfalls. Im ganzen haben wir ein statistisches Wechselspiel, bei dem *Photonenenergie* und *kinetische Energie von Elektronen* sich ineinander umwandeln. Im Laufe der Zeit wird die Energie auf immer mehr Teilchen aufgeteilt, und die *Beträge* werden entsprechend *geringer*, die Strahlung wird längerwellig, weicher und die Elektronen langsamer. Ihre Grenzen finden die ganzen Sekundärprozesse letztlich in der Ionisierungsenergie der äußersten Elektronen im Atom.

Bisher haben wir nur die Wechselwirkung zwischen Röntgenstrahlen und freien Atomen betrachtet. Im menschlichen und tierischen Körper folgen aber der Ionisation eines Atoms zunächst *chemische Umwandlungen* und diesen *biologische Prozesse*, wie z. B. die bakterizide Wirkung von UV-C-Licht (Abschn. 7.5.6). Das wird in der *Röntgentherapie* ausgenutzt. Zur Dosierung dieser Röntgenbestrahlung können physikalische Messungen zunächst davon ausgehen, dass die biologische Wirkung proportional der Zahl der Elektronen oder Ionenpaare ist, die in dem bestrahlten Körper nicht nur von der Primärstrahlung, sondern auch in allen Sekundärprozessen erzeugt worden sind.

Jede *Dosisangabe* ist *objektbezogen*, d. h. sie ist zwar proportional der Bestrahlungsstärke und der Zeit, also der auftreffenden Energie pro Flächeneinheit, aber nicht mit ihr identisch, denn ionisierende Strahlung, die ohne jede Wechselwirkung durch den Körper geht, ist biologisch unwirksam. Die Erfahrung lehrt, dass die in einer Ionisationskammer (Abschn. 6.5.1) durch Röntgenlicht in der *Masseneinheit erzeugte* gesamte elektrische *Ladung* $Q = It$ (I Stromstärke, t Messzeit) in erster Näherung von der chemischen Zusammensetzung der Materie unabhängig ist, wenn nur leichte chemische Elemente darin enthalten sind, wie in Wasser, Luft und biologischem Gewebe. So bestimmt man die *Ionendosis* in der Ionisationskammer mit Luft durch Messung von Sättigungsstrom und Zeit. Die SI-Einheit ist $1\,As/kg$. Noch zulässig ist die aus historischen Gründen geschaffene Einheit *Röntgen* (R) mit der Umrechnung $1\,\mathrm{R} = 2{,}58 \cdot 10^{-4}\,\mathrm{As/kg}$, was der Ladung $3{,}33 \cdot 10^{-10}\,\mathrm{As}$ entspricht, erzeugt in $1\,\mathrm{cm}^3$ Luft von Normalbedingungen.

Andererseits benutzt man die *Energiedosis*. Sie ist das Verhältnis der durch Ionisierungsprozesse absorbierten Strahlungsenergie zur durchstrahlten Masse. Die SI-Einheit trägt jetzt den Namen *Gray* (Gy). Sie liegt vor, wenn die Energie 1 J auf homogene Materie der Masse 1 kg durch ionisierende Strahlung übertragen wird. Die ältere Einheit 1 *rad* (rd) (radiation absorbed dose) darf noch verwendet werden: $1\,\mathrm{rd} = 10^{-2}\,\mathrm{Gy}$.

Bei Röntgenstrahlen gehört zu einer Ionendosis von 1 As/kg eine Energiedosis von 33,7 Gy. Das bedeutet, zum Freisetzen von einer elektrischen Elementarladung wird im Mittel immer die gleiche Arbeit geleistet, und zwar 33,7 eV. Die Zahl der Photonen, die auf einen Körper treffen müssen, um 1 Gy zu erzeugen, hängt von der Photonenenergie ab; sie durchläuft bei etwa 100 keV ein Maximum.

Bestrahlungsgeräte werden durch ihre *Dosisleistung* gekennzeichnet, wobei man die Ionendosisleistung oder Ionendosisrate in A/kg und die Energiedosisleistung oder -rate in Gy/s angibt.

Die *biologische Wirkung* ist proportional der Energie- oder auch Ionendosis. Um sie quantitativ festzulegen, schuf man die Größe *Äquivalentdosis*. Für Röntgenstrahlung ist sie zahlenmäßig gleich der Energiedosis, nur wird dafür die Einheit J/kg – vorgeschlagen ist auch *1 Sievers* (Sv) – und nicht Gy verwendet. Entsprechend dient als Einheit der Äquivalentdosisrate oder -leistung W/kg an Stelle von Gy/s. – Die frühere Bezeichnung $10^{-2}\,\mathrm{J/kg} = 1\,\mathrm{rem}$ (radiation equivalent man) ist noch zulässig.

Wenn man nun die Wirkung von anderen ionisierenden Strahlungen auf das menschliche Gewebe (Abschn. 8.3.2ff.) miterfassen will, so lässt sich von ihnen zwar ebenfalls die Energiedosis in Gy messen, aber die *relative biologische Wirksamkeit* (RBW), auch *Bewertungsfaktor* genannt, ist anders. Die Äquivalentdosis ergibt sich dann aus der Energiedosis in Gy durch Multiplikation mit dem RBW-Faktor, der für Röntgen- und β-Strahlung den Wert 1 erhält. Durch radiologische Untersuchungen erhalten α-Strahlung, Protonen und Neutronen dann Werte von 5 bis 10.

Strahlenschutz. Dazu sollte man bedenken, dass jede Dosisleistung mit dem Quadrat der Entfernung von der Strahlungsquelle abnimmt und dass die Dosis mit der Zeit steigt. Abschirmung durch Blei setzt die Dosisleistung von ionisierender Strahlung stark herab. (Großen Abstand, kurze Zeit und Bleischürze.) Als *Toleranzdosis* im Sinne der Strahlenschutzverordnung gilt 1,5 mJ/kg in einem Jahr.

7.6.4 Laser. Die Einsicht in die Zusammenhänge zwischen Lichtemission und -absorption und den diskreten Energiestufen eines Atoms nach der Quantenmechanik (Abschn. 8.1.2) hat zur Entwicklung sehr leistungsfähiger Strahlungsquellen geführt, die außerdem kohärentes und extrem scharf gebündeltes Licht liefern. Zum Verständnis der Wirkungsweise dieser Laser[27] müssen wir etwas weiter ausholen.

Der Übergang eines Atoms von einem angeregten Zustand der höheren Energie W_1 in den Grundzustand der Energie W_0 und die damit verbundene Emission eines Photons kann ohne äußere Beeinflussung, d. h. *spontan* vor sich gehen. Dieser Emissionsakt erfolgt in den einzelnen Atomen der üblichen Lichtquellen völlig unabhängig voneinander. Daher liefern diese nur inkohärentes Licht, aus dem man erst durch besondere Kunstgriffe interferenzfähiges Licht erhält, s. Abschn. 7.4.1

Neben der spontanen Emission gibt es aber noch die *induzierte* Emission. Bei dieser werden Atome im angeregten Zustand W_1 durch das Feld einer eingestrahlten Welle, deren Frequenz die Bedingung $h\nu_1 = W_1 - W_0$ erfüllt, zum Übergang in den Grundzustand veranlasst, wobei sie Strahlung der Frequenz ν_1 emittieren. Die dabei entstehenden Wellenzüge haben dieselbe Ausbreitungsrichtung wie die eingestrahlte, induzierende Welle und stehen zu ihr in fester Phasenbeziehung. Daher ergeben die von allen so induziert strahlenden Atomen stammenden Wellenzüge kohärentes, also interferenzfähiges Licht.

Um auf diese Weise eine durchlaufende Lichtwelle wirklich zu verstärken, muss man dafür sorgen, dass die Zahl der Atome im angeregten Zustand N_1 größer als die Zahl der Atome im Grundzustand N_0 ist[28]. Die Anzahl der Emissionsprozesse ist nämlich proportional zu N_1 während die der Absorptionsprozesse, bei denen die Atome umgekehrt vom Grundzustand in den angeregten übergehen, proportional zu N_0 ist. Bei Zimmertemperatur ist für optische Übergänge $N_1 \ll N_0$, sodass die Absorption bei weitem überwiegt. Die nötige zeitweilige Überbesetzung des angeregten Zustandes kann man auf verschiedenen Wegen erreichen, z. B. durch sog. *optisches Pumpen*, wie beim *Rubinlaser*. Dabei wird in diesem sog. Drei-Niveau-Laser ein höheres Energieniveau W_2 dadurch so stark wie möglich besetzt, dass eine sehr intensive Lichtquelle Wellen der Frequenz $\nu_2 = (W_2 - W_0)/h$ einstrahlt. Durch Absorption gelangen so lange Chrom-Ionen im Al_2O_3-Gitter des Rubins vom Grundzustand W_0 in den angeregten Zustand W_2, bis die Zahl in beiden etwa gleich ist. Von W_2 gehen sie dann nach sehr kurzer Zeit ohne Ausstrahlung in den etwas tieferen Zustand W_1 über, der eine relativ lange Lebensdauer (einige ms) hat. Auf diese Weise füllt sich der Zustand W_1 über die Lichtabsorption nach W_2 soweit auf, dass die zur Verstärkung einer Lichtwelle notwendige Bedingung $N > N_0$ erfüllt ist. Sie wird durch fortdauerndes optisches Pumpen weiter aufrechterhalten.

Um als Lichtquelle mit konstanter Leistung arbeiten zu können, besitzt das zylindrische Rubin-Stäbchen zwei parallele, plangeschliffene, versilberte Stirnflächen. Sie begrenzen einen auf die Betriebsfrequenz $\nu_1 = (W_1 - W_0)/h$ abgestimmten Resonator, in dem sich eine stehende Welle ausbildet, vgl. Abschn. 4.2.3 u. 6.8.3. Das führt zu einer „Rückkopplung“: Die darin hin- und herlaufenden Lichtwellen werden durch induzierte Emission verstärkt, bis sich ein stationärer Endzustand einstellt, in dem alle Verluste gerade gedeckt werden, einschließlich der *entnommenen Lichtleistung*. Da in der stehenden Welle nur Wellenzüge existieren, die nahezu senkrecht zu den spiegelnden Endflächen sich ausbreiten, sendet der Laser durch eine kleine Öffnung in einer der Stirnflächen extrem scharf gebündelte, kohärente Strahlung minimaler Frequenzbreite aus.

[27] Laser ist die Abkürzung von „Light Amplification by Stimulated Emission of Radiation“.

[28] Das Verhältnis N_1/N_0 ergibt sich aus dem Boltzmann'schen Verteilungssatz, wonach im thermischen Gleichgewicht $N_1/N_0 = \exp(-(W_1 - W_0)/kT)$ ist, k die Boltzmann'sche Konstante, T die absolute Temperatur (Abschn. 5.3.4).

Beim *Gaslaser*, z. B. einem Helium-Neon-Laser, brennt im Resonator eine Glimmentladung, Abschn. 6.5.5, und produziert das induziert strahlende Material. Die Anregung von W_2 geschieht darin viel wirksamer durch Elektronen- oder Ionenstoß im Trägergas He. Die beiden Gase tauschen dann Anregungsenergie durch atomare Stöße aus, wodurch Ne in einen geeigneten Zustand W_1 gebracht wird und dann z. B. auf seiner roten Spektrallinie als Sender arbeitet.

Die Anwendbarkeit des Lasers ist in Medizin und Technik sowie im Labor sehr häufig und vielfältig. Insbesondere können auch sehr hohe Energiebeträge gezielt übertragen und auf engstem Raum konzentriert werden.

In der Physik ist die eingangs erwähnte Kohärenz der Lichtwelle von besonderer Bedeutung. Inkohärentes, natürliches Licht besteht, wie in Abschn. 7.4.1 ausführlich erläutert, aus einzelnen Wellenzügen von ca. 10^{-8} s Dauer mit regellosen Unterschieden in Phase und Polarisation. Gerade diese entsprechen natürlich den voneinander unabhängigen Photonen, die beim Photoeffekt beobachtet werden. Im kohärenten Laserlicht bilden die Photonen sozusagen ein Kollektiv, das durch eine einzige, makroskopische Welle zu beschreiben ist. In dieser Hinsicht besteht volle Ähnlichkeit mit der Strahlung eines Radiosenders, nur ist letztere nicht gebündelt. Wenn allerdings Laserlicht Photoelektronen erzeugt, dann wird wieder das einzelne Photon wirksam.

7.6.5 Dualismus von Korpuskel und Welle. Das Licht verhält sich bei der Ausbreitung wie ein Wellenvorgang; doch beim Energieumsatz im atomaren Prozess haben wir es mit Photonen zu tun, die sich wie Korpuskeln oder Teilchen verhalten. Diese eigentümliche Tatsache, dass wir einen Teil der optischen Vorgänge nur mit einem Wellenbilde, andere wieder nur mit einem Teilchenbilde verstehen können, ist jedoch nicht auf die Optik beschränkt. Auch bewegte Elektronen und andere Elementarteilchen, deren Teilchennatur uns selbstverständlich ist, liefern bei manchen Experimenten Ergebnisse, die nur mit der Überlagerung von Wellen zu deuten sind. Lässt man z. B. einen Elektronen- oder Neutronenstrahl auf einen Kristall fallen, so erhält man bei der Reflexion die gleichen Interferenzerscheinungen wie bei Röntgenstrahlen. Bestimmt man die den bewegten Teilchen zugeordnete Wellenlänge, die sog. *de Broglie-Wellenlänge*[29], in Abhängigkeit von ihrem Impuls p so ergibt sich die einfache Beziehung

$$\lambda = \frac{h}{p} . \tag{7.36}$$

Sie gilt auch beim Photon, für das die Compton-Streuung den Impuls $p = h\nu/c$ ergibt, vgl. Abschn. 7.6.3 Mit $c/\nu = \lambda$ folgt daraus (7.36).

h ist wieder die *Planck'sche Konstante*, die also auch hier eine wesentliche Rolle spielt. Mit zunehmender Geschwindigkeit des Teilchens sinkt die Wellenlänge. Da die Geschwindigkeit eines Elektrons mit einer beschleunigenden Spannung U klassisch[30] gemäß $mv^2/2 = eU$ verknüpft ist und Ladung und Masse des Elektrons bekannt sind, können wir die Wellenlänge in Abhängigkeit von der Spannung berechnen. Messen wir U in Volt, so gilt für die Wellenlänge die Zahlenwertgleichung $\lambda = 1{,}23/\sqrt{U}$ nm. Für Elektronen von 5 keV führt das zur de Broglie-Wellenlänge 0,0174 nm. Sie ist sehr viel kürzer als die von sichtbarem Licht, was für die bessere Auflösung des Elektronenmikroskops von Bedeutung ist (Abschn. 7.3.6).

Besondere Bedeutung hat die Beugung der *de Broglie*-Wellen von Elektronen auch bei der *Strukturbestimmung* von nicht zu großen Molekülen. Dazu wird ein enges, möglichst paralleles Elektronenbündel einheitlicher Geschwindigkeit senkrecht auf einen Molekülstrahl geschossen, und man beobachtet dahinter in einer Ebene senkrecht zum primären Elektronenstrahl die von den Molekülen gestreuten oder gebeugten Elektronen. Ihre Stromdichte zeigt auf einigen konzentrischen Kreisen um das Primärbündel Beugungsringe, die denen beim

[29] *De Broglie* ordnete 1923 zuerst bewegten, materiellen Teilchen eine Materiewelle zu.

[30] Die damit abgeleitete Beziehung für λ gilt nur, wenn v klein gegen die Lichtgeschwindigkeit ist, vgl. relativistische Masse, Gl. (8.28).

entsprechenden Experiment mit Röntgenstrahlung (Abschn. 7.5.8) völlig analog sind. Aus den Öffnungswinkeln der Beugungskegel erhält man die Abstände zwischen den Atomen im Molekül, aus denen sich auch die Valenzwinkel berechnen lassen.

Die Tatsache, dass es nicht möglich ist, atomare Vorgänge *anschaulich* von einem einheitlichen Standpunkt aus darzustellen, zwingt uns dazu, bei derartigen Überlegungen nebeneinander zwei einander widersprechende Modellvorstellungen anzuwenden. Wir müssen diesen *Dualismus* von *Welle* und *Korpuskel* als gegeben hinnehmen. So ist auch die Frage, welches von beiden Bildern das richtige ist, völlig falsch gestellt. Das einzelne Photon oder Elektron wird nicht in verschiedene Beugungsringe oder -flecke aufgeteilt. Die elektrische Ladung eines Elektrons bleibt ungeteilt. Seine individuelle Bahn kann aber beim Beugungsexperiment nie verfolgt werden. Beobachtet wird stets eine sehr große Anzahl gestreuter oder gebeugter Korpuskeln, und dann liefert die Wellentheorie die *Wahrscheinlichkeit*, mit der die Korpuskeln sich auf die einzelnen Beugungsrichtungen verteilen.

Das lässt sich experimentell beweisen, wenn die Beobachtungsebene für die Beugungsringe mit vielen sehr kleinen Elementen belegt ist, in denen ein einzelnes, auftreffendes Teilchen einen Zählimpuls auslöst, vgl. Zählrohr (Abschn. 8.3.2.2). Der statistische Charakter des Einzelprozesses zeigt sich dann in der regellosen Impulsfolge an jeder Beobachtungsstelle, wobei die Impulszahl pro Zeiteinheit, die sog. Impulsrate, an Orten der Beugungsmaxima am größten ist.

So darf man die Materiewellen in ihrer objektiven physikalischen Bedeutung nicht mit der von Wasser-, Schall- und auch Radiowellen gleichsetzen. Für diese drei sind es messbare physikalische Größen, wie Schalldruck und elektrische Feldstärke, die Schwingungen ausführen. Materiewellen dagegen beziehen sich auf mathematische Symbole ohne physikalische Einheit, sind selbst nicht messbar, sondern mit ihnen sind nur Wahrscheinlichkeitsaussagen über das Ergebnis von Experimenten im atomaren Bereich zu berechnen.

Auf die gedankliche und mathematische Überwindung des anschaulichen Gegensatzes zwischen Korpuskular- und Wellenmodell durch die *Quantenmechanik* können wir hier nicht näher eingehen. Die in der Physik *makroskopischer* Vorgänge bewährten mechanischen und elektrodynamischen, sog. *klassischen* Gesetze (Kap. 1 und 6) werden dadurch aber nicht berührt. Sie ergeben sich aus den quantenmechanischen Beziehungen als Grenzfälle, d. h. sie behalten praktisch ihre Gültigkeit.

Die Eigengesetzlichkeit der atomaren Vorgänge geht letztlich auf die *Heisenberg*'sche *Unbestimmtheitsrelation* zurück

$$\Delta x \cdot \Delta(mv_x) \geqq h\,. \qquad (7.37)$$

Danach sind bei gleichzeitiger Messung die Ortskoordinate x und die zugehörige Impulskomponente mv_x eines Teilchens in jedem Experiment grundsätzlich um Beträge Δx bzw. $\Delta(mv_x)$ unbestimmt. Man sagt auch, dass sie über diesen Wertebereich „verschmiert" sind. Je kleiner Δx in der Anlage des Experiments ist, desto stärker tritt der Teilchencharakter hervor. Je kleiner umgekehrt $\Delta(mv_x)$ dabei ist, desto genauer ist die Wellenlänge nach (7.36) bestimmt, und wir beobachten im Grenzfall die Eigenschaften einer *unendlich ausgedehnten* Welle. – Der kleine Betrag der Planck'schen Konstanten h lässt im makroskopischen Bereich die Unbestimmtheiten Δx und Δmv_x) unter jede Messgenauigkeit sinken, sodass sie keine Rolle spielen.

Von grundsätzlicher physikalischer Bedeutung sind Experimente, in denen es gelungen ist, freie Atome bei sehr tiefen Temperaturen zu einem Kollektiv zu vereinigen, das mit *einer makroskopischen* Materiewelle zu beschreiben ist[31]. Damit kann ein Strahl von *kohärenten* Materiewellen, ein *Atomlaser*, realisiert werden, analog dem Lichtlaser, vgl. Abschn. 7.6.4 Anschaulich bedeutet das: Zu frei beweglichen Atomen mit extrem kleinem thermischem Impuls gehört nach (7.36) eine relativ lange de Broglie-Welle. Wenn auf eine Wellenlänge dann im Mittel mehr als ein Atom fällt, dann verlieren die Atome ihre Identität als Korpuskeln und sind makroskopisch nur als Welle zu beschreiben. Aber mikroskopisch wird, z. B. durch Stoß eines fremden Teilchens, wieder ein einzelnes Atom frei.

[31] Wolfgang Ketterle erhielt zusammen mit E. Cornell und C. Wieman dafür den Nobelpreis 2001.

Nur Atome mit einer geraden Anzahl von Elementarteilchen (Summe von Elektronen, Neutronen, Protonen), sog. *Bosonen*[32], können als freie Einzelpartikel „eng“ genug zusammenrücken, da sie nicht wie einzelne Elektronen das Pauli-Prinzip erfüllen müssen. Abschn. 8.1.3 und 8.1.5. Schon 1925 hat Einstein rechnerisch mit der Quantenstatistik von Bose gezeigt, dass nach Unterschreiten einer kritischen Temperatur eine makroskopische Anzahl von derartigen Teilchen sukzessive in den Zustand geringster Energie übergeht, sozusagen „kondensiert“. Dort haben sie nur noch den Impuls, den die Heisenberg-Relation (7.37) als Unschärfe verlangt, wenn sie sich in der Atomfalle mit der Abmessung Δx befinden. Diese Wolke der „kondensierten“ Atome bezeichnet man als *Bose-Einstein-Kondensat* (BEC). Zu seiner Realisierung bedarf es sehr tiefer Temperaturen und möglichst hoher Atomdichten, d. h. viele sehr kalte Atome auf engem Raum.

Dazu wird zunächst der Atomstrahl mit einem Laser gekühlt, vgl. Abschn. 5.4.7, und dann in eine Atomfalle überführt, bestehend aus einem allseitig ansteigenden Magnetfeld B. Gefangen darin bleiben nur Atome, deren magnetisches Moment entgegengesetzt zu B orientiert ist. Sie erfahren nämlich wie diamagnetische Körper Kräfte in Richtung des schwächeren Feldes, vgl. Abschn. 6.6.9, also hier zum Zellenzentrum hin. In der Zelle führen sie radiale Schwingbewegungen aus, die energiereichsten mit der größten Amplitude. Das nutzt die sog. *Verdampfungskühlung* aus, um gerade sie aus der Zelle zu entfernen, sodass die mittlere thermische Energie der eingeschlossenen Atome sinkt. Dazu wird ihr magnetisches Moment durch einen magnetischen Hf-Impuls umgeklappt, vgl. Abschn. 8.1.5 Die dafür wirksame Frequenz ist proportional zur Feldstärke B am derzeitigen Aufenthaltsort des Atoms, sodass hohe Frequenzen am Rand der Zelle die Atome mit hoher Energie sozusagen „abschälen“. Das BEC entsteht als „Tropfen“ im Zentrum der Falle. – Als erreichte Temperaturen werden Werte um $0{,}2\,\mu\text{K}$ angegeben.

Aufgaben

7.6.1 Welche Höchstgeschwindigkeit haben Photoelektronen beim Verlassen einer Elektrode der Austrittsarbeit 2,5 eV, die von Licht der Hg-Linie $\lambda = 365$ nm ausgelöst worden sind?

7.6.2 Welche Gegenspannung darf zwischen Auffänger und Photoelektrode liegen, damit die Photoelektronen von Aufgabe 7.6.1 gerade noch den Auffänger erreichen?

7.6.3 Welche Energie in eV hat ein Photon der Mikrowellen mit der Vakuumwellenlänge 3 cm?

7.6.4 Welche Anodenspannung muss an eine Röntgenröhre gelegt werden, wenn die kurzwellige Grenze des Bremsspektrums bei $\lambda = 0{,}05$ nm liegen soll?

7.6.5 Ein Photon der Wellenlänge 0,05 nm erfährt eine Compton-Streuung um 90°. Welche Energie erhält dabei das Compton-Elektron? (Einheit keV)

7.6.6 Ein 100 eV-Elektron hat die de Broglie-Wellenlänge 0,123 nm. Wie groß ist sie für ein Proton gleicher kinetischer Energie?

8. Grundzüge der Atom- und Molekülphysik

8.1 Die Spektren und die Elektronenhülle der Atome

8.1.1 Emissions- und Absorptionsspektren

8.1.1.1 Emissionsspektren. Jeder heiße Stoff sendet elektromagnetische Wellen aus, durch deren spektrale Zerlegung (Abschn. 7.3.8) man sein Emissionsspektrum erhält. Dieses hat außer im sichtbaren Bereich auch Beiträge sowohl im IR- als auch im UV-Gebiet. Glühende feste und flüssige Körper und ebenso sehr stark verdichtete heiße Gase senden ein sog. *kontinuierliches Spektrum* aus (Abschn. 7.5.3).

In leuchtenden verdünnten Gasen beobachtet man *Linien-* oder *Bandenspektren*, d. h. diskrete Frequenzen. Dabei stammen erstere von leuchtenden Atomen, die Bandenspektren von Molekülen (Abschn. 8.2). Atomspektren, die aus einzelnen scharfen Linien bestehen, beobachten wir daher nur dann, wenn die Moleküle eines Gases in Atome zerlegt sind, bei mehratomigen etwa durch sehr intensive molekulare Wärmebewegung. Dabei senden die Atome ein für das betreffende chemische Element charakteristisches Spektrum aus. Natrium-Dampf z. B. emittiert im Sichtbaren die bekannten beiden gelben Linien, die eng benachbarten Na D-Linien. Allgemein kann man aus den in einem Spektrum auftretenden Linien eines Elements mit Sicherheit auf dessen Vorhandensein in dem leuchtenden Gas schließen. Darauf gründet sich die *Spektralanalyse*, die ein wichtiges Hilfsmittel der chemischen, metallkundlichen und astrophysikalischen Forschung ist. Die spektralanalytischen Methoden sind außerordentlich empfindlich. So lassen sich z. B. noch 10^{-10} g Na spektralanalytisch nachweisen.

8.1.1.2 Absorptionsspektren. Geht weißes Licht, z. B. einer Bogenlampe (Abschn. 6.5.6), durch eine Schicht durchsichtiger Materie und passiert anschließend ein Spektrometer, so erhält man ein *Absorptionsspektrum* des betreffenden Stoffes. Dessen Absorptionskoeffizient α, vgl. Abschn. 7.5.4, hängt nämlich im Allgemeinen von der Frequenz ab. Für breitere oder auch engere Frequenzbereiche kann er so hoch sein, dass ein Großteil des Lichtes daraus absorbiert wird, während er an anderen Stellen des Spektrums verschwindend klein ist. Beim einatomigen Gas ist dieses Absorptionsspektrum ein Linienspektrum. Feste und flüssige Körper absorbieren meist in breiten und verwaschenen Streifen. So absorbiert Jod in Schwefelkohlenstoff gelöst das Sichtbare, ist aber im Infrarot durchlässig. Alle Frequenzen eines Absorptionsspektrums beobachten wir auch im Emissionsspektrum desselben Stoffes (*Kirchhoff'sches Gesetz*, Abschn. 7.5.3 und 8.1.2).

Die Sonne sendet ein kontinuierliches Spektrum aus, das von zahlreichen feinen schwarzen Linien, den sog. *Fraunhofer'schen Linien*, durchzogen ist, s. Abb. 8.1. Diese kommen

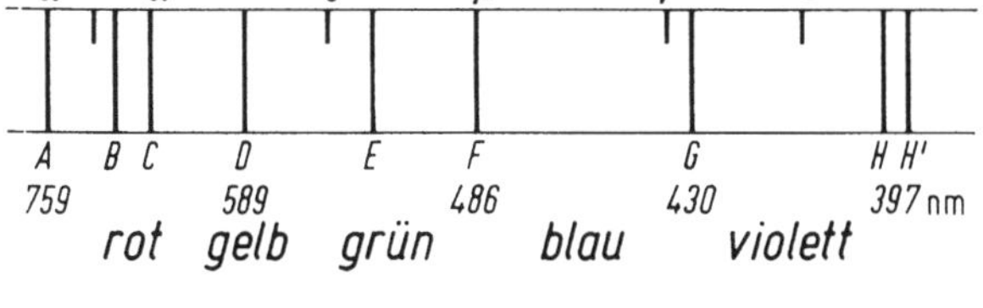

Abb. 8.1 Fraunhofer'sche Linien

H.A. Stuart, G. Klages, *Kurzes Lehrbuch der Physik*, Springer-Lehrbuch, DOI 10.1007/978-3-540-89046-1_8

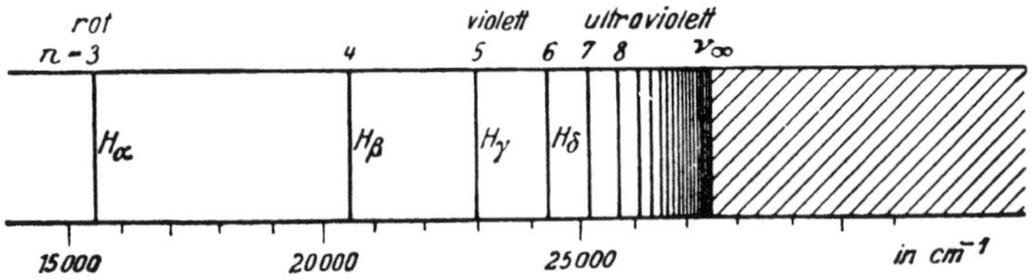

Abb. 8.2 Balmer-Serie des Wasserstoffatoms

dadurch zustande, dass die in der kälteren Sonnenatmosphäre, der *Chromosphäre*, enthaltenen Elemente Na, H, He, O, Ca, Fe usw. aus dem kontinuierlichen Spektrum, das der heißere Sonnenkern, die *Photosphäre*, aussendet, ihre charakteristischen Absorptionsfrequenzen herausfiltern.

8.1.2 Linienspektren der Atome. Nach dem *Rutherford'schen Atommodell*[1] enthält jedes Atom einen positiv geladenen *Kern*, in dem praktisch seine ganze Masse vereinigt ist. Die Zahl seiner positiven Elementarladungen (Abschn. 6.2.7) bezeichnet man als *Kernladungszahl* Z. Sie ist gleich der *Ordnungszahl* im periodischen System der Elemente. Der Kern, dessen Durchmesser von der Größenordnung 10^{-14} m ist, wird von der Elektronenhülle umgeben. Da das normale Atom nach außen elektrisch neutral ist, muss die Zahl ihrer Elektronen gleich der Kernladungszahl sein. Der Durchmesser der Elektronenhülle ist von der Größenordnung 10^{-10} m und entspricht der Größe der Atome, wie sie sich aus Zusammenstößen im Gas ableitet. Die Wirkung der elektrischen Kräfte reicht natürlich noch weiter.

Historisches zu den experimentellen Grundlagen. Aus der Tatsache, dass sehr schnelle Elektronen von den Atomen einer Metallfolie viel weniger absorbiert werden als langsame, folgerte *Lenard* (Abschn. 6.5.5), dass der wirklich undurchdringliche „massive" Bereich der Atome nur einen winzigen Bruchteil der sonst beobachteten Raumerfüllung ausmacht. – Weitere Erkenntnisse brachten die Untersuchungen der Streuung von α-Teilchen aus der radioaktiven Strahlung (Abschn. 8.3.2) beim Durchgang durch Materie. Die Bahnen der α-Teilchen (He-Atomkerne) sind dabei fast geradlinig, s. Abb. 8.16. Nur dann, wenn sie dem massiven Teil der Atome nahe kommen, erfahren sie beträchtliche Ablenkungen. Aus eingehenden Messungen der Winkelverteilung von α-Teilchen, die eine sehr dünne Materieschicht durchlaufen haben und von jeweils nur *einem* Atom abgelenkt worden sind, schloss *Rutherford*, dass jedes Atom ein einziges positives Ladungszentrum enthält, in dessen starkem Coulomb-Felde (vgl. Abschn. 6.2.6) das positiv geladene α-Teilchen abgestoßen wird. Auch die größte Annäherung der α-Teilchen an den Kern (obere Grenze für den Kernradius) und die Kernladungszahl lassen sich auf diese Weise in guter Näherung bestimmen.

[1] Lord *Ernest Rutherford*, 1871–1937, Professor in Cambridge, Nobelpreis für Chemie.

Aufschluss über das Verhalten der *Elektronen* in der *Atomhülle* bringt als *beobachtbare Größe* die von Atomen ausgesendete elektromagnetische Strahlung. Am einfachsten ist das *Wasserstoffspektrum*, weil das H-Atom nur ein Hüllenelektron besitzt. Die Linien im Spektrum des leuchtenden, atomaren Wasserstoffs lassen sich nach einem einfachen Gesetz in *Serien* zusammenfassen, von denen die sog. *Balmer-Serie* in Abb. 8.2 wiedergegeben ist. Die ersten Linien der Serie sind die im sichtbaren Teil des Spektrums besonders auffallende rote, grüne und blaue Wasserstofflinie, als H_α, H_β und H_γ, bezeichnet, die auch aus dem Sonnenspektrum als Fraunhofer'sche Linien bekannt sind. Zuerst wurde rein empirisch eine Formel für die Lage der Linien im Spektrum aufgestellt. Dabei verwendete man, mehr aus historischen Gründen, wie auch in Abb. 8.2, die *Wellenzahl* $\nu^* = \nu/c = 1/\lambda$ und schrieb:

$$\nu^* = R\left(\frac{1}{m^2} - \frac{1}{n^2}\right), \tag{8.1}$$

wo m und n ganze Zahlen sind und R die sog. *Rydberg-Konstante* für das H-Atom ($R = 109\,737{,}30\,\text{cm}^{-1}$) ist. Setzen wir $m = 2$ und lassen n alle Werte 3, 4, 5, ... durchlaufen, so erhalten wir sämtliche Linien der Balmer-Serie, z. B. für $n = 3$ H_α mit $\nu^* = 15\,238\,\text{cm}^{-1}$ oder $\lambda = 656{,}28$ nm.

Das Wesentliche einer solchen Serienformel ist, dass die Wellenzahlen als Differenz zweier Glieder, der sog. *Terme*, von der Form R/n^2 auftreten. Den ersten Term nennen wir den *konstanten*, den zweiten den *Laufterm*. Da mit wachsendem n der Laufterm kleiner wird, verschieben sich die Linien immer mehr nach kürzeren Wellen und häufen sich dabei gegen eine Grenze, die sog. *Seriengrenze*, deren Wellenzahl durch $\nu^* = R/m^2$ gegeben ist.

Zur physikalischen Interpretation multiplizieren wir die Serienformel (8.1) links und rechts mit hc (h Planck'sche Konstante und c Lichtgeschwindigkeit); so erhalten wir die Energie der emittierten Photonen (Abschn. 7.6.2)

$$h\nu = Rhc\left(\frac{1}{m^2} - \frac{1}{n^2}\right). \quad (8.2)$$

Sie ergibt sich als Differenz von zwei Energien, die man auf der rechten Seite dieser Beziehung findet. Das Bohrsche Atommodell deutet diesen Sachverhalt folgendermaßen: Jedes Atom kann, analog dem Oszillator (Abschn. 7.5.3 und 8.2.2), nur in bestimmten Zuständen mit jeweils *festem Energieinhalt* existieren. Solange das Elektron des Wasserstoffatoms sich in einem solchen *stationären Zustand* befindet, der auch mit *Bahn* oder *Orbital* bezeichnet wird, strahlt es keine Energie aus. Nur wenn es von einem solchen Zustand (n) zu einem mit geringerer Energie (m) übergeht, wird Licht ausgestrahlt. Ist W_n die Energie des n-ten Zustands und W_m die des m-ten, $W_n > W_m$, so ist die Frequenz des ausgestrahlten Photons stets durch die Gleichung

$$h\nu = W_n - W_m \quad (8.3a)$$

bestimmt. Bei Wasserstoff ist die Energie im n-ten Zustand $W_n = -Rhc/n^2$. Sie ist negativ, also eine *Bindungsenergie*, denn die Energieskala ist so gewählt, dass sie für $n = \infty$, d. h. für das ionisierte Atom, null wird. Die Bindung ist umso fester, je näher das Elektron sich im Mittel am Kern aufhält.

Die *Energiestufen* und die Entstehung der Spektrallinien können wir uns anhand der

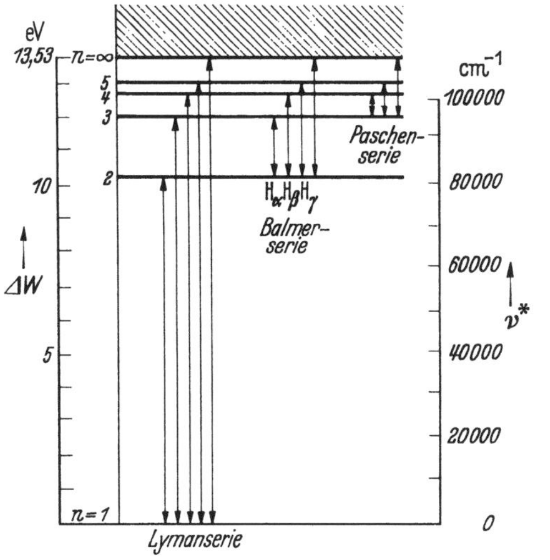

Abb. 8.3 Energieschema des Wasserstoff-Atoms

Abb. 8.3 veranschaulichen: Den einzelnen stationären Energiezuständen ordnen wir die Reihe der ganzen Zahlen zu, die sog. *Hauptquantenzahlen*. Der *energieärmste* Zustand ist der sog. *Grundzustand* des Atoms mit $n = 1$. Zu den *energiereicheren*, den *angeregten Zuständen* gehören die Quantenzahlen 2, 3, ... Durch atomare Stöße oder Absorption eines Photons gelangt das Elektron vom Grundzustand in einen angeregten Zustand, z. B. mit $n = 4$. Von dort kann es unter Emission der entsprechenden Linien entweder in den alten oder in einen dazwischenliegenden Zustand übergehen. Die Übergänge auf den Zustand mit der Quantenzahl 2 ergeben Linien der Balmer-Serie, Sprünge in den Grundzustand, $n = 1$, liefern viel höhere Photon-Energien und geben die im Ultravioletten liegenden Linien der sog. *Lyman-Serie*. Bei Übergängen in den Zustand $n = 3$ fallen die Linien ins Infrarot (*Paschen-Serie*). Die Wellenzahlen aller auftretenden Linien können wir aus dem Diagramm ablesen.

Heben wir das Elektron vom Grundzustande aus immer höher, so wird es schließlich aus dem Atomverbande gelöst und frei: Das Atom ist *ionisiert*. Die dazu erforderliche Energie ist die *Ionisierungsenergie*. Diese sowie die Energiedifferenz ΔW der einzelnen angeregten Zustände zum Grundzustand misst man meist in *Elektronvolt* (Abschn. 6.5.4, $1\,\text{eV} = 1{,}602 \cdot 10^{-19}\,\text{J}$). Die Ionisierungsenergie stimmt mit der Photonenenergie überein, die zur Seriengrenze der Lyman-Serie gehört, und beträgt 13,5 eV.

Absorptionsspektren. Durch Absorption eines Photons wird ein Elektron der Hülle aus einem tieferen in einen höheren Zustand gehoben. Das ist selbstverständlich nur möglich, wenn der absorbierende Stoff auch Atome in dem betreffenden tieferen Zustande besitzt. Im Grundzustande ($n = 1$) werden sich immer Elektronen befinden. Absorptionslinien, die von ihm ausgehen, sog. *Resonanzlinien*, – dem entsprechen Emissionslinien, bei denen der Elektronenübergang auf dem Grundzustand endet – werden stets beobachtet. Aber die höheren Zustände der Elektronenhülle sind z. B. im kalten Gas praktisch leer, weil ihre Anregungsenergie sehr viel größer als die thermische Energie kT ist, vgl. Abschn. 5.3.4. So beobachtet man z. B. die Balmer-Serie beim kalten atomaren H-Gas *nicht* in Absorption, wohl aber wegen der hohen Temperatur in der Chromosphäre der Sonne in den Fraunhofer'-Linien, s. Abb. 8.1.

Wenn das absorbierte Photon die Frequenz $\nu = Rc$ hat, so wird das Elektron des H-Atoms gerade freigesetzt. Bei höheren Frequenzen wird die überschüssige Energie in kinetische Energie des freien Elektrons umgewandelt (Photoeffekt am freien Atom, Abschn. 7.6.1). Daher vermag das H-Atom oberhalb der Seriengrenze der Lyman-Linien alle Frequenzen zu absorbieren, allerdings sinkt die Wahrscheinlichkeit mit weiter steigender Frequenz. An die Grenze des Linienspektrums schließt sich ein kontinuierliches Spektrum an, das je nach den Anregungsbedingungen auch in Emission zu beobachten ist.

Die spektroskopisch bestimmbaren Energiewerte der verschiedenen angeregten Atomzustände kann man auch direkt messen, und zwar, indem man die zur Anregung nötige Energie durch *stoßende Elektronen* überträgt. Schickt man Elektronen einheitlicher Geschwindigkeit durch ein Gas, z. B. Hg-Dampf, so beobachtet man, dass eine Linie der Frequenz ν bei langsam gesteigerter Geschwindigkeit erst ausgestrahlt wird, wenn die stoßenden Elektronen eine Mindestenergie von der Größe $eU = h\nu$ haben (*Elektronenstoßmethode* von *Franck* und *Hertz*).

Die Spektrallinien eines leuchtenden, atomaren Gases sind nun aber nicht „unendlich scharf", d. h. zu einem Elektronenübergang gehört nicht exakt eine einzige Frequenz. Vielmehr beobachten wir ein zwar sehr schmales, aber endliches Frequenzband; man spricht von einer *endlichen Linienbreite*. Zu jedem Zeitpunkt strahlen ja sehr viele Atome des Gases, die sich in ungeordneter thermischer Bewegung befinden. Wegen des Doppler-Effektes hängt daher die gemessene Frequenz oder Wellenlänge wie beim Schall (Abschn. 4.3.3.2) von der Geschwindigkeit ab, mit der jedes einzelne strahlende Atom sich zum Beobachter hin oder von ihm weg bewegt. Dazu kommt noch u. a. die sog. *Druckverbreiterung:* Je kürzer die Zeitspanne zwischen zwei Stößen mit anderen Atomen ist, während der das Atom sozusagen „frei" strahlen kann, desto breiter wird die beobachtete Spektrallinie. Mit steigendem Druck nimmt diese Zeit ab. So zeigen Höchstdruck-Lampen sehr breite Linien, und man erkennt qualitativ den Übergang zum kontinuierlichen Spektrum der heißen Flüssigkeit.

8.1.3 Atombau und periodisches System der Elemente.

Ordnet man die chemischen Elemente nach der relativen Atommasse (Abschn. 3.1.2), so zeigen ihre chemischen und physikalischen Eigenschaften eine ganz ausgeprägte Periodizität. In dem von *L. Meyer* und *Mendelejeff* aufgestellten *periodischen System* kommen dabei die chemisch verwandten, also einander ähnlichen Elemente untereinander in eine Vertikalreihe (Spalte oder Gruppe). In der ersten Gruppe stehen Wasserstoff und die Alkalien, also einwertige Elemente, in der zweiten die zweiwertigen Erdalkalien usw. Am Ende der Perioden stehen die Edelgase, s. Anhang. Schreiben wir das System streng nach der Reihe der rel. Atommassen hin, so gibt es an mehreren Stellen Unstimmigkeiten. So muss z. B. das Edelgas Argon seinen Eigenschaften nach vor, also nicht, wie es der Atommasse entspräche, hinter dem Alkali Kalium stehen. Die rel. Atommasse kann also nicht die maßgebende Größe sein, aus der sich der richtige, d. h. mit den chemischen Eigenschaften übereinstimmende, Platz eines Elements eindeutig ergibt.

Wir nummerieren die chemischen Elemente vom Wasserstoff angefangen fortlaufend und nennen die Nummer für die richtige Stelle eines Elements im periodischen System seine *Ordnungszahl Z*. Sie ist identisch mit der *Kernladungszahl*, wie die Streuung von α-Teilchen beim Durchgang durch Materie, vgl. Abschn. 8.1.2, sowie die Röntgenspektren ergeben (Abschn. 8.1.4). Die Ordnungszahl gibt also auch die Zahl der den Kern umgebenden Elektronen an.

Nun bestimmt vor allem die Ladungsverteilung in der Elektronenhülle das äußere elektrische Feld des Atoms und auch seine chemischen und diejenigen physikalischen Eigenschaften, die nicht von der Masse und der Ladung des Kernes abhängen. Die beobachtete Periodizität dieser Eigenschaften verlangt also auch eine Periodizität im Aufbau der Elektronenhülle, die ja von Element zu Element ein Elektron mehr enthält.

Diese Periodizität entsteht durch den *Schalenbau* der *Elektronenhülle*. Beim Aufbau eines Atoms aus Kern und Hüllenelektronen wird ein Elektron nach dem anderen in stationären Zuständen mit abnehmender Bindungsenergie angelagert. Nach dem *Pauli-Prinzip* kann dabei jeder Zustand, von denen allerdings mehrere die gleiche Energie haben können, nur von *einem* Elektron besetzt werden. Nach ihrer mittleren Entfernung vom Kern lassen sich diese „Elektronenplätze" in *Schalen* einteilen, die mit der Hauptquantenzahl n (Abschn. 8.1.2) gekennzeichnet werden, s. auch Abschn. 8.1.5. Die Elemente einer Vertikalreihe enthalten in der äußeren Schale dieselbe Zahl von Elektronen, z. B. die einwertigen Alkaliatome ein Elektron, die zweiwertigen Erdalkaliatome zwei Elektronen usw. Mit Ausnahme der innersten, sog. K-Schale, die nur zwei Elektronen enthält und beim Helium abgeschlossen ist, wird die äußerste Schale mit dem Einbau des *achten* Elektrons zunächst *abgeschlossen*. Die abgeschlossenen äußersten Schalen der Edelgase sind, wie die Trägheit der chemischen Umsetzung lehrt, besonders stabil, d. h. sie haben relativ hohe Ionisierungsenergien. Man findet sie auch bei heteropolarer Bindung in Ionen bevorzugt. In den Kationen von Elementen aus den ersten drei Spalten des periodischen Systems haben die neutralen Atome gerade die in der äußeren Schale befindlichen Elektronen, die *Valenzelektronen*, verloren. Andererseits können die Elemente der letzten drei Spalten vor den Edelgasen (V, VI, VII) meist so viel Elektronen aufnehmen, d. h. Anionen bilden, dass die äußere Schale mit acht Elektronen aufgefüllt ist. Die *heteropolare* oder *Ionen-Bindung*, wie im NaCl, basiert allein auf der elektrischen Anziehung der Ionen, vgl. auch Abschn. 6.3.2.

Das äußere Kraftfeld eines Atoms rührt vorwiegend von den Elektronen der äußeren Schale her. Daher bestimmen diese in erster Linie seine chemischen und die meisten physikalischen, z. B. die optischen und elektrischen Eigenschaften.

Eine Schale der Elektronenhülle mit der Hauptquantenzahl n enthält $2n^2$ Plätze. Sie teilt sich in Unterschalen mit den Platzzahlen 2, 6, 10, 14, ... (allgemein $2[2l+1]$ für $l = 0, 1, 2, \ldots$), auch als s-, p-, d-, f-, ... Elektronen bezeichnet[2]. Mit steigender Hauptquantenzahl kommt in dieser Reihenfolge jedesmal eine Untergruppe hinzu, d. h. die Schale mit der Hauptquantenzahl n hat die Untergruppen $l = 0, 1, \ldots, n-1$. Die *Bindungsenergie* sinkt vornehmlich mit wachsendem n und dann noch mit steigendem l. Abgesehen von den drei innersten mit $n = 1, 2$ und 3 überschneiden sich dabei aber die einzelnen Schalen auf der Energieskala, so ist z. B. der Platz $n = 4$, $l = 0$ fester gebunden als $n = 3$, $l = 2$. Je kleiner l ist, desto mehr kann sich das Elektron zeitweise dem Kern nähern, desto fester ist es gebunden. Es gelangt nämlich in Gebiete, wo die Kernladung und ihre Anziehungskraft weniger durch innere Elektronen abgeschirmt ist. So erklärt sich auch der vorläufige Abschluss einer Schale mit 8 Elektronen ($l = 0$ und 1).

An manchen Stellen des periodischen Systems kommt es zu einem weiteren Ausbau von *inneren* Schalen. Dabei entsteht eine Folge benachbarter Elemente, die in der äußeren Schale dieselbe Elektronenzahl besitzen und sich daher chemisch und physikalisch besonders ähnlich sind. Beispiele sind Eisen, Kobalt, Nickel und in besonders ausgeprägter Weise die *Seltenen Erden*.

8.1.4 Röntgenspektren. Über das kontinuierliche Spektrum der Bremsstrahlung einer Röntgenröhre lagert sich ein für die Elemente der benutzten Anode charakteristisches *Linienspektrum*, vgl. Abschn. 7.5.7. Die Linien lassen sich in einzelne, einander nicht überlagernde *Serien* zusammenfassen, die von der kurzwelligen Seite her als die K-, L-, M- und *N-Serie* bezeichnet werden. Die Serien und ihre einzelnen Linien treten immer erst von

[2] Zur physikalischen Begründung dieser Zahlen vgl. Abschn. 8.1.5.

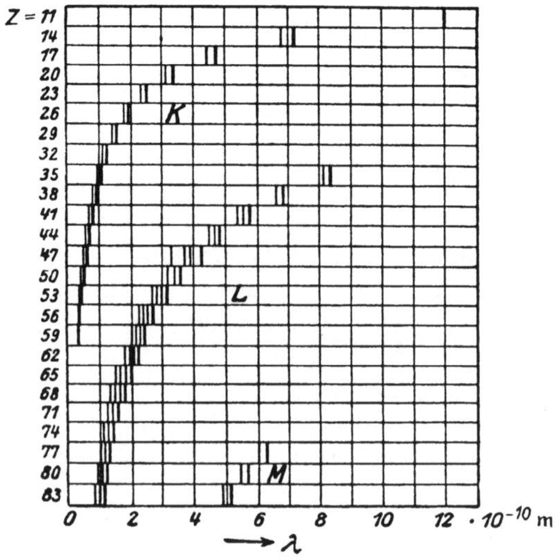

Abb. 8.4 Röntgenspektren

einer bestimmten Ordnungszahl ab auf. Wie Abb. 8.4 zeigt, verschieben sich die einzelnen Linien einer Serie in gesetzmäßiger Weise mit wachsender Ordnungszahl zu höheren Frequenzen. Von einander entsprechenden Linien steigt die Frequenz ungefähr linear mit dem Quadrate der Ordnungszahl an (*Moseley'sches Gesetz*).

Die Röntgenspektren zeigen also im Gegensatz zu den optischen Spektren keinerlei Periodizität, dafür aber eine einfache Abhängigkeit von der Ordnungszahl. So geben die Röntgenspektren die Möglichkeit, die Ordnungszahl eines Elements eindeutig festzulegen.

Man konnte so früher für noch unbekannte Elemente mithilfe des Moseley'schen Gesetzes die Wellenlänge ihrer Röntgenlinien berechnen und andererseits aus der Ordnungszahl ihre chemischen Eigenschaften abschätzen. Auf diese Weise ist es gelungen, einige der damals noch unbekannten Elemente, z. B. Hafnium, $Z = 72$, und Rhenium, $Z = 75$, zu entdecken, mithilfe der röntgenspektroskopischen Kontrolle anzureichern und rein darzustellen. Auch *Transurane* (Abschn. 8.3.6) sind durch ihre Röntgenspektren identifiziert worden.

Mit dem Bohr'schen Atommodell (Abschn. 8.1.2) wurden die Röntgenspektren zuerst von *Kossel* gedeutet: Die Elektronen eines Atoms sind auf bestimmte Schalen verteilt, die wir mit steigender Hauptquantenzahl n als die K-, L-, M-, N-, ... Schale bezeichnen, vgl. Abb. 8.5. Dabei sind die inneren Schalen voll besetzt. Hat ein Elektron im Felde zwischen Kathode und Anode der Röntgenröhre eine ausreichende kinetische Energie aufgenommen, so vermag es beim Aufprallen auf die Anode ein Elektron aus der K-Schale eines Atoms herauszuschlagen und ganz aus dem Atomverband zu entfernen. Der Übergang eines Elektrons auf eine der Zwischenschalen, etwa die L-Schale, ist dagegen unmöglich, da diese ja voll besetzt sind. Das auf diese Weise angeregte Atom kann sich nun regenerieren, indem ein Elektron aus der L- oder aus einer der höheren Schalen auf den freien Platz der K-Schale springt. Dabei wird ein Photon emittiert, dessen Energie $h\nu$ gleich dem Energieunterschied des Elektrons in der oberen und der K-Schale ist. So entstehen die Linien der K-Serie. Die L-Serie erhalten wir, wenn ein Platz in der L-Schale frei gemacht worden ist und dieser durch ein Elektron aus einer höheren Schale aufgefüllt wird.

Wir sehen, dass die Röntgenlinien ihren Ursprung den Elektronenübergängen im Innern des Atoms verdanken. Hier ist für die Energie nahezu allein die Kernladung maßgebend, sodass die Frequenzen mit der Ordnungszahl wachsen und keine Periodizität zeigen.

Im Gegensatz dazu stehen die Linien der *optischen Spektren* im Gas, wenn ein Elektron der äußeren Schale, in Abb. 8.5 aus der N-Schale, als *Leuchtelektron* auf einen der möglichen höheren stationären Zustände (gestrichelt gezeichnet) gehoben wird und dann wieder zurückspringt. Das Leuchtelektron kann in

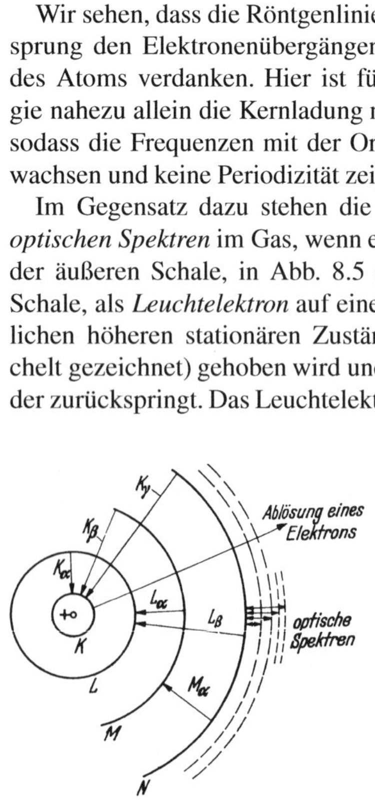

Abb. 8.5 Entstehung der Röntgenlinien

jeden der möglichen höheren Zustände gehen, da diese ja im Gegensatz zu den Schalen im Atominnern nicht besetzt sind. Es gibt aber in Atomen mit *mehreren* Valenzelektronen sehr viel mehr angeregte Zustände als im Wasserstoffatom, weil die Energie des Leuchtelektrons durch unterschiedliche Wechselwirkungen mit den anderen Valenzelektronen beeinflusst wird. Deshalb sind die optischen Atomspektren umso verwickelter aufgebaut, je weiter rechts das Element im periodischen System steht. Die *Optik* im Sichtbaren beruht also auf Vorgängen an der *Oberfläche* des *Atoms*, die *Röntgenoptik* auf solchen in der *inneren* Elektronenhülle.

Im *Festkörper* und in *Flüssigkeiten* berühren sich, grob vereinfacht dargestellt, die äußeren besetzten Schalen von Nachbaratomen. Dabei werden die angeregten, diskreten Elektronenzustände des freien Atoms, wie sie im Gas vorliegen, so stark gestört, dass sie praktisch ein Kontinuum ausfüllen. So sind optische Linienspektren, die von Elektronenübergängen in der äußeren Elektronenhülle herrühren, nur an leuchtenden Gasen zu beobachten.

Röntgenlicht z. B. der eigenen K_α-Linie, s. Abb. 8.5, kann ein Körper nicht ausgeprägt stark absorbieren. Es gibt überhaupt *kein Linienspektrum der Röntgenabsorption*, sondern nur *Absorptionskanten*. Sie liegen bei Frequenzen, wo die Photonenenergie gerade gleich der Bindungsenergie oder Ablösearbeit für ein Elektron in einer besetzten inneren Unterschale der Elektronenhülle ist. Der Absorptionskoeffizient α springt bei dieser Wellenlänge; er ist für kürzere Wellen höher, für längere niedriger. Bei Wellen, länger als z. B. die K-Kante, tragen nur Photoeffekte an Elektronen der L- oder höherer, besetzter Schalen zur Absorption bei, während von kürzeren Wellen auch K-Elektronen herausgeschlagen werden.

8.1.5 Das Atom in wellenmechanischer Darstellung. Wie beim Dualismus Welle-Korpuskel näher besprochen, vgl. Abschn. 7.6.5, ist ein freies Elektron mit festem Impuls nur als Welle zu beschreiben. Zum Elektron, das im Wasserstoffatom gebunden ist, also konstante Energie hat, gehört dann die *Eigenschwingung der Materiewelle* in einem kugelförmigen „Käfig" um den Atomkern, an dessen „Wänden" sie totalreflektiert wird. Das ist dort der Fall, wo die Radialgeschwindigkeit des Elektrons im Teilchenbilde wegen der elektrischen Anziehungskraft des Kerns null würde, ähnlich wie beim Steinwurf im Schwerefeld der Erde. Als Vergleich – allerdings eindimensional – kann man an die Eigenschwingungen von Luftsäulen denken, vgl. Abschn. 4.2.3.

Für Eigenfrequenzen ν_i, bzw. Energien $h\nu_i$, dieser stationären Zustände des Atoms liefert die *Schrödinger-Gleichung* Werte, wie sie tatsächlich gemessen werden. Statt einzelner diskreter Bahnen lässt sich aber lediglich eine *mittlere Ladungsverteilung der Elektronenwolke* angeben. Dabei zeigt sich, dass die Ladungen in bestimmten Gebieten, die den K-, L- und M-Schalen der früheren Bohr'schen Bahnen entsprechen, sich besonders stark häufen. Ihre Schwingungen haben 0, 1, 2, ... Knotenkugeln.

Der einheitliche, allgemeinere Formalismus, das Operatorenkalkül der *Quantenmechanik*, enthält die Wellenmechanik des Ein-Elektronen-Systems als Spezialfall. Auch Mehrelektronen-Systeme lassen sich in der Quantenmechanik behandeln.

Da in jedem stationären Zustand die Ladungsverteilung zeitlich konstant ist, gibt es auch keine Ausstrahlung. Damit verschwindet die alte Schwierigkeit der Bohr'schen Bahnen mit ihren beschleunigten Elektronen, vgl. Bremsstrahlung Abschn. 7.5.7. Nur wenn eine Ladungsverteilung in eine andere übergeht, d. h. der Elektronenzustand sich ändert, tritt im Atom ein schwingender elektrischer Dipol auf, dessen Frequenz die der ausgestrahlten Lichtwelle bestimmt. Sie ist mit dem Energieunterschied der beiden Zustände nach der quantenmechanischen Beziehung $h\nu = W_n - W_m$ verknüpft.

Zur Bewegung eines Elektrons in der Hülle gehört ein *Bahndrehimpuls* der Größe

$$L = \sqrt{l(l+1)}\frac{h}{2\pi}, \tag{8.3b}$$

s. auch Abschn. 2.6.3. Dabei ist l die Quantenzahl, die in jeder Schale Werte zwischen null und $n-1$ annehmen kann (n Hauptquantenzahl, Abschn. 8.1.2). Außerdem hat der Bahndrehimpulsvektor $2l+1$ Einstellmöglichkeiten zu einer Vorzugsrichtung, derart dass seine Komponente in ihr $m_l h/2\pi$ (m_l magnetische Quantenzahl) beträgt. – Zum Bahndrehimpuls des Elektrons hinzu kommt noch der Drehimpuls um seine eigene innere Drehachse als Kreisel, vgl. Abschn. 2.6.5, der als *Spin* bezeichnet wird. Seine Komponente in der räumlichen Vorzugsrichtung beträgt $1/2$ oder $-1/2$ in der Einheit $h/2\pi$. Deshalb kann nach dem Pauli-Prinzip jede der oben aufgeführten Einstellungen (n, l, m_l) als „Platz" mit zwei Elektronen besetzt werden. So enthält die K-Schale ($n = 1$) zwei Elektronen mit $l = 0$, die L-Schale auch zwei mit $l = 0$ und zusätzlich 6 mit $l = 1$ usw. In einer vollbesetzten Schale und auch Unterschale ist die Vektorsumme aller Bahndrehimpulse und aller Spins null *(abgeschlossene* Schale).

Mit jedem Drehimpuls eines elektrisch geladenen Elektrons ist ein ihm proportionales *magnetisches Moment* verknüpft (Abschn. 6.6.3), sodass abgeschlossene Schalen kein magnetisches Moment besitzen, also diamagnetisch sind. – Mit der *Elektronenspinresonanz* untersucht man ungepaarte Elektronen in freien Radikalen und in Ionen von Übergangsmetallen (Mn, Fe). Das magnetische Moment des Spins kann sich zu einem äußeren Magnetfeld parallel oder antiparallel einstellen, genauer gesagt, hat die Komponente in Feldrichtung diese Orientierung. Zum Umklappen wird Energie ΔW benötigt, die durch ein magnetisches Wechselfeld der Frequenz $\nu = \Delta W / h$ zugeführt wird (Resonanzabsorption).

Der Quantenmechanik ist es auch gelungen, den Mechanismus der kovalenten chemischen Bindung physikalisch zu erfassen und z. B. die Bildung von H_2 aus 2 H-Atomen quantitativ richtig zu berechnen (Elektronenpaare mit 2 antiparallelen Spins).

Aufgaben

8.1.1 Von der Paschen-Serie des Wasserstoffs berechne man die Vakuumwellenlängen (a) für die erste Linie, (b) für die Seriengrenze.

8.1.2 Eine Resonanzlinie des Hg-Atoms liegt bei 254 nm Vakuumwellenlänge. Welche Spannung muss ein Elektron mindestens durchlaufen haben, damit es durch Stoß auf ein Hg-Atom, das sich im Grundzustand befindet, die Emission dieser Linie anregen kann?

8.1.3 Welche inneren Orbitale werden in der 4. und der 5. Periode des periodischen Systems der Elemente besetzt?

8.1.4 Die Frequenz der K-Absorptionskante steigt nach dem Moseley-Gesetz in erster Näherung mit $Rc(Z-1)^2$. (Die Kernladungszahl Z ist wegen der sog. Abschirmung durch das andere K-Elektron um 1 zu vermindern.) Man schätze danach aus der Seriengrenze der Lyman-Serie von Wasserstoff die Wellenlänge für die K-Kanten ab von 26 Fe, 56 Ba und 92 U.

8.1.5 Wie groß ist der Bahndrehimpuls der Z-Schale ($n = 2$), wenn ein p-Elektron ($l = 1$) darin fehlt?

8.2 Molekülspektren

Ein Zweig der *Molekülphysik* erarbeitet Aussagen über die Struktur des einzelnen, freien Moleküls. Dabei geht es zunächst um die Anordnung der Atome in ihm, quantitativ um die *Kernabstände* und die Winkel zwischen den Bindungen, die sog. *Valenzwinkel*. Über sie erhält man u. a. aus der Röntgen- und Elektronenstreuung (Abschn. 7.5.8 u. 7.6.5) sehr präzise Daten. Das sog. *gaskinetische* Volumen der Moleküle gewinnen wir durch Messung der thermodynamischen Zustandsgrößen im Zusammenhang mit der v. d. Waals'schen Gleichung (Abschn. 5.4.6) oder auch aus der Diffusion bzw. Viskosität in Gasen.

Zusätzlich zu diesen statischen Daten interessieren die *Kraftkonstanten* beim Strecken oder Knicken einer Bindung und die damit zusammenhängenden Eigenfrequenzen der innermolekularen Schwingungen. Sie sind auch im Festkörper zu beobachten und erlauben die Identifizierung von chemischen Molekülgruppen für analytische Zwecke (Abschn. 8.2.2). – Neben diesen intramolekularen Kräften stehen die *zwischenmolekularen* Kräfte in Festkörpern, Flüssigkeiten und auch realen Gasen (Abschn. 3.1.4).

Die *elektrischen* Eigenschaften der Moleküle leiten sich aus der Ladungsverteilung im Grundzustand ab. Ihre Unsymmetrie erfasst das permanente *elektrische Dipolmoment* (Abschn. 6.2.8). Bei bekannter Molekülstruktur lässt es sich in erster Näherung durch vektorielle Addition von Bindungsmomenten berechnen. Zweckmäßig werden dazu die Partialmomente ganzer substituierter Gruppen vorher zusammengefasst. – Weiter werden die Ladungen im Molekül durch ein äußeres elektrisches Feld verschoben, das Molekül wird elektrisch polarisiert. Die molekulare *Polarisierbarkeit* α ist von der Lage des Moleküls zur Feldrichtung abhängig, d. h. die meisten Moleküle sind *elektrisch anisotrop*. Es gibt drei senkrecht aufeinander stehende Hauptpolarisierbarkeitsrichtungen, von denen beim symmetrischen Kreisel zwei gleichwertig sind. Infolge der elektrischen Anisotropie der Moleküle ist das von ihnen um 90° gestreute Licht nicht vollständig linear polarisiert, s. Abschn. 7.4.6. Das schwingende Dipolmoment, das die Streustrahlung emittiert, ist nämlich je nach Orientierung des Moleküls gegen die Feldrichtung der einfallenden Welle unterschiedlich verdreht. Umgekehrt liefert der gemessene *Depolarisationsgrad* Daten zur Berechnung der molekularen elektrischen Anisotropie.

Von besonderem Interesse sind auch die *magnetischen* Eigenschaften der Moleküle, vornehmlich von *paramagnetischen* Substanzen (Abschn. 6.6.9). Deren Moleküle sind Träger eines permanenten magnetischen Moments, herrührend von *elektronischen Bahndrehimpulsen* oder *Spins*, die sich nicht vollständig kompensieren. Untersuchungen der *Elektronenspinresonanz* (Abschn. 8.1.5) führen auch zu Aussagen über rotatorische und translatorische *Bewegungen* der Moleküle z. B. in der Flüssigkeit. Dasselbe gilt für den Spin des Atomkerns, dessen magnetisches Moment allerdings nur etwa ein Tausendstel von dem des Elektronenspins ausmacht. Für analytische Zwecke wird ausgenutzt, dass die Resonanzfrequenz durch die magnetische Feldstärke am Ort des Kerns bestimmt wird. Diese aber hängt nicht nur vom äußeren Magneten, sondern auch noch von der Verteilung und Bewegung der Ladungen in der Kernumgebung, also letztlich von der chemischen Bindung ab. Die *hochauflösende Kernspinresonanz* (NMR) am H-Kern (Proton) kann so zwischen Wasserstoffatomen in den Bindungen CH, CH_2, CH_3 oder OH unterscheiden (*chemical shift*).

Eine ausführliche Behandlung aller dieser Untersuchungsmethoden und ihrer Ergebnisse im Einzelnen würde über das Ziel dieses Buches hinausgehen. Wir wollen uns daher, anschließend an die Atomspektren, nur in einem Überblick mit der Wechselwirkung von elektromagnetischen Wellen mit Molekülen, den sog. *Molekülspektren*, beschäftigen. Die Streuung von Röntgenstrahlen wird dabei nicht behandelt.

8.2.1 Rotationsspektren. Mikrowellen und Wellen des fernen Infrarot-Gebietes erfahren beim Durchgang durch einen Dampf eine Leistungsabnahme bei Frequenzen, die für das freie Molekül des Dampfes charakteristisch sind. Das Molekül absorbiert dabei ein Photon, und dessen Energie geht in zusätzliche Rotationsenergie des ganzen Moleküls über. Man spricht daher vom *Rotationsspektrum*, das aus diskreten Spektrallinien sich zusammensetzt. Beobachtet wird es stets in Absorption.

Ein einfaches *Mikrowellenspektrometer* ist im Prinzip wie der Schauversuch mit elektromagnetischen Wellenbündeln aufgebaut, vgl. Abb. 6.96. Nur befindet sich zwischen den Trichtern eine Zelle, gefüllt mit dem zu untersuchenden Gas unter vermindertem Druck von etwa 1 bis 10^{-2} mbar. Im Gegensatz zum sichtbaren Licht einer Bogenlampe ist die Strahlung des Mikrowellensenders monochromatisch, er schwingt jeweils mit einer festen Frequenz. Man kann ihn aber verstimmen, indem man z. B. eine dafür geeignete Betriebsspannung ändert. So lässt man seine Frequenz langsam kontinuierlich den gewünschten Frequenzbereich durchlaufen und registriert die Empfangsspannung nach ausreichender Verstärkung mit einem Schreiber, der dann unmittelbar das Absorptionsspektrum aufzeichnet. Frequenzmarken werden dabei auf dem Schreiberpapier zusätzlich eingetragen.

Ein reines Rotationsspektrum beobachten wir nur bei *polaren* Molekülen, die einen permanenten elektrischen Dipol besitzen. In der makroskopischen Physik stellt ein Dipol mit konstantem Dipolmoment, wenn er um eine Achse senkrecht zur Verbindungsgeraden von positiver und negativer Ladung rotiert (Abschn. 6.2.8 und 6.8.5), zwei Strahlungsdipole dar, die senkrecht zueinander orientiert sind und deren harmonische Schwingungen um 90° gegeneinander phasenverschoben sind, vgl. Abb. 4.11b. Beide Antennen würden elektromagnetische Wellen abstrahlen, die gedämpft sind, weil ihre Schwingenergie dadurch abnimmt. – Im molekularen Bereich führt aber die Quantenmechanik ebenso wie bei den Orbitalen der Elektronenhülle zu anderen Gesetzmäßigkeiten. Das Molekül kann nur diskrete stationäre *Rotationszustände* annehmen, die *strahlungslos* sind. Zwischen ihnen sind, wenn das Molekül elektrisch polar ist, Übergänge unter Absorption oder Emission eines Photons möglich. Die Energie der Rotationszustände beträgt für ein *lineares* Molekül, wie NO oder HCN

$$W_J = \frac{h^2}{8\pi^2 I} J(J+1)\,. \tag{8.4}$$

J ist eine positive ganze Zahl, Null eingeschlossen, die *Rotationsquantenzahl*, h die Planck'sche Konstante (Abschn. 7.6.2) und I das Trägheitsmoment des rotierenden Moleküls (Abschn. 2.6.1). Die Energiedifferenz zwischen zwei benachbarten Zuständen ist um so kleiner, je größer das Molekül, exakter sein Trägheitsmoment ist.

Wie in der Elektronenhülle nimmt der *Drehimpuls* des Moleküls nur die Werte $L = \sqrt{J(J+1)}h/2\pi$ an. Die Rotationsenergie errechnet sich daraus als $W_{\text{rot}} = I\omega^2/2 = L^2/2I$, was zu der angegebenen Beziehung führt.

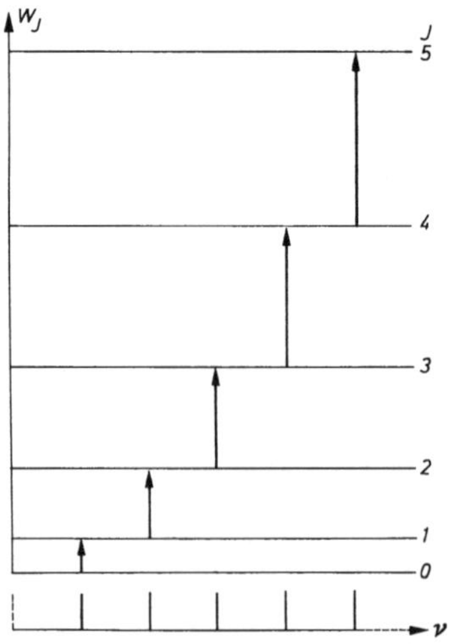

Abb. 8.6 Starres, lineares Molekül. Energien W_J der stationären Rotationszustände; Frequenz ν der Dipolübergänge (Rotationsspektrum)

Bei einem sog. elektrischen Dipol-Übergang darf sich die Quantenzahl J nur um 1 ändern, beim Absorptionsprozess also steigen. Im Übergang von J nach $J+1$ wird ein Photon mit der Energie $h\nu = W_{J+1} - W_J$ absorbiert, oder das Rotationsspektrum hat die Frequenzen

$$\nu = \frac{h}{4\pi^2 I}(J+1)\,. \tag{8.5}$$

Für ein *starres* lineares Molekül ergibt das eine äquidistante Folge, s. Abb. 8.6, aus der das molekulare Trägheitsmoment zu gewinnen ist. Bei Kenntnis der Atommassen ergeben sich daraus sehr exakte Daten für den Atomkernabstand in zweiatomigen Molekülen.

Bei drei- und mehratomigen Molekülen jedoch lassen sich aus nur einem Trägheitsmoment nicht mehrere Kernabstände berechnen. Man benutzt dann Moleküle mit verschiedenen Isotopen (Abschn. 6.5.5). Da Letztere in der Masse voneinander abweichen, ergeben z. B. die einzelnen Schwefelisotopen für OCS-Moleküle, in die sie eingebaut sind, unterschiedliche Trägheitsmomente und Frequenzen im Rotationsspektrum. In isotopen Molekülen sind die Atomabstände gleich, und zur Bestimmung der beiden gesuchten Abstände im OCS genügen schon die Rotationslinien mit zwei Isotopen.

Die *realen* Moleküle sind aber nicht völlig starr, vielmehr verhalten sich die Valenzbindungen wie elastische Federn. Durch die *Zentrifugalkraft* nehmen daher die Kernabstände und damit das Trägheitsmoment mit steigender Winkelgeschwindigkeit zu. Dadurch werden die Übergangsfrequenzen bei höheren Quantenzahlen J niedriger, als man es bei konstantem Trägheitsmoment aus den ersten Linien der Serie erwartet. Die Linienabstände werden also mit steigendem J geringfügig kleiner.

Lineare Moleküle rotieren nur um eine Achse senkrecht zur Molekülachse, in der stets das Dipolmoment liegt. *Symmetrische Kreiselmoleküle* haben eine mindestens dreizählige Figurenachse, d. h. sie gehen nach Drehung von höchstens 120° um diese wieder in sich selbst über, z. B. NH_3. Bei ihnen sind zusätzlich zur Rotation Nutationsbewegungen möglich (Abschn. 2.6.5). Der Drehimpuls steht dann schräg zur Figurenachse, d. h. er hat auch eine zu ihr parallele Komponente, und zwar vom Betrage $Kh/2\pi$, s. Abb. 8.7. K ist eine ganze Zahl zwischen $-J$ und $+J$. Die Rotationsenergie ergibt sich damit zu

$$W_{JK} = \frac{h^2}{8\pi^2}\left[\frac{J(J+1)}{I_\text{a}} + K^2\left(\frac{1}{I_\text{b}} - \frac{1}{I_\text{a}}\right)\right]. \tag{8.6}$$

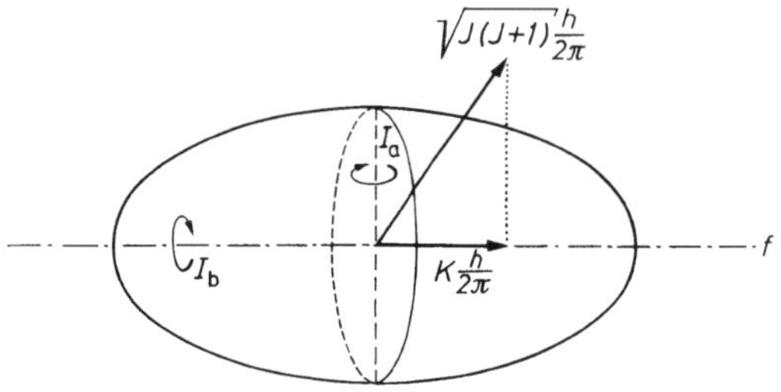

Abb. 8.7 Symmetrischer Kreisel. Hauptträgheitsmomente I_a und I_b, Drehimpuls und Komponente in der Figurenachse f

Die Trägheitsmomente sind I_a für eine Drehachse senkrecht zur Figurenachse, wie beim linearen Molekül, und I_b bei Rotation um die Figurenachse. Wenn I_a größer als I_b ist, nennt man den Kreisel *verlängert*, im anderen Falle *abgeplattet*.

Meist wird aus Symmetriegründen der Dipol in der Figurenachse liegen. Dann steigt bei Absorption eines Photons wieder J um 1, während K konstant bleibt. Ein starres symmetrisches Kreiselmolekül hat dann ein Rotationsspektrum derselben Struktur wie ein lineares starres Molekül.

Die *Zentrifugalverformungen*, bzw. die Änderung von I_a und I_b, hängen bei vorgegebenen J noch von K ab. So dehnt sich bei $K = 0$ das Molekül in Richtung der Figurenachse. Es wird etwas verlängert, I_a steigt. Für $K = J$ dagegen wird es mehr abgeplattet. Als Folge davon spalten die Rotationslinien mit größerem J in Trabanten auf, die zu den verschiedenen K-Werten gehören; $+K$ und $-K$ geben natürlich dieselbe Frequenz.

Die Strahlungsleistung der elektromagnetischen Wellen folgt bei Ausbreitung in einem mit Gas gefüllten Wellenleiter der Länge z der gleichen Beziehung $P = P_0 \exp(-\alpha z)$ wie die Extinktion von Licht (Abschn. 7.5.4). Der Leistungsabsorptionskoeffizient α ist der Zahl der Moleküle in der Volumeneinheit proportional, die sich im *Ausgangszustand* für den betreffenden Übergang befinden. Diese Besetzungszahl hängt von der Temperatur ab und durchläuft mit steigendem J ein Maximum. Das liegt u. a. daran, dass die thermische Energie pro Freiheitsgrad $kT/2$ (Abschn. 5.3.2) bei Zimmertemperatur sehr viel größer ist als die Energie der tieferen Rotationszustände.

Bei Spektrallinien im Mikrowellengebiet, also von erheblich niedrigerer Frequenz als im Sichtbaren, spielt die *Druckverbreiterung* (Abschn. 8.1.2) eine sehr große Rolle. Die *absolute* Frequenzbreite $\Delta\nu$ einer Linie ist zwar immer der Zeit zwischen zwei Stößen des absorbierenden Moleküls umgekehrt proportional, aber es kommt bei den Messungen auf die *relative* Frequenzbreite an, die bei niedrigen Frequenzen entsprechend größer ist. Das ist auch der Grund, weshalb man eine Auflösung der einzelnen Rotationslinien nur bei vermindertem Druck erreicht. Im Gegensatz dazu ist z. B. die Na-Doppellinie im Gelben bei Normaldruck in der Flamme aufgelöst zu beobachten. Für jede einzelne Rotationslinie steigt die Höhe des Absorptionsmaximums mit der Zahl der Moleküle in der Volumeneinheit, also mit der Dichte oder dem Druck, nur in dem Druckbereich proportional an, in dem die Moleküle praktisch allein mit der Zellenwand stoßen und nicht untereinander. Bei höherem Druck ist Letzteres dominierend. Schließlich ist α im Maximum der Linie druckunabhängig, aber die gesamte Linie wird mit zunehmendem Druck immer breiter, bis sie von den Nachbarlinien nicht mehr getrennt ist.

Unsymmetrische Kreiselmoleküle, wie Wasser, haben drei verschieden große Hauptträgheitsmomente; ihre Rotationszustände müssen durch drei Quantenzahlen charakterisiert werden. Die Energieabstände und damit die Absorptionsfrequenzen folgen keinem einfachen Gesetz. Die erste, aber ziemlich schwache Rotationslinie von H_2O im Dampf liegt bei 13,5 mm, die nächste stärkere bei 1,63 mm Wellenlänge. Nach kürzeren Wellen, bei Sub-mm-Wellen, folgen die Rotationslinien dann mit kleineren Abständen. Zur Nachrichtenübertragung durch die Atmosphäre ist dieser Frequenzbereich daher ungeeignet.

In unserer Betrachtung der Rotationsspektren und im Folgenden kommt das sog. *Bohr'sche Korrespondenzprinzip* zum Ausdruck. Eine Strahlung, die nach den Gesetzen der klassischen Physik entsteht (rotierender oder schwingender Dipol), gibt es auch nach quantenmechanischen Gesetzen: Sie existiert also in der Natur. Man kann umgekehrt jeder *wirklich beobachteten*, emittierten Welle eine *klassische* Schwingung in Atomen oder Molekülen *zuordnen*, sie in *Korrespondenz* setzen. Die richtige Frequenz lässt sich allerdings meist nicht auf klassischem Wege berechnen.

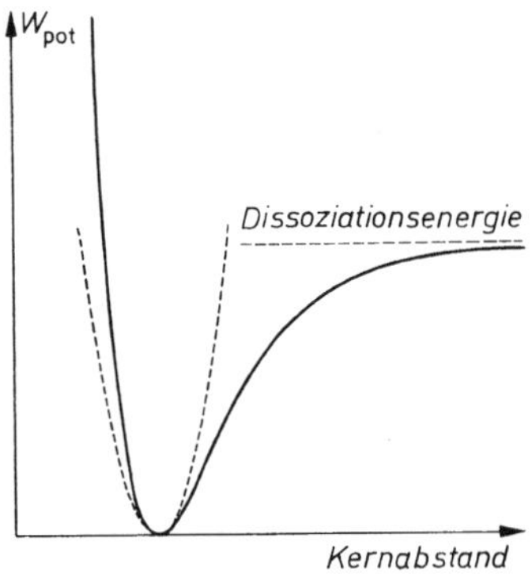

Abb. 8.8 Potentielle Energie des anharmonischen Oszillators. *Gestrichelt*: harmonischer Oszillator

8.2.2 Molekülschwingungen. In einem *zweiatomigen* Molekül wie NO schwingen der N- und der O-Kern gegeneinander. Der Molekülschwerpunkt bleibt dabei in Ruhe. Die zugehörige *Eigenfrequenz* ν_s folgt der Beziehung $2\pi\nu_s = \sqrt{D/m}$ für das Federpendel (Abschn. 4.1.1). D bezeichnet auch hier die Kraftkonstante der Bindung, während m die sog. *reduzierte* Masse ist und sich aus den beiden Atommassen m_N und m_O ergibt gemäß $1/m = 1/m_N + 1/m_O$. Beim Federpendel ist die eine Masse so groß, dass ihr Kehrwert praktisch verschwindet und nur die Masse des sich bewegenden Körpers die Eigenfrequenz bestimmt.

Während der Schwingung ändert sich periodisch die Ladungsverteilung, und das schwingende Molekül strahlt in klassischer Vorstellung wie ein schwingender elektrischer Dipol. – Quantenmechanisch hat ein sog. *harmonischer Oszillator* stationäre, strahlungslose Zustände, zu denen die Energien gehören:

$$W_v = \left(v + \frac{1}{2}\right) h\nu_s . \tag{8.7}$$

v ist ganzzahlig und wird als Schwingungsquantenzahl bezeichnet. Bei Absorption oder Emission eines Photons ändert sich die Quantenzahl v um ± 1, sodass die Photonenenergie bei allen Dipolübergängen $\Delta W = h\nu_s$ ist (Abschn. 7.6.2).

Anders als bei der Rotation ist, zumindest bei kleinen Molekülen, die Anregungsenergie für den Schwingungszustand $v = 1$ bei Zimmertemperatur größer als kT. Dann befinden sich die meisten dieser Moleküle im Grundzustand mit $v = 0$, und wir beobachten Absorptionsspektren, die im nahen IR-Gebiet liegen.

Genauere Frequenzmessungen deuten auf Abweichungen vom linearen Kraftgesetz hin. Das zweiatomige Molekül verhält sich als *anharmonischer Oszillator*. Die rücktreibende Kraft steigt nämlich bei Annäherung der Atome stärker als linear, beim Auseinandergehen aber schwächer als linear mit der Verrückung aus der Gleichgewichtslage. Die potentielle Energie nähert sich für große Abstände einem Grenzwert, das ist die Dissoziationsenergie in zwei Atome oder Ionen, s. Abb. 8.8. Die Energieniveaus rücken bei diesem Potentialverlauf mit steigender Quantenzahl v näher zusammen. Die Übergangsfrequenzen nehmen bei $\Delta v = 1$ mit steigendem v immer stärker ab. – Gleichzeitig werden auch Übergänge mit einer Änderung Δv größer als 1 im Spektrum beobachtet. Ihre Intensität nimmt mit steigendem Δv ab. Das entspricht wieder im klassischen Bilde den Eigenschaften des anharmonischen Oszillators, der keine reinen Sinus-Schwingungen ausführt. In anharmonischen Schwingungen sind stets höhere Harmonische enthalten (Abschn. 4.1.2.2).

Für die Schwingungsspektren ohne Bedeutung ist die sog. *Nullpunktenergie* des Oszillators $h\nu_s/2$. Ihre Existenz ist klassisch nicht verständlich, lässt sich aber quantenmechanisch unmittelbar aus der Unbestimmtheitsrelation von *Heisenberg* ableiten (Abschn. 7.6.5): Bei Begrenzung des Ortes eines „Teilchens" in einer Koordinatenrichtung, hier auf eine Strecke innerhalb der Potentialmulde des Oszillators, vgl. Abb. 8.8, ist eine endliche Impulskomponente und damit auch eine Mindestenergie vorhanden.

In *mehratomigen* Molekülen sind die Schwingungszustände wesentlich mannigfacher. Bei *harmonischen* Kräften kann man sie durch ungestörte Überlagerung aus sog. *Normalschwingungen* darstellen, zu denen je eine Eigenfrequenz gehört. Davon können auch einige zusammenfallen. Ein Molekül aus N Atomen hat stets 3 N-6 Normalschwingungen. Bei linearen Molekülen steigt die Zahl auf 3N-5.

Begründung. Die Atome im Molekül haben 3 N Freiheitsgrade der Translation (Abschn. 5.3.2). Davon scheiden drei dadurch aus, dass der Schwerpunkt fest bleibt; drei weitere beziehen sich auf die Rotation des ganzen Moleküls. Beim linearen Molekül fällt aber die Rotation um die Figurenachse aus, sodass nur zwei Rotationsfreiheitsgrade des ganzen Moleküls zu berücksichtigen sind. Die restlichen Freiheitsgrade bestimmen die Zahl der Normalschwingungen.

Wir betrachten einige einfache Beispiele: Das *lineare* CO_2-Molekül hat drei Normalschwingungen mit unterschiedlichen *Normalfrequenzen*, s. Abb. 8.9a. Man bezeichnet sie als *asymmetrische Valenzschwingung* ν_a, *symmetrische Valenz-* oder *Streckschwingung* ν_s und *Deformations-* oder *Knickschwingung* δ. Zur Deformationseigenfrequenz δ gehören zwei Schwingungen, nämlich eine parallel und eine senkrecht zur Zeichenebene von Abb. 8.9a, sodass ihre Gesamtzahl $3 \times 3 - 5 = 4$ beträgt. Emission und Absorption elektromagnetischer Wellen ist auch hier nur möglich, wenn sich bei der Schwingung das Dipolmoment periodisch ändert; wir nennen derartige Schwingungen *infrarot-aktiv*. Bei CO_2

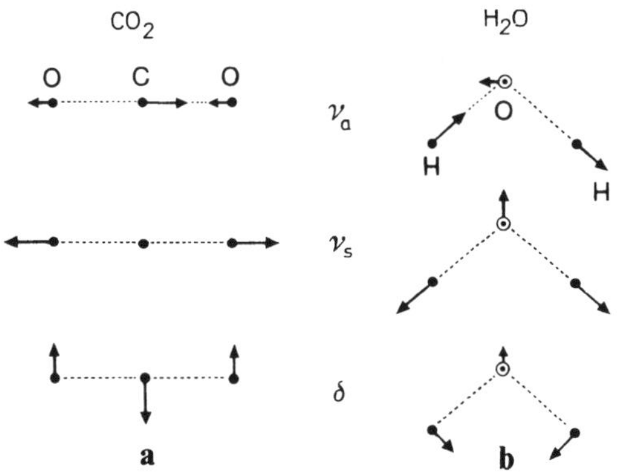

Abb. 8.9a,b Normalschwingungen von dreiatomigen Molekülen, (**a**) linear, (**b**) gewinkelt

Tabelle 8.1 Normalschwingungen einiger dreiatomiger Moleküle, vgl. Abb. 8.9. Vakuumwellenlängen der Absorption in μm

Normal-schwingung	ν_a	ν_s	δ
CO_2	4,26	(7,45)	15,0
HCN	3,02	4,77	14,0
H_2O	2,66	2,73	6,27
D_2O	3,59	3,74	8,49

sind das ν_a und δ, während die symmetrische Schwingung ν_s IR-inaktiv ist.

Letzteres gilt nicht für *unsymmetrische* lineare Moleküle, z. B. HCN, die dieselben Normalschwingungen, aber bereits ein permanentes elektrisches Dipolmoment besitzen. Dort ist auch die symmetrische Valenzschwingung ν_s IR-aktiv, weil sich das Dipolmoment bei ihr ebenso periodisch ändert wie im schwingenden NO, das wir zuerst betrachtet haben. Für die spezielle Form der Schwingbewegungen ist im HCN der große Massenunterschied zwischen H- und N-Atom von Bedeutung. Der Schwerpunkt liegt nicht im C-Kern, sondern in der CN-Bindung. So schwingen bei ν_s praktisch die HC-Gruppe und das N-Atom gegeneinander, während bei der asymmetrischen Schwingung ν_a das H-Atom gegen die nahezu ruhende CN-Gruppe schwingt. Die Kraftkonstante der jeweiligen Bindung bestimmt – zusammen mit der reduzierten Masse – vornehmlich die Frequenz.

Das *nichtlineare* H_2O-Molekül hat dieselben Typen von Normalschwingungen wie dreiatomige, lineare Moleküle, s. Abb. 8.9b. Seine symmetrische Valenzschwingung ist wegen des permanenten Dipols in der Symmetrieebene des Moleküls IR-aktiv. Es gibt aber nur eine Deformationsschwingung, nämlich in der Zeichenebene, da die entsprechende Bewegung senkrecht dazu eine Rotation und keine Schwingung ist.

Stets haben die Valenzschwingungen höhere Frequenzen, d. h. kürzere Vakuumwellenlängen, als die Deformationsschwingungen, vgl. Tabelle 8.1. In schwerem Wasser D_2O sind die Frequenzen niedriger als in normalem, was wieder den Eigenschaften des Federpendels entspricht, wenn bei konstanter Kraftkonstante die Masse des schwingenden Körpers erhöht wird. Allerdings steigt bei der Deuterierung, vgl. auch Abschn. 8.3.1, die Wellenlänge weniger als um den Faktor $\sqrt{2}$, weil auch das O-Atom mitschwingt und, wie oben besprochen, die reduzierte Masse maßgebend ist.

Der Vollständigkeit halber sei erwähnt, dass zu jeder der klassischen Schwingfrequenzen, die wir bisher allein besprochen haben, quantenmechanisch ebenso eine Reihe von stationären Energiezuständen mit Dipolübergängen gehört wie beim zweiatomigen Molekül. Auch die Energiewerte folgen demselben Gesetz. Bei jeder Normalschwingung müssen wir eine besondere Schwingungsquantenzahl v_i (bei dreiatomigen Molekülen: $i = 1, 2, 3$) einführen, und bei einem Übergang ändert sich nur eine davon um 1.

Die molekularen Schwingungszustände lassen sich klassisch nur dann als eine einfache Summe von Normalschwingungen darstellen, wenn die Schwingungen harmonisch sind. Die stets vorhandene *Anharmonizität* führt zu zwei Besonderheiten: Einmal sind die Normalschwingungen selbst nicht mehr sinusförmig, und wir haben wie beim zweiatomigen Oszillator *Oberschwingungen*. Dann aber entsteht bei der Überlagerung auch eine Verkopplung der Normalschwingungen zu sog. *Kombinationsschwingungen* mit Frequenzen, die *Summe* oder *Differenz* von Normalfrequenzen, eventuell auch von Oberfrequenzen, sind.

Die Quantenmechanik zeigt, dass es dann wieder Übergänge mit Δv größer als 1 gibt. Die Frequenz für den v-Übergang von 0 nach 2 ist aber etwas weniger als doppelt so groß wie die für den Übergang von 0 nach 1, weil ja die Energieniveaus des anharmonischen Oszillators mit steigendem v enger zusammenliegen. – Dazu kommen gleichzeitige Übergänge von zwei Oszillatoren desselben Moleküls, derart dass die gesamte Energieänderung gleich der des beteiligten Photons ist. Die stärkste Absorptionslinie davon ist die mit $\Delta v_1 = \Delta v_2 = +1$. Die Absorption der Differenzfrequenz verlangt die Übergänge $\Delta v_1 = +1$, $\Delta v_2 = -1$ bei $\nu_1 > \nu_2$. Sie kann daher nur im „heißen" Stoff auftreten, in dem nämlich der Zustand $v_2 = 1$ im thermodynamischen Gleichgewicht ausreichend besetzt ist. – Auch IR-inaktive Schwingungen, wie ν_s von CO_2, können sich an IR-aktiven Kombinationsübergängen beteiligen, z. B. $\nu_a + \nu_s$ oder $\delta + \nu_s$.

In *symmetrischen Kreiselmolekülen* muss man Normalschwingungen mit dem schwingenden Dipol in Richtung der Figurenachse, sog. π-Schwingungen, unterscheiden von σ-Schwingungen, bei denen er senkrecht dazu orientiert ist.

Auch im festen und flüssigen Aggregatzustand haben die Moleküle diskrete innere Schwingungszustände und entsprechend Absorptionsfrequenzen, die häufig speziellen Molekülgruppen oder bestimmten Bindungen zuzuordnen sind, weil die Bewegung des Molekülrestes wegen seiner viel größeren Masse nahezu unbedeutend ist. So liegt z. B. die Valenzschwingung der OH-Gruppe je nach Struktur des Gesamtmoleküls bei Wellenlängen zwischen 2,66 und 2,98 µm oder in Ketonen die der CO-Bindung bei 5,5 bis 6,2 µm. Wegen der Störung durch die Umgebung des Moleküls sind die Linien gewöhnlich ziemlich breit. Auf der Zuordnung der Frequenzen zu Molekülgruppen beruht die große Bedeutung der *Infrarotspektroskopie* für die chemische Analyse.

IR-Spektrometer benutzen einen heißen Körper als Strahlungsquelle. In ihnen wird ein Eintrittsspalt mit Hohlspiegeln auf einen Austrittsspalt abgebildet, hinter dem sich der Strahlungsempfänger, z. B. ein Bolometer, befindet. Die Strahlung wird periodisch zerhackt, sodass am Bolometer eine Wechselspannung abzunehmen ist, die verstärkt und gleichgerichtet einem Schreiber zugeführt wird. Dieser zeichnet wie beim Mikrowellenspektrometer (Abschn. 8.2.1) die Absorptionskurve auf. Dazu wird die Strahlung meist durch Prismen spektral zerlegt und ein Planspiegel so geschwenkt, dass die einzelnen Wellenlängen kontinuierlich über den Austrittsspalt gleiten. Die Untersuchungssubstanz wird irgendwo in den Strahlengang gebracht.

8.2.3 Rotationsschwingungsspektren.

Während im Festkörper und in der Flüssigkeit die Moleküle nicht frei rotieren können, nehmen sie im Dampf diskrete Rotationszustände ein (Abschn. 8.2.1). Wir besprechen nun, welche Wechselwirkung zwischen der Rotations- und der Schwingbewegung auftritt.

Wenn ein *zweiatomiges* Molekül im Sinne der klassischen Physik schwingt und gleichzeitig um eine Achse senkrecht zur Figurenachse also auch zur Schwingrichtung rotiert, so haben wir einen *rotierenden Oszillator*. Die Rotationsfrequenz ν_r ist sehr viel niedriger als die der Schwingung ν_s. Die Gesamtbewegung können wir dann als Überlagerung von zwei gleichförmigen Rotationen darstellen. Die eine hat die Umdrehungszahl oder Frequenz $\nu_s + \nu_r$, die zweite läuft mit entgegengesetztem Drehsinn und hat die Frequenz $\nu_s - \nu_r$, s. Abb. 8.10. Bemerkenswert ist, dass die Schwingfrequenz ν_s selbst dabei gar nicht auftritt.

Die Quantenmechanik ergibt entsprechend dem Korrespondenzprinzip, dass gleichzeitig mit dem Sprunge im Schwingungszustand – meist der Quantenzahl v von 0 nach 1 – auch der gerade vorliegende Rotationszustand des Moleküls um $\Delta J = \pm 1$ sich ändern muss. Wir bezeichnen daher das im Gaszustand beobachtete Spektrum als *Rotationsschwingungsspektrum*. Die reine Schwingungslinie ohne

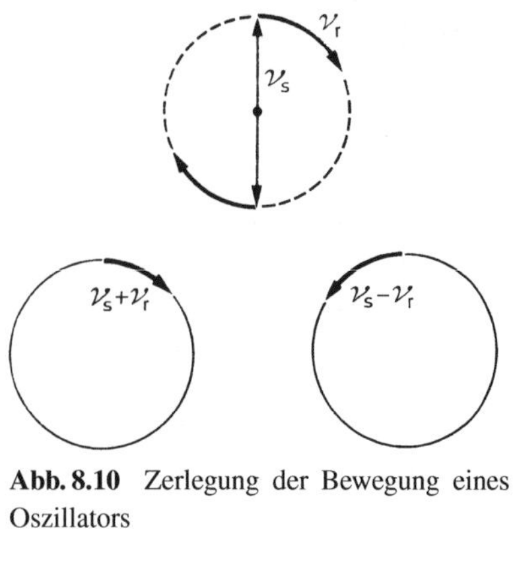

Abb. 8.10 Zerlegung der Bewegung eines rotierenden Oszillators

Änderung des Rotationszustandes fehlt darin bei zweiatomigen Molekülen. Es ergeben sich bei der Absorption zwei Linienreihen, der *P-Zweig* mit $\Delta J = -1$ und der *R-Zweig* mit $\Delta J = +1$. Der R-Zweig hat die kürzeren Wellen. Für die Werte der Übergangsfrequenzen ist nicht nur die Zentrifugalverformung von Bedeutung (Abschn. 8.2.1), vielmehr hängt die Rotationsenergie auch noch vom Schwingungszustand ab, in dem sich das Molekül gerade befindet, weil das Trägheitsmoment mit steigender Schwingamplitude, also für größere v, zunimmt. Die reinen Rotationsniveaus liegen also beim oberen Schwingungszustand des v-Überganges tiefer als beim unteren. Das führt dazu, dass generell die Linienabstände im R-Zweig kleiner als im P-Zweig sind. Die Intensität der einzelnen Rotationsschwingungslinie richtet sich wieder nach der Besetzungszahl des Rotationszustandes, von dem der zugehörige Übergang ausgeht.

In den Rotationsschwingungsspektren der zweiatomigen Moleküle treten keine Linien auf, die ohne Änderung des Rotationszustandes entstanden wären, also zu $\Delta J = 0$ gehören. Dieser sog. *Q-Zweig* wird neben den beiden anderen bei *symmetrischen Kreiselmolekülen* beobachtet. Wir betrachten dazu in Korrespondenz die klassische Bewegung des molekularen Dipols zunächst für eine *π-Bande*, bei welcher der Dipol in der Figurenachse schwingt, wie z. B. in der symmetrischen Streckschwingung von NH_3. Steht der Vektor des Drehimpulses schräg zur Figurenachse des Moleküls, führt diese also eine Nutationsbewegung aus (Abschn. 2.6.5 und 8.2.1), dann gibt es auch eine Komponente des schwingenden Dipolmoments *parallel* zur raumfesten Drehimpulsachse, s. Abb. 8.11a. Diese Komponente wird durch die Rotation nicht beeinflusst, sie schwingt daher mit der Frequenz ν_s. Das ist der Grund dafür, dass der Q-Zweig mit $\Delta J = 0$ hier beobachtet wird. Er besteht aber nicht aus einer einzelnen Linie. Man muss nämlich wieder bedenken, dass der in der Quantenzahl J ungeänderte Rotationszustand in den beiden beteiligten Schwingungszuständen unterschiedliche Rotationsenergie hat. Die zugehörige Energiedifferenz hängt im Einzelnen noch vom Schwingungstyp ab, sie nimmt aber mit der Rotationsquantenzahl J zu, sodass eine Reihe allerdings eng benachbarter Linien entsteht, die meist nicht aufgelöst sind.

Ergänzend wollen wir hier erwähnen, dass in reinen *Rotationsspektren* außer den besprochenen Hauptlinien (Abschn. 8.2.1) häufig *Trabanten* oder *Nebenlinien* zu beobachten sind. Sie werden von Molekülen verursacht, die sich in einem höheren Schwingungszustand befinden (v größer 0). Dann ändert sich zwar beim Übergang der Schwingungszustand selbst nicht ($\Delta v = 0$), aber die Rotationsenergien der beiden Zustände, zwischen denen der Rotationsübergang stattfindet, und ihre Differenz unterscheiden sich von denen im Grundzustand $v = 0$.

Unsymmetrische Streck- oder Knickschwingungen von NH_3 haben auch einen schwingenden Dipol *senkrecht* zur Figurenachse, sog. σ-Bande, s. Abb. 8.11b. Dieser wird durch die Rotation um die Figurenachse, d. h. den Drehimpuls $Kh/2\pi$, vollständig moduliert, analog der Valenzschwingung des zweiatomigen Moleküls durch die gesamte Molekülrotation. Eine σ-Bande hat deshalb nicht nur die Übergänge $\Delta J = 0, \pm 1$, sondern gleichzeitig $\Delta K = \pm 1$.

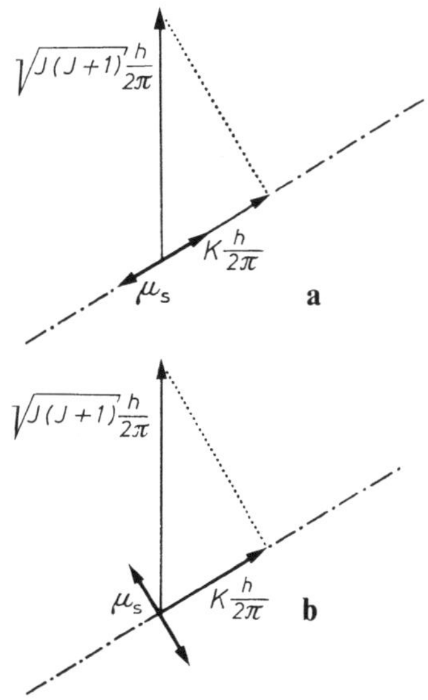

Abb. 8.11a,b Rotations- und Schwingungszustand im symmetrischen Kreisel. Schwingender Dipol μ_s bei (**a**) π-Bande, (**b**) σ-Bande

8.2.4 Elektronenübergänge, Bandenspektren. Durch Absorption eines Photons aus dem sichtbaren oder ultravioletten Spektralbereich, worauf wir uns hier beschränken wollen, können *innere* Elektronen der Atome nur dann angeregt werden, wenn in der Elektronenhülle innere Schalen nicht voll besetzt sind. Das gilt auch für Atome, die im Molekül gebunden sind, und ist bei Übergangselementen der Fall (Abschn. 8.1.3). Die *Valenzelektronen* aber besorgen im Molekül die chemische Bindung. Die zugehörige Elektronenverteilung bestimmt den Potentialverlauf in der Bindung, vgl. Abb. 8.8, also auch die Kraftkonstante für die Valenzschwingung.

Die Ladungsverteilung in der bindenden Elektronenwolke kann sich unter Photonenabsorption ändern, d. h. ein Valenzelektron kann als sog. Leuchtelektron in einen angeregten Zustand mit höherer Energie gehoben werden. In der veränderten Elektronenverteilung ist,

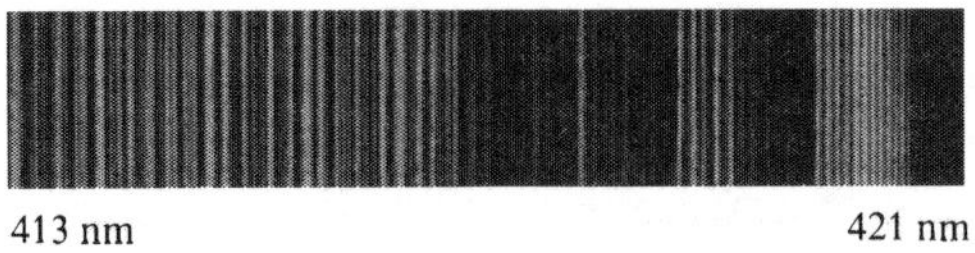

Abb. 8.12 Ausschnitt aus dem Bandenspektrum des Stickstoff-Moleküls

von ganz speziellen Ausnahmen abgesehen, der Kernabstand mehr oder weniger vergrößert. Weiter ist der ganze Potentialtopf flacher, die Dissoziationsenergie hat sich erniedrigt, die ganze chemische Bindung ist etwas gelockert. Es gibt auch Elektronenzustände, bei denen das Potential kein Minimum mehr durchläuft; es fehlen die Bindungskräfte, sodass das Molekül zerfallen muss (photochemische Wirkung, vgl. Abschn. 7.5.6).

Beim *freien* Molekül im *Dampf* sind mit jedem Elektronenübergang auch Änderungen sowohl des Schwingungs- als auch des Rotationszustandes verbunden. Die Summe der einzelnen Energiebeiträge ist gleich der Photonenenergie, sie steigen in der Reihenfolge: Rotations-, Schwingungs-, Elektronenübergang. Zu jedem Schwingungsübergang gehört eine ganze eigene Bande mit P-, Q-, R-Zweig. In Sonderfällen kann der Q-Zweig ausfallen wie beim Rotationsschwingungsspektrum des zweiatomigen Moleküls (Abschn. 8.2.3). Die gleichzeitig mit einem Elektronenübergang auftretenden Schwingungsübergänge ergeben zusammen ein ganzes Bandensystem mit einem außerordentlichen Linienreichtum, s. Abb. 8.12. Der Elektronenübergang liefert dabei das zeitlich veränderliche Dipolmoment für die Wechselwirkung mit dem elektromagnetischen Felde, sodass auch elektrisch unpolare Moleküle wie N_2 einen Rotationsbeitrag liefern können, indem das elektronische Übergangsmoment, klassisch betrachtet, durch die Molekülrotation moduliert wird, vgl. Wechselwirkung von Rotation und Schwingung Abschn. 8.2.3. Ebenso ist auch von IR-inaktiven Schwingungen eine Bande zu beobachten.

Die *Rotationsstruktur* einer *Elektronenbande* mit vorgegebenem Schwingungsübergang zeigt eine Besonderheit, falls sich das Trägheitsmoment in den beiden Zuständen beträchtlich unterscheidet, weil der Kernabstand sich ändert. Es ist häufig im Endzustand der Absorption größer, und die Stufen in der ihm umgekehrt proportionalen Rotationsenergie sind deshalb niedriger (Abschn. 8.2.1). In diesem Falle zeigt der R-Zweig eine *Bandenkante*. Das ist keine echte Konvergenz wie bei der Seriengrenze in den atomaren Spektren z. B. des H-Atoms (Abschn. 8.1.2), sondern die Frequenz der Linien wandert mit steigendem J zunächst zu höheren, dann zu niedrigeren Werten, und die Kante ist der Umkehrpunkt. Man bezeichnet diese Bande als rot abschattiert. Ein Beispiel findet man dafür im sog. *Fortrat-Diagramm* von Abb. 8.13.

Ableitung. Den Rotationsbeitrag zur Photonenenergie W – oder auch die Verschiebung $\Delta\nu - W/h$ gegenüber der reinen Elektronensprung-Schwingungs-Frequenz – schreiben wir abgekürzt im oberen Zustand $B'J'(J'+1)$ und im unteren $BJ(J+1)$, vgl. Abschn. 8.2.1. Dabei ist in unserem Beispiel B größer als B'. Für den R-Zweig gilt $J' = J+1$, sodass sich die gesuchte Frequenzverschiebung als Differenz ergibt. Man erhält nach Umformung $\Delta\nu = 2B' - (B-B')J^2 + (3B'-B)J$. Sie erreicht formal rechnerisch ein Maximum für $J = B'/(B-B') - 1/2$.

Schließlich kommen wir zum *Schwingungsübergang* selbst. Nur für die spontane Änderung des harmonischen Oszillators gilt die Auswahlregel $\Delta v = \pm 1$, bzw. bei unmittelbarer Wechselwirkung mit dem elektrischen

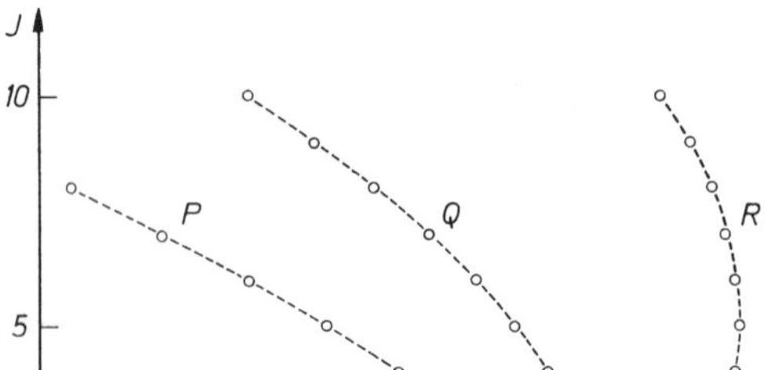

Abb. 8.13 Einzelne Bande eines Elektronen-Übergangs. $h\Delta\nu$ ist der Rotationsbeitrag zur Energiedifferenz, J die Rotationsquantenzahl vor dem Übergang

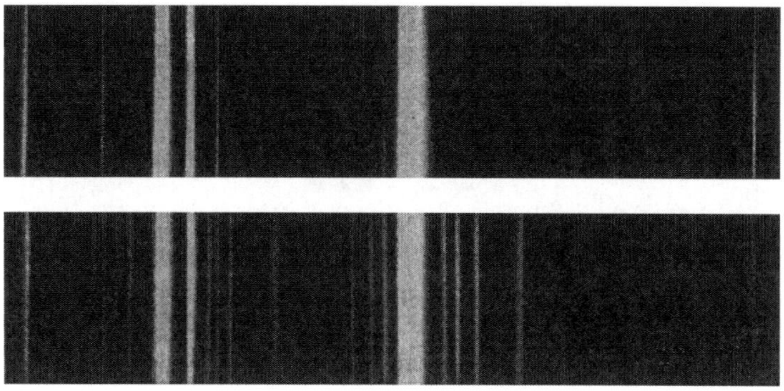

Abb. 8.15a,b Raman-Spektrum des Tetrachlorkohlenstoffs, (**a**) Spektrum des einfallenden Quecksilberdampflichtes, (**b**) Spektrum des Streulichtes mit den ursprünglichen Linien des Hg und den neuen „verschobenen" Linien des CCL

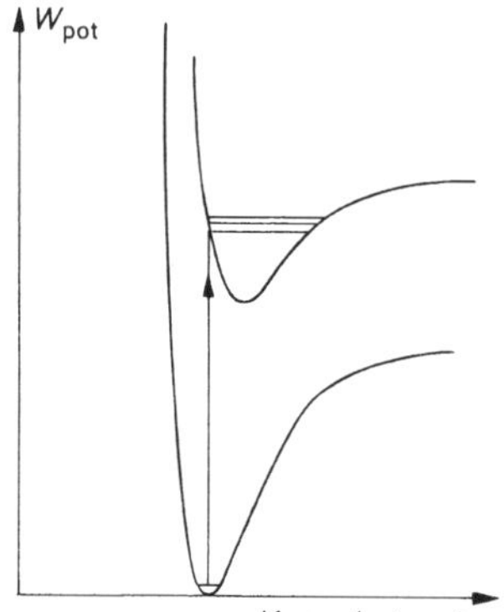

Abb. 8.14 Elektronen-Anregung im Molekül. Wahrscheinliche Schwingungs-Übergänge

Wechselfeld. Hier aber wird die Schwingungsänderung durch den Elektronenübergang verursacht. Seine Zeitdauer ist sehr kurz gegenüber allen anderen molekularen Bewegungen, sodass sich währenddessen weder der Kernabstand noch die kinetische Schwingungsenergie wesentlich ändern *(Franck-Condon-Prinzip)*. Es kommt dann bei Δv darauf an, wie die Potentialmulden für die Bindung in beiden Elektronenzuständen zueinander liegen.

Wir betrachten zwei Extremfälle und beschränken uns dabei auf Material bei Zimmertemperatur, das in Absorption untersucht wird. Die Schwingungsquantenzahl v wird dann 0 oder 1 im unteren Elektronenzustand betragen. Bleibt das Minimum der Potentialmulde etwa bei gleichem Kernabstand, so wird die Schwingungsquantenzahl v sich um 0 oder ± 1 ändern. Wir erhalten ein sog. Gruppenspektrum wie z. B. bei den CN-Banden. Im anderen Grenzfall rückt das Potentialminimum zu merklich größerem Kernabstand, s. Abb. 8.14. Dann werden Übergänge am wahrscheinlichsten sein in Schwingungszustände, die bei etwa gleichem Kernabstand die linke Flanke der neuen Potentialkurve schneiden. Δv nimmt Werte erheblich größer als 1 an, und man spricht von einem Reihenspektrum der Banden. Die Linien können gegen eine Grenze konvergieren, die durch die Dissoziationsenergie gegeben ist.

8.2.5 Raman-Streuung. Die molekulare Lichtstreuung beruht auf der Ausstrahlung der in den einzelnen Molekülen mit der Frequenz des einfallenden Lichtes schwingenden Ladungen (Abschn. 7.4.4.5). Man würde daher erwarten, dass bei Beleuchtung mit monochromatischem Licht im Streulicht nur die Frequenz des einfallenden erregenden Lichts auftritt. Untersucht man jedoch das an staubfreien Flüssigkeiten oder Gasen gestreute Licht, so findet man auch sog. *verschobene* Linien. Die Frequenzverschiebung ist für die Moleküle des betreffenden Stoffes charakteristisch. Es ist üblich, die *unverschobene Streustrahlung* als *Rayleigh-Strahlung* und die *verschobene* Strahlung nach ihrem Entdecker als *Raman-Strahlung* oder *-Streuung* zu bezeichnen. Abbildung 8.15 zeigt ein Raman-Spektrum des Tetrachlorkohlenstoffs, wie man es bei Beleuchtung mit einer Quecksilberlampe, deren Licht ein Linienspektrum ergibt, erhält. Die Frequenz ν_R einer bestimmten Raman-Linie ist immer um denselben Betrag gegen die jeweilige Frequenz ν der erregenden Linie verschoben, wobei sowohl nach längeren als auch nach kürzeren Wellen verschobene Raman-Linien auftreten. Die Frequenzdifferenzen $\Delta\nu = |\nu_R - \nu|$ sind mit Eigenfrequenzen ν_s von innermolekularen Schwingungen identisch.

Die Raman-Linien lassen sich klassisch als eine Überlagerung der beiden Schwingungen im Molekül mit den Frequenzen ν und ν_s zu einer *Kombinationsschwingung* auffassen: Die elektrische Wechselfeldstärke $E_0 \sin \omega t$ der auftreffenden Welle induziert durch Elektronenverschiebung ein Dipolmoment $\mu_i = \alpha E_0 \sin \omega t$, wobei die Polarisierbarkeit α eine molekulare Größe ist (Abschn. 6.2.8). α hängt aber noch vom Kernabstand bzw. von der Ausdehnung der Elektronenhülle des Moleküls in Richtung des Feldes E_0 ab. Das induzierte Moment μ_i wird z. B. größer, wenn die Hülle weiter ausgedehnt ist. Bei einer innermolekularen Schwingung kann diese Ausdehnung periodisch schwanken. Man bezeichnet Schwingungstypen, bei denen das der Fall ist, als *Raman-aktiv*. Wir haben dann einen elektrischen Dipol, der mit der Frequenz $\nu = \omega/2\pi$ schwingt, aber die Amplitude schwankt wegen der Änderung von α periodisch mit der innermolekularen Schwingungsfrequenz ν_s. Diese ganze amplitudenmodulierte Schwingung setzt sich zusammen aus den drei harmonischen Schwingungen mit den Frequenzen ν, $\nu - \nu_s$ und $\nu + \nu_s$. Die Erste davon führt zur unverschobenen Rayleigh-Streuung, während die beiden anderen Wellen der Raman-Frequenzen ν_R emittieren.

Quantenmechanisch kann das einfallende Photon bei der Streuung einen Teil seiner Energie an das Molekül abgeben oder aber Energie vom Molekül aufnehmen. Besitzt dieses eine Eigenfrequenz ν_s, so beträgt die vom Molekül aufgenommene bzw. abgegebene Energie $h\nu_s$. Die Schwingungsquantenzahl ändert sich um $\Delta v = \pm 1$. Der Übergang $\Delta v = -1$ ist wieder nur dann möglich, wenn der Zustand $v = 1$ auch besetzt ist.

Von den Schwingungstypen des CO_2 (Abschn. 8.2.2) ist die symmetrische Valenzschwingung ν_s Raman-aktiv. Schon anschaulich erkennt man, dass dabei die Elektronenhülle in Richtung der Figurenachse pulsiert, s. Abb. 8.9. In dieser Richtung muss das elektrische Wechselfeld der einfallenden Welle eine Komponente besitzen, was angesichts der ungeordneten Anordnung der Gasmoleküle oder auch in der Flüssigkeit stets der Fall ist. Die asymmetrische Valenzschwingung ν_a und die Deformationsschwingung δ lassen aber die betreffende Länge der Elektronenhülle ungeändert, sie sind deshalb Raman-inaktiv. Allgemein sind das alle Schwingungen, die unsymmetrisch zu einem molekularen Symmetriezentrum verlaufen. Bei Molekülen ohne ein derartiges Symmetriezentrum, wie H_2O oder NH_3, sind alle Schwingungen Raman-aktiv.

Die kombinierte Untersuchung des Absorptions- und des Raman-Spektrums erlaubt es, das sog. *Schwingungsspektrum* eines Moleküls vollständig zu bestimmen und daraus Aussagen über seine Struktur abzuleiten.

Aufgaben

8.2.1 Die längste Rotationslinie von CO liegt bei 2,7 mm Wellenlänge. Wie groß ist das molekulare Trägheitsmoment?

8.2.2 Aus dem Trägheitsmoment des CO-Moleküls von Aufgabe 8.2.1 berechne man die Abstände r_C und r_O der beiden Kerne vom Schwerpunkt des Moleküls (Abschn. 2.5.4). Die Massenzahlen sind von C 12, von O 16 (atomare Masseneinheit $u = 1{,}66 \cdot 10^{-27}$ kg). Man zeige, dass sich das Trägheitsmoment auch errechnet als $I = \bar{m}R^2$, wenn $R = r_C + r_O$ der Kernabstand und $\bar{m}$ die reduzierte Masse mit $1/\bar{m} = 1/m_C + 1/m_O$ sind.

8.2.3 Um wie viel Prozent verschiebt sich die Wellenlänge der CO-Rotationslinie 2,7 mm, wenn im Molekül das C-Isotop mit der Massenzahl 13 statt 12 eingebaut ist und der Kernabstand derselbe bleibt? (Reduzierte Masse s. Aufgabe 8.2.2) Um welche Beträge ändern sich Wellenlänge und Frequenz?

8.2.4 Zur Schwingfrequenz von CO gehört die Absorption bei $\lambda = 4{,}61\,\mu$m. Man bestimme daraus die Kraftkonstante D der CO-Bindung.

8.2.5 Welche Wellenlängendifferenz $\Delta\lambda$ haben im Rotationsschwingungsspektrum des CO die beiden Linien, die zu den Übergängen von J $1 \to 2$ und $2 \to 1$ gehören? (Molekulare Daten s. Aufgaben 8.2.1 und 8.2.4.)

8.2.6 Die symmetrische Valenzschwingung des NH_3 führt zu einer Absorption bei $3{,}0\,\mu$m. Die Raman-Streuung wird mit der Hg-Linie mit $\lambda = 546$ nm beobachtet. Bei welchen Wellenlängen liegen die beiden Raman-Linien?

8.3 Der Atomkern und seine Umwandlungen

Um größere Übersichtlichkeit zu erzielen, wollen wir nicht der historischen Entwicklung folgen. Wir stellen vielmehr unsere heutigen Kenntnisse vom Kernaufbau an den Anfang. In dieser deduktiven Weise ergeben sich dann Experimente, aus denen auch eine Bestätigung der Grundvorstellungen abzuleiten ist, und wichtige Anwendungsmöglichkeiten.

8.3.1 Aufbau der Atomkerne. Die Bausteine des Atomkerns bezeichnet man als *Nukleonen*. Es sind *Proton* und *Neutron*, die beide etwa die gleiche Masse $1{,}67 \cdot 10^{-27}$ kg haben, s. Tabelle 8.3. Ihr Radius beträgt

$1{,}3 \cdot 10^{-15}$ m, und das Proton besitzt *eine* elektrische Elementarladung e wie das Elektron, vgl. Abschn. 6.2.7, während das Neutron elektrisch neutral ist.

Als *Kernladungszahl* Z bezeichnet man die Zahl der Elementarladungen im Kern, sie ist gleich der Zahl seiner Protonen. Die Anzahl von Neutronen und Protonen zusammen (*Nukleonenzahl*) wird auch *Kernmassenzahl* A genannt. Naturgemäß müssen Z und A ganzzahlig sein. Wie Ergebnisse der Massenspektroskopie lehren (Abschn. 6.5.5), können zu einem chemischen Element, also zu einer Kernladungszahl Z, Atomkerne mit unterschiedlichen Massenzahlen gehören. Unter den Atomen des betreffenden chemischen Elementes gibt es verschiedene sog. *Isotope* oder *isotope Nuklide*. Diese haben gleich viel Protonen im Kern und Elektronen in der Hülle, aber eine unterschiedliche Neutronenzahl.

Das ist auch der Grund dafür, dass die *mittleren* relativen Atommassen der Elemente – früher als ihre chemischen Atomgewichte bezeichnet – häufig stark von der Ganzzahligkeit abweichen. Das Mischelement Chlor z. B. mit der chemisch festgestellten relativen Atommasse 35,45 enthält zwei Isotope mit den Massenzahlen 35 und 37 im Verhältnis 76 : 24. Die Konstanz dieser mittleren relativen Atommasse zeigt, dass in natürlichem Material auf der Erde ein konstantes Mischungsverhältnis der Isotope vorliegt. Bei Analyse von Mondgestein ergaben sich geringe Abweichungen.

Ein wichtiges Isotop ist das des *Wasserstoffs*, der sog. *schwere Wasserstoff* mit der Massenzahl 2, auch *Deuterium* D genannt. Sein Kern heißt *Deuteron* d und setzt sich aus einem Proton und einem Neutron zusammen. Da hier das Massenverhältnis der Isotope extrem groß ist, treten bei Wasserstoffverbindungen mit schwerem und gewöhnlichem Wasserstoff, z. B. bei Wasser, größere Unterschiede im physikalischen Verhalten auf. So liegt der Schmelzpunkt des *schweren Wassers* D_2O statt bei 0 °C bei 3,82 °C.

Atome mit verschiedener Protonen-, aber gleicher *Nukleonenzahl* nennen wir *Isobare*. Alle von der Elektronenhülle abhängigen Eigenschaften von isobaren Nukliden sind natürlich verschieden.

Bei den Gleichungen von Kernreaktionen oder -Umwandlungen, die durchaus den gewöhnlichen chemischen Reaktionsgleichungen entsprechen, fügen wir dem chemischen Symbol links unten die Kernladungszahl und links oben die Massenzahl hinzu, schreiben also für das Sauerstoffatom der Ordnungszahl 8 und der Massenzahl 16: ${}^{16}_{8}O$. Selbstverständlich muss bei einer Kernreaktion die Gesamtzahl der Nukleonen und der Kernladungen erhalten bleiben, vgl. die Beispiele in Abschn. 8.3.5.

Die Masse eines Isotops wird als *relative Isotopenmasse* im Verhältnis zur atomaren Masseneinheit u angegeben, die gleich $1/12$ der Masse des Nuklids ${}^{12}_{6}C$ ist.[3] Der Vorgang ist also derselbe wie bei der Angabe der mittleren relativen Atommasse für ein chemisches Element entsprechend der Isotopenzusammensetzung der Materie (Abschn. 3.1.2). Da der Massenanteil der Elektronen außerordentlich klein ist, vgl. Tabelle 8.3, und die Massendefekte zusammengesetzter Kerne (Abschn. 8.3.4) ebenfalls relativ gering sind, liegen alle relativen Isotopenmassen sehr nahe bei ganzen Zahlen, nämlich bei der betreffenden Massenzahl.

Der Zusammenhalt der Atomkerne wird durch spezifische „*Kernkräfte*" zwischen den Nukleonen bewirkt, welche innerhalb der Kerne und in allernächster Nähe derselben die elektrischen Abstoßungskräfte (Coulomb-Kräfte, Abschn. 6.2.6) zwischen den Protonen erheblich übertreffen. Die Coulomb'schen Kräfte nehmen mit dem Quadrat der Entfernung ab. Die anziehenden Kernkräfte haben dagegen nur eine sehr kurze Reichweite, etwa $2{,}5 \cdot 10^{-15}$ m, sog. *starke Wechselwirkung*.

Modellmäßig findet man für die Nukleonenzustände im Kern gewisse Analogien zu denen der Elektronen in der Hülle (Abschn. 8.1.5): Im Kern kann man die Anziehungskräfte der starken Wechselwirkung aller Nukleonen untereinander in erster Näherung so darstellen, dass jedes von ihnen eine mittlere Bindungsenergie besitzt (negative potentielle Energie gegenüber einem Ort außerhalb des Kerns). Damit beschreibt man den Kern als einen *Potentialtopf*, dessen Radius mit der 3. Wurzel aus der Massenzahl wächst und dessen Tiefe bei schweren Kernen für Neutronen etwa 42 MeV beträgt. In ihm

[3] Das Nuklid ist das elektrisch neutrale Atom mit seiner Elektronenhülle, nicht der Kern allein.

gibt es *diskrete Energiezustände*, getrennt für Neutronen und Protonen, jeder wieder nur mit 2 Nukleonen besetzbar. Der oberste besetzte liegt etwa 8 MeV unter dem Rand.

Die hier erheblich höhere Kopplungsenergie zwischen Spin und Bahndrehimpuls führt auf der Energieskala zu größeren Lücken zwischen Gruppen von energetisch eng benachbarten Zuständen, also zu „Energieschalen" wie in der Elektronenhülle (*Schalenmodell*). Kerne mit nur voll besetzten Schalen von Protonen oder Neutronen sind sehr stabil und kommen in der Natur besonders häufig vor. Die zugehörigen Nukleonen, die sog. *magischen Zahlen*, sind 2, 8, 20, 28, 50, 82, 126, also nicht dieselben wie in der Elektronenhülle. ${}^{16}_{8}O$ mit 8 Protonen und 8 Neutronen ist ein doppeltmagischer Kern, ebenso das α-Teilchen ${}^{4}_{2}He$ mit 2 Protonen und 2 Neutronen (Abschn. 8.3.2).

Zwischen den einzelnen Protonen wirken noch die elektrischen Abstoßungskräfte, sodass sie weniger fest als die Neutronen gebunden sind. Ihre Energieniveaus liegen höher als die entsprechenden der Neutronen. In einem stabilen Kern sind die Neutronen- und Protonenzustände praktisch bis zur gleichen Energie besetzt. Schwere Kerne haben deshalb mehr Neutronen als Protonen, während in leichten Kernen etwa gleich viele Protonen und Neutronen vorkommen. Die Umwandlung Proton–Neutron durch die schwache Wechselwirkung wird in Abschn. 8.3.9 behandelt.

8.3.2 Natürliche Radioaktivität, Nebelkammer, Zählrohr. Schwere Kerne, z. B. die von Uran und Radium, sind nicht stabil. Sie zerfallen *spontan* und senden dabei materielle Teilchen oder Photonen als sog. *radioaktive Strahlung* aus. Man kennt etwa 40 natürlich vorkommende *Radionuklide*, die eine derartige Umwandlung spontan erfahren oder *natürliche Radioaktivität* zeigen. Fast alle haben sie Ordnungszahlen größer als 82. Ausnahmen sind Isotope z. B. von Samarium und Kalium. Auch auf künstlichem Wege lassen sich für jedes Element radioaktive Isotope herstellen (Abschn. 8.3.5).

Für die emittierte Strahlung, wie sie von *Becquerel* entdeckt und vom Ehepaar *Curie*[4] näher untersucht wurde, sind charakteristisch: ionisierende Wirkung, Schwärzung der Photoplatte, Auslösung von Leuchterscheinungen (Lumineszenz) und eine unterschiedliche, teilweise extrem große Durchdringungsfähigkeit von Materie. Weiter lassen sich die Strahlungsquellen weder durch chemische Umwandlung noch durch physikalische Größen, wie Druck, Temperatur oder elektrische Felder, in der Aktivität beeinflussen. Die Atomkerne werden ja von alledem auch nicht geändert.

Die bei den natürlichen Radionukliden auftretende Strahlung enthält drei Strahlenarten. Für sie benutzen wir die historischen Bezeichnungen α-, β- und γ-Strahlung. Sie unterscheiden sich im Experiment durch ihr unterschiedliches Durchdringungs- und Ionisationsvermögen in Materie.

α-Strahlen sind doppelt positiv geladene Heliumatome, ${}^{4}_{2}He^{++}$, also Heliumkerne (Abschn. 8.3.1) mit Energien bis zu etwa 9 MeV, s. Tabelle 8.2.

β-Strahlen sind Elektronen. Ihre Geschwindigkeit reicht von kleinen Werten bis fast an die Lichtgeschwindigkeit heran, wobei die Energie bei natürlichen Radionukliden 1 MeV erreichen kann.

γ-Strahlen sind äußerst durchdringende elektromagnetische Wellen. Ihre Wellenlänge ist viel kürzer als die der üblichen Röntgenstrahlen und liegt zwischen 0,6 und 30 pm, vgl. Abb. 7.79. Dazu gehören Photonen mit Energien von etwa 2 MeV bis 40 keV.

8.3.2.1 Wilson'sche Nebelkammer. Beim Durchgang durch ein Gas erzeugen α- und β-Teilchen längs ihres Weges Ionen. Da diese bei der Kondensation von Wasserdampf als Kondensationskerne wirken, kann man die Teilchenbahnen sichtbar machen. Der zylindrische Beobachtungsraum mit einem beweglichen Kolben in der Nebelkammer enthält Luft, die mit Wasserdampf gesättigt ist und durch plötzliche adiabatische Expansion rasch abgekühlt werden kann (Abschn. 5.2.4). Ist die Abkühlung nicht zu groß, so schlägt sich der übersättigte Dampf ausschließlich an den Ionen nieder, die zur Beobachtungszeit von ionisierender Strahlung erzeugt worden sind. So hinterlässt jedes die Kammer während der Ex-

[4] Dem Forscherehepaar *Pierre Curie*, 1859–1906, und *Marie Curie*, geb. *Sklodowska*, 1867–1934, gelang 1898 die Darstellung des Radiums, wofür sie den Nobelpreis für Physik erhielten. Ihre Tochter *Irene* entdeckte mit ihrem Manne, *Frédéric Joliot*, 1934 die künstliche Radioaktivität.

pansion durchlaufende geladene Teilchen als Spur einen Nebelfaden, den man kurze Zeit beobachten und photographieren kann.

Eine Weiterentwicklung ist die *kontinuierlich* arbeitende Nebelkammer, bei der in Methanoldampf ein Temperatur*gefälle* aufrechterhalten wird. In einer bestimmten Zone der Kammer stellt sich dabei ein Temperaturbereich mit übersättigtem Dampf ein. Dort können laufend von schnell bewegten, geladenen Teilchen durch Ionisation Kondensationsbahnen erzeugt werden. Diese bleiben nur kurzzeitig bestehen, zumal ein angelegtes elektrisches Feld die Ionen abzieht. – Die *Blasenkammer* nutzt umgekehrt die entsprechende Dampfblasenbildung in überhitzten Flüssigkeiten durch ionisierende, geladene Teilchen aus. Auch sie arbeitet kontinuierlich und hat wegen der gegenüber dem Gas viel dichteren Molekülpackung in der Flüssigkeit eine höhere Ansprechempfindlichkeit, sodass sie heute bei Forschungsarbeiten bevorzugt wird.

Die Flugbahnen von α- und β-Teilchen in der Nebelkammer zeigen charakteristische Unterschiede: *α-Teilchen* geben gerade und plötzlich abbrechende Bahnen, sie haben also eine scharf begrenzte *Reichweite*. Abbildung 8.16 zeigt dazu zwei Gruppen von α-Strahlen mit Reichweite in Luft von 4,8 bzw. 8,6 cm, die ein radioaktives Präparat emittiert. Die Reichweite steigt mit der kinetischen Energie des α-Teilchens am Bahnanfang, und zwar ist sie der dritten Potenz der Anfangsgeschwindigkeit proportional.

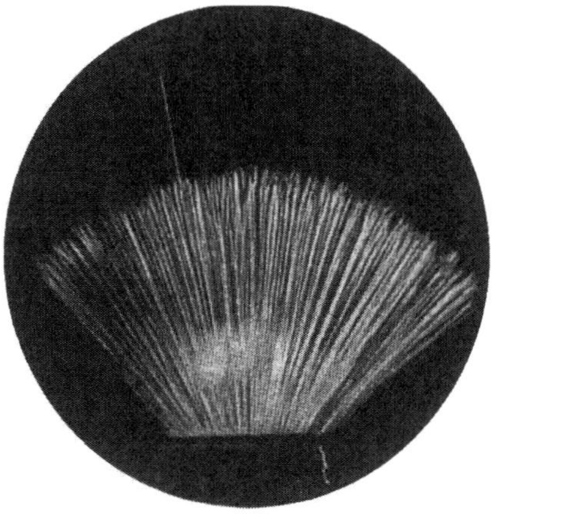

Abb. 8.16 Die beiden Gruppen von α-Teilchen des $^{212}_{83}$Bi und $^{212}_{84}$Po (Thorium-Zerfallsreihe), darunter ein Strahl mit übergroßer Reichweite

α-Teilchen haben ein besonders großes Ionisationsvermögen. So vermag ein α-Teilchen in Luft von Atmosphärendruck pro cm Flugbahn einigen 10 000 Molekülen je ein Elektron zu entreißen, d. h. längs seiner Bahn eine Kette von ebenso vielen Ionenpaaren zu bilden. Wegen seiner im Vergleich zum Elektron sehr großen Masse wird es in den elektrischen Feldern der Atome praktisch nicht abgelenkt. Lediglich kurz vor dem Ende seiner deshalb geraden Bahn, wenn es den größten Teil seiner kinetischen Energie durch Ionisierungen verloren hat, beobachtet man häufig ein Abknicken des noch folgenden kurzen Bahnstücks. Das α-Teilchen ist sehr nahe an einem Atomkern vorbeigeflogen und in dem dort sehr starken Coulomb-Feld (Abschn. 6.2.6) abgelenkt worden (experimentelle Grundlage für das Atommodell von *Rutherford*, vgl. Abschn. 8.1.2).

β-Teilchen erzeugen sehr viel weniger Ionenpaare pro cm Flugweg als α-Teilchen in demselben Stoff. Sie legen daher bei gleicher Anfangsenergie einen größeren Laufweg in der Materie zurück. Zudem werden sie ihrer geringeren Masse wegen in der atomaren Elektronenhülle sehr viel stärker abgelenkt, sodass ihre Bahnen gekrümmt und verschnörkelt sind. Nur besonders energiereiche Elektronen haben eine gerade Bahn, auf der aber sehr viel weniger Nebeltröpfchen liegen als bei α-Teilchen, s. Abb. 8.17.

Ungeladene Teilchen erzeugen keine Ionen, sind also in der Nebelkammer nur indirekt nachweisbar. – Photonen der *γ-Strahlung* schlagen aus der Atomhülle schnelle Photoelektronen mit großer und Compton-Elektronen (Abschn. 7.6.3) mit geringer Reichweite heraus, die ihrerseits in der Nebelkammer Bahnen zeichnen. Die Bahn des einzelnen γ-Photons aber lässt sich auf diese

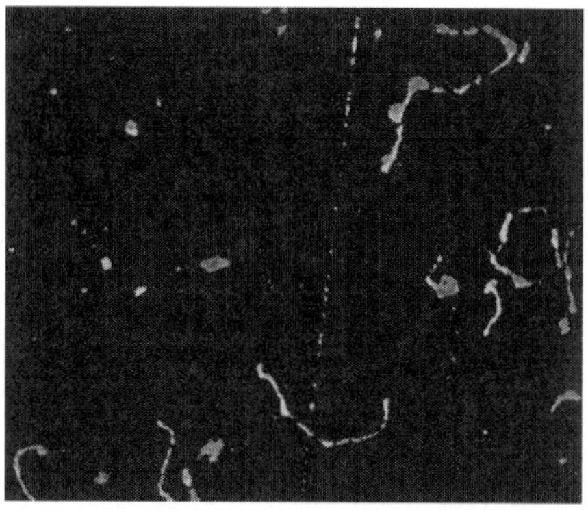

Abb. 8.17 Bahnen von β-Teilchen. Die gerade Bahn ist die eines besonders schnellen Teilchens

Weise nicht verfolgen, da es höchstens ein Photoelektron oder sehr wenige Compton-Elektronen in der Kammer produziert.

8.3.2.2 Zählrohr. Das heute wichtigste Gerät zur Erkennung und Untersuchung der natürlichen Radioaktivität und überhaupt bei allen Kernprozessen auftretenden geladenen Teilchen und Photonen ist das *Zählrohr* von *Geiger* und *Müller*. Es besteht aus einem gasgefüllten Zylinderkondensator mit einem Draht als Mittelelektrode, s. Abb. 8.18. Die angelegte Spannung wird so gewählt, dass gerade noch keine selbstständige Leitung einsetzt (Abschn. 6.5.5). Tritt ein geladenes Teilchen ein, so lösen die gebildeten Elektronen und Ionen durch Stoßionisation eine selbstständige Leitung aus. Sie reißt aber sofort wieder ab, weil durch den hohen Strom ein Spannungsabfall am Vorwiderstand entsteht, der die Spannung am Rohr selbst unter die Brennspannung sinken lässt. Gleichzeitig werden die noch im Gas befindlichen freien Ladungsträger schnell an geeigneten Beimischungen neutralisiert, sodass erst ein weiteres Teilchen der ionisierenden Strahlung einen neuen Stromstoß auslösen kann. Jeder Spannungsimpuls wird mithilfe eines Verstärkers und eines Zählers registriert.

So kann man *einzelne* α- und β-*Teilchen* nachweisen. Man muss nur das Kammerfenster so wählen, dass die Teilchen es passieren können. Auch Photonen von γ- und *Röntgenstrahlung* lassen sich auf Grund der an der Wandung ausgelösten Elektronen erfassen. Ja sogar Photonen von *sichtbarem* und *UV-Licht* sind zu zählen, wenn sie durch ein besonderes Fenster in das Zählrohr gelangen und dort an einer Schicht geringer Austrittsarbeit Photoelektronen auslösen (Abschn. 7.6.2).

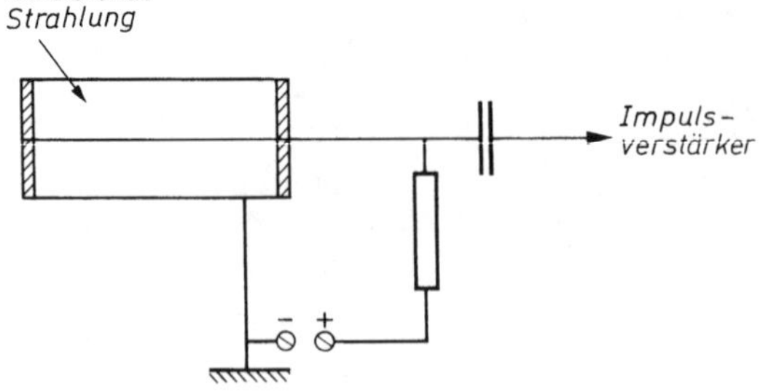

Abb. 8.18 Zählrohr

Gemessen wird, um z. B. radioaktive Präparate zu vergleichen, die Zahl der Spannungsimpulse pro Zeiteinheit, die sog. *Zählrate*. Diese ist für relative Aussagen über den Teilchenstrom am Ort des Zählrohres geeignet. Absolute Angaben liefert die Zählrate darüber aber nur, wenn der Zähler für die betreffende ionisierende Strahlung kalibriert ist, weil seine Ansprechempfindlichkeit, das ist das Verhältnis von ausgelösten Zählimpulsen zur Zahl der in derselben Zeit durchtretenden ionisierenden Teilchen, von deren Art und Energie sehr empfindlich abhängt.

Schließlich kann man α-Teilchen oder andere Kerntrümmer an den von ihnen in Leuchtstoffen erregten Lichtblitzen oder *Szintillationen* erkennen, die man mit einem Photomultiplier (Abschn. 7.6.1) in elektrische Impulse umwandelt und zählt.

8.3.3 Der radioaktive Zerfall. Der radioaktive Zerfall einer Substanz geht in spontanen Einzelprozessen vor sich. Die Zerfälle sind statistische Ereignisse mit entsprechenden Schwankungen im Zeitabstand. Man kann nicht angeben, *welche speziellen* Kerne in einer festgelegten Zeitspanne zerfallen werden, sondern nur *wie viel* das *im Mittel* tun. So ist nach statistischen Gesetzen für voneinander unabhängige Einzelprozesse die mittlere Zahl von Kernen, die in der Zeiteinheit zerfallen, immer proportional der jeweils noch vorhandenen, unzerfallenen Anzahl N. Es gilt also die Gleichung:

$$\frac{\mathrm{d}N}{\mathrm{d}t} = -\lambda N\,, \qquad (8.8)$$

woraus durch Integration das Zerfallsgesetz

$$N = N_0\, e^{-\lambda t} \qquad (8.9)$$

folgt. Dabei ist N_0 die Anzahl der ursprünglich vorhandenen Kerne, von denen sind N nach der Zeitspanne t noch nicht zerfallen, und λ bezeichnet man als *Zerfallskonstante*.

Die Zerfallswahrscheinlichkeit eines Atomkerns hängt also nicht von seinem Alter ab. 1λ ist die *mittlere Lebensdauer* eines radioaktiven Nuklids, nach welcher noch N_0/e Kerne nicht zerfallen sind. Sie sagt nichts über das Schicksal des einzelnen Atoms aus, das wesentlich kürzer oder länger „leben" kann.

Unter der *Aktivität* A eines radioaktiven Präparates versteht man die Zahl der in der Zeiteinheit im Mittel emittierten Teilchen. A ist daher gleich der Steigung der Zerfallskurve, s. Abb. 8.19,

$$A = \frac{\mathrm{d}N}{\mathrm{d}t} = \lambda N \,. \qquad (8.10\mathrm{a})$$

Je größer die Zerfallskonstante λ ist, desto höher ist die Aktivität, aber umso schneller sinkt sie auch zeitlich ab. Wegen der reinen Statistik im radioaktiven Zerfall ist A nur ein Mittelwert, seine Standardabweichung beträgt $\sqrt{A}$(Abschn. 1.4).

Die Aktivität eines radioaktiven Präparats gibt man jetzt international in *Becquerel* (Bq) an. Die Einheit 1 Bq liegt vor, wenn pro Sekunde im Mittel ein Nuklid zerfällt. Bis 1986 war noch die alte Einheit *Curie* (Ci) zulässig, für die 1 Ci $= 3{,}7 \cdot 10^{10}$ Bq gilt. 1 Ci entspricht sehr genau der Aktivität von 1 g Radium.

Die Aktivitäten verschiedenartiger Stoffe sind aber nicht der *Leistung* proportional, die bei Bestrahlung mit ihnen übertragen wird und auf die es bei der *Dosis*berechnung ankommt (Abschn. 7.6.3). Dafür ist natürlich die Energie des einzelnen emittierten Teilchens auch noch maßgebend.

Die Zerfallsgeschwindigkeit eines radioaktiven Stoffes kennzeichnen wir auch durch die *Halbwertszeit* T, das ist diejenige Zeit, in welcher die Hälfte des anfänglich vorhandenen Stoffes zerfällt, vgl. Abb. 8.19. In derselben Zeit geht auch die *Aktivität* eines Präparates auf die Hälfte zurück. So ist z. B. die Halbwertszeit für *Radon* ($^{222}_{86}$Rn) etwa 3,8 Tage. Das bedeutet, dass nach dieser Zeit nur noch die Hälfte, nach zweimal 3,8 Tagen $\frac{1}{4}$ und nach dreimal 3,8 Tagen nur noch $\frac{1}{8}$ der ursprünglichen Substanz vorhanden ist. Zwischen Zerfallskonstante λ und Halbwertszeit T besteht die Beziehung[5]

$$T = \frac{\ln 2}{\lambda} = \frac{0{,}693}{\lambda} \,. \qquad (8.10\mathrm{b})$$

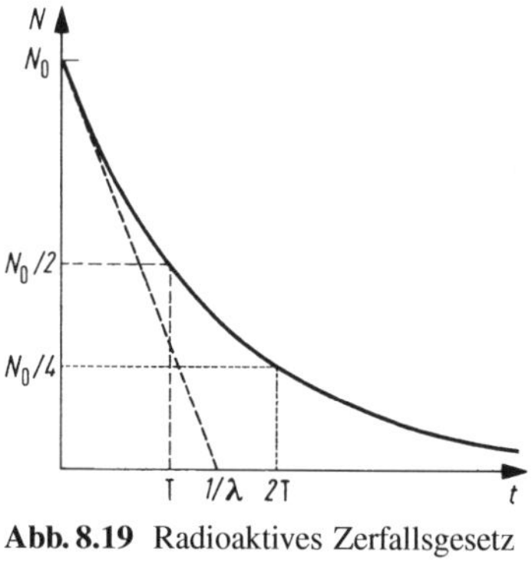

Abb. 8.19 Radioaktives Zerfallsgesetz

Die Zerfallsgeschwindigkeit der einzelnen radioaktiven Stoffe zeigt gewaltige Unterschiede. Manche Stoffe existieren nur Bruchteile von Sekunden, andere Millionen von Jahren und noch länger. So ist z. B. für Uran ($^{238}_{92}$U) die Halbwertszeit $4{,}5 \cdot 10^9$ Jahre, und für manche Zwischenprodukte beträgt sie nur noch kleinste Bruchteile von Sekunden, z. B. 0,3 µs für $^{212}_{84}$Po, dem sog. Thorium C′, vgl. Tabelle 8.2.

Zerfallsreihen. Ein natürlich radioaktives Nuklid zerfällt unter Aussendung eines α- oder β-Teilchens. Die γ-Strahlung ist nur eine Begleiterscheinung. Die beim Zerfall entstehenden neuen Atomkerne sind meist ebenfalls instabil und zerfallen ihrerseits weiter, bis schließlich ein stabiles Nuklid als Endprodukt entsteht. Fast alle natürlich radioaktiven Elemente haben sehr hohe Massenzahlen und lassen sich in drei *Zerfallsreihen* einordnen, deren wichtigste die sog. *Uran-Radium-Reihe* ist. Ihr Ausgangselement oder die *Muttersubstanz* ist das *Uran* mit der Massenzahl 238. Über verschiedene Zwischenprodukte entsteht das Radium, das seinerseits unter Aussendung von α-Strahlung als nächstes Folgeprodukt das Edelgas *Radon* liefert. Auch dieses zerfällt, und schließlich entsteht nach weiteren Zwischenstufen, wie *Polonium* 214 und 210, als stabiles Endprodukt das Bleiisotop $^{206}_{82}$Pb.

Neben der U-Ra-Reihe kennt man noch die *Uran-Aktiniumreihe* ausgehend von $^{235}_{92}$U und

[5] Für Extinktionskoeffizient und Halbwertsdicke bei der Strahlungsabsorption gilt wegen der e-Funktion dieselbe Beziehung (Abschn. 7.5.4).

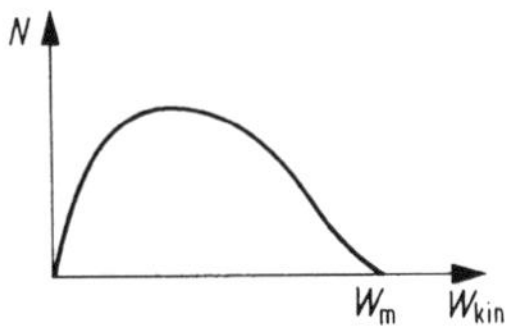

Abb. 8.20 Energieverteilung der β-Teilchen

die vom Thorium abstammende *Reihe* mit dem wichtigen Radioisotop $^{228}_{88}$Ra, dem sog. *Mesothorium*. Zu diesen drei natürlichen Zerfallsreihen kommt noch eine hinzu, seitdem man künstlich Nuklide sehr hoher Ordnungszahl herstellen kann. Sie enthält das langlebige Neptunium-Isotop $^{237}_{93}$Np und hat daher den Namen *Neptunium-Reihe* erhalten. Da in diesen Reihen sich die Massenzahl der Nuklide nur bei einem α-Zerfall und dann um 4 ändert, waren auch vier voneinander völlig getrennte Reihen mit den Massezahlen 4m, 4m + 1, 4m + 2 und 4m + 3 zu erwarten.

Radioaktiver Verschiebungssatz. Bei einem mit der Aussendung eines α-Teilchens verbundenen Zerfall erniedrigt sich die Kernladungszahl Z um 2, und wir erhalten ein Isotop des im periodischen System um zwei Stellen nach links verschobenen Elements. Bei einem β-Strahler wächst die positive Kernladung um eine Einheit, und es entsteht ein Isotop des dem zerfallenden nach rechts benachbarten Elements mit unveränderter Massenzahl.

Zerfallsenergie. Die genauere Untersuchung ergibt, dass die Anfangsenergie aller *α-Teilchen*, die eine Kernart aussendet, gleich ist. Beim radioaktiven Zerfall erfährt der Kern also einen Übergang zwischen zwei festen Energiezuständen, von denen der eine zum Ursprungs-, der andere zum Folgekern gehört. Weiter zeigt sich, dass der Logarithmus der Energie des α-Teilchens linear mit dem Logarithmus der Zerfallskonstanten λ ansteigt. Kerne mit kurzer Halbwertszeit senden also besonders energiereiche α-Teilchen aus (Geiger-Nuttall-Regel).

Wir sagten schon, dass α-Zerfall nur bei schweren Kernen möglich ist. Dazu muss nämlich die Bindungsenergie vom ganzen Ursprungskern kleiner sein als die von Folgekern und α-Teilchen zusammen. Dann wird die Differenz frei und steht als kinetische Energie für das α-Teilchen zur Verfügung. Beim Aufstellen der Bilanz ist davon auszugehen, dass die mittlere Bindungsenergie pro Nukleon in natürlich vorkommenden Kernen mit steigender Massenzahl oberhalb etwa $A = 55$ sinkt, weil die Protonen immer zahlreicher werden, die sehr weitreichende, elektrische Abstoßungskräfte aufeinander ausüben. Beim Zerfall schwerer Kerne ist daher jedes Nukleon im Folgekern fester gebunden als im Ursprungskern. Zusätzlich hat im α-Teilchen jedes der 4 Nukleonen noch eine Bindungsenergie $W_\alpha \approx 7$ MeV. Das ist zwar etwas weniger als im Ursprungskern, aber dieser Verlust der 4 Nukleonen im α-Teilchen wird durch den Gewinn an Bindungsenergie der über 200 Nukleonen beim Übergang in den Folgekern mehr als ausgeglichen. Ihre Anzahl muss nur groß genug sein, d. h. der Kern muss entsprechend schwer sein. – Ein Proton allein kann von diesen Nukliden aus energetischen Gründen nicht spontan emittiert werden, weil in der Bilanz der Energiebeitrag von W_α fehlen würde.

Beim β-Zerfall haben die Elektronen ein *kontinuierliches Energiespektrum* mit einem Maximalwert W_m, s. Abb. 8.20. Die β-Teilchen stammen nicht aus der Elektronenhülle, sondern aus dem Kern, obwohl als Kernbausteine keine Elektronen auftreten (Abschn. 8.3.1). Der Grundprozess ist also verwickelter. Dabei wandelt sich ein Neutron um in ein Proton, ein Elektron und ein elektronisches Antineutrino: $n \to p^+ + e^- + \tilde{\nu}_e$, vgl. auch Abschn. 8.3.5. Das Proton bleibt im Kern und erhöht dessen Ladungszahl um 1. e^- und $\tilde{\nu}_e$ werden emittiert, und der Kern verliert dadurch einen festen Energiebetrag. Dieser wird aber zwischen beide aufgeteilt, sodass das beobachtete β^--Teilchen nur sehr selten den Höchstwert mit sich nimmt. Das ungeladene Antineutrino lässt sich nur durch besondere Kernreaktionen nachweisen (Abschn. 8.3.9).

Nach einem α- oder β-Zerfall kann der Kern in einem *angeregten* Zustand zurückbleiben. Er geht dann, analog dem Vorgang in der Elektronenhülle (Abschn. 8.1.2), spontan in den Grundzustand über und emittiert dabei ein Photon der γ-Strahlung. Die beobachteten diskreten Photonenenergien, eine oder mehrere, geben nach der Beziehung $W = h\nu$ die Energiedifferenz zwischen dem Grundzustand und den angeregten Kernzuständen wieder.

In Tabelle 8.2 finden wir die Konstanten einiger wichtiger radioaktiver Nuklide, wobei die Energie für die β-Teilchen die Maximalenergie bedeutet. Auch einige künstlich erzeugte Kerne sind aufgenommen worden (Abschn. 8.3.5).

8.3.4 Paarbildung, Massendefekt der Kerne. Die Photonen der γ-Strahlung schlagen aus der durchstrahlten Materie Photo- und

Tabelle 8.2 Konstanten einiger radioaktiver Nuklide

Element	Kernladungszahl	Massenzahl	Halbwertszeit	Strahlung	Energie der Strahlung [MeV]	Reichweite der α-Strahlen in Luft von 1 bar und 15 °C [cm]
Aus der Uran-Radiumreihe						
Uran	92	238	$4{,}51 \cdot 10^9$ a	α	4,18	2,65
Radium	88	226	1632 a	α	4,7	3,3
Radon	86	222	3,82 d	α	5,48	4,05
Polonium	84	214	$1{,}64 \cdot 10^{-4}$ s	α	7,68	6,9
Wismut	83	210	5,01 d	β^-	1,17	–
Polonium	84	210	138,4 d	α	5,3	3,84
Blei	82	206	stabil	–	–	–
Aus der Thoriumreihe						
Thorium	90	232	$1{,}39 \cdot 10^{10}$ a	α	4,2	2,7
Radium	88	228	6,7 a	β^-	0,05	–
Actinium	89	228	6,13 h	β^-	–	–
Thorium	90	228	1,91 a	α	5,42	4,0
Radon	86	220	51,5 s	α	6,28	4,0
Polonium	84	212	$3{,}04 \cdot 10^{-7}$ s	α	8,8	8,6
Blei	82	208	stabil	–	–	–
Künstliche Radionuklide						
Kohlenstoff	6	11	20,4 m	β^+	–	
Kohlenstoff	6	14	5570 a	β^-	0,155	
Natrium	11	24	15,0 h	β^-	1,39	
Phosphor	15	32	14,2 d	β^-	1,71	
Kalium [a]	19	40	$1{,}25 \cdot 10^9$ a	β^-	–	
Calcium	20	45	164 d	β^-	0,25	
Kobalt[b]	27	60	5,24 a	β^-	0,366	
Strontium	38	90	27,7 a	β^-	0,54	
Jod	53	131	8,08 d	β^-	0,61	
Gold	79	198	2,7 d	β^-	0,99	
Plutonium	94	239	$2{,}4 \cdot 10^4$ a	α	4,1	2,6

[a] In der Natur vorkommend. [b] Der Folgekern $^{60}_{28}$Ni ist γ-Strahler mit 1,17 und 1,33 MeV.

Compton-Elektronen heraus (Abschn. 7.6.3). Überschreitet die Photonenenergie aber eine charakteristische Grenze, so kann das Photon im Felde eines Kerns einen völlig neuen Prozess, die *Paarbildung*, auslösen, dessen Ergebnis z. B. in der Nebelkammer zu beobachten ist, s. Abb. 8.21. Danach bildet sich – hier am unteren Rande des Bildes – ein *Elektronenpaar*, bestehend aus negativem und positivem Elektron, auch *Positron* genannt. Beide haben gleiche Masse, aber ungleichnamige Ladung, sodass ihre Bahnen im Magnetfeld, das in der Nebelkammer senkrecht zur Bildebene verläuft, in entgegengesetzter Richtung gekrümmt werden (Abschn. 6.6.3). Das Positron gehört zur sog. *Antimaterie*, die neben der Materie des Universums nicht bestehen kann.

Das *Positron* hat in der Materie nur eine sehr kurze Lebensdauer. Sobald es seine ki-

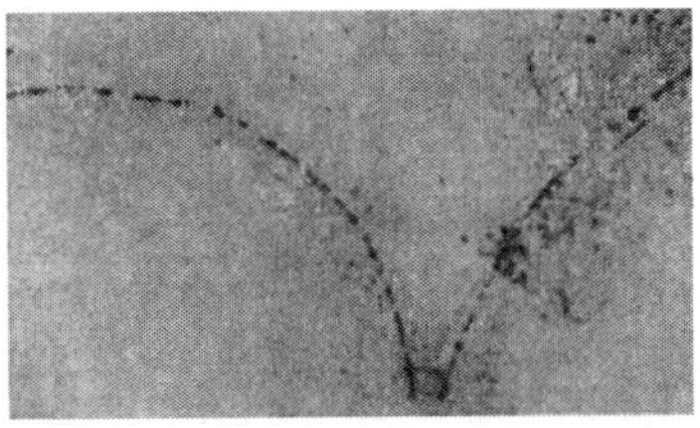

Abb. 8.21 Bildung eines Elektronenpaares

netische Energie durch Stöße verloren hat, rekombiniert es mit einem Elektron, Positron und Elektron verschwinden, und es entstehen dafür zwei Photonen *(Vernichtungsstrahlung)*. Elektron und Positron stehen im Verhältnis *Teilchen–Antiteilchen*.

In den geschilderten Vorgängen verschwindet Photonenenergie, und es entsteht Masse und umgekehrt. Aus diesen Beobachtungen ergibt sich unmittelbar ein Zusammenhang zwischen *Energie* und *Materie* als Bestätigung der Äquivalenzgleichung von Einstein, vgl. Abschn. 8.4.3:

$$\Delta W = \Delta m \cdot c^2 . \tag{8.11}$$

Sie verknüpft den Energiegewinn ΔW eines Körpers mit der gleichzeitigen Massenzunahme Δm, wobei c die Lichtgeschwindigkeit im Vakuum ist.

Bei der Paarbildung verwandelt sich die Photonenergie in die ihr äquivalente Masse: Das Photon verschwindet, und im Elektronenpaar findet sich die Masse $2m_e$ als sog. Ruhenergie von Elektron und Positron wieder. Die Energie des erzeugenden γ-Photons muss mindestens $2m_ec^2$ betragen, und das sind 1,022 MeV. Seine Wellenlänge hat daher als obere Grenze 1,214 pm, vgl. Gl. 7.34b. Bei größerer Photonenergie erhalten die Teilchen den Überschuss als kinetische Energie.

$2 \times 1{,}214$ pm ist gerade die Compton-Wellenlänge $\lambda_C = h/m_ec$ (Abschn. 7.6.3). γ-Strahlung der Wellenlänge λ_C hat damit die Photonenergie $hc/\lambda_C = m_ec^2$, also gleich der Ruhenergie *eines* Elektrons. Zur Paarbildung benötigt man die doppelte Photonenergie, also die halbe Compton-Wellenlänge.

Als weitere Antiteilchen sind durch Stoßprozesse mit Protonen von über 1,87 GeV *Antiproton* oder *Antineutron* erzeugt worden. Jedes Antiteilchen hat die gleiche Masse, aber entgegengesetzte Ladung wie das Teilchen selbst. Das Antineutron ist also ungeladen. Bei Erzeugung und Vernichtung von Paaren bleibt die gesamte Ladung also null (Erhaltungssatz der elektrischen Ladung). Als kleinstes Atom der *Antimaterie* können Antiproton und Positron ein entsprechendes Wasserstoff-Atom bilden (*Protonium*).

Massendefekt. Da die Atomkerne nur aus Protonen und Neutronen zusammengesetzt sind, würde man zunächst erwarten, dass ihre Masse einfach gleich der Summe der Massen ihrer Bausteine ist. Tatsächlich sind aber die Kernmassen immer etwas kleiner. Wegen der Äquivalenz von Masse und Energie entspricht dieser Massenschwund einer Energieabnahme, nämlich der Energie, welche bei der Bildung des Kernes aus seinen Nukleonen als *Bindungsenergie* frei geworden ist.

Als atomare Masseneinheit u verwendet man 1/12 der Masse des Nuklids $^{12}_{6}C$ (Abschn. 3.1.2 und 8.3.1). Damit ist z. B. der gemessene Massenwert des Nuklids $^{4}_{2}He$, dessen Kern zwei Protonen und zwei Neutronen enthält, 4,00260 u, während man aus den absoluten Massen von Proton, Neutron und der beiden Hüllenelektronen den Wert 4,03298 u berechnen würde. Diesen Unterschied von 0,03038 u bezeichnet man als den *Massendefekt* des $^{4}_{2}He$. Dass der absolute Massenwert größer als 4 ist, liegt natürlich an der Definition der atomaren Masseneinheit u. Das Nuklid $^{12}_{6}C$ selbst ist eine Vereinigung von drei $^{4}_{2}He$, wobei ein zusätzlicher Massendefekt auftritt. So muss die relative Masse des Heliumnuklids größer sein als ein Drittel von der des C-Nuklids.

Aus dem Massendefekt berechnet sich die *Bindungsenergie* pro Heliumkern zu etwa 28,3 MeV[6]. Daraus ergibt sich die Bindungsenergie für Helium zu etwa $2{,}7 \cdot 10^{12}$ J/mol. Dieser Betrag ist etwa 10^7 mal größer als die entstehende Wärme (Wärmetönung) bei gewöhnlichen chemischen Reaktionen.

8.3.5 Kernreaktionen und künstliche Radioaktivität. Wegen der außerordentlich hohen Bindungsenergie der Atomkerne kann

[6] Als zahlenmäßige Beziehung gilt näherungsweise 1 MeV $\hat{=}$ $1{,}074 \cdot 10^{-3}$ u.

man diese nicht mithilfe gewöhnlicher chemischer Prozesse oder durch Temperaturen von einigen Tausend Kelvin umwandeln. Im Labor gelang die Umwandlung zuerst nur im atomaren Einzelprozess, indem man durch Beschuss mit energiereichen Teilchen den Kern selbst unmittelbar angriff.

Als ersten Fall einer derartigen künstlichen Kernumwandlung hat *Rutherford* beobachtet, dass beim Beschuss von Stickstoff mit α-Teilchen schnelle Protonen entstehen. Bei diesem wegen der Kleinheit der Kerne äußerst seltenen Vorgang bleibt das α-Teilchen im Stickstoffkern stecken, sodass wir diese Kernumwandlung durch die *Reaktionsgleichung*

$$^{14}_{7}\mathrm{N} + ^{4}_{2}\mathrm{He} \rightarrow ^{17}_{8}\mathrm{O} + ^{1}_{1}\mathrm{H} \tag{8.12}$$

beschreiben können. Der neuentstandene Kern enthält eine positive Elementarladung mehr als der Stickstoff, ist also ein Sauerstoffkern, und zwar das seltene Isotop mit der Massenzahl 17. Bei einer solchen Reaktionsgleichung muss die Summe der oberen Indizes (Massenzahlen) sowie die Summe der unteren Indizes (Ladungszahlen) links und rechts gleich sein.

Inzwischen ist eine außerordentlich große Zahl von derartigen Kernreaktionen beobachtet worden, und wir müssen uns auf das Grundsätzliche und einige Beispiele beschränken. Ausgelöst werden Kernreaktionen vom Einfang eines Teilchens durch den Kern. Sind es positiv geladene Teilchen, wie Protonen p, Deuteronen d oder α-Teilchen, so müssen sie vor dem Eindringen erst die Coulomb'schen Abstoßungskräfte überwinden, bevor sie dem Kern so nahe kommen, dass die anziehenden Kernkräfte wirksam werden. Die Umwandlungsmöglichkeiten durch geladene Teilchen sind unterhalb einer Energie von einigen MeV daher recht begrenzt[7]; α-Teilchen aus natürlich radioaktiven Stoffen vermögen Kerne hoher Ladungszahl überhaupt nicht umzuwandeln. – Bei den ungeladenen Neutronen n liegen die Verhältnisse ungleich günstiger, sodass diese in der sog. Kerntechnik heute vornehmlich benutzt werden. – Auch γ-Strahlung mit ausreichender Photonenenergie löst ein oder mehrere Nukleonen vom Kern ab (Kernphotoeffekt). Kernspaltung s. Abschn. 8.3.6.

Über den Ablauf dieser Kernreaktionen muss man sich in heutiger Sicht folgende Vorstellung machen: Beim Einfang eines Teilchens wird neben seiner kinetischen Energie noch ein Betrag an Bindungsenergie frei. Dadurch entsteht ein hochangeregter, sozusagen „aufgeheizter" Kern, ein sog. *Zwischenkern*. Die Anregungsenergie kann zur Verdampfung von meist einem oder auch mehreren Nukleonen verwendet werden (*Austauschreaktion*). Auch besteht die Möglichkeit, dass der Zwischenkern seine Anregungsenergie in einem Prozess oder stufenweise als γ-Photonen abgibt und so in den Grundzustand übergeht (reine *Einfangreaktion*). – Es gibt also für jeden Kern eine große Zahl von möglichen Kernreaktionen, die wir durch Symbole wie (α, p), (α, n), (d, p), (p, γ) usw. darstellen. Dabei bezeichnet der erste Buchstabe das eingeschossene Teilchen und der zweite das emittierte. Die Gesamtzahl aller Reaktionsmöglichkeiten des Stickstoffs kann man durch das in Abb. 8.22 wiedergegebene Schema darstellen. Nach rechts ist die Protonenzahl und nach oben die Neutronenzahl aufgetragen. Jedes Nuklid wird durch einen Punkt dargestellt, die Pfeile weisen auf die Kerne hin, die durch Umwandlung des Ausgangskerns entstehen können. Isotope stehen in einer Vertikalreihe übereinander.

Als weitere Beispiele betrachten wir einige Kernreaktionen, die ursprünglich für die Herstellung freier Neutronen von großer Wichtigkeit waren. Die Austauschreaktion $^{9}\mathrm{Be}(\alpha, n)^{12}\mathrm{C}$ führte zur Entdeckung des Neutrons, und die Radium-Beryllium-Mischung (Radiumsalz und Beryllium fein gepulvert und gemischt) war die erste Neutronenquelle mit konstanter Aktivität. – Sehr schnelle Neutronen entstehen, wenn man Materie mit schnellen Deuteronen beschießt, die beim Aufprallen in ihre Bestandteile – Proton und Neu-

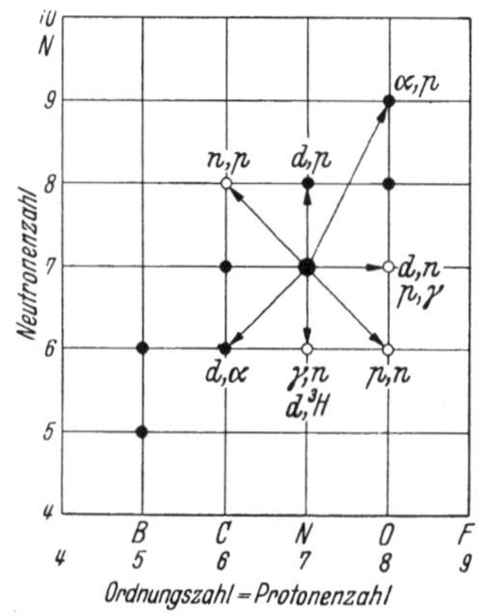

Abb. 8.22 Schema der Umwandlungen des Stickstoffkerns

[7] Zur Annäherung eines Protons an einen Kern der Ladung Ze auf den Abstand r muss die Energie $Ze^2/4\pi\varepsilon_0 r$ (Abschn. 6.2.6) aufgewandt werden. Um einen Kern der Ordnungszahl 40 (Zirkon) damit zu erreichen, braucht man bereits über 10 MeV.

tron – zerlegt werden (*Stripping-Reaktion*). Nach diesem (d, n)-Prozess fliegen die Neutronen mit der halben Deuteronen-Energie weiter, während das Proton in den Kern eindringt. Mit gleicher Wahrscheinlichkeit ereignet sich dabei auch ein (d, p)-Prozess, indem das Neutron vom Kern eingefangen wird und das Proton weiterfliegt. Es bildet sich ein isotopes Nuklid mit um 1 höherer Massenzahl.

Künstliche Radioaktivität. Bei vielen Kernumwandlungen entstehen Nuklide, die nicht stabil sind, sondern sich erst mit einer für die betreffende Atomkernart charakteristischen Halbwertszeit (Abschn. 8.3.3) in stabile Kerne umwandeln. Das geschieht im Gegensatz zur natürlichen Radioaktivität ausschließlich durch β-Zerfall, d. h. unter Aussendung von Elektronen oder auch Positronen, sog. β^--, bzw. β^+-Zerfall. So entsteht z. B. beim Beschuss von Bor mit α-Teilchen in einem (α, n)-Prozess

$$^{10}_{5}\mathrm{B} + ^{4}_{2}\mathrm{He} \rightarrow ^{13}_{7}\mathrm{N} + ^{1}_{0}\mathrm{n} \tag{8.13}$$

das radioaktive Stickstoffisotop 13. Dieses wandelt sich dann unter Aussendung eines Positrons nach der Gleichung

$$^{13}_{7}\mathrm{N} \rightarrow ^{13}_{6}\mathrm{C} + \mathrm{e}^+ + \nu_\mathrm{e} \tag{8.14}$$

in ein stabiles Kohlenstoffnuklid um. Das Positron entsteht durch Übergang eines Protons des Kernes in Neutron, Positron e^+ und elektronisches Neutrino ν_e. Durch Emission des β^+-Teilchens sinkt die Ladungszahl des Nuklids um 1.

Die Übergänge Proton–Neutron sind innerhalb der sog. Kernmaterie in beiden Richtungen möglich, s. auch β-Zerfall Abschn. 8.3.3. Es findet immer nur eine solche Umwandlung statt, bei welcher der entstehende isobare Folgekern die größere Bindungsenergie (Massendefekt) besitzt. Das hängt vom Zahlenverhältnis Neutronen/Protonen im betreffenden Kern ab. Allgemein finden wir in Kernen mit zu großer Protonenzahl β^+-Zerfall, in Kernen mit zu viel Neutronen β^--Zerfall. Statt β^+-Emission kann auch ein Hüllenelektron eingefangen werden.

An den schweren, natürlich radioaktiven Nukliden wird nur β^--Zerfall beobachtet. Das hängt damit zusammen, dass im sog. Tal der stabilen Nuklide mit steigender Massenzahl die Neutronenzahl sukzessive größer als die Protonenzahl wird. So hat $^{206}_{82}\mathrm{Pb}$ 82 Protonen und 124 Neutronen, vgl. Tabelle 8.2. Seine Bindungsenergie ist größer, als es die des isobaren Nuklids mit gleicher Zahl von Protonen und Neutronen wäre, weil die potentielle Energie der elektrischen Abstoßung in $^{206}_{82}\mathrm{Pb}$ erheblich kleiner ist. In der Reihe der natürlich vorkommenden Elemente erhöht sich der relative Neutronenüberschuss bis zum Uran weiter. Wenn nun z. B. das Nuklid $^{238}_{92}\mathrm{U}$ der Uran-Radium-Reihe schrittweise zum $^{214}_{84}\mathrm{Po}$ zerfällt, vgl. Tabelle 8.2, so steigt das Neutronen-Protonen-Verhältnis im Kern von 1,587 auf 1,610. Im stabilen Endkern der Zerfallsreihe $^{206}_{82}\mathrm{Pb}$ beträgt es aber nur 1,512, sodass β^--Zerfälle das Neutron-Proton-Verhältnis verkleinern müssen.

Zur Anwendung in der *Strahlen-Therapie* eignen sich nur *Radionuklide* mit nicht zu kurzer Halbwertszeit. Der bekannteste β^--Strahler ist $^{90}_{38}\mathrm{Sr}$ (Strontium 90), das in zwei Schritten, von denen der erste Zerfall die Halbwertszeit 28 Jahre hat, in $^{90}_{40}\mathrm{Zr}$ übergeht und dabei zwei β^--Teilchen mit maximalen Energien von 0,54 und 2,24 MeV und keine γ-Strahlung emittiert. Als künstlicher *γ-Strahler* ist $^{60}_{27}\mathrm{Co}$ (Kobalt 60) gebräuchlich. Es zerfällt mit 5,3 Jahren Halbwertszeit unter β^--Emission in das hochangeregte $^{60}_{28}\mathrm{Ni}$, das γ-Photonen abgibt. Die *Strahlungsdosis* und ihre Einheiten wurden bereits in Abschn. 7.6.3 behandelt.

Künstlich gewonnene radioaktive Substanzen spielen in Wissenschaft und Technik eine große Rolle vor allem bei der *Indikator-* oder *Tracermethode*. Setzt man einem Stoff eine kleine Menge eines radioaktiven Isotops zu, so kann man ihn durch dessen Strahlung markieren. Das radioaktive Isotop nimmt an allen chemischen Reaktionen und physikalischen Vorgängen ebenso teil wie die stabilen Isotope, sodass man Reaktionen aller Art, Austausch- und Diffusionsvorgänge, Kreislauf und Stoffwechselprozesse im Organismus zeitlich und örtlich verfolgen kann. Für die praktische Anwendung müssen die Isotope eine ausreichende Halbwertszeit besitzen. Sie darf aber auch nicht zu lang sein, da sonst die Aktivitäten meist zu schwach sind. Günstig sind Halbwertszeiten von Stunden bis Tagen, also Isotope wie $^{24}_{11}\mathrm{Na}$, $^{32}_{15}\mathrm{P}$ und $^{45}_{20}\mathrm{Ca}$ mit 0,62, 14 bzw. 164 Tagen.

In der Pharmakologie kann man feststellen, in welche Organe eine Droge gelangt und ob ein Medikament schnell oder langsam absorbiert wird. Heute besitzt man die Möglichkeit, beinahe jede Substanz in radioaktiver Form in den Körper einzuführen (*Innere Strahlentherapie*).

Kernfusion. Auch bei der *Fusion* oder *Verschmelzung leichter Atomkerne* wird nach der Masse-Energie-Äquivalenz eine beträchtliche Bindungsenergie frei, weil dabei ein erheblicher Massendefekt auftritt. Dazu geeignete Kernreaktionen sind:

$$\begin{aligned}
&{}^2_1\mathrm{H} + {}^2_1\mathrm{H} \to {}^3_2\mathrm{He} + {}^1_0\mathrm{n} + 3{,}25\,\mathrm{MeV}\,,\\
&{}^2_1\mathrm{H} + {}^2_1\mathrm{H} \to {}^3_1\mathrm{H} + {}^1_1\mathrm{p} + 4{,}00\,\mathrm{MeV}\,,\\
&{}^3_1\mathrm{H} + {}^2_1\mathrm{H} \to {}^4_2\mathrm{He} + {}^1_0\mathrm{n} + 17{,}6\,\mathrm{MeV}\,,\\
&{}^3_2\mathrm{He} + {}^2_1\mathrm{H} \to {}^4_2\mathrm{He} + {}^1_1\mathrm{p} + 18{,}3\,\mathrm{MeV}\,.
\end{aligned} \tag{8.15}$$

Ihr Ablauf führt also zum Aufbau von Helium aus den Wasserstoffisotopen ${}^2_1\mathrm{H}$ und ${}^3_1\mathrm{H}$.

Die Kernfusion findet nur statt, wenn die beiden Ausgangskerne mit genügend hoher kinetischer Energie aufeinanderprallen. Nur dann nähern sie sich trotz der gleichnamigen Ladungen so weit, dass die starken Kernkräfte kurzer Reichweite wirksam werden und zur Verschmelzung führen. Die (d, n)- und (d, p)-Prozesse von (8.15) treten natürlich ohne weiteres auf, wenn wir Deuteronen mit einem Teilchenbeschleuniger (Abschn. 8.3.8) eine entsprechend hohe kinetische Energie geben und auf einen Auffänger schießen, ein sog. *Target*, dessen Materie die zweite Nuklidsorte enthält. Auch wird dann die angegebene Bindungsenergie frei und letztlich in Wärme umgewandelt. Aber diese Nutzleistung ist wegen der wenigen eintretenden Fusionsprozesse verschwindend klein gegen die dafür benötigte Betriebsleistung des Teilchenbeschleunigers, sodass mit dieser Maschine Kernenergie nicht nutzbar gemacht werden kann.

Dazu muss man eine wägbare Menge von Wasserstoff auf eine so hohe Temperatur bringen, dass die untergeordnete, thermische Bewegungsenergie der Teilchen ausreicht (Abschn. 5.3.2), eine makroskopische Zahl von Kernfusionsprozessen auszulösen. Eine Temperatur über 10^7 K ist zur Einleitung einer solchen *thermonuklearen Reaktion* erforderlich, die sich dann selbst aufrechterhalten kann. Sie herrscht im Inneren der Sonne. Die von der Sonne abgestrahlte, riesige Leistung wird durch die Bindungsenergie gedeckt, die beim Aufbau von Heliumkernen aus Wasserstoffkernen frei wird.

Eine besonders große Energie, nämlich etwa 18 MeV, wird dabei bei der Bildung des α-Teilchens ${}^4_2\mathrm{He}$ frei, dessen gesamte Bindungsenergie etwa 28 MeV beträgt, vgl. Abschn. 8.3.4. Die ersten Schritte im sog. Proton-Proton-Zyklus, bei denen zwei Protonen sich zum Deuteron zusammenlagern unter Emission eines Positrons und Neutrinos sowie der Einfang eines weiteren Protons durch das Deuteron unter Bildung von ${}^3_2\mathrm{He}$ sind weniger energiereich. Sie gehören aber ebenfalls zu den thermonuklearen Prozessen in Sonne und leuchtenden Fixsternen und ermöglichen die Ausnutzung der riesigen Mengen von ${}^1_1\mathrm{H}$ als „Kernbrennstoff".

Auf der Erde gelang die Auslösung der thermonuklearen Reaktion zuerst in der Wasserstoffbombe, in der die hohe Temperatur durch eine Uran- oder Plutoniumbombe erzeugt wird (Abschn. 8.3.7). Zur *kontrollierten Energiegewinnung* mittels Kernfusion plant man, ${}^3_1\mathrm{H}$ und ${}^2_1\mathrm{H}$ im hochionisierten Plasma-Zustand (Abschn. 6.5.5) durch eine Hochstromgasentladung zur thermonuklearen Reaktion zu bringen. Zusammendrängung der Ionen durch geeignete Magnetfelder bewirkt eine zusätzliche Temperaturerhöhung und hält die schnellen Ionen von den Gefäßwänden fern. Umfangreiche Vorversuche, um die Zündbedingungen für ein thermonuklear brennendes Plasma festzulegen, führten inzwischen zu makroskopischer Erzeugung von Wärme aus Fusionsenergie, aber nur für die Dauer von etwa 1 s. Stationäres „Brennen" ließ sich für längere Zeitspannen noch nicht erreichen.

8.3.6 Kernspaltung, Transurane. Bei sehr hohen Ordnungszahlen steigt der Massendefekt etwas langsamer als linear mit der Massenzahl an, sodass die Masse eines schweren Kerns größer ist als die Summe der Massen zweier mittelschwerer Nuklide, die zusammen dieselbe Massen- und Ordnungszahl besitzen. Bei der Spaltung wird also Energie frei. Dass diese schweren, gegenüber ihren Spaltprodukten instabilen Kerne dennoch existenzfähig sind, liegt daran, dass man dem Kern vor der Spaltung erst Anregungsenergie zur Deformation zuführen muss. Sie beträgt bei schweren Kernen aber nur einige MeV.

Um diese Anregungsenergie zu liefern, eignet sich am besten ein auftreffendes Neutron, da es elektrisch nicht abgestoßen wird. Durch seine Anlagerung wird Bindungsenergie infolge der Kernkräfte frei (starke Wechselwirkung, Abschn. 8.3.1). Wir können uns im einfachsten Modell einen Atomkern von hoher Massenzahl als einen Flüssigkeitstropfen vorstellen, der bei Absorption eines Neutrons Energie aufnimmt. Er gerät dadurch in Schwingungen, die zu Einschnürungen führen können, sodass die elektrischen Abstoßungskräfte zwei Kernteile auseinandertreiben, also zur Spaltung führen.

Experimentell entdeckten zuerst *Hahn* und *Strassmann* 1938, dass bei der Bestrahlung von Uran mit langsamen Neutronen mittelschwere radioaktive Nuklide, wie z. B. Barium und Krypton, entstehen. Später zeigte sich, dass diese durch Spaltung des seltenen, leichteren Uranisotops $^{235}_{92}\mathrm{U}$ (U 235) entstehen. Dabei bildet sich durch Neutronenanlagerung zunächst als Zwischenkern U 236, der dann in zwei Kerne zerfällt. Außerdem werden noch ein oder mehrere schnelle Neutronen frei. Die Summe der Ordnungszahlen der instabilen Spaltprodukte muss natürlich 92 betragen, die der Massenzahlen muss um die Zahl der direkt emittierten Neutronen kleiner als 236 sein. Entstehen beim Zerfall speziell Krypton und Barium, so ist die Reaktionsgleichung der Kernspaltung

$$^{235}_{92}\mathrm{U} + ^{1}_{0}\mathrm{n} \to ^{236}_{92}\mathrm{U} \to ^{89}_{36}\mathrm{Kr} + ^{144}_{56}\mathrm{Ba} + 3^{1}_{0}\mathrm{n}\,. \tag{8.16}$$

Uran 236 besitzt mit 144 Neutronen und 92 Protonen einen relativ sehr viel größeren Neutronenüberschuss als die Spaltprodukte in ihren stabilen Isobaren (Abschn. 8.3.1). Deren Neutronenzahl muss daher abnehmen, etwa indem sich wie beim natürlichen radioaktiven Zerfall unter Aussendung von β^--Teilchen so lange Neutronen in Protonen umwandeln, bis ein stabiles isobares Nuklid entsteht. Auch die direkte Neutronenemission wird beobachtet, sog. *verzögerte* Neutronen. Bei einem Versuch zur Kernspaltung tritt daher eine größere Zahl von meist kurzlebigen Radionukliden auf. Die Ordnungszahl der Spaltprodukte schwankt in weiten Grenzen, nämlich zwischen 30 und 63, ebenso die Massen; dabei sind Spaltprodukte mit Massenzahlen um 95 und 140 am häufigsten.

Bei jeder Spaltung wird insgesamt der außerordentlich hohe Energiebetrag von etwa 192 MeV frei. Er rührt vornehmlich von den Abstoßungskräften zwischen den stark positiv geladenen Spaltstücken her, die im ursprünglichen Kern gerade noch durch die Kernkräfte kompensiert wurden. Aber auch die kinetische Energie der Neutronen und der Zerfallsprodukte von künstlich radioaktiven Folgekernen ist darin enthalten.

Das Uran 235 besitzt bereits eine gewisse, wenn auch außerordentlich geringe Neigung zur spontanen Kernspaltung (Halbwertszeit etwa 10^{14} Jahre). Dieser Selbstzerfall tritt bei Kernen mit noch höherer Ordnungszahl zunehmend schneller ein, wodurch zusammen mit dem α-Zerfall der Abbruch des periodischen Systems der natürlichen chemischen Elemente bei $Z = 92$ erklärlich wird. Dass die radioaktiv zerfallenden Elemente oberhalb von Blei überhaupt noch heute in der Natur existieren, liegt nur an der extrem langen Zerfallszeit von Uran, z. B. $4 \cdot 10^8$ Jahre für Uran 238.

Das wichtigste, auch großtechnisch herstellbare *Transuran* ist das Plutoniumisotop $^{239}_{94}\mathrm{Pu}$ mit der längsten Halbwertszeit von 24 000 Jahren, das nach Anlagerung von langsamen Neutronen ebenso spaltbar ist wie das Uranisotop $^{235}_{92}\mathrm{U}$. Es entsteht nach der Gleichung

$$\begin{aligned} ^{238}_{92}\mathrm{U} + ^{1}_{0}\mathrm{n} &\to ^{239}_{92}\mathrm{U} \to ^{239}_{93}\mathrm{Np} + \mathrm{e}^- \\ &\to ^{239}_{94}\mathrm{Pu} + \mathrm{e}^- \end{aligned} \tag{8.17}$$

durch Anlagerung eines Neutrons, und zwar vornehmlich eines *schnellen*, an das Hauptisotop des Urans. Das zunächst erhaltene instabile Isotop $^{239}_{92}\mathrm{U}$ wandelt sich unter Aussendung von jeweils einem β^--Teilchen nacheinander in Neptunium und Plutonium um mit Halbwertszeiten von 23 Minuten, bzw. 2,35 Tagen. Das langlebige Plutoniumisotop Pu239 geht unter α-Zerfall in $^{235}_{92}\mathrm{U}$

über, den Ausgangskern der Uran-Actinium-Zerfallsreihe (Abschn. 8.3.3).

Analog wie Plutonium entstehen im Kernreaktor, vgl. Abschn. 8.3.7, noch höhere Transurane durch wiederholten Neutroneneinfang und β^--Zerfall. Darunter gibt es langlebige Isotope bis zum Einsteinium ($Z = 99$, ca. 1 Jahr), von denen daher wägbare Mengen aus den Reaktor-Brennstäben zu extrahieren sind. Bis $Z = 104$ sinkt die Halbwertszeit aber in den Bereich von Sekunden, bei noch höheren Ordnungszahlen von ms, sodass ein Aufsammeln wägbarer Mengen unmöglich ist.

So bleibt nur die Synthese *einzelner* überschwerer Nuklide, indem zwei Kerne mit entsprechend hoher Zahl von Protonen (Z) und Neutronen (N) zur Fusion gebracht werden, analog den Kernreaktionen beim H-Brennen in der Sonne, vgl. Abschn. 8.3.5. Das zentrale Gerät dazu ist ein Schwerionen-Beschleuniger (ca. 300 MeV), der seinen Ionenstrahl durch ein dünnes Target z. B. mit langlebigen Transuranen schießt. Während der tagelangen „Strahlzeit" beobachtet man zwischen den sehr vielen schnellen, ungestört durchtretenden Nukliden ganz vereinzelt ein langsameres, das nach Fusion eines Projektils mit einem Target-Kern aus dem Target herausgeschlagen ist.

Als Beispiel sei betrachtet die Reaktion

$$^{248}_{96}\mathrm{Cm} + ^{48}_{20}\mathrm{Ca} = ^{292}_{116}\mathrm{Uuh} + 4^{1}_{0}\mathrm{n}\,.$$

Der Ionenstrahl enthält das sehr neutronenreiche Calcium 48, das auf den Target-Kern Curium 248 trifft. Bei sog. *heißer* Fusion entsteht zunächst der hochangeregte Verbundkern $Z = 116$, $Z + N = 296$, der 4 Neutronen emittiert, um in den Grundzustand überzugehen. So bildet sich als „Endprodukt" das superschwere Nuklid mit $Z = 116$, $N = 176$. Das zugehörige chemische Element wird, noch ungetauft, vorerst mit Ununhexium Uuh bezeichnet. Dieses Nuklid zerfällt mit 18 ms Halbwertszeit unter α-Emission.

Rechnungen lassen erheblich längere Halbwertszeiten bei Kernen mit der magischen Neutronenzahl 184 und $Z = 114$ oder 120 vermuten. In Zukunft soll versucht werden, diese „Insel" größerer Stabilität zu erreichen und einzelne Zeitkonstanten dort zu bestimmen.

8.3.7 Kernreaktor, Neutronen. Die Energie der γ-Photonen, sowie der α- und β-Teilchen aus dem radioaktiven Zerfall ist zwar sehr hoch, aber die Feststellung, dass sie mehrere MeV betragen kann, darf nicht zu falschen Vorstellungen über die einem radioaktiven Körper zu entnehmende Gesamtleistung führen. Es zerfallen nämlich wegen der langen Halbwertszeit so wenig Urankerne in der Zeiteinheit, dass im Maßstab der Technik eine solche Energiequelle uninteressant ist.

Bei der *Kernspaltung* wird erstens im Einzelprozess mehr Energie frei (Abschn. 8.3.6), und zweitens ist man an keine naturgegebene, sehr lange Halbwertszeit gebunden, sondern man kann die Zahl der sekundlichen Einzelprozesse steuern, indem man den Neutronenfluss reguliert:

Da die beim ersten Zerfall frei werdenden 2–3 Neutronen ihrerseits weitere 2–3 Kerne vom U 235 spalten könnten, haben wir die Möglichkeit einer *Kettenreaktion*. Die abgespalteten Neutronen haben eine breite Geschwindigkeitsverteilung mit der sehr hohen mittleren Energie von 1,9 MeV, und für schnelle Neutronen besteht keine große Wahrscheinlichkeit, dass sie von U 235 eingefangen werden und ein weiteres Nuklid spalten. Zudem ist im natürlichen Uran das spaltbare Isotop 235 nur zu 0,72% enthalten. So verlassen die meisten der schnellen Neutronen unmittelbar die Probe, und es kann sich keine Kettenreaktion ausbilden, wenn nicht besondere technische Vorkehrungen dafür getroffen sind.

Im *Kernreaktor*, vgl. Abb. 8.23, bremst man die bei der Spaltung entstehenden schnellen Neutronen ab, damit sie für die Spaltung weiterer Kerne U 235 – oder auch Pu 239 – sehr viel wirksamer sind. Als Bremssubstanz (Moderator) M wurden in den ersten Kernreaktoren Graphit oder schweres Wasser eingesetzt, die Neutronen nicht absorbieren. Heute ist der *Leichtwasser-Reaktor* (LWR) der gebräuchlichste Typ, mit gewöhnlichem Wasser als Moderator. Er arbeitet meist mit auf 3% U 235 *angereichertem Uran* (Brennelement U) und kann in Kauf nehmen, dass einige thermische, sehr langsame Neutronen auch von den Protonen in H_2O unter Bildung von Deuterium eingefangen werden. Unter den herrschenden Betriebsbedingungen bricht die Kettenreaktion durch diese Neutronenverluste nicht ab. Damit die Zahl der Neutronen in der Volumeneinheit, die *Neutronendichte*, nicht lawinenartig ansteigt, muss sie vielmehr ständig reguliert werden. Das geschieht durch verschiebbare Stäbe aus Cadmium Cd, das Neutronen stark absorbiert. Als Strahlenschutz S dient im Allgemei-

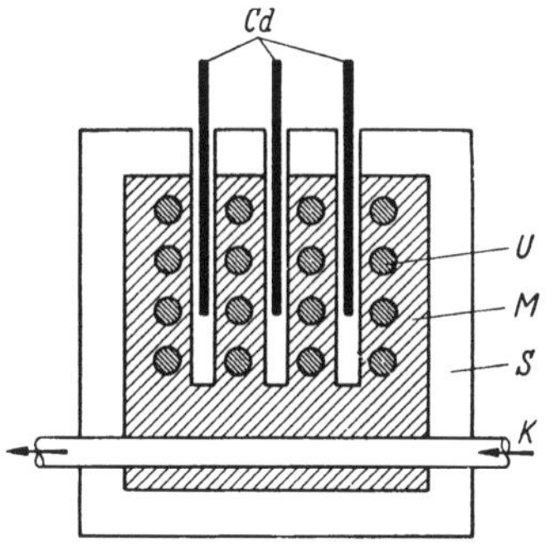

Abb. 8.23 Schema eines Kernreaktors

nen eine Betonhülle. Die erzeugte Wärme wird dem Reaktor durch ein Kühlmittel K entnommen und kann zur technischen Verwertung der Kernenergie einer Wärmekraftmaschine zugeführt werden.

Der Kernreaktor muss so betrieben werden, dass die *Neutronendichte* in ihm gerade zeitlich *konstant* bleibt, dann bezeichnen wir seinen Zustand als *kritisch*. Um den kritischen Zustand regeltechnisch durch Verschiebung der Cd-Stäbe aufrechtzuerhalten, sind die verzögerten Neutronen von besonderer Bedeutung, die von den Spaltprodukten im Mittel etwa 3 Sekunden nach der ursprünglichen Spaltung emittiert werden, vgl. Abschn. 8.3.6. Zwar machen sie noch nicht 1% der Neutronendichte aus, tragen aber mit zur Neutronenbilanz des kritischen Reaktors bei. Mit ihrer verzögerten Emission verschaffen sie eine technisch notwendige Zeitspanne für das Anlaufen der mechanischen Regelvorgänge, die vollautomatisch gesteuert werden.

In den sog. *Brennelementen* des Leichtwasser-Reaktors werden neben den Spaltprodukten auch Plutonium-Isotope gebildet, die primär durch Neutronenanlagerung an U 238 entstehen. Die Isotopen $^{240}_{94}$Pu und $^{242}_{94}$Pu sind sog. *Reaktorgifte*, weil sie Neutronen sehr stark absorbieren, ohne zu spalten. Daher müssen die Zellen nach einer bestimmten Brennzeit *wiederaufbereitet* werden. Gerade diese Entfernung des radioaktiven „Abfalls“ und seine schadlose Lagerung setzt die sorgfältige Lösung einer großen Reihe von technischen Problemen voraus.

Der geringe Anteil des spaltbaren Uran 235 in natürlichem Uran begrenzt die primär technisch ausnutzbare Kernenergie natürlich beträchtlich. Das Hauptisotop Uran 238 spaltet nur bei Beschuss durch Neutronen mit einer Energie ab 10 MeV, was in der Energiebilanz des Leichtwasser-Reaktors keine Rolle spielt. Im Reaktor entsteht aber aus U 238 u. a. das leicht spaltbare *Plutonium 239*. Dieses Nuklid beteiligt sich daher an den Spaltprozessen im Leichtwasserreaktor, sodass auf diese Weise auch ein kleiner Teil des Urans 238 zur Gewinnung von Kernenergie ausgenutzt wird.

Liegt eine so große Menge von *reinem* U 235 oder Pu 239 vor, dass nahezu jedes der erzeugten Neutronen innerhalb der Masse durch Stöße abgebremst und wieder von einem Kern eingefangen wird, so löst bereits das erste errgende Neutron die ungehemmte Kettenreaktion, also die Explosion aus. Da es überall vagabundierende Neutronen gibt, sind größere Mengen der reinen Isotope gar nicht existenzfähig. Die Selbstentzündung kann man nur dadurch verhindern, dass man den Stoff in Stücken unterhalb einer kritischen Größe lagert, sodass die entstehenden schnellen Neutronen weitgehend den Körper verlassen können. Bringt man, wie in der Bombe, genügend derartige Stücke plötzlich zusammen, so explodiert automatisch die gesamte Masse.

Nicht nur für die Energiegewinnung sind Reaktoren von Bedeutung, sondern auch zur Herstellung starker *Neutronenströme*. Mit ihnen werden künstlich radioaktive Nuklide, z. B. zur Verwendung als Indikatoren (Abschn. 8.3.5), hergestellt und zahlreiche Untersuchungen an Materie mit Neutronen-Bestrahlung vorgenommen. Streuexperimente mit langsamen Neutronen an Festkörpern und Flüssigkeiten erlauben Aussagen über die Nahordnung der Moleküle darin.

Das Neutron. Da Neutronen keine Ladung besitzen, gehen sie glatt durch die Elektronenhülle der Atome hindurch, ohne diese zu ionisieren. Sie hinterlassen daher auch in der Nebelkammer keine Spur. Damit wird ihr großes Durchdringungsvermögen verständlich, das in atmosphärischer Luft bei schnellen Neutronen einige km (!) erreicht, während die α-Teilchen des Radiums nur einige cm Reichweite besitzen. Nur beim direkten Zusammenstoß mit einem Atomkern verlieren die Neutronen kinetische Energie. Aus den Gesetzen des elastischen Stoßes (Abschn. 2.4.3) folgt, dass die Bremsung am stärksten beim Stoß auf Teilchen ähnlicher Masse ist, d. h. in stark wasserstoffhaltigen Stoffen wie Wasser oder Paraffinen. Aus diesen stoßen sie Protonen heraus, die als geladene Teilchen z. B. mit dem Zählrohr nachzuweisen sind (*Neutronen-Zähler*). Die Neutronen selbst verlieren durch viele derartige Stöße dabei den größten Teil ihrer kinetischen Energie und werden zu langsamen oder *thermischen* Neutronen (mittlere Energie 0,03 eV).

Neutronenstrahlen werden durch Paraffin viel stärker geschwächt als durch Blei, gerade umgekehrt wie γ-Strahlung. Zunächst werden sie durch Stöße verlangsamt. Zur endgültigen Absorption führt der *Einfang* eines thermischen Neutrons durch ein Proton unter Bildung eines Deuterons $^2_1$H. Die Bindungsenergie wieder als γ-Photon abgestrahlt. – Die *Neutronen-Therapie* basiert auf Stoffprozessen mit leichten Kernen und dem Protoneneinfang.

Das *freie* Neutron ist instabil und wandelt sich unter β^--Zerfall mit der Halbwertszeit von etwa 14,8 min in ein Proton um. Diese *spontane* Umwandlung außerhalb eines Atomkerns ist allerdings relativ selten, da die Mehrzahl der Neutronen beim Durchgang durch Materie vorher von einem Atomkern eingefangen wird.

Der Zerfall ist energetisch möglich, weil das Neutron eine größere Masse hat als das Proton. Nach Einstein entspricht der Massendifferenz ein Energieäquivalent von 1,29 MeV (Abschn. 8.3.4), das als Ruheenergie des Elektrons von 0,51 MeV und kinetische Energie von Elektron und Antineutrino freigesetzt wird.

Ist das Neutron in einem stabilen Kern gebunden, so wird sein Zerfall aus energetischen Gründen verhindert. Der isobare Folgekern verlangt zur Bildung eine Energiezufuhr, die höher ist als die beim Zerfall frei werdende von höchstens $1,29 - 0,51 = 0,78$ MeV.

Beim β^--Zerfall (Umwandlung Proton $\rightarrow$ Neutron) muss zusätzlich noch die Energie von 1,29 MeV für die höhere Ruhmasse des Neutrons zur Verfügung gestellt werden.

8.3.8 Teilchenbeschleuniger. Für viele künstliche Kernumwandlungen und zur Erzeugung neuer, instabiler Elementarteilchen (Abschn. 8.3.9) – allgemein für Arbeiten auf dem Gebiet der Elementarteilchenphysik – braucht man geladene Teilchen von sehr hoher Energie und in möglichst großer Anzahl. Um sie herzustellen, sind immer leistungsfähigere Maschinen entwickelt worden, von denen die größten heute Kilometer-Abmessungen haben. Wir wollen hier nur einige Prinzipien erläutern.

Zyklotron. Als charakteristisches Gerät besprechen wir zunächst das Zyklotron und seine Weiterentwicklungen, mit denen man Ionen, vor allem Protonen und Deuteronen, durch eine wiederholte Beschleunigung auf Energien von einigen hundert MeV bringen kann. Dabei lassen sich Stromstärken von vielen µA erreichen.

Die in einer Ionenquelle (Abschn. 6.5.5) erzeugten geladenen Teilchen gelangen in ein Magnetfeld und durchlaufen in diesem Kreisbahnen (Abschn. 6.6.3). Das Vakuumgefäß, in dem die Teilchen umlaufen, sitzt zwischen den Polen eines Elektromagneten von großen Ausmaßen und enthält eine in ihrer Mitte geteilte zylindrische Dose, deren Hälften (Halbdosen) an einen Hochfrequenzgenerator von einigen 50 kV angeschlossen sind, vgl. Abb. 8.24. Passiert ein Teilchen auf seiner Kreisbahn den Schlitz zwischen den beiden Halbdosen, so wird es, falls die Wechselspannung zwischen beiden Halbdosen gerade das richtige Vorzeichen besitzt, beschleunigt und durchläuft dann mit größerer Geschwindigkeit den nächsten Halbkreis. Wird die Frequenz des Generators so gewählt, dass nach einem halben Umlauf des Teilchens die Spannung gerade ihr Vorzeichen wechselt, so wird das Teilchen beim erneuten Passieren des Schlitzes wieder beschleunigt usf. Dabei wird der Radius der Kreisbahn immer größer, sodass die in der Mitte eintretenden Teilchen auf einer Spiralbahn laufen und schließlich mithilfe eines ablenkenden elektrischen Feldes durch ein seitliches Fenster aus der Beschleunigungskammer herausgezogen werden.

Bei Teilchenenergien bis zu etwa 10 MeV steigen Geschwindigkeit und Bahnumfang in gleicher Weise an. Bei höheren Energien bleiben aber die Teilchen wegen der relativistischen Massezunahme, vgl. Abschn. 8.4.3, hinter dem Phasenwechsel zurück, kommen also außer Tritt. Um sie dennoch im richtigen Moment zu beschleunigen, muss man die Frequenz der Wechselspannung während eines vollständigen Ionendurchlaufes etwas verzögern, wie das im *Synchro-Zyklotron* geschieht. Im sog. *Synchrotron* erhält man Protonen von über 20 GeV.

Betatron. Elektronen von großer Energie erzeugt man im *Betatron* (Elektronenschleuder), s. Abb. 8.24. Im Prinzip stellt dieses einen Transformator dar, nur ist dem Wechselfeld ein konstantes Magnetfeld N-S als Führungsfeld überlagert, das die Elektronen e auf eine Kreisbahn zwingt. An Stelle der Sekundärwicklung enthält das Gerät ein ringförmiges Vakuumgefäß R. Schießt man in dieses Elektronen hinein, so werden sie, solange das magnetische Feld ansteigt, durch das zugehörige

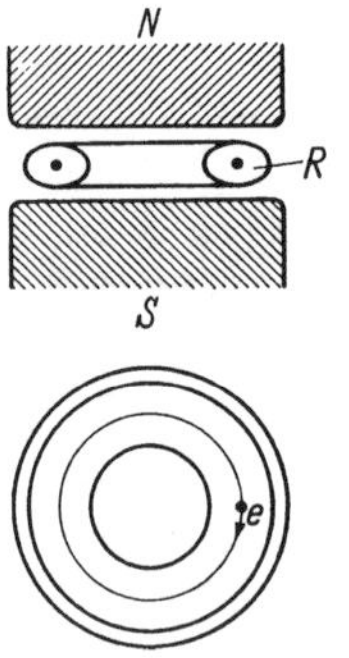

Abb. 8.24 Betatron

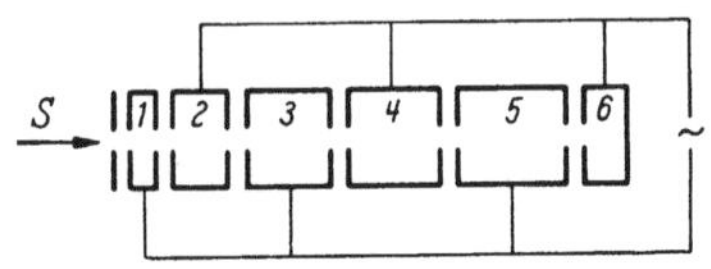

Abb. 8.25 Linearbeschleuniger

elektrische Wirbelfeld im gleichen Sinne beschleunigt, s. Abb. 6.76. Ehe $\mathrm{d}B/\mathrm{d}t$ das Vorzeichen wechselt, müssen die Elektronen, die während einer Halbperiode 100 000 und mehr Umläufe hinter sich haben, ausgestoßen werden. Für sehr hohe Teilchenenergien synchronisiert man ähnlich wie beim Zyklotron.

Linearbeschleuniger. Hier wird die mehrfache Beschleunigung der geladenen Teilchen des Strahls S, Ionen oder Elektronen, dadurch erreicht, s. Abb. 8.25, dass diese die elektrischen Felder zwischen den feldfreien Käfigen 1 bis 6 phasengerecht durchlaufen. Da an diesen Zwischenräumen immer dieselbe höchstfrequente Wechselspannung liegt, müssen die feldfreien Strecken innerhalb der Käfige in der gleichen Zeit durchlaufen werden. Dies ist nur möglich, wenn diese Strecken der zunehmenden Teilchengeschwindigkeit entsprechend sukzessive größer bemessen werden, bis schließlich die Teilchen praktisch mit Lichtgeschwindigkeit laufen.

Die modernen Linearbeschleuniger verwenden elektrische Felder von Frequenzen über 1 GHz, d. h. *Mikrowellen*, die sich im Inneren der geeignet gestalteten „Käfigreihe" als geführte elektromagnetische Wellen ausbreiten.

8.3.9 Elementarteilchen. Außer Elektron, Proton und Neutron als Atombausteine gibt es noch eine große Zahl von weiteren *Elementarteilchen*, s. Tabelle 8.3. Diese entstehen aber nur bei Kernreaktionen oder bei Stößen von Teilchen mit hoher kinetischer Energie. Sie sind dann frei zu beobachten, verschwinden aber nach meist sehr kurzer Zeit wieder durch weitere spontane Umwandlung. Wir unterscheiden zunächst nach der Art ihrer Wechselwirkung und auch ihrer Masse zwei Gruppen von Elementarteilchen, *Leptonen* und *Hadronen*.

8.3.9.1 Leptonen. Zu diesen leichten Elementarteilchen gehört vor allem das *Elektron*. Sein Antiteilchen mit der Ladung e^+ ist das Positron (Abschn. 8.3.4). Auch das elektrisch ungeladene *Neutrino* und sein Antiteilchen, beide mit sehr kleiner Ruhemasse, für deren Wert bisher nur eine obere Grenze anzugeben ist, haben wir schon besprochen, vgl. Abschn. 8.3.3 u. 8.3.5. Elektron e^- und – jetzt exakter formuliert – *elektronisches* Antineutrino $\bar{\nu}_\mathrm{e}$ sind die Endprodukte des β^--Zerfalls, Positron e^+ oder $\bar{e}$ und elektronisches Neutrino ν_e die von β^+-Zerfall. Als charakterische Größe führt man die *elektronische Leptonenzahl* ein und setzt sie bei den Teilchen gleich 1, bei den Antiteilchen -1. Dann bleibt beim β-Zerfall die elektronische Leptonenzahl konstant (Erhaltungssatz).

Das gilt auch für die Umwandlung

$$\bar{\nu}_\mathrm{e} + p \to n + e^+ , \tag{8.18}$$

in der auf beiden Seiten die elektronische Leptonenzahl -1 ist, da Proton und Neutron keine Leptonen sind, also die Leptonenzahl Null haben. Diese Umwandlung ist eine experimentelle Nachweismöglichkeit des Antineutrinos.

Ein sehr starker Strom von Neutrinos kommt aus dem Innern der Sonne, wo beim Zusammenprall jeweils zweier Protonen mit hoher Energie je ein Deuteron, Positron und elektronisches Neutrino als Reaktionsprodukte entstehen. Auf der Erde kann man Letztere z. B. über die Reaktion ${}^{71}_{31}\mathrm{Ga} + \nu_\mathrm{e} = {}^{71}_{32}\mathrm{Ge} + e^-$ durch den radioaktiven Zerfall von Ge71 nachweisen. Neutrino und Antineutrino haben aber beide als ungeladene Leptonen nur eine extrem geringe Wechselwirkung mit der Materie, sodass ihre äußerst unwahrscheinlichen Kernprozesse praktisch nur mit sehr intensiven Neutrinoströmen zu beobachten sind. Für Antineutrinos sind die Spaltprodukte im Kernreaktor (Abschn. 8.3.7) eine sehr ergiebige Quelle durch ihre β^--Zerfälle.

Neben Elektron und elektronischem Neutrino gibt es noch schwerere, aber nicht stabile Leptonen. Davon wurde zuerst das μ-Meson oder *Myon* entdeckt, das in der Erdatmosphäre von der kosmischen Strahlung durch Kernreaktionen erzeugt wird und wegen seiner relativ langen Lebensdauer und großen Geschwindigkeit meist bis zur Erdoberfläche gelangt (harte Komponente der Höhenstrahlung). Zu ihm gehört das myonische Neutrino, dessen Ungleichheit mit dem elektronischen experimen-

Tabelle 8.3 Masse und Lebensdauer einiger Elementarteilchen

Teilchen	Symbol	Ladung	Masse [m_{el}[a]]	Lebensdauer [s]
Leptonen				
Elektron	e^-, β^-	$-e$	1	stabil
Neutrino	ν	0	–	stabil
Myon (μ-Meson)	μ^-	$-e$	206,8	$2{,}2 \cdot 10^{-6}$
Mesonen				
π-Meson	π^+	$+e$	273,2	$2{,}6 \cdot 10^{-8}$
	π^0	0	264,2	$0{,}8 \cdot 10^{-16}$
K-Meson	K^+	$+e$	966,3	$1{,}2 \cdot 10^{-8}$
	K^0	0	974,2	$0{,}9 \cdot 10^{-10}$; $5{,}4 \cdot 10^{-8}$
Baryonen				
Proton	$p(^1_1H)$	$+e$	1836,1	stabil
Neutron	$n(^1_0n)$	0	1838,6	887
Λ-Hyperon	Λ^0	0	2183,2	$2{,}6 \cdot 10^{-10}$
Σ-Hyperonen	Σ^-	$-e$	2342,6	$1{,}5 \cdot 10^{-10}$
	Σ^0	0	2333,2	10^{-14}
	Σ^+	$+e$	2327,6	$0{,}8 \cdot 10^{-10}$

[a] m_{el} = Masse des Elektrons (Abschn. 6.6.3.2) $9{,}1095 \cdot 10^{-31}$ kg $= 0{,}5487 \cdot 10^{-3}\, u \mathrel{\hat{=}} 0{,}5110$ MeV.

tell bestätigt wurde. Das Myon zerfällt nach im Mittel 2,2 µs in Elektron, myonisches Neutrino und elektronisches Antineutrino. Myon μ^- und myonischem Neutrino ν_μ kommt die myonische Leptonenzahl 1, ihren Antiteilchen −1 zu. So gilt getrennt ein Erhaltungssatz für elektronische und myonische Leptonenzahl.

Als dritte Leptonensorte oder -generation ist das τ-Teilchen oder *Tauon* mit dem tauonischen Neutrino ν_τ bekannt. Es trägt ebenfalls eine negative Elementarladung, das Antitau eine positive, und es zerfällt direkt in Elektron oder in Myon sowie entsprechende Neutrinos, indem alle drei Leptonenzahlen erhalten bleiben.

8.3.9.2 Hadronen. Diese Elementarteilchen haben *starke Wechselwirkung*. Man gliedert sie in schwere Teilchen, *Baryonen*, zu denen u. a. die beiden Nukleonen Proton und Neutron zählen, und mittlere Teilchen, sog. *Mesonen*[8].

[8] Das μ-Meson führt nur aus historischen Gründen diesen Namen, muss aber seiner Eigenschaften wegen zu den Leptonen gezählt werden.

Das Meson mit der kleinsten Ruhemasse ist das Pion oder π-Meson. Pionen entstehen durch starke Wechselwirkung bei entsprechend energiereichen Stößen von zwei Nukleonen oder bei der Vernichtung von Proton und Antiproton (Abschn. 8.3.4). π^+ hat eine positive, sein Antiteilchen π^- eine negative Elementarladung, und π^0 ist ungeladen. Die geladenen Pionen zerfallen spontan in ein Leptonenpaar, z. B. $\pi^- \rightarrow +\mu^- + \bar{\nu}_\mu$, und das neutrale π^0 „zerstrahlt" nach äußerst kurzer Lebensdauer in zwei γ-Photonen. – Größere Massen haben K- und ϱ-Meson, unter deren Zerfallsprodukten man außer Leptonen auch Pionen findet.

Zur Familie der *Baryonen* gehören sowohl *Nukleonen* als auch *Hyperonen*. Bei allen Umwandlungen von Hadronen gilt der Erhaltungssatz für die sog. *Baryonenzahl A*, die der Kernmassenzahl entspricht, s. Abschn. 8.3.1. Sie ist für alle Nukleonen und Hyperonen +1, für deren Antiteilchen, z. B. Antiproton, −1, während Mesonen die Baryonenzahl Null haben. So kann ein Nukleon nie ausschließlich in

Leptonen und Mesonen zerfallen, wohl aber ein Nukleon und sein Antiteilchen bei der Vernichtung.

Alle Hyperonen sind schwerer als das Neutron, unter ihnen sind Λ-, Σ-, Ξ- und Ω-Hyperon sog. „seltsame" Teilchen. Man teilt ihnen eine weitere Quantenzahl zu, mit *Strangeness* S bezeichnet, für die bei Prozessen der starken Wechselwirkung ein weiterer Erhaltungssatz gilt. Zerfälle, bei denen S nicht konstant bleibt, wie z. B. $\Lambda^0 \to p + \pi^-$, können nur durch schwache Wechselwirkung erfolgen. Da ihre Zeitkonstante sehr viel größer ist, macht sich dadurch die „Seltsamkeit" unmittelbar bemerkbar. Auch K-Mesonen sind „seltsame" Teilchen, K^+ und K^0 mit $S = +1$, K^- und $\bar{K}^0$ mit $S = -1$, während für alle anderen erwähnten Mesonen und Nukleonen $S = 0$ gilt.

8.3.9.3 Quarks. Zum Begriff „Elementarteilchen" sei daran erinnert, dass ursprünglich die Atome der chemischen Elemente als „unteilbare" Bausteine der Materie angesehen wurden. Diese ergaben sich als aufgebaut aus Protonen, Neutronen und Elektronen, womit sich die Zahl der „elementaren" Teilchen auf drei erniedrigte. Diese relative Einfachheit ging aber durch die Entdeckung der zahlreichen Leptonen, Mesonen und vor allem Hyperonen wieder verloren, und es bestanden berechtigte Zweifel, ob die Bezeichnung „elementar" für sie berechtigt ist. Hinzu kommt, dass die experimentellen Ergebnisse aus der Streuung von sehr energiereichen Elektronen an Protonen auf eine innere Struktur des Nu-kleons hinweisen. Elektronen vermögen in Protonen und auch Neutronen, die beide einen äußeren Radius von etwa 1,3 fm haben, einzudringen und liefern dann Aussagen über die räumliche Verteilung der elektrischen Ladung im Innern. Nur sehr kleine Bereiche sind noch undurchdringbar, die bei den bisherigen Experimenten zusammen einem Radius der Größenordnung 0,2 fm entsprechen.

So entstand die Vorstellung, dass Hadronen zusammengesetzte Teilchen sind, und die

Tabelle 8.4 Quarks. Q elektrische Ladung (e Elementarladung), Baryonenzahl $A = 1/3$, Spinquantenzahl $1/2$, vgl. Abschn. 8.1.5

	Generation		
	1	2	3
$Q = +\frac{2}{3}e$	u (up)	c (charme)	t (top)
$Q = -\frac{1}{3}e$	d (down)	s (strange)	b (bottom)

Theorie der Elementarteilchen benutzt zu ihrer Beschreibung die sog. *Quarks*, s. Tabelle 8.4. Davon existieren 6 Sorten, eingeteilt mit steigender Masse in 3 Generationen, also in einer gewissen formalen Ähnlichkeit mit den 3 Leptonen-Paaren. Die stabile Materie unserer Umwelt enthält nur die Quarks der 1. Generation u und d, die daher die Strangeness $S = 0$ haben. Der 2. Generation kommt $S = -1$ zu. Außerdem gibt es 6 Antiquarks $\bar{u}, \bar{d}, \ldots$ mit entgegengesetzten Vorzeichen von Q, A und S.

Baryonen enthalten drei Quarks, so die Nukleonen Proton (uud) und Neutron (udd). In den „seltsamen" Hyperonen tritt das s-Quark auf, z. B. Λ^0 (uds) oder Σ^+ (uus). – *Mesonen* bestehen aus einem Quark und einem Antiquark: π^+ ($u\bar{d}$), π^- ($\bar{u}d$) und π^0 ($d\bar{d}$). In jedem von ihnen existiert also Materie und Antimaterie nebeneinander, sodass sie nicht stabil sein können, besonders gilt das für π^0, das in kürzester Zeit in γ-Photonen zerstrahlt. Nur rein formal kann man π^+ als „Antiteilchen" von π^- bezeichnen, oder auch umgekehrt, weil ja beide je ein Antiteilchen enthalten. π^0 ist sein eigenes Antiteilchen. Letzteres gilt aber nicht für die elektrisch neutralen K-Mesonen $K^0(d\bar{s})$ und $\bar{K}^0(\bar{d}s)$.

Die *starke Wechselwirkung* ist eine Eigenschaft der Quarks. Die Theorie, die Quantenchromodynamik (QCD), geht davon aus, dass es von jeder Quarksorte 3 Arten gibt, die verschiedene sog. Farbladungen (rot, grün, blau) tragen. Sie üben aufeinander anziehende Kräfte aus durch den Austausch von Feldquanten, den sog. *Gluonen*. Nukleonen sind aus 3 Quarks unterschiedlicher Farbladung aufgebaut, sodass sie insgesamt „farbneutral“ wirken. In ähnlichem Sinne sind Moleküle elektrisch neutral, aber zwischen ihnen herrschen die Molekularkräfte mit kurzer Reichweite (Van-der-Waals-Kräfte, s. Abschn. 3.1.4), die elektrischer Natur sind. Analog stellen die starken Kräfte zwischen den Nukleonen im Atomkern sozusagen „Restfarbkräfte“ dar. Wegen der Wechselwirkung der Gluonen untereinander[9] hat die starke Kraft, die Quarks aufeinander ausüben, eine sehr erstaunliche Besonderheit: Sie *steigt* mit wachsendem Abstand der Quarks voneinander. Deshalb konnte man bisher auch *keine freien Quarks* beobachten. Die Nukleonen sind besonders stabile Gebilde, in denen die Quarks ständig *eingeschlossen* sind und die sich experimentell nicht mehr in ihre Einzelteile zerlegen lassen. Man spricht von Einsperrung (confinement).

Beim β^--Zerfall geht durch sog. *schwache Wechselwirkung* das d-Quark eines Neutrons in ein u-Quark über, das eine kleinere Masse hat. Die Massendifferenz findet sich im Leptonenpaar e^- und $\bar{\nu}_e$ wieder, sowie in dessen kinetischer Energie, entsprechend der Masse-Energie-Äquivalenz (Abschn. 8.3.4); aus dem Neutron wird dabei ein Proton. – Auch das s-Quark in einem Hyperon wandelt sich spontan in ein u-Quark um, wodurch das Baryon eine positive elektrische Ladung gewinnt, z. B. $\Lambda^0 \to p + \pi^-$, die Konstanz der gesamten elektrischen Ladung stellt das negative Pion wieder her.

Als Feldquanten der schwachen Wechselwirkung wurden die *intermediären Vektorbosonen* W^+, W^- und W^0 experimentell verifiziert, die sehr schnell in Mesonen oder Leptonen zerfallen. Beobachtet wurden sie bei Zusammenstößen von Protonen und Antiprotonen unter derzeit mit Teilchenbeschleunigern erreichbaren höchsten Energien, bei denen Quark und Antiquark miteinander reagieren, z. B. $u + \bar{d} \to W^+$. – Bei der elektromagnetischen Wechselwirkung von elektrisch geladenen Partikeln sind die Photonen im Rahmen der Quantenfeldtheorie (QED) die Feldquanten.

Raumerfüllung und Unteilbarkeit als Eigenschaften für die elementalen Bausteine der Materie schließen sich rein anschaulich gedanklich eigentlich aus, sind nach *Kant* eine Antinomie. Die Elementarteilchenphysik eröffnet jetzt eine Möglichkeit, diese Antinomie zu umgehen: Nukleonen sind zwar aus Quarks und Gluonen zusammengesetzt, aber nicht in ihre Bestandteile zerlegbar, sie haben Volumen und Struktur. Außerdem ist die Bindungsenergie der Quarks im Nukleon so groß, dass sie nach dem Masseäquivalent schon fast in die Größenordnung der Ruhemasse kommt. Damit geht ihnen die Individualität nahezu verloren. Quarks kann man sich daher auch im Nukleon nicht mehr als starre Partikel im naiven Sinne vorstellen.

[9] Im Gegensatz dazu beeinflussen sich Photonen gegenseitig überhaupt nicht.

Aufgaben

8.3.1 In einem Erzstück befinden sich heute 2 g $^{238}_{92}$U (Halbwertszeit $4{,}5 \cdot 10^9$ a). a) Welche Masse Uran ist in dem Stück in den letzten 2000 Jahren zerfallen? b) Wie groß ist heute die Aktivität?

8.3.2 Welche Masse Strontium 90 hat die Aktivität 10^6 Bq (Halbwertszeit 28 a)? Um wie viel sinkt die Aktivität dieses Präparates in einem Jahr?

8.3.3 Welche Nuklide entstehen nach α-Zerfall aus a) $^{220}_{86}$Rn und b) $^{237}_{93}$Np?

8.3.4 Ein Parallelbündel von Neutronen wird an einem NaCl-Einkristall, Netzebenenabstand $d = 2{,}8 \cdot 10^{-10}$ m, unter dem Winkel $\varphi = 10°$ reflektiert. Wie groß sind De-Broglie-Wellenlänge, Geschwindigkeit und kinetische Energie (eV) der Neutronen?

8.3.5 Die Bindungsenergie des Deuterons beträgt 2,22 MeV. Wie groß ist der Massendefekt gegenüber dem freien Proton plus Neutron in Einheiten der Elektronenruhemasse m_e und der atomaren Masseneinheit u?

8.3.6 Das γ-Photon aus dem $^{60}_{27}$Co-Präparat von 1,33 MeV erzeugt ein Elektronenpaar. Wie groß ist dessen kinetische Energie?

8.3.7 Aus Thorium $^{232}_{90}$Th entsteht durch Neutroneneinfang und β-Zerfälle Uran 233. Welches ist die Folge der einzelnen Zwischennuklide?

8.4 Einiges zur Relativitätstheorie

8.4.1 Das Relativitätsprinzip. Bei dem mit konstanter Geschwindigkeit über den Erdboden rollenden Wagen in Abschn. 2.3.4 konnte nicht durch mechanische Experimente entschieden werden, ob Wagen oder Erdboden sich „wirklich“ bewegen. Zu messen war nur die Relativgeschwindigkeit zwischen beiden. Entsprechendes gilt für Spule und Stabmagnet bei Beobachtung der Induktionsspannung in Abschn. 6.6.6, die allein der Geschwindigkeit beider gegeneinander proportional ist, gleichgültig wie beide relativ zum Erdboden sich bewegen. Eine *absolute* Geschwindigkeit im freien Raum kann nicht bestimmt werden, sondern nur *Relativ*geschwindigkeiten zweier Körper gegeneinander.

Schwierigkeiten bereitet aber in diesem Zusammenhang die Ausbreitung des Lichtes. Seine Geschwindigkeit kann auf der Erde und astronomisch bestimmt werden, vgl. Abschn. 7.1.3, und die elektromagnetische Theorie liefert den Wert $c = 1/\sqrt{\varepsilon_0\mu_0}$, vgl. Abschn. 6.8.4, der mit den experimentellen Daten im Rahmen der Messgenauigkeit übereinstimmt. Da bleibt natürlich die Frage: In Bezug auf welches Welt-Koordinatensystem bewegen sich die Lichtwellen mit dieser Geschwindigkeit? Hypothetisch wurde dazu die Existenz des sog. „Lichtäthers“ angenommen, der das ganze Weltall ruhend erfüllt und alle Materie reibungslos durchdringt. In ihm sollten sich die elektromagnetischen Wellen ausbreiten, etwa analog zu Schallwellen in Luft. Wenn das richtig wäre, müsste ein Beobachter aber doch seine Absolutgeschwindigkeit gegen den im Weltraum ruhenden Lichtäther messen können, also das Relativitätsprinzip dürfte nicht allgemein gültig sein.

Um das näher zu verfolgen, führen wir, ähnlich wie in Abb. 2.13 zwei Beobachter A und B ein, auch als Bezugsysteme bezeichnet. A befindet sich relativ zum Lichtäther in Ruhe, während B sich relativ zu A – also auch zum Lichtäther – in negativer x-Richtung mit der Geschwindigkeit u bewegt, vgl. Abb. 8.26.

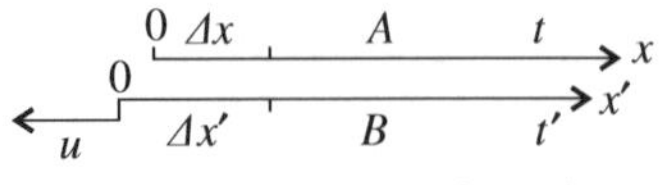

Abb. 8.26 Zu den Transformationen von Galilei (8.19) und Lorentz (8.20). Zwei gleichförmig gegeneinander bewegte Beobachter

Eine Welle durchlaufe nun im Lichtäther (System A) während der Zeitspanne Δt, bei $x = 0$ beginnend, die Strecke Δx. In derselben Zeit verschiebt sich aber der Maßstab von B um die Strecke $u\Delta t$ nach links, sodass Beobachter B eine längere Laufstrecke $\Delta x'$ misst, also eine höhere Lichtgeschwindigkeit als A findet.

Etwas formaler sagen wir, dass zwischen den in beiden Systemen gemessenen Wegen und Zeitspannen die sog. *Galilei-Transformation* besteht

$$\Delta x' = \Delta x + u\Delta t$$
$$\Delta t' = \Delta t \qquad (8.19)$$

Die anderen Raumkoordinaten $\Delta y' = \Delta y$ und $\Delta z' = \Delta z$ bleiben ungeändert. A misst dann die Lichtgeschwindigkeit $\Delta x/\Delta t = c$, während B den Wert $\Delta x'/\Delta t' = c + u$ erhält.

Der Unterschied kann nur relativ gering sein, weil c stets sehr viel größer als u ist. Um ihn zu bestimmen, verglichen Michelson und Morley interferometrisch die Lichtgeschwindigkeit an der Oberfläche der rotierenden Erde in Richtung Ost-West mit der in Nord-Süd. Erstere entspricht in (8.19) der x'-Richtung, Letztere z. B. der y'-Richtung. Noch schneller bewegt sich die Erde um die Sonne, sodass parallel und senkrecht zur Ekliptik noch größere Effekte zu erwarten sind. – Zur größten Überraschung aber war nicht die geringste Differenz zu finden. Wiederholungen dieser Präzisionsmessungen während eines Jahres, also an vielen Punkten der Erdbahn um die Sonne, bestätigten stets dieses negative Ergebnis. Demnach ist das Relativitätsprinzip doch allgemein gültig. Aber dann kann die Galilei-Transformation (8.19) nicht mehr immer richtig sein.

Da sich keine Bewegung gegen einen „absolut ruhenden“ Lichtäther messen ließ, verwarf Einstein diese Modellvorstellung. Er postulierte als Naturgesetz, dass alle Beobachter im Vakuum stets die gleiche Lichtgeschwindigkeit messen, wie schnell sie sich auch gegeneinander bewegen. Oder allgemeiner formuliert: In allen Bezugsystemen mit konstanter Relativ-Geschwindigkeit, also ohne Gravitation und äußere Kräfte, sog. *Inertialsysteme* (inertial = träge), gelten dieselben physikalischen Gesetze.

Dann muss aber auf die Vorstellung verzichtet werden, dass es eine absolute Weltuhr gibt, die allen Beobachtern denselben verbindlichen Zeitablauf vermittelt, wie bisher stillschweigend und der täglichen Erfahrung folgend vorausgesetzt. Für die Zeit gilt nämlich $\Delta t = \Delta x/c$ und, wenn $\Delta x'$ von Δx sich unterscheidet, dann kann $\Delta t' = \Delta x'/c$ nicht mit Δt übereinstimmen. Die mit dieser *relativen* Zeit entwickelte sog. *spezielle Relativitätstheorie* bringt für Körper, die sich mit Geschwindigkeiten vergleichbar der des Lichtes bewegen, und nur für diese, überraschende und anschaulich nur schwer verständliche Gesetzmäßigkeiten, wovon wir einige Grundzüge verfolgen wollen.

8.4.2 Raum und Zeit. Natürlich muss die Galilei-Transformation (8.19) praktisch gültig bleiben, so lange $u \ll c$ gilt, also stets bei der Bewegung makroskopischer Körper auf der Erde, nicht unbedingt bei der von Elementarteilchen. Allgemein ist sie aber zu erweitern, indem vor allem Δt und $\Delta t'$ unterschieden werden. Wir ergänzen die beiden Gleichungen rein formal folgendermaßen:

$$\Delta x' = \alpha(\Delta x + u\Delta t)$$
$$\Delta t' = \alpha(\Delta t + \beta \Delta x)\,. \qquad (8.20)$$

Von den zusätzlichen Faktoren α und β legen wir β dadurch fest, dass nach Einstein die Lichtgeschwindigkeit $c = \Delta x/\Delta t = \Delta x'/\Delta t'$ in beiden Systemen gleich ist. Anders als mit (8.19) ergibt sich jetzt mit $v = \Delta x/\Delta t$ und $v' = \Delta x'/\Delta t'$ durch Division der beiden Gleichungen (8.20) allgemein $v' = (v+u)/(1+\beta v)$, und die Forderung $c = v = v'$ führt auf $\beta = u/c^2$. Damit haben wir das Gesetz der *relativistischen* Mechanik, nach dem allgemein Geschwindigkeiten zu „addieren“ sind:

$$v' = \frac{v+u}{1+vu/c^2}\,. \qquad (8.21)$$

$v = c$ führt auf $v' = c$, entsprechend dem Ergebnis des Michelson-Versuches, und für $vu \ll c^2$ bleibt die klassische Beziehung $v' = v + u$.

Den Faktor α gewinnt man aus dem Relativitätsprinzip, wonach kein System als „ruhend“ ausgezeichnet sein kann. Es ergibt sich so aus (8.20) die sog. Lorentz-Transformation:

$$\Delta x' = \frac{\Delta x + u\Delta t}{\sqrt{1-u^2/c^2}} \qquad (8.22a)$$

$$\Delta t' = \frac{\Delta t + u\Delta x/c^2}{\sqrt{1-u^2/c^2}}\,. \qquad (8.22b)$$

Ableitung. Dieselben Transformationsgleichungen müssen gelten, wenn B ruht und A mit der Geschwindigkeit $-u$ sich bewegt. Auflösung von (8.20) nach Δx und Δt ergibt:

$$\Delta x = \frac{1}{\alpha(1-u^2/c^2)}(\Delta x' - u\Delta t')$$
$$\Delta t = \frac{1}{\alpha(1-u^2/c^2)}(\Delta t' - u\Delta x'/c^2)\,.$$

Die Vorfaktoren der beiden rechten Seiten und die von (8.20) werden gleich, wenn man $a = 1/\sqrt{1-u^2/c^2}$ setzt.

Wenn wir im Folgenden einige überraschende Resultate aus der Lorentz-Transformation besprechen, so sei, um Missverständnissen vorzubeugen, nicht vom ruhenden und bewegten System gesprochen. Wir reden von dem System, in dem *ich* ruhe, und das sei das mit den Koordinaten x, t in (8.22a,8.22b), während x', t' das des *anderen* ist, in dem *er* ruht und das sich mit der Geschwindigkeit u relativ zu mir bewegt.

a. Gleichzeitigkeit. Ich beobachte zwei gleichzeitige Ereignisse ($\Delta t = 0$), etwa das Aufleuchten zweier Scheinwerfer, die aber den räumlichen Abstand Δx voneinander haben. Für den anderen Beobachter sind sie aber keineswegs gleichzeitig, vielmehr beobachtet er nach (8.22b) sie im Zeitabstand

$$\Delta t' = \frac{u}{c^2}\frac{\Delta x}{\sqrt{1-u^2/c^2}} = \frac{u}{c^2}\Delta x'\,. \qquad (8.23a)$$

Gleichgültig ist dabei, wo er sich bezüglich der Scheinwerfer auf der x'-Achse befindet; immer leuchtet in der Anordnung von Abb. 8.26 der linke Scheinwerfer für ihn zuerst auf. Gleichzeitigkeit ist *relativ*.

In diesem Zusammenhang muss betont werden, dass der *relativistische* Zeitunterschied

$\varDelta t'$ nicht von der unterschiedlichen Laufzeit der Signale zwischen Scheinwerfern und Beobachter herrührt. Bei einem wirklichen Experiment mit Lichtwellen wäre dieser Laufzeiteffekt noch hinzuzufügen, der u. a. auch vom Standort des anderen auf der x'-Achse abhinge. Übrigens müsste ich exakt in der Mitte zwischen beiden Scheinwerfern stehen, um ihr gleichzeitiges Aufleuchten optisch zum selben Zeitpunkt zu „sehen". Auch in den folgenden Gleichungen ist dieser experimentelle Laufzeiteffekt nicht berücksichtigt, da er nicht von der Lorentz-Transformation herrührt.

b. Lorentz-Kontraktion. Der andere und ich halten jeder einen Stab in die x-Richtung; beide Stäbe sind identisch, d. h. sie hätten, ruhend nebeneinander liegend, die gleiche Länge l. Da der meine in meinem System ruht, darf ich die Positionen seiner beiden Enden in einem beliebigen Zeitabstand $\varDelta t$ messen, immer ist ihr Abstand gleich der geometrischen Stablänge l. Welches Ergebnis l' erhält nun der andere, wenn er die Länge meines Stabes bestimmt? Allgemein gilt dazu die Lorentz-Transformation (8.22a,8.22b):

$$l' = \frac{l + u\varDelta t}{\sqrt{1-u^2/c^2}}$$

$$\varDelta t' = \frac{\varDelta t + ul/c^2}{\sqrt{1-u^2/c^2}}. \tag{8.23b}$$

In seinem System bewegt sich mein Stab, seine Enden verlagern sich. So muss man den Messwert l' von (8.23b) interpretieren als Ergebnis, wenn er den für ihn vorderen Endpunkt um $\varDelta t'$ früher fixiert als den anderen. Die gesuchte geometrische Länge ist aber der *für ihn gleichzeitige* Abstand der beiden Enden, d. h. bei $\varDelta t' = 0$. Das verlangt nach der 2. Gleichung für mich $\varDelta t = -ul/c^2$, was an meinem Messwert l nichts ändert, wie oben bemerkt. Eingesetzt in die 1. Gleichung, finden wir die vom anderen „richtig" gemessene geometrische Länge l' meines Stabes:

$$l' = l\sqrt{1-u^2/c^2} \quad \varDelta t' = 0. \tag{8.23c}$$

Der andere vergleicht l' mit der Länge l seines Stabes und findet $l' < l$. Er stellt also fest, dass mein relativ zu ihm bewegter Stab kürzer als seiner ist. Umgekehrt finde ich den anderen Stab, relativ zu mir bewegt, gegenüber meinem auch verkürzt (Lorentz-Kontraktion).

Jeder Stab ist am längsten in dem Bezugssystem, in dem er ruht.

c. Zeitdilatation. Der andere und ich haben jeder eine Uhr in der Hand. Beide liefen exakt synchron, wenn sie gegeneinander nicht bewegt würden. Bewegen wir uns aber gegeneinander, so beobachte ich, dass die Uhr des anderen relativ zu meiner eigenen langsamer läuft, also nachgeht.

Meine Uhr ruht in meinem System. Zwischen zwei Ablesungen könnte ich sie auch um die Strecke l verschieben, ohne dass die von mir abgelesene Zeitspanne $\varDelta t$ sich ändert. Ich könnte auch zwei synchrone Uhren an den beiden Stellen verwenden. – Der Einfachheit halber starten der andere und ich bei unserer Begegnung die Uhren bei null. Jede Uhr zeigt dann in dem System, in dem sie ruht, die gleiche Zeitspanne $\varDelta t$ an.

Nun liest der andere *meine* Uhr ab. Wegen der nur relativen Gleichzeitigkeit muss sie dazu aber in seinem System am gleichen Ort „stehen bleiben", an dem sie beim Starten stand. Wieder muss er von (8.23b) ausgehen und die Bedingung $l' = 0$ erfüllen, indem er nach der 1. Gleichung meine Uhr in meinem System an den Ort $l = -u\varDelta t$ schiebt oder, was einfacher ist, eine dort zusätzlich stehende abliest. Diesen Wert von l in die 2. Gleichung von (8.23b) eingesetzt, liefert sein Resultat beim „richtigen" Ablesen meiner Uhr:

$$\varDelta t' = \varDelta t\sqrt{1-u^2/c^2} \quad \varDelta l' = 0. \tag{8.23d}$$

Der andere vergleicht das mit der Anzeige $\varDelta t$ seiner Uhr und konstatiert $\varDelta t' < \varDelta t$. Er findet also, dass meine relativ zu ihm bewegte Uhr langsamer geht als seine ruhende. Umgekehrt stelle ich an seiner Uhr ebenfalls einen langsameren Gang relativ zu meiner fest, wie es das Relativitätsprinzip fordert.

Benutzt man Atomuhren, vgl. Abschn. 2.1.3, so wäre allgemein zu formulieren: Ein Oszillator hat in dem System die höchste Eigenfrequenz, in dem er ruht, dort läuft er am schnellsten. Für einen Beobachter, der sich relativ zu ihm bewegt – gleichgültig in welcher Richtung – schwingt er langsamer. Diese Frequenzerniedrigung und damit die Zeitdilatation lässt sich experimentell an Kanalstrahlen nachweisen, vgl. Abschn. 6.5.5, also an Ionen sehr hoher Geschwindigkeit, wenn sie senkrecht zu ihrer Bahn sichtbares

Licht emittieren, sog. *transversaler, relativistischer* Doppler-Effekt. Im Spektrometer, das fest im Labor montiert ist, wird eine Rotverschiebung beobachtet. In dieser Blickrichtung tritt der normale *klassische* oder auch longitudinale Doppler-Effekt nicht auf, vgl. Abschn. 4.3.3 für Schallwellen.

Die kosmische Strahlung enthält Myonen sehr hoher Geschwindigkeit, vgl. Abschn. 8.3.9, die in Ruhe eine radioaktive Halbwertszeit von 2,2 µs haben. Dieselbe Halbwertszeit, gemessen in seiner eigenen Zeitskala, hat das Myon auf seiner Flugbahn durch die Atmosphäre. Aber von der Erdoberfläche aus betrachtet ist diese Zeit länger, ebenso wie die Schwingungsdauer eines bewegten Oszillators.

Zusammengefasst gilt also: Bei Bewegung mit konstanter Geschwindigkeit gegeneinander sieht *jeder* beim anderen den Längenmaßstab verkürzt und die Uhr langsamer laufen, wenn er sie mit seinen eigenen Messgeräten vergleicht. Die Gleichzeitigkeit von zwei Ereignissen an verschiedenen Orten beurteilt jeder von beiden anders. Für die Längenmessungen ist die Relativität der Zeit und beim Ablesen der Uhren die Relativität der Raumkoordinaten zu beachten. Raum und Zeit stehen in der relativistischen Mechanik nicht mehr unabhängig nebeneinander, sondern sie sind verknüpft, wobei die Lorentz-Transformation die Kinematik bestimmt.

Die Bewegung eines Körpers kann relativistisch daher nur in einer *4-dimensionalen Raum-Zeit-Welt* beschrieben werden, in der durch 4 Koordinaten ein *Ereignis* festgelegt ist. Damit sie alle die Dimension einer Länge haben, fügt man zu den drei Raumkoordinaten als vierte ct hinzu. Die Bewegung eines Massepunktes ist darin eine kontinuierliche Folge von Ereignissen, also Punkten, die eine sog. *Weltlinie* ausfüllen. Im Allgemeinen entzieht sich das einer bildlichen, anschaulichen Darstellung.

Beschränken wir uns allerdings auf den Spezialfall der Bewegung längs der x-Achse, so haben wir einfach das wohlbekannte Weg-Zeit-Diagramm, vgl. Abschn. 2.2.1. „Meine" Achsen (x, ct) sind in Abb. 8.27 senkrecht zueinander gezeichnet, wie gebräuchlich, und „ich" ruhe in diesem System bei $x = 0$. Wie verlaufen die Achsen x' und ct' eines Beobachters, der sich mit der Geschwindigkeit u auf der x-Achse nach links bewegt und dem ich bei $x = x' = 0$ zur Zeit $t = t' = 0$ begegne? Seine ct'-Achse hat zur Bedingung $x' = 0$, denn dort ruht er in seinem System. Mit (8.22a) ergibt sich ihre Lage in meinem System zu $x = -ut = -(u/c)ct$. Sie ist gegen meine ct-Achse um den Winkel φ gedreht, mit $\tan\varphi = -u/c$, also gegen den Uhrzeiger. Für seine x'-Achse gilt die Bedingung $t' = 0$, also nach (8.22b) $ct = -xu/c$. Sie ist um denselben Winkel φ aber in entgegengesetzter Richtung gegen meine x-Achse verdreht; (x', ct') ist ein schiefwinkliges System. – Die Lichtausbreitung folgt in Abb. 8.27 den Geraden l_1 und l_2, die in jedem System Winkelhalbierende zwischen den beiden Achsen sind. Flacher als sie kann die Weltlinie eines Körpers nicht verlaufen, da seine Geschwindigkeit nicht c übersteigen kann, wie in Abschn. 8.4.3a besprochen wird.

Die *Metrik* in diesen Systemen folgt nicht der euklidischen Geometrie. Um das zu zeigen, quadrieren wir (8.23d) und erhalten nach Umformungen $(c\Delta t')^2 = (c\Delta t)^2 - (u\Delta t)^2 = (c\Delta t)^2 - \Delta x^2$. Die linke Seite ist das Quadrat der Strecke OP' in Abb. 8.27, während rechts $c\Delta t$ und Δx die Katheten des rechtwinkligen Dreiecks $P'PO$ sind.

Allgemeiner kann man durch Einsetzen in (8.22a, 8.22b) verifizieren:

$$\Delta s^2 = (c\Delta t)^2 - \Delta x^2 = (c\Delta t')^2 - \Delta x'^2 . \qquad (8.24)$$

Δs^2 bezeichnet man als *Abstandsquadrat* zweier Ereignispunkte, das nicht vom Bezugsystem abhängt, eine sog. Lorentz-Invariante. Im Weg-Zeit-Diagramm von Abb. 8.27 ist Δs aber keineswegs eine Länge nach dem Satz des Pythagoras der euklidischen Geometrie, wozu Plus-Zeichen stehen müssten. Für die Lichtausbreitung (l_1 und l_2) ergibt sich sogar $\Delta s = 0$, weil immer $\Delta x/\Delta t = c$ ist. Ereignisse, für die Δs^2 positiv ist, sind „zeitartig", sie können kausal zusammenhängen.

(8.24) lässt sich auch so interpretieren, dass die Zerlegung der Raum-Zeit-Welt in räumlichen und zeitlichen

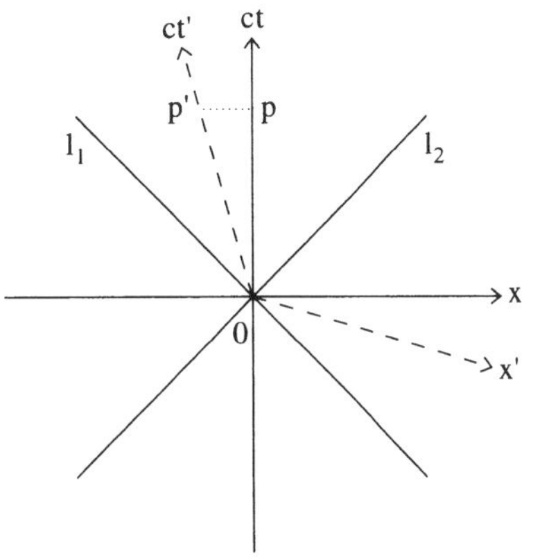

Abb. 8.27 Geradlinige Bewegung, relativistisch. Achsen x, t und x', t' für zwei Beobachter mit konstanter Relativgeschwindigkeit zueinander

Teil allein durch das Bezugsystem bestimmt wird, also nicht absolut oder fundamental ist. – Dagegen ist Δs ein *absoluter* Abstand zwischen zwei Ereignissen in der vierdimensionalen Raum-Zeit, die somit eine physikalische Realität besitzt.

8.4.3 Masse und Energie. Um zur relativistischen *Dynamik* zu kommen, gehen wir von folgendem Experiment aus: Zwei Körper gleicher Masse werden, etwa durch Explosion einer Treibladung, auseinander getrieben. Falls keine weiteren Kräfte wirken, bleibt der gemeinsame Schwerpunkt in Ruhe, und der eine Körper K_1 hat schließlich die konstante Geschwindigkeit v, der andere K_2 $-v$, vgl. Abschn. 2.3.3. So beschreibt der im Schwerpunkt ruhende Beobachter den Vorgang. Auf Körper K_2 sitzt, in die Masse eingerechnet, der andere Beobachter, für den sich der markierte Startpunkt mit der Geschwindigkeit $u = v$ von ihm weg bewegt. Die Geschwindigkeit des Körpers K_1 berechnet er relativistisch nach (8.21) als:

$$v' = \frac{2v}{1 + v^2/c^2}.$$

Da sie kleiner als $2v$ ist, würde der Schwerpunkt sich zu diesem anderen Körper hin verschieben, wenn die beiden Massen gleich sind und bleiben. Der Satz von der Erhaltung des Schwerpunktes gilt also nur dann, wenn die Masse m des für ihn bewegten Körpers K_1 größer wird als die seines Körpers m_0, auf dem er ruht. Die Beziehung lautet:

$$m \frac{m_0}{\sqrt{1 - v'^2/c^2}}. \qquad (8.25)$$

Der Schwerpunkt bleibt in der ursprünglichen Lage, wenn gilt $m(v' - v) = m_0 v$. Das ergibt, v' eingesetzt: $m = m_0(c^2 + v^2)/(c^2 - v^2)$. Um m in Abhängigkeit von v', nicht von v, anzugeben, geht man am besten über die Identität $c^2 - v^2 = \sqrt{(c^2 + v^2)^2 - 4c^2 v^2}$ und gelangt nach einigen Umformungen zu (8.25).

a) Mit steigender Geschwindigkeit nimmt also die relativistische Masse jedes Körpers zu. Wirkt auf ihn von außen eine konstante Kraft F_0, so wird seine Beschleunigung $a = F_0/m$ deshalb mit wachsender Geschwindigkeit, also mit der Zeit, kleiner. Man erhält als zeitlichen Verlauf der Geschwindigkeit:

$$v = \frac{a_0 t}{\sqrt{1 + (a_0 t/c)^2}} \quad \text{mit } a_0 = F_0/m_0. \qquad (8.26)$$

Die Rechnung ist sehr einfach: $v = F_0 t/m = F_0 t \cdot \sqrt{1 - v^2/c^2}/m_0$. Auflösung nach v führt unmittelbar zur angegebenen Gleichung.

Für lange Zeiten erreicht die Geschwindigkeit, gemessen von einem am Startpunkt ruhenden Beobachter, einen Grenzwert, und zwar die Lichtgeschwindigkeit, $v \to c$. Ein Körper kann also nicht auf eine höhere Geschwindigkeit als die der elektromagnetischen Wellen c beschleunigt werden. Auch die Übertragung von Signalen mit größerer Geschwindigkeit ist unmöglich. Damit hat c die Bedeutung einer oberen *Grenzgeschwindigkeit* für den *Transport* von *Masse* oder *Energie*, eine Naturkonstante in allen Bezugsystemen.

b) Eine weitere Konsequenz der relativistischen Beziehung (8.25) besteht darin, dass das Gesetz von der Konstanz der Masse nicht mehr allgemein gilt. Davon ist die klassische Mechanik von Newton stillschweigend ausgegangen. Der beschleunigte Körper hat dadurch, dass an ihm Arbeit geleistet wurde, kinetische Energie gewonnen, was der Zunahme an Masse parallel geht, also äquivalent ist.

Diese *Äquivalenz* hat Einstein nun allgemein für *jede* Energieform postuliert, was im Massendefekt der Atomkerne bei Abführung von Bindungsenergie eindrucksvoll bestätigt ist, vgl. Abschn. 8.3.4. Die Äquivalenz gilt aber nicht nur für Masseänderungen, sondern auch für die Absolutwerte. Zu jedem ruhenden Körper mit der Ruhmasse m_0 gehört damit eine *Ruhenergie*

$$E_0 = m_0 c^2,$$

und seine Gesamtenergie bei Bewegung mit der Geschwindigkeit v ist nach (8.25)

$$E = mc^2 = \frac{m_0 c^2}{\sqrt{1 - v^2/c^2}}. \qquad (8.27a)$$

Die *kinetische* Energie ist relativistisch

$$E_{\text{kin}} = E - E_0 = m_0 c^2 \left(\frac{1}{\sqrt{1 - v^2/c^2}} - 1 \right) . \tag{8.27b}$$

Den Hinweis auf den Verknüpfungsfaktor c^2 entnehmen wir einer Überlegung für Geschwindigkeiten, die nicht zu nahe an c herankommen. Dann kann man (8.25) entwickeln:

$$m = \frac{m_0}{\sqrt{1 - v^2/c^2}} = m_0 + \frac{1}{2} m_0 v^2 \frac{1}{c^2} + \cdots .$$

In dieser Näherung ist $m_0 v^2/2 = \Delta E$ die zugefügte kinetische Energie, also

$$m - m_0 = \Delta m = \Delta E/c^2 .$$

c) Die *relativistische Dynamik* arbeitet meist mit der Gesamtenergie E und dem Impuls p, welcher beträgt

$$p = mv = \frac{m_0 v}{\sqrt{1 - v^2/c^2}} . \tag{8.28}$$

In abgeschlossenen Systemen gelten für E und p Erhaltungssätze, und zwischen beiden gilt die allgemeine Beziehung

$$E = \sqrt{(m_0 c^2)^2 + p^2 c^2} . \tag{8.29}$$

Diese vermeidet es, den Impuls p in $m \cdot v$ aufzulösen, und umgeht damit umständliche Rechenarbeit. Das zu (8.29) gehörende rechtwinklige Dreieck von Abb. 8.28 enthält den Winkel α mit $\cos\alpha = \sqrt{1 - v^2/c^2}$, dem wichtigen Parameter der relativistischen Masse m in (8.28).

Ableitung. Aus (8.27a) und (8.28) folgt unmittelbar:

$$E = pc^2/v . \tag{8.30}$$

Um hier v zu eliminieren, wird (8.27a) danach aufgelöst und der so erhaltene Wert in (8.30) eingesetzt. Durch Umformung ergibt sich (8.29).

Zur Vollständigkeit berechnen wir noch die *Transformation von Energie und Impuls* (E, p) im ruhenden System in (E', p') des dagegen mit der Geschwindigkeit u bewegten Systems, vgl. Abb. 8.26. Nach (8.29) gilt $E/p = c^2/v$ und $E'/p' = c^2/v' = (c^2 + vu)/(v + u)$, wobei die letzte Umformung (8.21) benutzt. Zur Zusammenfassung kann man v eliminieren und erhält:

$$\frac{E'}{p'} = \frac{E + up}{p + Eu/c^2} .$$

Zähler und Nenner der rechten Seite müssen also den gleichen Proportionalitätsfaktor a haben, ganz analog dem Vorgang bei (8.20). Mit Auflösung nach E und p ergibt das Relativitätsprinzip für ihn denselben Wert wie dort. Die dynamische E, p-Transformation entspricht also exakt der kinematischen von Lorentz:

$$E' = \frac{E + up}{\sqrt{1 - u^2/c^2}}$$

$$p' = \frac{p + uE/c^2}{\sqrt{1 - u^2/c^2}} . \tag{8.31}$$

8.4.4 Photon im homogenen Schwerefeld.

Jetzt sei überlegt, welche Konsequenzen die Äquivalenz von Masse und Energie für die Ausbreitung des Lichtes im Gravitationsfeld hat[10]. Zunächst beschränken wir uns auf das *homogene* Schwerefeld der Erde, wie es praktisch bis zu Höhen x existiert, die klein gegen den Erdradius sind. Ein ruhender Körper der Masse m_0 hat darin gegenüber dem Erdboden die potentielle Energie $E_{\text{pot}} = m_0 g x$, vgl. Abschn. 2.3.6. Die Größe $gx = \Delta\Phi(x, 0)$ ist eine Eigenschaft des Feldes, und wir bezeichnen sie als *Potentialdifferenz*, vgl. Abschn. 2.7.1. Bei einem bewegten Körper wird seine relativistische Masse m einzusetzen sein, und nicht die Ruhemasse m_0.

Das *Photon* bewegt sich im Vakuum mit der Grenzgeschwindigkeit c. Es hat also die Ruhmasse $m_0 = 0$, weil es sonst nach (8.27a) eine unendlich hohe Energie E haben würde. Seine Eigenenergie hat den Wert $E = h\nu$, vgl. Abschn. 7.6.2, sodass ihm eine relativistische Masse $m = h\nu/c^2$ zukommt. Darauf übt nach Newton das Schwerefeld die Kraft mg aus, wenn wir, wie beim Potential $\Delta\Phi$, die Gültigkeit des Newton'schen Gravitationsgesetzes auch hier unterstellen.

a) Ein ursprünglich horizontal, also *transversal* zum Feld sich ausbreitendes Photon

[10] Da die spezielle Relativitätstheorie aber Gravitationskräfte nicht behandelt, sind die Ergebnisse vorerst nur qualitativ.

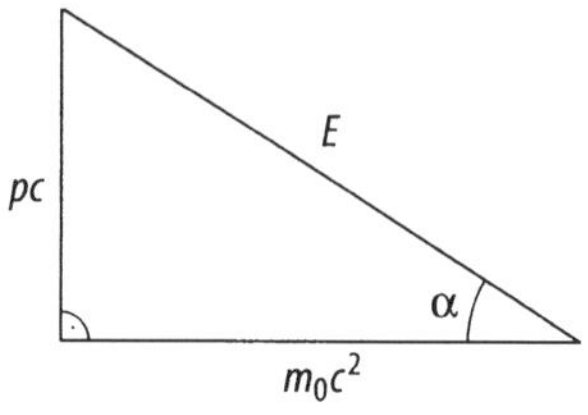

Abb. 8.28 Zur relativistischen Dynamik, Gleichung 8.29. $\cos^2\alpha = 1 - v^2/c^2$, $E = mc^2$

wird durch die Schwerkraft, analog wie der geworfene Stein, vgl. (2.28), *abgelenkt* und durchläuft eine *Parabelbahn*. Nach der Wegstrecke l beträgt der Ablenkwinkel:

$$\Psi \approx gl/2c^2 . \tag{8.32}$$

Ableitung. In der Zeitspanne t legt das Photon horizontal den Weg $l = ct$ zurück, während es vertikal um die sehr kleine Strecke $y = gt^2/2$ fällt. Zusammengefasst ergibt das $y = gl^2/2c^2$. Der Ablenkwinkel aber ist $\Psi \approx \tan\Psi = y/l$.

b) Um vertikale Bewegungen, d. h. *parallel* zum Feld, zu verfolgen, addiert man am besten zur inneren Photonenergie die potentielle $m\Delta\Phi$. Die so erhaltene Gesamtenergie des Photons muss dann konstant bleiben (Energiesatz). Wenn es z. B. von 0 auf die Höhe x steigt, leistet es Hubarbeit. Es gewinnt dabei potentielle Energie $h\nu(x) \cdot \Delta\Phi(x,0)/c^2$, sodass seine innere Energie abnimmt. Diese ist durch die *Frequenz* bestimmt, die also von $\nu(0)$ auf $\nu(x)$ sich *erniedrigt*. Der Energiesatz legt fest:

$$h\nu(0) = h\nu(x)(1 + \Delta\Phi(x,0)/c^2) ,$$

sodass die Frequenzverschiebung beträgt:

$$\frac{\upsilon_x - \upsilon_0}{\upsilon_0} \approx -\frac{\Delta\Phi(x,0)}{c^2} = -\frac{gx}{c^2} . \tag{8.33}$$

Bei sichtbarem Licht resultiert eine Rotverschiebung. Kehrt das Photon nach Reflexion zum Erdboden zurück, so gewinnt es die gleiche Energie wieder aus dem Schwerefelde (Violetverschiebung) und nimmt seine alte Frequenz $\nu(0)$ an.

c) Dieses Frequenzverhalten von Lichtsignalen hat nun überraschende Folgen für den Synchronismus von *Uhren im Schwerefeld*. Um das zu erkennen, sollen auf den Höhen 0 und x zwei Beobachter stehen mit völlig identischen Atomuhren, die über Sender elektromagnetische Wellen ihrer Schwingungsfrequenz ausstrahlen. Der Beobachter bei x *zählt*, während seine Uhr n_0 Schwingungen macht, die Anzahl von nur n_x Schwingungen der Uhr bei 0, die er auf diese Weise mit seinem Empfänger fern abliest. Wegen der Rotverschiebung nach (8.33) ist n_x kleiner als n_0: Die andere Uhr läuft für ihn also langsamer als seine eigene, und zwar um den Faktor $(1 - \Delta\Phi(x,0)/c^2)$.

Andererseits findet auf dieselbe Weise der Beobachter bei 0, dass die andere Uhr wegen der Violettverschiebung in demselben Maße schneller läuft. Beide sagen also dasselbe: Die *Uhr* auf *höherem Schwerepotential* – hier die höher stehende – läuft *schneller*. Das ist ein Vergleich von relativen Zeitskalen; jeder Beobachter hat seine eigene! Je tiefer das Schwerepotential an dem Orte ist, wo Uhr und Beobachter sich befinden, desto langsamer geht die Uhr, desto langsamer läuft jeder Vorgang ab. Verursacht wird diese Zeitdilatation durch die Gravitation. Das führt zum bekannten *Zwillingsparadoxon*: Das Herz des einen Bruders auf der Zugspitze schlägt schneller als das des anderen in München, er altert damit auch schneller. Eine Konsequenz der Relativität der Zeit! Praktisch hat dieser geringe Unterschied allerdings überhaupt keine Bedeutung, vgl. Aufg. 8.4.5.

Auch der Ausbreitungsvorgang des Lichtes müsste bei 0 langsamer verlaufen als bei x. Diese etwas unpräzise Formulierung führt aber sofort zur Frage, wie das mit der Konstanz der Lichtgeschwindigkeit im Vakuum zu vereinbaren ist, dem Ausgangspunkt der speziellen Relativitätstheorie. Die Antwort lautet: Wenn jeder die Lichtgeschwindigkeit in seiner *unmittelbaren Umgebung* mit seiner *eigenen* Uhr misst, so erhält er in der Tat immer den Wert c. Aber das gilt nicht mehr, falls er sie an einer anderen Stelle, bei unterschiedlichem Gravitationspotential, mit seiner Uhr bestimmt. Dann findet z. B. der Beobachter bei x den Wert in der Höhe 0:

$$c(0) \approx c(1 - \Delta\Phi(x,0)/c^2) = c(1 - gx/c^2) . \tag{8.34}$$

Um dafür c als Ergebnis zu erhalten, hat er die Uhr bei 0 unmittelbar zu benutzen.

Die eben besprochenen sog. *Einstein-Effekte* des Lichtes im Gravitationsfeld, longitudinale Frequenzverschiebung und transversale Ablenkung, sowie die Zeitdilatation an Orten tieferen Potentials sind inzwischen experimentell bestätigt worden. Wie gezeigt, genügt die Masse-Energie-Äquivalenz, um ihre Existenz zu verstehen und ihre Größe abzuschätzen. *Quantitativ* ist aber die Behandlung des Photons als Masseteilchen mit der Grenzgeschwindigkeit c unter Verwendung des Newton'schen Gravitationsgesetzes nur als *Abschätzung* zu tolerieren, vgl. allgemeine Relativitätstheorie, Abschn. 8.4.5.

8.4.5 Zur allgemeinen Relativitätstheorie. In gleicher Weise wie im homogenen Schwerefeld verlaufen alle Vorgänge auch im nach oben mit konstanter *Beschleunigung* bewegten Fahrstuhl, wenn wir dort in einem Gedankenexperiment die Schwerkraft ausschalten, vgl. Abschn. 2.3.4. Ein Insasse als mitbeschleunigter Beobachter misst Trägheitskräfte auf sich selbst und auf alle Körper im Fahrstuhlkasten. Sie sind dem Betrage nach dessen Beschleunigung a_0 und der Masse m jedes Körpers proportional. Dieser Beobachter kann durch kein Experiment im Innern entscheiden, ob sein System, d. h. der Kasten, nach oben beschleunigt wird oder ob es ruht und unter ihm die Erde mit ihrer Gravitation sich befindet. Fällt der Fahrstuhl frei im Schwerefeld der Erde, so sind im Innern überhaupt keine Kräfte zu beobachten (inertiales System).

Verallgemeinernd postulierte *Einstein* 1912, dass *Schwer-* und *Trägheitskräfte* immer in ihren Wirkungen *äquivalent* sind, d. h. bei gleichen Anfangsbedingungen und lokal gleichen Feldern zum gleichen Prozessablauf führen. Der physikalische Grund dafür, dass die Gravitationskraft in jeder Wirkung einer Trägheitskraft äquivalent ist, liegt darin, dass *schwere* und *träge Masse*, auf die sie wirken, gleich sind, vgl. Abschn. 2.3.2. Andere Eigenschaften des Körpers, wie Volumen oder elektrische Ladung, spielen keine Rolle. Für jeden beliebigen Körper kann die Wirkung eines homogenen Schwerefeldes, in dem die Beschleunigung aller Körper überall gleich groß ist, durch ein und dasselbe Trägheitsfeld kompensiert werden.

Anders ist es mit „wirklichen" Kräften, z. B. im makroskopischen Bereich den elektrischen, die nicht auf die Masse wirken, sondern allein auf elektrische Ladungen. Die Wirkung eines homogenen Gravitationsfeldes kann zwar auch durch ein speziell gewähltes elektrisches Feld aufgehoben werden, aber nur für einen bestimmten Körper, der dazu elektrisch geladen sein muss. Jeder andere Körper mit unterschiedlichem Verhältnis Ladung zu Masse verlangt ein *anderes* elektrisches Feld zur Kompensation.

Gäbe es nur homogene Schwerefelder, so könnte man Vorgänge darin mithilfe eines beschleunigten Systems beschreiben, derart dass die Schwerekraft überall der Trägheitskraft das Gleichgewicht hält. In diesem Inertialsystem sind alle Weltlinien Geraden, insbesondere auch die der Lichtausbreitung. Die besprochenen Abweichungen im Schwerefeld wären nur durch das „ungeschickt" gewählte Bezugsystem bedingt und physikalisch nicht begründet.

Aber das Schwerefeld einer Kugel wie der Sonne ist *nicht homogen*, sondern in ihm nehmen die Kräfte nach dem Gesetz von Newton (2.43) außen mit $1/r^2$ ab, wobei r der Abstand vom Kugelzentrum ist. Fällt darin ein größerer Kasten frei, so verschwinden die resultierenden Kräfte in seinem Innern nicht überall. Das ist zwar für den Schwerpunkt des Kastens, also lokal, der Fall. Aber die Trägheitsbeschleunigung ist innen überall gleich, dagegen ist die Schwerebeschleunigung in den Gebieten kleiner, die dem Gravitationszentrum abgewandt sind, größer am anderen Kastenende. Also resultieren an beiden Enden Kräfte, die nach außen gerichtet sind; man spricht von *Gezeitenkräften*, vgl. Abschn. 2.7.1. Diese Restkräfte sind nicht durch Änderung des Bezugsystems zu beseitigen. Sie müssen also eine *physikalische* Ursache haben.

Für das Feld der Massekugel gibt es also kein Bezugsystem, derart dass Licht sich überall geradlinig ausbreitet. Zwar ändert sich die Bahnkrümmung, wenn man zu einem anderen Bezugsystem übergeht, aber gleichzeitig überall beseitigen lässt sie sich nicht. So müssen *inhomogene* Trägheits- und Gravitationsfelder doch behandelt werden.

Photonen und alle Körper ändern darin allgemein nach Größe oder Richtung ihren Impuls, wozu eine Kraft auf sie einwirken muss. Dabei ergibt sich ein Problem: Nach dem

Wechselwirkungssatz, vgl. Abschn. 2.3.3, werden Kräfte stets zwischen zwei Körpern gegenseitig als actio und reactio ausgeübt. Bei der Trägheitskraft im beschleunigten Kasten lässt sich aber kein zweiter Körper ausmachen, mit dem z. B. der Insasse wechselwirken könnte. Wegen des Äquivalenzprinzips Gravitation–Trägheit können es auch im Schwerefeld nicht die weit entfernten Massen sein, die es erzeugen. So bleibt nach Einstein nur der *Raum selbst* übrig, der *gekrümmt* ist und wie ein festes „Objekt“ die *Gegenkraft* aufbringt, wenn auf ein Teilchen Kraft zur Impulsänderung ausgeübt wird.

Es handelt sich relativistisch um den Vierer-Raum, der demnach auch Kräfte und Impulse aufnehmen kann, wenn er gekrümmt ist. Zu beachten ist, dass seine Krümmung nichts „Absolutes“ ist, sondern von der Relativbewegung abhängt, die das Bezugsystem des Beobachters z. B. gegen das Gravitationszentrum ausführt. Die Krümmung dieser Raum-Zeit-Welt leitet Einstein mit seinen Feldgleichungen aus der Masseverteilung ab. Die Trägheitsbewegung eines Körpers oder Photons folgt darin einer *geodätischen* Linie. Im Ganzen ist diese allgemeine Relativitätstheorie eine *neue Gravitationstheorie*, eine *Feldtheorie* ohne Fernwirkungen, wie sie Newton annahm. Nach ihm würde eine Masseverschiebung unverzüglich die Gravitationskräfte auch in sehr großer Ferne ändern. Das bedeutet ein Signal, das sich mit unendlich großer Geschwindigkeit ausbreitet, was der speziellen Relativitätstheorie widerspricht, vgl. Abschn. 8.4.3a. Bei kleinen Geschwindigkeiten und nicht zu extremer Massekonzentration bleibt natürlich das Newton'sche Gesetz (2.43) als Grenzfall gültig. Allgemein lassen sich die Vorgänge im Vierer-Raum anschaulich nicht weiter verfolgen.

Die Einstein-Effekte der Lichtausbreitung, vgl. Abschn. 8.4.4, behandelt die allgemeine Relativitätstheorie in Übereinstimmung mit der Erfahrung. Als Beispiel ziehen wir eine Lösung der Einstein'schen Feldgleichungen für eine Kugel der Masse M heran. Ein weit entfernt ruhender Beobachter misst in seinem Bezugsystem als Ausbreitungsgeschwindigkeit des Lichtes außerhalb der Kugel in der Entfernung r vom Massemittelpunkt:

$$c(r) = c\left(1 - \frac{2GM}{c^2 r}\right). \qquad (8.35)$$

G ist die Gravitationskonstante, und $r_0 = 2GM/c^2$ wird als *Schwarzschild-Radius* der Materiekugel bezeichnet.

Für diesen Beobachter ist die Lichtgeschwindigkeit in Kugelnähe, d. h. für kleine r, wieder kleiner als c, wenn er sie mit seiner Uhr, in seinem Bezugsystem misst. Die neue Beziehung (8.35) stimmt mit (8.34) überein, wenn in Letzterer $\Delta\Phi = 2GM/r$ gesetzt wird. Das ist der zweifache Wert des Newton'schen Gravitationspotentials. Bei der ursprünglichen Abschätzung der Differenz $c(r) - c$ fehlt danach der Faktor 2. Das gilt grundsätzlich für Lichtwellen, also auch in (8.32) und (8.33).

Die sehr kleine *transversale Ablenkung* kann nur astronomisch im inhomogenen Gravitationsfeld gemessen werden. Für Sternlicht, das die Sonnenoberfläche tangiert, ergibt sich mit (8.35) der gesamte Ablenkwinkel

$$\Psi = \frac{4GM_S}{c^2 r_S},$$

wobei M_S, r_S Masse bzw. Radius der Sonne sind. Er errechnet sich zu $1,4''$ (Winkelsekunden), was die Messungen bestätigen. Der Schwarzschild-Radius der Sonne beträgt nur etwa 3 km.

Ist die Dichte eines Sternes sehr viel größer als die der Sonne, so kann r_0 größer als der materielle Kugelradius sein. Dann gibt es eine sog. *Schwarzschild-Kugel* außen um die zentrale Masse herum, auf der von unserem Beobachter weit außen $c(r_0) = 0$ gemessen wird. Für ihn ist dort die Raum-Zeit-Welt strukturell so verworfen, dass Licht die Schwarzschild-Kugel nicht durchdringen kann. Zu ihm gelangt aus ihrem Inneren auch kein Licht. Man spricht von einem *Ereignis-Horizont*, einem *schwarzen Loch*.

Aufgaben

8.4.1 Die radioaktive Halbwertszeit eines Myons wurde in der Höhenstrahlung doppelt so lang gefunden wie in Ruhe. Wie groß sind von ihm Geschwindigkeit v, kinetische Energie E_{kin} in MeV und Impuls p? (vgl. Tabelle 8.3)

8.4.2 Ein 800-MeV-Proton stößt zentral unelastisch auf ein ruhendes Proton. Wie lautet dafür der relativistische Impulssatz? Welche Energie ΔE ist dabei für eine

Kernreaktion maximal verfügbar? Wie groß wäre sie, wenn die Gesetze der klassischen Mechanik anwendbar wären?

8.4.3 Wie lautet das relativistische Weg-Zeit-Gesetz bei konstanter einwirkender Kraft? Welche Grenzgesetze ergeben sich für sehr kurze und für sehr lange Zeiten?

8.4.4 Ein ursprünglich ruhendes Proton wird in einem elektrischen Feld der Feldstärke $E = 1\,\mathrm{kV/m}$ beschleunigt. Nach welcher Zeit t_{rel} erreicht es 90% der Lichtgeschwindigkeit? Welches wäre die entsprechende Zeit r_{kl}, wenn die klassischen Gesetze gelten würden?

8.4.5 (a) Zwei identische Atomuhren werden in Deutschland an Orten mit 3000 m Höhendifferenz gleichzeitig gestartet. Welche Zeitdifferenz zeigen sie nach 80 Jahren an? (b) Wie lautet die Antwort, wenn die eine Uhr sich auf der Oberfläche eines weißen Zwerges befindet, der den Radius 10^4 km und die Dichte $4 \cdot 10^8\,\mathrm{kg/m^3}$ hat, die andere auf der Erde?

Anhang

Wichtige Konstanten der Physik

Erdbeschleunigung (Standardwert) g	$9{,}80665\,\mathrm{m/s^2}$
Gravitationskonstante G	$6{,}6742\cdot 10^{-11}\,\mathrm{m^3/(kg\cdot s^2)}$
Absoluter Nullpunkt 0 K	$-273{,}16\,°\mathrm{C}$
Avogadro'sche Konstante N_A	$6{,}0221\cdot 10^{23}\,\mathrm{mol^{-1}}$
Molare Gaskonstante R	$8{,}3145\,\mathrm{J/mol\cdot K}$
Boltzmann'sche Konstante $k = R/N_\mathrm{A}$	$1{,}3807\cdot 10^{-23}\,\mathrm{J/K}$
Molares Normvolumen des idealen Gases V_mol	$22{,}414\cdot 10^{-3}\,\mathrm{m^3/mol}$
Spez. Wärmekapazität des Wassers bei 15 °C	$4{,}1868\,\mathrm{J/g\cdot K}$
Faraday'sche Konstante $F = N_\mathrm{A}e$	$96\,485\,\mathrm{C/mol}$
Elektrische Feldkonstante (Influenzkonstante) ε_0	$8{,}854\cdot 10^{-12}\,\mathrm{As/Vm}$
Magnetische Feldkonstante (Induktionskonstante) μ_0	$4\pi\cdot 10^{-7}\,\mathrm{Vs/Am}$ $= 1{,}2566\cdot 10^{-6}\,\mathrm{Vs/Am}$
Vakuumlichtgeschwindigkeit c	$2{,}99792\cdot 10^{8}\,\mathrm{m/s}$
Ruhmasse des Protons m_p	$1{,}6726\cdot 10^{-27}\,\mathrm{kg}$
Ruhmasse des Neutrons m_n	$1{,}6749\cdot 10^{-27}\,\mathrm{kg}$
Ruhmasse des Elektrons m_e	$9{,}1094\cdot 10^{-31}\,\mathrm{kg}$
Ruhenergie des Elektrons $m_\mathrm{e}c^2$	$0{,}5110\,\mathrm{MeV}$
$m_\mathrm{p}/m_\mathrm{e}$	$1836{,}15$
Elektrische Elementarladung $e = F/N_\mathrm{A}$	$1{,}6022\cdot 10^{-19}\,\mathrm{C}$
Spezifische Ladung des Elektrons e/m_e	$1{,}7588\cdot 10^{11}\,\mathrm{C/kg}$
Atomare Masseneinheit u	$1{,}6605\cdot 10^{-27}\,\mathrm{kg}$
Atomare Energieeinheit 1 eV	$1{,}6022\cdot 10^{-19}\,\mathrm{J}$
Planck'sche Konstante (Wirkungsquantum) h	$6{,}6261\cdot 10^{-34}\,\mathrm{Js}$
Bohr'scher Radius a	$5{,}292\cdot 10^{-11}\,\mathrm{m}$

H.A. Stuart, G. Klages, *Kurzes Lehrbuch der Physik*, Springer-Lehrbuch, DOI 10.1007/978-3-540-89046-1

Basisgrößen und -einheiten des Internationalen Einheitensystems (SI: Système international d'unités)

Basisgröße	Basiseinheit	Einheitenzeichen	vgl. Abschn.
Länge	Meter	m	2.1.2
Masse	Kilogramm	kg	2.1.3
Zeit	Sekunde	s	2.1.3
Stromstärke	Ampere	A	6.6.3.4
Thermodynamische Temperatur	Kelvin	K	5.1.1
Stoffmenge	Mol	mol	3.1.2
Lichtstärke	Candela	cd	7.5.4

Ergänzende SI-Einheiten

Größe	Name	Einheitenzeichen	vgl. Abschn.
ebener Winkel	Radiant	rad	2.1.2
Raumwinkel	Steradiant	sr	7.5.4

Abgeleitete SI-Einheiten, für die besondere Bezeichnungen eingeführt worden sind

Größe	SI-Einheit	Einheiten-zeichen	Bedeutung	vgl. Abschn.
Frequenz	Hertz	Hz	$1\,Hz = 1\,s^{-1}$	2.2.2
Kraft	Newton	N	$1\,N = 1\,kg\,m/s^2$	2.3.1
Druck, mechanische Spannung	Pascal	Pa	$1\,Pa = 1\,N/m^2$	3.4.2
Energie, Arbeit, Wärmemenge	Joule	J	$1\,J = 1\,Nm$	2.3.5
Leistung	Watt	W	$1\,W = 1\,J/s$	2.3.5
Elektrische Spannung	Volt	V	$1\,V = 1\,W/A$	6.2.3
Elektrischer Widerstand	Ohm	Ω	$1\,\Omega = 1\,V/A$	6.1.2
Elektrischer Leitwert	Siemens	S	$1\,S = 1\,\Omega^{-1}$	6.1.3
Elektrische Ladung	Coulomb	C	$1\,C = 1\,As$	6.1.1
Kapazität	Farad	F	$1\,F = 1\,C/V$	6.2.5
Magnetischer Fluss	Weber	Wb	$1\,Wb = 1\,Vs$	6.6.6
Magnetische Flussdichte	Tesla	T	$1\,T = 1\,Wb/m^2$	6.6.6
Induktivität	Henry	H	$1\,H = 1\,Wb/A$	6.6.8
Lichtstrom	Lumen	lm	$1\,lm = 1\,cd \cdot sr$	7.5.4
Beleuchtungsstärke	Lux	lx	$1\,lx = 1\,lm/m^2$	7.5.4
Aktivität einer radioaktiven Substanz	Becquerel	Bq	$1\,Bq = 1\,s^{-1}$	8.3.3
Energiedosis	Gray	Gy	$1\,Gy = 1\,J/kg$	7.6.3
Äquivalentdosis	Sievers	Sv	$1\,Sv = 1\,J/kg$	7.6.3

Periodisches System der Elemente

Die Zahlen vor den Elementsymbolen sind die Ordnungszahlen, die Zahlen darunter die relativen Atommassen. ( ): stabiles oder am besten bekanntes Isotop

Periode	I. Gruppe	II. Gruppe	III. Gruppe	IV. Gruppe	V. Gruppe	VI. Gruppe	VII. Gruppe	VIII. Gruppe			
1	**1** H 1,008										**2** He 4,003
2	**3** Li 6,941	**4** Be 9,012	**5** B 10,811	**6** C 12,011	**7** N 14,007	**8** O 15,999	**9** F 18,998				**10** Ne 20,180
3	**11** Na 22,990	**12** Mg 24,305	**13** Al 26,982	**14** Si 28,086	**15** P 30,974	**16** S 32,066	**17** Cl 35,453				**18** Ar 39,948
4	**19** K 39,10	**20** Ca 40,08	**21** Sc 44,96	**22** Ti 47,87	**23** V 50,94	**24** Cr 52,00	**25** Mn 54,94	**26** Fe 55,85	**27** Co 58,93	**28** Ni 58,69	
	29 Cu 63,55	**30** Zn 65,39	**31** Ga 69,72	**32** Ge 72,61	**33** As 74,92	**34** Se 78,96	**35** Br 79,90				**36** Kr 83,80
5	**37** Rb 85,47	**38** Sr 87,62	**39** Y 88,91	**40** Zr 91,22	**41** Nb 92,91	**42** Mo 95,94	**43** Tc (98,9)	**44** Ru 101,07	**45** Rh 102,91	**46** Pd 106,42	
	47 Ag 107,87	**48** Cd 112,41	**49** In 114,82	**50** Sn 118,71	**51** Sb 121,76	**52** Te 127,60	**53** J 126,90				**54** Xe 131,29
6	**55** Cs 132,91	**56** Ba 137,33	**57–71** s. u.	**72** Hf 178,49	**73** Ta 180,95	**74** W 183,84	**75** Re 186,21	**76** Os 190,23	**77** Ir 192,22	**78** Pt 195,08	
	79 Au 196,97	**80** Hg 220,59	**81** Tl 204,38	**82** Pb 207,20	**83** Bi 208,98	**84** Po (209)	**85** At (210)				**86** Rn (222)
7	**87** Fr (223)	**88** Ra (226)	**89–103** s. u.	**104** Rf (261)	**105** Db (262)	**106** Sg[a] (263)	**107** Bh[b] (264)	**108** Hs[c] (265)	**109** Mt[d] (268)	**110** Ds[e] (269)	
	111 Rg[f] (272)	**112** Uub[g] (277)									

Zu 6 *Seltene Erden*	**57** La 138,91	**58** Ce 140,12	**59** Pr 140,91	**60** Nd 144,24	**61** Pm (145)	**62** Sm 150,36	**63** Eu 151,96	**64** Gd 157,25	**65** Tb 158,93	**66** Dy 162,50	**67** Ho 164,93	**68** Er 167,26	**69** Tm 168,93	**70** Yb 173,04	**71** Lu 174,97
Zu 7 *Aktiniden*	**89** Ac (227)	**90** Th 232,0	**91** Pa (231)	**92** U 238,03	**93** Np (237)	**94** Pu (244)	**95** Am (243)	**96** Cm (247)	**97** Bk (247)	**98** Cf (252)	**99** Es (254)	**100** Fm (257)	**101** Md (258)	**102** No (259)	**103** Lr (260)

[a] Seaborgium nach Glenn T. Seaborg 1912–1999
[b] Bohrium nach Niels Bohr 1885–1962
[c] Hassium nach lat. *Hassia* = Hessen
[d] Meitnerium nach Lise Meitner 1878–1968
[e] Darmstadtium
[f] Roentgenium
[g] Uub = Ununbium

Lösungen der Aufgaben

Die Zahlen sind größtenteils auf 1% gerundet.
Wenn kein Irrtum möglich, steht die Maßeinheit meist nur beim Endergebnis.

Kapitel 1

1.1 $V = 4\pi r^3/3$, rel. Fehler von $r^3 : 3 \cdot 0,4_6\% = 1,3_8\%$. Rel. Fehler von m: $0,6_0\%$. Daraus rel. Fehler von $\varrho = m/V$: $(1,3_8 + 0,6_0)\% \approx 2\%$. Ergebnis $\varrho = 2,47 \pm 0,05\ \mathrm{g/cm^3}$.

1.2 a) $\sqrt{817} = \pm 28,6$;
b) $\sqrt{790,4/10} = \pm 8,8_9$;
analog c) $\pm 3,6_4$;
d) $\pm 0,7_5$.

1.3 a) Einfache Mittelung $\bar{\varphi} = 11{,}0°$.
Nach (1.3) mit $n-1 = 9 : s_1 = \sqrt{2°} = 1,4°_1$.
Nach (1.4) $s_{10} = s_1/\sqrt{10} = 0{,}45° \approx 0,5°$.
b) Nein, nur die Differenz zwischen zwei verschiedenen Winkellagen, z. B. bei Drehung der Polarisationsebene, s. Abschn. 7.4.8.

Kapitel 2

2.1.1 Strahlensatz mit Längen in cm:
$\Delta h/2 = 3/(33-3) : \Delta h = 0{,}2\ \mathrm{cm}$.

2.1.2 $2 \cdot 10^{-9}\ \mathrm{mm^3}$.

2.1.3 Nach (2.1) $\varphi° = 180 \cdot 5/6 = 150°$.

2.2.1 In (2.7) $v = 0$ gesetzt, ergibt umgeformt $t = -v_0/a$. Dies in (2.8) eingesetzt, führt zu $a = -v_0^2/2s$ (Bremsung!). Mit $v = 100\ \mathrm{km/h} = 27,7_8\ \mathrm{m/s} : a = -19{,}3\ \mathrm{m/s^2} = -1,97 \cdot g$.

2.2.2 Nach Aufgabe 2.2.1: $t = -v_0/a = 1{,}44\ \mathrm{s}$.

2.2.3 Der Viertelkreis beträgt als Weg $s = 2\pi \cdot 5/4 = 7{,}85\ \mathrm{m}$, also $v = s/t = 2{,}62\ \mathrm{m/s}$. Nach (2.14) $a_r = v^2/r = 1{,}37\ \mathrm{m/s^2}$.

2.3.1 a nach unten, F_T nach oben.

2.3.2 Mit (2.15) $m_G g = (m + m_G)a : a = g/4 = 2{,}45\ \mathrm{m/s^2}$. Mit $v^2 = 2as$ (s. Aufgabe 2.2.1) und $s = 0{,}5\ \mathrm{m}$ folgt $v = 1{,}57\ \mathrm{m/s}$.

2.3.3 $m_G gs = (m + m_G)v^2/2$.

2.3.4 Mit (2.26) und (2.27) wird für $l = \Delta x : mv^2/2 = D\Delta x^2/2$, also $\Delta x = v\sqrt{m/D}$. Das ergibt mit $D = 3000\ \mathrm{N/m} : \Delta x = 0{,}207\ \mathrm{m}$.

2.3.5 Nach (2.22) beträgt die gefragte Zeit $t = W/P$. Darin sind $W = mv^2/2 = 1{,}6 \cdot 10^5\ \mathrm{J}$ und $P = 50\,000\ \mathrm{W}$, also $t = 3{,}2\ \mathrm{s}$.

2.4.1 Mit $s = v_0 t$ und $t = \sqrt{2h/g}$ (aus (2.10) umgeformt) ergibt sich $s = v_0\sqrt{2h/g} = 1{,}60\ \mathrm{m}$.

2.4.2 Die Erde hat: Radius $r = 6{,}366 \cdot 10^6\ \mathrm{m}$, Winkelgeschwindigkeit $\omega = 2\pi/86400\ \mathrm{s^{-1}}$. Damit Zentrifugalbeschleunigung $a_r = r\omega^2 = 0{,}0337\ \mathrm{m/s^2}$, vgl. (2.14).

2.4.3 Bezogen auf die Erde gar nicht.

2.4.4 Senkrechte Komponente: Atom 1 überträgt seine ganze Geschwindigkeit v_0 an Atom 2, vgl. (2.32) mit $m_1 = m_2$, das außerdem noch die horizontale Komponente v_0 hat und behält. Atom 2 fliegt also nach dem Stoß, um 45° von seiner alten Bahn abgelenkt, mit der Bahngeschwindigkeit $\sqrt{2} \cdot v_0$ weiter (Vektor-Addition der Geschwindigkeiten), während Atom 1 ruht.

2.4.5 In beiden Fällen $v' = 0$, die Verformungsarbeit an einer Kugel ist gleich.

2.5.1 $4 \cdot \sin 30\ \mathrm{Nm} = 2\ \mathrm{Nm}$.

2.5.2 Der Schwerpunkt muss von 0,05 m Höhe auf $\sqrt{0,05^2 + 0,04^2} = 0{,}064\ \mathrm{m}$ gehoben werden. Die Differenz als Weg multipliziert mit der Gewichtskraft F ergibt die Arbeit 0,28 J.

2.5.3 $0,31_9$ J, nur geringfügig größer.

2.5.4 Bezogen auf den Erdboden bewegt sich das Boot um die Strecke s, der Mann um $s-2$ (alle Längen in m). Also nach (2.37): $300 \cdot s = 75 \cdot (2-s)$, bzw. $s = 0{,}40\ \mathrm{m}$.

2.6.1 Aus dem Winkel-Zeit-Gesetz (2.39b) folgt $\alpha = 2\varphi/t^2$; der zurückgelegte Winkel beträgt $\varphi = 5 \cdot 2\pi$. Also $\alpha = \pi/20\ \mathrm{s^{-2}} = 0,157\ \mathrm{s^{-2}}$.

2.6.2 Bei Drehung um den Kugeldurchmesser: $I_0 = 2mr^2/5 = 3{,}2\ \mathrm{kg\,m^2}$. Bei Drehung um eine Tangente: nach Steiner $I = I_0 + mr^2 = 11{,}2\ \mathrm{kg\,m^2}$.

2.6.3 Der konstant bleibende Drehimpuls, vgl. (2.42), beträgt $L = 125\ \mathrm{kg\,m^2/s}$. Nach Ausstrecken der Hanteln hat sich das Trägheitsmoment erhöht auf $(25 + 30 \cdot 0,9^2) = 49{,}3\ \mathrm{kg\,m^2}$; also ist die neue Winkelgeschwindigkeit ($L = \mathrm{const}$): $\omega = 125/49{,}3\ \mathrm{s^{-1}} = 2{,}535\ \mathrm{s^{-1}}$.

2.6.4 $E_{rot} = I\omega^2/2$. Arme ausgestreckt: $E_{rot} = 158{,}4\ \mathrm{J}$; Arme angezogen: $E_{rot} = 312{,}5\ \mathrm{J}$. Differenz 154,1 J. Die Versuchsperson leistet Arbeit gegen die Zentrifugalkräfte, die auf die Hanteln nach außen wirken.

2.6.5 Das äußere Drehmoment durch die Schwerkraft mg beträgt $M = mgs \sin\vartheta$ (s ist die Strecke OS in Abb. 2.37). Also $\Delta\varphi/\Delta t = mgs/L$, unabhängig von ϑ.

2.7.1 Auf der Kreisbahn mit dem Radius r um den Erdmittelpunkt hat der Satellit nach (2.14) die Zentripetalbeschleunigung $r\omega^2$, und die Erdbeschleunigung ist dort $g(r_e/r)^2$, vgl. (2.43); $r_e = 6{,}366 \cdot 10^6\ \mathrm{m}$ ist der Erdradius. Für die Erdumdrehung gilt $\omega = 2\pi/86\,400\ \mathrm{s^{-1}}$. Man setzt beide Beschleunigungen gleich und formt am besten um in $(r/r_e)^3 = g/r_e\omega^2$. Das führt auf $r/r_e = 6{,}63$ oder den gesuchten Abstand von der Erdoberfläche $5,63 \cdot r_e = 35\,800\ \mathrm{km}$.

2.7.2 Die potentielle Energie E_{pot} des Körpers der Masse m im Abstand R vom Erdzentrum beträgt nach (2.45) und (2.46) $E_{pot} = -mGM/R$. Die Erdbeschleunigung g ist nach (2.44) $g = a(R) = GM/R^2$, sodass gilt $E_{pot} = -mgR$. Die kinetische Energie $mv^2/2$ muss sie mindestens kompensieren. Daraus folgt:

$$v \geq \sqrt{2gR} = 11{,}2\ \mathrm{km/s}.$$

Kapitel 3

3.1.1 $1,293\,\text{kg}$.

3.1.2 23% der Masse von $1\,\text{m}^3$ Luft sind $297,4\,\text{g}$. O_2 hat die Molmasse $32\,\text{g/mol}$. Also ist die Stoffmengenkonzentration $9,29\,\text{mol/m}^3$.

3.2.1 Äußere Kraft und Gegenkraft der Halterung bilden ein Kräftepaar.

3.2.2 Aus (3.9) folgt $F_\parallel = AG\gamma$. Hier sind $A = 0,2^2\,\text{m}^2$, $G = 27\cdot 10^9\,\text{N/m}^2$ und $\gamma = 1\cdot\pi/180\,\text{rad}$; also $F = 18,8\cdot 10^6\,\text{N}$.

3.2.3 Elastisches Drehmoment nach (3.10): $M = \pi G\varphi(r_\text{a}^4 - r_\text{i}^4)/2l = \pi G\varphi R^4/2l$, das ergibt $2R = 1,84\,\text{mm}$. Massenverhältnis $R^2/(r_\text{a}^2 - r_\text{i}^2) = 5,52$.

3.2.4 Inhalt des Dreiecks $W = F\Delta l/2 = 0,018\,\text{J}$ ($\Delta l = 0,003\,\text{m}$).

3.2.5 Nach (3.11) $\Delta h_2/\Delta h_1 = 10^2/2^2$: $\Delta h_2 = 50\,\text{mm}$. $E_2/E_1 = \Delta h_2/\Delta h_1 = 25$ (vgl. Aufgabe 3.2.4).

3.3.1 Es betragen Druck $p = F/A = 10^6\,\text{Pa}$ (3.13) und Volumenänderung $\Delta V = 1,6\cdot 10^{-4}\,\text{m}^3$. Damit ist die Arbeit (3.16) $W = 160\,\text{J}$, bzw. die Leistung (2.22) $P = 40\,\text{W}$.

3.3.2 $p = p_0 - \varrho gh$ (3.17) mit $\varrho = 1000\,\text{kg/m}^3$ und $g = 9,81\,\text{m/s}^2$: $p = 0,234\cdot 10^5\,\text{Pa}$.

3.3.3 Beim Schwimmen ist das Gewicht der Platte $0,88\,Vg$ gleich ihrem Auftrieb $1,10\,V'g$ (eintauchendes Volumen V'). $V'/V = 0,80$ oder nicht eintauchender Teil des Plattenvolumens 20%.

3.3.4 Nach (3.20) mit $r = 0,5\cdot 10^{-4}\,\text{m}$: $\Delta p = 2920\,\text{Pa}$. $h = \Delta p/\varrho g = 0,298\,\text{m}$ (vgl. Aufgabe 3.3.2).

3.3.5 Nein (Energiesatz)! Die Oberfläche nimmt einen so großen Krümmungsradius an, dass Gleichgewicht herrscht.

3.3.6 Das Volumen eines Tropfens ist dem Stalagmometerradius R proportional (3.22). Die notwendige Anzahl n von Tropfen für eine bestimmte Dosis ($Vn = \text{const}$) steigt mit $1/V$, also auch mit $1/R$. $n = 10\cdot 1/0,625 = 16$.

3.4.1 Der Zusatzdruck beträgt $F/A = 200/(8\cdot 10^{-4})\,\text{Pa} = 250\,\text{kPa}$, sodass der Gesamtdruck $370\,\text{kPa}$ wird. Das Volumenverhältnis ist nach (3.23) $120/370 = 0,324$.

3.4.2 $F = \pi r^2\Delta p$ mit $r = 0,3\,\text{m}$ und $\Delta p = 90\,\text{kPa}$: $F = 25,4\,\text{kN}$. Das ist die Gewichtskraft eines Körpers von $2,59\,\text{t}$ Masse ($g = 9,81\,\text{m/s}^2$).

3.4.3 Der Auftrieb des Körpers entspricht nach Abschn. 3.3.4 einem scheinbaren Masseverlust von $\varrho V = 1,293\,\text{g}$, um den die Waageanzeige zu klein ist. Die Masse des Körpers beträgt also gerundet $23,29\,\text{g}$. Der Fehler durch den Auftrieb der Gewichtsstücke liegt innerhalb von deren Genauigkeitsgrenze.

3.4.4 Seine Auftriebskraft ist $F_1 = \varrho_0 gV$ mit $\varrho_0 = 1,293\,\text{kg/m}^3$ und $g = 9,81\,\text{m/s}^2$: $F_1 = 253,7\,\text{N}$. Sein Gewicht ist $G = mg = 196,2\,\text{N}$. Also $F_1 - G = 57,5\,\text{N}$. – In der gesuchten Höhe sind Gewicht und Auftrieb gleich, d. h. die Luftdichte beträgt $\varrho = 1,000\,\text{kg/m}^3$. Zur Anwendung der barometrischen Höhenformel (3.24b) setzen wir den Druck proportional zur Dichte (3.23) und erhalten umgeformt $h = 7,99\ln(\varrho_0/\varrho) = 2,05\,\text{km}$.

3.5.1 Die Geschwindigkeit v des inneren Zylinders ergibt sich aus der Motordrehung: $v = \omega r = 2\pi r_\text{i}/T = 1,257\,\text{m/s}$($r_\text{i} = 0,06\,\text{m}$, $1/T = 3,33\,\text{s}^{-1}$). Mit $d = 3\cdot 10^{-3}\,\text{m}$ folgt daraus $v/d = 418,9\,\text{s}^{-1}$. – Die Scherkraft auf den äußeren Zylinder ist nach (3.10): $F = D^*\varphi/r_\text{a} = 0,01905\,\text{N}$ mit $r_\text{a} = 0,063\,\text{m}$. Daraus ergibt sich die Schubspannung $\tau = F/2\pi r_\text{a}h = 0,1604\,\text{N/m}^2$ mit $h = 0,3\,\text{m}$. – Nach (3.25b) wird schließlich mit $\text{d}v/\text{d}x = v/d$: $\eta = 0,383\,\text{mPas}$.

3.5.2 Die Reibungskraft, z. B. im Lager des äußeren Zylinders, muss durch eine Schubspannung kompensiert werden. Diese entsteht nur bei einer Geschwindigkeits*differenz* der beiden Zylinder.

3.5.3 Auf die Kugel wirkt die Kraft (Schwerkraft vermindert um den Auftrieb) $F = 4\pi r^3 g\Delta\varrho/3$ mit $r = 1,5\cdot 10^{-3}\,\text{m}$ und $\Delta\varrho = 900\,\text{kg/m}^3$. Also $F = 124,8\cdot 10^{-6}\,\text{N}$. Nach (3.28) $v = F/6\pi\eta r = 0,177\,\text{m/s}$.

3.5.4 In den zwei Rohrstücken gilt nach (3.26) bei gleichen Werten von I, η und l auch $r^4\Delta p = \text{const}$: $r_1^4\Delta p_1 = r_2^4\Delta p_2$ ($\Delta p_{1,2}$ Druckdifferenz zwischen beiden Enden jedes Stückes). Außerdem haben wir $\Delta p_1 + \Delta p_2 = 1,8\,\text{bar}$. Aus beiden Gleichungen folgt $\Delta p_2 = 1,56_2\,\text{bar}$. Der Druck in der Mitte beträgt dann $1,2 + \Delta p_2 = 2,76\,\text{bar}$.

3.5.5 Bei konstanter Stromstärke I sind die Strömungsgeschwindigkeiten v_1 und v_2 in den beiden Rohrstücken den Querschnitten umgekehrt proportional (3.24c), also $v_2 = v_1(r_1/r_2)^2$. Dann kann man (3.33a) umformen in $v_1^2[(r_1/r_2)^4 - 1] = 2(p_1 - p_2)/\varrho$. Daraus errechnet sich mit $p_1 - p_2 = 1,8\cdot 10^5\,\text{Pa}$: $v_1 = 6,57\,\text{m/s}$.

3.5.6 In idealer Flüssigkeit gilt (3.33a) $p_A - p_B = \varrho(v_B^2 - v_A^2)/2$. Bei Stromverdopplung werden v_A^2 und v_B^2 beide vervierfacht, ebenso $p_A - p_B$.

3.5.7 Die Luftdichte in der Höhe $h = 5,5\,\text{km}$ beträgt nach (3.24b) mit $\varrho_0 = 1,293\,\text{kg/m}^3$: $\varrho = 0,650\,\text{kg/m}^3$. Der Staudruck (3.33b) ist $p_0 - p = \varrho v^2/2 = 0,398\cdot 10^5\,\text{Pa} = 398\,\text{mbar}$.

3.5.8 Nach (3.34) ergibt sich mit $\varrho = 1000\,\text{kg/m}^3$, $d = 0,002\,\text{m}$ und $\eta = 10^{-3}\,\text{Pas}$ für $\text{Re} = 1100$: $v = 0,55\,\text{m/s}$.

Kapitel 4

4.1.1 Nach (4.3) ist allgemein $\nu_0 = 1/T = \sqrt{D/m}/2\pi$, also $\nu_2/\nu_1 = \sqrt{m_1/m_2} = 2$. $m_1/m_2 = 4$.

4.1.2 $x = x_0\sin\omega t$ (4.1b) wird nach t abgeleitet: $v = x_0\omega\cos\omega t$. Für die Ruhelage ($x = 0, \cos\omega t = 1$) gilt also allgemein $v_1/v_2 = \nu_1/\nu_2$. Hier speziell: $v_1/v_2 = 1/2$.

4.1.3 Nach (4.7) gilt allgemein $\nu_0 = \sqrt{D^*/I}/2\pi$. Da die Entfernung Schwerpunkt – Drehpunkt $h =$

0,2 m ist und $I = 11{,}2\,\mathrm{kg\,m^2}$ (s. Aufgabe 2.6.2) wird $D^* = mgh = 392{,}4\,\mathrm{kg\,m^2/s^2}$. Also $\nu_0 = 0{,}942\,\mathrm{Hz}$.

4.1.4 Cosinus-Satz:
$x_0^2 = x_{01}^2 + x_{02}^2 - 2x_{01}x_{02}\cos(\pi - \varphi_{12})$;
mit $\cos(\pi - \varphi_{12}) = -0{,}5$ wird $x_0 = 5{,}29$ mm.

4.1.5 ν_1 ist das kleinste gemeinsame Vielfache aller vorkommenden Frequenzen: 175 Hz.
$T_1 = 1/\nu_1 = 5{,}71$ ms.

4.1.6 a) linear, aus Richtung I um ϑ gegen den Uhrzeiger gedreht, mit $\tan\vartheta = 3/2$, $\vartheta = 56{,}3°$; b) elliptisch, Achsenverhältnis 3/2, große Achse in Richtung II.

4.2.1 Gangunterschied zu den Lautsprechern: $\Delta z = 0{,}1$ m, Wellenlänge $\lambda = c/\nu = 0{,}34$ m. Nach (4.9a) Phasendifferenz $\varphi = 105{,}9°$.

4.2.2 Die Knotenentfernung beträgt eine halbe Wellenlänge, also $\lambda = 0{,}4$ m. Nach (4.8) $c = 1{,}2$ m/s.

4.2.3 Der Abstand der beiden Punkte ist $z = \lambda/8$. Sie schwingen bei stehender Welle *gleichphasig*, da die Phase erst im Abstand $\lambda/4$ vom Bauch springt. Wenn x_{10} die Amplitude im Bauch bei $z = 0$ ist, gilt allgemein im Abstand $z : x_{20} = x_{10}\cos(2\pi z/\lambda)$. Mit $z = \lambda/8$ folgt $\cos\pi/4 = 1/\sqrt{2}$, also $x_{10}/x_{20} = \sqrt{2}$.

4.2.4 Die Grundfrequenz bei Luftfüllung ergibt mit (4.10) die Rohrlänge $l = 0{,}386$ m. Bei unterschiedlichen Füllungen verhalten sich die Grundfrequenzen wie die Schallgeschwindigkeiten c, also wird für Wasser $\nu_1 = 1915$ Hz.

4.2.5 Hier sind die Oberfrequenzen die *ungeradzahligen* Vielfachen der Grundfrequenz, also 1,8 und 3,0 kHz.

4.2.6 Auf der Wasseroberfläche sieht man 8 Hyperbeläste als Knotenlinien. Die Strecke zwischen den beiden Zentren enthält also eine stehende Welle mit 8 Knoten. Ihre Länge beträgt mindestens $7\lambda/2$.

4.3.1 Nach (4.14) mit Schallwiderstand $\varrho c = 400\,\mathrm{kg/m^2\,s}$: Schallstärke $E = 1\,\mu\mathrm{W/m^2}$. Die Schallschnelle (4.15) beträgt $u_{\mathrm{eff}} = 5\cdot 10^{-5}$ m/s.

4.3.2 Im Abstand $r = 20$ m ist nach (4.12) $E_1 = 0{,}597\,\mathrm{mW/m^2}$. Bis 80 m sinkt die Schallstärke auf $E_2 = E_1/4^2$, also um $10\cdot\log 16 = 12{,}0$ dB.

4.3.3 Die reflektierte Schallwelle kommt vom Spiegelbild der Schallquelle, das sich mit zweifacher Wandgeschwindigkeit dem Beobachter nähert. Ihre Frequenz beträgt also (4.17b) $\nu' = \nu/(1 - v/c)$ mit $v = 0{,}1$ m/s. Die Schwebungsfrequenz ist $\nu_s = \nu' - \nu = 2{,}35$ Hz.

4.3.4 Wegen der Absorption sind nach Abschn. 4.3.3.6 die Ausdrücke für die Schallstärke E mit dem Faktor $A = \exp(-\alpha r)(\alpha = 0{,}015\,\mathrm{m^{-1}})$ zu multiplizieren. Für $r = 20$ m ergibt sich $A_1 = 0{,}740_8$, für $r = 80$ m $A_2 = 0{,}301_2$. Also wird mit dem Ergebnis von Aufgabe 4.3.2: $E_1 = 0{,}442_3\,\mathrm{mW/m^2}$, $E_2 = E_1/4\cdot(A_2/A_1) = 0{,}0112_4\,\mathrm{mV/m^2}$.
$10\cdot\log E_1/E_2$ ergibt $15{,}9_5$ dB.

4.3.5 Zur Umrechnung dient die Beziehung $\log(E_1/E_2) = M\cdot\ln(E_1/E_2)$ mit $M = \ln 10 = 0{,}4343$. Wenn die Punkte 1 und 2 den Abstand 1 m in Schallrichtung haben, gilt $\ln(E_1/E_2) = \alpha$ oder $\cdot\log(E_1/E_2) = M\alpha = 0{,}130$ dB/m.

4.3.6 Der Abstand ist $\lambda/2 = c/2\nu$ ($c = 1484$ m/s, s. Tab. 4.1): 4,95 mm.

Kapitel 5

5.1.1 Die Volumenänderung ist
$\Delta V = \pi\cdot 0{,}1^2\cdot 5\,\mathrm{mm^3} = 0{,}157\,\mathrm{mm^3}$. Nach (5.3b) gilt $V = \Delta V/\gamma$ mit $\gamma = 18\cdot 10^{-5}\,\mathrm{K^{-1}}$ (Tab. 5.1), also $V = 873\,\mathrm{mm^3}$.

5.1.2 Der kubische Ausdehnungskoeffizient des Glases $3\alpha = 2{,}4\cdot 10^{-5}\,\mathrm{K^{-1}}$ ist von dem des Quecksilbers abzuziehen: $\gamma_{\mathrm{eff}} = 15{,}6\cdot 10^{-5}\,\mathrm{K^{-1}}$. Damit wird $V = 1{,}00_7\,\mathrm{cm^3}$.

5.1.3 Wir setzen in (5.8) die Stoffmenge
$n = m/M = 900\,0/4{,}00_3$ mol ein. Endergebnis: $p = 2{,}80\cdot 10^6\,\mathrm{Pa} = 28{,}0$ bar.

5.1.4 Mit $T = 323{,}15$ K und $p = 3500$ mbar liefert (5.9a): $V_0 = 1{,}17\,\mathrm{m^3}$.

5.1.5 Das Argon-Volumen $V(A) = 0{,}009\cdot V$ hat den Druck p_0. Sein Partialdruck ist nach (3.23): $p(A) = p_0 V(A)/V = 0{,}009\cdot p_0 = 9{,}1_2$ mbar.

5.2.1 Aus (5.12) folgt mit
$\Delta T = 35$ K und $c_w = 4187$ J/kgK (5.13): $Q = 44{,}0$ kJ.

5.2.2 Für Kupfer und Wasser soll das Product $c\cdot m$ in (5.12) gleich sein. Das führt zur Wassermenge: 7,32 g.

5.2.3 In sinngemäßer Anwendung von (5.15) setzt man $m_1 c_w = 15$ J/K, $t_1 = 20\,°\mathrm{C}$ und $t_2 = -25\,°\mathrm{C}$. Weiter ist die Wärmekapazität der Ethanolmenge $m_2 c = 30\cdot 2{,}43$ J/K (Tab. 5.2). Gesuchte Temperatur: $t' = -17{,}3\,°\mathrm{C}$.

5.2.4 Die Stoffmenge ergibt sich aus (5.8) mit $V = 5\cdot 10^{-5}\,\mathrm{m^3}$ und $T = 293{,}15$ K zu $n = 2{,}04\cdot 10^{-3}$ mol. Der Enddruck ist nach (3.23) $p = 25{,}0\cdot 10^5$ Pa. Nach (5.17) $W_k = 16{,}1$ J.

5.2.5 Nach (5.18): $p = 90{,}6\cdot 10^5$ Pa, $T = 1062{,}3\,\mathrm{K} = 789{,}2\,°\mathrm{C}$.

5.2.6
$$W_k = -\int_{V_1}^{V_2} p\,\mathrm{d}V = -p_1 V_1^{\varkappa}\int_{V_1}^{V_2}\frac{\mathrm{d}V}{V^{\varkappa}}$$
$$= \frac{p_1}{\varkappa - 1}\left[\left(\frac{V_1}{V_2}\right)^{\varkappa} V_2 - V_1\right].$$
Mit $V_1 = 5\cdot 10^{-5}\,\mathrm{m^3}$, $V_2 = 0{,}2\cdot 10^{-5}\,\mathrm{m^3}$ und $p_1 = 10^5$ Pa ergibt das: $W_k = 32{,}8$ J.

5.2.7 Nach (5.22) $\Delta S = Q(1/T_2 - 1/T_1)$ mit $T_2 = 263{,}15$ K und $T_1 = 298{,}15$ K: $\Delta S = +0{,}223$ J/K.

5.2.8 Aus (5.20) folgt mit $\eta = (T_1 - T_2)/T_1$ (5.21): $W = \eta Q_1$. Die Daten von Aufgabe 5.2.7 ergeben: $W = 58{,}7$ J. Der Außenluft entnommen wird $Q_2 = Q_1 - W = 441{,}3$ J.

5.3.1 Die innere Energie von 1 mol eines idealen Gases beträgt $\Delta U = E = Mc_v T$, vgl. Abschn. 5.2.3. Andererseits ist sie nach (5.27) bei 2atomigen Gasen mit 5 molekularen Freiheitsgraden $E = 5RT/2$. Daraus folgt $c_v = 5R/2M$, d. h. mit $M = 28{,}014$ g/mol (N_2) bzw. 32,0 g/mol (O_2) Ergebnis: 0,742 J/gK (N_2); 0,650 J/gK (O_2).

5.3.2 Die mittlere Molmasse ist $\bar{M} = (0{,}8 \cdot 28{,}014 + 0{,}2 \cdot 32{,}0) = 28{,}81$ g/mol. Das führt zu (vgl. Aufgabe 5.3.1) $c_v = 0{,}721$ J/gk.

5.3.3 Nach (5.16b) gilt $c_p = c_v + R/\bar{M} = 1{,}010$ J/gK (vgl. Aufgabe 5.3.2). – 1 m^3 Luft hat die Masse 1,293 kg, also ist die notwendige Energie isobar: $1{,}30_6$ kJ, isochor: 0,932 kJ. – Der Behälter hat das Volumen 0,018 m^3, die Dichte 2700 kg/m^3 (Tabelle 3.1) und $c = 0{,}896$ kJ/kg K (Tabelle 5.2). Daher benötigt er nach (5.12) die Energie 43,5 kJ, das Gas nur 2,14% davon.

5.3.4 Nach (5.29) gilt umgeformt $v_w^2 = 2RT/M$ mit $M = 1{,}008 \cdot 10^{-3}$ kg/mol: $v_w = 9{,}70$ km/s.

5.3.5 a) Behälter I auf den Kopf stellen, da sonst CO_2 (schwerer als N_2) nach unten ausströmt.
b) Entsprechend (5.29) $v(\mathrm{I})/v(\mathrm{II}) = \sqrt{M(\mathrm{II})/M(\mathrm{I})} = \sqrt{28/44} = 0{,}798$.
c) Zunächst Unterdruck in Raum II.
d) Nein, *kleinere* Druckunterschiede.

5.3.6 Mit (5.30) und $T = 298{,}15$ K: $c_M = n/V = 40{,}3$ mol/m^3 = 0,0403 mol/l.

5.4.1 Beim Schmelzen nimmt die Eismenge (Tab. 5.4) auf: $mq_F = 1675$ kJ, anschließend beim Erwärmen um $\Delta T = 10$ K (5.12) und (5.13): 209 kJ. Das macht zusammen 1884 kJ.

5.4.2 Nach dem Raoult'schen Gesetz (Abschn. 5.4.2.2) mit $V = 0{,}051$ und $\Delta T_F = 2{,}05$ K beträgt für Wasser $\Delta T = 1{,}83$ n/V, also $n = 0{,}0560$ mol. Die Molmasse ist $M = m/n = 160{,}7$ g/mol $= 0{,}161$ kg/mol.

5.4.3 Wasser gibt die beim Erstarren frei werdende Wärmemenge ab.

5.4.4 Der Druck der Flüssigkeitssäule beträgt nach (3.17) mit $\varrho = 800$ kg/m^3 und $h = 4 \cdot 10^{-3}$ m: 31,4 Pa = 0,314 mbar. Um diesen Betrag wird p_s zu hoch gemessen.

5.4.5 Die Dampfdruckkurve (p_s, T) ist konkav nach oben gebogen.

5.4.6 Nach Abschn. 5.4.3 gilt $\ln p_s = -E/RT + \mathrm{const}$; E ist hier die *molare* Verdampfungswärme. Die gefragte Steigung hat die Bedeutung $-E/R$ und ergibt sich graphisch zu $-5{,}1 \cdot 10^3$ K, also $E = 42{,}4$ kJ/mol. – Mit $M = 18$ g/mol wird die spezifische Verdampfungswärme $E/M = 2{,}35$ kJ/g. Das ist der Mittelwert zwischen 40 und 100 °C.

5.4.7 Bei 40 °C beträgt der Sättigungsdruck des Wasserdampfes 73,7 mbar, am Taupunkt ist er 23,3 mbar. Das Verhältnis beider ist die relative Feuchte 31,6%.

5.4.8 Mit $T_k = 5{,}2$ K und $p_k = 2{,}29 \cdot 10^5$ Pa wird aus (5.31b, c): $b = RT_k/8p_k = 2{,}36 \cdot 10^{-5}$ m^3/mol. Nach (5.9b) ist das Molvolumen des Gases unter Normalbedingungen 0,0224 m^3/mol, davon ist b also 1,05‰. Gaskinetisches Eigenvolumen des He-Atoms $b/4N_A = 0{,}98_0 \cdot 10^{-23}$ cm^3.

5.4.9 Nach (5.31b): $a = 27 p_k b^2 = 3{,}44 \cdot 10^{-3}$ Pa · m^3 (mit b von Aufgabe 5.4.8). Kohäsionsdruck (5.31a): $a/V^2 = 6{,}85$ Pa (V Molvolumen).

5.5.1 (5.32) umgeformt: $\Delta T = Pl/\lambda A = 50{,}8$ K ($\lambda = 3{,}94$ W/cmK). Endtemperatur des Körpers: 70,8 °C.

5.5.2 a) Wärmeleitung (5.32) abgekürzt: $P_L = C_L \Delta T$. Versuch I: $P_L = 19$ W und $\Delta T = 20$ K ergeben Faktor $C_L = 0{,}95$ W/K. Versuch II: $\Delta T = 380$ K führt auf $P_L = 361$ W.
b) Wärmestrahlung abgekürzt: $P_S = C_S(T_1^4 - T_2^4)$ mit T_1 Temperatur vom Draht, T_2 der Umgebung. Versuch I: $P_S = 1$ W, $T_1 = 313$ K, also Faktor $C_S = 4{,}49 \cdot 10^{-10}$ W/K^4. Versuch II: $T_1 = 673$ K, also $P_S = 88{,}7$ W. Die Summe ist 450 W, davon 19,7% Strahlung.

Kapitel 6

6.1.1 Die Parallelschaltung R_2 mit R_3 hat nach (6.6b) den Widerstand $R_{23} = 40\ \Omega$. Damit ist der Gesamtstrom (6.4b): $I = U(R_1 + R_{23}) = 0{,}5$ A; Spannungsabfall an R_{23}, bzw. R_3 beträgt $U_3 = IR_{23} = 20$ V. – Durch R_3 fließt nach (6.2) der Strom $I_3 = U_3/R_3 = 0{,}4$ A.

6.1.2 Mit (6.10): $R_G/(R_G + R_V) = 30/100$, also $R_V = 14\ \mathrm{k}\Omega$.

6.1.3 Nach (6.3) ist $R_{AB} = 1{,}6\ \mathrm{k}\Omega$, sodass $I_{AB} = U/R_{AB} = 125$ mA. $U_1 = (16/80)U = 40$ V. – Aus der Länge $AC = 16$ cm folgen: $R_1 = 0{,}32\ \mathrm{k}\Omega$, $R_2 = 1{,}28\ \mathrm{k}\Omega$. Der Widerstand der Parallelschaltung R_V mit R_1 ist nach (6.6b) $R_x = 300{,}8\ \Omega$. Dann ist die gefragte neue Spannung: $U_V = U R_x/(R_2 + R_x) = 38{,}0_5$ V.

6.1.4 Nach (6.2) ist der Strom, der in beiden Fällen der Stromquelle entnommen wird und durch das Voltmeter fließt, $I(A) = 18{,}7_5$ mA bzw. $I(B) = 20{,}0$ mA. Nach (6.9) sind die jeweiligen Spannungsabfälle $R_i I(A)$ bzw. $R_i I(B)$, und aus ihrer Differenz 5 V errechnet sich: $R_i = 4{,}0\ \mathrm{k}\Omega$. Der Spannungsabfall an R_i ist z. B. im Falle $B: I(B)R_i = 80$ V. Leerlauf Spannung: $U_e = U_k(B) + I(B)R_i = 90{,}0$ V. – Kurzschlussstrom: $I_k = U_e/R_i = 22{,}5$ mA.

6.1.5 Für die Kompensation ist die gemessene, wirklich an $R_1 + R_2$ liegende Spannung maßgebend und nicht die Spannung, welche die Vergleichsspannungsquelle unbelastet hätte.

6.1.6 Mit (6.10) ist $U_x = U_2 = 300$ mV.

6.1.7 R_3 und R_x sollten etwa gleich sein, damit beim Abgleich das auch für l_1 und l_2 gilt. Eine sehr kleine Länge misst man mit großem relativen Fehler.

6.2.1 Die Feldstärke ist nach (6.13b) $E = U/d = 5 \cdot 10^5$ V/m, also mit (6.12) die Kraft $F = QE = 0{,}015$ N. Aufgenommene Energie $W = QU = 7{,}5 \cdot 10^{-4}$ J, Auftreffgeschwindigkeit mit $v^2 = 2\,W/m$, ($m = 2 \cdot 10^{-3}$ kg), $v = 0{,}866$ m/s.

6.2.2 Nach Abschn. 6.2.4 ist die Ladung $Q = AD$. Dabei gilt $D = \varepsilon_0 E = 4{,}43 \cdot 10^{-6}$ As/m^2 und $A = 0{,}025$ m^2, also $Q_1 = 0{,}111$ µC. – $Q_2 = Q_1 \cos 30° = 0{,}096$ µC.

6.2.3 Konzentrische Kugeln.

6.2.4 Die Ladung des Kondensators $Q = CU$ bleibt bei abgeschalteter Spannungsquelle konstant. Durch die Parallelschaltung (Abschn. 6.2.5) erhöht sich die Gesamtkapazität auf $C' = 2{,}5$ µF, dabei sinkt die Spannung auf $U' = CU/C' = 176$ V.

6.2.5 Jede Platte hat, dem Betrage nach, die gleiche Ladung. Da jetzt die reziproken Kapazitäten sich addieren, ist die Gesamtkapazität $C' = C_1 C_2 (C_1 + C_2) = 0{,}40$ µF, die Ladung also $Q = C'U = 88$ µC. Die gesuchte Spannung beträgt $U_2 = Q/C_2 = 176$ V.

6.2.6 Mit $r = 0{,}1$ m ist die Kapazität $C = 4\pi\varepsilon_0 r = 11{,}13$ pF. – Das Potential beträgt $U = Q/C = 180$ kV und die gespeicherte Energie $W = CU^2/2 = 0{,}18$ J.

6.2.7 Elektrisch: (6.18b) mit $Q = e = 1{,}602 \cdot 10^{-19}$ C ergibt: $F_{\text{el}} = 8{,}53 \cdot 10^{-8}$ N. – Gravitation: (2.43) liefert (Konstanten s. Anhang) $F_{\text{G}} = 37{,}6 \cdot 10^{-48}$ N. – $F_{\text{G}}/F_{\text{el}} = 4{,}41 \cdot 10^{-40}$.

6.2.8 Nach geringer Ladungsverschiebung bricht das elektrische Feld in den Drähten zusammen, vgl. auch das Beispiel von Abb. 6.25.

6.3.1 Nach (6.25): $I = 182$ mA. Dann mit (6.2): $R = 1{,}21$ kΩ.

6.3.2 a) Mit (6.26): $P = 10$ W.
b) Der Draht ist kälter, sodass R kleiner ist.
c) $P = 0{,}13 \cdot 110\,\text{W} = 14{,}3$ W.

6.3.3 Durchgegangene Ladung (6.1): $Q = 96$ C. Abgeschiedene Stoffmenge H_2 nach Faraday (Abschn. 6.3.3) $n = Q/zF$ mit $z = 2$: $n = 0{,}497 \cdot 10^{-3}$ mol; das sind $n \cdot V_{\text{mol}} = 11{,}1_5$ cm^3.

6.3.4 a) Aus (6.28a) folgt für die Leitfähigkeit $\sigma = \text{Ne}(u_+ + u_-)$. $N = nN_{\text{A}} = 120{,}4 \cdot 10^{23}$ m^{-3} (mit $n = 20$ mol/m^3) führt auf $\sigma = 0{,}760$ S/m.
b) Bei höheren Konzentrationen sind die Ionen eng benachbart. Die elektrische Anziehungskraft zwischen Anion und Kation setzt dann die Beweglichkeit herab. Die verwendeten Werte der Ionenbeweglichkeit sind aber nur Grenzwerte für sehr verdünnte Lösungen.

6.3.5 Mit konstanter Betriebsspannung gilt nach (6.2): $I_1 R_1 = I_2 R_2$ – Nach Abschn. 6.3.5 ist einzusetzen: $R_2 = R_1(1 + \alpha \Delta T)$. Dann nach ΔT aufgelöst: $\Delta T = (I_1 - I_2)/I_2\alpha = 306$ K.
Ofentemperatur: $T_0 + \Delta T = 579$ K.

6.3.6 Wir schreiben (6.29) einmal für den ersten Zustand mit I, U, dann für die beiden anderen mit I_x, U_x und berechnen aus je zwei Gleichungen $I_x = I \exp((U_x - U)/25{,}5)$, $(U_x - U)$ in mV:
a) $U_x = 400$ mV: $I_x = 1{,}18$ µA
b) $U_x = 660$ mV: $I_x = 31{,}5$ mA.

6.4.1 Die Steigung der Geraden ermäßigt sich auf ein Drittel, da jetzt $R_{\text{i}} = 0{,}2/3$ Ω ist. Leerlaufspannung bleibt $U_{\text{e}} = 1{,}5$ V; Kurzschlussstrom $U_{\text{k}} = U_{\text{e}}/R_{\text{i}} = 22{,}5$ A.

6.4.2 Das Voltmeter schlägt in derselben Richtung wie vorher aus, weil die Anode A der +Pol der Polarisationsspannung ist. (Der Ausschlag ist aber nur gering, da der Widerstand des Amperemeters sehr viel kleiner als der Innenwiderstand des Elektrolyten ist.) Das Amperemeter schlägt in entgegengesetzter Richtung aus wie vorher.

6.4.3 Ladung:
Anode $PbSO_4 + SO_4 + 2H_2O = PbO_2 + 2H_2SO_4$
Kathode $PbSO_4 + H_2 = Pb + H_2SO_4$
Entladung:
Anode $PbO_2 + H_2 + H_2SO_4 = PbSO_4 + 2H_2O$
Kathode $Pb + SO_4 = PbSO_4$.

6.4.4 Die Werte in (6.31) eingesetzt: $U_{\text{D}} = 17{,}5$ mV. Die Lösung I ist der +Pol, da die negativen Anionen größere Beweglichkeit haben, also in der konzentrierteren Lösung verarmen.

6.4.5 (6.30) ergibt
$\Delta U_{\text{e}} = \Delta U_{\text{el}} = (RT/2F) \cdot \ln 2 = 8{,}75$ mV.

6.4.6 Nach (6.33) $T = 81/0{,}57$ K, also $r = 142$ °C.

6.5.1 Die Richardson-Gleichung (Abschn. 6.5.2) ergibt nach Einsetzen der beiden Wertepaare I, T: $(W_{\text{a}}k)(1/T_1 - 1/T_2) = \ln(I_2 T_1^2 / I_1 T_2^2)$: $W_{\text{a}} = 1{,}074 \cdot 10^{-18}$ J oder nach (6.34b) durch die Elementarladung dividiert: $W_{\text{a}} = 6{,}71$ eV.

6.5.2 Nur den geraden Kurventeil.

6.5.3 Vom Verbindungspunkt aus ändert sich die Heizspannung längs des Fadens von 0 auf −6 V. Daher liegt zwischen dem anderen Fadenende und der Anode die Spannung 106 V.

6.5.4 Nach (5.27) ist mit 3 Freiheitsgraden die gefragte Energie $W = 0{,}607 \cdot 10^{-20}$ J; oder mit (6.34b) $W = 37{,}9$ meV.

6.5.5 Mit (6.34a) beträgt die Geschwindigkeit $v = 2{,}05 \cdot 10^7$ m/s; für die Strecke 0,05 m braucht das Elektron 2,43 ns. – Alle Ablenkungen kompensieren sich.

6.5.6 Es erhält zusätzlich die Geschwindigkeitskomponente senkrecht zur ursprünglichen Bahn $v_\perp = at = eEt/m = 1{,}71 \cdot 10^6$ m/s (mit $E = 4000$ V/m). Dann gilt für den Ablenkwinkel $\tan\varphi = v_\perp / v = 0{,}0834$, oder $\varphi = 4{,}77°$.

6.5.7 Schwingungsdauer $T = 300/4$ µs.
$\nu = 1/T = 13{,}3$ kHz.

6.6.1 Der Strom in jedem Draht erzeugt nach (6.35b) mit $r = 0{,}05$ m die magnetische Feldstärke $H_0 = 9{,}55$ A/m, senkrecht zu r. Beide H_0-Felder bilden am Beobachtungsort den Winkel $\varphi = 60°$. Gesamtfeldstärke $H = 2H_0 \cos\varphi/2 = 16{,}5$ A/m. H steht parallel zum Lot vom einen Draht auf den anderen.

6.6.2 H liegt in der Querschnittsebene der Doppelleitung senkrecht zur Richtung in Aufgabe 6.6.1. Mit $\varphi = 120°$ wird $H = 9{,}5_5$ A/m.

6.6.3 Nach (6.38) mit $A = 0{,}08\ \text{m}^2$: $\mu_\text{m} = 0{,}2\ \text{Am}^2$.

6.6.4 (6.35a) ergibt mit $l = 0{,}2$ m: $H = 30$ kA/m; nach (6.45): $B = 37{,}7 \cdot 10^{-3}$ T. Aus (6.39) folgt mit $\varphi = 90°$: $M = 3{,}01_6$ Nm.

6.6.5 Gleichgewicht der Drehmomente: mechanisch $D^*\vartheta$ (3.10) und magnetisch $\mu_\text{m} B \cos\varphi$ (6.39) mit $\varphi = \pi/2 - \vartheta$. Das ergibt umgeformt $\cos\vartheta/\vartheta = 0{,}928$ (ϑ in rad). Lösung, graphisch oder mit Computer: $\vartheta = 0{,}772$ rad. Also Drehwinkel 44,2°, Drehmoment $M = 2{,}16 \cdot 10^{-5}$ Nm.

6.6.6 Die Elektronenbahn liegt in einer Ebene senkrecht zu H. Nach (6.37b) gilt $B = mv_Q/er$. Darin wird v_0, nach (6.34a) allgemein berechnet, eingesetzt:
$B = \sqrt{2mU/e}/r = 3{,}55_5 \cdot 10^{-4}$ T. Das führt mit (6.45) auf $H = 283$ A/m.

6.6.7 Der magnetische Fluss ändert sich um $\Delta\Phi = \Phi(I_2 - I_1)/I_1 = 2{,}85 \cdot 10^{-6}$ Wb mit der Änderungsgeschwindigkeit $\text{d}\Phi/\text{d}t = 3{,}56 \cdot 10^{-3}$ Wb/s. Gefragte Spannung nach (6.43) mit $n = 2$: $U_\text{ind} = 7{,}12$ mV, Induktionsstrom 1,78 mA.

6.6.8 Da die magnetischen Feldlinien *parallel* zur Windungsfläche der Prüfspule verlaufen, entsteht kein Spannungsstoß.

6.6.9 Nach (6.44) mit $B_2 - B_1 = 2B_\text{erd}$ wird $B_\text{erd} = 3{,}67 \cdot 10^{-5}$ T, oder mit (6.45): $H_\text{erd} = 29{,}2$ A/m.

6.6.10 Nach (6.46b) wird $\Phi = 240$ Wb. (6.47) führt zu $W = 360$ J, (6.26) auf $P = 1{,}35$ kW. Nach (6.46d): $t = (L/R) \ln I_0/(I_0 - I) = 1{,}23$ s.

6.7.1 Beim quadratischen Mittelwert spielt die Stromrichtung (Vorzeichen) keine Rolle. Also $I_\text{eff} = 6$ A.

6.7.2 Gleichstrom: $R = 15\ \Omega$. Wechselstrom: (6.53) nach L aufgelöst gibt mit $\omega = 2\pi\nu = 314{,}2\ \text{s}^{-1}$: $L = 0{,}098$ H. Phasenverschiebung $U - I$ nach (6.54b): $\varphi = 64{,}0°$; gefragt war umgekehrt Strom gegen Spannung: $-64{,}0°$.

6.7.3 Nach (6.55) mit
$R = 0$: $I_\text{eff} = \omega C U_\text{eff} = 242$ mA.

6.7.4 Mit (6.55): $I_\text{eff} = 0{,}241_8$ A. – Nach (6.26) $P = I_\text{eff}^2 R = 1{,}17$ W. – Mit (6.58) ist $\cos\varphi = 0{,}022$: $\varphi = 88{,}7°$.

6.7.5 Mit (6.59) $\ddot{u} = n_1/n_2 = 220/6{,}3 \approx 35$.
$I_1 = P/U_1 = 9{,}1$ mA.

6.7.6 Die Leistung ist auf beiden Seiten des verlustlosen Transformators gleich: $U_1^2/R_1 = U_2^2/R_2$. Also gilt: $R_1/R_2 = (U_1/U_2)^2 = \ddot{u}^2 = 1{,}22 \cdot 10^3$.

6.7.7 Nach dem Ohm'schen Gesetz: $I_1 = I_2 = 100$ A, $I_3 = 122{,}2$ A: $P = 70{,}9$ kW. – Da I_1 und I_2 120° Phasendifferenz haben, führt Vektoraddition zu $I_{12} = 2 \cdot 100 \cdot \cos 60° = 100$ A. I_{12} und I_3 sind gerade gegenphasig. Im Null-Leiter fließt also die Differenz $I_0 = 22{,}2$ A.

6.7.8 Mit $A = 1{,}5 \cdot 10^{-4}\ \text{m}^2$ und $d = 8 \cdot 10^{-4}$ m ergibt (6.15) $C = 1{,}66$ pF. – Bei sehr hohen Frequenzen bleibt die Ladung Q konstant. Es gilt (1) $U = Qd/\varepsilon_0 A$ und (2) $U + \Delta U = Q(d + \Delta)/\varepsilon_0 A$. Aus beiden Gleichungen wird als Unbekannte berechnet $\Delta U = U \Delta d/d$. Das führt mit $\Delta d/d = 1/20$ auf: $\Delta U = 300$ mV.

6.7.9 Für die Ladung Q in beiden Zuständen gilt allgemein:
1) $Q = U(C + C')$
2) $Q = (U + \Delta U) \cdot [Cd/(d + \Delta d) + C']$. Nach Gleichsetzung und Umformung erhält man $\Delta U[1 + (1 + \Delta d/d)C'/C] = U \Delta d/d$.
Ergebnis: $\Delta U = 72{,}0$ mV.

6.7.10 Der Ton wird tiefer, die Lautstärke etwas kleiner.

6.8.1 Nach (6.61): von 93,8 bis 33,8 pF.

6.8.2 Mit (6.57) bei $\omega L - 1/\omega C = 0$: $\nu_0 = 419{,}4$ kHz. – $I_\text{eff} = U_\text{eff}/R = 0{,}3$ A. – Für $I_\text{eff}/\sqrt{2}$ muss nach (6.57) gelten: $\omega L - 1/\omega C = \pm R$. – Unter der Voraussetzung $\Delta\omega \ll \omega_0$ (scharfe Resonanzkurve) lässt sich das umformen in $\Delta\omega = \omega - \omega_0 = \pm R/2L$: $\Delta\nu = \pm 884$ Hz.

6.8.3 Magnetische Energie im Strommaximum: $W = LI_0^2 = L_\text{eff}^2 = 162\ \mu$J. – Verlustleistung $P = I_\text{eff}^2 R = 1{,}8$ W. – $W_1 = P/\nu_0 = 4{,}29\ \mu$J.

6.8.4 Elektrische Energie im Spannungsmaximum: $W = CU_\text{eff}^2$ mit $W = 162\ \mu$J von Aufgabe 6.8.3: $U_\text{eff} = U_\text{C} = 1{,}42$ kV.

6.8.5 Die Phasendifferenz von Spannung und Strom lässt sich allgemein aus (6.54b) und (6.56) ableiten: $\tan\varphi = (\omega L - 1/\omega C)/R = X/R$. Bei Resonanz($I_\text{eff}$): $X = 0 : \varphi = 0$; bei Verstimmung ($I_\text{eff}/\sqrt{2}$): $X = \pm R$: $\tan\varphi = \pm 1$, also $\varphi = \pm 45°$ (45°-Verstimmung).

6.8.6 $CU^2/2 = L/I^2/2$ führt zu $U/I = \sqrt{L/C}$, Wellenwiderstand.

6.8.7 Mit $c = 3 \cdot 10^8$ m/s und $\nu = 6 \cdot 10^8$ Hz:
$\lambda = c/\nu = 0{,}50$ m. Knotenabstand beträgt $\lambda/2 = 0{,}25$ m.

6.8.8 $E = E_0 \sin\vartheta$, wenn E_0 die Feldstärke der Welle ist, die senkrecht zum Dipol ($\vartheta = 90°$) abgestrahlt wird.

6.8.9 Nach (6.62) ist P proportional E_eff^2 und damit auch proportional $\sin^2\vartheta$. Weiter ist die Strahlungsleistung proportional $1/r^2$ (vgl. Schallwellen (4.12)).

Kapitel 7

7.1.1 a) Auf der Strecke 0B0 beträgt die Laufzeit $t = 2\overline{0B}/c$ des Lichtes $2{,}67 \cdot 10^{-8}$ s; in ihr dreht sich der Spiegel um $\alpha = 0{,}25°$. Die Zahl der Umdrehungen pro Zeiteinheit ist dann $\alpha/(360 \cdot t) = 26{,}0 \cdot 10^3\ \mathrm{s}^{-1}$.
b) Die Laufzeit ist um den Faktor $(3n+1)/4 = 1{,}47$ größer; um diesen steigt auch der Winkel auf $2\alpha = 0{,}735°$.

7.1.2 Bei $\alpha = 45°$ wird mit (7.1a) $\beta = 26{,}2°$. Damit beträgt die gesuchte Ablenkung $x = d \cdot \sin(\alpha - \beta)/\cos\beta = 1{,}79$ cm.

7.1.3 Nach (7.3b) mit $(\varphi + \delta)/2 = 30°$ und $\varphi/2 = 20°$: $n = 1{,}462$.

7.1.4 In (7.4) setzt man $n_1 = 1{,}7$ und erhält $n_2 = 1{,}53_4$.

7.1.5 Man denke an einen Stapel sehr dünner, ebener Folien, die nach oben schrittweise optisch dünner werden. Das Lichtbündel wird darin nach unten abgekrümmt.

7.2.1 $x = 20 \cdot \tan 10° \mathrm{cm} = 3{,}53$ cm.

7.2.2 Aus (7.6) und der Bedingung $a + b = 0{,}8$ m erhält man eine quadratische Gleichung mit den Lösungen: $a_1 = 0{,}645$ m und $a_2 = 0{,}155$ m. Für die Bildweiten gilt $b_1 = a_2$ und $b_2 = a_1$. – Die Bildgrößen errechnen sich mit (7.5) zu $B_1 = 0{,}72$ cm und $B_2 = 12{,}5$ cm. – Die kürzeste Entfernung d folgt aus der Bedingung $a = b$: $d = 4/D = 0{,}50$ m (D Brechkraft).

7.2.3 Setzt man $n_1 = 1$ bzw. $1{,}333$ in (7.7) ein, so erhält man für die Unbekannten $r = r_a = r_b$ und n_2 2 Gleichungen: Lösung $r = 0{,}133$ m und $n_2 = 1{,}55_5$.

7.2.4 Für die Einzellinse folgt aus (7.6) mit den Strecken in m: $D_1 = 14$ dpt. Für das Linsensystem ergibt sich ebenso $D_1 + D_2 = 9$ dpt (vgl. (7.8)), also $D_2 = -5$ dpt (Zerstreuungslinse).

7.2.5 Der Ablenkwinkel ist $\gamma = |\beta - \alpha|$ (vgl. (7.1a)), also a) $\gamma = 7{,}25°$; b) $\gamma = 12{,}0°$. – Zum angeregten Vergleich mit f_1 und f_2 in Abb. 7.30 betrachten wir einen Strahl parallel zur Linsenachse und so weit von ihr entfernt, dass er die Grenzkugel unter dem Einfallswinkel 20° trifft. Beim Eintritt in Luft (Fall b) ist γ größer, der Strahl trifft also in kürzerer Entfernung die Linsenachse, d. h. $f_1(\text{Luft} < f_2(\text{Glas})$.

7.2.6 Brechkraft der Flächen nach (7.9): $D_\mathrm{I} = (n_2 - 1)/r$, $D_\mathrm{II} = (n_2 - 1{,}333)/r$; also mit (7.8) $D = D_\mathrm{I} + D_\mathrm{II} = 5{,}84$ dpt. $f_1 = 1/D = 0{,}171$ m, $f_2 = 1{,}333/D = 0{,}228$ m.

7.3.1 Die Bildweite kann höchstens $b_\mathrm{max} = 6{,}5$ cm betragen. Damit führt (7.6) auf die kleinste Gegenstandsweite $a_\mathrm{min} = 21{,}7$ cm.

7.3.2 Aus (7.5) und (7.6) mit $a + b = 3$ m folgt: a) $a = 0{,}137$ m, $D_1 = 7{,}63$ dpt. – b) Ebenso $a_2 = 0{,}0588$ m, $D_1 + D_2 = 17{,}34$ dpt. Also $D_2 = 9{,}71$ dpt.

7.3.3 Der konstante innere Augenabstand beträgt $b = 1/59$ m. Bei Akkommodation auf $a = 0{,}25$ m wird nach (7.6): $1/a + 1/b = 63$ dpt. Die Brechkraft der Augenlinse erhöht sich also nur um 4 dpt.

7.3.4 Bei entspanntem Auge gilt nach (7.13) $1/f = V/s$, also: $D = 16$ dpt und $a_1 = 1/D = 6{,}25$ cm. – Bei Einstellung des Auges auf eine Ebene in 25 cm Entfernung hat die Lupe, die 2 cm vor dem Auge steht, in dieser anvisierten Ebene ein virtuelles Bild zu erzeugen. Für sie beträgt also die Bildweite $b = -23$ cm. Dazu gehört nach (7.6) die Gegenstands weite $a_2 = 4{,}91$ cm. Vom Auge ist der Gegenstand dann 6,91 cm entfernt, sodass die Vergrößerung beträgt: $V = 25/6{,}91 = 3{,}6_2$.

7.3.5 Mit (7.14) $V = 800$; $f_1 = 20/40\ \mathrm{cm} = 0{,}5$ cm; $f_2 = 25/20\ \mathrm{cm} = 1{,}25$ cm. – Für die Objektiv-Abbildung gilt: $f = f_1$ und $b = 20$ cm, also nach (7.6): $a = 0{,}51_3$ cm.

7.3.6 Mit V_1 ist die Größe des Zwischenbildes 0,012 cm. Der gefragte Sehwinkel ist $0{,}012/f_2 = 0{,}0096\ \mathrm{rad} = 0{,}55°$.

7.3.7 Mit (7.16b) und $f_1 - f_2 = 8$ cm (Abb. 7.55) erhält man: $D_1 = 1/f_1 = 7{,}5$ dpt; $D_2 = -1/f_2 = -18{,}7_5$ dpt.

7.4.1 Die Wellenlängen im Glas gehen von 0,286 bis 0,571 µm. Auf die Dicke des Deckglases fallen daher $m = 2100$ bzw. 1050 halbe Wellenlängen. Bei ganzzahligen m entsteht maximale Amplitude, und das tritt im betrachteten Bereich bei 1050 Wellenlängen ein. Ebenso viele liegen dazwischen, die sich durch Interferenz maximal abschwächen.

7.4.2 Da nach (7.17) die Quadrate der Ringradien der Wellenlänge λ_0/n proportional sind, ändern sich alle Radien um den Faktor $1/\sqrt{n} = 0{,}866$.

7.4.3 Die Gitterkonstante ist $g = 5{,}0$ µm. Nach (7.18) gilt damit $\alpha_1 = 6{,}7^\circ_7$; $\alpha_2 = 13{,}6^\circ_3$.

7.4.4 Die Spektrallinien bleiben senkrecht, weil der Eintrittsspalt nicht gedreht wird. Aber ihre Mitten liegen jetzt auf einer Geraden, die um 45° gegen die Horizontale gedreht ist.

7.4.5 Gleichsetzung der Winkel in (7.18) und (7.19a) führt zu $a/g = 1/3$.

7.4.6 Da die Leistung dem Quadrat des „Lichtvektors" (Feldstärke) proportional ist: $P = P_0 \cos^2 35° = 3{,}36$ µW.

7.4.7 Ausgehend von (7.21) gilt hier $\tan\alpha_\mathrm{B} = 1/n$: $\alpha_\mathrm{B} = 36{,}9°$.

7.4.8 Weil die molekularen Dipole dann unter 30° zur Beobachtungsrichtung schwingen, sieht man keine Dunkelheit (vgl. Abb. 6.99), sondern die streuende Flüssigkeit schwach leuchten.

7.4.9 Nach (7.22b) ist der Drehwinkel proportional zu $1/\lambda_0$. Rotes Licht hat die größte Wellenlänge, also den kleinsten Drehwinkel, sodass bei der beschriebenen Verstellung des Analysators zuerst diese Farbe verschwindet. Dann wandert das augelöschte Frequenzband über grün nach violett. Man sieht nacheinander die komplementären Mischfarben: blauviolett, blaupurpur, rotpurpur, rot, gelbrot.

7.4.10 Entsprechend (7.22a) in (Grad · l)/(mol · cm) oder in (Grad · m^2)/mol (1 Liter).

7.4.11 Nach den Ausführungen in Abschn. 7.4.9 gilt bei der Phasendifferenz $\varphi : A_1 = A|\cos\varphi/2|$, $A_2 = A|\sin\varphi/2|$. Damit führt $A_1/A_2 = 2$ auf $\tan\varphi/2 = 1/2$: $\varphi = 53{,}1°$, bzw. $A_2/A_1 = 2$ auf $\varphi = 180 - 53{,}1 = 126{,}9°$.

7.4.12 Die Leistungen gehen mit dem Quadrat beider Amplituden. Also: a) $P = P_0/2^2 = 0{,}25 \cdot P_0$. – b) $P = (P_0/2)(1 + 1/2^2) = 0{,}625 \cdot P_0$.

7.5.1 Mit (7.24) und $T = 310$ K : $\lambda = 9{,}3_4$ µm.

7.5.2 Nach (7.25) und (7.23) mit der Fläche 0,01 m^2: Gefragte Leistung 1,05 W.

7.5.3 Bildet man in (7.29) den nat. Logarithmus, so erhält man allgemein: $\ln(E/E_0) = -\alpha l = \mathrm{const}/\lambda^4$. Für 2 Wellenlängen sind das 2 Gleichungen. Einsetzen und Division ergibt für die gesuchte Dämpfung von violettem Licht: $\ln(E/E_0) = (7{,}8/4{,}2)^4 \cdot \ln 0{,}8$, also $E/E_0 = 0{,}070_3$.

7.5.4 Da die Extinktion nach Abschn. 7.5.4 einfach der Konzentration c proportional ist, gilt $c = 0{,}2 \cdot 0{,}9/0{,}3 = 0{,}6$ molar.

7.5.5 Nach Tab. 7.3: a) $\Phi_v = 4\pi I_v = 754$ lm. – b) $E_v = I_v/r^2$, mit $E_v = 25$ lx : 1,55 m.

7.5.6 Die Leuchtdichte ändert sich nicht, da sowohl die leuchtende Fläche als auch die Lichtstärke proportional $\cos\varphi$ abnehmen.

7.5.7 Die Höhensonne strahlt auch UVC aus, während das Spektrum des Sonnenlichtes, selbst im Hochgebirge, bei etwa 290 nm Wellenlänge abbricht (Absorption in der hohen, heute viel erwähnten Ozonschicht).

7.5.8 a) Mit (7.30): $\alpha = (\ln 2)/1{,}7 = 0{,}408\ \mathrm{cm}^{-1}$; b) $l_{1/2} = 17/3^3$ mm $= 0{,}63$ mm.

7.5.9 Nach (7.31) mit $\lambda = 1{,}4 \cdot 10^{-10}$ m : $\varphi = 14{,}5°$.

7.5.10 a) Es fehlt die Interferenz der Wellen, die an *zwei* Atomen (mit festem Abstand im Molekül) gestreut werden. b) Das ist ähnlich wie bei der Beugung von Licht an einer Iris. Das zentrale Beugungsbündel der Röntgenstrahlung wird mit steigendem Verhältnis (Radius der Elektronenhülle/Wellenlänge) immer schmaler.

7.5.11 Mit m steigt der Glanzwinkel φ. Da der zugehörige Beugungswinkel 2φ ist, wird die Intensität für die höheren m schnell sehr klein.

7.6.1 Die Energie des Photons in eV ist nach (6.34b) und (7.33): $h\nu/e = hc/e\lambda = 3{,}4$ eV. Maximale Energie des Photoelektrons: $3{,}4 - 2{,}5 = 0{,}9$ eV. Nach $E_{\mathrm{kin}} = m_e v^2/2$ mit $E_{\mathrm{kin}} = 0{,}9 \cdot 1{,}602 \cdot 10^{-19}$ J: $v = 563$ km/s.

7.6.2 Entsprechend der maximalen Energie der Elektronen: $-0{,}90$ V.

7.6.3 Die Energie $h\nu$ eines Photons ist seiner Wellenlänge umgekehrt proportional. Um das Ergebnis schnell zu erhalten, vergleichen wir mit dem Lichtquant der vorigen Aufgabe (λ_{Hg}) und erhalten mit $\lambda = 0{,}03$ m: $E = \lambda_{\mathrm{Hg}}/\lambda \cdot 3{,}4$ eV $= 4{,}13 \cdot 10^{-5}$ eV.

7.6.4 Analog wie in Aufgabe 7.6.3 gilt die Beziehung: $U_a = 3{,}4 \cdot 365/0{,}05$ eV $= 24{,}8$ keV.

7.6.5 Die Wellenlänge steigt nach (7.35) bei $\cos\delta = 0$ um $\Delta\lambda = \lambda_c = 2{,}43 \cdot 10^{-12}$ m; also sinkt die Photonenfrequenz um $\Delta\nu = c[1/\lambda - 1/(\lambda + \Delta\lambda)] = c\Delta\lambda/\lambda(\lambda + \Delta\lambda) = 278 \cdot 10^{15}$ Hz. Den entsprechenden Energiebetrag $h\Delta\nu$ erhält das Compton-Elektron, und zwar $h\Delta\nu/e = 1{,}15$ keV.

7.6.6 Klassisch errechnet sich nach (2.26) $mv = \sqrt{2mW}$. Bei gleicher kinetischer Energie W gilt daher mit (7.36): $\lambda_p/\lambda_e = \sqrt{m_e/m_p} : \lambda_p = 2{,}87$ pm.

Kapitel 8

8.1.1 Nach (8.1) ist $1/\lambda = R(1/m^2 - 1/n^2)$. a) Mit $m = 3$ und $n = 4$ folgt $\lambda = 1{,}87_5$ µm. b) $1/n^2 = 0$ ergibt $\lambda = 0{,}820$ µm.

8.1.2 Die Frequenz ist $\nu = c/\lambda = 1{,}18 \cdot 10^{15}$ Hz. Dazu gehört die Energie des Photons $h\nu/e = 4{,}88$ eV. Die Mindestenergie ist daher 4,88 V.

8.1.3 $3D$, bzw. $4D$ mit je 10 Elektronen.

8.1.4 Die Grenze der Lyman-Serie ist nach (8.1) $\lambda = 1/R = 91{,}13$ nm. Durch $(Z-1)^2$ dividiert: Fe 0,146 nm; Ba 0,0301 nm; U 0,0110 nm.

8.1.5 Da mit eingebautem letzten Elektron der Drehimpuls Null wird (abgeschlossene Schale), ist er für ein einziges p-Elektron und für die abgeschlossene Schale, der nur ein p-Elektron fehlt, dem Betrage nach gleich. Nach (8.3b) mit $l = 1$ gilt: $L = 1{,}49 \cdot 10^{-34}$ kg · m^2/s.

8.2.1 Mit (8.5) und $J = 0$: $I = h\lambda/4\pi c = 0{,}151 \cdot 10^{-45}$ kg · m^2 ($\lambda = 2{,}7 \cdot 10^{-3}$ m).

8.2.2 In die zu bestätigende Beziehung werden $\bar{m}$ und R^2 eingesetzt: $I = m_O m_C (r_O + r_C)^2/(m_O + m_C)$. Dann löst man $(r_O + r_C)^2$ auf und schreibt das sog. gemischte Glied unter Benutzung von (2.37): $2m_O m_C r_O r_C = m_O^2 r_O^2 + m_C^2 r_C^2$. Damit erhält man für den ganzen Zähler: $(m_O + m_C) \times (m_O r_O^2 + m_C r_O^2)$, sodass $(m_O + m_C)$ in der Beziehung für I zu kürzen ist. I erhält dann die allgemeine Form von (2.40). Wir rechnen weiter mit $R^2 = I/\bar{m}$ und $m = 6{,}857 \cdot u$: $R = 1{,}15_2 \cdot 10^{-10}$ m. – Nun kann man den Schwerpunktsatz (2.37) umformen: $m_C r_C = m_O(R - r_C)$, bzw. $r_C = R m_O (m_O + m_C)$ und erhält: $r_C = 0{,}065_8$ nm und $r_O = 0{,}049_4$ nm.

8.2.3 Bei konstantem Kernabstand ist das Trägheitsmoment I proportional $\bar{m}$. Hier beträgt $\Delta\bar{m}/\bar{m} = 4{,}6\%$; also steigt die Wellenlänge um $\Delta\lambda = 0{,}124$ mm. Die Frequenz ist 111 GHz und wird um denselben Prozentsatz kleiner, d. h. $\Delta\nu = -5{,}11$ GHz.

8.2.4 Aus (4.3) erhält man: $D = \bar{m}(2\pi c/\lambda)^2 = 1{,}90 \cdot 10^3$ N/m.

8.2.5 Die Rotationsfrequenz des Übergangs $1 \to 2$ beträgt nach (8.5) $\nu_r = 2{,}22 \cdot 10^{11}$ Hz (Zweifaches vom Wert in Aufgabe 8.2.3). Die gefragte Frequenzdifferenz ist $2\nu_r$, das sind 0,682% der reinen Schwingungsfrequenz von $6{,}51 \cdot 10^{13}$ Hz. Denselben Prozentsatz der Wellenlänge 4,61 µm beträgt die gesuchte Differenz: $\Delta\lambda = 0{,}0314$ µm.

8.2.6 Da beim Raman-Effekt sich Schwingungs*frequenz* und *Frequenz* des Primärlichtes addieren bzw. subtrahieren und hier die Wellenlängen angegeben sind, rechnet man am schnellsten mit den Wellenzahlen $1/\lambda$, die den Frequenzen proportional sind. Das ergibt $1/\lambda_R = 1{,}83_2 \pm 0{,}33_3$ µm, also gilt für λ_R der Ramanlinien: 462 und 667 nm.

8.3.1 Mit (8.10b) ist die Zerfallskonstante $\lambda = 0{,}154 \cdot 10^{-9}\,\text{a}^{-1}$. a) Von $m = 2{,}0$ g Substanz zerfällt in $\Delta t = 2000$ a nach (8.8): $\Delta m = m\lambda\Delta t = 0{,}616$ µg. – b) Die Aktivität ist nach (8.10a) $A = \lambda N$. Darin sind N die Zahl der U-Atome: $N = 2N_A/238 = 5{,}06 \cdot 10^{21}$ und $\lambda = 4{,}88 \cdot 10^{-18}\,\text{s}^{-1}$. Also: $A = 24{,}9 \cdot 10^3$ Bq.

8.3.2 Die Zerfallskonstante ist $\lambda = 0{,}0248\,\text{a}^{-1} = 0{,}786 \cdot 10^{-9}\,\text{s}^{-1}$. Benötigt werden nach (8.10a) $N = A/\lambda = 1{,}27 \cdot 10^{15}$ Sr-Atome, das sind $m = 90N/N_A = 0{,}190$ µg. – Weil A proportional N ist, beträgt die Aktivitätsabnahme $\Delta A = A[1 - \exp(-\lambda t)]$. Das macht mit $t = 1\,\text{a}: \Delta A = 24{,}5 \cdot 10^3$ Bq.

8.3.3 a) $^{216}_{84}$Po; b) $^{233}_{91}$Pa.

8.3.4 Nach (7.31) beträgt die Wellenlänge $\lambda = 0{,}972 \cdot 10^{-10}$ m. Daraus errechnet sich mit (7.36) die Geschwindigkeit $v = 406_8$ m/s (langsame Neutronen). Die kinetische Energie ist $mv^2/2 = 1{,}38_6 \cdot 10^{-20}\,\text{J} = 0{,}086_3$ eV.

8.3.5 Die Bindungsenergie ist $eU = 355{,}7 \cdot 10^{-15}$ J. Nach (8.11) beträgt der gesuchte Massendefekt $\Delta m = eU/c^2 = 3{,}95_2 \cdot 10^{-30}$ kg. Das sind $4{,}34\,m_e$ oder $2{,}38 \cdot 10^{-3}$ u.

8.3.6 Nach Tab. 8.3 ist die Elektronenmasse äquivalent der Energie 0,511 MeV. Für das Elektronenpaar bleibt also die kinetische Energie $(1{,}33 - 1{,}022)$ MeV $= 0{,}308$ MeV $= 4{,}93 \cdot 10^{-14}$ J.

8.3.7 $^{232}_{90}\text{Th} + \text{n} \to {}^{233}_{90}\text{Th} \xrightarrow{\beta^-} {}^{233}_{91}\text{Pa} \xrightarrow{\beta^-} {}^{233}_{92}\text{U}$.

8.4.1 Mit $u = v$ errechnet sich aus (8.23c) $\sqrt{1 - v^2/c^2} = 1/2$, also $v = c\sqrt{3}/2 = 0{,}866\,c$. Die Gesamtenergie ist mit dieser Wurzel nach (8.27a) $E = 2m_0c^2$. Damit ist $E_{kin} = m_0c^2 = 1{,}69_2 \cdot 10^{-11}\,\text{J} = 105{,}_7$ MeV. – Für den Impuls p gilt nach (8.30) $cp = \sqrt{3}m_0c^2 = 183{,}_0$ MeV oder $p = 9{,}77 \cdot 10^{-20}$ kg · m/s.

8.4.2 Für das stoßende Proton mit der Gesamtenergie $E = eU + m_0c^2$ gilt nach (8.30) $(cp)^2 = E^2 - (m_0c^2)^2 = (eU)^2 + 2eUm_0c^2$. Nach dem unelastischen Stoß haben beide Protonen die gleiche kinetische Energie eU', und der Impulssatz lautet – hier mit $(cp)^2$ formuliert –:

$$(eU)^2 + 2eUm_0c^2 = 4[(eU')^2 + 2eU'm_0c^2].$$

Die Lösung dieser quadratischen Gleichung ergibt:
$eU' = \sqrt{(m_0c^2)^2 + (eU)^2/4 + eUm_0c^2/2} - m_0c^2 = 251{,}_6$ MeV, mit der Ruhenergie des Protons $m_0c^2 = 938$ MeV. Die gesuchte verfügbare Energie ist $\Delta E = eU - 2eU' = 297$ MeV. Klassisch errechnet sich mit (2.33) $\Delta E = 400$ MeV.

8.4.3 (8.26) ist über die Zeit von 0 bis t zu integrieren:

$$s = \int_0^t v\,\mathrm{d}t = \left(\sqrt{1 + (a_0t/c)^2} - 1\right)c^2/a_0\,.$$

Für kurze Zeiten ($t \ll c/a_0$) ergibt die Entwicklung der Wurzel $s = a_0t^2/2$ (klassisch); für lange Zeiten ($t \gg c/a_0$) folgt $s = c - c^2/a_0$ (Grenzgeschwindigkeit c).

8.4.4 Aus (8.26) ergibt sich $t_{rel} = v/(a_0\sqrt{1 - v^2/c^2})$. Darin betragen $v = 2{,}7 \cdot 10^8$ m/s und $a_0 = eE/m_P = 9{,}58 \cdot 10^{10}\,\text{m/s}^2$, also $t_{rel} = 6{,}47$ ms. – Klassisch wäre $t_{kl} = v/a_0 = 2{,}82$ ms.

8.4.5 (a) für $x = 3000$ m beträgt nach (8.33) unter Berücksichtigung des Faktors 2 der allgemeinen Relativitätstheorie, vgl. (8.35), $\Delta t/t = 2gx/c^2 = 6{,}45 \cdot 10^{-13}$. Also ist $\Delta t = 52{,}3 \cdot 10^{-12}$ a $= 1{,}65$ ms.
(b) $M = 1{,}68 \cdot 10^{30}$ kg, $r_0 = 2{,}48$ km. Nach (8.35) wird $\Delta t/t = 2{,}48 \cdot 10^{-4}$ oder $\Delta t = 2{,}18$ Stunden im Jahr.

Sachverzeichnis

Printed in Germany
by Amazon Distribution
GmbH, Leipzig

24999726R00199